Konstruktionslehre für den Maschinenbau

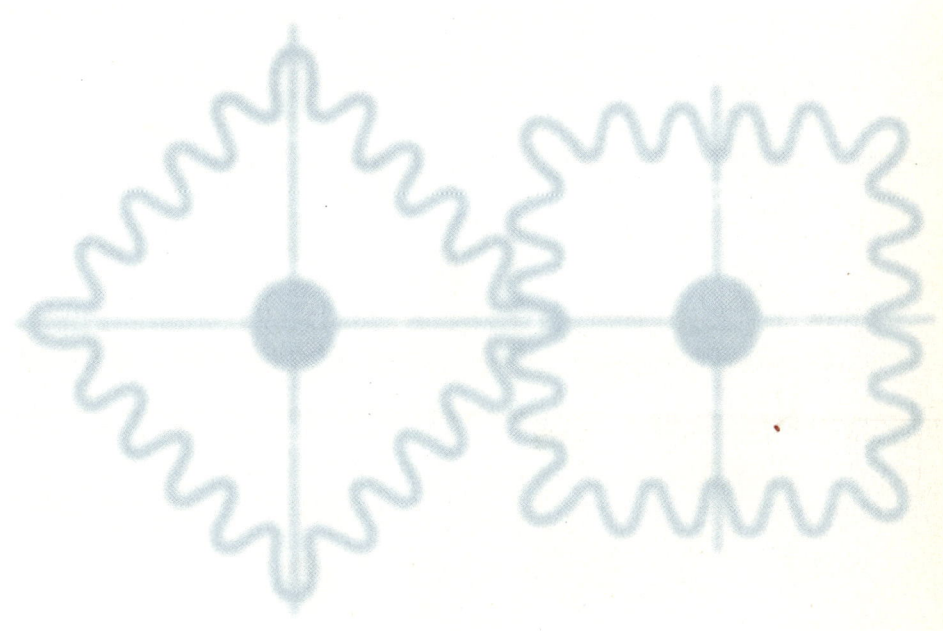

Springer

*Berlin
Heidelberg
New York
Barcelona
Budapest
Hongkong
London
Mailand
Paris
Singapur
Tokio*

RUDOLF KOLLER

Konstruktionslehre für den Maschinenbau

Grundlagen
zur Neu- und Weiterentwicklung
technischer Produkte mit Beispielen

4., neubearbeitete und erweiterte Auflage

Mit 372 Abbildungen und 16 Tabellen

Rudolf Koller Direktor des Instituts für Allgemeine
Dr.-Ing.   Konstruktionstechnik des Maschinenbaues an
o. Professor   der Rheinisch-Westfälischen Technischen
               Hochschule Aachen

ISBN 3-540-63037-6 4. Aufl. Springer-Verlag Berlin Heidelberg New York

ISBN 3-540-15369-1 3. Aufl. Springer-Verlag Berlin Heidelberg New York

Die Deutsche Bibliothek - CIP-Einheitsaufnahme
Koller, Rudolf:
Konstruktionslehre für den Maschinenbau : Grundlagen zur Neu- und Weiterentwicklung
technischer Produkte mit Beispielen / Rudolf Koller. - 4., neubearb. und erw. Aufl.- Berlin ;
Heidelberg ; New York ; Barcelona ; Budapest ; Hongkong ; London ; Mailand ; Paris ;
Singapur ; Tokio : Springer, 1998
ISBN 3-540-63037-6

Dieses Werk ist urheberrechtlich geschützt. Die dadurch begründeten Rechte, insbesondere die der
Übersetzung, des Nachdrucks, des Vortrags, der Entnahme von Abbildungen und Tabellen, der Funksendung, der Mikroverfilmung oder der Vervielfältigung auf anderen Wegen und der Speicherung in
Datenverarbeitungsanlagen, bleiben, auch bei nur auszugsweiser Verwertung, vorbehalten. Eine Vervielfältigung dieses Werkes oder von Teilen dieses Werkes ist auch im Einzelfall nur in den Grenzen
der gesetzlichen Bestimmungen des Urheberrechtsgesetzes der Bundesrepublik Deutschland vom
9. September 1965 in der jeweils geltenden Fassung zulässig. Sie ist grundsätzlich vergütungspflichtig.
Zuwiderhandlungen unterliegen den Strafbestimmungen des Urheberrechtsgesetzes.

© Springer-Verlag, Berlin / Heidelberg 1998
Printed in Germany

Die Wiedergabe von Gebrauchsnamen, Handelsnamen, Warenbezeichnungen usw. in diesem Werk
berechtigt auch ohne besondere Kennzeichnung nicht zu der Annahme, daß solche Namen im Sinne
der Warenzeichen- und Markenschutz-Gesetzgebung als frei zu betrachten wären und daher von
jedermann benutzt werden dürften.

Sollte in diesem Werk direkt oder indirekt auf Gesetze, Vorschriften oder Richtlinien (z.B. DIN, VDI,
VDE) Bezug genommen oder aus ihnen zitiert worden sein, so kann der Verlag keine Gewähr für
Richtigkeit, Vollständigkeit oder Aktualität übernehmen. Es empfiehlt sich, gegebenenfalls für die
eigenen Arbeiten die vollständigen Vorschriften oder Richtlinien in der jeweils gültigen Fassung
hinzuzuziehen.

Einbandgestaltung: Struve & Partner, Heidelberg
Datenkonvertierung, Layout und Umbruch: Klaus-Peter Hellweg, Stuttgart
SPIN: 10538916   7/3020 - 5 4 3 2 1 0 - Gedruckt auf säurefreies Papier

Der Mensch vermag nur jene Elemente und Parameterwerte zum Bau technischer Systeme zu nutzen, welche ihm durch die Schöpfung vorgegeben sind.

Vorwort zur vierten Auflage

Erfreulicherweise fand die vorangegangene Auflage dieses Lehrbuchs einen so großen Anklang in der Industrie und als Studierhilfe, daß nun bereits eine neue, sorgfältig überarbeitete und erweiterte Ausgabe vorgelegt werden kann.

Aufbau und grundlegende Inhalte des Werks, das zugleich ein Konstruktionslehrbuch für Studierende und in der Praxis tätige Maschinenbau- und Feinwerktechnikingenieure zu sein wünscht, wurden beibehalten und an einigen Stellen auf den neuesten Erkenntnisstand gebracht. So beispielsweise hinsichtlich der Fragen, „wie gelangt man zu innovativen Produkten?", „wie kann die Patentwürdigkeit technischer Lösungen objektiv beurteilt werden?", oder „nach welchen Gesichtspunkten sind technische Oberflächen zu konstruieren?". Entsprechend wurden Kapitel über „3.3.8 Technische Oberflächen, Kanten und Spitzen", „5.5 Konstruieren technischer Oberflächen", „12 Innovation technischer Produkte" und zum Thema „13 Patentwesen, methodisches Konstruieren und Erfinden" neu aufgenommen oder wesentlich überarbeitet. Besonderer Wert wurde wiederum darauf gelegt, Konstruktionstheorien durch zahlreiche Beispiele zu erläutern, um so den Bezug zur Praxis zu verdeutlichen.

Für wertvolle Anregungen und Korrekturen bei der Erstellung der vierten Auflage danke ich Herrn Dr.-Ing. W.-W. Willkommen sehr herzlich. Ferner gilt mein Dank den Herren Dr.-Ing. B. Burbaum, Dipl.-Ing. M. Körsten, Dipl.-Ing. A. Kröning und Dipl.-Ing. A. Villis für die wertvolle Unterstützung bei der Bucherstellung. Mein besonderer Dank gilt Frau M. Mundt und Frau C. Wu, die die Niederschrift und Redigierung des Manuskripts mit großer Sorgfalt durchgeführt haben. Mein Dank gilt ferner Herrn A. Will für die große Mühe bei der Erstellung der Bildunterlagen.

Nicht zuletzt gilt mein Dank dem Springer-Verlag für die wertvolle Unterstützung und Sorgfalt bei der Drucklegung dieses Buchs.

Aachen, im März 1998 Rudolf Koller

Vorwort zur dritten Auflage

Es ist eine faszinierende Aufgabe, danach zu forschen, „wie Konstrukteure denken", wenn sie bis dahin unbekannte Produkte erfinden oder bereits bekannte Produkte erneut konstruieren. Lassen sich Konstruktionsprozesse beschreiben und wenn, welche Unterschiede bestehen zwischen Konstruktionsprozessen neuer Produkte und solchen, welche wiederholt konstruiert werden?

Erfindungs- oder Konstruktionsprozesse zu analysieren und zu beschreiben heißt, primäres Wissen schaffen, mit welchem Wissen über technische Produkte bzw. Konstruktionsergebnisse (sekundäres Wissen) geschaffen werden kann.

Wesentliche Fortschritte bezüglich des Verständnisses von Konstruktionsvorgängen ließen eine umfassende Überarbeitung der vorangegangenen Buchauflage geboten erscheinen. Bewährtes konnte präzisiert und erweitert werden. Die wesentlich umfangreichere dritte Auflage wurde neu gegliedert und um einige Kapitel erweitert. Wie die Gliederung zeigt, wird zwischen produktneutralen (allgemeinen) und produktspezifischen (speziellen) Konstruktionsprozessen und deren Beschreibungen unterschieden. Die Kapitel „3. Technische Systeme", „4. Grundlagen des Konstruierens", „7. Standardisieren von Produkten", „8. Produktspezifische oder spezielle Konstruktionsprozesse", „10. Automatisieren von Konstruktionsprozessen", „11. Informationssysteme über technische Produkte" und „12. Patentwesen, methodisches Konstruieren und Erfinden" wurden neu aufgenommen.

Besonderer Wert wurde darauf gelegt, Konstruktionstheorien durch zahlreiche Beispiele zu erläutern und den Bezug zur Praxis zu verdeutlichen (s. Kapitel 9).

Für wertvolle Anregungen und Korrekturen bei der Erstellung der Neufassung dieses Buchs danke ich wiederum Herrn Dr.-Ing. W.-W. Willkommen sehr herzlich. Ferner gilt mein Dank den Herren Dipl.-Ing. B. Burbaum, Dipl.-Ing. M. Körsten, Dipl.-Ing. A. Kröning, Dipl.-Ing. F. Merkelbach, Dipl.-Ing. H. W. Rixen und Dipl.-Ing. F. Welsch für die wertvolle Unterstützung bei der Bucherstellung. Mein besonderer Dank gilt Herrn A. Will für die große Mühe bei der Erstellung der Bildunterlagen sowie Herrn A. Brödel, Frau C. Frischling und Frau M. Mundt, die sich um die Niederschrift und Redigierung des Manuskripts sehr verdient gemacht haben.

Nicht zuletzt gilt mein besonderer Dank dem Springer-Verlag für die wertvolle Unterstützung und Sorgfalt bei der Drucklegung dieses Buchs.

Aachen, im Februar 1994 R. Koller

Vorwort zur zweiten Auflage

In den neun Jahren seit dem Ersterscheinen dieses Buchs sind zahlreiche neue Erkenntnisse auf dem Gebiet der Konstruktionsmethodeforschung erarbeitet worden, Widersprüche in früheren Ergebnissen wurden beseitigt, Bisheriges konnte präzisiert und erweitert werden. So war es an der Zeit, die ursprüngliche Darstellung an vielen Stellen zu überarbeiten und zu erweitern. Insbesondere wurden die Kapitel 12 über „Entwerfen und Gestalten" sowie Kapitel 13 über „Restriktionsgerechtes Konstruieren" wesentlich ausgebaut und neu verfaßt. Zahlreiche Textstellen und Bilder in verschiedenen Kapiteln wurden korrigiert und neueren Erkenntnissen angepaßt. Der inzwischen üblichen Sprachregelung folgend, Ergebnisse der Konstruktionsmethodeforschung als Konstruktionslehre zu bezeichnen, wurde auch der Titel dieses Buchs entsprechend geändert.

Für die Korrektur und wertvollen Anregungen bei der Erstellung der Neufassung dieses Buchs danke ich Herrn Dr.-Ing. W.-W. Willkommen sehr herzlich. Mein besonderer Dank gilt wiederum Herrn Ing. (grad.) J. Bergmann für die große Mühe bei der Erstellung der Bildunterlagen sowie Frau M. Mundt, die sich um die Niederschrift und Redigierung des Manuskripts sehr verdient gemacht hat. Nicht zuletzt gilt mein besonderer Dank dem Springer-Verlag für die wertvolle Unterstützung und Sorgfalt bei der Drucklegung dieses Buchs.

Aachen, im Juni 1985 R. Koller

Aus dem Vorwort zur ersten Auflage

Um die Mitte dieses Jahrhunderts setzte sich allmählich die Erkenntnis durch, daß das Erfinden und geschickte Konstruieren technischer Produkte nicht nur eine Kunst ist, welche der Intuition und dem Können einiger weniger besonders Begabter vorbehalten ist, sondern daß beim Konstruieren neben der zweifelsohne wichtigen Intuition des Konstrukteurs eine Reihe von entscheidenden Vorgängen des Konstruktionsprozesses beschrieben und somit anhand entsprechender Regeln systematisch durchgeführt werden kann. Heute wird an zahlreichen Forschungs- und Entwicklungsstellen der Hochschulen, Industrie und anderer Institutionen in fast allen Industrieländern von Ingenieuren, Mathematikern, Wirtschaftlern, Futurologen, Philosophen u.a. an der

Erforschung, Rationalisierung und Automatisierung des Konstruktionsprozesses gearbeitet.

War es ursprünglich nur die Absicht, den Konstruktionsprozeß rationeller zu gestalten, so lassen in neuerer Zeit die ständig umfangreicher werdenden Systeme und die enorm gestiegene Zahl der Forderungen an zukünftige technische Produkte methodisches Konstruieren immer mehr zur Notwendigkeit werden. Erinnert sei hier nur an die Forderung der Wiederverwendung von Werkstoffen aufgrund weltweiter Rohstoffverknappung, Emissions- sowie Sicherheitsvorschriften für Kraftfahrzeuge u. a. neue Bedingungen und die mit diesen verbundenen zusätzlichen Schwierigkeiten des Konstrukteurs bei der Lösung dieser Aufgaben. Das Vorhandensein elektronischer Datenverarbeitungsanlagen zur Automatisierung des Konstruktionsprozesses war ein weiterer wichtiger „Antriebsmotor" für die weltweite Entwicklung von Konstruktionsmethoden, da die damit gegebene Beschreibung des Konstruktionsprozesses die Voraussetzung und Grundlage für die Entwicklung universeller Rechnerprogramme ist.

Während von der Mathematik und Physik seit langem zahlreiche Methoden zur Lösung quantitativer Konstruktionsvorgänge (Dimensionierung) bereitgestellt werden, ist die Entwicklung ähnlich exakter Methoden zur Durchführung qualitativer Konstruktionsvorgänge – damit sind jene Tätigkeiten gemeint, welche häufig mit Erfinden, Konzipieren oder Lösungsfindung bezeichnet werden – bisher etwas vernachlässigt worden. Das vorliegende Buch soll sich daher vorrangig mit Verfahren bzw. Algorithmen zur systematischen Entwicklung von Prinziplösungen und Konstruktionsentwürfen beschäftigen. Auf Methoden zur Berechnung bzw. Dimensionierung von Bauteilen und Systemen soll verzichtet werden, da es darüber bereits sehr umfangreiche Spezialliteratur gibt.

Die ersten Anregungen zu dieser physikalisch-algorithmisch orientierten Konstruktionsmethode habe ich durch meine frühere Industrietätigkeit, welche durch selbständiges Entwickeln neuer Lösungen gekennzeichnet war, erhalten. Dieses Buch faßt die wesentlichen Ergebnisse der Konstruktionsmethodeforschung neuerer Zeit zusammen. Der Stoff des Buchs ist Inhalt einer seit 1970 stattfindenden Vorlesung für das 5. und 6. Semester Maschinenbau an der Technischen Hochschule Aachen. Erprobt wurde diese Methode an zahlreichen Beispielen aus der Industrie.

Aachen, im August 1975   R. Koller

Inhaltsverzeichnis

	Definition wichtiger Begriffe	XVII
1	**Einführung**	1
1.1	Bedeutung der Konstruktion	1
1.2	Aufgaben und Ziele der Konstruktionslehre	3
2	**Produktplanung und Aufgabenstellung**.........	7
2.1	Entwicklung von Produktideen	8
2.2	Zweckbeschreibung und Forderungen an technische Produkte.........................	11
2.3	Planen von Aufgabenstellungen................	19
3	**Technische Systeme**	25
3.1	Klassifikation technischer Systeme	25
3.2	Elementare Tätigkeiten in Maschinen, Geräten und Apparaten	32
3.3	Konstruktionselemente technischer Systeme	37
	3.3.1 Übersicht	37
	3.3.2 Physikalische Grundoperationen und Funktionen technischer Systeme	39
	3.3.3 Mathematische und logische Grundoperationen und Elementarfunktionen	58
	3.3.4 Physikalische Effekte	59
	3.3.5 Effektträger	61
	3.3.6 Prinziplösung	62
	3.3.7 Gestaltelemente.......................	63
	3.3.8 Oberflächen, Schichten, Kanten und Spitzen	64
3.4	Strukturen technischer Systeme	71
	3.4.1 Funktionsstrukturen	71
	3.4.2 Gestaltstrukturen	75

3.5 Tätigkeiten, Eigenschaften und Parameter technischer Produkte........................ 79
   3.5.1 Forderungen, Tätigkeiten und Eigenschaften..................... 79
   3.5.2 Eigenschaften technischer Produkte....... 81

4 Grundlagen des Konstruierens 85
4.1 Einführung und Definitionen................... 85
4.2 Erster Hauptsatz der Konstruktionslehre......... 87
4.3 Tätigkeiten und Zwischenergebnisse von Konstruktionsprozessen....................... 92
4.4 Konstruktionsarten........................... 98

5 Produktneutraler oder allgemeiner Konstruktionsprozeß 105
5.1 Einführung und Überblick..................... 105
5.2 Entwickeln von Funktionsstrukturen........... 109
   5.2.1 Funktionssynthese..................... 109
   5.2.2 Symbolik zur Beschreibung von Tätigkeiten technischer Gebilde.......... 118
5.3 Entwickeln von Prinziplösungen, Prinzipsynthese 121
   5.3.1 Physikalisches Prinzip, Prinziplösungen............................. 122
   5.3.2 Festlegen der physikalischen Effekte, Effektsynthese......................... 123
   5.3.3 Festlegen des Effektträgers, Effektträgersynthese 127
   5.3.4 Beispiele zur Entwicklung von Prinziplösungen....................... 128
5.4 Allgemeine oder produktneutrale Gestaltungsprozesse................................... 145
   5.4.1 Einführung, Überblick, Definitionen....... 145
   5.4.2 Qualitatives Gestalten oder Entwerfen 151
   5.4.3 Produktneutrale Gestaltungsregeln........ 159
   5.4.4 Bevorzugte spezielle Gestaltvarianten...... 174
5.5 Konstruieren von Oberflächen und Schichten.... 178
5.6 Restriktionsgerechtes Konstruieren 189

5.6.1 Übersicht 189
5.6.2 Marktbedingte Forderungen 194
5.6.3 Umweltbedingte Forderungen 196
5.6.4 Gesellschaftsbedingte Forderungen 198
5.6.5 Werdegangsbedingte Forderungen 198
5.6.6 Eigenstörungsbedingte Forderungen 203
5.6.7 Richtlinien und Beispiele zu verschiedenen Forderungen 204
    1. Zuverlässig und sicher................. 204
    2. Systemzugehörigkeit oder Schnittstellenbedingungen............. 212
    3. Fertigungsgerecht..................... 213
    4. Schweißgerecht, Laserschweißgerecht.... 229
    5. Montagegerecht 230
    6. Toleranzgerecht 244
    7. Beanspruchungsgerecht 261
    8. Werkstoffgerecht 262
    9. Ressourcenschonend oder Recyclinggerecht..................... 275
5.7 Minimieren der Bauteilezahl technischer Systeme   276
5.8 Kostenreduzierendes Konstruieren............. 279
    5.8.1 Kostenarten und Mittel zur Kostenreduzierung...................... 279
    5.8.2 Kostenermittlung 294
5.9 Restriktionsgerechte Lösungen 297
    1. Präzise spielfreie und spielarme Lagerungen und Führungen........... 298
    2. Reibungsarme Lagerungen.............. 301

6 Bauweisen technischer Systeme................ 305
6.1 Funktionsbauweisen von Bauteilen und Baugruppen.............................. 307
    1. Partial- und Totalbauweise 308
    2. Differential- und Integralbauweise 311
    3. Mono- und Multifunktionalbauweise.... 312
6.2 Bauweisen von Maschinen, Geräten und Apparaten 318
    1. Monobaugruppen-Bauweise............ 320
    2. Multibaugruppen-Bauweise 321

7	Standardisieren von Produkten	323
7.1	Baureihen	327
7.2	Typengruppen	333
7.3	Baukastensysteme	336
8	Produktspezifische oder spezielle Konstruktionsprozesse	351
8.1	Beschreiben produktspezifischer Konstruktionsprozesse	352
8.2	Beispiel „Karosserie-A-Säulen"	358
8.3	Festlegen qualitativer Parameterwerte, Beispiele	364
8.4	Festlegen quantitativer Parameterwerte	373
8.5	Optimieren und Bewerten von Lösungen	396
8.5.1	Optimieren und Bewerten qualitativer Parameter	397
8.5.2	Optimieren quantitativer Parameter	402
8.5.3	Beispiele	413
9	Beispiele methodischen Konstruierens	419
9.1	Entwickeln von Pumpen	419
9.2	Entwickeln von Drahtwebmaschinen	425
9.3	Entwickeln von Nahtwebmaschinen	427
9.4	Entwickeln von Zündzeitpunktverstellern	432
9.5	Entwickeln von Verbindungen	433
9.6	Entwickeln von Paletten	437
9.7	Entwickeln einer Fadenhalter- und Schneideinrichtung	438
9.8	Gestalten von Kegelradgetrieben	443
9.9	Gestalten von Bremssteuerventilen	445
9.10	Entwickeln von Bremssystemen	450
9.11	Gestalten eines Schalters für PKW-Sitzheizungen	456
10	Automatisieren von Konstruktionsprozessen	461
10.1	Bestimmung der Typ- und Abmessungsvarianten einer Produktart	466
10.2	Konstruktionsalgorithmen zur Bestimmung von Produkten	484

   1. Algorithmen zur Bestimmung von
    Produktetypen 484
   2. Algorithmen zur Bestimmung von
    Abmessungsvarianten 486
   3. Beispiel............................ 488

11 Informationssysteme über technische Produkte   **491**

11.1   Ordnungs- und Suchmerkmale 492

11.2   Informationssysteme für unterschiedliche Aufgaben 495

11.3   Festlegen von Suchmerkmalen................. 497

12 Innovation technischer Produkte **509**

12.1   Innovationsanstöße durch Bedarfsermittlung.... 511

12.2   Innovationsanstöße durch Entwickeln von Aufgabenstellungen 513

12.3   Innovationsanstöße durch Variieren von Konstruktionsmitteln oder Fertigungsverfahren... 516

12.4   Zusammenfassung 519

12.5   Beispiele................................... 520

13 Patentwesen, methodisches Konstruieren und Erfinden............................... **523**

13.1   Schutzwürdigkeit technischer Lösungen 524

13.2   Konstruktionselemente und Konstruktionsprozeß 524

13.3   Eigenschaften technischer Produkte............ 526

13.4   Neuheit von Lösungen........................ 526

13.5   Fortschrittlichkeit von Lösungen............... 529

13.6   Erfinderische Tätigkeiten, Erfindungshöhe 531

13.7   Grundlagen zur Prüfung von Neuheit und Erfindungshöhe 541

14 Anhang....................................... **547**

Tabelle 1   Systematik der physikalischen Effekte für die Grundoperation „Wandeln und Vergrößern von Energien und Signalen" 547

Tabelle 2	Systematik der physik. Effekte für die Grundoperation „Verbinden und Trennen von Energien und Stoffen"	550
Tabelle 3	Systematik der physikalischen Effekte für die Grundoperation „Trennen von Stoffen"	552
Prinzipkatalog 1	Wandeln der Energie- bzw. Signalart	555
Prinzipkatalog 2	Vergrößern bzw. Verkleinern physikalischer Größen	588
Prinzipkatalog 3	Fügen von Stoffen	596
Prinzipkatalog 4	Lösen von Stoffen	598
Prinzipkatalog 5	Trennen von Stoffen	604
Prinzipkatalog 6	Mischen von Stoffen	634
Tabelle 4	Eigenschaften von Oberflächen, Realisierungsmöglichkeiten, Beispiele	639
Tabelle 5	Eisenlegierungen – Eigenschaften und Anwendungen	646
Tabelle 6	Nickellegierungen – Eigenschaften und Anwendungen	648
Tabelle 7	Kobaltlegierungen – Eigenschaften und Anwendungen	650
Tabelle 8	Kupfer-, Blei-, Zinnlegierungen – Eigenschaften und Anwendungen	652
Tabelle 9	Elementare Stoffe (Metalle, Nichtmetalle) – Eigenschaften und Anwendungen	654
Tabelle 10	Komposite, Dispersionen – Eigenschaften und Anwendungen	656
Tabelle 11	Keramische Werkstoffe, Oxyde, Nitride, Karbide, Boride, Silizide – Eigenschaften und Anwendungen	658
Tabelle 12	Teilkristalline Thermoplaste – Eigenschaften und Anwendungen	660
Tabelle 13	Amorphe Thermoplaste und Duroplaste – Eigenschaften und Anwendungen	665

Literatur **671**

Literatur zum Anhang 681

Sachwortverzeichnis **685**

DEFINITIONEN

Definition wichtiger Begriffe

Abmessungsvarianten — Produktvarianten für gleiche Zwecke, welche sich wenigstens in einem (quantitativen) Abmessungs-, Längen- oder Winkelabstandswert unterscheiden

Algorithmus — Verfahren, bestehend aus Regeln (Anweisungen) zur Lösung einer Klasse von Aufgaben

Anforderungsliste — Forderungen, Bedingungen, Restriktionen, die an ein Produkt zu stellen sind; die Anforderungsliste ist ein wesentlicher Teil der Aufgabenstellung eines Produkts, s. a. Aufgabenstellung

Apparat — Technisches System, dessen primärer Zweck es ist, Stoffe in irgendeiner Weise umzusetzen und/oder einen Stofffluß zu verwirklichen

Aufgabenstellung — Pflichtenheft oder Spezifikation; Sammlung aller möglichen Daten und Informationen zur Bestimmung eines technischen Produkts. „Was" soll das Produkt tun (Zweck des Produkts) und unter welchen Bedingungen (Forderungen, Restriktionen) soll es diesen Zweck erfüllen? („Wie" soll es diesen Zweck erfüllen?)

Ausfallwahrscheinlichkeit — Wahrscheinlichkeit einer Funktionsunfähigkeit eines Produkts während einer bestimmten Betriebsdauer unter bestimmten Betriebsbedingungen

Baueinheit — siehe Baugruppe

Baugruppe — Ein aus mehreren Bauteilen – fest oder beweg-

	lich verbunden – zusammengesetztes, funktionsfähiges technisches Gebilde
Baukastensystem	System, bestehend aus bestimmten Bausteinen (Bauteilen oder Baugruppen) gleicher oder unterschiedlicher Funktion und Gestalt, welche zu komplexeren Systemen unterschiedlicher Gestalt und Funktion zusammengesetzt werden können
Baustein	Bauteil, Baugruppe oder komplexeres System (Maschine, Gerät, Apparat u. a.) eines Baukastensystems
Bauteil	Aus festen Stoffen bestehendes Gebilde (Körper) bestimmter Gestalt; ein nicht weiter zerlegbares Bauelement technischer Systeme. Bauteile im weiteren Sinne können auch Flüssigkeiten (Öle) und Gase (Gasfeder) sein
Bedingungen	siehe Forderungen
Black box	Abstraktion und Symbol eines technischen Systems („Schwarzer Kasten"), dessen Betrachtung sich auf die Ein- und Ausgangsgrößen (Input-Output) beschränken läßt, da das System selbst (dessen „Inneres") für die betreffende Betrachtung unwesentlich ist
Daten	Mittels Stoffänderungen oder Energiezustandsänderungen dokumentierte Informationen
Detaillieren	siehe Gestalten
Effekt, physikalischer	Physikalisches Phänomen, physikalische Erscheinung oder Ablauf eines physikalischen Geschehens; kausaler Zusammenhang zwischen Ursache und Wirkung, Wirkprinzip
Effektträger	Alle Arten von Stoffen oder ein Raum. Ein Raum kann beispielsweise als Leiter elektromagnetischer Wellen dienen. Als unterschiedliche

	Effektträger sollen zwei Stoffe gelten, welche sich wenigstens bezüglich eines Eigenschaftswerts unterscheiden
Effektträgerart	Unterschiedliche Stoffarten; z.B. Stahl, Kunststoff, Keramik, Holz etc.
Effektträgerstruktur	Anordnung von Effektträgern (Werkstoffe, Raum) in Bauteilen oder anderswo. Beispiel: „Sandwich-Bauweise"
Effektträgersorten	Untergruppen von Effektträgerarten, wie beispielsweise Stahl-, Holz- oder Kunststoffsorten
Eigenschaft	siehe Produkteigenschaft
Elementarfunktion, physikalisch-technische	Beschreibung eines nicht mehr weiter gliederbaren Vorgangs (Tätigkeit). Beispielsweise Vergrößern eines Drehmoments, Leiten einer Kraft oder Wandeln elektrischer Energie in mechanische Energie
Energieart, Energie, unterschiedliche	Energien, welche sich bezüglich irgendeines Eigenschaftsmerkmals unterscheiden; beispielsweise: Strahlungsenergien unterschiedlicher Wellenlänge, elektrische oder mechanische Energie u.a.
Energiekomponente	Teilgröße einer Energie: beispielsweise Kraft, Weg, elektrische Spannung u.a.
Energiezustand	Beschreibung von Arten und Werten der Energien, welche von einem technischen System umgesetzt (gewandelt, geleitet, gespeichert etc.) werden können. Beispielsweise: Drehmoment und Drehzahl eines Motors, Kraft-Weg-Funktion einer Feder, Druck, Temperatur und Volumen eines Gases
Entwerfen	siehe Gestalten
Entwickeln	siehe Konstruieren

Fähigkeit	siehe Funktion
Forderung	Von Produkten erwartete Leistungen, Fähigkeiten, Eigenschaften und einzuhaltende Parameterwertvorgaben
Form	Teilbeschreibung der Gestalt einer Teiloberfläche eines Bauteils oder Körpers; Teiloberflächen von Bauteilen können beispielsweise eben, zylindrisch, kegelig oder kugelförmig sein. Die Form ist einer von mehreren Parametern der Gestalt einer Teiloberfläche eines Bauteils
Funktion, technische	Tätigkeit oder Fähigkeit technischer Gebilde. Qualitative und/oder quantitative (gesetzmäßige) Beschreibung der Tätigkeit eines technischen Gebildes; beispielsweise „Kraft (500 N) leiten"
Funktionseinheit	Zusammenfassung mehrerer elementarer Funktionen zu einer immateriellen Einheit; eine Funktionseinheit kann, muß aber nicht, mittels einer Baueinheit (einer Maschine, einer Baugruppe oder eines Bauteils) realisiert sein
Funktionsstruktur	Verknüpfung von Teil- und/oder Elementarfunktionen in einem Strukturplan (Tätigkeits- oder Schaltplan) zu einer Gesamtfunktion eines Systems
Gebilde, technisches	siehe System
Gerät	Technisches System, dessen primärer Zweck es ist, Daten in irgendeiner Weise umzusetzen und/oder einen Datenfluß zu ermöglichen
Gestalt, makroskopische	Aussehen eines Bauteils, einer Baugruppe oder sonstiger technischer Gebilde; Oberbegriff für die Beschreibung des Aussehens eines technischen Gebildes durch alle seine Parameter, wie beispielsweise Zahl, Form, Abstände, Abmessungen der Teiloberflächen.

Definition wichtiger Begriffe XXI

Gestalt, mikroskopische	Die mikroskopische Gestalt technischer Oberflächen wird bestimmt durch deren Passungen (DIN 7150), Form- und Lagetoleranzen (DIN 7184) und deren Oberflächenbeschaffenheit (DIN 1302)
Gestaltelemente	Je nach „Komplexitätsebene" können Punkte (Ecken), Linien (Kanten), Flächen (Teiloberflächen), Bauteile, Baugruppen etc. Gestaltelemente des jeweils nächst komplexeren Systems sein
Gestalten	Festlegen der makro- und mikroskopischen Gestalt technischer Gebilde, d.h. von Teiloberflächen, Bauteilen, Baugruppen oder Maschinen etc.
Gestaltparameter	Qualitative und quantitative Größen, mittels welcher die Gestalt technischer Gebilde beschrieben und verändert werden kann
Gestaltparameterwerte, qualitative	Qualitative Werte, welche Gestaltparameter annehmen können; beispielsweise kann eine Teiloberfläche eines Bauteils die Werte eben, zylindrisch, kegelig, kugelförmig usw. annehmen
Gestaltparameterwerte, quantitative	Quantitative Werte, welche Längen- und Winkelabstände sowie Abmessungen von Gestaltelementen annehmen können; beispielsweise Radius einer Zylinderfläche = 10 mm
Gestaltvariante	Variante eines technischen Gebildes gleichen Zwecks, welche sich in wenigstens einem qualitativen oder quantitativen Gestaltparameterwert unterscheidet
Grundoperation	Tätigkeit beim Ablauf physikalischer Vorgänge, welche nicht mehr weiter in unterschiedliche Tätigkeiten gegliedert werden kann; z.B. Wandeln, Vergrößern, Leiten etc. irgendeiner physikalischen Größe, ohne Angabe, welche Größe in welche andere gewandelt werden soll

Hauptfunktion	siehe Zweckfunktion
Information	Jede Art von Unterschied oder was ein Lebewesen darunter versteht, wenn es bestimmte Daten aufnimmt (erhält)
Intuition	Erkenntnisse oder Einfälle zur Lösung einer Aufgabe, ohne erkennbaren Lösungsweg oder Vorgehensregel
Kernfunktion	siehe Zweckfunktion
Konstruieren	Alle jene Synthese-, Analyse-, Bewertungs- und Selektionstätigkeiten, die notwendig sind, um für eine bestimmte technische Aufgabe eine zu einem bestimmten Zeitpunkt bestmögliche Lösung anzugeben. Unter „bestmögliche" Lösung ist hierbei eine genügend zuverlässige, wirtschaftlich realisierbare und sonstigen Bedingungen genügende Lösung zu verstehen. Umsetzen von Forderungen einer Aufgabenstellung in ein Produkt mit diesen entsprechenden Fähigkeiten und Eigenschaften.
Konstruktionslehre	Erforschung, Beschreibung und Lehre allgemeiner und spezieller Konstruktionsprozesse (Konstruktionsvorgänge)
Konstruktionsmethode	Regelwerk zum planmäßigen Entwickeln einer Lösung für eine bestimmte technische Aufgabenstellung
Konstruktionsparameter	Physikalisch-technische Größen, durch welche technische Produkte bestimmt werden. Das sind Elementarfunktionen, Effekte, Effektträger, Gestaltelemente und deren Strukturen sowie Oberflächen, Energiearten und Energiezustände beschreibende Parameter
Lebensdauer	Zeit, während der ein Produkt unter bestimmten Betriebsbedingungen und in Anspruchnahme von Wartungs- und begrenzten Repara-

Definition wichtiger Begriffe XXIII

	turleistungen in der Lage ist, seine Funktionsfähigkeit ausreichend zu erfüllen
Lösung, vollständige, konstruktive	Alle zum Bau eines bestimmten technischen Systems erforderlichen Daten, einschließlich deren Dokumentationen; vollständige Beschreibung eines technischen Gebildes
Lösungskonzept	Eine optimal erscheinende Prinziplösung für eine bestimmte Aufgabe
Maschine	Technisches System, dessen primärer Zweck es ist, Energie in irgendeiner Weise umzusetzen und/oder einen Energiefluß zu ermöglichen
Maßvariante	Alternative Variante eines technischen Gebildes gleichen Zwecks, entstanden durch Variation eines quantitativen Parameterwerts; beispielsweise eines Abmessungs-, Abstands-, Werkstoffeigenschafts-, Toleranz-, Rauhigkeits- oder Energiezustandswertes
Module, Modularbausteine	Bausteine eines Baukastensystems mit identischen geometrischen Verbindungsschnittstellen, so daß diese an verschiedenen Stellen des Systems eingesetzt (verbunden) werden können
Nutzungsdauer	Zeit zwischen einer Inbetriebnahme und einer notwendigen Außerbetriebnahme eines Produkts aufgrund von Bedingungen oder Vorschriften bezüglich Sicherheit, Zuverlässigkeit
Parameter	siehe Konstruktionsparameter
Pflichtenheft	siehe Aufgabenstellung
Phänomen, physikalisches	siehe Effekt, physikalischer
Prinzip, physikalisches	Festlegung des Effekts, einer Effektkette und eines Effektträgers, mit welchen eine bestimmte

	technische Funktion verwirklicht wird. Effekt und Effektträger legen die Gestalt eines technischen Gebildes nicht fest. Beschreibung physikalischer Vorgänge (Tätigkeiten; Ursache-Wirkzusammenhänge, Wirkprinzip)
Prinziplösung	Beschreibung der Wirkungsweise bestimmter physikalischer Effekte, welche zur Realisierung von Tätigkeiten technischer Systeme genutzt werden. Eine Prinziplösung wird bestimmt durch Effekt, Effektträger und der Wirkungsweise des betreffenden physikalischen Prinzips
Produkt, technisches	Für einen bestimmten Zweck erstelltes stoffliches Gebilde. Die stoffliche Verwirklichung einer Lösung für eine bestimmte Aufgabenstellung
Produktart	Produkte gleicher Zwecke mit in bestimmten Grenzen beliebigen Parameter- und Eigenschaftswerten
Produkteigenschaft	Ein zum Wesen eines Produkts gehörendes Merkmal, wie beispielsweise Leistung, Lebensdauer, Zuverlässigkeit u.a.. Nicht als Eigenschaften eines Produkts sollen hingegen die ein Produkt beschreibenden Parameter bezeichnet werden
Restriktion	siehe Forderung
Schnittstellen	Systemgrenzen. Beschreibungen der Ein- und Ausgänge technischer Systeme
Signal	Die eine Information darstellende physikalische Größe, z. B. Länge, Spannung, Strom, Energie eines Magnetfelds oder elektrischen Felds etc.
Spezifikation	siehe Aufgabenstellung
System, allgemeines	Gesamtheit aller mittelbar oder unmittelbar zusammenwirkenden Systemelemente innerhalb bestimmter Systemgrenzen

System, technisches	Oberbegriff für Bauteil, Baugruppe, Maschine und noch andere, komplexere technische Produkte
Systematik	Eine Ordnung nach einem bestimmten Kriterium in übersichtlicher Darstellung. Beispiel: Periodisches System der chemischen Elemente oder Systematik der physikalischen Effekte (s. Anhang)
Tätigkeit, elementare	Eine Tätigkeit, welche nicht in mehrere unterschiedliche Tätigkeiten gegliedert werden kann; z. B. „Leiten eines Stoffs", im Gegensatz zu „Montieren eines Bauteils"
Teiloberfläche	Durch Kanten (Unstetigkeiten 1. oder 2. Ordnung) begrenzte (berandete) materielle Teile der Gesamtoberfläche von Bauteilen
Typ, Typvariante	Variante technischer Gebilde gleichen Zwecks (gleicher Zweckfunktion), welche sich wenigstens in einem qualitativen Parameterwert unterscheidet; beispielsweise Funktions-, Prinzip-, Werkstoffstruktur; Gestalt-, Oberflächen- oder Energiezustandsparameterwert
Variante	Alternative technische Gebilde gleichen Zwecks, welche sich in wenigstens einem qualitativen oder quantitativen Parameterwert von anderen Produkten gleichen Zwecks unterscheiden
Verbindungsstruktur	Die Festlegung, welche Gestaltelemente (z. B. Bauteile) mit welchen anderen technisch verbunden sind
Wirkfläche	Teiloberfläche technischer Gebilde, welche für die Funktion (das Wirken) des betreffenden technischen Gebildes von wesentlicher Bedeutung ist, z. B. Reibfläche einer Bremsscheibe
Zuverlässigkeit	Wahrscheinlichkeit der Funktionserfüllung eines technischen Produkts während einer

bestimmten Betriebsdauer, unter bestimmten Betriebsbedingungen.

Zweck   Sinn eines technischen Produkts, oder: „Was soll ein Produkt bewirken (z. B. ein Automobil vor Diebstahl sichern, Rasen kurz halten, Daten dokumentieren)"?

Zweckfunktion   Die Funktion, welche den Zweck eines technischen Gebildes realisiert; kann auch als Haupt- oder Kernfunktion bezeichnet werden

Einführung

1.1 Bedeutung der Konstruktion

Betrachtet man das Erscheinen neuer technischer Produkte auf dem Markt – seien es relativ einfache technische Gebrauchsgegenstände oder komplizierte technische Systeme, wie beispielsweise Raumfahrtsysteme, so stellt man fest, daß diesen eine Fülle von Ideen vorangegangen sein muß, um sie in einer Vollkommenheit entstehen zu lassen, wie sie derzeitige Produkte üblicherweise besitzen.

Bei dem heutigen hohen Perfektionsgrad technischer Produkte sind es bei deren Wettstreit oft nur „Kleinigkeiten", welche den Erfolg oder Mißerfolg eines Produkts ausmachen. Das Wachstum des Sozialprodukts eines Industriestaats und der Erfolg eines Unternehmens hängen wesentlich von der Qualität und Konkurrenzfähigkeit der erzeugten Produkte ab. Voraussetzung dafür ist die Leistungsfähigkeit der Forschung, der Konstruktion und der Fertigung des betreffenden Landes bzw. seiner Betriebe. Daran mag man die Bedeutung der Konstruktion für die Menschen und die Wirtschaft eines Landes ermessen.

Die Konstruktions- und Entwicklungsabteilung setzt die von der Unternehmensleitung, Produktplanung, Forschung und anderen Abteilungen vorgegebenen Daten in Konstruktionsergebnisse um. Konstruktionsergebnisse sind vollständige Beschreibungen von Produkten. „Arbeitsvorbereitung, Fertigung und Montage" produzieren diesen Beschreibungen entsprechende Produkte. Bild 1.1 soll die zentrale Bedeutung der Konstruktions- und Entwicklungsabteilungen für ein Unternehmen veranschaulichen.

Aufgrund dieser enormen wirtschaftlichen Bedeutung ist es notwendig, Konstruktionsprozesse zu erforschen und zu beschreiben, um so bessere „Werkzeuge" zur Entwicklung qualitativ hochwertiger Produkte zu erhalten.

Die Erforschung und Beschreibung von Konstruktionsprozessen ist ferner noch deshalb von so wesentlicher Bedeutung, weil hiermit auch Voraussetzungen und Grundlagen für die Entwicklung von Programmen

2 KAPITEL 1 Einführung

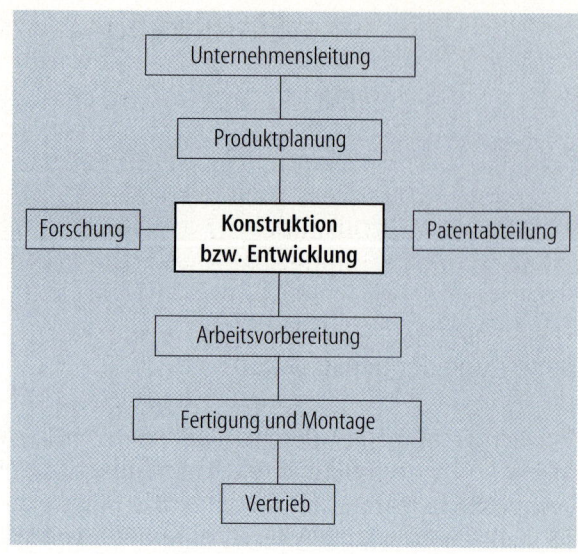

Bild 1.1 Stellung von Konstruktionsabteilungen in Organisationsstrukturen von Unternehmen

zur Automatisierung von Konstruktionsvorgängen geschaffen werden können. Die Automatisierung von Konstruktionstätigkeiten wird wesentlicher Bestandteil zukünftiger CAD-Entwicklungen sein.

In den vergangenen zweihundert Jahren Technikevolution – seit der Erfindung der Dampfmaschine – ist die Zahl unterschiedlicher Maschinenbauprodukte auf viele Tausend angestiegen. Die Einrichtung fachspezifischer Konstruktionslehrstühle für die verschiedenen Branchen, wie beispielsweise Dampfmaschinen, Dampfturbinen, Turboverdichter u. a., kann der Praxis angesichts der großen Branchenvielfalt nicht mehr gerecht werden. Aus diesem Grunde bedarf es einer allen maschinenbaulichen Produkten gemeinsamen, allgemeingültigen Konstruktionslehre. Konstruktionsprozesse rationeller und teilweise vollautomatisiert durchführen zu können, ist, wie erwähnt, ein weiterer Grund, Konstruktionsprozesse zu erforschen und zu beschreiben.

Technische Produkte haben in der Zwischenzeit einen so hohen Perfektionsgrad erreicht, daß deren Verbesserung – auch wenn man nur an kleine Entwicklungsschritte denkt – bei intuitiver Arbeitsweise nur mit relativ großem Zeitaufwand möglich ist. Deshalb wird man in Zukunft notwendigerweise in zunehmendem Maße auf systematische Vorgehensweisen zurückgreifen müssen.

Obwohl die Menschen seit Beginn ihres Daseins konstruktiv tätig sind, um sich Hilfsmittel zur Erleichterung und Vereinfachung der notwendigen Arbeiten zu schaffen, sind diese Tätigkeiten bis in die jüngste Zeit überwiegend intuitiv durchgeführt worden. Von einigen genialen Ingenieuren vergangener Zeit – Archimedes, Leonardo u. a. – sind wenigstens die Ergebnisse ihrer konstruktiven Gedankengänge überliefert, nicht hingegen die Methoden, wie sie zu diesen Ergebnissen gelangten. In neuerer Zeit waren es James Watt, der Erfinder der Dampfmaschine (1778) und Babbage, der das erste Konzept des Digitalrechners (1833) erstellte, deren Konstruktionsergebnisse überliefert sind. Letzteres führte rund 100 Jahre später durch Zuse zur Entwicklung des ersten Digitalrechners, einem Hilfsmittel zur Automatisierung von Büroarbeiten. Die Erfindung der Dampfmaschine und die der übrigen Kraftmaschinen waren Voraussetzung zur Automatisierung manueller Tätigkeiten.

In keinem der genannten Fälle sind uns irgendwelche Informationen über die Vorgehensweise, die zu solch großen Ingenieurleistungen führten, bekannt. Diese waren nur Mittel zum Zweck, und man fand es nicht der Mühe wert, über die Vorgehensweise zu berichten. Erst in neuerer Zeit haben sich Franke [63, 64, 65], Hansen [77, 78], Kesselring [104, 105], Rodenacker [178, 179, 180, 181], Wögerbauer [235] u. a. mit den Vorgängen bei der Synthese von Maschinen beschäftigt und versucht, diese Tätigkeiten zu beschreiben.

Früher war man geneigt, das Konstruieren, insbesondere das Finden neuer Lösungen für technische Aufgaben, als schöpferische Tätigkeit anzusehen, die entsprechend begabten Konstrukteuren vorbehalten war. Sicher wird eine auch noch so gute Konstruktionsmethode die Fähigkeiten eines genialen oder auch nur durchschnittlich begabten Ingenieurs niemals voll ersetzen können, aber durch methodisches Vorgehen können beide in ihrer Effektivität erheblich unterstützt und angeregt werden. Das Konstruieren würde, falls es je möglich wäre, alle Lösungen rein systematisch zu konstruieren, sehr viel von seiner Attraktivität verlieren.

1.2
Aufgaben und Ziele der Konstruktionslehre

In der Vergangenheit war es üblich, Konstruieren vorwiegend anhand bestimmter Produkte, wie z. B. Lager, Zahnräder, Verbindungen, Verbrennungsmotoren, Turbinen, Werkzeugmaschinen u. a. technischer Gebilde zu erforschen und zu lehren. Man lehrte Konstruieren und Entwickeln vorwiegend fachspezifisch an bestimmten Produktgruppen und mittels Vorbildern. Demgegenüber wurde das „Fertigen von Produkten" immer produktunabhängig bzw. produktneutral gelehrt.

Seit Anfang der 60er Jahre ist man bemüht, eine allgemeingültige, produktneutrale Konstruktionslehre zu entwickeln. Auslöser dieser Entwicklung war einerseits die im Laufe der Technikevolution enorm gestiegene Zahl unterschiedlicher Maschinenbauprodukte und andererseits das Aufkommen leistungsfähiger Computer, mit deren Hilfe das Automatisieren von Zeichen- und Konstruktionstätigkeiten möglich wurde. Konstruktionsmethodeforschung ist die wesentliche Voraussetzung zur Analyse, Beschreibung und Automatisierung von Konstruktionsprozessen. Das Bewußtmachen von Konstruktions- und Entwicklungsprozessen ist auch ein „Werkzeug" zur Entwicklung qualitativ besserer Produkte, schutzfähiger Lösungen oder Umgehungen geschützter Lösungen. Schließlich ist die Konstruktionslehre ein Mittel, das sich ständig vergrößernde und sich in Spezialgebiete verzweigende Wissensgebiet „Maschinenwesen" generell zu betrachten und es überschaubarer zu machen, als dies ohne dieses Hilfsmittel möglich ist.

Ziel und Zweck einer Konstruktionsmethodeforschung sind deshalb
- die Schaffung einer allgemeingültigen (produktneutralen) und speziellen (produktspezifischen) Konstruktionslehre,
- die Entwicklung eines „Werkzeugs" zur Schaffung qualitativ besserer und wirtschaftlicherer Produkte,
- die Rationalisierung und Schaffung der Voraussetzungen zur Automatisierung von Konstruktionsprozessen (Computer Aided Design),
- die Schaffung einer Lehre zur schnelleren und besseren Ausbildung von Konstrukteuren,
- die Schaffung einer generellen Lehre technischer Systeme und damit eines Mittels zum besseren Verständnis und zur besseren Überschaubarkeit des sich ständig vergrößernden und sich in viele Spezialgebiete verzweigenden Wissensgebiets Maschinenwesen sowie schließlich
- die Schaffung von Mitteln zur Verbesserung des Patentwesens.

Um diesen Zwecken gerecht zu werden, ist das Ziel der Konstruktionsmethodeforschung die Schaffung einer allgemeingültigen, nicht an bestimmte Produkte gebundene Vorgehensweise, welche im Maschinen-, Geräte- und Apparatebau gleich gut anwendbar ist. Die Regeln dieser Methode müssen die Gewähr bieten, daß sie für eine bestimmte Fragestellung alle existenten Lösungen liefern, um sicher zu sein, daß eine eventuell existierende bessere Lösung nicht übersehen wird. Schließlich soll eine derartige Methode auch Regeln besitzen, die eine „möglichst objektive" Auswahl der günstigsten Lösung aus einem Feld von alternativen Lösungen ermöglichen oder zumindest erleichtern.

Hierzu ist die Kenntnis aller Lösungen für eine bestimmte Aufgabenstellung eine wesentliche Voraussetzung; ähnlich wie man auch von mathematischen Methoden verlangt, daß sie alle existenten Lösungen aufzeigen.

Ein weiteres Ziel der Konstruktionsmethodeforschung ist es, die Unterschiede zwischen produktneutralen (allgemeinen) und produktspezifischen (speziellen) Konstruktionsvorgängen herauszustellen und Beschreibungsmöglichkeiten produktspezifischer Konstruktionsvorgänge aufzuzeigen.

Methoden, die nur eine bestimmte Lösung liefern, wenn das Problem tatsächlich mehrere Lösungen hat, sind bisher nicht bekannt geworden. Im Gegensatz zu mathematisch formulierbaren Aufgaben ist in der Konstruktion die Zahl der Lösungen für eine Aufgabenstellung um ein Vielfaches größer. Deshalb wäre es wünschenswert, Konstruktionsregeln zu entwickeln, die nur die für die jeweilige Aufgabenstellung *beste* Lösung liefern. Die Mathematik kennt aber keine Methoden, welche bei mehrdeutigen Aufgabenstellungen nur *eine*, den Aufgabensteller interessierende Lösung liefert und welche die anderen Lösungen unterdrücken. Auch für die Lösung konstruktiver Aufgaben scheint es keine Methode zu geben, die nur die für die betreffende Aufgabenstellung am besten geeignete Lösung liefert. Vielmehr lassen sich nur Methoden angeben, welche üblicherweise immer mehrere Lösungen liefern, aus welchen der Konstrukteur die für den betreffenden Fall günstigste Lösung (entsprechend zu berücksichtigender Bedingungen) auswählen kann. Ziel dieses Buchs ist es, eine möglichst vollkommene und umfassende Beschreibung von Konstruktionsprozessen zu liefern, um somit Grundlagen zur Neu- und Weiterentwicklung technischer Produkte sowie Voraussetzungen zur Rationalisierung und Automatisierung von Konstruktionstätigkeiten zu schaffen.

Kapitel 2

Produktplanung und Aufgabenstellung 2

Aufgabenstellungen, welche später in Konstruktionsabteilungen in Produktbeschreibungen umgesetzt werden, entstehen durch Kundenaufträge oder durch Produktplanung. Für Produktplanungen sind in Unternehmen meist eigene Planungsabteilungen vorgesehen. Produktplanung ist vorwiegend bei der Konsumgüterindustrie bzw. bei Gütern, welche in großer Stückzahl gefertigt werden, wie beispielsweise Fahrzeuge, Haushaltsmaschinen, Unterhaltungselektronik etc., üblich. Aufgabenstellungen durch Kundenaufträge sind vorwiegend bei Investitionsgütern, d.h. relativ teuren Gütern, wie beispielsweise Kraftwerken, Walzwerkanlagen, Spezialmaschinen u.a., welche nur in relativ kleinen Stückzahlen produziert werden, üblich. Aufgabe der Produktplanungsabteilungen ist es, die Bedürfnisse der verschiedenen Märkte und/oder „Kundenkreise" zu analysieren, um dem jeweiligen Markt oder den Kundenbedürfnissen entsprechende Aufgabenstellungen zu erstellen. So unterscheiden sich die Forderungen an Produkte wesentlich, je nachdem ob diese für Industrie- oder Entwicklungsländer geeignet sein sollen. Bei der Entwicklung von Produkten für Entwicklungsländer werden diesbezüglich oft Fehler gemacht. Auch zwischen den Märkten unterschiedlicher Industrieländer gibt es oft wesentliche Unterschiede in den an Produkte zu stellenden Forderungen. Bei der Erstellung von Aufgabenstellungen sind diese unterschiedlichen Marktforderungen zu erkunden und zu berücksichtigen.

Konstruktionsabteilungen sollten an Produktplanungen beteiligt werden, weil sie die Folgen (Kosten) von Forderungen und Wünschen meist besser übersehen können als andere Abteilungen.

Eine marktgerechte Produktplanung ist eine wichtige Voraussetzung für den wirtschaftlichen Erfolg eines Unternehmens. Produktplanungen sollten deshalb sehr sorgfältig und nicht ohne Analyse der Märkte bzw. Kunden geschehen, für welche die betreffenden Produkte gedacht sind. Wie die Praxis zeigt, gehen Produktentwicklungen manchmal sehr umfangreiche mehrjährige sorgfältige Produktplanungen voraus, um auf dem Markt erfolgreich bestehen zu können.

2.1
Entwicklung von Produktideen

Anlaß und Ursprung für die Entwicklung technischer Produkte sind die Bedürfnisse und Wünsche der Menschen hinsichtlich Ernährung, Kleidung, Gesundheit, Wohnen, Reisen, Information und Unterhaltung, kurzum das Bestreben der Menschen „zivilisiert zu leben". Zur Befriedigung wesentlicher Bedürfnisse und Wünsche bedarf es verschiedener Tätigkeiten. Um Tätigkeiten möglichst bequem manuell erledigen zu können oder automatisch erledigen zu lassen, besteht der Wunsch nach Werkzeugen und Automaten, die die Durchführung der notwendigen Arbeiten erleichtern oder weitgehend selbständig erledigen können. Die Folge dieser Wünsche sind die Land- und Lebensmitteltechnik, die Textil-, Bau- sowie Transport- und Verkehrstechnik, medizinische Technik und Kommunikationstechnik wie Drucktechnik, Rundfunk, Fernsehen usw. Diese primären technischen Systeme erzeugen einen Bedarf nach sekundären technischen Systemen und Einrichtungen, wie Werkzeugmaschinen, Vorrichtungen, Anlagen zur Stahlerzeugung (u.a.), um erstere wirtschaftlich herstellen zu können.

Voraussetzung für die sinnvolle Entwicklung eines technischen Produkts ist der Bedarf und die gesellschaftliche Akzeptanz des betreffenden Erzeugnisses. Vor Beginn der Entwicklung eines Produkts sollte deshalb stets eine sorgfältige *Analyse und Prognose* des Marktbedarfs durchgeführt werden. Diese, vor Beginn der Entwicklung notwendigen Tätigkeiten, werden unter dem Begriff *Produktplanung* zusammengefaßt. Ihre Aufgabe ist es – neben der Ermittlung des Marktbedarfs und der gesellschaftlichen Akzeptanz – festzustellen, welche Produkte mit welchen Eigenschaften zu welchem Zeitpunkt und für welche Märkte entwickelt, gefertigt und verkauft werden können. Neben diesen sehr anspruchsvollen Aussagen ist die Entwicklung von detaillierten Vorstellungen über den Zweck, die Eigenschaften und über sonstige Daten des Produkts die wichtigste Aufgabe der Produktplanung. Ergebnis einer Produktplanung ist eine detaillierte Aufgabenstellung über das für einen bestimmten Kunden oder für einen anonymen Kundenkreis zu entwickelnde Produkt.

Anlaß und Wege zu neuen Produkten können sein:
- neu entdeckte physikalische oder chemische Effekte; Beispiele: die Entdeckung des Laser-Effekts ermöglichte die Entwicklung von Laser-Schweiß- und -Schneidemaschinen; die Erfindung des

Transistors ermöglichte die Entwicklung äußerst kostengünstiger elektronischer Logikschaltungen und Postdienste wie Telefax, Btx-Systeme u.a.,

- Nutzung alternativer, physikalischer Prinzipien (Effekte); Beispiele: elektrische anstelle mechanischer Lösungen; Schrittmotor anstelle von Getrieben; Dampfblasen-Pumpen (bubble-jets) bei Tintendruckern anstelle bis dahin üblicher Pumpen mit Piezo-Antrieben,
- Nutzung alternativer Werkstoffe zur Bauteilherstellung; Beispiele: Kunststoffe statt Stahl (s. Automobil- und Gerätebau u.a.) oder Keramik- statt Stahlbauteile,
- Anwendung alternativer Funktionen oder Funktionsstrukturen; Beispiel: Rückkopplung statt Parallel-Schaltung (s. Bild 3.4.3 b, c),
- Verbesserung bestehender Produkte mit dem Ziel wirtschaftlicherer Herstellung und/oder niedrigerer Betriebskosten, geringerer Geräusch- oder Schadstoffemission, höherer Leistung, mehr Komfort, kleiner oder leichter bauend und anderer Vorteile; Beispiele: Flugtriebwerke, Kraftfahrzeuge, Kompressoren, Kartentelefone, Farb- statt Schwarzweißfernseher u.a.,
- andere (neue) Fertigungsverfahren können zu neuen Konstruktionen und Verbesserungen bestehender Produkte führen; Beispiele: laser- statt punktgeschweißte Fahrzeugkomponenten, gestanzte Blechbauteile statt Druckgußbauteile etc.,
- Erhöhung des Automatisierungsgrads bzw. Komfortverbesserungen an bestehenden Produkten; Beispiele: automatisches Getriebe anstelle eines Schaltgetriebes (PKW), automatische Scheibenwischerregelung, u.a.,
- Automatisierung bis dato manueller Tätigkeiten; Beispiele: Kaffeemaschine, Rasenmäher, elektrische Zahnbürste, Elektrorasierer, Nahtwebmaschine, u.a.,
- neue Bedürfnisse und Aufgaben; Beispiele: Umweltschutz bzw. „Umweltmeßeinrichtungen", Luftreinhalteanlagen, Recycling-Maschinen, Katalysator, Lebensmittelauspackmaschinen, Wasserreinigungsanlagen, Verkehrsleitsysteme, Telefax etc.

Ideen für neue Produkte können auch durch
- Kundenwünsche,
- Kundenbefragungen,
- Patentrecherchen,
- Marktprognosen, d.h. Marktanalyse, Trendanalyse, Trendextrapolation, Trendkorrelation, Modellprognose,

KAPITEL 2 Produktplanung und Aufgabenstellung

Bild 2.1 Entstehungs- und Lebensphasen technischer Produkte

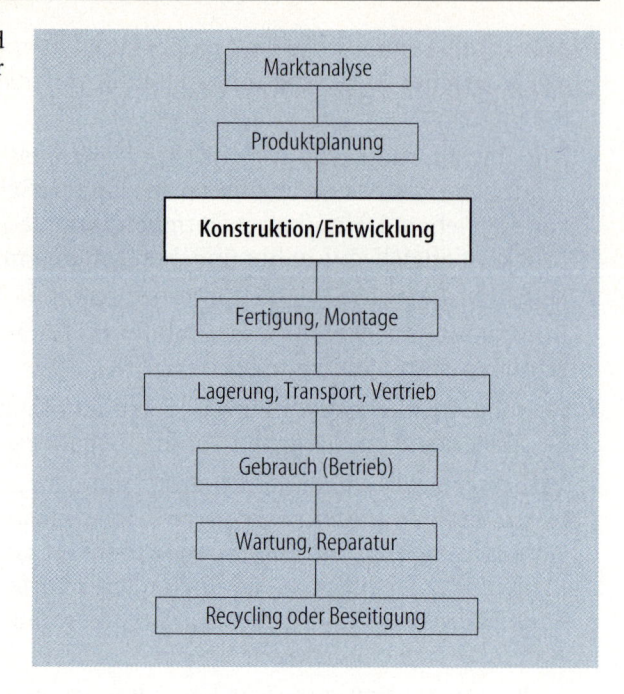

```
Marktanalyse
      ↓
Produktplanung
      ↓
Konstruktion/Entwicklung
      ↓
Fertigung, Montage
      ↓
Lagerung, Transport, Vertrieb
      ↓
Gebrauch (Betrieb)
      ↓
Wartung, Reparatur
      ↓
Recycling oder Beseitigung
```

- Ideensuche, Brainstorming etc. gefunden werden (s. a. Kapitel 12, Innovation technischer Produkte).

Wie die Praxis zeigt, werden manchmal mehrere Jahre für die Erarbeitung von Aufgabenstellungen aufgewandt und sehr umfangreiche Kundenbefragungen durchgeführt. Produktplanungsprozesse werden meist von speziellen, firmeneigenen oder externen Produktplanungsabteilungen gemacht. Weil Konstruktionsabteilungen oft wesentliche Beiträge zur Produktplanung liefern können, sollten sie in allen Fällen in Produktplanungen mit einbezogen werden.

Das Ergebnis der Produktplanung ist eine Aufgabenstellung mit konkreten Vorstellungen über Termine, Stückzahlen, Zweck und sonstige an ein Produkt zu stellenden Forderungen. Nach einer Produktplanung erfolgen die Konstruktion, Entwicklung und Fertigung eines Produkts (s. Bild 2.1). Die Begriffe Konstruktion und Entwicklung sollen im folgenden synonym verstanden werden.

2.2 Zweckbeschreibung und Forderungen an technische Produkte

Die Lösungen für eine Aufgabenstellung hängen einerseits von dem technisch-physikalisch Machbaren sowie andererseits von der Vielzahl der an ein bestimmtes Produkt zu stellenden Forderungen ab. Jede technische Lösung (bzw. jedes Produkt) dient einem oder mehreren bestimmten Zwecken. Kraftfahrzeuge dienen dem Zweck, Personen und Sachen zu transportieren. Der Zweck, den ein Produkt erfüllen soll, ist die wesentliche Forderung an ein Produkt. Aufgabenstellungen bestehen, neben einer oder mehrerer Zweckforderungen, aus einer Vielzahl weiterer Forderungen, auch Bedingungen oder Restriktionen genannt, die das zu entwickelnde Produkt erfüllen muß oder nach Möglichkeit erfüllen soll. Die Begriffe „Forderungen", „Bedingungen" und „Restriktionen" sollen im folgenden synonym verstanden werden. Aufgabe der Konstruktion ist es, die an ein Produkt zu stellenden Forderungen in entsprechende Fähigkeiten und Produkteigenschaften umzusetzen.

Zweckbeschreibung

Vor Beginn einer Entwicklung sollte geklärt werden, welchem Zweck oder welchen Zwecken ein zu entwickelndes Produkt dienen soll. Was soll das zu entwickelnde Produkt tun, welche Zwecke sollen mit einer technischen Lösung erreicht werden? Zweckbeschreibungen sollen frei von Lösungsvorstellungen sein. Mit anderen Worten: Unter Zweck ist in diesem Zusammenhang eine Beschreibung zu verstehen, die angibt, was mit dem zu entwickelnden System erreicht werden soll, ohne daß dabei die Zahl der möglichen Lösungen zur Erfüllung dieses Zwecks in irgendeiner Weise eingeschränkt wird. Die Zweckbeschreibung sagt im allgemeinen nur etwas über das mit einem technischen System zu erreichende Ergebnis aus; sie sagt nichts darüber aus, wie dieses Ergebnis erreicht werden soll. Die Zweckbeschreibung für ein zu entwickelndes technisches System könnte beispielsweise lauten: „Es ist ein technisches System zum Kurzhalten von Rasen zu entwickeln". Würde man vorgeben, daß zu diesem Zweck Rasen zu schneiden ist, schließt man andere Lösungen (chemische oder gentechnische) aus. Würde man des weiteren hierzu als Eingangsgröße elektrische Energie vorgeben, so würde durch diese Bedingung die Zahl der Lösungen weiter eingeschränkt.

Ein Zweck kann durch mehrere verschiedene technische Funktionen erreicht werden. Ebenso gilt die Umkehrung dieses Satzes in der Form: „Eine technische Funktion kann manchmal mehrere Zwecke erfüllen".

Kapitel 2 Produktplanung und Aufgabenstellung

Zweckfunktion – Was soll die Maschine tun?
Wandeln von chemischer in mechanische Energie

- Funktionsstruktursynthese
- Prinzipsynthese
- Gestaltsynthese
- Oberflächen
- Prototypen fertigen, montieren, untersuchen

prüfen, selektieren, verbessern

Bedingungen

Unter welchen Bedingungen soll die Maschine ihren Zweck erfüllen?

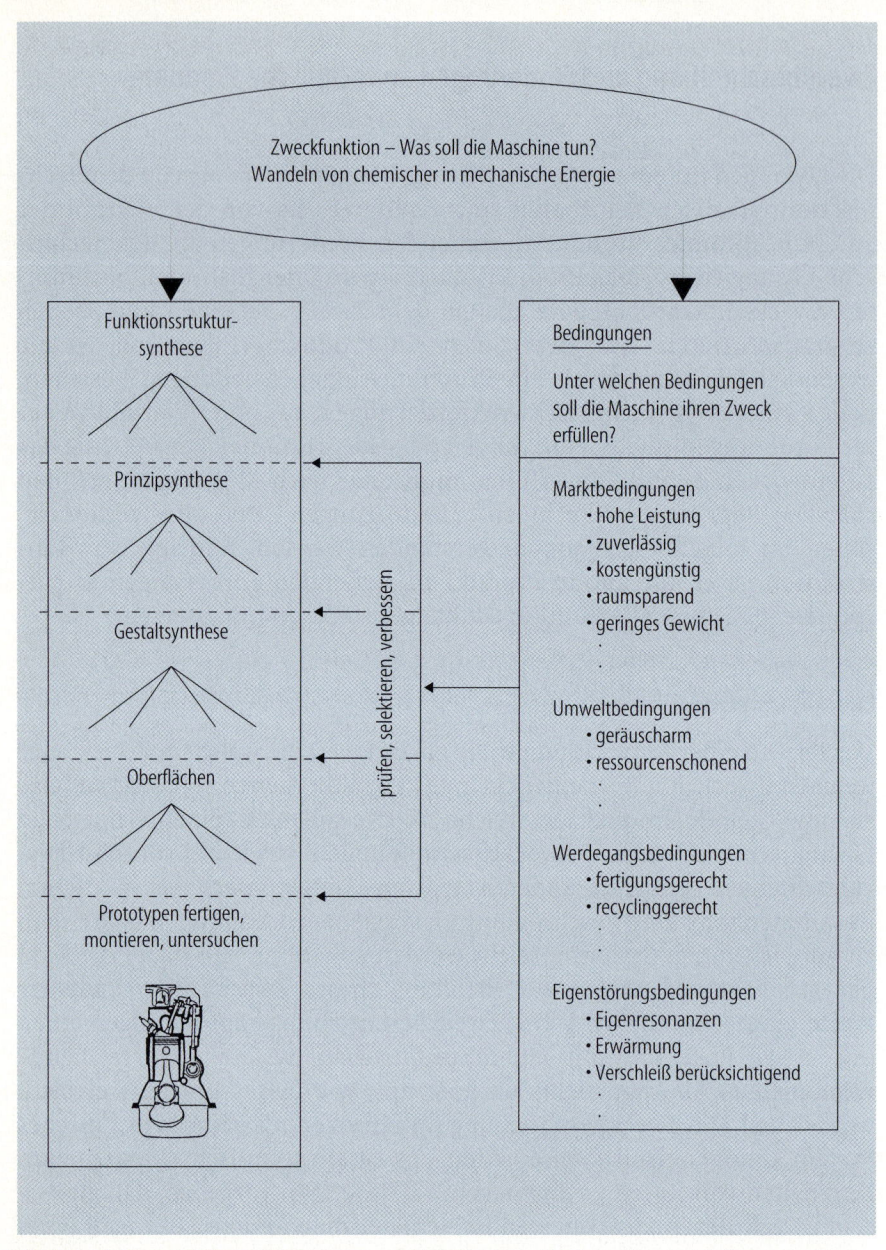

Marktbedingungen
- hohe Leistung
- zuverlässig
- kostengünstig
- raumsparend
- geringes Gewicht
.

Umweltbedingungen
- geräuscharm
- ressourcenschonend
.

Werdegangsbedingungen
- fertigungsgerecht
- recyclinggerecht
.

Eigenstörungsbedingungen
- Eigenresonanzen
- Erwärmung
- Verschleiß berücksichtigend
.

Bild 2.2 Konstruktionstätigkeiten und Zwischenergebnisse. Konstruktionsprozesse bestehen aus Funktionsstruktur-, Prinzip-, Gestalt- und Oberflächensynthese. Jeder Syntheseschritt liefert üblicherweise mehrere Lösungsalternativen unterschiedlicher Konkretisierungsgrade, welche in anschließenden Analyseschritten auf Fähigkeiten und Eignung mit dem Ziel geprüft werden müssen, die jeweils beste Lösungsalternative zu ermitteln. Prüf- und Selektionskriterien sind Funktionserfüllung, kostengünstig, fertigungsgerecht, geräuscharm u. a. Bedingungen

Beispiel: Ein Ventilator kann zur Kühlung (Energietransport) benutzt werden oder Luft von einem Raum in einen anderen fördern (Stofftransport); dies sind verschiedene Zwecke. Ein Rasenmäher hat den Zweck, Rasen zu kürzen; er kann auch zu dem Zweck genutzt werden, Laub zu zerkleinern.

Es gelten folgende Sätze:
Jede überhaupt denkbare Lösung L für einen bestimmten Zweck ist eine Funktion bzw. Folge dieses Zwecks:

$$L = f\,(Zweck)$$

Für jeden Zweck gibt es im allgemeinen mehrere Lösungen. Gibt man nur den Zweck vor und sonst keine weiteren Bedingungen, so erhält man die Gesamtmenge aller möglichen Lösungen L_G für einen Zweck:

$$L_G = f\,(Zweck)$$

Eine Zweckbeschreibung ist eine lösungsfreie Formulierung eines Entwicklungsziels ohne Einschränkungen. Gibt man neben dem Zweck noch an, unter welchen Bedingungen (z.B. es steht nur elektrische Energie zur Verfügung, zulässige Kosten, Mindestwirkungsgrad etc.) ein bestimmter Zweck erreicht werden soll, so hat dies eine Reduzierung der Zahl der Lösungen zur Folge. Die Teilmenge der unter Berücksichtigung von Bedingungen noch existenten Lösungen L_T ist im allgemeinen eine Funktion des Zwecks und der an eine Lösung zu stellenden Bedingungen B_1 bis B_n. L_T ist kleiner oder höchstens gleich der Gesamtmenge L_G aller Lösungen für eine bestimmte Aufgabenstellung:

$$L_T = f\,(Zweck,\ Bedingungen\ B_1...B_n)$$

$$L_T \leq L_G$$

Üblicherweise wird die Zahl der Lösungen auf eine oder einige wenige beschränkt, wenn man die Frage nach der optimalen Lösung bezüglich eines bestimmten Optimierungsziels stellt. Optimierungsziele können sein: kostengünstigste Lösung, funktionssicherste Lösung u.a. oder eine Kombination bzw. ein Kompromiß aus mehreren Einzelforderungen. Es ist auch denkbar, daß man die Forderungen so hoch stellt, daß es nicht möglich ist, eine diesen Forderungen genügende Lösung anzugeben; d.h., die betreffende Aufgabenstellung ist unter den gegebenen Bedingungen nicht lösbar.

Im konkreten Fall sind üblicherweise der Zweck eines zu entwickelnden technischen Systems und zahlreiche, an dieses zu stellende Bedingungen bekannt bzw. vorgegeben. Die an ein zu entwickelndes technisches System zu stellenden Bedingungen oder Forderungen folgen aus dem Markt, der Umwelt und anderen Systemen, wie im Kapitel 5.6 „Restriktionsgerechtes Konstruieren" noch ausführlicher gezeigt wird. Jede an eine Lösung zu stellende Bedingung verringert die Zahl der für eine Aufgabe existenten Lösungen. Letztendlich wird das zu entwickelnde Produkt durch den Zweck, den es zu erfüllen hat, und die gesamten an ein Produkt zu stellenden Bedingungen, bestimmt. Es gilt:

$$\text{Produkt} = f(\text{Zweck}, g_1 B_1, g_2 B_2 \ldots g_n B_n)$$

Mit B_1 bis B_n sollen hierbei bestimmte Bedingungen, mit g_1 bis g_n zugeordnete Gewichtungsfaktoren bezeichnet werden. Während die Zweckbeschreibung eines zu entwickelnden technischen Produkts etwas darüber aussagt, *was* mit dem betreffenden Produkt erreicht (bezweckt) werden soll, besagen die Forderungen oder Restriktionen, *wie* dies bzw. unter welchen Bedingungen dieser Zweck erreicht werden soll (vgl. hierzu auch Bild 2.2).

Forderungen, Bedingungen, Restriktionen

Die Konstruktion hat die Aufgabe, die an ein Produkt gestellten Bedingungen in entsprechende Eigenschaften des Produkts umzusetzen. Werden Forderungen vergessen, sind Fehlentwicklungen die Folge. Zur Erstellung qualifizierter Aufgabenstellungen ist es deshalb wichtig, möglichst keine an ein Produkt zu stellende Forderung zu vergessen. Zur Erstellung einer möglichst lückenlosen Forderungsliste bzw. Aufgabenstellung ist es nützlich, die „Systeme" (bzw. „Quellen") zu kennen, welche Forderungen an technische Produkte stellen, um von Fall zu Fall alle notwendigen Forderungen zu berücksichtigen.

Technische Produkte werden für bestimmte Märkte von Industrie-, Schwellen- oder Entwicklungsländern, natürliche Personen, Behörden, Institutionen, bekannte oder anonyme Kunden etc. entwickelt. Die verschiedenen Märkte und Kunden sind folglich wesentliche „Quellen für Bedingungen". Diese bestimmen im wesentlichen alle für den Gebrauch wichtigen Forderungen technischer Produkte, beispielsweise die Funktionen, die ein Produkt realisieren können soll, die Leistung, Zuverlässigkeit, Lebensdauer u. a. wesentliche, den Wettbewerb interessierende Eigenschaften.

Weitere durch den Markt bzw. Kunden bestimmte Forderungen sind der Preis, die verschiedenen Kosten (z. B. Betriebskosten, Wartungskosten etc.), das Aussehen (Design), der Automatisierungsgrad (Komfort), die Termine für die Einführung (u. a.), die Systemzugehörigkeits- oder Schnittstellenbedingungen (Anschlußmöglichkeiten an andere Systeme), etc.

Weitere „Forderungsquellen" sind die verschiedenen menschlichen Gesellschaften und die Umwelt. Forderungen aufgrund von Einwirkungen der Umwelt auf technische Produkte sowie Forderungen aufgrund von Einwirkungen technischer Systeme auf die Umwelt, wie beispielsweise regen- oder spritzwassergeschützt, nichtrostend, seewasserfest und Forderungen nach geringen Funk-, Lärm- oder Schadstoffemissionen, Forderungen aufgrund von Gesetzen zum Schutze von Leben und Gesundheit für Menschen, Tiere und Pflanzen (u.a.), Forderungen aufgrund von Ressourcen und/oder Schutzrechten.

Die Systeme, die technische Produkte bei ihrer Entstehung und im Laufe ihres „späteren Lebens" zu durchlaufen haben, stellen ebenfalls zahlreiche Forderungen, wie beispielsweise „fertigungsgerecht", „montagegerecht", „gebrauchsgerecht" usw.

Weitere wesentliche Forderungen an Produkte folgen aus den „Schwächen" der zu entwickelnden Systeme selbst, so beispielsweise die Forderungen „reibungsarm", „schwingungsarm", „beanspruchungsgerecht", „nicht elektrostatisch aufladend" u.a.m.

In Bild 5.6.6 sind die verschiedenen Herkunftsbereiche der an Produkte zu stellenden Forderungen übersichtlich zusammengefaßt.

Marktbedingte Forderungen

Technische Produkte sind für unterschiedliche Märkte (Industrie-, Schwellen-, Entwicklungsländer, Gesellschaftsformen), Kunden (Auftraggeber, Verbraucher/anonyme Personen, Behörden etc.) zu entwickeln. Entsprechend dieser unterschiedlichen Systeme und Kunden ergeben sich unterschiedliche Forderungen an die zu entwickelnden Produkte. Technische Produkte für Entwicklungsländer haben zumindest teilweise anderen Forderungen zu genügen als Produkte für Industrieländer. Auch die Forderungen, die die Märkte der verschiedenen Industrieländer an Produkte stellen, unterscheiden sich von Land zu Land.

Der Markt oder der Kunde bestimmt insbesondere
- den Zweck oder die Zwecke, welchen ein Produkt dienen soll.

Durch den Markt bzw. die Kunden werden ferner die Art (Qualität) und Quantität der Funktionen technischer Produkte bestimmt. Konkrete Markt- und/oder Gebrauchsforderungen können beispielsweise sein:
- Leistung, Geschwindigkeit, Drehzahl, Frequenz, Takte pro Zeiteinheit, Kraft, Druck, Drehmoment, Weg, Hub, Stoffdurchsatz, Reichweite oder andere „Leistungsdaten" technischer Systeme,

- Genauigkeit, Meßgenauigkeit, Reproduzierbarkeit, Meßbereich,
- Sicherheit für Leben und Gesundheit,
- Zuverlässigkeit,
- Lebensdauer,
- Baugröße, zulässige,
- Gewicht, zulässiges,
- Schnittstellenbedingungen, aufgrund des Zusammenwirkens mit anderen Systemen. Solche können beispielsweise sein: geometrische Anschlußdaten (Flanschabmessungen), elektrische Anschlußdaten (Spannung, Strom, Frequenz), zulässige Abmessungen (Länge, Breite, Höhe), zulässiges Gewicht oder Masse eines Produkts,
- ergonomische Bedingungen; visuelle, akustische, manuelle Schnittstellenbedingungen zwischen Mensch und Maschine,
- zulässige Betriebslagen (Neigungen),
- Sicherung des Stillstands in Betriebspausen,
- Bedienkomfort, Einfachheit der Bedienung, Automatisierungsgrad des Produkts,
- Schutz gegen Einwirkungen durch Personen (Diebstahl, Zerstörung),
- Sonderausführungen (Sonderfunktionen) für verschiedene Märkte, Kunden,
- Aussehen, Design, Farbe,
- Wirtschaftlichkeit, Preis, Kosten für Entwicklung, Fertigung, Montage, Werkstoff, Lagerung und Transport, Betrieb, Wartung, Reparatur, Recycling und Beseitigung eines Produkts. Wirkungsgrad, Kraftstoffverbrauch, Luftwiderstandsbeiwert, Rollwiderstand, Verlustleistung etc.,
- Termine; der Markt bzw. Kunde bestimmt auch die Termine für die Markteinführung oder Lieferung eines Produkts und mithin auch die Dauer einer Entwicklung und Fertigung.

Umwelt- und gesellschaftsbedingte Forderungen

Unter diesen Oberbegriffen sollen alle möglichen Forderungen zusammengefaßt werden, welche technische Produkte aus Umweltgründen und gesellschaftlichen Gründen erfüllen sollen. Hierzu zählen u. a. Forderungen aufgrund

- von Gesetzen, Vorschriften, Empfehlungen und/oder Normen zum Schutze von Leben und Gesundheit von Menschen, Tieren und Pflanzen;

- möglicher Einwirkungen der Umwelt auf das zu entwickelnde technische Produkt, wie z. B. durch
  - Temperaturen, Temperaturschwankungen,
  - Luftfeuchtigkeit, Luftfeuchtigkeitsschwankungen,
  - Schmutz, Staub, Luftschadstoffe,
  - Spritzwasser, Regen,
  - Seewasser,
  - Luftdruck, Luftdruckschwankungen,
  - Wind, Sturm, Gewitter, Eis, Schnee, Hagel,
  - Strahlung, Sonneneinstrahlung, Licht,
  - Pflanzen, Blütenstaub, sonstige pflanzliche Absonderungen,
  - Tiere, Bakterien, Termiten etc.,
  - Menschen, insbesondere Kinder;
- Einwirkungen des technischen Systems auf die Umwelt, wie z. B. durch
  - Lärmemissionen,
  - Schadstoffemissionen,
  - Strahlungsemissionen (Licht und andere elektromagnetische Strahlungen, Funkstörungen),
  - Erschütterungen, Schwingungen,
  - Gefahren für Leben und Gesundheit (Verletzungsgefahren),
  - Ressourcen berücksichtigen, Vermeiden knapper Werkstoffe, Energiearten und qualifizierten Fachpersonals,
  - Schutzrechte (Patente, Gebrauchsmuster) schließen bestimmte Lösungen für Unternehmen aus, falls es nicht zu Lizenzvereinbarungen kommt;
- begrenzter Technikakzeptanz. Unter diesem Stichwort sollen Forderungen und kritische Stellungnahmen menschlicher Gesellschaften zu bestimmten Techniken (z. B. Atomkraftwerke, Kommunikationstechniken, Verpackungstechniken u. a.) verstanden werden. Die gesellschaftliche Akzeptanz bestimmter Techniken bzw. die Forderungen, welche an eine Technik zu stellen sind, damit sie von der Gesellschaft angenommen wird, wird in Zukunft von wesentlicher Bedeutung für den wirtschaftlichen Erfolg von Produkten sein.

Erzeugungs-, Vertriebs- und andere systembedingte Forderungen

Unter diesen Oberbegriffen sollen alle Forderungen verstanden werden, welche unter Berücksichtigung der Systeme gestellt werden müssen, in welchen Produkte entstehen, vertrieben und gebraucht werden. Hierzu sind zu zählen:

- Entwicklung (Entwicklungssystem): Erfahrungen (Know-how) und technische Einrichtungen (Labors, Meßeinrichtungen, Versuchsstände etc.) einer Entwicklungsabteilung sollten mit der zu lösenden Aufgabe „übereinstimmen".
- Fertigung: Fertigungsbedingte Forderungen (Vorgaben) können beispielsweise sein: alle Bauteile sind möglichst als Kunststoff-Spritzgußteile, Stanzteile, Druckgußteile etc. auszuführen; Bauteile sollen bestimmte Abmessungen nicht überschreiten u. a.
- Montage: Montagesystembedingte Forderungen können beispielsweise lauten: bestimmte vorhandene Montagemittel (Vorrichtungen, Roboter, Montageautomat, etc.) sind wieder zu verwenden. Montage soll von körperbehinderten Personen durchgeführt werden können u. a.
- Lagerung und Transport der Bauteile und des fertigen Produkts. Als Beispiele können hierzu folgende Forderungen gelten: Bauteile oder Produkte sind so zu gestalten, daß diese mittels vorhandener Lager- und Transportsysteme (Verpackungen, Paletten, Container, Regale) verpackt, gelagert und transportiert werden können. Oder: Produkte sind so zu gestalten (zu bemessen), daß sie den Laderaum eines Transportsystems möglichst voll nutzen; beispielsweise so, daß drei Automobile auf einem Waggon Platz finden können. Wenn nötig, Produkte zerlegbar und/oder stapelbar gestalten, um höhere Packungsdichten zu erreichen; die durch Transportsysteme (Bahn, LKW, Straße, Brücke, Tunnel, Schiff, Flugzeug) gegebenen Grenzen hinsichtlich Gewicht und Abmessungen sind zu berücksichtigen; die Ordnung des Transportgutes ist während des Transports und erforderlicher Lagerung aufrechtzuhalten u. a.
- Vertrieb: Hierunter sind u. a. Forderungen an Produkte zu verstehen, welche aufgrund verschiedener Vertriebssysteme (Fachhandel, Versandhäuser, Warenhäuser, direkt vom Hersteller etc.) entstehen.
- Wartung: Diesbezügliche Forderungen können bspw. sein: Produkte, die keiner Wartung bedürfen; Produkte, die nicht gewartet werden können; lange Wartungsabstände; wenige Wartungsstellen; ein einheitliches Wartungsmittel; einfach auswechselbare Verschleißteile; geringe Wartungskosten etc.

- Reparatur: Diesbezügliche Forderungen können beispielsweise lauten: Produkt reparierbar oder nicht reparierbar (Wegwerfprodukt); Schäden bzw. Reparaturaufwand mittels „Zerstörsicherungen" begrenzen. Reparaturen kostengünstig ermöglichen (Kotflügel angeschraubt, statt angeschweißt).
- Recycling, Wiederverwendung: Produkte so gestalten, daß diese „überholt" werden können (Beispiel: Tauschmotor); Produkte demontagefreundlich gestalten.
- Beseitigung: Hierunter sollen Forderungen nach Verringerung des Abfalls (Müllberge), Vermeidung schädlichen Abfalls, rasche, kostengünstige, unschädliche Wandlung technischer Stoffe in umweltverträgliche Stoffe etc. verstanden werden.

Systemeigene Forderungen

Zu entwickelnde Systeme liefern selbst zahlreiche Bedingungen, welche bei deren Konstruktion berücksichtigt werden müssen. Technische Systeme (Bauteile, Baugruppen etc.) entwickeln Eigenwärme, Eigenschwingungen, Resonanzerscheinungen, Reibung, Wärmeausdehnungen u.a. Eigenschaften, welche die Funktionsfähigkeit des betreffenden Systems mehr oder weniger stören oder behindern können. Hieraus resultierende Forderungen an Systeme können beispielsweise lauten: „geringe Wärmeentwicklung", „schwingungsarm", „reibungsarm", „wärmeausdehnungsgerecht", „verschleißarm" etc. In Bild 5.6.6 sind die verschiedenen Forderungen stichwortartig zusammengefaßt.

2.3
Planen von Aufgabenstellungen

Um sich vor Fehlentwicklungen zu schützen, ist es notwendig, vor Beginn einer Entwicklung gründlich über Ziel und Zweck sowie über notwendige Eigenschaften eines zu entwickelnden Produkts nachzudenken. Eine sinnvolle und vollständige Aufgabenstellung ist eine wichtige Voraussetzung für den technischen und wirtschaftlichen Erfolg eines Produkts. Sorgfältig erarbeitete, umfassende Aufgabenstellungen können Diskrepanzen zwischen Auftraggeber und Auftragnehmer vermeiden helfen. Kommt es dennoch zu Streitigkeiten, so können sie als hilfreiche Dokumente dienen.

Aufgabenstellungen können aufgrund von Kundenwünschen entstehen und von Kunden an Herstellerfirmen herangetragen werden. Aufgabenstellungen sind für bestimmte Produkte und Märkte (anonyme Kunden) zu erstellen. Aufgabensteller können Kunden, Herstellerfirmen oder spezialisierte „Produktplanungsbüros" sein. Wie die Praxis lehrt, können Fehler und Versäumnisse in Aufgabenstellungen sehr kostspielige Fehlentwicklungen zur Folge haben. Das Erstellen sinnvoller, vollständiger Aufgabenstellungen ist deshalb von großer wirtschaftlicher Bedeutung.

Für den Entwicklungsingenieur ist die Aufgabenstellung ein von Zeit zu Zeit neu zu überdenkender „Wegweiser", welcher aufgrund der beim Entwicklungsfortgang gewonnenen neuen Erkenntnisse oder aufgrund von Änderungen der Marktsituation Korrekturen unterliegt. Kleine Korrekturen der Forderungen in Aufgabenstellungen ermöglichen manchmal sehr viel billigere Lösungen oder ergeben andere Vorteile, an die man zunächst nicht denken konnte. Für solche sinnvollen Änderungen der Aufgabenstellung bedarf es in vielen Fällen eines gewissen Fortschrittes in der Produktentwicklung und einer wiederholten Beurteilung des Markts.

Welche Informationen soll eine Aufgabenstellung enthalten? Neben einigen organisatorischen Daten, wie Arbeitstitel, Datum etc., soll eine Aufgabenstellung insbesondere den Zweck oder die Zwecke des zu entwickelnden Produkts beschreiben und eine möglichst vollständige Aufzählung der zu berücksichtigenden Forderungen enthalten, welche von dem zu entwickelnden Produkt erfüllt werden müssen (oder sollen). Die Forderungen sollten den später zu erwartenden Eigenschaften des Produkts entsprechen.

Welche Eigenschaften von einem Produkt erwartet werden bzw. welche Forderungen zu stellen sind, hängt sehr stark von dem zu entwickelnden konkreten Produkt (z.B. Bagger, Navigationsgerät, Motor etc.) ab. Ohne Anspruch auf Vollständigkeit läßt sich folgende Gedankenstütze und Leitlinie zur Erarbeitung von Aufgabenstellungen angeben:

- *Titel:* Arbeitstitel, Benennung des Produkts oder Vorhabens
- *Zweck:* welchen Zweck oder welche Zwecke, welche Probleme sollen mit dem zu konstruierenden Produkt gelöst werden; welcher Fortschritt soll gegenüber bereits existierenden Produkten erzielt werden?
- *Kosten:* zulässige Herstell-, Betriebs-, Reparatur-, Wartungs- und Beseitigungskosten etc.
- *Stückzahlen:* Stückzahlen pro Jahr/insgesamt
- *Termine:* bezüglich Entwicklung, Fertigung, Erprobung, Lieferung u.a.

- *Stand der Technik:* Konkurrenzprodukte, Wettbewerbssituation
- *Markt:* Kunden, Länder, Zielgruppen
- *Fähigkeiten (Funktionen):* welche Fähigkeiten soll ein Produkt haben bzw. welche Funktionen soll ein Produkt realisieren?
- *Leistung:* Leistung, Geschwindigkeit, Drehzahl, Frequenz, Kraft, Druck, Drehmoment, Weg, Hub, Reichweite, Stoffdurchsatz pro Zeiteinheit, Bit pro Sekunde
- *Ein- und Ausgangszustand des zu verarbeitenden Stoffs:* Beschreibung der physikalischen und chemischen Eigenschaften bzw. des Zustandes des zu verarbeitenden Stoffes (Material, Produkt etc.), eingangs- und ausgangsseitig
- *Wirkungsgrad:* Verbrauch, Ausbeute
- *Genauigkeit:* Meßgenauigkeit, Reproduzierbarkeit, zulässige Fehler
- *Umgebungstemperatur:* maximal und minimal auftretende Umgebungstemperatur
- *Abmessungen:* Restriktionen bezüglich Abmessungen, Volumen, Baugröße
- *Gewicht:* Restriktionen bezüglich Gewicht, Masse, Trägheitsmomente, etc.
- *Zuverlässigkeit:* notwendige Redundanzen
- *Lebensdauer:* Zeit, Betriebsstunden, Anzahl der Umdrehungen etc.
- *Aussehen:* Design, Farbe
- *Systemzugehörigkeit:* Bedingungen aufgrund der Zugehörigkeit des zu entwickelnden Systems zu einem übergeordneten System (Schnittstellenbedingungen); z. B. Haushaltsgeräte – elektrisches Stromnetz; Fahrzeuge – Straßen – Brücken – Tunnel; Schreibmaschinen –Papierformate, u.a.
- *Umwelt:* Einwirkungen der Umwelt auf das technische System durch Regen, Sturm, Staub, Sonnenstrahlung, Feuchtigkeit, Schnee, Eis, Temperaturen, Luftschadstoffe, Luftdruck, Schwerkraft (Lageabhängigkeit). Einwirkung durch Menschen, Tiere oder/und Pflanzen. Einwirkung des Produkts auf die Umwelt, durch Lärm-, Schadstoffemission, Erschütterungen, Strahlung etc.
- *Sicherheitsvorschriften und -gesetze:* Gesetze, Prüfvorschriften, Normen bezüglich Sicherheit für Leben und Gesundheit, Unfallverhütungsvorschriften, Strahlenschutzvorschriften, Funkentstörung, zulässige Lärm- und Abgasemissionen, TÜV-, ISO-, DIN-Vorschriften etc.

- *Ergonomie:* Bedingungen aufgrund des Zusammenwirkens von Personen mit technischen Systemen
- *Produktausführungen:* soll das zu entwickelnde Produkt als Baureihe und/oder Baukastensystem entwickelt werden? Welche Zusatzeinrichtungen und/oder Sonderausführungen sind erforderlichenfalls vorzusehen?
- *Werkstoffe:* Vorgabe bestimmter Werkstoffe
- *Fertigung:* Vorgabe bestimmter Fertigungsverfahren, z. B. das Produkt sollte möglichst weitgehend aus Stanzteilen oder Kunststoffteilen bestehen
- *Montage:* Verwendung bereits vorhandener Fertigungs- und/oder Montageeinrichtungen, Montage-Roboter etc.
- *Transport:* Bedingungen aufgrund vorgegebener Transportmittel (Kräne, Fahrzeuge, Roboter, Fördereinrichtungen, Container)
- *Instandhaltung:* Wartungs- und Reparaturbedingungen
- *Recycling:* Bedingungen aufgrund von Wiederverwertung, Wiederaufbereitung (Überholung) und Beseitigung u. a.

In konkreten Fällen sind die in Aufgabenstellungen stehenden Bedingungen sehr von der Art des Produkts abhängig, für welche diese zu erstellen sind.

: KAPITEL 3

Technische Systeme 3

Betrachtet man die vielfältigen, auf dem Markt befindlichen Produkte – es gibt derzeit einige Tausend unterschiedliche Maschinenbauprodukte – so stellt man fest, daß diese auf sehr unterschiedlichen physikalischen und chemischen Phänomenen beruhen. Grundlagen einer Konstruktionslehre müssen deshalb die Physik, Chemie, Mathematik, Werkstoffkunde, Dynamik, Statik, Festigkeitslehre, Getriebelehre, Thermodynamik, Wärmelehre, Strömungslehre, Optik, Akustik, Elektrotechnik, Fertigungstechnik und andere Wissenschaftsbereiche sein.

Zur Konstruktion der verschiedenen Maschinenbauprodukte ist folglich das gesamte Wissen der Natur- und Technikwissenschaften erforderlich.

Ferner ist es notwendig, Produkte zu schaffen, welche verschiedenen Gesellschaften, Behörden, Verbänden u.a. Institutionen dienen und welche Menschen, Tieren und der übrigen Umwelt nützen oder diesen zumindest nicht schaden. Um Produkte zu konstruieren, die den hieraus resultierenden Forderungen gerecht werden, braucht ein Konstrukteur auch noch Kenntnisse auf den Gebieten Ergonomie, Kunst, Design, Gesetzgebung (Vorschriften), Wirtschaft, Organisation, Soziologie, Politik, Gesellschaft, Umwelt, Ressourcen u.a. Gesellschaftswissenschaften, um die Folgen seines Tuns abschätzen zu können. Der „vollkommene Konstrukteur" sollte demnach „allwissend" sein. Da dieses Wissen nicht in einer Person vereint sein kann, bedarf es für erfolgreiche Produktentwicklungen der Branchenbildung und Spezialisierung von Firmen und Konstrukteuren auf verschiedene Produktbereiche. Ferner bedarf es Konstruktionsmannschaften, um so genügend Wissen zur Lösung komplexer Aufgaben zu vereinen. Dennoch sollte die Ausbildung von Konstrukteuren möglichst universell sein, eine Spezialisierung auf bestimmte Fachgebiete kann, nach einer universellen Ausbildung, in der Praxis erfolgen. Diese wenigen Sätze mögen genügen, die Problematik der Konstruktionsausbildung aufzuzeigen.

Aus Umfangsgründen kann dieses Wissen auch nicht vollständig in *einem* Buch dargestellt werden; es muß diesbezüglich auf die einschlägige Spezialliteratur verwiesen werden. Im folgenden sollen nur die „enge-

KAPITEL 3 Technische Systeme

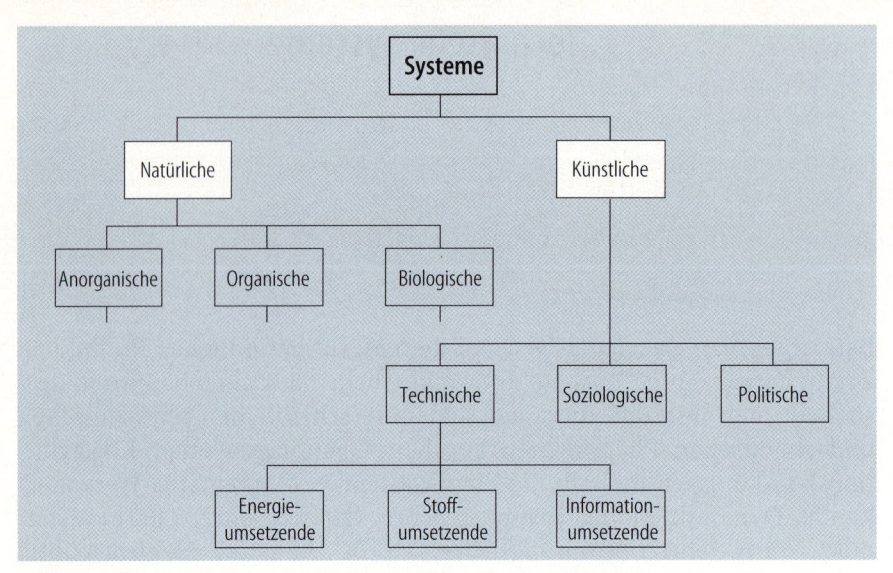

Bild 3.1.1 Übersicht über natürliche und künstliche Systeme

ren Grundlagen der Konstruktionslehre" betrachtet werden. Zu diesen sollen zählen, Gliederungen technischer Systeme, Tätigkeiten in technischen Systemen, Strukturen technischer Systeme und technische Systeme beschreibende Parameter. Diese Betrachtungen ermöglichen, die im Laufe der Technikevolution entstandene riesige Vielfalt technischer Gebilde überschaubarer und verständlicher darzustellen. Im folgenden sollen technische Systeme analysiert und allen Systemen Gemeinsames aufgezeigt werden.

Im Laufe der Evolution sind auf der Erde biologische, zoologische und andere natürliche Systeme entstanden. Menschen haben im Laufe ihrer Geschichte verschiedene soziologische, politische, technische u.a. Systeme entwickelt (Bild 3.1.1). Unter „Technischen Systemen" versteht man üblicherweise jene von Menschen geschaffenen, technischen Gebilde, wie z.B. Werkzeuge, Verkehrssysteme, Fernsprechsysteme, Anlagen, Maschinen, Geräte, Apparate, Bauwerke, Einrichtungen, Vorrichtungen und andere Gebilde. Abstrakt kann man unter „Technischen Systemen" eine Menge von „Elementen und deren Beziehungen" zueinander verstehen. Die Begriffe „System" und „Element" werden häufig als variable, relative Begriffe benutzt. So kann ein Element eines Systems aus noch „kleineren Elementen" zusammengesetzt sein und folglich selbst als System bezeichnet werden; oder es kann ein System als Element eines übergeordneten, komplexeren Systems angesehen werden. Eine Baugruppe kann als ein aus Bauteilen gebildetes System betrachtet werden. Baugruppen können Elemente komplexerer Systeme (beispielsweise Maschinen etc.)

sein. Als „Technisches System" wird oft jede Art von technischem Gebilde bezeichnet, unabhängig von dessen Komplexität.

Klassifikationen vermitteln einen Überblick über bisher mit technischen Produkten gelöste Aufgaben und lassen möglicherweise auch Schlüsse über zukünftige Entwicklungen zu.

3.1
Klassifikation technischer Systeme

Die von Menschen geschaffenen technischen Systeme werden in Systeme bzw. Produkte
- des Maschinenbaus, der Feinwerk- und Mikrotechnik,
- der Elektro- und Kommunikationstechnik sowie
- des Bauwesens gegliedert.

Als weitere Klassifikationsmerkmale werden insbesondere deren Zwecke (Zweckfunktionen) sowie sonstige Eigenschaften technischer Gebilde benutzt. Der Zweck bestimmt die Art eines Produkts; der Zweck bestimmt, ob ein Produkt ein Ackerschlepper, Gebäude, Rasenmäher, Wasserhahn oder ein Automobil ist. Die Zwecke bzw. die entsprechenden Funktionen (Zweck- oder Hauptfunktionen) technischer Produkte können folglich als wesentliche Klassifizierungsmerkmale technischer Gebilde dienen.

Klassifikation nach Zwecken

Technische Produkte können den Zweck haben, Energien, Stoffe oder Informationen bzw. Daten umzusetzen. Entsprechend lassen sich diese in
- Energieumsetzende Systeme,
- Stoffumsetzende Systeme und
- Datenumsetzende Systeme

gliedern (s. Bild 3.1.2). Die „Energieumsetzenden Systeme" lassen sich weiter in Energie bzw. Energiekomponenten wandelnde, vergrößernde oder verkleinernde, Richtungen vektorieller Größen ändernde, leitende und isolierende, mischende und trennende, sammelnde und teilende Systeme gliedern.

Kapitel 3 Technische Systeme

```
                        Maschinenwesen
        ┌───────────────────┼───────────────────┐
Energieumsetzende      Stoffumsetzende      Datenumsetzende
    Systeme                Systeme               Systeme

Energie oder Energie-  Stoff oder Stoffeigen-  Daten (Informationen)
komponenten            schaften                • verknüpfende,
• wandelnde,           • wandelnde,            • vervielfältigende,
• vergrößernde oder    • vergrößernde oder     • leitende oder isolierende,
  verkleinernde,         verkleinernde,        • umcodierte und
• richtungsändernde,   • leitende oder           • speichernde
• leitende oder          isolierende,          Systeme
  isolierende,         • fügende oder lösende,
• sammelnde oder       • sammelnde oder
  teilende,              teilende,
• mischende oder       • mischende oder
  trennende              trennende
Systeme                Systeme
```

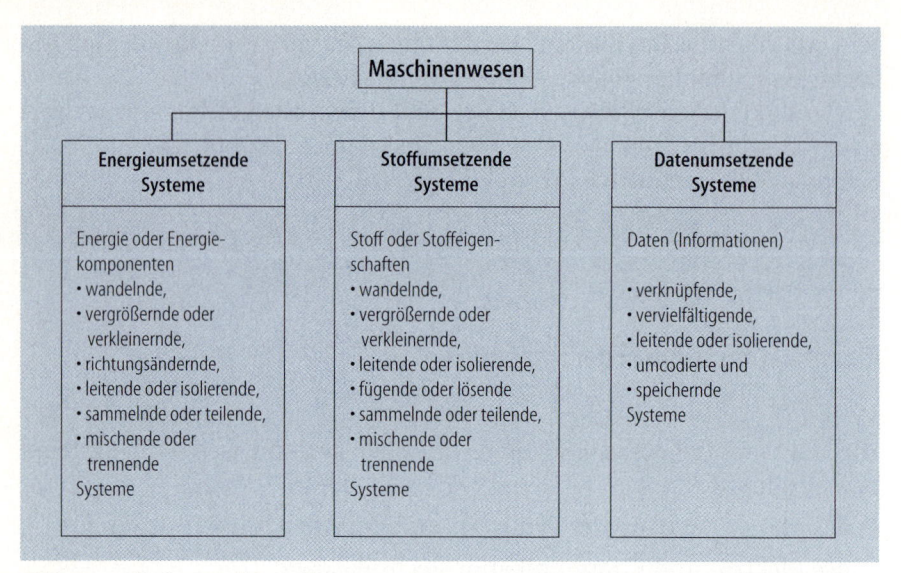

Bild 3.1.2 Gliederung des Gebiets „Maschinenwesen" in die Bereiche „Energie-, Stoff- und Datenumsetzende Systeme" und deren weitere Untergliederungen in Elementarsysteme, entsprechend den elementaren Tätigkeiten mit Energien, Stoffen und Daten

Die „Stoffumsetzenden Systeme" können weiter in Stoffeigenschaften wandelnde, Stoffeigenschaftswerte vergrößernde oder verkleinernde, Stoffe fügende oder Stoffe lösende, Stoffe mischende oder Stoffe trennende, Stoffe sammelnde oder teilende und Stoff leitende oder isolierende Systeme klassifiziert werden.

Die „Informationen- bzw. Datenumsetzenden Systeme" lassen sich weiter in datenverknüpfende, vervielfältigende, umcodierende, leitende oder isolierende und speichernde Systeme gliedern.

Des weiteren gibt es, neben den o.g. auch noch „hybride technische Systeme". Als „hybride Systeme" sollen solche bezeichnet werden, welche Energie mit Stoff, Energie mit Daten und Stoff mit Daten verbinden bzw. Energie von Stoff, Stoff von Daten und Daten von Energie trennen.

Energie wandelnde Systeme sind alle Arten von Motoren (mechanische, elektrische, pneumatische, hydraulische Motoren, Turbinen, Elektromagnete), Generatoren, Reaktoren, Öfen u.a.

Als Beispiel für Energiekomponenten vergrößernde oder verkleinernde Systeme können gelten: Hebelsysteme, Keilsysteme (Schraube-Mutter), Übersetzungsgetriebe, Druckwandler, Spannungsteiler, Transformator, Verstärkerröhre, Transistor, Blende u.a.

Die Richtungen vektorieller Größen lassen sich beispielsweise mit folgenden technischen Systemen ändern: Hebelsysteme, Kegelradgetriebe, Zahnradgetriebe, biegsame Welle, Kardangelenkwellen u.a.

Energie und/oder Energiekomponenten leitende Systeme sind: mechanische, elektrische, hydraulische, pneumatische, optische, akustische, thermische Leiter, Wellen, Zugmittel, Druckmittel, Transmissionen, Seile etc.

Beispiele für isolierende Systeme können sein: Wärmeisolationen, elektrische Isolatoren, Dichtungen, Karosserien. Differentiale, halbdurchlässige Spiegel, Sammel- und Streulinsen können als Beispiele für Energien oder Energiekomponenten sammelnde bzw. teilende Systeme dienen.

Farbfilter, Polarisationsfilter, Bandfilter, Modulatoren, Demodulatoren, Schwingungsdämpfer sind Systeme zum Mischen bzw. Trennen von unterschiedlichen Energien.

Als Beispiele energieisolierender Systeme können Batterien, Schwungräder, Federn, Druckspeicher, phosphoreszierende Stoffe etc. dienen.

Eine Gliederung technischer Systeme weitgehend nach Zweckfunktionen bzw. Betriebs- oder Gebrauchseigenschaften ist auch die vom Verband Deutscher Maschinen- und Anlagenbau (VDMA) vorgeschlagene Gliederung in folgende Fachbereiche (Branchen):

- Werkzeugmaschinen und Fertigungssysteme,
- Hütten- und Walzwerkeinrichtungen,
- Anlagen für Thermoprozesse und Abfalltechnik,
- Gießereimaschinen,
- Prüfmaschinen und -geräte,
- Holzbearbeitungsmaschinen und Maschinen für die Bearbeitung von Schnitz- und Kunststoffen,
- Präzisionswerkzeuge, Meßgeräte und sonstige Maschinenwerkzeuge,
- Maschinen und Geräte zum Schweißen, Schneiden, Löten und für verwandte Verfahren,
- Allgemeine Lufttechnik,
- Kraftmaschinen, Dampfkessel, Feuerungsanlagen,
- Pumpen,
- Kompressoren und Vakuumpumpen,
- Bau- und Baustoffmaschinen, Maschinen für Glas und Keramik,
- Zerkleinerungsmaschinen, Windsichter, Siebmaschinen und angrenzende Fachgebiete ,
- Gummi- und Kunststoffmaschinen,
- Bergbaumaschinen,
- Landmaschinen, Ackerschlepper,

- Maschinen für die Nahrungs- und Genußmittelindustrie und verwandte Gebiete,
- Verpackungsmaschinen,
- Verfahrenstechnische Maschinen und Apparate,
- Reinigungsmaschinen und -anlagen für Böden, Fahrzeuge, Maschinen usw.,
- Geldschränke und Tresoranlagen,
- Waagen,
- Fördertechnik,
- Druck- und Papiertechnik,
- Büro- und Informationstechnik,
- Textilmaschinen,
- Näh- und Bekleidungsmaschinen,
- Wäscherei- und chemische Reinigungsmaschinen,
- Maschinen für die Schuh- und Lederindustrie,
- Feuerwehrfahrzeuge und -geräte,
- Armaturen,
- Maschinenteile und -zubehör,
- Antriebstechnik,
- Lokomotiven und Triebwagen,
- Fluidtechnik (Ölhydraulik und Pneumatik),
- Montage- und Handhabungstechnik, Industrieroboter,
- Heizungs-, Klima- und Gebäudeautomation,
- Laser und Lasersysteme für die Materialbearbeitung,
- Productronic, Maschinen und Anlagen zur Produktion von Bauelementen und Baugruppen,
- Prozeßperipherie, Sensorik, Steuerungstechnik und Fertigungsleittechnik,
- Allgemeiner Maschinenbau, Sondermaschinenbau, verwandte Erzeugnisse, Betriebseinrichtungen und Dienstleistungen.

Als Klassifikationsmerkmale können auch alle übrigen Eigenschaften technischer Produkte dienen. So können beispielsweise von Fall zu Fall Leistung, Geschwindigkeit, Kraft, Genauigkeit, Baugröße u.a. Eigenschaften als Klassifizierungsmerkmale für bestimmte Produktarten dienen.

Klassifikation nach Fachgebieten

Entsprechend den historisch bedingten Fachgebieten der Natur- und Technikwissenschaft werden technische Gebilde häufig entsprechend „ihrer Natur" in

- physikalische,
- chemische und
- biologische Systeme

differenziert. Die im Maschinenbau vorwiegend angewandten physikalischen Systeme werden des weiteren, entsprechend den verschiedenen Fachbereichen (Stoff- und Energiearten) der Physik, in

- mechanische,
- hydraulische,
- pneumatische,
- elektrische und magnetische,
- optische,
- akustische und
- thermische Systeme

gegliedert (Bild 3.1.3). In der Praxis übliche technische Systeme sind häufig hybride Systeme, d.h. aus mechanischen und elektrischen, mechanischen und hydraulischen Komponenten (u. a.) zusammengesetzte Systeme, welche der Einfachheit wegen als mechanische, elektrische oder hydraulische Systeme bezeichnet werden, je nachdem, welche Technikart überwiegt.

Klassifikation nach Komplexitätsgrad der Gestaltelemente

Für die Beschreibung und Lehre von Konstruktionsprozessen ist es vorteilhaft, zwischen Gestaltelementen unterschiedlicher Komplexität zu unterscheiden. Ein technisches Gebilde kann als „komplexer als ein anderes" gelten, wenn man sich das komplexere Gebilde aus den weniger komplexen Gebilden zusammengesetzt denken kann. Als unterschiedlich komplexe Gestaltelemente technischer Gebilde können somit bezeichnet werden:

- Ecken, Spitzen, Punkte,
- Kanten, Berandungen von Teiloberflächen, Linien,
- Teiloberflächen, Wirkflächen,
- Wirkflächenpaare,

Bild 3.1.3 Gliederung technischer und natürlicher Systeme

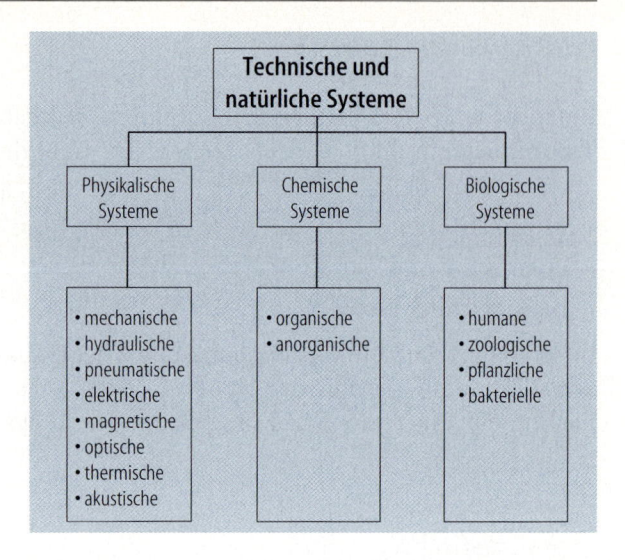

	Technische und natürliche Systeme	
Physikalische Systeme	Chemische Systeme	Biologische Systeme
• mechanische • hydraulische • pneumatische • elektrische • magnetische • optische • thermische • akustische	• organische • anorganische	• humane • zoologische • pflanzliche • bakterielle

- Teilkörper,
- Bauteile, Teile, Einzelteile,
- Baugruppen (= Gebilde aus mehreren Bauteilen zusammengesetzt),
- Maschinen, Geräte, Apparate,
- Anlagen, Einrichtungen, Aggregate,
- komplexe technische Systeme (z. B. Verkehrssysteme).
  In Bild 3.1.4 finden sich hierzu einige Erläuterungen und Beispiele.

Ein nicht weiter zerlegbares Bauelement einer Maschine wird üblicherweise als Teil, Bauteil, Einzelteil oder Bauelement bezeichnet. Unter einer „Baugruppe" versteht man ein aus mehreren Bauteilen zusammengesetztes Gebilde bzw. eine selbständige Baueinheit mit eigenem Gestell und Schnittstellen zu Nachbarsystemen. Die Bauteile einer Baugruppe können fest oder beweglich miteinander verbunden sein.

Maschinen, Apparate oder Geräte sind energie-, stoff- oder datenumsetzende technische Gebilde, bestehend aus einer oder mehreren Baugruppe(n).

Als Anlagen, Einrichtungen, Aggregate bezeichnet man üblicherweise noch komplexere technische Gebilde, bestehend aus mehreren Maschinen, Geräten oder Apparaten.

Der Begriff „technische Systeme" wird in der Praxis oft vieldeutig benutzt. Häufig wird mit diesem Begriff jede Art technischer Gebilde, gleich welcher Komplexität, bezeichnet. Des weiteren werden hiermit insbesondere sehr komplexe technische Systeme, wie beispielsweise Verkehrs- oder Nachrichtensysteme, verstanden. Beispielsweise bestehen

3.1 Klassifikation technischer Systeme 31

Komplexitätsstufe	Teilsystem Gestaltelemente	Erläuterungen	Beispiel
1	Ecke, Spitze	Schnittpunkt von Bauteilkanten, zu einer Spitze zulaufende Bauteil-Teiloberflächen	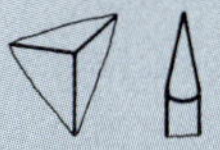 Bauteil-Ecke, Nadelspitze etc.
2	Kante 1. u. 2. Ordnung, Flächenberandung	Berandung einer Fläche, kanten- oder tangentenförmiger Übergang zweier Teiloberflächen (1. oder 2. Abteilung unstetig)	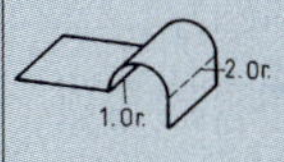 Bauteil-Kanten 1. u. 2. Ordnung
3	Teiloberfläche, Wirkfläche	Teile der Oberfläche eines Bauteils	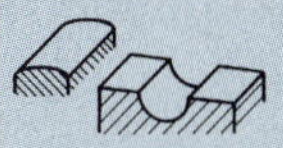 Lagerlauffläche, Zylinderlauffläche etc.
4	Wirkflächenpaar	Zusammenwirkende Teiloberflächen zweier Bauteile	 Lagerwellen- und -schalenflächen Wälzflächenpaar etc.
5	Teilkörper	Teilkörper aus denen man sich ein Bauteil zusammengesetzt denken kann	 Kegelstumpf, Zylinder etc.
6	Bauteil, Bauelement	Nicht weiter demontierbares Teil eines technischen Gebildes	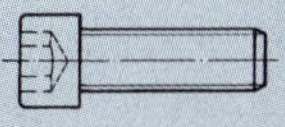 Schraube, Bolzen, Feder etc.
7	Baugruppe	Eigenständiges (eigenes Gestell) funktionsfähiges Subsytem, aus wenigstens 2 Bauteilen bestehend	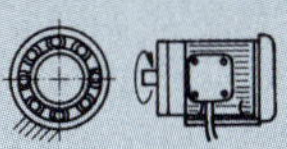 Wälzlager, Getriebemotor Führung etc.
8	Maschine, Gerät, Apparat	Technisches System zur Realisierung eines bestimmten Energie-, Stoff- oder Informationsumsetzungsprozesses	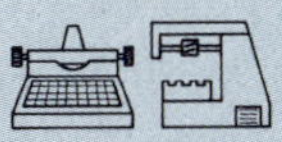 Dampfturbine, Werkzeugmaschine, Datengeräte etc.
9	Anlagen, Einrichtungen, Aggregate	Technisches System, bestehend aus mehreren Maschinen, Geräten und/oder Apparaten	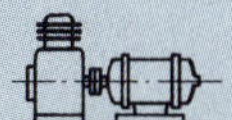 Walzwerkanlage, Notstromaggregat etc.
10	Technisches System	Komplexe technische Systeme, wie z.B. Flugsystem (Flugzeuge, Flugplatz, Flugsicherung), Fahrzeugsysteme (Auto, Straße) etc.	 Verkehrssystem, Fernsprechsystem etc.

Bild 3.1.4 Gliederung technischer Gebilde nach Komplexitätsgrad der „Konstruktionselemente"

Verkehrssysteme aus Fahrzeugen, Brücken, Tunnel, Straßen, Signalanlagen, usw. Komplexe technische Systeme können aus baulichen und maschinenbaulichen Teilsystemen bestehen. Ferner werden technische Produkte noch nach vielen anderen Merkmalen, wie Betriebseigenschaften (Leistung, Wirkungsgrad, Genauigkeit u. a.), Verkaufseigenschaften (Preisklassen, Kundenkreise u. a.) klassifiziert; siehe auch [92].

3.2
Elementare Tätigkeiten in Maschinen, Geräten und Apparaten

Fragt man nach den Tätigkeiten bzw. Vorgängen in technischen Systemen, so stellt man fest, daß in diese Energien, Stoffe und/oder Daten (Signale) „hineingegeben", durch diese in irgendeiner Weise „hindurchfließen" und diese wieder „verlassen" oder in diesen „isoliert" (gespeichert) werden, um später wieder entnommen zu werden. Technische Systeme „tun etwas" mit Energien, Stoffen und/oder Daten. Energien, Stoffe und/oder Daten werden in technischen Systemen geleitet, gewandelt; Kräfte, Drehzahlen oder Wege werden in technischen Systemen vergrößert oder verkleinert u. a.

Technische Systeme dienen stets dazu, Energien, Stoffe und/oder Daten in irgendeiner Weise „umzusetzen". Der Begriff „Umsetzen" ist in diesem Zusammenhang als Oberbegriff für jede Art Tätigkeit technischer Systeme, wie beispielsweise Wandeln, Leiten, Isolieren, Sammeln, Teilen (u. a.) zu verstehen. Unter dem Begriff „Stoffe" sind, neben natürlichen und künstlichen Stoffen (Werkstoffen), auch Lebewesen, insbesondere auch Personen zu verstehen. So dienen Bauwerke beispielsweise dem Schutz von Personen (Gebäude isolieren bzw. schützen vor Kälte, Regen, Wind); als Leitungen für Stoffe können beispielsweise Straßen, Brücken, Tunnel, Rohre, Führungen u. a. technische Gebilde dienen. Zur Schaffung eines allgemeingültigen, abstrakten Bilds technischer Systeme, ist es zweckmäßig, von Energie-, Stoff- und Daten- oder Signalflüssen in technischen Gebilden zu sprechen, welche in diese hinein gehen, in diesen isoliert (gespeichert) werden, diese durchfließen und wieder verlassen, wie dies Bild 3.2.1 zu veranschaulichen versucht.

In Maschinen, Geräten und Apparaten kommen meistens alle drei Arten von Umsätzen bzw. Flüssen vor. So finden beispielsweise in Verbrennungsmotoren, Werkzeugmaschinen und Schreibmaschinen sowohl Energie-, Stoff- als auch Datenflüsse statt.

3.2 Elementare Tätigkeiten in Maschinen, Geräten und Apparaten

Bild 3.2.1 Symbolische Darstellung eines technischen Systems („black-box Darstellung"), dessen Ein- und Ausgangsschnittstellen sowie dessen „Ein- und Ausgangsflüsse" Energie, Stoff und Signal

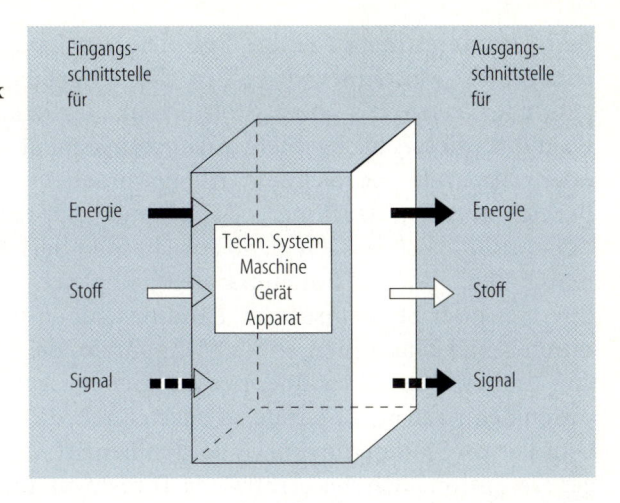

Obgleich in technischen Systemen häufig alle drei Umsatzarten vorkommen, läßt sich feststellen, daß ein bestimmtes System in erster Linie (primär) dazu dient, eine bestimmte Umsatzart zu realisieren, während die anderen, noch vorkommenden Umsatzarten nur als „Mittel zum Zweck" dienen. Beispielsweise kommen in Verbrennungsmotoren, Werkzeug- und Schreibmaschinen jeweils Energie-, Stoff- und Datenflüsse vor. Ein Verbrennungsmotor wurde jedoch primär zu dem Zweck konstruiert, „Energie umzusetzen"; Stoff- und Signalflüsse sind notwendige, sekundäre Flüsse.

Werkzeugmaschinen dienen primär dazu, Stoffe umzusetzen, und Schreibmaschinen dazu, Daten umzusetzen.

Entsprechend lassen sich technische Systeme in
- Energie,
- Stoff- und
- datenumsetzende Systeme

gliedern. Versucht man o. g. Umsatzarten die Begriffe Maschinen, Geräte und Apparate zuzuordnen, so läßt sich definieren:
- Maschinen sind technische Systeme, deren primärer Zweck es ist, Energie in irgendeiner Weise umzusetzen und/oder einen Energiefluß zu ermöglichen;
- Geräte sind technische Systeme, deren primärer Zweck es ist, Informationen bzw. Daten in irgendeiner Weise umzusetzen und/oder einen Datenfluß zu ermöglichen;
- Apparate sind technische Systeme mit dem primären Zweck, Stoffe in irgendeiner Weise umzusetzen und/oder einen Stoffluß zu ermöglichen.

Bild 3.2.2 zeigt hierzu einige Beispiele. Im Laufe der Zeit hat sich das Fachgebiet „Maschinenwesen" in die Teilgebiete Energie-, Kommunikations-, Verfahrens- bzw. Stofftechnik gegliedert. Leider werden die Produkte dieser Fachgebiete nicht konsequent als Maschinen, Geräte oder Apparate bezeichnet. Alltagssprachentwicklungen haben die Bezeichnungen „Maschine", „Gerät" und „Apparat" für technische Produkte willkürlich festgelegt. So spricht man beispielsweise von „Rechenmaschinen" oder „Photoapparaten", obgleich deren Zweck nicht ein Energie- oder Stoffumsatz ist. Landmaschinen wären nach obiger Definition keine Maschinen sondern Apparate, da sie primär dem Umsatz von Stoffen (Getreide, Boden etc.) dienen. Auch Werkzeugmaschinen wären demnach als Apparate zu bezeichnen, da sie ebenfalls primär dem Umsatz von Stoffen dienen. Unter den Begriff Maschine würde nach obiger Definition auch der elektrische Transformator fallen, auch wenn dieser keine beweglichen Teile besitzt. Die in Atomkraftwerken angewandte „Natrium-Pumpe" hat, sieht man von dem zu fördernden Medium ab, auch keine beweglichen Bauteile und ist ebenfalls als Maschine zu bezeichnen, da sie primär dem Verbinden von Stoff mit Energie dient. Diese wenigen Beispiele mögen genügen, um auf die Problematik und den häufig unsystematischen Sprachgebrauch hinzuweisen.

In einem Entwurf des „Normenausschusses Maschinenbau" von 1987 wird vorgeschlagen, die Begriffe „Maschine", „Gerät" und „Apparat" nicht

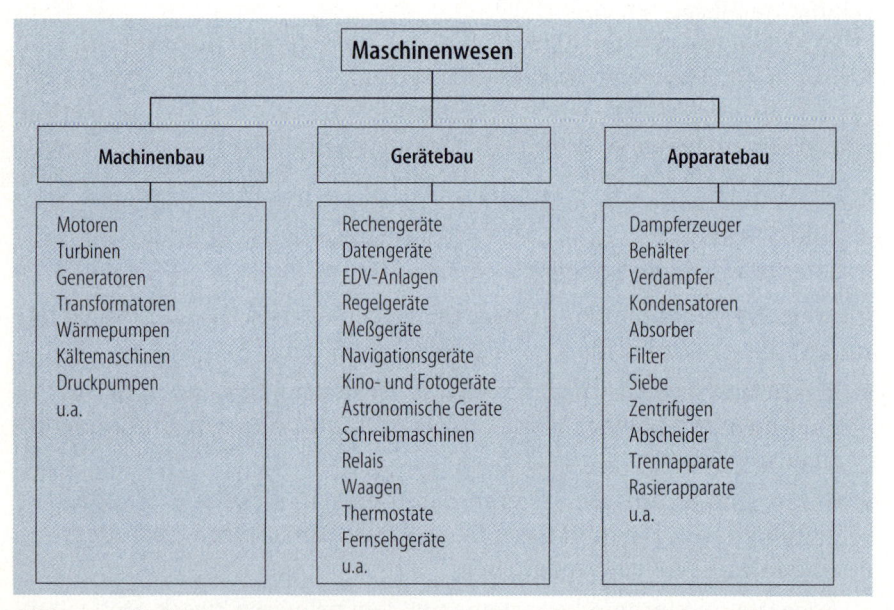

Maschinenwesen		
Machinenbau	**Gerätebau**	**Apparatebau**
Motoren Turbinen Generatoren Transformatoren Wärmepumpen Kältemaschinen Druckpumpen u.a.	Rechengeräte Datengeräte EDV-Anlagen Regelgeräte Meßgeräte Navigationsgeräte Kino- und Fotogeräte Astronomische Geräte Schreibmaschinen Relais Waagen Thermostate Fernsehgeräte u.a.	Dampferzeuger Behälter Verdampfer Kondensatoren Absorber Filter Siebe Zentrifugen Abscheider Trennapparate Rasierapparate u.a.

Bild 3.2.2 Gliederung des Gebiets „Maschinenwesen" in die Bereiche „Maschinenbau, Gerätebau und Apparatebau" mit Beispielen typischer Produkte dieser Bereiche

zu definieren und sie als Oberbegriffe für energie-, stoff- und datenumsetzende Systeme zu betrachten. Dadurch kann man o.g. Schwierigkeiten umgehen.

Entsprechend obigen Ausführungen kann man ein technisches System abstrakt als „Schwarzen Kasten" (black box) mit Energie- und/oder Datenein- und -ausgängen (s. Bild 3.2.1) darstellen. Die Ein- und Ausgänge kann man auch als Symbole der „Schnittstellen" des Systems ansehen. Der „Schwarze Kasten" symbolisiert „das Innere" und „die Grenzen" des Systems.

In technischen Systemen gehen Energie-, Stoff- und/oder Datenflüsse hinein (Input), die Systeme „machen mit diesen Flüssen irgend etwas", sie „verändern" diese oder „leiten" sie unverändert von Ort A nach Ort B. Gleich oder später (bei Speichern) verlassen diese Flüsse das betreffende System verändert oder unverändert wieder (Output). Entsprechend ist es sinnvoll, von Energie-, Stoff- und Datenflüssen in technischen Systemen zu sprechen und von deren Umsätzen.

Was können technische Systeme mit Energien und deren Komponenten tun? Technische Systeme können Energie einer Art in Energie anderer Art wandeln; z.B. mechanische in elektrische, chemische in thermische Energie, Kraft in elektrische Spannung etc. Technische Systeme können die Einheit (z.B. Nm in Ws) physikalischer Größen ändern (wandeln). Diese können ferner den skalaren Wert ändern; so beispielsweise den Wert einer Kraft, eines Wegs, einer Spannung vergrößern oder verkleinern. Technische Systeme können des weiteren die Richtungen vektorieller physikalischer Größen ändern. Im folgenden soll dieses Tun als „Richtung ändern" bezeichnet werden.

Technische Gebilde können die Wirkung einer Kraft, einer elektrischen Spannung etc. leiten oder isolieren, vergrößern, teilen oder Kräfte sammeln (addieren). Technische Systeme können ferner verschiedene Energien mischen oder trennen; beispielsweise Schwingungsbewegungen von translatorischer Bewegung eines Systems, weißes Licht in Licht verschiedener Farben (nach Frequenz bzw. Wellenlängen) trennen.

Zusammenfassend kann festgehalten werden: Technische Systeme können Energien bzw. deren Komponenten (s. Bild 3.3.1)

- wandeln,
- vergrößern oder verkleinern,
- Richtung ändern,
- leiten oder isolieren,
- teilen oder sammeln,
- mischen oder trennen.

Was können technische Systeme an Stoffen ändern (tun)? Mit technischen Systemen können Stoffen Eigenschaften gegeben oder genommen werden; dies soll im folgenden als „Wandeln" eines Stoffs bezeichnet werden. Stahl magnetisch oder nicht magnetisch machen, einen Stoff supraleitend oder nicht supraleitend machen, können hierzu als Beispiele gelten.

Ferner können technische Systeme Eigenschaftswerte von Stoffen vergrößern oder verkleinern. So können sie beispielsweise deren elektrische Leitfähigkeit, Dichte, Härte etc. vergrößern oder verkleinern.

Stoffe können mittels technischer Systeme vermischt werden. Stoffe können ferner nach unterschiedlichen Merkmalen (Farbe, Dichte, Abmessungen, Gestalt etc.) getrennt (sortiert) werden. Des weiteren können Stoffe mittels technischer Systeme geteilt (proportioniert) oder mengenmäßig gesammelt werden (Vergrößern der Menge). Der Zusammenhalt (Zusammenhaltskräfte) von Stoffen kann gelöst oder hergestellt werden. Das Meißeln und Sägen oder Schweißen und Kleben von Stoffen können hierzu als Beispiele dienen.

Technische Gebilde können Stoffe schließlich noch leiten oder isolieren.

Zusammenfassend lassen sich folgende elementare Tätigkeiten mit Stoffen definieren (s. Bild 3.3.3):

- wandeln (Stoffen eine weitere Eigenschaft geben oder nehmen),
- vergrößern oder verkleinern (Stoffeigenschaftswerte vergrößern oder verkleinern),
- leiten oder isolieren (einen Stoff von Ort A nach B leiten bzw. einen Stoff gegenüber einem anderen Raum isolieren (speichern)),
- lösen oder fügen (Zusammenhaltskräfte zwischen Stoffen aufheben oder herstellen),
- teilen oder sammeln (Stoffe der Menge nach teilen oder sammeln),
- trennen oder mischen (Stoffe nach Merkmalsunterschieden trennen oder mischen).

Was können technische Systeme (und/oder Lebewesen) mit Daten tun? Lebewesen und technische Systeme können

- Daten in Informationen wandeln/umsetzen (nur von Lebewesen zu realisieren, nicht von technischen Systemen),
- Daten verknüpfen; aus zwei Daten, beispielsweise durch Addieren oder logisches Verknüpfen, ein drittes Datum erzeugen,
- Daten vervielfältigen,
- Daten umcodieren,

- Daten leiten oder isolieren,
- Daten speichern.

Daten (Signale) werden in natürlichen und technischen Systemen stets mittels Stoff- oder Energiegrößen verwirklicht. Eine Energie- oder Stoffgröße entspricht einem bestimmten Datum. Deshalb ist technische Datenverarbeitung stets mit „einem Umsetzen" von Energiegrößen und/oder „einem Ändern" von Stoffeigenschaftswerten verbunden. In Datengeräten finden folglich dieselben Tätigkeiten statt, wie in energie- und stoffumsetzenden Systemen auch; Datenverarbeitung erfolgt mittels der gleichen physikalischen Tätigkeiten und Effekte, wie sie in anderen technischen Systemen auch angewandt werden.

Im folgenden brauchen die Konstruktionsprozesse für datenverarbeitende Systeme deshalb nicht gesondert betrachtet zu werden; diese können mit den gleichen Regeln, wie sie für energie- oder stoffumsetzende Systeme gelten, konstruiert werden.

3.3
Konstruktionselemente technischer Systeme

3.3.1
Übersicht

Das Konstruktionsergebnis eines technischen Produkts besteht aus der Bestimmung und Beschreibung des
- materiellen Teils und des
- immateriellen Teils eines Produkts.

Als „materieller Teil" eines Konstruktionsergebnisses soll das aus Bauteilen gebildete, materielle technische System sowie deren geometrische und stoffliche Beschreibungen verstanden werden. Als „immaterieller Teil" eines Konstruktionsergebnisses sollen jene Daten eines Produkts bezeichnet werden, durch welche dieses ebenfalls bestimmt wird, welche aber nicht materiell vorhanden sind, wie beispielsweise die Funktionsstruktur (Schaltplan) einer Maschine, die Strom und Spannungswerte, welche zu deren Betrieb erforderlich sind u.a.m.

Als „Konstruktionselemente" sollen alle materiellen und immateriellen Mittel (Bausteine oder Elemente) bezeichnet werden, aus welchen technische Systeme bestehen und welche dem Konstrukteur zum Bau technischer Produkte zur Verfügung stehen. Dies sind jene Elemente, aus welchen man sich Funktionsstrukturlösungen, Prinziplösungen und letztendlich reale Maschinen zusammengesetzt denken kann. Um welche Art Elemente handelt es sich hierbei?

Technische Systeme sind aus verschiedenen Arten materieller (realer) und immaterieller (fiktiver) Elemente zusammengesetzt. Ist ein technisches System für einen bestimmten Zweck zu entwickeln, so lassen sich Lösungen u. a. dadurch angeben, daß man bestimmte Funktionen (=Tätigkeiten) so zu einer Funktions- bzw. Tätigkeitsstruktur (=Schaltplan) zusammenfügt, daß damit der gewünschte Zweck (Zweckfunktion einer Maschine) erreicht wird. Der Konstrukteur kennt für diese Tätigkeiten bereits fertige Lösungen oder weiß, wie er diese realisieren kann. Bestimmte „elementare Tätigkeiten", sogenannte „Grundoperationen", sind demnach eine Art „Konstruktionselemente", aus welchen Funktionsstrukturen technischer Systeme zusammengesetzt werden können.

Eine weitere Elementeart sind die physikalischen, chemischen und biologischen Phänomene, welche der Konstrukteur alternativ nutzen kann, um die o.g. Tätigkeiten (Funktionen) zu realisieren. Die unterschiedlichen Arten von Effektträgern (Werkstoffe, Flüssigkeiten, Gase, magnetische, elektrische und Gravitationsfelder oder der Raum) können als weitere Konstruktionselemente gelten, welche zur Lösung technischer Aufgaben alternativ genutzt werden können.

Die Gestalt bzw. die Gestaltelemente technischer Gebilde (Ecken, Kanten, Teiloberflächen, Bauteile, Baugruppen etc.) sind weitere Elemente, welche von Konstrukteuren zur Lösung technischer Probleme genutzt werden.

Als weitere Elemente zur Lösung technischer Aufgaben nutzt der Konstrukteur noch die Möglichkeit, Bauteile mit unterschiedlichen technischen Oberflächen auszustatten. Bauteile lassen sich mit verschiedenen Oberflächen bzw. mit unterschiedlichen Oberflächenfähigkeiten und -eigenschaften herstellen, durch Beschichten, Wärmebehandlungen, durch Entzug- oder Eindiffundieren von Stoffen in die Oberflächenschichten oder durch Herstellen einer bestimmten Oberflächenrauhigkeit (Glattheit). Konstruktionselemente zur Lösung technischer Aufgaben sind noch alle physikalischen Größen, wie die Zeit, Länge (Weg), Fläche (Querschnitt), Volumen (Raum), Kraft, Druck, Drehmoment, Energie (Energieart und -zustand), Leistung, Masse, elektrische Spannung, Strom, Feldstärke, Wärmemenge, Leuchtstärke u.a. Dem Konstrukteur stehen zur Lösung technischer Aufgaben zusammenfassend folgende Konstruktionselemente (Mittel) zur Verfügung:

- Funktionselemente,
- physikalische, chemische und biologische Effekte,

- Effektträger (Werkstoffe, Flüssigkeiten, Gase, Raum),
- Gestalt/Gestaltparameter,
- technische Oberflächen
  sowie die Möglichkeit, diese verschieden zu strukturieren sowie
- physikalische Größen, wie Zeit, Kraft, Länge Energie, Leistung u. a.

Im folgenden sollen einige dieser Konstruktionselementearten noch ausführlicher erläutert werden.

3.3.2
Physikalische Grundoperationen und Funktionen technischer Systeme

In technischen Systemen werden Energien, Stoffe und/oder Signale (Informationen/Daten) in irgendeiner Weise umgesetzt oder geleitet, sie verlassen das betreffende System verändert oder unverändert (Bild 3.2.1).

Technische Systeme vergrößern oder verkleinern eine Drehzahl, wandeln elektrische Energie in Lichtenergie, leiten (führen) einen Stoff usw. Technische Systeme tun etwas; es finden Vorgänge oder Tätigkeiten in technischen Gebilden statt.

Die vollständige Beschreibung dessen, was ein technisches Gebilde tut, wird im folgenden kurz als dessen „Funktion" bezeichnet. In Kurzform kann so eine Beschreibung einer Tätigkeit eines technischen Gebildes beispielsweise lauten: Elektrische Energie G_E (Eingangsgröße) in mechanische Energie G_A (Ausgangsgröße) wandeln

$$G_E \rightarrow G_A$$

oder: Ein Drehmoment der Größe M_1 ist auf einen Wert M_2 zu vergrößern

$$M_1 < M_2$$

oder: Ein Stoff (ein Bauteil) ist auf einer bestimmten Bahn zu führen etc. Unterstellt man, daß sich die komplexen Vorgänge in technischen Systemen aus einer bestimmten Zahl elementarer Tätigkeiten zusammensetzen lassen, dann kann man versuchen, diese Tätigkeiten als Elementarfunktionen (Funktionselemente) und Grundoperationen zu definieren.

Wie bereits in Kapitel 3.2 ausgeführt, werden in technischen Systemen Energien, Stoffe und Daten geleitet und/oder in irgendeiner Weise verändert bzw. umgesetzt. Unsere Alltagssprache kennt viele Tätigkeitsworte, welche scheinbar elementare Tätigkeiten bezeichnen, tatsächlich sind die meisten Tätigkeitsworte, wie beispielsweise „führen", „montieren" oder „schalten", Sammelbegriffe für zusammengesetzte elementare Tätigkeiten. Um einen Stoff beispielsweise zu führen, bedarf es zweier Tätigkeiten, und zwar, des Leitens in der einen Richtung und des Isolierens (Verhinderung des Leitens) des Stoffs senkrecht zur gewünschten Führungs- bzw. Leitrichtung. Etwas in einer Richtung bewegen lassen und senkrecht dazu nicht, nennt man führen. Führen ist demnach ein Sammelbegriff für Leiten und Isolieren.

„Montieren" ist ebenfalls ein Begriff, unter welchem sich mehrere Tätigkeiten verbergen. Diese Beispiele mögen genügen, um zu zeigen, daß Tätigkeitsworte häufig keine elementaren, d.h. nicht weiter differenzierbare Tätigkeiten bezeichnen, sondern meist Sammelbegriffe mehrerer Tätigkeiten sind. Auf welche elementaren Tätigkeiten lassen sich die komplexen Vorgänge in technischen Systemen zurückführen? Die folgenden Ausführungen sollen eine Antwort auf diese Frage geben.

1. Grundoperationen und Elementarfunktionen für Energieumsätze

In der Natur und Technik kommt Energie in unterschiedlichen Formen vor. Energie kann beispielsweise in chemischer Form (Brennstoffe), als kinetische Energie (Schwungrad), potentielle Energie (absenkbares Gewicht), elastische Energie (Feder), in thermischer und anderen Formen vorkommen. Versucht man, die komplexen Vorgänge in technischen Systemen auf elementare Tätigkeiten bzw. sogenannte Grundoperationen zurückzuführen, so stellt sich die Frage, was man mit Energien und deren Komponenten grundsätzlich tun kann? Unter Energiekomponenten sollen in diesem Zusammenhang physikalische Größen, wie Kraft, Weg, Druck, Temperatur, elektrischer Strom, elektrische Spannung etc. verstanden werden. Man kann Energie einer Art (Form) in Energie einer anderen Art „wandeln". Beispielsweise kann man mittels technischer Systeme thermische Energie in mechanische Energie (Dampfturbine) wandeln. Physikalische Größen werden eindeutig durch ihre Einheit (Dimension), ihre skalaren Werte und ihre Richtungen – falls es sich um vektorielle Größen handelt – beschrieben. Mit technischen Mitteln lassen sich folglich nur deren Einheit, deren skalarer Wert und/oder deren Richtung ändern. Eine Änderung einer Energieart kann gleichbedeutend sein einer Änderung der physikalischen Einheit (Nm in kcal oder kcal/s in W etc.). Es erscheint zweckmäßig, das Wandeln einer Energieart in eine andere und/oder das Ändern von Einheiten physikalischer Größen (Energiekomponente) mit Wandeln zu bezeichnen und als Grundoperation zu definieren.

3.3 Konstruktionselemente technischer Systeme

Als *Wandeln* sollen alle Arten von Tätigkeiten bezeichnet werden, welche dazu dienen, die eine Art (Form) einer Energie oder Energiekomponente in eine andere Art (Form) umzusetzen.

Zum leichteren Verständnis sei noch erwähnt, daß im früher gültigen physikalisch-technischen Einheitssystem (CPS-System), in welchem unterschiedliche Energiearten und -komponenten mit unterschiedlichen Einheiten (mkps, Ws, kcal) bezeichnet wurden, ein Wandeln stets mit einer Änderung einer Einheit (Dimension) verbunden gewesen wäre.

In technischen Systemen (Maschinen, Geräte, etc.) gibt es des weiteren noch Tätigkeiten, welche den skalaren Wert einer physikalischen Größe vergrößern oder verkleinern. Das Vergrößern oder Verkleinern einer Drehzahl oder eines Drehmoments mittels Zahnradgetriebe, einer elektrischen Spannung mittels Transformator oder eines Drucks mittels Druckwandler, können als Beispiele hierzu gelten.

Tätigkeiten, welche den skalaren Wert einer physikalischen Größe verändern, kann man mit dem Oberbegriff Vergrößern bzw. Verkleinern bezeichnen und als Grundoperation wie folgt definieren:

Als *Vergrößern* oder *Verkleinern* sollen alle Tätigkeiten bezeichnet werden, welche dazu dienen, den skalaren Wert physikalischer Größen (Kraft, Spannung, Weg etc.) zu ändern.

In technischen Systemen finden sich ferner Teilsysteme zur Änderung der Vektorrichtung vektorieller physikalischer Größen. Getriebe zur Drehrichtungsumkehr, Kegelradgetriebe (i = 1:1), biegsame Wellen u. a. sind Beispiele technischer Gebilde, welche zur Richtungsänderung von Vektoren dienen. Tätigkeiten, welche zur Richtungsänderung vektorieller Größen dienen, kann man unter dem Oberbegriff „Richtung ändern" zusammenfassen. Richtungändern vektorieller Größen soll ebenfalls als eine weitere physikalische Grundoperation gelten.

Als *Richtung ändern* sollen alle Tätigkeiten bezeichnet werden, welche eine Richtungsänderung vektorieller physikalischer Größen bewirken.

Das Leiten einer Energie von Ort A nach B mit technischen Mitteln kann man fiktiv als „Fließen einer Energie" durch ein technisches System bezeichnen. Kräfte und andere physikalische Größen können ebenfalls durch technische Systeme „fließen". So spricht man beispielsweise von Kraft- und Magnetflüssen in technischen Gebilden. Für das Verständnis von Wirkungsweisen technischer Gebilde ist die Vorstellung (Fiktion) des „Fließens von Energie, Stoff und Daten" in vielen Fällen sehr anschaulich und hilfreich. In technischen Systemen sind neben Energieumsätzen (Veränderungen) auch Energieflüsse vorhanden. D.h., Energien und Energiekomponenten (Energie, Kraft, Bewegung, Druck etc.) werden, ohne verändert zu werden, von einem Ort zu einem anderen Ort geleitet (z.B. Energienetze). Mit der Vorstellung, daß in technischen Systemen „Flüsse" stattfinden, lassen sich weitere Grundoperationen definieren.

Um einen Energiefluß von Ort A nach Ort B zu bewirken, bedarf es der Tätigkeit des „Leitens"; ohne ein „Leiten" bzw. einen „Leiter" kann keine Energie, Kraft, Bewegung oder andere Größe von Ort zu Ort gebracht werden. Bei der Übertragung von Energie per Funk oder mittels Licht dient ein Raum (Vakuum) als Leiter. Ansonsten werden zum Leiten physikalischer Größen meistens stoffliche Mittel (gasförmige, flüssige oder feste Stoffe/Bauteile) benötigt. Ferner müssen „Flüsse physikalischer Größen" in technischen Systemen häufig auch noch isoliert werden.

Wellen, Zugmittel, Rohre, Lichtleiter, Ventile, schaltbare Kupplungen, Speicher, optische Verschlüsse u.a. können als Beispiele technischer Mittel gelten, mit welchen dauernd oder zeitweise ein Leiten oder Isolieren von Energieflüssen realisiert wird. Energie speichern ist gleichbedeutend mit „Energie isolieren".

> **!** Als *Leiten* bzw. *Leiter* sollen alle Tätigkeiten bzw. technischen Gebilde bezeichnet werden, welche das Übertragen von Energie oder Energiekomponenten von einem Ort A nach Ort B ermöglichen.

> **!** Als *Isolieren* bzw. *Isolatoren* sollen alle Tätigkeiten bzw. technischen Gebilde bezeichnet werden, welche das Übertragen einer Energie oder Energiekomponente von Ort A nach Ort B verhindern.

Energien und Energiekomponenten können bezüglich ihrer Quantität (Menge) oder Qualität (Unterscheidungsmerkmale) geteilt bzw. getrennt werden. Physikalische Größen können auch nach Quantität und Qualität zusammengebracht bzw. gesammelt oder vermischt werden.

Differentiale und Waagebalken können als Beispiele technischer Einrichtungen gelten, mit welchen Energien oder Energiekomponenten der Menge nach geteilt bzw. gesammelt (addiert oder zusammengebracht) werden. Halbdurchlässige Spiegel können ferner als Beispiele technischer Systeme dienen, welche Energie (Lichtenergie) der Menge nach teilen.

Farbfilter, Dämpfungen für Schwingungen bestimmter Frequenzen, Modulatoren und Demodulatoren können als Beispiele für das Trennen bzw. Mischen von Energien nach Frequenzen bzw. Wellenlängen gelten.

3.3 Konstruktionselemente technischer Systeme

Als *Teilen* bzw. *Sammeln* sollen alle Tätigkeiten bezeichnet werden, welche Energien oder Energiekomponenten quantitativ (mengenmäßig) auseinandernehmen bzw. zusammenbringen.

Energie-Operationen

Wandeln:
eine Energie oder Energiekomponente A in eine Energie oder Energiekomponente B wandeln.

Vergrößern/Verkleinern:
den skalaren Wert a_1 einer Energiekomponente auf einen Wert a_2 vergrößern oder verkleinern.

Richtung ändern:
die Richtung einer vektoriellen Energiekomponente ändern.

Leiten:
einen »bestimmten Weg bereiten«, um eine Energie oder Energiekomponente von Ort 1 nach Ort 2 zu bringen.

Isolieren:
verhindern, daß eine Energie oder Energiekomponente in einen bestimmten Raum hinein wirken kann.

Sammeln:
mehrere Mengen gleicher oder verschiedener Energien oder Energiekomponenten zusammenfassen (addieren, summieren, bündeln).

Teilen:
eine Energie oder Energiekomponente (Kraft, Bewegung) in mehrere Energiemengen oder Energiekomponenten teilen.

Mischen:
Energien verschiedener Qualität zusammenbringen (mischen).

Trennen:
Energien nach Unterscheidungsmerkmalen ordnen (sortieren).

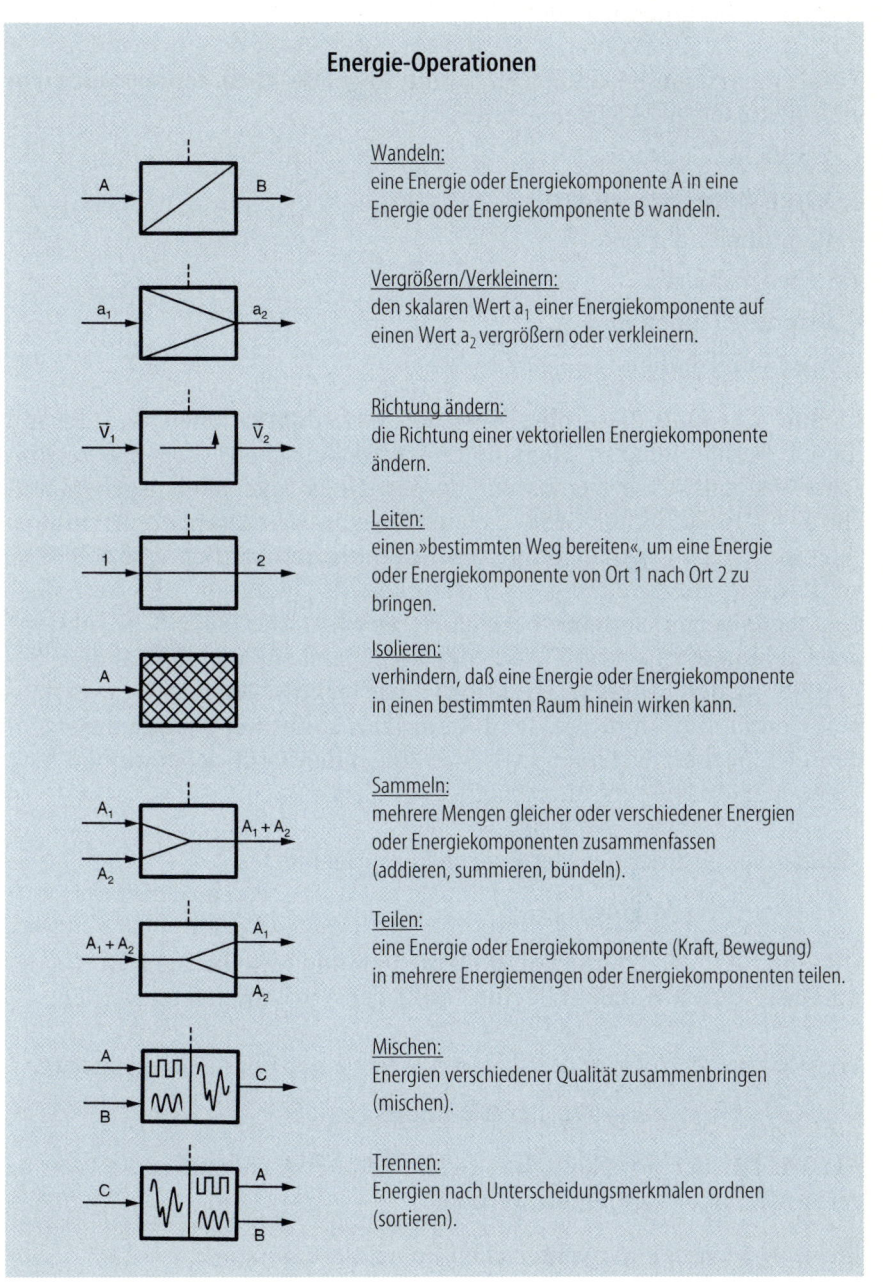

Bild 3.3.1 Elementare Energie-Operationen, deren Definitionen und Symbole

> Als *Trennen* bzw. *Mischen* sollen alle Tätigkeiten bezeichnet werden, welche Energien oder Energiekomponenten nach irgendwelchen Eigenschaftsunterschieden (Merkmals- oder Qualitätsunterschieden) sortieren bzw. zusammenbringen.

Zusammenfassend lassen sich somit folgende Grundoperationen für energieumsetzende Systeme definieren:
- Wandeln,
- Vergrößern/Verkleinern,
- Richtung ändern,
- Leiten/Isolieren,
- Sammeln/Teilen und
- Mischen/Trennen.

In Bild 3.3.1 sind diese physikalischen Grundoperationen und die mit diesen beschreibbaren elementaren, physikalischen Vorgänge technischer Systeme zusammenfassend dargestellt. Ist auch noch gegeben, welche Art physikalischer Größe geleitet oder in welche andere Art umgesetzt werden soll – ist ein Vorgang vollständig beschrieben –, so soll diese vollständige Beschreibung einer Tätigkeit als „Funktion" des betreffenden technischen Systems bezeichnet werden. Der Begriff „Funktion" oder „Elementarfunktion" soll hier als Kürzel für die vollständige Beschreibung der Tätigkeit (Funktion) eines technischen Gebildes verstanden werden. Zusammenfassend kann man somit bei energieumsetzenden technischen Systemen zwischen folgenden Grundoperationen bzw. Elementarfunktionen unterscheiden, und zwar:

Wandeln einer Energie oder Energiekomponente:

$$A - \text{Wandeln in} - B$$

Die Energie oder Energiekomponente bzw. die physikalische Größe der Art A soll durch Wandeln in eine Größe der Art B umgesetzt werden.

Vergrößern/Verkleinern des skalaren Werts einer Energiekomponente:

$$a1 - \text{Vergrößern/Verkleinern} - a2$$

Der Wert a1 der physikalischen Größe der Art A soll auf einen Wert a2 vergrößert oder verkleinert werden.

Richtung ändern einer vektoriellen Energiekomponente:

$$\vec{V}_1 - \text{Richtung ändern} - \vec{V}_2$$

Die Vektorrichtung $\vec{V_1}$ einer physikalischen Größe soll von $\vec{V_1}$ in eine Richtung $\vec{V_2}$ geändert werden.

Leiten/Isolieren von Energien oder Energiekomponenten:

>A – Leiten von Ort 1 nach Ort 2

Eine Energie oder Energiekomponente A soll von Ort 1 nach Ort 2 geleitet werden. Eine Energie oder Energiekomponente A soll gegenüber einem bestimmten Raum isoliert werden.

Sammeln/Teilen von Energien oder Energiekomponenten:

>A1 und A2 – Sammeln zu – A1 + A2

Mengen gleicher oder unterschiedlicher Energien oder Energiekomponenten (A1, A2) zu einer gemeinsamen Menge (Menge A1 + A2) sammeln

>A1 + A2 – Teilen – A1 und A2

Eine Menge gleicher oder unterschiedlicher Energien teilen in zwei oder mehrere Teilmengen A1, A2 ...

Mischen/Trennen von Energien oder Energiekomponenten:

>A, B – Mischen – C

Energien A und B mischen zu einer Energie der Art C

>C – Trennen – A, B

Vermischte Energien oder Energiekomponenten der Art C trennen in die Arten A und B. Beispielsweise „Trennen von Wechselströmen unterschiedlicher Frequenzen" oder „Trennen von Strahlungsenergien unterschiedlicher Wellenlängen (Wärmefilter)".

Aus Elementarfunktionen kann man komplexere technische Funktionen zusammensetzen. So lassen sich bspw. die Funktionen von Schaltkupplungen oder elektrischen Schaltern („Koppeln"/„Unterbrechen") mittels der Elementarfunktionen (zeitweises) „Leiten" und „Isolieren" nachbilden. Führungen (Lager, Geradführungen) bestehen aus „Leitern" in Führungsrichtung und „Isolatoren" senkrecht zur Leitungsrichtung. Führen ist auch eine aus mehreren Elementarfunktionen zusammengesetzte, komplexere Funktion. In einem Differentialgetriebe eines Personenkraftwagens wird ein Energiefluß verzweigt, d.h. in zwei Flüsse geteilt und zu den beiden Hinterrädern hingeführt (geleitet und isoliert). Bild 3.3.2 a zeigt Beispiele zu verschiedenen Elementarfunktionen. Bild 3.3.2 b zeigt einige Funktionen, welche fälschlicherweise oft als Elementarfunktionen angesehen werden.

Bild 3.3.2 a Elementare Energie-Operationen sowie diesen zugeordnete Symbole und Beispiele aus den Bereichen Elektrotechnik, Hydraulik, Mechanik und Optik

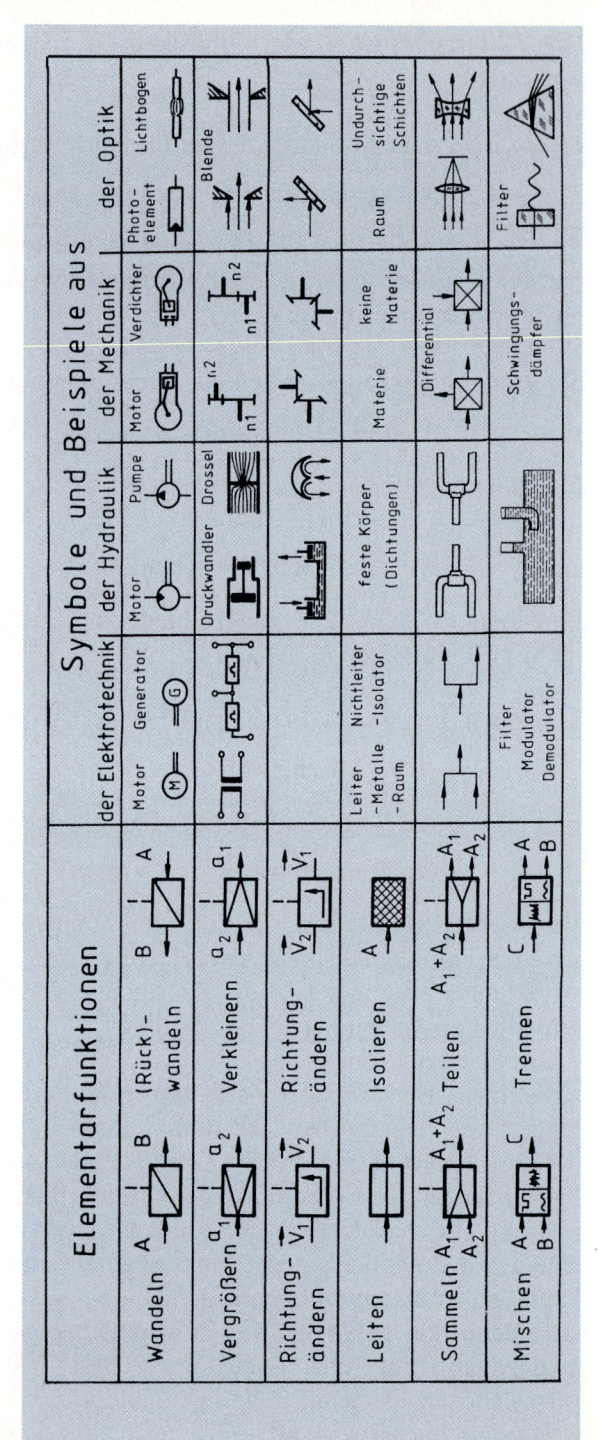

Bild 3.3.2 b Tätigkeiten, welche aus mehreren elementaren Tätigkeiten zusammengesetzt sind, deren Symbole und Beispiele aus den Bereichen Elektronik, Hydraulik, Mechanik und Optik

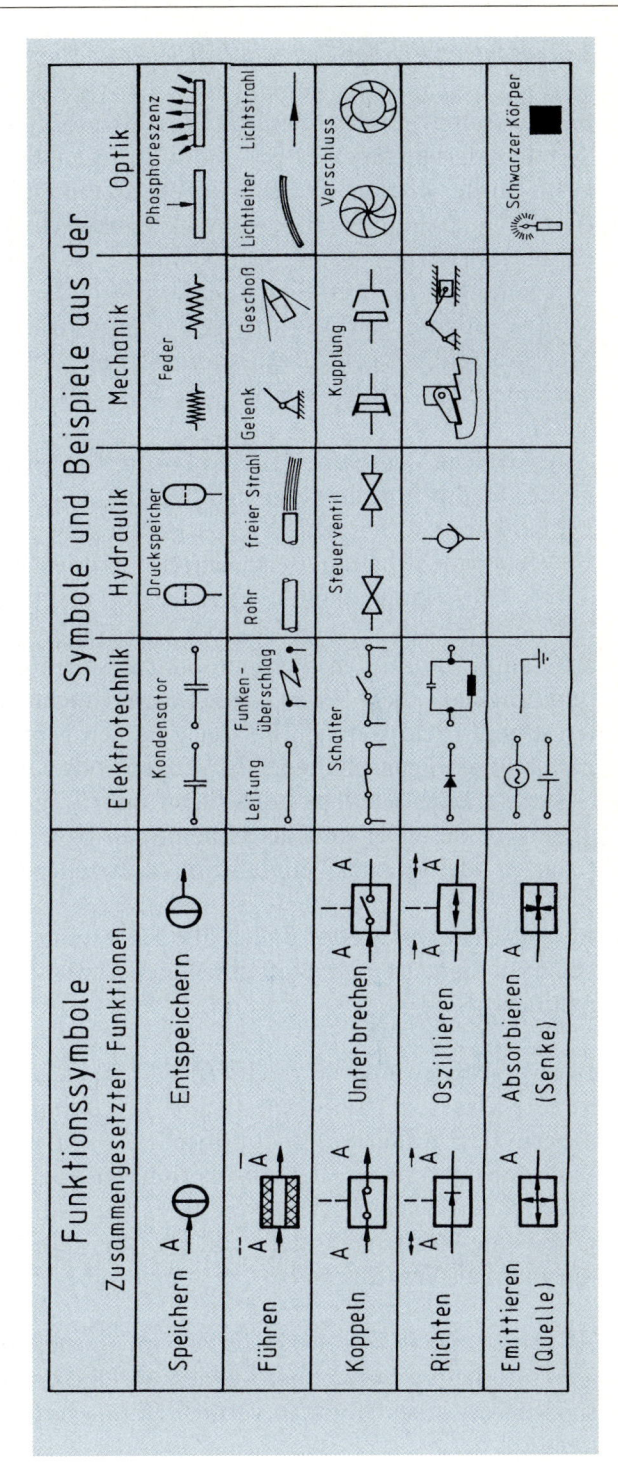

Funktionssymbole Zusammengesetzter Funktionen		Symbole und Beispiele aus der			
		Elektrotechnik	Hydraulik	Mechanik	Optik
Speichern	Entspeichern	Kondensator	Druckspeicher	Feder	Phosphoreszenz
Führen		Leitung, Funkenüberschlag	Rohr, freier Strahl	Gelenk, Geschoß	Lichtleiter, Lichtstrahl
Koppeln		Schalter	Steuerventil	Kupplung	Verschluss
Richten					Schwarzer Körper
Emittieren (Quelle)	Absorbieren (Senke)				

2. Grundoperationen und Elementarfunktionen für Stoffumsätze

Ein weiterer, großer Bereich des Maschinenbaus sind technische Systeme, deren Zweck es ist, "Stoffe in irgendeiner Weise umzusetzen". Feste Stoffe werden in technischen Systemen beispielsweise in ihrer Gestalt (Aussehen) verändert (Werkzeugmaschinen); sie werden in ihrer Härte verändert (härten von Stählen); sie werden durch chemische Verbindungen in ihren Eigenschaften verändert; unterschiedliche Stoffe werden anhand von Merkmalen getrennt. Anlagen bzw. Apparate zur Abwasserreinigung, Meerwasserentsalzung, zur Trennung der Spreu von Getreide und Trennen von Öl und Wasser, können als Beispiele hierzu gelten.

Auf welche Grundoperationen lassen sich "elementare Tätigkeiten an Stoffen" ("Stoffumsätze") zurückführen?

Man kann Stoffen neue Eigenschaften geben – Eigenschaften, welche sie vorher nicht hatten. Beispielsweise können bestimmte Stoffe (Stahl) durch Einwirkung magnetischer Felder magnetisiert werden. Andere Stoffe lassen sich beispielsweise supraleitfähig machen. Man kann Stoffe aus dem festen in den flüssigen oder gasförmigen Zustand überführen und ihnen auf diese Weise „neue", vorher nicht vorhandene Eigenschaften geben. Diese wenigen Beispiele mögen genügen, um zu zeigen, daß man Stoffen Eigenschaften „hinzufügen" oder „wegnehmen" kann.

Stoffen Eigenschaften hinzufügen oder wegnehmen, soll als Grundoperation definiert und als Hinzufügen bzw. Wegnehmen von Eigenschaften oder kurz als Wandeln von Stoffen bezeichnet werden.

! Als *Wandeln* von Stoffen sollen alle Tätigkeiten bezeichnet werden, welche dazu dienen, einem Stoff eine Eigenschaft hinzuzufügen oder wegzunehmen.

Das Vergrößern oder Verkleinern von Eigenschaftswerten soll als eine weitere Klasse von Tätigkeiten an Stoffen definiert werden. Als Beispiele mögen das Ändern des spezifischen elektrischen Widerstands, des Reflexionsvermögens, des Absorptionsvermögens, der Dichte oder das Ändern der Wärmeleitfähigkeit eines Stoffs dienen. Eine Eigenschaftsgröße eines Stoffs verändern soll als eine weitere Grundoperation definiert und als Vergrößern bzw. Verkleinern bezeichnet werden.

! Als *Vergrößern* bzw. *Verkleinern* von Stoffeigenschaftswerten sollen alle Tätigkeiten bezeichnet werden, welche dazu dienen, einen Eigenschaftswert eines Stoffs zu verändern (zu vergrößern oder zu verkleinern).

Stoffe können durch Kräfte zusammengehalten werden. Der Zusammenhalt zwischen Stoffen kann mit technischen Mitteln aufgehoben (gelöst) werden. Beispielsweise sollen Stoffe zerkleinert, zerhackt, zermahlen, zerrissen oder demontiert werden.

Zwischen Stoffen soll ein Zusammenhalt hergestellt werden. Bauteile sollen gefügt, d.h. geklebt, verschraubt, verschweißt werden. Meißel, Sägen, Messer, Schneideeinrichtungen, Reißwolf etc. können als Beispiele technischer Gebilde gelten, welche die Operation „Lösen" verwirklichen. Schraub-, Schnapp-, Schweißverbindungen etc. sind Realisierungen der Funktion „Fügen". Entsprechend dieser Klasse technischer Aufgaben ist es notwendig, eine weitere Grundoperation und inverse Operation Lösen/Fügen von Stoffen zu definieren.

Als *Fügen* sollen alle Tätigkeiten bezeichnet werden, welche dazu dienen, Zusammenhaltskräfte zwischen zwei Stoffen bereitzustellen, welche ein Auseinandergehen dieser Stoffe über ein bestimmtes Maß hinaus verhindern, falls auf diese Kräfte wirken, welche diese auseinander zu treiben versuchen.

Als *Lösen* sollen alle Tätigkeiten bezeichnet werden, welche dazu dienen, Zusammenhaltskräfte zwischen Stoffen aufzuheben.

Stoffe werden mittels technischer Systeme nach unterschiedlichen Abmessungen, Gewichten oder anderen Eigenschaftsmerkmalen getrennt. Beispielsweise werden Früchte nach Größen und/oder Gewichten sortiert (getrennt). Meerwasser ist zu entsalzen; Abfälle sind nach unterschiedlichen Werkstoffen zu sortieren; Stoffgemische sind nach unterschiedlichen physikalischen Merkmalen (Abmessungen, Gewicht, Dichte, magnetisch oder nicht magnetisch, unterschiedliche Leitfähigkeit etc.) zu trennen. Entsprechend dieser Klasse technischer Aufgaben ist es zweckmäßig, eine Grundoperation und inverse Operation Trennen/Mischen von Stoffen zu definieren.

Als *Trennen* bzw. *Mischen* von Stoffen sollen alle Tätigkeiten bezeichnet werden, welche dazu dienen, Stoffgemische nach Eigenschaftsmerkmalen zu sortieren (nach Qualitätsmerkmalen auseinanderzunehmen) bzw. zusammenzubringen (zu mischen).

Stoffe nicht nach Qualitätsmerkmalen, sondern nach Mengen- bzw. Quantitätsmerkmalen zu teilen, kann als eine weitere Klasse technischer Aufgaben gelten. Entsprechend ist es sinnvoll, eine weitere Grundoperation und inverse Operation Teilen/Sammeln von Stoffen zu definieren.

Kapitel 3 Technische Systeme

> Als *Teilen* bzw. *Sammeln* von Stoffen sollen alle Tätigkeiten bezeichnet werden, welche dazu dienen, einen Stoff oder ein Stoffgemisch nach Mengen (Quantitäten; Gewicht; Volumen) auseinander- (in Portionen zu zerlegen) bzw. zusammenzuführen.

Wandeln:
einem Stoff der Art A eine Eigenschaft (a) geben oder nehmen.

Vergrößern/Verkleinern:
einen Eigenschaftswert eines Stoffes A von a_1 auf a_2 vergrößern oder verkleinern.

Leiten:
einen »bestimmten Weg (Raum) bereiten« (leitfähig machen), um einen Stoff von Ort 1 nach Ort 2 zu bringen (leiten).

Isolieren:
verhindern, daß ein Stoff in einen bestimmten Raum eindringen kann.

Fügen:
Zusammenhalt bzw. Zusammenhaltskräfte zwischen gleichen oder verschiedenen Stoffen herstellen (aufbringen).

Lösen:
Zusammenhalt bzw. Zusammenhaltskräfte zwischen gleichen oder verschiedenen Stoffen aufheben.

Mischen:
Ordnung (Sortierung) von Stoffen aufheben, d.h. Stoffgemische herstellen.

Trennen:
Stoffgemische nach Qualitäts- bzw. Eigenschaftsmerkmalen ordnen (nach verschiedenen Stoffen sortieren)

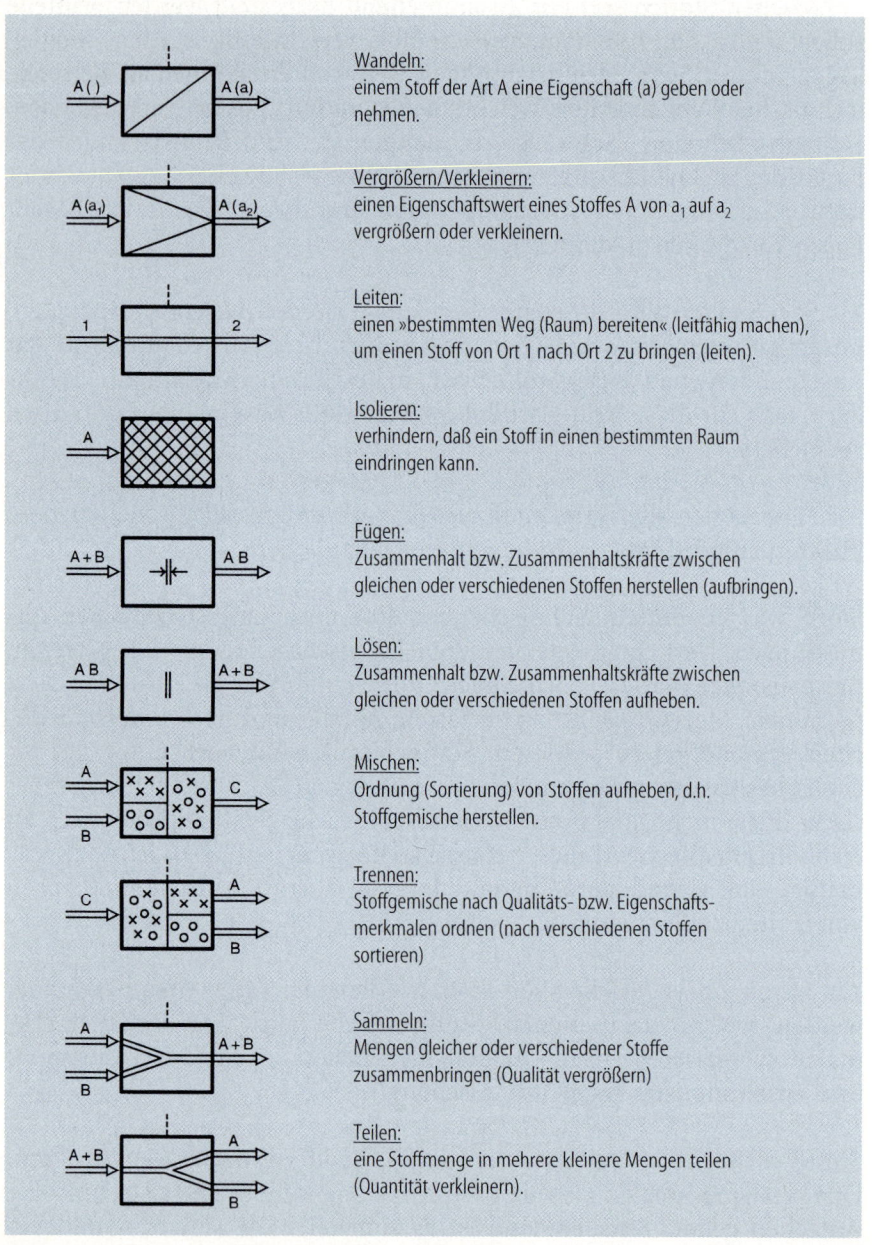

Sammeln:
Mengen gleicher oder verschiedener Stoffe zusammenbringen (Qualität vergrößern)

Teilen:
eine Stoffmenge in mehrere kleinere Mengen teilen (Quantität verkleinern).

Bild 3.3.3 Elementare Stoff-Operationen, deren Definitionen und Symbole

Ein Gemisch aus Wasser und Öl zu zerlegen, entspricht der Grundoperation Trennen. Ein Wasser-Ölgemisch in mehrere Teilmengen (quantitativ) zu teilen, kann hingegen als Beispiel für die Grundoperation Teilen gelten.

Lebensmittel in Portionen teilen, Abwassersammelbecken und das Zusammenstellen von Teilgewichten zu einem Gesamtgewicht, können als Beispiele für die Funktion Teilen bzw. Sammeln von Stoffen gelten.

Um Stoffflüsse in eine bestimmte Richtung zu leiten bzw. ein „Fließen" in andere Richtungen (Räume) zu verhindern, bedarf es ferner noch der Grundoperationen Leiten/Isolieren von Stoffen.

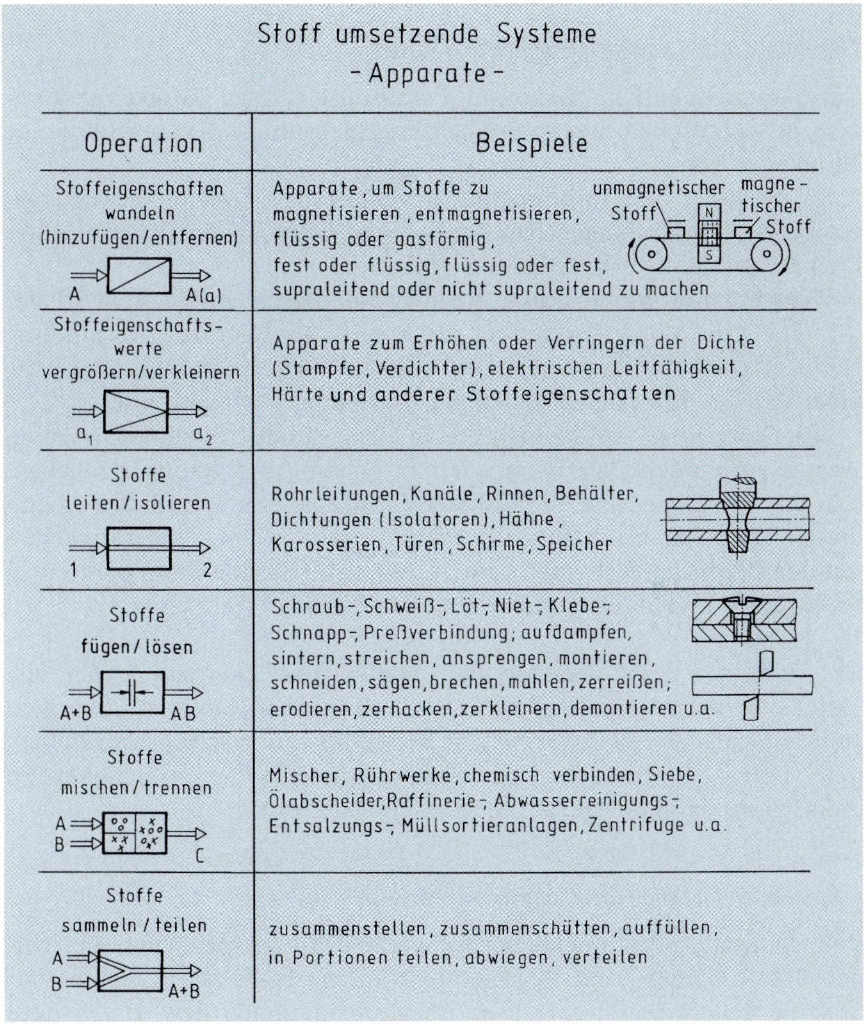

Stoff umsetzende Systeme
- Apparate -

Operation	Beispiele
Stoffeigenschaften wandeln (hinzufügen/entfernen) A → A(a)	Apparate, um Stoffe zu magnetisieren, entmagnetisieren, flüssig oder gasförmig, fest oder flüssig, flüssig oder fest, supraleitend oder nicht supraleitend zu machen (unmagnetischer Stoff, N, S, magnetischer Stoff)
Stoffeigenschaftswerte vergrößern/verkleinern a_1 → a_2	Apparate zum Erhöhen oder Verringern der Dichte (Stampfer, Verdichter), elektrischen Leitfähigkeit, Härte und anderer Stoffeigenschaften
Stoffe leiten/isolieren 1 → 2	Rohrleitungen, Kanäle, Rinnen, Behälter, Dichtungen (Isolatoren), Hähne, Karosserien, Türen, Schirme, Speicher
Stoffe fügen/lösen A+B → AB	Schraub-, Schweiß-, Löt-, Niet-, Klebe-, Schnapp-, Preßverbindung; aufdampfen, sintern, streichen, ansprengen, montieren, schneiden, sägen, brechen, mahlen, zerreißen; erodieren, zerhacken, zerkleinern, demontieren u.a.
Stoffe mischen/trennen A, B → C	Mischer, Rührwerke, chemisch verbinden, Siebe, Ölabscheider, Raffinerie-, Abwasserreinigungs-, Entsalzungs-, Müllsortieranlagen, Zentrifuge u.a.
Stoffe sammeln/teilen A, B → A+B	zusammenstellen, zusammenschütten, auffüllen, in Portionen teilen, abwiegen, verteilen

Bild 3.3.4 Produktbeispiele zu den elementaren Stoff-Operationen

> Als *Leiten* bzw. *Isolieren* von Stoffen sollen alle Tätigkeiten bezeichnet werden, welche es einem Stoff ermöglichen, von einem Ort A nach Ort B zu gelangen bzw. welche einen Stoff daran hindern, von Raum A nach Raum B zu gelangen.

Speicher, Behälter, Tanks, Flaschen etc. können als Beispiele für „Stoffisolatoren" gelten.

In Bild 3.3.3 sind die verschiedenen Grundoperationen für Stoffumsätze übersichtlich zusammengefaßt. Bild 3.3.4 zeigt Beispiele zu den verschiedenen Grundoperationen mit Stoffen.

3. Grundoperation zwischen Energien und Stoffen

Neben ausschließlich energie- und stoffumsetzenden Tätigkeiten kommen in technischen Systemen auch Energien und Stoffe verknüpfende Tätigkeiten vor.

Ein Maschinenteil in Bewegung zu versetzen, d.h. es mit Bewegungsenergie zu beaufschlagen bzw. zu beschleunigen, ist ein Beispiel einer Energie und Stoff verknüpfenden Operation.

Wird ein Automobil durch einen Motor beschleunigt, so wird der „Stoff bzw. die Masse Automobil" mit kinetischer Energie in Verbindung gebracht (beaufschlagt). Beim Abbremsen eines Automobils wird die kinetische Energie wieder von dem betreffenden Stoff getrennt.

Ein Heizkörper dient dazu, die in dem durchströmenden warmen Wasser vorhandene Wärme an den zu beheizenden Raum abzugeben, d.h. die Wärmeenergie vom Wasser (Stoff) zu trennen. Entsprechend diesen Beispielen erscheint es zweckmäßig, eine Klasse von Tätigkeiten mit den Begriffen Verbinden bzw. Trennen von Stoffen und Energien zu beschreiben und als Grundoperation zu definieren (Bild 3.3.5).

> Als *Verbinden* bzw. *Trennen* von Stoffen mit Energien sollen alle Tätigkeiten bezeichnet werden, welche dazu dienen, Stoffe mit Energien zu beaufschlagen (zu erwärmen, in Bewegung zu versetzen, anzuheben, unter Druck zu setzen etc.) bzw. Energien von Stoffen zu nehmen (zu bremsen, zu dämpfen, abzukühlen, zu entspannen).

4. Funktionen für Daten- bzw. Informationszusätze

Datenverarbeitungsanlagen, Fernsehgeräte, Kinogeräte, Schreibmaschinen, Meß-, Steuer- und Regelgeräte können als Beispiele technischer Systeme gelten, deren Zweck es ist, „Informationen bzw. Daten oder Signale in irgendeiner Weise umzusetzen".

3.3 Konstruktionselemente technischer Systeme

Energie und Stoff verknüpfende Operationen

Verbinden:
Stoffe mit Energie(n) versehen (beaufschlagen); z.B. Stoffe anheben, in Bewegung versetzen, erwärmen.

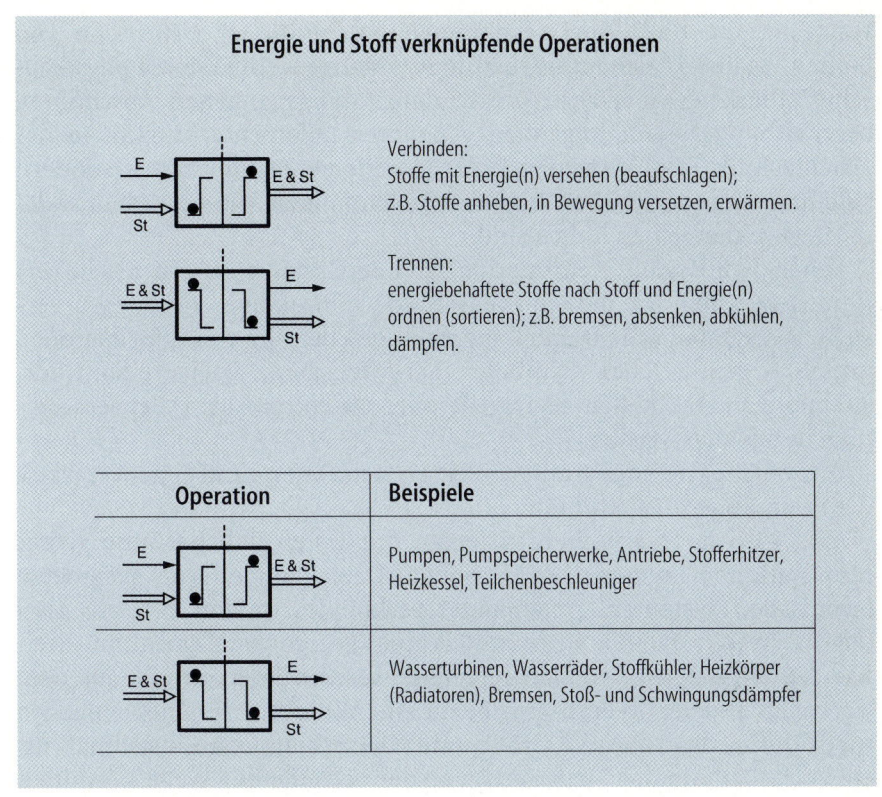

Trennen:
energiebehaftete Stoffe nach Stoff und Energie(n) ordnen (sortieren); z.B. bremsen, absenken, abkühlen, dämpfen.

Operation	Beispiele
	Pumpen, Pumpspeicherwerke, Antriebe, Stofferhitzer, Heizkessel, Teilchenbeschleuniger
	Wasserturbinen, Wasserräder, Stoffkühler, Heizkörper (Radiatoren), Bremsen, Stoß- und Schwingungsdämpfer

Bild 3.3.5 Elementare Operationen zwischen Energien und Stoffen, deren Definitionen, Symbole und Beispiele

Als „Informationen" sollen Inhalte von Daten/Nachrichten verstanden werden. Nur Lebewesen vermögen Daten in Informationen und Informationen in Daten zu übersetzen.

Beispielsweise vermag ein Hund den Pfiff (=Signal) seines Herrn in Informationen umzusetzen. Ein Computer kann ein Epos möglicherweise in verschiedene Sprachen übersetzen, ohne jedoch den Informationsinhalt des betreffenden Texts zu verstehen.

Mit den Begriffen „Daten" und „Signale" sollen im folgenden alle Darstellungsarten von Informationen, wie beispielsweise Schriften, Bilder, Speicherinhalte, analoge und digitale elektrische Signale etc. verstanden werden.

Technische Systeme können keine Informationen, sondern nur Daten oder Signale verarbeiten. Tatsächlich können diese nur Informationen symbolisierende (darstellende) physikalische Größen (Strom, Spannung, magnetische Felder etc.) oder Stoffe „verarbeiten". D. h., das „Verarbeiten von Daten" in technischen Systemen wird tatsächlich durch „Umsetzen von Energien oder Energiekomponenten" und/oder „Umsetzen von Stoffen" realisiert. Datenverarbeitungsvorgänge werden durch physikalische Tätigkeiten realisiert, wie in den vorangegangenen Abschnitten beschrieben. Die im folgenden genannten „Elementarfunktionen der Datentechnik" sind keine physikalischen Elementarfunktionen, sondern sind branchenspezifische Tätigkeitsbezeichnungen, wie sie auch in anderen Technikbereichen üblich sind.

Unter dem Begriff „Information" soll der Inhalt einer Nachricht verstanden werden, wie sie ein Mensch oder ein anderes Lebewesen versteht. Die symbolische Darstellung und Verarbeitung von Informationen mittels irgendwelcher Symbole (Schriftzeichen, Lochstreifen-Code, Spannungen etc.) sollen als Signale oder Daten bzw. als Datenverarbeitung bezeichnet werden.

Auf welche Grundoperationen lassen sich Daten- und Datenverarbeitungsvorgänge zurückführen?

Was wird in technischen Systemen mit Daten üblicherweise getan? Informationen können von Menschen, Daten können von geeigneten technischen Systemen „miteinander verknüpft" werden, d.h. aus zwei oder mehreren Daten können mittels eines geeigneten Algorithmus weitere (neue) Daten gewonnen (erzeugt) werden. So kann z.B. aus dem Nennmaß und der Toleranzangabe für eine Welle, mittels eines einfachen Algorithmus das zulässige Größt- und Kleinstmaß bzw. Einstellmaß für einen Drehautomaten – zur Fertigung der betreffenden Welle – ermittelt werden. Entsprechend ist es sinnvoll, für eine Klasse branchenspezifischer Tätigkeiten eine Operation („branchenspezifische Operation")

- Verknüpfen von Daten zu definieren (s. Bild 3.3.6).

Rechner können als Beispiele technischer Systeme gelten, welche Daten verknüpfen können. Lebewesen können sowohl Informationen als auch Daten verknüpfen.

Daten zu vervielfältigen, ist eine weitere Aufgabe einer bestimmten Art von Datengeräten. Beispielsweise können halbdurchlässige Spiegel dazu dienen, einen Strahlengang eines Bilds in mehrere Strahlengänge zu teilen, so daß das Bild eines Gegenstands von mehreren Beobachtern gleichzeitig betrachtet werden kann. Zur Vervielfältigung von Daten dienen auch Kopiergeräte. Entsprechend erscheint es für eine weitere Klasse branchenspezifischer Tätigkeiten sinnvoll, eine Operation („branchenspezifische Operation")

- Vervielfältigen von Daten festzulegen.

Daten sind von Ort A nach Ort B zu übertragen bzw. zu leiten. Sie sind vor dem Zugriff unberechtigter Personen zu schützen bzw. zu isolieren.

Daten und Informationen umsetzende Systeme
– Geräte –

Operation	Beispiele
Daten verknüpfen	Addierer, Multiplizierer
D1, D2 → □ → D3	UND-Gatter
	ODER-Gatter
Daten vervielfältigen	Kopiergeräte, Druckmaschinen,
D → □ → D,D,D,D	halbdurchlässige Spiegel
Daten umcodieren	Codierer, Tastatur, Digitizer, Lesegeräte,
	Decodierer, Schreibgerät, Drucker,
	Chiffrier-/Dechiffriergeräte,
	Umcodierer,
	Digital-Analog-, Analog-Digital-Umsetzer
Daten leiten/isolieren	Übertragungsleitungen,
	Abschirmungen, Störsicherungen
Daten speichern	Datenspeicher (Magnetband, Magnet-
	plattenspeicher, CD-Speicher u.a.),
	Bücher, Zeichnungen, Bilder
Informationen in Daten, Daten in Informationen umsetzen	Menschen, Tiere, Pflanzen

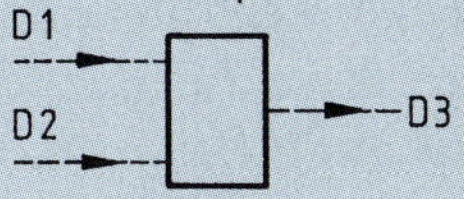

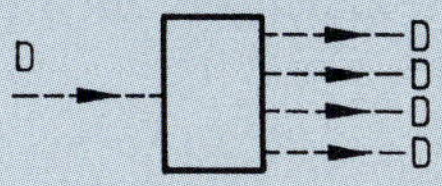

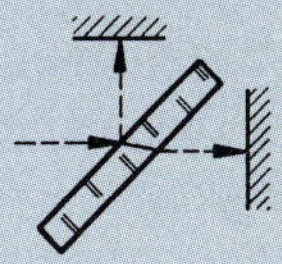

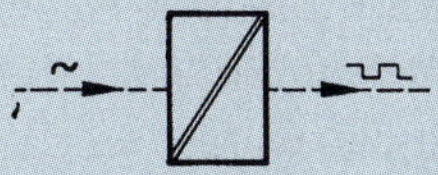

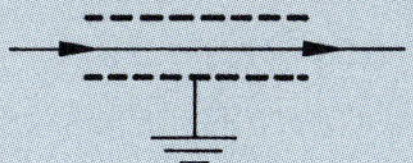

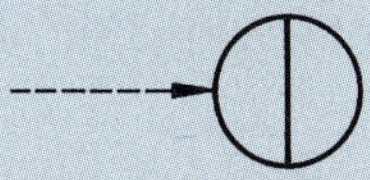

Bild 3.3.6 Grundfunktionen Daten umsetzender Geräte, deren Symbole und Produktbeispiele. Grundfunktionen der Datentechnik sind keine elementaren, physikalischen Tätigkeiten, analog jenen Tätigkeiten mit Energien oder Stoffen (s. Bild 3.3.1 und 3.3.3)

Entsprechend erscheint es zweckmäßig, eine weitere branchenspezifische Operation und inverse Operation

- Leiten (Übertragen) bzw. Isolieren von Daten

zu definieren.

Daten sind in der Praxis von einer Darstellungsform (z. B. Klartext in Binär-Code, analoge in digitale Darstellungen) in eine andere umzusetzen. Digitizer, Drucker, Analog-Digital-Umsetzer können hierzu als Beispiele dienen. Es erscheint deshalb sinnvoll, auch diese Tätigkeit des Umsetzens von Daten einer Darstellungsform in eine andere als

- Umcodieren von Daten

zu bezeichnen und diese als branchenspezifische Operation zu definieren. Des weiteren sind Daten auch zu speichern. Deshalb soll auch die Tätigkeit

- Speichern von Daten

als branchenspezifische Operation definiert werden.

Daten in Informationen und Informationen in Daten umsetzen ist eine Tätigkeit, welche nur Lebewesen vorbehalten ist. Deshalb soll diese Tätigkeit ebenfalls als branchenspezifische Operation definiert werden, auch wenn diese von technischen Systemen nicht realisiert werden kann.

In Bild 3.3.6 sind die Operationen für datenumsetzende technische Systeme zusammengefaßt und durch einige Beispiele erläutert.

Das Übertragen der Daten einer Zeichnung auf ein Werkstück, das Herstellen einer Kurvenscheibe, das Schreiben oder Löschen eines Texts auf einen Datenträger (Papier, Magnetband etc.) oder das Einschmelzen einer Kurvenscheibe sind Tätigkeitsbeispiele, welche man als Verbinden bzw. Trennen von Stoff und Daten bezeichnen kann.

Diesen Tätigkeiten entsprechend erscheint es ferner zweckmäßig, eine weitere branchenspezifische Operation

- Verbinden/Trennen von Stoffen und Daten festzulegen.

Bild 3.3.7 Mathematische Grundoperationen sind – auch wenn diese von technischen Systemen ausgeführt werden – keine elementaren physikalischen Tätigkeiten, analog jenen elementaren Tätigkeiten mit Energien oder Stoffen

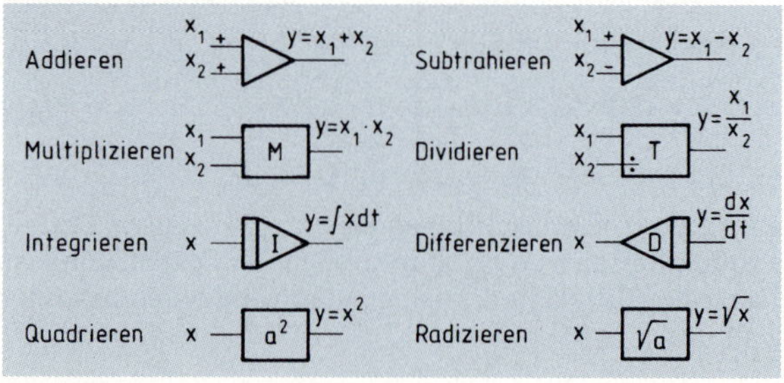

Addieren	x_1, x_2	$y = x_1 + x_2$	Subtrahieren	x_1, x_2 → $y = x_1 - x_2$
Multiplizieren	x_1, x_2 → M	$y = x_1 \cdot x_2$	Dividieren	x_1, x_2 → T, $y = \frac{x_1}{x_2}$
Integrieren	x → I	$y = \int x \, dt$	Differenzieren	x → D, $y = \frac{dx}{dt}$
Quadrieren	x → a^2	$y = x^2$	Radizieren	x → $\sqrt{a}$, $y = \sqrt{x}$

3.3 Konstruktionselemente technischer Systeme

Ver-knüpfung	Symbol DIN 40700 neu	Symbol DIN 40700 alt	Schreib-weise	Wertetabelle Wahrheits-tabelle
UND ∧	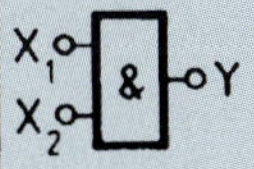 X_1 —[&]— Y, X_2	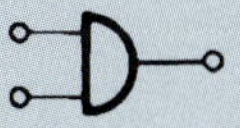 ⟩D⟩	$Y = X_1 \wedge X_2$	X_1 | X_2 | Y 0 | 0 | 0 0 | 1 | 0 1 | 0 | 0 1 | 1 | 1
ODER ∨	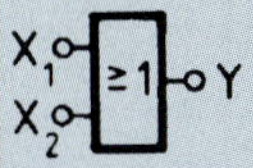 X_1 —[≥1]— Y, X_2	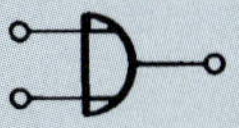 ⟩D⟩	$Y = X_1 \vee X_2$	X_1 | X_2 | Y 0 | 0 | 0 0 | 1 | 1 1 | 0 | 1 1 | 1 | 1
NEGATION —	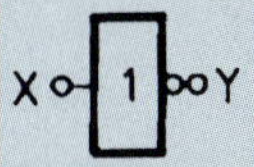 X —[1]— Y	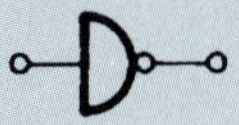 ⟩D⟩∘	$Y = \bar{X}$	X | Y 0 | 1 1 | 0

Bild 3.3.8 Logische (Boolesche) Grundoperationen. Logische Grundoperationen sind keine elementaren physikalischen Tätigkeiten, analog jenen elementaren Tätigkeiten mit Energien oder Stoffen

Das Herstellen von Kurvenscheiben oder anderen Bauteilen mittels Werkzeugmaschinen oder das Prägen einer Münze können als Beispiele für die Funktion „Verbinden von Daten mit Stoffen" gelten.

Zu Zwecken der Datenübertragung und/oder Datenverarbeitung werden in Analog- und Digitalrechnern Daten mittels elektrischer Spannungen und/oder Ströme, magnetischer oder elektrischer Felder oder optischer Energie dargestellt. Auch mechanische, akustische oder andere Energiearten können zur Darstellung und/oder Übertragung von Signalen dienen. Daten werden mittels bestimmter technischer Einrichtungen mit Energie „verbunden" und/oder von dieser „getrennt". Entsprechend scheint es sinnvoll, eine branchenspezifische Operation

- Verbinden/Trennen von Energien und Daten

zu definieren, um diese Tätigkeitsarten ebenfalls mittels Symbolen (Kürzeln) beschreiben zu können. Sender, Empfänger, Modulatoren, Demodulatoren, Meßwertaufnehmer und Meßwertanzeigen können als Beispiele für Realisierungen der Funktion „Daten mit Energie verbinden oder trennen" gelten.

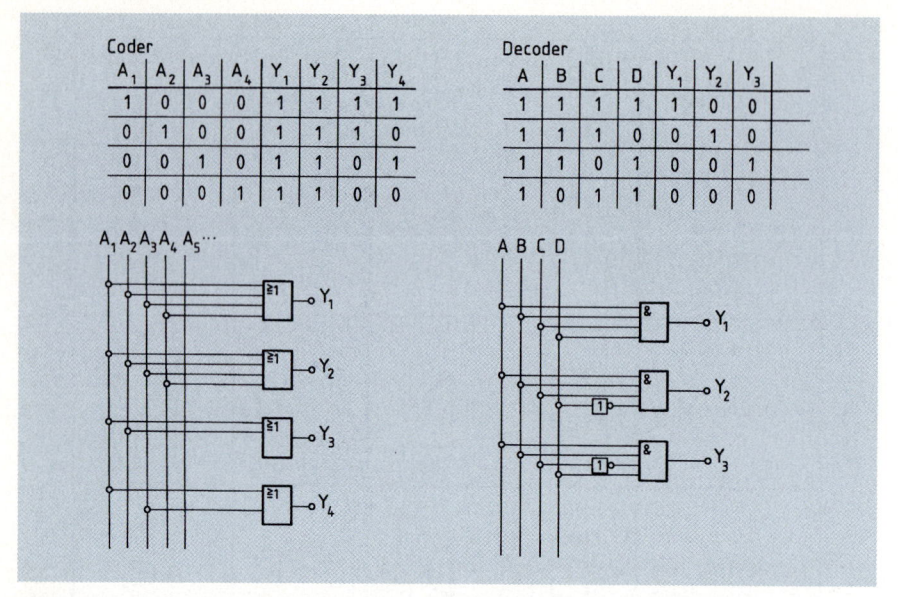

Coder									Decoder						
A_1	A_2	A_3	A_4	Y_1	Y_2	Y_3	Y_4		A	B	C	D	Y_1	Y_2	Y_3
1	0	0	0	1	1	1	1		1	1	1	1	1	0	0
0	1	0	0	1	1	1	0		1	1	1	0	0	1	0
0	0	1	0	1	1	0	1		1	1	0	1	0	0	1
0	0	0	1	1	1	0	0		1	0	1	1	0	0	0

Bild 3.3.9 Funktionsstruktur (Schaltplan) Daten codierender und decodierender Geräte. Daten codierende und decodierende Geräte können als Beispiele technischer Systeme gelten, welche logische Operationen realisieren

3.3.3
Mathematische und logische Grundoperationen und Elementarfunktionen

Neben den in Abschnitt 3.3.2 genannten physikalischen Grundoperationen sind in technischen Systemen auch algebraische und logische Grundoperationen zu realisieren. Als mathematische Grundoperationen gelten

- Addieren, Subtrahieren,
- Multiplizieren, Dividieren,
- Potenzieren, Radizieren,
- Integrieren, Differenzieren (Bild 3.3.7)

Als Grundoperationen der Logischen oder Boolschen Algebra gelten ferner, die

- *Und*-Funktion oder *Und*-Verknüpfung genannte Konjunktion, die
- *Oder*-Funktion oder *Oder*-Verknüpfung genannte Disjunktion und die
- Inversion oder *Nicht*-Funktion genannte Negation.

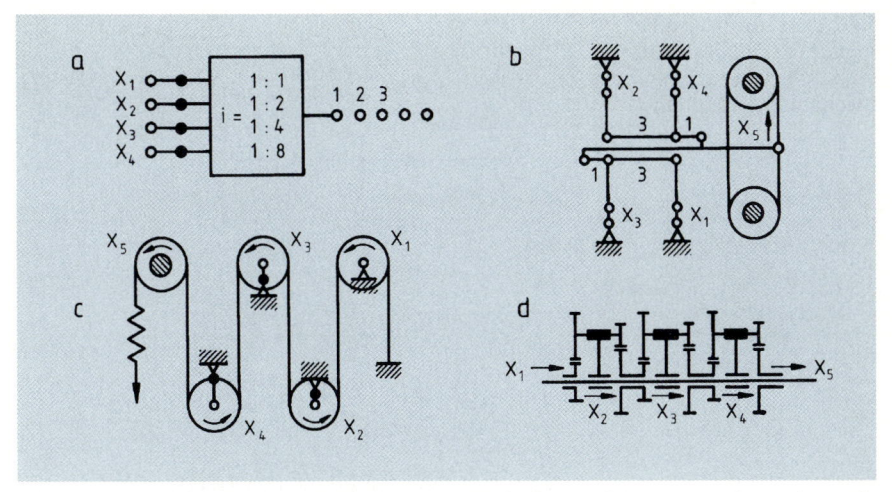

Bild 3.3.10 a–d Verschiedene Getriebetypen (Gelenkgetriebe, Zugmittelgetriebe und Zahnradgetriebe) mit jeweils 4 Freiheitsgrade. Decodieren von Daten; Beispiele für logische Grundoperationen realisierende technische Systeme

Die diesen Operationen bzw. Funktionselementen zugeordneten Symbole sind in Bild 3.3.8 zusammengestellt. Als Funktionselemente sollen die realen technischen Gebilde bezeichnet werden, welche o. g. mathematische und logische Grundoperationen verwirklichen.

Als Beispiele, in welchen mathematische Operationen verwirklicht werden, können die elektronischen und mechanischen Digitalrechner, Analogrechner und Planimeter dienen.

Tastaturen, Drucker, Digitalrechner, Sicherheitsschaltungen bei Personenaufzügen und andere technische Systeme können als Beispiele gelten, in welchen logische Funktionselemente verwirklicht sind. Die Bilder 3.3.9, 3.3.10 und 3.3.11 zeigen hierzu einige Beispiele.

3.3.4
Physikalische Effekte

Eine weitere wichtige Erkenntnis der Konstruktionsforschung war, daß sich Tätigkeiten technischer Systeme nur mit Hilfe physikalischer, chemischer oder biologischer Effekte (Phänomene) realisieren lassen. Das bedeutet, daß es in technischen Systemen keine Vorgänge gibt, welche nicht durch physikalische, chemische oder biologische Phänomene erklärt werden können. Das bedeutet ferner, daß man „prinzipiell neue Maschinen" nur mittels neuer, bis dato in technischen Systemen noch nicht angewandten, physikalischen, chemischen oder biologischen

Bild 3.3.11 Realisierung logischer Grundoperationen mit elektrischen und mechanischen Mitteln

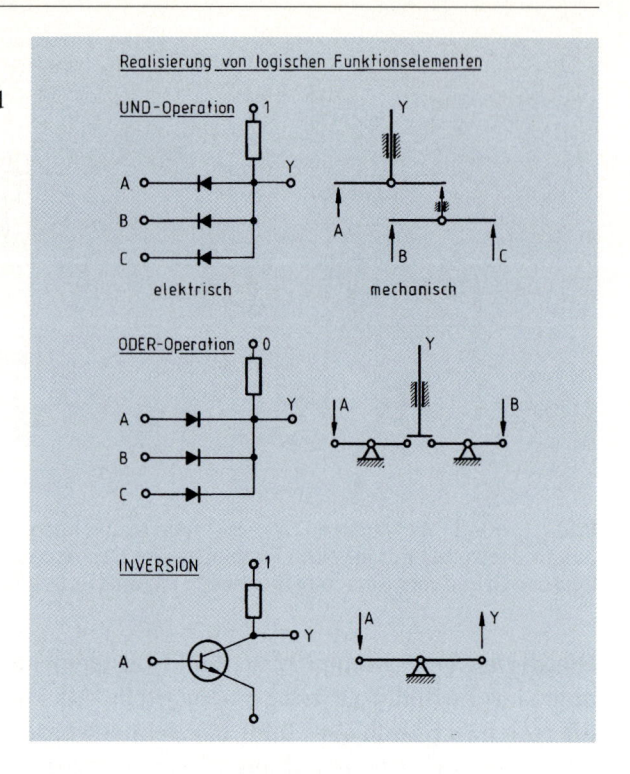

Effekten – oder neuen Effektstrukturen (Kombinationen) – bauen kann. Schließlich folgt aus obiger Erkenntnis folgender wichtiger Satz:

> Physikalische, chemische und biologische Effekte (biologische Systeme) sind Grundbausteine bzw. Konstruktionselemente zur Realisierung physikalisch-technischer Funktionen.

Aufgrund der Existenz des Hebel- oder Keileffekts lassen sich Hebel, Zahnräder, Waagebalken, Getriebe, Keile, Schrauben, Muttern u.a. Maschinenelemente realisieren. Gäbe es diese oder andere physikalische Effekte nicht, gäbe es die diesen entsprechenden technischen Gebilde ebenfalls nicht. Gäbe es keine Lichtbrechung an optisch dichteren Medien (Glas) und keinen Hebeleffekt, gäbe es auch keine optischen Linsen und keine Zahnrad- oder andere mechanischen Getriebe.

Mit Hilfe physikalischer, chemischer und biologischer Effekte lassen sich die verschiedenen Funktionselemente bzw. Grundoperationen für Energie-, Stoff- und Datenumsätze realisieren, wie in Kapitel 5.3 noch ausführlich gezeigt wird.

Physikalische, chemische und biologische Effekte sind die „Bauelemente" von Prinziplösungen. Sie sind ein wesentliches Hilfsmittel des

Konstrukteurs beim Finden prinzipiell neuer Lösungen und sollen zur Unterscheidung von anderen Konstruktionselementen als „physikalische Effekte" oder kurz „Effekte" bezeichnet werden.

Die Anwendung des elektromagnetischen Effekts (Biot-Savartschen Effekts u. a.) zum Bau von Elektromotoren, die Anwendung elektrochemischer Effekte für Batterien und die Nutzung von Bakterien zur Reinigung von Abwässern können als Beispiele der Nutzung physikalischer und chemischer Effekte sowie biologischer Systeme zur Lösung technischer Aufgaben gelten.

3.3.5
Effektträger

Will man beispielsweise einen Motor (Uhrenantrieb) mit Hilfe des „Wärmedehnungseffekts" entwickeln, so kann man hierfür einen festen Stoff (z. B. Stahl) oder eine Flüssigkeit (z. B. Öl) als Effektträger wählen.

Die Wahl unterschiedlicher Effektträger führt zu unterschiedlichen Prinziplösungen, wie in Bild 3.3.12 an den Beispielen Wärmedehnungsmotor und Feder anschaulich gezeigt wird. Pleuel für Verbrennungsmotoren aus Stahl oder einem faserverstärkten Kunststoff zu fertigen, kann als weiteres Beispiel gelten.

Zur Verwirklichung technischer Funktionen benötigt man neben Effekten auch Effektträger. Beispielsweise kann man zur Übertragung von Kräften oder Bewegungen feste Stoffe, Flüssigkeiten oder Gase nutzen. Zur Übertragung von Licht- oder anderer Strahlungsenergie von Ort 1 nach Ort 2 benötigt man einen Raum. Ein Raum ist ein Effektträger zur Übertragung elektromagnetischer Wellen bzw. Strahlung. Effekt-

Bild 3.3.12 a–b Beispiele unterschiedlicher Effektträger. Ein fester Stoff oder eine Flüssigkeit als Träger des Effekts „Wärmedehnung" (a); Stahl, Kunststoff, Gummi etc. als Träger des Effekts „Dehnung fester Stoffe" (Hookescher Effekt) (b)

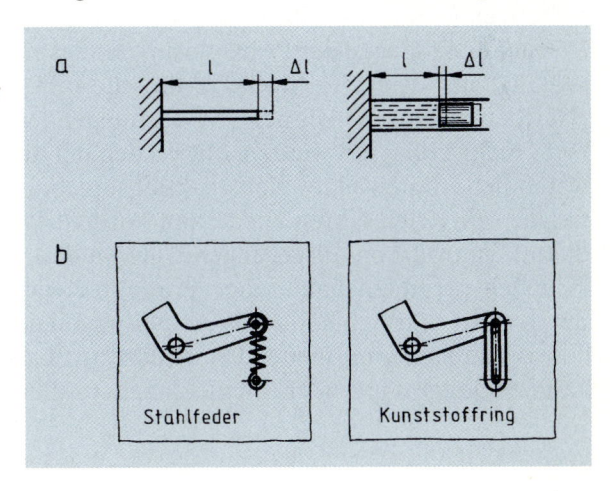

träger können materieller oder immaterieller Natur sein. Effektträger kann sein:

- jeder Stoff, insbesondere alle Arten fester, flüssiger und gasförmiger Stoffe wie beispielsweise Stahl, Leichtmetall, Kunststoff, Gummi, Holz, Beton oder Wasser, Öl, Glycerin u. a. Eine Feder alternativ aus Stahl oder Kunststoff herzustellen, kann hierzu als Beispiel dienen (s. Bild 3.3.12 b),
- der Raum (Vakuum) als Träger magnetischer und elektrischer Felder sowie von Gravitationsfeldern.

Entsprechend den unterschiedlichen Arten von Effektträgern kann man auch von festen, flüssigen, gasförmigen und immateriellen Bauteilen technischer Systeme sprechen.

Effektträger sind ein weiteres wesentliches „Konstruktionselement" zur Entwicklung alternativer technischer Lösungen. Dieses in der Praxis häufig angewandte Mittel zum Finden von Lösungsalternativen soll kurz als „Effektträger-Variation" bezeichnet werden.

3.3.6
Prinziplösung

Eine Prinziplösung angeben heißt, Effekte und Effektträger angeben, welche geeignet sind, die zu realisierende Funktion zu verwirklichen.

Prinziplösungen werden durch Angabe des geeigneten physikalischen Effekts und Effektträgers beschrieben. Unter dem Begriff „Effekt" ist eine vollständige Beschreibung der Wirkungsweise eines physikalischen Effekts zu verstehen. Die Beschreibung kann mittels bildlicher Darstellungen (s. Bild 5.3.1; Prinzipdarstellungen) oder verbal erfolgen.

Mit dem Festlegen der Prinziplösung findet eine wesentliche „Weichenstellung" auf dem Weg hin zu technischen Produkten statt. Ungünstige „Weichenstellungen" können von nachfolgenden Konstruktionsschritten nicht mehr korrigiert werden. Mit Festlegung der Prinziplösungen liegen wesentliche Daten eines Konstruktionsergebnisses fest. Bei Produkten, welche seit vielen Jahren wiederholt konstruiert werden (bewährte Produkte), kann davon ausgegangen werden, daß man die besten Prinziplösungen gefunden hat; „junge Produktentwicklungen" sind hingegen durch mehr unterschiedliche Prinziplösungen gekennzeichnet.

Das Finden der optimalen Prinziplösung für neue Aufgabenstellungen kann ein lange dauernder Entwicklungs- und Bewährungsprozeß sein.

3.3.7
Gestaltelemente

Technische Gebilde aus festen Stoffen haben auch eine Gestalt. Das Konstruieren besteht zu einem wesentlichen Teil aus dem Festlegen der Gestalt von Bauteilen, Baugruppen und komplexeren Systemen. In der Praxis wird das Festlegen der Gestalt technischer Gebilde häufig als Entwerfen, Gestalten, Grob- und Feingestalten, Detaillieren, Bemessen oder Dimensionieren bezeichnet.

Unter Entwerfen, Gestalten und Detaillieren wird üblicherweise das qualitative Festlegen, mit Dimensionieren oder Bemessen das quantitative Festlegen (Berechnen bzw. Dimensionieren) der Gestalt technischer Gebilde verstanden.

Da es nicht möglich ist, die Tätigkeiten Entwerfen, Gestalten und Detaillieren durch Definitionen exakt gegeneinander abzugrenzen, sollen diese Begriffe im folgenden synonym gebraucht und verstanden werden. Da diese Begriffe alle Tätigkeiten bezeichnen, welche der Festlegung der Gestalt technischer Gebilde dienen, soll im folgenden der Begriff „Gestalten" bevorzugt benutzt werden. Für die folgenden Ausführungen soll zwischen „qualitativem und quantitativem Gestalten" unterschieden werden.

Unter *qualitativem Gestalten* soll im folgenden das Festlegen qualitativer Gestaltparameterwerte technischer Gebilde verstanden werden. Als qualitative Gestaltparameter eines technischen Gebildes sollen beispielsweise gelten: die Zahl der Teiloberflächen eines Bauteils, die Zahl der Bauteile einer Baugruppe, die Form einer Teiloberfläche (eben oder zylinderförmig) u.a.m. (s. a. Kapitel 5.4, „Gestaltungsprozesse").

Unter *quantitativem Gestalten* soll hingegen das Festlegen von Längen- und Winkelabstandswerten zwischen Teiloberflächen und Bauteilen etc. sowie Abmessungen (Radien, Brennweiten etc.) verstanden werden.

Unter Gestalten soll jede Art Tätigkeit – wie Entwerfen, Dimensionieren, Detaillieren, Bemessen etc. – verstanden werden, welche dazu beiträgt, die Gestalt technischer Gebilde festzulegen. Aus welcher Art von „Gestaltelementen" kann man sich die so unterschiedlich aussehenden technischen Gebilde zusammengesetzt denken? Welche Gestaltelemente stehen dem Konstrukteur zur Gestaltung technischer Gebilde zur Verfügung?

Die Gestalt von Bauteilen wird im wesentlichen durch die sie begrenzenden Teiloberflächen bestimmt. „Teiloberflächen" sind durch Kanten begrenzte (berandete) Teile der Oberflächen von Bauteilen. Als Konturen oder Berandungen sollen die in ihren 1. oder 2. Ableitungen unstetigen

Übergänge zwischen Teiloberflächen (von Bauteilen) bezeichnet werden. Als Teiloberflächen sollen die materiellen Teile einer Gesamtoberfläche eines Bauteils bezeichnet werden, welche auf der einen Seite mit Werkstoff belegt sind und mit ihrer anderen Seite an Luft grenzen.

Teiloberflächen von Bauteilen können gleiche oder unterschiedliche Formen (eben, zylinder-, kegel-, kugelförmige oder beliebige Formen) und Abmessungen haben. Die Gestalt einer Teiloberfläche wird durch deren Form und Abmessungen der Berandung bestimmt.

Zweidimensionale Gebilde (Teiloberflächen) sind die Gestaltelemente dreidimensionaler Gebilde (Bauteile). Entsprechend kann man auch sagen: Linienstücke (eindimensionale Gebilde, Linien unterschiedlicher Form und Abmessungen) sind die Gestaltelemente von Teiloberflächen. Punkte sind die Gestaltelemente von Linien. Des weiteren kann man Bauteile als Gestaltelemente von Baugruppen und Baugruppen als die Gestaltelemente von Maschinen, Geräten, Apparaten oder anderen komplexeren Gebilden betrachten. Letztere kann man schließlich als die Gestaltelemente noch komplexerer Systeme betrachten. Gestaltelemente technischer Gebilde können unterschiedlich komplexe Gebilde sein.

Zusammenfassend lassen sich zur Gestaltung technischer Gebilde folgende, unterschiedlich komplexe Gestaltelemente nutzen und als solche definieren:

- Punkte, Ecken, Spitzen,
- Linienstücke, Kanten,
- Teiloberflächen,
- Bauteile,
- Baugruppen und/oder
- komplexere Elemente wie Maschinen, Geräte und Apparate.

Des weiteren ist es für die Konstruktionspraxis in manchen Fällen vorteilhaft, auch noch „Wirkflächenpaare" und „Teilkörper" als „Gestaltelemente" zu bezeichnen und zu nutzen. In Bild 3.1.4 sind diese unterschiedlich komplexen Gestaltelemente zusammengefaßt und erläutert.

3.3.8
Oberflächen, Schichten, Kanten und Spitzen

Schicht- und Oberflächentechnologien sind für Produktinnovationen und Wertschöpfung, insbesondere für Produkte der Fein- und Mikrotechnik von wesentlicher Bedeutung. Oberflächen und Schichten sind für nahezu alle Produkte von großer technischer und wirtschaftlicher Bedeu-

Bild 3.3.13 Mögliche Formen technischer Oberflächen: eben (a), zylinderförmig (b), kegelförmig (c), kugelförmig (d), torusförmig (e), paraboloidförmig (f), hyperboloidförmig (g), ellipsoidförmig (h), allgemeine Form (i). Eigenschaften technischer Oberflächen können u.a. durch die Form und Abmessungen festgelegt werden

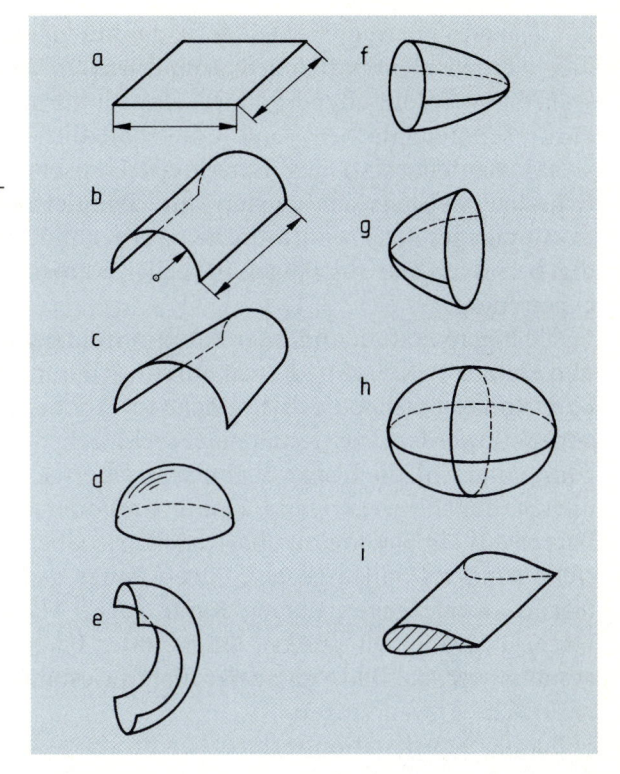

tung. Diese sind ein wesentliches Konstruktionsmittel zur Realisierung bestimmter Fähigkeiten (Funktionen) und Eigenschaften technischer Produkte, wie beispielsweise Korrosions-, Verschleiß-, Hitzebeständigkeit, Supraleitfähigkeit, Reflexionsvermögen, Sensor- und Aktorfähigkeiten, Biokompatibilität und Dekorationseigenschaften.

Oberflächen und Schichten sind wesentliche Mittel zur Herstellung von elektrischen, elektronischen und optischen Bauelementen (Halbleitern, Kondensatoren, Widerstände, Stecker, Relais, Kontakte, Reflektoren, optische Filter, Röhren, Leuchten etc.), medizinische Geräte, lebensmitteltechnische Apparate, „Weiße Ware" sowie wesentliche Mittel zur Verbesserung des Wirkungsgrads von Gasturbinen u.a.m.

Oberflächen, Schichten, Kanten und Spitzen (Ecken) sind wesentliche Konstruktionsmittel zur Realisierung von Funktionen (Fähigkeiten) und Eigenschaften technischer Produkte. Man denke beispielsweise an verschleiß-, korrosions-, hitzebeständige oder besonders gleitfähige Oberflächen, optische Oberflächen (Linsen), Schneidkanten und Nadelspitzen. Durch Variation der Parameterwerte von technischen Oberflächen, Kanten und Spitzen (Ecken) vermag der Konstrukteur zahlreiche, an technische Produkte zu stellende Forderungen zu erfüllen. Ein

Bauteil kann mit nur einer (Kugel) oder mit vielen Teiloberflächen versehen werden. Teiloberflächen können eben, zylinder-, kegel-, kugel-, torus-, paraboloid-, hyperboloid-, ellipsoidförmig oder von allgemeiner Form (Freiformflächen) und unterschiedlich bemessen sein (s. Bild 3.3.13). Bauteile sind aus fertigungstechnischen und wirtschaftlichen Gründen meistens aus ebenen und zylinderförmigen Teiloberflächen zusammengesetzt. Freiformflächen werden nur, wenn zwingend notwendig, beispielsweise für Flügel, Propeller, Karosserien und Schiffsrümpfe angewendet.

Die Eigenschaften und/oder Funktionsfähigkeiten technischer Kanten und Spitzen bzw. Ecken können durch Variieren der Form, Abmessungen und Winkelabstände der sie bildenden Teiloberflächen an Forderungen angepaßt werden. Die Gestalt einer technischen Kante oder Spitze (Ecke) kann unterschiedlich sein. Technische Oberflächen, Kanten und Spitzen dienen üblicherweise dazu, Kräfte und/oder Bewegungen von einem Bauteil auf ein anderes zu übertragen. Die Übertragungs- oder Kontaktstelle kann als Spitze gegen Spitze-, Spitze gegen Kante-, Spitze gegen Fläche-, Kante gegen Kante-, Kante gegen Fläche- oder Fläche gegen Fläche-Paarung mit punkt-, linien- oder flächenförmiger Berührstelle gestaltet werden. Bild 3.3.14 zeigt hierzu Gestaltungsbeispiele und nennt praktische Anwendungen.

Bei der Konstruktion technischer Produkte kommt es unter anderem darauf an, Oberflächen, Kanten und/oder Spitzen von Bauteilen bestimmte Funktionen und/oder Eigenschaften zu geben, damit diese entsprechenden Erfordernissen gerecht werden können. Bestimmte Funktionen oder Eigenschaften von Oberflächen, Kanten oder Spitzen lassen sich dadurch erreichen, daß man diesen eine bestimmte Form und Abmessungen (Makrogestalt) gibt, diese mit der notwendigen Genauigkeit (zulässige Gestaltabweichung, Rauheit) und diese aus einem bestimmten Werkstoff oder Werkstoffverbund herstellt. Der Konstrukteur verfügt somit über drei Arten von Parametern um Teiloberflächen, Schichten, Kanten und Spitzen (Ecken) für bestimmte Forderungen bzw. mit bestimmten Fähigkeiten und Eigenschaften zu realisieren, und zwar: deren

- Form- und Abmessungsparameter (Makrogestalt),
- Genauigkeit sowie deren Glatt- bzw. Rauheit (Mikrogestalt),
- Werkstoffart, Werkstoff-Parameter,
- Dicke und Zahl der Schichten.

Im folgenden soll einfachheitshalber nur noch von „Oberflächen" gesprochen werden, wohl wissend, daß das bezüglich Oberflächen Gesagte sinngemäß auch für Schichten, Kanten und Spitzen gelten kann.

Werkstoff, Form, Abmessungen, Formgenauigkeit und Rauheit legen Funktion und Eigenschaften einer Oberfläche fest. Funktionen oder Eigenschaften von Oberflächen können beispielsweise sein, Kraft übertragen, Licht leiten, Licht reflektieren (spiegeln) oder sammeln (Sammellinse), korrosionsbeständig oder kratzfest (hart) zu sein; oder eine Kante soll beispielsweise schneiden und verschleißbeständig sein. Im folgenden sind wesentliche Funktionen bzw. Eigenschaften technischer Oberflächen zusammengestellt, um deren Bedeutung für die Konstruktion technischer Produkte zu veranschaulichen.

Weil die Praxis Eigenschaften von Oberflächen häufig auch als Tätigkeiten (Funktionen) oder Fähigkeiten von Oberflächen umschreibt und es von Fall zu Fall günstiger ist, von einer Funktion (Tätigkeit), Fähigkeit oder Eigenschaft einer Oberfläche zu sprechen, sollen o. g. Begriffe im Zusammenhang mit Oberflächen synonym benutzt und verstanden werden.

Mechanische Eigenschaften

- rauh/glatt
- zäh/spröde, Rißbildung
- Verformbarkeit
- Belastbarkeit (z. B. zulässige Hertzsche Pressung)
- Reib-/Gleiteigenschaften („stick slip"), Notlaufeigenschaften
- Fressen (Freßneigung)
- Härte, Kratzfestigkeit
- Verschleißbeständigkeit bezüglich Abrasion (Abrieb), Wälzen, Adhäsion, Erosion, Kavitation
- Schlagfestigkeit (Abplatzen)
- Schwingungs- bzw. Dämpfungseigenschaft (Stöße)

Elektrische und magnetische Eigenschaften

- leitfähig/isolierend (Widerstandswert), supraleitfähig
- Kontaktwiderstand
- Halbleitereigenschaften (Sensor- und Aktorfähigkeiten)
- magnetisch/antimagnetisch
- magnetisierbar/entmagnetisierbar

Art der Kraftübertragung	Gestaltvarianten	Anwendungen
1 Spitze-Spitze • punktförmig	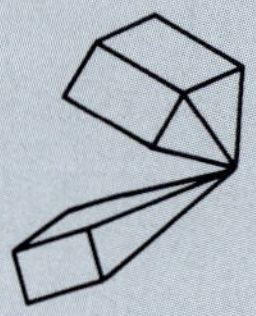	nicht bekannt
2 Spitze-Kante • punktförmig		nicht bekannt
3 Spitze-Fläche • punktförmig	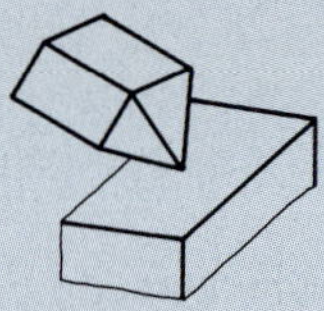	Nadeln, Grammophonnadel, Härteprüfgeräte
4 Kante-Kante • punktförmig	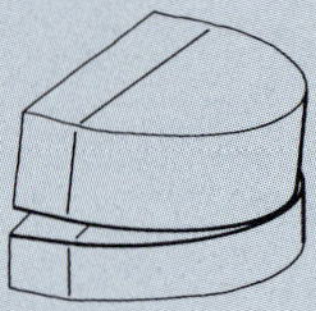	Schneidkanten von Scheren, Andrück- kurven bei Scheren (DPS 32 32 145)
5 Kante-Kante • linienförmig	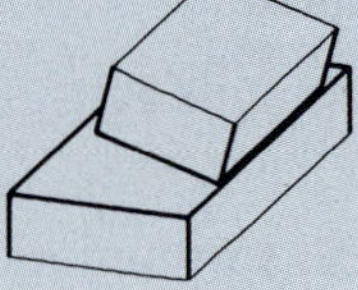	nicht bekannt

Bild 3.3.14 a Gestaltungsmöglichkeiten von Kraftübertragungs- oder Kontaktstellen unterschiedlicher Eigenschaften mit Beispielen. Übertragungsstelle punktförmig mittels Spitze gegen Spitze (1), Spitze gegen Kante (2), Spitze gegen Fläche (3), Kante gegen Kante (4), linienförmig Kante gegen Kante (5).

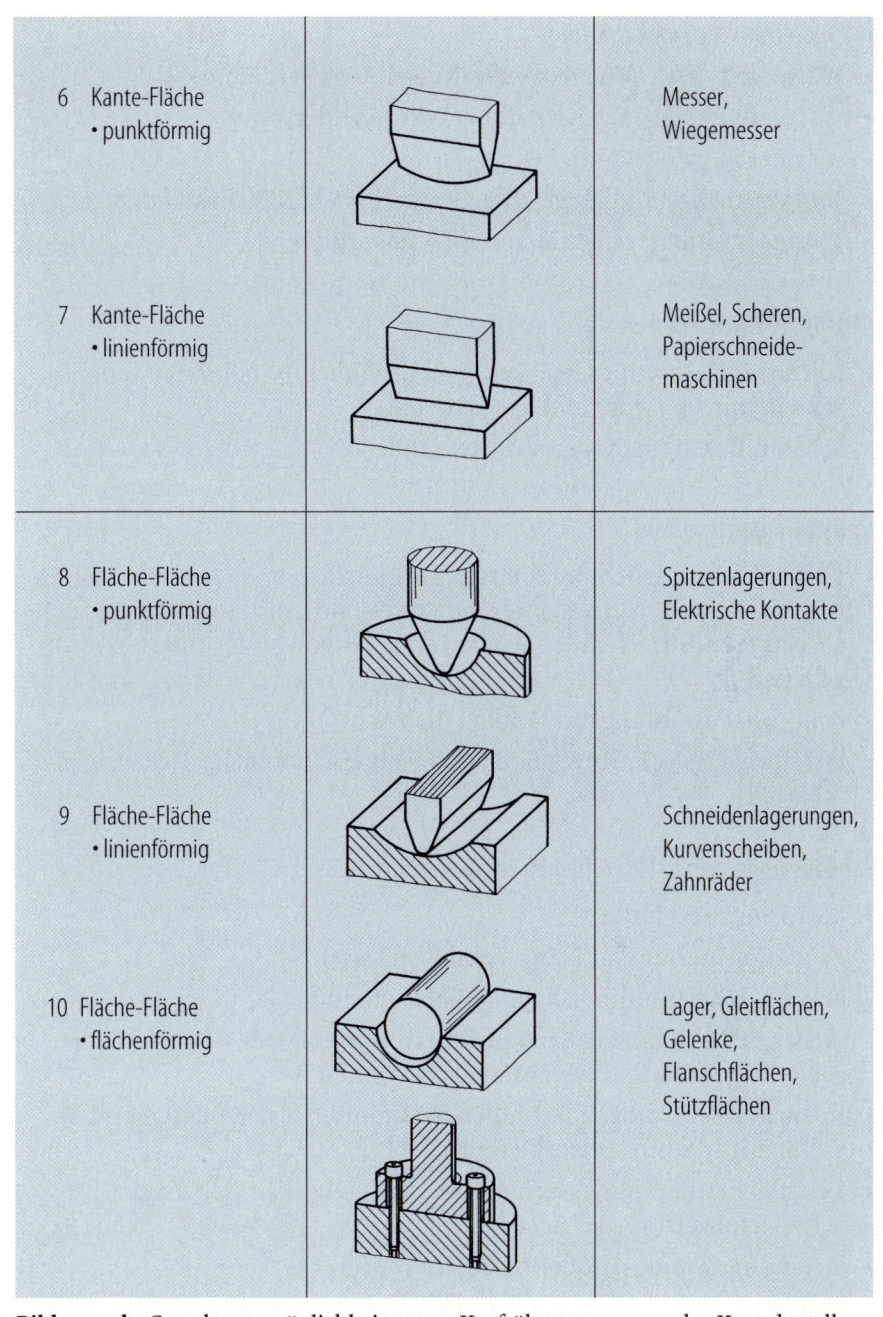

6 Kante-Fläche • punktförmig		Messer, Wiegemesser
7 Kante-Fläche • linienförmig		Meißel, Scheren, Papierschneide- maschinen
8 Fläche-Fläche • punktförmig		Spitzenlagerungen, Elektrische Kontakte
9 Fläche-Fläche • linienförmig		Schneidenlagerungen, Kurvenscheiben, Zahnräder
10 Fläche-Fläche • flächenförmig		Lager, Gleitflächen, Gelenke, Flanschflächen, Stützflächen

Bild 3.3.14 b Gestaltungsmöglichkeiten von Kraftübertragungs- oder Kontaktstellen unterschiedlicher Eigenschaften mit Beispielen. Übertragungsstelle punktförmig mittels Kante gegen Fläche (6), linienförmig mittels Kante gegen Fläche (7), punktförmig mittels Fläche gegen Fläche (8), linien-förmig mittels Fläche gegen Fläche (9), flächenförmig mittels Fläche gegen Fläche (10).

Wärmetechnische Eigenschaften
- Wärmeleit- bzw. Wärmeisolierfähigkeit (wärmedämmend)
- Wärmeübergangseigenschaften (Wärmewiderstand)
- Wärmeschockbeständigkeit
- Temperaturbeständigkeit, Hitzebeständigkeit, Kältebeständigkeit
- Wärmestrahlung reflektierend oder absorbierend

Akustische Eigenschaften
- Leit- bzw. Dämpfungseigenschaften bezüglich Schall- oder anderer Schwingungen (Abstrahleigenschaften)
- Schall reflektierend oder absorbierend

Optische Eigenschaften
- Licht sammelnd, lichtdurchlässig, antireflektierend (Antireflexschichten), teildurchlässig, reflektierend (spiegelnd), diffus reflektierend, absorbierend, brechend, polarisierend, Beugung oder Interferenz erzeugend
- licht- oder strahlungsbeständig („lichtecht")
- farbdurchlässig, Farbreflexion, Farbe einer Oberfläche, Dekoreigenschaften

Sonstige physikalische und chemische Eigenschaften
- korrosionsbeständig
- oxydationsbeständig (keine Zunderbildung)
- bezüglich bestimmter Chemikalien beständig
- dicht oder durchlässig bezüglich bestimmter fester, flüssiger oder gasförmiger Stoffe („Membraneigenschaften")
- Adsorptionsvermögen bezüglich bestimmter, fester, flüssiger oder gasförmiger Stoffe (adsorbierend)
- Oberflächenspannungsverhältnisse, Benetzbarkeit (z. B. bzgl. Schmiermittel)
- Strömungen laminar oder turbulent führend
- Biokompatibilität, nahrungsmittelgeeignet, medizintechnikgeeignet (nicht toxisch)
- katalytische Eigenschaften

Zur Realisierung technischer Produkte bedarf es u.a. technischer Oberflächen, welche bestimmte Funktionen erfüllen oder Eigenschaften besitzen, um entsprechenden Forderungen, wie beispielsweise Wärme leiten, geringer elektrischer Übergangswiderstand, verschleißbeständig, hitzebeständig oder korrosionsbeständig, zu genügen.

Um Oberflächen von Bauteilen mit bestimmten Fähigkeiten oder Eigenschaften zu realisieren, stehen dem Konstrukteur die Konstruktionsmittel (Parameter)

- Werkstoff (indem man Bauteile aus einem geeigneten Werkstoff fertigt oder einem mit geeigneten Werkstoff oder mit mehreren Werkstoffschichten gewünschter Eigenschaften beschichtet)
- Genauigkeit, Rauheit (Glattheit) und
- Gestalt (Form, Abmessungen) zur Verfügung.

Diese Ausführungen über technische Oberflächen mögen vorerst genügen. Auf das Konstruieren technischer Oberflächen mit bestimmten Eigenschaften wird in Kapitel 5.5 noch ausführlich eingegangen.

3.4
Strukturen technischer Systeme

Technische Produkte sind aus Funktions-, Effekt-, Effektträger-, Gestalt- und Oberflächenelementen gebildet. Entsprechend kann man bei technischen Gebilden auch zwischen Funktions-, Effekt-, Effektträger-, Gestalt- und Oberflächenstrukturen unterscheiden. Für die Praxis sind Funktions- und Gestaltstrukturen von wesentlicher Bedeutung, deshalb soll auf diese im folgenden noch ausführlicher eingegangen werden.

3.4.1
Funktionsstrukturen

Technische Systeme führen eine Vielzahl unterschiedlicher Tätigkeiten aus. So vergrößert beispielsweise ein Meßgerät eine kleine Meßgröße „Länge", wandelt diese in eine elektrische Spannung, welche anschließend vergrößert und wieder in eine Länge bzw. einen Zeigerausschlag gewandelt wird.

! Die Beschreibung, „was mit einer physikalischen Größe mittels welcher Tätigkeit geschehen soll", soll im folgenden kurz als „Funktion" bezeichnet werden. Unter Funktion soll die vollständige Beschreibung einer Tätigkeit eines bereits vorhandenen oder noch zu konstruierenden technischen Gebildes verstanden werden. Ein technisches Gebilde kann eine oder mehrere Funktionen (Tätigkeiten) realisieren.

So kann beispielsweise das Vergrößern oder Verkleinern eines Drehmoments mittels eines Zahnradgetriebes als eine von mehreren Funktionen solcher Getriebe gelten.

Der Begriff „Funktion" umfaßt die Informationen, welche Größe in welche andere Größe und mittels welcher Tätigkeit (Operation, beispielsweise durch „Wandeln", „Teilen" etc.) dies geschehen soll.

Wie die Erfahrung lehrt, realisieren technische Systeme mehrere Funktionen. Folglich kann man sich technische Systeme auch als fiktive Funktionsgebilde vorstellen, die durch einen Fluß (Energie-, Energiekomponenten-, Stoff- oder Datenfluß) miteinander verbunden sind. Funktionen und Flüsse technischer Gebilde bilden eine Struktur.

Im folgenden soll diese Strukturart zur Unterscheidung von anderen als „Funktionsstruktur" bezeichnet werden. Stellt man die verschiedenen Funktionen technischer Systeme symbolisch mittels Kästchen, Kreisen etc. und die durch diese hindurchfließenden, bzw. diese verbindenden unterschiedlichen Flüsse mit Liniensymbolen dar, so lassen sich diese

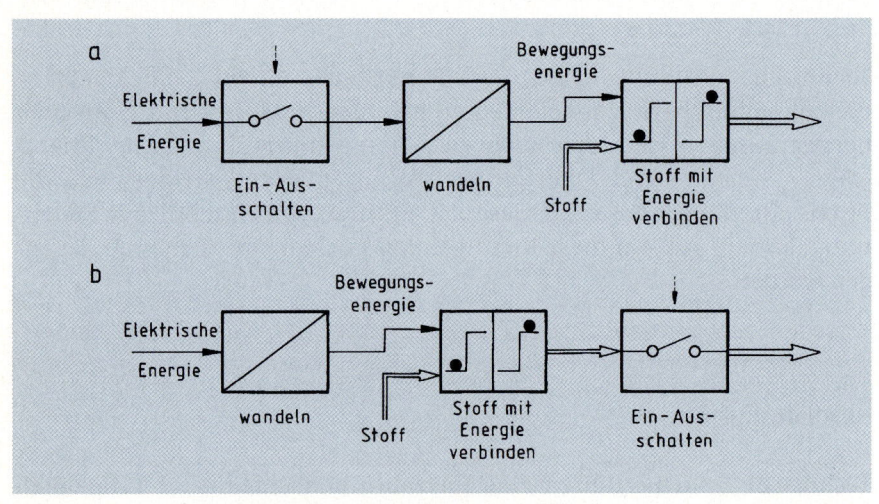

Bild 3.4.1 a,b Beispiel: Alternative Funktionsstrukturen einer Pumpe, bestehend aus den Funktionen „Ein-Ausschalten" (= zeitweises Leiten oder Isolieren) elektrischer Energie (a) bzw. eines Stoffstroms (b), „Wandeln elektrischer in Bewegungsenergie" und „Stoff mit Energie verbinden" (beaufschlagen)

3.4 Strukturen technischer Systeme

durch sogenannte Funktionsstrukturen oder Schaltpläne symbolhaft darstellen.

Bild 3.4.1 zeigt exemplarisch zwei alternative Funktionsstrukturen eines Pumpensystems, bestehend aus den Funktionen „Stoff und Energie verbinden" (Pumpe), „elektrische Energie in mechanische Energie wandeln" (Motor), „Koppeln und Unterbrechen eines Energieflusses" (a; Schalter) bzw. „Koppeln und Unterbrechen eines Stoffflusses" (b; Absperrschieber).

Die Funktionsstrukturen einfacher und komplexer technischer Systeme bestehen üblicherweise aus

- seriellen bzw. kettenförmigen,
- parallelen und/oder
- rückgekoppelten bzw. kreis- oder ringförmigen und/oder
- unregelmäßigen (allgemeinen) Teilstrukturen.

Bild 3.4.2 zeigt einige Funktionssymbole und diesen entsprechende Getriebe zum

- Sammeln bzw. Addieren zweier Bewegungen oder Geschwindigkeiten mittels Stirnraddifferential (a),
- Umwandeln einer fortlaufenden rotierenden in eine oszillierend rotierende Bewegung mittels Viergelenkgetriebe (b),
- Vergrößern oder Verkleinern einer Bewegung bzw. Geschwindigkeit mittels Zahnradgetriebe (c).

Bild 3.4.2 a–c Stirnrad-Differentialgetriebe (Getriebe mit 2 Freiheitsgraden) vermögen Drehmomente, Geschwindigkeiten und/oder Bewegungen zu sammeln (addieren) oder zu teilen (a). Viergelenkgetriebe des Typs Kurbelschwinge können fortlaufende Bewegungen in oszillierende oder oszillierende in fortlaufende Bewegungen wandeln (b). Rädergetriebe können Drehmomente, Bewegungen und/oder Geschwindigkeiten, vergrößern oder verkleinern (c).

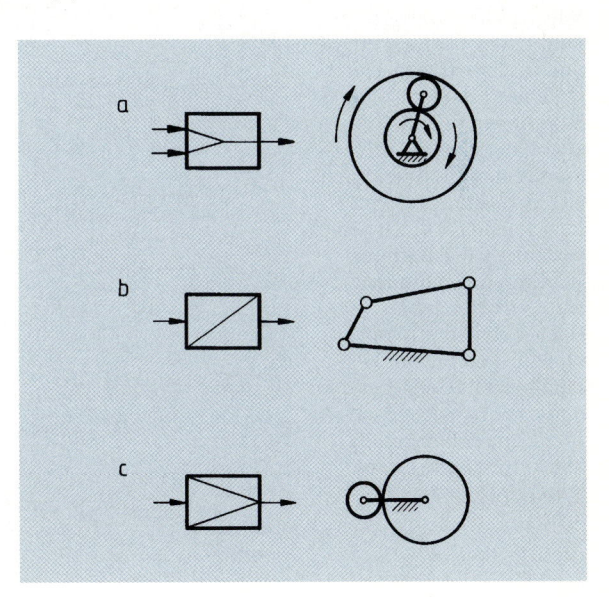

Verknüpft man diese Funktionen und die entsprechenden Getriebe seriell, parallel und rückgekoppelt (kreisförmig), so entstehen Getriebesysteme mit kettenförmiger, paralleler und kreisförmiger Funktionsstruktur, wie Bild 3.4.3 zeigt. Durch Überlagerung (Addition) einer gleichmäßigen und einer oszillierenden Bewegung kann man mit Hilfe des Getriebesystems b – bei entsprechender Auslegung der einzelnen Getriebeparameter – eine intermittierende Abtriebsbewegung an der mit x gekennzeichneten Stelle im Getriebe erzeugen. D.h., man kann mit derartigen Getrieben eine Bewegungsfunktion mit zeitweisen Stillständen oder Rückläufen (Pilgerschrittbewegungen) verwirklichen.

Das Getriebesystem c, mit Kreisstruktur, ist ebenfalls zur Erzeugung von intermittierenden Abtriebsbewegungen geeignet, wie man anhand des Funktionsstrukturbildes überlegen kann. An der mit x gekennzeichneten Stelle im Getriebe entsteht ebenfalls eine Schrittbewegung.

Komplexe technische Systeme können kettenförmige, parallele, kreisförmige oder allgemeine (unregelmäßig strukturierte) Funktionsstrukturen haben und lassen sich entsprechend ihrer Strukturformen unterscheiden.

Elektrische Netze, leistungsverzweigende Getriebe, Rechner mit „Parallel-Architekturen", parallel geschaltete elektrische Widerstände und parallele Federanordnungen in Kupplungen können als Beispiele technischer Gebilde mit parallelen Funktionsstrukturen gelten.

Ketten, Antriebsstränge, Getriebe (ohne Leistungsverzweigung) und Transferstraßen können als Beispiele serieller Funktionsstrukturen gelten.

Bild 3.4.3 a–c Beispiele zur Funktionsstruktursynthese und Realisierungen. Durch „in Reihe schalten" von Funktionen (a), durch „Parallelschalten" von Funktionen (b) oder durch „Kreisschaltungen" von Funktionen (c) entstehen verschiedene Funktionsstrukturen (Schaltpläne) von Getrieben bzw. Getriebetypen mit unterschiedlichen Eigenschaften. Mit Getriebetyp b und c lassen sich bei entsprechender Bemessung intermittierende Bewegungsgesetze verwirklichen

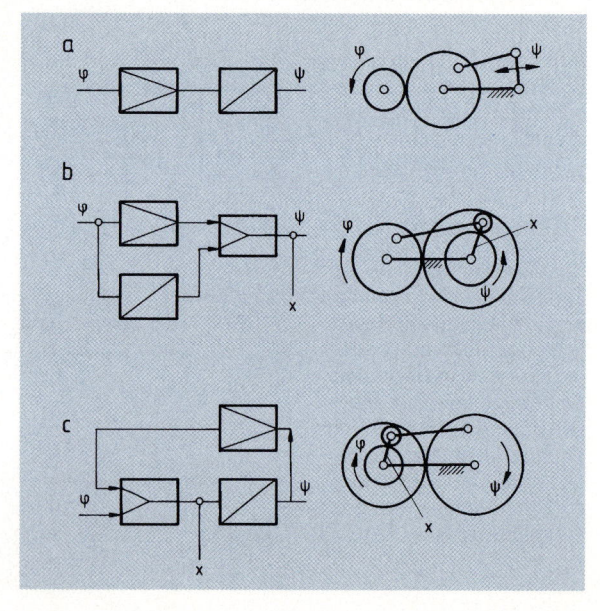

Rückgekoppelte Getriebe, wie es beispielsweise Bild 3.4.3 c zeigt, Meß- und Regelsysteme können als Beispiele technischer Systeme mit kreisförmigen (rückgekoppelten) Funktionsstrukturen dienen.

3.4.2
Gestaltstrukturen

Technische Gebilde sind u. a. aus einer Vielzahl unterschiedlicher Gestaltelemente zusammengesetzt. So bestehen beispielsweise Baugruppen aus mehreren fest oder beweglich miteinander verbundenen Bauteilen. Komplexere Systeme bestehen aus Baugruppen, welche ebenfalls miteinander verbunden sind. Die Gestalt von Bauteilen wird aus Teiloberflächen gebildet, welche mittels Kanten miteinander verbunden sind. Bauteilkanten sind mittels Ecken verbunden. Auch kann man sich beispielsweise Kante K_1 und Kante K_2 eines Bauteils mittels der diesen gemeinsamen Teiloberfläche F (Bohrung) verbunden denken, wie dies Bild 3.4.4 a zeigt. Des weiteren kann man die Teiloberflächen F_1, F_2, F_3 (Bohrungen) mittels der Teilkörper T_1, T_2 verbunden ansehen, wie in Bild 3.4.4 b gezeigt.

Hieraus folgt, daß man bei Gestaltstrukturen technischer Systeme zwischen Strukturen verschiedener Elemente bzw. verschiedenen Strukturarten zu unterscheiden hat. Zu verbindende Gestaltelemente können

Bild 3.4.4 a–c Beispiele unterschiedlicher Gestaltstrukturen. Die Gestaltstrukturen zweier Kanten K1, K2 verbunden durch eine zylindrische Fläche F (a); Gestaltstruktur dreier zylindrischer Flächen F1, F2, F3 mittels Teilkörper T1, T2 (b); Gestaltstruktur mehrerer Querschnittsflächen (ohne Kennzeichnung) bzw. Kanten K1 bis K5, verbunden durch zylindrische Bohrungsflächen (c)

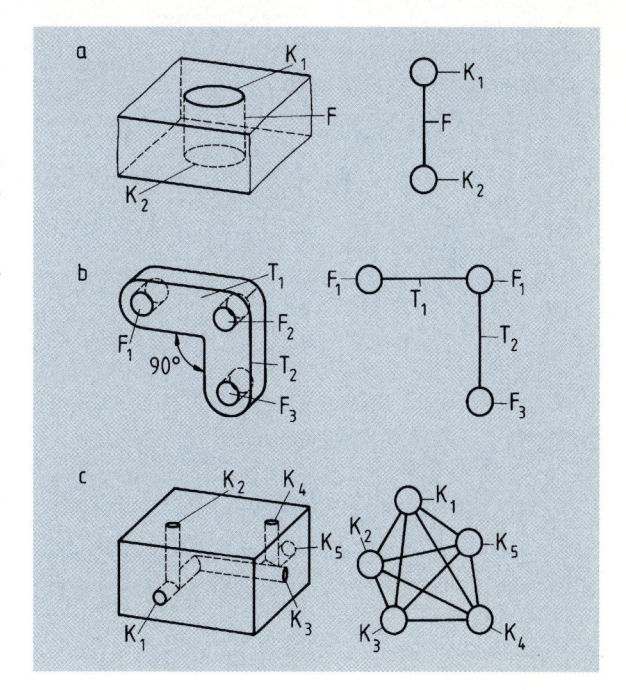

Ecken, Kanten, Teiloberflächen, Teilkörper, Bauteile, Baugruppen usw. sein. Ecken, Kanten, Teiloberflächen, Teilkörper (Teile eines Bauteils), Bauteile und Baugruppen können auch Verbindungselemente sein. Die Art einer Gestaltstruktur wird durch Festlegen der Art der zu verbindenden Elemente und der Art der Verbindungselemente festgelegt. Beim Arbeiten mit Gestaltstrukturen ist streng darauf zu achten, daß in einer bestimmten Struktur nicht die Art der Elemente gewechselt wird; Vermischen von Gestaltelementen unterschiedlicher Komplexität muß vermieden werden. Von Gestaltstrukturen kann selbstverständlich auch bei Baugruppen, Maschinen etc. gesprochen werden, deren Elemente mittels üblicher Schraub-, Niet-, Schnapp- und anderer Verbindungen zusammengehalten werden.

Stellt man die „zu verbindenden Gestaltelemente" symbolisch mittels „Graphen", d.h. mittels Kreisen (Knoten) und die Verbindungen mittels Strecken (Kanten) dar, so lassen sich technische (reale) Gestaltstrukturen anschaulich als Strukturpläne darstellen, wie sie Bild 3.4.4 exemplarisch zeigt.

Bild 3.4.5 a–f Spezielle und allgemeine Gestaltstrukturen, Kettenstruktur (a), Ring- oder Kreisstruktur (b), Parallelstruktur (c), Sternstruktur (d), Baumstruktur (e), allgemeine Strukturform (f)

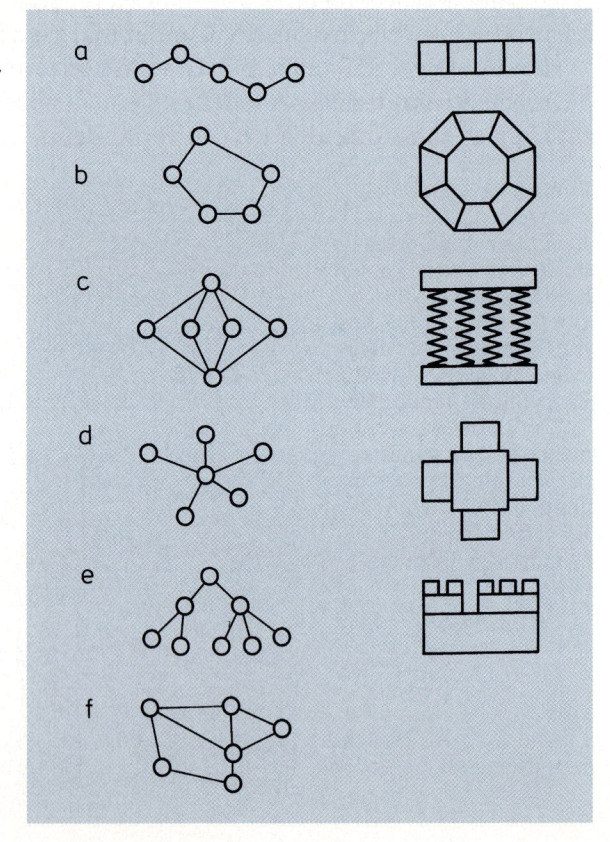

3.4 Strukturen technischer Systeme

Bild 3.4.6 a–c Variationsmöglichkeiten von Leitungsstrukturen. Durch Variieren der Maximalzahl der von einem zu verbindenden Element ausgehenden Verbindungen (a), der Gesamtzahl der Verbindungen einer Struktur (b) und Variieren der Relativlage oder Reihenfolge von Verbindungen einer Struktur (c)

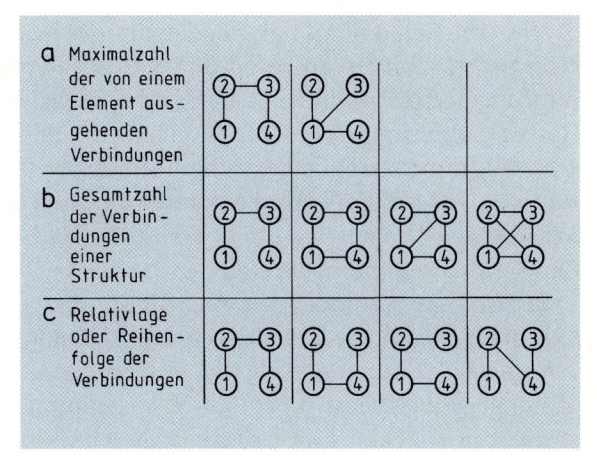

Gestaltstrukturen können eine spezielle oder allgemeine Form aufweisen. Als Gestaltstrukturen spezieller Form sollen ketten-, ring-, stern- (bzw. kamm-) und baumförmige Strukturen gelten (Bild 3.4.5). Gestaltstrukturen können mit einer minimalen, maximalen oder einer zwischen beiden Extremwerten liegenden Zahl Verbindungen ausgestattet sein (Bild 3.4.6 b). Die Zahl der von einem Element ausgehenden Verbindungen kann variieren (s. Bild 3.4.6 a). Ferner kann noch die Relativlage oder Reihenfolge der zu verbindenden Elemente variiert werden, wie in Bild 3.4.6 c gezeigt.

Mehrstufige Getriebe, Fachwerkträger, Hebel und Hydrauliksteuerblöcke sind technische Gebilde, deren Gestalt wesentlich durch deren Gestaltstrukturen bestimmt werden (s. Bild 3.4.7). Hydraulische Steuer-

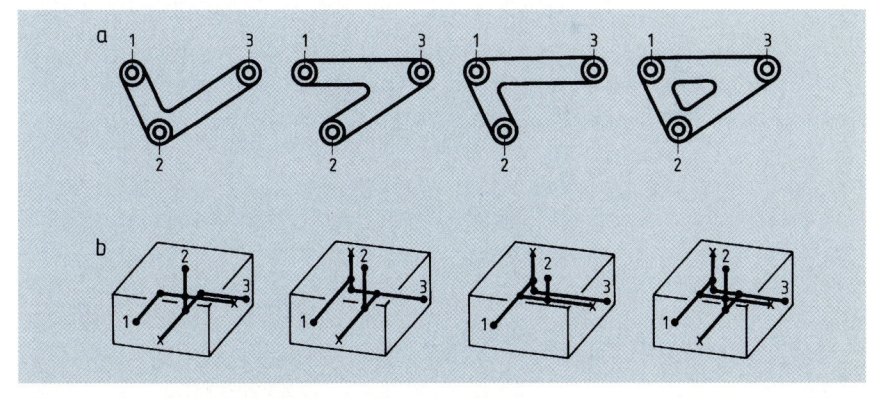

Bild 3.4.7 a–b Beispiele: „Gestaltstrukturvariationen" dreier Bohrungen eines Hebels (a) und dreier Anschlußöffnungen eines Hydrauliksteuerblocks (b). Wie ein Vergleich von entsprechenden Hebel- und Steuerblockgestaltvarianten zeigt, haben diese identische Gestaltstrukturen

blöcke realisieren die Schaltpläne hydraulischer Systeme. Die Funktionsstruktur des Schaltplans wird durch eine entsprechende Leitungs- oder Bohrungsstruktur eines Steuerblocks realisiert. Betrachtet man die Gestalt der Leitungssegmente (Bohrungen) eines Steuerblocks, so bilden diese zusammen mit den Anschlußöffnungen A_1 bis A_n bzw. Lochkanten K_1 bis K_n (zu verbindende Elemente) und den zylindrischen Bohrungs- bzw. Teiloberflächen T_1 bis T_n (Verbindungen) eine Gestaltstruktur, wie Bild 3.4.4 c exemplarisch zeigt.

Bei drei zu verbindenden Anschlußöffnungen lassen sich insgesamt drei unterschiedliche Gestaltstrukturen/Leitungsstrukturen angeben. Bei „vier Anschlußöffnungen" lassen sich bereits 16 und bei „fünf Anschlußöffnungen" insgesamt 125 verschiedene, minimale Gestalt- bzw. Leitungsstrukturen angeben. Bild 3.4.8 zeigt diese minimalen Leitungsstrukturen für den Fall „vier Anschlußöffnungen".

Bild 3.4.8 Gestaltstrukturvariationen der Anschlüsse eines Hydrauliksteuerblocks. Falls 4 Anschlüsse eines Hydrauliksteuerblocks mittels eines Leitungssystems verbunden werden müssen, existieren insgesamt 16 unterschiedliche Leitungs- bzw. Gestaltstrukturen

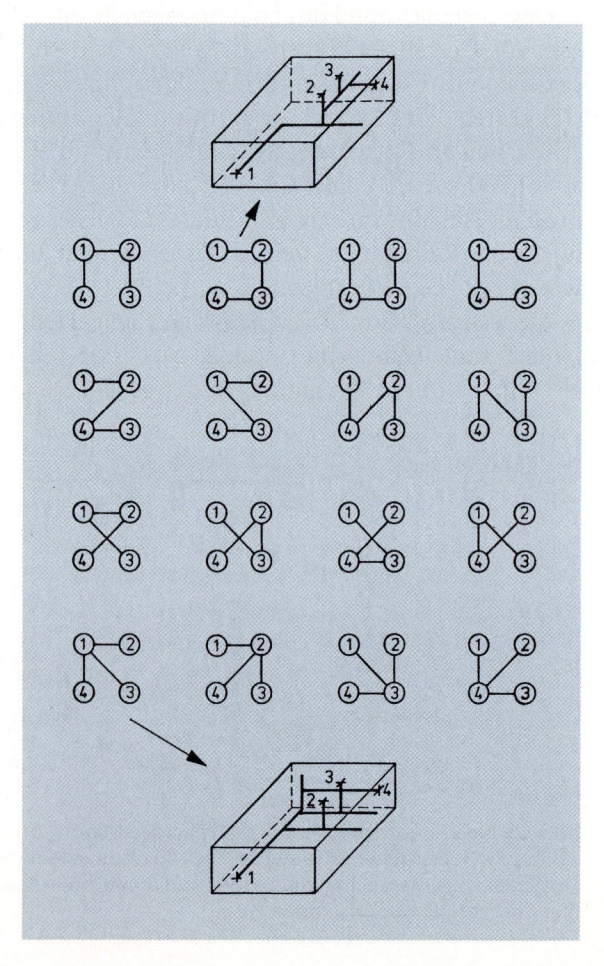

Die Zahl möglicher, minimaler Leitungsstrukturen läßt sich nach folgender Formel ermitteln:

$$V_{min.} = Z^{(Z-2)}$$

Als V_{min} soll die Zahl Minimalstrukturen (Gestaltstrukturen mit minimaler Zahl an Verbindungen) bezeichnet werden, mit Z die Zahl der zu verbindenden Elemente (z. B. Zahl der Anschlußöffnungen).

3.5
Tätigkeiten, Eigenschaften und Parameter technischer Produkte

Aufgabenstellungen sind im wesentlichen Listen von Forderungen, welche das zu entwickelnde Produkt notwendigerweise erfüllen muß oder nach Möglichkeit erfüllen soll. Es sind dies Forderungen bezüglich Tätigkeiten und Eigenschaften, welche ein zu entwickelndes Produkt ausführen können und besitzen soll. Welche Elemente (Konstruktionselemente) stehen dem Konstrukteur zur Realisierung von Produkten für bestimmte Tätigkeiten und mit bestimmten Eigenschaften grundsätzlich zur Verfügung? Welches sind die Elemente zur Konstruktion technischer Gebilde? Welches sind die Parameter zur Variation, Bestimmung und Beschreibung technischer Produkte? Welcher Zusammenhang besteht zwischen Forderungen an technischen Produkten sowie Tätigkeiten, Eigenschaften und Konstruktionselemente technischer Produkte?

Die folgenden Ausführungen sollen eine Antwort auf diese Fragen geben.

3.5.1
Forderungen, Tätigkeiten und Eigenschaften

Aufgabenstellungen sind im wesentlichen Forderungssammlungen bezüglich Tätigkeiten (Funktionen) und Eigenschaften, welche ein zu entwickelndes Produkt erfüllen soll. Konstruieren heißt, Konstruktionsparameterwerte so zu wählen, daß ein Produkt mit Fähigkeiten und Eigenschaften entsprechend den an dieses zu stellenden Forderungen entsteht.

Von Produkten zu realisierende Tätigkeiten können sehr vielfältig sein, so sind beispielsweise Produkte bekannt zum Befördern von Personen und Waren, zum Speichern von Wasser, Verpacken von Lebensmitteln, Herstellen von Textilien, Vergrößern von Kräften und Bewegungen, Kochen von Kaffee u.a.m (s.a. Bild 3.5.1, Spalte 2).

Eigenschaften technischer Produkte können beispielsweise sein, deren Leistung, Genauigkeit, Durchsatz, Wirkungsgrad, Gewicht, Umweltverträglichkeit, Wartungsfreundlichkeit u.a.m. Die Eigenschaften technischer Produkte lassen sich zweckmäßigerweise in folgende Gruppen gliedern:

- Gebrauchseigenschaften, wie Leistung, Geschwindigkeit, Weg, Hub, Zuverlässigkeit und sonstige,
- Werdegangseigenschaften, d.h. Eigenschaften bezüglich deren Entwicklung, Fertigung, Montage, Prüfung, Transport, Vertrieb usw.,
- umwelt- und gesellschaftsbedingte Eigenschaften, d.h. Eigenschaften bezüglich Einwirkungen auf die Umwelt oder Einwirkungen der Umwelt auf das technische System, Sicherheit für Leben und Gesundheit u.a.m.,

Produktbestimmende Parameter	Produkteigenschaften		
	Gebrauch und Werdegang betreffende Eigenschaften	Eigenstörungen mindernde Eigenschaften	Gesellschaft und Umwelt betreffende Eigenschaften
Funktionen und Funktionsstrukturen	Gebrauchs-,	energiearm	gegenüber Umwelteinflüssen unempfindlich • Spritzwasser
	Entwicklungs-,	verschleißarm	• Sonneneinstrahlung
Effekte und Effektstrukturen	Fertigungs-,	reibungsarm	• Stäube • etc.
Effektträger (Werkstoffe) und Effektträgerstrukturen	Montage-,	schwingungsarm	
	Prüf-,	entstört	Umweltstörungen reduziert
Gestalt/ Gestaltparameter	Lager- und Transport-,	spielfrei	• Schadstoff-, • Lärmemissionen
Oberflächen/ Oberflächenparameter	Vertriebs-,	höhere Festigkeit	• etc.
	Wartungs-,	höhere Genauigkeit	Sicherheit (Gesetze, Vorschriften)
	Reparatur	u.a.	Schutzrechte
	Recycling- und Beseitigungseigenschaften		Ressourcen
	Kosten		u.a.

Bild 3.5.1 Technische Produkte beschreibende Parameter und deren Eigenschaften bezüglich Gebrauch, Werdegang, Eigenstörungen, Gesellschaft und Umwelt betreffend – Übersicht und Gliederung

- systembedingte Stärken oder Schwächen, wie beispielsweise reibungsarm, verschleißarm, spielfrei, korrosionsunempfindlich, kriechend, elektrisch aufladend und andere vor- oder nachteilige Eigenschaften eines technischen Gebildes.

In Bild 3.5.1 sind unterschiedliche Produkteigenschaften stichwortartig zusammengefaßt.

3.5.2
Konstruktionselemente und Konstruktionsparameter

Zur Konstruktion von technischen Produkten und zum Verständnis von Konstruktionsvorgängen ist es wichtig zu wissen, welche „Konstruktionselemente" Konstrukteuren grundsätzlich zur Lösung technischer Aufgaben zur Verfügung stehen und mittels welcher Parameter technische Produkte festgelegt und variiert werden können. Oder anders ausgedrückt: Durch welche Parameter werden Bauteile, Baugruppen und komplexere technische Gebilde bestimmt und beschrieben? Welche Parameter bzw. Daten legen Konstrukteure fest, wenn sie Produkte konstruieren und per Zeichnung dokumentieren? Wie werden technische Produkte eigentlich erzeugt? Welche Mittel stehen Konstrukteuren zur Verfügung, um technische Produkte für bestimmte Tätigkeiten und mit bestimmten Eigenschaften zu schaffen? Welches sind die „Elemente zur Konstruktion" von Maschinen, Geräten, Apparaten oder sonstigen Produkten?

Die Konstruktionselemente zur Schaffung technischer Produkte sind
- physikalische Elementarfunktionen,
- physikalische, chemische und biologische Effekte,
- Effektträger,
- Gestaltelemente,
- Oberflächenelemente und
- physikalische Größen, wie Zeit, Länge Fläche, Volumen, Kraft, Drehmoment, Spannung, Strom, Ladung, Wärmemenge, Leuchtstärke u.a.

Weitere Elemente sind nicht bekannt. Konstruieren heißt: In den verschiedenen Konstruktionsphasen (Konkretisierungsstufen), die am besten geeigneten Elemente auszuwählen und so zu einem zu entwickelnden Produkt zu strukturieren, daß dieses die geforderten Tätigkeiten zu realisieren vermag und die gewünschten Eigenschaften besitzt.

Als Werte der Konstruktionsparameter sollen die unterschiedlichen
- Elementarfunktionen, Effekte, Effektträger, Gestaltelemente, Oberflächenelemente und deren unterschiedliche Strukturierungsmöglichkeiten verstanden werden.

Diese Parameter können verschiedene qualitative und quantitative Werte annehmen.

So werden die ein Produkt bestimmenden Elementarfunktionsstrukturen im einzelnen durch die Art und die Anzahl der diese bildenden Elementarfunktionen (Tätigkeiten) sowie deren Verknüpfung (Struktur, seriell, parallel u.a.) bestimmt. Parameter sind folglich Art, Anzahl und Struktur der Elementarfunktionen.

Technische Produkte für bestimmte Tätigkeiten und mit bestimmten Eigenschaften werden des weiteren durch Festlegen bestimmter Effekt-, Effektträger-, Gestalt- und Oberflächenstrukturen erzeugt. Festzulegende, variable Parameter dieser Strukturen sind die Art der Elemente, d.h. die Art der Effekte, Effektträger, Gestaltelemente und Oberflächenelemente, deren Anzahl und deren gegenseitige Verknüpfung (Struktur). Die Parameter „Elementeart" können die Werte „Wandeln, Vergrößern, Trennen ... (usw.)", bzw. „Effekt A, Effekt B, ...", bzw. „Effektträger A, Effektträger B, ...", bzw. „Gestaltelement A, Gestaltelement B, ...", bzw. „Oberflächenelement A, Oberflächenelement B, ..." usw. annehmen.

Beim Konstruieren wählt der Konstrukteur in den verschiedenen Konstruktionsphasen Werte der verschiedenen Elementearten und prüft, ob bei deren Anwendung ein Produkt mit den geforderten Tätigkeiten und gewünschten Eigenschaften entstehen kann oder nicht. Konstruieren ist ein Variieren und Prüfen obiger Werte auf Eignung zur Lösung einer bestimmten Aufgabenstellung. Konstruieren heißt: Die ein Produkt bestimmenden Parameterwerte so festzulegen, daß dieses Tätigkeiten zu realisieren vermag und Eigenschaften erhält, welche den gestellten Bedingungen (Forderungen) entsprechen. Konstruieren heißt folglich auch: Umsetzen der gestellten Forderungen in entsprechende Fähigkeiten und Eigenschaften des Produkts.

Effektträger können Werkstoffe, Flüssigkeiten (Öle, Säuren etc.), Gase und Räume sein. Technische Produkte bestehen aus einer Vielzahl unterschiedlicher Werkstoffe. Beim Konstruieren sind „Bauteile im weiteren Sinne" aus Werkstoffen (festen Stoffen), Flüssigkeiten (Beispiel: Flüssigkeiten in Bremssystemen, Schmieröle, Kühlmittel etc.), Gasen (Beispiel: Luftreifen, Preßluftsysteme etc.) u.a. Effektträgerarten festzulegen und zu strukturieren.

Im einzelnen ist hierbei das Festlegen der Art, Zahl und Struktur der Effektträger zu verstehen. Hierzu zählen das Festlegen eines Werkstoffs, einer Flüssigkeit (Zusammensetzung und Eigenschaften der Werkstoffe, Öle, Fette etc.), eines Gases oder Raums; d.h., Art, Menge, Volumen, Abmessungen, Dichte und andere Bestimmungsgrößen von Effektträgern. Das Festlegen des Drucks, der Temperatur und des Volumens einer Pneumatikfeder oder eines Luftreifens (in bestimmten Betriebszuständen), der Vorspannkraft einer Feder, des energetischen Zustands des Magnetfelds eines Permanentmagneten können als Beispiele für das Festlegen von Effekten und mithin von Energiearten sowie Energiezuständen bzw. qualitativer und quantitativer Konstruktionsparameterwerte technischer Gebilde dienen.

Was unter „Variation und Festlegen von Funktionen und Funktionsstrukturen, Effekt und Effektstrukturen, Gestalt und Gestaltparametern" zu verstehen ist, kann in den Kapiteln 5.2, 5.3 und 5.4 nachgelesen werden; diesen Ausführungen soll hier nicht vorgegriffen werden. Technische Produkte werden eindeutig bestimmt durch Festlegen der

- Funktionsstruktur,
- Effektstruktur (und mithin Energieart und Energiezustände),
- Effektträgerstruktur,
- Gestaltstruktur und
- Oberflächenstruktur.

In Zeichnungen oder sonstigen Unterlagen werden von Konstruktionsergebnissen üblicherweise nur die

- Gestalt von Bauteilen, Baugruppen und komplexeren Produkten,
- angewandten Werkstoffe, Flüssigkeiten (z.B. Öle, Fette etc.), Gase oder Räume und
- Oberflächen von Bauteilen (Beschichtung, Rauheit, u.a.)

dokumentiert. Funktions-, Effekt- und Effektträgerstrukturen sind hierdurch implizit mit festgelegt und werden nicht besonders dokumentiert. Oberflächen von Bauteilen (bzw. deren Teiloberflächen) können mittels unterschiedlicher Werkstoffe beschichtet sein (verchromt, vergoldet etc.), diese können unterschiedlich hart sein, unterschiedliche Mikrogestalt (Rauheit) aufweisen, spiegelnd oder nicht spiegelnd ausgeführt sein (u.a.).

Zusammenfassend ist festzuhalten: Zweck, Funktionen und sonstige Eigenschaften technischer Gebilde können nur durch geeignetes Festlegen der Struktur (Art, Zahl und Verknüpfung) von Funktionen, Effekten, Effktträgern, Gestaltelementen und Oberflächen bestimmt werden. In Kurzform: Die Fähigkeiten (Tätigkeiten) und Eigenschaften eines technischen Produkts sind eine Folge festzulegender Funktions-, Effekt-, Effektträger-, Gestalt- und Oberflächenstrukturparameterwerte.

KAPITEL 4

Grundlagen des Konstruierens 4

Obgleich im Laufe der Technikgeschichte viele hervorragende Produkte konstruiert wurden, fand man es in der Vergangenheit nicht der Mühe wert, Konstruktionsvorgänge zu erforschen und zu beschreiben. Man begnügte sich damit, das „Ergebnis" festzuhalten; wie man zu einer Lösung kam, war unwichtig. Den Konstruktionsprozeß zu beschreiben, diesen Aufwand glaubte man sich nicht leisten zu können. Für bessere und wirtschaftlichere Konstruktionselemente sowie die Entwicklung von Konstruktionsprogrammen ist jedoch die Kenntnis von Konstruktionsprozessen eine notwendige Voraussetzung. Müssen bestimmte Produkte der jeweiligen Aufgabenstellung entsprechend immer wieder „neu konstruiert" werden, so ist es wirtschaftlich sinnvoll, deren Prozeß zu analysieren und zu beschreiben sowie Programme zu deren automatisierter Konstruktion zu schaffen. Deshalb wird die wirtschaftliche Bedeutung der Beschreibung von Konstruktionsprozessen zukünftig noch sehr an Bedeutung gewinnen.

4.1
Einführung und Definitionen

Unter „Konstruieren" oder „Entwickeln" versteht man üblicherweise alle Tätigkeiten, welche zur Schaffung technischer Produkte erforderlich sind. Die Begriffe „Konstruieren" und „Entwickeln" sollen hier synonym und als Oberbegriffe aller in diesem Zusammenhang benutzten Verben zur Beschreibung von Konstruktionstätigkeiten verstanden werden, wie Erfinden, Entwickeln von Funktionsstrukturen, Prinziplösungen oder Schaltplänen, Konzipieren, Skizzieren, Entwerfen, Gestalten, Grob- oder Feingestalten, Detaillieren, Dimensionieren, Bemessen, Berechnen, Analysieren, Untersuchen, Prüfen, Bewerten, Selektieren, Tolerieren etc.

Unter „Konstruieren" sollen alle Tätigkeiten verstanden werden, welche zur Entwicklung technischer Lösungen erforderlich sind.

Bild 4.1.1 Die Konstruktionsschritte der verschiedenen „Konkretisierungsebenen" bestehen jeweils aus Synthese-, Prüf-, Bewertungs- und Selektionstätigkeiten. Lösungen werden in den verschiedenen Konkretisierungsebenen mittels Syntheseprozessen entwickelt, anhand von Bedingungen auf Eignung geprüft, bewertet und verworfen, verbessert oder als zufriedenstellend empfunden

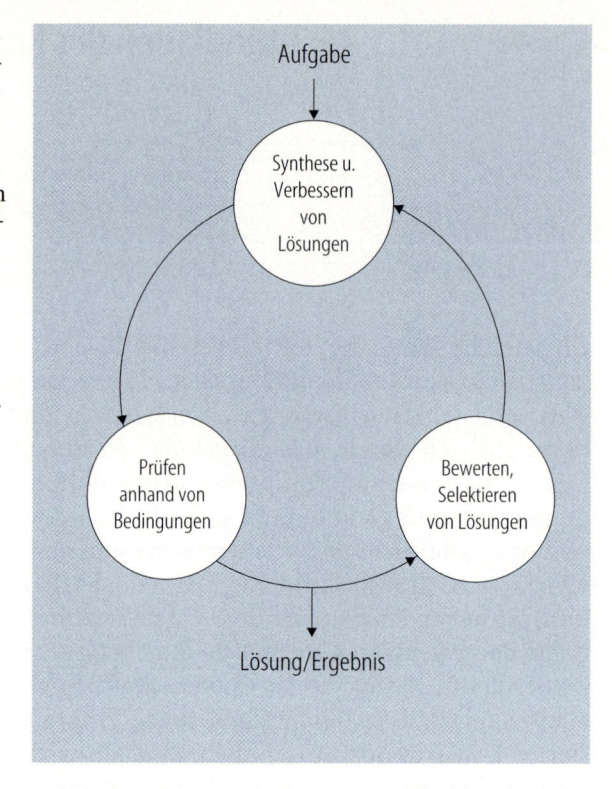

Beim „Konstruieren" lassen sich im wesentlichen folgende Arten von Tätigkeiten bzw. Vorgänge unterscheiden und zwar:

- Synthesevorgänge, deren Ergebnisse alternative Lösungen sind,
- Analyse- oder Prüfvorgänge, welche die gefundenen Lösungsalternativen bezüglich gestellter Forderungen auf Brauchbarkeit prüfen,
- Bewerten und Selektieren (Ausscheiden) von weniger geeigneten Lösungen oder Details und
- Verbessern nicht genügend tauglicher Lösungen oder Details durch erneute bzw. wiederholte Syntheseprozesse (s. Bild 4.1.1).

Eine technische Lösung L (ein Produkt) ist eine Funktion bzw. Folge des Zwecks (oder der Zwecke), den es erfüllen soll und einer Funktion bzw. Folge der Bedingungen $B_1, B_2 ... B_n$ und der Wichtigkeit („Gewicht" bzw. Bedeutung) $g_1, g_2 ... g_n$ der jeweiligen Bedingung. In Kurzform:

$$L = f\ (Zwecke\ Z, g_1\ B_1, g_2\ B_2, ... g_n\ B_n)$$

Entsprechend läßt sich definieren:

Mit „Konstruieren" oder „Entwickeln" bezeichnet man alle Tätigkeiten, welche erforderlich sind, um für eine Aufgabe eine optimale technische Lösung angeben zu können. Als optimale oder günstigste Lösung ist in diesem Zusammenhang eine Lösung zu verstehen, welche den ihr zugedachten Zweck während einer bestimmten Zeitspanne (Lebensdauer) genügend zuverlässig zu erfüllen vermag sowie mit wirtschaftlich vertretbarem Aufwand hergestellt und betrieben werden kann.

4.2
Erster Hauptsatz der Konstruktionslehre

Technische Systeme (Maschinen, Geräte, Apparate) besitzen bestimmte Funktions-, Effekt- und Effektträgerstrukturen; sie haben bestimmte Gestalt- und bestimmte Teiloberflächenstrukturen, und sie nutzen bestimmte energetische Zustände. Entsprechend sind bei der Konstruktion technischer Gebilde Funktions-, Effekt-, Effektträgerstrukturen, Gestalt, Teiloberflächen und Energiezustände festzulegen. Betrachtet man einen Konstruktionsprozeß für ein neues, unbekanntes Produkt, über dessen Konstruktionsergebnis keinerlei Informationen vorliegen, so kann in einem ersten Schritt zu dessen Realisierung eine Funktionsstruktur („Schaltplan") entwickelt werden. Hierbei hat ein Konstrukteur im einzelnen

- den Funktionstyp FT (d.h. Operation, Ein-, Ausgangs- und ggf. Steuergröße),
- die Anzahl Funktionen einer Struktur FA und
- deren Anordnungen zueinander (Struktur) FS

festzulegen. Bild 3.4.1 zeigt exemplarisch alternativ anwendbare Funktionsstrukturen eines Antriebssystems für feste oder flüssige Stoffe (Funktions- oder Tätigkeitsstruktur einer Pumpe).

Durch physikalische, chemische oder biologische Effekte und Effektstrukturen lassen sich einzelne Funktionen bzw. Funktionsstrukturen realisieren. Der Hebeleffekt, die Druckkonstanz in Flüssigkeiten, die Reibung u.a. Phänomene sind Möglichkeiten zur Verwirklichung technischer Funktionen. Bild 4.2.1 zeigt exemplarisch einige Effektstrukturen zur Realisierung der Funktion „Antreiben eines Stoffs" („Stoff mit Bewegungsenergie verbinden" bzw. „beaufschlagen").

Unter dem Oberbegriff „Effektstruktursynthese" sind im einzelnen das Festlegen

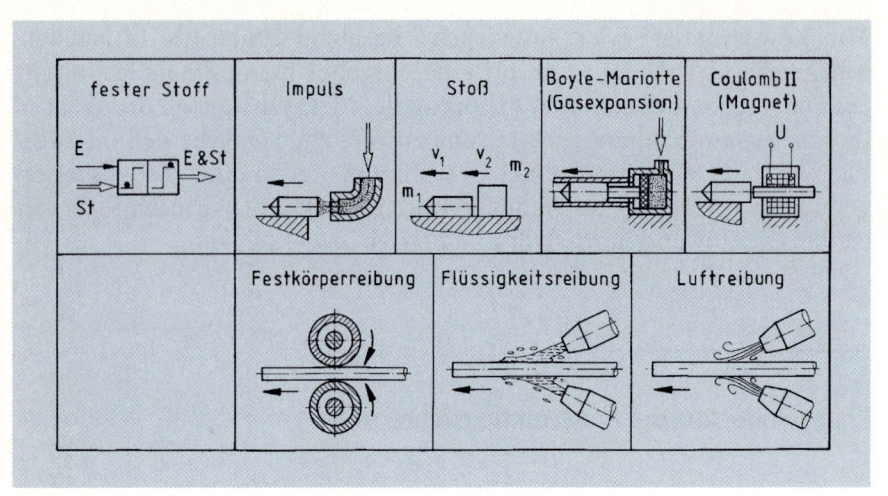

Bild 4.2.1 Verschiedene Prinziplösungen für die Elementaroperationen „Stoff mit Energie verbinden" (beaufschlagen)

- der geeigneten Effekte (Effekttypen) E_T,
- die Anzahl der Effekte E_A, welche in einem System zur Anwendung kommen sollen und
- deren Struktur E_S bzw. deren Anordnung (Verknüpfung)

zu verstehen. Mit der Wahl des jeweiligen Effekts ist auch die Energieart festgelegt, welche zu dessen Realisierung notwendig ist.

Des weiteren bestehen technische Gebilde aus Effektträgern. Bei der Konstruktion technischer Gebilde hat der Konstrukteur im einzelnen noch

- die Art (Typ),
- die Anzahl und
- die Struktur der Effektträger,

welche in einem System zur Anwendung kommen sollen, festzulegen.

Effektträger können
- alle Arten von Stoffen (feste, flüssige, gasförmige, ionisierte) oder ein
- leerer oder mit Materie gefüllter Raum

sein. Bild 4.2.2 zeigt verschiedene Beispiele von Effektträgerstrukturen.

Eine berührungslose Drehmitnahme einer Welle mittels magnetischer Kräfte, Hohlraumresonatoren u.a. technische Gebilde können als Beispiele immaterieller Effektträger dienen. Entsprechend kann man fiktiv auch von „festen, flüssigen, gasförmigen und immateriellen Bauteilen"

Bild 4.2.2 a–c Beispiele verschiedener Effektträger und Effektträgerstrukturen. Effektträgerstruktur aus verschiedenen metallischen Werkstoffen (Schema, (a)), eines Zahnriemens mit eingelegten Stahlseilen (b), Effektträgerstruktur mit materiellen und immateriellen (Raum) Effektträgern (c); Beispiel „Magnet"

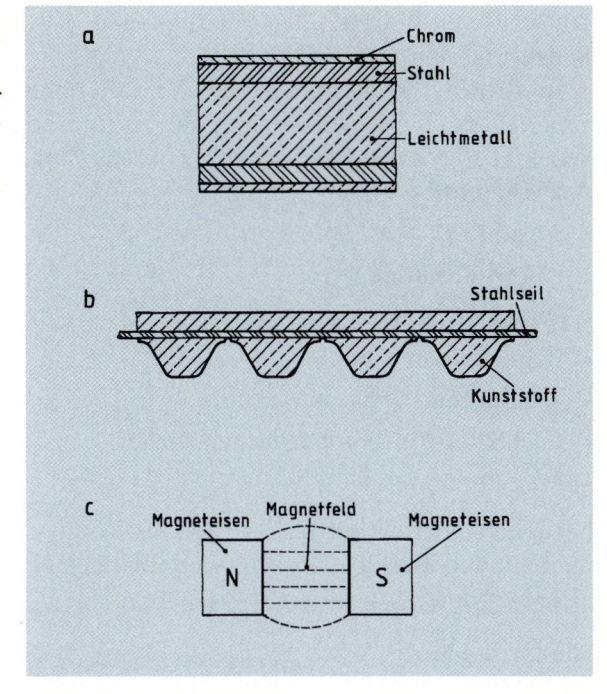

sprechen. Des weiteren sind mit der Festlegung der Effektträgerart noch die Stoffeigenschaftswerte, wie z. B. die Dichte, Leitfähigkeit, zul. Spannung u. a. Eigenschaften eines Werkstoffs festgelegt. In der Praxis erfolgt das Festlegen von Stoffeigenschaftswerten durch die Wahl eines bestimmten Werkstoffs (mit bestimmten Eigenschaften) für ein bestimmtes Bauteil.

Als weitere Parameter stehen dem Konstrukteur noch die physikalischen Größen, wie die Zeit, Länge (Weg), Fläche (Querschnitt), Volumen (Raum), Kraft, Drehmoment, Druck, elektrische Spannung, Ladung, Wärmemenge, Leuchtstärke u. a. zur Verfügung. So beispielsweise die Vorspannung von Federn oder Schrauben, Druck und Temperatur des Gases in einem Reifen, in einer Gasfeder oder eines Pneumatikstoßdämpfers, die Feldstärke eines Magneten oder elektrische Spannung und Stromstärke eines Elektromotors u. a. Entsprechend den Bereichen in denen diese Parameter liegen, unterscheidet man in der Praxis beispielsweise zwischen Hochdruck- und Niederdrucksystemen, Hochspannungs- und Niederspannungssystemen, Hochfrequenz- und Niederfrequenzsystemen u. a.

Im Falle „flüssiger bzw. gasförmiger Bauteile" – wie in Hydraulik- oder Pneumatiksystemen – können zur Lösung einer Aufgabe beispielsweise die Parameter Volumen V, Massenstrom $\dot{m}$ sowie die Art bzw. Eigenschaften der betreffenden Flüssigkeiten (Öl oder Wasser u.a.) von Bedeutung sein.

Im Falle der Konstruktionen von festen Bauteilen sind u. a. die Gestalt von Kanten, Teiloberflächen, Bauteilen und/oder Baugruppen festzulegen. Im Falle der Gestaltung eines Bauteils sind dies im einzelnen folgende Parameter:

- Anzahl Z_T,
- Längenabstände D_T,
- Winkelabstände N_T,
- Reihenfolgen R_T,
- Verbindungsstruktur V_T und
- Gestalt G_T von Teiloberflächen sowie
- Lage des Materials W_T

bezüglich der Teiloberflächen (Konvex-Konkav-Ausführung) des betreffenden Bauteils. Bild 4.2.3 zeigt exemplarisch einige Gestaltvarianten des „Hebeleffekts".

Bild 4.2.3 a–e Gestaltvariationen eines technischen Gebildes basierend auf dem Hebeleffekt bzw. Typvarianten von Hebelsystemen

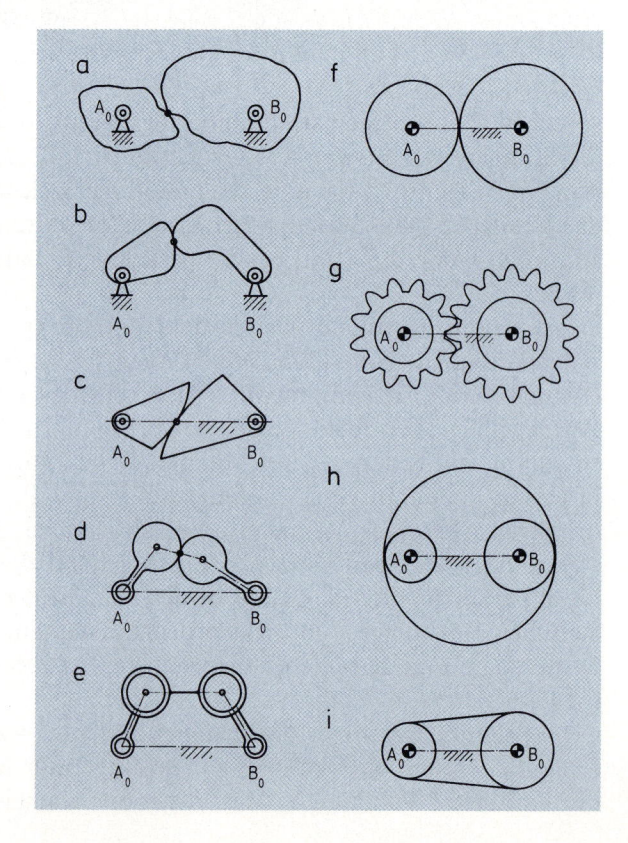

Mit der Gestalt technischer Gebilde werden auch deren Eigenschaften festgelegt, so beispielsweise deren

- Zweck, Volumen, Gewicht, Masse, Trägheitsmoment, Eigenfrequenz u. a.

Die Gestalt bestimmt beispielsweise, ob ein Bauteil eine Schraube oder eine Mutter ist. Als weiteres Mittel steht dem Konstrukteur noch der Konstruktionsparameter „Oberfläche" zur Lösung technischer Probleme zur Verfügung. Hierunter sind die verschiedenen Parameter zur Variation der

- Mikrogestalt oder Rauheit (z. B. spiegelnd oder nicht spiegelnd),
- Härte,
- Beschichtungswerkstoffe von Teiloberflächen von Bauteilen

zu verstehen.

Die Vielfalt technischer Produkte kann man sich folglich durch Nutzung und Variation der Parameterwerte obengenannter Konstruktionselemente entstanden denken. Neue technische Produkte können folglich nur durch Entwicklung weiterer Funktionsstrukturen, Nutzen weiterer physikalischer und chemischer Effekte und Effektstrukturen, Effektträger (Werkstoffe) und Effektträgerkombinationen sowie durch Neugestaltung und Nutzen anderer Oberflächen und physikalischer Größen geschaffen werden.

Zur Konstruktion technischer Produkte und zur Erfüllung der Vielzahl der an diese zu stellenden Forderungen stehen dem Konstrukteur als Lösungsmittel (Konstruktionselemente und -parameter) nur

- Funktions-
- Effekt-
- Effektträger-
- Gestalt-
- Oberflächenparameter und
- physikalischen Größen, wie der Zeit, Länge (Weg), Fläche (Querschnitt), Volumen (Raum), Kraft, Drehmoment, Druck, elektrische Spannung, Ladung, Wärmemenge, Leuchtstärke u. a.

sowie deren möglichen (existierenden) Werte und Variationsmöglichkeiten zur Verfügung.

Unter Funktions-, Effekt-, Effektträger-, Gestalt- und Oberflächenparameter sind die Variationsmöglichkeiten von Typen, Zahl und Anordnung (Struktur) der Elemente der verschiedenen Strukturen zu verstehen. D.h., die Lösungsvielfalt für technische Aufgabenstellungen ist durch die von der Natur vorgegebene Vielfalt existierender Elementarfunktionen (elementare Tätigkeiten), Effekte, Effektträger, Gestalt- und Oberflächenelemente sowie mögliche physikalische Größen (Energieart und Energiezustände), deren Variations- und Konstruktionsmöglichkeiten begrenzt. Weitere Mittel sind nicht bekannt.

Dieser für die Entwicklung technischer Produkte so außerordentlich wichtige Sachverhalt soll als *1. Hauptsatz der Konstruktionslehre* bezeichnet werden. Mit anderen Worten: Der Mensch vermag nur jene Elemente und Parameterwerte zum Bau technischer Systeme zu nutzen, welche ihm durch die Schöpfung vorgegeben sind.

4.3
Tätigkeiten und Zwischenergebnisse von Konstruktionsprozessen

Dieses Kapitel soll einen Überblick über die verschiedenen Konstruktionsschritte (Tätigkeiten) und erreichbaren Zwischenergebnisse vermitteln; die ausführliche Beschreibung und Begründung des Konstruktionsprozesses erfolgt in Kapitel 5.

Zur Entwicklung technischer Produkte bedarf es sehr unterschiedlicher Tätigkeiten. Unter den Begriffen „Konstruieren" oder „Entwickeln" sollen im folgenden alle Arten von Denkvorgängen verstanden werden, welche zur Schaffung technischer Lösungen erforderlich sind. Konstruktionsprozesse bestehen, wie noch veranschaulicht wird, aus Synthese-, Analyse- und Selektionstätigkeiten. Unterstellt man, daß die Lösung eines zu entwickelnden Produkts vollkommen unbekannt ist (auch Teillösungen nicht bekannt sind), – daß es sich um eine originäre, erstmalige Entwicklung ohne Vorbilder handelt –, so sind alle zur Entstehung eines Produkts notwendigen Konstruktionsschritte (-phasen) zu durchlaufen. Anders bei der Konstruktion eines Produkts einer Art, von welcher bereits zahlreiche Typen konstruiert wurden, wie beispielsweise Otto-Motoren, Getriebe etc. Im Falle der Konstruktion bereits bekannter Produkte sind viele Daten des Konstruktionsergebnisses zu Beginn eines Konstruktionsprozesses bereits bekannt und brauchen folglich nicht erneut erdacht bzw., konstruiert zu werden. Ist von einer Lösung einer Aufgabenstellung hingegen nichts bekannt, so sind zu deren Realisierung alle Arten von Konstruktionstätigkeiten erforderlich. Diese sind – ausgehend von dem Zweck des zu schaffenden Produkts – die Tätigkeiten (Schritte):
- Funktionssynthese,
- Effektsynthese,

- Effektträgersynthese,
- qualitative Gestaltsynthese (Typvariante) und
- quantitative Gestaltsynthese (Abmessungsvariante).
- Oberflächen und sonstige
- Werte physikalischer Größen festlegen.

Ergebnisse der verschiedenen Entstehungsphasen sind alternative
- Funktionsstrukturen,
- Effektstrukturen,
- Effektträgerstrukturen,
- qualitative Entwürfe,
- quantitative Entwürfe (s. Bild 4.3.1),
- Oberflächen.

Da nur eine der betreffenden Aufgabenstellung entsprechend günstige Lösung gesucht wird und es unwirtschaftlich wäre, alle Alternativen zu Ende zu konstruieren, sind die nach jedem Syntheseschritt entstandenen Alternativen anhand der vorgegebenen Bedingungen zu prüfen und ggf. zu selektieren. Deshalb hat nach jedem Syntheseschritt eine Analyse bzw. Eignungsprüfung anhand verschiedener an das Produkt gestellter Bedingungen und ein Ausscheiden ungeeigneter Alternativen (Selektion) mit dem Ziel stattzufinden, nur noch eine, die optimale Lösung, weiter zu verfolgen. Oft ist es nicht möglich, die günstigste Lösung zu erkennen. In diesen Fällen müssen die am günstigsten erscheinenden Lösungsalternativen so lange parallel verfolgt werden, bis hinreichende Erkenntnisse für eine sichere Entscheidung zugunsten der besten Lösung vorliegen.

Ist die vermeintlich günstigste Lösung („Lösung auf dem Papier") gefunden, so ist es für Produkte, welche später in großer Stückzahl gefertigt werden, notwendig, Versuchsmuster, Prototypen etc. zu bauen, diese in Kurzzeit- und Dauerversuchen gründlich zu untersuchen und erforderlichenfalls zu verbessern. Erst wenn diese Untersuchungen am realen Produkt zufriedenstellend verlaufen sind, sollte die Freigabe der Serienproduktion eines Produkts erfolgen. In Bild 4.3.1 sind die verschiedenen Synthese- und Analyseschritte sowie Stationen der Zwischenergebnisse zusammenfassend dargestellt.

Die nach jedem Syntheseschritt notwendigen Analyse- und Selektionstätigkeiten haben das Ziel, die für die betreffende Aufgabenstellung günstigste Lösung und dieser möglicherweise noch anhaftenden Mängeln zu erkennen, um erforderlichenfalls wiederholte Syntheseschritte zu deren Verbesserung einzuleiten. Synthese- und Analyseschritte wechseln sich ab. Oft ist es notwendig, auf frühere Prozeßstationen zurückzuspringen, wenn sich in nachfolgenden Prozeßabschnitten zeigt, daß der eingeschlagene Weg doch nicht der günstigste war. Der Konstruktionsprozeß ist folglich oft ein *iterativer Prozeß*, wie es Bild 4.3.1 zu veranschaulichen versucht.

Eine optimale Lösung ist eine Folge (Funktion) des Zwecks, den diese erfüllen soll, sowie eine Folge der Bedingungen und deren Bedeutung (Gewichtung g_i) im konkreten Fall. In Kurzform:

$$L_{opt} = f\,(Zweck, g_i B_i ... g_n B_n)$$

Bild 4.3.1 Tätigkeitsschritte und Zwischenergebnisse (Stationen) von Konstruktions- oder Entwicklungsprozessen. Jeder Prozeßschritt besteht aus Synthese- und Analysetätigkeiten. Analyse heißt: Prüfen, Bewerten und Selektieren von Lösungsalternativen. Zwischenergebnisse sind: alternative Funktions-, Effektstrukturen, Prinziplösungen, qualitativer und quantitativer Entwürfe, sowie alternative technische Oberflächen. Prinziplösungen sind bestimmt durch Effekt und Effektträger

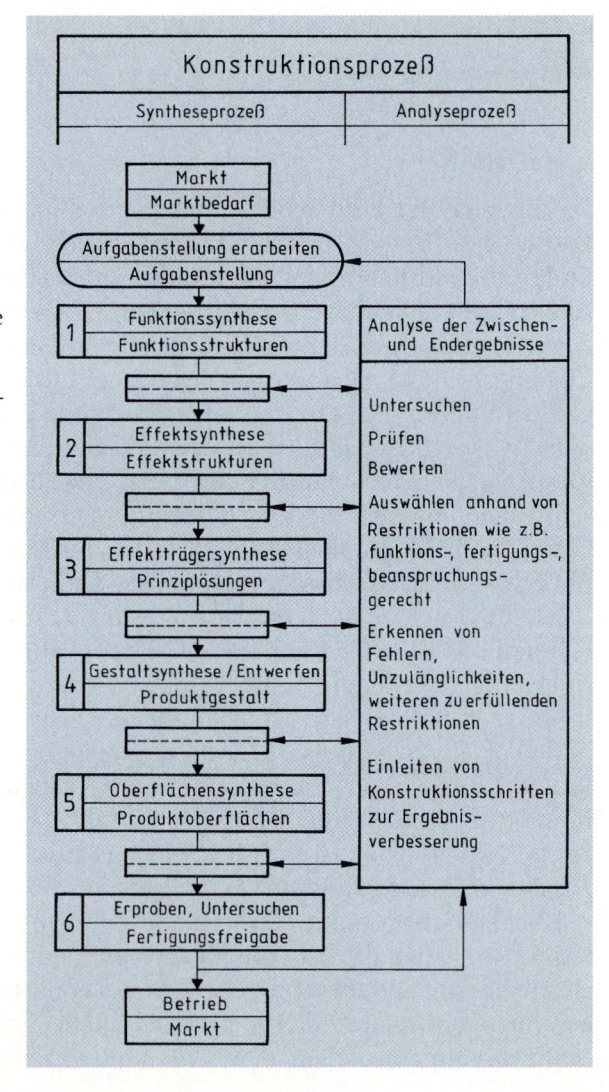

4.3 Tätigkeiten und Zwischenergebnisse von Konstruktionsprozessen

Analysieren und Selektieren heißt:
- Prüfen der Lösungen anhand der wichtigsten an diese zu stellenden Bedingungen (Forderungen), ob oder in wie weit diese erfüllt werden,
- Bewerten der verschiedenen Bedingungen,
- Vergleichen der verschiedenen alternativen Lösungen und Bestimmen der am besten geeigneten Lösung,
- Feststellen von eventuell vorhandenen Schwachstellen an der am besten geeigneten Lösung,
- Beseitigen der Schwachstellen bzw. Verbessern der am günstigsten erscheinenden Lösung mittels erneuter Syntheseschritte.

Die in Konstruktionsprozessen entwickelten technischen Lösungen und Zwischenergebnisse erfüllen die an sie zu stellenden Forderungen meist nur mehr oder weniger vollkommen. Wie vollkommen eine Lösung bestimmte Forderungen erfüllt, ist demnach festzustellen.

Weil bei Bewertungen häufig physikalische Größen miteinander verglichen werden müssen – z.B. Geräuschemissionen und Baugrößen von Lösungen –, welche im strengen wissenschaftlichen Sinne nicht vergleichbar sind, können Bewertungen technischer Lösungen – von Sonderfällen abgesehen – nur subjektiv durchgeführt werden. Ein Vergleich der mehr oder weniger vorteilhaften, verschiedenen Eigenschaften technischer Lösungen ist nur dadurch möglich, daß man diese in „monetäre Werte" umrechnet, diese addiert und die Werte der verschiedenen Lösungen vergleicht. Nur in einfachen Fällen ist ein Kriterium mit einer Einheit zur Bewertung technischer Lösungen ausreichend. Da solche Umrechnungen technisch-physikalischer Werte in monetäre Werte nicht objektiv erfolgen kann, können Bewertungen und Vergleiche technischer Lösungen auch nur subjektiv erfolgen. Um sich vor Fehlentscheidungen zu schützen, kann man Bewertungen und Vergleiche technischer Lösungen dadurch etwas „objektivieren", daß man mehrere Personen bewerten läßt und aus den Einzelergebnissen einen Mittelwert bildet und diesen einer Entscheidung zugrunde legt.

In der Praxis sind zur Bezeichnung o.g. Konstruktionstätigkeiten häufig auch noch andere Begriffe üblich, wie beispielsweise „Entwickeln eines Funktionsplans" oder „Entwickeln eines Schaltplans" (Elektrotechnik oder Hydraulik), „Entwickeln einer Teilfunktionsstruktur" oder eines „Gesamtfunktionsplans" etc. anstelle des Begriffs „Funktionssynthese".

Statt von „Prinzipsynthese" spricht man in der Praxis häufig auch von „Skizzieren einer Prinziplösung", von „Ideenfindung" oder „Konzipieren" etc.

Bild 4.3.2 Konstruktionsmethodische (fette Schrift) und praxisübliche Bezeichnungen (normale Schrift) von Tätigkeiten und Zwischenergebnissen von Konstruktionsschritten

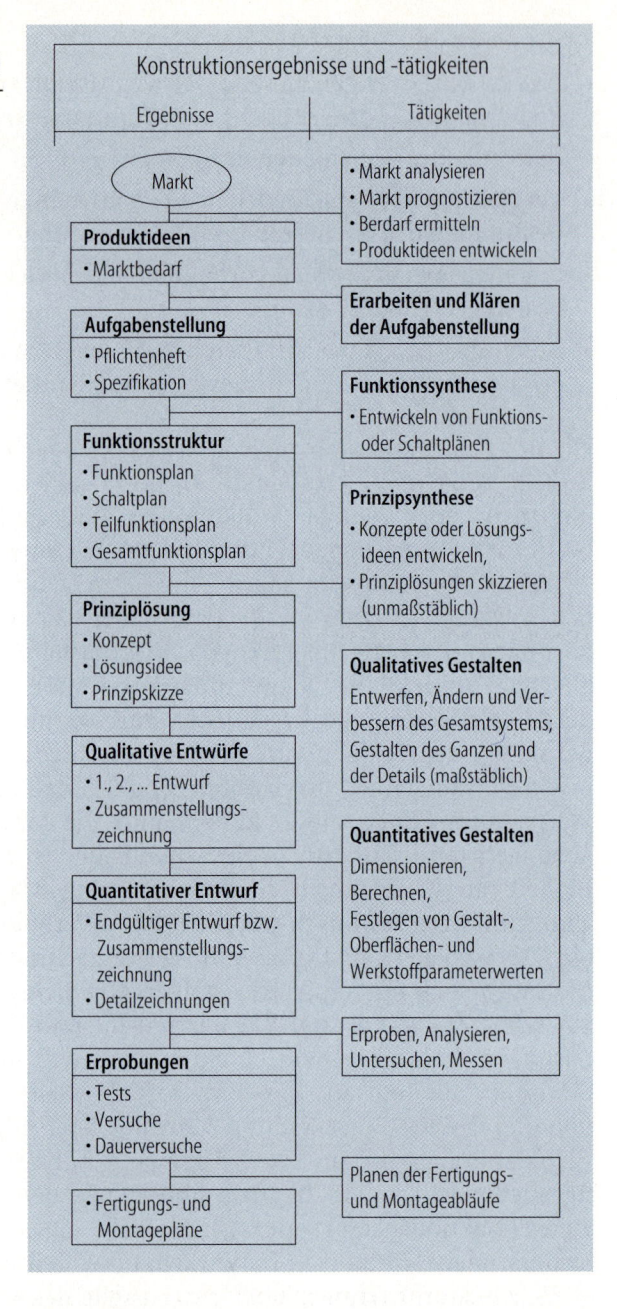

Konstruktionsergebnisse und -tätigkeiten	
Ergebnisse	Tätigkeiten
Markt	• Markt analysieren • Markt prognostizieren • Berdarf ermitteln • Produktideen entwickeln
Produktideen • Marktbedarf	
Aufgabenstellung • Pflichtenheft • Spezifikation	**Erarbeiten und Klären der Aufgabenstellung**
	Funktionssynthese • Entwickeln von Funktions- oder Schaltplänen
Funktionsstruktur • Funktionsplan • Schaltplan • Teilfunktionsplan • Gesamtfunktionsplan	**Prinzipsynthese** • Konzepte oder Lösungsideen entwickeln, • Prinziplösungen skizzieren (unmaßstäblich)
Prinziplösung • Konzept • Lösungsidee • Prinzipskizze	
	Qualitatives Gestalten Entwerfen, Ändern und Verbessern des Gesamtsystems; Gestalten des Ganzen und der Details (maßstäblich)
Qualitative Entwürfe • 1., 2., ... Entwurf • Zusammenstellungszeichnung	
	Quantitatives Gestalten Dimensionieren, Berechnen, Festlegen von Gestalt-, Oberflächen- und Werkstoffparameterwerten
Quantitativer Entwurf • Endgültiger Entwurf bzw. Zusammenstellungszeichnung • Detailzeichnungen	
Erprobungen • Tests • Versuche • Dauerversuche	Erproben, Analysieren, Untersuchen, Messen
• Fertigungs- und Montagepläne	Planen der Fertigungs- und Montageabläufe

Entwerfen, Ändern und Verbessern des Gesamtsystems, das Gestalten des Ganzen und des Details, das Erstellen des ersten, zweiten, dritten usw. und schließlich des endgültigen Entwurfs, das Erstellen der Zusammenstellungszeichnung soll unter dem Begriff „Qualitative Gestaltsyn-

4.3 Tätigkeiten und Zwischenergebnisse von Konstruktionsprozessen 97

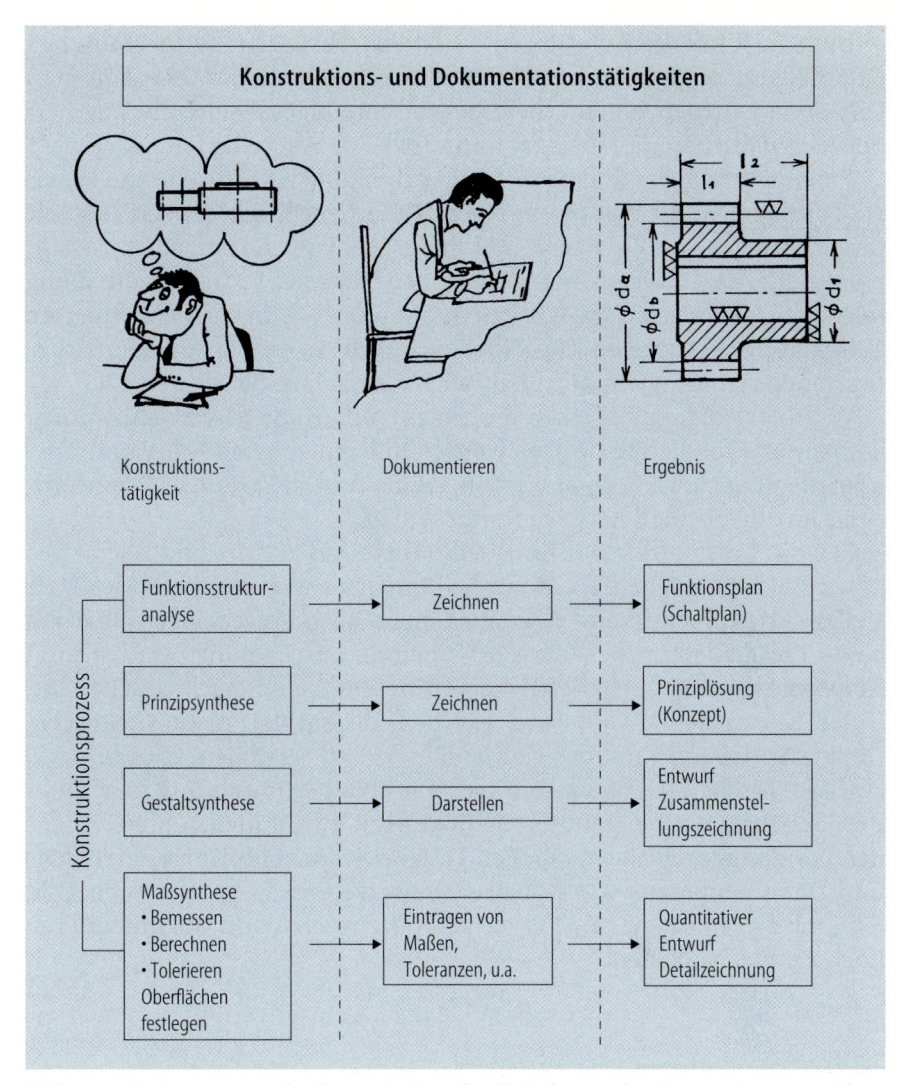

Bild 4.3.3 Es ist zu unterscheiden zwischen den Tätigkeiten des Konstruierens, welche für den Beobachter unsichtbar im Kopf des Konstrukteurs erfolgen und den Tätigkeiten des „Zeichnens" bzw. „Dokumentierens", welche für den Beobachter sichtbar sind.

these" verstanden werden. Ergebnisse sind qualitative, unmaßstäbliche und auch bezüglich anderer Parameter noch nicht endgültige Entwürfe.

Unter „Quantitativem Gestalten" soll das endgültige Festlegen von Gestalt-, und Werkstoffparameterwerten verstanden werden. Die Praxis nennt diese Tätigkeiten auch Dimensionieren, Bemessen, Berechnen u. a. Ergebnis ist ein „endgültiger (letzter) Entwurf" bzw. sind „endgültige Zusammenstellungs- und Detailzeichnungen".

Unter „Oberflächen festlegen" soll das Festlegen der technischen Oberflächen bestimmenden Parameterwerte (Werkstoff, Rauheit etc.) verstanden werden, so daß diese gewünschte Eigenschaften besitzt, wie beispielsweise hart, korrosions- und verschleißbeständig.

Zum besseren Verständnis und zur Verbindung von Theorie und Praxis sind in Bild 4.3.2 die theorie- und praxisüblichen Tätigkeitsbegriffe sowie Bezeichnungen von Zwischen- und Endergebnissen übersichtlich zusammengefaßt. Es ist versucht worden, den aus der Prozeßbeschreibung folgenden, definierten Tätigkeiten (s. Kapitel 5) jene nicht definierten Tätigkeitsbezeichnungen (Begriffe) zuzuordnen, welche die Konstruktionspraxis zur Bezeichnung identischer Tätigkeiten häufig benutzt.

Weil befriedigende Lösungen oft nicht auf „Anhieb" erreicht werden können und folglich verworfen werden müssen, müssen Konstruktionsschritte oft auch wiederholt werden. Deshalb werden Konstruktionsprozesse im allgemeinen iterative Prozesse sein.

Für das Verständnis des Konstruktionsprozesses ist es hilfreich, zwischen der eigentlichen Tätigkeit des Konstruierens und jener des Darstellens, Dokumentierens oder Zeichnens zu unterscheiden. Obgleich beide Tätigkeiten in der Praxis oft simultan durchgeführt werden, sind Konstruieren und Darstellen doch von wesentlich unterschiedlicher Art. Unter Konstruieren sind jene, für den Beobachter nicht sichtbaren, Denkprozesse „im Kopf des Konstrukteurs" zu verstehen, über das, wie eine technische Lösung zu sein hat, um eine bestimmte Aufgabe unter Berücksichtigung bestimmter Bedingungen zu erfüllen. Unter „Zeichnen" sind hingegen alle manuellen Tätigkeiten des bildlichen Darstellens und Dokumentierens von Konstruktionsergebnissen zu verstehen. Bild 4.3.3 soll diesen Unterschied zwischen Konstruieren und Dokumentieren noch veranschaulichen.

4.4
Konstruktionsarten

In der Praxis werden zur Bezeichnung scheinbar „unterschiedlicher Konstruktionsarten" häufig Begriffe verwendet, wie „Anpassungskonstruktion", „Variantenkonstruktion", „Neukonstruktion", „top down-Konstruktion", „Grob-Fein-Gestaltung" u.a.m. Leider lassen sich die Tätigkeiten, welche sich „hinter diesen Bezeichnungen verbergen", nicht gegeneinander abgrenzen und definieren. Zur Beschreibung von Konstruktionsprozessen sind diese Bezeichnungen deshalb wenig hilfreich.

Vielmehr scheint es sinnvoll zu sein, Konstruktionsprozesse bzw. Konstruktionsprozeßbeschreibungen (Algorithmen, Regeln, Methoden, Tätigkeitsanleitungen) danach zu unterscheiden, ob diese zur Konstruktion jeder Art von Produkten oder nur zur Konstruktion einer bestimmten Art von Produkten geeignet sind bzw. zur Konstruktion beliebiger Produkte oder nur zur Konstruktion einer bestimmten Produkteart Gültigkeit haben. Erstere sollen als allgemeingültige, produktunabhängige oder produktneutrale, die zweitgenannten als produktabhängige oder produktspezifische Konstruktionsalgorithmen oder -regeln bezeichnet werden. Konstruktionsmethoden sollen folglich danach unterschieden werden, ob diese zur Entwicklung jeder Art von Produkten oder zur Entwicklung nur bestimmter bzw. spezieller Produktefamilien (z.B. Gelenkgetriebe, Wälzlager, Stoßdämpfer etc.) geeignet sind.

Definiert man die Art eines Produkts in der Weise, daß man sagt: Alle Produkte, welche dem *gleichen Zweck dienen*, sollen als *Produkte einer Art* bezeichnet werden, so kann man auch folgern, daß produktneutrale Konstruktionsprozeßbeschreibungen keine Zwecke oder sonstige an bestimmte Produktearten zu stellenden Bedingungen berücksichtigen können. Produktneutrale Methoden sind notwendigerweise stets „zweckfreie" (zweckunabhängige) Methoden. D.h., produktneutrale Methoden sind grundsätzlich dazu geeignet, „etwas zu erfinden", ohne den Zweck einer Erfindung vorgeben zu müssen.

Entsprechend soll im folgenden zwischen Konstruktionsprozessen und -methoden unterschieden werden, welche zur Entwicklung jeder Art von Produkten, unabhängig von deren Zweck und solchen, welche nur zur Entwicklung bestimmter Produktefamilien (z.B. zur Konstruktion von Zahnrädern oder von Viergelenkgetrieben) bzw. zur Entwicklung von Produkten bestimmter Art bzw. bestimmter Zwecke, geeignet sind. Die Beschreibungen dieser Prozesse sollen als

- produktneutrale, produktunabhängige oder allgemeine bzw. als
- produktspezifische, produktabhängige oder spezielle

Konstruktionsmethoden (-algorithmen, -regeln oder -tätigkeiten) bezeichnet werden.

Technische Produkte besitzen eine Funktions-, Effekt-, Effektträgerstruktur, Gestalt, technische Oberflächen, Energiearten und Energiezustände. Sie sind durch Festlegen der Parameterwerte vollständig beschrieben. Deshalb erscheint es zweckmäßig, Prozeßbeschreibungen bzw. Konstruktionstätigkeiten ferner danach zu gliedern, ob diese zur Bestimmung von
- Funktionsstrukturen,
- Effektstrukturen,

- Effektträgerstrukturen (z. B. Werkstoffstrukturfestlegungen),
- Gestaltparameterwerten oder
- Oberflächen dienen.

Konstruktionsalgorithmen lassen sich des weiteren noch nach
- Synthese-,
- Analyse-,
- Bewertungs- und Selektionstätigkeiten

ordnen. Für ein zu entwickelndes Produkt sind Funktionsstrukturen, Effektträgerstrukturen und Gestaltalternativen aus Elementen zusammenzusetzen, d. h. zu synthetisieren. Diese sind in anschließenden Prozeßschritten daraufhin zu analysieren, ob diese den zu berücksichtigenden Bedingungen (z. B. Leistungsbedingungen) genügen.

Diese sind ferner mit dem Ziel zu bewerten, die für die betreffende Aufgabenstellung optimale bzw. günstigste Lösung zu finden. Ungeeignete Lösungsalternativen müssen selektiert werden. Die am günstigsten erscheinende Lösung wird durch einen erneuten Synthese- und/oder Variationsprozeß erforderlichenfalls noch verbessert.

Konstruktionsprozesse können ferner
- methodisch, d. h. nach bestimmten Regeln und/oder
- intuitiv, d. h. ohne erkennbare Regeln

durchgeführt werden. Erfahrungsgemäß kann methodisches Denken die Intuition eines Konstrukteurs erheblich „beflügeln". Methodisches Konstruieren kann die Intuition oder Genialität eines Menschen nicht in allen Fällen ersetzen. Methodisches und intuitives Konstruieren schließen sich nicht gegenseitig aus, sondern können sich vorteilhaft ergänzen.

Des weiteren erscheint es für das bessere Verständnis zweckmäßig, zwischen
- originären (primären) und
- nachvollzogenen (sekundären) Konstruktionsprozessen

zu unterscheiden. Als „originäre" oder „primäre Konstruktionsprozesse" sollen solche Prozesse verstanden werden, mit welchen erstmals eine bestimmte Teil- oder Gesamtlösung für eine Aufgabenstellung gefunden werden konnte. Beispielsweise das erste Differentialgetriebe, der erste Verbrennungsmotor, das erste Kunststoff-Filmscharnier u. a.

Als „nachvollzogene" oder „sekundäre Konstruktionsprozesse" sollen jene Konstruktionstätigkeiten bezeichnet werden, mit welchen weitere Typ- und/oder Abmessungsvarianten einer Produktfamilie (z. B. Getriebe,

Motoren, Leuchten etc.) entwickelt werden. Originäre Konstruktionsprozesse sind des weiteren dadurch gekennzeichnet, daß durch diese ein sehr hoher Prozentsatz – im Extremfall 100 % –, der ein Produkt bestimmenden Parameterwerte erstmals festgelegt werden muß. Im Gegensatz hierzu werden bei sekundären Konstruktionsprozessen – beispielsweise bei der Konstruktion einer Getriebevariante – nur noch relativ wenige Parameterwerte festgelegt. Viele Parameterwerte können von bereits vorhandenen Vorbildern übernommen werden bzw., liegen bereits fest. Je mehr Parameterwerte über eine zu konstruierende technische Lösung bereits bekannt sind, desto weniger brauchen durch die Konstruktion noch festgelegt zu werden.

Der zur Lösung technischer Aufgaben erforderliche Prozeßumfang und die Art der Prozeßschritte sind weitere Kriterien, nach denen Konstruktionsvorgänge gegliedert werden können. Zur Lösung technischer Aufgaben können

- sämtliche oder nur
- wenige Prozeßschritte

erforderlich sein; es können

- alle oder nur
- wenige ein Produkt beschreibende Parameterwerte

ermittelt werden müssen.

So können beispielsweise bei der Konstruktion von Getrieben, Verbrennungsmotoren, Stoßdämpfern u.a. bekannter Produkte häufig Prinziplösungen, Funktionsstrukturen, die qualitative Gestalt von Bauteilen und Baugruppen (z.B. Kolben, Wellen, Gleit- und Wälzlager, Welle-Nabeverbindungen, Zahnform und vieles andere mehr) in eine „neue Konstruktion" unverändert übernommen werden. Oft sind es nur relativ wenige Parameterwerte, welche geändert werden müssen (z.B. Zähnezahl, Modul, Achsabstand, Gehäuseabmessungen, etc.), um eine Lösung aktuellen Forderungen anzupassen.

So können beispielsweise bei der Konstruktion eines Getriebes nahezu alle Parameterwerte bereits festliegen, während man bei der Konstruktion eines physikalisch neuartigen Navigationsgeräts auf keine oder nur wenige, durch Vorbilder gesicherte, Parameterwerte zurückgreifen kann. Bild 8.1 zeigt die Zunahme der festliegenden Parameterwerte einer Konstruktionslösung in Abhängigkeit von den verschiedenen Prozeßschritten. Die meisten Parameterwerte werden während der qualitativen und quantitativen Gestaltungsphase festgelegt. Alle Werte einer Lösung liegen erst nach Abschluß der Untersuchungen an Prototypen und/oder Modellen (Verschleiß-/Dauertest etc.) fest.

In der Praxis werden Konstruktionsvorgänge, bei welchen viele Parameterwerte bereits vorgegeben sind, häufig als „Varianten-, Anpassungs-, Änderungs- oder Baukastenkonstruktion" oder Konstruieren durch Auswählen (z. B. Auswählen eines Wälzlagers aus einem Katalog aufgrund bestimmter Forderungen) bezeichnet.

Praxisübliche Konstruktionsvorgänge beschränken sich meistens auf die Phasen „Gestalten" bzw. „Gestaltvariationen" und „Werkstoffvariationen". Das Ändern des Verhältnisses von Zylinderdurchmesser zu Hub oder die Verwendung von Keramik oder Kunststoffen anstelle von Stahl bei Automobilen können als Gestalt- bzw. Werkstoffvariationsbeispiele gelten.

Die Übernahme von Parameterwerten von „Vorbildern" setzt voraus, daß die diese Parameterwerte bedingenden Forderungen in beiden Fällen gleich sind. Andere Forderungen bedingen andere Lösungen. Bei der Übernahme von Parameterwerten von einer Lösung in eine andere Lösung ist deshalb Vorsicht geboten und zu prüfen, ob die betreffenden Bedingungen in beiden Fällen tatsächlich gleich sind.

Zusammenfassend ist festzuhalten: Der Umfang und die Art von Konstruktionsvorgängen hängen davon ab, wieviele und welche Parameterwerte des zu konstruierenden Produkts bekannt und aufgrund identischer Bedingungen übernommen werden können und welche noch festzulegen sind.

Manche Produkte lassen sich standardisieren (z. B. Schrauben, Stifte, Getriebe etc.), diese brauchen dann nicht mehr konstruiert zu werden; andere Produkte, wie beispielsweise Leuchten, Stoßdämpfer, Hydrauliksteuerblöcke, Lehneneinsteller, Gelenkgetriebe u. a. müssen den verschiedenen Anwendungsfällen angepaßt, immer wieder „neu konstruiert" werden. Man kann diese Prozesse analysieren und beschreiben, programmieren und mittels Rechner voll- oder teilautomatisiert durchführen.

Zusammenfassend kann man somit zwischen

- allgemeinen oder produktneutralen,
- speziellen oder produktspezifischen

Konstruktionsprozessen und -prozeßbeschreibungen unterscheiden. Ferner ist es notwendig, zwischen

- Synthese- und
- Analysetätigkeiten

zu differenzieren. Als Synthesetätigkeiten sollen alle Tätigkeiten verstanden werden, welche Lösungen und Lösungsalternativen erzeugen. Als

Analysetätigkeiten sollen Prüf-, Bewertungs- und Selektionstätigkeiten bezeichnet werden, welche dazu dienen, zu prüfen, ob eine Lösung bestimmte Bedingungen erfüllt und welche Lösung die für den betreffenden Fall günstigste ist.

Schließlich erscheint es noch zweckmäßig, zwischen Konstruktionstätigkeiten zur Bestimmung qualitativer oder quantitativer Werte der

- Funktionsstrukturen,
- Effektstrukturen,
- Effektträgerstrukturen,
- Gestalt/Gestaltparametern,
- Oberflächenparametern und
- physikalischen Größen zu unterscheiden.

KAPITEL 5

Produktneutraler oder allgemeiner Konstruktionsprozeß 5

5.1 Einführung und Überblick

Zur Entwicklung technischer Produkte bedarf es verschiedener Arten geistiger Tätigkeiten, welche im folgenden unter den gleichbedeutenden Oberbegriffen „Konstruieren" oder „Entwickeln" zusammengefaßt werden sollen.

Unter diesen Begriffen sollen im folgenden alle Arten von Denkvorgängen verstanden werden, welche zur Schaffung technischer Lösungen erforderlich sind. Unter „Konstruieren" und „Entwickeln" versteht man insbesondere all jene Synthese- und Analysetätigkeiten, die notwendig sind, um für eine technische Aufgabe eine zu einem bestimmten Zeitpunkt bestmögliche Lösung anzugeben. Unter „bestmöglich" ist hierbei eine genügend zuverlässige, wirtschaftlich realisierbare und weiteren Bedingungen der Aufgabenstellung genügende Lösung zu verstehen. Ergebnis eines Konstruktions- oder Entwicklungsprozesses ist eine vollständige und eindeutige Beschreibung der betreffenden Lösung, so daß diese ohne Schwierigkeiten gebaut und benutzt werden kann.

Im vorliegenden Buch soll zwischen der Beschreibung produktneutraler (allgemeiner) und produktspezifischer (spezieller) Konstruktionsprozesse unterschieden werden. Unter produktneutraler oder allgemeiner Konstruktionsprozeßbeschreibung sollen Regeln (Algorithmen) verstanden werden, welche zur Konstruktion jeder Art technischer Produkte geeignet sind. Unter produktspezifischen oder speziellen Konstruktionsbeschreibungen sollen hingegen Regeln verstanden werden, welche nur zur Konstruktion von Produkten eines bestimmten Zwecks bzw. einer bestimmten Produkteart oder Produktefamilie geeignet sind.

Um Konstruktionsprozesse allgemein beschreiben zu können, muß man notwendigerweise davon ausgehen, keinerlei Informationen (Daten) von dem zu entwickelnden Konstruktionsergebnis zu kennen.

Im Gegensatz hierzu spielt bei der Beschreibung von speziellen Konstruktionsprozessen (Prozeßbeschreibungen für eine bestimmte Produkteart) die Kenntnis großer Teile des Konstruktionsergebnisses, vor

Beginn eines Konstruktionsprozesses, eine wesentliche Rolle. D. h., bei der Konstruktion von Produkten einer bestimmten Art sind üblicherweise zahlreiche Parameterwerte oder Wertalternativen eines Konstruktionsergebnisses bereits zu Beginn des Konstruktionsprozesses bekannt.

Einen produktneutralen Konstruktionsprozeß (fiktiv) durchzuführen heißt, eine Konstruktion eines vollkommen unbekannten Produkts durchführen, – eines Produkts oder Teil eines Produkts, von dessen Konstruktionsergebnis kein Datum bekannt ist. Allgemeine oder produktneutrale Konstruktionsprozesse können deshalb auch als erstmalige oder primäre Prozesse zur Entwicklung einer Produktart bezeichnet werden. Im Gegensatz dazu können Prozesse für ein Produkt einer Art, von welcher bereits Typvarianten bekannt sind (z. B. Zahnradgetriebe, Verbrennungsmotoren etc.) auch als sekundäre oder nachvollzogene Prozesse bezeichnet werden.

Die Begriffe „allgemeine, produktneutrale oder primäre Konstruktionsprozesse" sollen im folgenden synonym benutzt und verstanden werden. Eine zur erstmaligen Konstruktion eines Produkts oder Produktdetails notwendige Konstruktionstätigkeit – ein Prozeß für etwas, wofür dem Konstrukteur keinerlei Informationen über das Konstruktionsergebnis vorliegen – läuft stets nach den Regeln produktneutraler Konstruktionsprozesse ab. Konstruktionsprozesse für Produkte, von welchen bereits Vorbilder (Typen, Varianten) existieren sowie Parameterwerte bekannt sind und festliegen, sollen demgegenüber als „spezielle, produktspezifische, sekundäre oder nachvollzogene Konstruktionsprozesse" bezeichnet werden.

Es sei hier nochmals daran erinnert, daß unter dem Begriff „Konstruieren" im wesentlichen zwei unterschiedliche Tätigkeiten, nämlich die des Synthetisierens und die des Analysierens zu verstehen sind. Als „Synthetisieren" soll die Tätigkeit des Erzeugens von Lösungsalternativen verstanden werden, als „Analysieren" das Prüfen, ob Lösungsalternativen bestimmten Bedingungen genügen oder nicht genügen, d. h. als Lösungen für eine bestimmte Aufgabenstellung geeignet oder nicht geeignet sind.

Beschreiben allgemeiner Konstruktionsprozesse heißt folglich: produktunabhängige Regeln zur Synthese und Analyse technischer Produkte anzugeben. Ein solcher allgemeingültiger Algorithmus lautet beispielsweise: Um eine bestimmte Funktion zu realisieren, suche man unter bekannten physikalischen Effekten solche aus, welche geeignet sind, diese zu verwirklichen. Eine andere Regel könnte beispielsweise lauten: man ändere die Gestalt eines Bauteils nach den verschiedenen Gestaltungsregeln solange durch „Ändern und Prüfen", bis auf diese Weise ein „fertigungsgerechtes Bauteil" entsteht. Dazu zählen auch

Richtlinien, welche etwas darüber aussagen, wie Bauteile zu gestalten sind, um der Bedingung „fertigungsgerecht" zu genügen.

Mittels Konstruktionsregeln, welche für die Synthese oder Analyse jeder Art technischer Produkte (Produkte beliebiger Zwecke und Eigenschaften) Gültigkeit haben, können logischerweise keine Lösungen gefunden werden, welche bereits irgendwelchen Bedingungen oder Zwecken genügen. Würden diese bestimmte Zwecke oder Bedingungen berücksichtigen, könnten sie auch nur Gültigkeit für eine bestimmte Produktart bzw. Produkte dieser Zwecke Gültigkeit haben.

Hingegen berücksichtigen Prozeßbeschreibungen für bestimmte Produktarten (spezielle Prozeßbeschreibungen) notwendigerweise Zwecke und andere, an diese Produktart zu stellende Bedingungen. Konstruktionsalgorithmen für eine bestimmte Produktart sind nur für die jeweilige Produktart gültig. So beispielsweise können Algorithmen zur Synthese von Viergelenkgetrieben, Zahnrädern oder Zahnradgetrieben nur zur Bestimmung von Produktparameterwerten der jeweiligen Produktart benutzt werden.

Wie kann man sich einen Konstruktionsprozeß für ein unbekanntes Produkt vorstellen? Die folgenden Ausführungen versuchen, hierauf eine Antwort zu geben.

Technische Produkte haben üblicherweise eine Funktionsstruktur. Sie basieren auf physikalischen, chemischen oder biologischen Effekten. Zur Realisierung von Funktionen werden in technischen Produkten physikalische u. a. Effekte angewandt. Sie bestehen folglich auch aus einer Struktur physikalischer und möglicherweise noch anderer Effekte.

Technische Produkte besitzen meistens eine Struktur von Effektträgern. Effektträger sind in den meisten Fällen verschiedene Arten von Werkstoffen (Stahl, Kunststoff, Keramik, Glas, etc.); Effektträger können auch Räume sein.

Technische Produkte haben ferner eine bestimmte Gestalt. Die Gestalt von Bauteilen und Baugruppen ist festzulegen, Oberflächen von Bauteilen sind festzulegen und physikalische Größen (Vorspannung, Luftdruck, elektrische Spannungen etc.) von technischen Gebilden sind festzulegen.

Zusammenfassend gilt:
Technische Produkte sind durch Festlegen von
- Funktionsstrukturen,
- Effektstrukturen,
- Effektträgerstrukturen,
- Gestalt/oder Gestaltparameterwerten,

- Oberflächen und
- physikalische Größen eindeutig bestimmt.

Produktentstehungs- oder Konstruktionsprozesse müssen folglich aus
- Funktionsstruktur-,
- Effektstruktur-,
- Effektträgerstruktur-,
- Gestaltstruktursynthese-, Analyse- und Selektionsschritte sowie dem Festlegen von
- Oberflächen und
- physikalischen Größen bestehen.

Zu diesem Zweck werden Funktionsstruktur-, Effektstruktur-, Effektträgerstruktur- und Gestaltstrukturelemente zu komplexen Strukturen zusammengesetzt. Dieses Zusammensetzen von Elementen zu komplexeren Gebilden soll folglich als „Synthese" bezeichnet werden. Wie später noch an Beispielen gezeigt wird (s. Kap. 9), liefern die genannten Syntheseschritte im allgemeinen mehrere alternativ anwendbare Lösungen, d.h. alternativ anwendbare Funktions-, Effekt-, Effektträger- und Gestaltstrukturen. Gebraucht wird aber immer nur *eine*, die für die betreffende Aufgabenstellung günstigste Funktions-, Effekt-, Effektträger- und Gestaltstruktur bzw. die optimale Lösung für das betreffende Produkt.

Das bedeutet, daß nach jedem der o.g. Syntheseschritte ein Analyseschritt mit dem Ziel folgen muß, die günstigste Funktions-, Effekt-, Effektträgerstruktur und Gestalt für die betreffende Aufgabenstellung zu ermitteln. Die nach Durchführung der verschiedenen Syntheseschritte gegebenen Alternativen müssen anhand der an das betreffende Produkt zu stellenden Bedingungen, wie beispielsweise wirtschaftlich, fertigungsgerecht, montagegerecht, sicherheitsgerecht u.a. analysiert, bewertet und selektiert werden. Konstruktionsprozesse bestehen folglich aus

- Synthese-,
- Analyse-,
- Bewertungs- und
- Selektionstätigkeiten.

Nicht immer wird auf „Anhieb", mit nur einem Syntheseschritt, die allen an ein Produkt zu stellenden Bedingungen genügende, günstigste Lösung erreicht. Analyseschritte dienen daher auch dem Zweck, noch vorhandene

Fehler oder Schwächen einer Lösung zu erkennen und weitere Syntheseschritte zur Behebung von Unzulänglichkeiten einzuleiten. Konstruktionsprozesse sind folglich oft iterative Prozesse. Manchmal lassen sich befriedigende Lösungen nur durch wiederholte Synthese- und Analyseschritte finden. In einfachen Fällen lassen sich zufriedenstellende Lösungen auch ohne Iteration („auf Anhieb" bzw. explizit) angeben.

Wie die Konstruktionspraxis zeigt, gibt es bei der Entwicklung technischer Produkte auch Fragen zu beantworten, welche nicht „mit Bleistift und Papier" geklärt werden können, welche hingegen nur experimentell gelöst werden können. Beispielsweise können Fragen bezüglich Verschleiß-, Lebensdauerverhalten oder dynamischer Eigenschaften manchmal nur mittels experimenteller Untersuchungen an wirklichkeitsnahen Labormustern hinreichend genau beantwortet werden. Deshalb bestehen Konstruktionsprozesse, neben den o.g. Synthese- und Analyseschritten, oft auch noch aus dem Schritt „Prototypen- oder Labormusteranalyse".

Eingangs dieses Kapitels sind in Bild 4.3.1 die verschiedenen Konstruktionsprozeßschritte übersichtlich zusammengestellt.

5.2
Entwickeln von Funktionsstrukturen

5.2.1
Funktionssynthese

Ausgangspunkt eines Konstruktionsprozesses sind Informationen über den Zweck des zu entwickelnden technischen Produkts. Der Zweck oder die Zwecke eines zu entwickelnden Produkts sind den Beteiligten meist so bekannt, daß man es nicht mehr der Mühe wert findet, diese in Aufgabenstellungen explizit festzuhalten.

Eine Aufgabenstellung sollte immer Vorstellungen über den Zweck, dem ein zu entwickelndes Produkt dienen soll und die Bedingungen, unter denen es diesen Zweck erfüllen soll, enthalten. Eine Zweckbeschreibung ist frei von Lösungsideen. Zwecke technischer Produkte können beispielsweise sein: Personen befördern, Rasen kurz halten, Gegenstände vor Diebstahl sichern, usw.

Der Zweck bestimmt, ob ein zu entwickelndes Produkt später als Personenwagen, Rasenmäher, Sicherungsschloß oder Drehmaschine etc. bezeichnet wird. Der Zweck legt die Art eines Produkts fest; verschiedene

Zwecke führen zu verschiedenen Produktearten. Die Produktart ist eine Folge des Zwecks

$$\text{Produktart} = f\,(\text{Zweck})$$

Für die folgenden Betrachtungen der verschiedenen Konstruktionsschritte wird unterstellt, daß Aufgabenstellungen und Zweckbeschreibungen existieren und der Leser keine Kenntnisse über Lösungen oder Lösungswege besitzt; der Leser sollte nicht auf Erfahrungen zurückgreifen müssen.

Ziel des ersten Konstruktionsschritts auf dem Wege hin zu einem konkreten Produkt ist es, eine Tätigkeitsbeschreibung bzw. Funktionsstruktur für das zu entwickelnde Produkt zu liefern, welche den gewünschten Zweck zu realisieren vermag. Dieser erste Konstruktionsschritt soll als „Tätigkeitsbeschreibung", „Funktionsstruktursynthese" oder kurz als „Funktionssynthese" bezeichnet werden.

Unter dem Begriff „*Elementarfunktion*" soll im folgenden eine vollständige, qualitative Beschreibung einer elementaren Tätigkeit verstanden werden.

Als „elementare Tätigkeiten oder Vorgänge" sollen solche Tätigkeiten oder Vorgänge bezeichnet werden, welche nicht weiter (in unterschiedliche Tätigkeiten) gegliedert werden können bzw. welche nicht aus mehreren Tätigkeiten zusammengesetzt sind.

Beispielsweise ist „Montieren" ein Oberbegriff für mehrere unterschiedliche Tätigkeiten und kann deshalb nicht als „elementare Tätigkeit" bezeichnet werden. Hingegen können das Vergrößern eines Drehmoments oder das Leiten einer Kraft als Beispiele für elementare Tätigkeiten und vollständige qualitative Tätigkeitsbeschreibungen gelten.

Eine „Funktionsstruktur" ist eine Beschreibung mehrerer logisch verknüpfter Funktionen, wie sie möglicherweise durch technische Systeme realisiert werden kann, um einen bestimmten Zweck zu erfüllen. Bei der Entwicklung von Funktionsstrukturplänen, in der Elektrotechnik auch als Schaltpläne bezeichnet, ist es zweckmäßig, zwischen Funktionsstrukturentwicklungen zu unterscheiden, für welche für einzelne Funktionen bereits fertige (käufliche) Lösungen (Bauteile, Bauelemente, Baugruppen etc.) vorliegen und solchen, für welche diese erst entwickelt werden müssen.

a) Funktionssynthese ohne Kenntnis entsprechender Bauelemente

Für die Entwicklung von allgemeingültigen Konstruktionsalgorithmen ist das Wissen darüber, wie bestimmte Produkte konstruiert werden, deren Lösungsweg man mehr oder weniger vollständig kennt, eher hinderlich, weil man dabei unmittelbar auf „fertige Teil- oder Voll-Lösungen" zurückgreift, ohne zu bedenken, welche Konstruktionstätigkeiten ursprünglich erforderlich waren, um zu jenen Lösungen zu gelangen. Zur Entwicklung produktneutraler Konstruktionsregeln ist es vielmehr hilfreich, sich das Lösen einer Aufgabe vorzustellen, für welche „Nichts" bekannt ist; eine sehr schwierige Vorstellung, weil bei üblichen Konstruktionsvorgängen bereits für viele Detailprobleme „fertige Lösungen" im Kopf des Konstrukteurs existieren, auf die er bewußt oder unbewußt zurückgreift. Man kann sich kaum noch vorstellen, was es heißt, „Etwas" zu entwickeln ohne Kenntnisse von Teillösungen bzw. ohne Kenntnis zahlreicher Parameterwerte des Konstruktionsergebnisses zu haben.

Stellt man sich eine Aufgabenstellung für ein Produkt vor, für welches keine Lösungen oder Details bekannt sind, für welches auch die Aufgabenstellung nicht versucht einen „Lösungsweg" vorzuzeichnen, so lassen sich die notwendigen Konstruktionsschritte besser verständlich machen, um aus dem „Nichts" (von Null an) ein Produkt zu entwickeln.

Ausgangspunkt soll eine Aufgabenstellung sein, welche nur den *Zweck* des zu entwickelnden Produkts beschreibt, nichts hingegen darüber aussagt, wie dieser erreicht werden kann; was soll mit einem Produkt bewirkt werden; z. B. die Flugleistung einer Fliege messen oder einen Faden festhalten.

1. Konstruktionsschritt Ist der Zweck eines zu entwickelnden technischen Produkts gegeben, ohne Vorstellungen über Realisationsmöglichkeiten, so kann diese Aufgabe einer Lösung dadurch „einen Schritt" näher gebracht werden, daß es dem Konstrukteur gelingt, den vorgegebenen

- Zweck eines Produkts durch eine oder mehrere der vorgenannten elementaren Tätigkeiten zu realisieren. Mit anderen Worten: Eine oder mehrere alternative Tätigkeits- bzw. Funktionsstrukturen anzugeben, welche den betreffenden Zweck bewirken können.

Beispielsweise die Zweckbeschreibung „Faden festhalten" in die Elementarfunktion „Stoff (Faden) mit einem anderen Stoff (Maschinengestell) *fügen* (verbinden)" umsetzen.

Wie die Praxis lehrt, kann ein Zweck eines zu entwickelnden Produkts oft bereits mit *einer* Funktion realisiert werden; nur selten benötigt man dazu Strukturen aus zwei oder mehr Funktionen.

Das „Umsetzen einer Zweckbeschreibung" in eine Funktionsstruktur, bestehend aus nur einer oder mehreren Elementarfunktionen, soll als „Funktionsstruktursynthese" oder kurz als „Funktionssynthese" bezeichnet werden.

Im allgemeinen liefert dieser 1. Konstruktionsschritt nicht nur eine, sondern mehrere alternativ anwendbare Funktionen oder Funktionsstrukturen, welche zur Lösung der betreffenden Aufgabe geeignet sind. Weil dieser 1. Syntheseschritt meist mehrere Alternativlösungen liefert, in der Praxis aber nur eine Lösung (die beste) benötigt wird, ist an diesen 1. Syntheseschritt ein 1. Analyseschritt mit dem Ziel anzuschließen, die für den betreffenden Fall „optimale Funktionsstruktur" zu erkennen, um alle übrigen Strukturen für den weiteren Prozeßverlauf außer acht lassen zu können.

Da Funktionsstrukturen nur sehr wenig über spätere reale Lösungen aussagen und kaum Bedingungen bekannt sind, an welchen geprüft werden kann, welche Funktion oder Funktionsstruktur „die Beste" ist, ist es in der Praxis oft notwendig, alternative Funktionsstrukturen noch so lange weiter parallel zu entwickeln, bis erkennbar wird, welche Struktur den „besseren Lösungsweg" markiert. Einige Beispiele sollen das Gesagte im folgenden noch verdeutlichen.

BEISPIEL „NAHTWEBMASCHINE" Anhand eines Beispiels, der Entwicklung einer Nahtwebmaschine, soll dieser 1. Konstruktionsschritt „Funktionssynthese" noch verdeutlicht werden.

Der Zweck einer Nahtwebmaschine besteht darin, zwei Drahtgewebeenden miteinander zu verweben. Aufgabe der Funktionssynthese ist es, eine in Alltagssprache formulierte Zweckbeschreibung „Gewebeenden verweben" gedanklich durch elementare Tätigkeiten bzw. Elementarfunktionen (physikalische Tätigkeiten) zu realisieren. Im vorliegenden Fall kann man sich dieses „Umsetzen einer Zweckbeschreibung in eine Struktur von Elementarfunktionen bzw. in eine Elementarfunktion" so geschehen denken: Um dieses Ziel zu erreichen, war es zunächst notwendig, zu erkennen, daß zur Verwirklichung eines Nahtwebvorgangs es zuerst erforderlich ist, das am nächsten einzuwebende Drahtende zu erkennen und es von allen übrigen Drahtenden weg in ein Webfach hinein zu bewegen (transportieren).

Auch ohne eine physikalische Verwirklichung „vor Augen zu haben", kann man sagen, daß dieses Differenzieren eines bestimmten Drahtendes eines Gewebes entweder dadurch geschehen kann, daß man das am nächsten einzuwebende Drahtende irgendwie von den anderen Enden weg transportiert (Drahtende mit Bewegungsenergie „verbinden"/beaufschlagen) oder dadurch gelöst werden kann, daß man jedes Drahtende mit einem Gestellbauteil fügt und diese Verbindungen nacheinander wieder löst. In Bild 5.2.1 ist dieses Fügen und Lösen von Drahtenden symbolisch dargestellt. Wie diese Verbindungen physikalisch-technisch realisiert werden können, wird in Kapitel 9.3 weiter ausgeführt.

Bild 5.2.1 Beispiel einer Funktionsstruktur zum „Fügen" und „Lösen" von Drahtenden eines Drahtgewebes

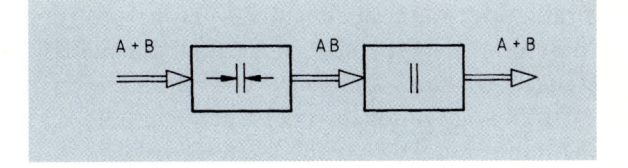

Wie dieses Beispiel zeigt, genügt es in Fällen, in welchen neue Lösungen gefunden werden sollen, eine aus einer oder nur wenigen Funktionen bestehende Struktur anzugeben und zunächst nur deren technische Realisierung zu betreiben. Erst wenn klar ist, wie diese *Kernfunktion* realisiert werden kann, ist es möglich und sinnvoll, die übrige Struktur zu entwickeln und an deren technische Verwirklichung zu denken.

BEISPIEL „DRAHTWEBMASCHINE" Eine weitere Aufgabe soll beispielsweise lauten: Es ist eine Maschine (Webmaschine) zu entwickeln, deren Zweck es ist, Drahtenden in relativ kurzer Zeit durch Webfächer zu transportieren. Die bekannten Webmaschinen-Prinzipien, Drahtenden mittels „Schützen" (Weberschiffchen) oder Greifer durch Webfächer zu transportieren, seien nicht bekannt bzw. sollen ignoriert werden.

Die obige Zweckbeschreibung lautet: „Drahtenden durch Webfächer transportieren". Im ersten Konstruktionsschritt geht es darum, o.g. Zweckbeschreibung in eine Elementarfunktion oder Funktionsstruktur umzusetzen. Welche physikalische Elementarfunktion kann ein „Transportieren" (= Bewegen) von Drahtenden (= Stoff) gewährleisten? Oder, welches physikalische Tun benötigt man, um einen Stoff zu bewegen?

Um einen Stoff zu bewegen, muß dieser mit Bewegungsenergie beaufschlagt bzw. mit Bewegungsenergie „verbunden" werden. Konkret: das Drahtende muß „irgendwie angetrieben werden". Ferner muß dieser Stoff (Drahtende) auf einer bestimmten Bahn geführt werden oder das

Bild 5.2.2 a–b Funktionsstruktur einer Schußdraht-Transporteinrichtung (Beispiel), bestehend aus den Funktionen „Stoff mit Energie verbinden" (beaufschlagen) und „Führen" des einzubringenden Drahts (a) sowie „Stoff mit Energie verbinden" und Draht „Nichtführen", d.h. durch das Webfach „fliegen lassen" (b)

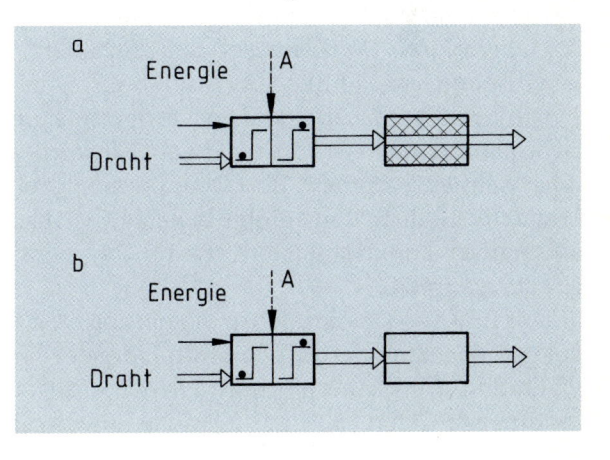

Drahtende kann auch „nicht geführt werden" bzw. „frei durch die Maschine fliegen". Bild 5.2.2 zeigt die beiden alternativen Funktionsstrukturen zum Transport von Drahtenden in Webmaschinen. Diese Ausführungen mögen vorerst genügen, die Fortführung dieses Beispiels kann in Kapitel 9.2 nachgelesen werden.

BEISPIEL „PUMPE"   Es sei die Aufgabe gegeben, Flüssigkeit von einem Ort A nach Ort B zu transportieren. Der Mengenstrom der Flüssigkeit soll stufenlos regulierbar sein. Ferner soll das zu entwickelnde technische System ein- und ausschaltbar sein. Um die Lösungsvielfalt einzuschränken, sei noch vorgegeben, daß als Antriebsenergie elektrische Energie zur Verfügung steht. Für die folgenden, grundsätzlichen Überlegungen soll die Fördermenge pro Zeiteinheit ohne Bedeutung sein und daher außer Betracht bleiben. Die Aufgabe soll nur qualitativ gelöst werden. Zweck des zu entwickelnden Systems ist es, Flüssigkeit zu bewegen.

Lösungsweg: Aufgabe und Ziel einer Funktionssynthese ist es, die obige Aufgabenstellung und Zweckbeschreibung in eine entsprechende Beschreibung technisch-physikalisch realisierbarer Tätigkeiten bzw. Funktionen und Funktionsstrukturen umzusetzen. Hierzu sind folgende Überlegungen erforderlich: Um Flüssigkeiten in Bewegung zu versetzen, ist es notwendig, diese mit Bewegungsenergie zu beaufschlagen (zu „verbinden"). Diesem Sachverhalt entsprechend, folgt die Elementarfunktion „Verbinden von Energie und Stoff" (Bild 5.2.3 a). Da in diesem Entwicklungsstadium noch nicht bekannt ist, welche Energieform man zur Realisierung der Operation „Verbinden" von Energie und Stoff benutzen wird – diese hängt vom später dafür zu wählenden physikalischen Effekt ab –, ist möglicherweise eine Energieanpassung erforderlich, d.h., es ist entsprechend eine Operation „Wandeln von Energie" vorzusehen. Aufgrund der Forderungen, daß das System noch ein- und ausschaltbar und bezüglich der Fördermenge regulierbar sein soll, folgen schließlich noch die Operationen „Verkleinern" und „Schalten" (= Leiten und Isolieren) einer Energie, wie in Bild 5.2.3 b symbolisch dargestellt.

Die bei diesen Überlegungen festgelegte Reihenfolge der einzelnen Grundoperationen ist so, wie sie gewählt wurde, nicht zwingend notwendig, vielmehr können die Operationen „Schalten, Verkleinern und Wandeln" in ihrer Reihenfolge beliebig vertauscht werden. Eine Auswahl alternativer Funktionsstrukturen für Pumpensysteme zeigen die Bilder 5.2.3 b, c, d und e.

Die Ein/Aus-Operation zur Steuerung der Fördermenge kann auch statt in den Energie- in den Stoffpfad gelegt werden. An die Stelle der Operation „Verkleinern" muß dabei u.a. die Operation „Teilen" einer Stoffmenge treten (Bild 5.2.3 f). Auch aus dieser in Bild 5.2.3 f gezeigten

Bild 5.2.3 a–f Verschiedene Funktionsstrukturen einer ein/ausschaltbaren Flüssigkeitspumpe mit steuerbarem Mengenstrom. Funktion der Pumpe (a). Die Strukturen b, c, d und e entstehen durch Ändern der Reihenfolge der Funktionen „Schalten", „Vergrößern/Verkleinern" und „Wandeln" eines „Energieflusses". Die Struktur f ist deshalb möglich, weil ein Steuern eines Mengenstroms nicht nur durch Steuern eines Energieflusses, sondern auch durch Steuern eines Flüssigkeitsstroms realisiert werden kann

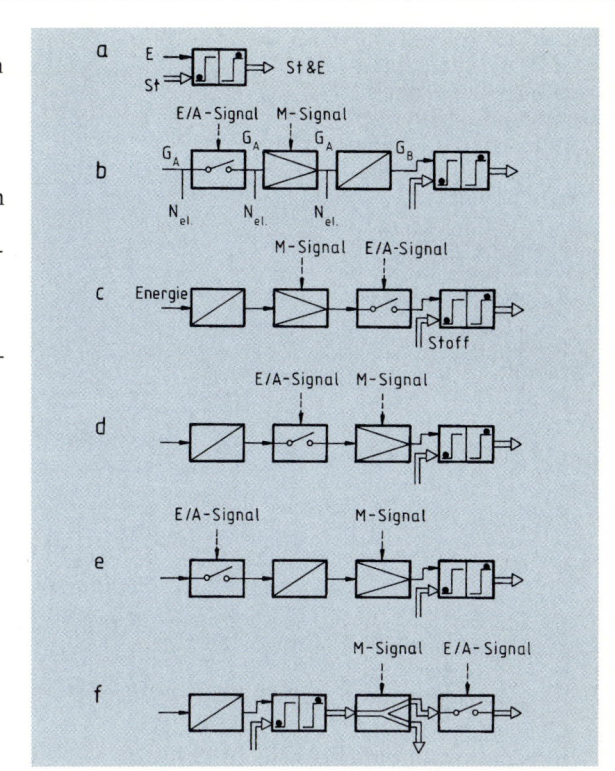

Funktionsstruktur lassen sich durch Vertauschen der Reihenfolge einzelner Funktionen weitere unterschiedliche Strukturen angeben. Man kann verschiedene Elementarfunktionen auch zu sogenannten Funktionseinheiten, wie beispielsweise Steuerung, Antrieb und Pumpe oder Gesamtsystem zusammenfassen, so, wie man sie später baulich zusammenfassen würde (s. Bild 5.2.4).

Diese Ausführungen mögen vorerst genügen. Die Behandlung dieses Beispiels wird in Kapitel 9.1 wieder aufgenommen und zu Ende geführt.

BEISPIEL „GETRIEBE" Die in Kapitel 3.3.2 vorgestellten physikalischen Elementarfunktionen bzw. Grundoperationen eignen sich auch zur Entwicklung von Funktionsstrukturen für Getriebesysteme. Dabei kann man sich zu jeder für Bewegungssysteme sinnvollen Grundoperation entsprechende Grundgetriebe zugeordnet denken, wie dies in Bild 3.4.2 für einige Grundoperationen geschehen ist. Der Funktion „Sammeln" bzw. „Addieren" von Bewegungen entspricht ein Differentialgetriebe, also ein Getriebe mit mehreren Freiheitsgraden. Mit diesen Getrieben können zwei oder mehrere Eingangsbewegungsgrößen addiert (überlagert bzw. gesammelt) werden (Bild 3.4.2 a).

Bild 5.2.4 a–b Symbolische Darstellung (black-box-Darstellung) eines Gesamtsystems „Pumpe" (a); gliedern des Gesamtsystems „Pumpe" in die Funktionseinheiten „Steuerung", „Antrieb" und „Pumpe" (b)

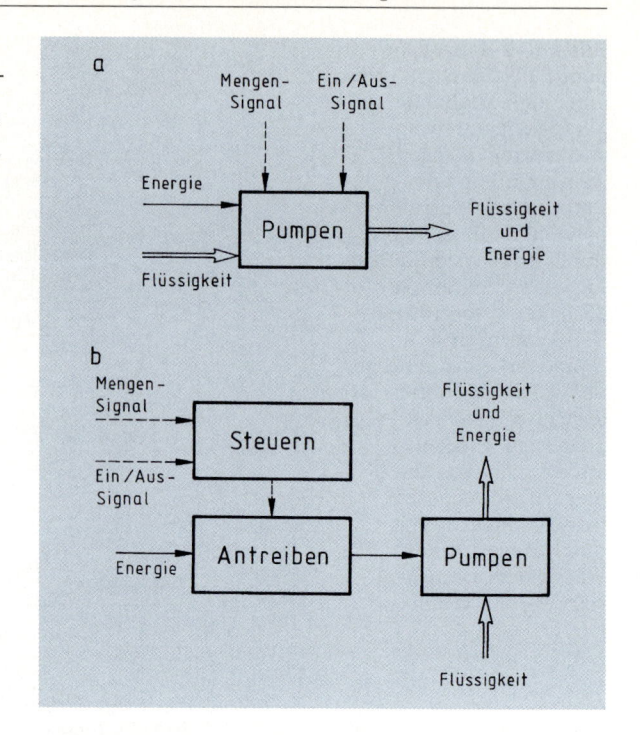

Ein Zahnradgetriebe, wie in Bild 3.4.2 c angedeutet, entspricht der Funktion „Vergrößern". Ferner entspricht der Tätigkeit einer Kurbelschwinge die Funktion „Wandeln" einer fortlaufenden in eine oszillierende Bewegung, wie in Bild 3.4.2 b symbolisiert. Die in Bild 3.4.2 gezeigten Getriebe sollen jeweils stellvertretend für alle anderen Arten von Getrieben gleicher Funktion stehen.

Die Kombination einzelner Grundoperationen zu komplexeren Funktionsstrukturen liefert entsprechend komplexere Getriebesysteme. Dabei können anhand der Funktionsstrukturen ohne Kenntnis des Getriebes qualitative Eigenschaften des betreffenden Getriebesystems vorher bestimmt werden. Durch eine Kettenstruktur der Operationen „Verkleinern" und „Wandeln" entsteht, unter der Voraussetzung gleichmäßiger Antriebsbewegung, lediglich eine langsamere oder schnellere oszillierende Bewegung am Abtrieb. Bild 3.4.3 a zeigt diese Struktur und das entsprechende Getriebesystem, das formal durch Kombination der beiden Getriebe nach Bild 3.4.2 a und b entstanden ist.

Durch Überlagerung (Sammeln/Addieren) einer gleichmäßigen und einer oszillierenden Bewegung erhält man, bei entsprechender Auslegung (Dimensionierung) der Getriebeparameter, abtriebsseitig eine Schrittbewegung (Bewegung mit zeitweisen Stillständen oder Rückläufen, Pilgerschritt). Dieser Überlegung entspricht beispielsweise eine

Funktionsstruktur, bestehend aus einer Operation Addieren bzw. Sammeln und einer parallel angeordneten Operation „Verkleinern" und „Wandeln", wie sie Bild 3.4.3 b zeigt (Parallelstruktur). Auf die Operation „Verkleinern" kann u. U. auch verzichtet werden, falls die gleichförmige Bewegung ohne Unter- oder Übersetzung auf den Addierer übertragen werden kann.

Ein weiteres Beispiel der Funktionssynthese zeigt Bild 3.4.3 c. Eine Schrittbewegung entsteht auch dann, wenn man die Ausgangsbewegung des Oszillators zurück in den Addierer führt (Rückkopplung). Die Schrittbewegung entsteht bei entsprechender Ausführung des Systems an der mit x bezeichneten Stelle. Wie diese Beispiele zeigen, kann man mit Hilfe der Funktionsstruktursynthese u. a. auch Getriebesysteme mit bestimmten vorgegebenen Eigenschaften konzipieren. Dabei können, im Gegensatz zur quantitativen Synthese oder Maßsynthese der Getriebe, nur qualitative Kriterien berücksichtigt werden. Deshalb kann man diese Art der Entwicklung von Getriebekonzepten auch als ein Festlegen „qualitativer Parameterwerte" oder als „qualitative Getriebesynthese" bezeichnen.

ZUSAMMENFASSUNG   Unter „Funktionsstruktursynthese" oder „Entwickeln von Schaltplänen" ist das Umsetzen von Zweckbeschreibungen in entsprechende physikalische, mathematische und/oder logische Tätigkeitsbeschreibungen zu verstehen. Funktionsstrukturen sind mittels Symbolen dokumentierte Tätigkeitsbeschreibungen. Die zur Darstellung von Funktionsstrukturen verwandten Symbole sind eine „Kurzschrift" zur Beschreibung der Vorgänge bzw. Tätigkeiten technischer Gebilde. Die Symbole besagen, welche physikalische Größe mittels welcher Operation (Tätigkeit) in welche andere Größe umgesetzt wird.

Gegeben ist ein Zweck, gesucht sind eine oder mehrere alternativ anwendbare Funktionsstruktur(en).

Bekannt sind ferner die verschiedenen Elementarfunktionen bzw. Grundoperationen, aus welchen die gesuchten Funktionsstrukturen aufgebaut werden können (s. Kapitel 3.3.2). Das „Entwickeln von Funktionsstrukturen" ist einem Puzzle-Spiel ähnlich, bei welchem das Gesamtbild (Zweck bzw. Gesamtfunktion des zu entwickelnden Systems) und die einzelnen Puzzles bzw. Teilbilder (Elementarfunktionen) bekannt sind. Wobei die Aufgabe darin besteht, die gegebenen Teilbilder zu einem gesuchten Gesamtbild (Funktionsstruktur) so zusammenzufügen bzw. so zu strukturieren, daß deren Tätigkeiten einen bestimmten Zweck verwirklichen können. Beim Entwickeln neuer, bis dato unbekannter Lösungen ist es wesentlich, die am schwierigsten zu realisierende(n) Funktion(en) („Kernfunktion" bzw. „Kernproblem") zu erkennen, um diese eine (oder wenigen) Kernfunktion(en) zunächst – losgelöst von noch zusätzlich notwendigen Funktionen – zu realisieren. Somit ergibt sich folgende Handlungsanweisung zur Erstellung von Funktionsstrukturen:

> **REGEL 1** Nimm die verschiedenen Elementarfunktionen und prüfe, ob mit einer oder mehreren dieser Funktionen eine Tätigkeit realisiert werden kann, welche den Zweck des zu entwickelnden Produkts zu erfüllen vermag.

b) Funktionssynthese mit Kenntnis entsprechender Bauelemente

Bei der Entwicklung technischer Systeme, für welche bereits Teillösungen bekannt sind, welche wenigstens teilweise aus vorhandenen Bauelementen, Funktionseinheiten etc. zusammengesetzt werden können, ist es möglich und zweckmäßig, von Anfang an umfassendere Funktionsstrukturen (Schaltpläne) zu entwickeln.

Üblich ist die Entwicklung komplexer technischer Systeme mit bekannten Bauelementen und Funktionseinheiten (Widerstände, Verstärker, Gleichrichter, Prozessoren, Getrieben, Motoren, Bremsen etc.) insbesondere bei der Konstruktion elektrischer und hydraulischer Systeme. In den Schaltplänen derartiger Funktionsstrukturen werden nicht nur Elementarfunktionen darstellende Symbole angewandt, sondern auch komplexere Funktionseinheiten darstellende Symbole, wie beispielsweise Symbole für Motoren, Gleichrichter, Prozessoren, Schaltgetriebe u. a. Baugruppen. Dazu ist es zweckmäßig, auch für diese komplexen Funktionseinheiten Symbole (Kurzzeichen) zu definieren.

Dieser 1. Schritt auf dem Wege der Realisierung technischer Produkte, die Funktionssynthese bzw. die Entwicklung von Funktionsstrukturen technischer Systeme, ist nicht auf bestimmte Systemarten begrenzt, sondern generell zur Entwicklung technischer Systeme beliebiger Technologie anwendbar, so auch zur Entwicklung mechanischer Systeme.

5.2.2
Symbolik zur Beschreibung von Tätigkeiten technischer Gebilde

Um die Tätigkeiten oder Vorgänge in technischen Gebilden nicht aufwendig verbal beschreiben zu müssen, bedient man sich häufig verschiedener Symbole bzw. Kurzzeichen. Die in den Bildern der vorangegangenen Kapitel benutzten Symbole sind solche Kurzzeichen zur Beschreibung von Vorgängen in technischen Gebilden. Mit Hilfe von Symbolen, wie die Bilder 3.3.1, 3.3.3 und 3.3.5 zeigen, lassen sich die verschiedenen elementa-

Bild 5.2.5 a–e Tätigkeitsbeschreibungen verschiedener technischer Systeme mittels Elementarfunktionssymbolen; eines Hebelsystems mit veränderlichem Übersetzungsverhältnis (a); eines Spiels mit steuerbarer Kraftvergrößerung ($S_2 \approx S_1$) (b); Steuerung eines elektrischen Stroms ($i_2 \approx i_1$) (c); Vergrößern oder Verkleinern einer Eigenschaft (elektrischen Leitfähigkeit bzw. Ohmschen Widerstands) eines druckempfindlichen Stoffs (d); einen Stoff wandeln, d.h. diesen magnetisch oder unmagnetisch machen (e)

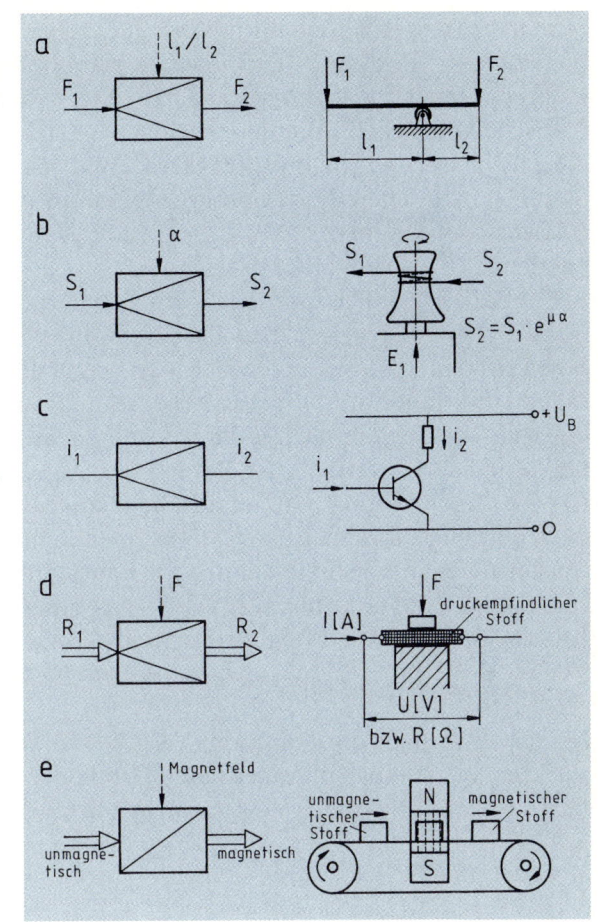

ren Tätigkeiten technischer Gebilde einfach darstellen. Die verschiedenen kästchenförmigen Kurzzeichen symbolisieren verschiedene elementare Tätigkeiten (Operationen). Durch die qualitative und quantitative Beschreibung der Ein- und Ausgangsgrößen kann exakt beschrieben werden, was mit einer physikalischen Größe von Fall zu Fall getan werden soll. Im allgemeinen hat jedes Elementarfunktionssymbol einen Ein- sowie einen Ausgang. Diesem Sachverhalt entsprechend haben die betreffenden Symbole zwei Anschlußstriche (Zweipol). Die meisten der genannten Operationen lassen sich durch eine Hilfsgröße steuern. Steuerbare Operationen sollen entsprechend einem Dreipol durch ein Symbol mit drei Anschlußstrichen gekennzeichnet werden. Diese Möglichkeit der Steuerung einer Operation beruht praktisch darauf, daß Elementarfunktionen häufig durch physikalische Effekte realisiert werden, deren Gesetz eine Funktion nicht nur von einem, sondern von zwei oder mehreren unabhängigen Parametern ist y = f($x_1, x_2, x_3,...$), welche zur Steuerung benutzt werden können. Eine Elementarfunktion kann also einen oder mehrere Steuereingänge haben (Drei-, Vier- oder Mehrpol sein). Pneumatische Verstärker, stufenlos regelbare Getriebe, Hebelsysteme mit veränderlichem Übersetzungsverhältnis (Bild 5.2.5) u.a. sind technische Systeme, in welchen die steuerbare Operation „Vergrößern" realisiert ist. Systeme, mit welchen sich die Operation „Vergrößern" realisieren läßt, werden auch als Verstärker bezeichnet.

Neben dieser strukturellen, bildlichen Darstellung lassen sich auch noch Kurzschreibweisen zur Beschreibung von Vorgängen in technischen Systemen angeben, ähnlich wie sie zur Beschreibung mathematischer Funktionen und Operationen bekannt sind. Mathematische und logische Vorgänge in technischen Systemen lassen sich mit den bekannten „Kurzschreibweisen" der Booleschen Algebra beschreiben. Ähnlich wie zur Beschreibung mathematischer Funktionen lassen sich auch zur Beschreibung physikalischer Funktionen Symbole und Kurzschreibweisen angeben, wie im folgenden kurz ausgeführt wird. So läßt sich beispielsweise die Funktion „Wandeln" (F_W) einer Größe der Einheit A in eine Größe der Einheit B in Kurzschreibweise wie folgt darstellen:

$$F_W : G_A \rightarrow G_B$$

Ferner kann man die Funktion „Vergrößern" oder „Verkleinern" eines skalaren Werts einer physikalischen Größe der Einheit A beispielsweise durch folgende Symbolik zum Ausdruck bringen:

$$F_{VG} : G_{A1} < G_{A2}$$

$$F_{VK} : G_{A2} > G_{A1}$$

Wert G_{A1} vergrößern auf Wert G_{A2} bzw. Wert G_{A2} verkleinern auf Wert G_{A1}.

Mit Hilfe dieser Symbolik lassen sich serielle Funktionsstrukturen (Tätigkeitsstrukturen) technischer Systeme sehr kurz darstellen, so z.B. die Umwandlung einer Größe G_A in eine Größe G_Z:

$$G_A \rightarrow G_Z = G_A \rightarrow G_B \rightarrow G_C \rightarrow ... \rightarrow G_Z$$

Ein mehrfaches Vergrößern des skalaren Werts einer physikalischen Größe der Einheit A (z.B. mehrstufiges Getriebe) läßt sich wie folgt darstellen:

$$G_{A1} < G_{An} = G_{A1} < G_{A2} < G_{A3} < ... G_{An}$$

In technischen Systemen kommen üblicherweise alle möglichen Grundoperationen vor. Es sind auch Funktionen zu realisieren, bei denen die Variablen durch verschiedene Operationen miteinander verknüpft werden müssen. Beispielsweise lassen sich die Eigenschaften eines Elektromotors mit einem angeflanschten mechanischen Getriebe zur Drehzahländerung oder eines elektrischen Spannungsteilers mit nachgeschaltetem Gleichstrommotor durch eine Beziehung der Art

$$G_A \to G_{B1} > G_{B2} = G_{A1} > G_{A2} \to G_B$$

beschreiben. Der links stehende Ausdruck sagt, daß zunächst die elektrische Größe G_A (Spannung) in die mechanische Größe G_{B1} (Drehzahl) umgewandelt und diese danach um einen bestimmten Faktor verkleinert wird. Dem rechts stehenden Ausdruck entsprechend wird hingegen die elektrische Größe G_{A1} zunächst um einen anderen entsprechenden Faktor verkleinert und sodann in die mechanische Größe G_B (Drehzahl) umgewandelt. Das Gleichheitszeichen besagt, daß die den beiden Ausdrücken zugeordneten Funktionen qualitativ äquivalent sind.

5.3
Entwickeln von Prinziplösungen, Prinzipsynthese

Ergebnis des im vorangegangenen Kapitel behandelten 1. Konstruktionsschritts, der Funktionssynthese, ist eine für die betreffende Aufgabe am günstigsten erscheinende Funktion oder Funktionsstruktur. In diesem und den folgenden Kapiteln soll gezeigt werden, wie einzelne Elementarfunktionen (elementare Tätigkeiten) technisch realisiert werden können.

Ein wesentliches Ergebnis der Konstruktionsmethodeforschung war die Erkenntnis, daß Elementarfunktionen bzw. Tätigkeiten nur mittels physikalischer, chemischer oder biologischer Effekte technisch realisiert werden können. D.h., jede Art von physikalischen Operationen in technischen Systemen (z. B. Kraft leiten, Drehmoment vergrößern, Stoff teilen usw.) kann nur mittels bekannter physikalischer, chemischer oder biologischer Phänomene (Prinzipien) verwirklicht werden. Es gäbe kein Getriebe, wenn es den Hebeleffekt nicht gäbe, und es gäbe keine Schraube, wenn es den „Keileffekt" nicht gäbe, und es gäbe keine Federn, wenn es keine Elastizität gäbe u.a.m.

Systematisches Anwenden geeigneter physikalischer, chemischer und/oder biologischer Effekte zur Realisierung technischen Tuns ist ein wesentliches Hilfsmittel des methodischen Konstruierens von Prinziplösungen.

Weil im Maschinenbau überwiegend physikalische Prinzipien angewandt werden, sollen diese im folgenden vorwiegend genannt werden

– wohl wissend, daß in manchen Fällen auch chemische und/oder biologische Effekte zur Lösung technischer Aufgaben zur Anwendung kommen können.

5.3.1
Physikalisches Prinzip, Prinziplösungen

Als „physikalische Prinzipien" sollen im folgenden alle naturgegebenen physikalischen Phänomene bezeichnet werden, wie beispielsweise die Fähigkeiten, mittels Hebel (Hebeleffekt) eine Kraft zu vergrößern oder zu verkleinern, mittels eines festen Körpers Zug- oder Druckkräfte zu übertragen (zu leiten), mittels der Druckkonstanz in Flüssigkeiten Kräfte zu leiten, zu vergrößern oder zu verkleinern. Die quantitativen Beschreibungen physikalischer Phänomene sollen als „physikalische Gesetze" bezeichnet werden.

Die Anwendungen physikalischer Prinzipien zur Realisierung bestimmter Tätigkeiten in technischen Systemen sollen als „Prinziplösungen" bezeichnet werden. Eine Prinziplösung wird durch den angewandten physikalischen Effekt und Effektträger bestimmt; die Prinziplösung ist eine Funktion (Folge) des Effekts und Effektträgers

$$\text{Prinziplösung} = f\,(\text{Effekt};\,\text{Effektträger})$$

Zur Realisierung eines Antriebs für eine Uhr kann man beispielsweise den Effekt „Wärmedehnung" und als Effektträger einen festen Stoff oder eine Flüssigkeit verwenden. Die Bilder 5.3.1 i und k zeigen zu ein und demselben Effekt, zwei unterschiedliche Prinziplösungen für einen solchen Motor. Es gilt:

! REGEL 2 Verschiedene Prinziplösungen lassen sich sowohl durch Variation des Effekts, als auch durch Variation des Effektträgers finden.

Physikalische Prinziplösungen werden durch zwei Arten von Parametern beschrieben, dem Parameter „Effekt" und dem Parameter „Effektträger".

Beim Konstruieren von Prinziplösungen kann man ferner zwischen dem Festlegen „qualitativer" und „quantitativer Parameterwerte" unterscheiden. Als qualitative Parameterwerte einer Prinziplösung kann man beispielsweise die verschiedenen alternativ anwendbaren Effekte (z. B. Hebeleffekt, Keileffekt, Druckkonstanz in Flüssigkeiten zum Vergrößern von Kräften) und die verschiedenen Arten alternativ einsetzbarer Werkstoffe (z. B. Stahl, Kunststoff, Leichtmetall, Keramik etc.) bezeichnen.

Bild 5.3.1 a–k Prinziplösungen zur Realisierung der Funktionen „Vergrößern einer Kraft" und „Wandeln einer beliebigen physikalischen Größe in einen Weg"; mittels Hebel-, Keileffekt (b, c), Druckkonstanz in Flüssigkeiten (d) und Querkontraktion (e) bzw. Elektrostriktion (g), Magnetostriktion (h), Wärmedehnung fester Körper oder von Flüssigkeiten (k). Funktionssymbole (a, f)

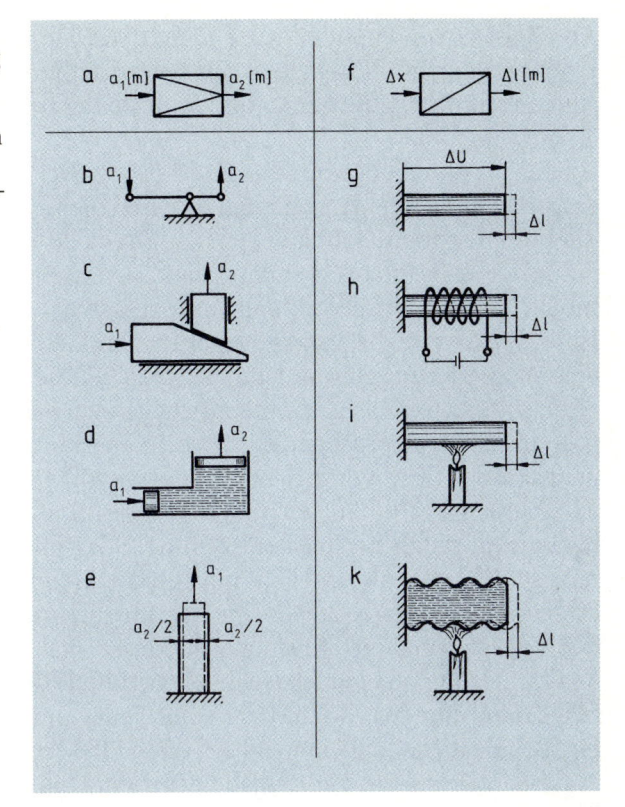

Das Bestimmen der zulässigen Tragkraft eines Seils, des erforderlichen Übersetzungsverhältnisses eines Getriebes, des notwendigen Durchmessers eines Torsionsstabs, das Festlegen der exakten Werkstoffeigenschaften, können als Beispiele für die Festlegung quantitativer Parameterwerte dienen.

5.3.2
Festlegen der physikalischen Effekte, Effektsynthese

Im 1. Konstruktionsschritt, der Funktionssynthese, ging es darum, die Tätigkeiten festzulegen, welche ein zu entwickelndes technisches System erbringen soll, um einen bestimmten Zweck zu erfüllen. Ziel der sogenannten „Effektstruktur- oder Effektsynthese", des an die Funktionssynthese anschließenden 2. *Konstruktionsschritts*, ist es, physikalische Effekte oder/und Effektstrukturen festzulegen, welche die gewünschten Tätigkeiten (Funktionen) und Tätigkeitsstrukturen (Funktionsstrukturen) zu realisieren vermögen.

> Als *Effektstruktur-* oder kurz *Effektsynthese* soll das Festlegen von Effekten oder/und Effektstrukturen verstanden werden, welche geeignet sind, bestimmte Funktionen und Funktionsstrukturen zu verwirklichen.

Gibt es für eine Funktion (Tätigkeit) einen oder mehrere dieser Funktion entsprechende Effekte, so genügt es, einen dieser Effekte, und zwar den für die betreffende Aufgabe günstigsten Effekt, zu wählen. Existiert für eine Funktion kein entsprechender Effekt, so lassen sich derartige Aufgaben möglicherweise durch Bildung von Effektstrukturen (Effektketten) lösen. Ist beispielsweise die Aufgabe gegeben, eine Geschwindigkeitsänderung in eine Wegänderung zu wandeln, so läßt sich diese nicht durch Angabe *eines* Effekts lösen, weil bisher für den vorliegenden Fall kein brauchbarer Effekt mit einem entsprechenden Ursache-Wirkung-Zusammenhang (Eingangsgröße: Geschwindigkeit, Ausgangsgröße: Weg) bekannt geworden ist. Diese Aufgabe läßt sich jedoch lösen, indem man eine Geschwindigkeitsänderung beispielsweise mittels des physikalischen Zusammenhangs (Effekts) zwischen Winkelgeschwindigkeit und Zentrifugalbeschleunigung ($b_n = r \cdot \omega^2$) in eine Beschleunigungsänderung, diese mittels des Zusammenhangs Kraft gleich Masse mal Beschleunigung in eine Kraftänderung und letztere schließlich, mittels des Hookeschen Effekts, in eine Änderung des Auszug*wegs* einer Feder umsetzt. In Kapitel 9.4 wird ein Beispiel behandelt, in welchem diese Effektkette Anwendung findet.

Ist beispielsweise die Aufgabe gegeben, eine physikalische Größe der Einheit A in eine der Einheit Z umzuwandeln, so kann dies mittels *eines* Effekts geschehen, wenn es einen Effekt gibt, welcher diese Funktion zu realisieren vermag. Gibt es einen solchen Effekt nicht oder kann ein solcher Effekt aus bestimmten Gründen nicht angewandt werden, so kann diese Aufgabe auch dadurch gelöst werden, daß man die Größe der Einheit A zunächst mittels eines Effekts in eine Größe der Einheit B, mittels eines weiteren Effekts diese in eine Größe der Einheit C usw. wandelt, um diese letztendlich mittels eines weiteren Effekts in die gewünschte Größe der Einheit Z umzuwandeln. Durch Bildung geeigneter „Effektketten" kann man eine Größe der Einheit A über „Zwischengrößen" in die Größe der gewünschten Einheit umwandeln. Effektketten finden sich häufig in Meßgeräten zum Vergrößern und Wandeln von Meßgrößen und in Systemen zur Erzeugung elektrischer Energie aus Brennstoffen.

Die Anwendung unterschiedlicher Effekte oder Effektketten zur Verwirklichung bestimmter Vorgänge (Tätigkeiten, Funktionen) ist ein wesentliches Mittel, neue Lösungen für neue oder alte Aufgaben zu finden. Die Anwendung des Laser-Effekts für den Bau von Schweißeinrichtungen oder zum Bau von Navigationsgeräten kann als weiteres Beispiel hierzu dienen.

Physikalische Effekte können die Tätigkeiten verwirklichen, welche durch Funktionen beschrieben werden. Zur Realisierung von Funktionen ist es deshalb sinnvoll, die bekannten physikalischen Effekte entsprechend den verschiedenen Funktionen zu ordnen, d.h., danach zusammenzufassen, welche Funktionen diese zu realisieren vermögen. Im Anhang (Tabelle 1 und Prinzipkatalog 1) sind solche „Sammlungen oder Systematiken physikalischer Effekte" für die Funktionen Energiekomponenten „Wandeln" und „Vergrößern" zusammengestellt. Diese können dem Konstrukteur als wichtige Hilfsmittel bei der Entwicklung neuer Prinziplösungen für technische Produkte dienen.

BEISPIEL In Fortführung des in Kapitel 5.2.1 begonnenen Beispiels „Pumpe" ist in der dort entwickelten Funktionsstruktur zuerst die Funktion „Verbinden von Stoff (Flüssigkeit) mit Bewegungsenergie" zu verwirklichen. Erst wenn festliegt, mit welchem physikalischen Effekt diese „Kern- oder Hauptfunktion" des Systems „Pumpe" realisiert werden soll, ist es sinnvoll, die übrigen Funktionen zu realisieren. Diese

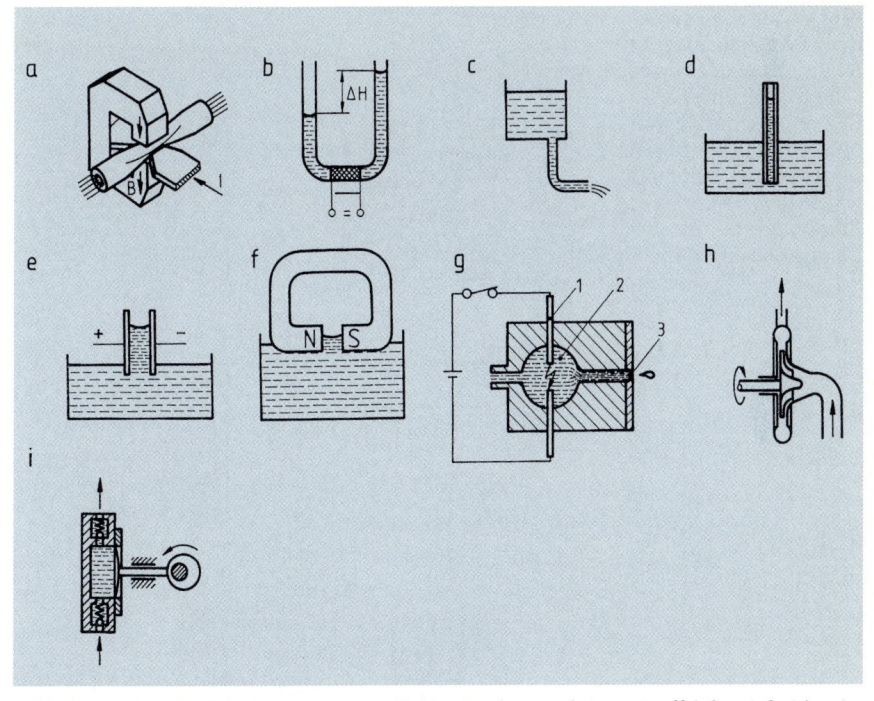

Bild 5.3.2 a–i Prinziplösungen zur Realisierung der Funktion „Stoff (Flüssigkeit) mit Energie verbinden (beaufschlagen)"; mittels „Biot-Savartschen" bzw. „Elektrodynamischen Effekt" (a), Elektrokinetischer Effekt (Elektroosmose) (b), Gravitation (c), Kapillarität (d), Coulomb I (e), Coulomb II (f), Funkenüberschlag und Dampfdruck (g), Impulseffekt (h) und Verdrängungseffekt (i)

müssen zur Prinziplösung „Verbinden von Stoff mit Bewegungsenergie" passen.

Effekte, welche geeignet sind, Stoffe, insbesondere Flüssigkeiten, mit Bewegungsenergie zu beaufschlagen, sind unter anderem der Biot-Savartsche-, Elektrokinetische-, Gravitations-, Kapillaritäts-, Coulomb I-, Coulomb II-, Boyle-Mariotte- und Verdrängungs- sowie Impulseffekt. Bild 5.3.2 zeigt die diesen Effekten entsprechenden Prinziplösungen zum Bau von Pumpen. In Bild 5.3.3 sind des weiteren Prinziplösungen für die Funktion „Wandeln von elektrischer Energie in Bewegungsenergie" (Antriebsprinzipien) dargestellt. Auf die Entwicklung von Prinziplösungen für die übrigen Funktionen der in Kapitel 5.2.1 dargestellten Pumpensystemstrukturen soll hier aus Umfangsgründen verzichtet werden.

Weitere Beispiele zum Konstruktionsschritt „Prinzipsynthese" finden sich in Kapitel 5.3.4 und Kapitel 9.

Bild 5.3.3 a–f Verschiedene Prinziplösungen zur Realisierung der Funktion „elektrische Energie in Bewegungsenergie wandeln"; mittels Biot-Savart-Effekt (a, b), Coulomb I (c), Elektrostriktion (d), Coulomb II (e) und Magnetostriktion (f)

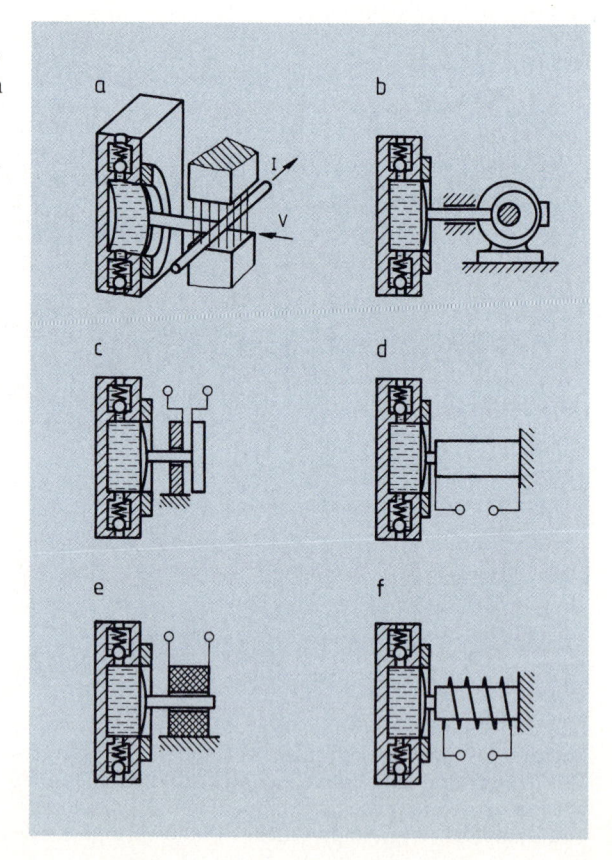

5.3.3
Festlegen des Effektträgers, Effektträgersynthese

Wie bereits in Kapitel 5.3.1 ausgeführt, wird eine Prinziplösung durch die Wahl des Effekts und des Effektträgers bestimmt. Effekt und Effektträger sind voneinander unabhängige Konstruktionsparameter. Effekt und Effektträger können verschiedene diskrete Werte annehmen.

Effektträger können verschiedene Arten von Werkstoffen sein. Effektträger kann auch ein Raum sein. So beispielsweise der Raum (Volumen) eines Stoffspeichers, der Raum als Leiter elektromagnetischer Strahlung (Licht). Träger des Effekts „Wärmedehnung" können beispielsweise feste Stoffe oder Flüssigkeiten sein (s. Bild 5.3.1 i und k).

Verschiedene Arten von Werkstoffen, d.h. qualitativ unterschiedliche Werkstoffarten, können als unterschiedliche Effektträger gelten (z.B. Stahl, Keramik, Kunststoffe, etc.). Auch unterschiedliche Werkstoffsorten (Stahlsorten, Kunststoffsorten) können als unterschiedliche Effektträger gelten, wenn deren Eigenschaften, auf die es in konkreten Fällen ankommt, wesentliche Unterschiede aufweisen.

Tabelle 1: Verschiedene Konstruktionswerkstoffe und deren charakterische Eigenschaft

Werkstoff	E-Modul [kN/mm^2]	Streckgrenze [N/mm^2]	Dichte [kg/dm^3]
Stahl	108–212	175–1185	7,8–7,9
Gußeisen	64–181	100–530	7,1–7,4
Aluminiumlegierungen	60–80	35–450	2,6–2,9
Magnesiumlegierungen	40–45	80–205	1,4–1,8
Titanlegierungen	101–130	490–1140	4,4–5,1
Holz	0,3–12	50–210*	0,48–0,9
Duroplaste	0,1–30	8–100	1,2–1,5
Thermoplaste	0,2–20	12–75	0,89–1,7
Faser-Verbund-Stoffe	10–275	100–670*	1,2–1,7
technische Keramik	18–530	50–900*	2,6–12,5

* Angabe der Zugfestigkeit

Quellen: Dubbel, Taschenbuch für den Maschinenbau, 17. Aufl., 1990, S. E84–E113; Springer-Verlag. Hütte, Die Grundlagen der Ingenieurwissenschaften, 29. Aufl., 1991, S. D44 ff.; Springer-Verlag

> Unter *Effektträgersynthese* ist das Festlegen der qualitativen und quantitativen Werte von Effektträgern zu verstehen. Insbesondere ist hierunter das Festlegen der Werkstoffe und Werkstoffstrukturen für Bauteile zu verstehen.

Die Bilder 3.3.12 und 4.2.2 zeigen exemplarisch verschiedene Werkstoff- bzw. Effektträgerstrukturen. Für einen Überblick über die wesentlichen Arten von Konstruktionswerkstoffen sind in Tabelle 1 verschiedene Konstruktionswerkstoffe sowie deren charakteristische Eigenschaftswerte dargestellt.

5.3.4
Beispiele zur Entwicklung von Prinziplösungen

Die folgenden Ausführungen sollen die vorangegangenen theoretischen Ausführungen zur „Entwicklung von Prinziplösungen" noch anhand verschiedener Beispiele veranschaulichen.

1. Zündzeitpunktversteller

Bei schnellaufenden Verbrennungsmotoren wird der Zündzeitpunkt mit zunehmender Drehzahl des Motors nach bestimmten Gesetzmäßigkeiten vorverlegt; d.h., die Zündung des Gasgemischs im Brennraum erfolgt – bezogen auf die Kurbelstellung des Motortriebwerks – mit zunehmender Drehzahl früher. Zu diesem Zweck besitzen Verbrennungsmotoren Zündverteiler mit Zündzeitpunktverstellern. Der Zündverteiler besteht im wesentlichen aus einer Welle, welche über die Motornockenwelle angetrieben wird. Auf dieser Welle befindet sich ein rotierender elektrischer Kontakt (Verteilerfinger) und ein Mehrfachnocken – entsprechend der Motorzylinderzahl – zur Steuerung des Unterbrecherkontakts. Verteiler- und Unterbrecherkontakt werden durch eine gemeinsame Welle synchron gesteuert. Der Zündzeitpunkt des Motors, der durch die Phasenlage des Verteilerfingers und des Unterbrechernockens bestimmt wird, kann durch Verdrehen dieser beiden Elemente gegenüber der Antriebswelle (Nockenwelle) verstellt werden.

Will man zu der bis dato üblichen Lösung mittels „Fliehkraftregler" (s. Bild 5.3.5 a) alternative Lösungen entwickeln, so stellt sich die Aufgabe, *eine Winkelgeschwindigkeit $\dot{\varphi}$ in einen proportionalen Drehwinkel ψ umzuwandeln.* Dieser Drehwinkel ψ ist dem Drehwinkel φ der rotierenden Verteilerwelle zu überlagern bzw. zu diesem Winkel zu addieren. Bild 5.3.4 b zeigt die entsprechende Funktionsstruktur. Unterstellt man, daß es in

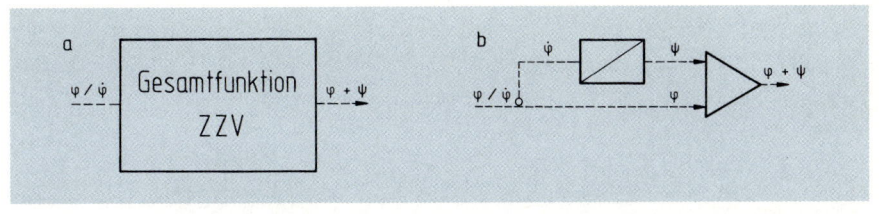

5.3 Entwickeln von Prinziplösungen, Prinzipsynthese

Bild 5.3.4 a–b Funktionsstruktur eines Zündzeitpunktverstellers, bestehend aus den Funktionen „Wandeln einer Geschwindigkeit φ in einen Winkel ψ" und „Sammeln (Addieren) der Winkelwerte ψ und φ"

allen Fällen möglich ist, das winkelgeschwindigkeitswandelnde System auf einer rotierenden Verteilerwelle zu plazieren, so kann die Addier- bzw. Sammel-Operation entfallen; das System „Zündzeitpunktversteller" kann um die Funktion „Addieren zweier Drehwinkel" vereinfacht werden.

Versucht man, physikalische Effekte anzugeben, welche die Eigenschaft haben, Geschwindigkeitsänderungen in Wegänderungen umzusetzen, so ist festzustellen, daß Phänomene mit einem Ursache-Wirkungszusammenhang „Wandeln einer Geschwindigkeit in einen Weg" nicht bekannt sind. Will man für diese Aufgabenstellung dennoch Lösungen angeben, so ist dies dadurch möglich, daß man „Geschwindigkeit" zunächst in eine andere physikalische Größe wandelt, um diese dann in einer weiteren Operation in die Größe Weg/Winkel umzuwandeln. Statt zweier können auch noch mehrere Umwandlungen, d.h. Effektkettenstrukturen mit drei oder mehr Effekten, zugelassen werden. Durch Nutzung des Zentrifugalbeschleunigungs-, Trägheits-, Hookeschen- und Hebeleffekts erhält man den bekannten „Fliehkraft-Zündzeitpunktversteller", welcher seit langem in Automobilmotoren Anwendung findet. Diese Effektkette nutzte bereits J. Watt zum Bau von Fliehkraftreglern für Dampfmaschinen. Wesentlich unterschiedliche Lösungen zu dieser altbekannten Lösung findet man insbesondere durch Variation des ersten Effekts (Sensor-Effekt) der Effektkette. Die Bilder 5.3.5 a bis f zeigen unterschiedliche Effektstrukturen und entsprechende Prinziplösungen für Zündzeitpunktversteller, wobei nur jeweils der erste Effekt der Kette variiert, während alle übrigen Effekte beibehalten wurden.

Würde man o.g. Prinziplösungen ohne weiteres realisieren, so würde man eine böse Überraschung erleben. Alle in Bild 5.3.5 gezeigten Prinziplösungen sind – ohne weitere Maßnahmen zu treffen – beschleunigungsempfindlich, d.h., man würde nicht nur drehzahlabhängige, sondern auch beschleunigungsabhängige Zündzeitpunktverstellungen erhalten, was nicht gewollt war. Deshalb sind noch Maßnahmen zu treffen, die betreffenden Prinziplösungen unempfindlich (invariant) gegen Winkelbeschleunigungen zu machen.

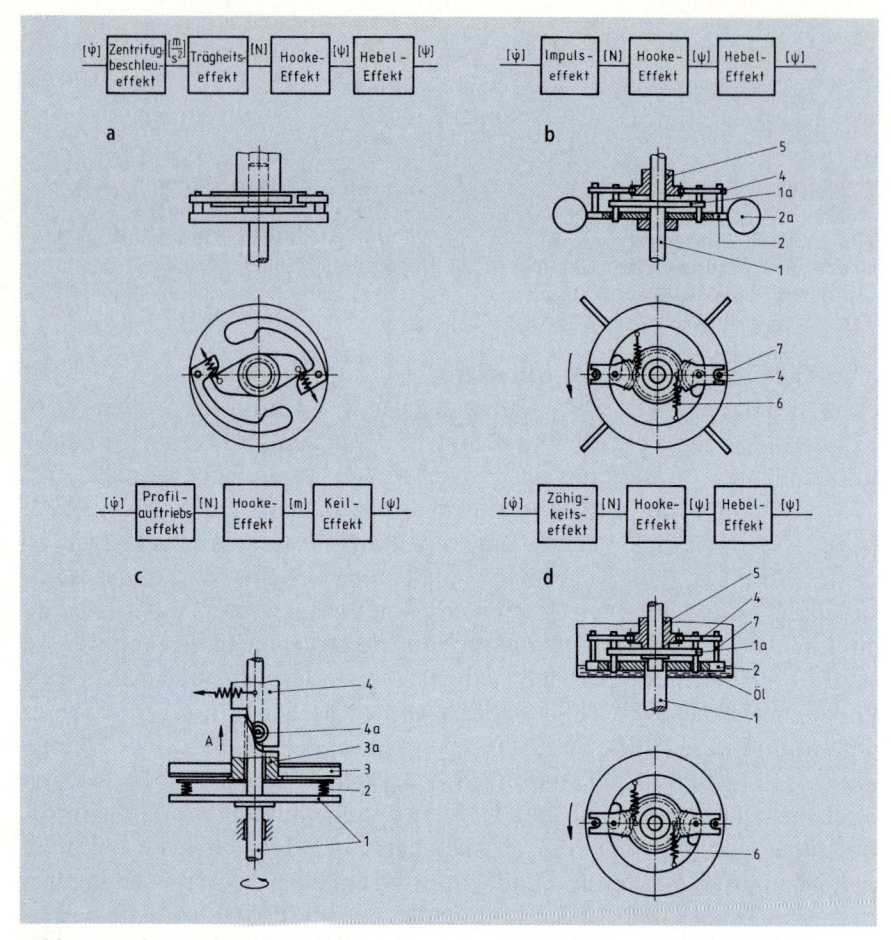

Bild 5.3.5 a–f Verschiedene Effektstrukturen und Prinziplösungen für Zündzeitpunktversteller, basierend auf den Effekten („Sensoreffekten") Zentrifugalbeschleunigung (a), Impuls (b), Profilauftrieb (c), Zähigkeit von Flüssigkeiten (d), Wirbelstrom (e) und Induktion (f)

Um diese Systeme beschleunigungs*un*empfindlich zu machen, kann ein geeigneter Massenausgleich durchgeführt werden, wie Bild 5.3.6 prinzipiell zeigt. Hebellängen und Massen müssen so bemessen werden, daß das Hebelsystem (2) bei einer Beschleunigung der Welle (1) im Gleichgewicht ist.

2. Drahtwebmaschine

Drahtwebmaschinen werden zur Fertigung von Metalldraht- und Kunststoffgeweben (Gesieben) benötigt. Obgleich Drähte andere Eigenschaften besitzen als textile Fäden, benutzt man zur Herstellung von Draht-

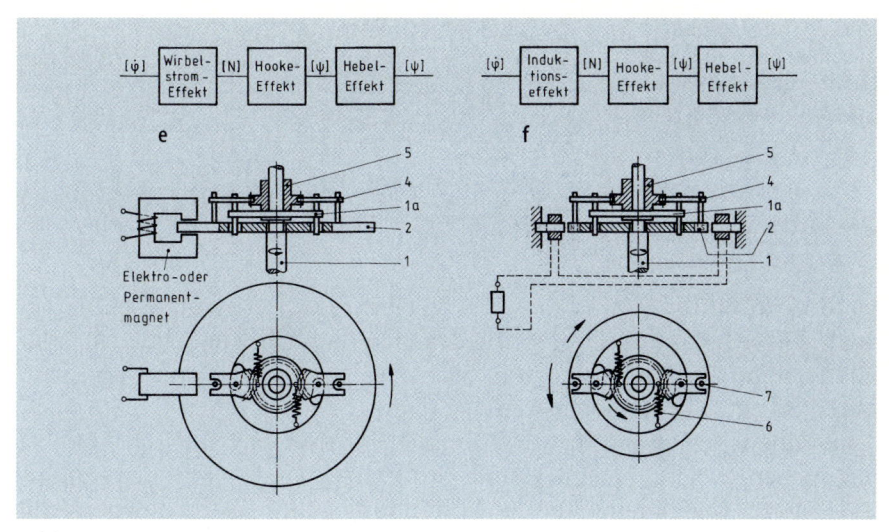

Bild 5.3.5 Fortsetzung

geweben häufig die gleichen Prinzipien wie zum Bau von Webmaschinen und zur Herstellung textiler Gewebe. Bild 5.3.7 zeigt die bekannten Prinzipien der „Schützen- und Greifer-Webmaschinen". Betrachtet man die, die Leistung einer Webmaschine bestimmende Teilfunktion „Einbringen des Schußdrahts in das Webfach" und versucht, diese mit anderen als den bisher bekannten Mitteln zu lösen, so ergibt sich folgende Aufgabe:

Metall- oder Kunststoffdrähte (Durchmesser ca. 0,1 mm bis 0,8 mm) sind mit der zu entwickelnden Baugruppe in ein „Webfach" einzubringen. Als „Webfach" bezeichnet man den aus Kettdrähten gebildeten prismatischen Raum mit dreieckförmiger Querschnittsfläche, durch welchen bei üblichen Webmaschinen die Greifer oder Webschützen bewegt werden (s. a. Bild 5.3.7).

Versucht man mittels eines 1. Konstruktionsschritts eine Funktions- bzw. Tätigkeitsstruktur zu finden, welche geeignet ist, o. g. Zweck zu erfüllen, so kann man die verschiedenen vorgegebenen Elementarfunktionen einzeln oder Strukturen dieser Funktionen daraufhin prüfen, ob diese geeignet sind, o. g. Aufgaben zu erfüllen.

Versucht man o. g. Zweck in eine Tätigkeitsbeschreibung umzusetzen, so erkennt man, daß der in das Webfach einzubringende Draht „angetrieben" werden muß, d.h. der „Draht (Stoff) ist mit Bewegungsenergie zu verbinden". Erforderlichenfalls ist der Draht auch noch zu „Führen" oder diese nicht mit mechanischen (stofflichen) Mitteln zu führen, d. h., der Draht kann auch „im freien Flug" durch das Webfach „geschossen"

Bild 5.3.6 Massenausgleich an einer Prinziplösung für Zündzeitpunktversteller, um diese beschleunigungsunempfindlich zu machen

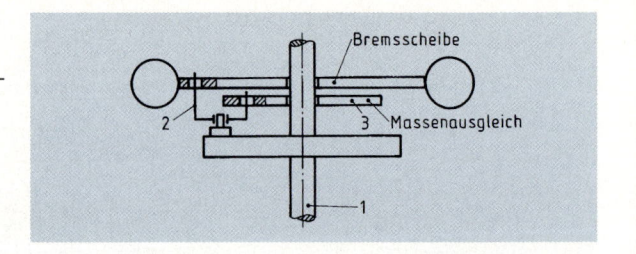

werden. In Bild 5.2.2 sind diese Tätigkeitsstrukturen symbolisch dargestellt. Diese Strukturen unterscheiden sich deutlich von Schützen- oder Greiferwebmaschinenstrukturen, wie man feststellen kann, wenn man deren Strukturen vergleichsweise zu Papier bringt.

In einem weiteren Konstruktionsschritt sind physikalische Effekte anzugeben, welche geeignet sind, Stoff (bzw. Draht) mit Bewegungsenergie zu verbinden. Für die Verbindung eines festen Körpers mit Bewegungsenergie eignen sich der Impulseffekt und der Stoßeffekt, die Expansion von Gasen, der Biot-Savartsche-, der Reibungseffekt (Festkörper-, Flüssigkeits-, Luftreibung) u.a. Bild 4.2.1 zeigt die aus diesen

Bild 5.3.7 a–b Prinziplösungen einer Schützen-Webmaschine (a) und einer Greifer-Webmaschine (b)

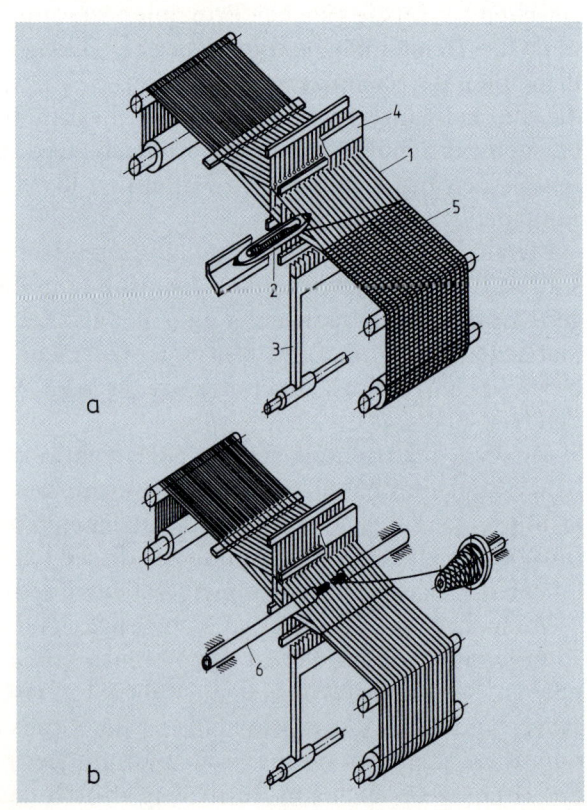

Bild 5.3.8 Prinziplösung einer „Drahtschuß-Webmaschine", Erläuterungen siehe Text

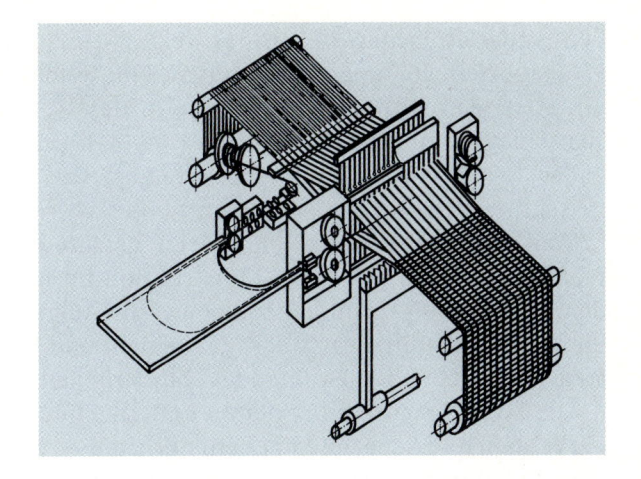

Effekten resultierenden Prinziplösungen zum Antrieb eines festen Stoffs bzw. eines Drahts. Die für den vorliegenden Fall am günstigsten erscheinende Lösung ist das Prinzip „Festkörperreibung". Eine vorteilhafte Gestaltvariante dieses Prinzips sind zwei rotierende Rollen, welche die Bewegungsenergie durch Reibung auf das zu bewegende Drahtstück übertragen. Die Steuerung der zu übertragenden Bewegungsenergie erfolgte durch Anpressen der beiden Rollen an den Draht mit Hilfe eines steuerbaren Elektromagneten. Bild 5.3.8 zeigt abschließend die Ausführung eines Prototyps einer Baugruppe zum Einbringen des Schußdrahts in Webfächer.

3. Nahtwebmaschine

In Papiermaschinen u. a. technischen Systemen werden riemenartige, endlose Drahtgewebe benötigt (ca. 10 m breit, 200 m lang). Zu deren Erzeugung müssen die Enden endlich langer Gewebestücke durch Nähte verbunden werden. Aufgrund der Schwierigkeit, bestimmte Teilprozesse des Nahtwebens zu automatisieren, wurden Gewebenähte bis vor wenigen Jahren ausschließlich manuell gefertigt.

Es bestand deshalb der Wunsch, Maschinen zum Verweben von Gewebeenden (Nahtwebmaschinen) zu entwickeln.

Versucht man die Aufgabe „Automatisieren des Nahtwebprozesses" zu lösen, so erkennt man, daß das „Herausfinden" des am nächsten zu verwebenden Drahtendes aus einer Menge von Drahtenden eines Gewebeendes (s. Bild 5.3.9 b) die am schwierigsten zu automatisierende Tätigkeit von Nahtwebprozessen ist. Wenn es gelingt, diese Tätigkeit zu automatisieren, dann gelingt es, den gesamten Nahtwebprozeß zu automatisieren. Hat man „das am nächsten einzuwebende Drahtende" erkannt und von den anderen „separiert", ist es relativ einfach, weitere Baugruppen (Transporteinrichtungen) zu entwickeln, welche das von den übrigen Gewebeenden getrennte Drahtende in das Webfach transportiert. Das „Anschlagen" und „Einbinden" des ins Webfach transportierten Drahtendes kann dann mit Mitteln erfolgen, wie sie von üblichen Webmaschinen bekannt sind.

Weil die Realisierung der zuletzt genannten Teilprozesse weniger schwierig ist, soll auf deren Konstruktion im folgenden verzichtet werden. Aus Umfangsgründen sollen sich die folgenden Ausführungen auf die Verwirklichung des Zwecks „Erkennen und Separieren des am nächsten zu verwebenden Drahtendes" beschränken.

Die Zweckbeschreibung der zu entwickelnden Baugruppe lautet also: „Erkennen und Separieren des am nächsten zu verwebenden Drahtendes von allen übrigen Drahtenden". In einem ersten Konstruktionsschritt ist somit die Aufgabe zu lösen, diese Zweckbeschreibung in eine Funktion oder Funktionsstruktur bzw. in eine Beschreibung mittels physikalischer Tätigkeitsbegriffe umzusetzen, welche mit physikalischen Mitteln realisiert werden kann.

Wie läßt sich dieser erste Konstruktionsschritt realisieren? Man kann sich vorstellen, daß diese Drahtenden eines Gewebeendes zusammenhängen („ineinander verflochten") sind und der Reihe nach voneinander wegbewegt werden müssen. Diese Tätigkeitsbeschreibung „Bewegen von Stoffen" bzw. „Stoff mit Energie verbinden" (s. Bild 5.3.9 a) kann in einem weiteren Konstruktionsschritt zu einer Prinziplösung führen, wie in Bild 5.3.9 b dargestellt. Ein nadelförmiges Werkzeug wird teilungsgenau zwischen das am nächsten zu verwebende Drahtende und das danach folgende bewegt, um das am nächsten zu verwebende Drahtende im weiteren Bewegungsverlauf der Nadel von den übrigen zu entfernen und es ins Webfach zu transportieren oder es einem weiteren Transportmittel

Bild 5.3.9 a–b Prinziplösung zur Funktion „Stoff mit Energie verbinden (beaufschlagen)" bzw. Prinziplösung zum Transportieren eines Drahtendes weg von den übrigen Drahtenden ins Webfach hinein. Funktionssymbol (a), Prinziplösung (b)

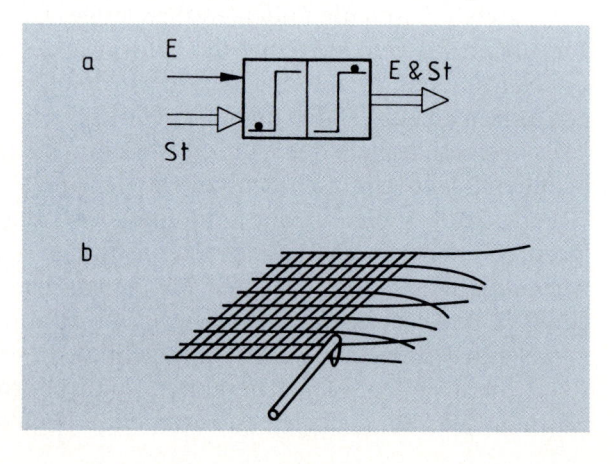

5.3 Entwickeln von Prinziplösungen, Prinzipsynthese

("Greifer") zuzuführen, welches den weiteren Transport des Drahtendes ins Webfach übernimmt. Da die Drahtenden oft chaotisch zusammenhängen, war dieses Verfahren, wie Versuche zeigten, sehr störanfällig; deshalb soll es nicht weiter betrachtet werden.

Eine andere Funktionsbeschreibung zur Lösung o.g. Teilaufgabe könnte lauten: Man verbindet (fügt) die Drahtenden eines Gewebeendes mit einem festen Gestellbauteil (Verbindungen bzw. Fügungen für Drahtenden) und löst diese der Reihe nach so, daß immer nur ein bestimmtes, daß am nächsten zu verwebende Drahtende, lose ist und von den anderen weg bewegt werden kann (Bild 5.3.10 a).

Wie solche Verbindungen für Drahtenden prinzipiell ausgeführt werden können, zeigt Bild 5.3.10 b.

Die Erkenntnis, daß Drahtgewebe selbst Verbindungen sind, führte schließlich zu einer besonders günstigen, „naheliegenden Lösung". Man kann Drahtenden-Verbindungen für o.g. Zweck auch dadurch erzeugen, daß man die Drähte eines Geweberapports in den Bereich der Drahtenden schiebt, wie dies Bild 5.3.10 c schematisch zeigt. Durch Aufweben des Rapports bzw. des entsprechenden Gewebestücks, wird jeweils nach jedem Arbeitszyklus nur ein Drahtende freigegeben. Aufgrund von Spannungen (Federeigenschaften) im freigegebenen Drahtende, hat dieses das Bestreben, sich von den übrigen Drahtenden (selbsttätig) zu ent-

Bild 5.3.10 a–c Lösbare Verbindung für Drahtenden. Funktionsstruktur (a), Prinziplösung (b) und eine besondere Gestaltvariante (Teil eines Gewebes) einer lösbaren Verbindung für Drahtenden (c)

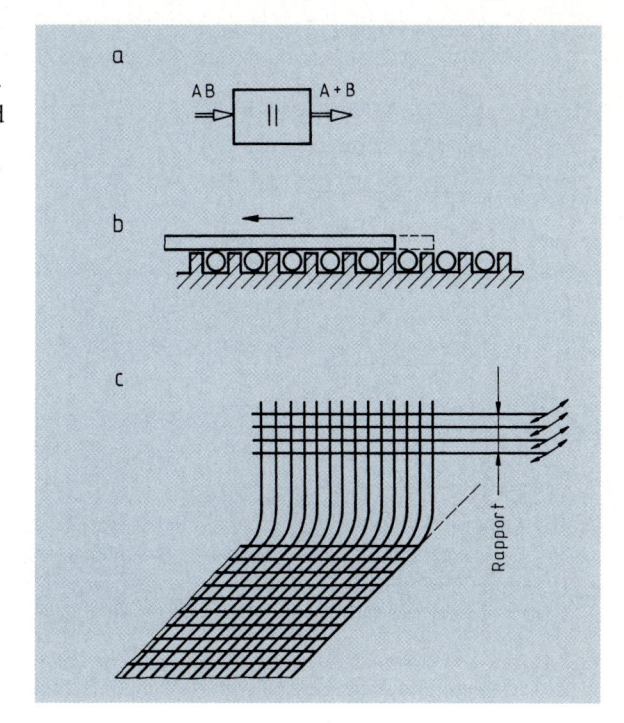

fernen. Es kann so mittels Führungen an einen bestimmten Ort (Position) geleitet werden, dort von einem Transportmittel erfaßt und weiter ins Webfach transportiert werden. Ein „Rapport" ist ein Stück Gewebe bzw. eine bestimmte Anzahl von Drähten in einem Gewebe, nach dem sich das Muster eines Gewebes wiederholt. Weitere Ausführungen zur Konstruktion von „Nahtwebmaschinen" können unter [128, 193] nachgelesen werden.

4. Paletten

Um Werkstücke, Bauteile etc. geordnet aufbewahren und transportieren zu können, werden sogenannte Paletten benötigt. Die Gestalt und Größe von Paletten hängt sehr wesentlich von der Gestalt und Größe der von diesen aufzunehmenden Bauteilen ab; die Bilder 5.3.11 a, b, c zeigen drei einfache Gestaltvarianten von Paletten. Ein wesentlicher Nachteil vieler

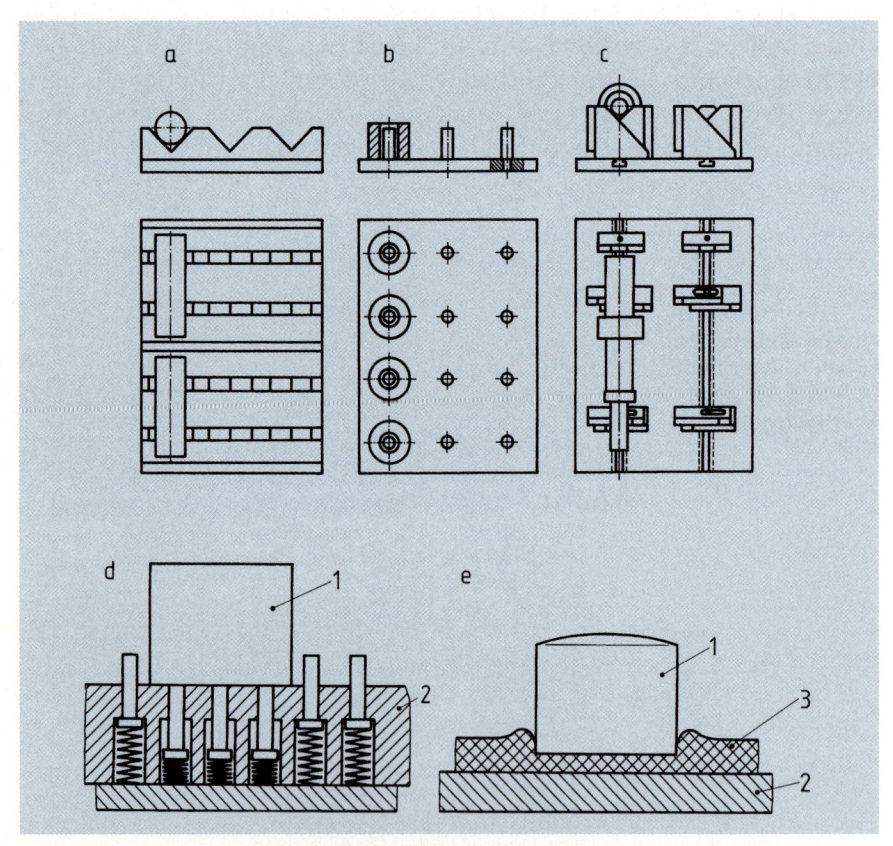

Bild 5.3.11 a–e Verschiedene, werkstückspezifische Paletten-Typen (a, b, c). Werkstückgestalt unabhängige, universelle Paletten-Typen (d, e)

Palettensysteme ist die geringe Flexibilität gegenüber Bauteilgestaltänderungen. Gestaltänderungen von Bauteilen bedingen meistens neue Palettensysteme. Vorteilhaft wäre es deshalb, Palettensysteme zu haben, welche für möglichst viele Bauteilgestaltvarianten geeignet sind, bzw. unabhängig von der Gestalt von Bauteilen angewandt werden können.

Um diese Aufgabe zu lösen bzw. die Funktion von Paletten angeben zu können, muß man die Frage beantworten: „Was tun Paletten?" oder: „Welche physikalischen Vorgänge realisieren Paletten?" oder: „Welchen Zweck erfüllen Paletten?". Antwort: Paletten müssen Bauteile festhalten und diese isolieren (speichern).

Für die Entwicklung von Paletten ist es möglich, den Zweck „Festhalten" mittels der Funktion „Fügen zweier Stoffe" zu realisieren. Die folgenden Ausführungen sollen sich deshalb auf die Verwirklichung dieser, für Paletten wesentlichen Funktion beschränken. Die Funktion „Isolieren (Speichern)" braucht in diesem Zusammenhang nicht besonders betrachtet zu werden.

Grundsätzlich sind zum Fügen zweier Stoffe alle physikalischen Effekte geeignet, welche Kräfte zwischen zwei Stoffen (Bauteilen) erzeugen können. Dazu zählen die Kohäsion, Adhäsion, Schwerkraft, magnetische Kräfte, Kräfte aufgrund von Unterdruck u.a.m.

Katalog 3 des Anhangs zeigt verschiedene physikalische Prinzipien zur Realisierung der Funktion „Fügen von Stoffen". Versucht man, die verschiedenen Effekte zur Lösung der vorliegenden Aufgabe anzuwenden, so findet man, daß sich mit dem Prinzip „Adhäsion" bzw. mit zähen, klebrigen Massen Palettensysteme bauen lassen, welche weitgehend unabhängig von der Gestalt von Bauteilen angewandt werden können (Bild 5.3.11 e). Unter [69] finden sich noch weitere Ausführungen zur Entwicklung von Adhäsions-Palettensystemen.

5. Vorschubsystem für sehr kleine Zustellbewegungen

Mit Mikrotomen werden sehr dünne Gewebescheibchen hergestellt, welche zu mikroskopischen Untersuchungen in der Medizin benötigt werden. Um Werkzeuge in Werkzeugmaschinen oder Gewebeproben in Mikrotomen um wenige tausendstel Millimeter oder Bruchteile von tausendstel Millimetern (reproduzierbar) zustellen zu können, benötigt man Vorschubsysteme, welche sehr kleine Zustellbewegungen exakt ermöglichen. Versucht man, diese Zweckbeschreibung durch geeignete Tätigkeiten oder Tätigkeitsstrukturen zu ersetzen, so findet man, daß man diese beispielsweise durch die Elementarfunktionen

- Verkleinern eines Wegs und durch
- Wandeln einer beliebigen physikalischen Größe in einen Weg

realisieren kann. Bild 5.3.1 a und f zeigen die Symbole dieser Funktionen. Zur Realisierung der erstgenannten Funktionen sind in einem weiteren Konstruktionsschritt physikalische Effekte anzugeben, welche geeignet sind, den Wert einer physikalischen Größe „Weg" zu verkleinern. Wie aus der Physik bekannt ist, sind zur Verkleinerung eines Wegs der Hebel-Effekt, der Keil-Effekt, die Volumen-/Druckkonstanz von Flüssigkeiten und die Querkontraktion fester Stoffe geeignet. Bild 5.3.1 b bis e zeigt die entsprechenden physikalischen Prinziplösungen zur Verkleinerung eines Wegs oder einer Bewegung.

Zur Verwirklichung der Funktion „Wandeln der Änderung einer x-beliebigen physikalischen Größe in Weg- bzw. Längenänderung" sind beispielsweise folgende physikalischen Phänomene geeignet: der Elektrostriktions-Effekt (Piezo-Effekt), Magnetostriktionseffekt, Wärmedehnungseffekt fester Stoffe und von Flüssigkeiten (Bild 5.3.1 g bis k). Mikrotom-Vorschubeinheiten nutzen bevorzugt den Wärmedehnungs-Effekt fester Stoffe, um Vorschubbewegungen in der Größenordnung von tausendstel oder wenigen zehntausendstel Millimetern exakt zu realisieren. Vorschubeinheiten von Mikrotomen bestehen im wesentlichen aus heiz- und kühlbaren Wärmedehnungsstäben. Prinzipiell gleiche Lösungen könnte man auch zur Erzeugung kleiner, präziser Zustellbewegungen der Schleifscheiben von Schleifmaschinen nutzen.

6. Druckverfahren

Die Forderungen der Praxis an Druckverfahren und Druckwerke sind so vielfältig, daß im Laufe der Technikevolution zahlreiche Verfahren entwickelt wurden. Die permanenten Forderungen nach leistungsfähigeren, geräuschärmeren, kostengünstigeren u. a. Bedingungen berücksichtigenden Druckwerken zwingen die Industrie, immer wieder grundlegend über die Möglichkeiten der Realisierung von Druckverfahren und Druckwerken nachzudenken.

Datendruckende Geräte haben die Aufgabe, Daten zu dokumentieren und so darzustellen, daß sie von Menschen gelesen werden können. Kostengünstige Lösungen sind Druckwerke, wie sie in Schreibmaschinen und in Personal-Computern zur Anwendung kommen. Für eine grundlegende Behandlung dieser Aufgabe „Entwickeln eines Druckwerks" ist es zweckmäßig, diese in zwei Teilaufgaben zu gliedern und zwar:

- Teilaufgabe 1: Erzeugen eines speicherbaren, für das Auge sichtbaren Helligkeits- oder Farbeindrucks auf Papier oder anderen Datenträgern.
- Teilaufgabe 2: Erzeugen einer bestimmten geometrischen Zeichenform mittels eines Helligkeits- oder Farbeindrucks.

Die erste Teilaufgabe führt auf das Problem der Erzeugung eines Farb-, Helligkeits- oder anderen, für menschliche Augen wahrnehmbaren, optischen Unterschieds (Eindruck), die zweite Teilaufgabe auf das Herstellen geometrischer Figuren mit Hilfe dieser optisch wahrnehmbaren Eindrücke. Wenn man unterstellt, daß es gelingt, jeden beliebigen Farbeindruck zu einem Zeichen zu formen, so kann die erste Teilaufgabe unabhängig von der zweiten Teilaufgabe behandelt werden.

Versucht man die erstgenannte Teilaufgabe zu lösen, so sind in einem ersten Konstruktionsschritt Funktionen oder Funktionsstrukturen zu nennen, welche geeignet sind, o.g. Zweck zu erfüllen bzw. für das Auge sichtbare, bleibende Farb- oder andersartige Eindrücke auf bestimmten Datenträgern (z.B. Papier) zu erzeugen. D.h., Papier oder andere Datenträger müssen lokal so beeinflußt werden können, daß diese ihre optischen Eigenschaften so ändern, daß der Betrachter dieser Stelle die Änderung der optischen Eigenschaften (Reflexionsvermögen, Farbe etc.) sehen kann.

Optische Eigenschaften von Stoffen sind deren Absorptions-, Durchlässigkeits-, Reflexions-, Brechungs-, Doppelbrechungs-, Dispersions-, Polarisations-, Beugungs- und Lumineszenzvermögen (u.a.).

Ein solches Verändern der optischen Eigenschaften eines Stoffs (z.B. Papier) an einer bestimmten Stelle kann durch

- Wandeln von optischen Eigenschaften,
- Vergrößern/Verkleinern von optischen Stoffeigenschaftsgrößen oder
- Fügen/Lösen optisch gleicher oder unterschiedlicher Stoffe

erfolgen.

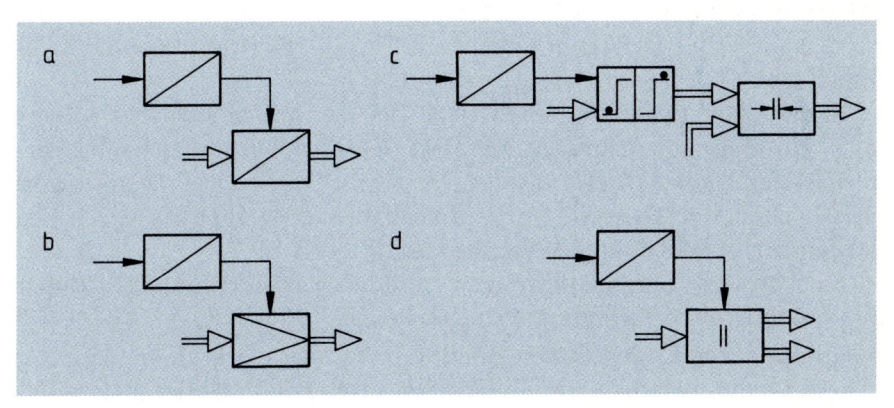

Bild 5.3.12 a–d Funktionsstrukturen verschiedener Druckverfahren; die optischen Eigenschaften eines Stoffs wandelnden Druckverfahren (a); Stoffeigenschaften vergrößerndes oder verkleinerndes Verfahren (b); zwei Stoffe fügendes Verfahren (c); Stoffe teilendes Verfahren (d)

Daten können auch noch durch
- Verbinden von Stoff und Daten bzw. Gestalten eines Stoffs (z. B. Prägen) dokumentiert werden.

Die optischen Eigenschaften eines Stoffs an einer Stelle „Wandeln" heißt beispielsweise, einen nicht absorbierenden Stoff absorbierend, einen nicht lichtdurchlässigen Stoff lichtdurchlässig machen, usw.

Stoffe, welche aufgrund irgendwelcher Einwirkungen lichtreflektierend oder nicht lichtreflektierend, absorbierend oder nicht absorbierend, polarisierend oder nicht polarisierend, doppelbrechend oder nicht doppelbrechend, lumineszierend oder nicht lumineszierend usw. werden, können als Beispiele gelten.

Optische Eigenschaftsgrößen eines Stoffs an einer Stelle vergrößern oder verkleinern heißt, die Absorptions-, Reflexions-, Polarisations- oder Lumineszenzeigenschaften an einer Stelle des Stoffs vergrößern oder verkleinern (LCDs von Taschenrechnern u. a.).

Flüssigkeitskristalle, angewandt in Anzeigegeräten (optischen Displays), ändern ihre Polarisationseigenschaften von Licht bei Anlegen eines elektrischen Felds; sie können als Beispiel der Erzeugung eines Helligkeitsunterschieds durch Ändern eines Polarisationseigenschaftswerts eines Stoffs gelten.

Das Schreiben mit Kreide, Bleistift, Federhalter (Tinte) oder Schreibmaschine kann als Beispiel dienen, bei welchem die optischen Eigenschaften des Datenträgers durch Verbinden eines Stoffs mit einem Stoff anderer Farbe (oder anderer optischer Eigenschaften) erwirkt werden.

Kostengünstig realisieren lassen sich stoffverbindende Druckverfahren mittels des „Adhäsion-Effekts" zwischen verschiedenen Stoffen, so beispielsweise zwischen Papier und Tinte, Papier und Graphit, Tafel und Kreide (u. a.).

Indem man einem Stoff eine Gestalt (Form) verleiht, kann man ebenfalls Informationen dokumentieren. Das Gestalten von Stoffen kann spanlos, spanend oder durch Auftragen erfolgen. Gravieren, Prägen, Ritzen und Lochen sind Beispiele für Verfahren, bei welchen Daten durch Gestalten eines Stoffs dokumentiert werden.

Entsprechend o. g. Ausführungen lassen sich Druckwerke bzw. Daten dokumentierende Verfahren in solche, welche

- die optischen Eigenschaften eines Stoffs wandeln; d. h. einen Stoff optisch durchlässig oder undurchlässig, reflektierend oder nicht reflektierend, absorbierend oder nicht absorbierend machen u. a.,
- die optischen Eigenschaftswerte von Stoffen vergrößern oder verkleinern; so beispielsweise einen Stoff mehr oder weniger absorbierend, reflektierend, optisch durchlässig machen usw.,

- Stoffe fügen oder lösen, um optische Unterschiede zu erzeugen; z. B. Schreiben mit Tinte, Bleistift, Kreide etc. bzw. Ritzen, Gravieren,
- Stoffe umformen, um optische Unterschiede (Informationen) zu erzeugen; z. B. Prägen von Münzen u. a.

gliedern.

Um die verschiedenen Druckverfahren in Gang zu setzen, bedarf es einer bestimmten Art von Energie. Beispielsweise elektrischer Energie, um auf einen Stoff so einzuwirken, daß dieser Licht durchläßt, es polarisiert oder nicht polarisiert. Oder es bedarf Energie, um auf einen Stoff so einzuwirken, daß sich dessen optische Stoffeigenschaftswerte bezüglich Absorption oder Reflexion vergrößern oder verkleinern. Oder es bedarf Energie, um einen flüssigen Farbstoff (Tinte) zum Datenträger (Papier) zu transportieren oder Stoffe umzuformen. Bild 5.3.12 zeigt die Funktionsstrukturen für die verschiedenen Verfahren. Zur Realisierung der

Bild 5.3.13 a–d Anwendungen verschiedener physikalischer Effekte zum Transport (Antrieb) von Tinte für Druckwerke. Ein piezo-keramisches Röhrchen zieht sich bei Anlegen einer elektrischen Spannung zusammen und schießt ein Tintentröpfchen ab (a; Firma Siemens); ein piezokeramisches Plättchen krümmt sich bei Anlegen einer elektrischen Spannung, es wird ebenfalls ein Tintentröpfchen abgeschossen (b; Firma Philips); ein Funkenüberschlag erzeugt eine Dampfblase, ein Tintentröpfchen wird abgeschossen (c); über Kapillare wird Tinte auf die Konturen von Schriftzeichen transportiert (d)

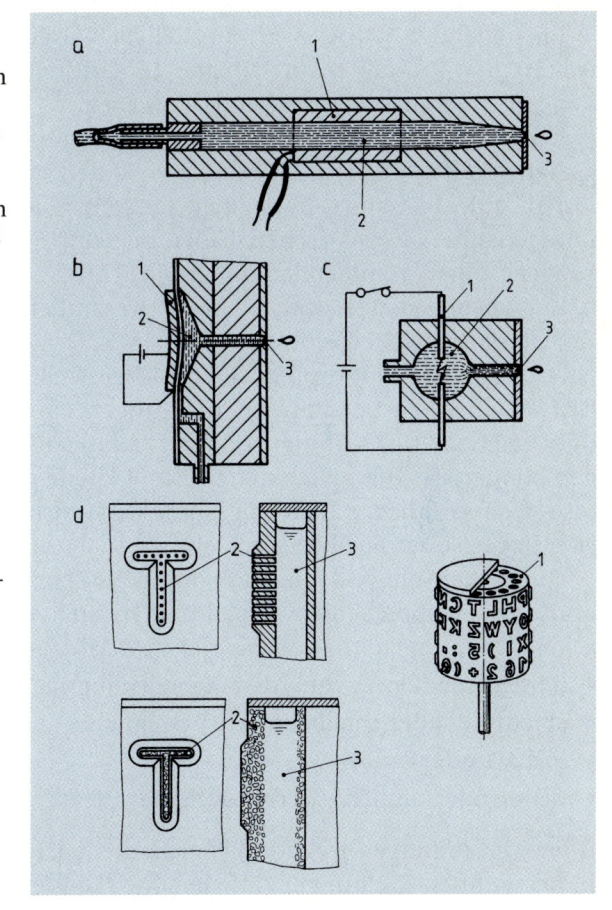

Funktion „Verbinden von Bewegungsenergie mit Flüssigkeiten (Stoffen)" lassen sich u. a. Impuls- und Kapillaritätseffekt sowie thermodynamische Effekte benutzen. Bild 5.3.2 und 5.3.13 zeigen Flüssigkeitsantriebe, basierend auf den Kapillaritäts-, Impuls- und thermodynamischen Effekten (Expansion einer mittels Funkenüberschlag erzeugten Dampfblase) u. a.

7. Verbindungen

Bauteile, Baugruppen, Geräte, Apparate usw. sind unter Berücksichtigung vielfältiger Forderungen (lösbar, unlösbar, starr, beweglich usw.) zu komplexeren Gebilden zu fügen. „Verbindungen zwischen irgendwelchen technischen Gebilden erdenken" ist vermutlich die häufigste Konstruktionsaufgabe. Technische Produkte bestehen im wesentlichen aus Verbindungen von Bauteilen. Die „Aufhängung" eines Motors in einem Fahrzeug, Bohrereinspannungen, Schraubverbindungen, Reißverschlüsse, Schnappverbindungen u. a. können als Beispiele gelten.

Im folgenden soll das grundsätzliche Vorgehen beim Konstruieren technischer Produkte am Beispiel „Entwickeln mechanischer Verbindungen" nochmals veranschaulicht werden.

Es sei die Aufgabe gestellt, „alle zum Bau mechanischer Verbindungen geeigneten physikalischen Prinzipien aufzuzeigen". Bedingungen, wie lösbar, unlösbar, starr, beweglich, Freiheitsgrad gelenkiger Führungen und sonstige, in praktischen Fällen an Führungen zu stellende Forderungen, sollen im folgenden unberücksichtigt bleiben.

Zur Lösung dieser Aufgabe ist es wesentlich, festzustellen, welchem Zweck mechanische Verbindungen dienen. Der Zweck von Verbindungen ist es, Bauteile, Baugruppen oder andere technische Gebilde, entgegen den auf diese in bestimmten Richtungen einwirkenden Kräften und/oder Momenten zusammenzuhalten (zu fügen). Technische Verbindungen können die Beweglichkeit zweier Bauteile gegeneinander ganz, d. h. bezüglich sämtlicher Richtungssinne (6 Translations- und 6 Rotationsrichtungen) oder nur bezüglich einiger Richtungssinne unterbinden.

Durch die Wahl verschiedener physikalischer Effekte oder Effektträger und/oder entsprechender Gestaltung können Verbindungen mit unterschiedlichen Eigenschaften entwickelt werden, so z. B.
- bewegliche (elastische) oder starre (unbewegliche),
- spielfreie- oder spielbehaftete bewegliche,
- lösbare oder unlösbare,
- dichte oder undichte Verbindungen.

Allen Verbindungen irgendwelcher Bauteile ist gemeinsam, daß sie den in bestimmten Richtungen auf sie einwirkenden Kräften entsprechende

Reaktionskräfte (Zusammenhaltskräfte) entgegensetzen können. Zur Realisierung von Verbindungen sind folglich alle physikalischen Effekte geeignet, welche zwei Gestaltelemente bzw. Stoffe entgegen irgendwelcher Kräfte zusammenzuhalten vermögen. Dies sind alle physikalischen Effekte, welche Kräfte erzeugen, wie beispielsweise

- Adhäsion bzw. Adhäsionskräfte zwischen Stoffen,
- Kohäsionskräfte fester Stoffe,
- Oberflächenspannung von Flüssigkeiten,
- Hookesche Kräfte (elastische Verbindungen zweier Bauteile mittels elastischer Glieder bzw. Federelemente),
- aero-/hydrostatische Druckkräfte in Flüssigkeiten,
- aero-/hydrodynamische Druckkräfte in Flüssigkeiten,
- Unterdruck (z. B. gegenüber der Atmosphäre),
- Gravitationskräfte,
- elektrostatische Feldkräfte,
- ferro-, para-, elektromagnetische Kräfte,
- diamagnetische Kräfte,
- Reibungskräfte (Coulombsche-, Newtonsche Reibkräfte),
- Auftriebskräfte,
- Fliehkräfte,
- Impulskräfte.

Entsprechend diesen prinzipiell unterschiedlichen Möglichkeiten erscheint es zweckmäßig, technische Verbindungen primär nach physikalischen Phänomenen zu ordnen und zwischen Adhäsions-, Kohäsions-, Reibungsverbindungen usw. zu unterscheiden. In Bild 5.3.14 sind die zum Bau von Verbindungen geeigneten physikalischen Prinzipien zusammengefaßt und durch Prinzipbilder erläutert. Spalte 1 zeigt das Prinzip des Adhäsionseffekts; Klebe-, Lötverbindungen und Farbanstriche sind Beispiele für die Anwendung des Adhäsionseffekts. Spalte 2 zeigt den Kohäsionseffekt in den zwei Erscheinungsarten „Stoffschluß" (Schweißverbindungen) und „Formschluß" infolge der Gestaltkonstanz fester Körper. Ein weiterer für Verbindungen geeigneter Effekt ist die Oberflächenspannung, z. B. angewandt bei „Quecksilberlagern" (Spalte 3). In Spalte 4 ist das Prinzip jener Verbindungen angegeben, die mittels elastischer Werkstoffe zustande kommen. Die elastische Verbindung zweier Bauteile oder das Anpressen eines Maschinenbauteils durch Federkraft an ein anderes (kraftschlüssiges Kurvengetriebe) sind Beispiele hierfür.

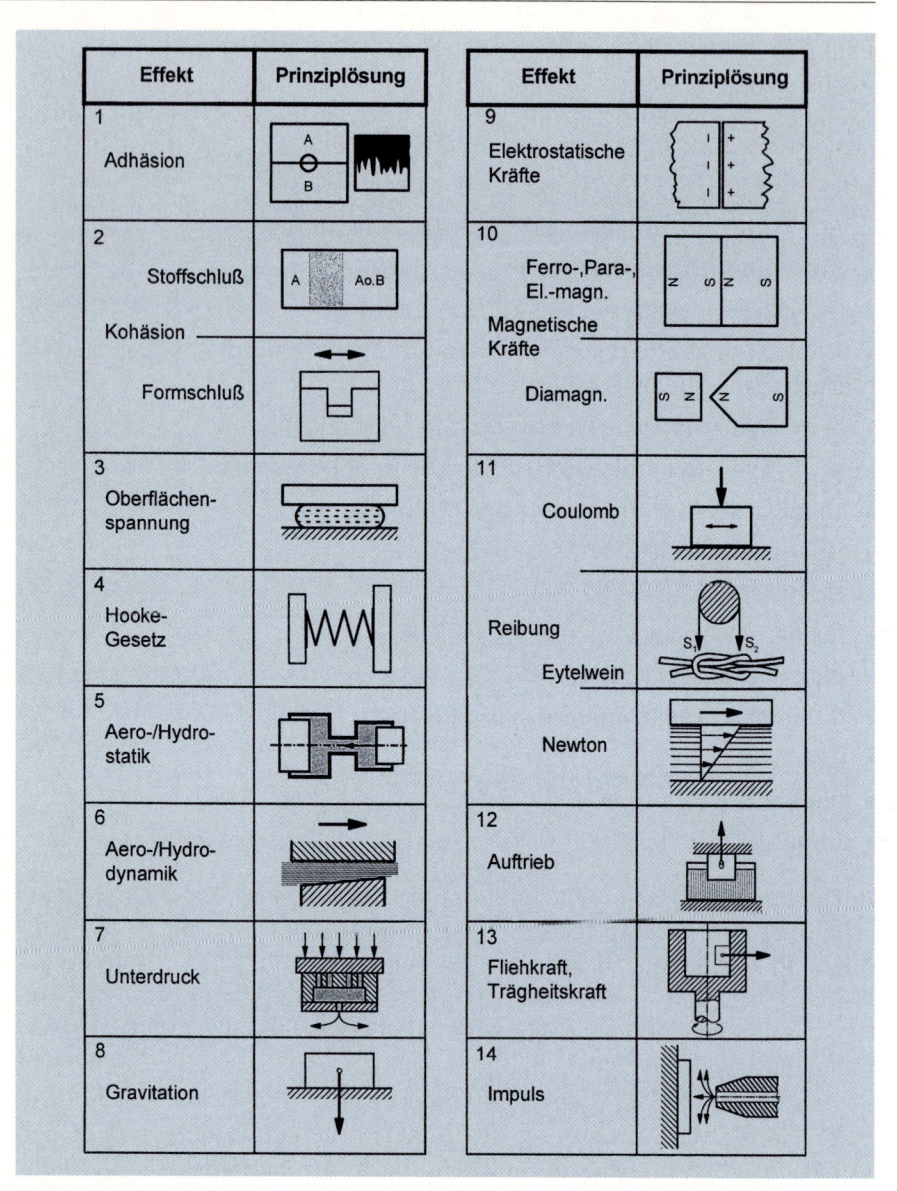

144 KAPITEL 5 Produktneutraler oder allgemeiner Konstruktionsprozeß

Effekt	Prinziplösung	Effekt	Prinziplösung
1 Adhäsion		9 Elektrostatische Kräfte	
2 Stoffschluß Kohäsion Formschluß		10 Ferro-, Para-, El.-magn. Magnetische Kräfte Diamagn.	
3 Oberflächenspannung		11 Coulomb	
4 Hooke-Gesetz		Reibung Eytelwein	
5 Aero-/Hydrostatik		Newton	
6 Aero-/Hydrodynamik		12 Auftrieb	
7 Unterdruck		13 Fliehkraft, Trägheitskraft	
8 Gravitation		14 Impuls	

Bild 5.3.14 Anwendung verschiedener physikalischer Effekte zur Realisierung von Verbindungen

Verbindungen aufgrund hydrostatischer oder aerostatischer Kräfte enthält Spalte 5; Beispiele hierzu sind hydrostatische und aerostatische Lager sowie Kraftübertragungen in hydraulischen Spannelementen. Spalte 6 zeigt den hydro- bzw. aerodynamischen Effekt, der ebenfalls zur Herstellung von Verbindungen geeignet ist. Hydrodynamische und aerodynamische Gleitlager können hierfür als Beispiele gelten. Das Prinzip des Fügens zweier Bauteile mittels Unterdruck gegenüber Atmosphärendruck wird in Spalte 7 deutlich. Die Spalten 8, 9 und 10 zeigen Verbindungsprinzipien, die auf Feldkräfte der Gravitation, der Elektrostatik, des Elektro-, Ferro-, Para- und Diamagnetismus beruhen. Die in der Praxis in mannigfacher Weise angewandten Prinzipien der Coulombschen Reibung, der Coulombschen Reibung plus „Reibkraftverstärkung" (Seilreibung) entsprechend dem Eytelweinschen Gesetz sowie der Newtonschen Reibung (Flüssigkeitsreibung) sind in Spalte 11 angegeben. Spalte 12 zeigt die Möglichkeit des Fügens zweier Bauteile durch Auftriebskräfte und Spalte 13 das Fügen zweier Bauteile mit Hilfe von Fliehkräften. Anwendungsbeispiele für den zuletzt genannten Effekt sind in neuerer Zeit auf dem Gebiet der Weltraumfahrt bekannt geworden. So beispielsweise das Festhalten von Gegenständen an der Innenwand von Raumfahrzeugen. Schließlich ist in Spalte 14 noch das Fügen zweier Bauteile mittels Impulskraft dargestellt.

Diese Beispiele mögen genügen, um das methodische Vorgehen bei der Entwicklung von Prinziplösungen zu verdeutlichen.

5.4
Allgemeine oder produktneutrale Gestaltungsprozesse

5.4.1
Einführung, Überblick, Definitionen

Die vorangegangenen Konstruktionsschritte schlossen mit der Erstellung von Prinziplösungen für ein zu entwickelndes System ab. Der bis dahin erreichte Realisierungsgrad ist durch Prinziplösungen für die wesentlichen Funktionen des zu entwickelnden technischen Systems gekennzeichnet. Diese sind gedanklich oder in Form von Prinzipskizzen vorhanden, wobei noch zu gestaltende Bauteile oder Baugruppen zunächst nur als ein- oder zweidimensionale Gebilde (Striche) dargestellt sein können. In Prinzipbildern sind theoretisch nur jene Gestaltparameter vorhanden, welche die prinzipielle Lösung ausmachen bzw. durch das betreffende Prinzip vorgesehen sind. Reale technische Gebilde bestehen demgegenüber aus einer Vielzahl dreidimensionaler Bauteile, welche in irgendeiner Weise miteinander zu Baugruppen und komplexeren Gebilden verbunden sind. Die Tätigkeiten, welche notwendig sind, um eine Prinziplösung in ein technisches Gebilde zu überführen, sollen mit *Gestalten* oder *Entwerfen* bezeichnet werden. Als Gestalten oder Entwerfen soll das Überführen einer Prinziplösung in ein dreidimensionales (körperliches), technisch herstellbares Gebilde bzw. in Bauteile und Baugruppen verstanden werden. Zur Gestaltung technischer Gebilde müssen Wirk- und sonstige Teiloberflächen festgelegt werden. Diese sind zu Bauteilen zusammenzufügen, die Bauteile sind des weiteren zu Baugruppen zu fügen und diese wiederum zu Maschinen, Geräten oder noch komplexeren Systemen. Liegen Bauteile oder Baugruppen bereits vor (Norm-, Kaufteile und/oder Standardbaugruppen), kann deren Gestaltung entfallen. Primäres Ergebnis der Gestaltungs- oder Entwurfsphase ist eine erste unmaßstäbliche Skizze oder ein erster maßstäblicher Entwurf, welcher im Verlauf des weiteren Entwicklungsprozesses u. U. mehrmals überarbeitet, analysiert und verbessert wird und zu einem zweiten, dritten, vierten usw. Entwurf führt, um so schließlich in einem endgültigen Entwurf einen Perfektionsgrad zu erreichen, der es vertretbar erscheinen läßt, dieses durch Zeichnungen festgelegte und dokumentierte Konstruktionsergebnis fertigen zu lassen.

Das Entwerfen oder Gestalten von Maschinen oder Geräten besteht ebenfalls aus einem Synthese- und einem Analyseprozeß. Als Gestaltsynthese seien alle Tätigkeiten zur Bestimmung der Gestalt technischer Gebilde (Bauteile, Baugruppen etc.) bezeichnet. Mit Gestaltanalysieren seien dagegen alle jene Tätigkeiten wie Bewerten, Prüfen, Vergleichen und Auswählen von Gestaltvarianten verstanden, die dazu dienen, aus einer Vielzahl im vorangegangenen Arbeitsschritt gefundener Gestaltalternativen jene auszuwählen, die für den betreffenden Fall die am besten geeignete ist bzw., welche die Bedingungen, denen eine Lösung zu genügen hat, am besten erfüllt. Unter Analysieren soll auch jene Tätigkeit des Prüfens und Erkennens von Unzulänglichkeiten verstanden werden, die Auslöser für weitere, erneute Syntheseschritte zur Verbesserung einer bestehenden Lösung sind. Dieses Analysieren geschieht anhand einer Vielzahl zu berücksichtigender Bedingungen, wie beispielsweise kostengünstig, fertigungsgerecht, wartungsarm, lärmarm, transportgerecht usw. (s. Bild 5.6.6).

Beim Entwerfen oder Gestalten entwickelt der Konstrukteur in Gedanken Gestaltvarianten, prüft diese an den an das betreffende Produkt (Bauteil, Baugruppe etc.) zu stellenden Bedingungen, zeichnet eine Variante auf oder verwirft diese, je nachdem, ob diese den zu berücksichtigenden Bedingungen genügt oder nicht genügt. In Gedanken hat er bereits viele Gestaltvarianten verworfen, bevor er eine erste Lösung zu Papier bringt. Gestaltsynthese und Analyse vollziehen sich in Gedanken so sehr nebeneinander (simultan), daß sie häufig nur als eine Tätigkeitsart empfunden werden. Im Hinblick auf die Entwicklung von Regeln zum systematischen Gestalten von technischen Gebilden ist es aber wichtig, zwischen Regeln zur Synthese (Erzeugung) von Lösungsvarianten und Richtlinien zur Einschränkung der Vielfalt bzw. Selektion von Gestaltvarianten zu unterscheiden.

Gestalten oder Entwerfen sind Tätigkeiten, welche üblicherweise den größten Zeitaufwand eines Konstruktionsprozesses beanspruchen. Deshalb sind Konstrukteure die meiste Zeit mit Gestalten beschäftigt. Das Gestaltungsergebnis ist meist entscheidend für Erfolg oder Mißerfolg einer Konstruktion. Das Entwerfen oder Gestalten technischer Gebilde wird heute meistens mehr intuitiv als systematisch durchgeführt. Der Konstrukteur hält das Ergebnis seiner Tätigkeit genau fest, er findet jedoch in der Regel nicht die Zeit, darüber nachzudenken und den „Weg festzuhalten" bzw. den Prozeß zu beschreiben, wie und warum er zu dieser oder jener Gestalt technischer Gebilde gelangte.

In der Gestaltungsphase ist die in dem vorangegangenen Arbeitsschritt gefundene günstige Prinziplösung zu gestalten; es ist ein erster Entwurf anzufertigen. Im Falle einer Neuentwicklung beginnt man zuerst mit der Realisierung der den Zweck realisierenden „Haupt- oder Kernfunktion" des zu entwickelnden technischen Systems. Alle anderen, noch zu entwickelnden Baugruppen für weitere Hilfs- und Nebenfunktionen des Systems, hängen von der Realisierung der Funktionseinheit für die Hauptfunktion ab und haben sich dieser unterzuordnen bzw. sind dieser anzupassen. Es entsteht so zunächst die Baugruppe, die die Haupt- oder Zweckfunktion des zu entwickelnden Systems zu realisieren vermag; danach weitere, die Hauptbaugruppe ergänzende bzw. unterstützende Baugruppen für notwendige Hilfsfunktionen. Schließlich entsteht so nach und nach ein mehr oder weniger vollständiger erster Gesamtentwurf des zu entwickelnden Systems. Kritische Operationen des Systems werden detailliert untersucht und auf Unzulänglichkeiten hin analysiert. Der erste Entwurf wird danach korrigiert und verbessert. Es entstehen weitere Entwürfe, bis schließlich ein endgültiger Entwurf bzw. Entwicklungsstand erreicht ist, der hinsichtlich Zuverlässigkeit, Lebensdauer, Fertigungskosten u.a. Kriterien den vorgegebenen Bedingungen und Vorstellungen entspricht.

Ausgehend von relativ wenigen Daten einer Aufgabenstellung schafft der Konstrukteur so eine Vielzahl von Daten und dokumentiert diese in einer Zusammenstellungszeichnung. Entsprechend kann man den Konstruktionsprozeß auch als einen Datengenerierungsprozeß betrachten, bei welchem, ausgehend von wenigen Daten einer Aufgabenstellung, eine große Datenmenge erzeugt wird.

Zur Benennung des „zu Papierbringens" technischer Gebilde werden in der Praxis häufig die Begriffe „Konzipieren, Entwerfen, Skizzieren, Ausarbeiten, Detaillieren, Grobgestalten, Feingestalten" (u.a.) benutzt, ohne daß diese Tätigkeiten genau definiert und gegeneinander abgegrenzt werden können. Da diese Tätigkeiten ausnahmslos dazu dienen, die Gestalt bzw. die Gestaltparameterwerte technischer Gebilde festzulegen, sollen diese im folgenden auch einheitlich als „Gestalten" bezeichnet werden.

Gestalten heißt: die qualitativen und quantitativen Parameterwerte der Gestalt technischer Gebilde (Bauteile, Baugruppen etc.) festlegen.

! Als *qualitatives Gestalten* soll das Festlegen qualitativer, als *quantitatives Gestalten* das Festlegen quantitativer Gestaltparameterwerte technischer Gebilde verstanden werden. So soll beispielsweise das Festlegen, ob eine Teiloberfläche eines Bauteils eben, zylinder-, kegel- oder torusförmig sein soll, als Festlegen eines qualitativen Parameterwerts, das Festlegen eines Radiuswerts, eines Durchmessers oder des Abstands zweier Bohrungen in einem Bauteil, als Festlegen *quantitativer Parameterwerte* bezeichnet werden.

Gestaltungsprozesse technischer Gebilde bestehen aus gestaltsynthetisierenden und gestaltanalysierenden Tätigkeiten. Im Kopf des Konstrukteurs werden Gestaltvarianten technischer Gebilde erzeugt, und es wird anschließend geprüft (analysiert), ob diese den an das betreffende Produkt gestellten Zweck und sonstige Bedingungen erfüllen; gestalterzeugende und gestaltanalysierende Tätigkeiten wechseln sich (alternierend) ab.

Ein Gestaltungsprozeß ist ein vielfaches Erzeugen, Analysieren und Verwerfen von Gestaltalternativen, bis eine Gestalt gefunden wird, welche allen an ein Gebilde zu stellenden Bedingungen genügt.

Um erfolgreich gestalten zu können, bedarf es folglich Regeln zur Erzeugung und Variation der Gestalt technischer Gebilde. Ferner bedarf es Prüfkriterien, um feststellen zu können, ob eine Gestaltvariante den an diese zu stellenden Bedingungen genügt.

Die Gestalt technischer Gebilde hängt somit von den dem Menschen zur Verfügung stehenden Gestaltelementen und deren Kombinationsmöglichkeiten sowie von dem Zweck und den Bedingungen ab, welche an ein technisches Gebilde gestellt werden. In Kurzform, die

$$\text{Gestalt technischer Gebilde} = f\ (\text{Gestaltungsmöglichkeiten, Zweck, Bedingungen}).$$

An einem Beispiel soll das Gesagte noch verdeutlicht werden: Denkt man sich die verschiedenen bekannten Getriebetypen im nachhinein systematisch konstruiert („systematisch erfunden"), so könnte dies wie folgt geschehen sein: Ein Konstrukteur gestaltet Getriebe, indem er zwei, drei,

5.4 Allgemeine oder produktneutrale Gestaltungsprozesse

vier usw. Bauteile „allgemeiner Gestalt" mittels Gelenkwirkflächen „allgemeiner Gestalt" zu zwei-, drei- und viergliedrigen Hebelsystemen verbindet (s. Bild 5.4.1). Dabei stellt er zunächst noch keine Bedingungen an die durch Erhöhen der Zahl an Gliedern und Gelenken entstehenden technischen Gebilde, sondern prüft erst nachdem diese entstanden sind, welchem Zweck derartige technische Gebilde dienen könnten und welchen Bedingungen diese sonst noch genügen. Nach diesem erfolgreichen Erfindungsprozeß fährt er fort, die Gestalt von Wirkflächenpaaren in der Weise zu verändern, daß er deren allgemeine Flächenformen durch ebene, zylinder-, evolventen- oder andersförmige Oberflächen ersetzt (s. Bild 10.11) und untersucht, welche Eigenschaften diese so gefundenen Gestaltvarianten haben bzw. welchen Bedingungen diese so erzeugten Getriebe-, Typ- bzw. Gestaltvarianten genügen.

Obengenannter Konstrukteur benutzt offenbar bewußt oder unbewußt „irgendwelche Regeln", um „irgendwelche Gestaltvarianten" zu erzeugen und prüft dann, welchen Bedingungen diese so gefundenen Varianten genügen und welchen nicht. Auf diese Regeln soll im folgenden Abschnitt noch ausführlich eingegangen werden.

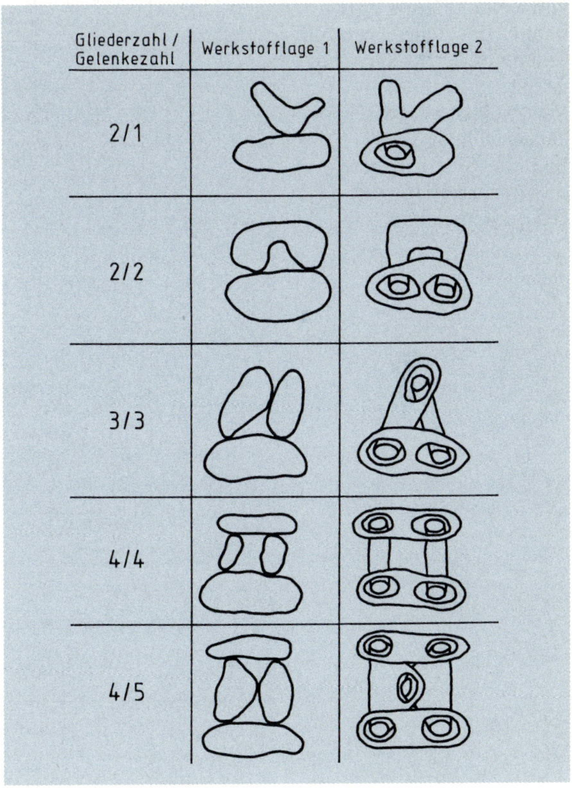

Bild 5.4.1 Gestaltvarianten des Hebeleffekts mit Gelenkwirkflächen allgemeiner Form. Variation der Gliederzahl, Gelenkezahl und der Werkstofflage der Gelenkwirkflächen

Gliederzahl / Gelenkezahl	Werkstofflage 1	Werkstofflage 2
2/1		
2/2		
3/3		
4/4		
4/5		

Mit eben diesen Regeln kann man sich auch die in Bild 5.4.2 dargestellten Gestaltvarianten von Gelenken „systematisch erfunden" denken. Diese zur Erzeugung beliebiger Gestaltvarianten geeigneten Regeln können keine Zwecke oder andere, an technische Produkte zu stellende Bedingungen berücksichtigen; sie können nur zweckfrei und frei von Bedingungen angewandt werden. Diese Regeln sind folglich allgemeingültig und produktunabhängig anwendbar.

Dieses systematische Zusammensetzen von Gestaltelementen und Entstehenlassen (Synthetisieren) von Gestaltvarianten erfolgt ohne Berücksichtigung eines Zwecks oder sonstiger Bedingungen. Erst nachdem auf diese Weise Varianten entstanden sind, wird in weiteren Schritten geprüft, welchen Bedingungen diese genügen, welche Eigenschaften diese haben und, ob man diese für bestimmte Anwendungen nutzen kann. Sie sind zur Gestaltung jeder Art von Produkten geeignet.

Im folgenden sollen diese produktneutralen Regeln zur Erzeugung und Variation der Gestalt technischer Gebilde ausführlich behandelt werden.

Bild 5.4.2 Gestaltvarianten von Gelenken mit Wirkflächen spezieller Form (ebene und zylinderförmige Flächenformen). Variation der Zahl der Teiloberflächen der Bauteile T_1 und T_2 sowie der Werkstofflage der Gelenkwirkflächen

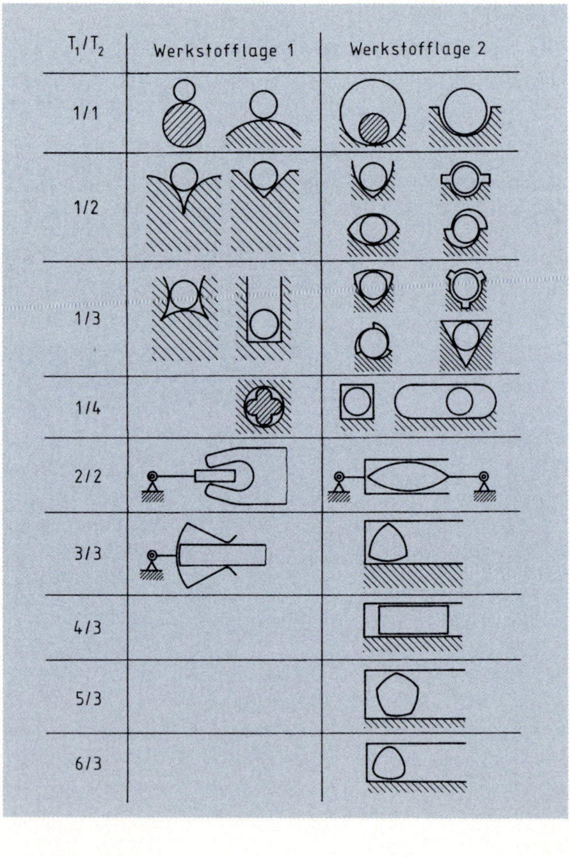

5.4.2
Qualitatives Gestalten oder Entwerfen

Will man beschreiben, wie die Gestalt technischer Gebilde erzeugt und variiert werden kann, so stellt sich die Frage, „was ist Gestalt", welches sind die „Elemente der Gestalt", welche Art Parameter bestimmen die Gestalt technischer Gebilde, welche Werte können diese annehmen, wie kann Gestalt variiert werden? Die folgenden Ausführungen sollen Antworten auf diese Fragen geben.

1. Gestaltelemente

Im Gegensatz zu flüssigen oder gasförmigen Maschinenelementen besitzen aus festen Stoffen bestehende Bauteile, Baugruppen und Maschinen eine Gestalt. Die Gestalt einer Maschine wird von den diese bildenden Baugruppen bestimmt. Bauteile bestimmen die Gestalt einer Baugruppe. Die Gestalt eines Bauteils wird im wesentlichen durch die Gestalt der es begrenzenden Teiloberflächen festgelegt.

Die Gestalt einer Teiloberfläche wiederum wird durch die Gestalt der diese bildenden Linien oder Flächenform und Berandungen (Kanten) bestimmt, usw.

Welches sind die „Elemente der Gestalt"?

Linien kann man sich aus einer Vielzahl von Punkten zusammengesetzt denken. Entsprechend kann man Punkte als die Gestaltelemente von Linien bezeichnen. Des weiteren kann man sich Flächen aus einer Vielzahl von Linien zusammengesetzt vorstellen. Entsprechend kann man Linien (Strecken) als die Gestaltelemente von Teiloberflächen bezeichnen. Die Gestaltung allgemeiner Flächen (Freiformflächen) erfolgt üblicherweise mit Hilfe von Linien.

Ferner kann man Teiloberflächen als die Gestaltelemente von Bauteilen, Bauteile als die Gestaltelemente von Baugruppen und Baugruppen als die Gestaltelemente von Maschinen (Geräten und Apparaten) betrachten usw. Als Elemente zur Gestaltung technischer Gebilde nutzt der Konstrukteur folglich

- Punkte (Ecken, Spitzen),
- Linien (Kanten),
- Teiloberflächen,
- Bauteile (Teilkörper),
- Baugruppen,
- Maschinen, Geräte, Apparate,

Bild 5.4.3 Das Gehäuse einer Kleinbildkamera (Firma AGFA) kann als Beispiel dafür gelten, daß Konstrukteure komplexe Bauteile aus Teiloberflächen zusammensetzen (synthetisieren)

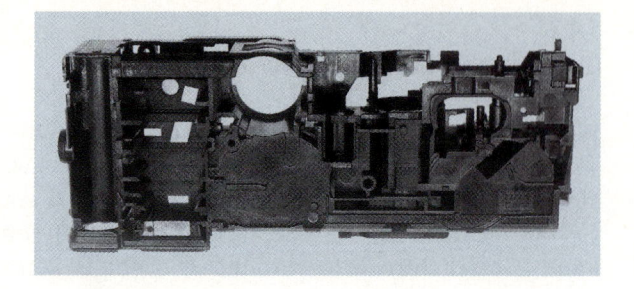

- Aggregate und/oder
- noch komplexere Teile technischer Systeme.

Beispielsweise nutzt er Punkte, Ecken oder Spitzen, um Linien (beliebiger Form), Achsmittelpunkte oder Nadelspitzen zu gestalten bzw. zu konstruieren. Linien oder Kanten benötigt man beispielsweise zur Konstruktion von Freiformflächen bzw. Schneidkanten von Messern oder Schneidplatten etc.

In vielen Fällen nutzt der Konstrukteur Flächen bzw. Teiloberflächen zur Gestaltung von Bauteilen. Bauteile entstehen überwiegend durch Zusammensetzen mehrerer Teiloberflächen. Besonders deutlich wird dies bei der Gestaltung von Bauteilen, bei welchen es vorrangig auf die Gestalt von Teiloberflächen ankommt; so beispielsweise bei der Gestaltung von Lager- und Führungsflächen, optischen Flächen, Karosserien, Turbinenschaufeln, Kurvenscheiben, Zahnflanken, Kameragehäusen (s. Bild 5.4.3) u.a.m.

Bauteile, Baugruppen, Maschinen etc. werden als Gestaltelemente bzw. Gestaltbausteine in entsprechenden Baukastensystemen genutzt (s. Kapitel 7.3). Generell kann man jede Art o.g. Gestaltelemente als Bausteine eines Baukastens für jeweils eine Stufe komplexerer Gebilde ansehen. Danach sind Punkte als die Bausteine von Linien, Linien als die Bausteine von Teiloberflächen, Teiloberflächen als die Bausteine bzw. Gestaltelemente von Bauteilen, Bauteile als die Gestaltelemente bzw. Bausteine von Baugruppen usw. anzusehen (s. Bild 3.1.4, 5.4.4 und 5.4.8).

Die Gestalt komplexerer technischer Gebilde kann man sich folglich aus Gestaltelementen (Bausteinen) unterschiedlicher Komplexität aufgebaut denken.

2. Gestaltparameter technischer Gebilde

Welche Möglichkeiten sind dem Konstrukteur gegeben, die Gestalt von Bauteilen, Baugruppen oder Maschinen zu ändern, um sie gegebenen Bedingungen anzupassen? Welches sind die Parameter zur Erzeugung, Beschreibung und Variation der Gestalt technischer Gebilde?

5.4 Allgemeine oder produktneutrale Gestaltungsprozesse

Eine Ecke (Spitze), Kante (Schneide), Teiloberfläche (Wirkfläche, Führungsfläche), ein Bauteil (Schraube) u.a. technische Gebilde haben bestimmte Funktionen zu erfüllen, sie müssen bestimmten Bedingungen genügen. Um diesen die geforderten Eigenschaften zu vermitteln, stehen dem Konstrukteur (nur) die Parameter „Werkstoff, Gestalt und Oberflächenbeschaffenheit des betreffenden Gebildes" zur Verfügung. Es ist deshalb wichtig, die Möglichkeiten der Gestalterzeugung und -variation technischer Gebilde genau zu kennen.

GESTALTPARAMETER UND GESTALTVARIATION VON LINIEN Als „Linien" oder „Kanten" sollen eindimensionale, immaterielle oder materielle Gebilde bezeichnet werden, wie sie zur Gestaltung technischer Gebilde benötigt werden. Linien oder Kanten sind durch Knicke 1. oder 2. Ordnung (1. oder 2. Ableitung unstetig) gegeneinander abgegrenzt.

Die Gestalt einer Linie wird durch deren Form sowie den Abstand zwischen Anfangs- und Endpunkt festgelegt. Die Form von Linien oder Kanten kann gerade, kreis-, ellipsen-, hyperbel-, parabel-, spiral- oder schraubenförmig oder beliebig sein (Spline).

Bild 5.4.4 a–e Gestaltvariation einer Linie durch Variation der Zahl der diese bestimmenden Punkte (a), des Abstands zwischen Punkten (b), Reihenfolge bzw. Verbindungsstruktur der Punkte (c), der Form der Linienstücke zwischen den Punkten (d, e)

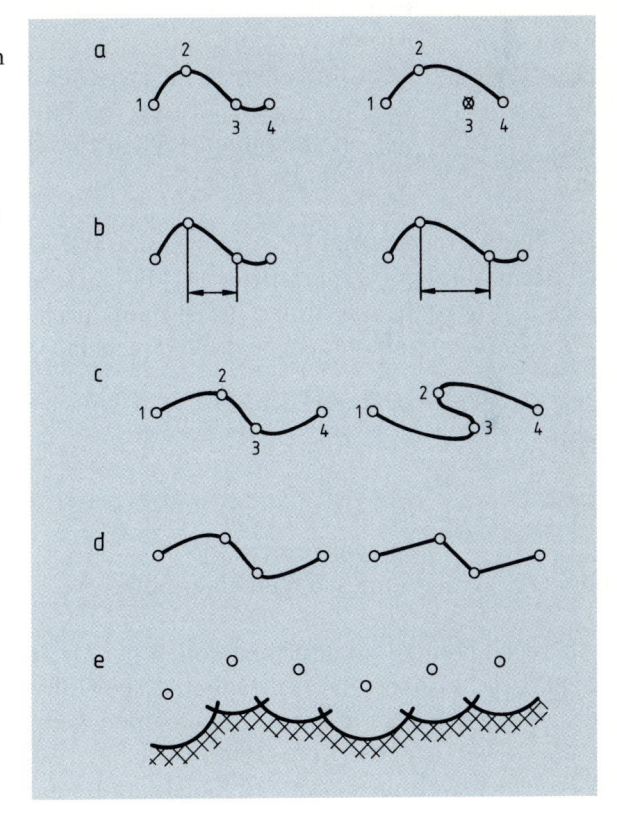

154 KAPITEL 5 Produktneutraler oder allgemeiner Konstruktionsprozeß

Die Gestaltung von Linien ist in der Praxis insbesondere bei der Konstruktion von Schneidkanten, Kurvenscheiben, Schiffsrümpfen, Karosserien, Turbinenschaufeln oder von anderen unregelmäßig zu formenden Bauteilflächen (Freiformflächen) von Bedeutung.

Die Gestalt unregelmäßig geformter Linien kann durch folgende Parameter variiert werden: die Anzahl (Z_P) und Abstände (D_P) der sie bildenden und begrenzenden Stützpunkte, die Verbindungsstruktur (V_P) und durch Variation der Gestalt der Linienstücke (G_{LP}) zwischen den Stützpunkten (s. Bild 5.4.4). Im Fall räumlich gekrümmter Linien existieren stets „linke und rechte Ausführungen". Die Gestalt räumlich gekrümmter Linien läßt sich durch „Spiegeln" (S_L) variieren; durch „Spiegeln" lassen sich aus Links- Rechtsausführungen bzw. aus Rechts-Linksausführungen erzeugen. Zusammenfassend gilt: Gestaltvarianten unregelmäßig geformter Linien (GV_{LU}) lassen sich durch Variieren folgender Parameter erzeugen:

$$GV_{LU} = v(Z_P; D_P; V_P; G_{LP}; S_L)$$

GV_{LU}	= Gestaltvarianten von unregelmäßigen Linien
v	= variieren
Z_P	= Anzahl von Punkten
D_P	= Koordinatenabstände zwischen Punkten
V_P	= Verbindungsstrukturen von Punkten
G_{LP}	= Gestalt von Linienstücken zwischen den Punkten
S_L	= Spiegeln der Linie

Die Gestalt regelmäßig geformter Linien (G_{LR}) wird durch deren Form- (F_L) und Abmessungsparameter (A_L) beschrieben. Gestaltvarianten GV_{LR} regelmäßig geformter Linien findet man durch Variieren der Form- und Abmessungsparameter sowie durch Spiegeln.

$$GV_{LR} = v(F_L; S_L; A_L)$$

GV_{LR}	= Gestaltvarianten regelmäßiger Linien
v	= variieren
F_L	= Form einer Linie
S_L	= Spiegeln einer Linie
A_L	= Abmessungen einer Linie

Als regelmäßige Linienformen sollen gerade, kreis-, parabel-, ellipsen-, hyperbel-, evolventen-, schrauben-, spiralförmige u.a. mathematisch geschlossen beschreibbare Linienformen gelten. Als *Abmessungsparameter* sollen u.a. die Konstanten (r, a, b, ...) der diese beschreibenden Formeln bzw. Konstanten der Kegelschnittgleichungen bezeichnet werden. Durch Variation o.g. Parameterwerte kann die Gestalt von Linien systematisch variiert werden.

Die Zahl (Z_P) der eine Linie bestimmenden Punkte, deren Verbindungsstruktur (V_P), die Gestalt der Linienelemente zwischen den Punkten (G_{LP}), Links- oder Rechtsausführungen (S_L), Form (F_L), Vergrößern oder Verkleinern von Abständen und Abmessungen (D_P), sollen als „qualitative Parameter" von Linien bezeichnet werden. So kann beispielsweise der Parameter „Form F_L" die qualitativen Parameterwerte gerade, kreis-, parabel-, evolventenförmig u.a. annehmen.

Das genaue Bestimmen oder Festlegen von Zahlenwerten von Abmessungen und Abständen von Punkten, Linien, Flächen etc. soll als „quantitatives Gestalten" bzw. als Variieren und Festlegen „quantitativer Parameterwerte" bezeichnet werden.

GESTALTPARAMETER UND GESTALTVARIATION VON TEILOBERFLÄCHEN
Als „Teiloberflächen" sollen Teile der Oberfläche von Bauteilen bezeichnet werden. Teiloberflächen sind durch Kanten 1. oder 2. Ordnung (1. oder 2. Ableitung unstetig) gegeneinander abgegrenzt. Die Form von Teiloberflächen kann eben, zylinder-, kegel-, kugel-, torus-, evolventen- oder sinusförmig oder von unregelmäßiger Form (Freiform) sein. Aus wirtschaftlichen Gründen werden zur Gestaltung von Bauteilen möglichst einfach herstellbare Flächenformen bevorzugt, wenn die Funktion des Bauteils nicht kompliziertere Formen erforderlich macht. Regelmäßige Oberflächenformen sind üblicherweise kostengünstiger herstellbar als unregelmäßige. Ebene- und zylinderförmige Teiloberflächen sind meist kostengünstiger herstellbar als kegel-, kugel-, torus-, paraboloid-, hyperboloid- oder ellipsoidförmige Oberflächen. Am häufigsten angewandte Teiloberflächen sind ebene, zylinder-, kegel-, torus- und kugelförmige Flächen (s. Bild 5.4.5).

Die Gestalt von unregelmäßig geformten Teiloberflächen (GV_{TU}) kann durch folgende Parameter variiert werden: Der Zahl der diese bestimmenden und begrenzenden Linien (Kanten/Berandungen) (Z_L), deren Abstände (D_L) und Neigungen (N_L) zueinander, deren Reihenfolge (R_L) und Verbindungsstruktur (V_L) sowie durch die Gestalt der einzelnen

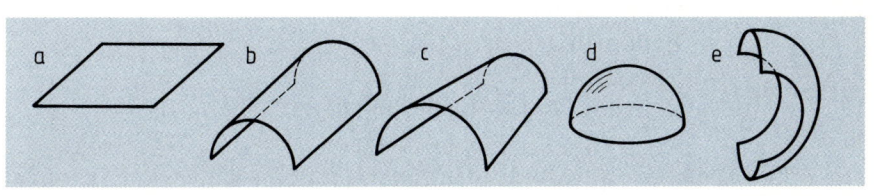

Bild 5.4.5 a–e Die zur Synthese von Bauteilen meistens angewandten Flächenformen sind eben (a), zylinderförmig (b), kegelförmig (c), kugelförmig (d) oder torusförmig (e)

156 KAPITEL 5 Produktneutraler oder allgemeiner Konstruktionsprozeß

Linien (G_L) und durch die Gestalt der Flächen zwischen den Linien (G_{FL}). Die Gestalt einer technischen Teiloberfläche wird ferner durch die Lage des Werkstoffs (W_T) bezüglich dieser bestimmt und kann durch einen Wechsel dieser Lage variiert werden. Durch Variation der Lage des Werkstoffs kann eine Teiloberfläche konkav oder konvex gestaltet werden.

Teiloberflächen können als rechte oder linke Ausführungen vorkommen. Die Gestalt von Teiloberflächen kann durch Spiegeln (S_T) variiert werden. Durch Spiegeln lassen sich „linke in rechte Teiloberflächen" bzw. „linke in rechte Bauteile" überführen. Zusammenfassend gilt: Die Gestalt von Teiloberflächen kann durch Variation der Parameter Z_L, D_L, N_L, R_L, V_L, G_{FL}, G_L, S_T und W_T variiert werden. In Kurzform:

$$GV_{TU} = v\,(Z_L; D_L; N_L; R_L; V_L; G_{FL}; G_L; S_T; W_T)$$

GV_{TU}	= Gestaltvarianten von unregelmäßigen Teiloberflächen
v	= variieren
Z_L	= Anzahl von Linien
D_L	= Längenabstände von Linien
N_L	= Winkel- oder Neigungsabstände von Linien
R_L	= Reihenfolge von Linien
V_L	= Verbindungsstruktur von Linien
G_{FL}	= Gestalt von Flächenstücken zwischen den Linien
G_L	= Gestalt von Linien
S_T	= Spiegeln von Teiloberflächen (Links-Rechtsausführungen)
W_T	= Lage des Werkstoffs bezüglich Teiloberfläche

Für regelmäßig geformte Teiloberflächen vereinfacht sich o.g. Beziehung. Die Gestalt regelmäßig geformter Teiloberflächen (GV_{TR}) kann durch Variation des Formwerts (F_T = eben, zylinderförmig, usw.), der Abmessungsparameterwerte (A_T), der Lage des Werkstoffs (W_T) und durch Spiegeln (S_T) variiert werden.

$$GV_{TR} = v\,(F_T; A_T; S_T; W_T)$$

GV_{TR}	= Gestaltvarianten regelmäßiger Teiloberflächen
v	= variieren
F_T	= Form der Teiloberfläche
A_T	= Abmessungen der Teiloberfläche
S_T	= Spiegeln der Teiloberfläche
W_T	= Lage des Werkstoffs bezüglich der Teiloberfläche

Die Bilder 5.4.8 bis 5.4.10 zeigen Gestaltvariantenbeispiele von Teiloberflächen, welche man sich durch Variation o.g. Parameter entstanden denken kann.

5.4 Allgemeine oder produktneutrale Gestaltungsprozesse

GESTALTPARAMETER UND GESTALTVARIATION VON BAUTEILEN
Gestaltvarianten von Bauteilen (GV_B) können durch Verändern der Zahl (Z_T), der Abstände (D_T), der Neigung (N_T), der Verbindungsstruktur (V_T), der Reihenfolge (R_T) und der Gestalt (G_T) der sie begrenzenden Teiloberflächen erzeugt werden. Durch Spiegeln (S_B) können ferner Links-Rechtsausführungen von Bauteilen erzeugt werden. Gestaltvarianten von Bauteilen lassen sich somit durch Variation folgender Parameter erzeugen:

$$GV_B = v\,(Z_T; D_T; N_T; R_T; V_T; S_B; G_T)$$

GV_B	= Gestaltvarianten von Bauteilen
v	= variieren
Z_T	= Anzahl von Teiloberflächen
D_T	= Längenabstände von Teiloberflächen
N_T	= Winkel- oder Neigungsabstände von Teiloberflächen
R_T	= Reihenfolge von Teiloberflächen
V_T	= Verbindungsstrukturen von Teiloberflächen
S_B	= Spiegeln von Bauteilen (Links-Rechtsausführungen)
G_T	= Gestalt von Teiloberflächen

Die Bilder 5.4.6 bis 5.4.11 zeigen hierzu Beispiele.

GESTALTPARAMETER UND GESTALTVARIATION VON BAUGRUPPEN UND MASCHINEN Gestaltvarianten einer aus mehreren Bauteilen gebildeten Baugruppe oder Maschine (GV_M) kann man u. a. dadurch erzeugen, daß man die Zahl der diese bildenden Bauteile (Z_B) ändert. Die Gestalt oder das Aussehen einer Baugruppe ändert sich abhängig davon, ob man beispielsweise ein Rad auf einer Welle mit einer oder mehreren Schrauben befestigt, ob man in einer Kupplung eine oder mehrere Federn zur Krafterzeugung vorsieht, ob man einen Motor als Ein- oder Mehrzylindermotor gestaltet usw.

Die Gestalt einer Baugruppe kann man ferner variieren durch Verändern der Abstände (D_B), der Neigungen (N_B), der Verbindungsstruktur (V_B), der Reihenfolge (R_B) und der Gestalt (G_B) der diese bildenden Bauteile, ferner durch Spiegeln (S_M) der Baugruppe oder Maschine.

Wie die Praxis des Entwerfens technischer Systeme zeigt, ergeben sich durch spezielle, diskrete Bauteilanordnungen in Baugruppen bzw. Baugruppenanordnungen in Maschinen usw. häufig besondere vorteilhafte Gestaltvarianten. Deshalb sollen spezielle Neigungen und Abstände zwischen Bauteilen und Baugruppen als „diskrete Lagen" oder „diskrete Anordnungen" technischer Gebilde angesehen und als solche bezeichnet werden, obgleich diese besonderen Lagen oder Anordnungen von Bauteilen zueinander auch durch stetige Abmessungs- und/oder Neigungsänderungen erzeugt werden können. Als „diskrete Lagen" sollen u.a. Bauteil- oder Baugruppenanordnungen von „0°, 90°, 180°, 270°" sowie zentrische, fluchtende, bündige, gleichmäßige und regelmäßige Bauteilanordnungen bezeichnet werden. Boxermotoren, Sternmotoren, 90°-V-Motoren, Anordnungen von Hydraulikbauelementen an Steuerblöcken u. a. können als Gestaltungsbeispiele hierzu gelten. Weil dieses Anordnen technischer Gebilde in „diskreten speziellen Lagen" eine wesentliche technische und wirtschaftliche Bedeutung hat, soll es besonders hervorgehoben und als „Lage- oder Anordnungswechsel (L_B)" bezeichnet werden. Somit gilt zusammenfassend: Gestaltvarianten von Baugruppen (GV_M) lassen sich durch Ändern der Zahl (Z_B), Abstände (D_B), Neigungen (N_B), Lage (L_B), Reihenfolge (R_B), Verbindungsstruktur (V_B) und Gestalt (G_B) der diese bildenden Bauteile sowie durch Spiegeln (S_M) finden.

$$GV_M = v\,(Z_B;\,D_B;\,N_B;\,L_B;\,R_B;\,S_M;\,V_B;\,G_B)$$

GV_M	= Gestaltvarianten von Maschinen oder Baugruppen
v	= variieren
Z_B	= Anzahl von Bauteilen
D_B	= Längenabstände von Bauteilen
N_B	= Winkelabstände (Neigungen) von Bauteilen
L_B	= diskrete Lagen (Anordnungen) von Bauteilen
R_B	= Reihenfolgen von Bauteilen
S_M	= Spiegeln von Baugruppen oder Maschinen (Links-Rechtsausführung)
V_B	= Verbindungsstrukturen von Bauteilen
G_B	= Gestalt von Bauteilen

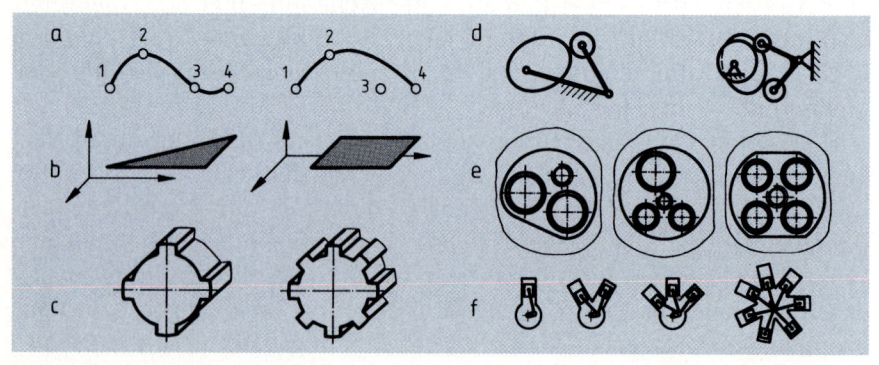

Bild 5.4.6 a–f Gestaltvariationen von Linien (a), Flächen (b), Bauteilen (c) und Baugruppen (d, e, f) durch Variation der Zahl der Punkte (a), Berandungen (b), Teiloberflächen (c), Bauteile (d, e, f), Vielkeilwelle (c), kraft- und formschlüssiges Kurvengetriebe (d), Zylinderköpfe mit 2, 3 und 4 Ventilen (e), Ein- und Mehrzylindermotoren (f)

5.4 Allgemeine oder produktneutrale Gestaltungsprozesse

Analoges gilt für die Gestaltvarianten von aus Baugruppen zusammengesetzten Maschinen. Die Gestalt von Maschinen kann durch Ändern der Zahl, Abstände, Neigungen usw. der diese bildenden Baugruppen variiert werden. Die Bilder 5.4.6 bis 5.4.11 zeigen hierzu Beispiele.

5.4.3
Produktneutrale Gestaltungsregeln

Funktion und sonstige Eigenschaften technischer Gebilde (Kanten, Teiloberflächen, Bauteile, Baugruppen usw.) werden u.a. durch deren Gestalt und Werkstoff bestimmt. Die Gestalt bzw. die Gestaltparameter sind ein wesentliches Mittel, einem technischen Gebilde eine bestimmte Funktion und sonstige Eigenschaften zu verleihen. Welche Parameter die Gestalt technischer Gebilde bestimmen und wie sie systematisch verändert werden können, soll im folgenden zusammenfassend gezeigt werden.

1. Zahlwechsel

Ein wesentlicher Parameter ist die Zahl der Elemente, welche die Gestalt eines Kantenzugs (Konturzugs), einer Teiloberfläche, eines Bauteils oder einer Baugruppe bilden. Man kann die Zahl der Gestaltelemente eines Gebildes erhöhen oder reduzieren, um so die Eigenschaften eines technischen Gebildes zu verändern. So kann man beispielsweise die Zahl der zu bearbeitenden Flächen eines Bauteils verringern und somit dessen Fertigungskosten verringern. Oder man kann die Zahl der Teiloberflächen eines Ringschlüssels erhöhen und die hinzukommenden zylinderförmig ausbilden, um dessen Festigkeitseigenschaften zu verbessern bzw. diese bei geringeren Außenabmessungen gleich gut zu erhalten (Bild 5.4.7 a, b). Ein Schraubenkopf kann 2, 3, 4, 6 oder noch mehr Wirkflächen (Schlüsselflächen), ein Zahnrad verschiedene Zähnezahlen haben.

Die Zahl der Kugeln und/oder Kugelreihen von Wälzlagern wird verändert, um bestimmte Abmessungen und/oder Lebensdauereigenschaften zu erreichen. Radbefestigungen für PKWs können durch Befestigung mit 1, 2, 3, 4 oder 5 Schrauben mehr oder weniger zuverlässig (redundant) gestaltet werden.

Schaltkupplungen können mit einer oder mehreren Rückholfedern, und Verbrennungsmotoren können zur Leistungssteigerung anstelle von zwei mit drei oder vier Ventilen, und Zahnradpumpen zur Geräuschreduzierung mit zwei Zahnradpaaren ausgestattet werden.

Bilder 5.4.7 c, d und 5.4.6 zeigen Gestaltvarianten-Beispiele, welche man sich durch Zahlwechsel entstanden denken kann.

Bild 5.4.7 a–d Eigenschaftsverbesserungen technischer Gebilde mittels Zahlwechsel von Wirkflächen (a, b) und Bauteilen (c); Verringerung des Außendurchmessers eines Ringschlüssels durch Abrunden der Schlüsselecken (a, b); Verringerung des Ungleichförmigkeitsgrades von Zahnradpumpen (Firma Bosch) und der Geräuschemission (c, d)

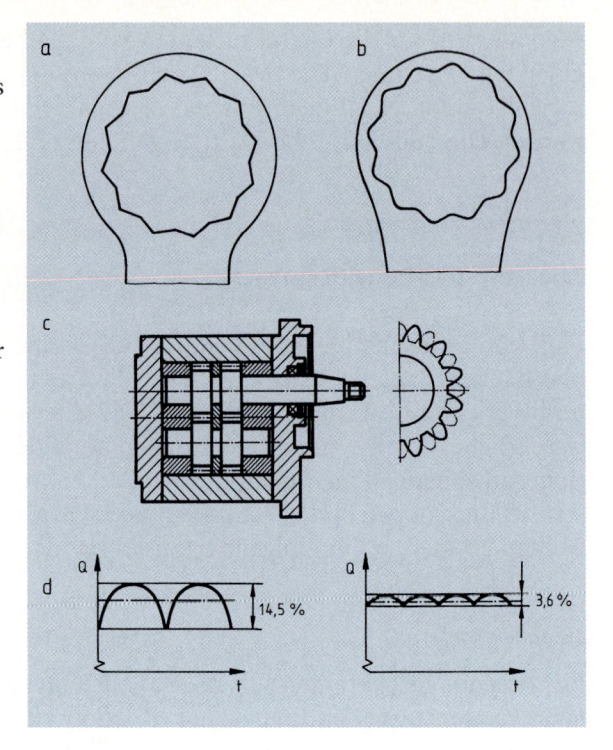

> **!** Als *Zahlwechsel* soll das Entwickeln alternativer Gestaltvarianten von Linien, Teiloberflächen, Bauteilen, Baugruppen usw. durch Variieren der Zahl der diese bildenden Gestaltelemente bezeichnet werden. Der qualitative Gestaltparameter „Zahl der Gestaltelemente" kann die Werte 1, 2, 3 ... annehmen.

2. Formwechsel

Alternative Lösungen für bestimmte Funktionen finden sich u.a. auch durch Variation der Form von Kanten oder Teiloberflächen von Bauteilen.

Flächen unterschiedlicher Form sind beispielsweise ebene (plane) Flächen, zylinder-, kegel-, kugel-, torus-, ellipsen-, hyperbel-, parabel-, evolventen-, zykloiden-, spiral- und sinusförmige Flächen sowie unterschiedlich geformte Freiformflächen. In technischen Gebilden werden vorwiegend ebene und zylinderförmige Flächen benutzt, weil diese meist mit weniger Aufwand präziser herstellbar sind als alle übrigen Flächenformen.

Bild 5.4.8 und 5.4.9 zeigen einige Formwechsel-Beispiele von Kanten, Flächen, Bauteilen und Baugruppen. Von „Formwechsel" kann man nur

Bild 5.4.8 a–i Gestaltvariationen von Linien, Teiloberflächen und Bauteilen durch Variation der Form von Linien (a, b) und Teiloberflächen (c bis i). Profilwellen (d), Wälzkörper (e), Zahnriemenflankenformen (f), Ventilflächen (g), Kurvengetriebe (h), intermittierende Getriebe (i)

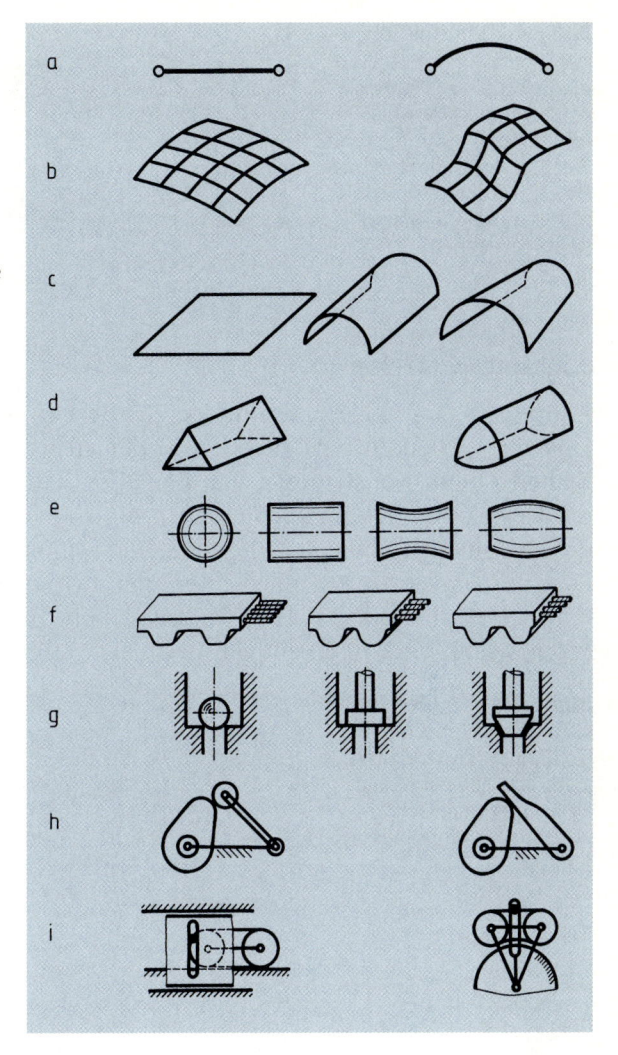

bei Kanten und Teiloberflächen sinnvoll sprechen. Formwechsel an Bauteilen und Baugruppen sind Formwechsel an den Teiloberflächen von Bauteilen bzw. Formwechsel an den Teiloberflächen von Bauteilen der betreffenden Baugruppen, wie die Beispiele h und i in Bild 5.4.8 zeigen.

Als *Formwechsel* soll das Entwickeln alternativer Gestaltvarianten von Linien (Kanten) und Teiloberflächen durch Variieren des Formparameters von Kanten oder Teiloberflächen bezeichnet werden. Der Formparameter kann die qualitativen Werte gerade, kreisförmig ... bzw. eben, zylinder-, kegel-, kugel-, torusförmig ... annehmen.

Bild 5.4.9 Ellipsoidförmiger Scheinwerferreflektor. Eigenschaftsänderungen von Scheinwerferreflektoren konnten durch einen Wechsel der Reflektorform erzielt werden (ellipsoid- statt paraboloidförmige Reflektorflächen)

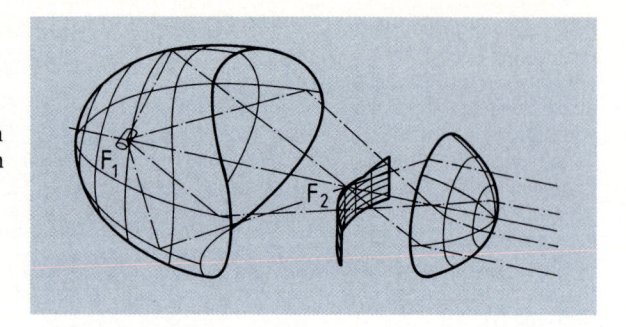

3. Werkstofflagewechsel

Alternative Gestaltvarianten finden sich ferner durch einen Wechsel der Lage des Werkstoffs bezüglich einer oder mehrerer Teiloberflächen eines Bauteils. Beim Konstruieren von Bauteilen hat der Konstrukteur neben der Gestalt von Teiloberflächen auch die Lage des Werkstoffs bezüglich dieser Teiloberflächen festzulegen (s. Bild 5.4.10 a–c). Durch Variation der Lage des Werkstoffs bezüglich einer oder mehrerer Teiloberflächen findet man unterschiedliche Gestaltvarianten von Teiloberflächen bzw. Bauteilen, wie Bild 5.4.10 an einigen Beispielen zeigt. Variiert man die Werk-

Bild 5.4.10 a–d Gestaltvariation technischer Gebilde durch Werkstofflagewechsel bezüglich einer oder mehrerer Teiloberflächen – Beispiele (a bis d)

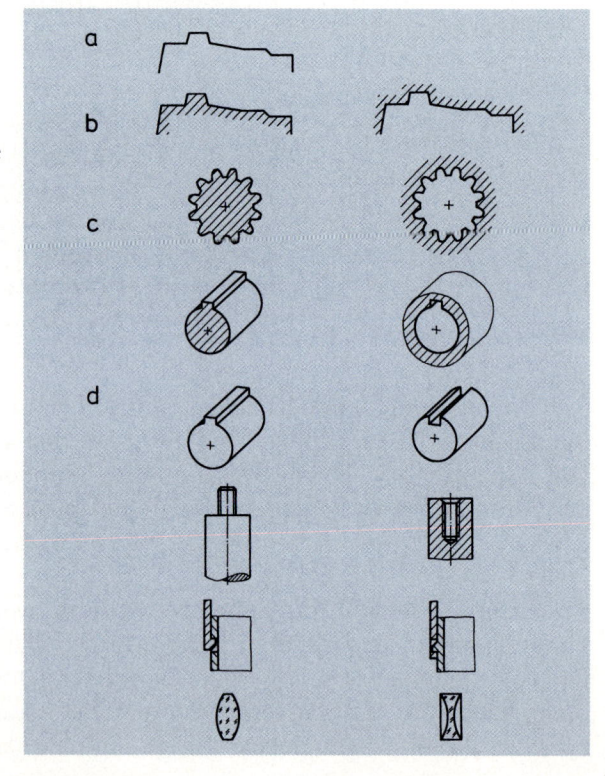

stofflage an geschlossenen, zusammenhängenden Teiloberflächen, so erhält man jeweils Voll- oder Hohlkörper (Bild 5.4.10 c). Wechselt man die Werkstofflage nur bezüglich einiger Teiloberflächen eines Bauteils, oder denkt sich diese Teiloberflächen bezüglich der übrigen Teiloberflächen eines Bauteils „umgestülpt", so entstehen Gestaltvarianten, wie sie Bild 5.4.10 d zeigt.

Unter einem *Werkstofflagewechsel* soll das Entwickeln alternativer Gestaltvarianten von Teiloberflächen bzw. Bauteilen verstanden werden, indem man den Werkstoff auf die eine oder andere Seite einer oder mehrerer Teiloberflächen von Bauteilen legt. Der Gestaltparameter „Werkstofflage" kann zwei Werte annehmen, Werkstoff auf Seite 1 oder 2.

4. Reihenfolgewechsel

Unterschiedliche Gestaltvarianten bzw. Lösungen lassen sich auch dadurch finden, daß man die Reihenfolge von Gestaltelementen variiert. Gestaltelemente können Kanten (Linien), Teiloberflächen, Bauteile, Baugruppen oder komplexere Gebilde sein.

Gestaltvarianten eines Konturzugs oder eines Bauteils findet man durch Vertauschen der Reihenfolge der Konturelemente (Bild 5.4.11 a) bzw. der Teiloberflächen (Bild 5.4.11 b).

Bild 5.4.11 a–d Gestaltvariation technischer Gebilde durch Reihenfolgewechsel der Gestaltelemente. Linienelemente (a), Flächenelemente (b), Bauteile/Baugruppen (c, d, e, f). Reihenfolgewechsel der Bauteile „Typenkopf, Farbband, Papierbahn, Hammer" (c); Reihenfolgewechsel der Baugruppen „Vertikal- und Horizontaleinstellgetriebe" bei PKW-Sitzsystemen (d)

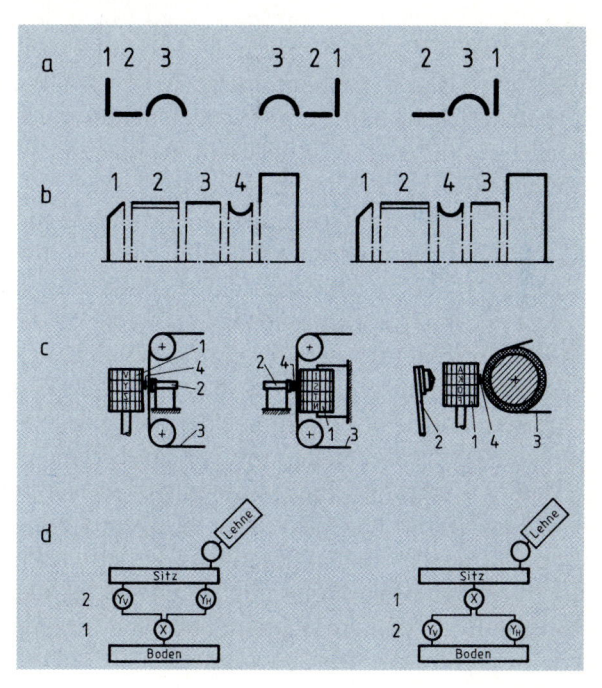

Bild 5.4.11 e–f Fortsetzung Reihenfolgewechsel der Baugruppen „Friktionstransportantrieb" und „Richtelement" einer Einrichtung zum Schneiden endlos gewebter Frottée-Handtücher (e); Reihenfolgewechsel „Motor" und „Achsen" bei Personenkraftwagen (f)

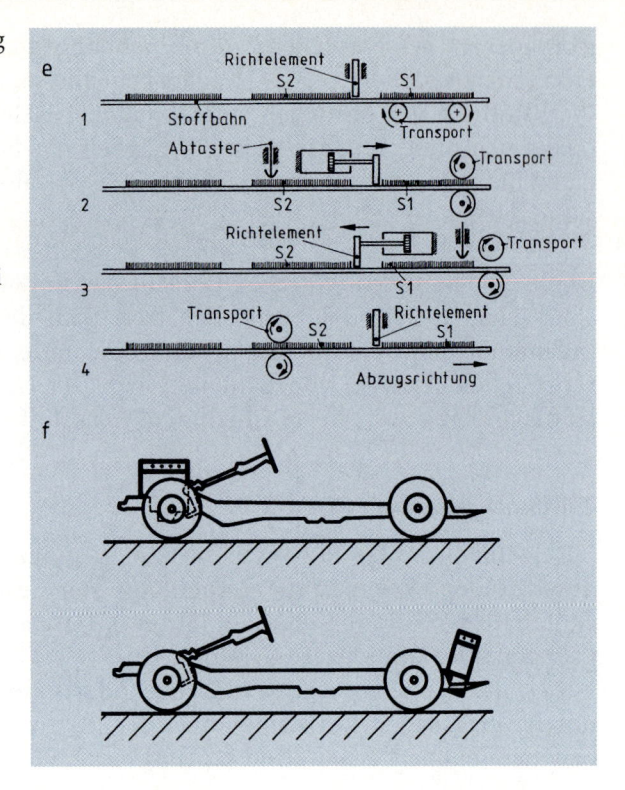

Beispielsweise kann man sich die in Bild 5.4.11 c gezeigten Druckwerkvarianten durch Reihenfolgewechsel der Elemente „Druckhammer", Typenkopf, Farbband und Papier entstanden denken. Unterschiedliche Fahrzeugsitzsysteme findet man, wenn man die Reihenfolge der Horizontal- und Vertikaleinstellsysteme vertauscht (Bild 5.4.11 d).

Bild 5.4.11 e zeigt ferner verschiedene patentierte und nicht patentierte Maschinensysteme zum Schneiden von „endlosen" Frottéestoffbahnen. Struktur 1 zeigt eine Maschine entsprechend der US-Patentschrift 3 182 536, Struktur 2 eine solche entsprechend der deutschen Patentschrift 25 44 410, Struktur 3 eine bis dato noch nicht ausgeführten Maschine und Struktur 4 entsprechend eine Maschine der Firma Rüttgers.

Einen Motor vor oder hinter der Fahrgastzelle anordnen, kann als weiteres Beispiel eines Reihenfolgewechsels dienen (Bild 5.4.11 f).

Bild 5.4.12 zeigt einen systematischen Reihenfolgewechsel zwischen Wälzlagern und Kegelrädern bei Kegelradgetrieben. In der linken Spalte sind die durch Reihenfolgewechsel theoretisch möglichen Gestaltvarianten schematisch dargestellt; jeweils rechts daneben sind entsprechend vollständig gestaltete Kegelradgetriebe gezeigt, sofern solche in der Literatur gefunden werden konnten.

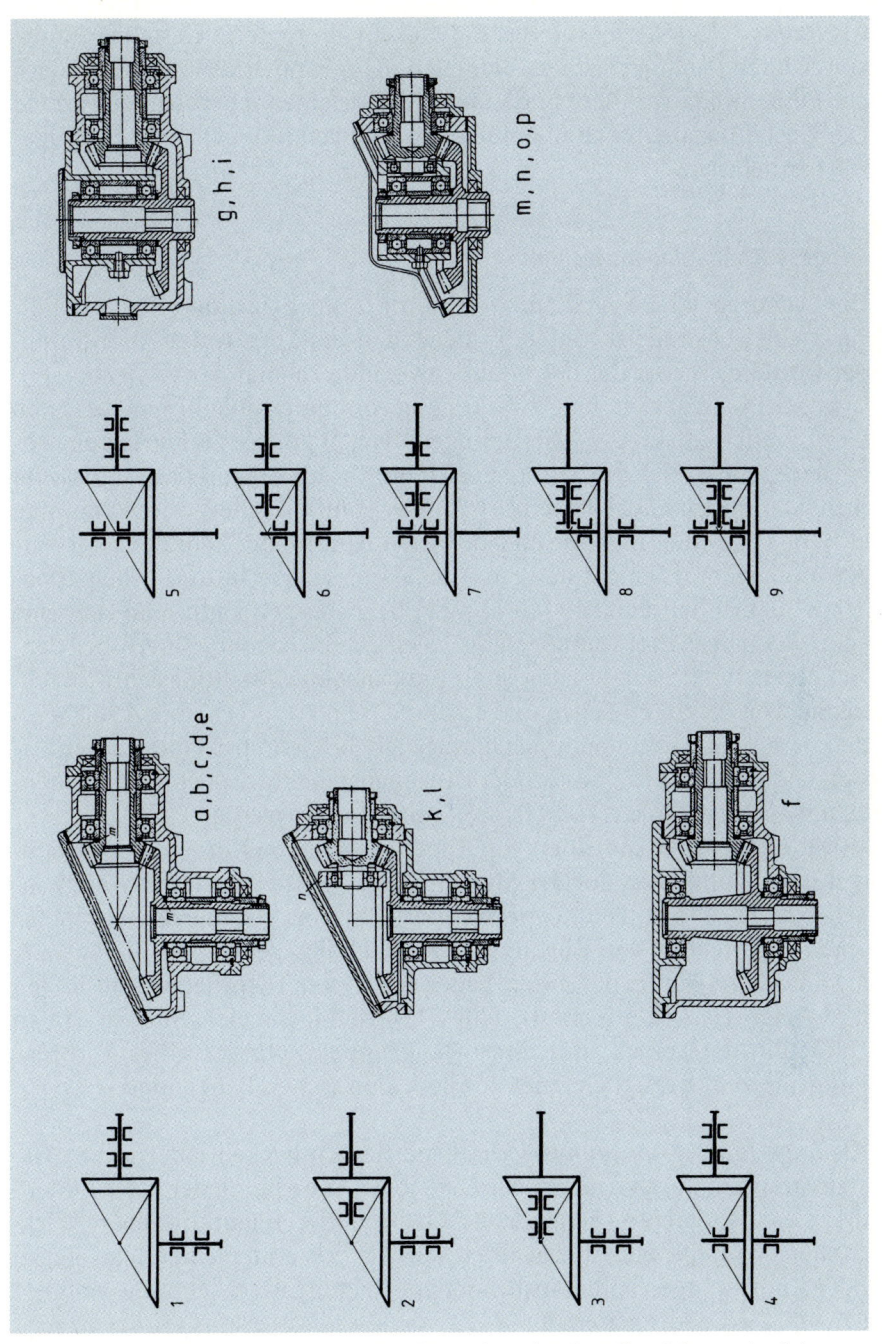

Bild 5.4.12 Gestaltvariation von Kegelradgetrieben durch Reihenfolgewechsel der Bauteile/Baugruppen „Wälzlagerungen, Kegelräder". Schematische Darstellung (Spalte 1 und 3) und entsprechende praktische Ausführungen (Spalte 2 und 4)

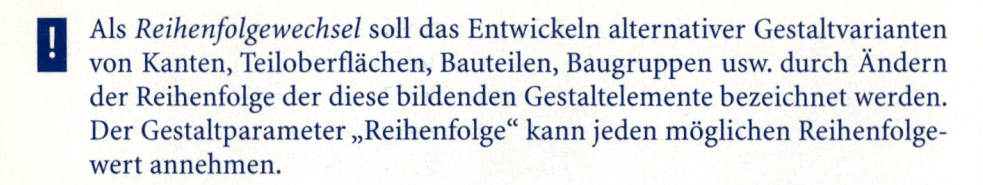

! Als *Reihenfolgewechsel* soll das Entwickeln alternativer Gestaltvarianten von Kanten, Teiloberflächen, Bauteilen, Baugruppen usw. durch Ändern der Reihenfolge der diese bildenden Gestaltelemente bezeichnet werden. Der Gestaltparameter „Reihenfolge" kann jeden möglichen Reihenfolgewert annehmen.

5. Lage- oder Anordnungswechsel

Des weiteren lassen sich für bestimmte Aufgaben alternative Gestaltvarianten (Lösungen) finden, in dem man die Lage (oder Anordnung) der Gestaltelemente der betreffenden Gebilde zueinander variiert.

In der Praxis spricht man zweckmäßig von „unterschiedlichen diskreten Lagen" oder „diskreten Anordnungen" von Bauteilen, Baugruppen etc., auch wenn man sich die betreffende Gestaltvariante theoretisch stetig oder nicht stetig ineinander überführt denken kann. Beispielsweise kann man sich die Lage einer in Reihe angeordneten Baugruppe „Zylinder eines Verbrennungsmotors" nicht stetig in eine „Ebene senkrecht zur Kurbelwellenachse" überführt denken (s. Bild 5.4.13 h). Hingegen kann man sich eine „90°-V-Motorenanordnung" stetig in einen Boxermotor überführt denken. Deshalb ist es zugunsten einer praxisnahen Gestaltungslehre zweckmäßig, von diskreten Lagen und Lagewechseln zu sprechen und solche zu definieren, auch wenn man sich diesbezügliche Gestaltvarianten durch stetige Änderung eines Winkel- oder Längenabstands zwischen zwei Elementen entstanden denken kann (s. a. 8. „Abmessungswechsel").

Das alternative Anordnen von Typen, Gewinden, Kurven, Verzahnungen und Laufflächen auf die Mantel-, Kegel- oder Planfläche von zylinder- bzw. kegelförmigen Körpern (Bild 5.4.13 a bis e) kann als Beispiel für einen Lagewechsel von Wirkflächen an Bauteilen gelten. Die Bilder 5.4.13 f, g und h zeigen ferner einen Lagewechsel der Dichtflächen an Reifen und Felge (Fa. Continental), eines Hydraulik-Bauelements an einem Hydrauliksteuerblock und einer Baugruppe „Zylinder eines Verbrennungsmotors" bezüglich einer zweiten, identischen Baugruppe.

! Als *Lage- oder Anordnungswechsel* soll das Entwickeln alternativer Gestaltvarianten durch Ändern der Lage- bzw. Anordnung der diese bildenden Gestaltelemente (Teiloberflächen besonderer Funktionen = Wirkflächen, Bauteile etc.) bezeichnet werden. Als unterschiedliche Lagen oder Anordnungen sollen insbesondere Neigungswechsel um jeweils 90° (0°, 90°, 180°, 270°) gelten.

5.4 Allgemeine oder produktneutrale Gestaltungsprozesse

Bild 5.4.13 a–h Gestaltvariationen technischer Gebilde durch Lage-/Anordnungswechsel von Wirkflächen bezüglich Teiloberflächen eines Bauteils (a, b, c, d, e, f) und Baugruppen bezüglich Bauteile oder Baugruppen (g, h). Typenträger (a), Gewinde (b), Verzahnung (c), Laufflächen (e), Verbindungsfläche (Dichtfläche Reifen-Felge) (f), Hydraulikbauelement-Hydrauliksteuerblock (g), Zylindereinheit bei Verbrennungsmotoren (h)

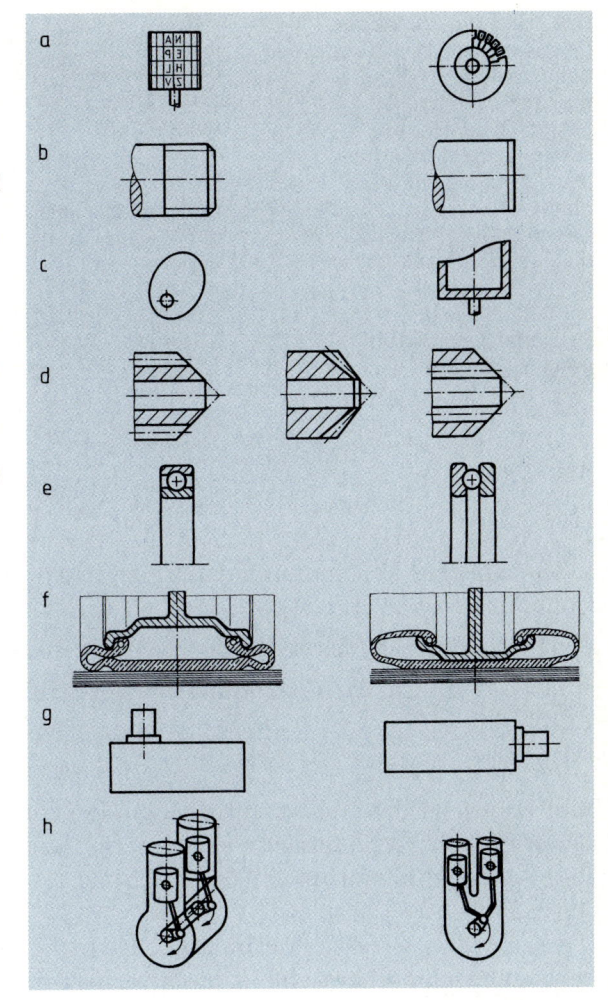

6. Verbindungsstrukturwechsel

Alternative Lösungen finden sich auch durch Variation von Verbindungsstrukturen der zu verbindenden Gestaltelemente. Hat man mehr als zwei Gebilde (Kanten, Teiloberflächen, Bauteile etc.) miteinander zu verbinden, so existieren für solche Aufgaben mehrere Lösungen. Im Falle dreier zu verbindender Elemente existieren insgesamt vier verschiedene Verbindungsstrukturen (3 Minimal- und eine Maximalstruktur).

Das Verbinden dreier zylindrischer Lagerflächen mittels rechteckiger Stangenprofile und das Verbinden dreier Anschlußflächen (1, 2, 3) mittels Leitungen (Bohrungen) in einem Hydrauliksteuerblock können hierzu als Beispiele dienen (Bild 3.4.7 a, b).

Bild 5.4.14 a–c Variationsmöglichkeiten von Verbindungsstrukturen (Schema) durch Ändern der Maximalzahl der von einem Element ausgehenden Verbindungen (a), durch Ändern der Gesamtzahl der Verbindungen einer Struktur (b) und/oder durch Ändern der Relativlage bzw. Reihenfolge der Verbindungen (c)

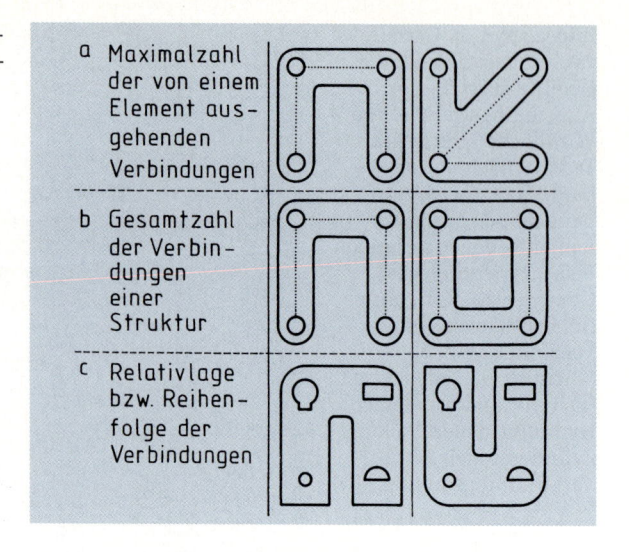

a Maximalzahl der von einem Element ausgehenden Verbindungen

b Gesamtzahl der Verbindungen einer Struktur

c Relativlage bzw. Reihenfolge der Verbindungen

Verschiedene Verbindungsstrukturen lassen sich finden durch Variation

- der Maximalzahl der von einem Element ausgehenden Verbindungen,
- der Gesamtzahl der Verbindungen einer Struktur und
- der Relativlage (oder Reihenfolge) der Verbindungen (siehe Bild 5.4.14).

Bild 3.4.7 zeigt diese unterschiedlichen Vorgehensweisen (Schema), zur Variation von Verbindungsstrukturen, für 4 zu verbindende Elemente. Bild 3.4.8 zeigt hierzu ein einfaches Beispiel.

> Als *Verbindungsstrukturwechsel* soll das Entwickeln alternativer Gestaltvarianten technischer Gebilde durch Variieren deren Verbindungsstrukturen bezeichnet werden.

7. Spiegelbildliche Gestaltvarianten oder Links-Rechtsausführungen

Alternative Gestaltvarianten technischer Gebilde finden sich auch durch Spiegeln bzw. Entwickeln sogenannter „Links- oder Rechtsausführungen". Links-Rechtsgewinde, linke und rechte Kotflügel, linke und rechte PKW-Türen sowie linke und rechte Türbeschläge können hierzu als Beispiele gelten. Durch Spiegeln kann man sich die eine Ausführungsgestalt aus der anderen entstanden denken. Unterschiedliche Links-Rechtsausführungen gibt es von Kanten (Linien), Teiloberflächen, Bauteilen, Baugruppen usw., und zwar immer dann, wenn diese von asymmetrischer Gestalt sind (s. Bild 5.4.15).

Bild 5.4.15 a–d Gestaltvariieren von Linien (a), Flächen (b), Bauteilen (c) und Baugruppen (d) durch „Spiegeln" um eine Achse (Links-Rechtsausführungen) – Beispiele

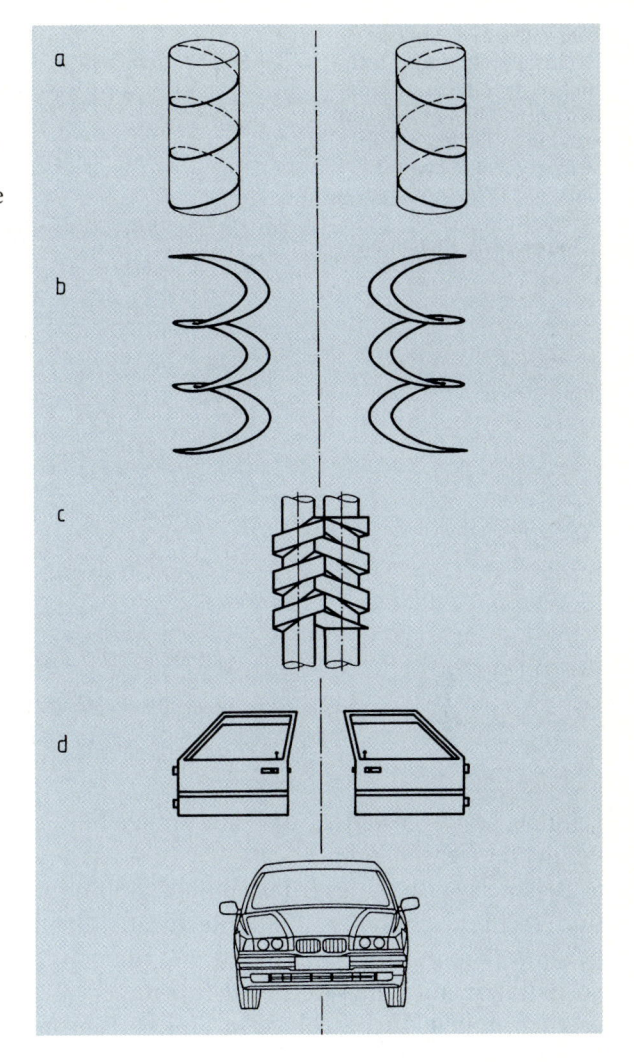

Spiegeln kann dazu benutzt werden, zu einer Variante eine weitere Gestaltvariante zu finden; so beispielsweise zu einer Gestaltvariante eines Schlüssels (Schlüsselbart) eine weitere, spiegelbildliche Variante.

Als *Spiegeln* soll das Entwickeln von Links- aus Rechts- oder Rechts- aus Linksausführungen bzw. das Entwickeln spiegelbildlicher Gestaltvarianten bezeichnet werden.

In der Praxis ist man aus Kostengründen bemüht, spiegelbildliche Ausführungen technischer Gebilde zu vermeiden. Herstell- und Ersatzteillagerhaltungskosten sind deutlich geringer, wenn es gelingt, technische

Bild 5.4.16 a–d Links-Rechtsausführungen technischer Gebilde und Möglichkeiten zur Vermeidung von Links-Rechtsausführungen (rechte Spalte) – Beispiele: Nut- und Federverbindung (a, b), Schachtel (c), Türbänder (d)

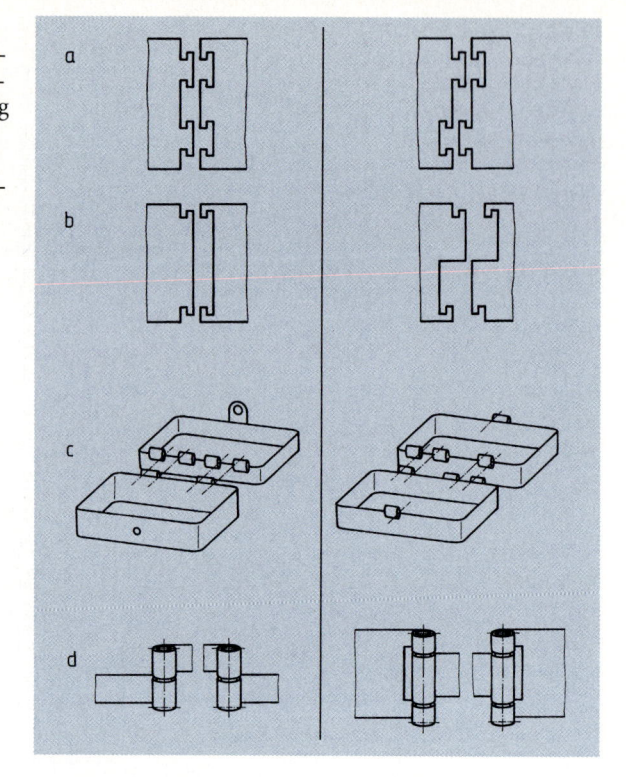

Gebilde so zu gestalten, daß auf spiegelbildliche Bauteilausführungen verzichtet werden kann.

Beispielsweise war es früher üblich, Skibindungen entsprechend linker und rechter Schuhe, in Links-Rechtsausführung zu konstruieren und herzustellen. In neuerer Zeit gestaltet man das System „Schuh-Bindung" so, daß man auf Links-Rechtsausführungen verzichten kann. Früher war es auch üblich, Türbeschläge in Links-Rechtsausführungen zu fertigen. In neuerer Zeit werden Türbeschläge meist so gestaltet, daß diese sowohl für rechts als auch für links angeschlagene Türen benutzt werden können. Bild 5.4.16 zeigt dieses und andere Beispiele zur Vermeidung von Links-Rechtsausführungen.

8. Abmessungswechsel

Schließlich wird die Gestalt technischer Gebilde noch durch deren Abmessungen wesentlich bestimmt. Gestaltvariationen können u.a. durch Abmessungsänderungen erzeugt werden.

Abmessungen technischer Gebilde können Längenabstände zwischen Punkten sowie Längen- und Winkelabstände zwischen Kanten und/oder

Bild 5.4.17 a–e Gestaltvariationen technischer Gebilde durch Variieren von Abmessungen, Längen- und Winkelabständen zwischen Gestaltelementen. Gestaltvariation von Linien (Parabel; a), Teiloberflächen (b, c), Bauteilen (d) und Baugruppen (e; Scheinwerfer)

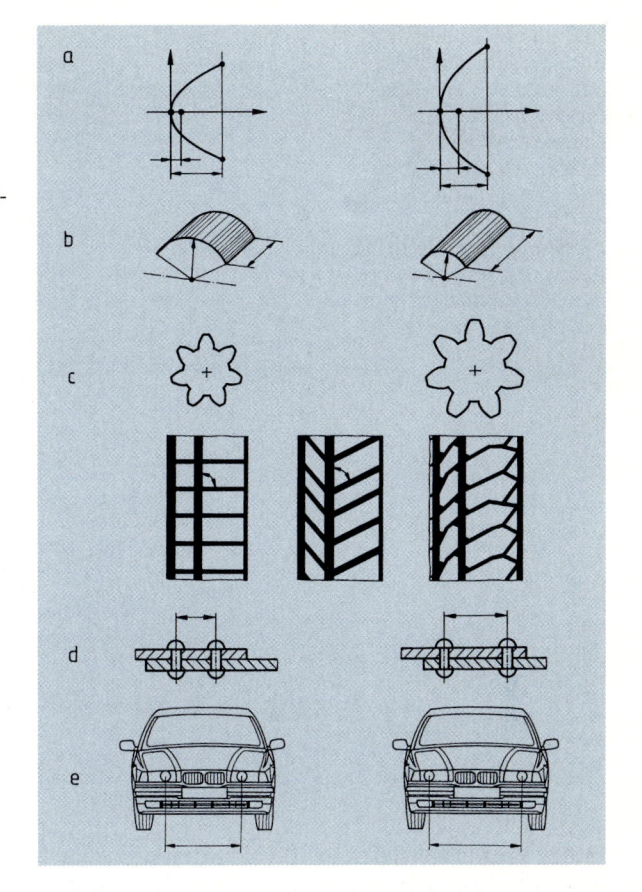

Teiloberflächen von Bauteilen sein. Längen- und Winkelabstände zwischen Bauteilen oder Baugruppen werden üblicherweise auf Abstände von Punkten oder Flächen (Bezugspunkten, Bezugsflächen) der betreffenden Gebilde zurückgeführt. Unterschiedlich große Schrauben, Stifte, Schuhe, Kleidungsstücke etc. können hierzu als Beispiele gelten.

Als Abmessungen sollen ferner noch die Radien r von Kreisflächen, Halbachsen a, b von ellipsen- oder hyperbelförmigen Flächen etc. bezeichnet werden, welche die Gestalt dieser Gebilde ebenfalls bestimmen.

Bild 5.4.17 zeigt Gestaltvarianten von Linien (Kanten), Flächen, Bauteilen und Baugruppen, welche man sich durch Ändern (= Wechsel) von Abmessungen auseinander entstanden denken kann.

Als *Abmessungs- oder Abstandswechsel* soll das Entwickeln alternativer Gestaltvarianten durch Ändern (Vergrößern oder Verkleinern) von Längen- und/oder Winkelabstands- oder anderer Abmessungswerte bezeichnet werden.

Bild 5.4.18 Gestaltvariation von Bildern (Bildkonturen von Früchten) durch Abstandsvariation charakteristischer Bildpunkte, durch Inter- und Extrapolation zwischen charakteristischen Bildpunkten eines Apfels und einer Banane [S. E. Brennan, Spektrum der Wissenschaft, 12/86]

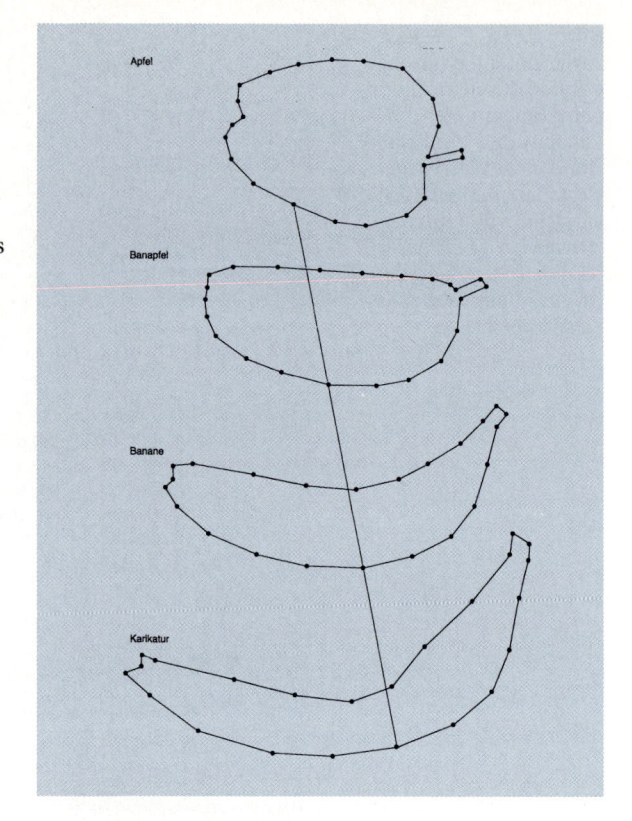

In der Praxis werden Gestaltvarianten nicht „aus Spaß am Gestalten", sondern zu dem Zwecke durchgeführt, an ein Gebilde zu stellende Forderungen, wie beispielsweise bezüglich Festigkeit, Fertigung und Montage zu erfüllen.

Man kann sich diese Regeln auch zur zweckfreien, beliebigen Gestaltung von Gegenständen angewandt denken, beispielsweise zur Gestaltung von Kunstgegenständen oder anderer Produkte, wie die Bilder 5.4.18 und 5.4.19 exemplarisch zeigen.

Die in diesen Bildern gezeigten Gestaltvarianten (Aussehensvarianten) von Früchten und Gesichtern sind durch Abmessungswechsel bzw. Interpolation oder Extrapolation von Abmessungen der Konturen von Früchten- bzw. Gesichtszügen entstanden. Auf diese Weise entstehen durch Abmessungswechsel Inter- oder Extrapolationen der Gestalt bzw. des Aussehens von Naturprodukten, wie von Früchten oder von menschlichen Gesichtszügen.

Läßt man bei Bauteilen bestimmter Gestalt Abmessungen gegen unendlich oder null gehen oder macht Abmessungen gleich, (s. Beispiel Bild 5.4.20), so ändern sich Formen von Teiloberflächen oder es fallen Teil-

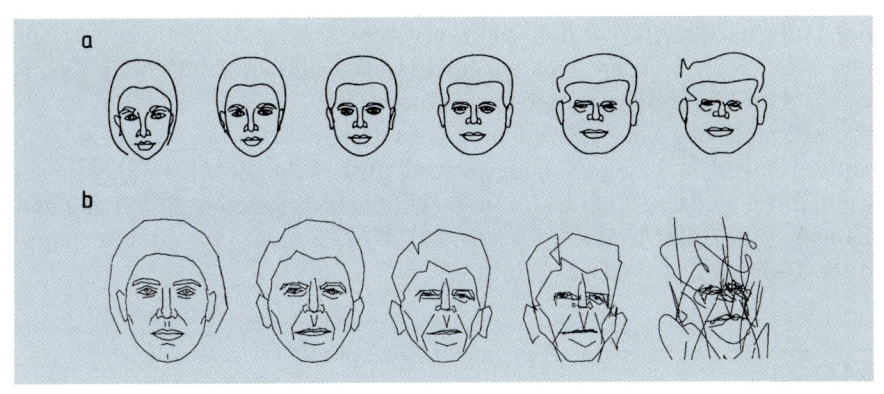

5.4 Allgemeine oder produktneutrale Gestaltungsprozesse 173

Bild 5.4.19 a–b Gestaltvariation von Bildern durch Abstandsvariation charakteristischer Bildpunkte menschlicher Gesichter, durch Interpolation zwischen charakteristischen Bildpunkten der Gesichtszüge Elisabeth Taylors als Kleopatra und J. F. Kennedy (a) und zwischen Bildpunkten eines androgynen Durchschnittsgesichts und jenem von R. Reagan (b) [S. E. Brennan, Spektrum der Wissenschaft, 12/86]

oberflächen weg; es ändert sich die Form und/oder die Zahl von Teiloberflächen eines Bauteils. Sollen derartige Fälle aus praktischen Gründen nicht als Abmessungs-, sondern als Form- bzw. Zahlwechsel (von Teiloberflächen) bezeichnet werden, so muß man vereinbaren, daß Gestaltvarianten, die dadurch entstehen, daß Abmessungen zu null, unendlich

Bild 5.4.20 a–c Abgrenzungen der Gestaltvariationen, welche durch Abstandswechsel entstehen, von solchen, welche durch Zahl- (a), Form- (b) oder anderen Parametervariationen entstehen (Erläuterungen im Text)

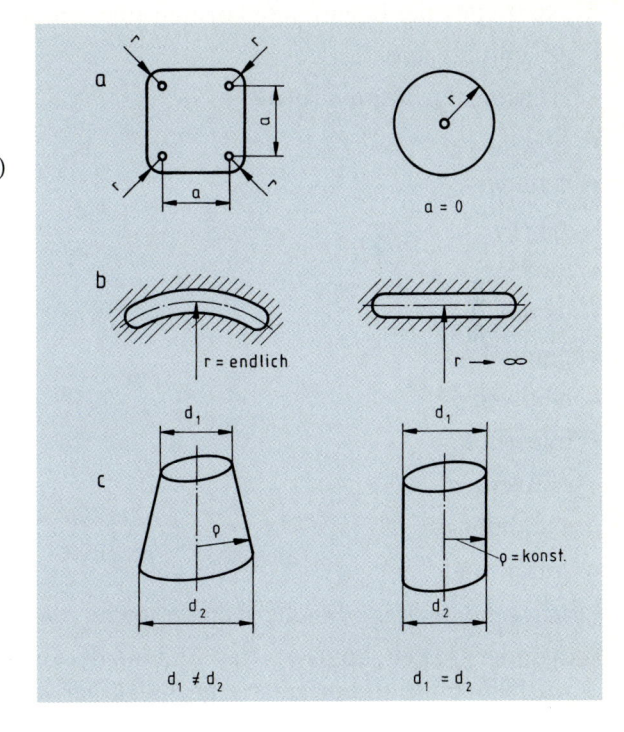

oder gleich gemacht werden, nicht als Abmessungswechsel, sondern als das bezeichnet werden, was sie auch sind, nämlich Zahl- oder Formwechsel oder andere Parametervariationen.

Auch soll das Überführen von Gestaltelementen aus einer in eine andere spezielle Lage als Lagewechsel und nicht als Abstandswechsel bezeichnet werden, auch wenn man sich dieses als stetige Änderung von Längen- und/oder Neigungsabständen denken kann (vgl. hierzu „Lage- oder Anordnungswechsel", Punkt 5).

5.4.4
Bevorzugte spezielle Gestaltvarianten

Betrachtet man eine Vielzahl technischer Produkte, so stellt man fest, daß diese sehr häufig ein spezielles Aussehen aufweisen; es sind *spezielle Gestaltvarianten*; allgemeine Gestaltvarianten werden nach Möglichkeiten vermieden. Der Konstrukteur wählt aus fertigungs- sowie prüftechnischen und vermutlich auch aus ästhetischen Gründen spezielle Formen, Längen- und Winkelabstände, Anordnungen und Verbindungsstrukturen von Gestaltelementen.

Als spezielle oder bevorzugte Formen sollen in diesem Zusammenhang
- geradlinige und
- kreisförmige *Kanten* sowie
- ebene,
- zylinder-,
- kegel-,
- kugel-,
- torus-,
- paraboloid-,
- ellipsoid-,
- hyperboloid-,
- evolventen-,
- zykloiden-,
- spiral- und
- schraubenförmige *Teiloberflächen* sowie
- zylinder-, kegel-, kugel-, torus- und quaderförmige, insbesondere würfelförmige und prismatische *Teilkörper* von Bauteilen

gelten, welche sich mit herkömmlichen Werkzeugmaschinen problemloser und wirtschaftlicher herstellen lassen, als Bauteile mit unregelmäßigen Kanten und Teiloberflächen, wie beispielsweise Freiformflächen von Turbinenschaufeln, Karosserien u. a.

Als spezielle Längen- und Winkelabstände sollen

- parallele,
- rechtwinklige,
- gegenüberliegende (180°),
- fluchtende/bündige,
- tangierende,
- mittige und
- konzentrische

Lageanordnungen von Teiloberflächen, Bauteilen und Baugruppen gelten.

Bild 5.4.21 zeigt Beispiele für bevorzugte spezielle Lagen von Teiloberflächen und Bauteilen.

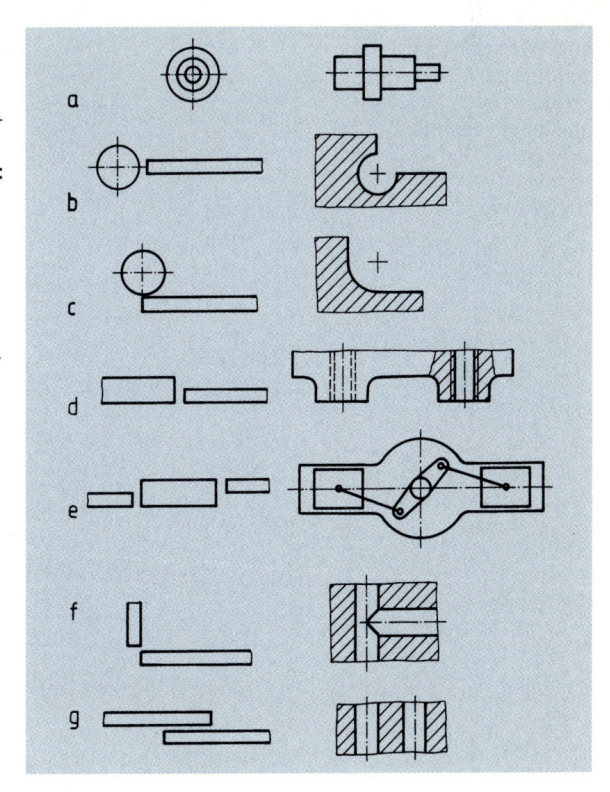

Bild 5.4.21 a–g Beispiele spezieller Längen- und Winkelabstände von Gestaltelementen. Als spezielle Längen- und Winkelabstände sollen u. a. gelten: konzentrisch (a), mittig (b), tangential (c), fluchtend (d), symmetrisch (e), rechtwinklig (f) und parallel (g) angeordnete Teiloberflächen (linke Spalte) und Bauteile (rechte Spalte)

Längen- und Winkelabstände von Teiloberflächen, Bauteilen und Baugruppen werden des weiteren bevorzugt
- gleich- und/oder zumindest
- regelmäßig

gestaltet. Bild 5.4.22 zeigt hierzu einige gleich- und regelmäßige Bohrungsanordnungen an Bauteilen.

Ferner werden Bauteile, Baugruppen und komplexere Gebilde nach Möglichkeit ein- oder mehrfach (bezüglich einer, zwei oder drei Achsen) symmetrisch gestaltet. Die Bilder 5.4.23 und 5.4.24 zeigen hierzu Beispiele.

Viele Pflanzen, Lebewesen und auch wir Menschen sind – von kleinen Abweichungen abgesehen – äußerlich symmetrisch gestaltet. Konstrukteure gestalten technische Gebilde bevorzugt symmetrisch, wenn nicht irgendwelche Gründe dies verhindern. Symmetrische technische Produkte werden von den meisten Menschen als „schöner" empfunden als asymmetrisch gestaltete Produkte.

Bild 5.4.22 a–b Beispiele gleichmäßiger (a) und regelmäßiger (b) Längen- und Winkelabstände von Teiloberflächen. In der Praxis werden gleich- und/oder regelmäßige Längen- und Winkelabstände bevorzugt angewandt

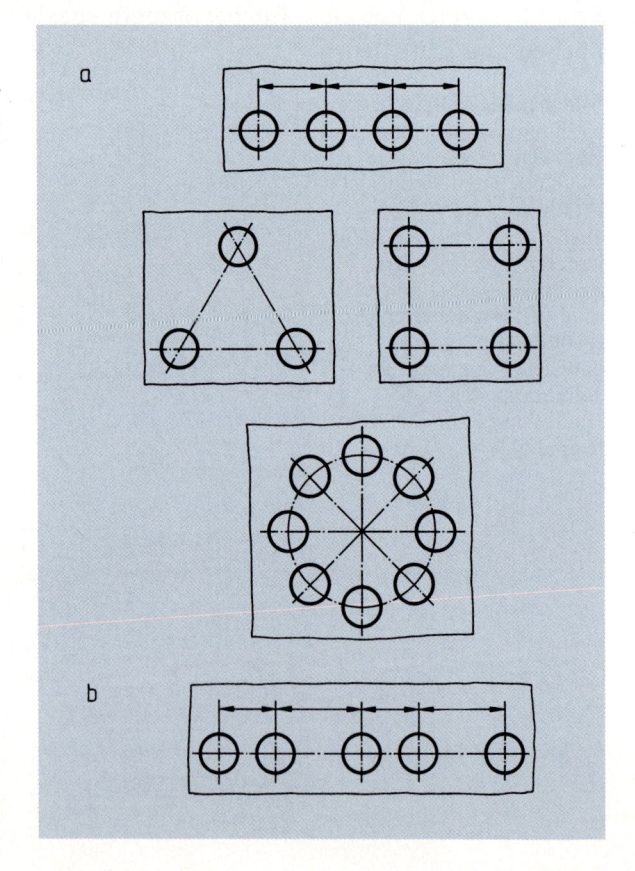

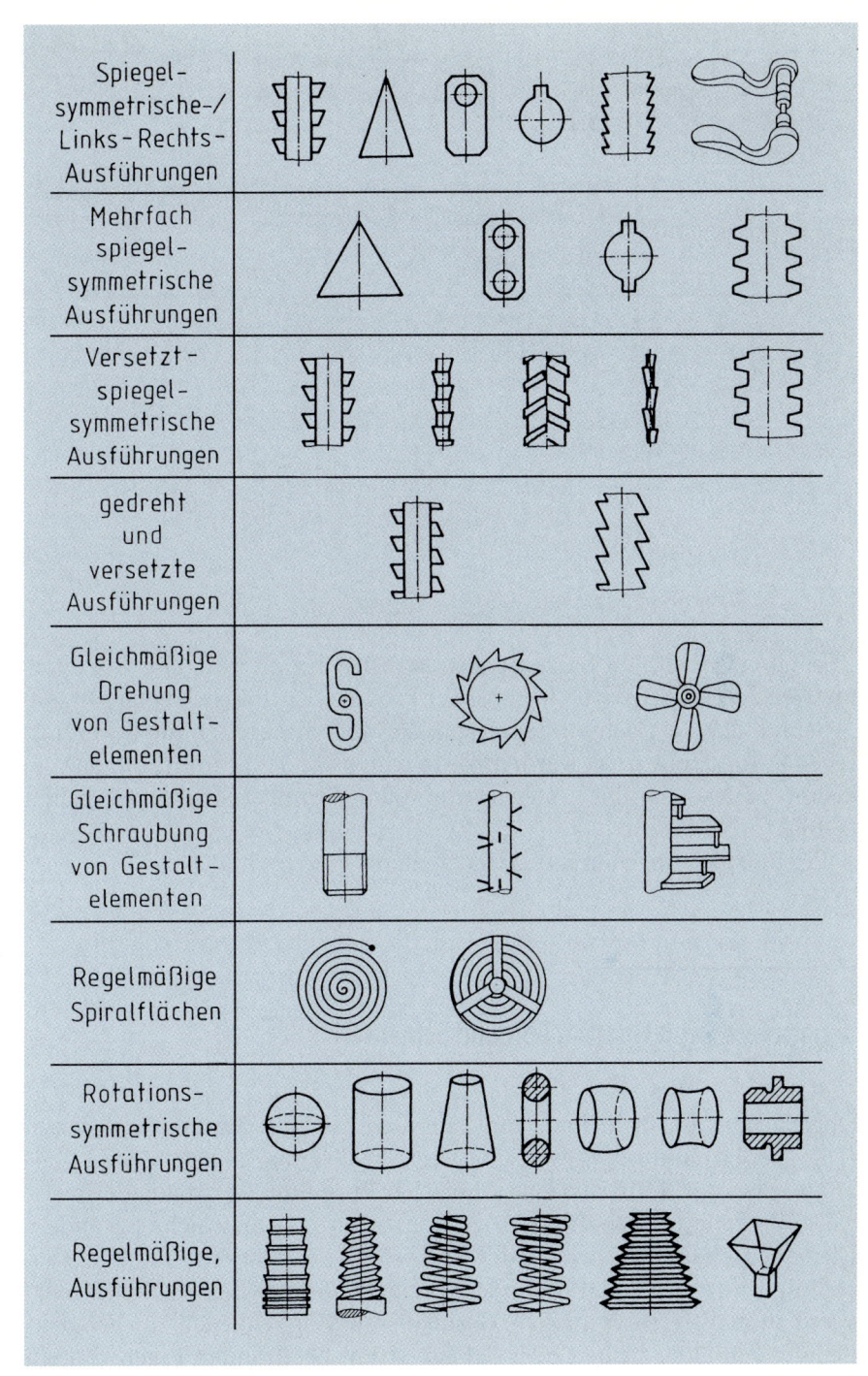

5.4 Allgemeine oder produktneutrale Gestaltungsprozesse

Spiegelsymmetrische-/ Links-Rechts-Ausführungen	
Mehrfach spiegelsymmetrische Ausführungen	
Versetzt-spiegelsymmetrische Ausführungen	
gedreht und versetzte Ausführungen	
Gleichmäßige Drehung von Gestaltelementen	
Gleichmäßige Schraubung von Gestaltelementen	
Regelmäßige Spiralflächen	
Rotationssymmetrische Ausführungen	
Regelmäßige, Ausführungen	

Bild 5.4.23 Bauteile spezieller Gestalt, Beispiele

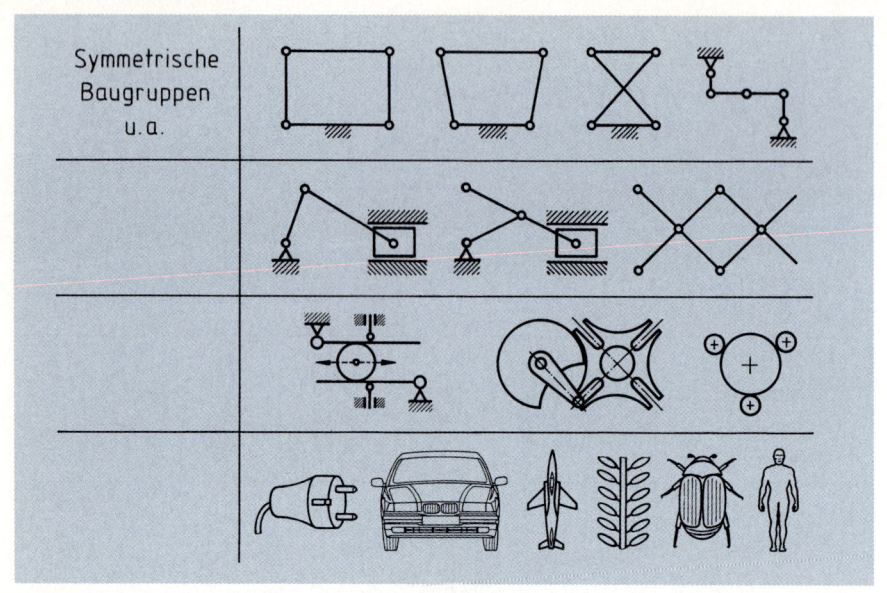

Bild 5.4.24 Baugruppen spezieller Gestalt, Beispiele

In einer Arbeit von Barrenscheen [8] wird auf die Nutzung von Symmetrien zur Konstruktion technischer Produkte ausführlich eingegangen.

Schließlich ist noch zu bemerken, daß technische Gebilde bevorzugt regelmäßig strukturiert werden. Als regelmäßige Strukturen können u. a. ketten-, ring-, parallel-, stern- und baumförmige Strukturen gelten (s. Bild 3.4.5 a bis e).

Ein Beispiel einer unregelmäßigen Struktur zeigt Bild 3.4.5 f.

5.5
Konstruieren von Oberflächen und Schichten

Oberflächen und Schichten von Bauteilen mit bestimmten Funktionen (Fähigkeiten) und/oder Eigenschaften zu realisieren, ist eine häufige Teilaufgabe bei der Konstruktion technischer Produkte. So können beispielsweise Bauteile mit Oberflächen zu konstruieren sein, welche besondere Gleiteigenschaften besitzen oder korrosions-, oxydations- und hitzebeständig sind, oder einen besonders geringen elektrischen Kontaktwiderstand zu realisieren vermögen. Gesucht sind Möglichkeiten zur Verwirklichung von Oberflächen oder Schichten mit bestimmten Eigenschaften und/oder Funktionen.

5.5 Konstruieren von Oberflächen und Schichten

Oberflächen mit bestimmten Fähigkeiten und Eigenschaften lassen sich durch bestimmte Formgebungen erzeugen, man denke beispielsweise an sphärische oder asphärische Linsenflächen, kugel- und torusförmige Flächen von Wälzlagern, Gelenkflächen verschiedener Freiheitsgrade oder Flügelprofile unterschiedlicher Eigenschaften.

Oberflächen mit bestimmten Eigenschaften oder Fähigkeiten lassen sich ferner durch Fertigung bestimmter Form- und Lagegenauigkeiten sowie Rauheiten (Glattheiten) von Oberflächen erzielen. Als Beispiele können Lager- und optische Flächen, Spiegelflächen, Schiffsrümpfe u.a. dienen. Ferner lassen sich bestimmte Oberflächeneigenschaften von Bauteilen noch durch Beschichten mit geeigneten Werkstoffen erzeugen. Als Beispiele können Bauteilbeschichtungen mit korrosions- oder verschleißbeständigen Werkstoffen, magnetisierbaren, elektrisch leitfähigen Werkstoffen oder Antireflexschichten dienen.

Zusammenfassend lassen sich folgende Konstruktionsregeln angeben: Oberflächen mit bestimmten Fähigkeiten (Funktionen) und Eigenschaften lassen sich durch Festlegen oder Variieren folgender qualitativer und quantitativer Konstruktions- bzw. Oberflächenparameter realisieren oder verändern, und zwar durch,

- Anwenden verschiedener Arten von Werkstoffen (mit unterschiedlichen Eigenschaften),
- Ändern der chemischen Zusammensetzung eines Werkstoffs,
- Dicke, Zahl und Reihenfolge unterschiedlicher oder gleicher Werkstoffschichten,
- Erzeugen bestimmter Formen und Abmessungen von Oberflächen (Makrogestalt),
- Erzeugen bestimmter Form- und Lagegenauigkeiten sowie Rauheiten (bzw. Glattheiten) von Oberflächen (Mikrogestalt, Form- und Lagegenauigkeit).

Um technische Oberflächen mit bestimmten Fähigkeiten oder Eigenschaften konstruieren zu können, ist es notwendig, die Mittel und Wege zu deren Herstellung zu kennen. Die wesentlichen Eigenschaften technischer Oberflächen sind in Kapitel 3.3.8 zusammengefaßt. Mittel und Wege zu deren Realisierung sind die verschiedenen Werkstoffe und Fertigungsverfahren, aus welchen Oberflächen und Schichten gefertigt werden können. Oberflächen aus verschiedenen Werkstoffen fertigen heißt, das betreffende Bauteil aus dem gewünschten Werkstoff zu fertigen oder ein Bauteil (aus irgendeinem Werkstoff) mit dem gewünschten Werkstoff zu beschichten. Oder, eine Oberfläche eines Bauteils durch Diffusion eines anderen Stoffs so zu verändern, daß eine Oberfläche gewünschter Eigenschaften entsteht. Oder, eine Oberfläche eines Bauteils durch Herauslösen bestimmter Stoffe so zu ändern, daß eine Oberfläche gewünschter Eigenschaften entsteht.

WERKSTOFFE Zur Herstellung von Schichten und Oberflächen werden hauptsächlich folgende Werkstoffe angewandt:

- *elementare Stoffe:* Stahl, Aluminium, Chrom, Kobalt, Kohlenstoff, Stickstoff, Gold, Platin u. a.
- *Legierungen:* Eisen-, Nickel-, Kobalt-, Kupferlegierungen u. a.
- *Komposite, Dispersionen:* Kohlenstoffstahl und Karbide, Wolframkarbid und Kobalt u. a.
- *Verbindungen:* Karbide, Nitride, Oxyde, Sulfide, Titan-, Aluminium-, Silizium-, Tantal-, Wolfram-, Chrom-, Molybdänborid u. a.
- *Keramische Werkstoffe:* Aluminiumoxyd, Zirkonoxyd, Chromoxyd, Titanoxyd, Magnesiumzirkonat, u. a.
- *Kunststoffe:* Polyamide, Polyacetale, Polyester, Polyethylene, Polypropylene, Fluorpolymere, Polyetheretherketon, Styrolpolymere, Polymer-Blends, Polycarbonat, Schwefelpolymere, Polyimide, Polyvinylchlorid u. a.

VERFAHREN Die Verfahren zur Erzeugung von Schichten und Oberflächen lassen sich in

- schichtaufbauende Verfahren wie Auftragschweißen, thermisches Spritzen, galvanisches PVD-, CVD-Verfahren u. a.,
- schichtumwandelnde Verfahren wie Tempern, Nitrieren, Brünieren u. a. chemische Modifikationen,
- schichtabtragende Verfahren, wie mechanisches, chemisches oder ionenunterstütztes Abtragen

gliedern. Im folgenden sollen die verschiedenen Verfahren zur Erzeugung von Oberflächen- und Schichteigenschaften kurz zusammengefaßt und charakterisiert werden:

- *Auftragschweißen:* Auftragen von Stählen und anderer schweißbarer Legierungen unterschiedlicher Eigenschaften mittels verschiedener Schweißverfahren wie Gas-, Lichtbogen-Inertgasschweißen u. a. Verfahren.
- *Thermisches Spritzen:* Auftragen unterschiedlicher Stähle, Eisen-, Nickel-, Kobalt- u. a. Metallegierungen, Wolfram-, Chrom- u. a. Karbide, keramische Werkstoffe, Schichten unterschiedlicher

Zusammensetzungen (Cermets) mittels verschiedener Spritzverfahren wie Drahtflammspritzen, Pulverflammspritzen, Lichtbogendrahtspritzen, Jet-Kote-Verfahren, u. a.

- *Galvanisches oder elektrolytisches Abscheiden:* Mittels oder ohne Stromzuführung von Außen. Elektrolytisches Abscheiden von Zink, Kupfer, Cadmium, Nickel, Chrom, Silber, Gold (u. a.) mittels elektrolytischer Flüssigkeiten und elektrischer Energie.
- *Anodisches Oxydieren:* Auch Anodisieren, Hartanodisieren oder Eloxieren genannt. Oxydieren der Oberflächen von Bauteilen aus Aluminium oder Titan mittels Elektrolyt und elektrischer Energie. Das Bauteil ist dabei als Anode geschaltet.
- *PVD-Beschichten:* Herstellung von Beschichtungen durch Kondensation gasförmiger Stoffe (z. B. Metalle) auf Bauteiloberflächen (Substrat); PVD = Physical Vapour Deposition. PVD-Beschichtungen durch Beheizen bzw. Verdampfen von Aluminium, Nickel, Chrom, Silber, Gold, Aluminiumoxyd u. a. Stoffen im Vakuum (Vakuumbedampfen) und in elektrisch neutralen oder ionisierten Gasen. Bei Anwendung ionisierter Gase wird das Verfahren auch als Ionenplattieren bezeichnet. Ferner zählen hierzu: Sputtern, Lichtbogenverdampfen, Elektronenstrahlverdampfen, thermisches Verdampfen.
- *Sputterbeschichten:* Auch Sputtern (Kathodenzerstäubung) genannt. Vergasen von Beschichtungsmaterial nicht durch Beheizen, sondern mittels Argon- oder anderer Ionen.
- *Ionenimplantieren:* Eindiffundieren meist von Stickstoff-, Bor- oder/und Kohlenstoffmolekülen in Bauteiloberflächen.
- *CVD-Beschichten:* Herstellen von Überzügen mittels chemischer Reaktionen von gasförmigen Stoffen mit Oberflächen von Bauteilen bei hohen Temperaturen (600–1200° C). Schichtwerkstoffe sind meist Metalle sowie hochschmelzende Nitride, Oxyde, Karbide, Boride, Silizide sowie pyrolytischer Kohlenstoff oder Bor.
- *Diffusionsverfahren:* Eindiffundieren von Metallen durch Erwärmen in pulverigen Metallen, beispielsweise in Alupulver (Alitieren), Chrompulver (Inchromieren) oder Zinkpulver (Sherardisieren), Nitrieren, Einsatzhärten.
- *Abtragen bzw. Herauslösen* von Stoffen aus Oberflächen mit weniger nützlichen Eigenschaften und Belassen von Stoffen mit erwünschten Eigenschaften. Beispiel: Herauslösen von Aluminium und/oder Magnesium aus Kolbenoberflächen und Belassen des Siliziums bei Kolben aus Leichtmetall-Silizium-Legierungen.

- *Schweiß-, Spreng- oder Walzplattieren:* Aufbringen dünner Metallschichten auf ein Bauteil mittels Erwärmen oder mittels hohen Drucks (beispielsweise dünne Alu-, Kupfer-, Nickel-, nichtrostende Stahl-, Silber- oder Goldschichten).
- *Schmelztauchen:* Aufbringen von Schichten durch Tauchen in flüssiges Metall oder andere Stoffe; beispielsweise in flüssiges Aluminium, Zink, Zinn, Blei oder Kunststoff.
- *Brünieren:* Erzeugen einer mäßig beständigen Korrosionsschutzschicht bei Stahlteilen durch Ätzen und Oxydieren sowie anschließendem Tauchen der Bauteiloberflächen in heißes Öl (150°C).
- *Phosphatieren:* Tauchen in wäßrige Metall-Phosphatlösungen; schwacher Korrosionsschutz.
- *Einbrennen von Pulvern:* Emaillieren; Aufbringen glasartiger Überzüge.
  - Siebdruck
  - Sol-Gel-Verfahren
  - mechanische, chemische ionenunterstützte Abtrageverfahren
- *Adhäsionsüberzüge:* Häufig werden auch Farb- und Lacküberzüge, Asphalt-, Teer- sowie Zementüberzüge als Korrosionsschutz für Bauteile aus Stahl, Holz oder anderen Werkstoffen genutzt [73, 62, 90, 226, 230].
- *Festlegen der Makrogestalt:* Des weiteren lassen sich durch die Parameter Form und Abmessungen wesentliche Funktionen (Fähigkeiten) und Eigenschaften von Oberflächen erzeugen. So lassen sich beispielsweise, mittels unterschiedlicher Formen von Oberflächen, Gelenke mit unterschiedlichen Freiheitsgraden (s. Bild 5.5.1) oder anderen Eigenschaften realisieren (s. auch Bild 3.3.14).

Bild 5.5.1 Realisierung von Oberflächeneigenschaften durch geeignete Gestaltung von Oberflächen. Beispiele: Gelenke mit verschiedenen Freiheitsgraden (a), Kraftübertragungen für unterschiedliche Kräfte und Beweglichkeiten (b).

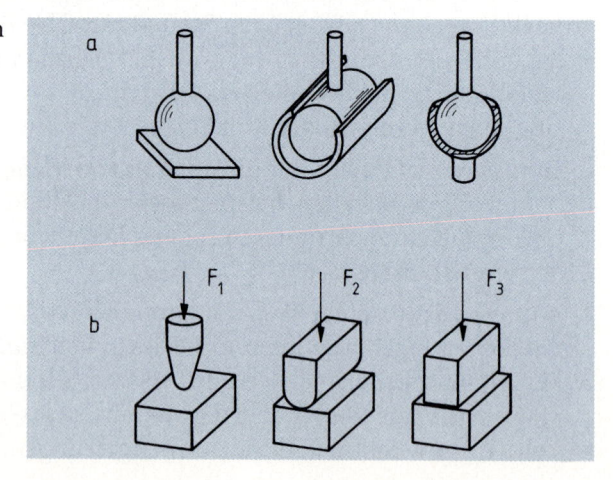

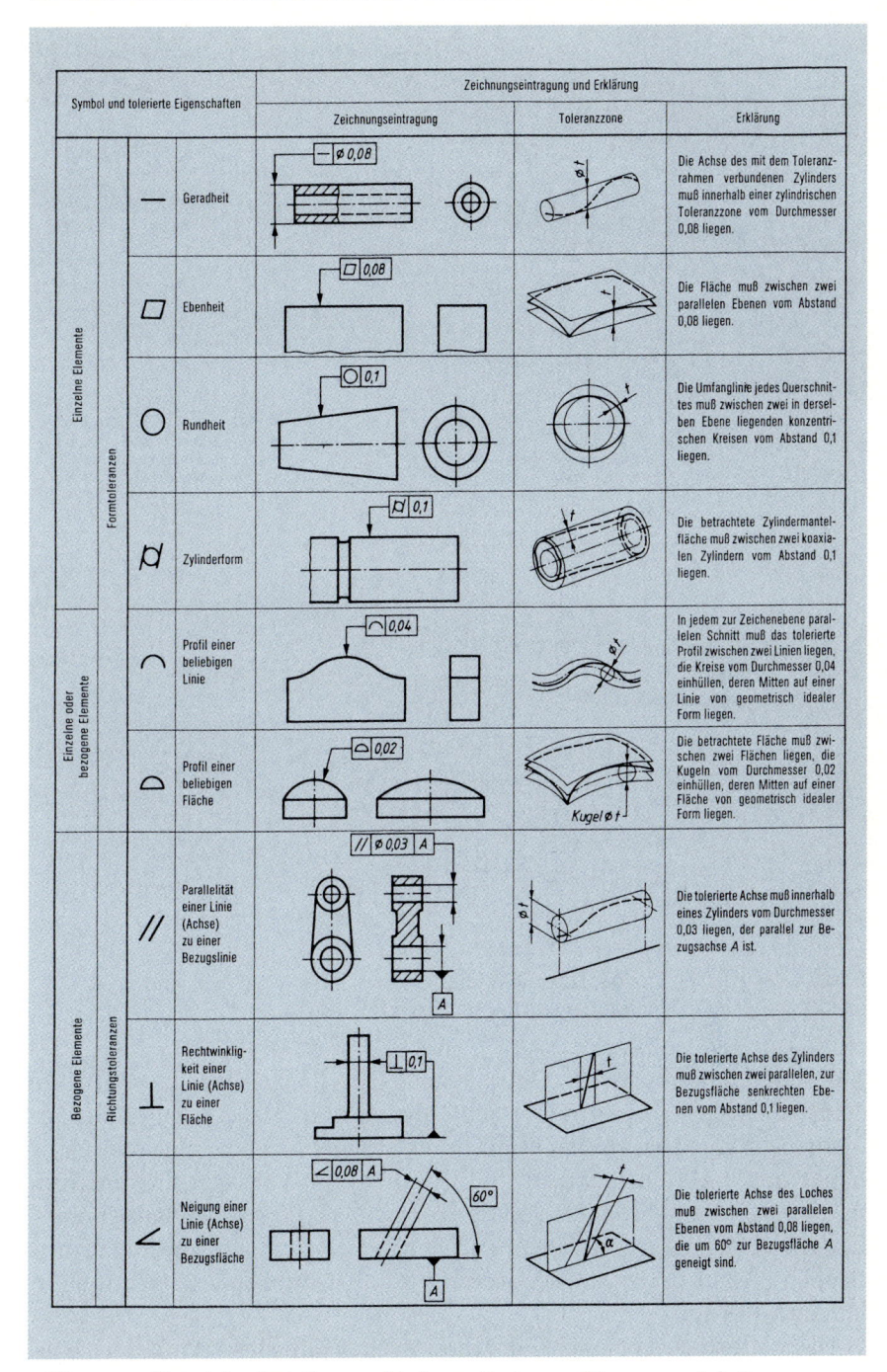

5.5 Konstruieren von Oberflächen und Schichten

Symbol und tolerierte Eigenschaften			Zeichnungseintragung und Erklärung		
			Zeichnungseintragung	Toleranzzone	Erklärung
Einzelne Elemente	Formtoleranzen	— Geradheit	⌀0,08		Die Achse des mit dem Toleranzrahmen verbundenen Zylinders muß innerhalb einer zylindrischen Toleranzzone vom Durchmesser 0,08 liegen.
		▱ Ebenheit	▱ 0,08		Die Fläche muß zwischen zwei parallelen Ebenen vom Abstand 0,08 liegen.
		○ Rundheit	○ 0,1		Die Umfanglinie jedes Querschnittes muß zwischen zwei in derselben Ebene liegenden konzentrischen Kreisen vom Abstand 0,1 liegen.
		⌭ Zylinderform	⌭ 0,1		Die betrachtete Zylindermantelfläche muß zwischen zwei koaxialen Zylindern vom Abstand 0,1 liegen.
Einzelne oder bezogene Elemente		⌒ Profil einer beliebigen Linie	⌒ 0,04		In jedem zur Zeichenebene parallelen Schnitt muß das tolerierte Profil zwischen zwei Linien liegen, die Kreise vom Durchmesser 0,04 einhüllen, deren Mitten auf einer Linie von geometrisch idealer Form liegen.
		⌓ Profil einer beliebigen Fläche	⌓ 0,02	Kugel ⌀ t	Die betrachtete Fläche muß zwischen zwei Flächen liegen, die Kugeln vom Durchmesser 0,02 einhüllen, deren Mitten auf einer Fläche von geometrisch idealer Form liegen.
Bezogene Elemente	Richtungstoleranzen	∥ Parallelität einer Linie (Achse) zu einer Bezugslinie	∥ ⌀0,03 A		Die tolerierte Achse muß innerhalb eines Zylinders vom Durchmesser 0,03 liegen, der parallel zur Bezugsachse A ist.
		⊥ Rechtwinkligkeit einer Linie (Achse) zu einer Fläche	⊥ 0,1		Die tolerierte Achse des Zylinders muß zwischen zwei parallelen, zur Bezugsfläche senkrechten Ebenen vom Abstand 0,1 liegen.
		∠ Neigung einer Linie (Achse) zu einer Bezugsfläche	∠ 0,08 A 60°		Die tolerierte Achse des Loches muß zwischen zwei parallelen Ebenen vom Abstand 0,08 liegen, die um 60° zur Bezugsfläche A geneigt sind.

Bild 5.5.2 a Übersicht über die verschiedenen Form- und Lagegenauigkeiten von Bauteiloberflächen (DIN ISO 1101).

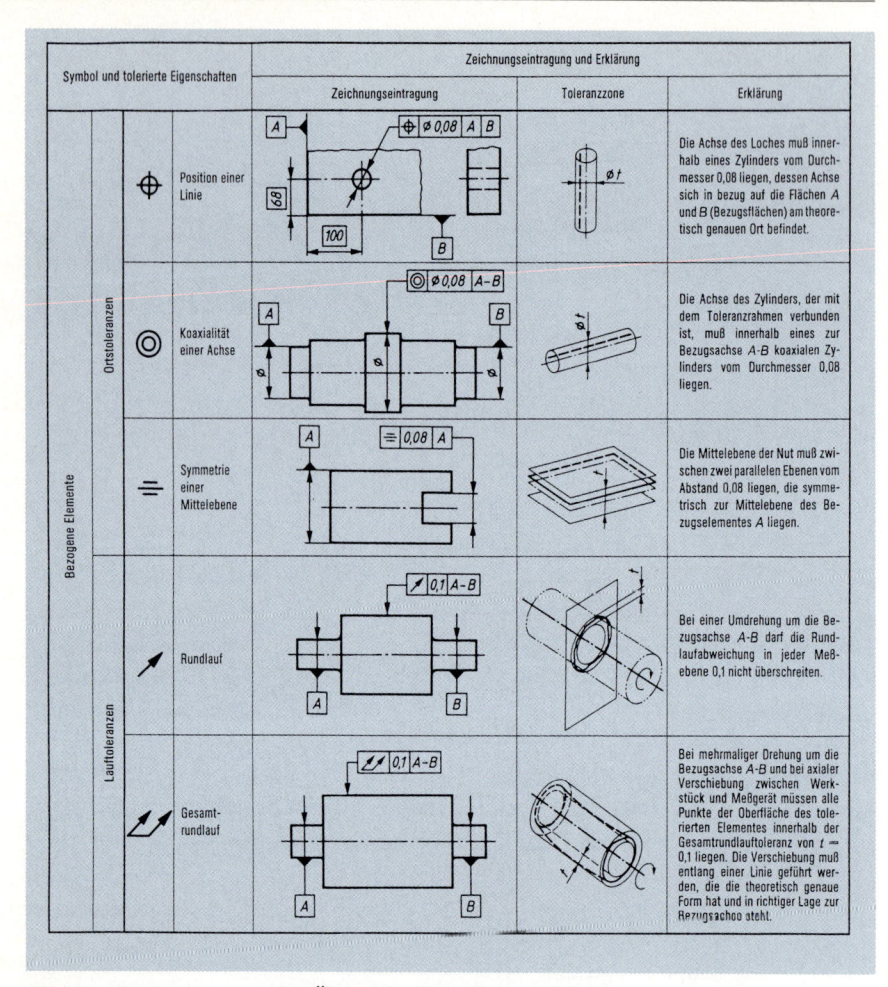

Bild 5.5.2 b Fortsetzung der Übersicht über die verschiedenen Form- und Lagegenauigkeiten von Bauteiloberflächen (DIN ISO 1101).

Zur Herstellung optischer Oberflächen (Oberflächen von Linsen, Spiegeln) bedarf es insbesondere sehr glatter und präziser Oberflächenformen (plane, sphärische, asphärische Flächenformen). Beispielsweise hängt die Funktionsfähigkeit und Qualität von Wälzlagern, Objektiven und Meßgeräten besonders von der Formgenauigkeit deren Bauteiloberflächen ab. In manchen Fällen sind Formabweichungen von Funktionsflächen oft nur in der Größenordnung von Bruchteilen von Lichtwellenlängen zulässig.

Das Reflexionsvermögen von Linsenflächen läßt sich vermindern bzw. deren Lichtdurchlässigkeit läßt sich verbessern durch Aufbringen dünner Magnesiumfluoridschichten ($1/4 \lambda$-Schichten).

Bild 5.5.3 Verschiedene Gestaltabweichungen von Oberflächen nach DIN 4760.

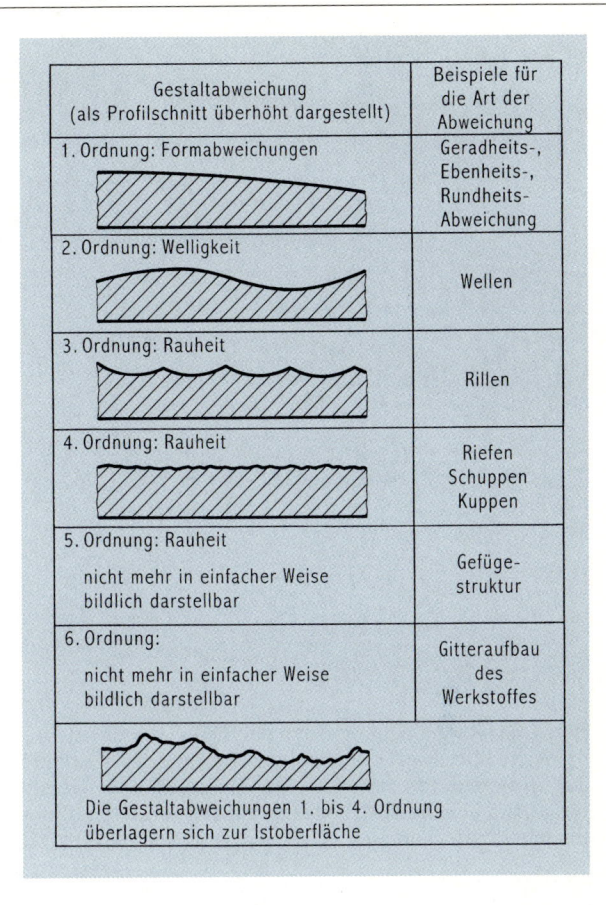

Gestaltabweichung (als Profilschnitt überhöht dargestellt)	Beispiele für die Art der Abweichung
1. Ordnung: Formabweichungen	Geradheits-, Ebenheits-, Rundheits-Abweichung
2. Ordnung: Welligkeit	Wellen
3. Ordnung: Rauheit	Rillen
4. Ordnung: Rauheit	Riefen Schuppen Kuppen
5. Ordnung: Rauheit nicht mehr in einfacher Weise bildlich darstellbar	Gefügestruktur
6. Ordnung: nicht mehr in einfacher Weise bildlich darstellbar	Gitteraufbau des Werkstoffes
Die Gestaltabweichungen 1. bis 4. Ordnung überlagern sich zur Istoberfläche	

Die verschiedenen Form- und Lagegenauigkeiten von Oberflächen sind in Bild 5.5.2 (ISO 1001 oder DIN 7184) zusammengefaßt.
Zur Konstruktion, Beschreibung, Fertigung und Messung präziser, glatter Bauteiloberflächen sind die folgenden Begriffe definiert worden:

- wirkliche Oberflächen: das sind die Begrenzungen fester Körper gegenüber der Umgebung
- Istoberflächen: das sind meßtechnisch erfaßbare Oberflächen
- geometrisch-ideale Oberflächen: das sind Begrenzungen der geometrisch vollkommenen Körper und
- Solloberflächen: das sind in technischen Zeichnungen durch Normen festgelegte vorgeschriebene Oberflächen (DIN 4760).

Ferner können Oberflächen verschieden rauh (glatt) sein. Zur Festlegung und Messung von Oberflächenrauheiten sind verschiedene Parameter festgelegt worden (DIN 4760).

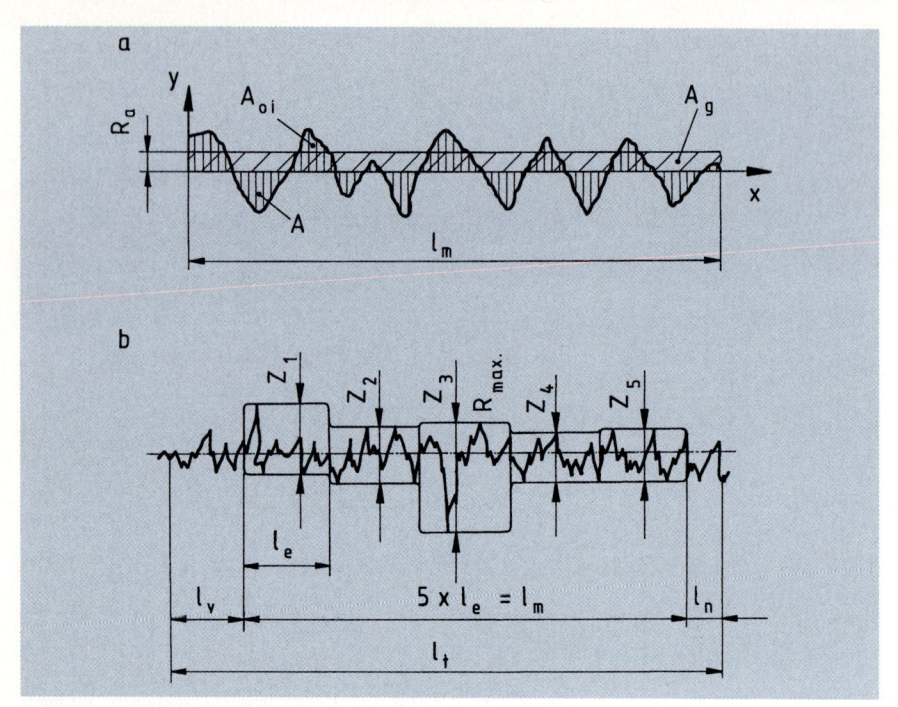

Bild 5.5.4 Rauheitsmeßgrößen nach DIN 4768; Mittenrauhwert R_a (μm) ist der arithmetische Mittelwert der absoluten Beträge der Abstände y des Rauheitsprofils von der mittleren Linie innerhalb der Meßstrecke (a). Gemittelte Rauhtiefe R_z (μm) ist das arithmetische Mittel aus den Einzelrauhtiefen fünf aneinandergrenzender Einzelmeßstrecken. $R_z = 1/5\ (Z_1 + Z_2 + Z_3 + Z_4 + Z_5)$ s. Bildteil b.

Unter Gestaltabweichungen ist die Gesamtheit aller Abweichungen der Istoberfläche von der geometrisch-idealen Oberfläche zu verstehen (s. Bild 5.5.3). Die Gestaltabweichungen der 3. bis 5. Ordnung ergeben die Rauheit einer Oberfläche (s. Bild 5.5.3).

Der Mittenrauheitswert R_a (μm) ist der arithmetische Mittelwert der absoluten Beträge der Abstände y des Rauheitsprofils von der mittleren Linie der Meßstrecke. Der Mittenrauhwert entspricht der Höhe eines Rechtecks, dessen Länge gleich der Gesamtmeßstrecke l_m und das flächengleich mit der Summe der zwischen Rauheitsprofil und mittlerer Linie eingeschlossene Fläche ist (s. Bild 5.5.4 a).

Die gemittelte Rauhtiefe R_z (μm) ist das arithmetische Mittel aus den Einzelrauhtiefen fünf aufeinandergrenzender Einzelmeßstrecken $R_z = 1/5\ (Z_1 + Z_2 + Z_3 + Z_4 + Z_5)$.

Maximale Rauhtiefe R_{max} (μm) ist die größte der auf der Gesamtmeßstrecke l_m vorkommenden Einzelrauhtiefen Z_i; zum Beispiel Z_3 in Bild 5.5.4 b (DIN 4760).

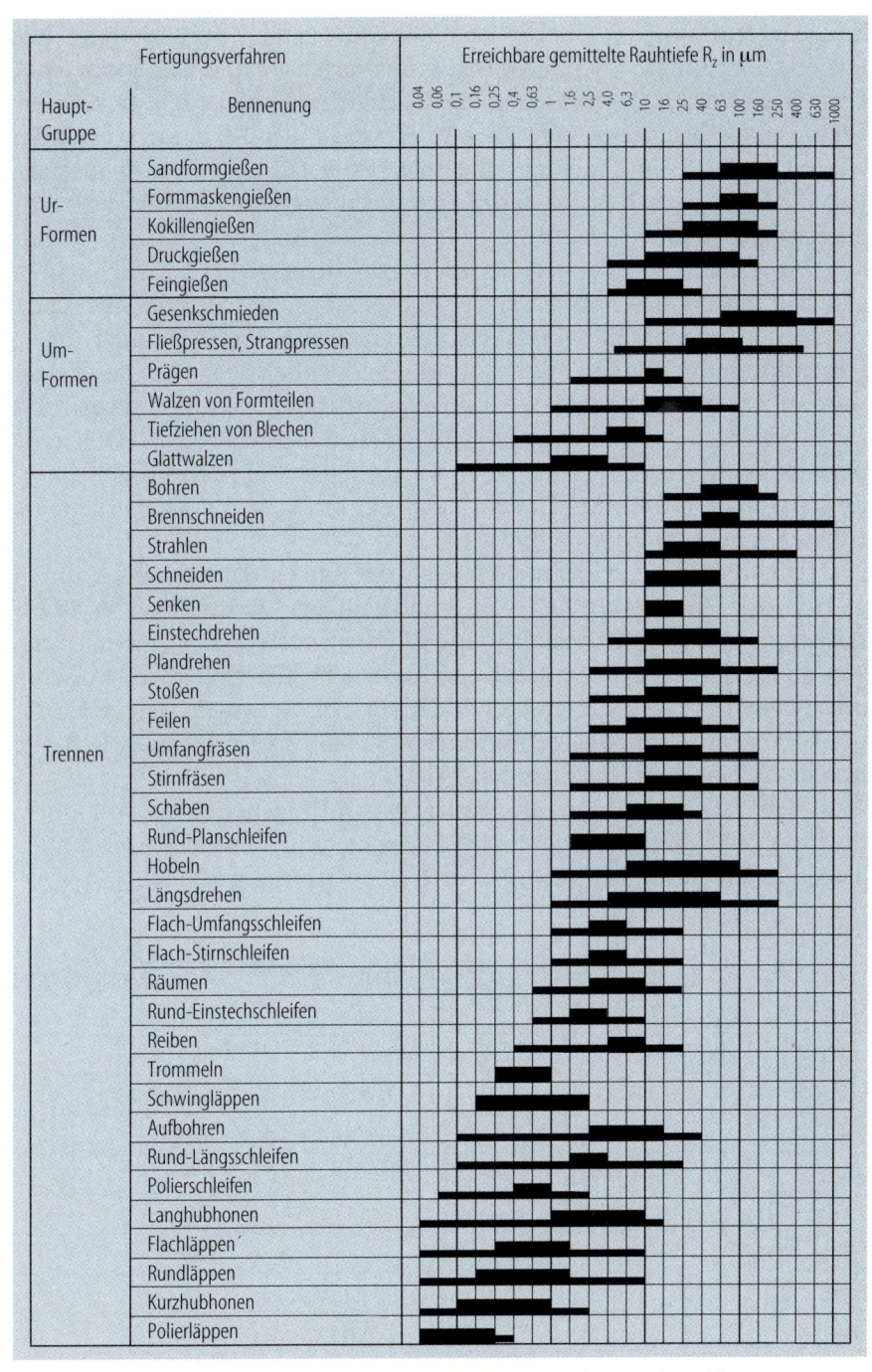

5.5 Konstruieren von Oberflächen und Schichten

Fertigungsverfahren		Erreichbare gemittelte Rauhtiefe R_z in µm
Haupt-Gruppe	Bennenung	0,04 0,06 0,1 0,16 0,25 0,4 0,63 1 1,6 2,5 4,0 6,3 10 16 25 40 63 100 160 250 400 630 1000
Ur-Formen	Sandformgießen	
	Formmaskengießen	
	Kokillengießen	
	Druckgießen	
	Feingießen	
Um-Formen	Gesenkschmieden	
	Fließpressen, Strangpressen	
	Prägen	
	Walzen von Formteilen	
	Tiefziehen von Blechen	
	Glattwalzen	
Trennen	Bohren	
	Brennschneiden	
	Strahlen	
	Schneiden	
	Senken	
	Einstechdrehen	
	Plandrehen	
	Stoßen	
	Feilen	
	Umfangfräsen	
	Stirnfräsen	
	Schaben	
	Rund-Planschleifen	
	Hobeln	
	Längsdrehen	
	Flach-Umfangsschleifen	
	Flach-Stirnschleifen	
	Räumen	
	Rund-Einstechschleifen	
	Reiben	
	Trommeln	
	Schwingläppen	
	Aufbohren	
	Rund-Längsschleifen	
	Polierschleifen	
	Langhubhonen	
	Flachläppen	
	Rundläppen	
	Kurzhubhonen	
	Polierläppen	

Bild 5.5.5 Fertigungsverfahren für Oberflächen und mit diesen erreichbare gemittelte Rauhtiefen (DIN 4766 T1).

Zur Konstruktion von Oberflächenfähigkeiten und -eigenschaften ist es ferner erforderlich, wesentliche Fertigungsverfahren und Werkstoffe, welche zur Herstellung technischer Oberflächen genutzt werden, zu kennen. Technische Oberflächen werden mittels spanender Fertigungsverfahren wie Schneiden, Feinschneiden, Hobeln, Drehen, Fräsen, Feilen, Sandstrahlen, Schleifen, Schaben, Honen, Läppen, Polieren und spanloser Fertigungsverfahren wie Gießen, Stanzen, Stauchen, Rollen, Hämmern, Kugelstrahlen, Schmieden, Sintern oder Prägen hergestellt. Ferner können Oberflächen mit bestimmten Eigenschaften durch Beschichten mit geeigneten Stoffen oder durch Eindiffundieren geeigneter Stoffe oder durch Herauslösen ungeeigneter Stoffe aus deren obersten Schichten hergestellt werden. Mit diesen Verfahren lassen sich mehr oder weniger präzise und mehr oder weniger rauhe (glatte) Oberflächen herstellen. Nach DIN 4766 T1 können mit den verschiedenen Fertigungsverfahren mittlere Rauhtiefen von R_z = 250mm (Hobeln, Drehen) bis R_z = 0,04 mm (Läppen, Honen) erreicht werden (s. Bild 5.5.5).

Durch Wählen von mehr oder weniger harten Stählen sowie durch Härten oder Kaltverfestigen von Stählen lassen sich technische Oberflächen mit Härten von 250 bis 1000 HV (Vickershärte) realisieren. Durch Anwenden anderer Stoffe lassen sich Oberflächen mit noch größeren oder kleineren Härtewerten verwirklichen. Um zu zeigen, welche Härtegrade theoretisch möglich sind, sind in Tabelle 5.5.1 verschiedene Stoffe und deren Härtegrade zusammengestellt.

In den Tabellen 4 bis 13 des Anhangs sind Eigenschaften von Oberflächen sowie Mittel zu deren Realisierung und Beispiele nach unterschiedlichen Ordnungs- und Suchkriterien zusammengestellt.

Tabelle 5.5.1 Vickershärte (HV) verschiedener Stoffe

Stoff	Vickershärte HV	Stoff	Vickershärte HV
Kohle	32	Basalt	700–800
Kalkstein	110	Zementit	840–1100
Eisenerz	470	Chromkarbid	1200–1800
Glas	500	Aluminiumoxyd	2000
Quarz	900–1280	Niobkarbid	2000
Korund	1800	Wolframkarbid	2400
Ferrit	70–200	Siliziumkarbid	2600
Perlit	250–460	Vanadiumkarbid	2800
Austenit	170–350	Borkarbid	3700
Martensit	500–1000	Diamant	10000
Stahl	250–600		

5.6
Restriktionsgerechtes Konstruieren

5.6.1
Übersicht

Die vorangegangenen Abschnitte befaßten sich ausschließlich mit den Regeln zur Synthese, insbesondere mit der Gestaltung technischer Gebilde, ohne Berücksichtigung irgendwelcher Zwecke oder sonstiger Bedingungen. In der Praxis müssen technische Gebilde so konstruiert werden, daß diese bestimmte Zwecke erfüllen, bestimmte Leistungen erbringen, Fertigungs-, Zuverlässigkeits- und vielen anderen Bedingungen genügen. Bild 5.6.1 soll einige an technische Produkte zu stellende Bedingungen exemplarisch veranschaulichen.

Ziel der folgenden Ausführungen ist es, die möglicherweise an technische Produkte zu stellenden Bedingungen möglichst umfassend aufzuzeigen und Richtlinien anzugeben, wie diesen entsprochen werden kann.

Restriktionsgerechtes Konstruieren heißt, technische Produkte so zu konstruieren, daß diese einer Fülle gestellter Bedingungen genügen. Restriktionsgerechtes Konstruieren heißt auch: die an ein Produkt gestellten Bedingungen in entsprechende Produkteigenschaften umzusetzen.

Bild 5.6.1 Technische Systeme haben vielen Bedingungen zu genügen – Beispiel „Verbrennungsmotor"

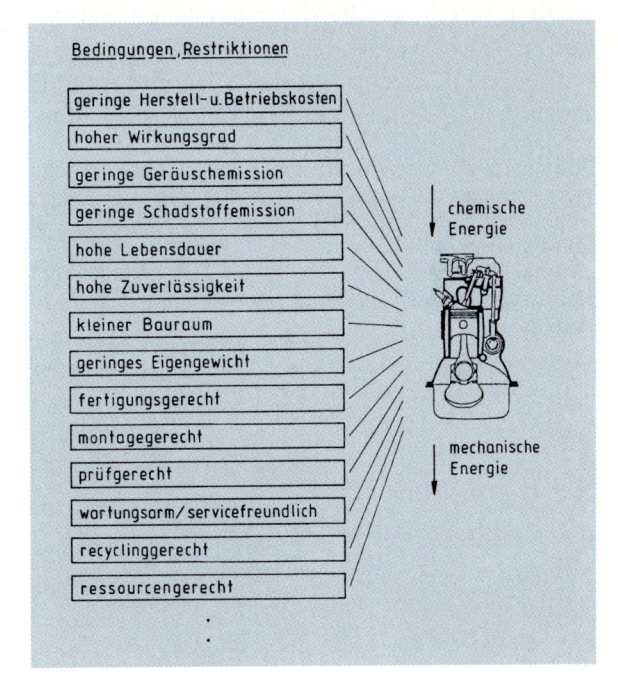

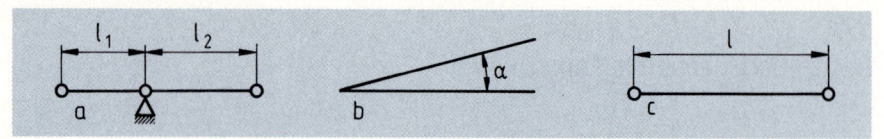

Bild 5.6.2 a–c Gestaltparameter technischer Gebilde, welche durch die diesen zugrundeliegenden physikalischen Effekte gegeben sind, so beispielsweise die Hebellängen l_1, l_2, Keilwinkel a und Stablänge l bei Nutzung des Hebel-, Keil- oder Wärmedehnungseffekts (a, b, c)

Im folgenden sollen die Begriffe „Forderungen, Bedingungen und Restriktionen" gleichbedeutend benutzt und verstanden werden. Die *Gestalt* (G) eines technischen Gebildes (Bauteil, Baugruppe etc.) ist eine Folge

- des physikalischen Prinzips, welches es realisieren soll (s. Bild 5.6.2)
- des Effektträgers oder Werkstoffs, welcher zu dessen Verwirklichung verwendet wird (s. Bild 5.6.3) sowie
- einer Vielzahl von Bedingungen, welche der Markt, die Umwelt, die menschliche Gesellschaft und das System sich infolge eigener Unzulänglichkeiten stellen.

Des weiteren kann die Gestalt technischer Produkte (z.B. Bauteile) noch durch Bedingungen beeinflußt werden, welche von Systemen vorgegeben werden, durch welche diese entstehen, vertrieben, gebraucht, gewartet und repariert werden (siehe Bild 5.6.4).

Die Gestalt G eines Produkts ist eine Folge F des gewählten physikalischen Prinzips und einer Vielzahl zu gewichtender Bedingungen g_1 B_1 bis

Bild 5.6.3 a–c Einfluß des Werkstoffs auf die Gestalt technischer Gebilde gleicher Funktion – Beispiel „Wäscheklammer" aus Holz (a), Kunststoff (b) und Stahl (c)

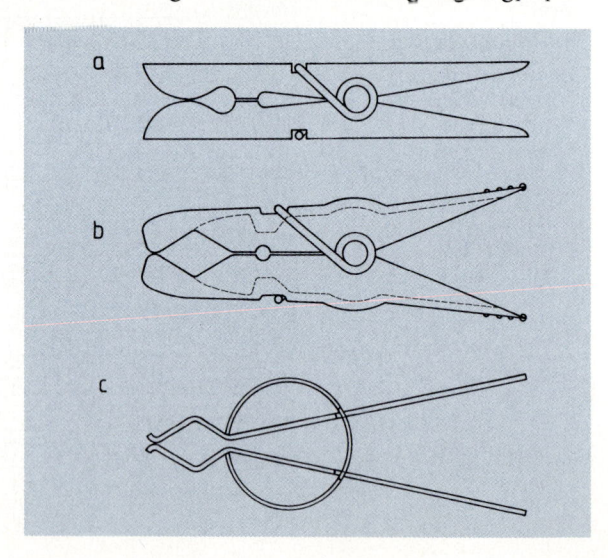

5.6 Restriktionsgerechtes Konstruieren

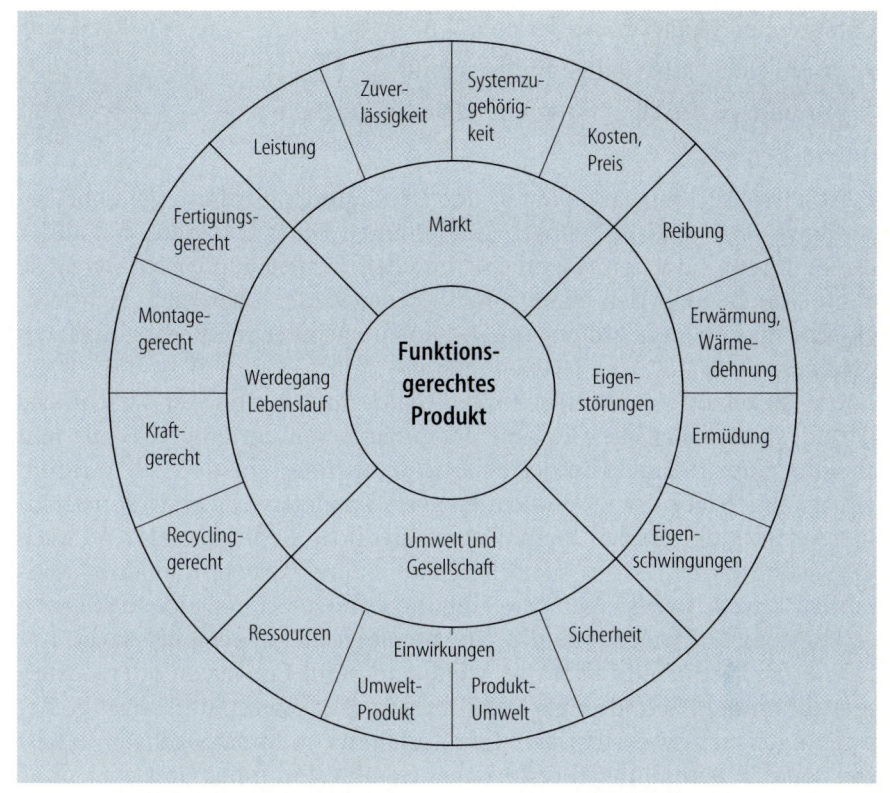

Bild 5.6.4 Gliederung der Forderungen an technische Produkte. Bereiche bzw. Systeme, aus welchen Forderungen an technische Produkte entstehen. (Erläuterungen im Text)

g_n B_n. Das physikalische Prinzip, festgelegt durch Effekt und Effektträger (Werkstoff), hängt ferner davon ab, welche Funktion dieses realisieren soll. Die Funktion ist schließlich eine Folge des Zwecks, der zu erfüllen ist. Somit gilt:

$$\text{Gestalt} = F(\text{Effekt; Werkstoff}, g_1 B_1 \ldots g_n B_n)$$

$$\text{Prinzip (Effekt; Werkstoff)} = F(\text{Funktion/Zweck})$$

Um einem Bauteil die Funktion(en) und sonstige Eigenschaften zu vermitteln, die es haben soll, stehen dem Konstrukteur u. a. die Mittel Gestalt-, Werkstoff- und Oberflächenparameter zur Verfügung.

Die an technische Produkte zu stellenden Bedingungen lassen sich noch unterscheiden in solche, welche von jeder Art von Produkten erfüllt und solchen, welche nur von bestimmten Produkten erfüllt werden müssen oder sollen.

Entsprechend kann man zwischen
- produktneutralen (allgemeinen) und
- produktspezifischen (speziellen) Bedingungen

unterscheiden.

Beispielsweise hat jedes Bauteil der Bedingung „fertigungsgerecht" zu genügen. Eine A-Säule (vordere Säule) einer PKW-Karosserie hat außer der Bedingung „fertigungsgerecht" und dem Tragen von Lasten (wie jede Säule), auch noch den Funktionen „Regenwasser ableiten", „Sichtfeldeinschränkung klein halten" u. a. A-Säulen-spezifischen Bedingungen zu genügen.

Die einzelnen *produktspezifischen Forderungen* sind der wesentliche Grund, warum sich die Gestalt einer A-Säule von der einer B-Säule und sich die einer B-Säule von der einer C-Säule unterscheidet. Oder, warum ein Schaltgetriebe für PKW nicht auch als Schaltgetriebe an Drehmaschinen Verwendung finden kann. Unterschiedliche Bedingungen sind auch der Grund dafür, daß es spezielle Schuhe zum Turnen, Radfahren, Skifahren, Tanzen, Bergsteigen usw. gibt und es nicht gelingt, eine Art Schuhe zu konstruieren, welche für alle Tätigkeiten gleich gut geeignet sind.

Wie die Konstruktionspraxis zeigt, sind beim Entwerfen oder Gestalten technischer Gebilde stets Funktionen zu realisieren und sonstige Bedingungen zu berücksichtigen. Das Gestalten von Kunstgegenständen ist frei von den Bedingungen technischer Gebilde. Ein freies Gestalten, ohne Zwecke bzw. Funktionen und sonstige Bedingungen erfüllen zu müssen, gibt es bei technischen Gebilden nicht. Gestaltungsprozesse bestehen folglich immer aus Synthese- und Analyseprozessen (Prüf- und Selektionsprozessen). In Syntheseprozessen werden zunächst, ohne Berücksichtigung von Bedingungen, alternative Gestaltvarianten erdacht (siehe Kapitel 5.4), anschließend bzw. simultan werden diese dahingehend geprüft, ob sie die geforderten Funktionen erfüllen und sonstigen Bedingungen (z. B. fertigungsgerecht) genügen oder nicht. Andernfalls werden sie verworfen oder so verändert, daß sie den betreffenden Bedingungen genügen.

Die in den vorangegangenen Abschnitten vorgestellten Konstruktionsregeln sind so angelegt, alle existenten Lösungen, ohne Berücksichtigung irgendwelcher Bedingungen, zu liefern. Würde ein Konstrukteur mit diesen Regeln ohne Berücksichtigung von einschränkenden Bedingungen arbeiten, so würde er für die meisten zu realisierenden Funktionen eine große Anzahl von Lösungsalternativen produzieren, welche anschließend nach bestimmten Kriterien auf ihre Brauchbarkeit und Wirtschaftlichkeit untersucht werden müßten. Bei diesem Selektionsprozeß würde üblicherweise nur die für den betreffenden Fall günstigste Lösung übrig bleiben,

5.6 Restriktionsgerechtes Konstruieren

alle anderen müßten verworfen werden. Tatsächlich verwirft der Konstrukteur bereits viele Lösungen unmittelbar nachdem diese gedanklich entstanden sind, wenn diese bestimmten Kriterien, wie z. B. „genügende Leistung, genügender Wirkungsgrad, kostengünstig" u. a. Kriterien nicht genügen und stellt sie erst gar nicht zeichnerisch dar. D. h., im Kopf des Konstrukteurs finden simultan zu Syntheseprozessen bereits auch Prüf- und Selektionsprozesse statt. Einfache, überschaubare Selektionsvorgänge werden bereits in Gedanken abgehandelt, kompliziertere werden auf dem Reißbrett abgewickelt. Manche Selektionskriterien treten so dominant in Erscheinung, daß diese oft fälschlicherweise als Konstruktionsregeln angesehen werden; tatsächlich sind dies aber die Lösungsvielfalt einschränkende Bedingungen (Restriktionen). Restriktionen schränken die Lösungsvielfalt ein und beschränken sie eventuell auf eine einzige, optimale Lösung.

Die Lösungen eines erfahrenen und eines weniger erfahrenen Konstrukteurs unterscheiden sich im wesentlichen darin, daß diejenigen des erfahrenen Konstrukteurs mehr den für den betreffenden Fall relevanten Restriktionen genügen. Oft ist dem Konstrukteur dieses Prüfen so selbstverständlich, daß er diese Tätigkeit bereits im Unterbewußtsein vollzieht. Manchmal versäumt er es, eine Lösung an einem wichtigen Kriterium zu prüfen. Ist dieses vergessene Prüfkriterium von entscheidender Bedeutung für die Wahl der einen oder anderen Lösung, so kann es so lange zu Fehlentwicklungen kommen, bis dieses Versehen bemerkt wird. Wenn man bedenkt, daß die Zahl der von einem Konstrukteur zu berücksichtigenden Prüfkriterien sehr groß ist und diese meist nicht niedergeschrieben vorliegen, ist ein solches Versehen nicht verwunderlich. Erfolg oder Mißerfolg eines Produkts hängen oft von geringfügigen Eigenschaftsunterschieden bzw. von der Berücksichtigung wichtiger Restriktionen ab.

Die „Kunst des Konstruierens" besteht auch darin, die für ein Produkt wesentlichen Restriktionen zu erkennen und angemessen zu berücksichtigen.

Bei Zusammenstellungen von Bedingungen kann man zwischen allgemeinen und speziellen Bedingungen unterscheiden. „Fertigungsgerecht, kostengünstig, zuverlässig" mögen als Bedingungsbeispiele gelten, welche alle Produkte erfüllen müssen; bestimmte Sicherheitsstandards, wie sie z. B. nur beim Bau von Flugzeugen berücksichtigt werden müssen, können als spezielle Bedingungen gelten. Im folgenden sollen nur generell zu berücksichtigende Bedingungen aufgezeigt werden, auf produktspezifische bzw. branchenspezifische Bedingungen soll aus Umfangsgründen nicht eingegangen werden.

Welche Eigenschaften Produkte haben sollen und welche nicht, sollte vor deren Entwicklung bedacht und als Bedingungsliste in Aufgabenstellungen formuliert werden. Aufgabenstellungen enthalten üblicherweise nur einen kleinen Teil der Bedingungen, welche an das zu konstruierende Produkt gestellt werden. Die weitaus größere Zahl an Bedingungen, welche an ein Produkt noch zu stellen sind, muß sich der Konstrukteur im Laufe einer Konstruktion selbst erarbeiten und berücksichtigen. Der Werkstoff, die Gestalt und die übrigen Parameterwerte technischer Gebilde werden im konkreten Fall durch Bedingungen festgelegt. Fehlkonstruktionen entstehen dann, wenn Bedingungen vergessen werden. Es ist deshalb sehr wichtig, möglichst alle an ein Bauteil oder ein komplexes Produkt zu stellende Bedingungen zu kennen und zu berücksichtigen, um sich vor Fehlentwicklungen zu schützen. Im folgenden soll deshalb versucht werden, alle an Produkte möglicherweise zu stellenden, generellen Bedingungen aufzuzeigen. Um diese möglichst vollständig aufzuzeigen, fragt man zweckmäßigerweise nach deren Herkunftsbereichen.

Bezüglich Herkunft lassen sich die an technische Produkte zu stellenden Bedingungen in die Bereiche

- marktbedingte,
- umwelt- und gesellschaftsbedingte,
- entstehungs- und lebensbedingte sowie
- durch Eigenstörungen bedingte Forderungen

gliedern (Bild 5.6.4 und 5.6.6). In Aufgabenstellungen finden sich im wesentlichen markt-, umwelt- und gesellschaftsbedingte Forderungen. An mögliche Eigenstörungen der Systeme, entstehungs- und lebensbedingte u. a. Forderungen hat der Konstrukteur meist selbst zu denken, diese werden nur selten vorgegeben.

5.6.2
Marktbedingte Forderungen

An Produkte sind sehr unterschiedliche Bedingungen zu stellen, je nachdem, für welche Märkte ein Produkt entwickelt werden soll, ob für

- Industrie- oder
- Entwicklungsländer,
- natürliche Personen oder
- Verwaltungen

oder andere Marktbereiche. Für die Konkurrenzfähigkeit eines Produkts sind insbesondere die Bedingungen wichtig, welche aus den jeweiligen Märkten folgen. Bei Produkten für Entwicklungsländer sollte man zukünftig noch stärker auf die besonderen Forderungen dieser Länder

5.6 Restriktionsgerechtes Konstruieren

eingehen und sollte keine Produkte liefern, welche eigentlich für Industrieländer entwickelt wurden.

Stand der Technik, Konkurrenzsituation und Marktbedürfnisse sind für die an ein Produkt zu stellenden Bedingungen maßgeblich. Die aus Märkten folgenden Bedingungen lassen sich im wesentlichen in Leistungs-, Wirtschaftlichkeits- und Zeitbedingungen gliedern („Leistung" ist in diesem Zusammenhang nicht im Sinne physikalischer Leistung, sondern im weiteren Sinne als Leistungsfähigkeit oder Fähigkeiten zu verstehen). Solche Bedingungen sind beispielsweise:

Gebrauchsbedingungen

- Fähigkeiten (Funktionen), welche ein Produkt realisieren soll; beispielsweise soll eine Schreibmaschine rot- und schwarzschreiben, radieren und noch andere Funktionen realisieren können,
- physikalische Leistung,
- Geschwindigkeit, Drehzahl, Frequenz, Arbeitstakte pro Zeiteinheit, Einschalt- zu Stillstandsdauer,
- Kräfte, Drücke, Drehmomente,
- Weg, Hub, Reichweite,
- Stoff- oder Signaldurchsatz pro Zeiteinheit,
- Wirkungsgrad,
- Genauigkeit, Meßbereich, Reproduzierbarkeit, Auflösungsvermögen,
- Gewicht, Masse,
- zulässige Baugröße, Abmessungen, Volumen,
- Systemzugehörigkeit, Schnittstellenbedingungen,
- Zuverlässigkeit,
- Aussehen, Design,
- Stückzahlen u.a.

Preis-/Kostenbedingungen

Der auf dem Markt erzielbare Preis bestimmt die zulässigen Kosten zur Entwicklung und Herstellung eines Produkts. Der Markt bestimmt letztendlich alle Kosten eines Produkts. Kostenbedingungen können sein: zulässige

- Entwicklungs-,
- Fertigungs-,

- Werkstoff-,
- Montage-,
- Prüf-,
- Lager- und Transport-,
- Betriebs-,
- Wartungs-,
- Reparatur-,
- Recycling- und
- Beseitigungskosten.

Zeitbedingungen

Zeitdauer- oder Kurzzeitbedingungen sind:
- Mindestlebensdauer,
- Wartungsdauer,
- Reparaturdauer,
- Wartungsabstände, u. a.

5.6.3
Umweltbedingte Forderungen

Bei der Entwicklung technischer Produkte sind auch zahlreiche Bedingungen zu berücksichtigen, welche sich einerseits aufgrund möglicher Einwirkungen der Umwelt auf das betreffende technische System sowie andererseits aufgrund von Einwirkungen des Systems auf die Umwelt ergeben bzw. ergeben würden.

Technische Produkte müssen üblicherweise gegen Umwelteinwirkungen unempfindlich sein. Die Einwirkungen technischer Systeme auf die Umwelt (Menschen, Tiere, Pflanzen, Luft und Erde) sollen diese nicht belasten oder schädigen. Die Umgebungen technischer Systeme können, abhängig von der geographischen Lage, unterschiedliche natürliche Umgebungen oder künstliche Umgebungen (Helium- oder andere Gasatmosphären, klimatisierte Räume etc.) sein.

Einwirkungen der Umwelt auf technische Systeme

Die Einwirkungen oder mögliche Störungen der Umgebungen auf technische Produkte können
- physikalischer, chemischer oder biologischer Art sein.

Physikalische Einwirkungen auf technische Systeme können sein:
- Kondenswasser, Seewasser, Hochwasser, Regen und Luftfeuchtigkeit,
- Staub- und Schmutzablagerungen,
- Schnee, Eis und Hagel,
- Feuer, Sturm, Blitzschlag,
- Luftdruck, Luftdruckänderungen,
- Erdbeben,
- Strahlung, Licht, Elementarstrahlung, Wärme, Kälte,
- elektrostatische Aufladung,
- Schwerkraft bzw. Lageänderungen (Neigungsempfindlichkeit eines Geräts) u. a.

Chemische Einwirkungen auf technische Systeme können sein:
- chemische Prozesse (Zerstörungen), wie Korrosion, Bildung von Oxydschichten und Lokalelementbildungen infolge umgebender Luft, Luftfeuchtigkeit, Luftschadstoffe oder Dämpfe u. a.

Biologische Einwirkungen auf technische Systeme können u. a. sein:
- pflanzliche Absonderungen wie Blütenstaub, Sekrete, Laub, Wachstum,
- Lebewesen, wie Bakterien, Termiten, Insekten, Vögel u. a.,
- Fehlverhalten von Personen, aufgrund von Ungeschicklichkeit oder Sabotage.

Einwirkungen technischer Systeme auf die Umwelt

Technische Systeme können sowohl bei Betrieb als auch nach Außerbetriebnahme und Demontage auf die Umwelt nachteilig einwirken. Sie können lästig oder für Leben und Gesundheit von Menschen und Umwelt gefährlich sein, oder zu Störungen oder Schädigungen anderer technischer Systeme, von Gütern oder Kunstwerken führen. Einwirkungen technischer Systeme auf die Umwelt können u. a. sein:
- Lärmemission,
- Strahlung (Elementarstrahlung, Licht, Wärme, Funkwellen),
- mechanische Verletzung aufgrund sich bewegender Maschinenteile, Ex- und Implosionen, Schwingungen, Vibrationen, Prellen von Maschinenteilen, Quetschen, Klemmen, Stoßen, Schlagen (s. DIN 31000 und 31001),
- Emission schädlicher Stoffe (Gase, Flüssigkeiten, radioaktiver Stoffe).

Nachteilige Einwirkungen technischer Systeme auf die Umwelt können auch durch den Entzug von unschädlichen Stoffen entstehen. So z.B. durch Entzug von Sauerstoff infolge von Verbrennungsvorgängen oder der Entzug von Wasser aus dem Boden bei Bauvorhaben etc.

5.6.4
Gesellschaftsbedingte Forderungen

Maschinen, Geräte, Vorrichtungen u.a. technische Produkte werden für verschiedene Gesellschaftssysteme (demokratische, sozialistische etc.), Industrie- oder Entwicklungsländer, oder verschiedene Käuferschichten (Personen, Behörden, Institutionen, Vereine, mehr oder weniger finanzstarke Käuferschichten etc.) konstruiert.

Aufgrund des Zusammenwirkens oder des Wirkens in der Nähe von Menschen oder anderer Lebewesen folgen Bedingungen für Leben und Gesundheit von Lebewesen und Pflanzen.

Durch menschliche Gesellschaften bedingte Forderungen an technische Produkte werden üblicherweise in

- Richtlinien,
- Normen,
- Vorschriften (Sicherheitsvorschriften u.a.),
- Gesetzen,
- Schutzrechten, Patenten etc.

näher beschrieben und festgelegt und sind bei der Entwicklung technischer Systeme zu berücksichtigen.

5.6.5
Werdegangsbedingte Forderungen

Die ein Produkt schaffenden und es begleitenden Systeme liefern ebenfalls Bedingungen, welche ein Produkt möglicherweise erfüllen muß. Die aus diesen Systemen folgenden Bedingungen sollen unter dem Begriff „werdegangsbedingte Forderungen" zusammengefaßt werden.

Produkte werden von einem bestimmten Unternehmen (Personen, Einrichtungen etc.) entwickelt und gefertigt, sie werden durch bestimmte Vertriebssysteme (Fachhandel, Versandhäuser, Supermärkte etc.) vertrieben. Die Systeme, mittels welchen Produkte erzeugt, gelagert, transportiert usw. werden, liefern ebenfalls zahlreiche Bedingungen, welche bei deren Konstruktion berücksichtigt werden müssen. Diese sogenann-

ten entstehungs- und lebensbedingten Forderungen lassen sich durch folgende Oberbegriffe näher gliedern in
- entwicklungsgerecht,
- fertigungsgerecht,
- montagegerecht,
- prüfgerecht,
- lager- und transportgerecht,
- vertriebsgerecht,
- gebrauchsgerecht (= betriebs- und stillstandsgerecht),
- wartungsgerecht,
- reparaturgerecht,
- recyclinggerecht und
- beseitigungsgerecht.

Entwicklungsgerecht: Ein von einem bestimmten Unternehmen zu entwickelndes Produkt muß für die vorgesehene Abteilung geeignet sein. Das zu entwickelnde Produkt sollte den in einer Abteilung oder Unternehmen vorhandenen Fähigkeiten, Erfahrungen und Entwicklungseinrichtungen (Versuchseinrichtungen) entsprechen.
Andernfalls müssen personelle und technische Voraussetzungen zur erfolgreichen Entwicklung firmenfremder Produkte erst geschaffen werden.
Fertigungsgerecht: Unter fertigungsgerechtem Konstruieren ist ein Konstruieren von Bauteilen so zu verstehen, daß diese mit bekannten Fertigungsverfahren überhaupt hergestellt werden können. Darüber hinaus ist unter diesem Schlagwort zu verstehen, technische Gebilde insbesondere so zu gestalten, daß diese mit bestimmten Fertigungsverfahren mühelos (leicht, problemlos) hergestellt werden können. Unter „fertigungsgerechtem Konstruieren" ist im einzelnen
- fertigungsverfahrensgerechtes Gestalten,
- toleranzgerechtes Gestalten und
- Wählen fertigungsgünstiger Werkstoffe

zu verstehen.

Unter fertigungsverfahrensgerechtem Gestalten ist im einzelnen
- gießgerechtes,
- stanzgerechtes,
- bohr-, fräs-, dreh-, schleifgerechtes,

- schweißgerechtes,
- sintergerechtes,
- schmiedegerechtes,
- wärmebehandlungsgerechtes

u.a. Fertigungsverfahren entgegenkommendes Gestalten zu verstehen. Zu „fertigungsgerecht Konstruieren" zählt auch das Wählen eines hinreichend funktions- und fertigungsgerechten Werkstoffs. Wie sehr die Gestalt technischer Gebilde durch Fertigungsverfahren beeinflußt wird, zeigt beispielsweise Bild 5.6.5.

Montagegerecht: Unter montagegerechtem Konstruieren versteht man alle gestalterischen und werkstofftechnischen Maßnahmen, um

- Bauteile überhaupt und möglichst problemlos zu Baugruppen montieren zu können,
- die Anzahl der zu montierenden Bauteile zu reduzieren,
- die Anzahl der Seiten und Richtungen eines Bauteils zu reduzieren, an welchen gefügt bzw. aus welchen gefügt werden muß,

Bild 5.6.5 a–g Durch geeignete Gestaltung erhält ein Bauteil die Eigenschaft, daß es durch spanend (b, c), gießen (d), schmelzen (e), schneiden und löten (f) oder stanzen (g) gefertigt werden kann. Oder, der Einfluß von Fertigungsverfahren auf die Gestalt von Bauteilen; fertigungsgerechtes Gestalten (Beispiele). Hebelprinzip (a).

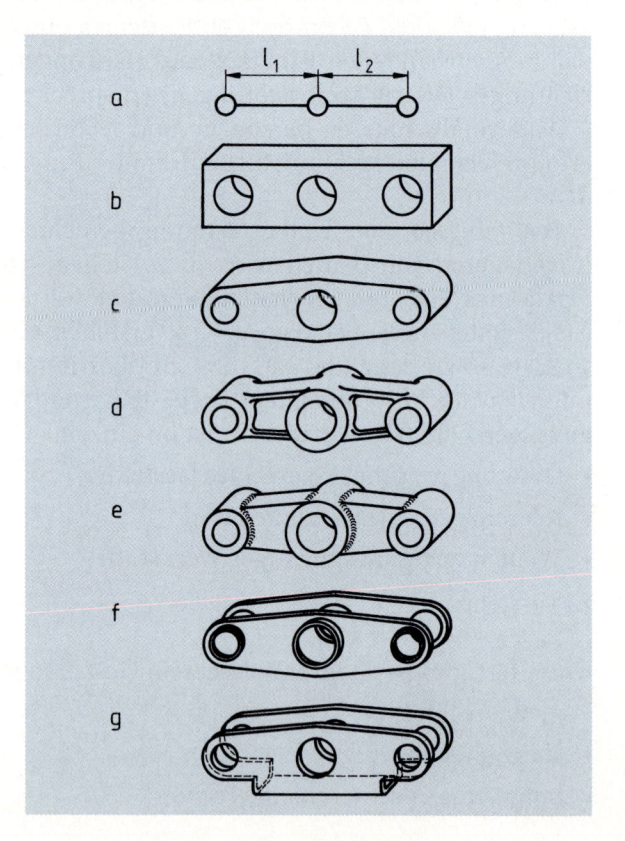

- kurze und geradlinige Montagewege zu ermöglichen,
- schlaffe Fügeteile zu vermeiden bzw. steife Fügeteile anzustreben,
- Ordnungen von zu montierenden Bauteilen zu erhalten oder Bauteile so zu gestalten, daß diese problemlos geordnet werden können,
- das Greifen von Fügeteilen zu erleichtern,
- Bauteile problemlos zuführen zu können,
- Bauteile problemlos positionieren zu können,
- Bauteile problemlos fügen zu können bzw. einfach herstellbare Verbindungen anzustreben,
- Bauteile erforderlichenfalls mittels Hilfsverbindungen zunächst „anzuheften", um diese dann endgültig zu fügen.

Montagegerecht Gestalten heißt auch, Bauteile nach Möglichkeit so gestalten, daß bereits vorhandene Montageeinrichtungen (Zuführeinrichtungen, Montageautomaten, Roboter etc.) genutzt werden können.

Lager- und transportgerecht: Als lager- und/oder transportgerechtes Konstruieren werden alle gestaltungs- und werkstofftechnischen Maßnahmen bezeichnet, welche dazu beitragen, das Volumen (Kompaktbauweise) und das Gewicht (Leichtbauweise) zu lagernder und zu transportierender Bauteile, Baugruppen und fertiger Produkte zu verringern; d. h., Bauteile, Baugruppen und Produkte sind so zu konstruieren (gestalten), daß diese stapelbar sind oder raumsparend zusammengelegt werden können, um hohe Packungsdichten bei der Lagerung und bei Transporten zu ermöglichen.

Ferner ist hierunter das Gestalten technischer Gebilde so zu verstehen, daß nach Möglichkeit bestimmte, vorhandene Lager- und Transportsysteme (Paletten, Containersysteme etc.) genutzt werden können.

Vertriebsgerecht: Unter vertriebsgerecht sollen alle Bedingungen bzw. Eigenschaften eines Produkts verstanden werden, welche notwendig sind, dieses „verkaufsfähig" zu machen, es über bestimmte Vertriebssysteme (Fachhandel oder Warenhäuser) verkaufen zu können, es benutzerfreundlich bzw. selbsterklärend zu machen und es mit „Kaufargumenten" auszustatten.

Gebrauchs- oder betriebs- und stillstandsgerecht: Technische Produkte sind üblicherweise keine selbständigen, unabhängigen Systeme, sondern benötigen zu ihrem Wirken andere technische Systeme wie beispielsweise Energienetze, Räume, vor- oder nachgeschaltete Systeme. Sie sind meist Teil anderer Systeme. Um ein Zusammenwirken der verschiedenen Systeme sicherzustellen, bedarf es der Einhaltung sogenannter *Anschluß- oder Schnittstellenbedingungen.*

Solche können beispielsweise bestimmte
- mechanische Anschlüsse (Flansche, Verbindungen), Stecker, Kupplungen Rohre etc.,
- Leistungsdaten, wie Drehmomente, Kräfte, Drehzahlen, Stromstärke, elektrische Spannung, Frequenz etc. und/oder
- Ergonomiedaten (falls das betreffende System von Personen bedient wird) sein.

Unter betriebsgerecht sollen ferner Bedingungen verstanden werden, welche für einen einwandfreien Betrieb eines technischen Produkts beachtet werden müssen. Insbesondere sollen hierunter alle aus Systemzugehörigkeiten (-abhängigkeiten) folgenden Bedingungen verstanden werden.

Unter stillstandsgerecht sollen alle Bedingungen verstanden werden, welche beachtet werden müssen, um ein technisches System stillzulegen (abzuschalten) und es im Stillstand sicher verweilen zu lassen (Sicherungen gegen unbeabsichtigtes Starten, Sicherungen gegen Starten durch Unbefugte, Sicherungen gegen Lösen, Wegrollen etc.).

Wartungs- und reparaturgerecht: Als wartungs- und reparaturgerechtes Konstruieren sollen alle gestalterischen und werkstofftechnischen Maßnahmen verstanden werden, ein Produkt warten oder reparieren zu können. Ferner sollen hierunter alle Maßnahmen verstanden werden, um Produkte mit möglichst gleichen Mitteln (z. B. gleichen Ölen) in kurzer Zeit warten zu können oder es nur in möglichst großen Abständen warten zu müssen.

Ferner sollen unter reparaturgerecht Maßnahmen verstanden werden, technische Gebilde mittels bestimmter Reparatursysteme reparieren zu können, Reparaturen möglichst zu vermeiden oder diese mit geringem Zeit- und Kostenaufwand durchführen zu können.

Recyclinggerecht: Als recyclinggerecht oder wiederverwertungsgerecht sollen alle Konstruktionsmaßnahmen bezeichnet werden, welche dazu beitragen, technische Produkte zu gleichen oder anderen Zwecken wiederzuverwenden, Teile eines Produkts wiederzuverwenden oder deren Werkstoffe (wirtschaftlich) wiederaufbereiten zu können. Im einzelnen ist hierunter das

- Verlängern der Lebensdauer,
- Vorsehen von „Aufmaßen" für Nachbearbeitungen (z. B. Überholung von Motoren etc.),
- demontagegerechtes Gestalten von Produkten,
- Verwenden möglichst gleicher und wiederaufbereitbarer Werkstoffe für Produkte

zu verstehen.

5.6.6
Eigenstörungsbedingte Forderungen

Technische Produkte können ihre Funktionsfähigkeit auch durch ihnen anhaftende, ungünstige Eigenschaften stören. So beispielsweise durch Reibung, Wärmedehnung, Eigenschwingungen, Trägheitskräfte, Relaxation, Feuchtigkeitsaufnahme (von Kunststoffen) u. a. nachteilige Eigenschaften. Entsprechend sind technische Produkte so zu konstruieren, daß diese gegen selbsterzeugte Störungen hinreichend unempfindlich sind.

So kann beispielsweise die Störung einer Lagerung infolge Reibung durch geeignete Gestaltungsmaßnahmen relativ gering gehalten werden. Störungen durch Wärmedehnung, Feuchtigkeitsaufnahmen, Eigenschwingungen usw. können durch geeignete Gegenmaßnahmen kompensiert werden, wenn diese Störmöglichkeiten erkannt und entsprechende konstruktive Gegenmaßnahmen getroffen werden.

Nachteilige Systemeigenschaften, welche zu Eigenstörungen oder Selbstzerstörungen führen können, können u. a. sein:
- Reibung,
- Verschleiß,
- Eigenspannungen,
- Materialermüdungen,
- Alterung,
- Korrosion durch Lokalelementbildung,
- Wärme, Wärmedehnung,
- Kriechen,
- Relaxation,
- elektrostatische Aufladung,
- Eigenschwingungen, Resonanzen,
- Flüssigkeitsaufnahme,
- Schalleitung,
- Eigengewicht (Leichtbauweise),
- Eigenmasse, Kräfte infolge von Massenträgheiten oder
- Eigenvolumen.

Entsprechende Gegenmaßnahmen sind unter den Schlagworten
- reibungsreduzierendes (reibungsarme Lagerung),
- verschleißreduzierendes,

Marktbedingte Forderungen		Umwelt- und gesellschafts- bedingte Forderungen	Entstehungs- und werdegangs- bedingte Forderungen	Durch Eigenstörungen bedingte Forderungen
Gebrauch	Kosten, Preis			
Zweck(e) Fähigkeiten Leistung Kraft Geschwindigkeit Drehzahl Weg, Hub Durchsatz Bit/sec. Systemzuge- hörigkeit Gewicht, zul. Baugröße, zul. Zuverlässigkeit Lebensdauer Wartungsabstände Design u.a.	Entwicklungs- kosten Fertigungs- und Werkstoff- kosten Montagekosten Prüfkosten Lager- und Transport- kosten Preis Betriebskosten Wartungs- kosten Reparatur- kosten Recycling- kosten Beseitigungs- kosten	Einwirkungen der Umwelt auf technische Systeme Einwirkungen techn. Systeme auf die Umwelt Betriebs-, Arbeits-, Umwelt- sicherheit (Gesetze, Normen, Vorschriften) Ressourcen an Personal, Energien, Werkstoffen Schutzrechte u.a.	Entwicklungs- gerecht Fertigungs- gerecht Montagerecht Prüfgerecht Lager- und Transport- gerecht Vertriebsgerecht Gebrauchs- gerecht Wartungs- gerecht Reparatur- gerecht Recycling- gerecht Beseitigung- gerecht	Störursachen reduzieren oder vermeiden Reibung Verschleiß Eigenspannungen Ermüdung Alterung Korrosion Wärmeaus- dehnung Wärmeleitung Kriechen Relaxation Aufladung Eigenschwin- gungen Resonanzen u.a.

Bild 5.6.6 Bereiche, aus welchen Forderungen an technische Systeme entstehen

- beanspruchungsgerechtes,
- ausdehnungsgerechtes,
- korrosionsreduzierendes

Konstruieren usw. bekannt geworden. Abschließend sind in Bild 5.6.6 diese generellen Bedingungen nochmals übersichtlich zusammengefaßt.

5.6.7
Richtlinien und Beispiele zu verschiedenen Forderungen

In den folgenden Ausführungen soll auf einige dieser allgemeinen Forderungen noch näher eingegangen werden.

1. Zuverlässig und sicher

Unter Zuverlässigkeit versteht man die Eigenschaft eines Bauteils, einer Baugruppe oder eines komplexeren technischen Systems, während einer bestimmten Zeitdauer funktionstüchtig zu bleiben.

Zuverlässigkeit ist die Wahrscheinlichkeit eines technischen Systems, unter bestimmten Arbeitsbedingungen eine geforderte Funktion während einer bestimmten Zeitdauer ausfallfrei auszuführen [21].

Zuverlässigkeit ist ferner eine wesentliche Voraussetzung für die Sicherheit technischer Systeme.

Die Forderung nach „sicher" umfaßt sowohl die Forderung nach „zuverlässiger Erfüllung von Funktionen" technischer Systeme, als auch die Forderungen nach Sicherheit für Menschen, Sachen und die Umwelt.

Als die *Zuverlässigkeit verbesserndes Konstruieren* sollen alle Maßnahmen bezeichnet werden, welche dazu beitragen, die Ausfallwahrscheinlichkeit technischer Gebilde zu verringern.

Unter *sicherheitsgerechtem Konstruieren* sollen darüber hinaus alle Maßnahmen verstanden werden, die Wahrscheinlichkeit des Eintretens eines Schadensfalls und den Schadensumfang zu verringern.

Nach DIN 31 004, Teil 1, werden Sicherheitsbegriffe wie folgt definiert:

- *Sicherheit* ist eine Sachlage, bei welcher das Risiko kleiner als das Grenzrisiko ist.
- *Grenzrisiko* ist das größte noch vertretbare Risiko eines bestimmten technischen Vorgangs.
- *Risiko* kann durch die Wahrscheinlichkeit des Eintretens eines Schadens und dem daraus entstehenden Schadensumfang beschrieben werden.
- Als *Schutz* wird die Verringerung des Risikos durch geeignete Vorkehrungen, welche entweder die Eintrittswahrscheinlichkeit oder den Schadensumfang oder beides verringern, bezeichnet.

Technische Systeme können nie absolut zuverlässig oder absolut sicher konstruiert werden. Wie zuverlässig oder sicher ein technisches Produkt konstruiert werden muß, liegt entweder im Ermessen des Konstrukteurs oder ist durch Gesetze und Vorschriften vorgegeben.

Bei der Betrachtung der Sicherheit technischer Systeme kann man des weiteren unterscheiden zwischen deren

- Betriebs-,
- Arbeits- und
- Umweltsicherheit.

Unter „betriebs-, arbeits- oder umweltsicherem Konstruieren" versteht man Maßnahmen zur Reduzierung des Schadensrisikos
- von technischen Betriebssystemen selbst (Möglichkeiten der Selbstzerstörung) sowie deren Nachbarsystemen,

- von Bedienpersonen und sonstigen Personen,
- der Umwelt bzw. von Tieren, Pflanzen, Erde oder Luft.

Bei der Entwicklung sicherer Produkte kann man grundsätzlich zwischen folgenden Strategien unterscheiden, und zwar zwischen Strategien bzw.

- Maßnahmen, welche dazu beitragen, Schadensfälle nicht eintreten zu lassen. Diese sollen im folgenden als „primäre oder aktive Sicherheitsmaßnahmen" bezeichnet werden. Als Beispiele können hierzu bessere Fahrwerke und Bremsen bei Fahrzeugen gelten. Ferner sind hierzu alle die Zuverlässigkeit technischer Gebilde verbessernde Maßnahmen zu verstehen.
- Maßnahmen, welche die Schadensumfänge eintretender Schadensfälle begrenzen. Diese sollen als sekundäre oder passive Sicherheitsmaßnahmen bezeichnet werden. Airbag, Knautschzonen, Sicherheitsgurt, Stoßfänger, Feuerlöscher, Schutzbleche, Schutzkleidung, Schutzwände, Blitzschutzeinrichtungen u. a. können hierzu als Beispiele gelten.
- Maßnahmen, welche dazu beitragen, möglicherweise bevorstehende oder bereits eingetretene Schadensfälle anzuzeigen. Diese sollen als „signalisierende oder anzeigende Sicherheitsmaßnahmen" bezeichnet werden. Beispiele: optische und akustische Warnsignale (Warnleuchten, Sirenen), registrierende Geräte u. a.

In Bild 5.6.7 sind die o. g. Möglichkeiten nochmals zusammenfassend dargestellt.

Zuverlässige und sichere Produkte lassen sich generell durch folgende Maßnahmen erreichen:

- *Systeme aus wenigen, einfachen Elementen:*
  Reduzierung der Zahl der am Zustandekommen von Funktionen beteiligten Elemente (Bauteile, Logikbausteine etc.); aus möglichst wenigen, einfachen Elementen bestehende Systeme anstreben. Beispiel: Ein Not-Aus-Signal nicht über viele Logik-Gatter leiten, sondern direkt an die Einheit (z. B. Bremse), welche in Notfällen angesteuert werden muß. Antriebsstränge (Kraftleiter) auf möglichst kurzen, direkten Wegen und mit möglichst wenigen Bauteilen realisieren.
- *Zuverlässige Lösungsprinzipien:*
  Wählen von Prinziplösungen, welche als „sicherer" gelten als andere. Sicherer als andere Lösungen für eine bestimmte Aufgabe sind solche Lösungen, welche von sich ändernden Situationen unabhängig sind oder sich auf geänderte Situationen einzustellen vermögen. So können sich beispielsweise formschlüssige Antriebe sicherer auf

5.6 Restriktionsgerechtes Konstruieren

Störfälle verhindernde Zuverlässigkeits- und Sicherheitsmaßnahmen	Auswirkungen von Störfällen mindernde Zuverlässigkeits- und Sicherheitsmaßnahmen	Störfälle signalisierende Zuverlässigkeits- und Sicherheitsmaßnahmen
• Als zuverlässiger bzw. sicherer geltende Prinziplösungen wählen • Systeme geringer Elementezahl anstreben (einfache Systeme) • Redundante Systeme vorziehen • Systeme überdimensionieren	• Sicherungen und Schutzeinrichtungen gegen unzulässig hohe Kräfte, Drücke, Drehmomente, Bewegungen, Ströme, Spannungen, Strahlungen, sowie gegen Licht, Gase, Flüssigkeiten und chemische Prozesse vorsehen. Beispiele: elektrische Sicherungen, Stoßfänger, Knautschzonen, Puffer, Überdruckventile, Scherstifte, Grenzkraftgesperre, Rutschkupplungen, »Ruhestromprinzip«, Not-Aus-Schalter, Not-Bremsen, Not-Stromaggregate, Not-Behälter, Schutzkleidung, Schutzwände, Schutzgitter, Blitzschutzeinrichtungen u.a.	• Optische, akustische Melder und dokumentierende Geräte vorsehen. Beispiele: Kontrollampen, Sirenen, Summer, registrierende Geräte, Versagen ankündigende Geräte (z.B. Seile, Kunststoffdämpfer, Profile bei Reifen u.a.)

Bild 5.6.7 Maßnahmen zur Verbesserung der Zuverlässigkeit und Sicherheit technischer Systeme, Zusammenfassung

sich ändernde Reibverhältnisse einstellen als kraftschlüssige (s. Bild 5.6.8 b), kraftschlüssige Ventilantriebe für Verbrennungsmotoren (mittels Nocken) können als zuverlässiger gelten als solche mittels magnetischer Kräfte angetriebene. Des weiteren gelten mechanische Wellen als zuverlässiger zur Übertragung von Winkelwegen als „elektrische Wellen" (u. a.).

- *Redundante Systeme:*
Vorsehen bzw. Konstruieren von redundanten Systemen. Als redundante Systeme sollen solche Systeme bezeichnet werden, welche eine Funktion durch mehrere unabhängig voneinander wirkende Einheiten verwirklichen und welche in der Lage sind, diese Funktion auch dann noch ausreichend zu erfüllen, wenn Funktionseinheiten ausfallen.
Redundante Systeme lassen sich von Fall zu Fall durch paralleles oder serielles Anordnen von Funktionseinheiten realisieren (Bild 5.6.8 a). So läßt sich eine höhere Zuverlässigkeit und somit auch eine höhere Sicherheit bei Aufzügen beispielsweise durch Anwendung eines oder mehrerer Seile anstelle einer Kette erreichen. Zwei Rückschlagventile in einem Leitungssystem, in welchem sicherzustellen ist, daß ein Medium des einen Systems nicht in das Netz des anderen Systems gerät oder mehrere parallel wirkende Schrauben zur Befestigung

eines Rads anstelle nur einer Schraube (wie bei Rennwagen) (s. Bild 5.6.8), können als weitere Beispiele hierzu gelten.
- *Überdimensionierte Systeme:*
Wenn die voraussichtlichen Belastungen mechanischer, elektrischer, hydraulischer u. a. Elemente oder komplexerer technischer Gebilde bekannt sind, können diese bezüglich dieser Belastungen mehrfach überdimensioniert werden. Durch Überdimensionierung bzw. geringere spezifische Belastungen von Bauelementen kann deren Ausfallwahrscheinlichkeit ebenfalls gesenkt werden.

PASSIVE ZUVERLÄSSIGKEITS- UND/ODER SICHERHEITSMASSNAHMEN Diese lassen sich unter den Oberbegriffen „Sicherungen" und „Schutzeinrichtungen" gegen übernormale Kräfte (Stöße), Drehmomente, Bewegungen, Ströme, Spannungen (Blitze), Strahlung, Licht, Flüssigkeiten, Gase und chemische Prozesse (Feuer) zusammenfassen. Als Beispiele können hierzu gelten: elektrische Sicherungen, Schütze, Stoßflächen, Stoßfänger, Puffer, Knautschzonen, Scherstifte, Rutschkupplungen, Grenzkraftgesperre, „Ruhestromprinzip", Not-Aus-Schalter, Not-Bremsen, Not-Behälter, Schutzkleidung (-Helme, -Schuhe etc.), Schutzverkleidungen (Schutzbleche, Schutzklappen, Schutzgitter), Schutzwände, Schutztüren, Explosionsschutzmittel, Ölsperren, Rücklaufsperren in Kanalablaufsystemen, Feuerlöscheinrichtungen u. a. (s. auch Bilder 5.6.9 und 5.6.10).

SIGNALISIERENDE ZUVERLÄSSIGKEITS- UND/ODER SICHERHEITSMASSNAHMEN Diese können an technischen Systemen mittels optischer, akustischer und/oder registrierender Melder verwirklicht werden. Solche sind beispielsweise alle Arten von optischen Kontrollanzeigen (Ölstands-, Kühlwasseranzeigen), Summer, Pfeifen, Sirenen, Klingeln, registrierende Geräte sowie Selbstversagen ankündigende Elemente, wie beispielsweise Seile, Kunststoffdämpfer u. a.

Bei der Anwendung ausschließlich signalisierender Sicherheitstechnik ist zu bedenken, daß es dabei stets noch des Eingreifens von Menschen bedarf, um Schäden zu vermeiden. Deshalb sollte man diese Technik entweder nur zusammen mit erstgenannten Sicherheitstechniken oder nur in den Fällen anwenden, wo Unzuverlässigkeiten zu keinen unmittelbaren Schäden führen können; Beispiele: Ausfallanzeige des ABS-Bremssystems, Reifenverschleißanzeigen u. a.

Technische Systeme lassen sich durch keinerlei Maßnahmen vollkommen sicher (100 % sicher) gestalten; auch als „sehr sicher" zu bezeichnende technische Systeme besitzen noch eine geringe Versagenswahrscheinlichkeit. Absolut zuverlässige und absolut sichere technische Systeme gibt es nicht. Wie sicher technische Systeme sein müssen, liegt

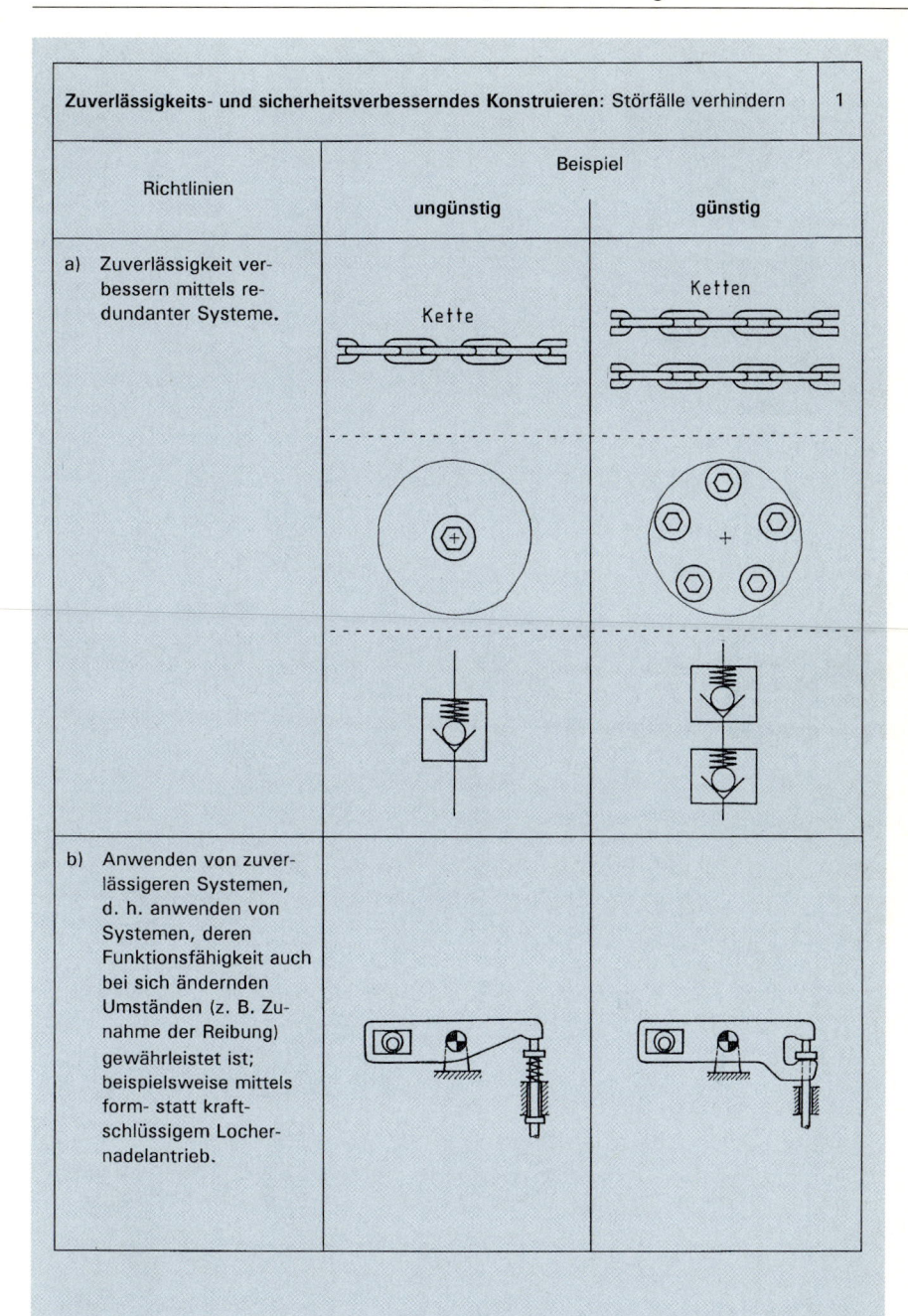

Zuverlässigkeits- und sicherheitsverbesserndes Konstruieren: Störfälle verhindern			1
Richtlinien	Beispiel		
	ungünstig	günstig	
a) Zuverlässigkeit verbessern mittels redundanter Systeme.	Kette	Ketten	
b) Anwenden von zuverlässigeren Systemen, d. h. anwenden von Systemen, deren Funktionsfähigkeit auch bei sich ändernden Umständen (z. B. Zunahme der Reibung) gewährleistet ist; beispielsweise mittels form- statt kraftschlüssigem Lochernadelantrieb.			

Bild 5.6.8 Zuverlässigkeit technischer Systeme erhöhen – Richtlinien und Beispiele

Richtlinien	Beispiel	
	ungünstig	günstig
c) Zuverlässigkeit und Sicherheit verbessern mittels "Ruhestromprinzip"; bei Federkraft bremsen, bei Magnetkraft öffnen (Notbremsen).	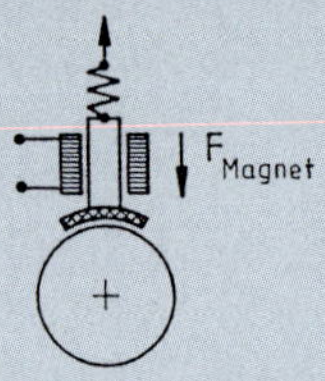	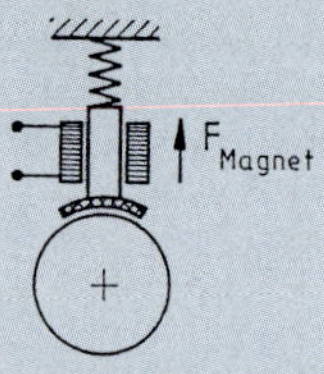
DEMAG-Motor		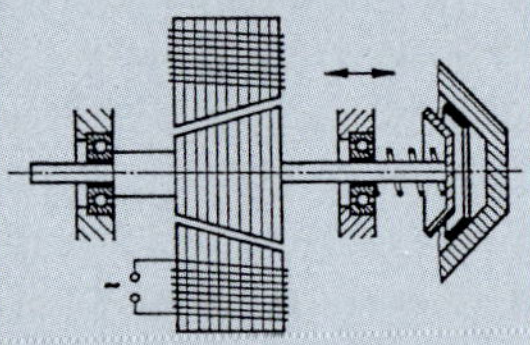
d) Zuverlässigkeit und Sicherheit verbessern mittels Stoßflächen, Stoßfängern, Puffern etc.	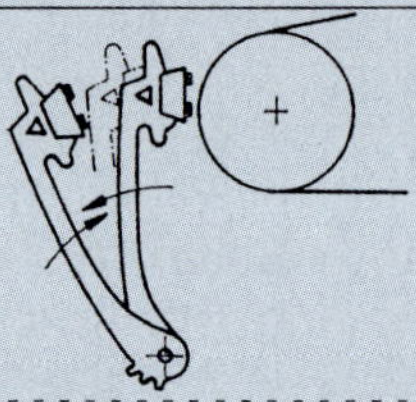	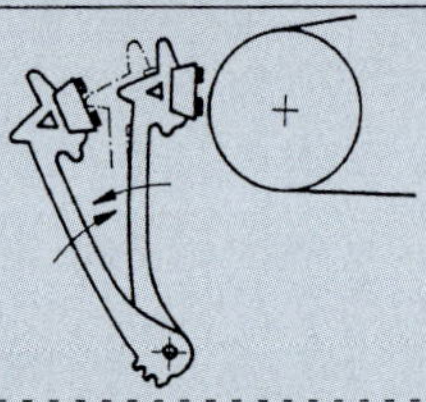

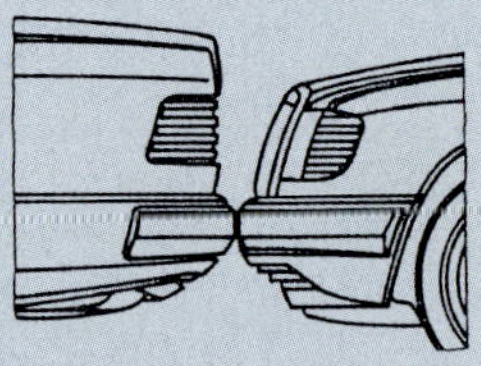

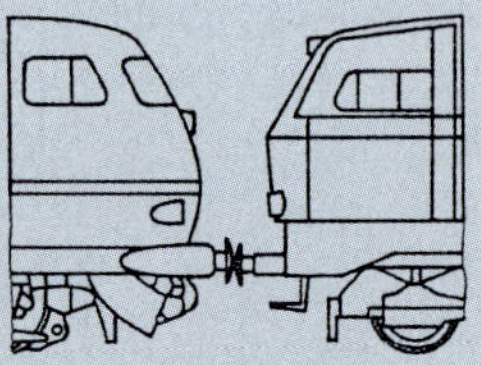

Zuverlässigkeits- und sicherheitsverbesserndes Konstruieren: Auswirkungen mindern — 2

Bild 5.6.9 Folgeschäden von Störungen mindern, Beispiele

5.6 Restriktionsgerechtes Konstruieren

Zuverlässigkeits- und sicherheitsverbesserndes Konstruieren: Auswirkungen mindern		3
Richtlinien	**Beispiel**	
	ungünstig	günstig
e) Zuverlässigkeit verbessern durch Kraft- oder Drehmomentbegrenzung mittels elastischer Elemente oder Reibflächen.		

Zuverlässigkeits- und sicherheitsverbesserndes Konstruieren: Störfälle signalisieren		4
Richtlinien	**Beispiel**	
	ungünstig	günstig
f) Zuverlässigkeit und Sicherheit verbessern mittels Systemen, welche ihr Versagen anzeigen oder langfristig erkennen lassen (z. B. Seile).	Kette	Seil
(z. B. Öldruckkontrolleuchte)		

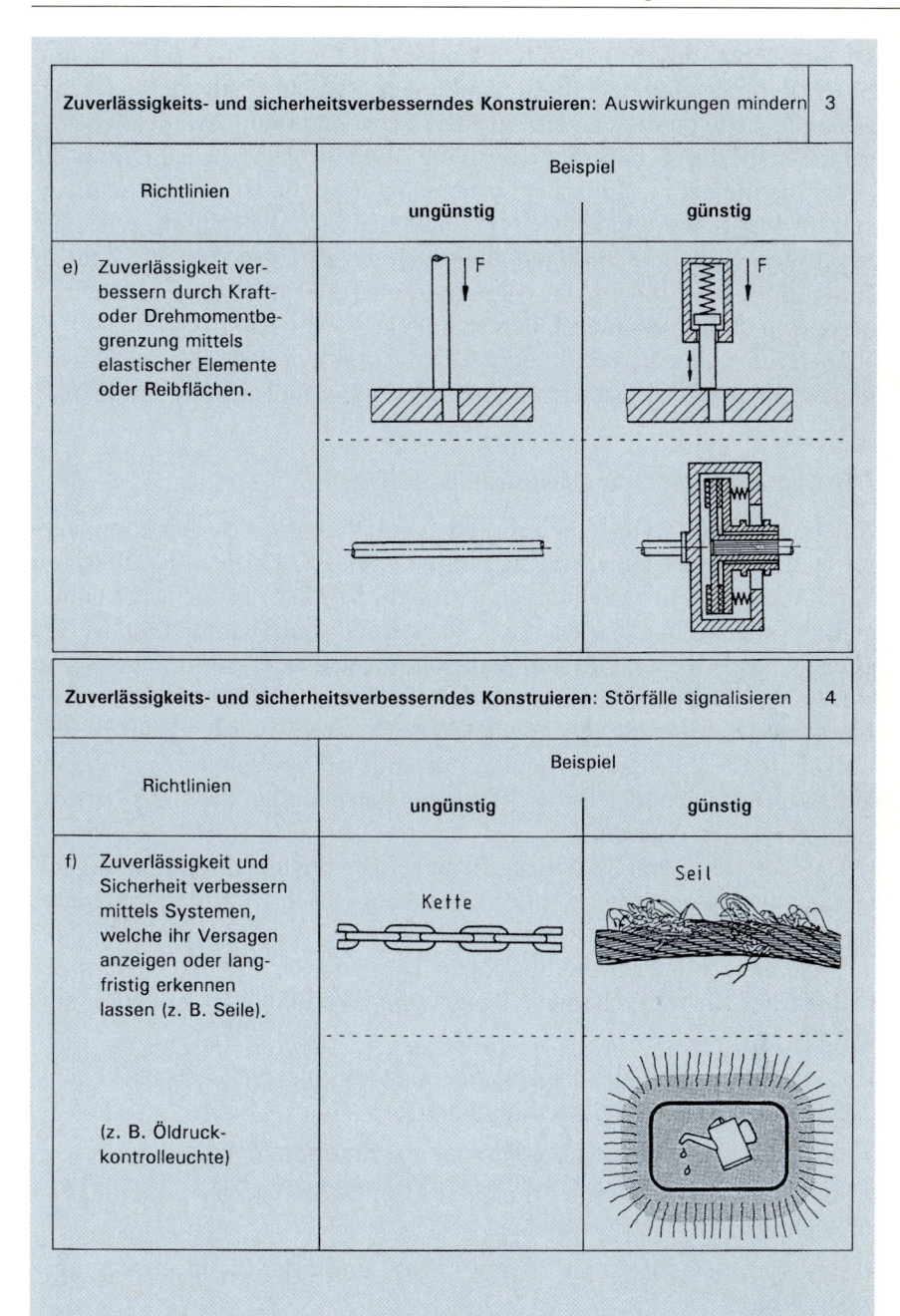

Bild 5.6.10 Folgeschäden von Störungen mindern. Mögliche Störungen voranzeigen

im Ermessen des Konstrukteurs oder wird durch Vorschriften und Gesetze vorgegeben. Technische Systeme sollte man wenigstens so sicher gestalten, daß von diesen keine größere Schadenswahrscheinlichkeit ausgeht, als sie durch natürliche Systeme ohnehin gegeben ist. Durch die zunehmende Zahl technischer Systeme hat die Schadenswahrscheinlichkeit für Menschen und Umwelt im Laufe der Technikevolution erheblich zugenommen. Die Technik hat aber auch dazu beigetragen, die Zahl an Hilfsmitteln zu erhöhen, den Menschen und die Umwelt vor Schäden zu bewahren und in Schadensfällen zu helfen.

Die Bilder 5.6.8 bis 5.6.10 zeigen anhand von Beispielen die verschiedenen Maßnahmen zur Konstruktion zuverlässiger und sicherer Produkte.

2. Systemzugehörigkeit oder Schnittstellenbedingungen

Zu entwickelnde technische Produkte sind üblicherweise Teil komplexerer technischer Systeme. So sind beispielsweise Kraftfahrzeuge Teile von Verkehrssystemen, bestehend aus Straßen, Brücken, Tunnel, Signalanlagen, Parkhäusern, Garagen u.a. Teilsystemen. Ein Diaprojektor ist Teil eines Systems, bestehend aus dem Raum (Saal oder Wohnzimmer), in welchem dieser betrieben wird, der Leinwand und dem elektrischen Energienetz. Aufgrund des notwendigen Zusammenwirkens des zu entwickelnden technischen Produkts mit anderen Systemen folgen Bedingungen, welche bei der Entwicklung des betreffenden Produkts berücksichtigt werden müssen.

Das Vergessen von Systemzugehörigkeitsbedingungen und daraus folgende notwendige spätere Änderungen können sehr zeit- und kostenaufwendig werden.

Systemzugehörigkeitsbedingungen können sich für ein bestimmtes technisches Gebilde (Bauteil, Baugruppe, Produkt etc.) ergeben, aufgrund

- dessen direkter Zugehörigkeit zu einem komplexeren technischen System; Zugehörigkeitsbedingungen,
- des Zusammenwirkens mit Personen; – Ergonomiebedingungen,
- des Nutzens bestimmter Transport- (Container-), Lager-, Wartungs-, Reparatur-, Recyclingsysteme,
- des Nutzens bestimmter Energie-, Stoff- und/oder Datenversorgungssysteme.

Schnittstellenbedingungen nennt man üblicherweise jene Teilmenge von Systemzugehörigkeitsbedingungen, welche berücksichtigt werden müssen, um zwei technische Gebilde unmittelbar miteinander zu verbinden (mechanisch, elektrisch, hydraulisch, etc.) und zusammenarbeiten zu lassen. Schnittstellenbedingungen können

- geometrischer Art sein, so beispielsweise Gestalt- und Abmessungsdaten von Flanschen, Steckern, Kupplungen für Kraft-, Stoff- und/oder Datenanschlüsse,
- Leistungsdaten, wie übertragbare Drehmomente, Kräfte, Drehzahlen, elektrische Spannung, Stromstärken, Frequenzen, Durchsatz pro Zeiteinheit, Bit/sec., für Energie-, Stoff- oder Datenflüsse oder
- Ergonomiedaten (u.a.) sein.

Briefformate und Briefsortiereinrichtungen, Versandprodukte und Containersysteme, Elektrogeräte und elektrische Energieversorgungsnetzanschlüsse, Tanköffnung am Kraftfahrzeug und Tankpistole u.a. sollen die Bedeutung von Schnittstellen- und Systemzugehörigkeitsbedingungen für die Festlegung technischer Produkte exemplarisch verdeutlichen.

3. Fertigungsgerecht

Technische Gebilde sind in erster Linie „funktionsgerecht" zu gestalten. Des weiteren sind diese auch nach fertigungstechnischen Gesichtspunkten zu konstruieren, ohne die Bedingung „funktionsgerecht" zu verletzen.

Unter *fertigungsgerechtem Konstruieren* soll das Bestreben verstanden werden, Gestalt und Werkstoff eines zu entwickelnden Bauteils so festzulegen, daß dieses mit den Möglichkeiten des vorgesehenen Fertigungsverfahrens kostengünstig und problemlos in guter Qualität hergestellt werden kann.

Zur Herstellung eines Bauteils sollten nach Möglichkeit keine „extremen Fähigkeiten" eines Fertigungsverfahrens erforderlich sein, welche ein Verfahren nicht oder nur unter Mehraufwand an Sorgfalt, Zeit und Kosten oder nur unter Inkaufnahme hoher Ausschußzahlen zu leisten vermag.

Ein fertigungsgerecht konstruiertes Bauteil ist Voraussetzung und Teil „kostengünstiger Bauteilkonstruktion"; nicht fertigungsgerecht konstruierte Bauteile können gegenüber dem fertigungsgerecht konstruierten Bauteil nur mit einem Mehraufwand an Zeit und Kosten hergestellt werden. Kostengünstiges Konstruieren ist mehr als nur fertigungsgerechtes Konstruieren; „kostengünstig" ist eine weitere an technische Gebilde zu stellende Bedingung, welche über die Bedingung „fertigungsgerecht" hinausgeht.

So können die an einem Bauteil zu bearbeitenden Flächen beispielsweise fertigungsgerecht gestaltet sein, jedoch wäre eine geringe Anzahl oder keine zu bearbeitenden Teiloberflächen zu haben, noch „kostengünstiger" (vgl. Kapitel 5.8).

Für die Gestaltung von Bauteilen muß der Konstrukteur deren Werkstoffe und Fertigungsverfahren bereits kennen oder annehmen, andernfalls würde er ein Bauteil nicht fehlerfrei gestalten können. Die Gestalt von Bauteilen wird neben deren Funktion, Beanspruchungen u. a. Bedingungen insbesondere durch deren Fertigungsverfahren bedingt und festgelegt, d.h. durch Bedingungen, welche aus den Verfahren Urformen (Gießen, Sintern, Extrudieren), Umformen (Stanzen, Ziehen, Schmieden, …), Spanen (Schneiden, Drehen, Fräsen, Schleifen, …) usw. folgen.

Gestaltungsrichtlinien ergeben sich aus der Betrachtung der einzelnen Teilprozesse der Fertigungsverfahren und dem Bemühen, die Gestalt des zu fertigenden Bauteils nach Möglichkeit so zu gestalten, daß diese Teilprozesse problemlos, ohne Qualitätsverluste am Erzeugnis, durchgeführt werden können. Dazu ist es vorteilhaft, die „Schwächen" eines Verfahrens zu erkennen und diese durch entsprechende Bauteilgestaltung zu kompensieren, d.h. auf Fähigkeiten des Verfahrens, welche nur schwer nutzbar und auf Dauer erreichbar sind, durch geeignetes Gestalten zu verzichten.

1. GIESSGERECHTES GESTALTEN Solche Schwierigkeiten bei Teilprozessen des Gießverfahrens sind u.a.:

- das Entnehmen des Modells und eines späteren Gußstücks aus einer Sand oder Metallform. Abhilfe: Gußschrägen vorsehen.
- das Fließen des heißen Metalls um scharfe Gußformkanten und das spannungsfreie Abkühlen scharfkantiger Gußstücke. Abhilfe: Kanten von Gußbauteilen runden.
- das spannungsfreie Abkühlen von Gußbauteilen ungleicher Querschnitte. Abhilfe: Wanddicken und Bauteilquerschnitte möglichst gleich machen; schroffe Übergänge von dünnen zu dicken Querschnitten vermeiden oder durch allmähliche Übergänge ersetzen usw.

Wegen der einzelnen Teilprozesse sind bei dem Fertigungsverfahren Gießen folgende Richtlinien (s. a. Bilder 5.6.11 bis 5.6.16) zu beachten:
- *Fließvorgang*
Scharfe Körperkanten sind aufgrund ungünstiger Strömungsverhältnisse, der hohen thermischen Beanspruchungen (Gußform) und der ungleichmäßigen Abkühlung (Werkstück) zu vermeiden.
Abhilfe: scharfe Kanten nach Möglichkeit abrunden.

- *Entnahme der Modelle aus der Sand- oder der Werkstücke aus der Gußform*
  Zur problemlosen, zerstörungsfreien Entnahme von Modellen aus der Sandform oder der Werkstücke aus der Metallgußform sind die Flächen von Gußwerkstücken nicht parallel, sondern keilförmig (konisch) zu gestalten. Gußschrägen vorsehen!

- *Abkühl- und Schrumpfvorgang*
  Um Wärmespannungen und Risse zu vermeiden, sind Materialanhäufungen in Gußwerkstücken zu vermeiden. Anzustreben sind gleichmäßige Wandstärken. Schroffe Wanddickenübergänge sind zu vermeiden. Anzustreben sind allmähliche Wanddickenübergänge. Um eine ungleichmäßige Abkühlung am Rande dünner Gußstücke zu vermeiden, sind dünnwandige Gußstücke mit Randverstärkungen zu versehen. Schwindungsbehinderte Zonen sind nach Möglichkeit zu vermeiden oder – falls unverzichtbar – zu verstärken, um so Risse oder Brüche zu vermeiden. Mögliche Schrumpfspannungen zwischen zwei Werkstückzonen können durch Gestalten nachgiebiger Zwischenzonen reduziert werden.

- *Einfacher Modell- und Gußformbau, Qualitätssicherung*
  Geometrisch einfache Formen lassen sich kostengünstiger und mit höherer Qualität herstellen, bequemer prüfen und bemaßen. Schwierig herstellbare Werkstückformen lassen sich durch Partialbauweise einfacher gestalten und herstellen. Nachteil: Kostenaufwand für die Verbindungen der einzelnen Teile zum Gesamtteil. Die Zahl der „Gießkerne" reduzieren oder besser ganz vermeiden, erhöht die Maßhaltigkeit (Qualität) der Gußwerkstücke und reduziert die Herstellkosten. Seitenzüge bei Gießwerkzeugen reduzieren oder ganz vermeiden, steigert die Qualität der Werkstücke und senkt die Werkzeug- und Fertigungskosten. Kerne nicht nur einseitig, sondern mehrseitig zu stützen, steigert die Maßhaltigkeit der Werkstücke und reduziert die Ausschußquote. Gußformen in einer – nicht in mehreren – Ebene(n) zu teilen und/oder die ganze Gußform in eine Werkzeughälfte zu verlegen, verbessert die Qualität des Werkstücks ohne zusätzlichen Kostenaufwand.

- *Kostenreduzierung*
  So gering wie möglich gewählte Wanddicken bei Werkstücken reduzieren die Werkstoffkosten. Bei der Gestaltung von Gußwerkstücken ist Material in erster Linie dort anzuordnen, wo es aus Festigkeits- oder anderen Gründen gebraucht wird; Leichtbauweise anstreben. Abmessungen an Werkstücken so weit wie möglich standardisieren und gleichmachen, um die Zahl der notwendigen Werkzeuge und Prüflehren zu reduzieren.

Gießgerechtes Gestalten:	Lunkerbildung vermeiden		1
Richtlinien	Beispiel		
	ungünstig	günstig	
a) Größere, beim Gießen waagerecht liegende Flächen vermeiden.			

Gießgerechtes Gestalten:	Fließvorgang verbessern		2
Richtlinien	Beispiel		
	ungünstig	günstig	
a) Scharfe Körperkanten nach Möglichkeit vermeiden; - Abrundungen vorsehen (Gußradien!).			

Gießgerechtes Gestalten:	Modell- / Werkstückentnahme erleichtern		3
Richtlinien	Beispiel		
	ungünstig	günstig	
a) Guß-Schrägen vorsehen.			

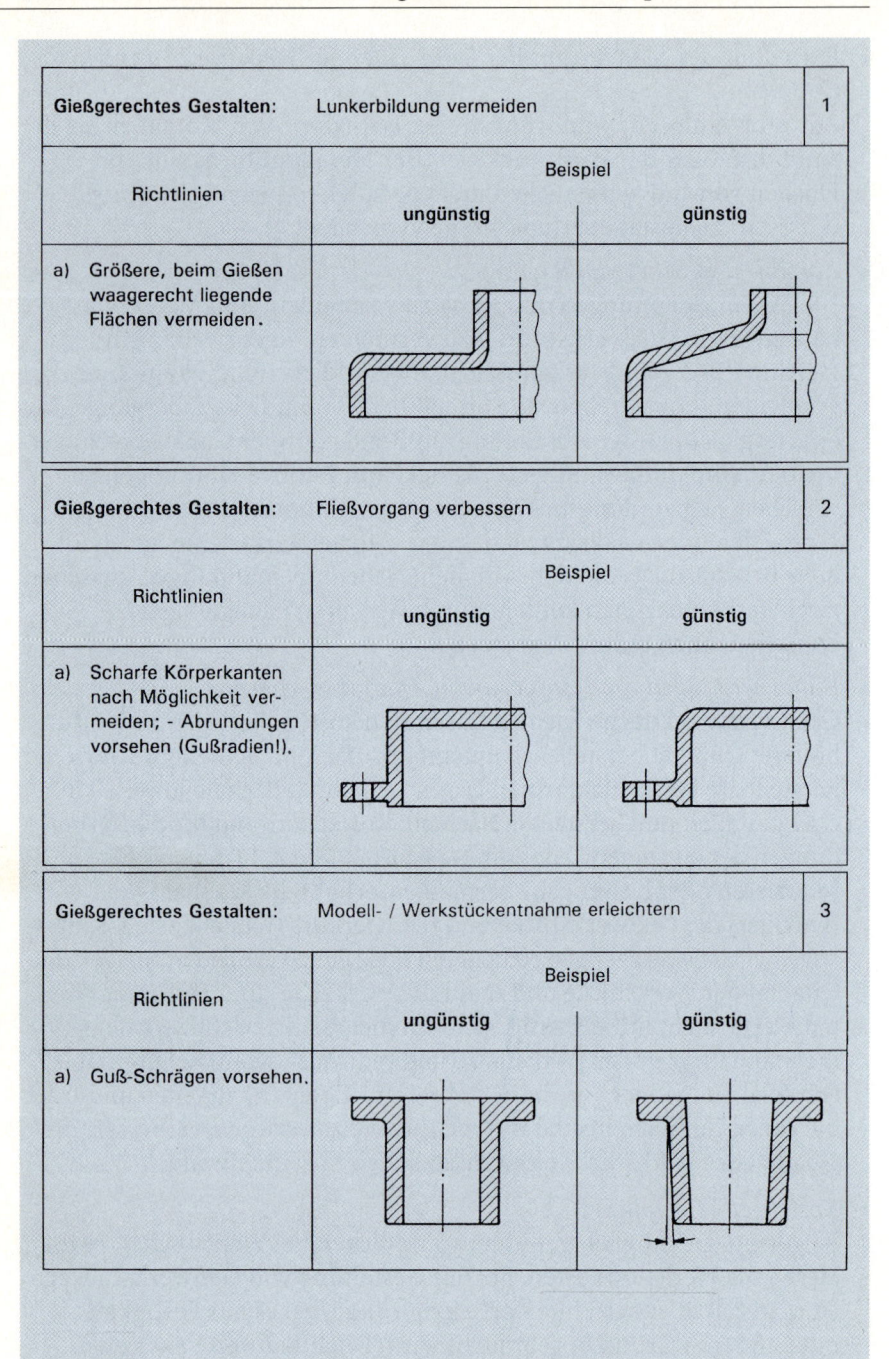

Bild 5.6.11 Gießgerechtes Gestalten: Lunkerbildung vermeiden, Fließvorgang verbessern, Formentnahme erleichtern

5.6 Restriktionsgerechtes Konstruieren

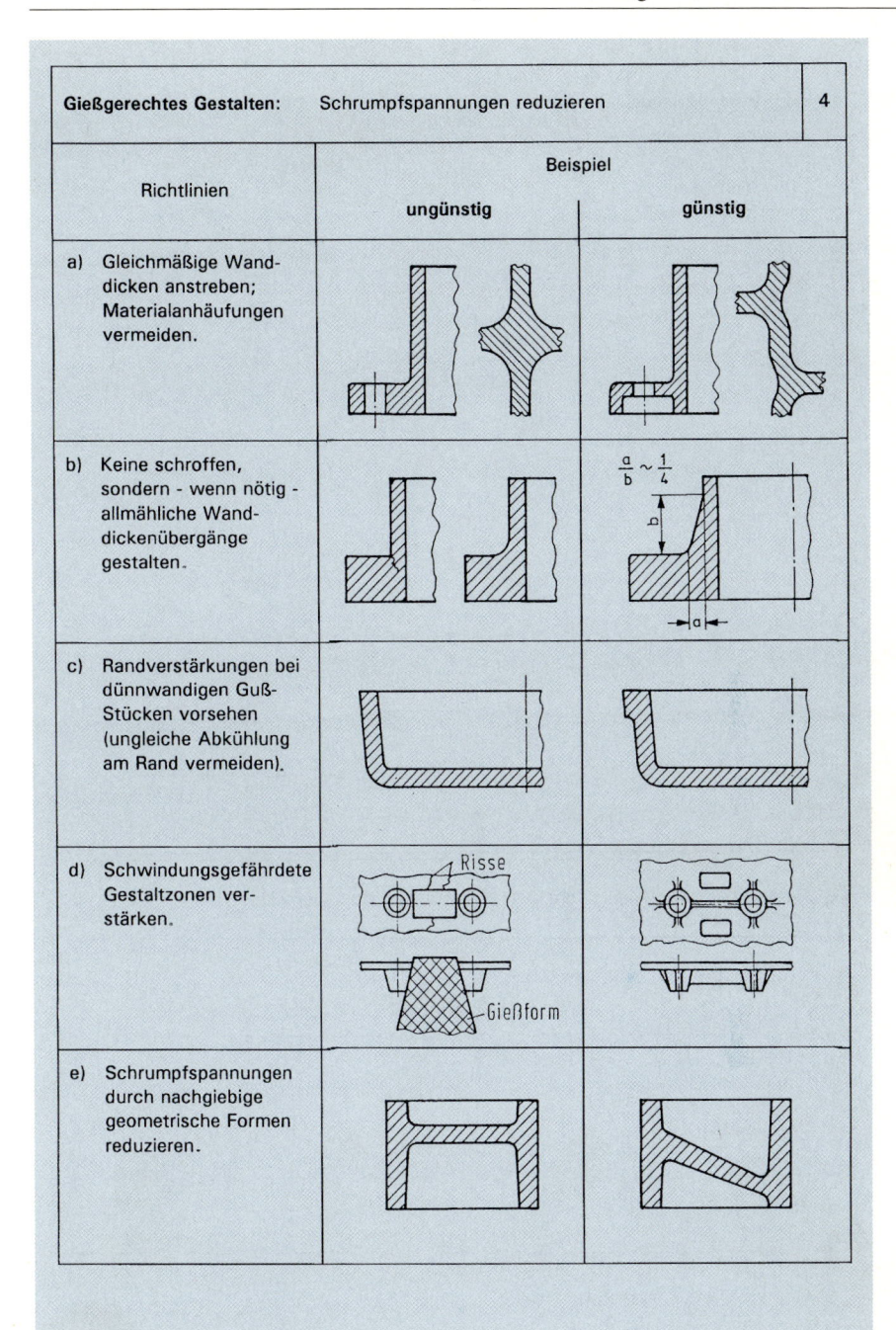

Gießgerechtes Gestalten:	Schrumpfspannungen reduzieren		4
Richtlinien	**Beispiel**		
	ungünstig	günstig	
a) Gleichmäßige Wanddicken anstreben; Materialanhäufungen vermeiden.			
b) Keine schroffen, sondern - wenn nötig - allmähliche Wanddickenübergänge gestalten.		$\frac{a}{b} \sim \frac{1}{4}$	
c) Randverstärkungen bei dünnwandigen Guß-Stücken vorsehen (ungleiche Abkühlung am Rand vermeiden).			
d) Schwindungsgefährdete Gestaltzonen verstärken.	Risse / Gießform		
e) Schrumpfspannungen durch nachgiebige geometrische Formen reduzieren.			

Bild 5.6.12 Gießgerechtes Gestalten: Schrumpfspannungen reduzieren

Gießgerechtes Gestalten:	Kerne und/oder Seitenschieber (Hinterschnitt) vermeiden oder reduzieren		5
Richtlinien	**Beispiel**		
	ungünstig	günstig	
a) Zahl der Kerne reduzieren oder ganz vermeiden; Hinterschnitt vermeiden.	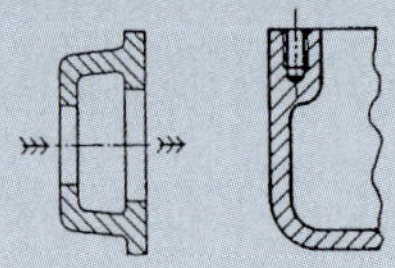	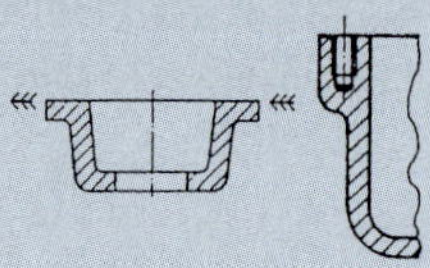	
b) Zahl der Seitenzüge reduzieren oder ganz vermeiden.	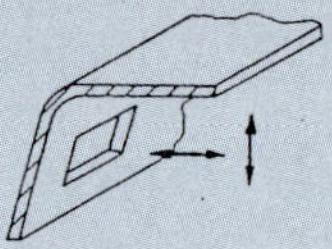	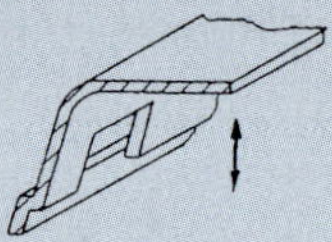	

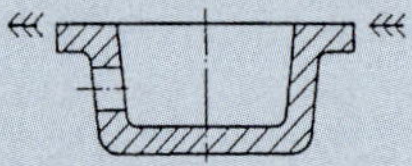

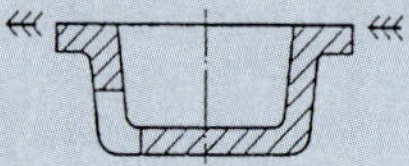

Gießgerechtes Gestalten:	Komplizierte Gestaltvarianten vermeiden		6
Richtlinien	**Beispiel**		
	ungünstig	günstig	
a) Einfache Gestaltvarianten, mit möglichst wenigen Teiloberflächen, bevorzugen.	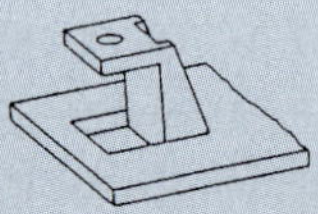	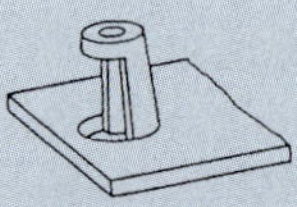	

Bild 5.6.13 Gießgerechtes Gestalten: Kerne und Seitenschieber (Hinterschnitt) vermeiden; komplizierte Gestaltvarianten vermeiden

5.6 Restriktionsgerechtes Konstruieren

Gießgerechtes Gestalten:	Komplizierte Gestaltvarianten vermeiden		6
Richtlinien	**Beispiel**		
	ungünstig	günstig	
b) Komplizierte Gestaltvarianten in zwei oder mehr Bauteile zerlegen.			

Gießgerechtes Gestalten:	Gieß- und Toleranzgerechte Gestaltvarianten anstreben ("kostenlose Qualitätsverbesserung")		7
Richtlinien	**Beispiel**		
	ungünstig	günstig	
a) Kerne beidseitig stützen.			
b) Gußform in <u>einer</u> Ebene teilen, und größten Werkstückquerschnitt in Teilungsebene legen.			

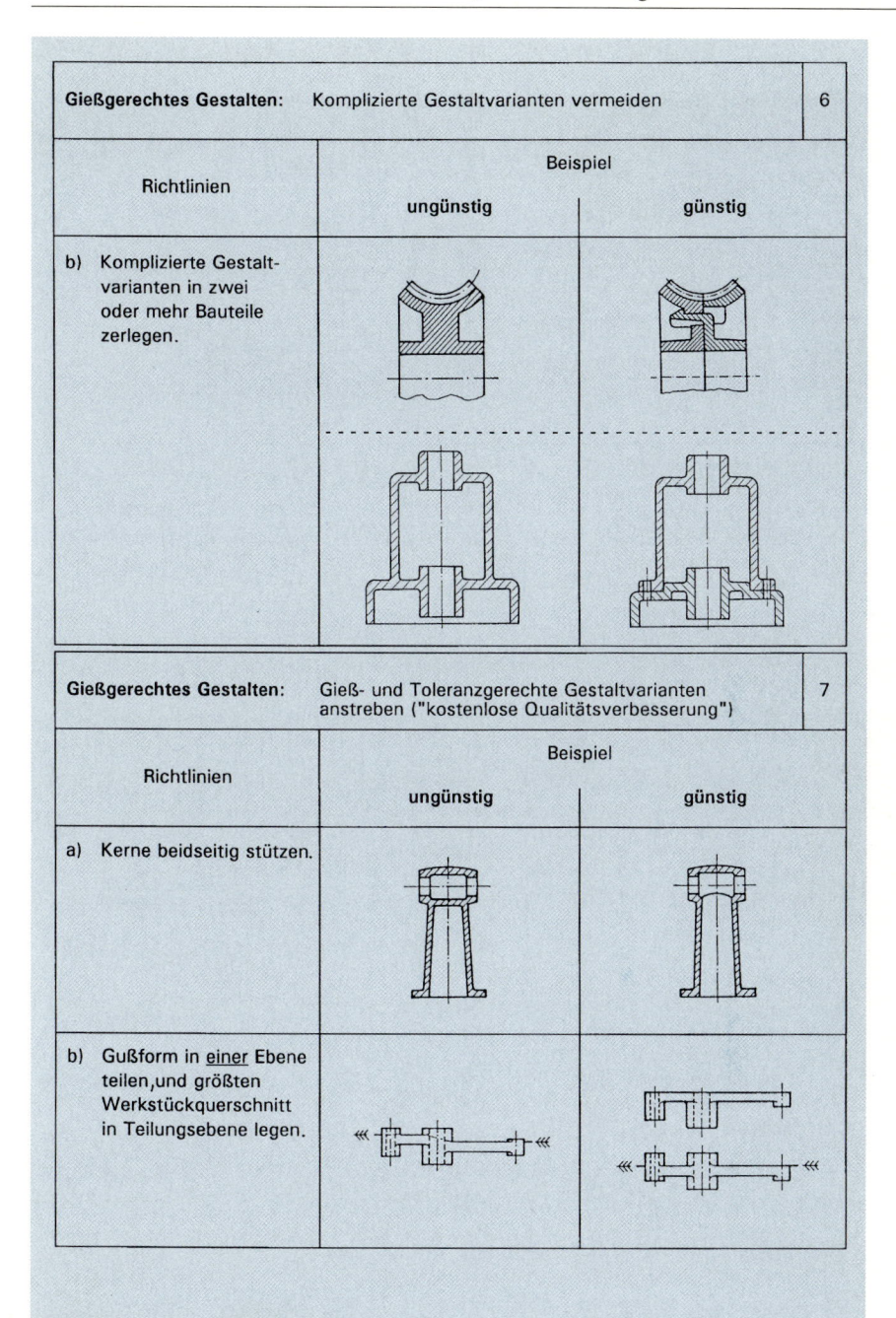

Bild 5.6.14 Gießgerechtes Gestalten: Komplizierte Gestaltvarianten vermeiden; toleranzgerechte Gestaltvarianten anstreben

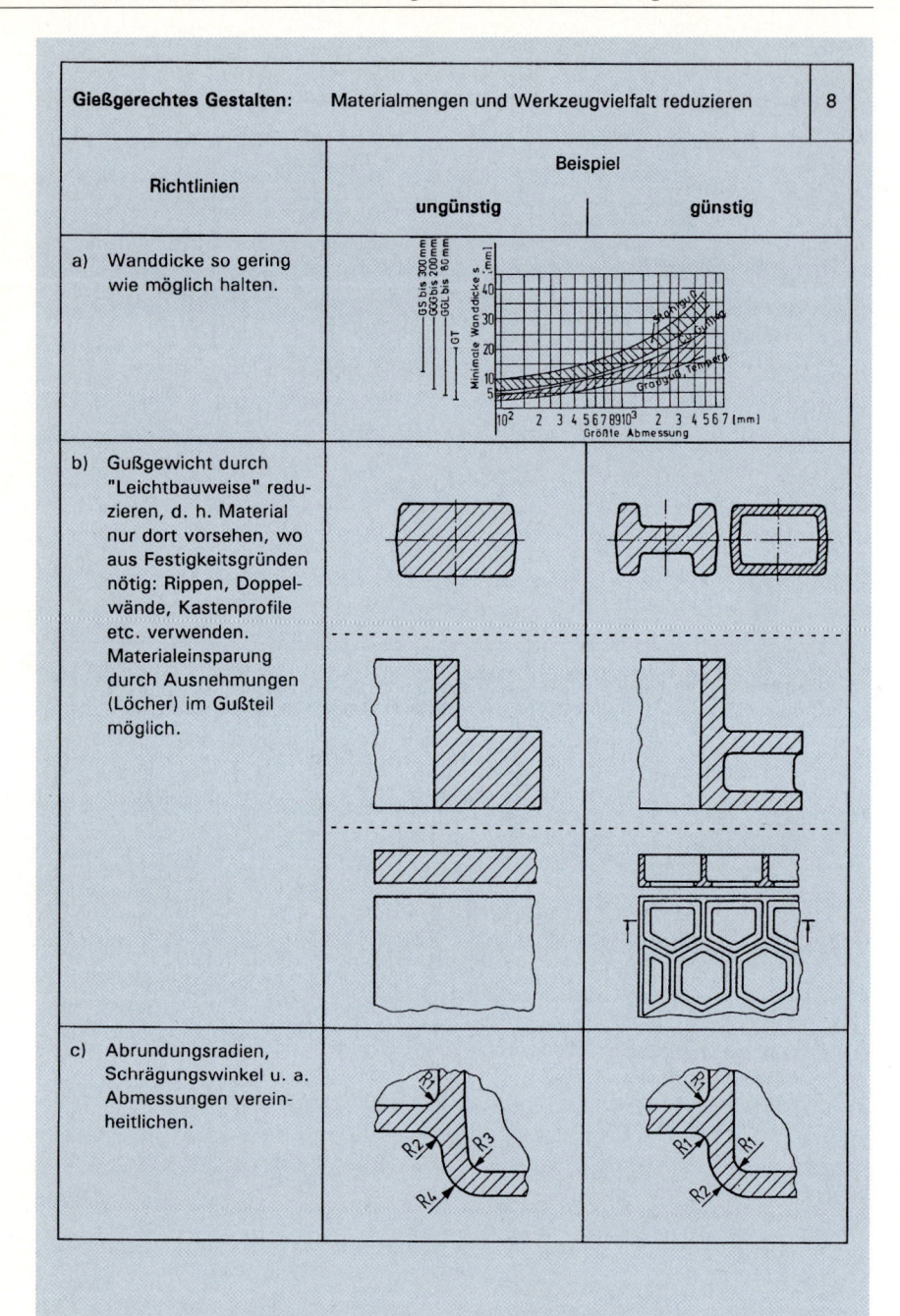

KAPITEL 5 Produktneutraler oder allgemeiner Konstruktionsprozeß

Gießgerechtes Gestalten:	Materialmengen und Werkzeugvielfalt reduzieren		8
Richtlinien	**Beispiel**		
	ungünstig	günstig	
a) Wanddicke so gering wie möglich halten.			
b) Gußgewicht durch "Leichtbauweise" reduzieren, d. h. Material nur dort vorsehen, wo aus Festigkeitsgründen nötig: Rippen, Doppelwände, Kastenprofile etc. verwenden. Materialeinsparung durch Ausnehmungen (Löcher) im Gußteil möglich.			
c) Abrundungsradien, Schrägungswinkel u. a. Abmessungen vereinheitlichen.			

Bild 5.6.15 Gießgerechtes Gestalten: Materialmengen und Werkzeug- und Prüfgerätevielfalt reduzieren

5.6 Restriktionsgerechtes Konstruieren

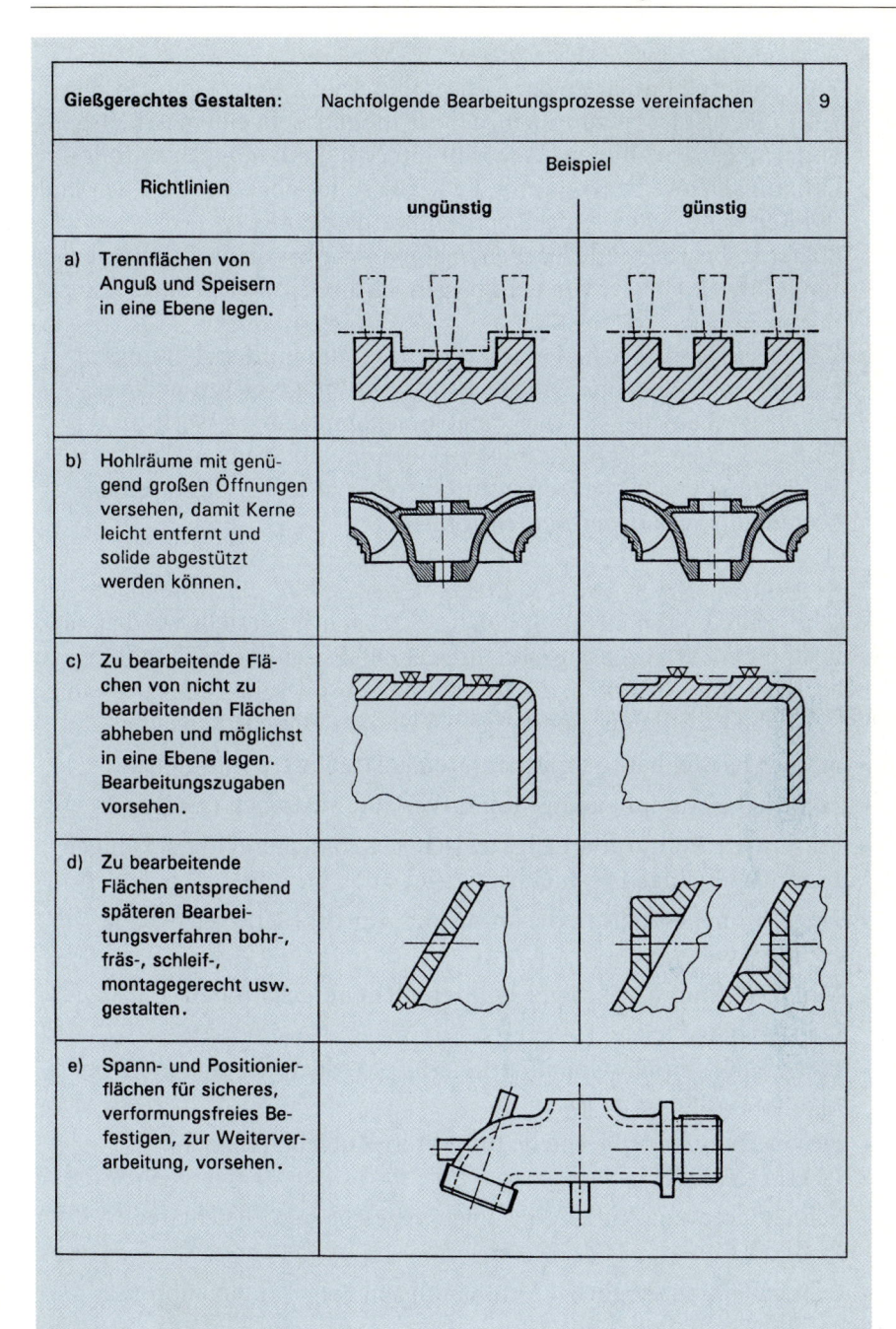

Gießgerechtes Gestalten:	Nachfolgende Bearbeitungsprozesse vereinfachen		9
Richtlinien	**Beispiel**		
	ungünstig	günstig	
a) Trennflächen von Anguß und Speisern in eine Ebene legen.			
b) Hohlräume mit genügend großen Öffnungen versehen, damit Kerne leicht entfernt und solide abgestützt werden können.			
c) Zu bearbeitende Flächen von nicht zu bearbeitenden Flächen abheben und möglichst in eine Ebene legen. Bearbeitungszugaben vorsehen.			
d) Zu bearbeitende Flächen entsprechend späteren Bearbeitungsverfahren bohr-, fräs-, schleif-, montagegerecht usw. gestalten.			
e) Spann- und Positionierflächen für sicheres, verformungsfreies Befestigen, zur Weiterverarbeitung, vorsehen.			

Bild 5.6.16 Gießgerechtes Gestalten: Nachfolgende Bearbeitungsprozesse vereinfachen

- *Nachfolgeprozesse berücksichtigen*
  Zum späteren Entfernen der Speiser und Angüsse ist es günstig, diese so am Werkstück anzuordnen, daß sie möglichst in einem Arbeitsgang entfernt werden können. Die Hohlräume sind mit möglichst großen Öffnungen zu versehen, damit die Kerne solide abgestützt werden und der Kernsand später einfach entfernt werden kann.
  Später zu bearbeitende Flächen hebt man zur Ersparnis von Bearbeitungsaufwand besser von der übrigen Fläche ab und legt sie möglichst in eine Ebene.
  Zu bearbeitende Flächen eines Gußstücks sind mit Bearbeitungszugaben zu versehen und entsprechend bohr-, fräs- oder montagegerecht (usw.) anzulegen. An geometrisch komplizierten Werkstücken sind u. U. eigene Flächen zum Positionieren und Spannen des Werkstücks vorzusehen, die, wenn sie nicht mehr benötigt werden, kostengünstig entfernt werden können.

2. Schneid- und stanzgerechtes Gestalten Bei Blechbauteilen, welche mittels Schneid- und Stanzwerkzeugen hergestellt werden, sind aufgrund der Verfahrenseigenschaften ebenfalls zahlreiche Richtlinien zu beachten. Ohne Anspruch auf Vollständigkeit sollen im folgenden einige wesentliche Richtlinien wiedergegeben werden. Diese lauten:

- einfach herstellbare Schnittkonturen anstreben (s. Bild 5.6.17 a),
- recht- oder stumpfwinklige Konturverläufe anstreben (s. Bild 5.6.17 b),
- tangentiale Konturübergänge zwischen Geraden und kreisförmigen Konturübergängen vermeiden (s. Bild 5.6.17 c),
- lange, schmale Konturausschnitte und -durchbrüche vermeiden (s. Bild 5.6.18 e),
- Mindestabstand zwischen Konturen nicht unterschreiten (s. Bild 5.6.18 f),
- Blechabfälle durch „Gestaltoptimierung" reduzieren oder ganz vermeiden (s. Bild 5.6.19 a),
- auszuschneidende Blechteile für weitere Aufgaben nutzen (s. Bild 5.6.20 d),
- Schneidgrat hinsichtlich Nachfolgeprozessen berücksichtigen (s. Bild 5.6.20 a),
- Schneidkanten möglichst rechtwinklig zu Biegekanten anordnen (s. Bild 5.6.20 b),
- Mindestabstände zwischen Biegekanten und Lochkanten beachten (s. Bild 5.6.21 u. a.).

5.6 Restriktionsgerechtes Konstruieren

Schneidgerechtes Gestalten: schneidgerechte Schnittgeometrie wählen			1
Richtlinien	Beispiel		
	ungünstig	günstig	
a) Einfache Schnittkantengeometrien und minimale Kantenlängen bevorzugen.			
b) Spitzwinklige Schneidkonturen vermeiden, möglichst recht- oder stumpfwinklige Konturen anstreben.			
c) Bei zylinderförmigen Teiloberflächen tangentiale Flächenübergänge vermeiden.	$R = \frac{b}{2}$	$R = b$	
d) Ausklinkungen sollen sich zum freien Ende hin leicht verjüngen, um das "Auswerfen" der Schneidteile zu erleichtern.		3° bis 10°	

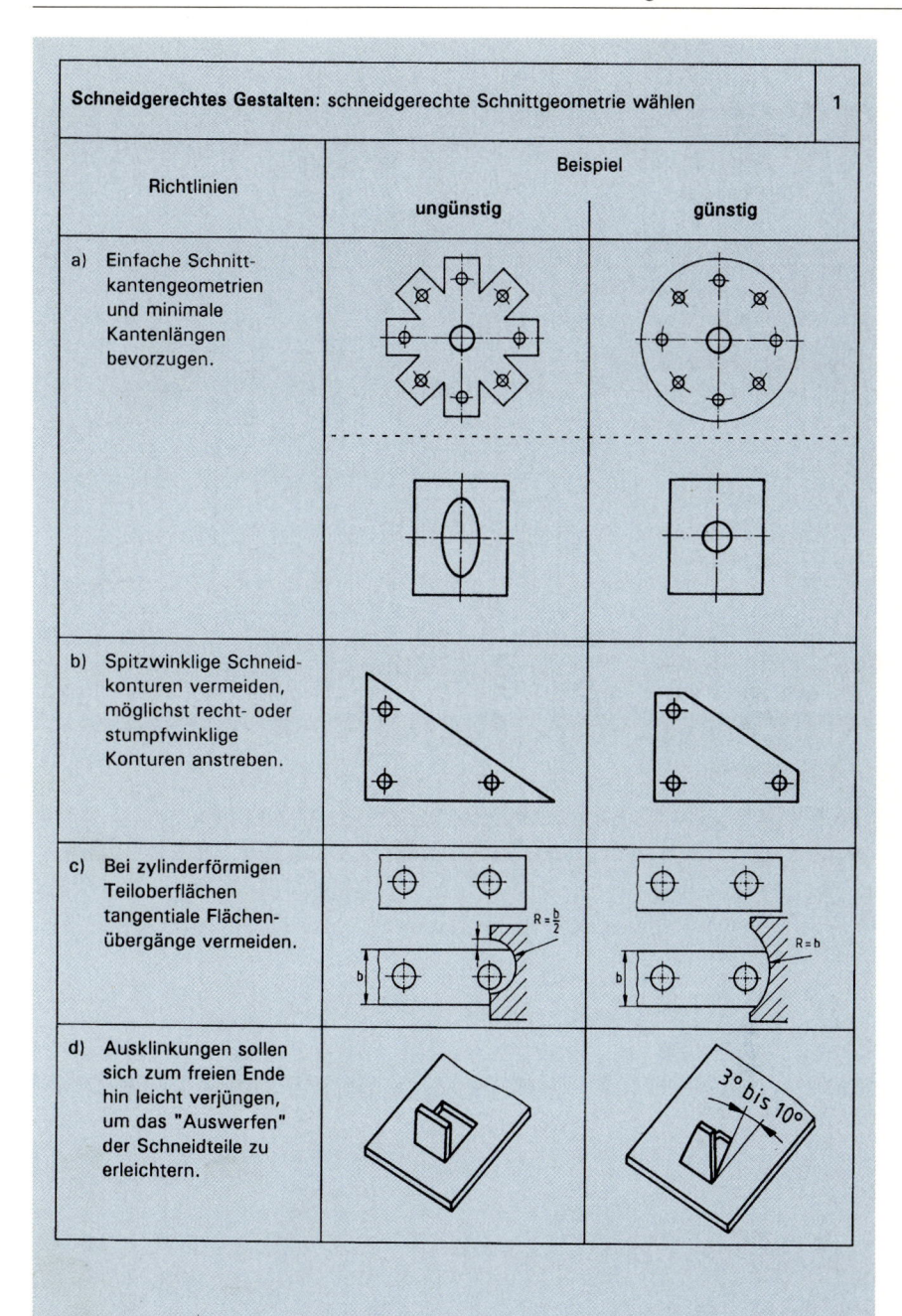

Bild 5.6.17 Schneidgerechtes Gestalten (1); schneidgerechte Schnittgeometrie wählen

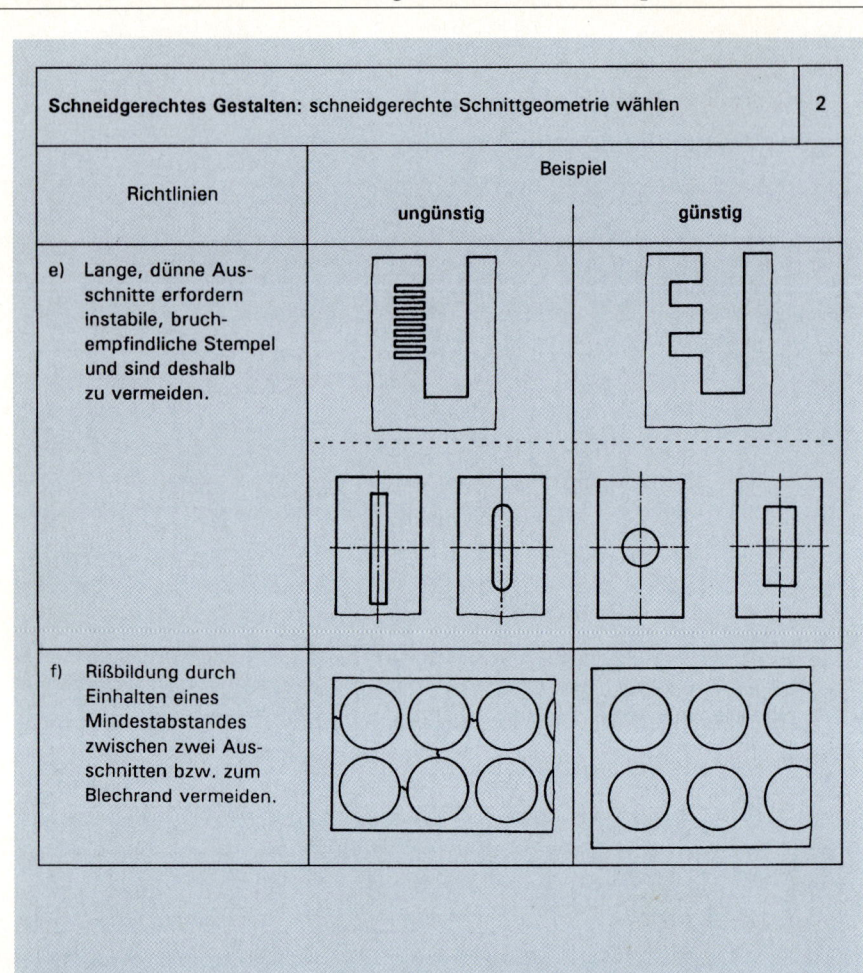

Schneidgerechtes Gestalten: schneidgerechte Schnittgeometrie wählen		2
Richtlinien	Beispiel	
	ungünstig	günstig
e) Lange, dünne Ausschnitte erfordern instabile, bruchempfindliche Stempel und sind deshalb zu vermeiden.		
f) Rißbildung durch Einhalten eines Mindestabstandes zwischen zwei Ausschnitten bzw. zum Blechrand vermeiden.		

Bild 5.6.18 Schneidgerechtes Gestalten (2); schneidgerechte Schnittgeometrie wählen

5.6 Restriktionsgerechtes Konstruieren

Schneidgerechtes Gestalten: Kostenreduzierendes Konstruieren von Schneidteilen		3
Richtlinien	**Beispiel** ungünstig	günstig
a) Abfall reduzieren durch Anpassen der Teilegeometrie und / oder Schachteln der Teile.		
b) Herstellungs- und Instandhaltungskosten des Werkzeuges sinken, wenn möglichst viele Rundungsradien und Bohrungsdurchmesser gleich gewählt werden.		
c) Zylinderförmige Teiloberflächen durch ebene Flächen ersetzen; (maschinelle Bearbeitung ermöglichen).		

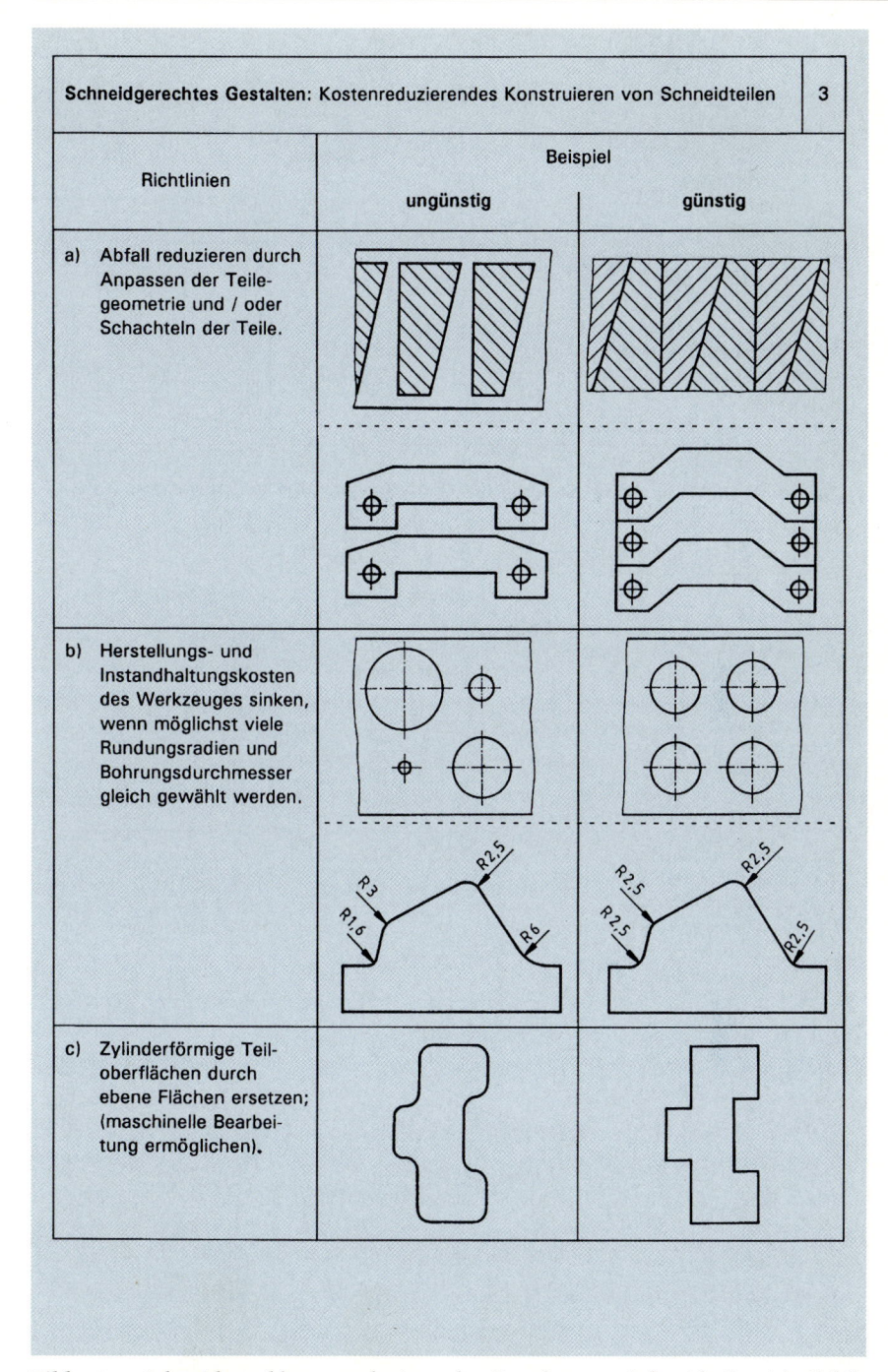

Bild 5.6.19 Schneid- und kostenreduzierendes Gestalten von Schneidteilen (1); Abfall reduzieren, Abmessungen vereinheitlichen

Schneidgerechtes Gestalten: Kostenreduzierendes Konstruieren von Schneidteilen			4
Richtlinien	Beispiel		
	ungünstig	günstig	
d) Um Material einzusparen, können aus nicht benötigten Bereichen großer Schneidteile kleinere ausgeschnitten und weiterverwendet werden.			

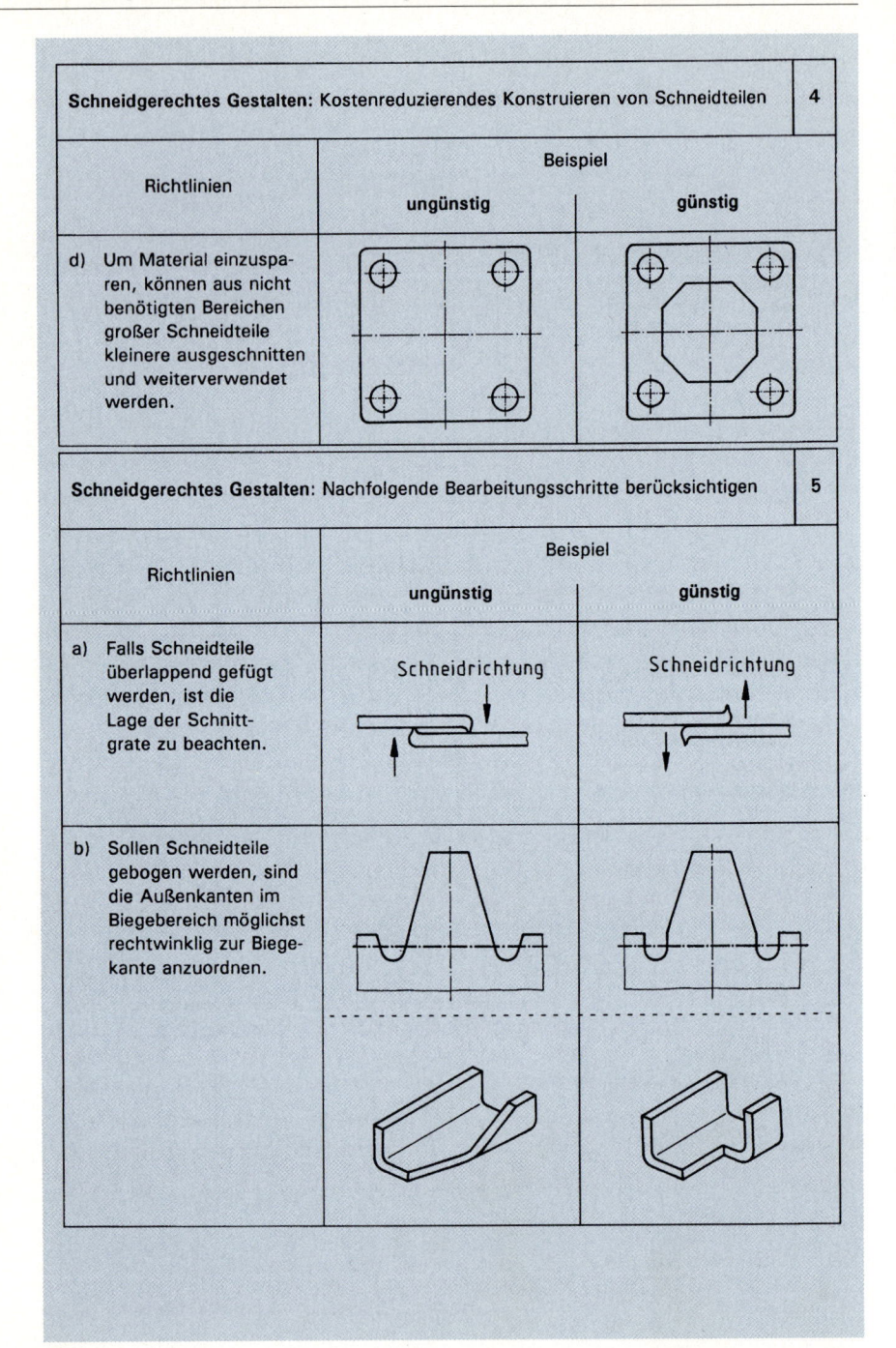

Schneidgerechtes Gestalten: Nachfolgende Bearbeitungsschritte berücksichtigen			5
Richtlinien	Beispiel		
	ungünstig	günstig	
a) Falls Schneidteile überlappend gefügt werden, ist die Lage der Schnittgrate zu beachten.			
b) Sollen Schneidteile gebogen werden, sind die Außenkanten im Biegebereich möglichst rechtwinklig zur Biegekante anzuordnen.			

Bild 5.6.20 Schneid- und kostenreduzierendes Gestalten sowie Folgeprozesse berücksichtigendes Gestalten von Schneidteilen

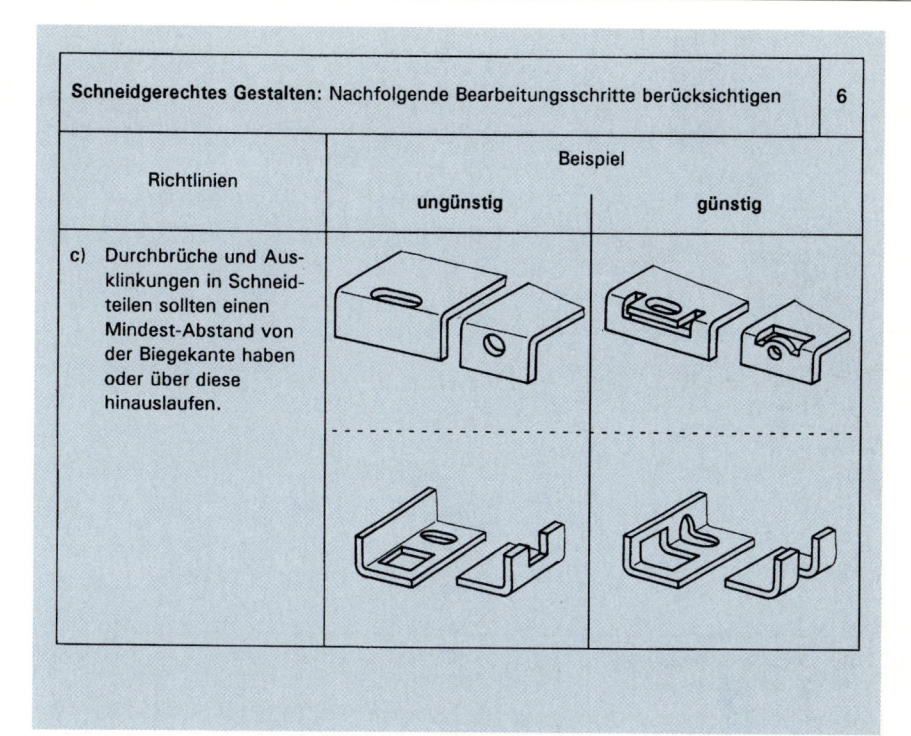

Schneidgerechtes Gestalten: Nachfolgende Bearbeitungsschritte berücksichtigen			6
Richtlinien	Beispiel		
	ungünstig	günstig	
c) Durchbrüche und Ausklinkungen in Schneidteilen sollten einen Mindest-Abstand von der Biegekante haben oder über diese hinauslaufen.			

Bild 5.6.21 Schneid- und Folgeprozesse berücksichtigendes Gestalten von Schneidteilen

3. BOHRGERECHTES GESTALTEN Sind an Bauteilen Bohrungen vorzusehen, so sind folgende Richtlinien zu beachten:

- die Bohreran- und -auslauffläche sollte wegen des Verlaufens bzw. der Bruchgefahr des Bohrers nach Möglichkeit senkrecht zur Bohrerachse angeordnet sein,
- Sacklochbohrungen sollten nach Möglichkeit eine kegelige, der Bohrerspitze entsprechende Grundfläche haben; plane Sacklochgrundflächen sind zu vermeiden,
- Bohrungen in gegenüberliegenden Wänden etc. sind nach Möglichkeit fluchtend, durchgehend und mit gleichem Durchmesser zu gestalten,
- bei Gewindesacklochbohrungen ist ein Reservevolumen für den Auslauf des Gewindebohrers und die Späne des Gewindeschneidvorgangs vorzusehen; Gewindesacklöcher sind nach Möglichkeit zu vermeiden und durch Durchgangslöcher zu ersetzen.

Bild 5.6.22 zeigt Beispiele zum „bohrgerechten Gestalten".

KAPITEL 5 Produktneutraler oder allgemeiner Konstruktionsprozeß

Bohr- und gewindeschneidgerechtes Gestalten		1
Richtlinien	Beispiel	
	ungünstig	günstig
a) Ansatz- und Auslaufflächen sollten senkrecht zur Bohrachse stehen.	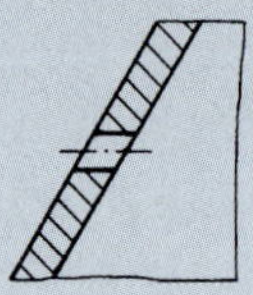 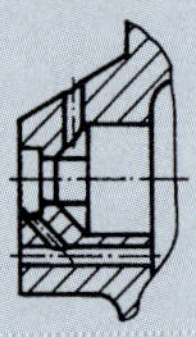	 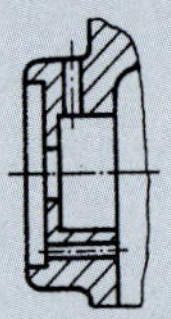
b) Sacklöcher vermeiden, Durchgangsbohrungen einsetzen, falls möglich; wenn Sacklöcher erforderlich sind, Bohrspitze vorsehen.	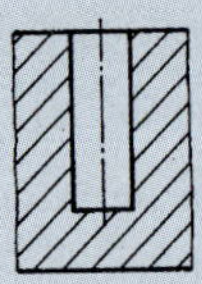	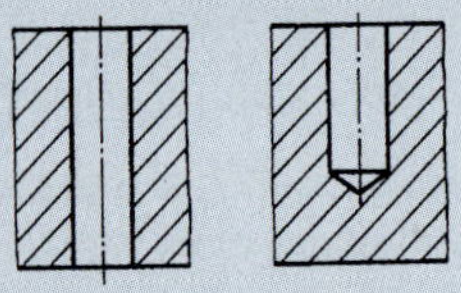
c) Bohrungen gleichen Durchmessers anstreben, um Bearbeitungszeit und -kosten zu senken.	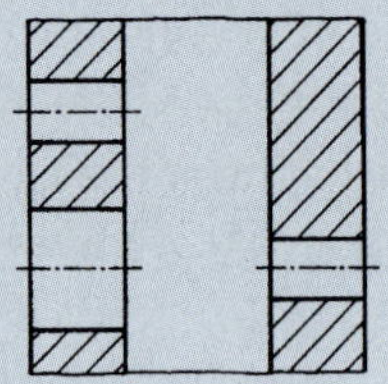	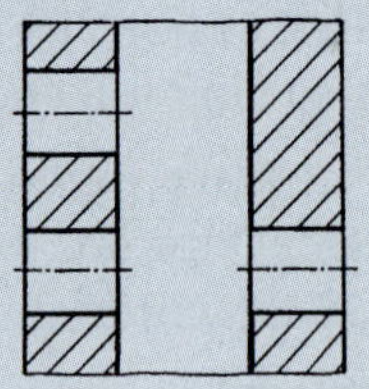
d) Bei Gewindebohrungen Auslauf für Bohrer und Gewindeschneider (Spankammer) vorsehen; wenn möglich durchgehendes Gewinde verwenden.		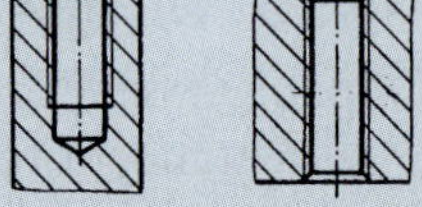

Bild 5.6.22 Bohr- und gewindeschneidgerechtes Gestalten

4. Schweißgerecht, Laserschweißgerecht

Zum Bau technischer Systeme werden häufig Bauteile von so komplizierter Gestalt benötigt, daß diese nicht oder nur sehr unwirtschaftlich aus einem Stück hergestellt werden können.

Bauteile komplexer Gestalt lassen sich oft vorteilhaft durch Verschweißen mehrerer einfacherer Teile (Schweißbauteile) erzeugen. Der Konstrukteur hat dann, neben der funktionsbedingten Gestalt eines Bauteils bzw. einer Schweißbaugruppe, noch die Schweißverbindungen dieser Baugruppe zu gestalten. Letztere sind schweißgerecht zu gestalten.

Schweißgerecht heißt, die Schweißverbindungen einer Baugruppe und deren nähere Umgebung so zu gestalten, daß

- diese Verbindungen mittels der jeweiligen Schweißeinrichtungen problemlos in guter Qualität hergestellt werden können, d.h., daß Schweiß- und Prüfprozeß ohne Erschwernisse (mühelos) durchgeführt werden können; es ist beispielsweise auf bequeme Zugänglichkeit zu achten,
- diese die jeweils zu übertragenden Kräfte sicher übertragen können, d.h., Verbindungen schweiß- und beanspruchungsgerecht gestalten,
- die Qualität von Schweißbauteilen durch Wärmeeinwirkungen nicht verschlechtert wird, so daß möglichst kein Wärmeverzug oder Wärmespannungen auftreten, d.h., Verbindungen schweiß- und verzugsgerecht gestalten,
- die Herstellung der Schweißbauteile mit großen Toleranzen möglich ist,
- die Fugengestalt von Schweißverbindungen möglichst toleranzunempfindlich ist, d.h., Verbindungen schweiß- und toleranzgerecht gestalten,
- sich die Schweißbauteile bezüglich möglichst vieler Freiheitsgrade „selbsttätig zueinander positionieren", d.h., Verbindungen schweiß- und positioniergerecht gestalten,
- Sensoren den Gestaltverlauf einer Fuge problemlos erkennen können,
- die Nachführung von Schweißwerkzeugen (Laserkopf) problemlos möglich ist, d.h., Verbindungen schweiß- und sensorgerecht gestalten,
- die Laserstrahlnachführung möglichst genau erfolgen kann,
- die Fertigungs- und Prüfkosten möglichst minimal sind.

Die Bilder 5.6.23 bis 5.6.34 zeigen Beispiele und Richtlininen zur Gestaltung von Schweißverbindungen entsprechend den o.g. Bedingungen.

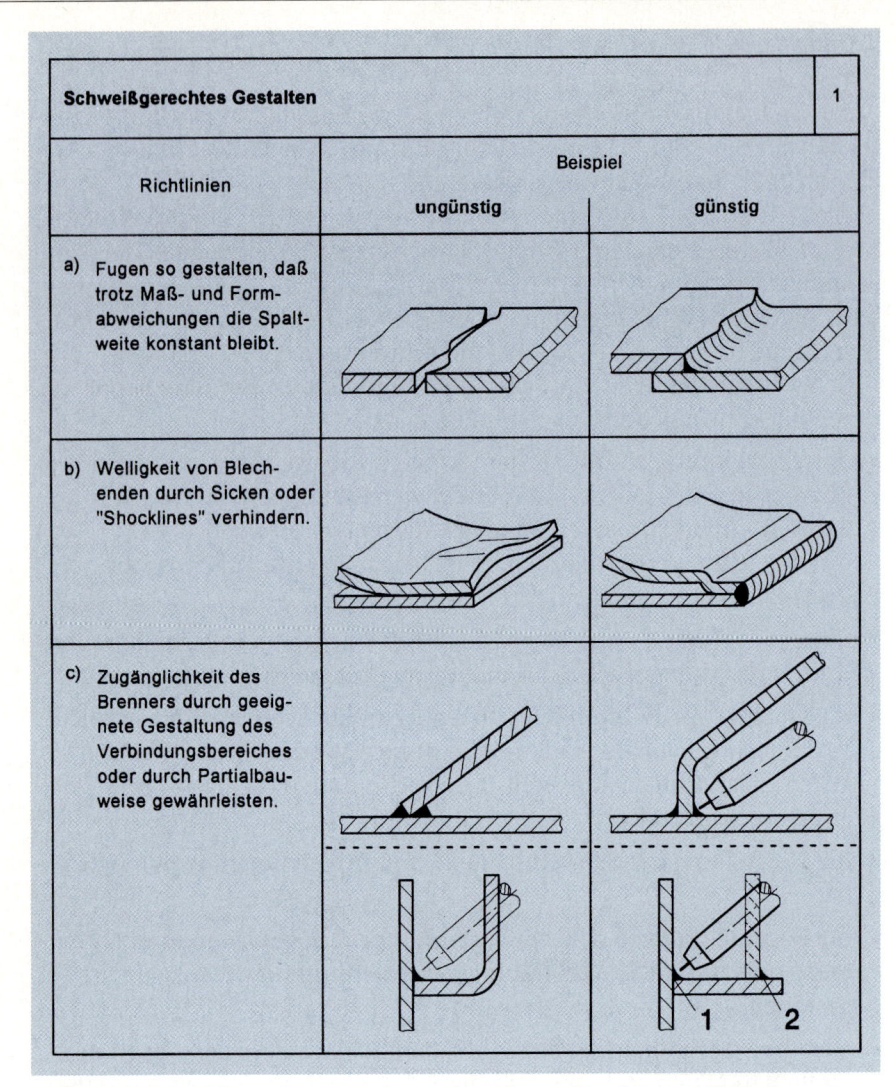

Schweißgerechtes Gestalten			1
Richtlinien	Beispiel		
	ungünstig	günstig	
a) Fugen so gestalten, daß trotz Maß- und Formabweichungen die Spaltweite konstant bleibt.			
b) Welligkeit von Blechenden durch Sicken oder "Shocklines" verhindern.			
c) Zugänglichkeit des Brenners durch geeignete Gestaltung des Verbindungsbereiches oder durch Partialbauweise gewährleisten.			

Bild 5.6.23 Schweißgerechtes Gestalten: Schweißprozeß und Zugänglichkeit vereinfachen

5. Montagegerecht

Bei der Konstruktion von Bauteilen und Baugruppen ist neben vielen anderen Bedingungen auch darauf zu achten, daß diese überhaupt und mit möglichst geringem Zeitaufwand montierbar sind.

Bei der Entwicklung von Richtlinien für das montagegerechte Gestalten muß berücksichtigt werden, daß die Montage entweder manuell oder mit Automaten und Robotern durchgeführt werden kann.

5.6 Restriktionsgerechtes Konstruieren

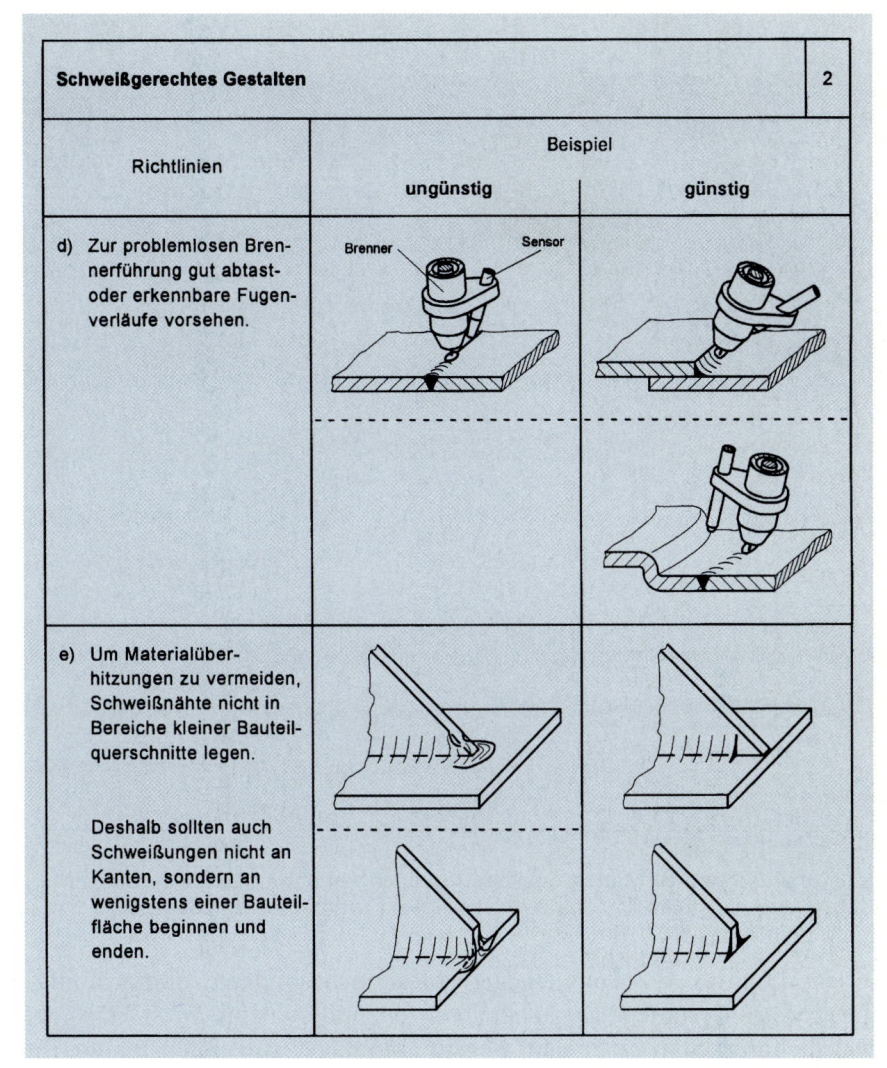

Schweißgerechtes Gestalten		2
Richtlinien	Beispiel ungünstig	Beispiel günstig
d) Zur problemlosen Brennerführung gut abtast- oder erkennbare Fugenverläufe vorsehen.		
e) Um Materialüberhitzungen zu vermeiden, Schweißnähte nicht in Bereiche kleiner Bauteilquerschnitte legen. Deshalb sollten auch Schweißungen nicht an Kanten, sondern an wenigstens einer Bauteilfläche beginnen und enden.		

Bild 5.6.24 Schweißgerechtes Gestalten: Brennerführung vereinfachen. Materialüberhitzungen vermeiden

Da Montageautomaten und Roboter an die montagegerechte Gestaltung üblicherweise höhere Forderungen stellen als eine manuelle Montage, andererseits Monteur und Montageroboter aber auch sehr ähnliche „Schwachstellen" haben, kann man die Betrachtungen der genannten Montagearten gemeinsam durchführen. Wie Beispiele zeigen, sind Gestaltmaßnahmen, welche einer Montage mittels Automaten entgegenkommen, auch für manuelle Montagevorgänge von Vorteil. „Montieren" ist ein Sammelbegriff für viele Tätigkeiten.

Schweißgerechtes Gestalten		3
Richtlinien	Beispiel	
	ungünstig	günstig
f) Weglaufen von Schmelzbädern durch geeignete Gestaltungsmaßnahmen verhindern (Schmelzbadwanne bilden). Es ist kostengünstiger, die Schmelzbadsicherungen durch geeignetes Gestalten der Schweißbauteile als durch Zusatzbauteile zu verwirklichen.	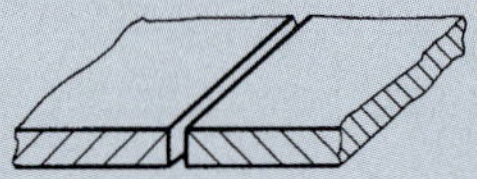	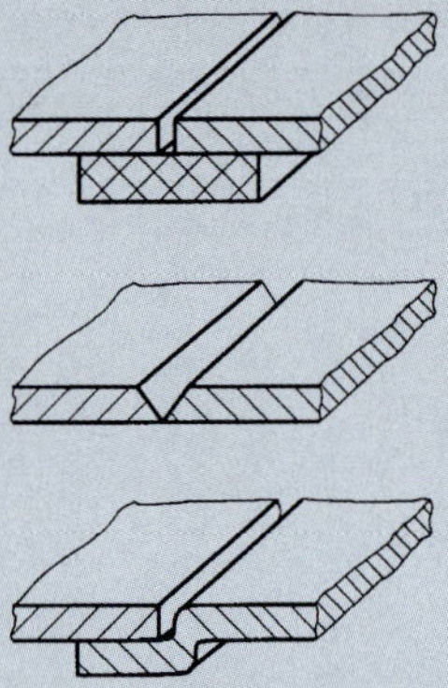
g) Störungen des Schmelzbades infolge expandierender Gasvolumina durch Entlüftungen verhindern.	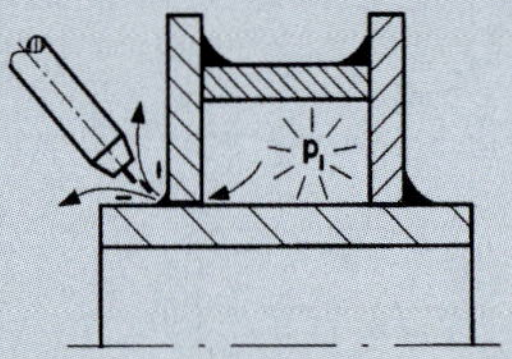	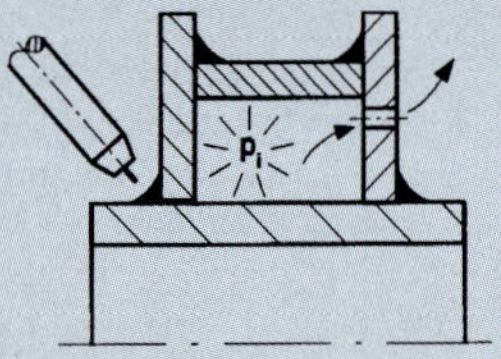

Bild 5.6.25 Schweißgerechtes Gestalten: Weglaufen von Schmelzbädern verhindern. Gasexpansionen durch die Schmelze vermeiden; Gasexpansion ermöglichen

Um die Frage, was „montagegerechtes", insbesondere „robotermontagegerechtes Gestalten" ist, zu beantworten, muß man zunächst festlegen, welche Tätigkeiten unter dem Begriff „Montage" zu verstehen sind. Im folgenden sollen unter dem Begriff „Montieren" alle jene Tätigkeiten verstanden werden, die notwendig sind, um ein Bauteil 1 eines bestimmten Ordnungszustands an einem Ort A aufzunehmen, zu einem Bauteil 2 nach Ort B zu bringen und Bauteil 1 und 2 zu fügen. Ein Montageprozeß kann demnach aus folgenden unterschiedlichen Tätigkeiten bestehen, und zwar dem

- Feststellen der örtlichen und räumlichen Lage der zu fügenden Bauteile,
- Ordnen und Positionieren der zu montierenden Bauteile*,
- Aufnehmen bzw. Greifen eines Bauteils 1 an einem bestimmten Ort A,

Schweiß- und positioniergerechtes Gestalten			4
Richtlinien	Beispiel		
	ungünstig	günstig	
a) Um Schweißvorrichtungen zu erübrigen, möglichst Positionierhilfen an den Schweißbauteilen vorsehen.			

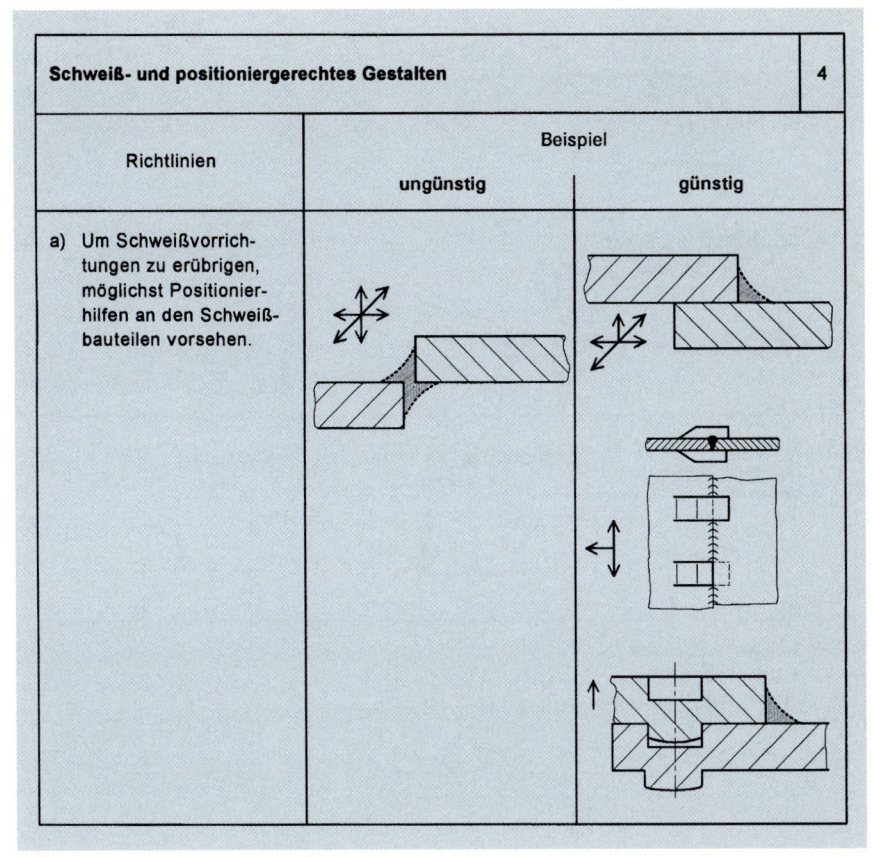

Bild 5.6.26 Schweiß- und positioniergerechtes Gestalten: Positionierhilfen vorsehen

- Transportieren des Bauteils 1 zum Bauteil 2 (von A nach B) unter Beibehaltung der einmal erreichten Ordnung des Bauteils,
- Positionieren der beiden Bauteile zueinander und
- Fügen des Bauteils 1 mit Bauteil 2.

Von wesentlicher Bedeutung für die Automatisierung eines Montageprozesses ist, „wie gut geordnet" die Bauteile vorliegen: ob völlig ungeordnet, bezüglich eines oder mehrerer (max. 5) Freiheitsgrade geordnet, vollkommen geordnet (in 3 Translations- und 3 Rotationsrichtungen) oder vollkommen geordnet und zum automatischen Nachrücken mit potentieller oder einer anderen Energieart ausgerüstet.

---

* Die beiden erstgenannten Operationen können entfallen, wenn bereits geordnete und positionierte Bauteile zur Montage vorliegen.

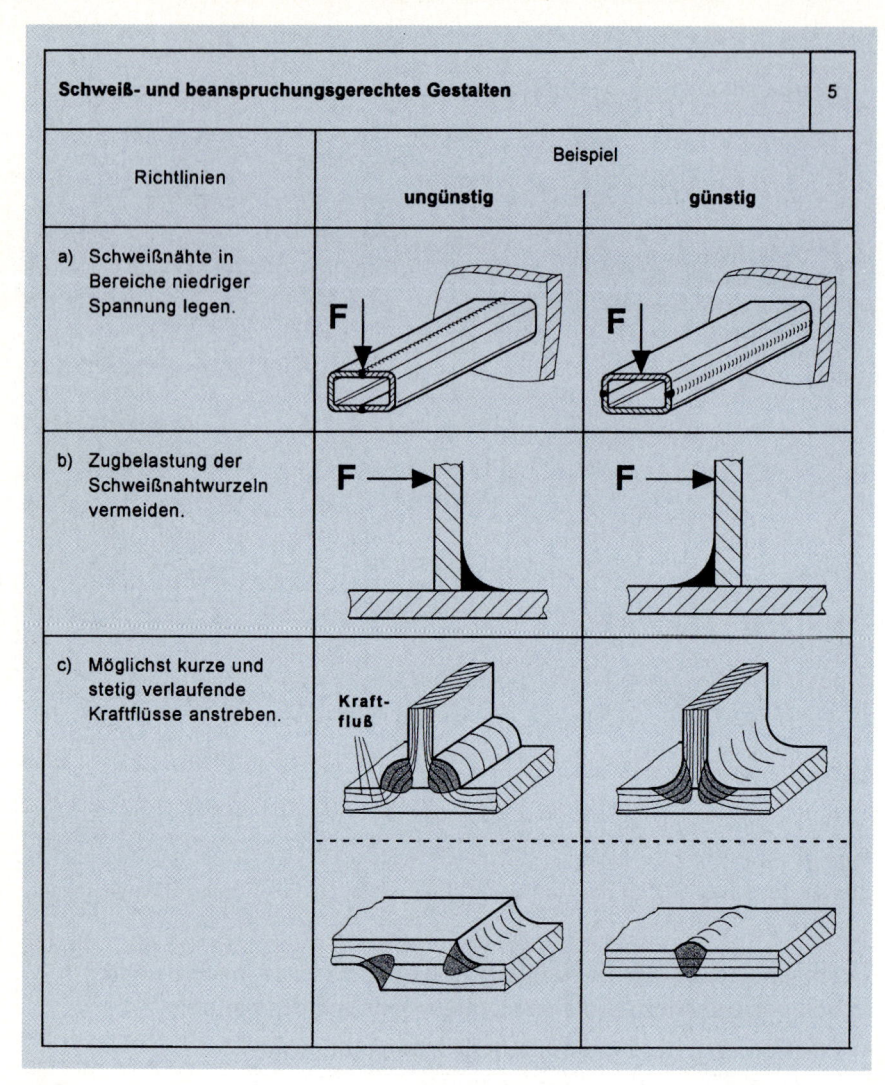

Bild 5.6.27 Schweiß- und beanspruchungsgerechtes Gestalten: Schweißnähte in Bereiche geringer Spannung legen. Zugbeanspruchungen in Schweißnahtwurzeln vermeiden. Kurze stetig verlaufende Kraftflüsse anstreben

Ebenso wichtig ist ferner auch die Ordnung des Bauteils 2, d.h., ob dieses bei einem Montagevorgang irgendwo in einer Ebene oder im Raum stehen kann, oder aber zu Montagezwecken immer exakt an einem bestimmten Ort positioniert ist. Die Automatisierung eines Montagevorgangs beginnt mit der Klärung der Randbedingungen, „wie gut geordnet Bauteile einem Montage-Roboter zur Verfügung gestellt werden können". Aus wirtschaftlichen Gründen ist es vorteilhaft, wenn man

5.6 Restriktionsgerechtes Konstruieren

Schweiß- und verzugsgerechtes Gestalten		6
Richtlinien	**Beispiel** ungünstig	günstig
a) Verzug infolge Wärmeeinbringung durch geringere Nahtvolumina bzw. kürzere Schweißnähte reduzieren.	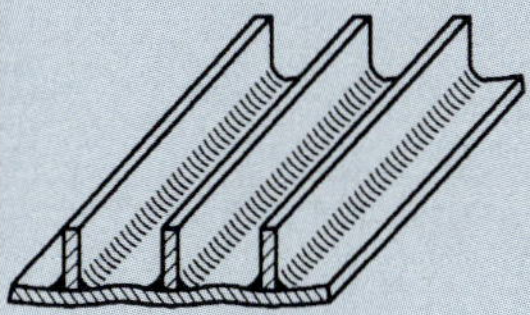	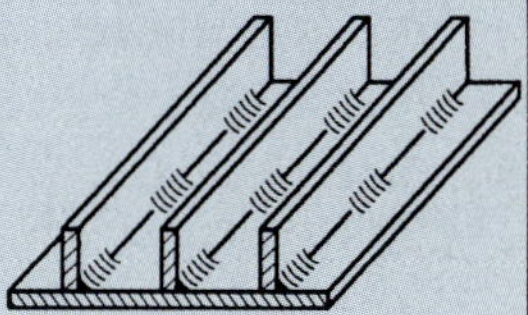
b) Thermische Verformungen durch symmetrische Wärmeeinbringung reduzieren.	vor dem Schweißen  / nach dem Schweißen 	vor dem Schweißen  / nach dem Schweißen 
c) Thermische Verformungen durch entsprechendes Gestalten ("Gegengestalten") des Verbindungsbereiches kompensieren.	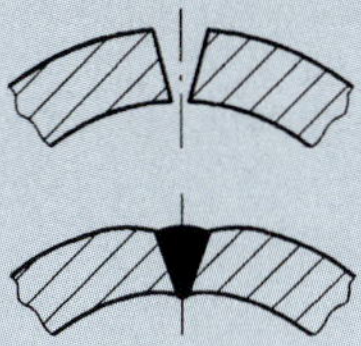	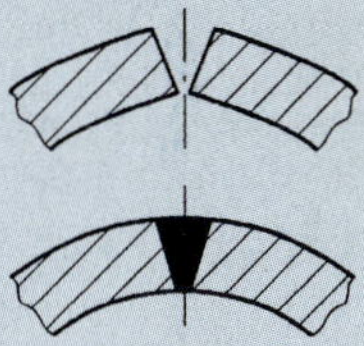

Bild 5.6.28 Schweiß- und verzugsgerechtes Gestalten: Wärmeeinbringungen kompensieren

Bauteile bereits geordnet in den Montageprozeß einbringt. Zwar gibt es bereits Industrie-Roboter mit einfachen „Sehorganen", d. h. mit optoelektronischen u. a. Sensoren, die den „Griff in die Kiste" bereits ermöglichen, doch sind derartige Roboter noch relativ langsam und kostenaufwendig. Aus wirtschaftlichen Gründen wird es deshalb auch in Zukunft zweckmäßig sein, einem Montage-Roboter möglichst geordnete Bauteile anzubieten.

Hierzu ist es meist wesentlich wirtschaftlicher, die Ordnung von Werkstücken und Bauteilen beim Durchlaufen der verschiedenen Fertigungsmaschinen aufrecht zu erhalten, als sie nach jedem Arbeitsprozeß verfallen zu lassen, um sie anschließend wieder aufwendig herstellen zu müssen. Die Operation „Ordnen" kann dann entfallen und die Fähigkeiten und Kosten von Robotern können wesentlich geringer sein. Handelt es sich hingegen um kleine Bauteile, deren Ordnung schwer aufrecht

Widerstandspunktschweißgerechtes Gestalten		1
Richtlinien	Beispiel ungünstig	Beispiel günstig
a) Für die Elektroden ist eine ebene Auflagefläche vorzusehen.	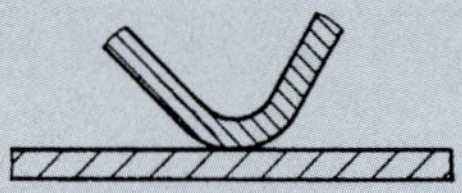	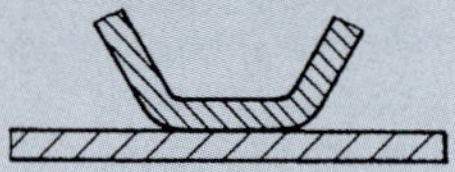
b) Die Schweißstelle muß von beiden Seiten zugänglich sein.	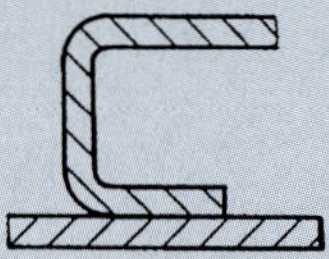	
c) Vermeiden von Bauteil-Gestaltvarianten zu deren Schweißung Elektroden-Sonderbauformen erforderlich sind.	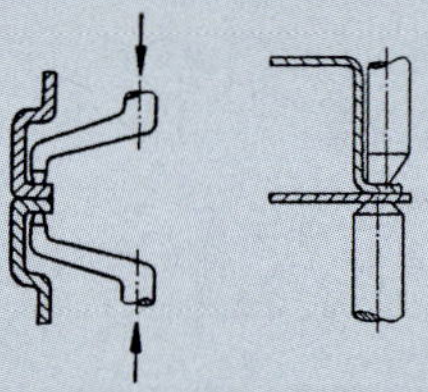	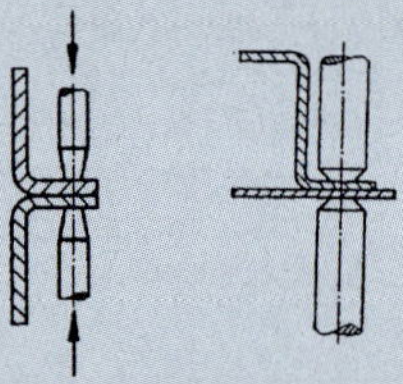
d) Vermeiden von Schälbeanspruchung und Kopfzug, bevorzugen von Scherbeanspruchung (größere Tragfähigkeit).	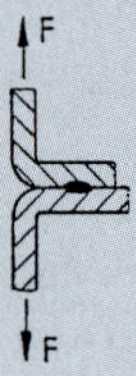	

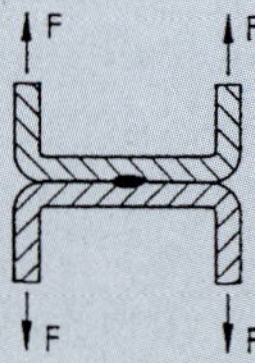

Bild 5.6.29 Widerstandspunktschweißgerechtes Gestalten (1): Für ebene Auflageflächen der Elektroden sorgen. Für bequeme Zugänglichkeit sorgen. Elektroden-Sonderbauformen vermeiden. Schälbeanspruchung und Kopfzug vermeiden.

5.6 Restriktionsgerechtes Konstruieren

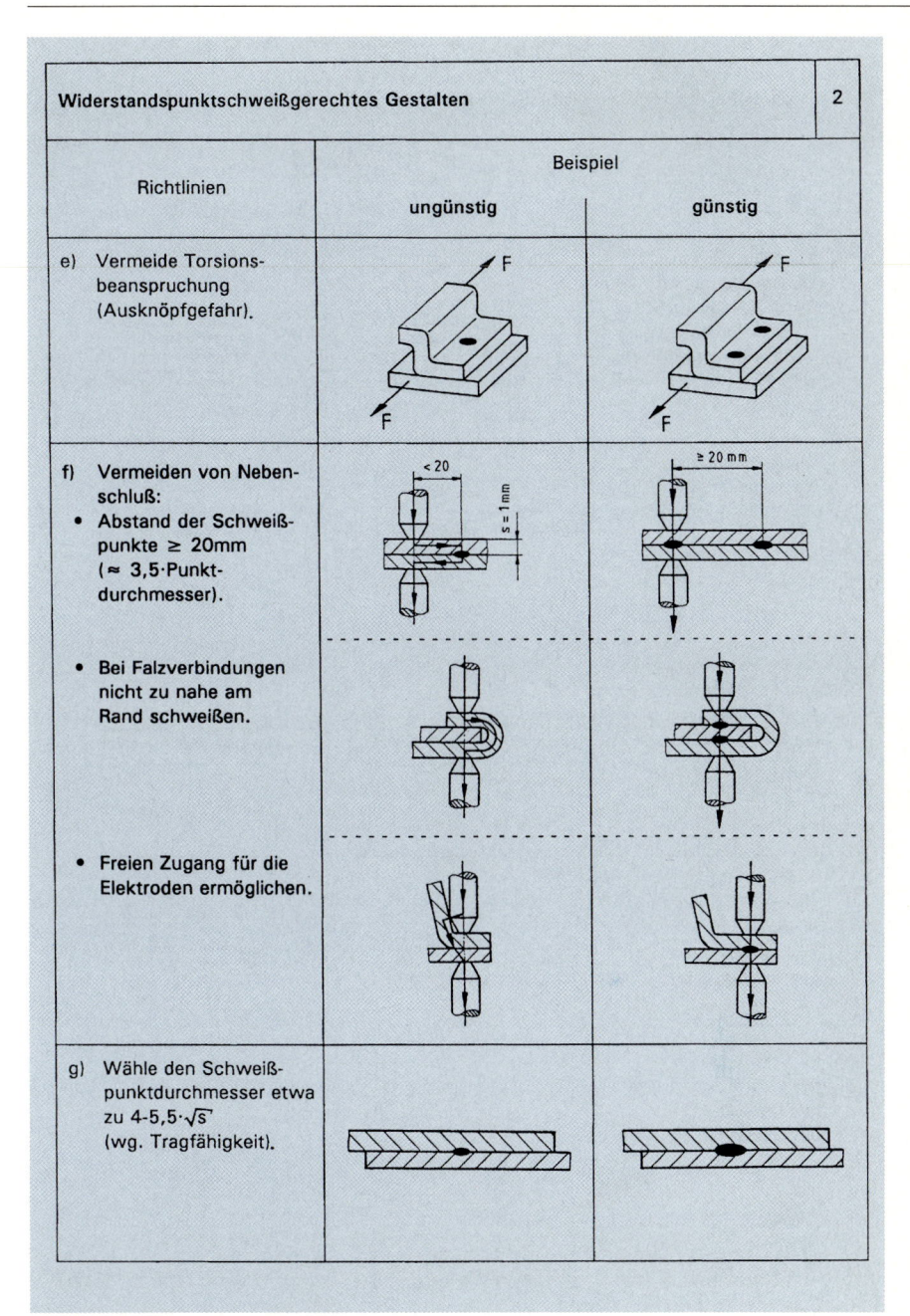

Widerstandspunktschweißgerechtes Gestalten			2
Richtlinien	Beispiel		
	ungünstig	günstig	
e) Vermeide Torsionsbeanspruchung (Ausknöpfgefahr).			
f) Vermeiden von Nebenschluß: • Abstand der Schweißpunkte $\geq$ 20mm ($\approx$ 3,5·Punktdurchmesser).			
• Bei Falzverbindungen nicht zu nahe am Rand schweißen.			
• Freien Zugang für die Elektroden ermöglichen.			
g) Wähle den Schweißpunktdurchmesser etwa zu 4-5,5·$\sqrt{s}$ (wg. Tragfähigkeit).			

Bild 5.6.30 Widerstandspunktschweißgerechtes Gestalten (2): Torsionsbeanspruchungen vermeiden. Nebenschlüsse vermeiden. Genügend Platz für Elektrodenzugang schaffen. Schweißpunktdurchmesser richtig bemessen.

Widerstandspunktschweißgerechtes Gestalten			3
Richtlinien	Beispiel		
	ungünstig	günstig	
h) Der Mindestabstand der Schweißpunkte vom Rand beträgt 1,25· Punktdurchmesser (wg. Wärmeabführung).			
i) Die Mindestüberlappungslänge beträgt 2,5·Punktdurchmesser.			
j) Blechdickenverhältnisse größer 1:1,5 nur in Ausnahmefällen (Gefahr das dünnere Blech durchzuschmelzen).	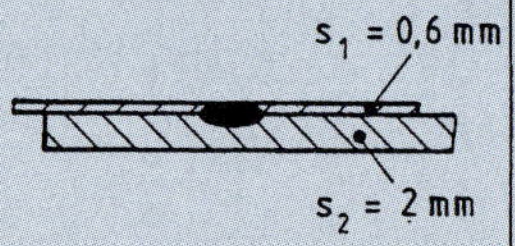 $s_1 = 0{,}6$ mm $s_2 = 2$ mm		
k) Verbindungen von mehr als drei Blechen vermeiden; Zwei-Blech-Verbindungen bevorzugen.			
l) Kurze Elektroden und Elektrodenträger bevorzugen.			

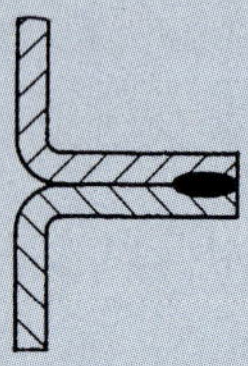

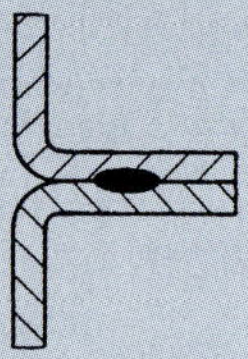

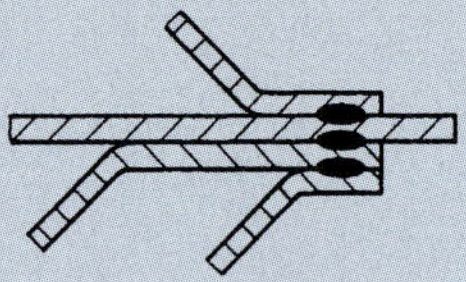

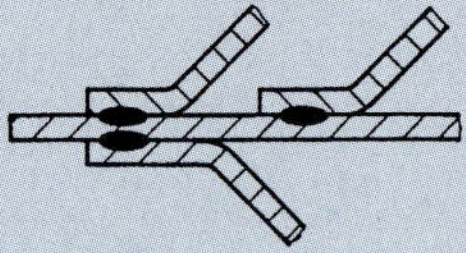

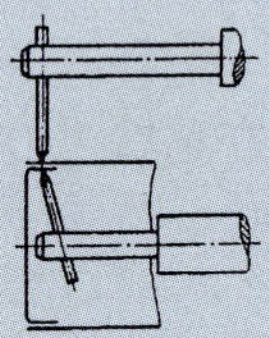

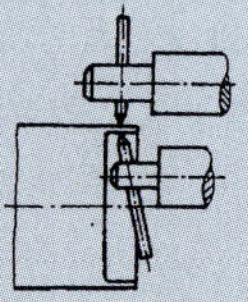

Bild 5.6.31 Widerstandspunktschweißgerechtes Gestalten (3): Mindestabstand, Mindestüberlappungslänge und Blechdicken beachten. Mehrblechverbindungen vermeiden.

5.6 Restriktionsgerechtes Konstruieren

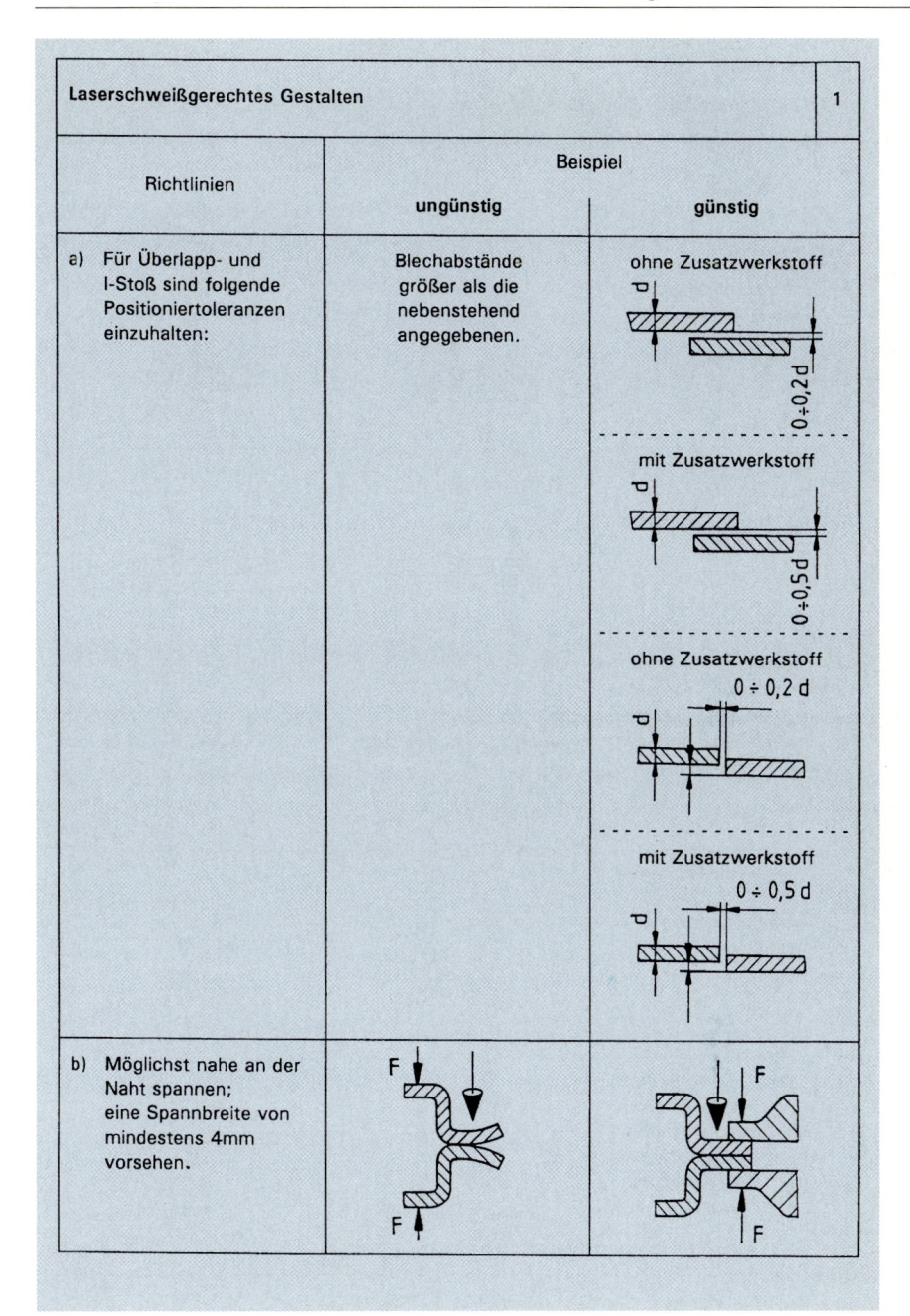

Laserschweißgerechtes Gestalten			1
Richtlinien	Beispiel		
	ungünstig	günstig	
a) Für Überlapp- und I-Stoß sind folgende Positioniertoleranzen einzuhalten:	Blechabstände größer als die nebenstehend angegebenen.	ohne Zusatzwerkstoff $0 \div 0{,}2\,d$ mit Zusatzwerkstoff $0 \div 0{,}5\,d$ ohne Zusatzwerkstoff $0 \div 0{,}2\,d$ mit Zusatzwerkstoff $0 \div 0{,}5\,d$	
b) Möglichst nahe an der Naht spannen; eine Spannbreite von mindestens 4mm vorsehen.			

Bild 5.6.32 Laserschweißgerechtes Gestalten (1): Positioniertoleranzen beachten. In Nahtnähe spannen.

Laserschweißgerechtes Gestalten		2
Richtlinien	Beispiel ungünstig	Beispiel günstig
b) Spanneinrichtungen nach Möglichkeit durch Falzverbindungen ersetzen.	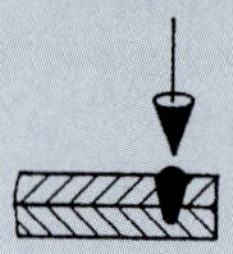	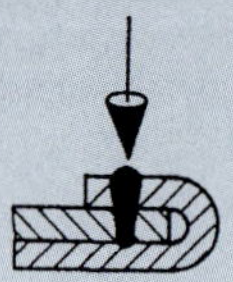
c) Toleranzbereich für Strahlpositionierung durch Überlappungen vergrößern.		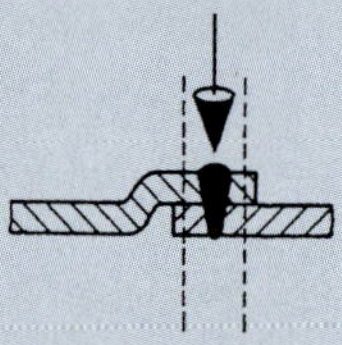
Toleranzen für Strahlpositionierung durch Selbstfokussierung mittels "Strahlenfalle" vergrößern.	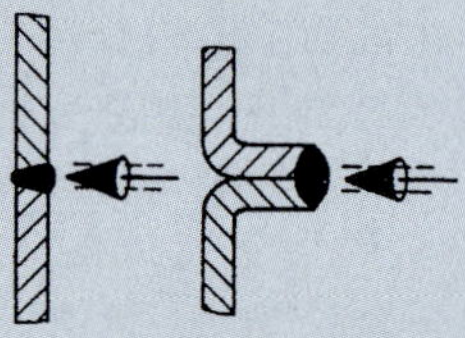	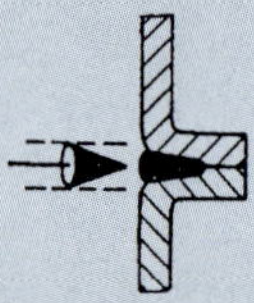
d) Fugen- und Nahtarten wählen, die keine Kantenerfassung benötigen.	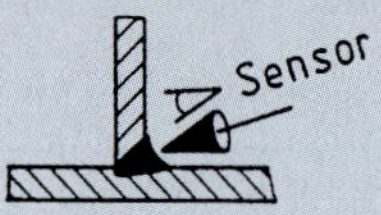	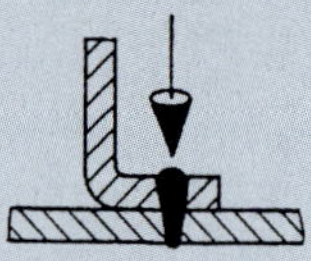
e) Ecken und kleine Radien im Nahtverlauf vermeiden, sonst entstehen Bewegungsprobleme beim Nachführen des Laserkopfes.	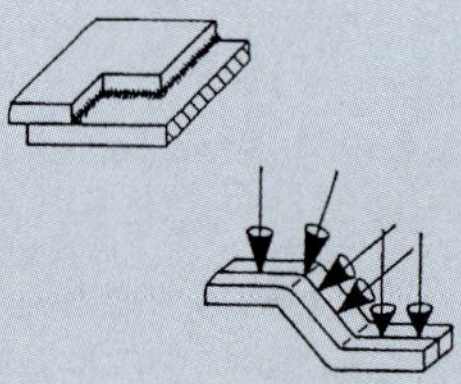	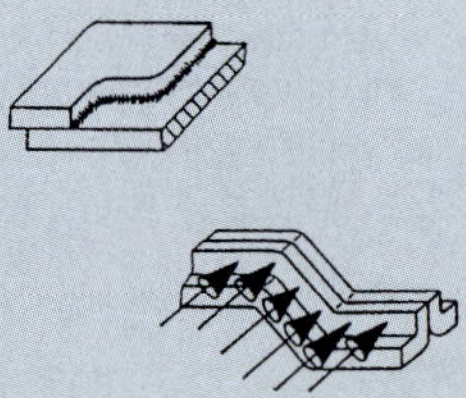

Bild 5.6.33 Laserschweißgerechtes Gestalten (2): Spanneinrichtungen vermeiden. Grobe Toleranzbereiche für Stahlpositionierung und Stahlführung anstreben. Für Problemlose Brennerführung sorgen.

5.6 Restriktionsgerechtes Konstruieren

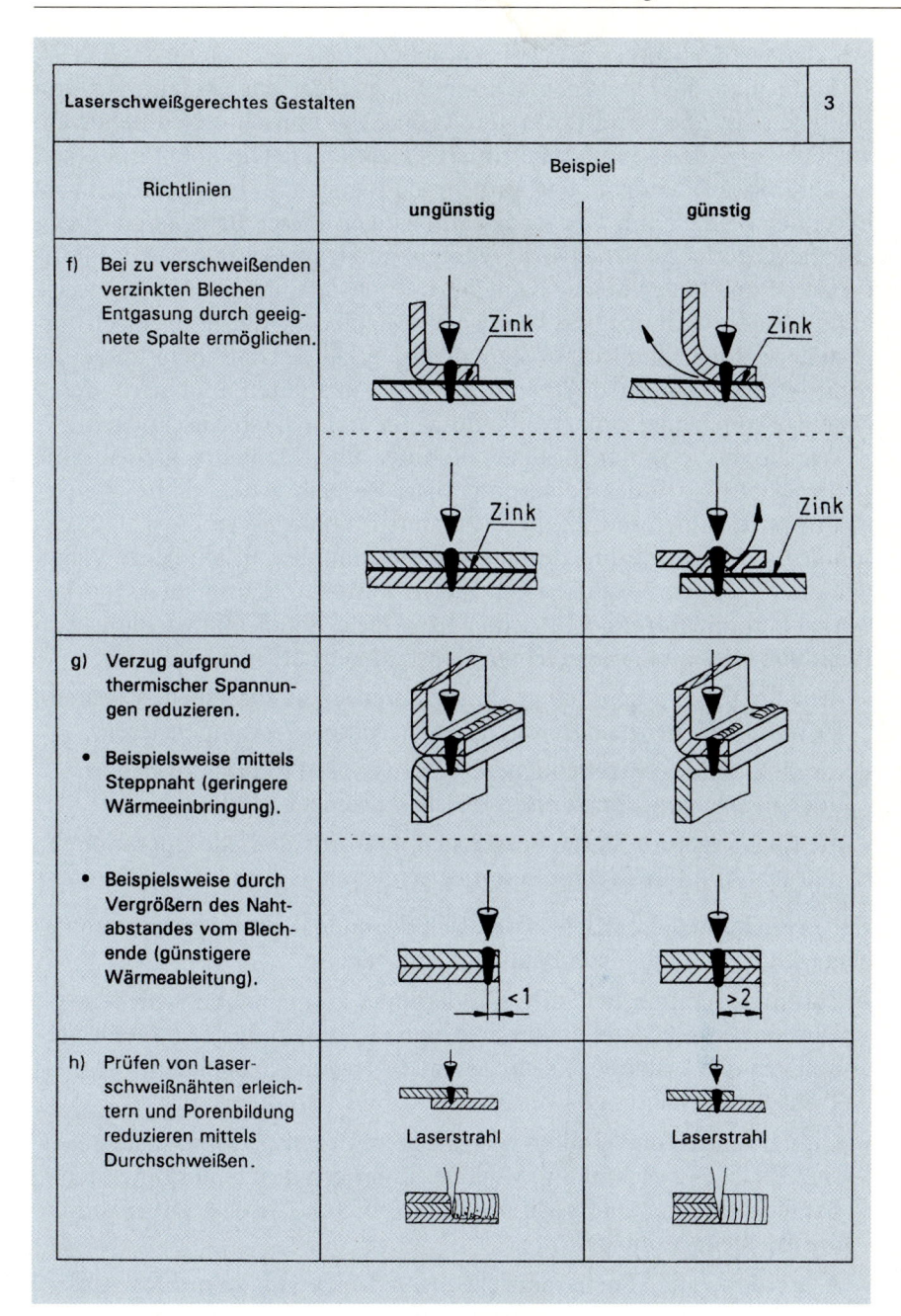

Laserschweißgerechtes Gestalten		3
Richtlinien	Beispiel ungünstig	Beispiel günstig
f) Bei zu verschweißenden verzinkten Blechen Entgasung durch geeignete Spalte ermöglichen.		
g) Verzug aufgrund thermischer Spannungen reduzieren. • Beispielsweise mittels Steppnaht (geringere Wärmeeinbringung). • Beispielsweise durch Vergrößern des Nahtabstandes vom Blechende (günstigere Wärmeableitung).		
h) Prüfen von Laserschweißnähten erleichtern und Porenbildung reduzieren mittels Durchschweißen.	Laserstrahl	Laserstrahl

Bild 5.6.34 Laserschweißgerechtes Gestalten (3): Entgasung ermöglichen. Thermischen Verzug mindern. Prüfen von Schweißnähten erleichtern.

erhalten werden kann, wie es bei Schrauben, Nieten etc. häufig der Fall ist, so kann man die Operation „Ordnen" von jener des „Montierens von Bauteilen" trennen und für erstere technische Einrichtungen benutzen, wie Schwingsortier- und Magaziniereinrichtungen. Die Robotertätigkeit beschränkt sich dann auf das Aufnehmen (Greifen) bereits geordnet vorliegender Bauteile am Ort A, das Hinbringen dieser Bauteile zu einem ebenfalls bereits geordnet vorliegenden Bauteil am Ort B, sowie das Positionieren und Fügen beider Bauteile zu- bzw. miteinander. Beispielsweise kann man die Ordnung und Montage von Bauteilen, welche aus Blech hergestellt werden, dadurch kostengünstig erhalten, daß man diese im „Stanzstreifen hängen läßt", um sie erst zuzuführen und nach deren Montage vom Stanzstreifen vollkommen zu trennen (auszuschneiden).

Wie bereits erwähnt, besitzen Roboter und Monteure gemeinsame „Schwachpunkte" oder Fehlerpotentiale. Deshalb gelten zahlreiche Gestaltungsrichtlinien sowohl für das manuell-montagegerechte wie für das roboter-montagegerechte Gestalten oder zumindest in ähnlicher Weise, wie die folgenden Beispiele noch zeigen werden. Zusammenfassend lassen sich somit folgende Ursachen bzw. Ziele für die Entwicklung von Richtlinien des montagegerechten Konstruierens nennen, und zwar:

- die Schwächen des betreffenden Verfahrens ohne zusätzlichen Kostenaufwand bzw. bei gleichzeitiger Kostensenkung zu kompensieren,
- die Qualität des betreffenden Verfahrens oder Produkts zu sichern oder zu erhöhen, ohne dessen Herstellkosten zu erhöhen,
- die Nachfolgeprozesse zu berücksichtigen, um über alle Operationen betrachtet, ein Kostenminimum zu erreichen.

Zur Erreichung dieser Ziele lassen sich folgende Richtlinien zum montagegerechten Gestalten von Bauteilen angeben:

- Zuführen vereinfachen, d.h., Verklemmen, Übereinanderschieben, Verhaken von Fügeteilen durch geeignete Gestaltung der Bauteile verhindern und instabile Gleichgewichtslagen von Fügeteilen in Transporteinrichtungen vermeiden (s. Bild 5.6.35).
- Lage erkennen und Greifen vereinfachen. Um Investitionskosten zu senken, ist es zweckmäßig, Montage-Robotern die zu montierenden Bauteile geordnet und positioniert anzubieten. Gleiches gilt auch für die manuelle Montage.
- Anstreben von in Sortiereinrichtungen problemlos zu ordnenden Bauteilen; möglichst um mehrere Achsen symmetrische Bauteile anstreben – bei notwendigerweise unsymmetrischen Teilen deutliche Unsymmetrien zum eindeutigen Erkennen und Ordnen vorsehen (s. Bilder 5.6.36 und 5.6.37).

- An automatisch zu montierenden Bauteilen sind erforderlichenfalls geeignete Greifflächen vorzusehen (s. Bild 5.6.37); Greifflächen unterschiedlicher Bauteile sind so zu gestalten, daß gleiche Greifer nach Möglichkeit viele unterschiedliche Bauteile greifen können („Greifflächen-Familien" bilden).
- Positionieren vereinfachen. Zentrierflächen an den zu fügenden Bauteilen anbringen (Selbstzentrierung), um Positionierungenauigkeiten und „Zittern" des Roboters oder Monteurs zu kompensieren (s. Bilder 5.5.38 und 5.5.39).
- Gleichzeitiges Fügen von mehreren Einzelteilen vermeiden durch Vorfixieren mittels „Positionierpinne" oder Schnappverbindung etc. (s. Bild 5.4.40 b).
- Ersetzen von gestaltschlaffen durch gestaltsteife Bauteile. Beispiele: elektrische Leiterbahnen bei PKW-Rückleuchten nicht als Litzen, sondern als steife Blechbahnen; steifer Kunststoffhimmel statt textiler „Himmelausstattung" bei Personenkraftwagen.
- Endanschläge an einzupressenden Teilen vorsehen (s. Bild 5.6.39 d).
- Gleichzeitige Fügevorgänge vermeiden. Fügevorgänge bzw. Fügeflächen staffeln. Fügeteile mittels Hilfsverbindungen „heften" und/oder Untermontagebaugruppen bilden (s. Bild 5.6.40).
- Einfache Bewegungsformen und kurze Fügewege anstreben. Kurze, geradlinige Fügebewegungen anstreben bzw. mehrdimensionale Bewegungsformen vermeiden (s. Bild 5.6.41). Dies läßt sich u.a. erreichen durch die Gliederung komplexer Produkte in mehrere Baugruppen; viel weniger umfangreiche Baugruppen lassen sich meist einfacher automatisch montieren und dann zur Gesamtmaschine zusammensetzen als eine Maschine in Monobaugruppen-Bauweise.
- Fügestellen möglichst gut einsichtig anordnen; „Suchvorgänge" vermeiden.
- Gute Zugänglichkeit für Hände und Montagewerkzeuge sowie großzügige Arbeitsräume anstreben; s. Bild 5.6.42.
- Haupt- und Nebenzeiten verkürzen; Reduzieren von Montagerichtungen (Zusammenbaurichtungen). Insbesondere Vermeiden von mehrseitigen Montagevorgängen, wegen der dazu notwendigen kostenaufwendigen Umsetz- oder Wendeeinrichtungen. Anstreben von Baugruppen, welche nur von einer „Seite" bzw. einer Richtung aus montiert werden können (s. Bild 5.6.43).

- Reduzierung der Zahl der Montageoperationen durch Reduzierung der Teilezahl, d. h., Total-, Integral- oder Multifunktionalbauweise anstreben. Das heißt beispielsweise:
- Unmittelbare Verbindungen anstreben, mittelbare Verbindungen mit drei oder mehr Bauteilen vermeiden. Reduzieren der Teilevielfalt, z. B. möglichst gleiche Schraubengrößen anstreben.
- Vermeiden von nachträglichen Änderungen der zu montierenden Produkte wegen der möglicherweise hohen Umstellungskosten von automatisierten Montagevorgängen.
- Vermeiden von Montage-Fügevorgängen, die einer genauen Positionierung eines Bauteils in mehr als zwei Richtungen bedürfen. Läßt sich eine drei- oder mehrachsige Positionierung nicht vermeiden, sollten die Bauteile mit entsprechenden Positionierhilfen (-flächen) versehen werden, so daß die Fügestellen „selbstausrichtend" sind.
- Vermeiden unnötig enger Toleranzen (Passungen), die einen Fügevorgang möglicherweise behindern.
- Vorsehen automatischer Prüfvorgänge derart, daß z. B. abgetastet wird, ob ein bestimmtes Bauteil vorhanden ist, oder ein Bauteil oder eine Baugruppe nicht eingebaut werden kann, wenn ein bestimmter Fertigungs- oder Montageprozeß vorher nicht erfolgt ist. Prüfvorgänge, die bei manueller Montage meist nicht erwähnt werden, weil sie ein Monteur erledigt, ohne daß man ihn darauf hinweist, sollen bei automatischer Prüfung nach Möglichkeit automatisch zu Fehlermeldungen führen.
- Vermeiden, daß vorangegangene Montagevorgänge nachfolgende behindern oder daß nachfolgende Montagevorgänge vorangegangene möglicherweise verschlechtern oder rückgängig machen.

6. Toleranzgerecht

„Toleranzgerechtes Gestalten" ist eine besondere Teilforderung des fertigungs- und montagegerechten Gestaltens. Toleranzgerecht gestaltete Bauteile und Baugruppen können üblicherweise sehr viel problemloser gefertigt und montiert werden als solche, bei welchen diese Forderung nicht berücksichtigt wurde. Toleranzgerechtes Gestalten ist auch eine wichtige Voraussetzung zur Entwicklung kostengünstiger Gestaltvarianten, weil unnötig enge Toleranzen unnötige Kosten verursachen.

Die Fertigung von Bauteilen und Montage von Baugruppen mit engen Maßtoleranzen ist sehr aufwendig und teuer. Eine Einengung der Toleranzen um den Faktor 10 verursacht üblicherweise eine Kostensteige-

5.6 Restriktionsgerechtes Konstruieren

Montagegerechtes Gestalten:	Zuführen vereinfachen		1
Richtlinien	**Beispiel**		
	ungünstig	günstig	
a) Verklemmen, Übereinanderschieben und Verhaken von Fügeteilen vermeiden.			
b) Instabile Gleichgewichtslagen vermeiden.			

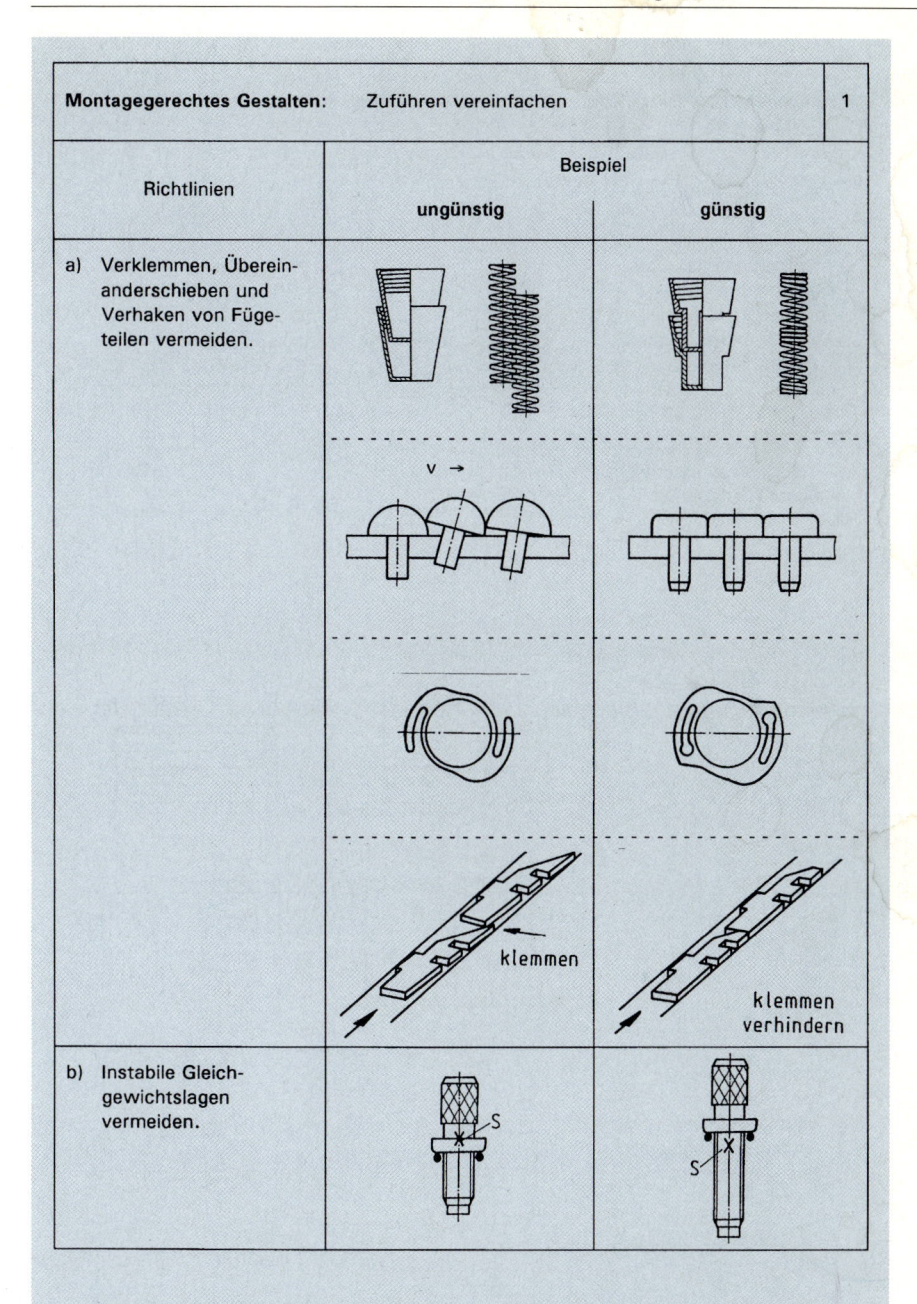

Bild 5.6.35 Montagegerechtes Gestalten: Zuführen vereinfachen

246 KAPITEL 5 Produktneutraler oder allgemeiner Konstruktionsprozeß

Montagegerechtes Gestalten:	Lageerkennung vereinfachen		2
Richtlinien	Beispiel ungünstig	Beispiel günstig	
a) Ordnen und geordnet erhalten, d. h. zu montierende Bauteile in bestimmten Positionen halten.			
b) Mehrfach symmetrische Bauteile anstreben.			
c) Notwendigerweise leicht unsymmetrische Bauteile deutlich asymmetrisch gestalten, um Asymmetrien zu erkennen.			

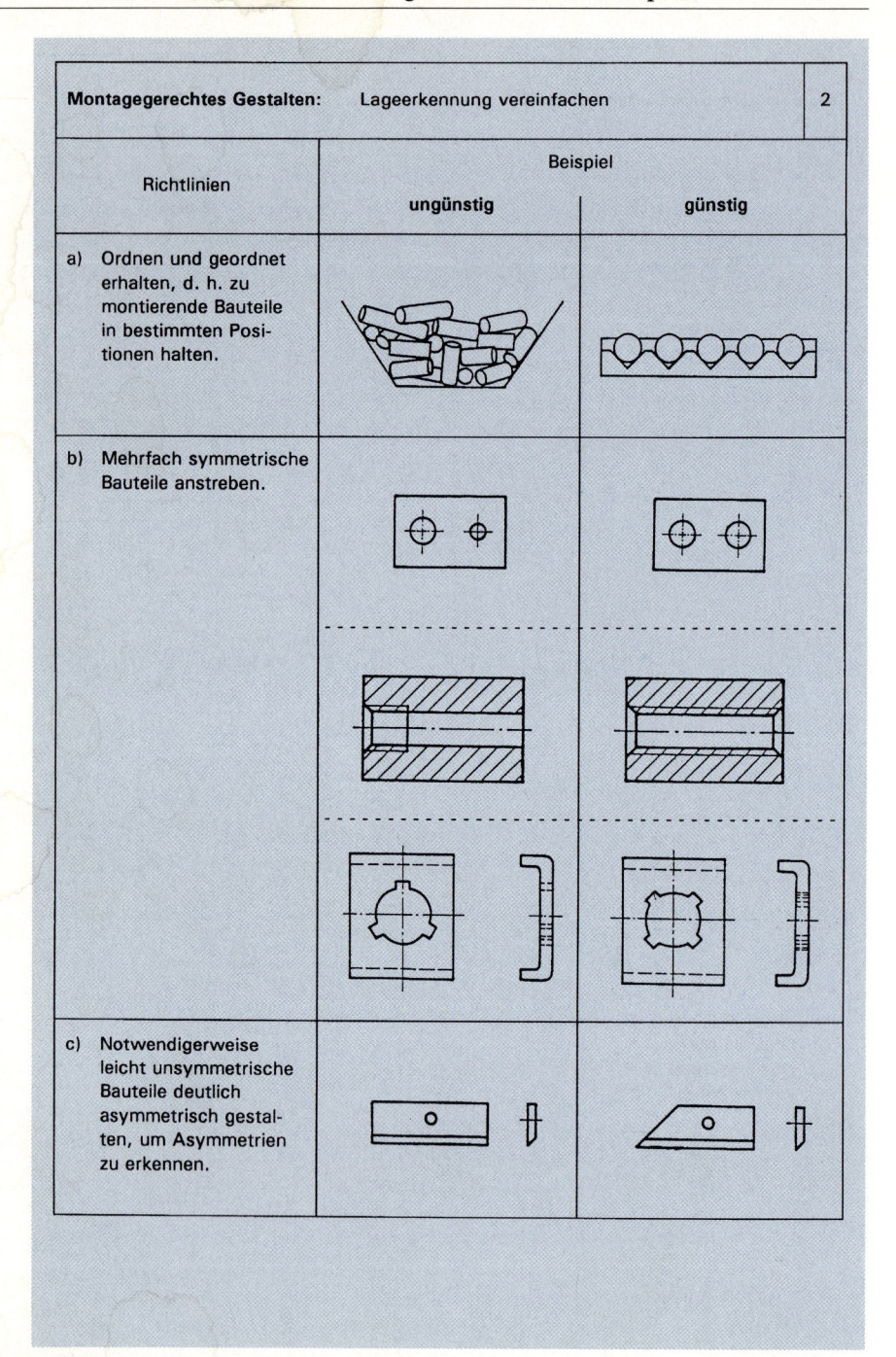

Bild 5.6.36 Montagegerechtes Gestalten: Lageerkennung von Bauteilen vereinfachen

Montagegerechtes Gestalten:	Lageerkennung vereinfachen		3
Richtlinien	Beispiel		
	ungünstig	günstig	
d) Asymmetrische Erkennungsmerkmale an die Außenseite legen.			

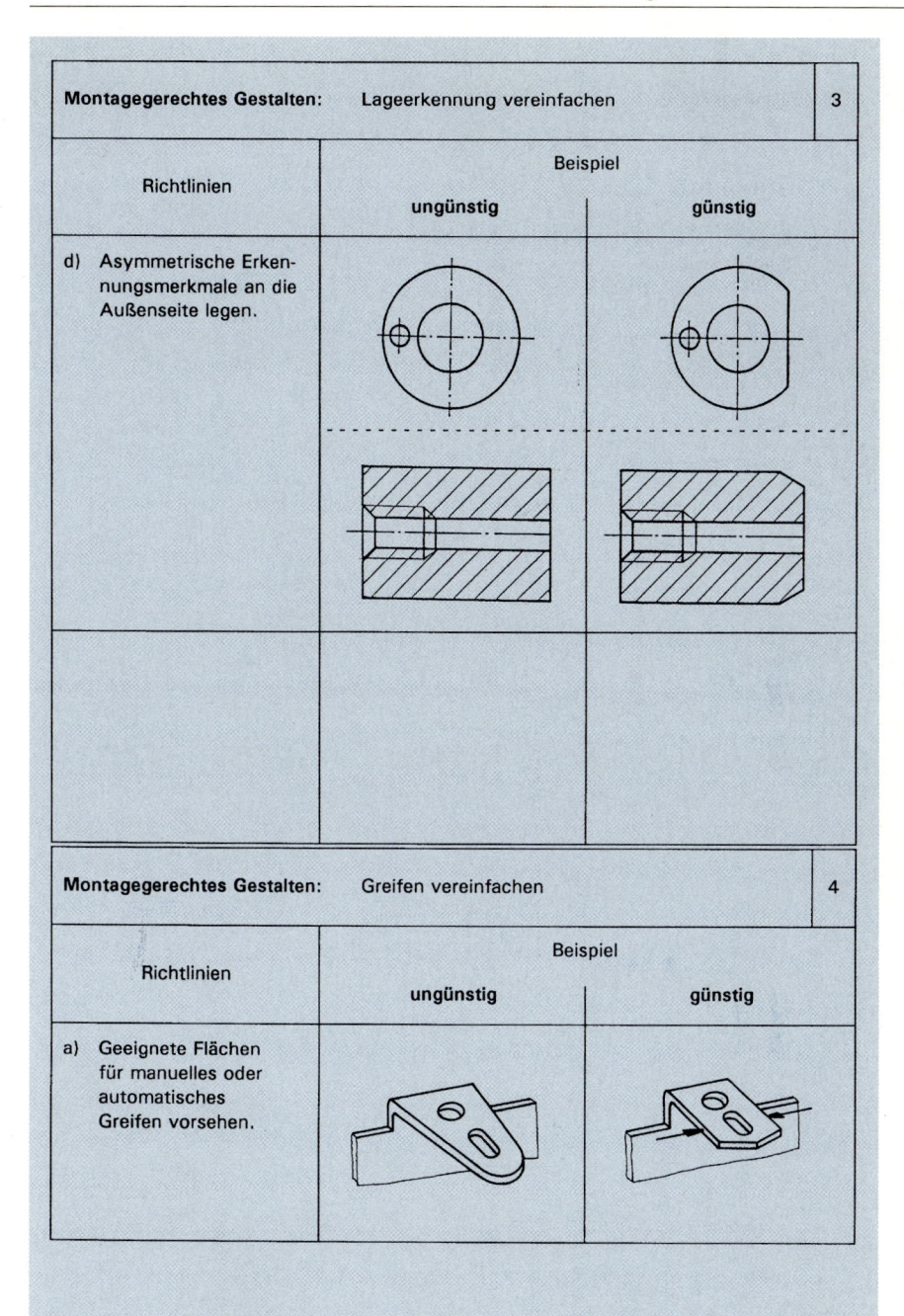

Montagegerechtes Gestalten:	Greifen vereinfachen		4
Richtlinien	Beispiel		
	ungünstig	günstig	
a) Geeignete Flächen für manuelles oder automatisches Greifen vorsehen.			

Bild 5.6.37 Montagegerechtes Gestalten: Lageerkennung und Greifen von Bauteilen vereinfachen

Montagegerechtes Gestalten:	Positionieren vereinfachen		5
Richtlinien	Beispiel		
	ungünstig	günstig	
a) Selbstpositionieren von Bauteilen anstreben; Positionierhilfen mittels Schrägen (Konen, Kegeln), Senkungen, Führungen etc.			
		selbst positionierend	

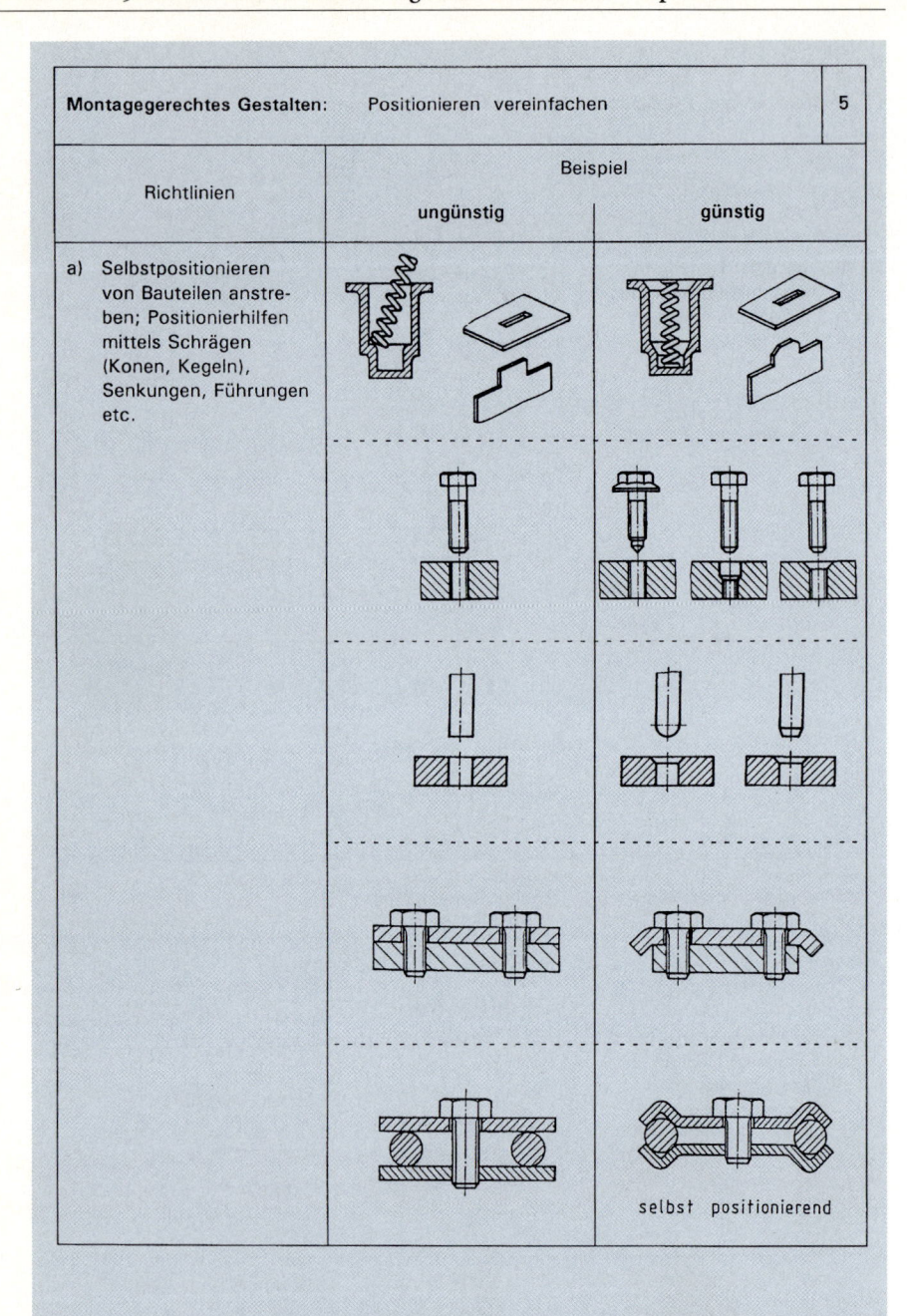

Bild 5.6.38 Montagegerechtes Gestalten: Positionieren der Bauteile vereinfachen (1)

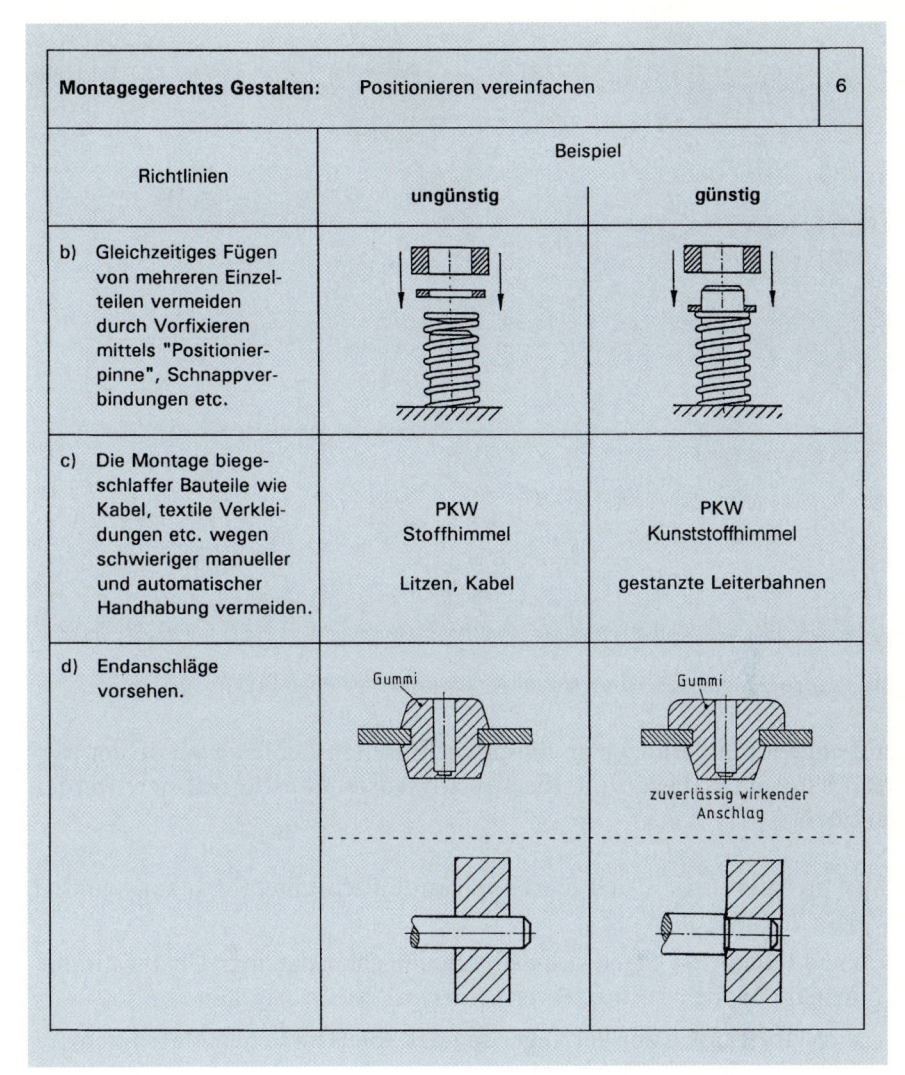

Montagegerechtes Gestalten:	Positionieren vereinfachen		6
Richtlinien	Beispiel		
	ungünstig	günstig	
b) Gleichzeitiges Fügen von mehreren Einzelteilen vermeiden durch Vorfixieren mittels "Positionierpinne", Schnappverbindungen etc.			
c) Die Montage biegeschlaffer Bauteile wie Kabel, textile Verkleidungen etc. wegen schwieriger manueller und automatischer Handhabung vermeiden.	PKW Stoffhimmel Litzen, Kabel	PKW Kunststoffhimmel gestanzte Leiterbahnen	
d) Endanschläge vorsehen.	Gummi	Gummi zuverlässig wirkender Anschlag	

Bild 5.6.39 Montagegerechtes Gestalten: Positionieren vereinfachen (2)

rung um denselben Faktor oder mehr. Beim Festlegen von Maßen gilt deshalb der Grundsatz, „Toleranzen so eng wie nötig" bzw. „so grob wie möglich".

Durch toleranzgerechte Gestaltung lassen sich in vielen Fällen enge Toleranzen an Bauteilen oder Baugruppen vermeiden, oder es finden sich Wege, diese zumindest kostengünstiger herzustellen.

Unter *toleranzgerechtem Gestalten* soll das qualitative Festlegen einer Gestalt eines Bauteils oder einer Baugruppe verstanden werden, so daß

Montagegerechtes Gestalten:	Gleichzeitige Fügevorgänge vermeiden		7
Richtlinien	Beispiel	
	ungünstig	günstig
a) Fügevorgänge staffeln.		
b) Bauteile mittels Hilfsverbindungen heften; Unterbaugruppen bilden.		

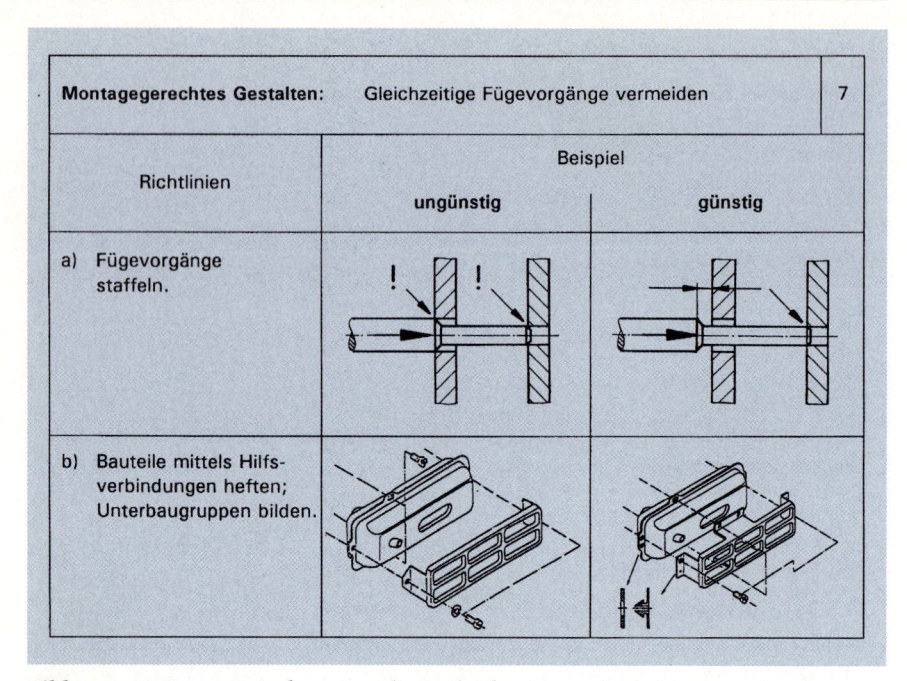

Bild 5.6.40 Montagegerechtes Gestalten: Gleichzeitige Fügevorgänge vermeiden

auf enge Maßtoleranzen an diesen technischen Gebilden verzichtet werden kann oder diese zumindest relativ kostengünstig realisiert werden können.

Im einzelnen lassen sich hierzu folgende Richtlinien bzw. konstruktive Möglichkeiten angeben:
- enge Toleranzen lassen sich dadurch umgehen, daß man Überbestimmtheiten (Doppelpassungen) vermeidet (s. Bilder 5.6.45 d und 5.6.50),
- enge Toleranzen zur Verringerung des Spiels zwischen Maschinenbauteilen lassen sich dadurch umgehen, daß man das Spiel mittels einer Kraft (Federkraft u. ä.) über geeignete Bauelemente einseitig herausdrückt (s. Bilder 5.6.46 f und 5.6.50),
- enge Toleranzen für präzise Passungen lassen sich auch durch justierbare Paßelemente vermeiden (s. Bilder 5.6.46 g, 5.6.47 g und 5.6.50),
- enge Toleranzen lassen sich für bestimmte Anwendungsfälle dann noch mit wirtschaftlich vertretbarem Aufwand realisieren, wenn es gelingt, alle Toleranzen einer Maßkette eines Systems auf die Fertigung eines geometrisch einfachen Paßelements zu reduzieren, wobei am Paßelement lediglich der Abstand zweier paralleler Flächen entsprechend genau gefertigt werden muß (s. Bilder 5.6.47 h und 5.6.50),

5.6 Restriktionsgerechtes Konstruieren

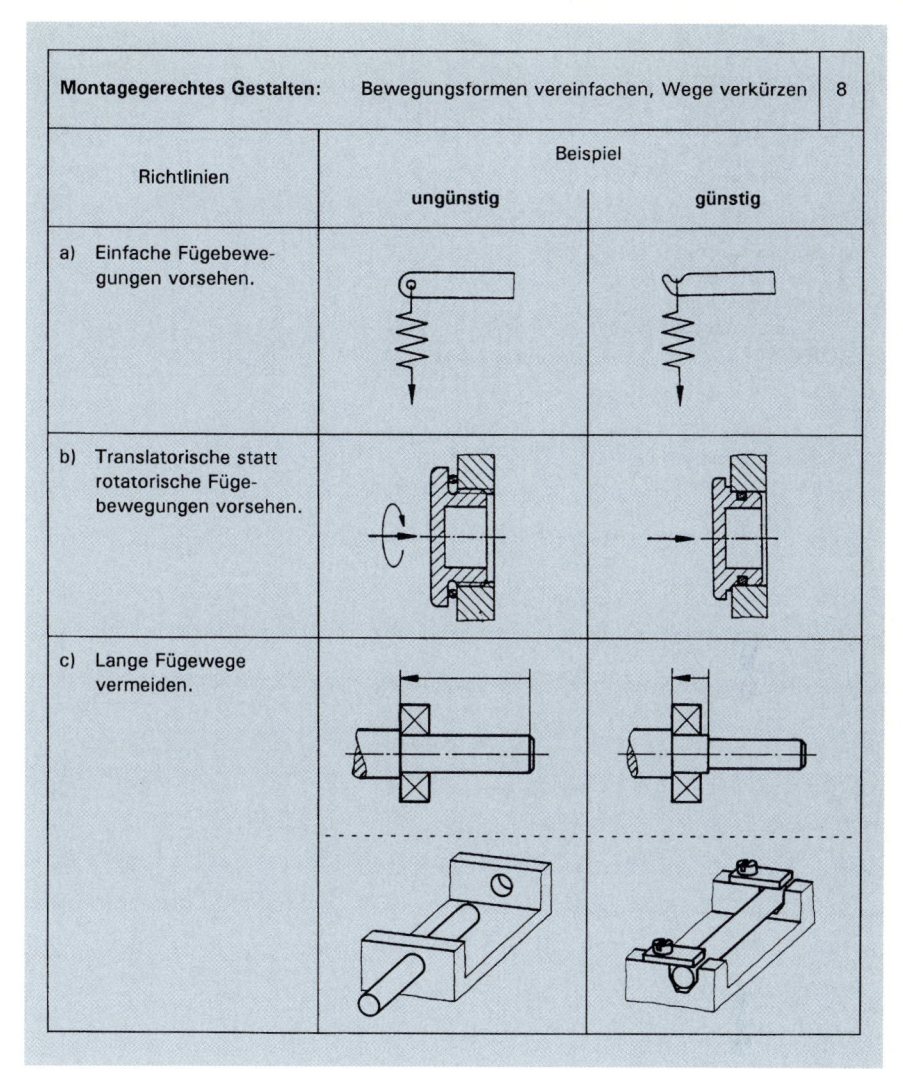

Montagegerechtes Gestalten:	Bewegungsformen vereinfachen, Wege verkürzen		8
Richtlinien	**Beispiel**		
	ungünstig	günstig	
a) Einfache Fügebewegungen vorsehen.			
b) Translatorische statt rotatorische Fügebewegungen vorsehen.			
c) Lange Fügewege vermeiden.			

Bild 5.6.41 Montagegerechtes Gestalten: Einfache Bewegungsformen und kurze Fügewege anstreben, Beispiele

- enge Toleranzen zur exakten Positionierung von Bauteilen können auch noch durch Vermeiden von Überbestimmtheiten und Andrücken durch elastische Elemente (Federn) umgangen werden (s. Bild 5.6.45 e),
- enge Toleranzen können wirtschaftlich günstiger hergestellt werden, wenn es gelingt, das Absolutmaß des zu tolerierenden Abstands der die Genauigkeit bestimmenden Wirkflächen klein zu machen – s. Bild 5.6.45 c. Kleinere Absolutmaße haben bei gleicher Qualität einer Passung kleinere Toleranzen als größere,

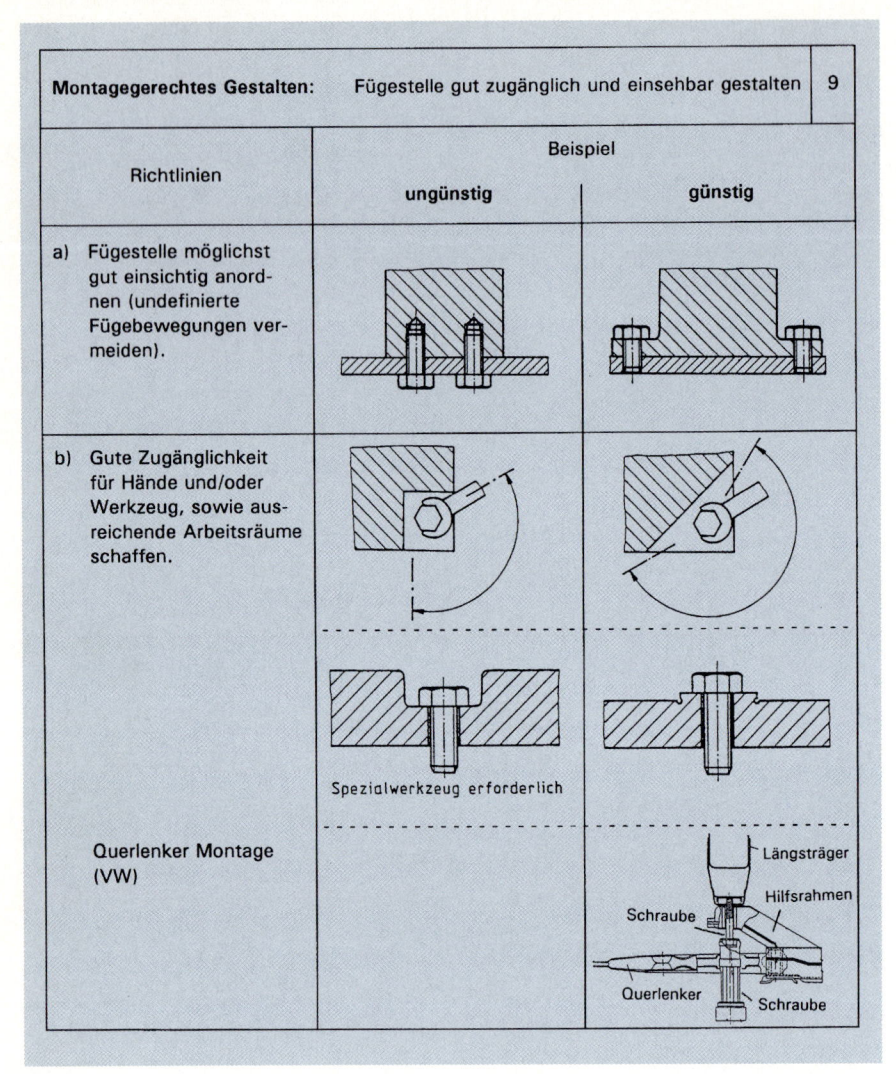

Montagegerechtes Gestalten:	Fügestelle gut zugänglich und einsehbar gestalten		9
Richtlinien	Beispiel		
	ungünstig	günstig	
a) Fügestelle möglichst gut einsichtig anordnen (undefinierte Fügebewegungen vermeiden).			
b) Gute Zugänglichkeit für Hände und/oder Werkzeug, sowie ausreichende Arbeitsräume schaffen.			
	Spezialwerkzeug erforderlich		
Querlenker Montage (VW)		Längsträger, Hilfsrahmen, Schraube, Querlenker, Schraube	

Bild 5.6.42 Montagegerechtes Gestalten: Fügestellen gut zugänglich und einsehbar gestalten

- enge Toleranzen können bei weniger ausgedehnten Flächen (3-Punktauflage u. a.) wirtschaftlicher hergestellt werden, als bei Flächen großer Ausdehnung (s. Bild 5.6.48 k),
- enge Toleranzen lassen sich dann wesentlich wirtschaftlicher herstellen, wenn es gelingt, die Zahl der Maße einer Maßkette bzw. die Zahl der Wirkflächen für das Zustandekommen eines genauen Maßes zwischen zwei Bauteilen zu reduzieren (s. Bild 5.6.44 a),

5.6 Restriktionsgerechtes Konstruieren 253

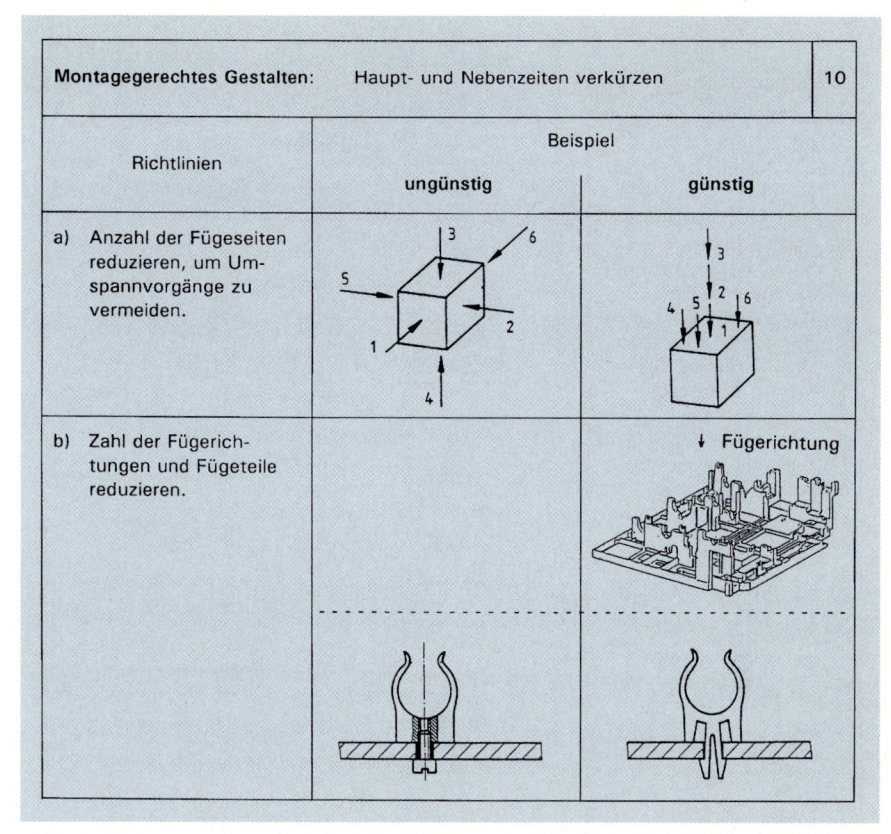

Montagegerechtes Gestalten:	Haupt- und Nebenzeiten verkürzen		10
Richtlinien	Beispiel		
	ungünstig	günstig	
a) Anzahl der Fügeseiten reduzieren, um Umspannvorgänge zu vermeiden.			
b) Zahl der Fügerichtungen und Fügeteile reduzieren.			

Bild 5.6.43 Montagegerechtes Gestalten: Haupt- und Nebenzeiten reduzieren

- enge Toleranzen in kinematischen Ketten lassen sich u. a. dadurch vermeiden, daß man die Gelenke der Kette mit definiertem Spiel ausstattet, über das Getriebe ein bestimmtes Abtriebsglied nur ungefähr einstellt und die genaue Positionierung des Abtriebsglieds über eine Rasteinrichtung realisiert (s. Bild 5.6.45 e),
- viele enge Toleranzen einer Maßkette lassen sich auch dadurch vermeiden, daß man ein Justierelement in eine solche Kette einbaut,
- enge Toleranzen lassen sich schließlich auch noch in den Fällen wirtschaftlich herstellen – wenn es darum geht, zwei oder mehrere Bauteile gleich dick, gleich lang oder mit mehreren kongruenten Bohrungen auszustatten (u. ä.) – wenn man diese so gestaltet, daß sie in einem allen Bauteilen gemeinsamen Arbeitsgang gefertigt (überschliffen, gebohrt usw.) werden können.

Die Bilder 5.6.44 bis 5.6.51 zeigen Beispiele zur Vermeidung enger Toleranzen.

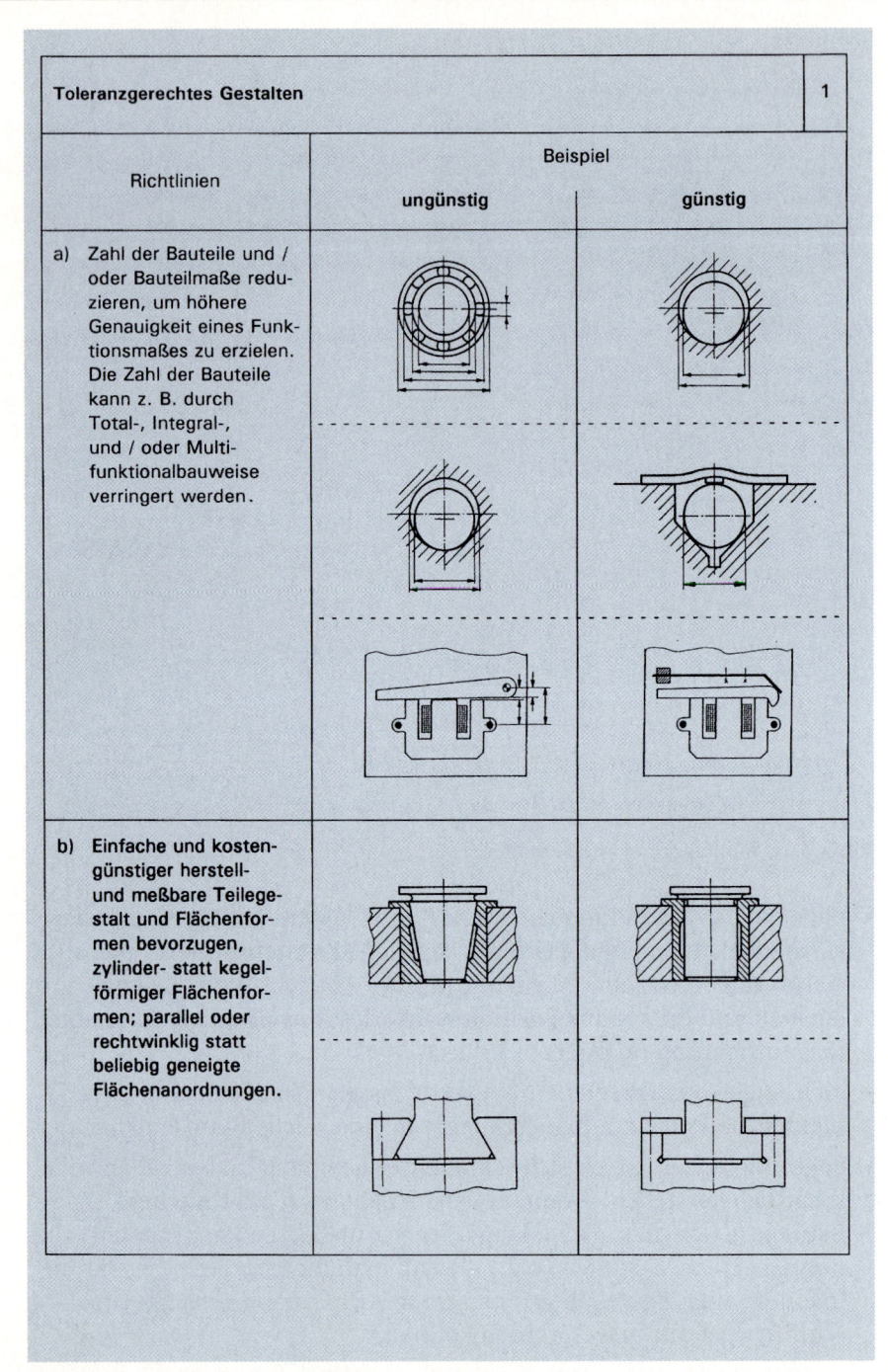

Toleranzgerechtes Gestalten		1
Richtlinien	Beispiel	
	ungünstig	günstig
a) Zahl der Bauteile und / oder Bauteilmaße reduzieren, um höhere Genauigkeit eines Funktionsmaßes zu erzielen. Die Zahl der Bauteile kann z. B. durch Total-, Integral-, und / oder Multifunktionalbauweise verringert werden.		
b) Einfache und kostengünstiger herstell- und meßbare Teilegestalt und Flächenformen bevorzugen, zylinder- statt kegelförmiger Flächenformen; parallel oder rechtwinklig statt beliebig geneigte Flächenanordnungen.		

Bild 5.6.44 Toleranzgerechtes Gestalten (1): Zahl der Bauteile und Maße reduzieren. Einfach herstellbare und prüfbare Bauteile anstreben.

5.6 Restriktionsgerechtes Konstruieren

Toleranzgerechtes Gestalten		2
Richtlinien	Beispiel ungünstig	Beispiel günstig
c) Kleine Absolutmaße anstreben. Abstände von Wirkflächen möglichst klein halten. Enge Toleranzen sind bei kleinen Abmessungen kostengünstiger herstellbar.		
d) Unnötig enge Toleranzen und Doppelpassungen (Überbestimmtheiten) vermeiden.		
e) "Toleranzketten" mittels Rasteinrichtungen kompensieren: - Spiel in den Gelenken vorsehen. - zu positionierendes Glied mittels Raste genau positionieren.		

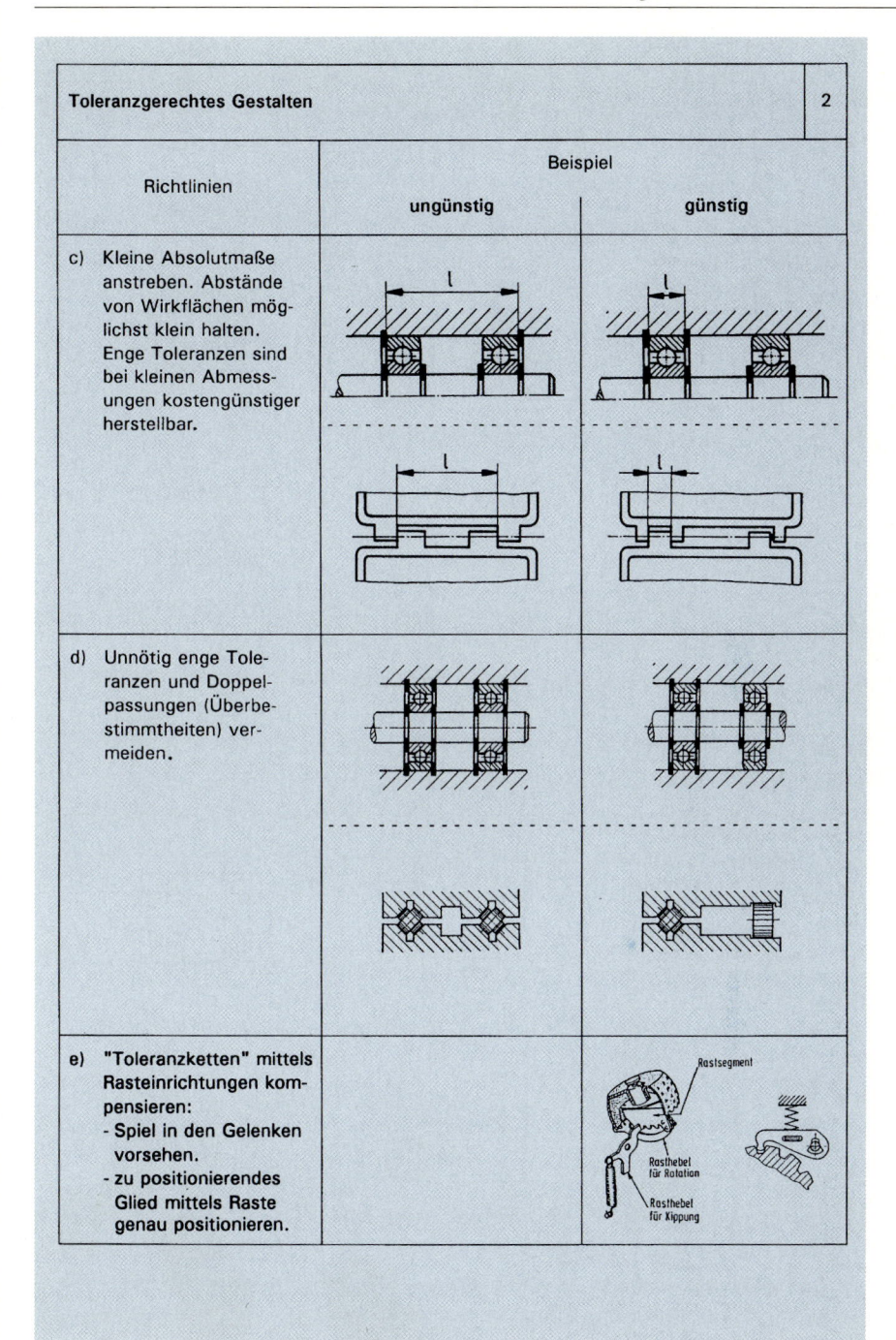

Bild 5.6.45 Toleranzgerechtes Gestalten (2): Kleine Absolutmaße anstreben. Mehrfachpassungen (Doppelpassungen) vermeiden. Toleranzketten vermeiden.

Toleranzgerechtes Gestalten		3
Richtlinien	Beispiel	
	ungünstig	günstig
f) Spielfreie Gelenke, Führungen, Gewinde und Steckverbindungen lassen sich mittels elastischer Elemente kostengünstig realisieren.		
g) Spielfreie Gelenke, Führungen, Gewinde etc. lassen sich mit Justierelementen kostengünstiger realisieren als ohne diese Elemente.		

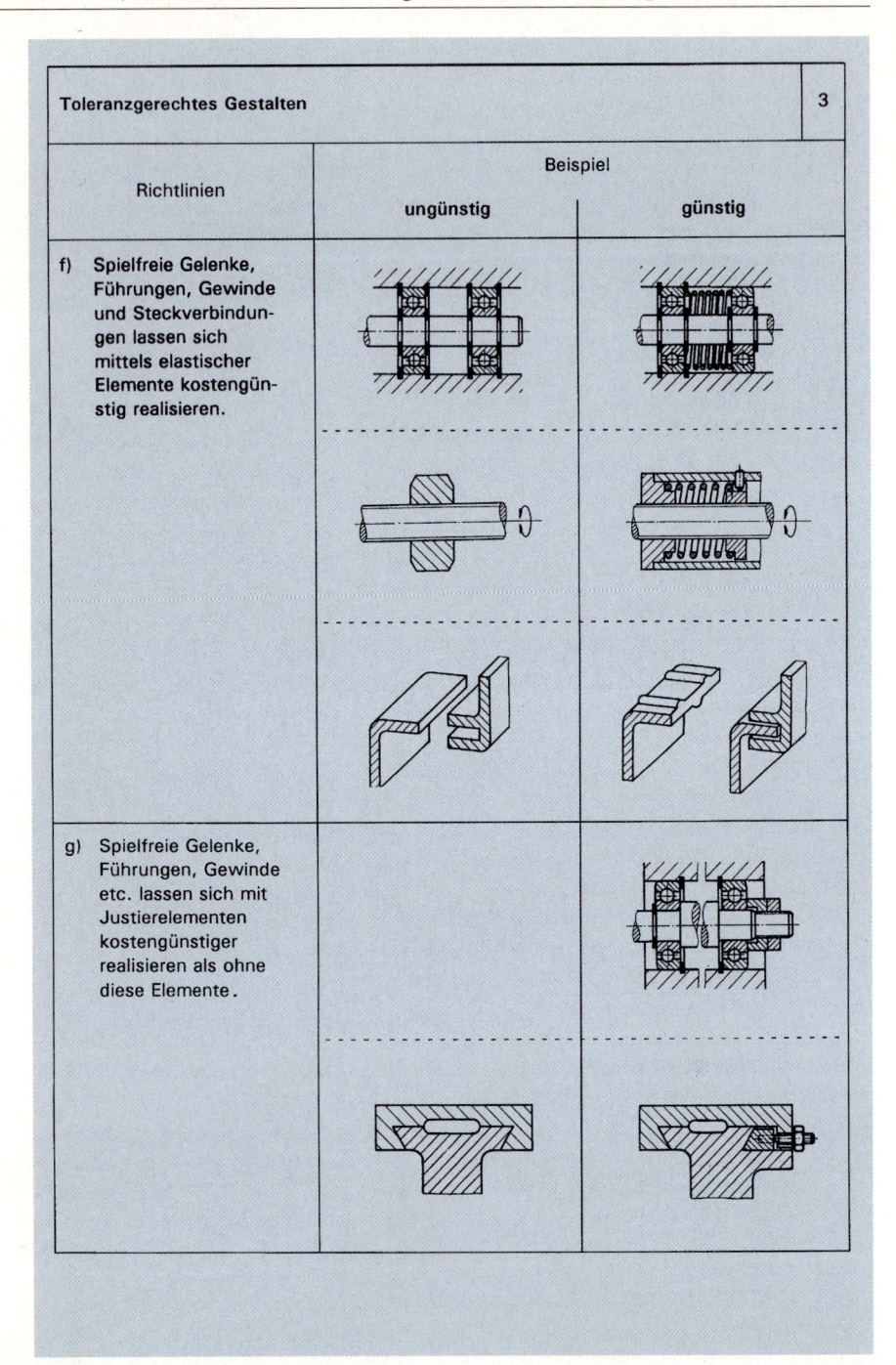

Bild 5.6.46 Toleranzgerechtes Gestalten (3): Spiele in Passungen mittels Elastizitäten (Federn) oder Justagen kompensieren

5.6 Restriktionsgerechtes Konstruieren

Toleranzgerechtes Gestalten		4
Richtlinien	Beispiel ungünstig	Beispiel günstig
g) Spielfreie Führungen und Gewinde lassen sich mit Justierelementen kostengünstiger realisieren als ohne diese (Forts. von Bild 5.5.46).		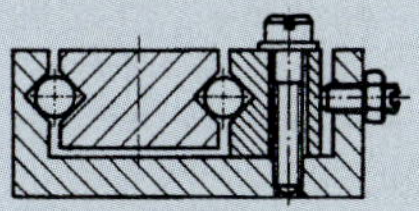 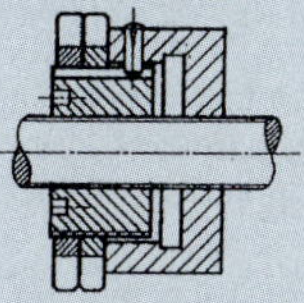
h) Spielfreie Gelenke, Führungen, Gewinde etc. lassen sich mit wirtschaftlich noch vertretbaren Aufwand verwirklichen, wenn sich die präzise Herstellung auf ein geometrisch einfaches Gestaltelement (Paßstück) mit parallelen Flächen beschränkt.	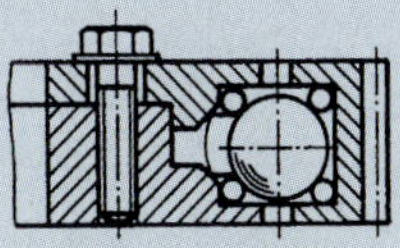	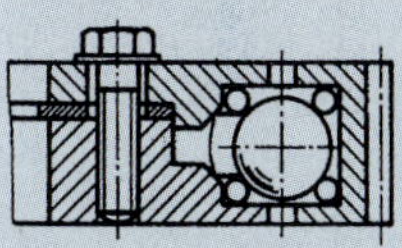 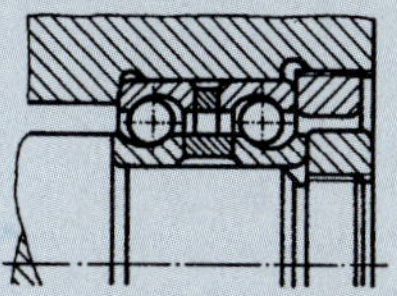 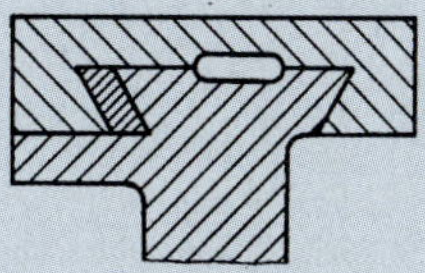

Bild 5.6.47 Toleranzgerechtes Gestalten (4): Minimale Spiele in Passungen mittels Justagen oder einfach zu fertigender Paßelemente herstellen.

Toleranzgerechtes Gestalten:			5
Richtlinien	**Beispiel**		
	ungünstig	günstig	
h) Spielfreie Gelenke, Führungen, Gewinde etc. lassen sich mit wirtschaftlich noch vertretbaren Aufwand verwirklichen, wenn sich die präzise Herstellung auf <u>ein</u> geometrisch einfaches Gestaltelement (Paßstück) mit parallelen Flächen beschränkt.			
i) Funktionsgerechte Bemaßung vorsehen. Maßketten führen zu Toleranzsummierung.			
k) Die Größe präziser Flächen nach Möglichkeit klein halten.			
l) Bei Getrieben für präzise Weg- oder Winkelübertragungen Vergrößerungen der Eingangsgrößen vermeiden, da sonst Fehler mit vergrößert werden – Verkleinerungen anstreben.			

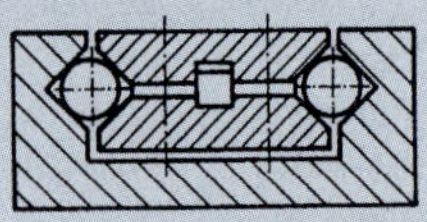

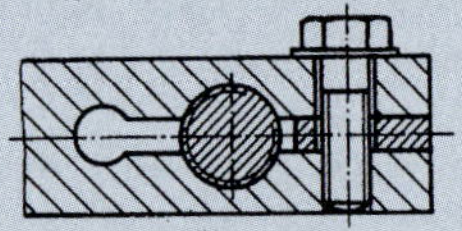

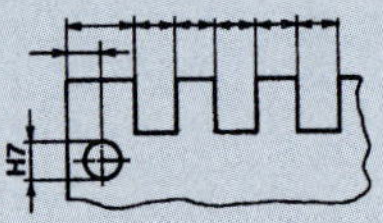

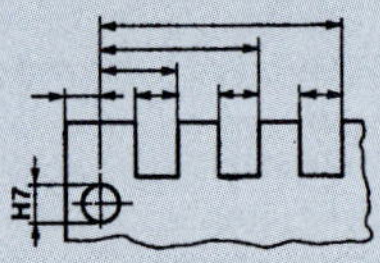

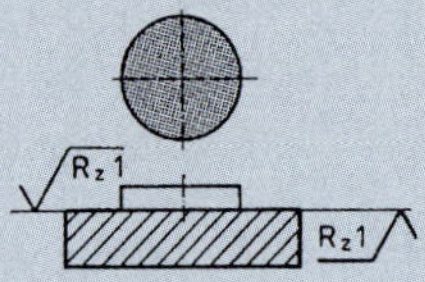

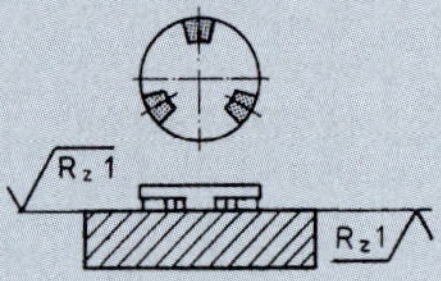

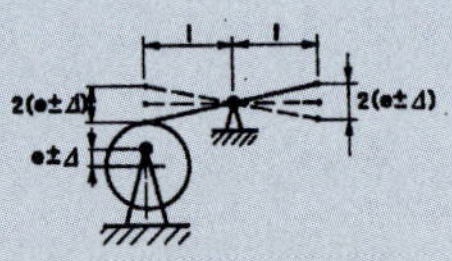

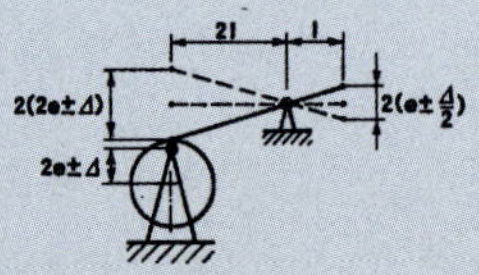

Bild 5.6.48 Toleranzgerechtes Gestalten (5): Genaue Passungen mittels einfach herstellbarer und meßbarer Paßelemente erzeugen. Funktionsgerecht bemaßen. Die Größe präziser Flächen reduzieren. „Meisterkurven" und deren Ungenauigkeiten bei Kopiervorgängen verkleinern.

5.6 Restriktionsgerechtes Konstruieren

Toleranzgerechtes Gestalten		6
Richtlinien	**Beispiel**	
	ungünstig	günstig
m) Wirkflächen, die zentrisch, parallel oder fluchtend zueinander sein müssen, so gestalten, daß diese in einem Arbeitsgang hergestellt werden können		
n) Zu positionierende Flächen und Positionierflächen (Zylinderstifte) in *eine* Ebene legen, um so Fehler 1. Ordnung zu vermeiden		

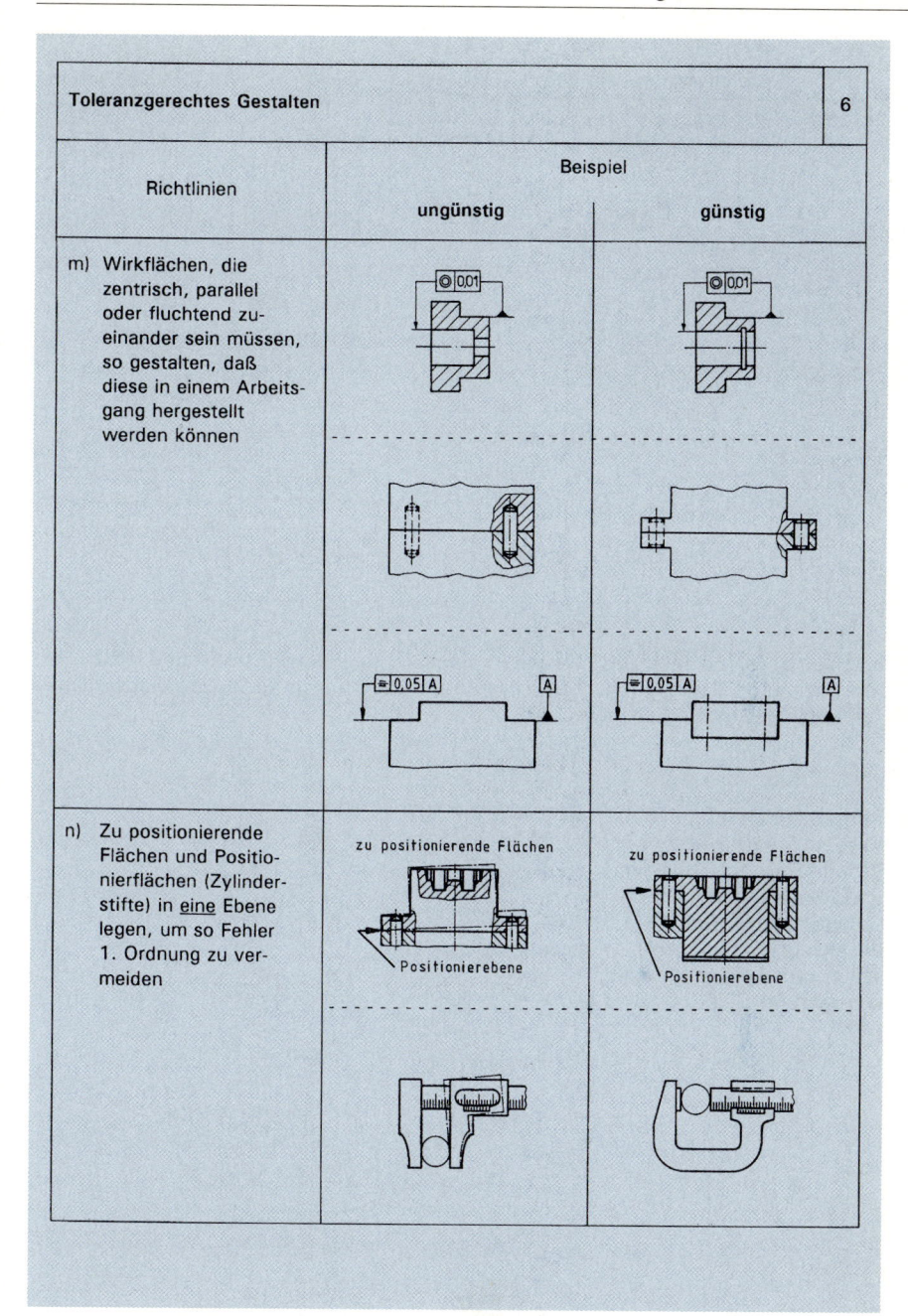

Bild 5.6.49 Toleranzgerechtes Gestalten (6): Bauteile so gestalten, daß Flächen, welche genau zueinander zu passen haben in einem Arbeitsgang (ohne Umspannen) hergestellt werden können. Zu positionierende Flächen in eine Ebene bringen. Meßobjekte und Maßstab „fluchtend anordnen".

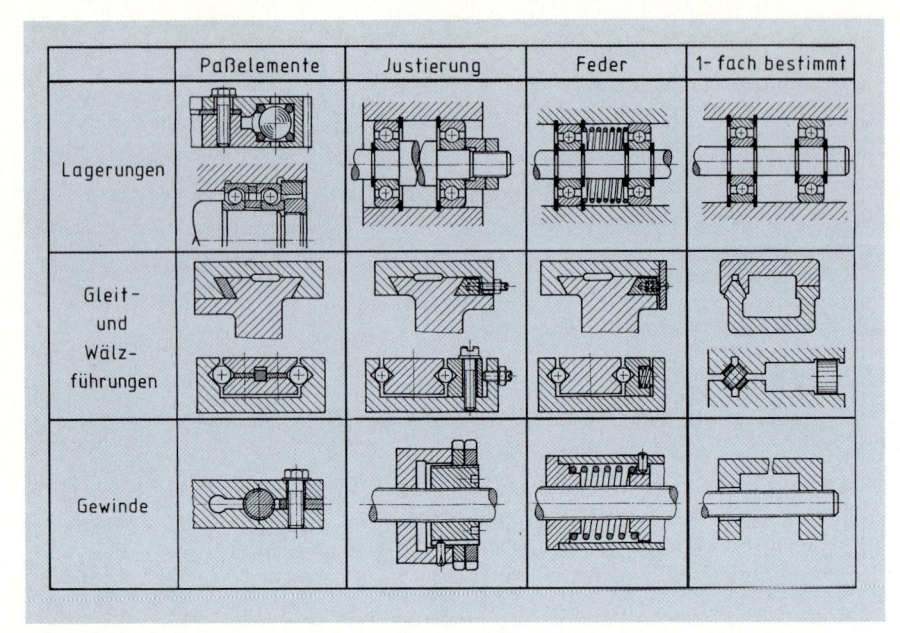

260 KAPITEL 5 **Produktneutraler oder allgemeiner Konstruktionsprozeß**

Bild 5.6.50 Toleranzgerechtes Gestalten; spielfreie Lagerungen, Gleit- und Wälzführungen und Gewinde. Nicht überbestimmte Lagerungen, Gleit- und Wälzführungen sowie Gewinde – Beispiele

Bild 5.6.51 Meßuhr. Beispiel einer spielfreien Verzahnung. Mittels Feder F werden Zahnräder stets so belastet, daß immer die gleichen Zahnflankenseiten zum Anliegen kommen

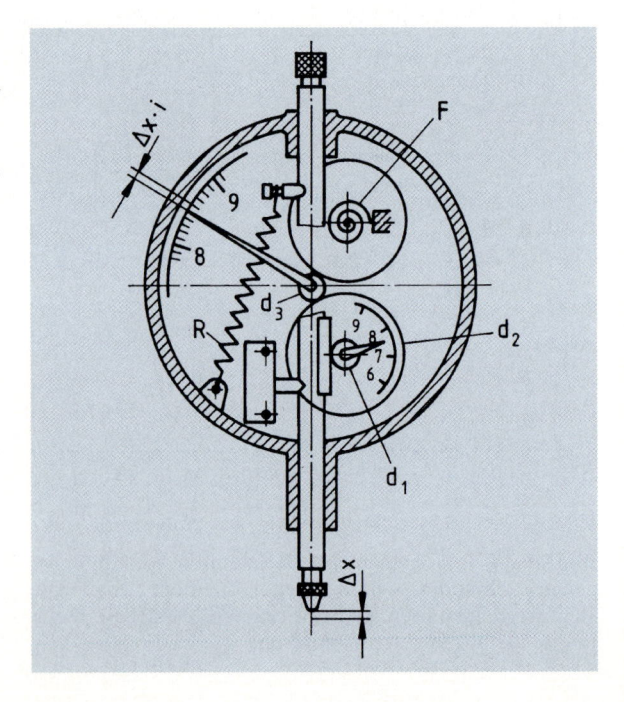

7. Beanspruchungsgerecht

Technische Produkte können extremen
- Kräften oder Drücken,
- Temperaturen,
- chemischen Einwirkungen und/oder
- Strahlungsbelastungen

ausgesetzt sein und sind den jeweiligen besonderen Beanspruchungen entsprechend zu konstruieren. Zur Erfüllung von Forderungen stehen dem Konstrukteur u. a. die Konstruktionsmittel „Physikalischer Effekt, Werkstoff (Effektträger) und Gestalt" zur Verfügung. Die Wahl hochtemperaturfester Stähle, keramische Werkstoffe, hochfeste, verschleißbeständige oder nicht-rostende Stähle zur Lösung von Temperatur-, mechanischen oder chemischen Beanspruchungsproblemen technischer Gebilde, können hierzu als Beispiele gelten.

Bei der Bestimmung der Parameterwerte technischer Gebilde muß man zwischen der Festlegung qualitativer und quantitativer Parameterwerte unterscheiden. Mit qualitativer Festlegung der Gestalt soll hier das Festlegen der qualitativen Gestaltparameterwerte eines Bauteils verstanden werden, mit quantitativem Auslegen, das Festlegen der exakten Abmessung eines Bauteils. Die qualitativ richtige Gestaltung eines Bauteils ist wesentliche Voraussetzung für die nachfolgende quantitative Auslegung bzw. Festigkeitsberechnung eines Bauteils. Fehler in der qualitativen Gestaltung können durch eine (quantitative) Berechnung nicht mehr korrigiert werden.

Unter *beanspruchungsgerechtem Konstruieren* soll das bestimmten Beanspruchungen entsprechende qualitative und quantitative Festlegen der Gestalt, das Festlegen des geeigneten Werkstoffs und physikalischen Prinzips eines Bauteils verstanden werden.

Im einzelnen bedeutet dies,
- den geeigneten Werkstoff für Bauteile wählen,
- zu übertragende Kräfte auf möglichst kurzen Wegen von einer Stelle des Systems zu einer anderen leiten (Umwege vermeiden),
- unterschiedliche Spannungsarten in Kraftleitern möglichst vermeiden (s. Bild 5.6.52),
- Vermeiden kraftschlüssiger Verbindungen, welche durch in Betrieb auftretende Kräfte möglicherweise ganz oder teilweise aufgehoben werden (s. Bild 5.6.53 c),

- bei Kraftüberleitungen zwischen Bauteilen für gleichmäßig belastete Überleitungsquerschnittsflächen sorgen; ungleichmäßige Spannungsverteilungen vermeiden (s. Bild 5.6.54),
- Überschreiten zulässiger Spannungen in Bauteilen vermeiden,
- gleichmäßige Spannungsbeanspruchungen des Werkstoffs von Bauteilen anstreben („Bauteile gleicher Festigkeit") (s. Bild 5.6.54),
- stetige Spannungsverläufe in Bauteilen anstreben; Vermeiden von Kerben an hoch beanspruchten Stellen eines Bauteils,
- Biegewechselspannungen an Einspannstellen infolge von in Betrieb auftretenden Schwingungen durch geeignete Maßnahmen (Abrundungen, Kunststoffbeilagen) reduzieren bzw. dämpfen; Bruchgefahr bei eingespannten Bändern und Seilen etc. (s. Bild 5.6.55),
- in stabförmigen Bauteilen Zug- statt Druckbelastungen anstreben (s. Bild 5.6.56).

Die Bilder 5.6.52 bis 5.6.56 zeigen Beispiele zum Thema „kraftflußgerechtes bzw. beanspruchungsgerechtes qualitatives Gestalten".

8. Werkstoffgerecht

Bauteile werden aus verschiedenen Werkstoffen (Stahl, Kunststoff, Keramik etc.) mit sehr unterschiedlichen Eigenschaften entwickelt und gefertigt. Die Wahl des Werkstoffs für ein bestimmtes Bauteil hängt in erster Linie von der zu erfüllenden Funktion, der notwendigen Sicherheit, den zulässigen Kosten u.a. Bedingungen ab. Der Werkstoff zur Realisierung der jeweiligen Bauteile sollte sowohl am besten geeignet als auch kostengünstig sein. In der Praxis ist ein gegebenenfalls gewichteter Kompromiß zwischen diesen Faktoren zu finden.

Auch die Bauteilgestalt wird vorrangig durch die Funktion des Bauteils bestimmt; oft kann man anhand der Gestalt die Funktion eines Bauteils erkennen.

Des weiteren werden Gestaltdetails auch durch zahlreiche sonstige Bedingungen wie fertigungsgerecht, kostengünstig u.a. festgelegt. Schließlich wird die Gestalt von Bauteilen auch wesentlich durch vor- oder nachteilige Eigenschaften des Bauteilwerkstoffs bestimmt. Durch entsprechende Gestaltgebung können vorteilige Werkstoffeigenschaften genutzt, nachteilige kompensiert oder reduziert werden.

Vor- und nachteilige Werkstoffeigenschaften sind zu erkennen und bei der Bauteilgestaltung entsprechend zu nutzen oder durch geeignete Gestaltung zu kompensieren. Beim Konstruieren mit Kunststoffen ist zu berücksichtigen, daß diese andere Eigenschaften und Eigenschaftswerte

5.6 Restriktionsgerechtes Konstruieren

Beanspruchungsgerechtes Gestalten		1
Richtlinien	Beispiel ungünstig	Beispiel günstig
a) Wenn geringe Deformation (Formstabilität) gewünscht ist, sind Kräfte auf möglichst kurzen Wegen zu übertragen. Dabei sind Normalbeanspruchungen, Biegebeanspruchungen und Biege-Torsionsbeanspruchungen vorzuziehen.		
Kraft- und Momentenausgleiche anstreben.		
Kräfte nicht über "lange Wege" leiten.		

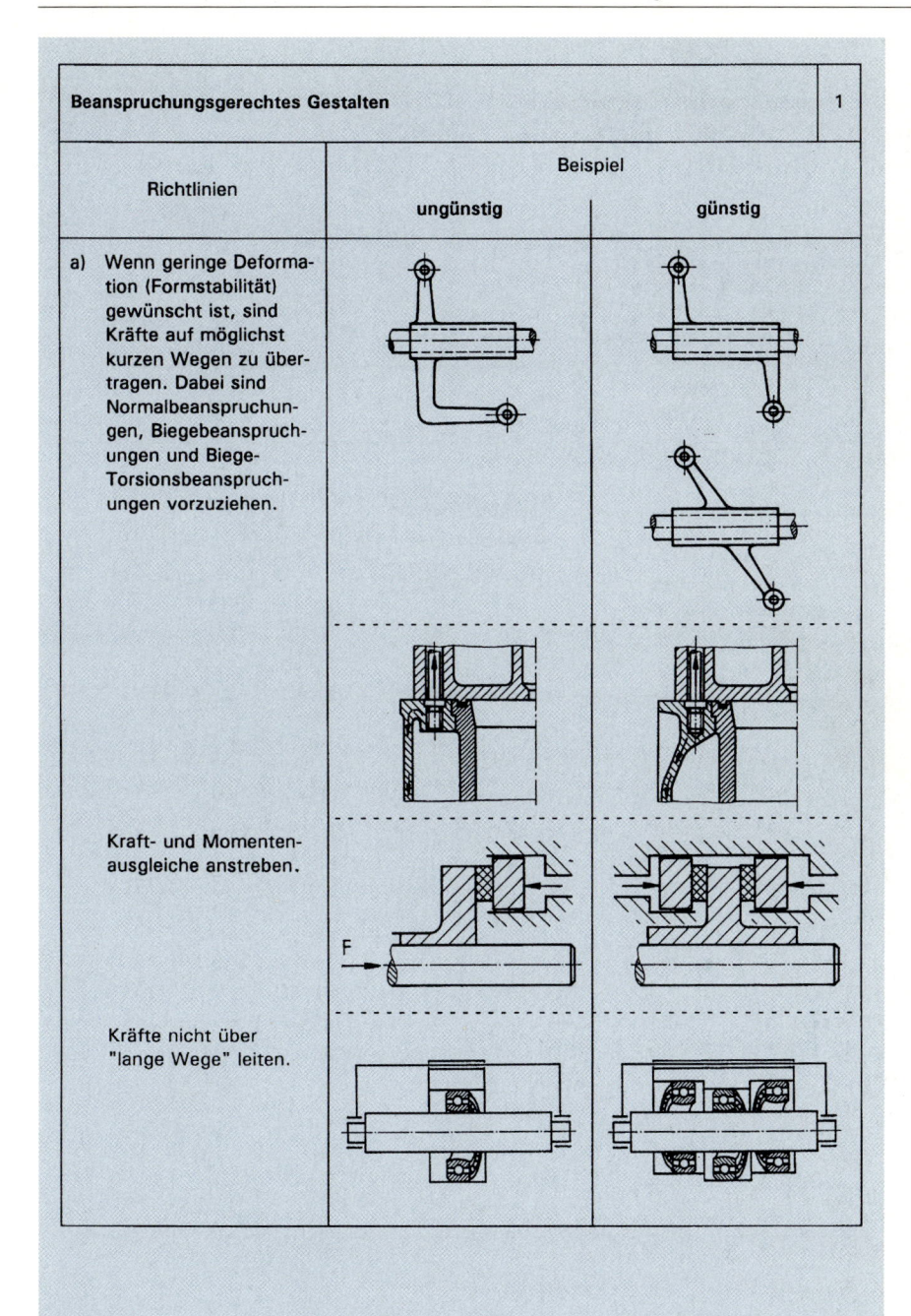

Bild 5.6.52 Beanspruchungsgerechtes Gestalten (1): Kurze Kraftleistungswege anstreben. Kraft- und Momentenausgleiche („Kurzschlüsse") anstreben.

Beanspruchungsgerechtes Gestalten		2
Richtlinien	Beispiel ungünstig	Beispiel günstig
b) Wenn bestimmte Deformationen gewünscht oder erforderlich sind (z.B. Federn, Schnappverbindungen), sind Kräfte auf langen Wegen zu übertragen. ("längere Federn")	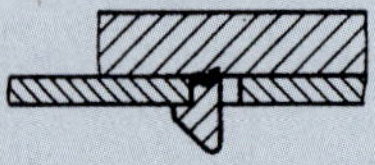	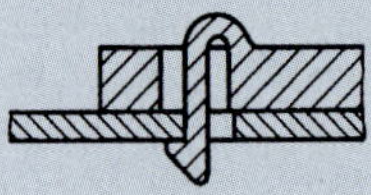
c) Kraftschlüssige Verbindungen sind so zu gestalten, daß diese von auftretenden Betriebskräften entweder nicht beeinflußt oder durch diese noch verstärkt werden.	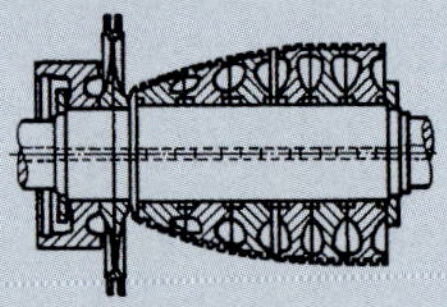	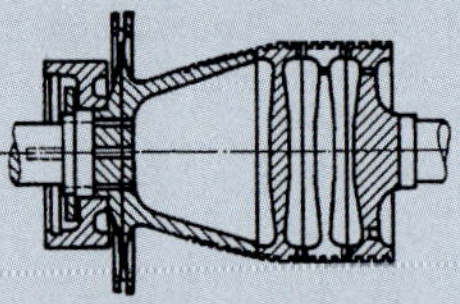
"Selbstverstärkung" nutzen.	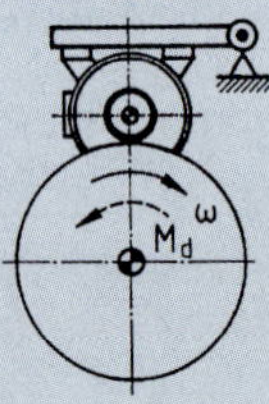	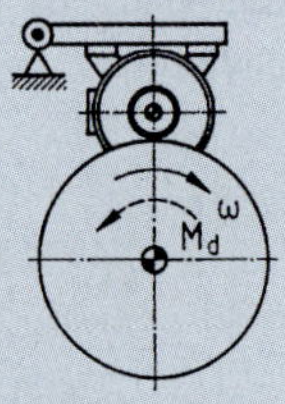

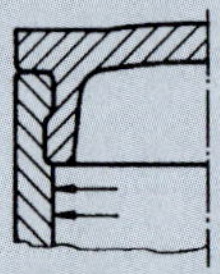

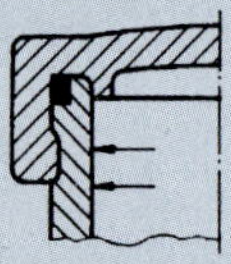

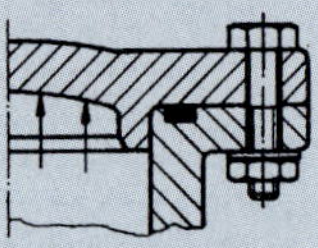

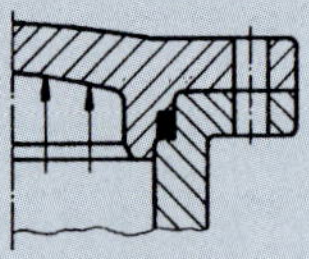

Bild 5.6.53 Beanspruchungsgerechtes Gestalten (2): Lange Federn anstreben. Betriebskräfte als Verbindungskräfte nutzen. Servowirkungen von Reib- und Hebelsystemen nutzen.

5.6 Restriktionsgerechtes Konstruieren

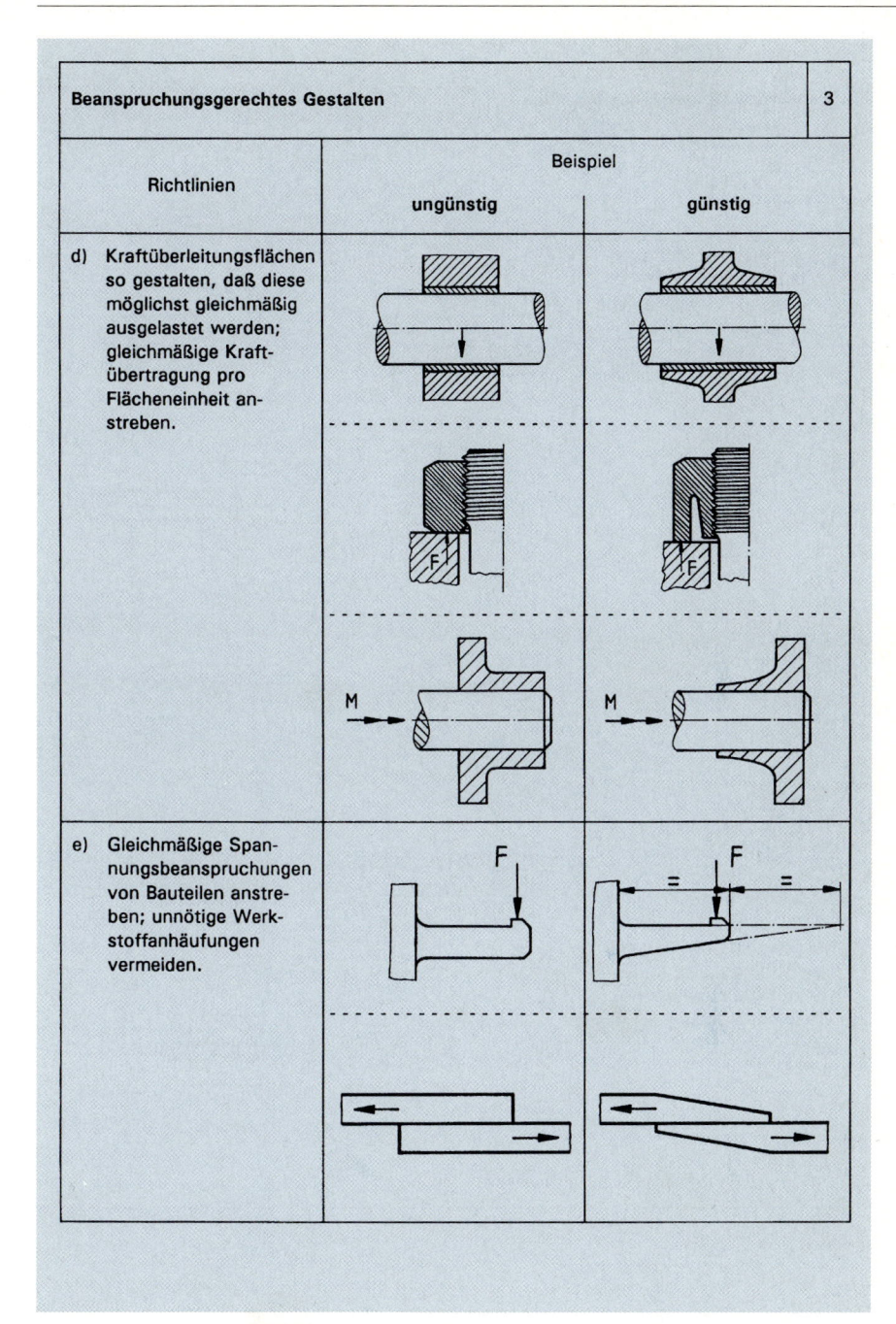

Beanspruchungsgerechtes Gestalten		3
Richtlinien	**Beispiel**	
	ungünstig	günstig
d) Kraftüberleitungsflächen so gestalten, daß diese möglichst gleichmäßig ausgelastet werden; gleichmäßige Kraftübertragung pro Flächeneinheit anstreben.		
e) Gleichmäßige Spannungsbeanspruchungen von Bauteilen anstreben; unnötige Werkstoffanhäufungen vermeiden.		

Bild 5.6.54 Beanspruchungsgerechtes Gestalten (3): Gleichmäßige Spannungsverteilungen und Kräfte gleichmäßig überleitende Bauteilegestalt anstreben.

Beanspruchungsgerechtes Gestalten		4
Richtlinien	Beispiel	
	ungünstig	günstig
f) Stetige Spannungsverläufe im Bauteil anstreben. Vermeiden von Steifigkeitssprüngen bzw. Kerben an hoch beanspruchten Stellen.		
Biegewechselspannungen an Einspannstellen infolge im Betrieb auftretender Schwingungen durch geeignete Maßnahmen (Abrundungen; Kunststoff-Dämpfungseinlagen) reduzieren.		

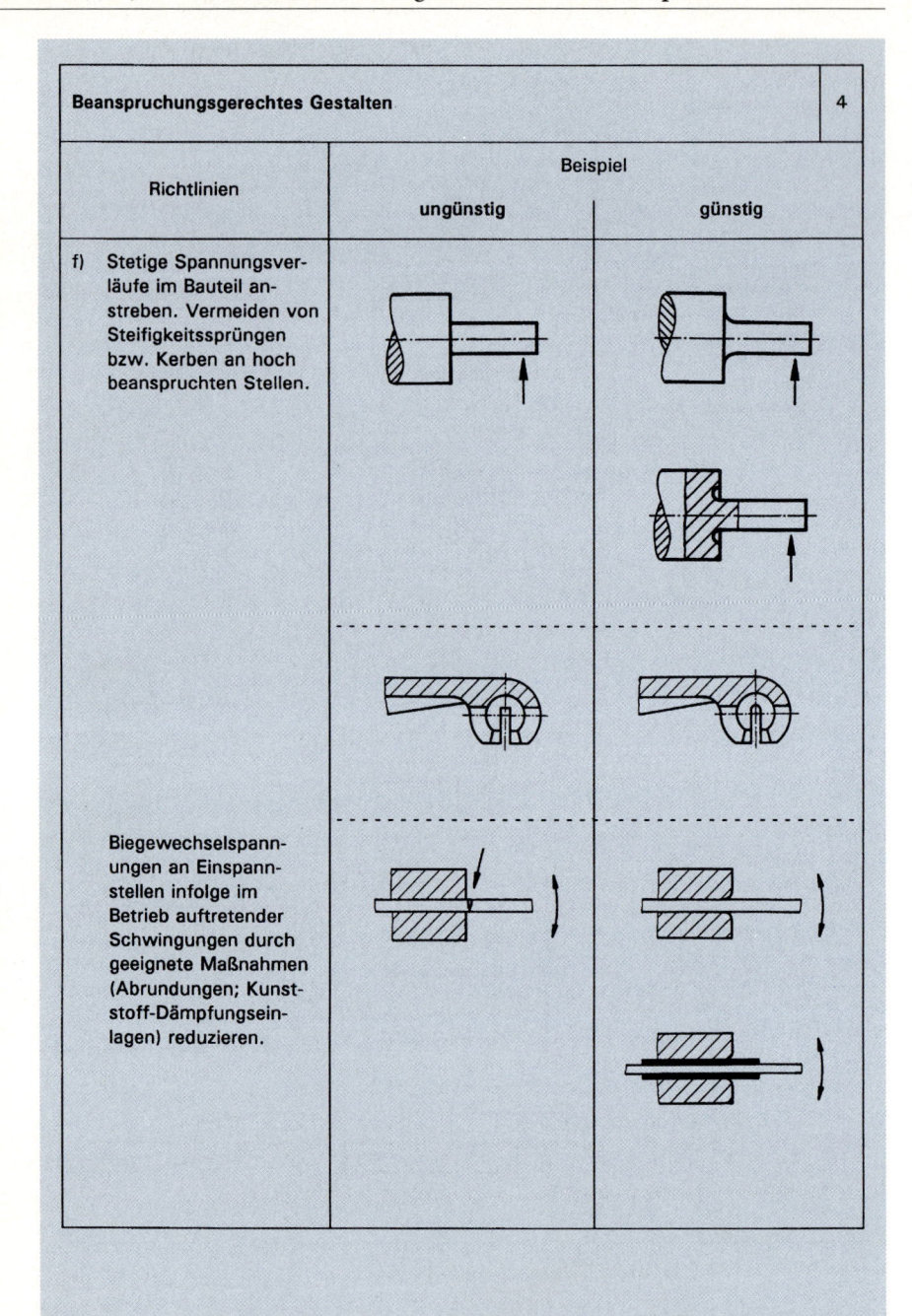

Bild 5.6.55 Beanspruchungsgerechtes Gestalten (4): Kerben bzw. Spannungsspitzen vermeiden oder zumindest mildern. Biegewechselspannungen durch Schwingungsdämpfung reduzieren.

Bild 5.6.56 a–b
Beanspruchungsgerechtes Gestalten: Beispiel „Anpreßvorrichtung"; günstiger ist es, eine Gewindespindel auf Zug (b) statt auf Druck (a) zu beanspruchen

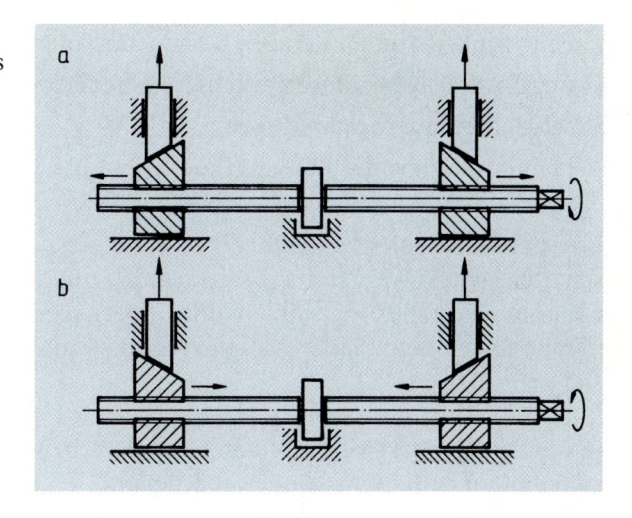

besitzen als Stahl. Bauteile aus Kunststoff sind anders (kunststoffgerecht) zu gestalten als Bauteile für gleiche Funktionen aus Stahl. Bauteile aus Kunststoffen versagen häufig, weil diese genauso oder sehr ähnlich gestaltet sind, wie wenn man sie „in Stahl" gestaltet hätte. Konstrukteure konstruieren vorwiegend „in Stahl" und lassen die unterschiedlichen Eigenschaften von Kunststoffen unberücksichtigt, wenn sie „in Kunststoffen" konstruieren. Die Eigenschaften von Stahl sind geläufiger als jene von Kunststoffen. Bauteile sind auch werkstoffgerecht zu gestalten.

Unter *werkstoffgerechtem Gestalten* soll das durch entsprechendes Gestalten eines Bauteils vorteilhafte Nutzen günstiger und Kompensieren nachteiliger Werkstoffeigenschaften verstanden werden.

Vorteilhafte oder nachteilige Werkstoffeigenschaften können u. a. sein:
- deren Wärmeausdehnung; Eisbildung von Wasser und dessen Ausdehnung,
- Kriechen und Relaxieren,
- hohe oder niedrige Leitfähigkeiten bezüglich elektrischer Ströme, Schall, Wärme, hohe oder geringe Dichte,
- geringe Dauerfestigkeit, Verschleißfestigkeit, Wärmefestigkeit, Zug- und Druckfestigkeit, u. a.,
- schlecht bearbeitbar,
- ungenügende Härte,
- unbeständig gegen Korrosion, Öl, chemische Stoffe (Lösungsmittel, Säuren, Laugen, etc.), Licht, Luft, Regen, etc.,

- Feuchtigkeit aufnehmend (z. B. manche Kunststoffarten),
- ungünstige Adhäsionseigenschaften: benetzend, nicht benetzend,
- schlechte Dauerbeständigkeit,
- kleiner oder großer Reibungskoeffizient u. a. m.

Um sich vor Fehlentwicklungen zu schützen, ist es wichtig, die Eigenschaften eines Werkstoffs zu beachten, um erforderlichenfalls einen anderen Werkstoff zu wählen oder durch geeignete Gestaltungsmaßnahmen vorteilige Eigenschaften zu nutzen und nachteilige zu kompensieren.

Als Beispiele werkstoffgerechten Gestaltens bzw. Werkstoffeigenschaften angepaßten Gestaltens können u. a. gelten:
- das Gestalten einer Anpreßeinrichtung so, daß eine in dieser Einrichtung wirkende Gewindespindel nicht auf Druck, sondern auf Zug beansprucht wird, weil Stahl (im Gegensatz zu Grauguß) für Zugkraftübertragungen besser geeignet ist (Knickfestigkeit!), als zur Druckkraftübertragung; die Zug-Gewindespindel kann einen geringeren Durchmesser haben als eine Druck-Gewindespindel (s. Bild 5.6.56),
- das Nutzen der „Filmscharniereigenschaften" bestimmter Kunststoffe (= dauerhaltbare Gelenke mittels dünner Kunststoffbänder (Film) zu erzeugen) und Nutzen der Möglichkeit, mittels Kunststoff-Spritzgießverfahren kostengünstige, komplexe bzw. integrierte Bauteile zu fertigen, um so die Teilezahl von Baugruppen zu reduzieren. Bild 5.6.57 a zeigt hierzu Beispiele,
- das Nutzen von ansonsten meist nachteiligen Eigenschaften von Kunststoffen wie beispielsweise Wasser aufzunehmen. Klemmen für Kopfstützen von PKW-Sitzen können beispielsweise durch Nutzen dieser Eigenschaft hergestellt werden, indem zunächst ein einfaches Bauteil gefertigt, mittels Wasser „weichgemacht", um einen zylinderförmigen Stab gelegt und in dieser Form schließlich wieder getrocknet wird (s. Bild 5.6.58 f),
- Typen aus Kunststoff so zu gestalten, wie es Bild 5.6.58 e, rechts, zeigt (im Gegensatz zu Stahltypenträgern, die üblicherweise so gestaltet werden, wie es Bild 5.6.58 e, links, zeigt), um so das „Wegtauchen" der Typen in den Grundkörper zu vermeiden.

Die Bilder 5.6.3, 5.6.57 und 5.6.58 zeigen noch weitere Beispiele zum Thema „werkstoffgerechtes Gestalten" von Bauteilen.

5.6 Restriktionsgerechtes Konstruieren

Werkstoffgerechtes Gestalten:	Vorteilhafte Werkstoffeigenschaften nutzen, nachteilige kompensieren	1
Richtlinien	**Beispiel**	
	Stahl	Kunststoff
a) Bauteile gleicher Funktion sind den unterschiedlichen Werkstoffeigenschaften (E-Modul, Elastizität, Kriechen, Erweichen bei Feuchtigkeitseinwirkung u. a.) entsprechend zu gestalten. Beispiele für die Gestaltung von Gelenken aus Stahl oder aus Kunststoff.	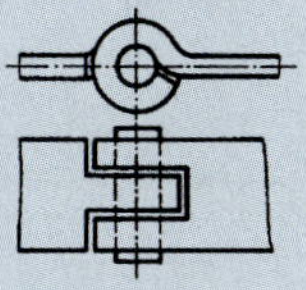 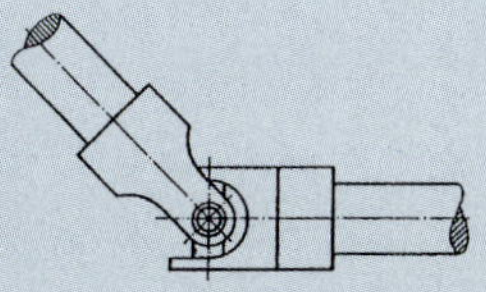	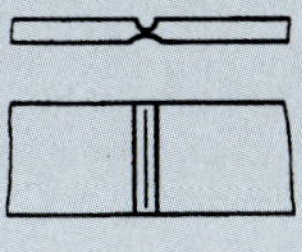  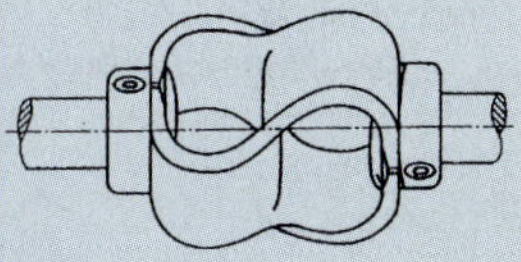
b) Der E-Modul von Stahl ist größer als der von Kunststoff. Stahlfedern müssen also länger sein als Kunststoffedern, um den gleichen Federweg zu ermöglichen.	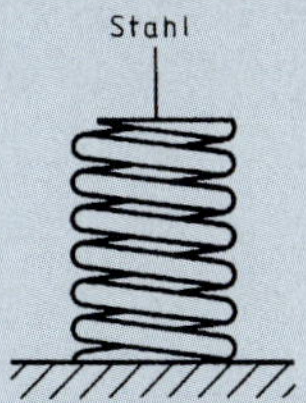 Stahl	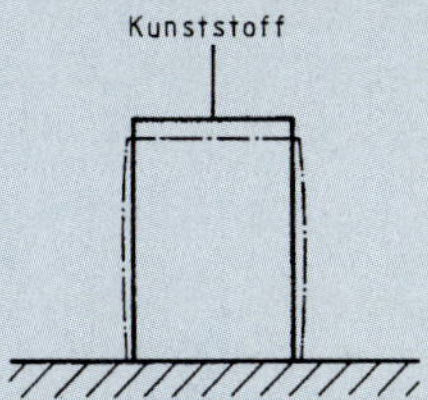 Kunststoff
c) Gestaltung einer Wäscheklammer aus Stahl oder aus Kunststoff.	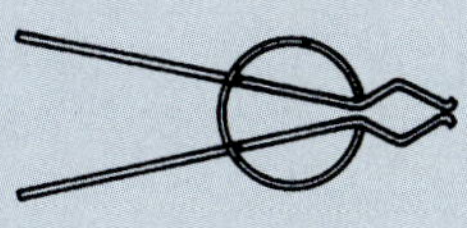	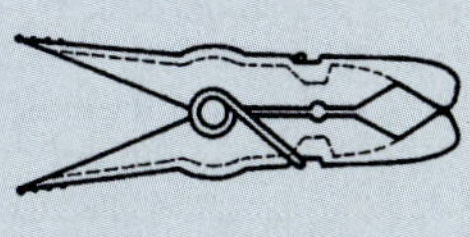

Bild 5.6.57 Werkstoffgerechtes Gestalten (1)

Werkstoffgerechtes Gestalten:	Vorteilhafte Werkstoffeigenschaften nutzen, nachteilige kompensieren		2
Richtlinien	Beispiel		
	Stahl	Kunststoff	
d) Gestaltung von Preßsitzen bei Stahl- bzw. Kunststoffbauteilen. Vermeiden des Kriechens von Kunststoffen.		nicht so	
e) Gestalten von schlagartig beanspruchten Typen eines Typenträgers aus Stahl bzw. Kunststoff. Kompensation des "Abtauch-" bzw. Krieheffektes von Kunststoffen.		nicht so	
f) Gestalten einer Klemme aus Stahl oder Kunststoff; Nutzen des "Weichmachereffektes" von Kunststoffen bei Einwirkung von Wasser.		so hergestellt / so montiert	

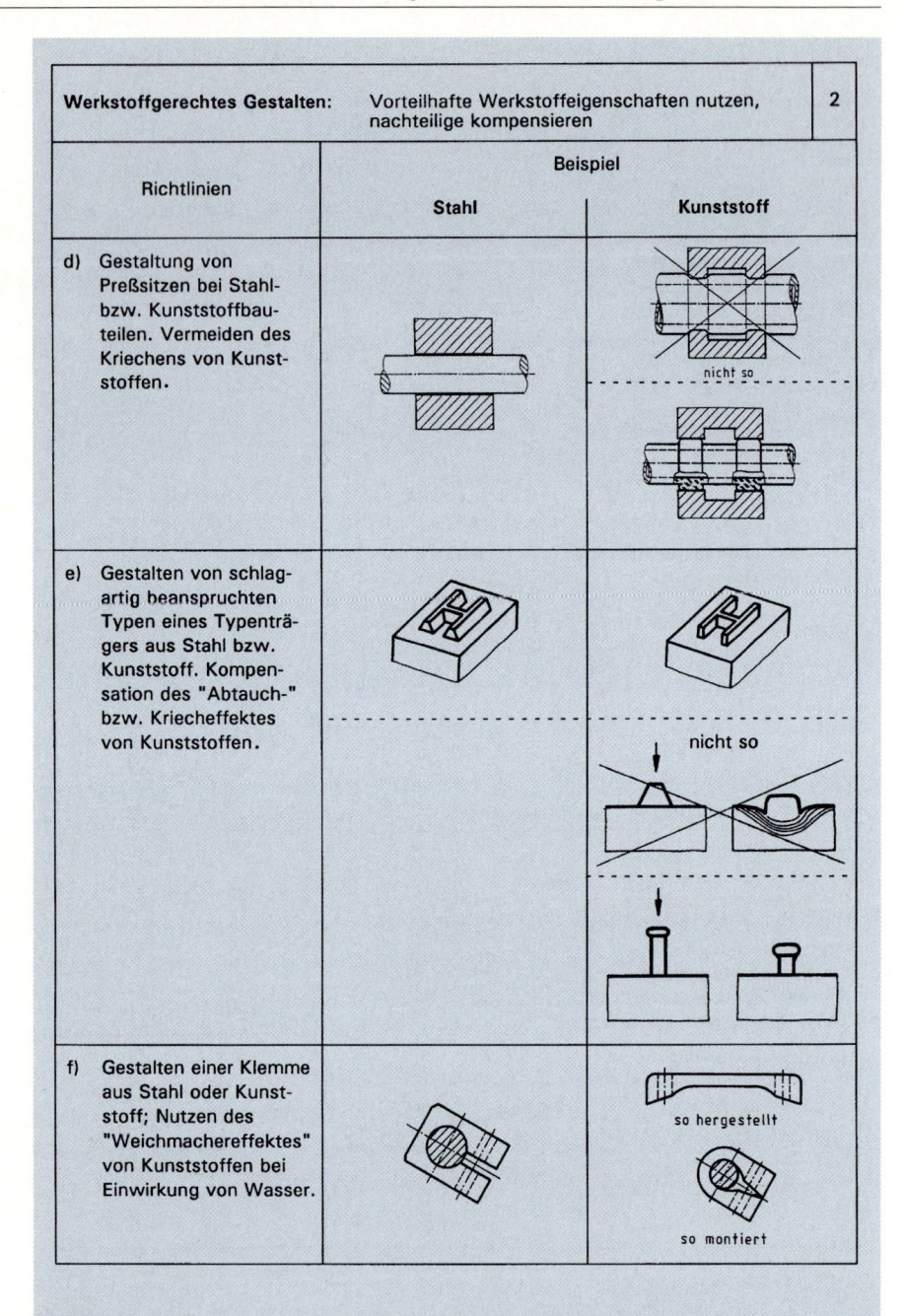

Bild 5.6.58 Werkstoffgerechtes Gestalten (2)

AUSDEHNUNGSGERECHT/TEMPERATURUNEMPFINDLICHKEIT In technischen Systemen verwendete Werkstoffe und Flüssigkeiten haben die Eigenschaft, sich bei Erwärmung auszudehnen bzw. Abkühlung zusammenzuziehen. Wasser weicht von diesem Verhalten ab und erreicht bei 4°C minimales Volumen (Anomalie des Wassers). Probleme beim Bau technischer Systeme können dann auftreten, wenn diese beim Transport und Betrieb erheblichen Temperaturschwankungen unterworfen sind und diese nicht „temperaturunempfindlich" konstruiert sind. Unterschiedliche Längen- und Volumenänderungen von Bauteilen aufgrund von Temperaturänderungen können zum Ausfall technischer Systeme führen. Die bei Einwirkung von Temperaturunterschieden sich ändernde Pendellänge einer Uhr stört deren exakte Zeitmessung. Unterschiedliche Wärmeausdehnungszahlen unterschiedlicher Stoffe lassen beispielsweise Motorblöcke oder Wasserleitungssysteme bei tiefen Temperaturen bersten, falls keine Vorkehrungen getroffen werden. Präzise Lagerungen und Führungen (mit geringem Spiel) können infolge von Temperaturschwankungen und ungleichmäßig schnellem Erwärmen oder Abkühlen oder aufgrund von Werkstoffen mit ungleichen Ausdehnungskoeffizienten, zeitweise oder auf Dauer funktionsuntüchtig sein.

In Bild 5.6.59 sind die Wärmedehnungskoeffizienten für häufig angewandte Konstruktionswerkstoffe zusammengefaßt. Wie man dieser Zusammenfassung entnehmen kann, kann die Wärmedehnung von Kunststoffteilen in ungünstigen Fällen bis zu 13mal größer sein, als jene von Stahlteilen gleicher Gestalt. Dieses sollte man bei Stahl-Kunststoff-Konstruktionen bedenken.

Bild 5.6.60 a zeigt eine Gestaltung eines „Bauteils" (bestehend aus mehreren Einzelteilen), dessen Länge l (in einem bestimmten Temperaturbereich) unabhängig von der Umgebungstemperatur bzw. konstant ist.

Bild 5.6.60 b zeigt exemplarisch eine temperaturunempfindliche Verbindung zweier Bauteile. Durch die Wahl des Längenverhältnisses l_1 zu l_2, der Länge l_3 ($= l_1 + l_2$) und Werkstoffe mit geeigneten Ausdehnungskoeffizienten (α_1, α_2) lassen sich Schraubverbindungen mit relativ gleichen Längenausdehnungen konstruieren.

Wie Wärmedehnung von Bauteilen mittels geeigneter Werkstoffe und durch Anwendungen von Outsert-Technik klein gehalten werden können, zeigt Bild 5.6.60 c.

Bild 5.6.60 d zeigt ferner am Beispiel der Konstruktion eines Kolbens für Verbrennungsmotoren eine Möglichkeit, Wärmedehnungen von Bauteilen in Richtungen, in welche diese stören, zu unterbinden und diese in Richtungen umzulenken, in welche diese die Funktionsfähigkeit nicht stören.

Bild 5.6.59 Wärmedehnungskoeffizienten verschiedener Werkstoffe

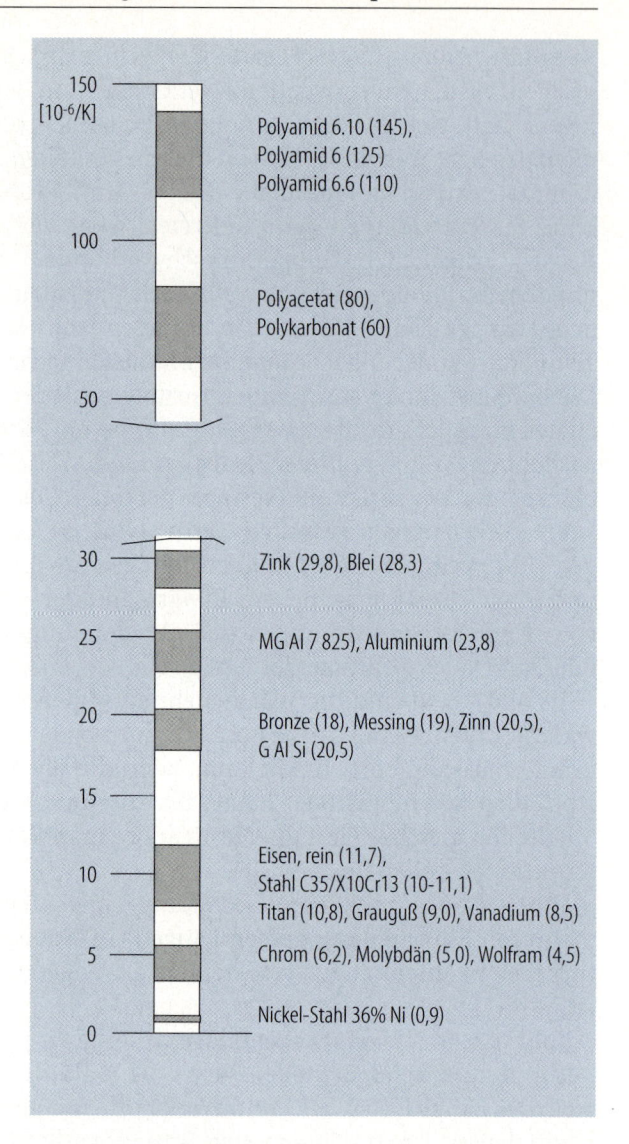

150 [10^{-6}/K]

Polyamid 6.10 (145),
Polyamid 6 (125),
Polyamid 6.6 (110)

100

Polyacetat (80),
Polykarbonat (60)

50

30 — Zink (29,8), Blei (28,3)

25 — MG Al 7 825), Aluminium (23,8)

20 — Bronze (18), Messing (19), Zinn (20,5),
G Al Si (20,5)

15

10 — Eisen, rein (11,7),
Stahl C35/X10Cr13 (10-11,1)
Titan (10,8), Grauguß (9,0), Vanadium (8,5)

5 — Chrom (6,2), Molybdän (5,0), Wolfram (4,5)

0 — Nickel-Stahl 36% Ni (0,9)

Veränderungen des Passungsspiels durch Temperaturschwankungen in präzisen Führungen, Lagern, etc. können dadurch vermieden werden, daß man die betreffenden Teile so gestaltet, daß deren Bauteiltemperaturen sich gleichmäßig schnell an die Umgebungstemperatur anzupassen vermögen; Bild 5.6.60 e zeigt hierzu ein Beispiel.

Einwirkungen tiefer Temperaturen während des Transports, Betriebs oder in Betriebspausen, können beispielsweise bei Stahl-Kunststoffpaarungen zu Kältebrüchen führen. Wie man technische Systeme gegen derartige Störungen schützen kann, zeigen die Bilder 5.6.61 f und g.

5.6 Restriktionsgerechtes Konstruieren

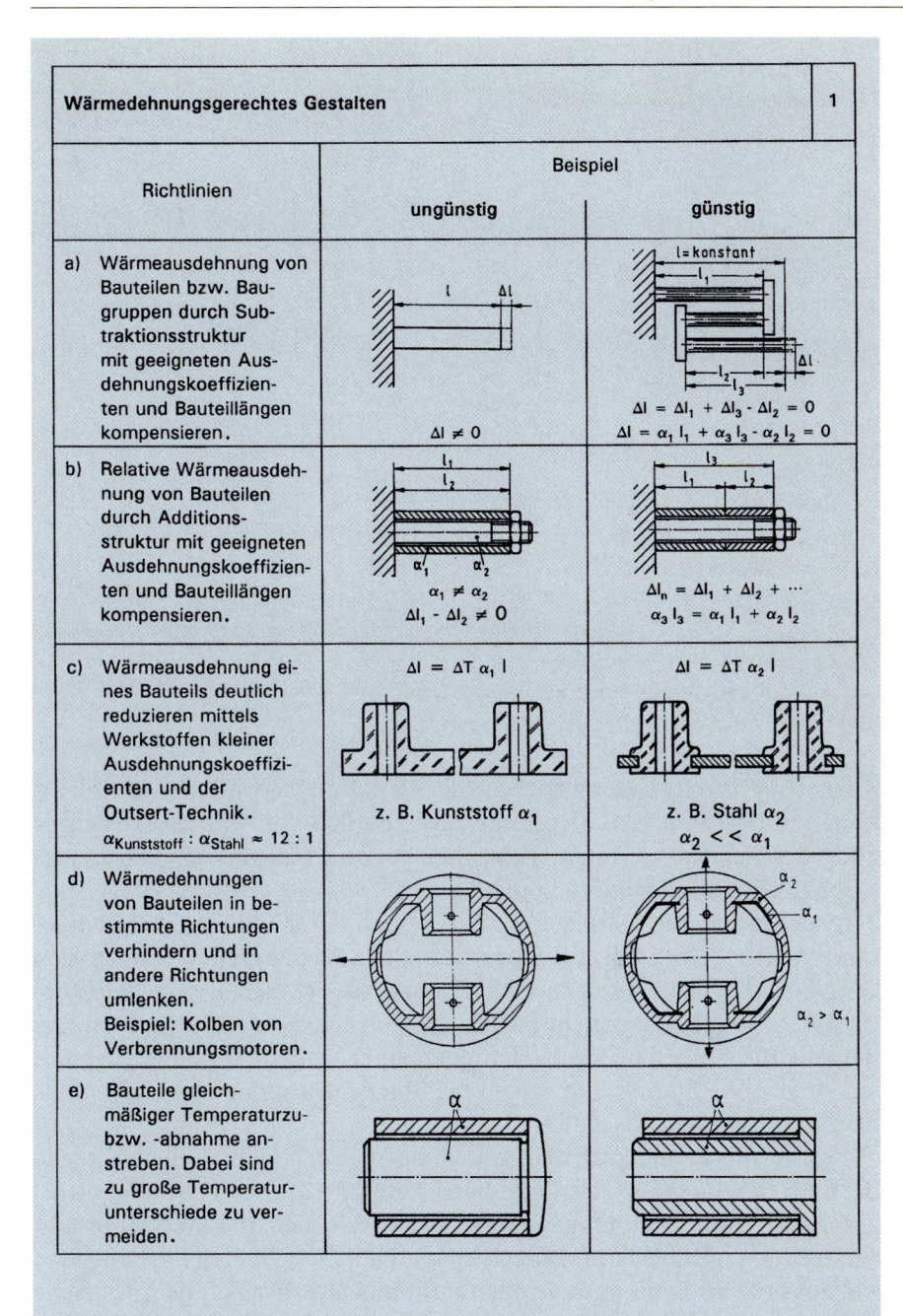

Wärmedehnungsgerechtes Gestalten			1
Richtlinien	Beispiel		
	ungünstig	günstig	
a) Wärmeausdehnung von Bauteilen bzw. Baugruppen durch Subtraktionsstruktur mit geeigneten Ausdehnungskoeffizienten und Bauteillängen kompensieren.	$\Delta l \neq 0$	$l = \text{konstant}$ $\Delta l = \Delta l_1 + \Delta l_3 - \Delta l_2 = 0$ $\Delta l = \alpha_1 l_1 + \alpha_3 l_3 - \alpha_2 l_2 = 0$	
b) Relative Wärmeausdehnung von Bauteilen durch Additionsstruktur mit geeigneten Ausdehnungskoeffizienten und Bauteillängen kompensieren.	$\alpha_1 \neq \alpha_2$ $\Delta l_1 - \Delta l_2 \neq 0$	$\Delta l_n = \Delta l_1 + \Delta l_2 + \cdots$ $\alpha_3 l_3 = \alpha_1 l_1 + \alpha_2 l_2$	
c) Wärmeausdehnung eines Bauteils deutlich reduzieren mittels Werkstoffen kleiner Ausdehnungskoeffizienten und der Outsert-Technik. $\alpha_{\text{Kunststoff}} : \alpha_{\text{Stahl}} \approx 12 : 1$	$\Delta l = \Delta T \, \alpha_1 \, l$ z. B. Kunststoff α_1	$\Delta l = \Delta T \, \alpha_2 \, l$ z. B. Stahl α_2 $\alpha_2 \ll \alpha_1$	
d) Wärmedehnungen von Bauteilen in bestimmte Richtungen verhindern und in andere Richtungen umlenken. Beispiel: Kolben von Verbrennungsmotoren.		$\alpha_2 > \alpha_1$	
e) Bauteile gleichmäßiger Temperaturzu- bzw. -abnahme anstreben. Dabei sind zu große Temperaturunterschiede zu vermeiden.	α	α	

Bild 5.6.60 Wärmedehnungsgerechtes Gestalten (1)

Wärmedehnungsgerechtes Gestalten		1
Richtlinien	Beispiel	
	ungünstig	günstig
f) Bauteile vor unzulässigen Spannungen infolge schwankender Temperaturen schützen. Diese so gestalten, daß Kälteschrumpfspannungen nicht entstehen können.	Kunststoff / Stahl	
g) Sind Wärmeausdehnungen nicht zu kompensieren, gezielte Ausdehnungsmöglichkeit so vorsehen, daß Funktionseinschränkungen ausgeschlossen sind.		

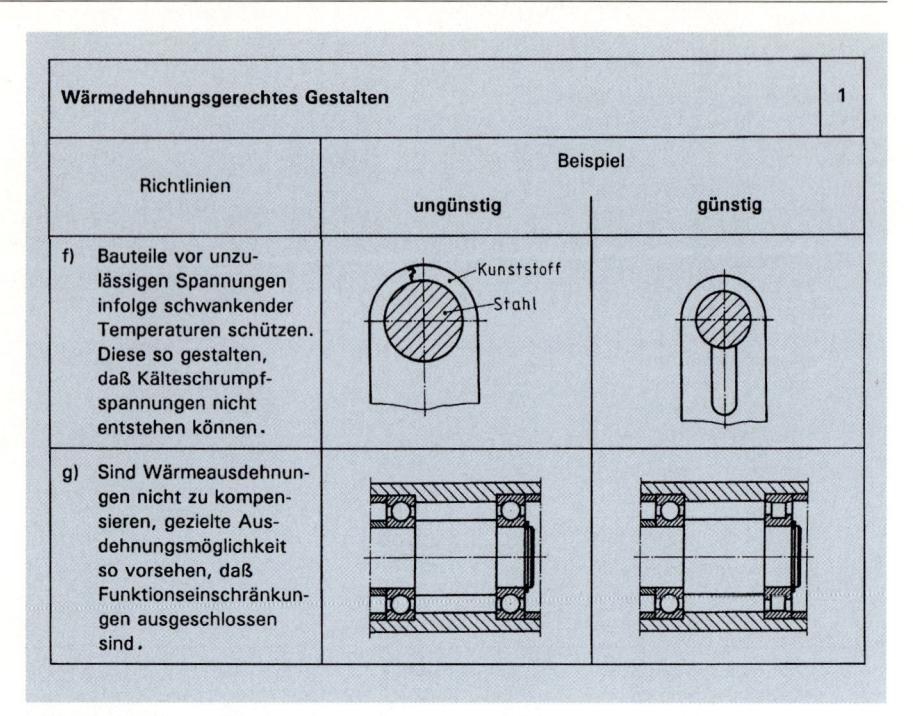

Bild 5.6.61 Wärmedehnungsgerechtes Gestalten (2)

KRIECHEN UND RELAXIEREN Bei der Gestaltung technischer Gebilde ist ferner zu beachten, daß diese unter dem Einfluß von Kräften (Drücken) und/oder Temperatur unter bestimmten Voraussetzungen ihre Gestalt plastisch (bleibend) verändern können.

Insbesondere viele Kunststoffarten zeigen unter Last und bei Temperaturen ab 40°C erhebliches Kriechverhalten. Auch bereits bei normalen Temperaturen (20°C) zeigen viele Kunststoffe deutliches Kriechen. Dieses hat zur Folge, daß man aus Kunststoffen keine Schrauben, Federn u. a. Bauteile für nennenswerte Belastungen, über längere Zeitdauer, herstellen kann. Viele Stahlsorten zeigen bei Temperaturen ab 300°C ebenfalls deutliche Kriecheigenschaften.

Bei thermisch und kraftmäßig hoch beanspruchten Bauteilen treten je nach Betriebsdauer, Kräften und Betriebstemperaturen mehr oder weniger große Kriechdehnungen auf. Durch Kriechen im Werkstoff und Setzen der Kraftüberleitungsflächen von Bauteilen, infolge Fließens bzw. Abbaus hoher Spannungsspitzen, nimmt im Laufe der Zeit der plastische Verformungsanteil eines Bauteils zu Lasten des elastischen Verformungsanteils zu. Dieser Vorgang der plastischen Dehnungszunahme zu Lasten der elastischen Dehnung, bei konstanter Gesamtdehnung eines Bauteils wird als „Relaxation" bezeichnet.

Unter [173] finden sich in der Literatur Angaben, wie Bauteile hinsichtlich Kriechverhaltens bemessen werden können. Bei der Gestaltung von Bauteilen, insbesondere bei Kunststoffbauteilen, ist darauf zu achten, daß diese unter Last bereits bei normalen Betriebstemperaturen Wulste bilden können, welche eine spätere Demontage verhindern (Bild 5.6.58 d) oder bei stoßartiger Belastung zur Bartbildung führen oder Vorsprünge eines Bauteils in großvolumige Körperteile des Bauteils „tauchen" (Bild 5.6.58 e).

9. Ressourcenschonend oder Recyclinggerecht

Die Erzeugung technischer Produkte erfordert Werkstoffe, Energien und die Arbeitskraft qualifizierter Personen. Werkstoffe, Energien und qualifizierte menschliche Arbeitskraft sind Ressourcen, mit welchen sparsam umzugehen ist. Hinzu kommt, daß die Gewinnung von Werkstoffen und Energien nicht ohne Umweltbelastungen erfolgen kann. Auch deshalb sollte mit den genannten Ressourcen zukünftig noch sparsamer umgegangen werden.

Unter „recyclinggerecht" soll zusammenfassend das ressourcenschonende Konstruieren technischer Produkte verstanden werden. D.h., Produkte so zu konstruieren, daß diese

- mit einem Minimum an Risiken für Leben und Gesundheit von Personen, Tieren, Pflanzen und sonstiger Umwelt hergestellt werden können,
- mit einem möglichst geringen Bedarf an hoch qualifizierten Personen und menschlicher Arbeitskraft produziert werden können,
- mit einem möglichst geringen Aufwand an Energien und Werkstoffen gefertigt und betrieben werden können,
- aus weniger wertvollen Werkstoffen und mittels weniger wertvollen Energien produziert werden können, welche auf der Erde in ausreichender Menge vorhanden sind,
- eine hohe Lebensdauer besitzen,
- möglichst verschleiß- und korrosionsarm sind,
- kostengünstig repariert und wiederverwendet (Beispiel: Tauschmotoren) werden können; austauschbare Verschleißteile geringen Werkstoffvolumens vorsehen; keine Wegwerfprodukte konstruieren,
- aus einer möglichst geringen Anzahl unterschiedlicher Werkstoffe bestehen,
- nach Bauteilen oder Baugruppen unterschiedlicher Werkstoffe kostengünstig getrennt werden können; Produkte müssen folglich neben „montagegerecht" noch „trenngerecht" konstruiert werden.

Ressourcenschonende Produkte können in der Regel nur kostenaufwendiger realisiert werden als Produkte ohne diese Eigenschaft. Deshalb kann dieses Problem nicht allein von den Produktentwicklern und -herstellern gelöst werden. Vielmehr bedarf es zu deren Durchsetzung in erster Linie einer Änderung des Verhaltens der Käufer und/oder geeigneter Gesetze, um mit deren Hilfe das Käuferverhalten zu ändern. „Mechanismen freier Märkte" können ressourcenschonende Produkte nur begrenzt hervorbringen.

5.7
Minimieren der Bauteilezahl technischer Systeme

Betrachtet man die Entwicklung technischer Produkte, so stellt man fest, daß ein wesentlicher Fortschritt oft darin besteht, diese immer „einfacher" zu machen. „Immer einfacher" heißt: „Es gelingt den Konstrukteuren, Produkte nach und nach mit immer weniger Bauteilen zu realisieren, ohne die Fähigkeiten (Funktionen) des betreffenden Produkts zu reduzieren".

Wie man bei Patentrecherchen feststellen kann, besteht der Fortschritt bei der Entwicklung von Produkten häufig darin, ein Produkt gleicher Funktionen mit weniger Bauteilen zu realisieren. Dabei fällt auch auf, daß es mittels intuitiven Konstruierens dazu oft vieler Jahre bedurfte; mittels methodischen Konstruierens sind gleiche Fortschritte in wesentlich kürzeren Zeitabständen möglich.

Es ist deshalb interessant zu wissen, wie „hoch der Integrationsgrad" technischer Systeme von Fall zu Fall getrieben werden kann, oder: Wieviele Bauteile benötigt man theoretisch mindestens, um ein bestimmtes technisches System zu realisieren? Mit welcher Mindestbauteilezahl kann ein Produkt theoretisch verwirklicht werden?

Zur Ermittlung der theoretisch kleinstmöglichen Bauteilezahl einer Baugruppe gilt folgende Regel:

! Komplexe technische Systeme können aus unterschiedlichen Gruppen von Bauteilen bestehen, welche sich nicht relativ gegeneinander bewegen. Eine Gruppe von Bauteilen technischer Systeme kann dann zu einem (1) Bauteil integriert (zusammengefaßt) werden, wenn die Bauteile dieser Gruppe keine Relativbewegungen gegeneinander auszuführen haben und wenn diese aus dem gleichen Werkstoff sein können. Eine Gruppe von sich nicht relativ zueinander bewegenden Bauteilen kann nur auf eine Zahl von zwei, drei oder vier (usw.) Bauteilen reduziert werden, wenn diese aus zwei, drei oder vier (usw.) verschiedenen Werkstoffen bestehen müssen.

Bezeichnet man mit A, B, C usw. die Zahl notwendigerweise unterschiedlicher Werkstoffe der verschiedenen Gruppen eines technischen Systems, so gilt zur Ermittlung der theoretisch minimalen Bauteilezahl MB technischer Systeme:

$$MB = A + B + C + \ldots$$

A, B, C, … = Zahl der notwendigerweise unterschiedlichen Werkstoffe der Baugruppen unterschiedlicher Bewegungszustände A, B, C, …

Einschränkend ist noch zu bemerken: Die minimale Zahl an Bauteilen läßt sich jedoch nur dann realisieren, wenn die räumlichen Gegebenheiten so sind, daß sich die Bauteile gleichen Werkstoffs auch räumlich zusammenführen bzw. zu einem Bauteil verbinden lassen.

In der Praxis können des weiteren Fertigungs-, Montage-, Kosten- u. a. Bedingungen verhindern, daß obige minimale Bauteilezahl erreicht wird; die minimale Bauteilezahl wird dann überschritten.

Obige theoretische minimale Bauteilezahl kann aber auch unterschritten werden, und zwar dann, wenn die zueinander beweglichen Teilsysteme einer Baugruppe nur relativ kleine Winkelbewegungen gegeneinander ausführen müssen und wenn diese Bauteile aus Werkstoffen bestehen können, welche zum Bau elastischer, integrierter Gelenkverbindungen geeignet sind. Manche Kunststoffe und dünne Stahlbleche sind zum Bau integrierter Gelenke geeignet.

Unter solchen Voraussetzungen lassen sich auch kleinere Bauteilezahlen erreichen, als die theoretischen Minimalzahlen.

Besteht ein technisches System beispielsweise aus Bauteilen gleichen Werkstoffs, und sind diese Bauteile alle unbeweglich miteinander verbunden, so könnte dieses System theoretisch auch aus *einem* Stück gefertigt werden. Braucht man in einem Teilsystem Bauteile aus unterschiedlichen Werkstoffen, so benötigt man wenigstens so viele Bauteile, wie unterschiedliche Werkstoffe benötigt werden. Bild 5.7.1 zeigt exemplarisch ein technisches System mit drei Gruppen von Bauteilen, welche aufgrund der Relativbewegungsbedingung zu einem Bauteil zusammengefaßt werden könnten, wenn diese nicht aus unterschiedlichen Werkstoffen sein müssen. Diese drei Gruppen von Bauteilen, welche keine Relativbewegungen zueinander ausführen, sind in Bild 5.7.1 schematisch dargestellt und mit A, B, C gekennzeichnet. Theoretisch lassen sich die drei von vier Bauteilen

Bild 5.7.1 Ermittlung der theoretisch minimalen Bauteilezahl einer Baugruppe – Schema. Zusammenfassen von Bauteilen nach ständig gleichen Bewegungszuständen (A, B, C, ...) und Bauteilen aus gleichen Werkstoffen (W1, W2, W3, ...). Erläuterungen im Text

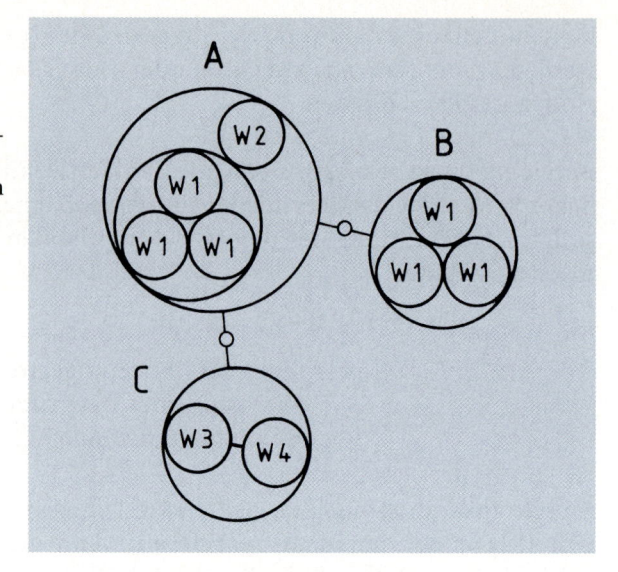

des Teilsystems A gleichen Werkstoffs zu einem Bauteil vereinen, so, daß Teilsystem A nur noch aus insgesamt zwei Bauteilen besteht (A = 2). Ferner lassen sich die 3 Bauteile gleichen Werkstoffs des Teilsystems B ebenfalls zu einem Bauteil zusammenfassen (B = 1). Teilsystem C benötigt zwei Bauteile unterschiedlicher Werkstoffe (C = 2) und kann deshalb nicht zu einem Bauteil integriert werden. Somit kann dieses System auf eine minimale Bauteilezahl MB = 2 + 1 + 2 = 5 reduziert werden.

Hohe Integrationen können zu Bauteilen führen, welche nicht mehr fertigbar, nicht mehr montierbar oder nur mit sehr hohem Kostenaufwand fertig- oder montierbar sind. Diese u.a. Gründe können das Erreichen der minimalen Bauteilezahl in der Praxis verhindern. Bei praxisüblichen Konstruktionen ist die Bauteilezahl oft noch weit von der theoretisch möglichen minimalen Bauteilezahl entfernt.

Die Bauteilezahlen können bei üblichen Konstruktionen meist noch erheblich reduziert werden. Die nach obiger Formel ermittelbare minimale Bauteilezahl zeigt die theoretisch erreichbaren Grenzen auf.

Schließlich sei noch bemerkt, daß sich bei Getrieben die Zahl der Bauteile (Gliederzahl) dadurch reduzieren läßt, daß man Gelenke mit mehr als einem (1) Freiheitsgrad ausstattet. Bild 13.7 zeigt hierzu Beispiele.

5.8
Kostenreduzierendes Konstruieren

Technische Produkte genügend funktionsfähig, zuverlässig und ferner so zu gestalten, daß diese mit einem wirtschaftlich vertretbaren Aufwand herstellbar sind, ist eine der wesentlichen Voraussetzungen für die Existenzfähigkeit von Unternehmen. Bei bereits auf dem Markt befindlichen Produkten besteht die Konstruktionsaufgabe oft ausschließlich darin, diese bei gleichbleibender oder besserer Qualität so neuzugestalten, daß diese mit geringerem Kostenaufwand hergestellt werden können. „Kostenreduzierendes Konstruieren" ist deshalb eine der zentralen Forderungen beim Gestalten technischer Gebilde. Wenn man bedenkt, daß der Konstrukteur mit der Festlegung des Konstruktionsergebnisses auch die gesamte Kostenbasis eines Produkts festlegt, mag man daran die Bedeutung des kostenreduzierenden Konstruierens ermessen. Einkauf, Arbeitsvorbereitung oder andere, der Konstruktion nachgeschaltete Bereiche, vermögen die Kosten einer Lösung lediglich noch ausgehend von einer durch die Konstruktion vorgegebenen Basis zu reduzieren. Andere Abteilungen können keine Kosten senken, welche nur durch Ändern der Konstruktion hätten eingespart werden können, sie können nur zusätzliche Kosten senken.

5.8.1
Kostenarten und Mittel zur Kostenreduzierung

Für die Kostenreduzierung technischer Produkte ist es wichtig, zwischen den nach ihrer Entstehung unterschiedlichen Kostenarten zu unterscheiden. Kosten technischer Produkte entstehen bei deren Herstellung, deren Betrieb und bei deren Beseitigung. Der Käufer hat für ein Produkt Investitionskosten (= Preis), Betriebs-, Instandhaltungs- und möglicherweise Beseitigungskosten aufzubringen (Bild 5.8.1).

Bild 5.8.1
Zusammensetzung der Gesamtkosten technischer Produkte

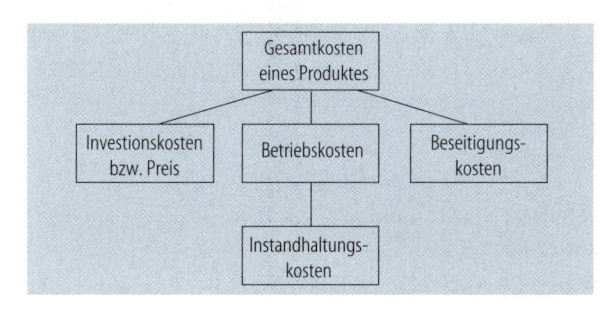

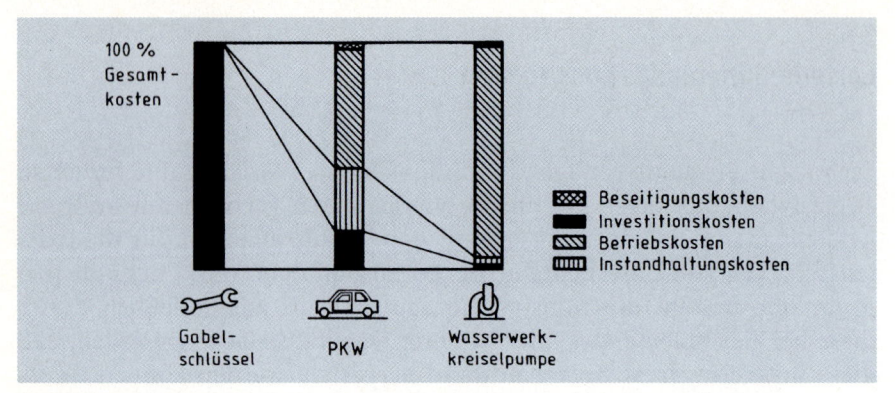

Bild 5.8.2 Unterschiedliche Kostenstrukturen verschiedener Produktearten (n. Ehrlenspiel)

Die Investitions-, Betriebs-, Instandhaltungs- und Beseitigungskosten können für verschiedene Produkte sehr unterschiedlich sein, wie Bild 5.8.2 exemplarisch zeigt.

Der Preis (Kaufpreis) setzt sich zusammen aus den Selbstkosten, die ein Unternehmen zur Herstellung eines Produkts aufwendet, plus dem Gewinn, den es zu erwirtschaften hat. Der Kaufpreis entspricht den Investitionskosten, welche ein Käufer für den Erwerb eines Produkts aufzubringen hat. Die Selbstkosten eines Produkts entstehen aus einer Vielzahl unterschiedlicher Kostenarten, wie Bild 5.8.3 zeigt.

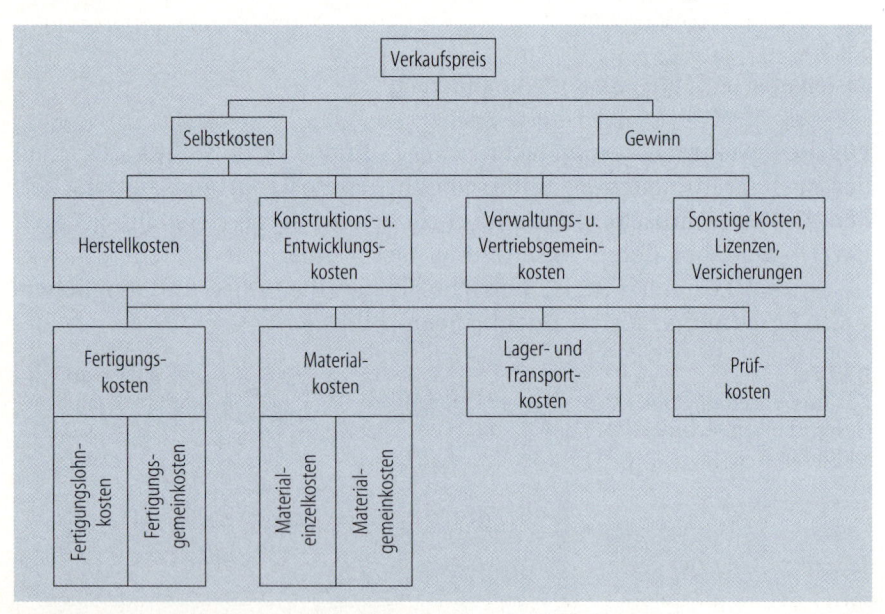

Bild 5.8.3 Kostengliederung technischer Produkte (n. Ehrlenspiel)

Der Konstrukteur kann die Entwicklungs-, Herstell-, Betriebs-, Wartungs-, Instandhaltungs- und Recycling- oder Beseitigungskosten eines Produkts entscheidend beeinflussen. Im folgenden sollen unter dem Begriff „Kostenreduzierendes Konstruieren" insbesondere Maßnahmen zur Reduzierung der Herstellkosten betrachtet werden.

Entwicklungskosten

Der Konstrukteur vermag Entwicklungs- und sonstige Kosten dadurch zu reduzieren, daß er

- von existierenden Produkten nicht immer wieder neue Varianten konstruiert, sondern diese *standardisiert*, d. h. diese als Standard-, Baureihen- oder/und Baukastensysteme entwickelt,
- im Unternehmen bereits existierende Bauteile, Baugruppen etc. wiederverwendet,
- käufliche Standard- und Normbauteile anwendet.

Betriebs-, Wartungs- und Instandhaltungskosten

Betriebskosten lassen sich reduzieren durch Anstreben von Produkten mit geringem Energieverbrauch (Brennstoff), hohen Wirkungsgraden, geringem Verbrauch sonstiger Betriebsmittel wie Öle, Fette, Wasser, etc., geringem oder keinem Bedarf an Bedienpersonal oder Bedienpersonal geringer Qualifikation.

Wartungskosten lassen sich reduzieren durch Konstruieren und Entwickeln von wartungsarmen oder wartungslosen Produkten, Anstreben größerer Wartungsabstände, Vereinfachung und Vereinheitlichung (gleiche Betriebsstoffe/ gleiche Fette oder Öle) der Wartung und Anstreben einfacher, zeitsparender Austauschmöglichkeiten von Verschleißteilen u. a.

Recycling- und Beseitigungskosten

Recycling- und Beseitigungskosten lassen sich reduzieren durch Produkte hoher Lebensdauer, welche aus möglichst wenig unterschiedlichen Werkstoffen bestehen sowie Werkstoffen, welche sich für eine Wiederverwendung gut eignen. Produkte so zu konstruieren, daß deren Baugruppen und Bauteile kostengünstig demontiert oder getrennt und nach Art der Bauteile oder Werkstoffe sortiert werden können (Kennzeichnung der Bauteilwerkstoffe), sind weitere Maßnahmen zur Reduzierung der Recyclingkosten.

Zentrale Aufgabe von Konstruktionsbüros ist es, die *Herstellkosten* von Produkten gering zu halten oder durch sogenannte „Neu- oder Umkonstruktionen" deutlich zu senken. Generell lassen sich die Herstellkosten eines Produkts durch folgende Maßnahmen senken:
- durch Reduzieren der Forderungen, welche an ein Produkt gestellt werden; d.h. Korrekturen der Aufgabenstellung,
- durch die Wahl kostengünstigerer Funktionsstrukturen und/oder Prinzipien (z.B. eines mechanischen statt eines hydraulischen Prinzips, einer elektronischen statt einer mechanischen Lösung etc.),
- durch Reduzieren der Fertigungsoperationen und/oder Anstreben kostengünstiger Fertigungsverfahren,
- durch Reduzieren der Montageoperationen und/oder Anstreben kostengünstigerer Montageoperationen,
- durch Reduzieren der Materialmengen und/oder Substituieren teuerer Materialien mittels kostengünstigerer,
- durch Reduzieren der inner- und/oder außerbetrieblichen Lager- und Transportkosten,
- durch Reduzieren von Prüfoperationen und/oder Anstreben kostengünstigerer Prüfoperationen.

Bild 5.8.4 gibt einen Überblick über mögliche Maßnahmen zur Reduzierung von Herstellkosten. Werden Produkte für gleiche Zwecke über Jahrzehnte gebaut, so kann man davon ausgehen, daß diese Produkte eine ebenso lange „technische Evolution" durchlaufen haben und man im Laufe dieser Zeit optimale Funktionsstrukturen und Prinzipien zur Realisierung dieser Produkte gefunden hat (s. beispielsweise Prinzip des Verbrennungsmotors, des Stoßdämpfers u.a.). Deshalb lohnt es sich in diesen Fällen meist nicht über alternative Prinzipien und Funktionsstrukturen nachzudenken.

Da in der Praxis relativ selten neue Produkte entstehen, bei welchen über prinzipielle Lösungsmöglichkeiten nachgedacht werden muß, ist Kostenreduzierung durch Prinzipwechsel nur selten anwendbar; diese Wechsel haben im Laufe der Evolution des betreffenden Produkts bereits stattgefunden. Wesentliche Kostensenkungen sind bei existierenden Produkten viel häufiger durch „Neu- bzw. Umgestaltungen", unter den Gesichtspunkten kostengünstiger zu fertigen, anwenden kostengünstigerer Fertigungsverfahren und kostengünstigerer Werkstoffe, möglich. Die folgenden Ausführungen sollen sich deshalb vorwiegend mit den Möglichkeiten der Kostenreduzierung durch Gestaltungsmaßnahmen und Werkstoffwechsel befassen.

5.8 Kostenreduzierendes Konstruieren

```
                    Kostenreduzierendes Konstruieren
    ┌──────────────┬──────────────┬──────────────────┬──────────────────┐
    Entwicklungs-   Herstellkosten  Betriebs-, Wartungs-,  Recycling und/oder
    kosten                          u. Instandhaltungs-    Beseitigungskosten
                                    kosten
```

Unter Herstellkosten:

1. Forderungen reduzieren
2. Kostengünstige Prinziplösung

3. Fertigungsoperationen reduzieren oder kostengünstiger gestalten

1. Standardisieren (d.h. Typenvielfalt reduzieren, Baureihen-, Baukasten-Bauweise)
2. Baugruppen reduzieren (Monobaugruppenweise)
3. Bauteilezahl reduzieren (Integrierte Bauweise)
4. Einfache Bauteilgestalt (Differenzierte Bauweise)
5. Flächenzahl reduzieren
6. Flächengröße reduzieren
7. Fertigungsoperationen reduzieren (Toleranzgerechtes Konstruieren)
8. Nebentätigkeiten reduzieren
9. Eigenfertigung reduzieren
10. Günstigere Fertigungsverfahren
11. Günstigere Oberflächenformen
12. Einheitliches Fertigungsverfahren
13. Fertigungskosten minimieren (Fertigungsgerechtes Konstruieren)
14. Losgrößen erhöhen (Mehrfachverwendung, Baureihen, Baukasten)
15. Einheitliches Werkzeug anstreben
16. Fertigungsgerechter Werkstoff

4. Montageoperationen reduzieren oder kostengünstig gestalten

1. Bauteilzahl reduzieren
2. Nebentätigkeiten reduzieren
3. Kurze Fügewege anstreben
4. Einfache Fügebewegungsformen
5. Selbsttätiges Positionieren
6. Mehrfache Verwendung von Montageeinrichtungen (gleiche Teile)
7. Bauteileordnung bei Zwischentransport aufrecht erhalten
8. Ordnen von Bauteilen vereinfachen
9. Fehlmontagen automatisch verhindern

5. Materialmengen reduzieren, teures Material reduzieren

1. Bauteilezahl reduzieren
2. Unnötige Materialmengen vermeiden
3. Bauteilgröße reduzieren
3. Wiederverwertung von Abfallmaterial
4. Wiederverwendung gebrauchter Produkte (Recycling)
6. Umschichten von Material
7. Teures Material substituieren (Partial-, Insert-/Outsertbauweise)

6. Prüfoperationen reduzieren oder kostengünstig gestalten

1. Stochastische Prüfungen
2. Prüfungen automatisieren
3. Bei Eintreten eines Fehlers-Folgeoperationen verhindern

7. Lager- und Transport-Kosten reduzieren

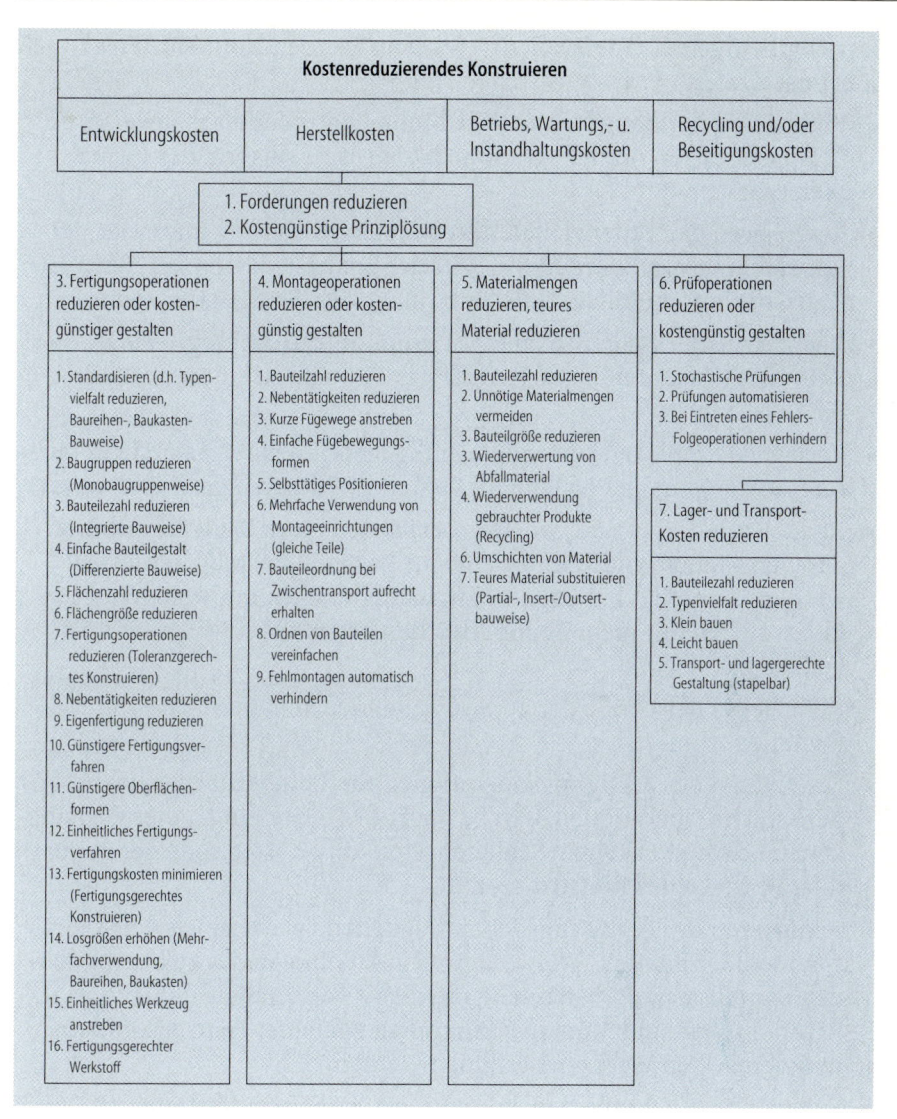

1. Bauteilezahl reduzieren
2. Typenvielfalt reduzieren
3. Klein bauen
4. Leicht bauen
5. Transport- und lagergerechte Gestaltung (stapelbar)

Bild 5.8.4 Maßnahmen zur Reduzierung von Produkt-Herstellkosten – Zusammenfassung

Herstellkosten eines Produkts senken, heißt im einzelnen reduzieren der
- Fertigungs-, Montage-, Material-, Prüf- sowie Lager- und Transportkosten.

Fertigungskosten lassen sich dadurch senken, daß man Konstruktionen anstrebt, zu deren Realisierung es möglichst weniger und/oder kostengünstigerer Operationen bedarf. Produkte, welche mit weniger oder kostengünstigeren Operationen realisiert werden können, lassen sich u. a. durch

- Reduzieren der Baugruppen, d. h. Mono- statt Modularbauweise; Beispiele: Uhren der Firma „Swatch", Fernschreibgerät der Firma „Teletype",
- Reduzieren der Typenvielfalt durch Standardisierung und/oder der Entwicklung von Baureihen- und/oder Baukastensystemen; Beispiele: Getriebe, Automobile u. a. als Baureihen- und Baukastensysteme,
- Reduzieren der Bauteilezahl eines Produkts durch integrierte Bauweise (Zusammenfassen mehrerer Bauteile zu einem Bauteil) oder
- Zerlegen komplexer, kostenaufwendig zu fertigender Bauteile in mehrere, kostengünstig herstellbare Bauteile (= differenzierte Bauweise),
- Reduzieren der Anzahl von Teiloberflächen eines Bauteils, insbesondere jene Teiloberflächen, welche nur kostenaufwendig hergestellt werden können; d. h. Körper- bzw. Bauteilformen mit weniger gegenüber solchen mit mehr Teiloberflächen bevorzugen (Zylinder statt Quader),
- Reduzieren der Größe der zu bearbeitenden Teiloberfläche von Bauteilen,
- Reduzieren der Fertigungsoperationen für Teiloberflächen, insbesondere solche Operationen, welche man zur Herstellung hoher Genauigkeiten benötigt (Läppen, Schleifen, etc.); d. h. Kosten reduzieren durch toleranzgerechtes Konstruieren,
- Reduzieren der Fertigungsnebentätigkeiten, wie beispielsweise Umspannen der Bauteile, Werkzeugwechsel, Reinigen des zu bearbeitenden Bauteils usw.; d. h. Bauteile möglichst so gestalten, daß alle Bearbeitungs- und Montagevariationen von einer Seite aus mit ein und demselben Werkzeug erfolgen können,
- Eigenfertigung vermeiden, kostengünstigere Fremdfertigungsmöglichkeiten nutzen,
- kostengünstigere Fertigungsverfahren anstreben; beispielsweise Stanzteile statt Druckgußteile, Spritz- oder Druckgußteile statt spanend herstellbarer Bauteile,
- kostengünstiger herstellbare Oberflächenformen anstreben; beispielsweise ebene oder zylinderförmige Teiloberflächen statt kegel- oder torusförmige,
- einheitliche Fertigungsverfahren für Bauteile anstreben, d. h. ein Bauteil möglichst nicht mittels mehrerer unterschiedlicher

5.8 Kostenreduzierendes Konstruieren

Fertigungsverfahren herstellen, sondern möglichst nur hobeln, nur stanzen, nur spritzgießen, etc.,
- die Fertigung eines Bauteils so problemlos wie möglich gestalten; Bauteile „fertigungsgerecht gestalten",
- Losgrößen erhöhen, d.h. Bauteile standardisieren, Teilevielfalt reduzieren, Baureihen- und/oder Baukastensysteme anstreben,
- Bauteile so gestalten, daß diese mit möglichst wenig unterschiedlichen Werkzeugen gefertigt werden können; d.h. gleiche Bohrungsdurchmesser, gleiche Radien, gleiche Nutbreiten und -längen anstreben (u.a.),
- Verwendung von kostengünstig bzw. problemlos bearbeitbaren Werkstoffen, wenn dies die an ein Bauteil zu stellenden Bedingungen ermöglichen (s. Bild 5.8.4).

Die Bilder 5.8.5 bis 5.8.11 veranschaulichen das Gesagte noch an verschiedenen Beispielen.

Montagekosten lassen sich durch montagegerechtes Gestalten senken (s. hierzu auch Beispiele „montagegerechtes Gestalten", Kap. 5.6.7); hierunter sind im einzelnen folgende Maßnahmen zu verstehen:
- Reduzieren der Bauteilezahl, beispielsweise durch integrierte Bauweise,
- Reduzieren von Montagenebentätigkeiten, wie umlegen, umdrehen von zu montierenden Baugruppen, durch eine Gestaltung so, daß alle Bauteile von nur einer oder wenigen Seiten aus montiert werden können,
- Anstreben kurzer Fügewege,
- Anstreben einfacher Fügebewegungsformen,
- selbsttätiges Positionieren der Bauteile zueinander,
- Vermeiden von Verklemmen, Übereinanderschieben, Verhaken von Fügeteilen durch entsprechende Gestaltung,
- Vermeiden instabiler Gleichgewichtslagen von Fügeteilen durch entsprechende Gestaltung,
- zu fügende Teile ordnen bzw. Ordnung von Fügeteilen erhalten,
- Anstreben mehrfach symmetrischer Bauteilgestalt, um diese einfacher ordnen zu können,
- Bauteile deutlich asymmetrisch gestalten, wenn diese aus funktionalen Gründen asymmetrisch sein müssen,
- asymmetrische Gestaltdetails an Bauteilen so legen, daß diese von Automaten problemlos ertastet werden können,
- Vorsehen geeigneter Greifflächen an Fügeteilen,

- Vermeiden gleichzeitiger Montagen mehrerer Bauteile, Fügevorgänge staffeln,
- Vermeiden von biegeschlaffen Fügeteilen,
- Vorsehen von eindeutig wirkenden Endanschlägen an Fügeteilen,
- Vorsehen provisorisch wirkender „Heftverbindungen" (z. B. Schnappverbindungen), um diese dann problemlos mit den eigentlichen Fügemitteln (z. B. Schrauben) versehen zu können,
- Gestalten gut zugänglicher und einsichtiger Fügestellen,
- Wiederverwendung von Montageeinrichtungen ermöglichen,
- Bauteilgestaltungen so, daß Fehlmontagen automatisch verhindert werden.

Materialkosten lassen sich senken durch
- Reduzieren der Bauteilezahl,
- Vermeiden von Material an „funktionslosen Stellen" (Vermeiden von Material an Stellen, wo es nicht benötigt wird),
- Umschichten von Material an Stellen, wo es benötigt wird; z. B. durch Stauchen, Schmieden etc.,
- Reduzieren von Bauteilabmessungen,
- Verwenden von Abfallmaterial (z. B. Stanzabfälle für andere Bauteile),
- Wiederverwendung gebrauchter Bauteile und Baugruppen; Recycling,
- Ersetzen von teueren durch billigere Materialien; teueres Material nur an den Stellen vorsehen, wo es tatsächlich benötigt wird; Partial-, Insert- oder Outsertbauweisen anwenden.

Die Bilder 5.8.10 und 5.8.11 zeigen hierzu einige Beispiele.

Prüfkosten lassen sich senken durch
- stochastisches Prüfen, nicht alle Bauteile oder Baugruppen prüfen,
- Automatisieren von Prüfvorgängen,
- kostengünstigere Prüfverfahren, z. B. zerstörungsfreies Prüfen, statt Prüfen durch Zerstören der zu prüfenden Bauteile,
- Verhindern von Folgeoperationen (z. B. weiteren Montagevorgängen), wenn bestimmte voranzugehende Vorgänge nicht oder fehlerhaft ausgeführt wurden.

5.8 Kostenreduzierendes Konstruieren

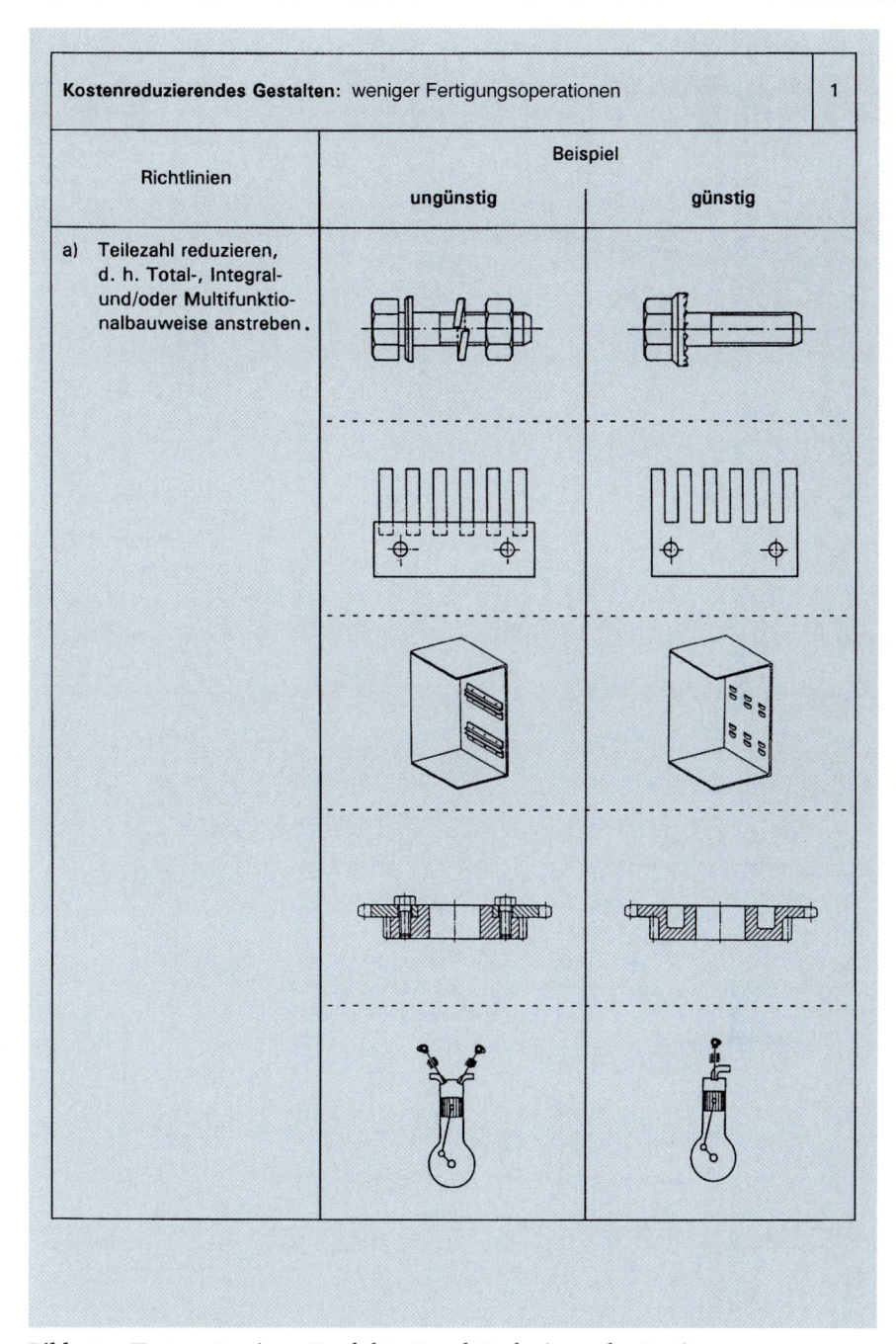

Kostenreduzierendes Gestalten: weniger Fertigungsoperationen		1
Richtlinien	Beispiel ungünstig	Beispiel günstig
a) Teilezahl reduzieren, d. h. Total-, Integral- und/oder Multifunktionalbauweise anstreben.		

Bild 5.8.5 Kostengünstigere Produkte: Durch Reduzieren der Fertigungsoperationen (1)

Kostenreduzierendes Gestalten: weniger Fertigungsoperationen		2
Richtlinien	Beispiel ungünstig	Beispiel günstig
b) Zu bearbeitende Flächen reduzieren: - verschiedene Flächen in <u>eine</u> Ebene legen.	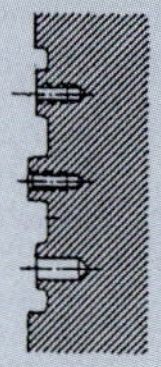	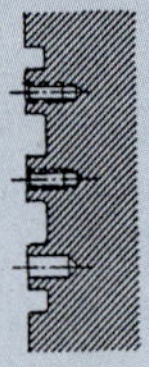
- die Grösse der zu bearbeitenden Fläche reduzieren.	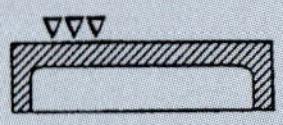	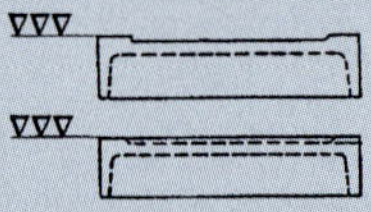
	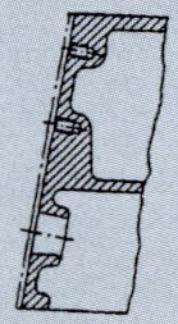	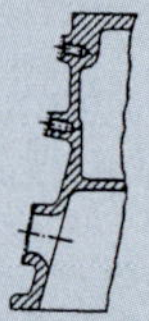
c) Mehrere Flächen gleichzeitig bearbeitbar gestalten: - gleiche Bearbeitungsrichtung anstreben.	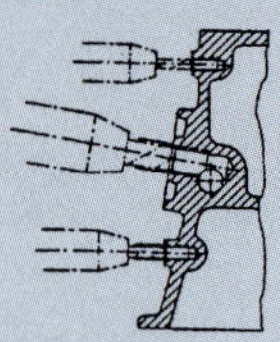	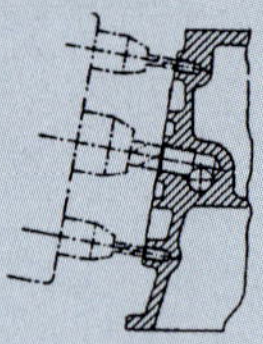
- Mindestabstände bei Mehrspindelköpfen beachten.	Mindestabstand 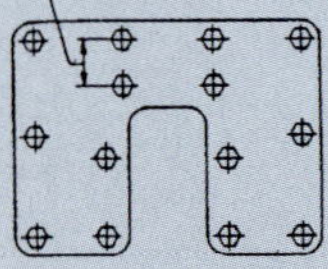	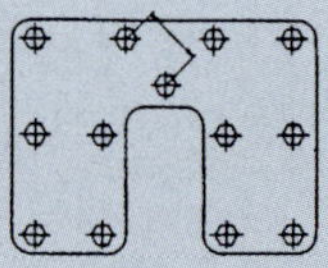

Bild 5.8.6 Kostengünstigere Produkte: Durch Reduzieren der Fertigungsoperationen (2)

5.8 Kostenreduzierendes Konstruieren

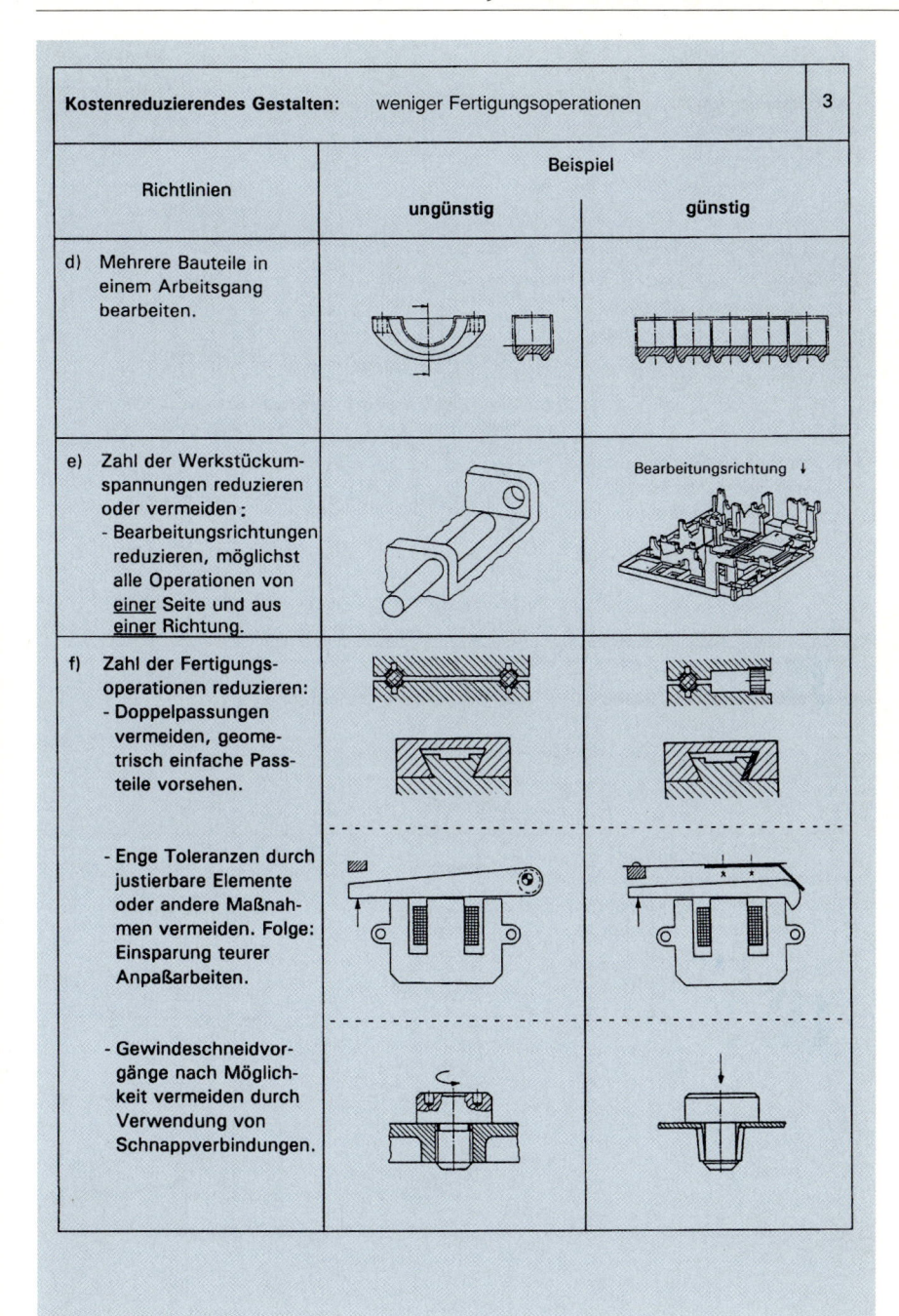

Kostenreduzierendes Gestalten:	weniger Fertigungsoperationen		3
Richtlinien	Beispiel		
	ungünstig	günstig	
d) Mehrere Bauteile in einem Arbeitsgang bearbeiten.			
e) Zahl der Werkstückumspannungen reduzieren oder vermeiden: - Bearbeitungsrichtungen reduzieren, möglichst alle Operationen von <u>einer</u> Seite und aus <u>einer</u> Richtung.		Bearbeitungsrichtung ↓	
f) Zahl der Fertigungsoperationen reduzieren: - Doppelpassungen vermeiden, geometrisch einfache Passteile vorsehen.			
- Enge Toleranzen durch justierbare Elemente oder andere Maßnahmen vermeiden. Folge: Einsparung teurer Anpaßarbeiten.			
- Gewindeschneidvorgänge nach Möglichkeit vermeiden durch Verwendung von Schnappverbindungen.			

Bild 5.8.7 Kostengünstigere Produkte: Durch Reduzieren der Fertigungsoperationen (3)

KAPITEL 5 Produktneutraler oder allgemeiner Konstruktionsprozeß

Kostenreduzierendes Gestalten:	weniger Fertigungsoperationen		4
Richtlinien	Beispiel		
	ungünstig	günstig	
g) Prüfvorgänge automatisieren - z. B. nachfolgende Operationen verhindern, wenn voranzugehende Operation nicht erfolgt ist.	Einbau auch möglich, ohne daß Schweißung erfolgt ist	Vor dem Einbau muß Bördelrand niedergeschweißt werden	
h) Verwenden von Norm- oder Standardteilen, oder Halbzeugen, statt selbst konstruierter Bauteile.			

Kostenreduzierendes Gestalten:	kostengünstigere Fertigung		5
Richtlinien	Beispiel		
	ungünstig	günstig	
a) Anstreben eines Werkzeugs und/oder Werkzeuges plus Werkzeugmaschine, mit welchem kostengünstiger gefertigt werden kann.			

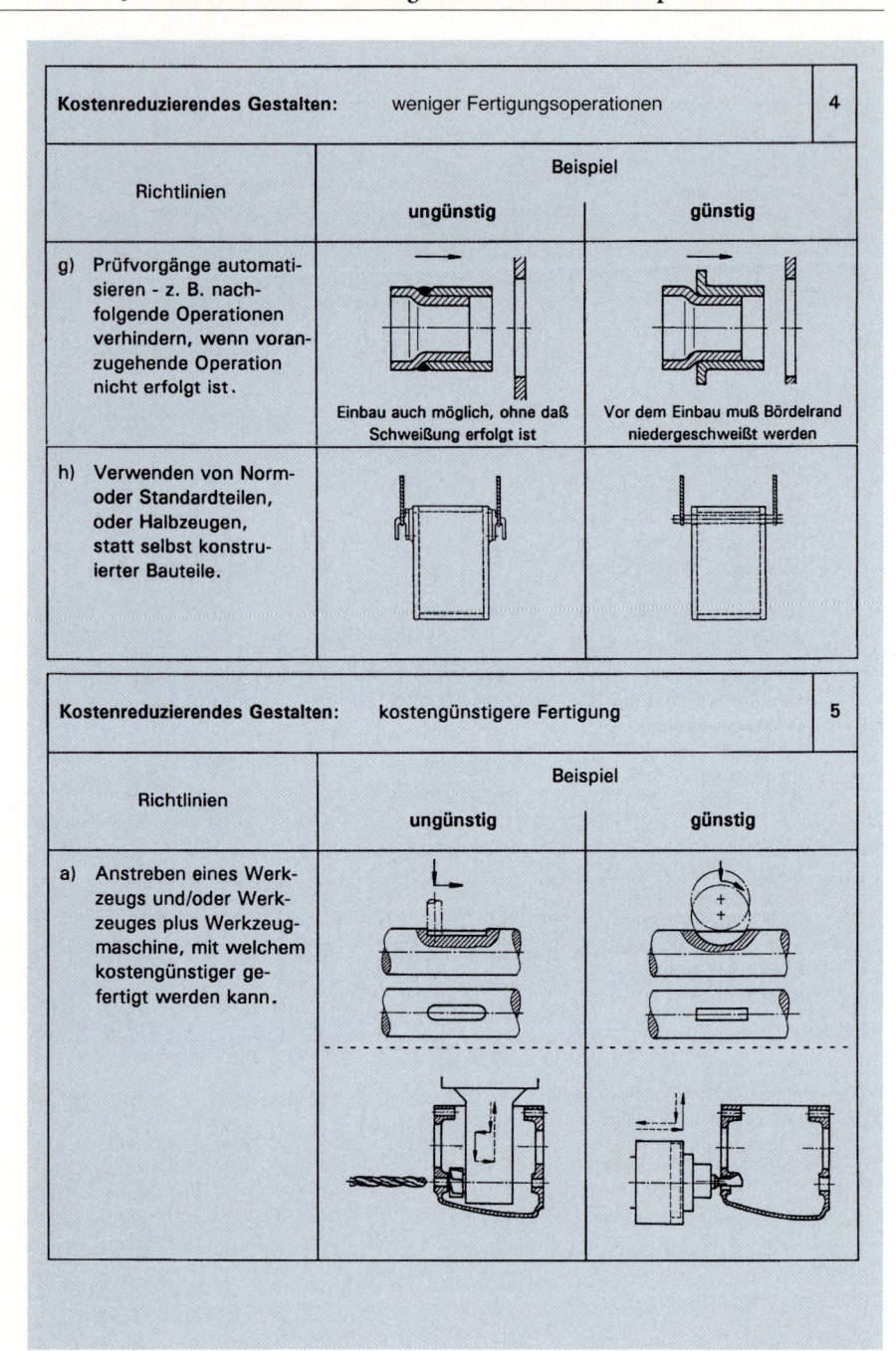

Bild 5.8.8 Kostengünstigere Produkte: Durch Reduzieren der Fertigungsoperationen und Anstreben kostengünstigerer Fertigungsverfahren, z. B. stanzen statt gießen oder spanend fertigen

5.8 Kostenreduzierendes Konstruieren

Kostenreduzierendes Gestalten:	kostengünstigere Fertigung		6
Richtlinien	**Beispiel**		
	ungünstig	günstig	
b) Anstreben großer Stückzahlen und kostengünstigerer Fertigungsverfahren:			
– Spanloses statt spanendes Fertigungsverfahren.			
– Anderes Material und Fertigungsverfahren, Spritzgiessen statt spanendes Fertigungsverfahren.			
c) Zahl der Werkzeuge und Werkzeugwechsel reduzieren oder ganz vermeiden durch Vereinheitlichung der Maße der Wirkflächen.			

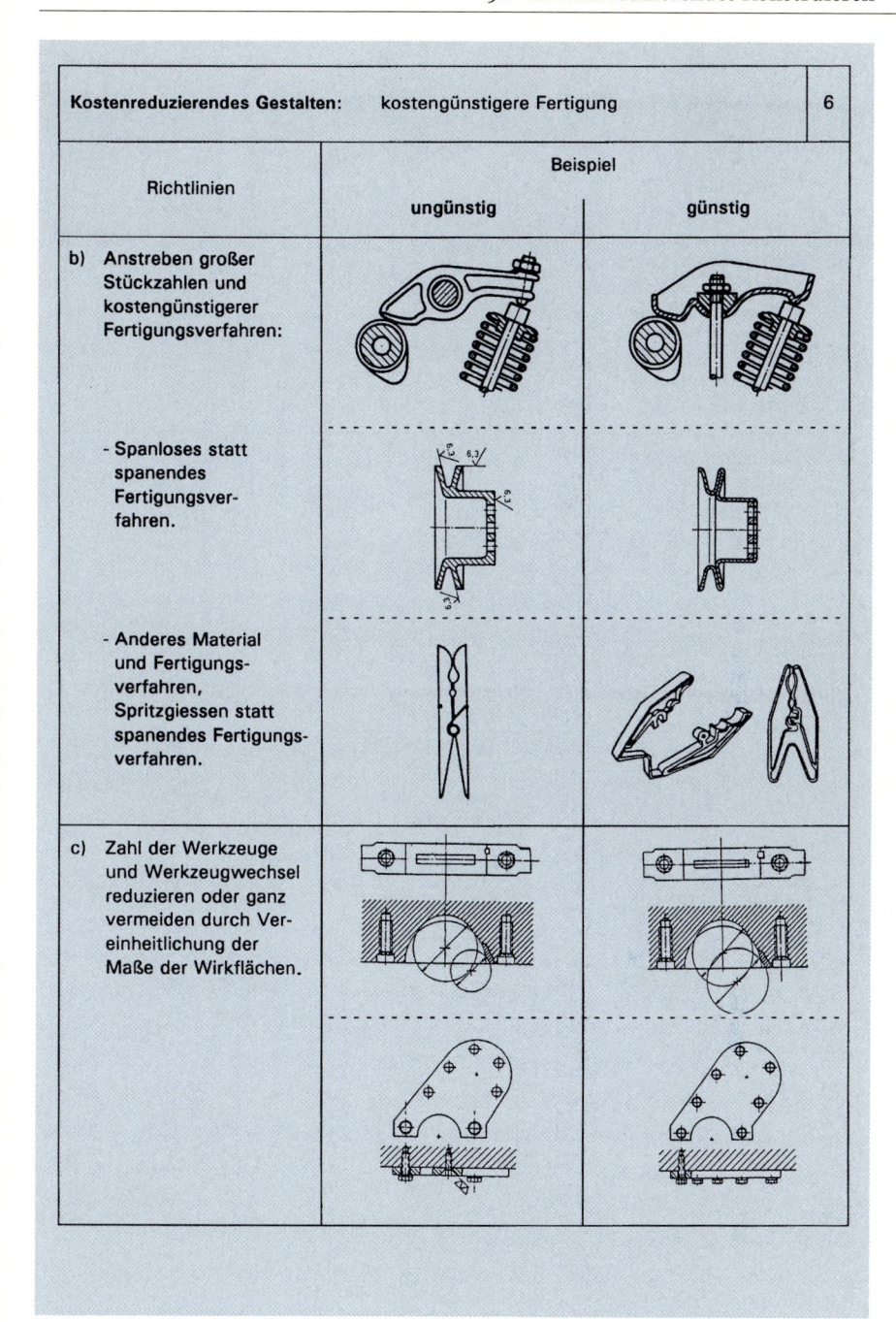

Bild 5.8.9 Kostengünstigere Produkte: Durch Anstreben kostengünstiger oder einheitlicher Fertigungsverfahren

Kostenreduzierendes Gestalten:	kostengünstigere Fertigung		7
Richtlinien	Beispiel		
	ungünstig	günstig	
d) Werkzeugkosten reduzieren durch Vermeidung ungleicher oder spiegelsymmetrischer Bauteile. Symmetrisch angeordnete Bauteile gleich machen.	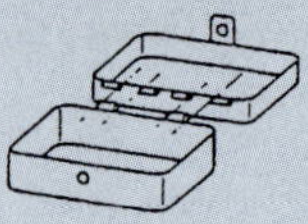	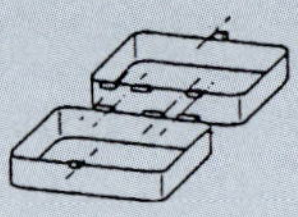	
e) Kostengünstiger herstellbare Körperformen anstreben.	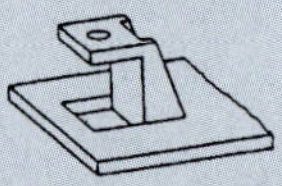	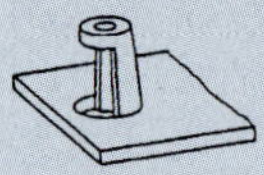	

Kostenreduzierendes Gestalten:	weniger Material		8
Richtlinien	Beispiel		
	ungünstig	günstig	
a) Material nur dort anordnen, wo es aus Festigkeitsgründen gebraucht wird.		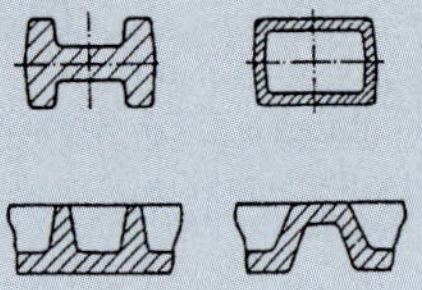	

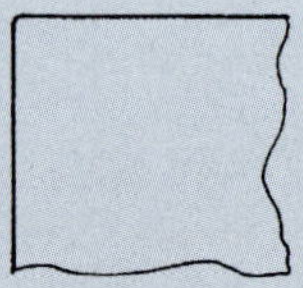

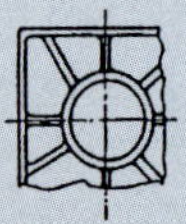

Bild 5.8.10 Kostengünstigere Produkte: Durch Anstreben gleicher Bauteile oder/und Bauteile einfacher Gestalt (= geringerer Zahl Teiloberflächen) oder/und geringeren Materialaufwandes

5.8 Kostenreduzierendes Konstruieren

Kostenreduzierendes Gestalten:	weniger Material		9
Richtlinien	**Beispiel**		
	ungünstig	günstig	
b) Materialmenge durch Verwendung eines günstigeren Ausgangshalbzeuges reduzieren.			
c) Materialmenge durch andere Streifenanordnung und anschließender zusätzlicher Fertigungsoperation reduzieren.			

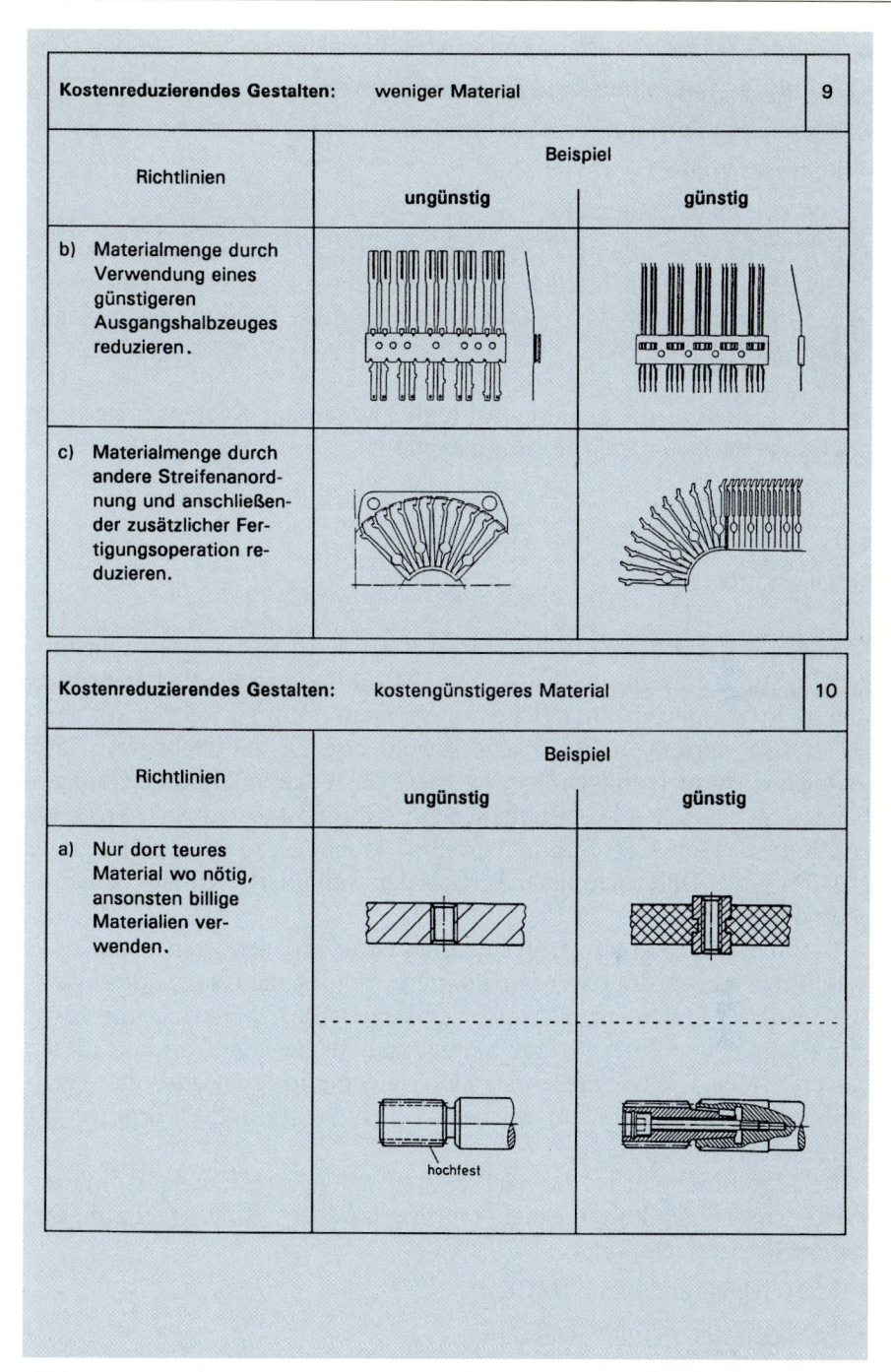

Kostenreduzierendes Gestalten:	kostengünstigeres Material		10
Richtlinien	**Beispiel**		
	ungünstig	günstig	
a) Nur dort teures Material wo nötig, ansonsten billige Materialien verwenden.	hochfest		

Bild 5.8.11 Kostengünstigere Produkte: Durch geringeren Materialaufwand und/oder Anwendung kostengünstiger Werkstoffe

Lager- und Transportkosten lassen sich senken durch
- Standard-, Baureihen- und Baukastenbauweisen,
- Reduzieren der Bauteilezahl eines Produkts,
- Reduzieren der Typenvielfalt,
- Reduzieren der Baugröße,
- Erhöhung der Packungsdichte durch transport- und lagergerechte Gestaltung, d. h. Produkte beispielsweise stapelbar, zusammenklappbar, ineinanderschiebbar gestalten, so daß diese dicht gepackt werden können.

In Bild 5.8.4 sind die genannten Möglichkeiten zur Kostenreduzierung nochmals stichwortartig zusammengefaßt.

5.8.2
Kostenermittlung

Die genaue Ermittlung der Kosten eines Produkts ist eine sehr schwierige Aufgabe, weil sich diese aus einer Vielzahl unterschiedlicher Kostenanteile zusammensetzen, welche nur ungenau ermittelt werden können.

Deshalb werden in der Praxis sowohl einfach handhabbare, relativ ungenaue, als auch aufwendige, genauere Kostenkalkulationsrechnungen benutzt. Aus welchen Kostenanteilen sich die Selbstkosten eines Produkts zusammensetzen, zeigt Bild 5.8.12. Selbstkosten plus zu erwirtschaftender Gewinn eines Unternehmens ergeben den kalkulierten Netto-Verkaufspreis eines Produkts.

Da viele der in einem Unternehmen anfallenden Kosten nicht exakt Produkten zugeordnet werden können, wendet man sogenannte „Zuschlagkalkulationen" an. Kosten, wie beispielsweise Material- und Fertigungslohnkosten eines Produkts nutzt man als Basis und addiert diesen Kostenanteile, wie beispielsweise Materialgemeinkosten und/oder Fertigungsgemeinkosten, hinzu, welche aus „firmenspezifischen Erfahrungsmittelwerten" resultieren.

Im Maschinenbau ist die nach Kostenstellen eines Betriebs differenzierte Zuschlagkalkulation sehr verbreitet. Diese Kostenrechnungsart unterscheidet nach [50]:

- Materialgemeinkosten (MGK);
- Fertigungsgemeinkosten (FGK);
- Verwaltungsgemeinkosten (VwGK);
- Vertriebsgemeinkosten (VGK).

5.8 Kostenreduzierendes Konstruieren

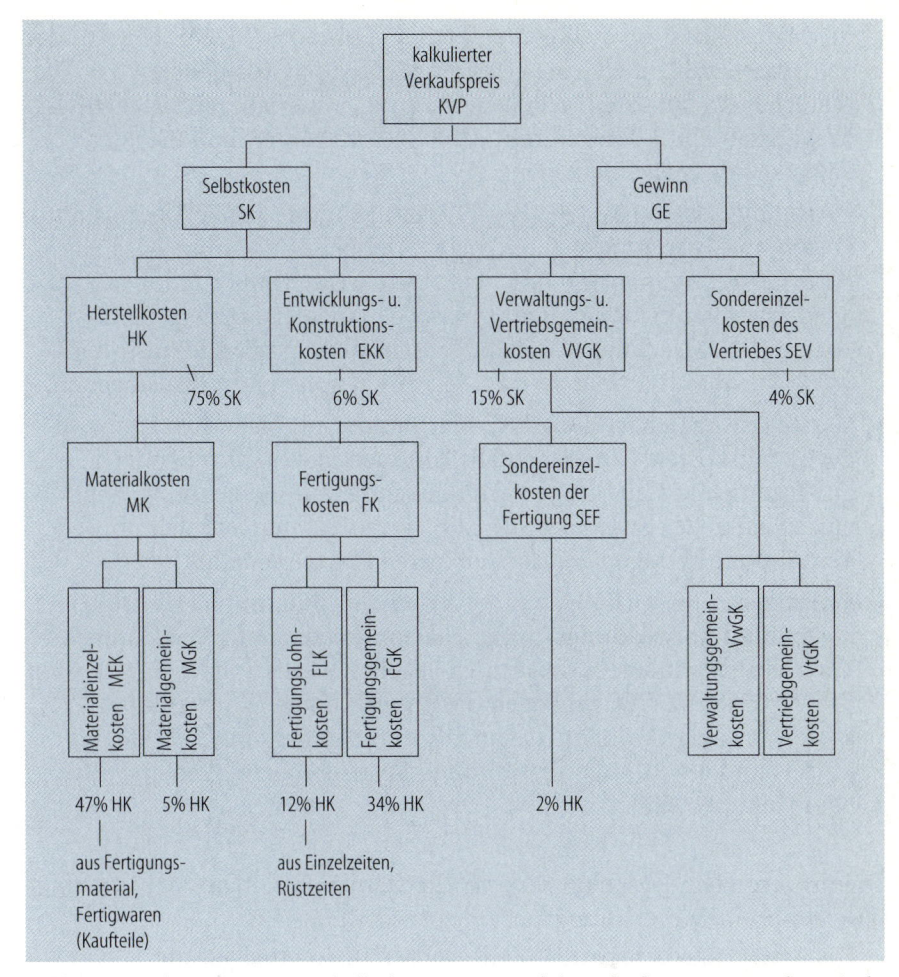

Bild 5.8.12 Schema zur Kostenkalkulation von Produkten [50]. Prozentangaben sind ungefähre Anhaltswerte, bezogen auf mittlere Industriebetriebe mit Einzel- und Kleinserienfertigung

Bezugsgrößen zur Gemeinkosten-Berechnung sind üblicherweise:
- Materialeinzelkosten (MEK);
- Fertigungslohnkosten (FLK);
- Herstellkosten (HK).

Entsprechend dem Kalkulationsschema nach Bild 5.8.12 wird unterschieden in [50]:
- Materialkosten MK = MEK + MGK; d.h., Summe aus Materialeinzelkosten (Rohmaterial und Zukaufteile) und Materialgemeinkosten. Dabei liegen im Maschinenbau der Einzel- und Kleinserienfertigung

die Materialkosten im allgemeinen bei 15 bis 60% (im Mittel 40%) der Selbstkosten SK, stellen also einen bedeutenden Kostenanteil dar. Die Materialgemeinkosten (z. B. Lagerhaltung, Materialkontrolle, evtl. Einkaufsabteilung) liegen mit 1,5 bis 7% (im Mittel rund 4%) der Selbstkosten meist niedriger.

- Fertigungskosten FK = FLK + FGK; d.h., Summe aus Fertigungslohnkosten und Fertigungsgemeinkosten. Dabei liegt für obige Verhältnisse der Fertigungslohn mit 7 bis 25% SK (im Mittel rund 10% SK) wieder verhältnismäßig niedrig, wogegen die Fertigungsgemeinkosten (z. B. Maschinen-, Gebäudeabschreibung, Energie) mit 7 bis 45% SK (im Mittel rund 30–35% SK) einen hohen Anteil ausmachen.
- Herstellkosten HK = MK + FK; d.h., Summe aus Materialkosten und Fertigungskosten. Gegebenenfalls kommen hierzu noch Restfertigungsgemeinkosten bzw. je nach Erfassung und Verrechnung: Sondereinzelkosten der Fertigung SEF (z. B. für Vorrichtungen). Für obige Verhältnisse betragen die Herstellkosten HK meist 60 bis 75% SK.
- Selbstkosten SK = HK + EKK + VVGK; d.h., Summe aus Herstellkosten und Entwicklungs-/Konstruktionskosten und Verwaltungs-/Vertriebsgemeinkosten; zusätzlich gegebenenfalls Sondereinzelkosten des Vertriebs SEV. Dabei liegen die Entwicklungs-/Konstruktionskosten für obige Verhältnisse im allgemeinen bei 3 bis 20% SK (im Mittel rund 6% SK), die Verwaltungs-Vertriebsgemeinkosten VVGK bei 15 bis 20% SK.

Die prozentualen Zuschlagsätze für die Gemeinkosten werden wie folgt jeweils für eine Abrechnungsperiode ermittelt:
- Die Materialgemeinkosten MGK werden prozentual auf die Materialeinzelkosten MEK bezogen.
- Die Fertigungsgemeinkosten FGK werden für jede Kostenstelle (Dreherei, Montage, usw.) prozentual auf die in dieser Kostenstelle entstandenen Lohnkosten FLK bezogen. Das gibt für jede Kostenstelle unterschiedliche Zuschlagsätze von z. B. 150 bis 500%.
- Die Gemeinkosten für Konstruktion und Entwicklung EKK bzw. Verwaltung und Vertrieb VVGK werden prozentual auf die Herstellkosten bezogen.

Bild 5.8.13 zeigt schließlich noch, aus welchen Einzelkosten sich die Fertigungslohnkosten FLK zusammensetzen.

Bezüglich weiterer Kostenbegriffe und Informationen zu Kosten und Kostenermittlung wird auf [29], DIN 32 990 und Richtlinie VDI 2234 verwiesen.

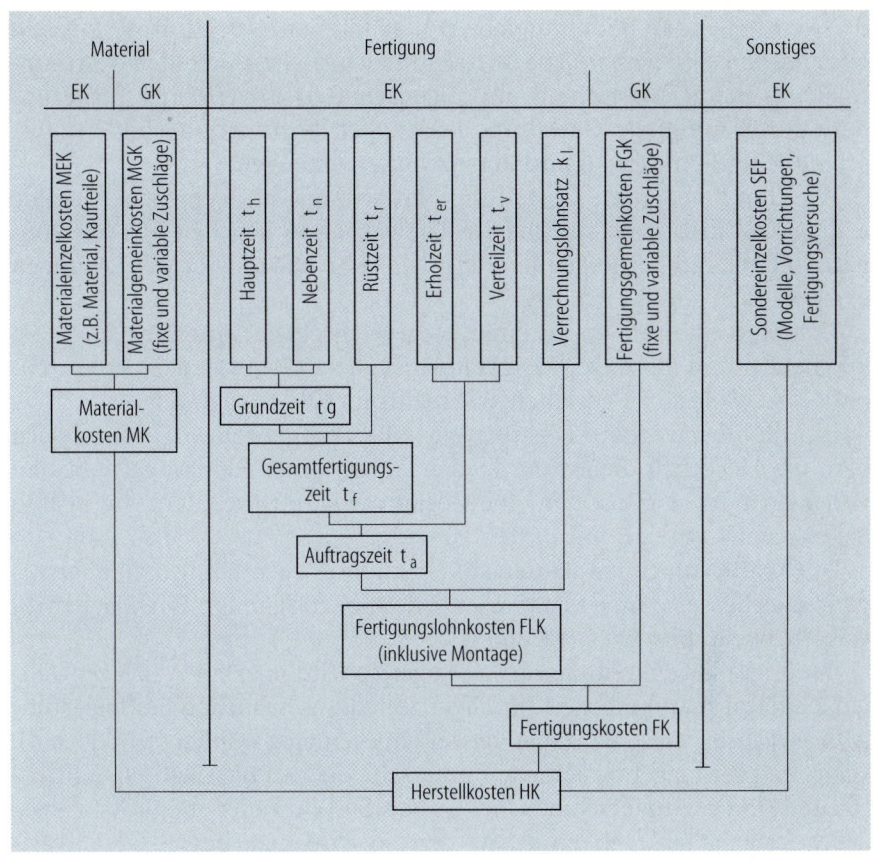

Bild 5.8.13 Entstehungsbereiche und Zusammensetzung von Herstellkosten [29]

5.9
Restriktionsgerechte Lösungen

Die Gestalt, der Werkstoff und die Oberflächen eines Bauteils, einer Baugruppe oder eines anderen technischen Gebildes werden durch deren Funktionen und andere an diese zu stellende Bedingungen bestimmt. Oder mit anderen Worten: Gestalt, Oberflächen und Werkstoff eines Bauteils bestimmen, ob dieses die Funktion einer Schraube, eines Zahnrads, eines Kolbenbolzens oder einer Kurbelwelle zu realisieren vermag.

Der Konstrukteur kann durch geeignete Gestaltung und der Wahl geeigneter Werkstoffe und Oberflächen technischen Gebilden solche Eigenschaften geben, daß diese bestimmte Funktionen und sonstige, an diese zu stellenden Bedingungen erfüllen können. *Gestalt, Werkstoff und Oberflächen sind wesentliche Mittel*, um technischen Gebilden bestimmte Fähigkeiten (Funktionen) und Eigenschaften zu verleihen. Insbesondere durch geeignete Gestaltung lassen sich technische Gebilde unterschiedlicher Funktionen und Eigenschaften erzeugen.

Wie durch geeignete Gestaltung Forderungen an technische Gebilde erfüllt bzw. diesen entsprechende Eigenschaften gegeben werden können, soll anhand der folgenden Beispiele restriktionsgerechter Lösungen exemplarisch gezeigt werden.

Um Kerbspannungen an einer biegewechselbeanspruchten Welle zu verringern und die Zuverlässigkeit dadurch zu verbessern, ist es vorteilhaft, eine Welle so zu gestalten, wie rechts im Bild 8.9 a gezeigt.

Um die übertragbare Leistung eines Reibradgetriebes zu vergrößern bzw. die Hertzsche Belastung in den Rollen eines Reibradgetriebes zu verringern, ist es günstiger, eine Gestaltvariante zu wählen, wie in Bild 8.9 b (rechts) gezeigt.

Um Kräfte von einem Bauteil auf ein anderes zuverlässiger zu übertragen, ist es besser, eine Gestaltvariante der übertragenden Wirkflächen zu wählen, wie in Bild 8.9 c (rechts) gezeigt.

Benötigt man ein reibungsarmes Lager, so wird man ein Wälzlager wählen, benötigt man hingegen ein Lager, welches erheblichen Stoßbelastungen gewachsen ist, so wird man besser ein Gleitlager wählen (s. Bild 8.9 d). Gleit- und Wälzlager basieren auf unterschiedlichen physikalischen Effekten und sind von unterschiedlicher Gestalt. Soll ein Faden möglichst zuverlässig festgehalten (geklemmt) werden, so wird man besser Gestaltvarianten der Klemmbacken wählen, wie in Bild 8.9 e (rechts) gezeigt.

Intermittierende Getriebe für hohe Drehzahlen bauen heißt, Gestaltvarianten mit möglichst wenigen ungleichmäßig bewegten Getriebegliedern entwickeln und gegenüber solchen mit mehr ungleichmäßig bewegten Gliedern zu bevorzugen (s. Bild 8.9 f).

Bedingungen erfüllen bzw., nicht erfüllen zu können, ist der Grund, weshalb Automobile nahezu ausschließlich mittels der Gestaltvariante „Kolbenmotor" und nicht „Kreiskolbenmotor" angetrieben und der Luftverkehr mittels Flugzeugen und nicht mittels Zeppelinen bewältigt wird (s. Bild 8.9 g, h). Wie sehr Restriktionen auf technische Gebilde einwirken, soll im folgenden noch anhand weiterer Beispiele vertieft werden.

1. Präzise spielfreie und spielarme Lagerungen und Führungen

Die Bedingung, möglichst exakte Drehachsen (Exzentrizität = 0 oder Planschlagfehler = 0) zu realisieren, führte im Laufe der Entwicklungen optischer Meßgeräte, Werkzeugmaschinen, Radarantennen u. a. Produk-

5.9 Restriktionsgerechte Lösungen

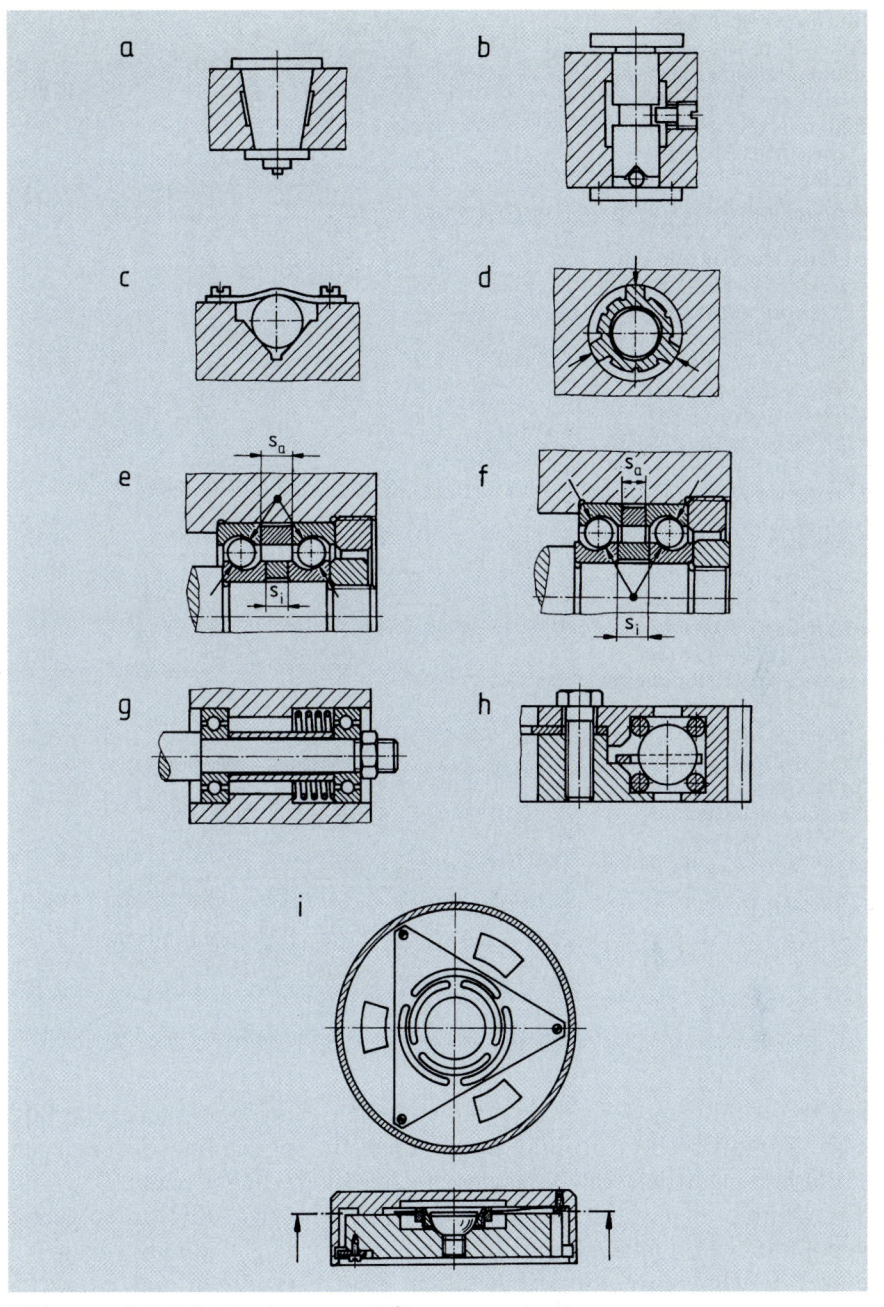

Bild 5.9.1 a–i Präzise Lagerungen – Erläuterungen im Text
Konuslager (a), *Zylinderlager* (b), *V-Lager* (c), *Mackensenlager* (d), *Kippsteife, spielfreie Wälzlagerung* (e), *Selbsteinstellende, spielfreie Wälzlagerung* (f), *Verspannte Präzisionswälzlager* (g), *Drahtkugellager* (h), *Scheibenlager* (i).

Bild 5.9.2 a–g Präzise Führungen. *Schwalbenschwanzführungen* (a) mit justierbarer Leiste (linkes Bild) oder anpaßbarem „Schwalbenschwanz" (rechtes Bild). *Gleitführung* (b), angewandt bei Drehmaschinen. Schmalführung durch geringen Abstand der Wirkflächen 1, 2. *Führungen mittels feststehender Wälz-/Rollenlagerungen* (c); *Führungen mittels mitbewegender (loser) Wälzkörper* (d); Wälzkörper bewegen sich um den halben Hubweg mit. *Führungen mittels umlaufender Wälzkörper* (e); Wälzkörper werden mittels geeigneter „Leitungen" zur Wirkstelle zurückgeführt. *Führungen mittels Wälzkörper und Drahtstäben* (f). Randleiste einstellbar/justierbar. *V-förmige Gleitführung* (g) mit festen und federnden Auflageflächen, angewandt bei optischen Geräten (n. R. Unterberger)

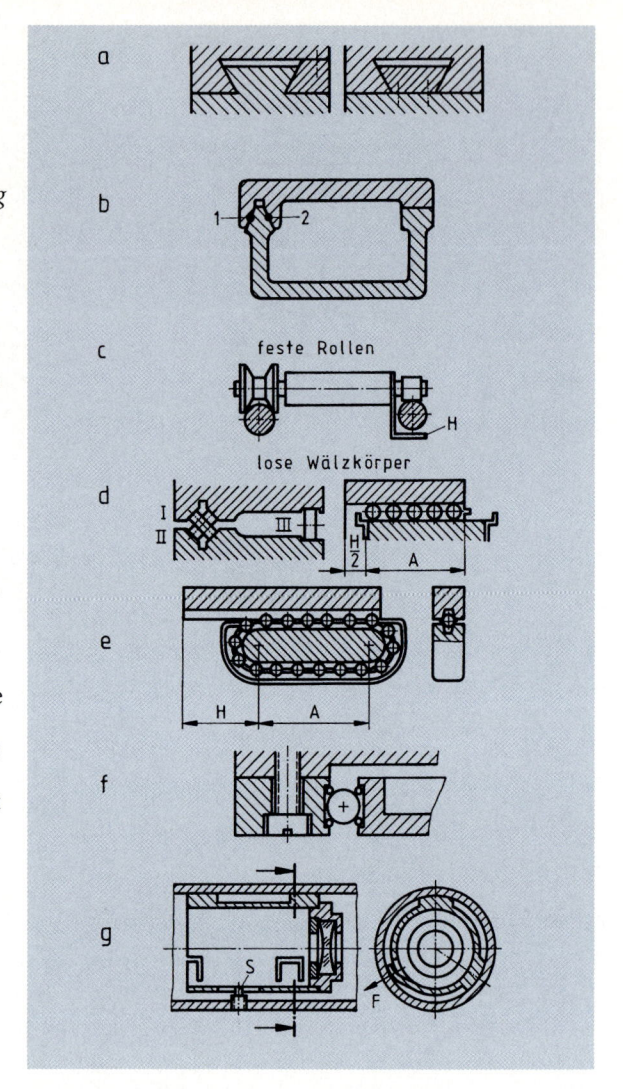

ten zu vielfältigen Gestaltvarianten von Gleit- und Wälzlagern, wie Bild 5.9.1 exemplarisch zeigt. Bild 5.9.1 a zeigt ein sogenanntes Konuslager. Konuslager wurden als „Stehachsen" (vertikale Achse) zum Bau von Theodoliten angewandt. Diese wurden mit sehr viel Aufwand so genau gepaßt, daß Konusfläche und oberer Bund etwa „gleichmäßig trugen"; eine Doppelpassung wurde bewußt in Kauf genommen, um Exzentrizitäts- und Planschlagfehler möglichst klein zu halten.

Bild 5.9.1 b zeigt die Gestalt einer sehr präzisen zylinderförmigen Lagerachse, ebenfalls angewandt für Theodolite; Spiel ca. 0,5 µm; Reproduzierbarkeit etwa 1 Winkelsekunde.

Bild 5.9.1 c zeigt des weiteren ein V-Lager, ebenfalls angewandt in Theodoliten. V-Lager eignen sich für Lager hoher Präzision und geringen Belastungen. Sie zeichnen sich durch eine statisch bestimmte Auflage an zwei Stellen aus und besitzen eine Andrückfeder. Bild 5.9.1 d zeigt ein sogenanntes „Mackensenlager". Erzeugt werden derartige „3-Punkt- oder V-Lager" durch elastische Deformation einer entsprechend gestalteten (geschwächten) Buchse. Mackensenlager finden u. a. in Werkzeugmaschinen Anwendung.

Die Bilder 5.9.1 e und f zeigen mittels Distanzringen verspannte Kugellagerachsen; Bild e eine spielfreie, kippsteife Achse und Bild f eine spielfreie, kippweiche Achse.

Bild 5.9.1 g zeigt eine mittels Federverspannung erzeugte, spielfreie Wälzlagerachse; in einer Richtung darf die Axiallast nicht größer sein als die Federkraft.

Bild 5.9.1 h zeigt ein Drahtkugellager. Spielfreiheit wird mittels sehr genau anzupassender Distanzstücke erzielt. Kugeln laufen auf „naturharten" Federdrähten mit angerollten Laufbahnen. Bild 5.9.1 i zeigt ein „3-Punkt-Scheibenlager", wie es für Nivelliergeräte angewandt wird. In einer Achsrichtung wird dieses mittels einer Membranfeder kraftschlüssig zusammengehalten. Die radiale Zentrierung erfolgt mittels Kugel-Kegelgelenk geringerer Präzisionsansprüche.

Bild 5.9.2 zeigt Gestaltvarianten von spielfreien und spielarmen Geradführungen. Bild 5.9.3 zeigt Gestaltvarianten spielfreier Schraub- und Wälzgelenke.

2. Reibungsarme Lagerungen

Welchen wesentlichen Einfluß die Bedingung „reibungsarm" auf die Lösungen der Aufgabe „Führen eines Stoffs auf einer Kreisbahn", bzw. auf „Lager" haben kann, zeigen die Bilder 5.9.4 und 5.9.5 sehr eindrucksvoll.

Um das Reibmoment einer Drehführung möglichst klein zu machen, können Werkstoffpaarungen mit kleinen Reibungskoeffizienten gewählt werden. Des weiteren können die Wirkflächen der Drehführungen so gestaltet werden, daß der Reibradius der Lagerflächen möglichst klein wird (Bild 5.9.4 a, b und c). Oder es kann die auf die Lagerflächen wirkende Normalkraft, welche die Reibkraft erzeugt, möglichst klein gehalten werden. Durch Auftriebskräfte entlastet man das Spitzenlager der „Rose" von Magnetkompassen, um so noch kleinere Lagerreibmomente zu erhalten, als es ohne diese Maßnahme der Fall wäre (s. Bild 5.9.4 d).

Drehführungen kleiner Reibmomente (theoretisch = 0) lassen sich auch durch Nutzung reibungsfreier, elastischer Verformungen fester

Bild 5.9.3 a–c Spielfreie Gewinde durch Justieren mittels kegelförmiger Mutter (a); spielfreie Verzahnung mittels Federkraft (b); spielfreier Schneckenantrieb durch Federwirkungen (c)

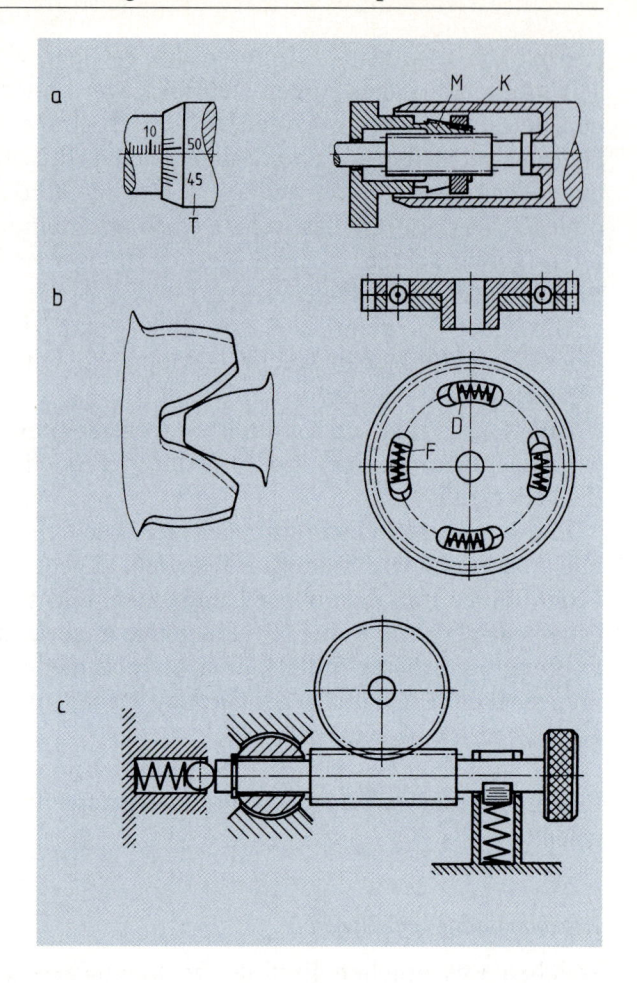

Stoffe bauen, wie in Bild 5.9.4 e, f an den Beispielen „elastische Bänder" und „Torsionsdraht" deutlich wird.

Lager mit kleinen Reibmomenten lassen sich ferner noch mittels Wälzgelenken bauen; Bild 5.9.4 g zeigt hierzu exemplarisch ein extrem kleines Wälzlager bestehend aus 3 Kugeln mit einem Durchmesser von 0,3 mm; der Lageraußendurchmesser beträgt 1,1 mm. Schließlich lassen sich die Rollwiderstandsmomente von Wälzlagern noch durch Nutzung des Hebeleffekts verkleinern, wie Bild 5.9.4 h zeigt.

Bild 5.9.5 zeigt schließlich noch eine reibungslose Lagerung eines Kreiselsystems (Schema des Kreiselkompasses der Firma Anschütz). Die im Inneren befindliche Kugel – in der sich das Kreiselsystem befindet – ist in Flüssigkeit schwebend gelagert. Das Reibmoment, wirkend auf diese Kugel, ist dann Null, wenn die Relativgeschwindigkeit der Kugel gegenüber der Flüssigkeit Null ist.

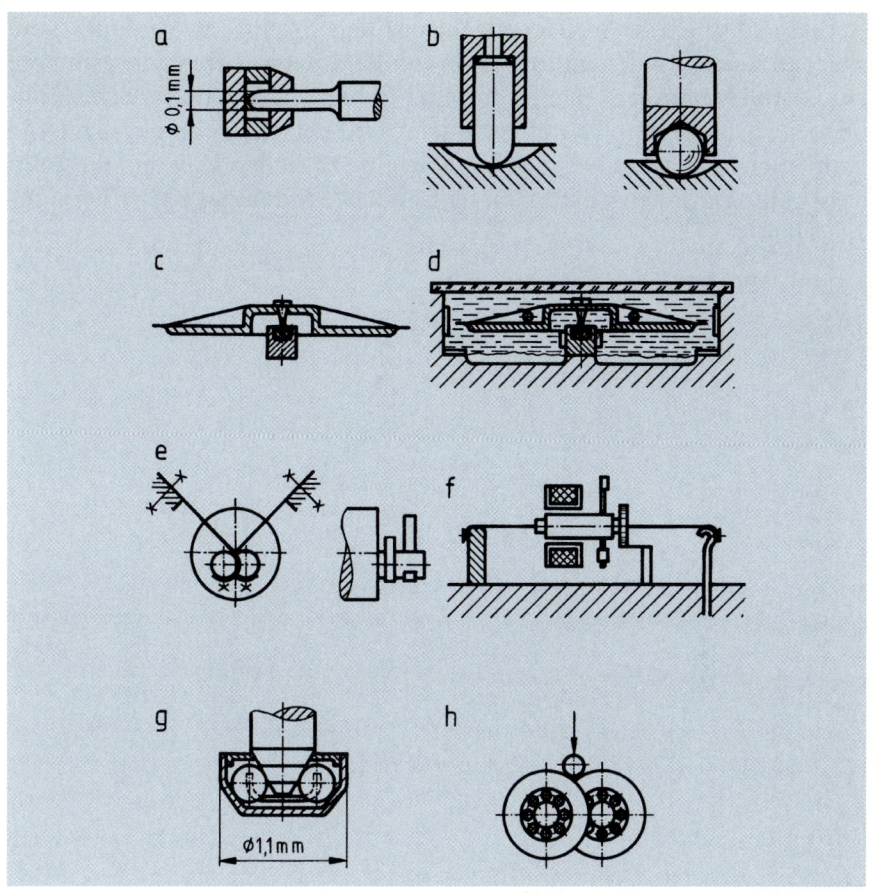

Bild 5.9.4 a–h Reibungsarme Lagerungen, mittels kleiner Reibradien (a, b, c), mittels kleiner Reibradien und Reduzierung der Lagernormalkraft, durch Anwenden des Auftriebseffekts (d), elastischer Bänder (Kreuzbandgelenk, e), eines drehelastischen Drahts (f), Wälzlagerungen kleiner Abmessungen (g), Übersetzen der Reibmomente von Wälzlagern (h); (n. R. Unterberger)

Bild 5.9.5 Reibungslose Lagerung eines in einem kugelförmigen Gehäuse befindlichen Kreiselsystems durch „Schweben lassen" in einer Flüssigkeit; Kreiselkompaß der Firma Anschütz

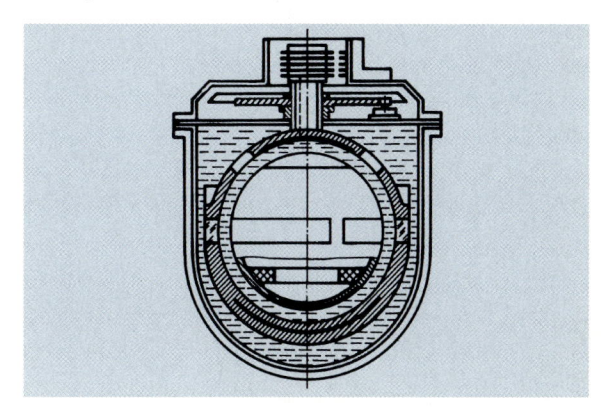

Diese Beispiele mögen genügen, um den Einfluß zu verdeutlichen, welchen Restriktionen auf die Wahl von Parameterwerten, insbesondere auf Gestaltparameterwerte technischer Gebilde haben, und welche Möglichkeit insbesondere Gestaltparameter und verschiedene physikalische Prinzipien bieten, um an technische Gebilde zu stellende Bedingungen in entsprechende Eigenschaften dieser Gebilde (Produkteigenschaften) umzusetzen.

Bauweisen technischer Systeme 6

In der Konstruktionspraxis werden hervorzuhebende Eigenschaften von technischen Produkten häufig als „Bauweisen" bezeichnet. Die Folge sind sehr verschiedenartige „Bauweisenbezeichnungen".

Kommt es beispielsweise bei Produkten darauf an, daß deren Gewichte oder Baugrößen möglichst klein sein sollen, so werden entsprechende Lösungsmöglichkeiten als „Leicht- bzw. Kompaktbauweisen" bezeichnet. Ist hingegen der bei Produkten angewandte Werkstoff ein wesentliches Unterscheidungsmerkmal, so spricht man kurzum von „Stahl-, Leichtmetall-, Kunststoff- oder Holz-Bauweisen" (u.a.). Sind die angewandten Halbzeuge ein wesentliches Unterscheidungsmerkmal, so werden die betreffenden Lösungen als „Blech-, Massiv-, Fachwerk-, Stab-, Pfahl- oder Rohr-Bauweisen" (u.a.) bezeichnet. Unterscheiden sich Lösungen bezüglich der angewandten physikalischen Prinzipien, nennt man sie „mechanische, elektrische, hydraulische oder optische Bauweisen". Unterscheiden sich Produkte vorwiegend hinsichtlich ihres Herstellverfahrens, so werden diese als in „Guß-, Schweiß- oder Niet-Bauweise" hergestellte Produkte bezeichnet.

Markante Gestaltunterschiede wie lang, kurz, rund, flach und andere Eigenschaften technischer Gebilde können ebenfalls zur Bezeichnung von Bauweisen dienen. Weitere Bauweisenbezeichnungen sind noch „Fertigbauweise" (bei Häusern) und „Do-it-yourself-Bauweise", wenn zum Ausdruck gebracht werden soll, daß das betreffende Produkt so konstruiert ist, daß es vom Benutzer selbst zusammengebaut werden kann.

Auf obengenannte Arten von „Bauweisen" soll im folgenden nicht weiter eingegangen werden. Vielmehr soll ausführlich auf die verschiedenen Arten von „Funktionsbauweisen" eingegangen werden.

Unter dem Begriff *Funktionsbauweisen* sollen solche Bauweisen verstanden werden, welche durch das Verhältnis zwischen der Zahl an Funktionen (Fähigkeiten) und der Zahl der Bauteile eines technischen Gebildes bestimmt werden.

Eine Maschine mit einer bestimmten Zahl Funktionen (Funktionseinheit) kann aus einer oder mehreren Baugruppen bestehen.

Eine Baugruppe mit einer bestimmten Zahl Funktionen (Funktionseinheit) kann aus mehr oder weniger Bauteilen bestehen.

Ob eine Funktionseinheit (Maschine bzw. Baugruppe) aus mehr oder weniger (einer oder mehreren) Baugruppen bzw. Bauteilen besteht, ist von wesentlicher technischer und wirtschaftlicher Bedeutung, wie im folgenden noch ausgeführt wird.

! Unter dem Begriff *Variieren der Funktionsbauweise* sollen die Möglichkeiten verstanden werden, die zum Bau einer Funktionseinheit (Baugruppe bzw. Maschine) notwendige Zahl Bauteile bzw. Baugruppen zu vergrößern oder zu verkleinern.

Technische Gebilde gleicher Funktion(en) können aus mehr oder weniger Bauteilen und/oder Baugruppen bestehen. Aus wievielen Bauteilen und Baugruppen technische Systeme bestehen, liegt – innerhalb bestimmter Grenzen – in der Hand des Konstrukteurs. Eine Maschine, welche beispielsweise aus 100 Bauteilen (gleichen Werkstoffs) besteht, welche untereinander mittels 98 starrer und 1 beweglicher Verbindung verbunden sind (zusammen 99 Verbindungen), könnte theoretisch aus nur 2 Bauteilen bestehen; die 98 Bauteile, welche im Betrieb nicht gegeneinander bewegt werden müssen, welche starr miteinander verbunden sind, können zumindest theoretisch zu einem (1) Bauteil zusammengefaßt (integriert) werden. Wegen der komplexen Gestalt und der damit verbundenen Fertigungsproblematik dieses Bauteils („aus 98 mach 1 Bauteil"), kann die theoretische Minimalzahl an Bauteilen in der Praxis meist nicht erreicht werden. Wie die Praxis zeigt, lassen sich die Teilezahlen technischer Produkte aber häufig reduzieren. Die Zahl der Bauteile, welche aufgewandt werden, um ein technisches System mit bestimmten Funktionen zu realisieren, ist ein wesentlicher Konstruktionsparameter. Betrachtet man Produktentwicklungen, so stellt man fest, daß sich spätere, verbesserte Lösungen meist dadurch auszeichnen, daß es gelungen ist, gleiche Funktionen bzw. gleiche Produkte mit weniger Bauteilen zu realisieren. Technischer Fortschritt besteht häufig in einer Reduzierung des Aufwands bzw. der Teilezahl eines Produkts bestimmter Fähigkeiten (Funktionen).

Die Zahl der Bauteile pro realisierter Funktionen scheint auch ein wesentliches Maß für die „Genialität" oder „Reife" einer Lösung zu sein.

Maschinen, Geräte, Apparate oder andere komplexe Systeme gleicher Funktion können aus einer oder mehreren Baugruppen bestehen. Die Zahl der Bauteile oder Baugruppen pro Funktionseinheit zu verändern, ist ein wesentliches Mittel zur Verbesserung von Konstruktionen. Bild 6.1 zeigt die sich hieraus ergebenden unterschiedlichen Funktionsbau-

Bild 6.1 Verschiedene Funktionsbauweisen – Übersicht

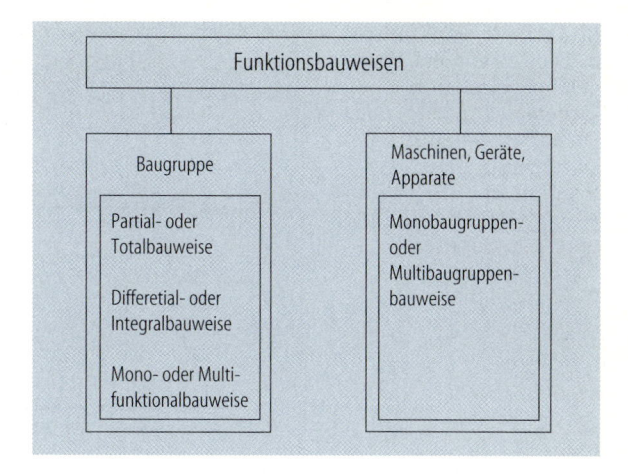

```
                    Funktionsbauweisen
                   /                  \
              Baugruppe          Maschinen, Geräte,
                                      Apparate
         Partial- oder           Monobaugruppen-
         Totalbauweise           oder
                                 Multibaugruppen-
         Differetial- oder       bauweise
         Integralbauweise

         Mono- oder Multi-
         funktionalbauweise
```

weisen für Baugruppen und Maschinen, welche im folgenden ausführlich behandelt werden sollen.

6.1
Funktionsbauweisen von Bauteilen und Baugruppen

Als *Bauteile* technischer Systeme werden üblicherweise Körper beliebiger Gestalt, bestehend aus festen homogenen oder inhomogenen Werkstoffen, welche für sich alleine oder in ein komplexeres System eingebaut bestimmte Funktionen zu erfüllen vermögen, bezeichnet.

Grundsätzlich kann man eine Funktionseinheit aus „einem oder mehreren Bauteilen" realisieren, ohne die Funktionen bzw. Fähigkeiten dieser Einheit zu verändern.

Bauteile aus einem Stück zu fertigen oder diese alternativ aus mehreren Einzelteilen (= Bauteilen) zusammenzusetzen, ohne die diesen ursprünglich zugedachten Funktionen des Gebildes zu verlieren, soll als Total- (Ganz-) oder als Partialbauweise bezeichnet werden. Eine oder mehrere Funktionen werden durch ein einstückiges Bauteil oder durch mehrere zusammengefügte Bauteile realisiert.

Bild 6.2 a zeigt den Unterschied zwischen Total- und Partialbauweise (schematisch); Bild 6.3 zeigt dazu Beispiele.

Hat man die Aufgabe, in einem System n Teilsysteme (z. B. Ventile eines Verbrennungsmotors) anzutreiben, so findet man eine triviale Lösung, indem man zu jedem der genannten Teilsysteme einen eigenen Antrieb

Bild 6.2 a–c Funktionsbauweisen von Baugruppen bzw. Bauteilen (Schema), Totalbau- oder Partialbauweise (a), Differential- oder Integralbauweise (b), Mono- oder Multifunktionalbauweise (c), F = Funktion; B = Bauteil

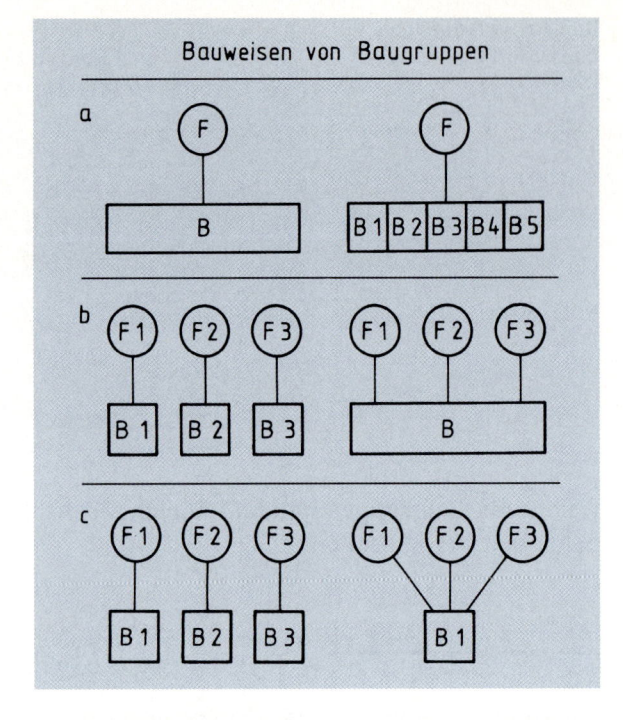

(eigene Nockenwelle) entwickelt. Unter bestimmten Voraussetzungen läßt sich bekanntlich auch ein allen Ventilen gemeinsamer Antrieb entwickeln (eine allen Ventilen gemeinsame Nockenwelle). Verallgemeinert gilt: Bauteile einer Baugruppe, welche aus gleichen Werkstoffen bestehen und ständig den gleichen Bewegungszustand haben, können theoretisch zu *einem* Bauteil (zu einem „Integrierten Bauteil") zusammengefaßt werden.

1. Partial- und Totalbauweise

Ein Bauteil bestimmter Funktion durch mehrere Teile (Bauteile) zu ersetzen, ohne die Funktion des Systems zu verändern, soll als Partialbauweise bezeichnet werden. Die zur Partialbauweise „inverse Bauweise" soll Totalbauweise genannt werden. In Bild 6.2 a sind Partial- und Totalbauweise schematisch dargestellt.

Ein Bauteil zur Realisierung einer oder mehrerer Funktionen kann aus einem oder aus mehreren Teilen (Bauteilen) zusammengesetzt sein. Ein Bauelement aus einem oder aus mehreren Teilen zusammensetzen zu können, ohne dessen Funktion zu verändern, ist ein wichtiger Parameter zur Gestaltvariation technischer Gebilde. Die Möglichkeit, Bauelemente aus mehreren Teilen zusammensetzen zu können, braucht man zur Erfüllung bestimmter Restriktionen, wie z. B. fertigbar, montierbar etc.

Bild 6.3 a–g Total- und Partialbauweise. Beispiele: Schema eines Bauteils (a), Hebel (b), Nockenwelle (c), Zahnrad (d), Teil eines hydraulischen Drehzahl- oder Drehmomentenwandlers (Föttinger-Kupplung) und Gehäusedeckel (e), Bohrvorrichtung (f), Flugzeug-Heckbauteil (g)

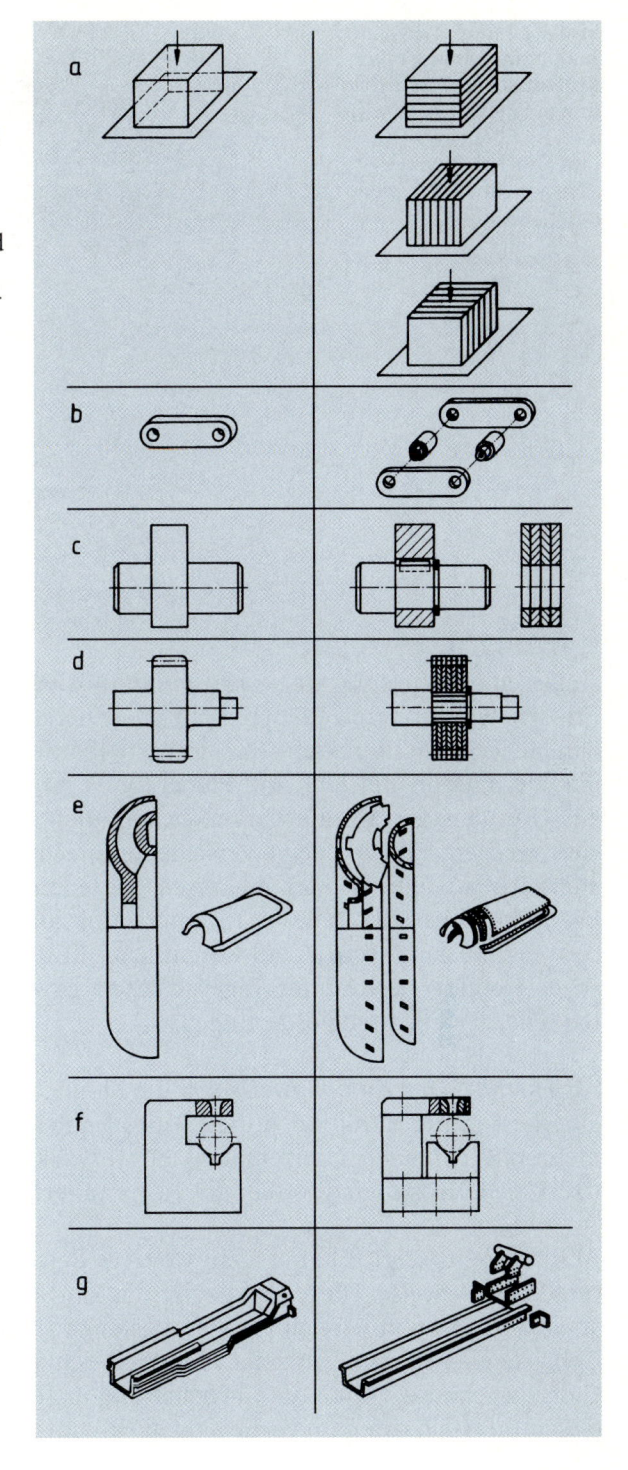

Bild 6.4 a–b Getriebe und Kupplungsgehäuse einer Kohlestaubzuführeinrichtung in Partialbauweise (a) und Totalbauweise (b), [aus „Nachrichten der Zentrale für Gußverwendung", Nr. 2/1971]

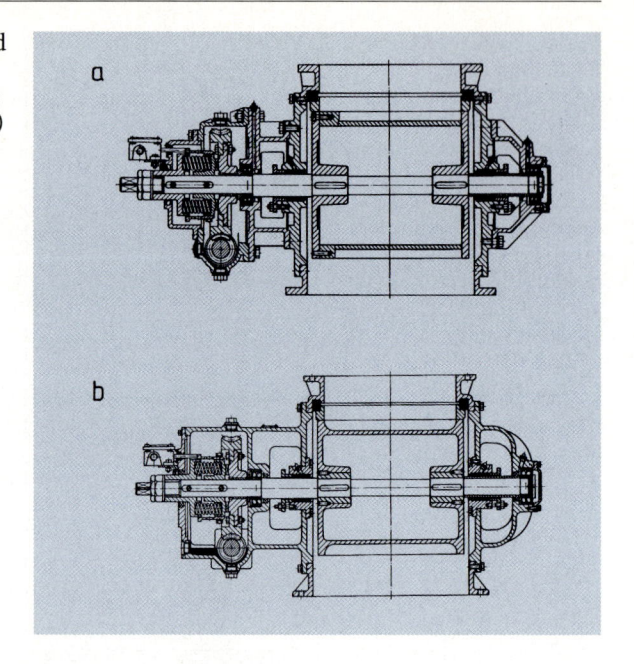

So lassen sich beispielsweise sehr voluminöse Ständer für extrem große Pressen, welche durch Gießen nicht mehr herstellbar sind, durch Fügen von mehreren Stahlplatten – d.h. in Partialbauweise – vorteilhaft herstellen. Ein anderes Beispiel sind Pleuel für Verbrennungsmotoren, welche aus Gründen der Montierbarkeit bekanntlich in Partialbauweise realisiert werden. Bild 6.3 zeigt verschiedene technische Produkte, welche alternativ aus einem oder mehreren Bauteilen zusammengesetzt sind. Die Möglichkeit, Bauteile bestimmter Funktion in Total- oder Partialbauweise auszuführen, ist ein wesentliches Mittel zur Gestaltung technischer Gebilde bestimmter Eigenschaften bzw. zur Erfüllung von an Bauteile zu stellenden Forderungen.

> Als *Partial- oder Totalbauweise* soll die Möglichkeit verstanden werden, eine bestimmte Funktion mittels eines Bauteils (einstückig) oder aus mehreren Bauteilen (Einzelteilen) zu verwirklichen (gestalten), ohne dabei die Funktionen des Gebildes zu verändern.

Abschließend zeigt Bild 6.4 a ein weiteres Beispiel zum Thema Partial- und Totalbauweise. Dieses Bild zeigt das Getriebegehäuse einer Kohlestaubzuführung in Partialbauweise, bestehend im wesentlichen aus drei Gehäuseteilen; Bild 6.4 b zeigt eine Weiterentwicklung mit einteiligem Getriebegehäuse. Durch die Umgestaltung in Totalbauweise konnten die Gesamtherstellkosten im vorliegenden Fall um 29 % gesenkt werden.

2. Differential- und Integralbauweise

Die Zusammenfassung mehrerer Bauteile gleicher oder unterschiedlicher Funktion(en) zu *einem* Bauteil mit der gleichen Zahl Funktionen, welche den Einzelteilen gemeinsam waren, soll als „Integriertes Bauteil" bzw., als „Integral-Bauweise" bezeichnet werden. Bauteile mit vielen gleichen oder unterschiedlichen Funktionen in mehrere Bauteile zu gliedern mit jeweils geringerer Funktionenzahl, soll als Differential-Bauweise bezeichnet werden. In Bild 6.2 b ist der Unterschied zwischen integrierter und differenzierter Bauweise schematisch dargestellt.

Mehrere diskrete (differenzierte) Bauteile gleicher oder verschiedener Funktion(en) lassen sich unter bestimmten Voraussetzungen auch zu einem sogenannten integrierten Bauteil mit einer entsprechend größeren Zahl an Funktionen zusammenfassen. Selbstverständlich gilt auch die Umkehrung dieses Satzes, daß man ein integriertes Bauteil mit mehreren gleichen oder unterschiedlichen Funktionen in mehrere diskrete Bauelemente mit entsprechend reduzierten Zahlen an Funktionen auflösen (trennen) kann. Integrierte elektronische Schaltkreise (Chips) bzw. diskrete elektronische Bauelemente (Widerstände, Verstärker etc.) sind hierzu bekannte Beispiele. Bild 6.5 zeigt Funktionseinheiten in differen-

Bild 6.5 a–f Differenzierte und Integrierte Bauweise. Beispiele: Blattfedern (a), Ketten- und Zahnrad (b), Verbindungselement für elektrische Aufputzleitungen (c), Wälzlagerung (d), Mehrzylindermotor mit integrierter Kurbelwelle (e), Mehrzylindermotor mit integriertem Zylinderblock (f). Wie sieht ein Mehrzylindermotor mit integrierter Kurbelwelle und integriertem Zylinderblock aus?

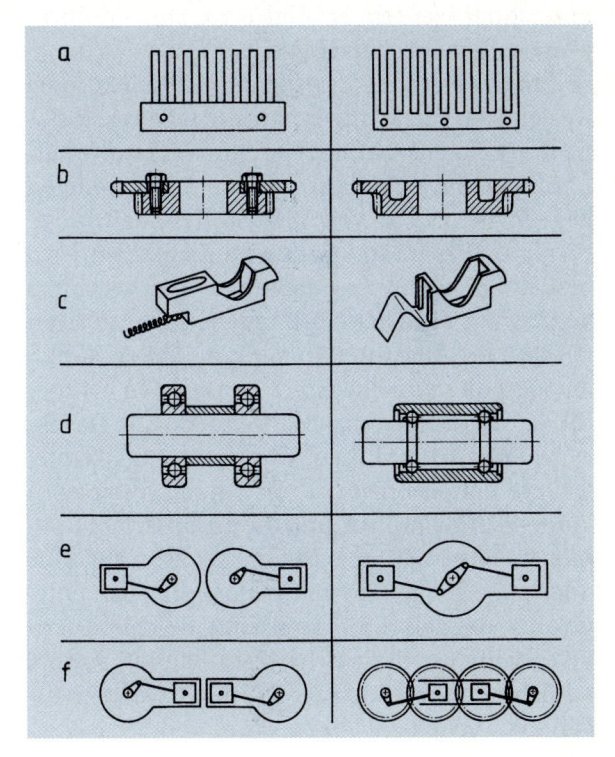

zierter bzw. integrierter Bauweise. Bei in Differential- oder Integralbauweise gestalteten Baugruppen kann man des weiteren noch zwischen Einheiten gleicher und unterschiedlicher Funktionen unterscheiden.

! Unter *Differential- bzw. Integralbauweise* soll das Entwickeln alternativer Gestaltvarianten durch Erhöhen oder Reduzieren der Zahl der Bauteile einer Baugruppe (Funktionseinheit) – ohne deren Funktionen zu verändern – verstanden werden. Dabei können die zu integrierenden oder differenzierenden Bauteile mehrere gleiche oder mehrere unterschiedliche Funktionen realisieren.

3. Mono- und Multifunktionalbauweise

Bauteile so zu konstruieren, daß diese ohne nennenswerten Fertigungs- und Kostenaufwand weitere Funktionen erfüllen können („kostenlose Realisierung von Funktionen"), soll als „Multifunktionalbauweise" bezeichnet werden.

Eine Bauweise, welche die Möglichkeit eine oder mehrere Funktionen ohne nennenswerte Mehrkosten (*zum „Nulltarif"*) zu realisieren nicht nutzt, soll im Gegensatz als „Mono-Bauweise" (oder Normalbauweise) bezeichnet werden. In Bild 6.2 c sind Multifunktional- und Monobauweise schematisch dargestellt.

Zur Realisierung physikalischer Operationen braucht man üblicherweise einen Effektträger bzw. einen Werkstoff. Werkstoffe besitzen meist mehrere Eigenschaften. Werden Werkstoffe zur Realisierung technischer Lösungen angewandt, so werden meist wenige Eigenschaften genutzt. Es liegt in der Natur von Werkstoffen, daß diese nicht nur eine, sondern häufig mehrere Funktionen zu realisieren vermögen. Der Konstrukteur braucht diese nur zu erkennen und zu nutzen. Oft werden in einem Werkstoff zusätzlich vorhandene Eigenschaften einfach übersehen und deshalb nicht genutzt. In anderen Fällen könnte man Bauteile so gestalten, daß diese noch weitere Funktionen erfüllen können, ohne daß hierfür zusätzlich Kosten aufzuwenden sind. Das Bauteil hat eine Gestalt, mit welcher es sowohl die ihm primär zugedachte Funktion, als auch noch weitere Funktionen zu realisieren vermag. Das bedeutet, daß man Bauteile entwickeln kann, die zusätzliche Funktionen zu realisieren vermögen, ohne daß es zu deren Realisierung eines zusätzlichen Aufwands oder zusätzlicher Kosten bedarf. Bauelemente können multifunktional genutzt werden. Ein klassisches Beispiel hierzu sind die Schienen der Eisenbahn, die bei elektrischen Bahnen sowohl zur Führung der Schienenfahrzeuge als auch als Stromleiter dienen können und als solche auch genutzt werden.

Bild 6.6 a–g Mono- und Multifunktionalbauweise. Beispiele: Welle zur Übertragung von Bewegungen und Widerstand gegen Wärmeleitung (a), Kraft- und Warmluftkanal (b), Flüssigkeits- und Feststoffleitung (c), Nockenwelle und Ölleitung (d), Stromleiter, Lampenhalter, Kabelklemme (elektrische und mechanische Verbindung), Federelement, Schnappverbindung (e, Bauteil einer PKW-Rückleuchte), Kolbenantrieb mittels Nocken (f), multifunktionale Nutzung eines Kurbelwellenzapfens (g)

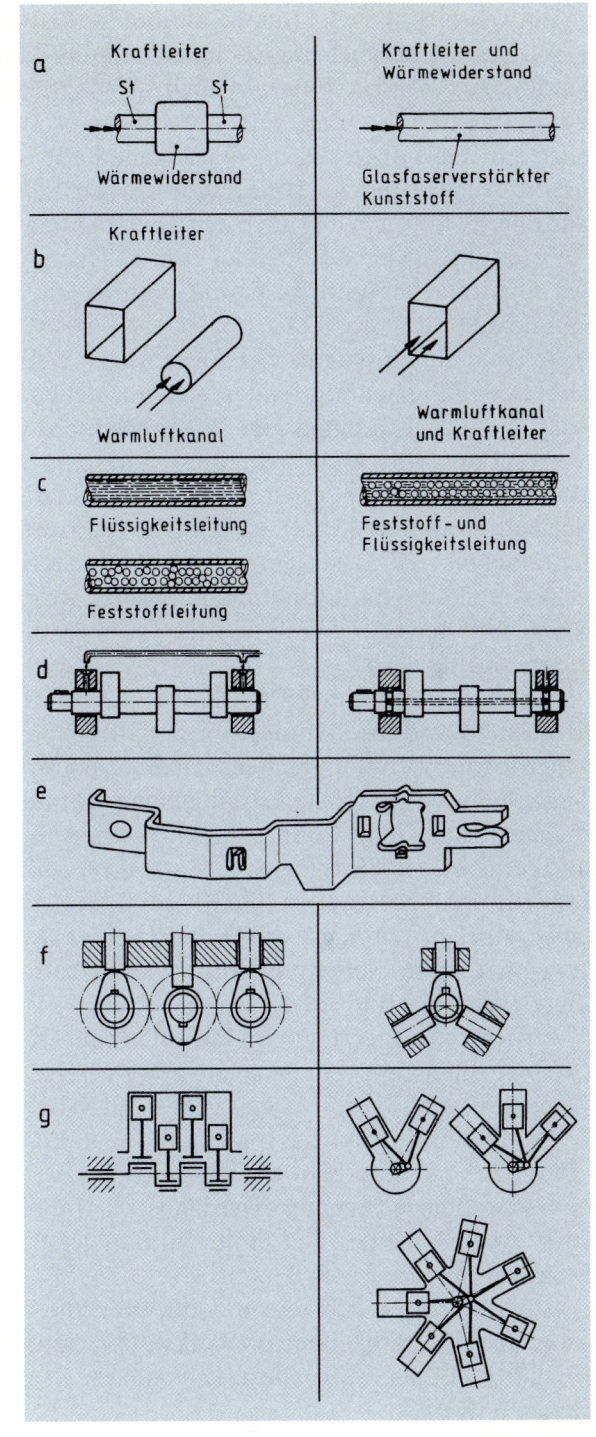

Ein weiteres Beispiel multifunktionaler Bauweise ist die Verwendung elektrischer Kabel bei einfachen Beleuchtungskörpern, bei welchen diese sowohl zur Stromleitung als auch als Zugmittel zum Aufhängen der Lampe genutzt werden. Für wertvollere schwere Beleuchtungskörper wird zur Deckenbefestigung eine eigene Kette oder ein Zugstab vorgesehen. Fernleitungen zur Übertragung elektrischer Energie werden außer zur Energieübertragung auch zur Übertragung von Nachrichten genutzt. Rohrleitungssysteme (Pipeline) zum gleichzeitigen Transport bestimmter Flüssigkeiten und Feststoffe können als weitere Beispiele gelten (s. Bild 6.6 c).

Wird in einem technischen System eine Welle zur Übertragung einer Drehbewegung benötigt und ist sicherzustellen, daß über diese Welle nur eine möglichst geringfügige Wärmeleitung stattfindet, dann ist bei Verwendung einer Stahlwelle diese durch ein wärmeisolierendes Material zu unterbrechen; es ist ein Wärmewiderstand einzubauen. Verwendet man hingegen anstatt Stahl einen Werkstoff mit schlechter Wärmeleitfähigkeit (z. B. glasfaserverstärkte Kunststoffe) zum Bau der Welle, so erhält man eine multifunktionale Lösung, welche geeignet ist, Drehmomente und Bewegungen zu übertragen sowie die Wärmeleitung zu reduzieren (s. Bild 6.6 a).

Ein Tragerohr eines PKW-Chassis zur Übertragung von Kräften und Momenten und als Leitungsrohr zum Transport von Warmluft zu nutzen, wie im VW-Käfer geschehen, kann als Beispiel dafür gelten, daß man Bauteile durch geeignete Gestaltgebung zu multifunktionalen Bauteilen machen kann. Man könnte einem solchen Träger ungeschickterweise auch eine offene Profilform (z. B. I-Träger) geben, dann wäre dieser zur Luftleitung ungeeignet (s. Bild 6.6 b). Die Gestaltung einer Nockenwelle so festzulegen, daß diese die Funktion einer Nockenwelle und die Funktion einer Schmierölleitung erfüllen kann, kann als ein weiteres Beispiel hierzu gelten (s. Bild 6.6 d).

Ferner kann hierzu auch eine Leiterbahn für elektrischen Strom als Beispiel gelten, wenn diese so ausgebildet wird, daß diese auch noch als Lampenfassung (Verbindung), Feder und Kabelverbindung wirken kann; Bild 6.6 e zeigt ein solches multifunktionales Bauteil einer Rückleuchte.

Kolben so anzuordnen, daß ein Nocken bzw. eine Kurbel zeitlich nacheinander mehrfach genutzt werden kann, wie Bild 6.6 f und 6.6 g zeigen, kann als eine weitere Art multifunktionaler Bauweise gelten; „zeitliche Mehrfachnutzung eines Bauteils"!

Wie diese Beispiele zeigen, kann man die unterschiedlichen Eigenschaften und Fähigkeiten von Werkstoffen, Bauteilen und sonstigen technischen Gebilden zur nahezu kostenlosen Realisierung weiterer Funktionen nutzen.

6.1 Funktionsbauweisen von Bauteilen und Baugruppen

Des weiteren ist zu bemerken, daß komplexere Systeme, neben den Funktionen, zu deren Realisierung sie erdacht sind, oft noch weitere Funktionen (ungewollte) besitzen, welche von Fall zu Fall „gratis" zur Verfügung stehen. Realisiert man beispielsweise ein Getriebe zur Übersetzung einer Drehzahl oder eines Drehmoments mittels zweier Außenzahnräder, so erhält man ein Getriebe, welches auch noch die Funktion „Drehrichtungsänderung" besitzt (Bild 6.7). Benötigt man zur Lösung einer Aufgabe beide Funktionen, erhält man die Funktion „Drehrichtungsänderung" ohne zusätzlichen Aufwand. Im Falle der Wahl einer anderen Getriebeart müßte die Funktion „Drehrichtungsändern" möglicherweise mittels eines zusätzlichen Räderpaars erzeugt werden. Die Nutzung von ohnehin vorhandenen Funktionen („Gratis-Funktionen") von Systemen ist eine weitere Möglichkeit, multifunktionale Bauweisen zu verwirklichen.

Entsprechend ist es zweckmäßig, zwischen drei Arten multifunktionaler Bauweisen zu unterscheiden. Diese sind gekennzeichnet durch

- Nutzung von ohnehin vorhandenen weiteren Eigenschaften (Fähigkeiten) des Werkstoffs eines Bauteils oder Anwendung eines anderen Werkstoffs für dieses Bauteil mit den gewünschten Eigenschaften (s. Bild 6.6 a),
- eine Bauteilgestaltgebung so, daß dieses Bauteil noch weitere Funktionen zu erfüllen vermag (s. Bild 6.6 b, c, d, e), ohne nennenswerten Mehraufwand zu verursachen,
- eine Systemgestaltung so, daß die Funktion eines Bauteils nicht nur an einem, sondern nacheinander (zeitlich gestaffelt) an mehreren Orten zur Verfügung steht (s. Bild 6.6),
- Nutzung von ohnehin vorhandenen Funktionen („Gratisfunktionen") eines Systems (s. Bild 6.7).

Als ein weiteres Beispiel multifunktionaler Bauweisen kann ferner das Druckwerk für Datenfernschreibmaschinen nach Bild 6.8 a dienen. Das System besteht im wesentlichen aus einem Typenträger (a) mit den Typen (b), einem Typenträgerwagen (c), einem Decodiergetriebe (e), einem Wagenvorschubgetriebe (f), der Schreibwalze (d) und einer Farbbandschaltung (nicht gekennzeichnet). Der Typenträger wird durch das Decodiergetriebe über das Riementrum (g_1) entsprechend eines bestimmten abzudruckenden Zeichens eingestellt. Zu diesem Zweck werden die vier auf dem Hebel (k) gelagerten Rollen über die Kurvenscheibe (l) gemeinsam oszillierend angetrieben. Durch Ansteuern der Haken (m) mittels der Drähte (n) kann wahlweise eine Bewegung jeder einzelnen Rolle zugelassen oder verhindert werden. Den $2^4 = 16$ Kombi-

Bild 6.7 Mono- und Multifunktionalgetriebe; die Getriebe der linken Spalte können nur „vergrößern oder verkleinern", die der rechten Spalte können „vergrößern oder verkleinern" und auch „Richtungen ändern"

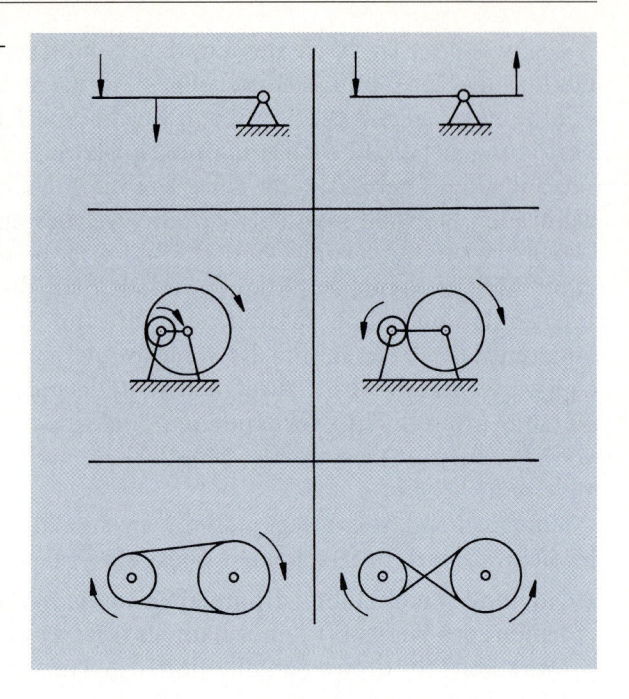

nationsmöglichkeiten entsprechend – die Hübe der einzelnen Rollen verhalten sich wie 1 : 2 : 4 : 8 – kann der Typenträger in 16 Drehpositionen gebracht werden. Die gleiche Kurvenscheibe (l) treibt über einen Hebel (p) das Klinkenschaltwerk (f) (Wagenvorschubgetriebe) an, welches mittels des Riementrums (g_2) den Typenträger (c) schrittweise jeweils um einen Zeichenabstand nach rechts bewegt.

Durch die geschickte Anordnung der Rolle bzw. des Hebels (k) und des Wagenvorschubgetriebes (f) ist es bei dieser Lösung möglich, mit einer einzigen Kurvenscheibe (l) alle vier Rollen sowie das Wagenvorschubgetriebe (f) anzutreiben; ohne diese Anordnung wären fünf Einzelantriebe erforderlich. In dem vorliegenden Fall ist die günstigste Anordnung der genannten Elemente die Voraussetzung für die multifunktionale Nutzung der Kurvenscheibe (l). Ferner ist noch das Bauelement „Zugmittel" multifunktional genutzt, und zwar zur Übertragung der Einstellbewegung auf den Typenträger (Riementrum g_1) sowie zur Übertragung der Einstellbewegung auf den Typenträgerwagen (Riementrum g_2). In Bild 6.8 b erfüllt das Zugmittel noch eine weitere Funktion, nämlich die des Typenträgers. Die einzelnen Typen befinden sich in mehreren Reihen übereinander auf dem Zugmittel. Zur Höheneinstellung der verschiedenen Typenreihen kann der Teil (q) des Typenträgerwagens um eine Achse (r) gekippt werden. Die abzudruckende Type wird von einem Hammer (s) gegen die Schreibwalze geschlagen; ansonsten ist diese Lösung mit der

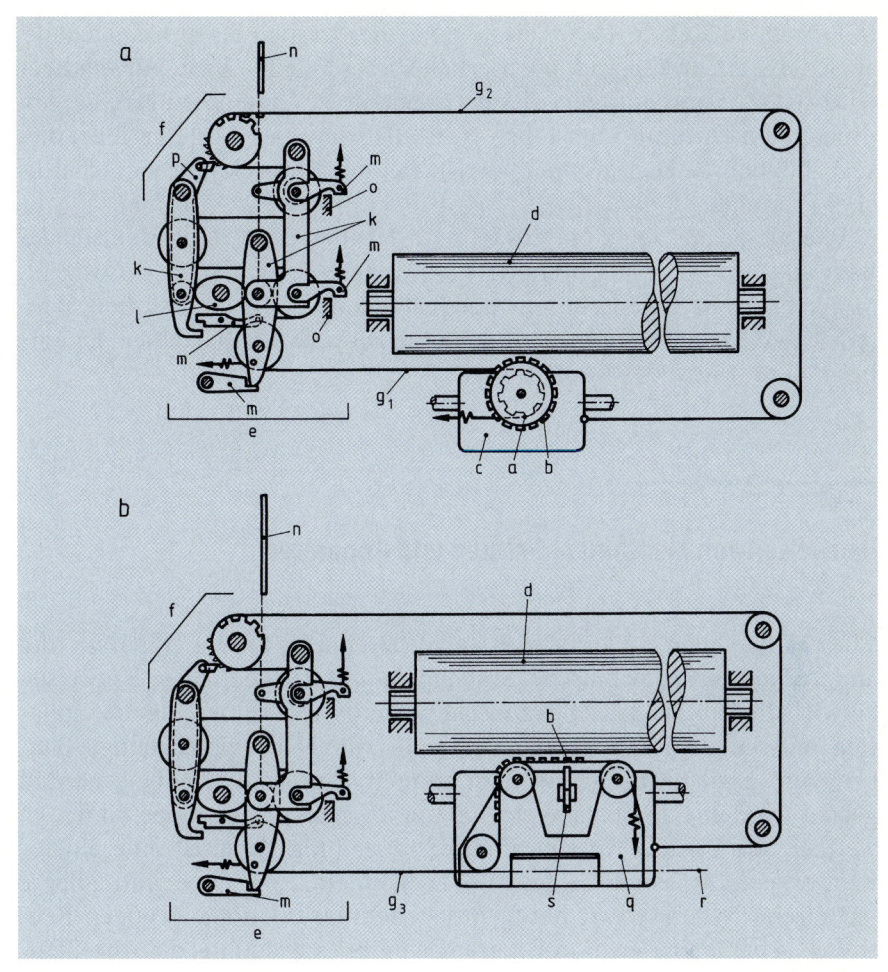

Bild 6.8 a–b Multifunktionale (zweifache) Verwendung eines Riemens (Riementrum g_2: Übertragungsmittel der Vorschubbewegung; Riementrum g_1: Übertragungsmittel der Einstellbewegung) und eines Nockens 1 (Antriebsnocken für Decodiergetriebe e und Vorschubgetriebe f) bei einem Druckwerk (a). Multifunktionale Verwendung eines Riemens (dreifach) als Übertragungsmittel der Vorschubbewegung sowie der Einstellbewegung und als Typenträger bei Druckwerken (b) (Siemens)

nach Bild 6.8 b identisch. Die Verwendung des Zugmittels als Übertragungsmittel und Typenträger ist ein Beispiel „multifunktionaler Bauweise".

Total-, Integral- und Multifunktionalbauweise sind häufig ein sehr wirksames Mittel zur Reduzierung von Herstellkosten technischer Systeme. Dies trifft zwar nicht immer zu, da Bauteile mit zunehmendem Integrationsgrad meist auch eine komplizierter und aufwendiger herstellbare Gestalt benötigen. Je mehr hingegen ein kompliziertes Bauteil in Einzelteile aufgelöst wird, desto einfacher werden die einzelnen Teile, aber desto mehr Verbindungen erhält dieses Gebilde bzw., aufwendiger wird das Zusammenfügen dieser Einzelteile zu einem Ganzen. Es gibt deshalb ein Optimum bezüglich Herstellkosten und Zahl der Teile; diesem möglichst nahe zu kommen, ist Ziel der Entwicklung wirtschaftlicher Produkte.

Wie die Praxis zeigt, empfindet man Lösungen in „multifunktionaler Bauweise" oft auch als besonders „gelungene oder geniale Lösungen". Möglichst viele Eigenschaften und Fähigkeiten von Werkstoffen, Bauteilen und Systemen nutzen, ohne dafür zusätzlich zu bezahlen, ist eine besondere „Kunst des Konstruierens".

6.2
Bauweisen von Maschinen, Geräten und Apparaten

Wie bei Bauteilen, so kann man auch Maschinen, Geräte, Apparate und andere komplexe technische Systeme in unterschiedlichen Bauweisen entwickeln. Umfangreiche technische Systeme, Maschinen, Geräte, Apparate müssen nicht notwendigerweise in „für sich existenzfähige Baugruppen" gegliedert sein, vielmehr können diese auch so entwickelt und gebaut werden, daß sie eine einzige umfangreiche Baugruppe bilden, in welcher alle Bauteile vereint sind; die ganze Maschine ist eine einzige Baugruppe. Insbesondere frühere Maschinen, Fahrzeuge und andere technische Systeme waren häufig in sogenannter „Monobaugruppen-Bauweise" gebaut; aber auch in neuerer Zeit gibt es Produkte, die vorteilhaft in Monobaugruppen-Bauweise gebaut werden. Ein Beispiel hierzu ist eine in den 80er Jahren auf dem Markt erschienene Armbanduhr der Schweizer Firma SWATCH. Bei dieser Uhr wird auf eine sonst übliche Gliederung in Baugruppen aus Kostengründen verzichtet, vielmehr werden alle Bauteile unmittelbar im Gehäuse befestigt oder gelagert. Als weiteres Beispiel für eine Monobaugruppen-Bauweise kann eine Datenfernschreibmaschine der 60er Jahre der US-Firma Teletype, Typ 33, gelten (Bild 6.9). Bei dieser Maschine wurden so umfangreiche Funktionskomplexe wie Druckwerk, Tastatur, Lochstreifenleser und Locher zu einer einzigen Baugruppe zusammengefaßt. Ein Tauschen dieser Funktionseinheiten, wie dies bei Baugruppenbauweise einfach möglich wäre, ist bei diesem Gerät nicht möglich. Dafür waren die Herstellkosten dieser Fernschreibmaschine, verglichen mit Maschinen europäischer Hersteller, außerordentlich gering.

Bild 6.9 Beispiel: Fernschreibmaschine (Typ 33, Firma Teletype) in Monobaugruppenbauweise

Maschinen, Geräte, Apparate oder andere technische Systeme lassen sich in
- Monobaugruppen oder
- Multifunktionalbaugruppenbauweise bauen.

Unter dem Begriff *Baugruppe* soll ein aus einem Gestell und wenigstens aus einem weiteren Bauteil bestehendes eigenständiges funktionsfähiges technisches Gebilde mit bestimmten Anschluß- oder Schnittstellen (geometrischen, mechanischen, elektrischen oder anderen physikalischen Schnittstellen) zu anderen Systemen verstanden werden.

Statt des Begriffs „Baugruppe" wird in der Praxis auch häufig der Begriff „Modul" bzw. „Modularbauweise" benutzt. Im folgenden soll unter dem Begriff „Modularbauweise" eine Baugruppenbauweise mit geometrisch gleichen (und folglich tauschbaren) Baugruppen verstanden werden.

In Monobaugruppen-Bauweise werden heute überwiegend Konsumgüter (Haushaltsgeräte u.a.) entwickelt und gebaut, für welche aus wirtschaftlichen Gründen Reparaturen nur noch begrenzt möglich sind. Hingegen werden wertvollere technische Systeme, insbesondere Investitionsgüter, nahezu ausschließlich in Baugruppen gegliedert, um diese kostengünstiger warten und reparieren zu können. In der Regel lassen sich technische Produkte in Monobaugruppen-Bauweise kostengünstiger herstellen als in Baugruppenbauweise. Wartungs- und Reparaturkosten sind jedoch bei in Monobaugruppen-Bauweise hergestellten Produkten üblicherweise deutlich höher als die von in Baugruppenbauweise hergestellten Produkten. Technische Systeme in bestimmte Baugruppen (Funktionseinheiten) zu gliedern und zu bauen, soll im folgenden zur deutlicheren Unterscheidung auch als Multibaugruppenbauweise bezeichnet werden. Besteht ein in Baugruppen gegliedertes technisches System aus alternativ einbaubaren Baugruppen, so bezeichnet man dieses als „Baukastensystem". Baukastensysteme sind demnach eine besondere Art Baugruppenbauweise. In Baukastensystemen alternativ anwendbare Baugruppen werden auch als „Bausteine" oder „Module" bezeichnet; Module dann, wenn diese gleiche Schnittstellen besitzen und an verschiedenen Stellen (Orten) des Systems angebracht (getauscht) werden können (siehe beispielsweise Rechnereinschübe).

1. Monobaugruppen-Bauweise

Maschinen, Geräte und andere komplexe Systeme brauchen nicht – wie neuerdings meist üblich – in Baugruppen gegliedert zu sein, vielmehr können alle Funktionen einer Maschine oder eines anderen technischen Systems im Grenzfall zu einer einzigen Baugruppe zusammengefaßt sein. Besonderes Kennzeichen solcher Bauweisen ist ein allen Funktionen bzw. Bauteilen gemeinsames Maschinengestell. In Monobaugruppen-Bauweise hergestellte Systeme besitzen nur ein Gestell, mit welchem alle Bauteile (unmittelbar oder mittelbar) verbunden sind. Systeme in Monobaugruppen-Bauweise besitzen keine eigenständigen Baugruppen (= eigenständige, funktionsfähige Baueinheiten), welche aus diesen ausgebaut werden könnten, ohne das übrige System „anzutasten". Bei reparaturbedingten Ausbauten von Teilen sind bei Systemen in Monobauweise oft „Umfelder" der zu demontierenden Teile auch noch zu entfernen, um an die gewünschten Bauteile heranzukommen; das System zerfällt infolge von Reparaturdemontagen. Maschinen oder Geräte solcher Bauweise sind bezüglich Herstellung oft sehr viel kostengünstiger als in Baugruppen gegliederte Systeme. Reparaturen sind hingegen relativ aufwendig oder bei manchen Produkten „vor Ort" praktisch unmöglich. Konsumgüter wie z.B. Elektroherde, Staubsauger, Wasch- und Küchenmaschinen sind aus Kostengründen oft weitgehend „monomodular" aufgebaut. Die Monobaugruppen-Bauweise läßt sich wie folgt definieren:

! Als *Monobaugruppen-Bauweise* soll eine Bauweise bezeichnet werden, welche die Zahl der Baugruppen technischer Systeme auf einige wenige, bzw. auf eine einzige Baugruppe reduziert. Besondere Kennzeichen einer solchen Bauweise sind ein allen Bauteilen gemeinsames Gehäuse oder Gestell bzw. das Fehlen eigenständiger Baugruppen mit jeweils eigenen Gestellen und notwendigen Schnitt- oder Verbindungsstellen.

2. Multibaugruppen-Bauweise

Wie die Praxis zeigt, geht man bei der Entwicklung technischer Produkte mehr und mehr dazu über, diese in Baugruppen (Module) zu gliedern. In Baugruppen gegliederte Produkte lassen sich rasch und kostengünstig reparieren und warten. Defekte Baugruppen können rasch und problemlos ausgewechselt werden. Die höheren Herstellkosten derartiger Produkte werden durch günstigere Wartungs- und Reparaturkosten wettgemacht.

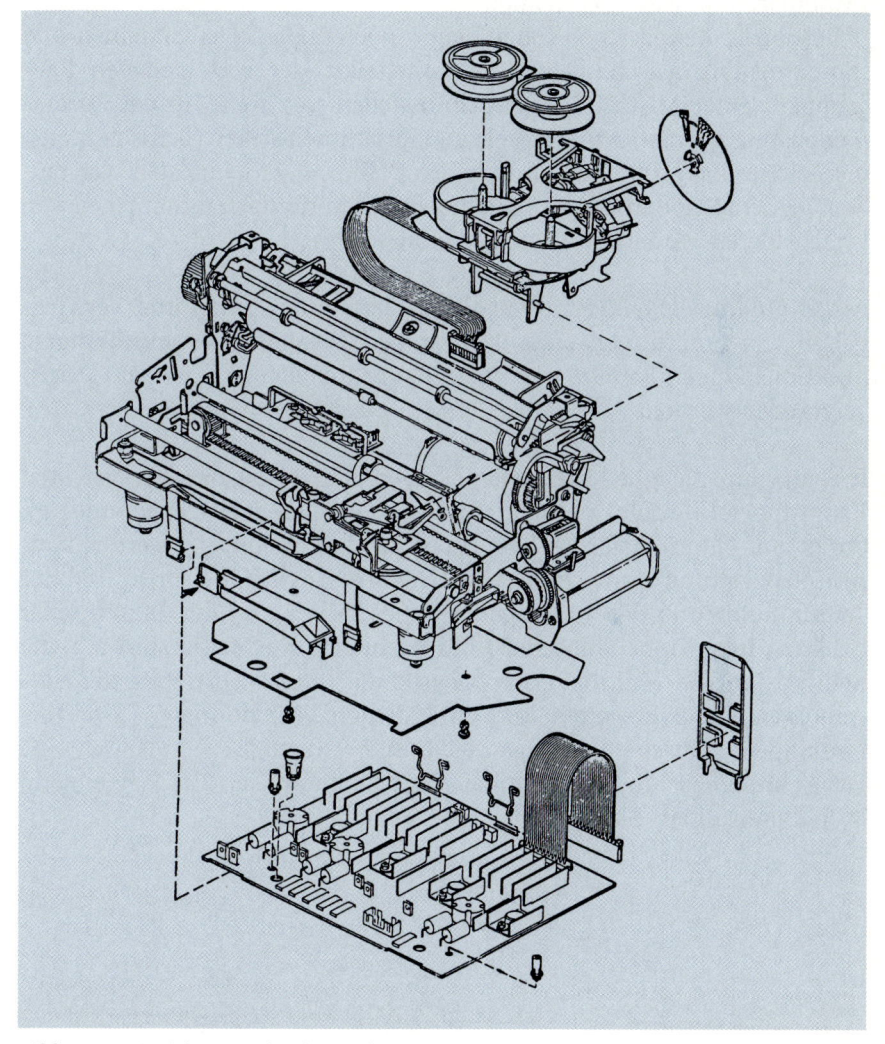

Bild 6.10 Beispiel: Fernschreibmaschine (T 1000, Firma Siemens) in Multibaugruppen- und Baukastenbauweise

Eine Baugruppe ist eine Realisierung mehrerer Funktionen (einer Funktionseinheit) eines komplexeren technischen Systems in einer eigenständigen, für sich funktionsfähigen Baueinheit. Um ohne weiteres Zutun (eigenständig) funktionsfähig sein zu können, benötigen Baugruppen jeweils ein eigenes Gestell (Rahmen, Einschubplatte etc.). Ferner können Baugruppen auch mit eigenen, geschlossenen Gehäusen ausgestattet sein. Bauweisen, bei welchen die geometrischen Schnittstellen aller Baugruppen eines Systems gleich sind, d.h. bei welchen diese an beliebigen Systemstellen angeordnet (angeschlossen) werden können, werden als „Modularbauweisen" bezeichnet.

Besondere Kennzeichen von in Baugruppen gegliederten Systemen sind standardisierte Anschluß- oder Schnittstellen der verschiedenen Baugruppen. Unter Anschluß- oder Schnittstellen sollen alle für das Zusammenpassen (geometrische Gestalt) und Zusammenwirken (Leistungsdaten u.a.) zweier Baugruppen erforderlichen Daten der Anschlußstelle verstanden werden. Standardisierte Schnittstellen sind für das Zusammenwirken verschiedener Module notwendige Voraussetzung.

! Als *Multibaugruppenbauweise* soll das Zusammenfassen und Verwirklichen von Funktionen eines technischen Systems in eigenständigen, funktionsfähigen Baueinheiten bzw. Baugruppen (mit eigenem Gestell) verstanden werden.

In Baugruppen gegliederte Systeme haben den Vorteil, daß die einzelnen Baugruppen (Module) zu Reparaturzwecken bequem ausgebaut und ggf. durch eine funktionsfähige Baugruppe gleicher Art ersetzt werden können. Reparaturen sind schnell und risikolos möglich. Beispiele sind der Tauschmotor und das Tauschgetriebe bei PKW's und der Tausch einer defekten Baugruppe (Einschub) bei Rechnern. Nachteilig sind u.a. die Mehrkosten von Multibaugruppensystemen für die Fertigung der notwendigen Anschlußstellen und zusätzlichen Verbindungen (Steckverbindungen, Flansche, Passungen etc.). Bild 6.10 zeigt exemplarisch eine Fernschreibmaschine in Multibaugruppen-Bauweise, Bild 6.9 eine in Monobaugruppen-Bauweise.

KAPITEL 7

Standardisieren von Produkten 7

Aufgrund von Kundenwünschen werden von Produktearten häufig, über Jahre hin betrachtet, eine Vielzahl unterschiedlicher Typen- und Abmessungsvarianten konstruiert; es entstehen auf diese Weise oft hunderte geringfügig unterschiedliche Bauteile gleicher Funktion. Wirtschaftlicher wäre es, von Produkten nicht ständig neue Varianten zu konstruieren, sondern deren Gestalt-, Leistungs- und anderen Parameterwerte für einen bestimmten Zeitraum festzulegen („einzufrieren"), d.h. diese zu standardisieren.

Wie die Praxis zeigt, glaubt man aufgrund von Kundenforderungen fortwährend „Maßanzüge" konstruieren zu müssen, wo Produkte längst hätten „standardisiert" werden können. Man scheut sich, Kunden zu Abnehmern von „Standard-Produkten" zu „erziehen", obgleich dies für beide Seiten der technisch und wirtschaftlich bessere Weg wäre und es zahlreiche positive Beispiele gibt (Stifte, Schrauben, Getriebe, Elektromotoren, Wälzlager, Konsumartikel, Konfektionskleidung, Möbel, Automobile u.a.m.).

Unter „Standardisieren von Produkten" soll das Festlegen und Konstanthalten der Parameterwerte von Produkten über eine begrenzte (längere) oder unbegrenzte Zeit verstanden werden. !

Eine einfache Art zu standardisieren ist es, bestimmte existierende Produkte „so zu nehmen, wie sie sind", und diese mit allen ihren Parameterwerten zu „Standards" (Standard-Produkten) zu erklären und längere Zeit unverändert zu fertigen.

Bei solchermaßen standardisierten „Einfachausführungen" von Produkten läuft man Gefahr, langfristig nicht genügend Kundenwünschen gerecht werden zu können. Wie Erfahrungen lehren, ist es langfristig besser, nicht die Einfachausführung, sondern jene „Mehrfunktionen-Ausführungen" zu standardisieren, welche auch im Laufe der Zeit zunehmenden Kundenwünschen gerecht werden können.

Eine Möglichkeit, ein Produkt zu konstruieren, welches möglichst vielen Kundenwünschen gerecht wird, besteht darin, die „Maximalausführung" einer Produkteart zu standardisieren, diese kostengünstig zu gestalten und in großen Stückzahlen zu produzieren.

Weitere Wege, Produkte zu konstruieren, mit welchen viele Kundenwünsche erfüllt (bzw. viele Produkte unterschiedlicher Eigenschaften realisiert) werden können, ohne daß es dazu einer großen Variantenvielfalt an Bauteilen bedarf, sind Typengruppen-, Baureihen- und/oder Baukastenbauweisen.

Baureihen, Typengruppen und/oder „Baukastensysteme" sind vorzügliche Mittel zur Standardisierung von Produkten unter dem Gesichtspunkt, möglichst vielen Kundenwünschen gerecht zu werden. Im folgenden sollen diese Standardisierungsmittel noch näher betrachtet werden.

Produkte zu standardisieren, ist ein wesentliches Mittel zur Reduzierung der Konstruktions- und Fertigungskosten. Standardisieren heißt, die Variantenvielfalt der Bauteile von Produkten auf einige wenige zu beschränken. Dieses kann dadurch erreicht werden, daß nur bestimmte Bauteil-Parameterwerte eines Produkts zugelassen und alle anderen Werte ausgeschlossen werden.

Nur bestimmte Parameterwerte der Bauteile eines Produkts zuzulassen und alle übrigen Werte auszuschließen, nennt man Entwickeln einer Baureihe oder Typengruppe von Bauteilen oder Produkten bestimmter Funktion.

Produkte werden durch sehr viele unterschiedliche qualitative und quantitative Parameterwerte beschrieben. Eine Baureihe festzulegen heißt, den die Baureihe bestimmenden (charakterisierenden) Parameter und deren zulässige Werte festzulegen. Grundsätzlich kann dazu jeder Parameter eines Produkts dienen. Je nachdem, welche Parameter für eine bestimmte Baureihe wesentlich sind (Intention), kann man zur Bestimmung einer Baureihe physikalische Größen (Leistung, Geschwindigkeit, Drehzahl, Kraft etc.), Gestalt-, Werkstoff- oder Qualitätsparameter wählen.

Grundsätzlich lassen sich für jede Art technischer Produkte Baureihen oder Typengruppen festlegen, sowohl für Bauteile und Baugruppen als auch für komplexere Systeme. Schrauben, Zylinderstifte, Splinte und Halbzeuge können als Beispiele für Bauteile gelten, welche in Baureihen festgelegt sind. Als Baugruppen-Beispiele können Wälzlager, Motoren, Getriebe, Glühlampen und Spannelemente gelten.

Baureihenparameter eines Wälzlagers sind beispielsweise Innendurchmesser, Außendurchmesser und Lagerbreite. Bei Glühlampen wählt man üblicherweise die elektrische Leistung als Baureihen-Parameter, bei Gewindebohrern den Gewindedurchmesser und die Gewindesteigung, bei Gewichten deren Gewichte (Masse), bei Endmaßen deren Längenmaß, bei Zahnrädern den Teilungsmodul, die Zähnezahl und Zahnbreite als Baureihen-Parameter.

Eine Produkt-Baureihe besteht aus mehreren Typen; einem kleinsten, einem größten Typus und Zwischentypen. Als Baureihen-Parameter werden die für das betreffende Produkt wesentlichen Parameter genutzt. Alle übrigen Produktparameter werden von Typ zu Typ nach Möglichkeit konstant gehalten oder den jeweiligen Erfordernissen entsprechend angepaßt.

Geordnet werden die Typen einer Baureihe entsprechend den Baureihen-Parametern, die übrigen Parameter bleiben unberücksichtigt.

! Baureihen sind dadurch gekennzeichnet, daß sich deren Typen nach dem Gesetz einer Reihe ordnen lassen; ein zwischen zwei Typen liegendes oder das auf einen Typ folgende Element einer Baureihe läßt sich aufgrund des Gesetzes der Reihe vorherbestimmen. Neben Baureihen-Produkten gibt es noch „baureihenähnliche Produkttypen", welche sich nicht dem Gesetz einer Reihe entsprechend ordnen lassen. Diese sollen folglich auch nicht als Baureihen, sondern als „Typengruppen" bezeichnet werden.

Für die Praxis sind Baureihen und Typengruppen von gleicher wirtschaftlicher Bedeutung.

Für die Bildung von Baureihen oder Typengruppen kommt grundsätzlich jeder Parameter eines technischen Gebildes in Frage. Solche Parameter können sein

- die Funktionen bzw. Fähigkeiten eines Produkts, z. B. stufenlos steuerbar oder in diskreten Stufen schaltbar (Getriebe),
- die in Produkten angewandten physikalischen Prinzipien, z. B. „Gas-" oder „Stahlfeder-Prinzip",
- die Werkstoffart und Werkstoffeigenschaften eines Produkts, z. B. Wälzlager aus Stahl oder Keramik; Schrauben aus hochfestem oder normalfestem Stahl oder Messing etc.,
- die Gestaltparameter eines Produkts, z. B. Abmessungen, Form, Zahl, Lage, Struktur von Gestaltelementen eines Produkts,
- die Oberflächenparameter eines Produkts, z. B. unterschiedliche Rauhigkeitswerte, oder unterschiedliche Beschichtungen, oder unterschiedliche Farbanstriche von Oberflächen etc.,
- die Energiezustände von Produkten, z. B. unterschiedlich vorgespannte Zugfedern oder Gasstoßdämpfer etc.,
- oder sonstige Eigenschaften von Produkten, wie z. B. Leistung, Kraft, Druck, Geschwindigkeit, Weg (Hub), Durchsatz, Temperatur, Genauigkeit, Zuverlässigkeit, Lebensdauer, Maßgenauigkeit (zul. Toleranzbereich), Herstellkosten etc. (s. Bild 7.4).

In der Praxis haben bisher nicht alle der genannten Parameter Bedeutung bei der Bildung von Baureihen oder Typengruppen erlangt.

Jeder Parameter eines technischen Gebildes kann praktisch sehr viele Werte annehmen. Die Praxis kann meist ohne diese „vielen Werte" auskommen und sich auf relativ wenige Werte beschränken. Es ist deshalb in vielen Fällen möglich und aus wirtschaftlichen Gründen naheliegend, nicht jeden möglichen Parameterwert eines technischen Gebildes, sondern nur relativ wenige diskrete Werte zuzulassen, d.h. Produkte zu standardisieren bzw. als Baureihen und Typengruppen zu entwickeln. Technische Produkte können nach einem oder mehreren Kriterien geordnet werden. Ein Typ einer Baureihe kann mehreren, unterschiedlichen Reihen angehören. So werden beispielsweise Wälzlager in Baureihen bzw. Typengruppen nach Abmessungen entsprechend der Form der Wälzkörper (Kugelzylinderrollen-, Kegelrollenlager u.a.), der Belastbarkeit und der Laufgenauigkeit geordnet.

Die Typen einer Baureihe oder Typengruppe haben neben den o.g. Ordnungsparametern natürlich noch viele andere sie beschreibende Parameter, welche für die Festlegung der betreffenden Baureihe weniger wichtig sind. Diese können bei der Entwicklung einer Baureihe oder Typengruppe ebenfalls verändert oder, wenn möglich, konstant gehalten werden. Wie die übrigen Parameter eines Produkts bei dessen Standardisierung festgelegt werden, kann nicht generell gesagt, sondern muß von Fall zu Fall bestimmt werden. Meist benutzt man für unterschiedliche Parameter auch unterschiedliche Änderungsstrategien.

Bei der Bestimmung von Baureihen und Typengruppen kann zwischen

- qualitativen und
- quantitativen

Parametern und Parameterwerten zur Festlegung von Baureihen und Typengruppen unterschieden werden.

! Produkt-*Baureihen* lassen sich mittels *quantitativer Parameterwerte* eines Produkts bilden.

! Produkt-*Typengruppen* entstehen hingegen durch Variation *qualitativer Parameter* eines Produkts.

Mittels qualitativer Parameterwerte, wie beispielsweise der qualitativen Formwerte von Wälzkörpern („zylinder-, kugel-, kegel-, torusförmig") lassen sich keine „Reihen" bilden. Eine Ausnahme bildet lediglich der Qualitätsparameter „Zahl der Elemente technischer Produkte"; mittels

Zahlenwerten lassen sich ebenfalls Reihen bilden. Festlegungen von Produktvarianten nach Parameterwerten, deren Werte keine Reihenbildungen ermöglichen, sollen als „Typengruppen" bezeichnet werden. Im folgenden soll entsprechend zwischen Festlegungen von „Typengruppen" und „Baureihen" unterschieden werden.

7.1 Baureihen

1. Größen-Baureihen

Entsprechend den vorangegangenen Ausführungen sind zur Entwicklung von Produkt-Baureihen alle in Zusammenhang mit Produkten quantifizierbaren Parameter geeignet; das sind beispielsweise alle physikalischen Größen wie

- Leistung,
- Kraft, Druck,
- Geschwindigkeit, Drehzahl, Frequenz,
- Weg, Hub, Reichweite,
- elektrische Größen wie Spannung, Strom, Widerstand, Induktivität, Kapazität,
- Temperatur, Wärmemenge,
- Lichtstärke, Lichtstrom, Reflexionsvermögen u.a. Größen eines Produkts.

Diese Art Baureihen sollen mit dem Oberbegriff „Größenbaureihen" oder kurz „Größenreihen" zusammengefaßt werden.

Die Abmessung eines technischen Gebildes ist zwar auch eine physikalische Größe, sie ist aber auch ein wesentlicher Parameter der Gestalt eines technischen Gebildes und soll deshalb hier nicht als physikalische Größe, sondern als Gestaltparameter betrachtet werden. Abmessungsbaureihen werden unter Punkt 2 noch gesondert betrachtet.

Um Mißverständnisse zu vermeiden, sei darauf hingewiesen, daß viele der o.g. Größenbaureihen bezüglich Kraft, Leistung, Hub u.a. praktisch in Abmessungsbaureihen münden, weil eine größere Belastbarkeit, ein größerer Hub oder Leistung usw. in der Regel entsprechend größere Abmessungen technischer Gebilde nach sich ziehen. Dennoch handelt es sich dabei primär nicht um Abmessungsbaureihen, sondern um Baureihen für unterschiedliche Leistungen, Kräfte usw. Ein typisches Beispiel

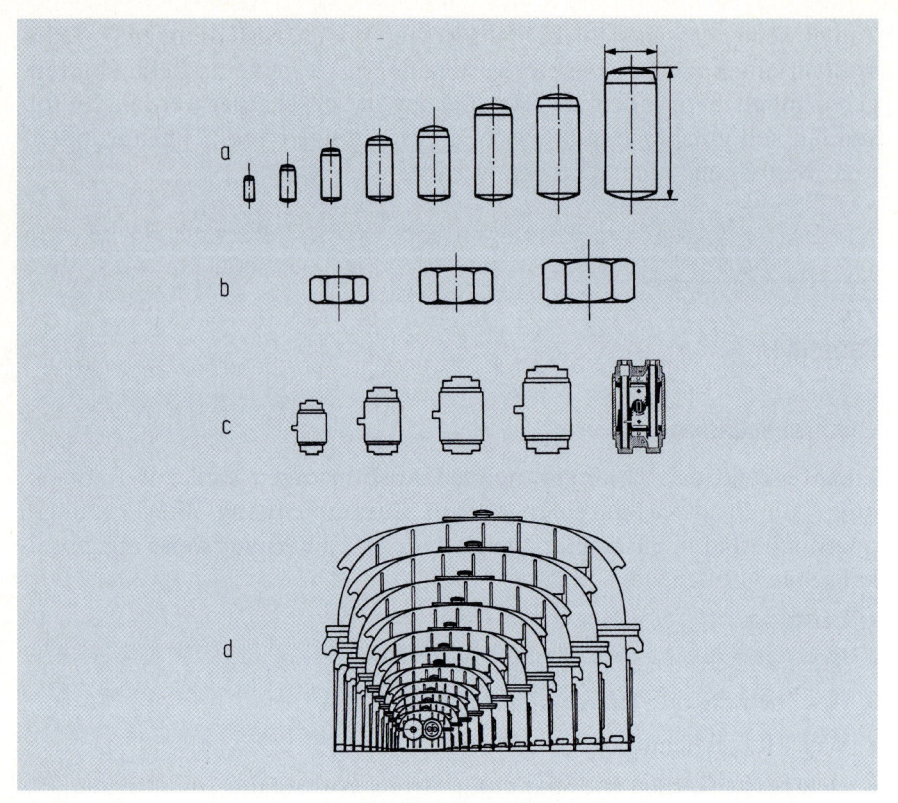

Bild 7.1 a–d Baureihen; Beispiele: Zylinderstifte (a), Muttern (b), pneumatische Drehantriebsmotoren (c; Firma NOBRO), Getriebegehäuse (d; Firma Flender)

hierzu sind die bekannten Baureihen für Glühlampen unterschiedlicher Leistung; die unterschiedlichen Leistungen bewirken bekanntlich unterschiedliche Abmessungen der Glaskolben. Wie im folgenden Kapitel noch gezeigt wird, gibt es neben diesen „Quasi-Abmessungsbaureihen" noch echte Abmessungsbaureihen, bei welchen es primär auf unterschiedliche Abmessungen ankommt. Beispiele für Baureihen, bei denen es auf unterschiedliche Belastbarkeiten, Drücke und Leistungen ankommt, sind z.B. Wälzlager-, Riemen-, Ketten-, Schrauben-, Muttern-, Getriebe-, Pressen- und Motorenbaureihen. Das Bild 7.1 zeigt exemplarisch einige Baureihenprodukte für unterschiedliche Kräfte (a, b), Drehmomente (c), Leistungen und Drehmomente (d).

Wie die Erfahrung zeigt, ist es bei der Entwicklung von Größenbaureihen in vielen Fällen zweckmäßig, die charakteristischen Werte der einzelnen Typen einer Baureihe (Baureihen-Parameterwerte oder Ordnungsparameterwerte) entsprechend der Gesetzmäßigkeit geometrischer Reihen zu stufen. Man kann jedoch andere Gesetzmäßigkeiten wählen. Geometrische Reihen lassen sich allgemein wie folgt mathematisch formulieren:

$$T_n = T_0 \cdot \varphi \qquad \text{oder} \qquad \varphi = \sqrt[n]{\frac{T_n}{T_0}}$$

Hierbei ist T_0 der erste bzw. kleinste Wert und T_n der größte Wert der relevanten Größe einer Baureihe. Mit φ wird der Stufensprung bezeichnet; n ist die Zahl der Stufen einer Reihe und z = n + 1 ist die Zahl der Typen einer Baureihe. Wie Kienzle [106] gezeigt hat, ist in vielen Fällen als Stufensprung für die wesentlichen Größenwerte einer Produktreihe eine dezimalgeometrische Reihe zur Stufung geeignet. Die verschiedenen möglichen Stufensprünge der dezimalgeometrischen Reihe ergeben sich dann zu

$$\varphi = \sqrt[n]{10}$$

Für z.B. 10 bzw. 20 Stufen (n = 10; n = 20) hat die Reihe einen Stufensprung von

$$\varphi = \sqrt[10]{10} = 1,25; \qquad \varphi = \sqrt[20]{10} = 1,12$$

Mit n = 5, 10, 20, 40 usw. ergeben sich die bekannten Normreihen R 5, R 10, R 20, R 40 usw. (DIN 323). In Bild 7.2 sind die Werte aus diesen Reihen wiedergegeben. Für die Praxis ist es noch wichtig zu wissen, daß man durch Auf- oder Abrunden der theoretischen Größenwerte auf „runde Zahlen" von den exakten Werten einer Reihe abweichen kann; hiervon wird auch häufig Gebrauch gemacht. Im allgemeinen kann man eine Baureihe auch dadurch festlegen, daß man den Baureihen-Parameterwert des kleinsten und des größten Typs einer Produktreihe und die Zahl z der zu planenden Typen wählt. Hiernach läßt sich eine Bereichzahl B wie folgt festlegen:

$$B = \frac{\text{Baureihen- Parameter des größten Typs}}{\text{Baureihen- Parameter des kleinsten Typs}} = \varphi^{(z-1)}$$

Daraus kann man den entsprechenden Stufensprung

$$\varphi = \sqrt[(z-1)]{B}$$

berechnen und die Baureihen-Parameterwerte der übrigen, dazwischenliegenden Typen ermitteln. Weiteres über Gesetzmäßigkeiten von Baureihen findet sich unter [24].

In manchen Fällen ist es zweckmäßig, Baureihenprodukte nicht geometrisch, sondern arithmetisch zu stufen. So sind zum Beispiel Baureihen für Bohrer, Wälzlager, Bleche (Dicke), Konfektionskleidung (Anzüge, Schuhe, Hüte etc.) zweckmäßigerweise arithmetisch gestuft.

2. Abmessungs-Baureihen

Die Abmessungen (Länge, Breite, Radius, Winkel) von Bauteilen, Baugruppen oder Maschinen können wesentliche Parameter für die Bildung von Baureihen eines Produkts sein. Neben Längen- und Winkelabständen bzw. -abmessungen können auch Form, Zahl, Lage und alle anderen Gestaltparameter Ordnungskriterien von Baureihen oder Typengruppen sein.

Des weiteren können Flächen- und Volumenmaße von Produkten Baureihenparameter sein.

Als Abmessungsbaureihen sollen solche Baureihen bezeichnet werden, bei welchen es in erster Linie auf die unterschiedlichen Werte einer *Abmessung (Länge, Breite, Höhe, Durchmesser, Umfang, Fläche und Volumen)* ankommt. Als Beispiele hierzu können gelten: Baureihen für Bohrer (Bohrersätze), verschiedene Halbzeuge, Distanzscheiben, Endmaße, Rechenlehren, Meßdorne aber auch Türen, Fenster, Möbel, Papier-, Brief- und Filmformate sowie Konfektionskleidung, Schuhe, Hüte etc.

Gas- oder Wasserleitungsrohre und elektrische Leiter (Kupferdrähte), können als treffende Beispiele gelten, bei welchen die Querschnittsfläche Parameter der Baureihe ist.

Als Beispiele für Volumenbaureihen hingegen können Behälter, Tanks, Flaschen und Trinkgefäße gelten.

3. Zahl-Baureihen

Ein weiterer Parameter der Gestalt ist die Zahl der Gestaltelemente. Die Zahl der Gestaltelemente kann ebenfalls als Ordnungskriterium für Baureihen dienen. Unter „Gestaltelemente" sind in diesem Zusammenhang Wirkflächen, Bauteile, Baugruppen oder auch komplexere Gebilde zu verstehen. Als „Elemente" sollen in diesem Zusammenhang neben Gestaltelementen auch sonstige („immaterielle") Zahlparameter technischer Systeme gelten, wie beispielsweise die Zahl der Schritte pro Umdrehung bei Schrittmotoren.

Als Beispiele für Zahl-Typenreihen können Baureihen von Verbrennungsmotoren gelten, welche für bestimmte Zwecke in Ein-, Zwei-, Drei-, Vier-, Fünf- oder Sechszylinderbauart hergestellt werden. Ein-, zwei-, dreiusw. -polige Stecker und zwei-, vier- oder sechspolige Elektromotoren sind

Hauptwerte Grundreihen				Genauwerte	Mantissen
R 5	R 10	R 20	R 40		
1,00	1,00	1,00	1,00	1,0000	000
			1,06	1,0593	025
		1,12	1,12	1,1220	050
			1,18	1,1885	075
	1,25	1,25	1,25	1,2589	100
			1,32	1,3335	125
		1,40	1,40	1,4125	150
			1,50	1,4962	175
1,60	1,60	1,60	1,60	1,5849	200
			1,70	1,6788	225
		1,80	1,80	1,7783	250
			1,90	1,8836	275
	2,00	2,00	2,00	1,9953	300
			2,12	2,1135	325
		2,24	2,24	2,2387	350
			2,36	2,3714	375
2,50	2,50	2,50	2,50	2,5119	400
			2,65	2,6607	425
		2,80	2,80	2,8184	450
			300	2,9854	475
	3,15	3,15	3,15	3,1623	500
			3,35	3,3497	525
		3,55	3,55	3,5481	550
			3,75	3,7584	575
4,00	4,00	4,00	4,00	3,9811	600
			4,25	4,2170	625
		4,50	4,50	4,4668	650
			4,75	4,7315	675
	5,00	5,00	5,00	5,0119	700
			5,30	5,3088	725
		5,60	5,60	5,6234	750
			6,00	5,9566	775
6,30	6,30	6,30	6,30	6,3096	800
			6,70	6,6834	825
		7,10	7,10	7,0795	850
			7,50	7,4989	875
	8,00	8,00	8,00	7,9433	900
			8,50	8,4140	925
		9,00	9,00	8,9125	950
			9,50	9,4406	975

Bild 7.2 Hauptwerte von Normzahlen (Auszug aus DIN 323)

weitere Beispiele für Zahl-Typenreihen, bei welchen nicht Abmessungen oder physikalische Größen, sondern die Zahl bestimmter Gestaltelemente Ordnungskriterium ist. Stühle oder Schränke in sonst gleicher Ausführung aber mit 3, 4, 5 oder 6 Füßen bzw. 1, 2, 3 oder 4 Schubladen können als Beispiele für Zahl-Baureihen gelten. Ebenso können Drehmomente übertragende Vielkeilwellen und Zahnräder unterschiedlicher Keile- bzw.

Bild 7.3 a–f Typengruppen. Beispiele: Form-Typengruppen (a, b; Wälzlager, Glühlampen), Zahl-Baureihen (c, d, Zahnräder, Keilwellen), Reihenfolge-Typengruppen (e, f; Druckwerke, Schränke)

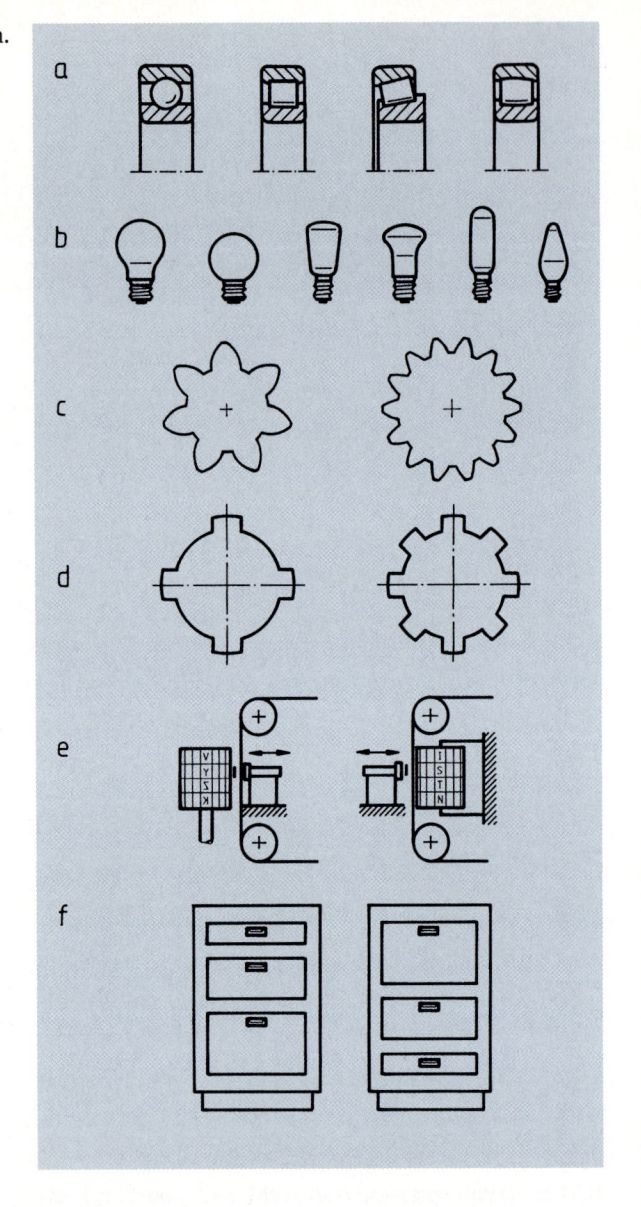

Zähnezahlen hierzu als Beispiele gelten (s. Bild 7.3 c, d). Somit läßt sich folgende Anleitung zur Entwicklung von Zahl-Baureihen geben:

> **!** Zahl-Baureihen von Produkten entstehen dadurch, daß man ein oder mehrere wesentliche Gestaltelemente (Wirkflächen, Bauteile, Baugruppen etc.) technischer Gebilde in ihrer Zahl variiert und sinnvolle Zahlvarianten als Typen einer Baureihe festlegt und andere ausschließt.

7.2 Typengruppen

1. Form-Typengruppen

Ein Ordnungskriterium für Produkte kann die Form einer wesentlichen Wirkfläche oder sonstige Teiloberflächen sein. Unterschiedliche Wirkflächen sind meist eben-, zylinder-, kegel-, kugel- oder torusförmig. Als Beispiele für Form-Typengruppen können Wälzlager mit unterschiedlichen Wälzkörperformen wie Kugel-, Zylinder-, Kegel- und Tonnenlager gelten (s. Bild 7.3 a). Die unterschiedlichen Glaskolbenformen bei Glühlampen (birnen-, kugel-, kerzen-, torus-, zylinderförmig) können ebenfalls als Beispiel für Form-Typengruppen dienen (s. Bild 7.3 b). Ebenso können Absperrventile mit kugel-, kegel- oder zylinderförmigen Absperrelementen oder Zahnräder mit evolventen-, zykloiden-, sinusförmigen oder anderen Flankenformen als Beispiele für Form-Typengruppen gelten.

Für die Entwicklung von Form-Typengruppen läßt sich zusammenfassend folgende Anleitung geben:

> Unterschiedliche Typen einer Formgruppe lassen sich dadurch finden, daß man die Form einer für ein Produkt wesentlichen Wirkfläche (Lauffläche, Dichtfläche, etc.) oder das Aussehen (Design) eines technischen Gebildes variiert und die für den betreffenden Fall sinnvollen Formen auswählt und zu einer „Produktfamilie" bzw. „Typengruppe" zusammenstellt und sonstige Formen ausschließt.

2. Lage-Typengruppen

Ein Ordnungskriterium für Typengruppen kann für manche technische Produkte die Lagezuordnung von Wirkflächen zu den übrigen Flächen des Bauteils oder die Lagezuordnung von Bauteilen zueinander sein. Beispiele hierzu sind Schrauben gleicher Abmessungen aber mit Innen- und Außensechskant-Schraubenköpfen oder Schrauben mit Außen- und Innengewinde, Innen- und Außenzahnräder, gerad- und schrägverzahnte Zahnräder und andere. Boote mit Innen- oder Außenbordmotoren können als Beispiel einer Lagegruppe komplexerer Gebilde gelten. Eine „Produktfamilie" (Lagegruppe), bei welcher Bauteile in ihrer Lage variiert werden, wäre auch die Alternative „oben-" oder „seitengesteuerter Verbrennungsmotor".

Im übrigen scheinen Typengruppen, die auf einem Lagewechsel von Wirkflächen, Bauteilen oder Baugruppen basieren, keine große Anwendung gefunden zu haben.

3. Reihenfolge-Typengruppen

Ein weiteres Ordnungskriterium für Typengruppen kann für manche technische Produkte die Reihenfolge von Baugruppen zueinander sein. Obgleich diese in der Praxis nicht so häufig vorkommen, sollen sie hier der Vollständigkeit halber erwähnt werden. Produkte in Form von „Reihenfolgetypengruppen" sind beispielsweise Schränke mit Schubladen unterschiedlicher Reihenfolge, wie sie Bild 7.3 f zeigt. Ein weiteres Beispiel hierzu sind Druckwerke mit in unterschiedlicher Reihenfolge angeordneten Druckwerkelementen (s. Bild 7.3 e). Jede dieser Typengruppen besitzt eine endliche Zahl von Varianten; der Leser mag sich selbst die in Bild 7.3 e, f fehlenden Anordnungstypvarianten überlegen. Für die Entwicklung von Reihenfolgegruppen läßt sich folgende Anleitung geben:

! Unterschiedliche Typen einer Anordnungsgruppe lassen sich dadurch finden, daß man die Reihenfolge wesentlicher Gestaltelemente systematisch variiert, die sinnvollen Reihenfolgen auswählt und zu einer „Produktfamilie" zusammenfaßt bzw. als Typengruppe definiert.

4. Werkstoff-, Oberflächen- und Farb-Typengruppen

Als weitere Kriterien zur Bildung von Typengruppen können für technische Produkte die Art der Werkstoffe, die Art der Oberfläche oder die Farbe der Oberfläche genutzt werden. Felgen für Automobile alternativ aus Stahl oder Leichtmetall, Schrauben und Muttern aus Stahl, nichtrostendem Stahl, Messing oder Kunststoff, Armaturen für Chemikalien aus unterschiedlichen Kunst- oder Keramikstoffen, Schüsseln, Töpfe aus Stahl, Leichtmetall oder Kunststoff, sonst gleiche Möbel mit unterschiedlichen Holzarten herzustellen, sind Beispiele für die Bildung von „Typengruppen" durch Variation des Werkstoffs.

Ähnlich verhält es sich mit technischen Produkten gleichen Zwecks und gleicher Gestalt, aber unterschiedlicher Oberfläche.

! Mit Oberflächen-Typengruppen sollen solche Produkte bezeichnet werden, die bei sonst gleicher Ausführung mit unterschiedlicher Oberfläche gefertigt und angeboten werden.

So zum Beispiel Schrauben, Stoßstangen, Kontakte und vieles andere mehr mit metallischer, verchromter, verkupferter, lackierter, versilberter, vergoldeter und anderen Oberflächenbeschichtungen. Ansonsten gleiche Möbel mit unterschiedlichen Furnieren zu belegen (Eiche, Nußbaum,

Kunststoff usw.), kann als weiteres Beispiel für Typengruppen unterschiedlicher Oberflächenart gelten.

Bei Farbanstrichen gibt es des weiteren noch sogenannte Farb-Typengruppen. Beispiele hierfür liefert insbesondere die Automobilindustrie. Fahrzeugtypen, welche in bestimmten Farben und Farbzusammenstellungen von Karosserie und Innenraum hergestellt werden, können hierzu als Beispiele gelten.

5. Sonstige Typengruppen

Sonstige Eigenschaften von Produkten, insbesondere den Benutzer interessierende Gebrauchseigenschaften, können als weitere Ordnungsparameter zur Bildung von Typengruppen dienen. So können beispielsweise Typengruppen von Lehneneinstellern für PKW-Sitze sich durch folgende Eigenschaften unterscheiden:

- Einstellung der Lehne manuell oder mittels Motor,
- Einstellgetriebe mit oder ohne Spielreduzierung,
- Einstellgetriebe mit oder ohne „Kriechunterbindung",
- Festigkeitsklasse 1, 2 oder 3 u. a.

Weitere Ordnungskriterien können beispielsweise sein,

- die Qualität (Genauigkeit, Toleranzbreite), mit der ein bestimmtes Maß eines Produkts, eine Passung u. ä. eingehalten wird,
- die Lebensdauer,
- die Zuverlässigkeit bzw. Ausfallwahrscheinlichkeit,
- das Leistungs-Preisverhältnis und anderes mehr.

In vielen Fällen benötigt man in der Technik Produkte identischer Funktionen und Gestalt, aber unterschiedlicher Maßqualität. So zum Beispiel Wälzlager, Endmaße, Gewichte, Objektive, Konsumartikel (1. bzw. 2. Wahl) und andere. Insbesondere ist es üblich, Abmessungen (Passungen) von Bauteilen entsprechend den an diese zu stellenden Genauigkeitsforderungen mit einer bestimmten Qualität zu fertigen. Mit den Toleranztabellen nach DIN 7151 bzw. ISO, in welchen für die Güte der Einhaltung von Abmessungen Qualitätsstufen von 01 bis 18 vorgeschlagen werden, ist eine international gültige Qualitätsordnung gegeben, die man zur Entwicklung von Qualitätsbaureihen für verschiedene Produkte nutzen kann. Auch für eine Stufung der Qualität technischer Oberflächen von Produkten (DIN 3141) besteht ein Bedarf. Entsprechend gibt es für bestimmte Zwecke ansonsten gleicher Produkte unterschiedlicher Ober-

Baureihen und Typengruppen			
Phys. Größen	Gestalt	Werkstoff	Qualität
Leistung	Abmessung	Stahl	Genauigkeit
Kraft, Druck	Form	Leichtmetall	Zuverlässigkeit
Geschwindigkeit	Zahl	Kunststoff	Lebensdauer
Weg, Hub	Lage	Keramik	Komfort
Temperatur	Anordnung	Glas	Leistung/Preis
.	Struktur	.	
.		.	

Bild 7.4 Parameterarten zur Bildung von Baureihen oder Typengruppen; Zusammenfassung

flächenqualität. Beispiele hierzu sind insbesondere Laufflächen von Lagern, Endmaße, Optik-Bauteile (Linsen, Prismen, Planplatten u. a.) sowie sichtbare Oberflächen von Gehäusen, Möbeln, Türen, Fenstern, Karosserien u. a. technischen Produkten.

Diese hier aufgezeigte Ordnung und die Beispiele mögen genügen, um auf die wirtschaftlichen Vorteile von Baureihen und Typengruppen hinzuweisen und anzuregen, weitere Produkte mittels Baureihen oder Typengruppenbildung zu standardisieren. Die Reduzierung der Typen- und Variantenvielfalt technischer Produkte bietet enorme Spar- und Wettbewerbsvorteile. Abschließend sind in Bild 7.4 die verschiedenen Parameter zur Bildung von Baureihen und Typengruppen noch übersichtlich zusammengefaßt.

7.3
Baukastensysteme

Produkte als Baukastensysteme zu planen und zu bauen, ist eine weitere Möglichkeit, diese zu standardisieren, d.h., Variantenvielfalt und somit Kosten zu reduzieren und Wettbewerbsvorteile zu erzielen.

Der besondere Vorteil von Baukastensystemen besteht darin, mit einer relativ kleinen Zahl unterschiedlicher Bauteile oder Baugruppen eine sehr große oder unbegrenzte Zahl Produkte unterschiedlicher Eigenschaften und Fähigkeiten bauen zu können.

Wenige unterschiedliche Bausteine bzw. eine geringe Teilevielfalt bedeutet große Losgrößen, wirtschaftliche Fertigungsverfahren, bessere

Prüfmethoden und höhere Produktqualität, kostengünstigere Lagerhaltung, kurze Lieferzeiten, nach- und umrüstbare Produkte und andere Vorteile. Mit relativ wenigen unterschiedlichen Baustücken eines Baukastensystems können viele unterschiedliche Produkte bzw. viele Kundenwünsche (Forderungen) erfüllt werden.

Deshalb werden in neuerer Zeit immer mehr Produktarten als „Baukastensysteme" entwickelt und angeboten.

Auch die Natur bedient sich zum Bau von Stoffen verschiedener Baukastensysteme aus Quarks bzw. Protonen, Neutronen, Elektronen, Positronen bzw. der 92 natürlichen Elemente des periodischen Systems. Entsprechend ist es sinnvoll, zwischen natürlichen und technischen Baukastensystemen zu unterscheiden.

Worte, Zahlen und Partituren sind aus Bausteinen bestimmter Baukastensysteme, d.h. aus Buchstaben, Ziffern bzw. Noten zusammengesetzt. Deshalb kann man des weiteren zwischen materiellen und immateriellen Baukastensystemen unterscheiden (Bild 7.5).

Im Laufe der Technikevolution hat man produktspezifische und -neutrale Baukastensysteme entwickelt, so beispielsweise für Werkstatt- und Büroeinrichtungen, Möbel, Gerüste, Vorrichtungen, Getriebe, Fahrzeuge (PKW, Transporter etc.), Werkzeuge, Werkzeugmaschinen, Dampfturbinen, elektronische Datenverarbeitungsanlagen, Geräte der Unterhaltungselektronik, Federn, Längenmaße (Endmaßkästen), Steueranlagen, Spiel-

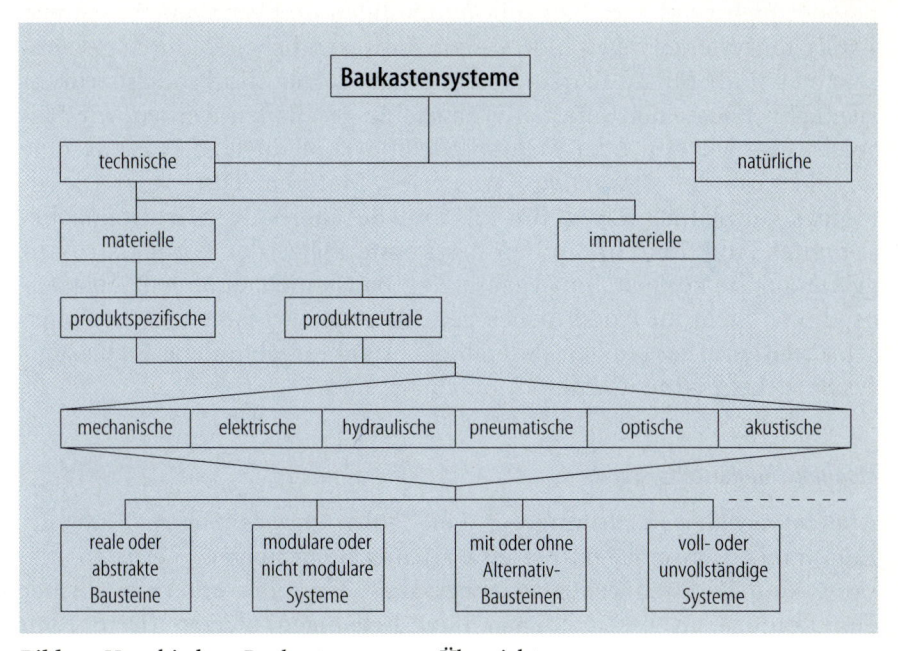

Bild 7.5 Verschiedene Baukastensysteme; Übersicht

zeugbaukästen (Märklin-, Trix-, Lego-Baukästen) u.a.m. Die historischen Erfindungen herstellbarer Steine und Platten bestimmter Abmessungsverhältnisse der Griechen und Römer, zum Bau von Mauerwerken, Boden- und Wandbelägen, können als weitere Beispiele hierzu dienen.

Entsprechend der unterschiedlichen physikalischen Prinzipien bzw. unterschiedlichen Mittel zur Realisierung technischer Funktionen, kann man zwischen mechanischen, elektrischen, hydraulischen, pneumatischen, optischen und wärmetechnischen Bausteinen und Baukastensystemen unterscheiden. Alle o.g. physikalisch unterschiedlichen Funktionseinheiten bzw. Bausteine haben eine Gestalt und geometrische Schnittstellen. Entsprechend ist zwischen funktionalen und geometrischen Eigenschaften von Baueinheiten zu unterscheiden.

Baueinheiten und Systeme können hinsichtlich ihrer Funktionen bzw. Leistungen oder/und geometrischen Schnittstellen (bzw. Gestalt) als Bausteine bzw. Baukastensysteme ausgebildet werden. Elektrische, optische und hydraulische Baukastensysteme können hierzu als Beispiele dienen.

Strukturgebundene Baukastensysteme

Bei genauerer Betrachtung erkennt man, daß von Produkt zu Produkt unterschiedliche Arten von Baukästen zur Anwendung kommen. So werden beispielsweise zum Bau von Automobilen und Werkzeugmaschinen Baukastensysteme angewandt, welche im wesentlichen dadurch gekennzeichnet sind, daß zu den an bestimmten Plätzen der Produktstruktur sitzenden Bausteinen Alternativ-Bausteine geschaffen werden, wie beispielsweise ein Ein- oder Mehrspindelbohrkopf für eine Fräsmaschine (s. Bild 7.6) oder alternative Karosserien, Motoren (Otto- oder Dieselmotor), Sitze, Räder usw. für PKW's. Die alternativen Bausteine bestimmter Funktion(en) sind an bestimmte Plätze der Produktstruktur gebunden, sie können, im Gegensatz zu Bausteinen anderer Baukastenprodukte, nicht an jedem beliebigen Platz der Produktstruktur eingesetzt werden. Diese sollen deshalb als „strukturgebundene Baukastensysteme" bezeichnet werden.

Modulare Baukastensysteme

Anders verhält es sich hingegen bei Baukastensystemen für Haustür-Kommunikationsanlagen, bei elektrischen Steuerungen, Gerüsten u.a. Diese sind dadurch gekennzeichnet, daß Bausteine unterschiedlicher Funktion(en) an verschiedenen oder beliebigen Plätzen (Orten) im System (z.B. Schaltschrank) angeordnet werden können (s. Bild 7.7 a, b).

7.3 Baukastensysteme

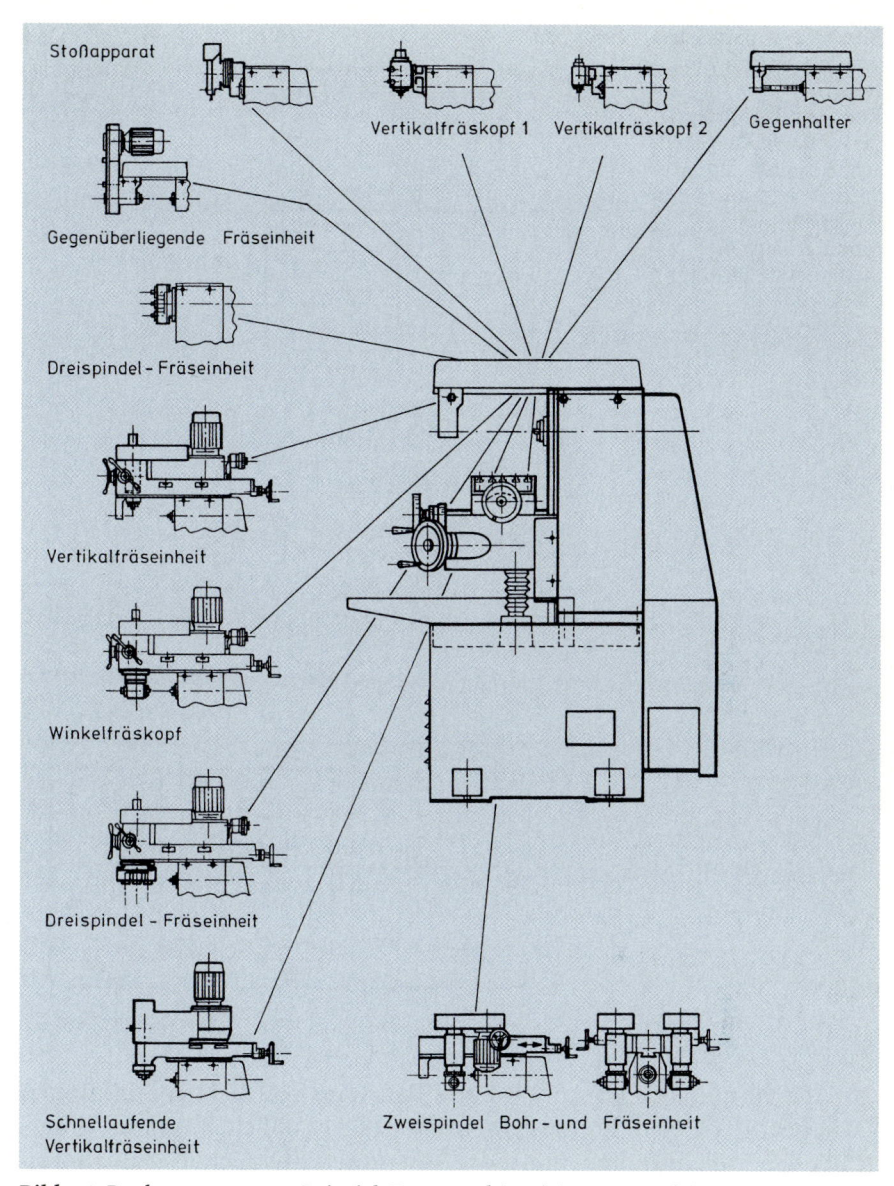

Bild 7.6 Baukastensysteme. Beispiel: Fräsmaschine (Firma Hermle)

Dazu ist es erforderlich, die Bausteine dieser Systeme mit gleichen geometrischen Schnittstellen auszustatten oder so zu bemessen, daß die Schnittstellen mehrerer kleinerer Bausteineinheiten zusammengenommen die Abmessungen eines Großbausteins ergeben (s. Bild 7.7 c).

Bausteine können eine oder mehrere, gleiche oder unterschiedliche Funktionen realisieren. Die Bausteinabmessungen können abhängig von

Bild 7.7 a–c Baukastensysteme. Beispiele: Haustür-Kommunikationssystem (a; Firma Siedle), elektrische Schalter- und Stecker-Systeme (b) in Baukasten- und Modularbauweise; Steuergeräte (c)

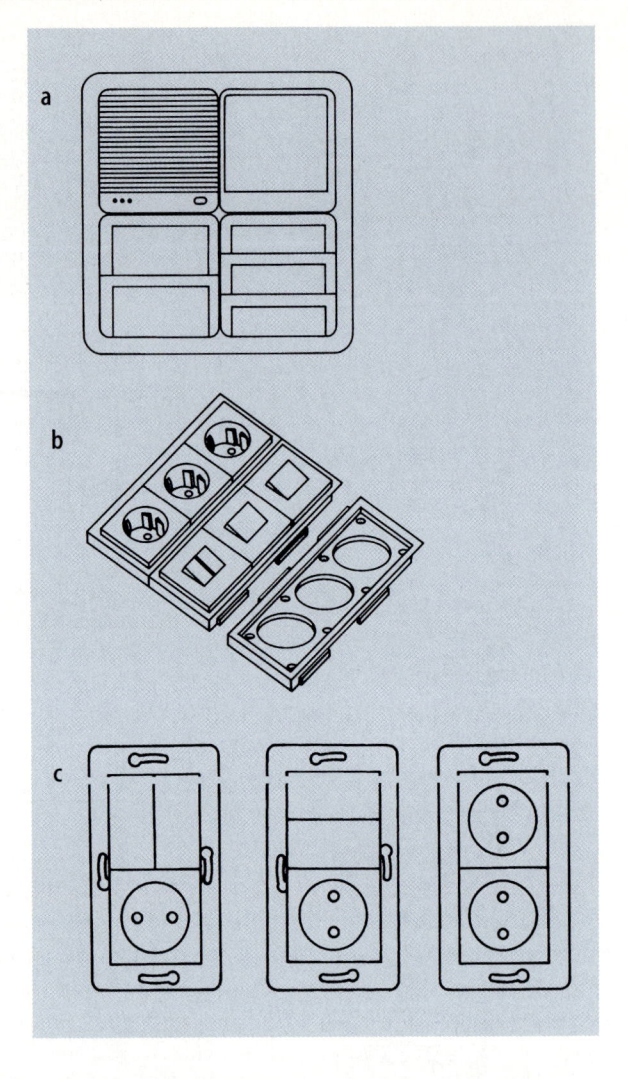

der Anzahl und Art der mittels eines Bausteins realisierten Funktionen variieren oder gleich (konstant) sein. Meist ist es üblich, Bausteine unterschiedlicher Funktionen und/oder mit unterschiedlichen Zahlen von Funktionen entsprechend größer oder kleiner zu bemessen. Dieses schränkt die „Mobilität der Bausteine" innerhalb eines Systems ein, sie werden so zu strukturgebundenen Bausteinen. Entgegen dieser üblichen Praxis zeigt Bild 7.7 a ein Baukastensystem für Tür-Kommunikationsanlagen mit Bausteinen unterschiedlicher Zahl und Art von Funktionen konstanter Abmessungen (DP DE 31 08 056 C3). Zusammenfassend zeigt Bild 7.8 schematisch ein strukturgebundenes (a), ein teilweise modulares (b) und ein vollständig modulares Baukastensystem (c).

Bild 7.8 a–c Baukastensysteme (Schema). Baukastensysteme mit ortsgebundenen Alternativbausteinen, nicht modular (a), mit unterschiedlichen Modulbausteinen (b) und mit einheitlichen Modularbausteinen (c)

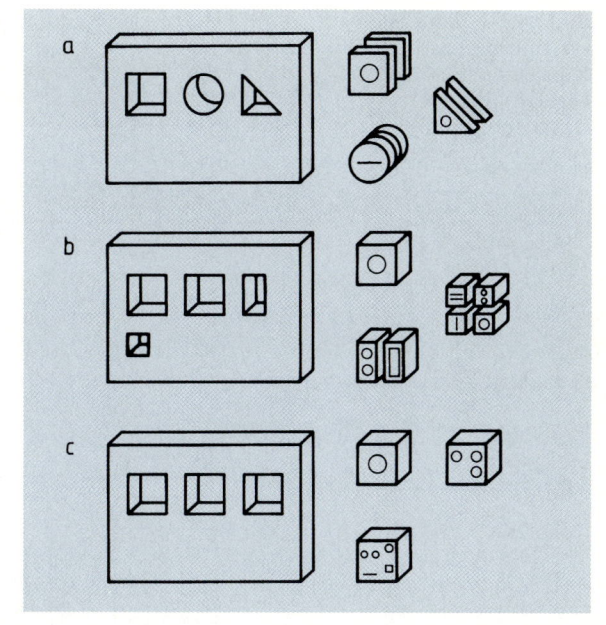

Abstrakte Baukastensysteme

Die Praxis kennt auch Baukastensysteme mit abstrakten (gedachten, nicht konkreten) Bausteinen. Solche Bausteine können Teilbereiche von Bauteilen, Teilbereiche von Baugruppen oder Teilbereiche von Geräten, Maschinen oder Apparaten sein. Die Grenzen/Schnittstellen von Bausteinen in abstrakten Baukastensystemen sind Schnitte durch Bauteile, Baugruppen und Maschinen. Ob ein Baukastensystem aus eigenständigen (diskreten) oder nicht eigenständigen Bausteinen besteht, ist ein weiteres wesentliches Baukastenmerkmal. Die in den Bildern 7.9 und 7.10 gezeigten Gestaltelemente für Schlüsselbärte, Positionierbolzen und Dampfturbinen können als Beispiele für Baukastensysteme mit „abstrakten Bausteinen" gelten.

Ein- oder mehrdirektionale Baukastensysteme

Baukastensysteme können ferner noch so ausgelegt sein, daß mit diesen in eine, zwei, drei oder mehr Richtungen ausgedehnte, technische Gebilde gebaut werden können.

Distanzstücke, Endmaße, Fliesen, Ziegelsteine, Möbel, Gerüste, Schaltschränke und Antriebssysteme können als Beispiele gelten, bei welchen es darauf ankommt, Gebilde bauen zu können, welche sich in eine, zwei oder drei Richtungen erstrecken. In Bild 7.11 sind ein-, zwei und dreidirektionale Baukastensysteme schematisch dargestellt.

Bild 7.9 a–b Baukastensysteme mit abstrakten Bausteinen; für Schlüsselbärte (a) und Distanzbolzen (b)

Vollständige oder unvollständige Baukastensysteme

Ein weiteres wesentliches Merkmal von Baukastensystemen kann deren Vollständigkeit sein. Unter „Vollständigkeit" soll in diesem Zusammenhang verstanden werden, ob deren Funktions- bzw. Baueinheiten alles Bausteine sind und aus solchen zusammengesetzt werden können oder ob deren Einheiten keine Bausteine eines Baukastensystems, sondern nicht standardisierte Bauteile oder Baugruppen sind. Mit anderen Worten: ob ein System

- ein vollständiges, nur aus standardisierten Bausteinen bestehendes Baukastensystem,
- ein Mischsystem ist, d.h., teils aus Bausteinen und teils aus von Fall zu Fall anzupassenden Bauteilen und/oder
- kein Baukastensystem, d.h. ein Multibaugruppensystem ist.

In der Praxis übliche Baukastensysteme sind häufig keine vollständigen Baukastensysteme, sondern Baukastensysteme mit „Sonderbausteinen".

7.3 Baukastensysteme

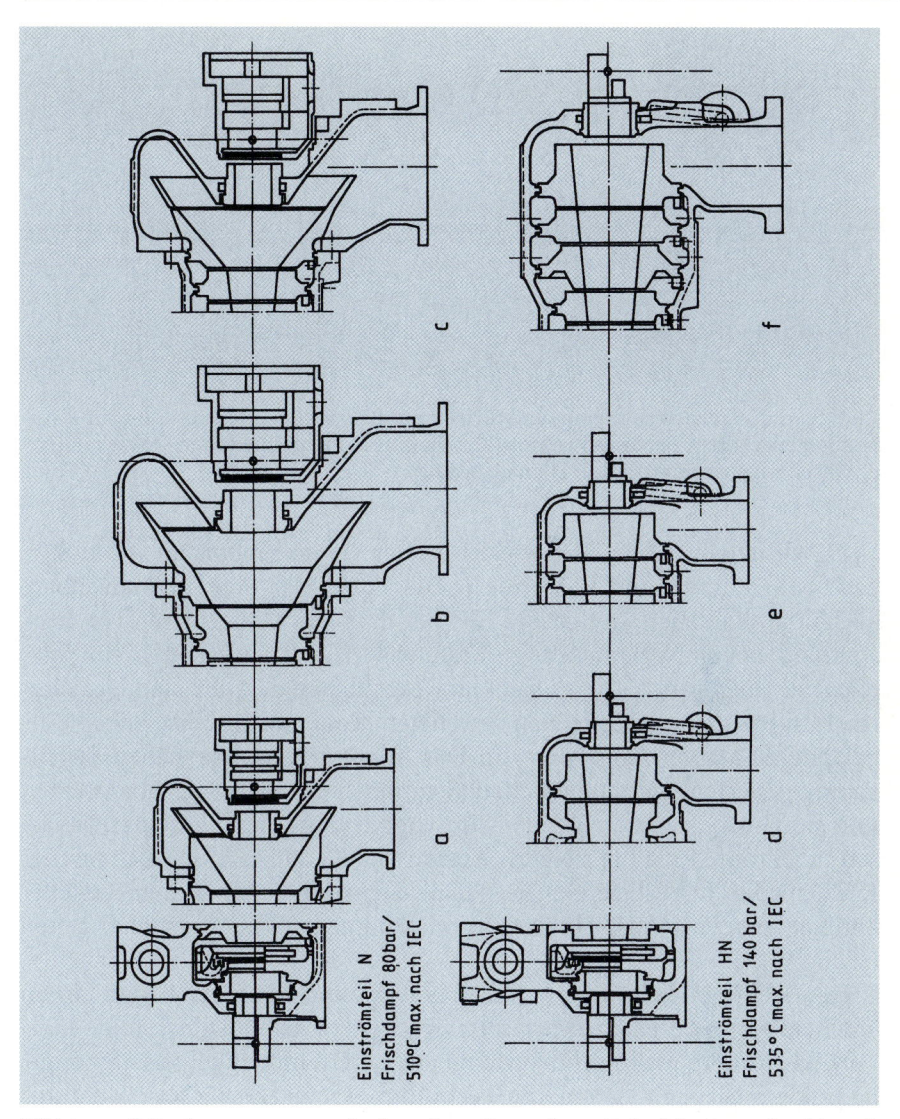

Bild 7.10 a-f Baukastensystem mit abstrakten Bausteinen; Beispiel: „Dampfturbinen" (Firma KWK)

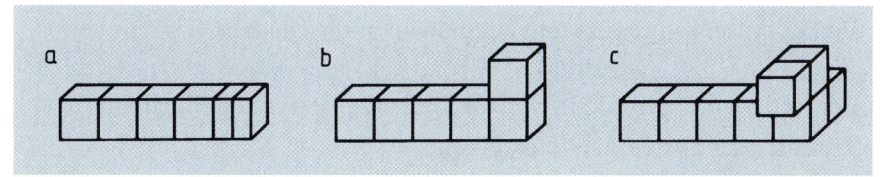

Bild 7.11 a-c Baukastensysteme mit Bausteinen, um in 1 (a), 2 (b) oder 3 Richtungen (c) bauen zu können (Schema)

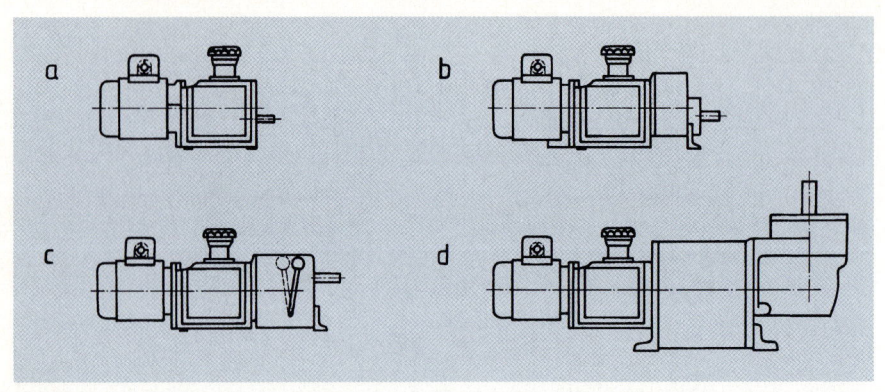

Bild 7.12 a-d Baukastensysteme für Antriebe mit Bausteinen "Elektromotor" und stufenlos steuerbarem Drehzahlvariator (a), schalt- und nichtschaltbaren Getrieben (b, c), Kegelradgetrieben (d) u. a. (Firma Heynau)

PKW-Sitzlehneneinsteller wurden in der Vergangenheit für jeden Sitz- bzw. Fahrzeugtyp neu konstruiert. Die Folge war eine unübersehbare Vielfalt an Bauteilen. In neuerer Zeit hat man das Konstruieren von fortwährend neuen Varianten zugunsten von Baukastensystemen für Sitzeinsteller aufgegeben. Dieses sieht im wesentlichen mehrere standardisierte „Kernbausteine„, sowie den jeweiligen Kundenwünschen angepaßte, periphere Adapter-Bausteine vor. Die Adapter-Bausteine haben jeweils standardisierte Verbindungsstellen (Schnittstellen) zu den Kernbausteinen und sind ansonsten den Kundenwünschen entsprechend gestaltet. So lassen sich Produktqualität steigern, Kosten senken und es lassen sich rascher Kundenwünsche realisieren. Diese Baukastensysteme für Lehneneinsteller können ferner als Beispiele für „unvollständige Baukastensysteme„ gelten (s. Bild 7.17).

Des weiteren lassen sich Baukastensysteme noch nach den ihnen eigenen Verbindungsstrukturen unterscheiden. Baukastensysteme können, wie andere technische Systeme auch, kettenförmige, sternförmige, baumförmige oder allgemeine Verbindungsstrukturen (Mischstrukturen) haben. Im allgemeinen kann jeder Gestaltparameter zur Entwicklung und Gliederung von Baukastensystemen dienen.

Für die Konstruktion ist es wichtig, zwischen folgenden Entwicklungsmöglichkeiten von Baukastensystemen zu unterscheiden: Systeme mit

- mechanischen, elektrischen, hydraulischen, pneumatischen, optischen u. a. physikalische Vorgänge realisierenden Bausteine,
- realen oder abstrakten Bausteinen,
- an eine Stelle des Systems gebundenen oder nicht gebundenen Bausteinen (modularen oder nicht modularen Bausteinen),

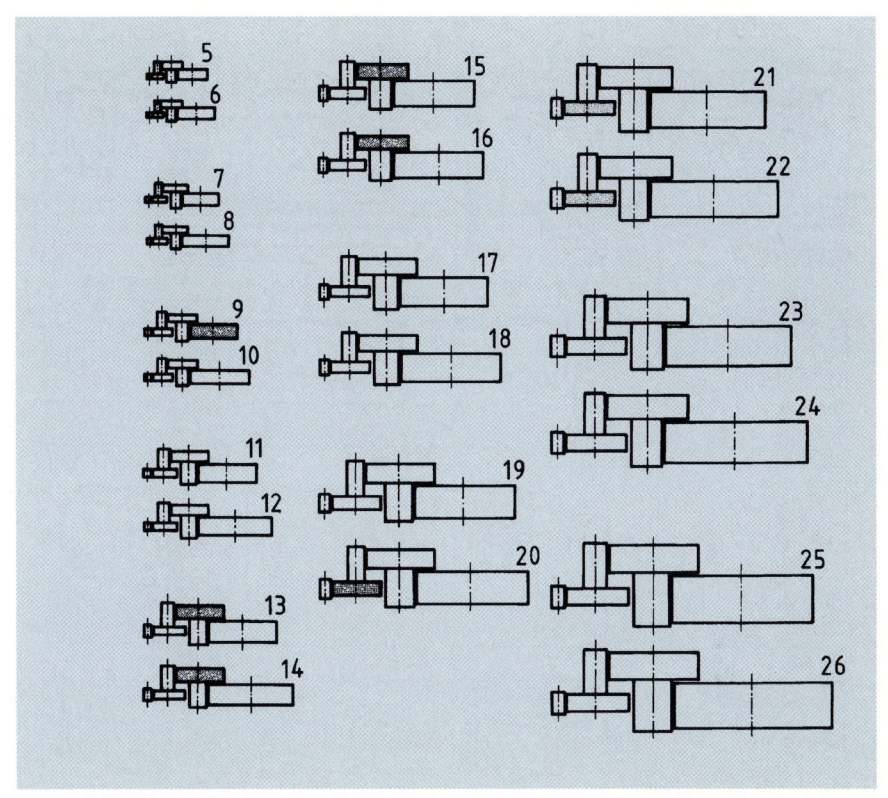

Bild 7.13 Baureihen- und Baukastensystem für Getriebe; verschiedene Radsätze 5 bis 26; in mehreren Radsätzen werden gleiche Räder angewandt (siehe punktierte Räder), [198]

- Bausteinen, welche Bauten nur in einer oder in mehreren Richtungen ermöglichen,
- vollständige oder unvollständige Baukastensysteme.

Die Entwicklung eines Produkts als Baukastensystem bedingt eine Gliederung des betreffenden Produkts in Bauteile, Baugruppen, und/oder Teilbereiche von Bauteilen und Baugruppen bestimmter Funktion oder Funktionen.

Damit die verschiedenen Bausteine eines Systems aneinander gefügt und zusammenwirken können, ist es notwendig, deren Abmessungen, insbesondere deren Schnitt- oder Verbindungsstellen, zu standardisieren (zu normen), sowie deren Eigenschaften (beispielsweise Leistung, übertragbare Drehmomente etc.) festzulegen. Alternative Bausteine sind zu planen und zu beschreiben, Bausteine können u. a. auch nach Regeln von Baureihen und Typengruppen (s. Kapitel 7.1 und 7.2) festgelegt werden.

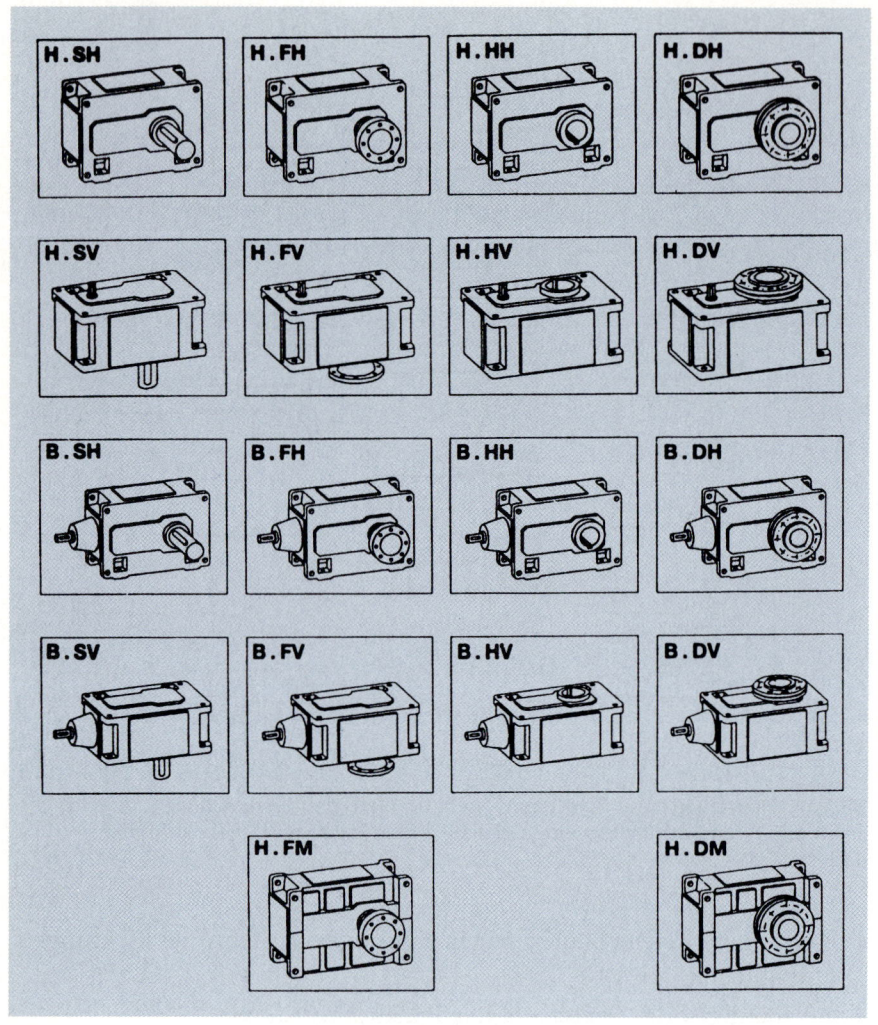

Bild 7.14 Baukastensystem „Getriebegehäuse", Firma Flender

Nasvytis hat den Begriff „Baukasten" so definiert: „Ein Baukasten ist eine Sammlung einer gewissen Anzahl verschiedener Elemente, aus welchen sich verschiedene Dinge zusammensetzen lassen [24]".

Entsprechend den vorangegangenen Ausführungen kann noch wie folgt definiert werden:

! Ein Baukastensystem besteht aus einer Menge realer oder/und abstrakter Bausteine gleicher oder unterschiedlicher Gestalt und Funktion(en), welche zu verschiedenen technischen Systemen zusammengebaut werden können.

Bild 7.15 a–b Typengruppen, Baureihen- und Baukastensysteme Tellerfedern (a) und Sonnenschirme (b); bei den verschiedenen Typengruppen und Baureihen Sonnenschirme sind im wesentlichen nur die Dachstangen unterschiedlich, die „inneren" Getriebebauteile sind weitgehend gleich

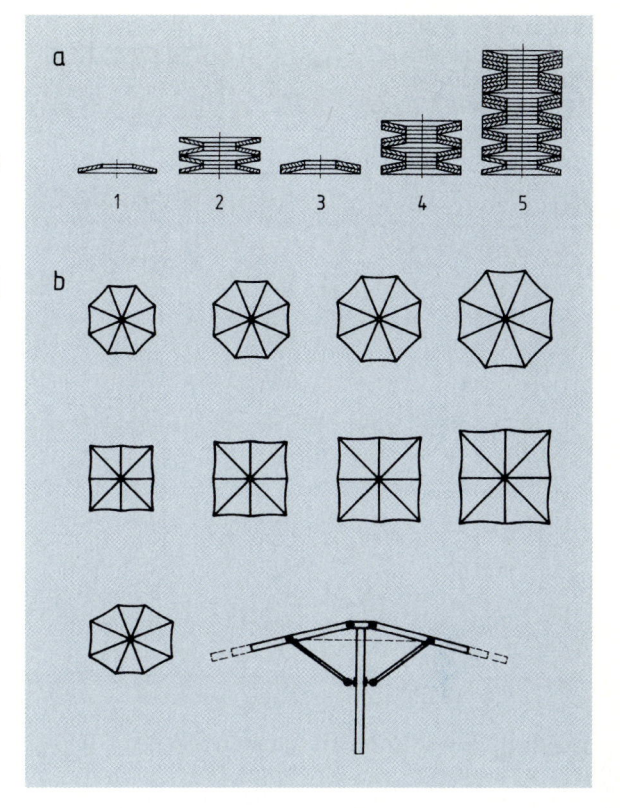

> Bausteine können Bauteile, Baugruppen oder komplexere Gebilde sein; Bausteine (abstrakte) können auch durch Teilbereiche von Bauteilen oder Baugruppen gebildet werden. **!**

Produkte als Baukastensysteme entwickeln heißt: technische Systeme unterschiedlicher Fähigkeiten und Eigenschaften mit möglichst wenigen, geometrisch unterschiedlichen Bausteinen (Bauteile, Baugruppen etc.) zu realisieren; oder noch anders formuliert: wenige, unterschiedliche Bausteine entwickeln, welche zum Bau möglichst vieler unterschiedlicher Systeme geeignet sind.

Die in den Bildern 7.6 bis 7.17 exemplarisch gezeigten Baukastensysteme zum Bau von Getriebesystemen, Sonnenschirmen, Federn, Haustür-Kommunikationsanlagen und Elektroinstallationssysteme, können hierzu als Beispiele gelten. Allen genannten Systemen ist eine relativ kleine Zahl unterschiedlicher Bausteine gemeinsam, mit welchen Systeme sehr unterschiedlicher Eigenschaften und Fähigkeiten gebaut werden können. Die Funktionen der Bausteine können gleich oder unterschiedlich sein, die Zahl der Bausteine unterschiedlicher Gestalt (Abmessungen u. a.

Bild 7.16 a–c Baukastensysteme, Total- und Partialbauweise von Bauteilen bzw. Baugruppen; Beispiele: Schema (a), Feder (b) und Bohrstange (c). (Erläuterungen im Text)

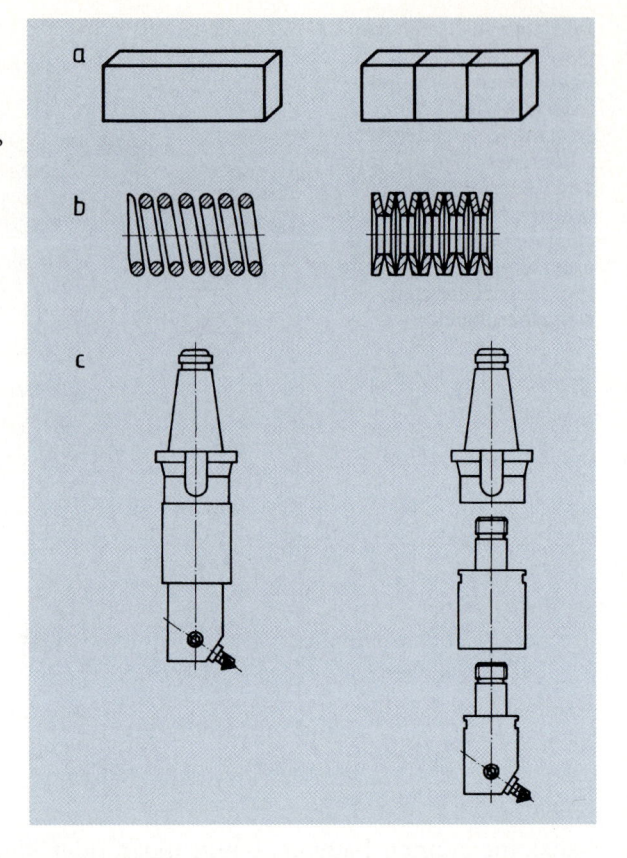

Parameterwerte) soll möglichst klein sein, d.h., es sollten möglichst geometrisch gleiche Bauteile und Baugruppen angestrebt werden. Die Folge: relativ große zu fertigende Stückzahlen, wenig unterschiedliche Bauteile, wirtschaftliche Lagerhaltung.

Abschließend sei noch bemerkt, daß in der Praxis auch häufig hybride „Baukasten-Baureihensysteme" zur Standardisierung von „Produktarten" angewandt werden.

Das von der Firma Flender [15] entwickelte Baukasten-Baureihensystem zum Bau von Getrieben unterschiedlicher Leistungen und sonstiger unterschiedlicher Eigenschaften kann hierzu als vorzügliches Beispiel gelten. Weitere Ausführungen zum Thema „Baukastensysteme" finden sich in der Literatur unter [24].

7.3 Baukastensysteme 349

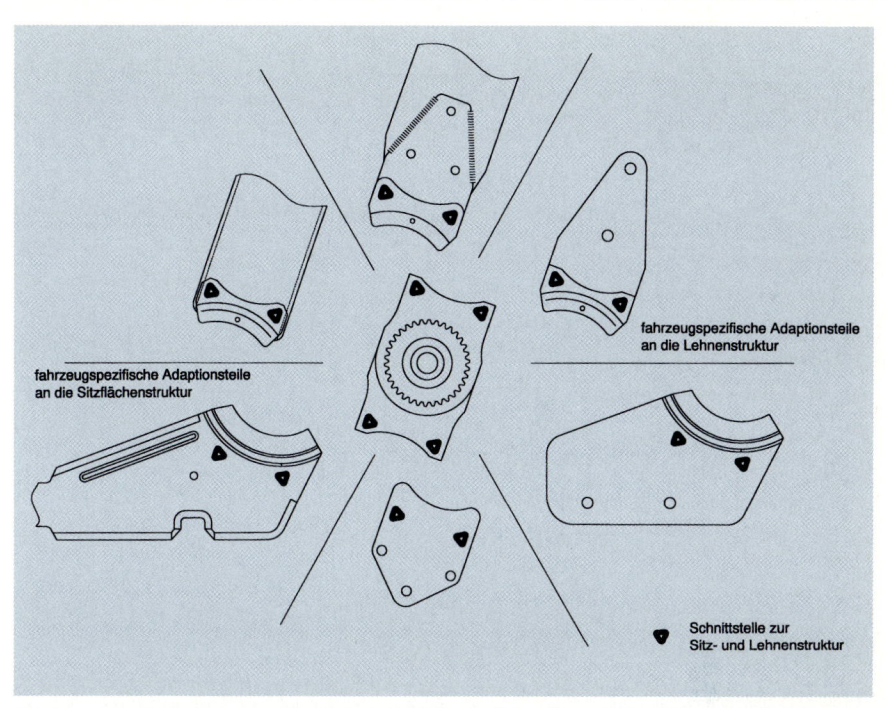

Bild 7.17 Baukastensystem für PKW-Sitzlehneneinsteller mit kundenspezifischen Sonderbausteinen; Beispiel eines partiellen Baukastensystems (Firma Keiper Recaro)

Produktspezifische oder spezielle Konstruktionsprozesse

In der Praxis gibt es immer einen erheblichen Bedarf an Produkten, welcher nicht mit standardisierten (Baureihen-Baukasten-Produkten), sondern nur mittels „maßgeschneiderter" Produkte erfüllt werden kann. Infolgedessen gibt es viele Produkte, welche immer wieder „neu" konstruiert werden müssen. In diesen Fällen bietet sich die Möglichkeit, nicht das Produkt, sondern den Konstruktionsprozeß für die betreffende Produktart zu „standardisieren", d.h. den Konstruktionsprozeß für eine Art von Produkten (Regeln, Algorithmen) zu erforschen und zu beschreiben, um diesen entweder manuell oder mittels Computer durchzuführen. So lassen sich schneller und wirtschaftlicher manuell oder per Computer Produktvarianten konstruieren. Eine weitere wesentliche Aufgabe der Konstruktionsforschung ist folglich die Analyse, Beschreibung und möglicherweise Programmierung produktspezifischer Konstruktionsprozesse. Diese nur zur Konstruktion einer bestimmten Art von Produkten („Produktefamilie") bzw. nur zur Konstruktion bestimmter Typvarianten einer Produktart gültigen Regeln, sollen als „spezielle oder produktspezifische Konstruktionsbeschreibungen, -regeln oder -algorithmen" bezeichnet werden. Unter den Begriffen „produktspezifische oder spezielle Entwicklungs- oder Konstruktionsprozesse" sind die Synthese-, Analyse- und Entscheidungstätigkeiten zu verstehen, welche zur Konstruktion von Varianten einer bestimmten Produktart erforderlich sind. Algorithmen zur Gestaltung von Zahnrädern, Synthese von Viergelenkgetrieben [18], PKW-A-Säulen [231] oder PKW-Heckleuchten [177] können als Beispiele produktspezifischer Konstruktionsalgorithmen gelten.

Unter „Produktart" sollen alle Produkte verstanden werden, welche gleichen Zwecken dienen bzw. welche per Definition einer Art von Produkten zuzurechnen sind (z.B. Produkteart „Zahnräder", dazu zählen: Innen-, Außen-, Kegelzahnräder mit evolventen-, zykloiden- oder andersförmigen Flankenformen usw.)

Als unterschiedliche Typen sollen Produkte einer Art bezeichnet werden, welche sich wenigstens in einem qualitativen Parameterwert unterscheiden, z.B. Innen- oder Außenzahnräder, Zahnräder mit evolventen-

oder zykloidenförmigen Flankenformen, PKW-A-Säulen gebildet aus 2, 3 oder mehr Blechbauteilen etc.

Im folgenden sollen die Unterschiede zwischen allgemeinen und speziellen bzw. zwischen Konstruktionsprozessen für unbestimmte (unbekannte) und bestimmte (bekannte) Produkte verdeutlicht werden. Es wird dazu eine Vorgehensweise zur Beschreibung produktspezifischer Konstruktionsprozesse aufgezeigt.

8.1
Beschreiben produktspezifischer Konstruktionsprozesse

Im Gegensatz zu Konstruktionsprozessen für noch unbekannte Produkte, von welchen zu Prozeßbeginn keinerlei Informationen über deren Lösung bekannt sind, ist zu Beginn von Konstruktionsprozessen für bestimmte bzw. für bereits bekannte Produktearten (z.B. Getriebe, Karosserien, PKW-Leuchten etc.) eine Fülle, die Lösung dieser Produkte bestimmenden qualitativen und quantitativen Parameterwerte bekannt. Man stelle sich vor, wieviel dem Fachmann bereits bekannt ist, wenn dieser vor die Aufgabe gestellt wird, ein Zahnrad- oder Viergelenkgetriebe für einen bestimmten Anwendungsfall zu konstruieren.

Für die uns bekannten Produkte – dies ist die überwältigende Mehrheit durchzuführender Konstruktionen – sind wiederholt Konstruktionsprozesse durchgeführt worden. Die Folge: Es liegen viele Ergebnisse vor, viele die Lösung dieser Produkte bestimmenden qualitativen und quantitativen Parameterwerte liegen vor und werden konstant gehalten. Viele Parameter einer Produktart, insbesondere deren qualitativen Parameterwertalternativen, sind bekannt. Diese werden entweder konstant gehalten oder variieren nur noch zwischen relativ wenigen, bewährten und diskreten Werten. So sind beispielsweise bei der Konstruktion von Zahnradgetrieben die Form der Zahnflanken der Zahnräder, die Art der Lagerung (z.B. Fest-Los-Lagerung mittels Kugellager), die Art der Drehmomentübertragung (Paßfeder oder Vielkeilwelle) und nahezu alle anderen qualitativen Parameterwerte bekannt. Gesucht sind nur noch relativ wenige quantitative Parameterwerte wie Modul, Zähnezahlen, Zahnradbreite, Wälzlagerabmessungen, die Gehäuseabmessungen u.a.m.

Bei zu konstruierenden, bekannten Produkten liegen die qualitativen Parameterwerte „physikalisches Prinzip", „Werkstoffe", „qualitative Gestalt" der „Bauteile" und „Baugruppen" und andere bereits fest. Es sind

8.1 Beschreiben produktspezifischer Konstruktionsprozesse

meist nur noch relativ wenige quantitative Parameterwerte, wie beispielsweise Wellendurchmesser, Abstände etc. festzulegen. Wieviel Werte einer Lösung bei bekannten Produkten bereits vor Prozeßbeginn festliegen und wieviele noch festzulegen sind, soll Bild 8.1 schematisch veranschaulichen.

Soll beispielsweise eine Prozeßbeschreibung für eine bestimmte Produktart erstellt werden, so kann anhand bereits bekannter Konstruktionsergebnisse untersucht werden, welche Werte die qualitativen Parameter dieser Produktart bei den bis dato durchgeführten Prozessen angenommen haben bzw. wieviele verschiedene Typen von einer Art bereits konstruiert wurden und welche möglicherweise noch unbekannt sind.

Ein Konstruktionsprozeß für ein bekanntes Produkt unterscheidet sich also von Prozessen für unbekannte Produkte im wesentlichen dadurch, daß bereits viele Parameterwerte (Konstruktionsergebnisse) zu

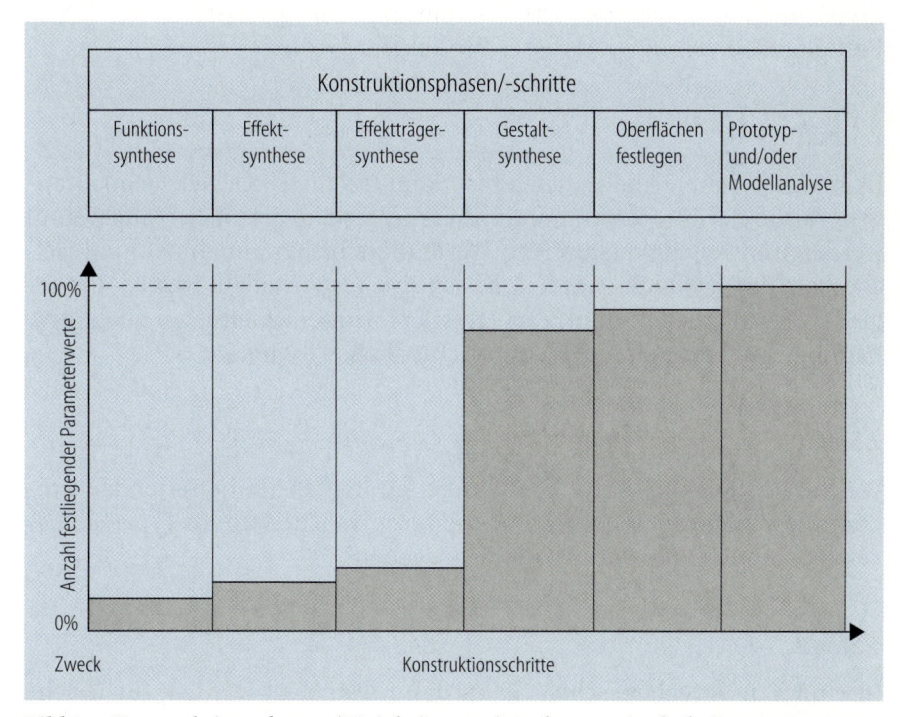

Bild 8.1 Konstruktionsphasen (Tätigkeitsarten) und zu ermittelnde Parameterarten und Parameterwerte; vollständige Beschreibung eines Produkts (vollständiges Ergebnis) = 100% Parameterwerte eines Produkts. Zunahme der ein Konstruktionsergebnis beschreibenden Daten in Abhängigkeit von den verschiedenen Konstruktionsschritten (Schema). Während der einzelnen Konstruktionsschritte wird jeweils eine bestimmte Menge von Parameterwerten (Daten) des Konstruktionsergebnisses festgelegt

Beginn bekannt sind, nicht so hingegen bei Prozessen für unbekannte Produkte. Konstruktionsprozesse für unbekannte Produkte kann man folglich auch als „originäre oder primäre Prozesse" und solche für bekannte Produkte als „nachvollzogene" oder „sekundäre Prozesse" bezeichnen.

Bei der Beschreibung produktspezifischer Konstruktionsvorgänge empfiehlt sich folgendes Vorgehen:

1. Schritt

Soll ein Konstruktionsprozeß für eine bekannte Produktart beschrieben werden, so ist es zweckmäßig, alles Wissen bzw. alle Konstruktionsergebnisse über diese Produktart zu sammeln, d.h., den „Stand der Technik" bezüglich dieser Produktart bzw. einen „künstlichen Fachmann" zu schaffen, welcher über die „gesamten Konstruktionsergebnisse" und alle „Methoden zur Bestimmung von Parameterwerten" (z.B. Festigkeitsberechnungen) dieser Produktart verfügt.

2. Schritt

In einem weiteren Analyseschritt ist dann festzustellen, welche qualitativen Parameter zur Bestimmung dieser Produktart bisher angewandt werden und welche qualitativen Werte diese bisher annehmen und welche konstant gehalten werden. Es ist also festzustellen, welche Typenvielfalt von einer Produktart existiert (unterschiedliche qualitative Parameterwerte entsprechen unterschiedlichen Typen).

3. Schritt

Welche qualitativen Werte können die Parameter des betreffenden Produkts zukünftig auch noch annehmen bzw. welche weitere Typen soll es zukünftig noch von einer Produktart geben?

4. Schritt

In einem 4. Vorgehensschritt kann dann festgelegt werden, für welche Typen einer Produktart der Konstruktionsprozeß beschrieben werden soll und welche Typen in Zukunft konstruiert und gebaut werden sollen oder ob die Typenvielfalt zukünftig reduziert oder erweitert werden soll. Im Falle einer Typenerweiterung können mit den allgemeinen Konstruktionsmitteln weitere Typen einer Produktart gefunden werden.

In diesem 4. Schritt soll im wesentlichen festgelegt werden, welche qualitativen Parameter zukünftig konstant gehalten werden und welche zukünftig welche Werte annehmen dürfen.

Mit anderen Worten: Es ist die zukünftig zulässige Typenvielfalt und es sind die Typen festzulegen, deren Konstruktionsprozesse beschrieben werden sollen.

5. Schritt

In einem weiteren Schritt sind dann die quantitativen Parameter (Abstände, Abmessungen, Festigkeitswerte von Werkstoffen u.a.) der verschiedenen Typen und deren bis dato in der Praxis angewandten diskreten Werte oder Wertebereiche festzustellen.

6. Schritt

Des weiteren sind für die verschiedenen Typen die zukünftig zulässigen quantitativen, diskreten Parameterwerte oder deren Wertebereiche festzulegen.

7. Schritt

Schließlich sind die einzelnen Tätigkeiten zur Festlegung von qualitativen und quantitativen Parameterwerten zu analysieren (zu erkennen) und in Regeln zu fassen bzw. zu beschreiben. D.h., es sind die Abhängigkeiten (a) der verschiedenen Parameterwerte y von gewünschten Produkteigenschaften bzw. Bedingungen (Leistung, Genauigkeit etc.) zu erkennen und zu beschreiben:

$$y = a \text{ (Eigenschaften/Bedingungen)}$$

In Bild 8.2 sind die geeigneten Vorgehensschritte nochmals übersichtlich zusammengefaßt.

Anhand des Beispiels „Getriebe" soll das Gesagte noch verdeutlicht werden. Man stelle sich vor, sehr viele Konstruktionsergebnisse von Getrieben (Produkteart „Getriebe") vorliegen zu haben. Bei einer Analyse würde man feststellen, daß es eine enorme Menge unterschiedlicher Getriebetypen und Bauteiltypen in diesen Getrieben gibt. So existieren beispielsweise Getriebetypen mit 2, 3, 4 ... Wellen, mit 2, 3, 4 ... Zahnrädern, mit Gußgehäusen oder geschweißten Gehäusen. In diesen Getrieben findet sich auch eine Vielzahl unterschiedlicher Bauteiltypen, so beispielsweise Außen-, Innen- oder Kegelzahnräder, kreisförmige und nicht kreisförmige Zahnräder (s. Bild 8.3), Zahnräder mit evolventen-, zykloidenförmigen

Bild 8.2 Tätigkeiten zur Analyse und Beschreibung produktspezifischer Konstruktionsprozesse („Stichworte")

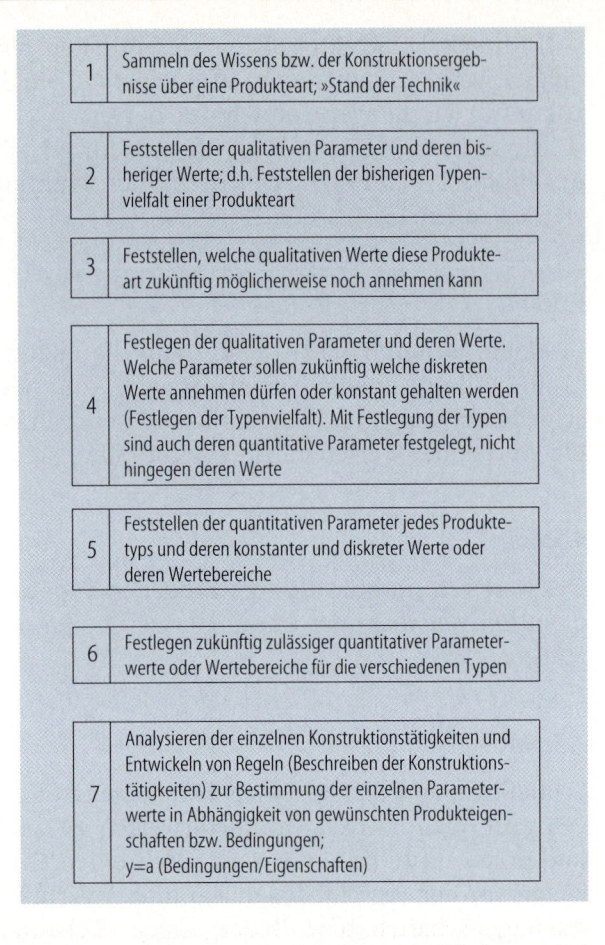

1	Sammeln des Wissens bzw. der Konstruktionsergebnisse über eine Produktart; »Stand der Technik«
2	Feststellen der qualitativen Parameter und deren bisheriger Werte; d.h. Feststellen der bisherigen Typenvielfalt einer Produktart
3	Feststellen, welche qualitativen Werte diese Produktart zukünftig möglicherweise noch annehmen kann
4	Festlegen der qualitativen Parameter und deren Werte. Welche Parameter sollen zukünftig welche diskreten Werte annehmen dürfen oder konstant gehalten werden (Festlegen der Typenvielfalt). Mit Festlegung der Typen sind auch deren quantitative Parameter festgelegt, nicht hingegen deren Werte
5	Feststellen der quantitativen Parameter jedes Produkttyps und deren konstanter und diskreter Werte oder deren Wertebereiche
6	Festlegen zukünftig zulässiger quantitativer Parameterwerte oder Wertebereiche für die verschiedenen Typen
7	Analysieren der einzelnen Konstruktionstätigkeiten und Entwickeln von Regeln (Beschreiben der Konstruktionstätigkeiten) zur Bestimmung der einzelnen Parameterwerte in Abhängigkeit von gewünschten Produkteigenschaften bzw. Bedingungen; y=a (Bedingungen/Eigenschaften)

Zahnflankenformen, verschiedene Wälz- und Gleitlager, Paßfedern und Vielkeilwellen zur Drehmomentenübertragung und viele andere Bauteiltypen.

Diese Ausführungen mögen genügen, um zu zeigen, daß man eine Konstruktionsprozeßbeschreibung nur dann durchführen kann, wenn man sich auf relativ wenige Bauteil- und Systemtypen beschränkt, zweckmäßigerweise auf jene, welche technisch und wirtschaftlich relevant sind. Für diese wenigen Bauteil- und Getriebetypen kann man dann Regeln (Algorithmen) zur Bestimmung qualitativer und quantitativer Parameterwerte entwickeln. Für Getriebe sind dies beispielsweise Regeln zur Bestimmung des Getriebetyps (Getriebe mit 2, 3 ... Wellen, mit 2, 3, 4 ... Zahnrädern, mit koaxialen oder nicht koaxialen An-, Abtriebswellen usw.).

Für Bauteile oder Baugruppen sind dies beispielsweise Regeln zur Bestimmung des Zahnradtyps (Innen- oder Außenzahnrad, schräg- oder geradverzahnte Räder usw.), des Lagertyps (Gleit- oder Wälzlager, Wälz-

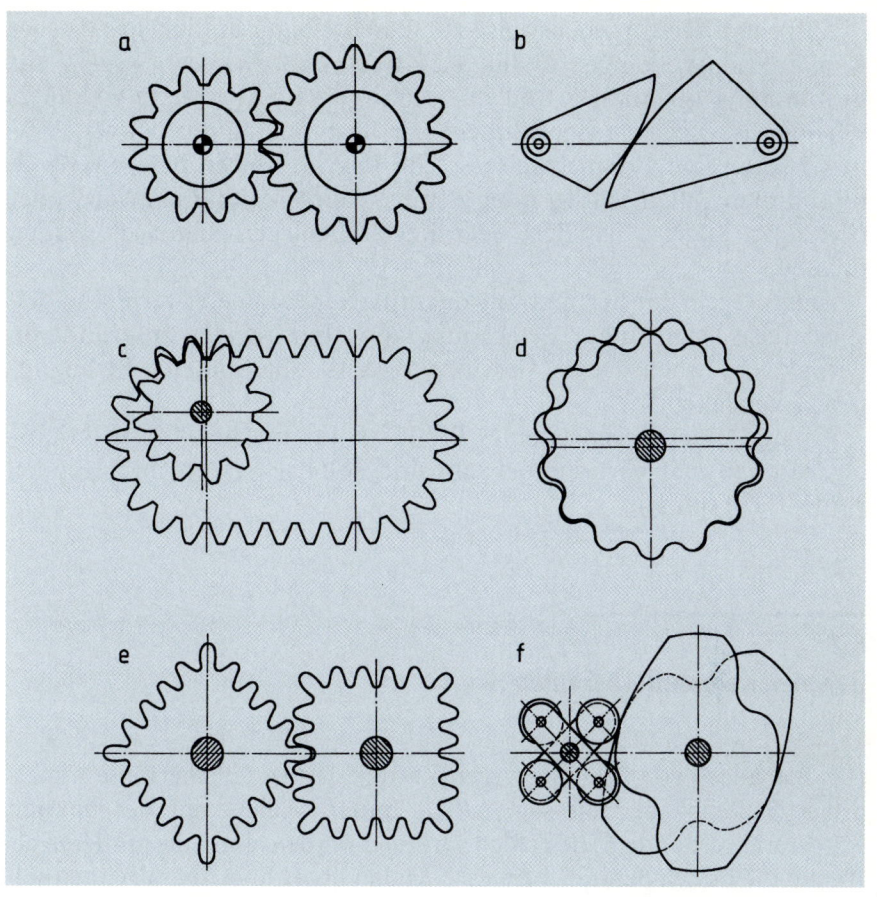

Bild 8.3 a–f Beispiel: Analyse des Konstruktionsprozesses für Hebelsysteme; Feststellen deren qualitativer Parameterwerte bzw. deren Typenvielfalt und Festlegen der Typen (a bis f), deren Konstruktionsprozeß vollständig beschrieben werden soll. Festlegen der Typen, für welche Regeln zur Bestimmung deren quantitativer Parameterwerte entwickelt werden sollen

lagertyp „Kugel-, Zylinder- oder Kegelrollenlager" etc.) oder des Wellentyps zur Drehmomentübertragung (Paßfeder oder Vielkeilwelle etc.).

Für Produkte, zu deren quantitativer Parameterwertebestimmung keine Methoden bekannt sind, müssen diese erst erarbeitet werden. Für die wirtschaftlich relevanten Zahnradgetriebe und deren Bauteiltypen sind Methoden zur Berechnung deren quantitativer Parameterwerte bereits seit langem vorhanden. So beispielsweise für Getriebe und Zahnräder (nach DIN 780) zur Bestimmung des Achsabstands, Moduls, Zähnezahl, Teil-, Kopf- und Fußkreisdurchmesser, Zahnbreite u. a. Für andere Produkte, welche in der Praxis nicht so häufig angewandt werden, fehlen meist Methoden zur Bestimmung von Abmessungswerten.

Aufgrund der Vorgehensweise zur Beschreibung produktspezifischer Konstruktionsvorgänge (s. Bild 8.2) folgt, daß zwischen Regeln zur Bestimmung qualitativer und quantitativer Parameterwerte zu unterscheiden ist. Regeln (Algorithmen) zur Bestimmung qualitativer Parameterwerte sind beispielsweise solche Regeln, welche besagen, ob in bestimmten Fällen schräg- oder geradverzahnte Zahnräder, Wälz- oder Gleitlager, Kugel-, Zylinder- oder Kegelrollenlager eingesetzt werden müssen.

Unter Regeln zur Bestimmung quantitativer Parameterwerte sind beispielsweise Formeln zur Berechnung von Abmessungen aufgrund von Festigkeits-, Lebensdauer-, Geschwindigkeits- oder anderen Bedingungen zu verstehen.

Anhand eines Beispiels eines Produkts, für welches Konstruktionsalgorithmen weitgehend unbekannt sind, soll das Gesagte im folgenden verdeutlicht werden.

8.2
Beispiel „Karosserie-A-Säulen"

Das Blechdach von Personenwagen-Karosserien ist üblicherweise mittels dreier Säulenpaare, den sog. A-, B- und C-Säulen, mit der übrigen Karosserie verbunden. Die beiden vorderen werden als A-, die mittleren als B- und die hinten befindlichen als C-Säulen bezeichnet. Im folgenden soll der Konstruktionsprozeß von A-Säulen exemplarisch betrachtet werden.

Die Zwecke von A-Säulen sind, ein PKW-Dach zu tragen, als Teil eines Türrahmens, als Teil eines Windschutzscheibenrahmens und ferner als Regenwasserablauf zu wirken. Außerdem sollen A-Säulen Wageninsassen einen möglichst guten Schutz bei Unfällen gewähren, indem diese einem Zusammendrücken der Dachpartie möglichst hohen Widerstand entgegensetzen.

Eine A-Säule hat entsprechend folgende Funktionen zu erfüllen: Kräfte (Zug-, Druck- oder Knickkräfte, Biege- und Torsionsmomente) zu leiten, Regenwasser abzuleiten, das Dach mit der übrigen Karosserie und die Windschutzscheibe mit der Karosserie zu verbinden.

Sonstige an A-Säulen zu stellende Bedingungen sind: möglichst leicht zu bauen und das Sichtfeld des Fahrzeuglenkers nicht über einen zulässigen Wert einzuschränken.

Sammelt und analysiert man die Ergebnisse von A-Säulen-Konstruktionsprozessen, um diese zu beschreiben, so stellt man fest, daß die

8.2 Beispiel „Karosserie-A-Säulen" 359

Bild 8.4 a–f Analyse des Konstruktionsprozesses für PKW-Karosserie-A-Säulen (Beispiel); Feststellen deren Typenvielfalt bzw. qualitativer Parameterwert – s. Typen a 1, 2 bis f 1, 2

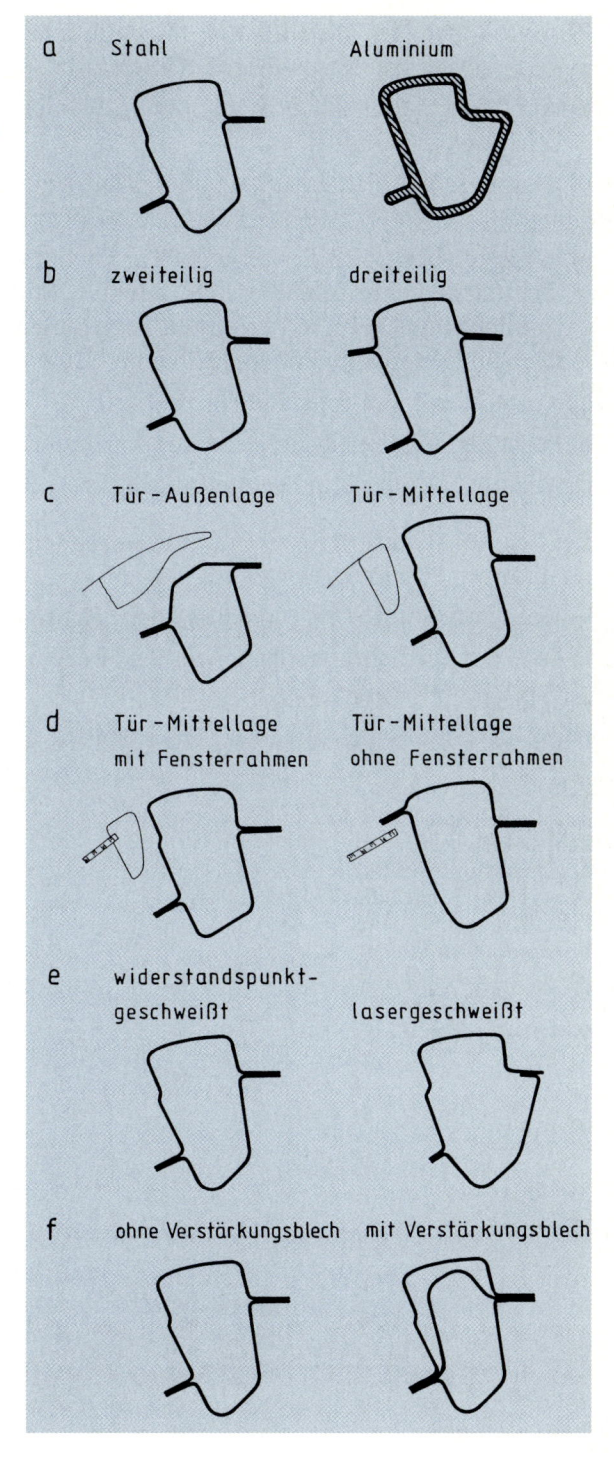

a   Stahl   Aluminium

b   zweiteilig   dreiteilig

c   Tür – Außenlage   Tür – Mittellage

d   Tür – Mittellage   Tür – Mittellage
    mit Fensterrahmen   ohne Fensterrahmen

e   widerstandspunkt-
    geschweißt   lasergeschweißt

f   ohne Verstärkungsblech   mit Verstärkungsblech

Praxis bis dato im wesentlichen folgende qualitativen Parameterwerte zur Gestaltung von Karosserie-A-Säulen nutzt:

a) Werkstoff: A-Säulen aus Stahl St 12, 13, 14 oder neuerdings auch Leichtmetall (s. Bild 8.4 a),

b) Bauteilezahl: A-Säulen aus 1, 2 oder 3 Teilen zusammengesetzt (s. Bild 8.4 b),

c) Varianten bezüglich der Lage der Tür-Dichtflächen: Lage der Türdichtflächen am „Außenbereich" oder im „Mittelbereich" der A-Säule (s. Bild 8.4 c). Da PKW-Türen stets nach außen öffnen, sind Türdichtflächenlagen im „Innenbereich" von A-Säulen nicht gebräuchlich,

d) Anzahl der Teiloberflächen, (s. Bild 8.5),

e) Form der Teiloberflächen: eben und zylinderförmig, (s. Bild 8.5),

f) A-Säule mit oder ohne Versteifungsblech, (s. Bild 8.4 f).

Bei der Konstruktion neuer A-Säulenvarianten sind demnach folgende qualitativen Parameterwerte festzulegen:

- Werkstoff: Stahl St 12, 13 oder 14 oder Leichtmetall,
- Lage der Türdichtungsfläche: „außen" oder „mittig",
- Teilezahl: 1, 2 oder 3teilig,

Bild 8.5 a–f Verschiedene Typen von PKW-A-Säulen, geordnet entsprechend der Zahl an Teiloberflächen des Querschnittsprofils, von (a) bis (f) steigend. Zylindrische und ebene Teiloberflächen zählen jeweils als eine Teiloberfläche; 3er BMW (d), VW Golf 3 (e), VW Golf 1 (f)

- Versteifungsbleche, mit oder ohne,
- Zahl der Teiloberflächen der jeweiligen Bauteile einer A-Säule,
- Form der einzelnen Teiloberflächen, eben oder zylinderförmig,
- Abstände und Abmessungen einzelner Teiloberflächen, Bauteile und des Gesamtsystems A-Säule.

Des weiteren bedingen das Schweißverfahren (Widerstandspunkt- oder Laserschweißverfahren, s. Bild 8.4 e) und die Türart (Tür mit oder ohne Rahmen) noch weitere A-Säulentypen.

In Bild 8.6 sind die unterschiedlichen Typen von A-Säulen zusammenfassend dargestellt.

Bild 8.7 zeigt diese Lösungsalternativen symbolisiert und die verschiedenen „Stationen" und „Schritte" des Konstruktionsprozesses S1 bis S5, an welchen Konstruktionstätigkeiten stattfinden (Entscheidungen), um zu der einen oder anderen Lösung zu gelangen.

Diesen Alternativen entsprechend sind Regeln (Algorithmen) zu entwickeln, welche besagen, unter welchen Bedingungen die eine oder die andere Alternative zu wählen ist. Diese Algorithmen sind manchmal trivial und „kaum der Rede wert", oft ist es auch schwierig, Regeln für eindeutige Entscheidungen anzugeben. Solche Regeln können beispielsweise lauten:

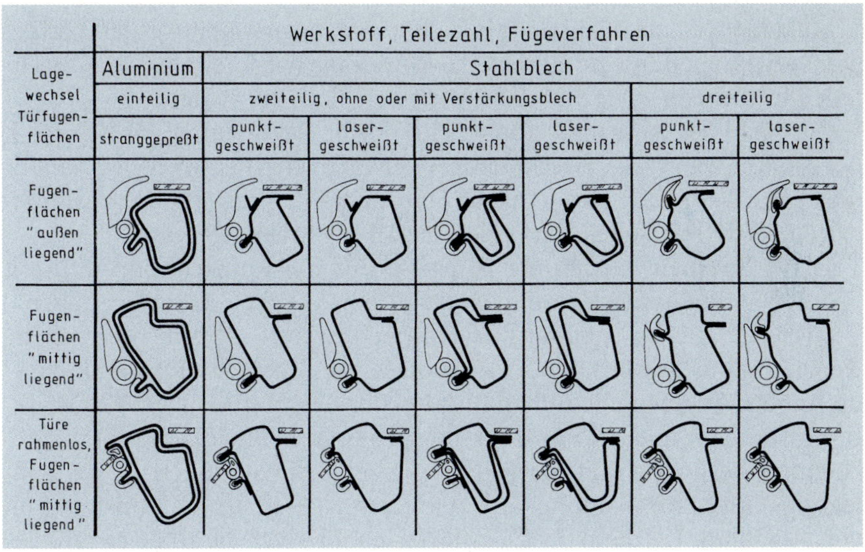

Bild 8.6 Systematik gebräuchlicher PKW-A-Säulentypen, geordnet entsprechend der Lage der Türfugenfläche (bezüglich A-Säule), Werkstoffart, Zahl der Bauteile (aus welchen die Säule zusammengesetzt ist) und deren Fertigungsverfahren (eine Änderung des Fertigungsverfahrens entspricht einer Änderung mehrerer Gestaltparameterwerte)

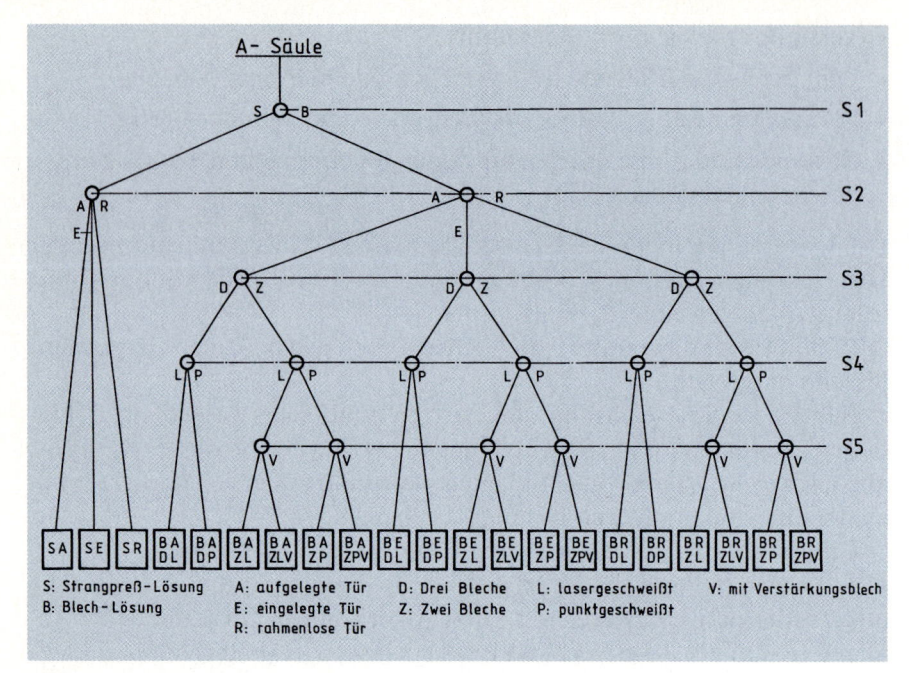

Bild 8.7 Konstruktionsschritte und Festlegen der qualitativen Parameterwerte (= Typenauswahl) bei A-Säulen

Soll eine A-Säule höchstmögliche Widerstandsmomente gegen Verbiegen aufweisen, dann ist ein lasergeschweißter A-Säulentyp aus 3 Blechteilen und einem zusätzlichen Versteifungsblech zu wählen.

Zur Wahl des Werkstoffs könnte eine solche Regel lauten: Als Werkstoff der A-Säule wählt man zweckmäßigerweise den gleichen Werkstoff wie für die übrige Karosserie. Bevorzugt ist Stahl zu wählen, nur wenn Karosserien extrem leicht sein sollen, darf Leichtmetall angewandt werden.

Diese Beispiele mögen als Hinweise auf die Konstruktionstätigkeit „Festlegen qualitativer Parameterwerte" bzw. „Typfestlegung" genügen.

Dieses Festlegen „qualitativer Parameterwerte" ist eine wesentliche Konstruktionstätigkeit, auch wenn diese im „Kopf des Konstrukteurs" oft unbewußt geschieht und folglich bei der Beschreibung von Konstruktionsprozessen und bei Konstruktionsprogrammentwicklungen entsprechend unberücksichtigt bleibt. Bild 8.7 zeigt die Stationen dieser Festlegungs- und Entscheidungsprozesse exemplarisch für die Konstruktion von A-Säulen. Da derartiges Festlegen qualitativer Parameterwerte bei der Konstruktion jeder Art von Produkten in ähnlicher Weise stattfindet, ist diese Darstellung des Konstruktionsprozesses für Karosserie-A-Säulen von allgemeiner Bedeutung für die Beschreibung spezieller Konstruktionsprozesse.

Bild 8.8 Typ NN einer A-Säule und dessen quantitativer Parameter (unvollständig); Erläuterungen im Text

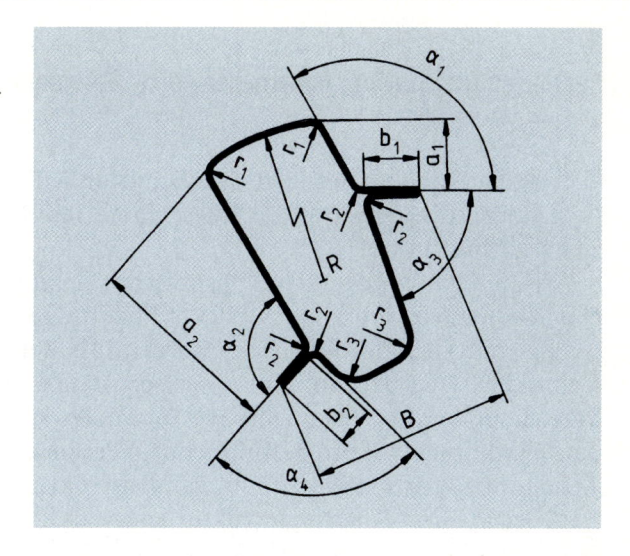

Will man den Konstruktionsprozeß für bestimmte Typen einer Produktefamilie beschreiben, so muß man in einem weiteren Schritt zu dem jeweiligen Typ die quantitativen Parameter (d.h. die verschiedenen Abmessungen) aufzeigen und versuchen, aus den bis dato vorliegenden Konstruktionsergebnissen Regeln zur Bestimmung der Werte dieser Parameter zu entwickeln.

Bild 8.8 zeigt exemplarisch einen A-Säulentyp des Bilds 8.6 mit eingetragenen quantitativen Parametern (Bemaßung). Zur Festlegung der quantitativen Parameterwerte (Abmessungen) von A-Säulen lassen sich folgende Regeln angeben:

a_1: Abstand der Flansch-/Klebefläche der Windschutzscheibe von der Außenhautkontur der Karosserie = 12 bis 13 mm

b_1: Breite der Flansch- oder Klebefläche für die Windschutzscheibe = 18,5 bis 20 mm

b_2: Breite des Schweißflanschs bzw. der Aufsteckfläche für die Türdichtung bei Anwendung des Widerstandpunktschweißens = 12,2 bis 16,4 mm. Diese wenigen Algorithmen mögen genügen, um das grundsätzliche Vorgehen exemplarisch zu zeigen, weitere Regeln finden sich unter [231] in der Literatur.

8.3
Festlegen qualitativer Parameterwerte, Beispiele

Technische Systeme besitzen eine Funktions-, Effekt-, Effektträger- und Gestaltstruktur. Ferner werden diese durch Teiloberflächen und Energiezustände bestimmt.

Als „qualitative Parameter" technischer Gebilde sollen die veränderlichen Größen von Funktions-, Effekt-, Effektträger- und Gestaltstrukturen technischer Gebilde bezeichnet werden. Als solche sollen ferner noch technische Oberflächen und Energiezustände beschreibende Größen bezeichnet werden. Als qualitative Parameter können beispielsweise die eine Funktionsstruktur bestimmenden Parameter gelten. Das sind, die Art der Struktur selbst (Ketten-, Parallelstruktur etc.) sowie die Art und Zahl der in einer Funktionsstruktur angewandten Funktionen. Als qualitative Parameter können gelten: die Art, Zahl und Struktur von Effekten, die Art, Zahl und Struktur von Effektträgern, die Art, Zahl, Abmessungen, Abstände und Struktur der Gestalt technischer Gebilde sowie Oberflächen- und Energiezustände beschreibende Größen. Qualitative Parameterwerte sind beispielsweise die verschiedenen physikalischen Effekte, verschiedene Werkstoffe, Formen oder Zahl an Teiloberflächen u. a. Werte, welche zur Konstruktion und Bestimmung technischer Produkte angewandt werden.

So kann beispielsweise der qualitative Parameter „Form von Wälzkörpern" die Werte „kugel-", „zylinder-", „kegel-" oder „tonnenförmig", oder die Flankenformen von Zahnriemen oder Zahnrädern können die Werte „evolventen-", „zylinder-" oder „zykloidenförmig" annehmen.

Die Zahl der Schrauben einer Schraubverbindung oder die Zahl der Schweißpunkte einer Schweißverbindung können als weitere qualitative Gestaltparameterwerte betrachtet werden.

Ob Reib- oder Zahnradgetriebe mit jeweils zwei Außenreib- oder zwei Außenzahnrädern oder mit jeweils einem Außen- und einem Innenreib- bzw. Innenzahnrad ausgeführt werden, kann als weiteres Beispiel qualitativer Parameterwerte-Festlegung dienen.

Das Festlegen der „richtigen" qualitativen Parameterwerte ist für den Erfolg einer Konstruktion von noch größerer Bedeutung als das richtige Festlegen der quantitativen Parameterwerte; was „qualitativ falsch" gemacht wird, kann durch quantitative Parameterfestlegung (Dimensionierung) nicht wieder gut gemacht werden.

Qualitativ „richtig" konstruieren heißt beispielsweise, in konkreten Fällen das am besten geeignete Antriebsprinzip zu wählen (mechanischer, hydraulischer, pneumatischer oder elektrischer Antrieb), Kolben-

statt Wankelmotor, Gleitlager statt Wälzlager wählen, Innenberollungen statt Außenberollungen, flächen- statt linien-, linien- statt punktförmiger Kraftüberleitungen gestalten, etc.

Einen Träger mit offenem oder geschlossenem Profil auszustatten, einen Träger mit offenem Profil „Doppel-T-förmig", „U-förmig" oder „T-förmig" zu gestalten, ist das Ergebnis unterschiedlicher qualitativer Parameterwerte-Festlegung. Einen Wellenübergang zu runden statt diesen scharfkantig oder mit einer Kerbe auszustatten (s. Bild 8.9 a), für Reibradpaarungen Innenberollung statt Außenberollung zu wählen (s. Bild 8.9 b), Kraftüberleitungsstellen flächen- statt linien- oder linien- statt punktför-

Bild 8.9 a–h Beispiele: Festlegen qualitativer Parameterwerte so, daß deren Eigenschaften bezüglich Festigkeit (a), Hertzscher Pressung (b), spezifischer Flächenbelastung bei Kraftüberleitung (c), Stoßempfindlichkeit (d), Zuverlässigkeit beim Halten von Fäden (e), ungleichmäßig zu bewegender Massen (f), Abgasemission (g) und Preis-/Leistungsverhältnis (h) optimal werden. Die rechts im Bild gezeigten Lösungen, sind die jeweils besseren; weitere Erläuterungen im Text.

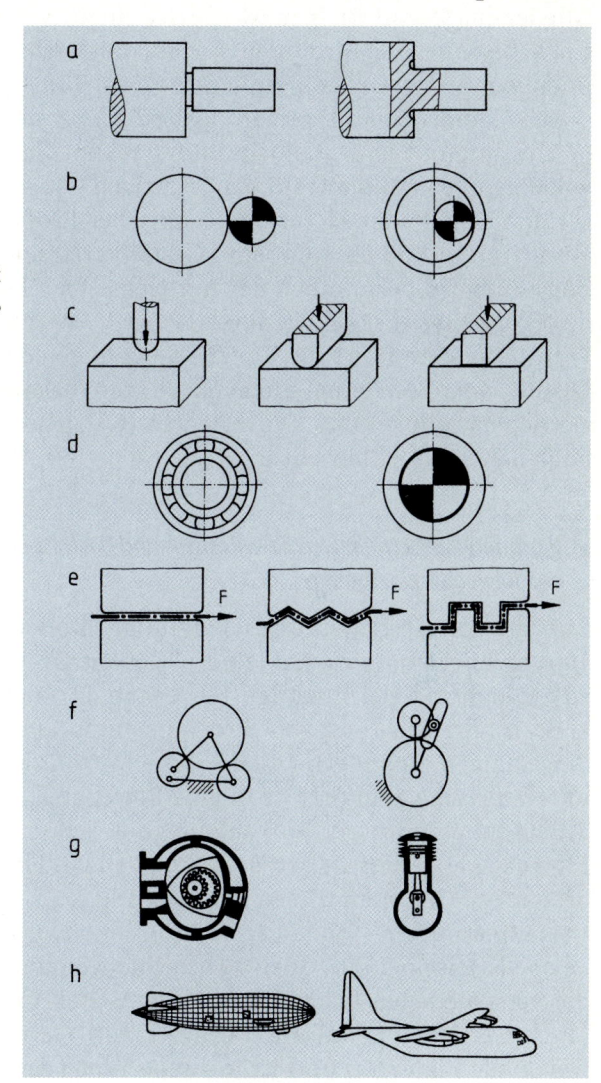

mig zu gestalten (s. Bild 8.9 c), können als weitere Beispiele für eine vorteilhafte Festlegung qualitativer Parameterwerte dienen.

Eine Einrichtung zum Festhalten von Fäden benötigt eine relativ große Kraft, wenn diese so ausgebildet wird, wie in Bild 8.9 e, links, gezeigt; diese benötigt für ein zuverlässiges Wirken hingegen eine relativ kleine Andruckkraft, wenn diese mäanderförmig gestaltet wird, wie in Bild 8.9 e, rechts, gezeigt. Ein intermittierendes Getriebe besitzt wesentlich bessere Voraussetzungen, für höhere Leistung geeignet zu sein, wenn nur 1 Glied (das Abtriebsglied) ungleichmäßig bewegt werden muß und alle übrigen Glieder gleichmäßig bewegt werden und die Zahl der Glieder insgesamt kleiner ist als bei einem anderen intermittierenden Getriebe mit einer größeren Anzahl ungleichmäßig bewegter Glieder und einer größeren Gesamtgliederzahl (s. Bild 8.9 f).

Sehr eindrucksvoll zeigen insbesondere noch die Vergleiche von „Wankelmotor" und „Kolbenmotor" sowie „Zeppelin" und „Flugzeug", wie entsprechend die Wahl der „richtigen" qualitativen Parameterwerte für den Erfolg oder Mißerfolg technischer Produkte ist (s. Bild 8.9 g, h). Wankel- und Kolbenmotor sind Gestaltvarianten des Hebeleffekts; beim Zeppelin wird bekanntlich der Auftriebseffekt, bei Flugzeugen hingegen der Profilauftriebseffekt genutzt.

Insbesondere führt die Variation qualitativer Parameterwerte bei der Lösung von Bewegungsaufgaben zu den bekannten unterschiedlichen Getriebeprinzipien und Typvarianten (Getriebearten), wie im folgenden noch näher ausgeführt wird.

a) Variation des Getriebetyps bzw. Prinzip- und Gestaltparameterwerte zur Lösung von Bewegungsaufgaben

Aufgabe von Getrieben ist es, Bewegungen oder Kräfte (Drehmomente) zu vergrößern oder zu verkleinern, Gesetzmäßigkeiten von Bewegungen zu verändern (gleichmäßige Bewegung in ungleichmäßige Bewegung ändern), die Richtung von Bewegungen zu ändern oder die Form von Bewegungen zu ändern (rotatorische in translatorische, translatorische in rotatorische, rotatorische in eine Bewegung „allgemeiner Form" etc.). Zur Lösung derartiger Aufgaben eignen sich u. a. der Hebel- und Keil-Effekt sowie der Effekt der Druckkonstanz in Flüssigkeiten (s. Bild 8.10), besonders. Gibt man diesen Prinziplösungen Gestalt und variiert deren Gestaltparameter – ohne deren Funktionen zu ändern – so erhält man beispielsweise bei Ein- oder Mehrfachanwendung des Hebel-/Keileffekts die verschiedenen bekannten mechanischen Getriebe-Gestaltvarianten (auch Getriebetypen, Getriebebauformen, Getriebearten etc. genannt), wovon die Bilder 8.11 und 3.3.10 einige Typen zeigen.

8.3 Festlegen qualitativer Parameterwerte, Beispiele

Physik. Effekt Getriebe-Prinzip	Hebel-/ Keilgetriebe	Torsionsgetriebe	Querkontraktions-getriebe	Fluidgetriebe	Elektr./Magn. Getriebe
Prinzip					

Gestaltvarianten (Getriebeart)	Kurvengetriebe	Gelenkgetriebe	Räder-/Wälz-hebelgetriebe	Zug-/Druck-mittelgetriebe	Hybride Getriebe
Ebene Getriebe	Ebene Kurvengetriebe	Ebene Gelenkgetriebe	Ebene Rädergetriebe Stirnradgetriebe	Ebene Zug-/Druck-mittelgetriebe	Ebene, hybride Getriebe
Sphärische Getriebe	Sphärische Kurvengetriebe Kugelkurven-getriebe	Sphärische Gelenkgetriebe	Sphärische Rädergetriebe Kegelradgetriebe	Sphärische Zug-/Druck-mittelgetriebe	Sphärische, hybride Getriebe
Räumliche Getriebe	Räumliche Kurvengetriebe	Räumliche Gelenkgetriebe	Räuml. Rädergetr. Schraubengetriebe Schneckengetriebe Hypoidgetriebe	Räumliche Zug-/Druck-mittelgetriebe	Räumliche, hybride Getriebe

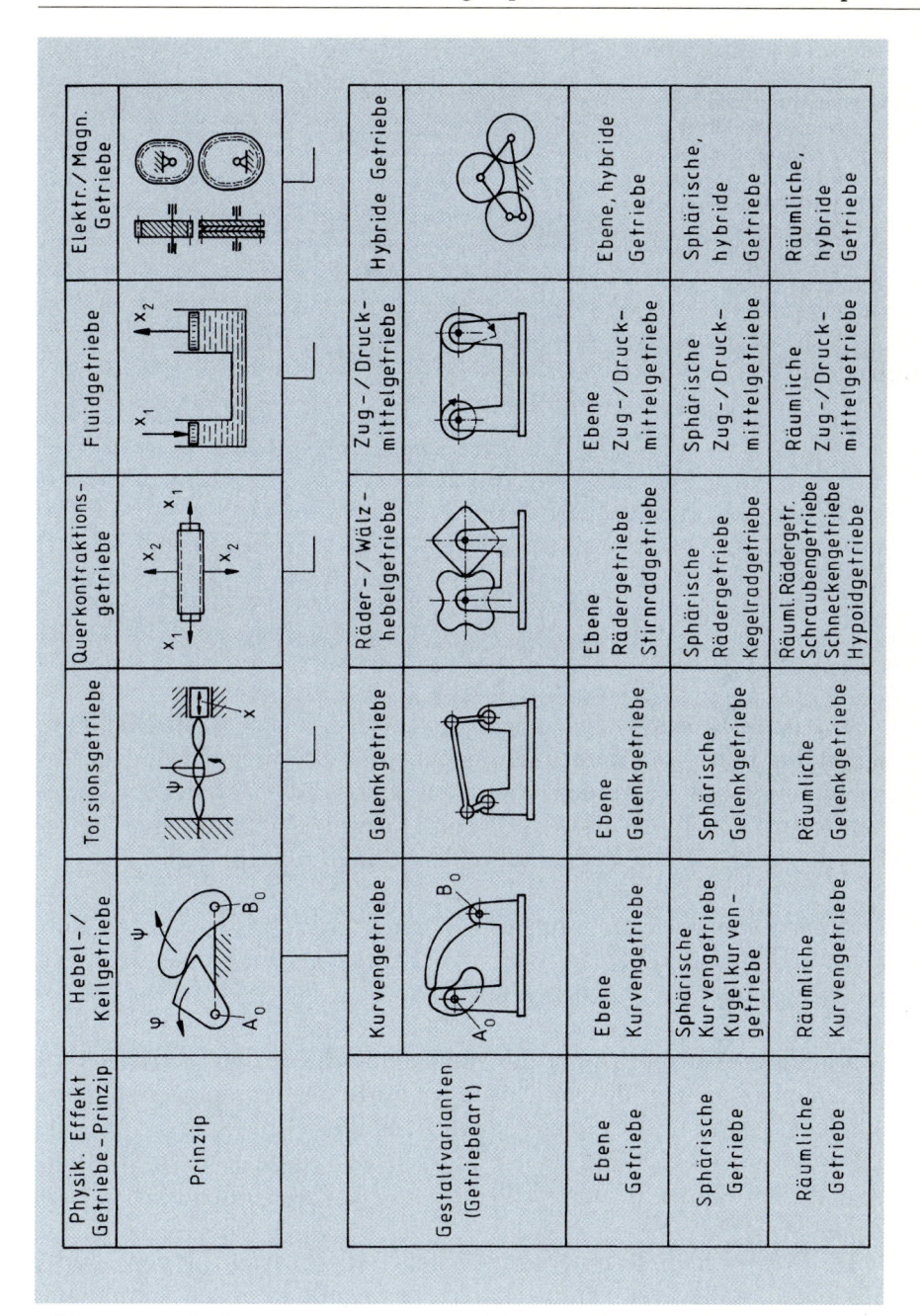

Bild 8.10 Verschiedene Prinzipien zum Wandeln, Vergrößern oder Verkleinern von Bewegungsenergie – Komponenten und übliche Gliederung von Hebelsysteme in Getriebetypen „Kurven-, Gelenk-, Räder-, Wälzhebel-, Zug-Druckmittel- und zusammengesetzte oder hybride Getriebe sowie ebene, sphärische und räumliche Getriebe (Achslagen parallel, in einem (1) punktschneidend, windschief)

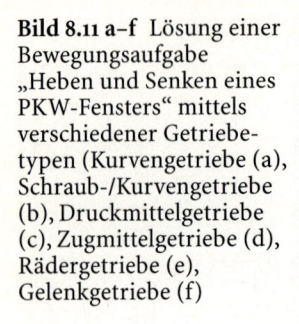

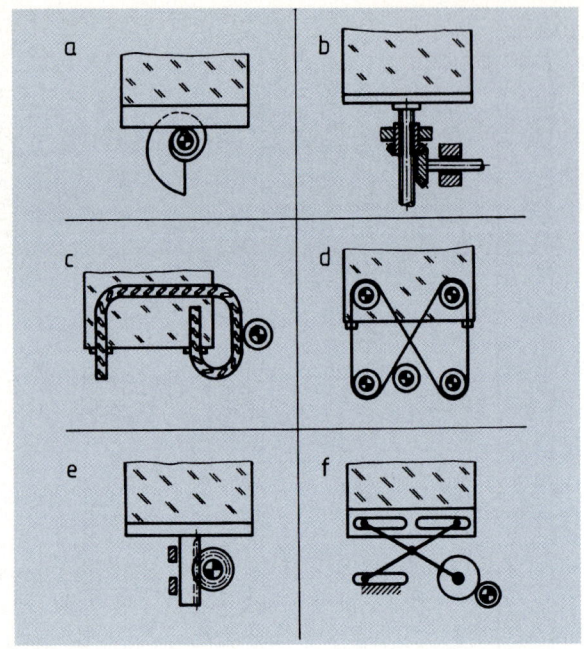

Bild 8.11 a–f Lösung einer Bewegungsaufgabe „Heben und Senken eines PKW-Fensters" mittels verschiedener Getriebetypen (Kurvengetriebe (a), Schraub-/Kurvengetriebe (b), Druckmittelgetriebe (c), Zugmittelgetriebe (d), Rädergetriebe (e), Gelenkgetriebe (f)

Wie diese Beispiele auch zeigen, und wie sich leicht feststellen läßt, kann eine bestimmte Bewegungsaufgabe mittels unterschiedlicher Gestaltvarianten gelöst werden. Weil es möglich ist, die Gestalt von Getrieben so zu ändern, daß diese zu Gelenk-, Kurven-, Zugmittel- u. a. Getriebetypen werden, ohne dadurch ihre Funktionen zu verändern, gilt:

! Lösungen von Bewegungsaufgaben können grundsätzlich mittels Kurven-, Räder-, Gelenk-, Zug- oder Druckmittelgetrieben oder sonstigen Gestaltvarianten gefunden werden.

Mit anderen Worten: Durch die Wahl unterschiedlicher Getriebe-Typvarianten kann man Alternativlösungen für Bewegungsaufgaben finden.

Die Bilder 8.11 und 3.3.10 zeigen hierzu einige Beispiele für die Aufgabe „Fenster von PKW-Türen heben und senken" sowie „Umsetzen unterschiedlicher Daten in unterschiedliche Drehwinkel einer Welle" (Decodieren).

Da man sich diese unterschiedlichen Getriebearten (Typen) durch Variation qualitativer Parameterwerte entstanden denken kann, kann diese Art des „Findens von Lösungen für Bewegungsaufgaben" auch als „qualitative Getriebesynthese" bezeichnet werden.

Diese beiden Beispiele mögen genügen, um zu zeigen, daß man durch Variation der qualitativen Getriebeparameterwerte bzw. Variation der

Getriebeart systematisch zu unterschiedlichen Lösungen (Gestaltvarianten) von Bewegungsaufgaben gelangen kann. Als Variation des Getriebetyps soll die alternative Verwendung von Kurven-, Gelenk-, Räder-, Zugmittel-, Druckmittel- oder hybriden Getriebetypen verstanden werden.

BEISPIEL: ANPRESSVORRICHTUNG   Es sei die Aufgabe gestellt, eine Anpreßvorrichtung zu konstruieren, welche die Rotation einer von Hand angetriebenen Welle in eine translatorische Anpreßbewegung umsetzt. Zur Erzeugung einer relativ großen Anpreßkraft ist die Abtriebsbewegung gegenüber der Antriebsbewegung stark zu verkleinern (zu übersetzen). Aufgrund räumlicher Gegebenheiten muß die Eingangswelle horizontal angeordnet werden. Ferner soll das Abtriebsglied in vertikaler Richtung wirken (siehe Bild 8.12).

Hieraus ergibt sich folgende Abstraktion: Die Rotationsbewegung einer horizontal anzuordnenden Welle ist in eine Translationsbewegung zu wandeln; diese ist zu verkleinern und in ihrer Richtung so zu verändern, daß schließlich eine vertikale Anpreßbewegung entsteht. Bild 8.12 zeigt mehrere mögliche Grundoperationsstrukturen. Da die Reihenfolge der einzelnen Operationen für diesen Fall beliebig gewählt werden kann, erhält man durch systematisches Vertauschen der Reihenfolge der drei Grundoperationen „Wandeln", „Verkleinern", „Richtungändern" insgesamt sechs Grundoperationsstrukturen.

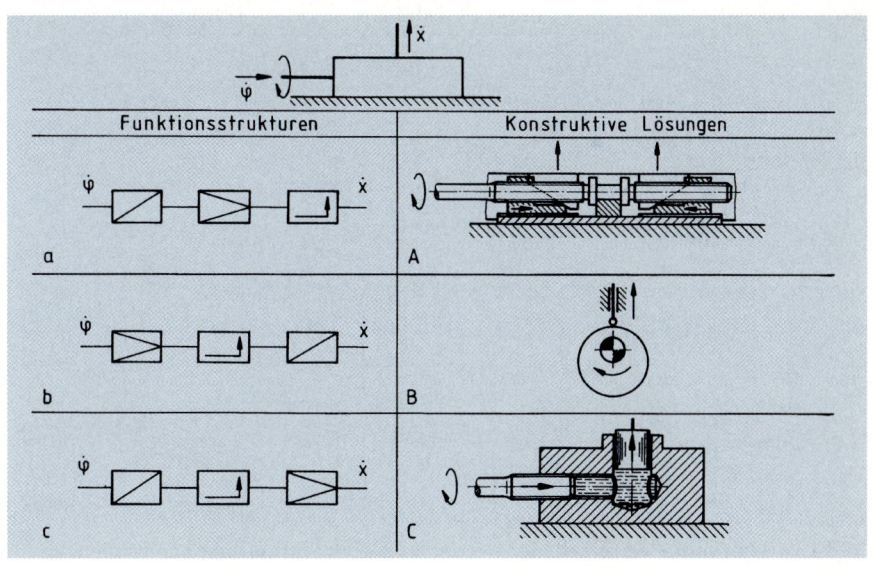

Bild 8.12 a–c Anpreßvorrichtung; Funktionsstrukturen und Lösungen mittels unterschiedlicher Getriebetypen (a bis c)

Zum Aufzeigen von möglichen Konzepten ist es zweckmäßig, eine Kombinationssystematik mit den Einzellösungen der Grundoperationen zu entwickeln (s. Bild 8.13). In den Spalten dieser Systematik sind für das Wandeln, Verkleinern und Richtungändern jeweils Lösungsvarianten angegeben, welche durch einen Wechsel der Getriebeart (Spalte 1 bis 4) und des Getriebeprinzips (Spalte 5) gefunden wurden. In der 1. Zeile finden sich jeweils Getriebe verschiedener Art zum Wandeln von Rotations- in Translationsbewegung. Da sich bei dieser Operation die Dimensionen der Bewegungsgrößen ändern (Weg→Winkel; Geschwindigkeit→Winkelgeschwindigkeit usw.), wird diese Operation entsprechend als „Wandeln" bezeichnet. Die 2. Zeile zeigt verschiedene Arten von Getrieben zum Verkleinern einer Bewegungsgröße. In der 3. Zeile sind Getriebe zur Änderung der Richtung der Bewegung, der Geschwindigkeit bzw. der Kraft angegeben. Wegen ihrer großen praktischen Bedeutung sind in der 1. Spalte neben einem Kurvengetriebe mit stößelförmigem Abtriebsglied auch noch die Gestaltvarianten „Schraub- und Keilgetriebe" aufgenommen; beide Getriebetypen sind spezielle Kurvengetriebe. Die Pfeile am Ein- und Ausgang der einzelnen Getriebe sollen die realisierte Funktionen verdeutlichen. Es ist noch besonders zu bemerken, daß das Kurvengetriebe mit stößelförmigem Abtriebsglied (1. Spalte) sowohl eine Bewegungsform in eine andere wandeln kann (1. Zeile), Bewegungen verkleinern (2. Zeile) sowie auch Bewegungsrichtungen zu ändern vermag (3. Zeile).

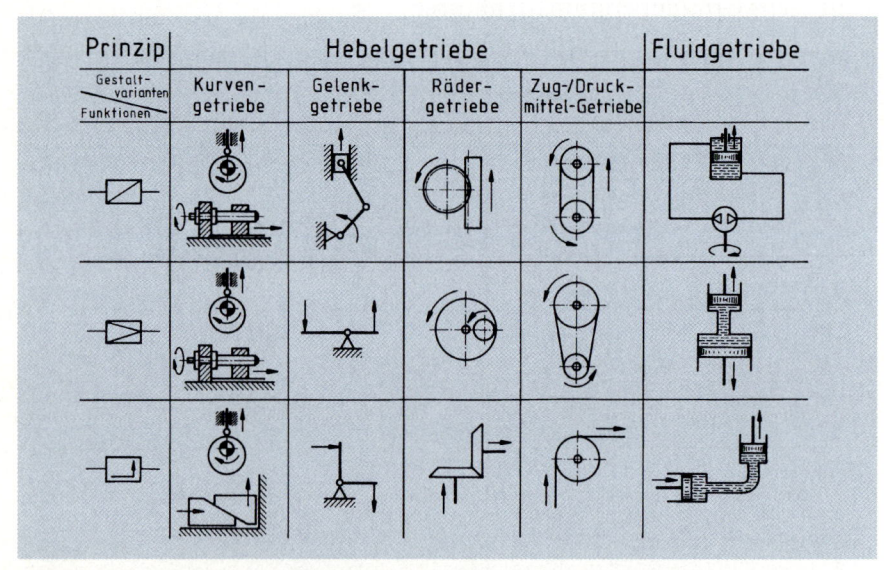

Bild 8.13 Zuordnung verschiedener Getriebetypen zu bestimmten Funktionen; Systematik zur Kombination einzelner Getriebetypen zu Gesamtlösungen („Morphologischer Kasten") einer Bewegungsaufgabe

Lösungsalternativen lassen sich mit Hilfe dieser Kombinationsmatrix (Morphologischer Kasten) angeben. Alternative Lösungen finden sich durch Kombination je einer Lösungsvariante jeder Zeile, d. h. durch Zusammenführen von Teillösungen pro Operation zu einer Gesamtlösung. Wählt man dabei für die Operationen Wandeln und Verkleinern jeweils ein Schraubgetriebe (Spalte 1, Zeile 1 bzw. Spalte 1, Zeile 2) und zur Richtungsänderung ein Keilgetriebe (Spalte 1, Zeile 3), so erhält man eine Prinziplösung, wie sie Bild 8.12 a zeigt. Eine besonders einfache Lösung erhält man, wenn für alle drei Operationen das Kurvengetriebe mit stößelförmigem Abtriebsglied gewählt wird. Die entsprechende Lösung zeigt Bild 8.12 b. Schließlich wurde im Falle der Lösung c zur Wandlung der Bewegungsform und zum Verkleinern der Bewegung ein Schraubgetriebe und zur Richtungsänderung der Bewegung ein Fluidgetriebe (Spalte 5, Zeile 3) gewählt.

Rein formal gibt jede Lösungsalternative der Zeile 1 des Bilds 8.13 kombiniert mit jeweils einer Alternative aus den Zeilen 2 und 3 ein der Aufgabenstellung entsprechendes Getriebegesamtkonzept. Theoretisch ergeben sich bei Nutzung aller Kombinationsmöglichkeiten insgesamt $6^3 = 216$ Typvarianten. In der Praxis ist an diesen Syntheseschritt anschließend ein Selektionsvorgang durchzuführen, dessen Ziel es ist, die für den betreffenden Fall günstigste Typvariante anzugeben. Da es in dem vorliegenden konkreten Anwendungsfall u. a. besonders auf eine geringe Bauhöhe ankam, erschien die Lösung nach Bild 8.12 a als die am besten geeignete, weil mit dieser eine besonders geringe Bauhöhe erzielt werden konnte.

b) Variation der Bewegungsform zur Lösung von Bewegungsaufgaben

Häufig ist in Maschinen und Geräten ein bestimmtes Bauteil nur in verschiedene Positionen zu bewegen, ohne daß es dabei auf die Form der Bewegung (Weg) ankommt. Beispiele solcher Mechanismen sind elektrische Schalter, Türen, Vorschubeinrichtungen, Sitzhöhenverstelleinrichtungen und viele andere Dinge mehr. In allen Fällen, wo es bei Bewegungsaufgaben nicht auf die Form der Bewegung bzw. eines Wegs, sondern lediglich auf das Anlaufen bestimmter Positionen eines Bauteils ankommt, kann man den Parameter „Bewegungsform" nutzen und variieren, um zu alternativen Lösungen zu gelangen. Es gilt:

Für Bewegungsaufgaben, bei welchen die Form der Bewegung beliebig sein kann, lassen sich durch Variation der Bewegungsform alternative Lösungen finden. Der Parameter „Bewegungsform" kann die Werte „rotatorisch, translatorisch oder allgemeine Form" annehmen.

Bild 8.14 a-d Zuführeinrichtung von Werkstücken in eine Schleifmaschine (a). Beispiel einer Lösung einer Bewegungsaufgabe durch Variation der Bewegungsform; Translation (b), Rotation (c), allgemeine Bewegungsform (d)

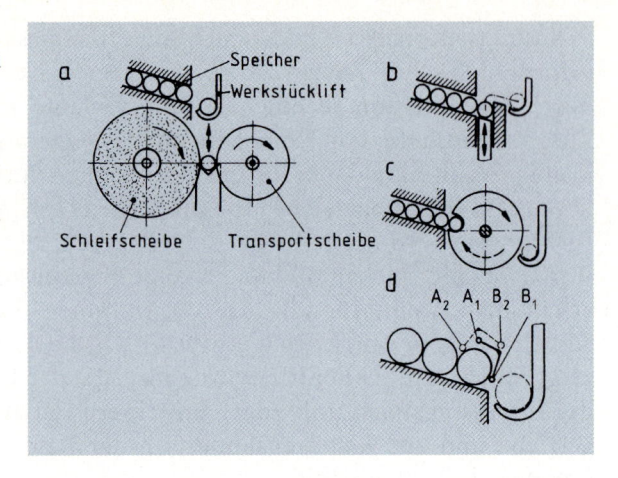

Beispiele für Variationen der Bewegungsform sind rotatorisch, translatorisch oder allgemein bewegte Türen, wie Drehtüren, Schiebetüren und allgemein bewegte Türen, wie sie beispielsweise manchmal bei Straßenbahnen, Rennwagen oder anderen Fahrzeugen angewandt werden. Der Ersatz von Geradführungen durch Drehführungen kann als weiteres, häufig angewandtes Beispiel gelten. Für die Betätigung elektrischer Kontakte ist die Bewegungsform ebenfalls gleichgültig. Ein Wechsel der Bewegungsform führt, wie man gedanklich leicht nachvollziehen kann, zu den bekannten Drehschaltern (Rotation), Druckknopfschaltern (Translation) oder mittels Gelenkgetriebe betätigten Schalter.

Bild 8.14 zeigt zur Vereinzelung von zylinderförmigen Werkstücken drei verschiedene getriebetechnische Lösungen, welche durch Wechsel der Bewegungsform gefunden werden konnten. Die Aufgabe bestand darin, die im Speicher befindlichen zylinderförmigen Werkstücke einzeln einem Werkstücklift bzw. einer Bearbeitungsstelle zuzuführen. Die Teilbilder a, b und c zeigen jeweils die getriebetechnische Lösung mit translatorischer, rotatorischer und allgemeiner Bewegungsform des Getriebeglieds mittels zur Vereinzelung dieser Werkstücke.

c) Variation der Bewegungsgesetze zur Lösung von Bewegungsaufgaben

Eine weitere Möglichkeit, zu alternativen Lösungen von Bewegungsaufgaben zu gelangen, erhält man durch Variation der Bewegungsgesetze. Die Praxis kennt zahlreiche Bewegungsaufgaben, bei welchen es nicht darauf ankommt, ob die zur Lösung dieser Aufgaben benutzte Bewegung eines oder mehrerer Bauteile oszillierend oder fortlaufend ist. In solchen Fällen lassen sich durch Variation der Bewegungsgesetze, d.h. Bewegung „oszillierend" oder „fortlaufend", von Fall zu Fall günstigere oder weniger

Bild 8.15 a–b Farbbandtransporteinrichtungen für Schreibmaschinen. Beispiel: Für die Lösung einer Bewegungsaufgabe durch Variation der Bewegung; hin und her Bewegung (a), fortlaufende Bewegungsart (b)

günstige Lösungen für eine Bewegungsaufgabe angeben. Als Beispiele hierzu können gelten: Rasierapparate und Rasenmäher mit fortlaufend oder oszillierend bewegten Messern; Kolben-, Wankelmotoren (Kreiskolbenmotoren) und Gasturbinen, Farbbandwerke mit vor- und rückspulenden Farbtransporteinrichtungen bzw. solchen, welche das Farbband nur in einer Richtung fortlaufend transportieren, s. Bild 8.15.

Diese Beispiele mögen genügen, um die Bedeutung der Festlegung qualitativer Parameterwerte für die Qualität eines Konstruktionsergebnisses bzw. Produkts zu verdeutlichen.

8.4
Festlegen quantitativer Parameterwerte

Ziel der vorangegangenen Kapitel war es, die qualitativen Parameter technischer Gebilde aufzuzeigen und Algorithmen zu deren Wertebestimmung zu entwickeln. Die folgenden Ausführungen sollen nun der Bestimmung quantitativer Parameterwerte dienen. Die Festlegung quantitativer Parameterwerte kann erst erfolgen, wenn die qualitativen Parameterwerte festgelegt sind bzw. die qualitative Lösung eines Produkts bereits festgelegt ist. So können die Abmessungen eines Trägers beispielsweise erst dann festgelegt werden, wenn die qualitative Gestalt des Trägers bekannt ist, d.h., ob dessen Querschnitt kreisförmig, rechteckig, T- oder doppel-T-förmig (etc.) ist. Auch Zahnräder oder andere technische Gebilde können erst dann dimensioniert werden, wenn deren qualitative Gestalt vorher festgelegt ist, d.h. festliegt, ob diese beispielsweise evolventen- oder zykloidenförmige Zahnflankenformen besitzen. Allgemein gilt:

> **!** Bemessen (Dimensioniert) können nur Produkte werden, deren qualitative Parameterwerte bzw. deren Gestalt qualitativ festliegt.

Grundsätzlich sollte man mit dem Berechnen bzw. quantitativen Festlegen von Parameterwerten erst dann beginnen, wenn sicher ist, daß das betreffende Gebilde qualitativ am günstigsten festgelegt (gestaltet) ist. Andernfalls läuft man Gefahr, Berechnungen umsonst durchzuführen. Deshalb sollte man vor jeder quantitativen Festlegung nochmals prüfen, ob ein technisches Gebilde qualitativ optimal festgelegt ist.

Quantitatives Konstruieren (Bemessen oder Dimensionieren) kann nur an technischen Gebilden stattfinden, deren Zwecke und sonstigen Bedingungen bekannt sind, d.h., quantitatives Konstruieren ist immer produktspezifisches Konstruieren.

Berechnungsmethoden zur Bestimmung quantitativer Parameterwerte basieren auf physikalischen Gesetzmäßigkeiten. Entsprechend kann man unterscheiden zwischen Berechnungsmethoden der

- Mechanik (Statik, Festigkeit, Dynamik, Kinetik),
- Fluidik (Strömungsmechanik, Hydraulik),
- Thermodynamik,
- Wärmeübertragung,
- Elektrotechnik,
- Optik und
- Akustik.

Die Methoden zur Bestimmung quantitativer Parameterwerte lassen sich des weiteren gliedern in solche, welche

- allgemein, d.h. für jede Produktart und
- nur für bestimmte bzw. spezielle Produktarten gelten.

Schwingungsberechnungsmethoden, Coulombsches Reibungsgesetz, Gleichgewichtsberechnungen u.a. können als Beispiele allgemeingültiger Methoden gelten; Methoden zur Synthese von Viergelenkgetrieben, Festigkeitsberechnungen für Zahnräder mit evolventenförmigen Zahnflankenformen, Lebensdauerberechnungen für Wälzlager u. a. können als Beispiele produktspezifischer Berechnungsmethoden gelten.

Wie die Praxis lehrt, wird nur ein kleiner Teil der Parameter (Abstände, Abmessungen etc.) technischer Produkte mittels mehr oder weniger exakten Berechnungsmethoden festgelegt. Die weitaus größere Zahl an Parameterwerten technischer Produkte wird – mangels Methoden – nach „Gefühl" und „Gutdünken" erfahrener Konstrukteure festgelegt. Für viele Parameter von Produkten, welche nur selten konstruiert werden müssen, ist es aus wirtschaftlichen Gründen nicht sinnvoll, über einen Bemessungsalgorithmus nachzudenken. Anders verhält es sich hingegen bei Produkten, welche häufig „neu konstruiert" werden. In diesen Fällen würde es sich sehr wohl lohnen, über einen Algorithmus nachzudenken. Abmessungen, welche nahezu beliebig festgelegt werden können, weil sie durch keine Restriktionen bestimmt werden, sollte man nach Möglichkeit standarisieren oder konstant halten, um so eine unnötige Vielfalt an Abmessungsvarianten aus wirtschaftlichen Gründen einzudämmen. In der Praxis wird diesen Rationalisierungsmöglichkeiten im Konstruktionsbüro leider viel zu wenig Aufmerksamkeit gewidmet; statt dessen überläßt man die Festlegung unwesentlicher Parameterwerte dem „Gefühl" des Konstrukteurs; die Folge ist in vielen Fällen eine chaotische Abmessungsvielfalt von Bauteilen gleicher Zwecke.

Die Methoden zur Berechnung von Parameterwerten technischer Systeme können aus physikalischen Gesetzmäßigkeiten oder aus Experimenten gewonnen werden. So können beispielsweise die Berechnung der Parameterwerte für die Selbsthemmung einer Schraube aus dem Reibungsgesetz, hingegen Methoden zur Berechnung der Lebensdauer von Wälzlagern durch zahlreiche Versuche (empirisch) und daraus abgeleiteter Gesetzmäßigkeiten gewonnen werden.

Die Verfahren zur Bestimmung von Parameterwerten eines bestimmten Produkts gelten üblicherweise nur für dieses Produkt. Hingegen gelten die Gesetze der Physik für jedes Produkt. Die Verfahren zur Berechnung, ob eine Schraubenverbindung selbsthemmend ist, ob eine Führung verkanten oder nicht verkanten kann, gelten nur für das Produkt „Schraube" bzw. „Führung".

Aus vielen Experimenten gewonnene Algorithmen zur Bemessung von Kolben oder Kurbelwellen für Verbrennungsmotoren u.a. können als weitere Beispiele produktspezifischer Methoden gelten.

Zur Abrundung und Vervollständigung des Bilds über „Konstruktionsprozesse" sollen im folgenden noch einige Verfahren zur Bestimmung quantitativer Parameterwerte technischer Gebilde exemplarisch genannt und angewandt werden. Ansonsten wird hinsichtlich Berechnungsmethoden auf die vorhandene Literatur zur Dimensionierung von Maschinenelementen nach Festigkeits-, Lebensdauer-, wärmetechnischen u.a. Gesichtspunkten hingewiesen [165, 166, 167].

1. Bemessung von Bauteilen aufgrund Hertzscher Pressung

Wenn Kräfte von einem Bauteil auf ein anderes übertragen werden müssen, so sollten die übertragenden Wirkflächen der Bauteile möglichst großflächig ausgebildet werden, um die spezifische Flächenbelastung möglichst klein zu halten. Verbieten sich flächige Kraftüberleitungs-

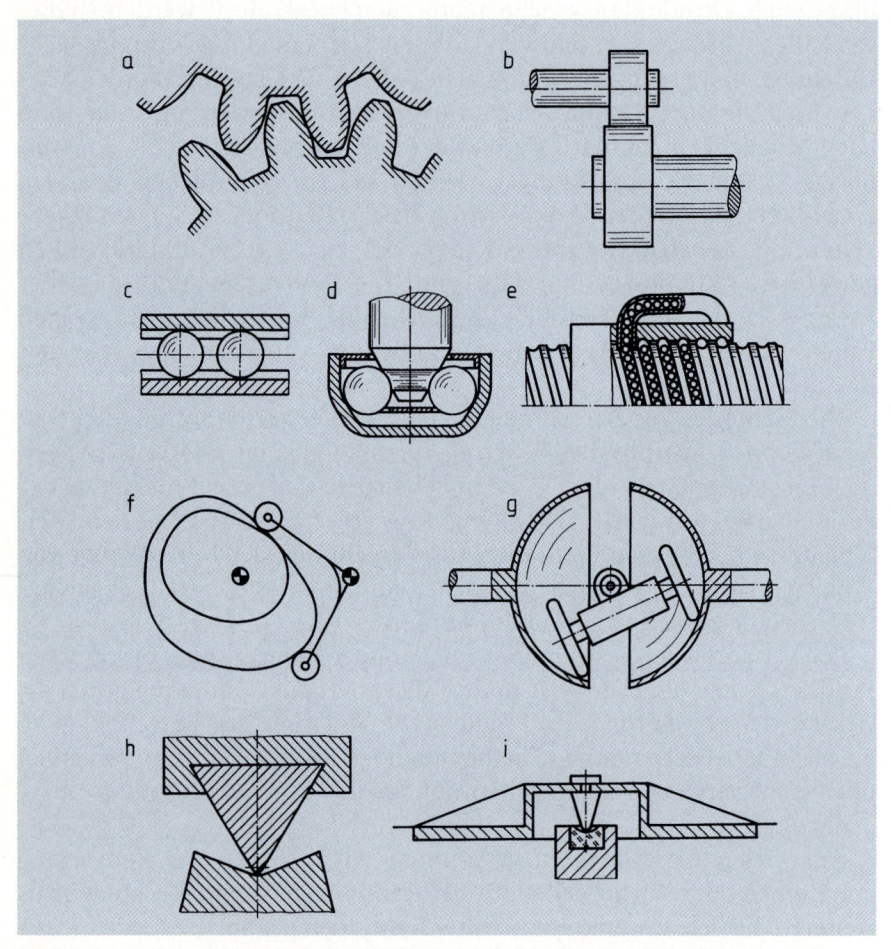

Bild 8.16 a–i Beispiele technischer Gebilde mit kritischen Kraftüberleitungsstellen (Hertzscher Pressungen), Zahnräder (a), Reibräder (b), Wälzführungen (c), Kugellager (d), Wälzumlauf-Gewindespindel (e), Kurvengetriebe (f), Getriebe mit stufenlos steuerbarem Übersetzungsverhältnis (g), Schneidenlager (h), Spitzenlager (i)

Bild 8.17 „Uhing-Getriebe" zum Wandeln von fortlaufender Rotationsbewegung in oszillierende Translationsbewegungen; Beispiel eines technischen Systems mit kritischer Kraftüberleitungsstelle (Hertzsche Pressungen)

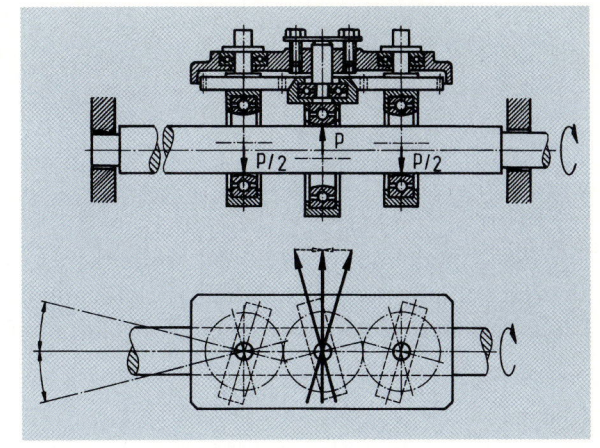

stellen und lassen sich Kraftüberleitungsstellen zweier Bauteile nur linien- oder punktförmig gestalten, wie beispielsweise bei Spitzenlagern, Wälzlagern, Zahnpaarungen etc., so sind dies mögliche „Schwach-" bzw. „Versagensstellen" technischer Systeme. Die Bilder 8.16 und 8.17 zeigen einige Produkte, deren Leistungsfähigkeit im wesentlichen durch Hertzsche Pressungen in den Kraftüberleitungsstellen begrenzt wird. Welche Belastungen solche punkt- oder linienförmigen Kraftüberleitungsstellen übertragen können, läßt sich mittels der Hertzschen Formeln näherungsweise bestimmen. Voraussetzungen zur Anwendung dieser Formeln sind: homogene, isotrope, vollkommen elastische Körper (Bauteile/Werkstoffe), Gültigkeit des Hookeschen Gesetzes für die beteiligten Werkstoffe; die Abplattungen müssen im Verhältnis zu den Bauteilabmessungen klein sein; in der Druckfläche sollen nur normal gerichtete Kräfte auftreten.

Für einen zuverlässigen Betrieb einer solchen Kraftüberleitungsstelle muß gelten, daß die mittels der Formel nach Hertz errechenbare maximale Spannung im Werkstoff σ_o kleiner oder höchstens gleich groß sein darf, wie die für den betreffenden Werkstoff zulässige Spannung σ_{zul};

$$\max. \sigma_z = \sigma_o \leq \sigma_{zul} \left[N/mm^2 \right] \qquad (1)$$

BERÜHRUNG ZWEIER KUGELFÖRMIGER BAUTEILFLÄCHEN Im Falle kugelförmiger Berührung zweier Bauteile läßt sich die Maximalspannung nach Hertz wie folgt berechnen:

$$\max. \sigma_z = \sigma_o = -\frac{1}{\pi} \cdot \sqrt[3]{\frac{1,5 \, F \cdot E^2}{r^2 \, (1-\nu^2)^2}} \qquad (2)$$

$$\frac{1}{r} = \frac{1}{r_1} \pm \frac{1}{r_2} \qquad (3)$$

$$E = \frac{2\,E_1 \cdot E_2}{E_1 + E_2} \qquad (4)$$

Für die Querdehnungszahl wird einheitlich $v = 0{,}3$ angenommen. Die Druckspannung verteilt sich halbkugelförmig über die Druckfläche. Die Projektion der Druckfläche ist ein Kreis mit dem Radius

$$a = \sqrt[3]{1{,}5 \cdot \left(1-v^2\right)\, F \cdot r / E} \qquad (5)$$

F	= die auf die Überleitungsstelle wirkende Kraft
E1; E2	= Elastizitätsmoduln der Werkstoffe 1 und 2
$r_1; r_2$	= Radien der kugelförmigen Berührflächen
$r_2 \to \infty$	= ebene Berührfläche
+	Vorzeichen bei Konvex-Konvex-Berührungen
–	Vorzeichen bei Konkav-Konvex-Berührungen

BERÜHRUNG ZWEIER ZYLINDERFÖRMIGER BAUTEILFLÄCHEN Die Projektion der Druckfläche ist ein Rechteck der Breite 2a (s. Bild 8.18) und der Länge l. Die Druckspannung verteilt sich über die Breite 2a halbkreisförmig. Vorausgesetzt wird, daß sich die Linienlast $q = F/l$ gleichförmig über die Länge verteilt.

$$\max \sigma_z = \sigma_0 = -\sqrt{\frac{F \cdot E}{2\pi r \cdot l\left(1-v^2\right)}} \qquad (6)$$

$$\text{mit}\, \frac{1}{r} = \frac{1}{r_1} \pm \frac{1}{r_2} \qquad (7)$$

Für eine Berührung einer zylinderförmigen mit einer ebenen Bauteilfläche gilt $r_2 \to \infty$.
Bezeichnet man mit i das Verhältnis r_2/r_1 so gilt ferner

$$r_2 = i \cdot r_1 \qquad (8)$$

$$F = \frac{2\pi \cdot l \cdot \left(1-v^2\right) r_1 \cdot \sigma_0^2}{E} \cdot \frac{i}{i+1} \qquad (9)$$

$$F = K \cdot \frac{i}{i+1} \qquad \text{mit} \qquad (10)$$

Bild 8.18 Graphische Darstellung der an zylindrischen Teiloberflächen übertragbaren Kraft F in Abhängigkeit der Radienverhältnisse r_2 zu r_1 ($r_2 : r_1 = i$) bzw. zulässiger Hertzscher Flächenpressung

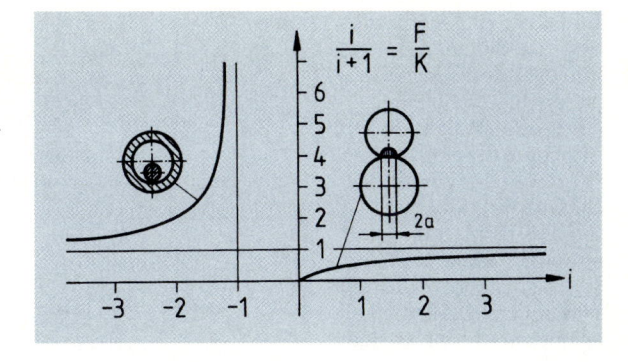

$$K = \text{Konstante} = \frac{2\pi \cdot l (1-\nu^2) \cdot r_1 \sigma_0^2}{E} \qquad (11)$$

Wie die Analyse o.g. Formel und die daraus folgenden Kraftübertragungen von punkt- und linienförmigen Bauteilen zeigen, läßt sich die Leistungsfähigkeit solcher Systeme wesentlich verbessern, wenn konvex-konvex-Berührungen durch konkav-konvex-Berührungen ersetzt werden, wie Bild 8.18 noch veranschaulicht.

2. Bemessen dynamisch beanspruchter Systeme

Schwingungen sind eine häufige Stör- und Schadensursache in technischen Systemen. Die Leistung technischer Systeme wird häufig durch auftretende Schwingungen begrenzt. Beim Konstruieren wird die Möglichkeit des Auftretens von Schwingungen manchmal übersehen, weil sich Konstruktionen am Reißbrett „ruhig" und „statisch" präsentieren. In vielen Fällen könnte derartigen Störungen problemlos begegnet werden, wenn an ein mögliches Auftreten von Schwingungen gedacht würde.

So entstanden beispielsweise an Holztüren wellenförmige Schleifmuster, weil die Schwingungseigenschaften der rotierenden Schleifwelle nicht bedacht wurden (s. Bild 8.19 a). Wie diese Störung mittels einer anderen Gestaltvariante beseitigt werden kann, zeigt Bild 8.19 b.

Greifarme von Greiferwebmaschinen, welche oszillierend aufeinander zu und von einander weg bewegt werden, „schaukelten sich aufgrund parametererregter Schwingungen auf" und greifen folglich aneinander vorbei, so, daß die Übergabe des einzuwebenden Schußdrahts gestört wurde (s. Bild 8.19 c). Zugbänder (Stahlbänder) brachen aufgrund von Schwingungen vor den Einspannstellen (s. Bild 8.19 d). Riemenspanneinrichtungen für Landmaschinen brachen infolge von Schwingungseinwirkungen (s. Bild 8.19 e).

Bild 8.19 a–f Technische Systeme, deren Funktionsfähigkeit durch Schwingungen gestört werden (Beispiele). Walzen-Schleifmaschine für Holztüren (a), Bandschleifmaschine für Holztüren (b; nicht durch Schwingungen gestört), Greiferwebmaschine (c), Zugbänder von Schreibmaschinen (d), Riemenspanneinrichtung an Mähdreschmaschinen (e), Fenstergewicht ausgleichende Zugfeder in PKW-Türen (f)

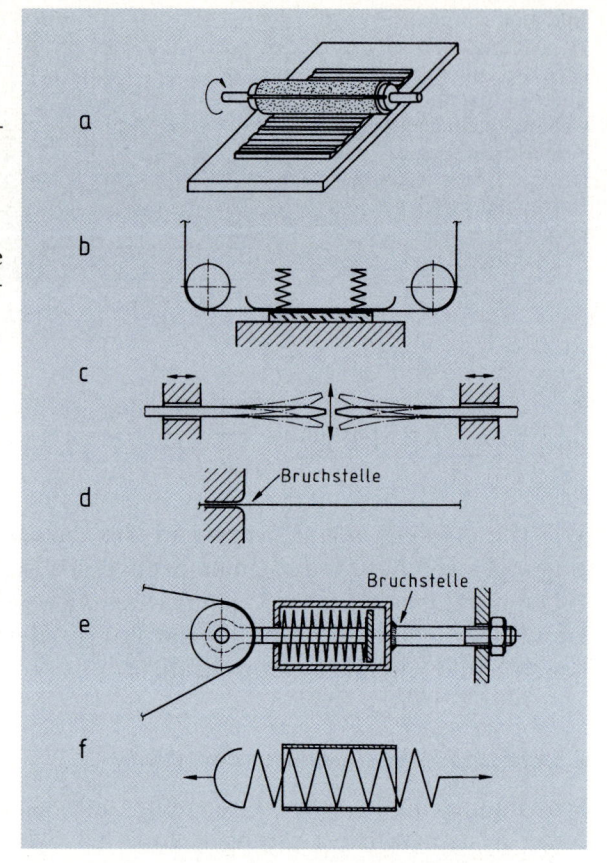

Federn verursachen in PKW-Türen infolge Schwingens Geräusche, wenn keine Gegenmaßnahmen vorgesehen werden (s. Bild 8.19 f) u. a.

Bessere technische Lösungen sind solche, bei welchen in Betrieb praktisch keine Schwingungen auftreten können, weil deren Eigenfrequenzen weit ab von der Erregerfrequenz liegen oder die prinzipiell so gestaltet sind, daß im „Betriebspunkt" praktisch keine nennenswerten Schwingungen vorhanden sind, wie beispielsweise bei Anwendung einer Bandschleifmaschine statt einer Walzenschleifmaschine; vergleiche Bild 8.19 b und a.

Das Auftreten von Schwingungen ist eine häufige Störursache in technischen Systemen, welche bei der Konstruktion sich sehr rasch bewegender Systeme stets bedacht werden sollte. Bevor man mögliche Schwingungen berechnet, sollte man vorher durch qualitative Gestaltungsmaßnahmen versuchen, störende Schwingungen zu vermeiden.

Um das mögliche Auftreten von Schwingungen vorherzusehen, sei noch erwähnt, daß in technischen Systemen je nach Art der Erregung,

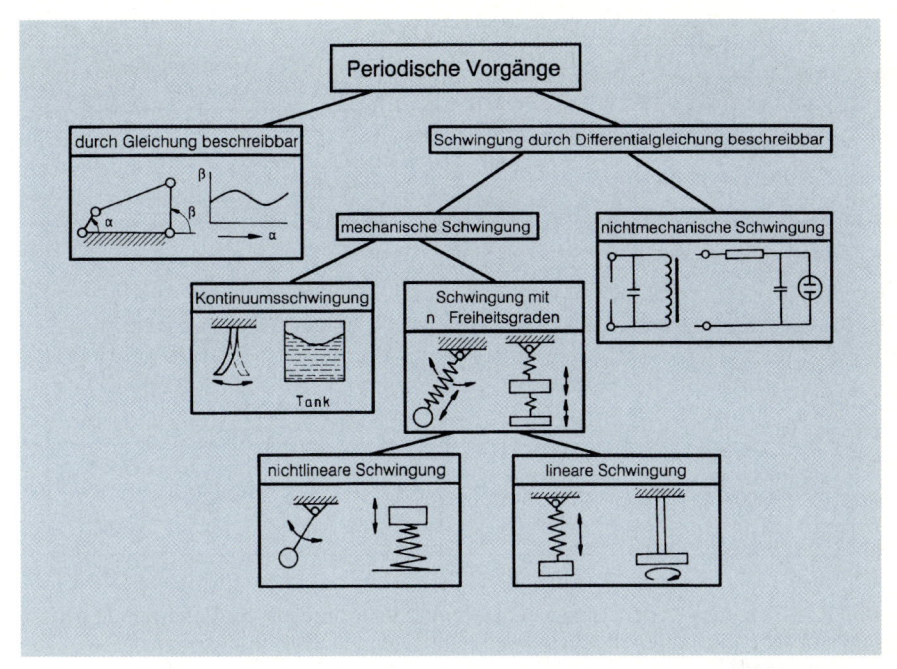

Bild 8.20 Gliederung der in technischen Systemen möglicherweise auftretenden periodischen Vorgänge, insbesondere Schwingungen (n. W.-W. Willkommen)

- Eigenschwingungen,
- erzwungene Schwingungen,
- selbsterregte Schwingungen und
- parametererregte Schwingungen

auftreten können. Bild 8.20 zeigt eine Gliederung der in technischen Systemen vorkommenden Schwingungen in mechanische, nichtmechanische, lineare, nichtlineare Schwingungen u. a. In Bild 8.21 sind zu den unterschiedlichen Erregungsarten Modelle, Differenzialgleichungstyp und Erregungsursachen zusammengestellt.

Mittels Schwingungsberechnungen lassen sich Resonanzfrequenzen, Amplituden von Schwingungen, kritische Betriebsdrehzahlen u. a. wichtige Informationen dynamisch beanspruchter Systeme ermitteln [49, 112]. Auch lassen sich mit diesen Mitteln Informationen über günstige oder ungünstige Massewerte und Werte von Federkonstanten technischer Systeme ermitteln. Man kann mit diesen Mitteln „durch Annehmen von Parameterwerten" und „Berechnen" Gestaltparameter technischer Gebilde so bestimmen, daß die dann noch auftretenden Amplituden und Frequenzen von Schwingungen keine nennenswerten Störungen mehr bewirken.

Bezeichnung	Erregungsursache	Differential-gleichungstyp	Schwingungs-system
Eigenschwingung	Auslenkung vor der Betrachtung	$\ddot{y} + \omega^2 y = 0$ (ungedämpftes lineares System)	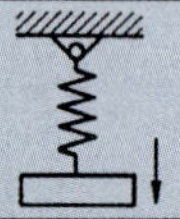
erzwungene Schwingungen	Erregerfunktion f(t)	$\ddot{y} + \omega^2 y = f(t)$	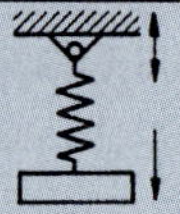
selbsterregte Schwingungen	Kräfte im Bewegungstakt	$\ddot{\varphi} + f(\varphi,\dot{\varphi}) = 0$	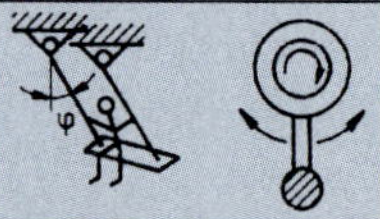
parametererregte Schwingungen	periodisch veränderliche Koeffizienten	$\ddot{\varphi} + f(t)\varphi = 0$	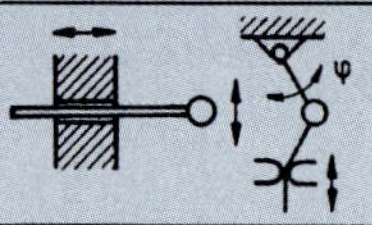

Bild 8.21 Erregungstypen, Ursachen, Differentialgleichungen zur Beschreibung von in technischen Systemen möglicherweise auftretenden Schwingungen (n. W.-W. Willkommen)

3. Bemessen von Viergelenkgetrieben

Alle mechanischen Getriebe basieren auf dem Hebel- oder Keileffekt und sind Gestaltvarianten dieses Prinzips. Am Beispiel „Gelenkgetriebe" lassen sich qualitative und quantitative Konstruktionsprozeßschritte besonders anschaulich zeigen. Als „Hebelsystem" soll hier ein aus wenigstens zwei zueinander beweglichen, ständig in Kontakt befindlichen Bauteilen beliebiger Gestalt verstanden werden.

Hebelsysteme können beispielsweise zur Vergrößerung oder Verkleinerung von Kräften oder Wegen dienen.

Wie man sich die verschiedenen Gestaltvarianten (Getriebearten, Getriebetypen) aus der „Hebelsystem-Prinziplösung" durch Variation verschiedener Parameterwerte entstanden denken kann, zeigen die Bilder 5.4.1 und 5.4.2.

Sind so die qualitativen Parameterwerte eines Getriebes bekannt – beispielsweise die von Viergelenkgetrieben – so ist es möglich, Methoden zur Festlegung der quantitativen Parameterwerte (Methoden zur Bemessung) zu entwickeln. Zur Bemessung von Viergelenkgetrieben wurden Methoden von Burmester, Reuleaux u.a. entwickelt, welche unter [18] nachgelesen werden können. Im folgenden soll aus Umfangsgründen nur auf einige einfache graphische Verfahren zur Maßsynthese von Viergelenkgetrieben hingewiesen werden, welche für die Praxis von besonderer Bedeutung sind.

Eine relativ häufige Aufgabenstellung der Praxis lautet beispielsweise:

Gegeben sind zwei oder drei endlich oder/und unendlich nahe benachbarte Lagen eines Getriebeglieds. Gesucht sind die Abmessungen eines Viergelenkgetriebes (Gestell-, Kurbel, Koppel- und Schwingenabmessungen), welches geeignet ist, ein Glied durch die vorgegebenen Lagen zu bewegen.

Es sei beispielsweise konkret ein Getriebe für eine Zuführeinrichtung gesucht, welches zahnradförmige (geriffelte) Wellen eines Magazins sperrt (entspricht der Gliedlage A_1, B_1 in Bild 8.22) oder zum Weitertransport freigibt (Gliedlage A_2 B_2 in Bild 8.22).

Ferner soll das Getriebeglied b in der Lage 2 dafür sorgen, daß das nächste aus dem Magazin zu bewegende Werkstück „angetrieben" wird. Hierdurch soll sicher gestellt werden, daß das aus dem Magazin zu bewegende Werkstück – entgegen des sich gegenseitigen Festhaltens der Werkstücke – infolge deren Riffelung – sicher aus dem Magazin bewegt wird.

Das heißt, daß der Punkt A_2 des Glieds in der Lage 2 noch eine Bewegungsrichtung aufweisen soll, die sicherstellt, daß das Werkstück in die gewünschte Bewegungsrichtung „geschoben" wird.

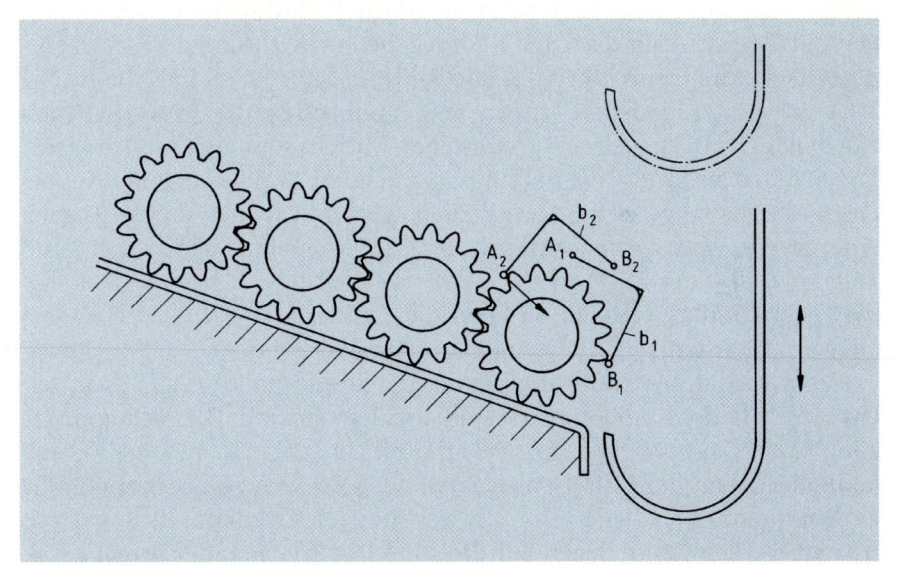

Bild 8.22 Aufgabenstellung zur Konstruktion einer Zuführeinrichtung mit deren Hilfe „geriffelte Wellen" einer Spitzenlos-Schleifmaschine zugeführt werden sollen. Die Punkte A_1 B_1 kennzeichnen die Lage eines Koppelglieds eines Viergelenkgetriebes in der Lage 1, A_2 B_2 die Lage 2 dieses Koppelglieds

Bild 8.23 Konstruktion der Gestellgelenkpunkte A_0, B_0 eines Viergelenkgetriebes, bei zwei vorgegebenen Koppellagen A_1B_1 und A_2B_2 (Erläuterungen im Text)

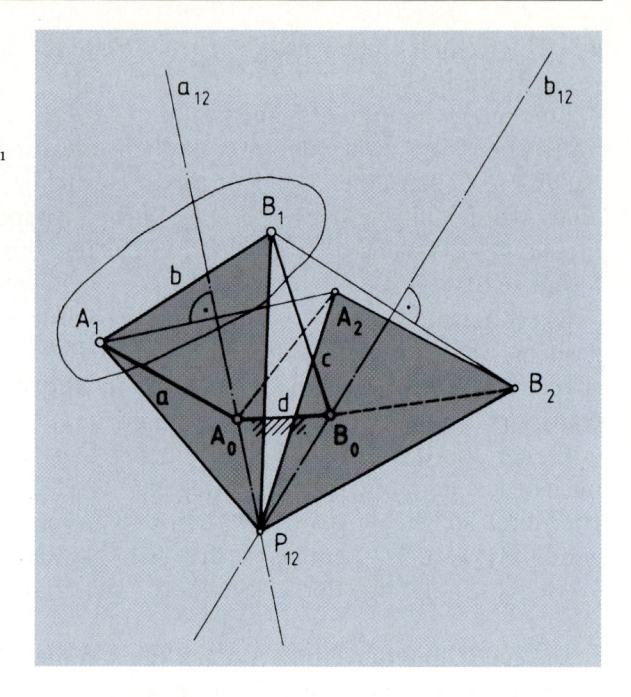

D.h., es ist eine unendlich nahe benachbarte dritte Koppellage vorgegeben; oder man kann auch sagen, es ist die Richtung der Geschwindigkeit der Punkte A_2 in der Lage 2 vorgegeben (s. Richtung des Geschwindigkeitsvektors von Punkt A_2 in Bild 8.24).

Derartige Aufgabenstellungen mit zwei oder drei vorgegebenen Koppellagen lassen sich mit graphischen Mitteln sehr anschaulich lösen. Es seien beispielsweise die in Bild 8.23 gezeigten zwei Lagen einer Koppel eines Viergelenkgetriebes vorgegeben, gekennzeichnet durch Angabe einer Strecke bzw. zweier Punkte A, B dieser Koppel in Lage 1 (A_1, B_1) und Lage 2 (A_2, B_2); der Abstand $\overline{A_1B_1} = \overline{A_2B_2}$ = konstant. A_1, B_1 bzw. A_2, B_2 sollen die Gelenkpunkte sein, an welchen die Glieder a und c an die Koppel angelenkt werden.

Gesucht sind die Gestellanlenkpunkte (Gelenkpunkte) A_0, B_0, an welchen die Glieder a und c am Gestell anzulenken sind. Die Mittelpunkte aller Kreise, auf welchen der Gelenkpunkt A_1 nach A_2 bewegt werden kann, liegen auf der Mittelsenkrechten der Strecke A_1, A_2. Ferner gilt: die Kreismittelpunkte aller Kreise, auf welchen der Gelenkpunkt B_1 nach B_2 bewegt werden kann, liegen auf der Mittelsenkrechten der Strecke $\overline{B_1B_2}$ (s. Bild 8.23). Die Mittelsenkrechte auf $\overline{A_1A_2}$ bzw. $\overline{B_1B_2}$ ist der geometrische Ort aller Gestellanlenkpunkte A_0 bzw. B_0. Die o.g. Aufgabe hat $\infty \cdot \infty = \infty^2$ Lösungen. Um eine Koppel (Ebene) aus der Lage 1 in eine endlich benachbarte Lage 2 zu bringen, kann man auch noch beliebig andere

Bild 8.24 Konstruktion der Gelenkpunkte A_0, B_0 eines Viergelenkgetriebes bei zwei vorgegebenen Koppellagen A_1B_1 und A_2B_2 sowie Vorgabe einer weiteren, infinitesimal nahe benachbarten Gliedlage 3 bzw. der Richtungen der Geschwindigkeiten der Punkte A, B in Lage 2 (weitere Erläuterungen im Text)

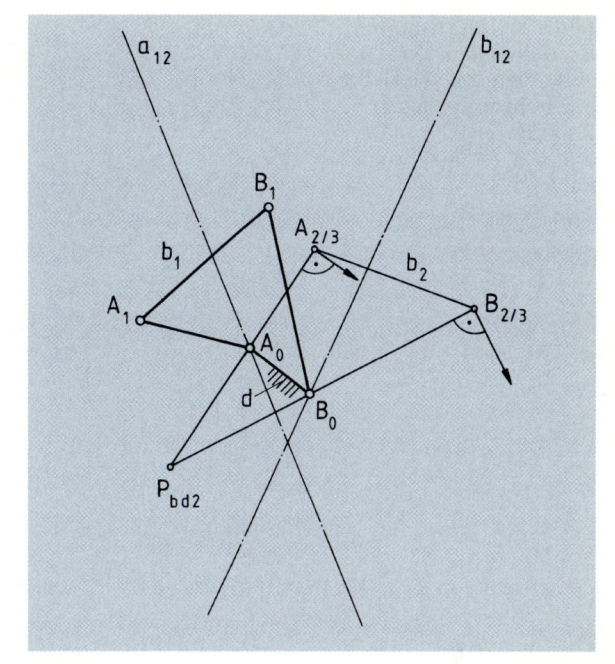

Punkte der Koppel als Anlenkpunkte A und B wählen; d.h. für o.g. Aufgabe lassen sich noch mehr Lösungen angeben.

Ein besonderer, ausgezeichneter Punkt ist der Schnittpunkt P12 der beiden Mittelsenkrechten a_{12} und b_{12}. Der Schnittpunkt der Mittelsenkrechten a_{12}, b_{12} wird auch als der Pol P_{12} der Gliedlagen 1, 2 bezeichnet. In praktischen Fällen kann man P_{12} dazu nutzen, ein *Vier*gelenkgetriebe zu einem *Ein*gelenkgetriebe werden zu lassen; aus den Gelenken A_0, B_0 wird ein Gelenk. Ferner werden dann auch die Gelenke bei A und B überflüssig, wie man sich anhand von Bild 8.23 verdeutlichen kann. Für die eingangs geschilderte Aufgabe ergibt sich somit eine sehr einfache Lösung, bestehend aus nur einem im Gestell drehbar gelagerten und angetriebenen Bauteil. Auf dessen weitere Gestaltung soll hier aus Umfangsgründen verzichtet werden.

Sei nun die Aufgabe so gestellt, daß neben zwei vorgegebenen Lagen auch noch die Geschwindigkeitsrichtung eines oder zweier Punkte der Koppelebene in der Lage 1 oder Lage 2 vorgegeben sind, so läßt sich diese Aufgabe in der Weise lösen, daß zunächst wieder die Mittelsenkrechten a_{12} und b_{12} der Verbindungen der Punkte A_1, A_2 und B_1, B_2 konstruiert werden. Ferner konstruiert man senkrechte Geraden auf die Richtungen der Geschwindigkeiten durch die beiden Punkte, deren Geschwindigkeitsrichtungen vorgegeben sind. Der Schnittpunkt dieser beiden Geraden liefert den Momentanpol des Getriebes in der jeweiligen Lage (1 oder 2).

Bild 8.25 Konstruktion der Gelenkpunkte A_0, B_0 eines Viergelenkgetriebes, bei drei vorgegebenen Koppellagen A_1B_1, A_2B_2 und A_3B_3 (Erläuterungen im Text)

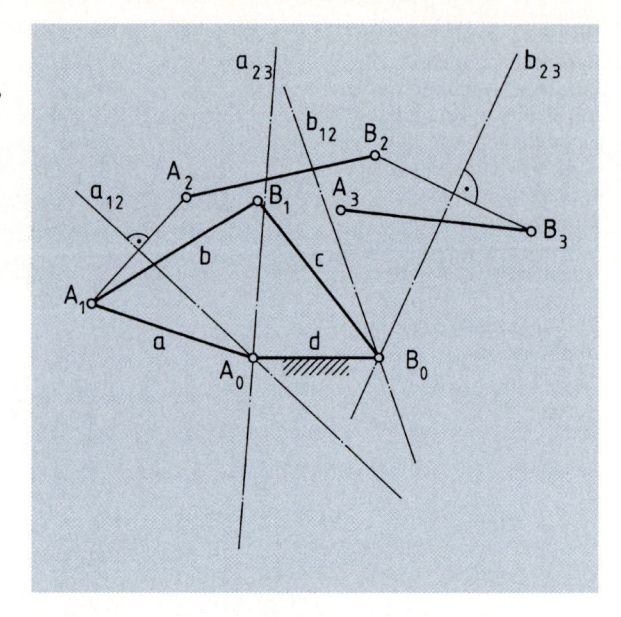

Die Gestellgelenkpunkte A_0, B_0 findet man durch Schneiden der Geraden $\overline{A_2P_{bd_2}}$ mit a_{12} sowie Schneiden der Geraden $\overline{B_2P_{bd_2}}$ mit b_{12} (s. Bild 8.24).

Die Verlängerungen der Glieder a und c in der Lage 2 müssen ebenfalls durch den Momentanpol P_{bd} der Lage 2 gehen. Ist die Geschwindigkeitsrichtung nur eines Punkts vorgegeben, so lassen sich unendlich viele Lösungen für o.g. Aufgabe angeben; man kann die 2. Richtung dann beliebig wählen oder irgendeinen Punkt P auf der Senkrechten einer Geschwindigkeitsrichtung als Pol „P_{bd_2}" wählen und das Bemessungsverfahren, wie oben beschrieben, vollenden.

Sind 3 Koppellagen eines Viergelenks vorgegeben und ist ein Getriebe gesucht, welches geeignet ist, eine Koppelebene in diese drei vorgegebenen Lagen zu bewegen, so läßt sich diese Aufgabe dadurch lösen, daß man das für zwei vorgegebene Lagen beschriebene Verfahren sowohl für die Lagen 1, 2 und die Lagen 2, 3 oder 1, 3 anwendet. Indem man dieses Verfahren zunächst auf die Lagen 1, 2 anwendet und die Mittelsenkrechte auf die Verbindungslinie der Punkte A_1 A_2 konstruiert, erhält man einen geometrischen Ort (a_{12}), auf welchem der Gestellanlenkpunkt A_0 liegen muß. Konstruiert man ferner noch die Mittelsenkrechte auf die Verbindungsgeraden der Punkte A_2 A_3 oder A_1 A_3 so erhält man einen weiteren geometrischen Ort (a_{23} oder a_{13}, s. Bild 8.25) auf welchem A_0 liegen muß. Der Schnittpunkt der Mittelsenkrechten a_{12} mit a_{23} oder a_{13} ist der Punkt der beiden Bedingungen genügt; dieser ist der gesuchte Anlenkpunkt A_0 des Glieds a im Gestell d. Den Anlenkpunkt B_0 findet man als Schnittpunkt der Mittelsenkrechten auf die Strecken $\overline{B_1B_2}$ und

$\overline{B_2B_3}$ oder $\overline{B_1B_3}$. Mit A_0, B_0 sind auch die Gliedlängen a, c und d bekannt (s. Bild 8.25).

Zur Lösung von Aufgaben des Typs vier, fünf und mehr vorgegebene Lagen sind ebenfalls Bemessungsverfahren (Maßsyntheseverfahren) entwickelt worden, auf deren Anwendung hier aus Umfangsgründen verzichtet werden soll; diese können in den Getriebelehre-Standardwerken nachgelesen werden [18].

4. Bemessen eines hydraulischen Stoßdämpfers

Bei der Entwicklung verschiedener technischer Systeme ist die Teilaufgabe zu lösen, die Geschwindigkeit einer Masse m mittels hydraulischer (oder pneumatischer) Stoßdämpfer auf den Wert Null zu bremsen; so beispielsweise die vertikale Geschwindigkeit der Masse eines Flugzeugs beim Landen oder die Rücklaufgeschwindigkeit eines Meßschlittens oder eines Wagens einer Schreibmaschine oder anderer bewegter Massen technischer Systeme.

Die kinetische Energie einer Masse m mit der Geschwindigkeit V_0 ist mittels eines hydraulischen Stoßdämpfers in die kinetische Energie eines Flüssigkeitsstrahls umzusetzen. Um die Kräfte im Stoßdämpfersystem möglichst gleichmäßig klein bzw. konstant zu halten, kann man die Bedingung stellen, daß der Druck im Stoßdämpfer, über den Hub des

Bild 8.26 a–b Hydraulischer Stoßdämpfer; Prinzipbilder für verschiedene Anwendungen (a). Qualitativer Druckverlauf im Stoßdämpfer über dem Hub x aufgetragen, bei konstantem Drosselquerschnitt (b, linkes Diagramm), gewünschter Druckverlauf (b, rechtes Diagramm)

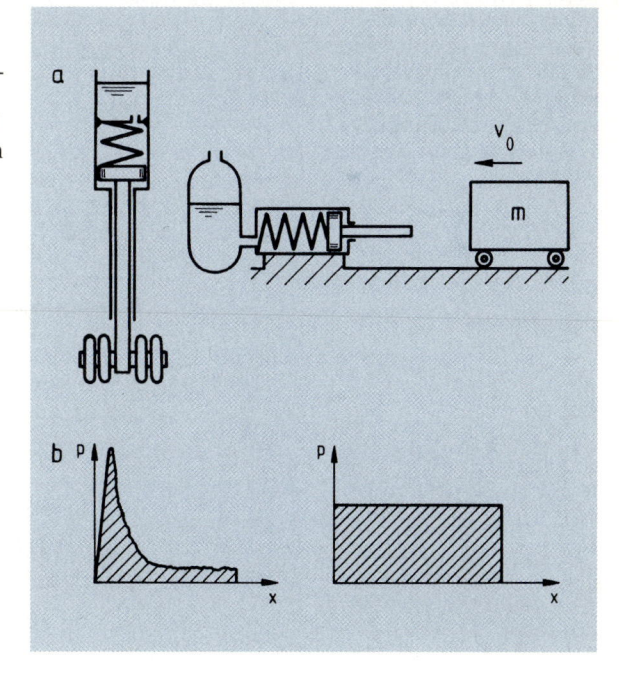

Dämpfers betrachtet, konstant sein soll (siehe Bild 8.26 b, rechts). Gesucht sind die Abmessungen (Durchmesser bzw. Querschnittsfläche Q, Hub h und die Querschnittsfläche q der Drosselöffnung als Funktion des Hubs x) eines Stoßdämpfersystems mit o.g. Eigenschaften. Bild 8.26 b, links, zeigt einen schematisierten Druckverlauf, wie man ihn messen würde, wenn ein solches Dämpfersystem mit konstanter Drosselöffnung ausgestattet wäre. Bild 8.27 zeigt verschiedene Gestaltungsmöglichkeiten von Steuerungen variabler Drosselöffnungen. Für eine praktische Ausführung und die folgende Berechnung kann man beispielsweise die qualitative Lösung nach Bild 8.27 c zugrunde legen. Gesucht ist die Querschnittsgröße der Drosselöffnung q, als Funktion des Hubs x und sonstige Parameterwerte des Stoßdämpfers; q = f(x), wobei der Öldruck p eines Stoßdämpfers während des Hubs x konstant sein soll (p (x) = konstant).

Bild 8.27 a–d Hydraulik Stoßdämpfer mit unterschiedlichen Gestaltvarianten und Analysisfiguren zur Steuerung des Drosselquerschnitts, abhängig vom Kolbenhub; mit stetiger Änderung des Drosselquerschnitts (a, c), mit Änderung des Drosselquerschnitts in diskreten Stufen (b), mit „parabelförmiger" Querschnittsänderung (d, Lösung); Erläuterungen im Text

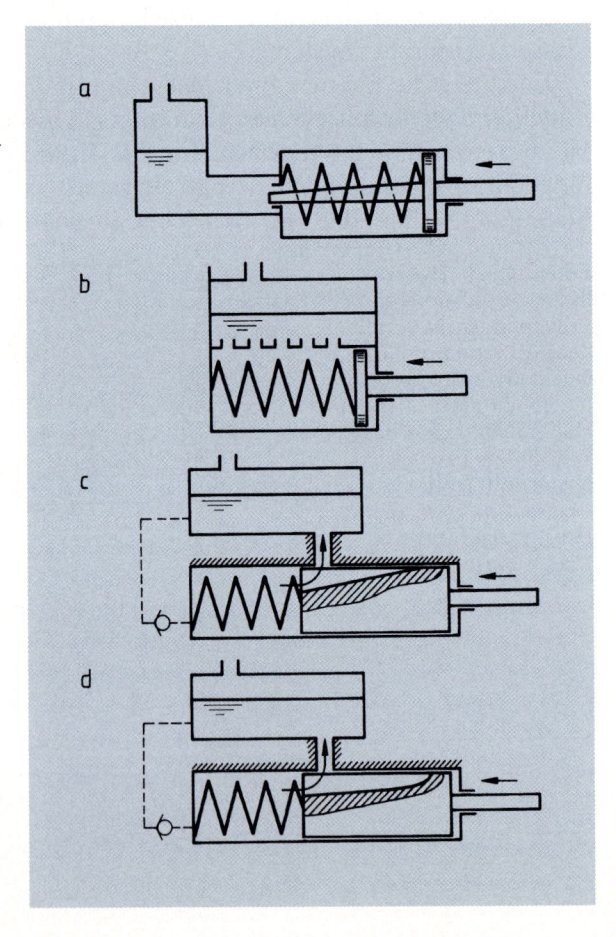

8.4 Festlegen quantitativer Parameterwerte

Im folgenden sollen folgende Bezeichnungen benutzt werden:
m = zu bremsende bzw. zu dämpfende Masse
v_0 = Geschwindigkeit der zu dämpfenden Masse
F = auf den Stoßdämpfer wirkende Kraft
Q = Kolbenquerschnittsfläche
q = f (x) Drosselquerschnittsfläche
p = Druck in der Dämpferflüssigkeit
h = Gesamthub des Dämpferkolbens
ϱ = Dichte der Dämpferflüssigkeit
x = Hubweg des Dämpferkolbens
t = Zeit
w = Geschwindigkeit des Flüssigkeitsstrahls im Drosselquerschnitt

LÖSUNGSWEG
Kinetische Energie der zu „dämpfenden" Masse:

$$E_{kin} = \frac{m}{2} \cdot v_0^2 \qquad (1)$$

Zu erbringende Dämpfungsarbeit des Stoßdämpfers:

$$F \cdot h = \frac{m}{2} v_0^2 \qquad (2)$$

Für den aperiodischen Dämpfungsvorgang gelten ferner folgende Bewegungsgleichungen:

$$m\ddot{x} + F = 0 \qquad (3)$$

Durch Integration erhält man aus Gleichung 3:

$$\dot{x} = -\frac{F}{m} \cdot t + c_1 \; ; \qquad (3.1)$$

zur Zeit t = 0 ist $\dot{x} = v_0$, hiermit ergibt sich

$$\dot{x} = -\frac{F}{m} \cdot t + v_0 \qquad (4)$$

Durch Integration der Gleichung 4 und mit dem Randwert x = 0 zur Zeit t = 0 folgt:

$$x = -\frac{F}{2m} \cdot t^2 + v_0 \cdot t \qquad (5)$$

Hieraus folgt für t:

$$t = \frac{m \cdot v_0}{F} \cdot \left[1 \pm \sqrt{1 - \frac{2F}{mV_0^2} \cdot x} \right] \qquad (6)$$

Ferner ist die vom Dämpfer zu erbringende Arbeit gleich der kinetischen Energie des Flüssigkeitsstrahls im Dämpfer, d. h.:

$$p(Q-q) \cdot dx = \frac{\varrho}{2} \cdot Q \cdot dx \cdot w^2 \qquad (7)$$

Da in diesem praktischen Fall q sehr viel kleiner als Q ist (q << Q), kann man sagen, Q - q ist ungefähr gleich Q; (Q - q) ≈ Q.
Somit läßt sich Gleichung (7) wie folgt vereinfachen:

$$p = \frac{\varrho}{2} w^2 \qquad (7)$$

Aufgrund des Kontinuitätssatzes gilt ferner:

$$Q \cdot \dot{x} = q \cdot w \qquad (8)$$

Eliminiert man in obigen Beziehungen t und w, so erhält man schließlich die Drosselquerschnittsfläche q als Funktion des Kolbenhubs x:

$$p(x) = Q^{1,5} \cdot \sqrt{\frac{\varrho \cdot h}{m}} \sqrt{1 - \frac{x}{m}} \qquad (9)$$

Unter der Voraussetzung, daß Q, ϱ, h und m konstant sind, ist dies die Funktion einer Parabel.

Um einen Stoßdämpfer mit den o. g. Eigenschaften zu entwickeln, ist es notwendig, die Drosselquerschnittsfläche abhängig vom Hub x des Kolbens entsprechend o. g. Gesetzmäßigkeit zu verkleinern;

$$\text{für } x = 0 \text{ ist } q = q_0 = Q^{1,5} \cdot \sqrt{\frac{\varrho \cdot h}{m}} \qquad (10)$$

Für x = h ist der Drosselquerschnitt gleich Null zu bemessen. Denkt man sich diese Querschnittsverengung mittels einer in den Kolben gefrästen Nut konstanter Breite realisiert, so ist deren Verlauf in Kolbenlängsrichtung parabelförmig zu gestalten, wie Bild 8.27 d zeigt.

Besonders bemerkenswert ist noch, daß die in diesen Gleichungen ursprünglich vorhandene Geschwindigkeit V_0 der zu dämpfenden Masse herausfällt; d. h., daß die zu verzögernde Masse m immer durch Nutzung des gesamten Stoßdämpferhubs auf Null abgebremst wird, egal mit welcher Geschwindigkeit diese auf den Dämpfer auftrifft. Dieses ist eine für den Betrieb solcher Stoßdämpfer besonders bemerkenswerte, vorteilhaft nutzbare Eigenschaft.

5. Bemessen von Zahnrädern

Das Gestalten und Bemessen von Zahnrädern kann als vorzügliches Beispiel eines weitgehend beschriebenen, standardisierten und produktspezifischen Konstruktionsprozesses gelten, wenn man sich auf gleichmäßig übersetzende, evolventenförmige Zahnräder beschränkt. Formschlüssige Drehbewegungen übertragende Hebelsysteme (Zahnräder) können auch mit beliebig geformten (nicht evolventenförmigen) Zahnflanken und Teillinien beliebiger Form ausgestattet werden. Entsprechend kann man zwischen Zahnrädern allgemeiner und spezieller Gestalt unterscheiden. Weitgehend erforscht und beschrieben ist der Gestaltungsprozeß für Zahnräder mit kreisförmigen Teillinien (Teilkreisen) und evolventenförmigen Zahnflanken entsprechend DIN 780.

Kreisförmige Zahnräder und evolventenförmige Zahnflanken gleicher Teilung haben gegenüber allen anderen Formen den besonderen Vorteil, daß bei diesen alle Zahnräder, unabhängig von deren Zähnezahlen, zusammenwirken können. Weil die Gestaltungsprozesse insbesondere für evolventenförmige Zahnräder festgelegt sind und diese beispielhaft für andere Produkte gelten können, soll deren Prozeßbeschreibung im folgenden kurz wiedergegeben werden. Zahnräder können nach DIN 780 bekanntlich wie folgt bemessen werden:

Flankenform		= evolventenförmig (konstant)
Grundkreisdruchmesser	d_b	= $d \cdot \cos\alpha$
Teilkreisdurchmesser	d	= $z \cdot m$
Zahnteilung	p_t	= $m \cdot \pi$
Kopfkreisdurchmesser	d_a	= $d \pm 2h_2$
Fußkreisdurchmesser	d_f	= $d \pm h_f$
Fußhöhe	h_f	= $m + c$
Kopfhöhe	h_a	= $m(1-k)$
Kopfkürzungsfaktor	k	= nach Bedarf (normal $k = 0$)
Kopfspiel	c	= $(0{,}1 ... 0{,}3) \cdot m$
Eingriffswinkel	α	= $20°$
Übersetzungsverhältnis	i	= $\dfrac{\omega 1}{\omega 2} = \dfrac{z_2}{z_1}$

Flankenspiel	j	$= (0{,}03...0{,}08) \cdot m$
Zahnbreite	b	$= (10...30) \cdot m$
Achsabstand	a	$= \dfrac{m}{2}(z_2 \pm z_1)$

Nach DIN 780 (Reihe 1) können zur Festlegung des Teilkreismoduls folgende Werte gewählt werden:

Modul m = 0,05/0,06/0,08/0,10/0,12/0,16/0,20/0,25/0,3/0,4/0,5/0,6/0,7/
0,8/0,9/1/1,25/1,5/2/2,5/3/4/5/6/8/10/12/16/20/25/32/40/50/60

6. Bemessen von Kurbelwellen und Kolben von Verbrennungsmotoren

Methoden zur Bemessung quantitativer Parameterwerte von Produkten können auch empirisch entwickelt werden. So wurden beispielsweise zur Auslegung von Kurbelwellen und Kolben für Verbrennungsmotoren empirische Bemessungsgrundlagen geschaffen, wie in den Bildern 10.18 und 10.19 gezeigt wird. Da auf diese Beispiele in Kapitel 10.2 im Zusammenhang mit der Automatisierung von Konstruktionsprozessen noch eingegangen wird, soll hier auf weitere Ausführungen verzichtet werden.

Bild 8.28 a–b PKW-Türe mit Fenster und Getriebe (a; AUDI 100); Analysisfigur zur Ermittlung der beim Heben und Senken des Fensters auf die Scheibe wirkenden Reib- und sonstigen Kräfte (b)

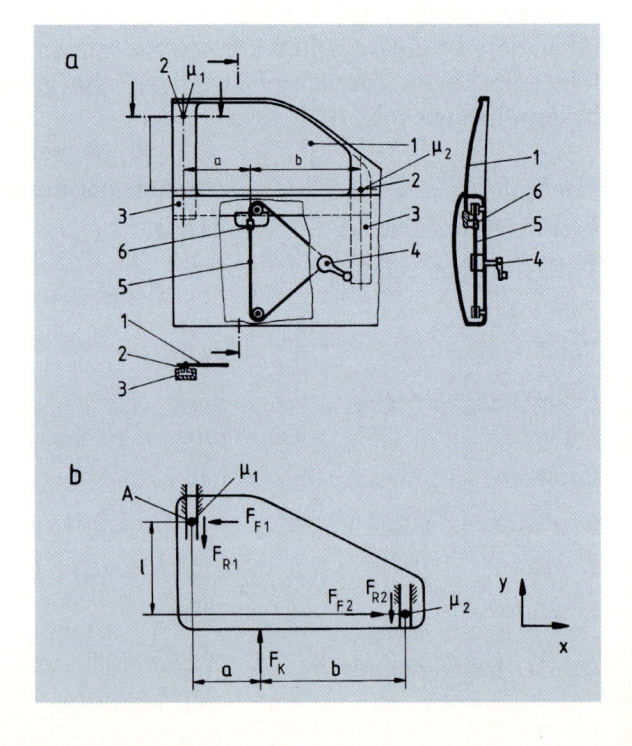

Auch die Berechnungen der Lebensdauer von Wälzlagern basieren auf zahlreichen empirischen Lebensdaueruntersuchungen. Die aus diesen Untersuchungen entwickelten empirischen Formeln können in den Katalogen der bekannten Wälzlagerhersteller und den Maschinenelemente-Standardwerken nachgelesen werden.

7. Bemessen einer Führung für PKW-Fensterscheiben

In einer vorderen Türe eines Personenkraftwagens (PKW) ist die über eine Handkurbel zu öffnende Fensterscheibe (1) mittels zylinderförmiger Bolzen an den mit (2) gekennzeichneten Stellen geführt (s. Bild 8.28). Die Fensterscheibe wird mittels eines Stahlseils (5) und einer Handkurbel (4) angetrieben. Ferner sind die Abmessungen a = 305 mm; b = 465 mm und l = 345 mm gegeben.

Gesucht ist der theoretisch größte noch zulässige Reibwert μ_2, bei dessen Auftreten die Scheibe anfängt zu klemmen, bei einem Reibwert μ_1 = 0,08.

Aufgrund des Coulombschen Reibungsgesetzes gilt:

$$F_{R1} = \mu_1 F_{F1}$$
$$F_{R2(1)} = \mu_2 F_{F2}$$

Aufgrund der Gleichgewichtbedingungen gilt des weiteren:

$\sum F_x = 0;$ $\quad F_{F2} - F_{F1} = 0$

$\sum F_y = 0;$ $\quad F_K - F_{R1} - F_{R2} = 0$

$\quad\quad\quad\quad\quad F_K - \mu \cdot F_{F1} - \mu_2 \cdot F_{F1} = 0$

$\quad\quad\quad\quad\quad F_K - F_{F1}(\mu_1 + \mu_2) = 0 \Rightarrow F_K = F_{F1}(\mu_1 + \mu_2)$

$\sum M_A = 0;$ $\quad F_K \cdot a - F_{R2}(a+b) + F_{F2} \cdot l = 0$

$\quad\quad\quad\quad\quad F_{F1}(\mu_1 + \mu_2) \cdot a - \mu_2 \cdot F_{F1}(a+b) + F_{F1} \cdot l = 0$

$\quad\quad\quad\quad\quad \mu_1 \cdot a - \mu_2 \cdot a - \mu_2 \cdot a - \mu_2 \cdot b + l =$

$\quad\quad\quad\quad\quad \mu_1 \cdot a - \mu_2 \cdot b + l = 0$

$\quad\quad\quad\quad\quad \Rightarrow \mu_2 = \dfrac{\mu_1 \cdot a + l}{b} \Rightarrow \mu_2 = 0,79$

Bei einem Reibwert μ2 von 0,79 oder größer wird die Scheibe voraussichtlich klemmen.

8. Bemessen eines Durchlaufofens

Bild 8.29 zeigt einen Durchlaufofen zum Erwärmen bitumenähnlicher Stoffe. Pro Zeiteinheit soll mit diesem Durchlaufofen eine bestimmte Stoffmenge m_B um einen bestimmten Betrag ΔT_m über Umgebungstemperatur erwärmt werden. Dabei wird der zu erwärmende Stoff mittels einer Schnecke (1) kontinuierlich aus dem Silo, längs eines Rohrs (2) bis hin zur Ausgangsöffnung (3) transportiert (s. Bild 8.29). Heizquelle ist ein Ölbrenner (4), der heißes Gas erzeugt, welches längs einer äußeren Heizfläche (5) und einer inneren Heizfläche (6) den Offen durchströmt; der zu erwärmende Stoff in der Schnecke wird innen ebenfalls von Heißgas druchströmt.

Um sich vor Schaden zu schützen (im vorliegenden Fall nicht geschehen), sollte man derartige Apparate daraufhin prüfen, ob pro Zeiteinheit genügend Wärmeenergie des Heißgases auf den um 180° C zu erwärmenden Stoff übertragen werden kann. D.h., ob die von dem Apparat pro Zeiteinheit übertragbare Wärmeleistung

$$\dot{Q}_1 = k \cdot A \cdot \Delta T_m$$

größer oder mindestens gleich der Wärmeleistung ist, welche zur Erwärmung des bitumenähnlichen Stoffs erforderlich ist.

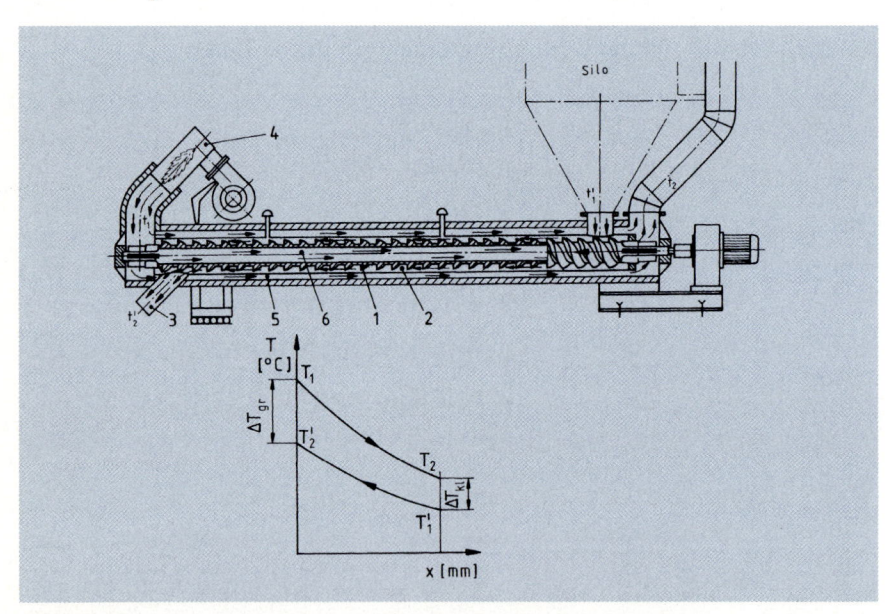

Bild 8.29 Apparat zum Erwärmen von bitumenähnlichen Erdmassen. Förderschnecke (1) wird innen (6) und außen (5) von Heißgasen umströmt; Heißgas wird mittels eines Brenners (4) erzeugt; Erläuterungen im Text

$$\dot{Q}_2 = \dot{m}_B \cdot C_{pB} \left(T_2' - T_1' \right)$$

$$\dot{Q}_1 \geq \dot{Q}_2$$

$$\Delta T_m = \frac{\left(T_1 - T_2'\right) - \left(T_2 - T_1'\right)}{l_n \dfrac{\left(T_1 - T_2'\right)}{\left(T_2 - T_1'\right)}}$$

$$k = \frac{1}{\dfrac{1}{\alpha_i} + \dfrac{\delta}{\lambda} + \dfrac{1}{\alpha_a}}$$

Hierbei ist:

A: gesamte Rohroberfläche bzw. Heizfläche des Apparats (innere plus äußere Heizfläche) [m²]
T_1:   Eintrittstemperatur des Heißgases [°C]
T_2:   Austrittstemperatur des Heißgases [°C]
T_1':   Eintrittstemperatur des Stoffs [°C]
T_2':   Austrittstemperatur des Stoffs [°C]
ΔT_m: mittlere Temperaturdifferenz [K]
$\dot{m}_L$:   Massenstrom des Heißgases [kg/s]
c_{pL}:   spezifische Wärmekapazität [kJ/kgK]
$\dot{m}_B$:   Massenstrom des bitumenähnlichen Stoffs [kg/s]
c_{pB}:   spezifische Wärmekapazität des bitumenähnlichen Stoffs [kJ/kgK]
δ: Dicke der Rohrwandung [m]
λ: Wärmeleitfähigkeit von Stahl [W / mK]
α_1:   Wärmeübergangskoeffizient Innenseite Rohr [W/m²K]
α_2:   Wärmeübergangskoeffizient Außenseite Rohr [W/m²K]
k: Wärmedurchgangskoeffizient [W/m²K]

Bei einer ersten Überschlagsrechnung ist für die Austrittstemperatur T_2 des Heißgases ein Erfahrungs- oder empirisch ermittelter Wert einzusetzen.

Im vorliegenden Fall wurde der Apparat konstruiert und gebaut, ohne wenigstens überschlagmäßig zu prüfen, ob dieser eine Wärmeenergie $\dot{Q}_1$ pro Zeiteinheit liefern kann, welche größer oder wenigstens gleich jener zur Erwärmung erforderlichen Wärmeenergie $\dot{Q}_2$ ist. Die fertige Anlage konnte dieser Bedingung bedauerlicherweise nicht gerecht werden.

Auf eine Ausführung der Zahlenrechnung soll hier aus Umfangsgründen verzichtet werden.

Diese wenigen Berechnungsbeispiele mögen genügen, um zu zeigen, daß zur Konstruktion der verschiedenen Produktearten alle Grundlagenwissenschaften Physik, Mechanik, Wärmelehre usw. zur Bestimmung quantitativer Parameterwerte benötigt werden und Teile von Konstruktionsprozessen sein können.

8.5
Optimieren und Bewerten von Lösungen

Beim Konstruieren technischer Produkte geht es meist darum, nicht irgendeine, sondern die optimale Lösung für eine bestimmte Aufgabenstellung zu entwickeln.

Als beste Lösung wird dabei diejenige verstanden, welche bei Erfüllung bestimmter Randbedingungen einem Optimierungsziel am nächsten kommt bzw. diesbezüglich am höchsten bewertet wird.

Um eine optimale Lösung definieren zu können, ist daher Voraussetzung, daß aus der Aufgabenstellung

- die Einschränkungen (Bedingungen) bekannt sind, unter denen die Aufgabe zu lösen ist,
- die Ziele bzw. Eigenschaften festgelegt sind, an welchen eine Lösung gemessen werden soll.

Meistens erfordert die Praxis Produkte, welche nicht nur bezüglich einer, sondern hinsichtlich mehrerer Eigenschaften optimal sind. Solche Multioptimierungsziele können beispielsweise sein: ein Motor höchsten Wirkungsgrads, möglichst leicht bauend und möglichst kostengünstig herstellbar oder ein Lager mit kleinst möglichem Reibmoment und höchster Präzision oder ein hydraulisches Leitungssystem, minimaler Verlustleitung und minimalem Zerspanvolumen oder eine möglichst geräuscharme Schreibmaschine minimaler Abmessungen.

Da technische Produkte durch qualitative und quantitative Parameterwerte festgelegt werden, ist es entsprechend notwendig, zwischen einem Optimieren

- qualitativer und
- quantitativer Parameterwerte

technischer Gebilde zu unterscheiden.

Unter qualitativer Optimierung soll das Festlegen der günstigsten qualitativen Parameterwerte, d. h. der günstigsten Funktionsstruktur, physikalischen Prinzipien, Werkstoffe und Gestaltvarianten, Oberflächen und Energiezustände verstanden werden. Unter quantitativem Optimieren soll das Festlegen der günstigsten quantitativen Parameterwerte (z. B. Abmessungswerte) von Lösungen verstanden werden.

Die qualitative Optimierung erfolgt notwendigerweise vor der quantitativen Optimierung. Erst wenn die beste qualitative Lösung gefunden ist, ist es sinnvoll, deren Parameter quantitativ zu optimieren.

Im folgenden soll der Unterschied zwischen nicht optimalem und optimalem Konstruieren zunächst an einigen einfachen Beispielen erläutert werden.

8.5.1
Optimieren und Bewerten qualitativer Parameter

Es sei beispielsweise die Aufgabe gegeben, einen Biegeträger oder einen Torsionsstab für eine bestimmte Belastung zu entwerfen. Gegeben sei das maximal auftretende Biege- oder Torsionsmoment und die zulässige Spannung des Träger- bzw. Stabmaterials.

Gesucht ist der Träger bzw. Torsionsstab mit dem kleinstmöglichen Werkstoffaufwand bzw. den geringsten Werkstoffkosten.

Die Lösung dieser Aufgabe ist in erster Linie ein „qualitatives Optimierungsproblem", d. h., es muß zuerst bekannt sein, mit welcher (qualitativen) Gestaltvariante von Biegeträgern bzw. Torsionsstäben bei gleichem Werkstoffaufwand die größte Belastung bzw. das größte Torsionsmoment übertragen werden kann.

Erst wenn die diesbezüglich günstigste Gestaltvariante bekannt ist, ist es sinnvoll, die Abmessungsparameter der betreffenden Varianten noch quantitativ zu optimieren. Man kann sich Biegebalken oder Torsionsstäbe durch Variation qualitativer Gestaltparameterwerte (z. B. Zahl, Form der Teiloberflächen etc.) „erfunden" denken, oder man nimmt bekannte Profilquerschnitte (kreisförmiger oder quadratischer Rohrquerschnitt, U-, T-, Doppel-T-Profil etc.) an.

In diesem einfachen Fall läßt sich bei bestimmten Annahmen und mittels Vergleichsrechnung die günstigste Gestaltvariante exakt angeben. Auf die Ausführungen dieser Rechnung soll hier aus Umfangsgründen verzichtet werden. Bei komplexeren technischen Produkten ist die exakte Ermittlung der „optimalen Lösung", von wenigen Sonderfällen abgesehen, nicht möglich, weil dabei unterschiedliche physikalische Größen verglichen werden müssen, welche nicht vergleichbar sind, wie beispielsweise Lebensdauer und Bodenhaftung bei Reifen u. a. physikalische Größen verschiedener Einheit. Die „günstigste Lösung" läßt sich in diesen Fällen nur durch subjektives Bewerten der verschiedenen Lösungen finden, wie an einigen weiteren Beispielen gezeigt werden soll.

Es sei beispielsweise die Aufgabe gegeben, ein intermittierendes Getriebe für einen bestimmten Anwendungsfall (Schalten einer Klauenkupplung bei einer Relativgeschwindigkeit Null) zu entwickeln. Zur Lösung dieser Aufgabe kann man u. a. die in Bild 8.30 gezeigten unterschiedlichen Getriebetypen verwenden; beide besitzen Bewegungsgesetze, welche zur Lösung der gestellten Aufgabe geeignet sind. Gesucht ist ein Getriebetyp mit möglichst geringer Geräuschentwicklung und kleinstmöglichen maximalen Winkelbeschleunigungswerten. Bei einer Umdrehung des Antriebglieds soll das Abtriebsglied dieser Getriebe eine Umdrehung mit zwei kurzzeitigen Stillständen ausführen, wie in Bild 8.30 c schematisch dargestellt.

Da keine theoretischen Mittel bekannt sind, Geräuschemissionen von Getrieben vorher zu bestimmen, wurden im vorliegenden Fall Prototypen von beiden Getriebetypen gebaut und bezüglich Geräuschemission verglichen. Dabei zeigte sich der Getriebetyp nach Bild 8.30 b als der mit der geringsten Geräuschemission. Dieser wurde dann noch bezüglich „maximaler Winkelbeschleunigungswerte" quantitativ optimiert, wie weiter unten noch gezeigt wird.

Dabei wurde auf den aus weniger Bauteilen bestehenden Getriebetyp des Bilds 8.30 a verzichtet, obgleich dieser wahrscheinlich bezüglich Herstellkosten die günstigere Lösung gewesen wäre.

In einem anderen Fall war die Aufgabe gegeben, die technisch und wirtschaftlich günstigere Gestaltvariante von Türbändern (Scharnieren) für Sicherheitstüren zu bestimmen. Besondere Ziele waren

- Türbänder- und -teile hoher Festigkeit,
- für links und rechts angeschlagene Türen geeignet,
- kostengünstigere Montage bzw. geringere Teilezahl u. a. m.

Bewertungs- bzw. Optimierungskriterien sollen folglich „Festigkeit", für „linke und rechte Türen geeignet" und „Zahl der zu montierenden Bauteile" sein. Mittels einer bewußten oder unbewußten subjektiven Bewertung der verschiedenen Gestaltvarianten von Türbändern (s. Bild 8.31) findet man die qualitativ günstigste Türbandlösung. Die Bewertung kann in irgendeiner Punkteskala (0 = am ungünstigsten; 4 = am günstigsten), Währungsbeträgen oder einer anderen Einheit erfolgen, in der man Produkteigenschaften vergleichen kann.

Wie obiges Beispiel zeigt, sind beim Bewerten oder Optimieren technischer Produkte im allgemeinen Eigenschaften unterschiedlicher physi-

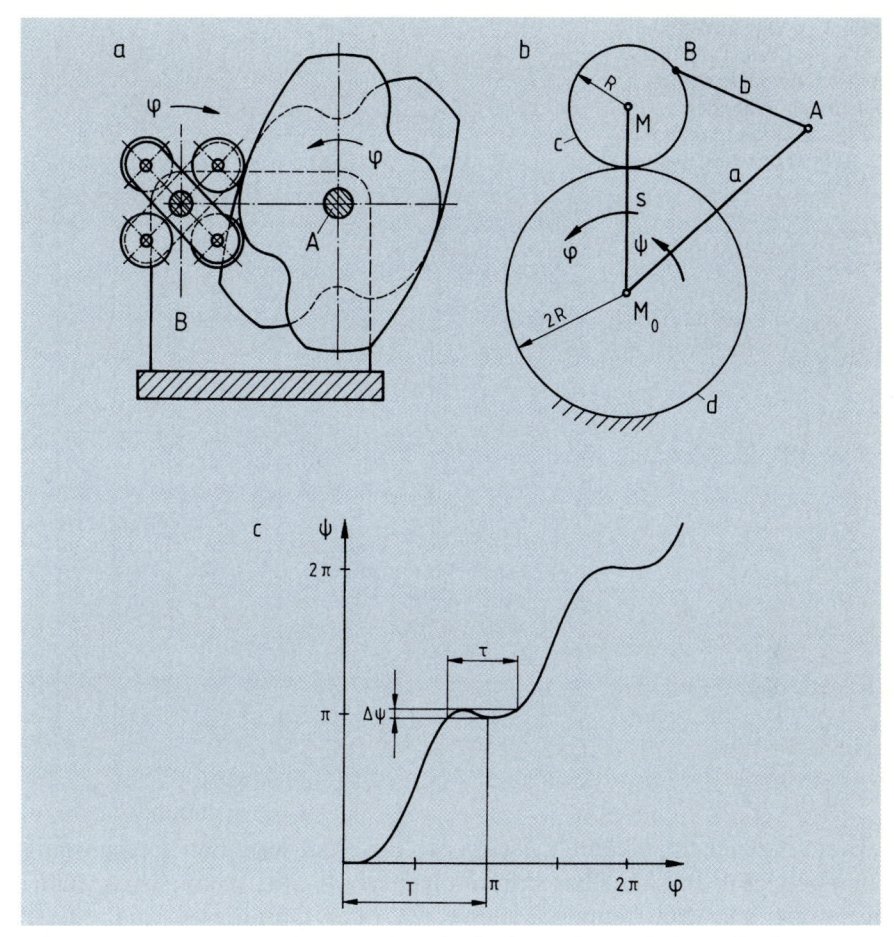

Bild 8.30 a–c Kurvengetriebe (a) und umlaufendes Räder-Kurbelgetriebe (b) zur Erzeugung etwa gleicher intermittierender Bewegungsfunktionen. Übertragungsfunktion (c). Aufgrund deutlich geringerer Geräuschemission des Typs b wurde die Lösung „Kurvengetriebe (Typ a)" verworfen

kalischer Einheiten zu vergleichen, welche im streng wissenschaftlichen Sinne nicht vergleichbar sind, wie beispielsweise die „Zahl der Bauteile" mit „links-rechts-geeignet", die „Baugröße" mit „Leistung", „Geräuschemissionen" mit „Gewicht" u. a. Weil die „optimale Lösung" einer technischen Aufgabe im allgemeinen das Optimum einer Funktion bezüglich mehrerer Eigenschaften des betreffenden Produkts ist, welche objektiv nicht miteinander verglichen werden können, gibt es bisher keine exakten wissenschaftlichen Methoden zur Lösung derartiger Optimierungsaufgaben. Das „Umrechnen" unterschiedlicher Eigenschaften technischer Systeme in „monetäre Werte", um diese Werte gleicher Einheiten

Bild 8.31 Türbänder. Beispiel zur Bewertung und Selektion von Türband-Lösungen. Wahl der Bewertungskriterien und Problematik bei der Vergabe von „Punkten"

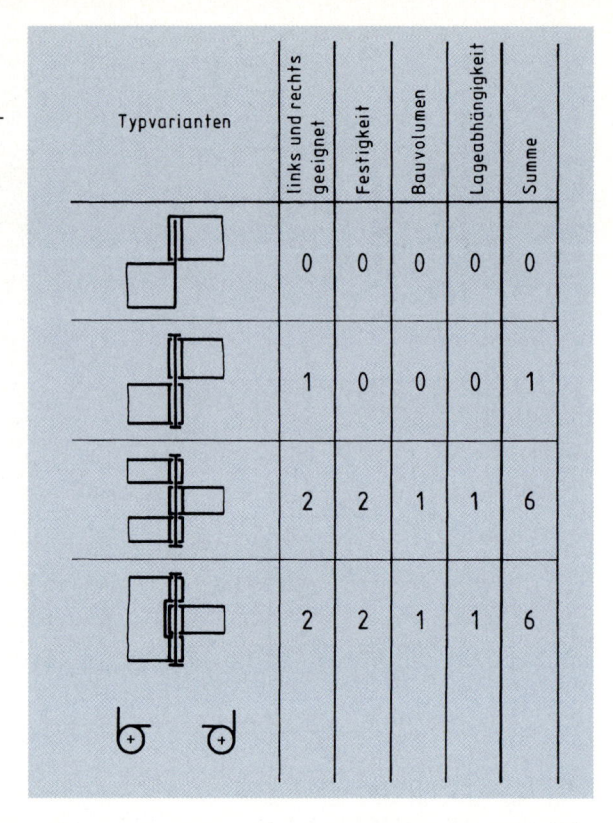

Typvarianten	links und rechts geeignet	Festigkeit	Bauvolumen	Lageabhängigkeit	Summe
	0	0	0	0	0
	1	0	0	0	1
	2	2	1	1	6
	2	2	1	1	6

exakt vergleichen zu können, ist ebenso ungenau, weil man ebensowenig angeben kann, was eine bestimmte Eigenschaft eines technischen Gebildes wert ist. Man kann das Bewerten oder Optimieren qualitativer Lösungen nur dadurch etwas „objektivieren", daß man mehrere Fachleute oder andere Personen Eigenschaften technischer Produkte bewerten läßt. Aber auch „Mehrheitsentscheidungen" müssen nicht notwendigerweise zutreffender sein als die einer Einzelperson.

Um die günstigste qualitative Lösung angeben zu können, benötigt man Kriterien, anhand derer diese miteinander verglichen und bewertet werden sollen. Bewertungskriterien können eine oder mehrere wesentliche Eigenschaften von Produkten sein. So beispielsweise deren Art und Anzahl unterschiedlicher Fähigkeiten (Anwendungsbereich), Leistung, Wirkungsgrad, Zuverlässigkeit, Aussehen, Baugröße, Geräuschemission, alle Arten von Kosten u.a. Eigenschaften eines Produkts.

Die besondere Problematik des Bewertens alternativer Lösungen besteht darin, daß diese nicht nur bezüglich einer, sondern bezüglich mehrerer Kriterien bewertet werden müssen; Kriterien unterschiedlicher physikalischer Größen, wie beispielsweise Baugröße, Lärmemission,

8.5 Optimieren und Bewerten von Lösungen

Wirkungsgrad, Herstellkosten, die man im wissenschaftlichen Sinne nicht miteinander vergleichen kann, welche aber für eine Bewertung dennoch miteinander verglichen werden müssen. Den o. g. unterschiedlichen physikalischen Größen einer technischen Lösung sind „Marktwerte" gleicher Einheit zuzuordnen, welche addiert einen Gesamtwert einer Lösung ergeben und mit Gesamtwerten anderer Lösungen verglichen werden können.

Aufgrund der von Fall zu Fall unterschiedlichen Bedeutung der verschiedenen Forderungen müssen diese auch noch gewichtet werden. Diese Gewichtung der verschiedenen Bedingungen kann so erfolgen, daß man für bestimmte Bedingungen eine höhere, für andere eine geringere maximale Punktezahl vorsieht. Bewertungen der verschiedenen Kriterien können nur subjektiv festgelegt werden. Sie können dadurch etwas objektiviert werden, daß man sie von mehreren Fachleuten durchführen läßt und die gewonnenen Ergebnisse mittelt.

Wie die Praxis lehrt, können qualifizierte und erfahrene Konstrukteure solche Bewertungs- und Entscheidungsprozesse oft mit erstaunlicher Zuverlässigkeit und Sicherheit durchführen, ohne dies objektiv begründen zu können und ohne lange mit Bewertungszahlen zu operieren.

Für eine Gesamtbewertung einer Lösung ist es zweckmäßig, eine fiktive Ideallösung anzunehmen, welche alle Prüfkriterien perfekt (ideal) verwirklicht. Die zur Beurteilung anstehenden Lösungsalternativen werden dann mit dieser Ideallösung verglichen und relativ zu dieser bewertet. Der Grad der Annäherung an die Ideallösung wird durch eine Punktezahl (Note) festgelegt. Die Ideallösung hängt vom jeweiligen Stand der Technik ab; sie ist keine feststehende, absolute Bezugsgröße. Nach Kesselring [104] hat sich folgende Wertungsskala als günstig erwiesen:

sehr gut (ideal)	4 Punkte
gut	3 Punkte
ausreichend	2 Punkte
gerade noch tragbar	1 Punkt
unbefriedigend	0 Punkte

Bezeichnet man mit $P_1, P_2, P_3 \ldots P_n$ die jeweiligen Punktezahlen für das 1., 2., ... n-te zu bewertende Kriterium (Eigenschaft), mit P_{max} die maximale Punktezahl, welche für alle Eigenschaften der Ideallösung gleich ist und mit $g_1, g_2, g_3 \ldots g_n$ das „Gewicht" (Bedeutung) der jeweiligen Eigenschaft, wobei g eine Zahl g = 1 bis n sein kann, so erhält man für die gewichtete Wertigkeit einer Lösung W_L

$$W_L = g_1 P_1 + g_2 P_2 + \ldots g_n P_n$$

Für die Gewichtungen g_1 bis g_n ist es in der Regel zweckmäßig, ganze Zahlen zwischen $g = 1$ bis $g = 5$ zu wählen, in besonderen Fällen kann man auch noch größere Zahlenbereiche, so z. B. $g = 1$ bis 10, wählen. Die beste (günstigste) oder optimale Lösung ist dann jene mit der höchsten Punktezahl.

8.5.2
Optimieren quantitativer Parameter

Als „Optimieren quantitativer Parameter" sei die Möglichkeit verstanden, Abmessungen und andere quantifizierbare Parameter technischer Gebilde bezüglich eines bestimmten Ziels bzw. einer oder mehrerer Eigenschaften „am besten" festzulegen.

Die Abmessungen eines Verbrennungsmotors so festzulegen, daß dieser einen größtmöglichen Wirkungsgrad erhält, oder die Abmessungen eines intermittierenden Getriebes so zu wählen, daß die Maximalbeschleunigungen des Getriebes möglichst klein sind, oder die Abmessungen der Leitungen und die Zahl der Leitungsumlenkungen so festzulegen, daß die Strömungsverluste eines Hydrauliksteuerblocks minimal werden, können hierzu als Beispiele dienen. In der Praxis sind Produkte oft nicht nur hinsichtlich eines, sondern meist bezüglich mehrerer Zielkriterien zu optimieren. Beispielsweise hinsichtlich Zuverlässigkeit und Kosten oder Geräuschemission und Kostenaufwand, Lebensdauer und Bodenhaftung u. a. m.

Um eine mathematische Optimierung durchführen zu können, ist es ferner erforderlich, daß die Restriktionen, denen die Konstruktionsparameter unterliegen, in Form mathematischer Gleichungen oder Ungleichungen vorliegen. Ebenso muß der jeder zulässigen Lösung zuzuordnende Wert durch eine Gleichung beschrieben werden, die alle gesetzten Ziele in einer sogenannten Zielfunktion verbindet. Jeder maßstäbliche Entwurf eines technischen Gebildes ist durch n Parameterwerte (Abmessungen, Werkstoffgrößen) festgelegt. Faßt man diese als Koordinaten in einem n+1-dimensionalen Raum auf, so bezeichnet jedes Parameterkollektiv x_1 bis x_n – d.h. jeder maßstäbliche Entwurf – einen Punkt im n-dimensionalen Unterraum. Die Zielfunktion $Z(x_1 \ldots x_n)$ bildet über dem n-dimensionalen Unterraum eine Fläche im n+1-dimensionalen Raum. Die mathematische Optimierung eines technischen Gebildes ist folglich die Bestimmung desjenigen Vektors innerhalb des Lösungsraums, für den die Zielfunktion einen (je nach Aufgabenstellung) maximalen oder minimalen Wert annimmt. Die mathematische Optimierung reduziert sich damit auf das Problem, das absolute Minimum bzw. Maximum einer n-dimensionalen Funktion bei gleichzeitiger Erfüllung einschränkender Bedingungen zu finden.

Der Unterschied zwischen herkömmlichem und optimalem Festlegen von quantitativen Parameterwerten sei kurz anhand zweier Beispiele, der Festlegung der Abmessungen eines Biegebalkens und der eines intermittierenden Getriebes, erläutert.

AUFGABENSTELLUNG 1 Es sei ein Träger (auf 2 Stützen) für eine bestimmte Belastung zu entwerfen. Gegeben sei das maximal auftretende Biegemoment und die zulässige Spannung des Trägermaterials, zu bestimmen sind die Abmessungen des Trägers.

Die Lösung dieser Aufgabe ist in erster Linie ein „qualitatives Optimierungsproblem", d.h., der Konstrukteur muß zuerst die optimale qualitative Lösung (Gestalt) dieser Aufgabe kennen, ehe er an die Optimierung der quantitativen Konstruktionsparameterwerte gehen kann. Im vorliegenden Falle heißt dies: die günstigste qualitative Gestalt eines Biegeträgers ermitteln. Erst dann ist es sinnvoll, dessen quantitativen Parameterwerte (Abmessungen) zu optimieren. Im folgenden soll nur noch auf die Optimierung quantitativer Parameterwerte eingegangen werden, die Optimierung qualitativer Parameterwerte wurde bereits im vorangegangenen Kapitel behandelt.

Der Unterschied zwischen nicht optimalem und optimalem Bemessen (Dimensionieren) technischer Gebilde läßt sich sehr anschaulich an einem rechteckigen Biegeträger erläutern, weil dieser mittels zweier Abmessungen (Breite b und Höhe h) bereits vollständig beschrieben werden kann [152].

Es sei die Aufgabe gestellt, einen Träger mit rechteckigem Vollquerschnitt für eine bestimmte Belastung zu dimensionieren. Gegeben ist das maximale Biegemoment und die zulässige Spannung des Trägerwerkstoffs. Zu bestimmen sind die Breite b und Höhe h des rechteckigen Trägers.

Die Funktion zwischen dem Biegemoment eines rechteckigen Trägers und der zulässigen Spannung lautet:

$$\sigma_{zul} \geq \frac{6 \cdot M}{b \cdot h^2} \qquad (1)$$

Bei der herkömmlichen Lösung dieser Aufgabe wird der Konstrukteur Werte für die Abmessungen b und h annehmen und mit diesen die o.g. Bedingung nachprüfen. Er wird dies notwendigenfalls mit anderen Werten so lange wiederholen, bis die o.g. Bedingung erfüllt wird. Grundsätzlich ist es hierbei möglich, unendlich viele Entwürfe anzugeben, welche die Bedingung erfüllen. Nimmt man ein rechtwinkliges Koordinatensystem mit b als Ordinate und h als Abszisse, so läßt sich jeder Entwurf in diesem System als Punkt mit den Koordinaten bi, hi darstellen. Für den Grenzfall $s = s_{zul}$ erhält man eine Grenzfunktion 1 (s. Bild 8.32), welche zulässige und nicht zulässige Entwürfe trennt. Aus Gründen der Querstabilität und der Baugröße wird man aber Träger mit extremen Abmessungen, d.h. b→0, h→∞ bzw. b→∞, h→0 für den praktischen Fall ausschließen. Man wird Einschränkungen für die Variablen b und h vorgeben. Diese könnten in dem vorliegenden Fall beispielsweise lauten: b zu h soll einen bestimmten Wert k_1 nicht unterschreiten oder/und b zu h soll einen bestimmten Wert k_2 nicht überschreiten. Hieraus ergeben sich in dem vorliegenden Fall eine oder zwei einschränkende Bedingungen und zwar:

$$b/h \geq k_1 \qquad (2)$$

$$b/h \leq k_2 \qquad (3)$$

Trotz der 3 genannten Forderungen gibt es für diese Aufgabenstellung noch eine „sehr große Menge" von Lösungen. In Bild 8.32 werden diese durch die drei Grenzfunktionen (1), (2) und (3) umschrieben. Schließlich kommt noch die Forderung bezüglich einer optimalen Lösung hinzu. Diesbezügliche Ziele könnten in dem vorliegenden Fall ein Träger mit minimalen Kosten oder mit dem größtmöglichen Sicherheitsfaktor sein. Jede beliebige Eigenschaft (Kosten, Gewicht, Sicherheit etc.) kann Ziel einer Optimierung sein. Stellt man die Forderung bezüglich minimaler Kosten, so ist diese Forderung möglicherweise identisch mit der Forderung nach dem minimalen Trägergewicht bzw. der minimalen Querschnittsfläche. Dieses Optimierungsziel läßt sich mathematisch in der Form [152]

$$z = b \cdot h = \text{Minimum}$$

darstellen. z kann man sich als dritte Koordinatenachse angebracht denken (im Nullpunkt, senkrecht zu den b-, h-Achsen, s. Bild 8.32).

Diese Funktion einer Fläche in einem dreidimensionalen Raum läßt sich für den vorliegenden Fall genügend anschaulich durch seine Höhenlinien (z = konstant) in der b-h-Ebene (s. Bild 8.32) darstellen. Dabei genügt es bereits, den ungefähren Verlauf dieser Höhenlinien zu kennen, um den Punkt zu ermitteln, wo die Höhenlinie mit dem kleinsten z-Wert den zulässigen Bereich tangiert. In dem vorliegenden Fall ist dies der mit „0" gekennzeichnete Punkt. Die exakte Ermittlung dieses Punkts kann man durch Schneiden der Funktion (1) mit (2) durchführen.

Bild 8.32 Darstellung möglicher b-h-Parameterwerte eines rechteckförmigen Trägers. Zulässiger Bereich von b-h-Werten für einen bestimmten Anwendungsfall, begrenzt durch die Linien (Geraden) 1, 2 und 3. Strichpunktierte Linien sind Linien konstanter Querschnittsfläche (Z = 1, 4, 20). Punkt „0" kennzeichnet den Träger mit der kleinsten Querschnittsfläche [155]

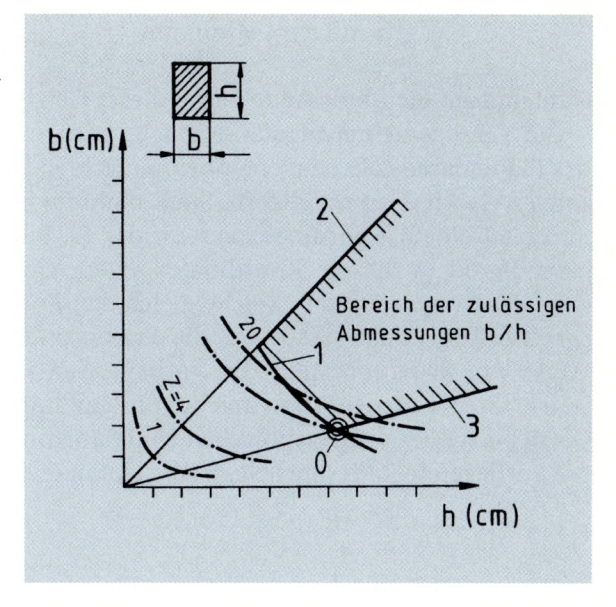

AUFGABENSTELLUNG 2 Gegeben sei das in Bild 8.30 b gezeigte Räderkurbelgetriebe, bestehend aus einem feststehenden Zentralrad d, einem Planetenrad c, einem Steg s, einem Koppelglied b und einem Abtriebsglied a. Der Radius des Zentralrads zu dem des Planetenrads verhält sich wie 2 : 1. Bei einem Umlauf des Stegs s von $\varphi = 0$ bis $\varphi = 360°$ wälzt das Rad c auf d zweimal ab; der Anlenkpunkt B des Rads c an b wird bei einem Umlauf des Stegs s zweimal zum Momentanpol (Pcd) des Rads c bezüglich Rad d. Der Punkt B sowie die Glieder b und a haben in dieser Stellung die Geschwindigkeit Null. D.h. mit diesem Getriebetyp kann eine intermittierende Bewegung mit 2 Stillständen pro Umlauf erzeugt werden, wie in Bild 8.30 c schematisch dargestellt. Daß heißt ferner: das in Bild 8.30 b gezeigte Getriebe kann eine aussetzende Bewegung erzeugen, unabhängig davon, wie die Längen der Glieder a und b bemessen werden. Braucht man in der Praxis ein Getriebe, welches, bezogen auf die Umlaufdauer des Antriebglieds s eine relativ kurze Zeit einen Stillstand des Abtriebglieds a erzeugt, so kann man „unendlich viele" Getriebe mit unterschiedlichen Abmessungen a und b angeben, welche die o.g. Aufgabe „Erzeugen einer intermittierenden Bewegung" erfüllen. Der Konstrukteur könnte irgendwelche Abmessungen der Gliedlängen a und b bzw. irgendeine Lösung wählen und sich mit dieser begnügen. Aufgrund der „unendlich vielen Lösungen" lassen sich aber möglicherweise noch weitere Bedingungen erfüllen. Im vorliegenden Anwendungsfall ist das Getriebe gesucht, bei welchem die maximale Winkelbeschleunigung des Abtriebglieds a den kleinsten Wert aufweist.

$$\ddot{\psi}_{max} = f(a,b) = \text{Minimum}$$

Gesucht sind die Abmessungen a, b dieses Getriebes.

Zur Verallgemeinerung der Aussagen ist es zweckmäßig, den Radius R des Planetenrads als Längeneinheit zu wählen bzw. alle übrigen Abmessungen durch R zu dividieren. Stellt man die bezogenen Gliedlängen a und b in einem Koordinatensystem dar (s. Bild 8.33), so repräsentiert jeder Punkt in diesem Koordinatensystem einen Getriebeentwurf mit den Gliedlängen a und b, welche gleich den Koordinatenwerten des entsprechenden Punkts sind. Für die Praxis sind nur positive a- und b-Werte von Bedeutung. Für den vorliegenden Anwendungsfall sind nur Getriebe von Bedeutung, welche umlauffähig sind, d.h. nur solche Getriebe, welche die Grashofschen Umlaufbedingungen [18] erfüllen. Für das vorliegende Räderkurbelgetriebe lauten diese (s. Bild 8.34):

$$a + b \geq 4R \qquad (1)$$

$$a \leq 2R + b \qquad (2)$$

$$b \leq 2R + a \qquad (3)$$

Die Grenzen dieser Bedingungen sind Gleichungen von Geraden. In Bild 8.33 sind diese drei Grenzen in das a-b-Koordinatensystem eingetragen. Wie man anhand o.g. Ungleichungen leicht nachprüfen kann, liegen alle umlauffähigen Getriebelösungen in dem durch diese drei Geraden gebildeten „einseitig offenen Rechteck". Mittels Berechnung der maximalen

Bild 8.33 Darstellung möglicher Gliedlängenwerte a und b eines intermittierenden Getriebes (siehe Bild 8.34). Das Getriebe ist umlauffähig, wenn die a-b-Werte innerhalb des „zulässigen Bereichs" gewählt werden, welche durch drei Geraden umrandet sind

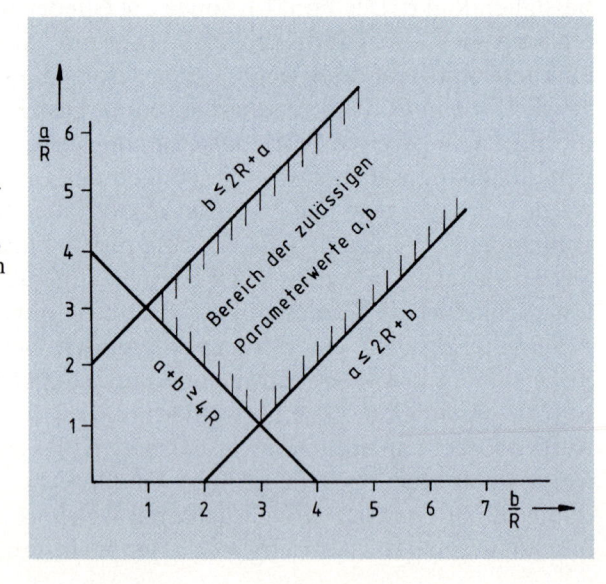

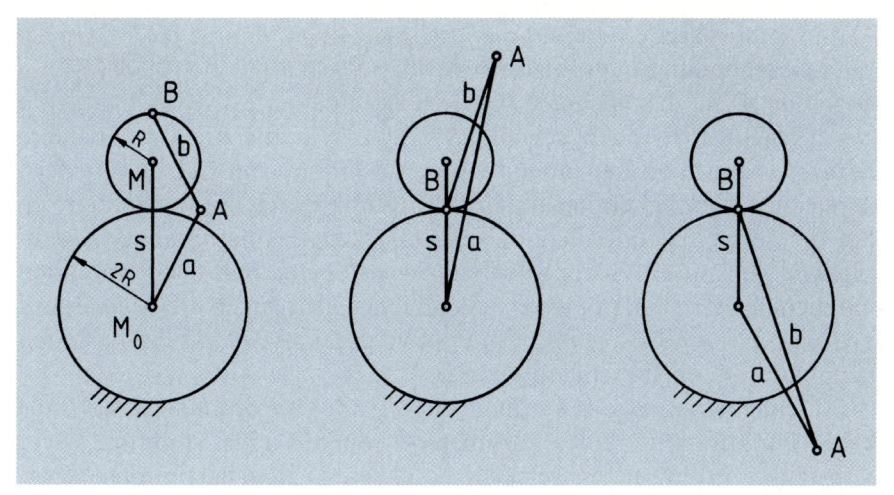

Bild 8.34 Skizzen zur Ableitung der Umlaufbedingungen des Räder-Kurbelgetriebes

Winkelbeschleunigung $\ddot{\psi}$ des Abtriebglieds a lassen sich die Abmessungen a, b der Getriebe bestimmen, welche eine gleich große maximale Winkelbeschleunigung am Abtriebsglied a haben. Denkt man sich das Zielkriterium $\ddot{\psi}$ als 3. Koordinate (senkrecht auf die a-b-Koordinate) angetragen und verbindet man die a- und b-Werte der Getriebe mit gleich großer Winkelbeschleunigung des Abtriebglieds, so erhält man sogenannte „Höhenlinien" bzw. „Linien gleicher maximaler Winkelbeschleunigung", wie sie Bild 8.35 zeigt.

Bild 8.35 Linien konstanter maximaler Winkelbeschleunigungen w_{max} des Abtriebsglieds des Räder-Kurbelgetriebes. Das Getriebe mit der kleinsten maximalen Winkelbeschleunigung des Abtriebsglieds erhält man ferner für a→∞ und b→∞ (siehe Bild 8.36)

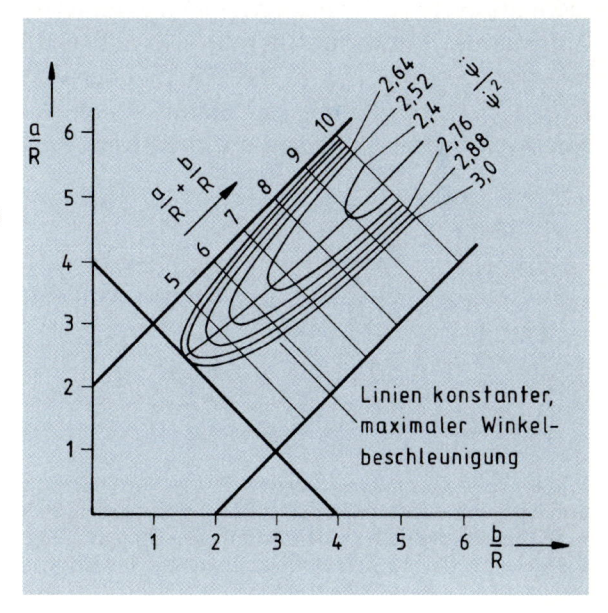

Wie man dieser Darstellung entnehmen kann, nimmt die maximale Winkelbeschleunigung mit zunehmenden Werten für die Gliedlängen a und b ab. D.h., das optimale Getriebe ist eines mit den Gliedlängen a gegen unendlich und b gegen unendlich. Wie aus der Getriebelehre bekannt, kann man bei „unendlich lang werden" von Getriebegliedern deren im Unendlichen liegenden Drehgelenk durch ein im Nahbereich des Getriebes liegendes Schubgelenk ersetzen; das betreffende Gelenkgetriebe geht in ein Schubgelenkgetriebe über (s. Bild 8.36). Von allen möglichen Getrieben mit unterschiedlichen Gliedlängen a, b ist jenes mit a $\to\infty$ und b $\to\infty$ bzw. jenes in Bild 8.36 c gezeigte das mit der kleinsten maximalen Winkelbeschleunigung $\ddot{\psi}$.

Im allgemeinen ist das optimale Bauteil oder die optimale Baugruppe keine Funktion nur eines Parameters, sondern eine Funktion vieler Konstruktionsparameter, welche im konkreten Fall in bestimmten Grenzen variiert werden können, ohne daß die Funktionsfähigkeit des betreffenden technischen Gebildes verloren geht; die Funktionsfähigkeit kann durch Verändern von Parameterwerten besser oder schlechter werden.

Wird ein technisches Gebilde durch eine Anzahl von n Parametern beschrieben, so wird mittels jeweils eines Werts für jeden dieser Parameter eine Lösung bzw. ein Entwurf eines Produkts beschrieben. Betrachtet man die ein Produkt beschreibenden Parameter als Koordinaten eines n-dimensionalen Koordinatensystems, so kann man jede Lösung (Entwurf) als Punkt in diesem n-dimensionalen Raum R^n darstellen. Die Koordinaten x_1 bis x_n dieses Punkts sind die Zahlenwerte, die beim Entwerfen den entsprechenden Parametern zugeordnet werden. Die Aufgabe des Entwerfens beruht also auf der Bestimmung der Koordinatenwerte x_i (i = 1 ... n) des Punkts oder Vektors x. Selbstverständlich stellen nicht alle Punkte des Raums R^n sinnvolle Entwürfe dar. So beispielsweise wäre ein Bauteil mit negativen Abmessungen sinnlos. Außer-

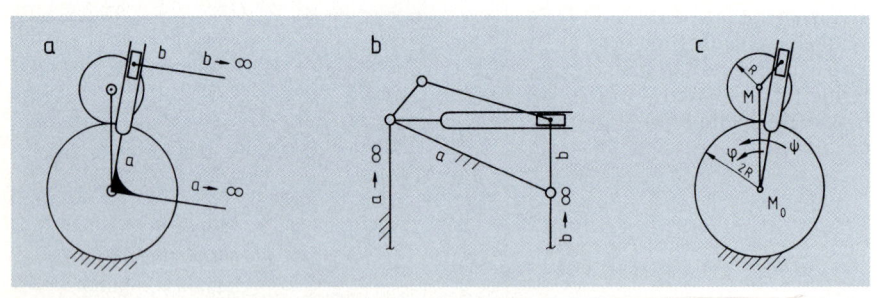

Bild 8.36 a–c Das intermittierende Räder-Kurbelgetriebe geht für a gegen unendlich und b gegen unendlich, in das in Bild a und c gezeigte „Räder-Kurbelschleifen-Getriebe" über: Bild b verdeutlicht diesen Übergang noch anhand eines Viergelenkgetriebes, dessen Gliedlängen a, b ins Unendliche gehen

dem bilden funktionelle, festigkeitsbedingte, fertigungstechnische u.a. Forderungen weitere Einschränkungen bezüglich der Entwurfsvielfalt. Diese werden Bedingungen, Restriktionen oder Einschränkungen genannt und lassen sich mathematisch darstellen als Gleichungen oder Ungleichungen:

$$g_j(x) = 0 \ (j = 1,2,3 \ldots m) \text{ oder/und}$$

$$g_k(x) \geq 0 \ (j = 1,2,3 \ldots p)$$

Diese Bedingungen bestimmen den zulässigen Bereich G im n-dimensionalen Raum R^n. Jeder Punkt dieses Bereichs G erfüllt alle an das betreffende technische Gebilde zu stellenden Bedingungen, stellt also eine sinnvolle Entwurfsvariante dar.

Unter den Eigenschaften technischer Produkte gibt es immer eine oder mehrere, bezüglich welcher ein Produkt sinnvoll optimiert werden kann. Solche Ziele können beispielsweise „minimale Herstellkosten", „minimale Energieverluste", „maximale Leistung" u.a. Eigenschaften sein. Diese bilden die Optimierungsziele. Von allen Adäquaten ist der Entwurf gesucht, welcher den günstigsten (optimalen) Wert der Zielfunktion realisiert. Dieser ist der optimale Entwurf. Optimales Konstruieren beruht im Auffinden von produktbeschreibenden Parameterwerten, welche nicht nur die an ein Produkt gestellten Bedingungen erfüllen, sondern auch noch jene Bedingungen, die es zum besten Produkt bezüglich einer oder mehrerer Eigenschaften macht.

D.h: das Optimierungsziel – beispielsweise der Querschnittsflächeninhalt eines Trägers oder die minimale Maximalwinkelbeschleunigung eines ungleichmäßig übersetzenden Getriebes – kommt als weitere Koordinate (n + 1. Dimension) zu dem n-dimensionalen Koordinatensystem hinzu und es ist das Maximum oder Minimum dieses n+1-dimensionalen Gebildes gesucht. Mit anderen Worten: es sind die Koordinatenwerte $x_1, x_2 \ldots x_i$ gesucht, für welche die Zielfunktion ein Optimum ergibt (s. vorangegangene Beispiele bzw. Bild 8.32 und 8.36).

Danach läßt sich in Anlehnung an [152] optimales Entwerfen folgendermaßen formulieren:

Im zulässigen Bereich G des n+1-dimensionalen Raums R^{n+1} ist eine Funktion n Veränderlicher f $(x_1, x_2 \ldots x_n)$, kurz: f(x), gegeben, die jedem Punkt bzw. Vektor mit den Koordinaten x_i (i = 1, 2, … n) des Bereichs G einen Wert zuordnet, der den Gütegrad des Entwurfs angibt. Gesucht wird der günstigste Punkt P_{opt} im zulässigen Bereich G, d.h., die Werte $x_1, x_2 \ldots x_i$, für welche der Funktionswert g = f(x) optimal wird.

$$g = f(x) = \text{Optimum, für } x \in G$$

Auf das konkrete Produkt bezogen, läßt sich optimales Entwerfen auch noch so formulieren:

Die ein Produkt (Bauteil, Baugruppe etc.) beschreibenden Parameterwerte sind in den jeweils zulässigen Wertebereichen so festzulegen, daß die Eigenschaften, bezüglich welcher dieses Produkt optimiert werden soll, am besten werden.

Die Funktion $g = f(x)$ kann als Optimierungs- oder Zielfunktion bezeichnet werden. Die Variablen $x_1, x_2 \ldots x_n$ sind die das betreffende Produkt bzw. den betreffenden Entwurf beschreibenden Konstruktionsparameter (z.B. Abmessungen). Aus der Sicht der Mathematik besteht das optimale Entwerfen im Auffinden eines bedingten Extrema der Zielfunktion. Von einfachen Fällen abgesehen, lassen sich derartige Praxisaufgaben mit Mitteln der Differentialrechnung nicht lösen. Ein Optimum am Rand ist nicht notwendig durch die Tatsache gekennzeichnet, daß die partiellen Ableitungen verschwinden. Auch sind Zielfunktionen technischer Produkte nur selten stetig und differenzierbar. Im folgenden sollen die wesentlichen Merkmale einiger bewährter Optimierungsmethoden kurz zusammengefaßt werden.

1. Systematisches Suchverfahren oder Gitterverfahren

Ein sehr einfaches Verfahren zur Optimierung von Lösungen ist der Arbeitsweise von Rechnern entsprechend die „Methode des systematischen Durchsuchens", auch „Gitterverfahren" bezeichnet. Hierbei werden die Variablen nacheinander schrittweise geändert, um so alle bei der vorgegebenen Schrittweite möglichen Parameterkombinationen zu bilden. Für alle diese Gitterpunkte werden dann – sofern sie die Restriktionen erfüllen – die Zielfunktionswerte berechnet und daraus der Optimalwert durch Vergleich ermittelt. Die Methode ist sehr einfach und stellt keine Forderungen an die Eigenschaften der Zielfunktion. Der Nachteil ist ebenso offensichtlich: Enthält der qualitative Entwurf n verschiedene Parameter, die jeweils in 100 Stufen variiert werden sollen, sind 100^n Berechnungen der Zielfunktion erforderlich. Wenn die Rechenzeit eine wesentliche Rolle spielt und die Zahl der Parameter hoch ist, ist die Methode des systematischen Durchsuchens aus Zeit- und Kostengründen ungeeignet.

2. Achsparalleles Suchverfahren

Bei der Suche nach einem Minimum der Zielfunktion kann man auch so vorgehen wie beim systematischen Experimentieren:

Jeweils nur einen Parameter so lange ändern, bis keine Verbesserung mehr auftritt. Diesen Vorgang mit allen Parametern durchführen, um

Bild 8.37 a–c Bildliche Darstellungen von Optimierungsaufgaben und Optimierungsprozessen. Suche des absoluten Optimums einer Zielfunktion im 3D-Raum (a), Gradientenverfahren (b) und achsparalleles Sucherverfahren (c)

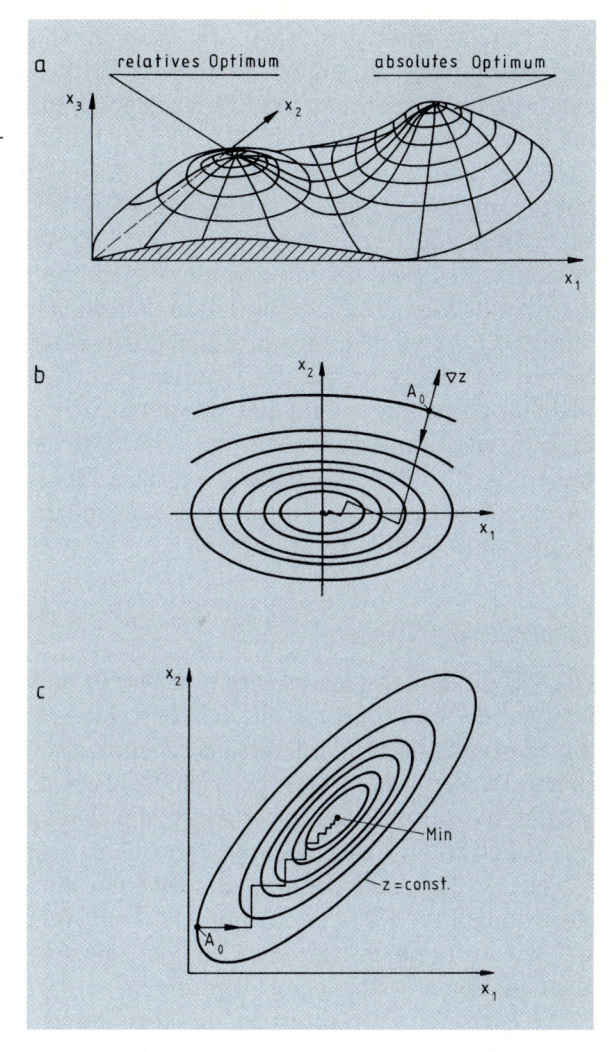

danach wieder mit dem ersten zu beginnen, also immer parallel zu den Achsen fortschreitend. Man bezeichnet diese in Bild 8.37 c dargestellte Methode als „Achsparalleles Suchverfahren". Je nach Form der Zielfunktion kann das Verfahren eventuell sehr langsam konvergieren.

3. Gradientenverfahren

Eine im allgemeinen schnellere Möglichkeit, das Minimum einer Funktion aufzusuchen, besteht darin, sich – statt an den Koordinatenachsen – am Gefälle zu orientieren. Dieser Gedanke liegt dem sogenannten Gradientenverfahren zugrunde.

In einem beliebigen Startpunkt berechnet man den Gradienten der Zielfunktion. Nach einem kleinen Schritt in negativer Gradientenrichtung berechnet man dort erneut den Gradienten und setzt dies fort, bis man zu einem Minimum gelangt, vgl. Bild 8.37 b.

Dieser im zweidimensionalen Fall an die Spur eines auf der Fläche herablaufenden Tropfens erinnernde Weg erfordert eine sehr häufige Berechnung des Gradientenvektors. Das läßt sich vermeiden – und damit Rechenzeit sparen –, wenn man dem zuerst berechneten Gradientenvektor solange folgt, bis die Funktion in diesem Schnitt wieder zunimmt, um dann ab dort einer neuen Gradientenrichtung zu folgen usw., vgl. Bild 8.37 b. Nachteilig ist bei der Gradientenmethode, daß die Zielfunktion nicht nur zusammenhängend, sondern auch stetig differenzierbar sein muß. Existieren mehrere Minima, so müßte das Verfahren mit verschiedenen Startpunkten wiederholt werden, um mit einiger Sicherheit auch das absolute Minimum zu finden. Dagegen konvergiert das Verfahren in konvexen Bereichen recht gut.

4. Monte-Carlo-Methode

Obwohl zu den abstiegsorientierten Verfahren viele Varianten existieren, ist unter diesen keines, das ähnlich dem Gitterverfahren für alle Fälle prinzipiell geeignet wäre. Andererseits scheidet das Gitterverfahren wegen des hohen Rechenzeitaufwands für viele Fälle aus. Eine Lösung bieten diesbezüglich die stochastischen Verfahren, die ebenfalls keine Voraussetzungen an die Funktionen stellen, deren Extrema zu suchen sind.

Unter dieser Bezeichnung versteht man Verfahren, die zufällige Parameterkollektive verwenden, mit denen ein Wert der Zielfunktion errechnet wird. Ergebnisvergleiche erfolgen jeweils nur nach einer größeren Zahl zufälliger Stichprobenrechnungen.

Ein einfaches Verfahren ist die sogenannte „Monte-Carlo-Methode". Hierbei werden Parameterkollektive mit Hilfe eines „Zufallsgenerators" aus vorgegebenen Wertebereichen entnommen.

Erfüllen diese die Restriktionen, so wird mit ihnen die Zielfunktion berechnet. Nur das jeweils aktuell beste Parameterkollektiv und der zugehörige Zielwert werden gespeichert. Der Vorgang wird solange wiederholt, bis keine wesentliche Verbesserung des Zielwerts mehr auftritt. Das Verfahren bringt anfänglich eine gute Annäherung an den absoluten Minimal- oder Maximalwert.

Im weiteren Verlauf wird dieser dann allerdings nur noch wenig verbessert.

Da sich das Verfahren durch relative Minima oder Maxima nicht „täuschen" läßt, ist es geeignet, einen Startpunkt für das Gradientenverfahren zu liefern, um so noch einen genaueren Extremwert bzw. die exakteren Werte des Parameterkollektivs der optimalen Lösung zu ermitteln.

5. Monte-Carlo-Methode mit Einschnürung

Die Konvergenz der Monte-Carlo-Methode läßt sich sehr wirksam verbessern, wenn man nach einer gewissen Stichprobenzahl den Wertbereich um den bis dahin gefundenen besten Wert einengt. Die weiteren Stichproben werden dann dem beispielsweise nur noch halb so großen Bereich entnommen, und so fort. Diese Methode sei als „Monte-Carlo-Methode mit Einschnürung" bezeichnet. Sie wurde neben anderen Verfahren programmiert und hat sich gut bewährt.

6. Mutationsmethode

Ähnlich dem vorangegangenen Verfahren arbeitet ein weiteres, als Mutationsmethode bekanntes Verfahren. Der Unterschied besteht darin, daß mit einem Zufallsgenerator nicht beliebige Werte, sondern nur Punkte eines vorher festgelegten Gitters herausgegriffen werden. Außerdem wird nicht nur der aktuell beste Lösungsvektor, sondern es werden z.B. die besten 10 in einem Speicher gehalten. Aus diesen Speicherwerten werden dann im weiteren Verlauf wiederum Parameterkollektive zusammengestellt – in der Erwartung, daß die Kombination der Komponenten guter Lösungsvektoren wiederum gute Lösungsvektoren ergibt. Verbessern diese die Zielfunktion, so werden sie in den Speicher zurückgeschrieben, andernfalls „vergessen". Dadurch entsteht im Speicher eine Anreicherung an Werten, die zu guten Lösungsvektoren geführt haben. Nach einer festgelegten Stichprobenzahl werden auch hier die Wertebereiche um den jeweils häufigsten Wert oder den Vektor des besten Zielfunktionswerts eingeschnürt. Dieser Vorgang wird wiederholt, bis das Optimum annähernd erreicht ist [152].

8.5.3
Beispiele

Anhand der folgenden Beispiele soll exemplarisch gezeigt werden, wo o.g. Optimierungsmethoden erfolgreich angewandt wurden. Es werden nur die wesentlichen Zusammenhänge aufgezeigt, auf die Wiedergabe der Gleichungssysteme, Programmierungen und Berechnungen muß aus Umfangsgründen verzichtet werden.

1. Simulation und Optimierung pneumatischer Stoßdämpfer

In technischen Systemen sind oft bewegte Massen in sehr kurzer Zeit auf die Geschwindigkeit Null abzubremsen. Zu diesem „Bremsvorgang" auf kurzem Weg nutzt man neben hydraulischen (vergleiche Kapitel 8.4, Beispiel 4) auch pneumatische Stoßdämpfer. Diese sind so auszulegen, daß sie einen Wagen bestimmter Masse, aber sehr unterschiedlicher Geschwindigkeit bzw. kinetischer Energie, auf die Geschwindigkeit Null zu bremsen vermögen (s. Bild 8.38 a). Das besondere Problem bei der Lösung dieser Aufgabe liegt darin, die Parameterwerte des Stoßdämpfers (Kolbendurchmesser, Kolbenhub, Drosselbohrungsdurchmesser, Kolbenrückstellfeder, schädlicher Raum des Stoßdämpfers (Restvolumen u.a.)) so festzulegen, daß der auf den Anschlag zulaufende Wagen – unabhängig davon, mit welcher (in bestimmten Grenzen variierenden) kinetischen Energie dieser ankommt – bei Durchlaufen des Stoßdämpferhubs auf die Geschwindigkeit Null abgebremst wird.

Optimierungsziel ist es, die Abmessungen eines Stoßdämpfers zu finden, welcher geeignet ist, einen auf den Stoßdämpfer auflaufenden Wagen maximaler, mittlerer oder minimaler Auftreffgeschwindigkeit jeweils auf die Geschwindigkeit Null abzubremsen. D.h., die Summe der Wagen-Restgeschwindigkeiten vr_1, vr_2, vr_3 nach Durchlaufen des Stoß-

Bild 8.38 a–b Dämpfungssystem „Pneumatik-Stoßdämpfer" (a); Darstellung des angenäherten Druckverlaufs im Dämpfer aufgetragen über dem Hub bzw. Dämpfervolumen; p-V-Diagramm (b)

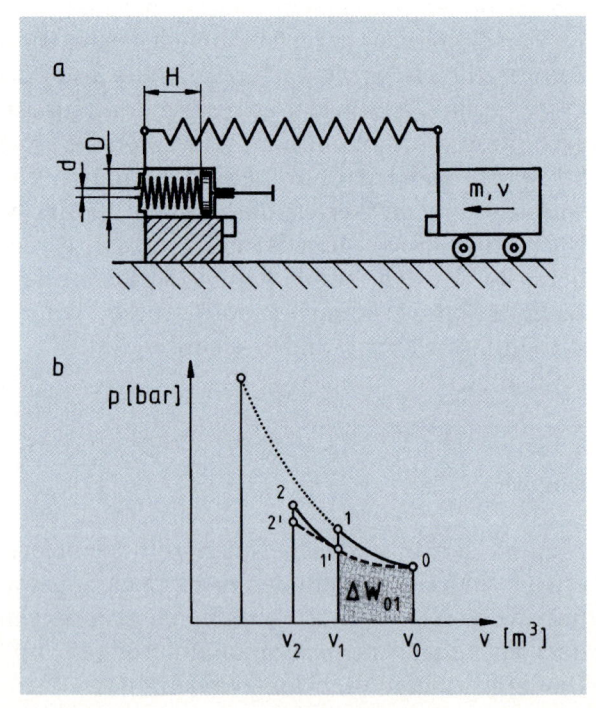

8.5 Optimieren und Bewerten von Lösungen

dämpferhubs, für drei Dämpfungsvorgänge mit unterschiedlichen Geschwindigkeiten

$$z = vr_1 + vr_2 + vr_3 = \text{minimal bzw. möglichst gleich Null}$$

zu erhalten. Dabei sollte keine negative Restgeschwindigkeit, d. h. keine Bewegungsumkehr auftreten.

Gegeben ist die Wagenmasse m sowie die kleinste und größte Geschwindigkeit des ankommenden Wagens. Gesucht werden die Parameterwerte des Stoßdämpfers Drosseldurchmesser d, Kolbendurchmesser D, Kolbenhub H, zulässiger schädlicher Raum u. a.

Zur Lösung dieser Aufgabe wird der thermodynamische Prozeß im Stoßdämpfer in kleine Zeitabschnitte Dt unterteilt und der Gesamtprozeß durch Berechnung vieler kurzer Teilprozesse angenähert. Nimmt man an, daß zu Beginn des Dämpfungsvorgangs (Zustand 0) die Luft im Stoßdämpfer die gleiche Temperatur und den gleichen Druck besitzt wie die Umgebungsluft, und ferner, daß die Drosselbohrung im „ersten Moment" geschlossen sei und die Luftverdichtung adiabat erfolgt, so kann man den Zustand 1 (V_1, T_1, p_1) der Luft im Stoßdämpfer mit den bekannten Gleichungen der Mechanik und Thermodynamik berechnen, der sich nach der kurzen Zeitdauer Δt_{01} nach Auftreffen des Wagens einstellen würde. Tatsächlich wird aber während der Zeit Δt_{01} etwas Gas aus der vorhandenen Drosselöffnung entweichen und es wird sich nicht Zustand 1, sondern ein Zustand 1´ einstellen (s. Bild 8.38 b). Druck und Temperatur des Gases werden bei Erreichen der Stoßdämpferposition 1 (Volumen 1) aufgrund der ausgeströmten kleinen Gasmenge Δm_{01} kleiner sein, als dies bei adiabater Verdichtung bzw. geschlossener Drosselbohrung der Fall gewesen wäre.

Nimmt man ferner an, daß während der Zeitdauer Δt_{01} ein mittlerer Überdruck von $(p_1-p_0)/2$ herrscht, so läßt sich mit diesem Wert die aus dem Stoßdämpfer in der Zeit Δt_{01} entwichene Gasmenge Δm_{01} näherungsweise berechnen. Mittels der entwichenen Gasmenge können der sich dadurch einstellende niedrige Druck $p_1´$ im Stoßdämpfer näherungsweise berechnet werden (s. Bild 8.38 b) und somit die vom Stoßdämpfer aufgenommene Energie.

$$\Delta W_{01} = \frac{1}{æ-1} \cdot \left(p_1' V_1 - p_0 V_0\right)$$

Die kinetische Energie des Wagens wird um die vom Stoßdämpfer aufgenommene Energiemenge abnehmen. Im Idealfall sollte nach Durchlaufen des Stoßdämpferhubs, die vom Stoßdämpfer übernommene Energie gleich der kinetischen Energie des ankommenden Wagens sein. Dabei ist noch zu beachten, daß das Ausströmen des Luftstroms aus der

Drosselbohrung während eines Dämpfungsvorgangs, je nach Druckverhältnis, unter- oder überkritisch erfolgen kann. Dies ist bei der Berechnung der während einer kleinen Δt ausströmenden Masse entsprechend zu berücksichtigen.

Die Berechnung erfolgt zusammenfassend in folgenden Schritten:
1. Berechnung der kalorischen Zustandsgrößen (p_1, V_1, T_1) unter Vernachlässigung der ausströmenden Masse nach einer Zeit Δt_{01} nach Auftreffen der abzubremsenden Masse auf den Stoßdämpfer.
2. Berechnung des in der Zeit Δt austretenden Massenstroms unter Annahme eines mittleren Drucks ((p_1-p_0)/2) im Zylinder.
3. Berechnung der im Zylinder verbliebenen Masse und des daraus resultierenden Drucks p_1'.
4. Berechnung der vom Stoßdämpfer dabei aufgenommenen Arbeit W_{01}.
5. Berechnung der reduzierten kinetischen Energie bzw. der reduzierten Geschwindigkeit des Kolbens.

Diese schrittweise Berechnung der Dämpferzustände wird so lange wiederholt, bis der gesamte Dämpferhub H durchfahren ist oder die Bewegung zum Stillstand gekommen ist.

Ferner werden diese Simulationsrechnungen mit unterschiedlichen Parameterwerten so lange fortgesetzt, bis Werte gefunden werden, welche eine Lösung dieser Aufgabe liefern oder man zu negativen Ergebnissen kommt, oder daß diese Aufgabe unter den gegebenen Bedingungen nicht lösbar ist. Zu variierende und zu ermittelnde Parameterwerte sind u. a. der Kolbendurchmesser, Kolbenhub, Ort der Drosselbohrung (Drosselbohrungen können so angeordnet sein, daß diese vom Kolben „überfahren" bzw. abhängig vom Kolbenweg x verschlossen werden), Zahl der Drosselbohrungen, Durchmesser der Drosselbohrungen, Volumen des schädlichen Raums (= Restvolumen, welches vom Kolben nicht aus dem Zylinder gepreßt werden kann, Parameterwerte der Kolbenrückstellfeder).

Mit Hilfe geeigneter Optimierungsmethoden und eines entsprechenden Programms lassen sich mittels Rechner in wenigen Stunden Tausende von Stoßdämpfer-Entwürfen simulieren und bezüglich des Optimierungsziels bewerten. Vergleichsweise sei erwähnt, daß die Lösung dieser Aufgabe mit experimentellen Mitteln – ohne Optimierungsrechnungen – etwa zwei Mannjahre dauerte.

2. Minimieren der Strömungsverluste in Hydrauliksteuerblöcken

Hydrauliksteuerblöcke dienen dazu, die verschiedenen Komponenten hydraulischer Systeme mittels im Steuerblock befindlicher Leitungssysteme entsprechend einem Schaltplan miteinander zu verbinden. Solche in Steuerblöcken befindlichen Leitungssysteme können beispielsweise zwei oder mehrere an der Oberfläche des Steuerblocks befindliche Anschlüsse miteinander verbinden. Hat man drei oder mehrere Anschlüsse an einem Steuerblock miteinander zu verbinden, so gibt es dafür mehrere alternative Verbindungsstrukturen gleicher Funktion (s. Bild 3.4.7 b). Die Zahl der möglichen alternativen Verbindungsstrukturen für solche Anschlüsse bzw. Leitungssysteme ergibt sich zu

$$VS = a^{(a-2)}$$

Dabei ist VS die Zahl der Verbindungsstrukturen und a die Zahl der Anschlüsse, welche mittels eines Leitungssystems verbunden werden sollen. D.h. für zwei zu verbindende Anschlüsse ergeben sich eine, für drei Anschlüsse drei Strukturen, für vier sechzehn und für fünf Anschlüsse bereits 125 alternative Verbindungsstrukturen. Für Steuerblöcke, welche in großer Stückzahl benötigt werden und welche Leitungssysteme mit drei oder mehreren Anschlüssen haben, ist es wirtschaftlich sinnvoll, nicht irgendwelche Verbindungsstrukturen zu konstruieren, sondern besser jene Strukturen mit den geringsten Strömungsverlusten.

Die Strömungsverluste eines Steuerblock-Leitungssystems sind in etwa proportional der Leitungslänge und der Zahl der Leitungsumlenkungen, wenn man hier zur Vereinfachung der Aufgabe noch unterstellt, daß die Leitungsdurchmesser aller Leitungssegmente gleich sind. Ein Optimierungsziel für Steuerblöcke läßt sich folglich so definieren:

$$Z = k_1 \cdot l + k_2 \cdot u = \text{Minimum}$$

Mit Z sollen dabei die Strömungsverluste, mit l die gesamte Leitungslänge und mit u die Zahl der Leitungsumlenkungen eines Leitungssystems bezeichnet werden. k_1 und k_2 sind Leistungsverlustfaktoren mit den Einheiten „Watt pro Längeneinheit" bzw. „Watt pro Umlenkung" einer Leitung.

Denkt man sich einen Algorithmus entwickelt, welcher besagt, wie in einem Steuerblock orthogonal (oder/und schräg) angeordnete Bohrungen zu gestalten sind, um an beliebigen Stellen der Steuerblockoberfläche angeordnete Anschlüsse (1, 2, 3 ... s. Bild 8.39) von Hydraulikelementen mittels eines Leitungssystems hydraulisch zu verbinden, denkt man sich ferner noch einen Algorithmus zur Bestimmung der Leitungslängen und der Zahl der Umlenkungen der so gestalteten

Bild 8.39 a–b Unterschiedliche Verbindungsstrukturen eines Leitungssystems mit 4 Anschlüssen eines Hydrauliksteuerblocks; Baumstruktur (a), Kettenstruktur (b)

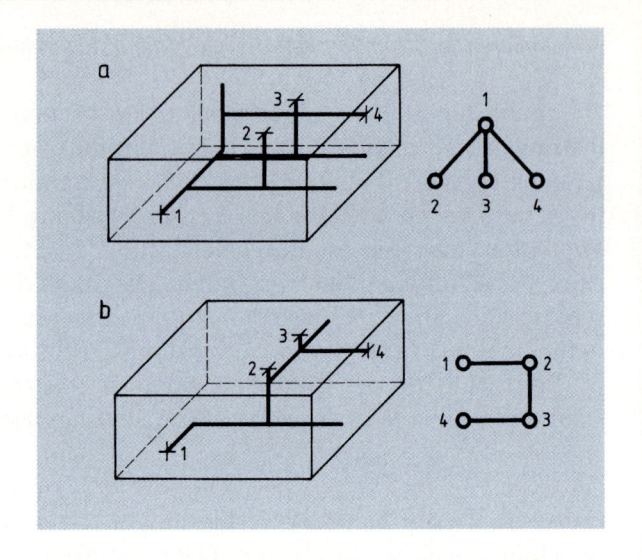

Leitungssysteme, so kann man mittels entsprechender Programme alle für eine bestimmte Aufgabenstellung existierenden alternativen Leitungssysteme gestalten und deren Leitungslängen sowie die Zahl der Umlenkungen per Rechner bestimmen lassen. In weiteren Rechenoperationen kann man dann noch die „hydraulischen Verluste" für jedes Leitungssystem ermitteln lassen, diese vergleichen und so das System- bzw. die Leitungsalternative mit den geringsten hydraulischen Verlusten finden. Bezüglich Entwicklung von Algorithmen zur Gestaltung dieser alternativen Leitungsstrukturen wird aus Umfangsgründen auf die Literatur [118, 124] verwiesen.

Beispiele methodischen Konstruierens

Die produktneutrale Beschreibung von Konstruktionsvorgängen (Theorie des methodischen Konstruierens) scheint sehr einfach und plausibel zu sein. Versucht man jedoch, allgemeingültige Konstruktionsregeln an konkreten Konstruktionsaufgaben anzuwenden, so stellt man fest, wie schwer es ist, diese in die Praxis umzusetzen. Deshalb soll dies im folgenden an einigen Beispielen gezeigt werden.

9.1 Entwickeln von Pumpen

Der Zweck eines zu entwickelnden technischen Systems soll sein: „Flüssigkeit von Ort A nach B zu transportieren". Der Mengenstrom der Flüssigkeit soll stufenlos regulierbar sein. Ferner soll das zu entwickelnde technische System ein- und ausschaltbar sein. Für die folgenden grundsätzlichen Überlegungen hat die absolute Menge, die mit diesem System pro Zeiteinheit befördert (transportiert) werden soll, keine Bedeutung und soll außer Betracht bleiben.

Für das grundsätzliche Verständnis allgemeiner Konstruktionsprozesse sei ferner unterstellt, daß dem Bearbeiter keine Lösungen und Informationen über bereits realisierte Pumpen bekannt sind; dem Entwickler sind Pumpen unbekannt.

Lösungsweg:

1. Schritt, Funktionssynthese Der 1. Schritt auf dem Weg hin zu einer technischen Lösung besteht darin, zu erkennen, mit welcher(n) Elementarfunktion oder Elementarfunktionen o.g. Zweck realisiert werden kann. Die 1. Teilaufgabe lautet also: „Mit welcher Elementarfunktion oder Elementarfunktionsstruktur kann o.g. Zweck realisiert werden?" Zur Lösung dieser 1. Teilaufgabe können zunächst auch alle an ein solches System zu stellenden Bedingungen – außer der Zweckbedingung – unberücksichtigt bleiben.

Es gilt nun eine Antwort auf die Frage zu finden, mit welcher der bekannten Elementarfunktionen kann „Transportieren von Flüssigkeit" (Stoff) erreicht werden? Man findet hierauf eine Antwort, indem man o. g. Frage in die „Sprache der Physik" wie folgt übersetzt: „Durch welches physikalische Geschehen (physikalische Tätigkeit) kann ein Stoff von Ort A nach Ort B *bewegt* werden?". Antwort: „Indem man diesen mit *Bewegungsenergie beaufschlagt (verbindet)*". Das heißt, o. g. Zweck kann durch „Verbinden von Bewegungsenergie und Stoff" realisiert werden (s. Bild 5.2.3 a). Mit der Funktion „Verbinden von Bewegungsenergie und Stoff" ist die „Haupt-, Kern- oder auch Zweckfunktion" einer Pumpe gefunden.

Im allgemeinen gilt es, diese Hauptfunktion in weiteren Schritten zu realisieren bevor über weitere Funktionen etwas ausgesagt werden kann.

Im vorliegenden Beispiel läßt sich eine umfassende Pumpenstruktur entwickeln, wenn man die physikalischen Prinzipien von Pumpen kennt und daher weiß, daß zur Verwirklichung der Hauptfunktion „in jedem Fall" Bewegungsenergie benötigt wird und man ferner weiß, daß diese durch *Wandeln* elektrischer Energie in Bewegungsenergie geschaffen werden muß. D.h., es ist entsprechend noch eine Operation „Wandeln von Energie" vorzusehen. Aufgrund der Forderungen, daß das System noch ein- und ausschaltbar und bezüglich der Fördermenge regulierbar sein soll, folgen schließlich des weiteren die Operationen „Schalten" (Koppeln und Unterbrechen) und „Verkleinern" eines Energieflusses (s. Bild 5.2.3 b).

Die bei diesen Überlegungen festgelegte Reihenfolge der einzelnen Grundoperationen ist, so wie in Bild 5.2.3 b aufgezeigt, nicht zwingend notwendig, vielmehr können die Operationen Schalten, Verkleinern und Wandeln von Energie in ihrer Reihenfolge beliebig vertauscht werden. Eine Auswahl möglicher anderer Reihenfolgen dieser Funktionen zeigen die Bilder 5.2.3 c, d und e. Für o.g. Aufgabe existieren folglich mehrere Funktionsstrukturen.

Die Ein/Aus-Operation und die Operation zur Steuerung der Fördermenge können auch statt in den Energie- in den Stoffpfad gelegt werden. An die Stelle der Operation „Verkleinern" muß dabei u.a. die Operation „Teilen" („Verzweigen") treten, da sich die Stoffmenge aufgrund des Stofferhaltungssatzes nicht verkleinern läßt (s. Bild 5.2.3 f). Auch zu dieser Art Funktionsstruktur lassen sich durch Vertauschen der Reihenfolge einzelner Operationen weitere unterschiedliche Strukturen angeben, auf deren Vorstellung hier aus Umfangsgründen verzichtet wurde.

9.1 Entwickeln von Pumpen 421

2. Schritt, Effektsynthese In einem 2. Konstruktionsschritt müssen nun für die Funktion „Verbinden von Bewegungsenergie mit Stoff (Flüssigkeit)" physikalische Effekte gefunden werden, welche geeignet sind, die genannte Tätigkeit zu verwirklichen. Diese 2. Teilaufgabe kann man mittels eigener Kenntnisse über physikalische Effekte, Literaturrecherche oder mit Hilfe der im Anhang befindlichen Zusammenstellungen physikalischer Effekte lösen. Alle existenten, prinzipiell unterschiedlichen Lösungen findet man, indem man nach den physikalischen Phänomenen fragt, welche geeignet sind, eine Flüssigkeit in Bewegung zu setzen bzw. flüssigen Stoff mit Bewegungsenergie zu beaufschlagen.

Geht man davon aus, daß für den Antrieb der Pumpe jede Art von Energie zur Verfügung stehen kann, so kommen grundsätzlich alle Effekte als Lösungsmittel in Betracht, welche für ein „Verbinden von Bewegungsenergie und Stoff" geeignet sind und in der Zeile „Stoff + Bewegungsenergie" dieser Systematik stehen (s. Tabelle 2 des Anhangs). Das sind beispielsweise der Impuls- (Kreiselpumpe), der Verdrängungseffekt (Kolbenpumpe), der Adhäsions- (Flüssigkeitsförderung mittels Kapillaren), der Coulomb I-, Coulomb II- und Bernoulli- (Wasserstrahlpumpe), der Biot-Savartsche- (Natriumpumpe) und Elektroosmose-Effekt. Einige der hieraus folgenden Effektstrukturen zeigt Bild 5.3.2.

Um die übrigen Elementarfunktionen realisieren zu können, ist es notwendig, das physikalische Prinzip für den Pumpvorgang („Kernfunktion") festzulegen. Mit der Festlegung des Pumpenprinzips weiß man, welche Energieart für dieses Prinzip benötigt wird (Bewegungsenergie, elektrische Energie etc.). Somit liegt auch fest, welche Energieart das dem „Pumpen-Prinzip" vorgeschaltete „Energie-Wandler-Prinzip" zu liefern hat; eben die Art von Energie, welche das Prinzip „Pumpe" benötigt. Wenn ferner festliegt, welche Energieart zum Betrieb des Systems zur Verfügung steht (beispielsweise elektrische Energie aus einem bestimmten Versorgungsnetz), dann läßt sich auch die Art der Ein- und Ausgangsgrößen der übrigen Funktionen (Schalten, Vergrößern) angeben. In weiteren Konstruktionsschritten lassen sich auch zu deren Realisierung physikalische Phänomene angeben.

Wie dieses Beispiel auch zeigen soll, können die einzelnen Funktionen eines Systems nicht parallel, sondern nur nacheinander festgelegt werden, und zwar, die eigentlich gewollte Funktion, d.h. die Tätigkeit „Pumpen", zuerst und die anderen Funktionen, welche sich diesem Prinzip anzupassen haben, danach bestimmt werden. Erst wenn bekannt ist, mit welchem physikalischen Effekt die Funktion „Verbinden von Stoff mit Energie (Pumpen)" realisiert wird, können die Funktionen und Prinziplösungen für die an diese Hauptfunktion anschließenden Funktionen bestimmt werden. Das physikalische Prinzip für die Pumpe liefert die Bedingungen für die anschließenden Prinzipien.

Hat man auf diese Weise für alle Elementarfunktionen physikalische Effekte festgelegt, so kann man die Grundoperations- oder Elementarfunktionsstruktur in eine Effektstruktur überführen, indem man an Stellen der Elementarfunktionen die diesen entsprechenden Prinziplösungen setzt. Man erhält so eine der ursprünglichen Funktionsstruktur entsprechende Effekt- oder Prinziplösungsstruktur.

Wählt man beispielsweise für die Operation „Verbinden" (Pumpe) den Verdrängungseffekt, d.h. jenen Effekt, auf dem alle Pumpen mit veränderlichem Arbeitsvolumen beruhen, wie Flügel-, Kolben-, Kapselpumpen usw., so braucht man zu einer hierauf basierenden Pumpe zur Volumenänderung in jedem Fall Bewegungsenergie. Nimmt man ferner an – um die Vielfalt der Lösungen einzudämmen –, daß zur Versorgung dieses Systems nur elektrische Energie zur Verfügung steht, so kommen zur Verwirklichung der Operation „Wandeln" (von Energie) grundsätzlich nur alle jene Effekte in Betracht, welche elektrische Energie in Bewegungsenergie umzusetzen vermögen. Das sind im wesentlichen alle Effekte, welche in der Systematik für die Grundoperation „Wandeln" (s. Anhang, Tabelle 1) als Ursache eine elektrische Größe (Spannung, Strom u.a., Zeile 10 und 12) und als Wirkung eine Länge oder Kraft bzw. Bewegungsenergie (Spalte 1 und 4) haben, wie z.B. der Elektrostriktions-, Magnetostriktions-, Biot-Savartsche (elektrodynamischer Effekt = Prinzip des Elektromotors), elektrokinetische (Elektroosmose), Coulomb I- und Coulomb II-Effekt. Die entsprechenden Antriebsprinzipien für Kolben- bzw. Membranpumpen zeigt Bild 5.3.3.

Besonders zu bemerken ist noch, daß ein Teil der für die Operation „Wandeln" genannten Effekte, wie z.B. der Elektroosmose- und der Biot-Savartsche-Effekt, auch bereits zur Realisierung der Operation „Verbinden von Stoff mit Bewegungsenergie" genannt wurden. Das bedeutet, daß diese Effekte „beides können", so daß diese sowohl zur Verwirklichung der Operation „Wandeln elektrischer in Bewegungsenergie", als auch zur Realisierung der Operation „Verbinden von Flüssigkeit mit Bewegungsenergie" genutzt werden können. Die Tatsache, daß es Effekte gibt, welche zwei oder mehrere in einem System vorkommende Operationen bzw. Funktionen realisieren können, kann zu besonders einfachen und wirtschaftlichen Lösungen führen (vgl. Bild 5.3.2, Lösung a und b).

Das Ergebnis des Arbeitsschritts „für bestimmte Funktionen geeignete physikalische Effekte angeben" ist eine Vielzahl von Effekt- oder Effektkettenalternativen für die einzelnen Elementarfunktionen. Diese können an Stelle des Funktionssymbols in die betreffenden Kästchen der Elementarfunktions- oder Grundoperationsstruktur eingetragen werden. Man gelangt so zu Effektstrukturen, wie sie – teilweise ausgeführt – die Bilder 5.3.2 und 5.3.3 zeigen.

Bild 5.3.2 zeigt einige, den genannten Effekten entsprechende Prinziplösungen zur Bewegung von Flüssigkeiten. Bild 5.3.2 a zeigt die Anwendung des Biot-Savartschen Effekts (Prinzip des Elektromotors) zum Transport von Flüssigkeiten. Auf die in einem Rohr befindliche und anzutreibende Flüssigkeit wirkt senkrecht zur angestrebten Bewegungsrichtung ein magnetisches Feld B ein. Wird außerdem noch ein elektrischer Strom in der gezeichneten Richtung durch die Flüssigkeit geleitet, so wird sich die Flüssigkeit, aufgrund des Biot-Savartschen Gesetzes (bzw. Effekts) im Rohr senkrecht zur Stromrichtung I und zum magnetischen Feld B in Bewegung setzen. Dieses Prinzip läßt sich natürlich nur auf elektrisch leitfähige Flüssigkeiten anwenden. Wegen des relativ schlechten Wirkungsgrads wird es bisher nur dort angewandt, wo es darauf ankommt, Pumpen ohne bewegliche Teile zu haben, so z.B. in Atomkraftwerken, als Pumpen zum Transport von Natrium.

Die übrigen Prinziplösungen zeigen die Bewegung von Flüssigkeiten aufgrund des Elektroosmose-, Gravitations-, Kapillaritäts-, Coulomb I- (elektrisches Feld) und Coulomb II-Effekts. Letzterer Effekt ist natürlich nur bei magnetischen Flüssigkeiten anwendbar. Ferner sind in Bild 5.3.2 noch der in der Praxis häufig zum Bau von Membran- bzw. Kolben- und Kreiselpumpen angewandten Boyle-Mariotte- und der Verdrängungseffekt angegeben. Wählt man beispielsweise den Boyle-Mariotteschen Effekt als Pumpenprinzip, so ist für den Betrieb dieser Art von Pumpe eine Bewegung zum Ansaugen und zur Veränderung eines Volumens zu erzeugen. Steht dazu nur elektrische Energie zur Verfügung, so stellt sich noch die Aufgabe, elektrische Energie in Bewegungsenergie umzuwandeln. Zur Realisierung dieser Teilaufgabe eignen sich grundsätzlich alle Effekte, welche elektrische Größen in Weg oder Kraft umzusetzen vermögen. Bild 5.3.3 a bis f zeigt Antriebsprinzipien basierend auf dem Biot-Savartschen-, Coulomb I-, Coulomb II-, Elektrostriktions- und Magnetostriktionseffekt.

Es ist noch zu bemerken, daß eine oszillierende Volumenänderung einen ebenfalls oszillierenden Volumenstrom zur Folge hätte. Will man einen sich in einer Richtung bewegenden Flüssigkeitsstrom erzeugen, so sind noch Rücksperrventile (Kugelventile), wie in Bild 9.1.1 gezeigt, vorzusehen. Im Gegensatz zur Kolben- oder Membranpumpe braucht man für den Betrieb einer Kreiselpumpe prinzipiell keine Rücksperrventile, es sei denn aus anderen Gründen, z.B. zum Anfahren eines Kreiselpumpensystems. Wie das Beispiel Kolbenpumpe zeigt, sind, abhängig von der gestalterischen Realisierung eines physikalischen Prinzips, u.U. weitere Elementarfunktionen bzw. Funktionselemente notwendig, um eine „phy-

Bild 9.1.1 Nach Festlegung des Pumpenprinzips (Kolbenpumpe) werden weitere Funktionen zum „Gleichrichten" des Flüssigkeitsstroms erforderlich; die ursprüngliche Funktionsstruktur bedarf einer Ergänzung um die Funktion „Gleichrichten" („Rückschlagventile")

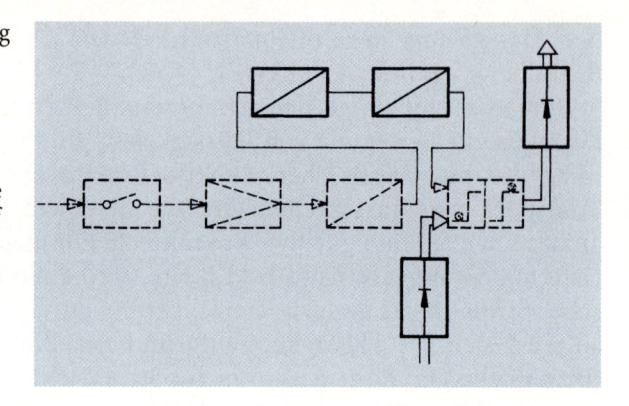

sikalische Lösung" in eine für die Praxis geeignete bzw. „technische Lösung" zu überführen.

Denkt man sich ferner das Biot-Savartsche Prinzip nach Bild 5.3.3 a zum bekannten Elektromotor weiter entwickelt (gestaltet) vor, so sind zur Umwandlung der rotatorisch fortlaufenden Bewegung in eine translatorisch oszillierende noch die Operationen „Wandeln" und „Oszillieren" notwendig; in Bild 5.3.3 b ist das diesen Operationen entsprechende Kurvengetriebe angedeutet. Zeichnet man rückblickend die Funktionsstruktur für das System „Membranpumpe", so ergibt sich eine um die beiden Operationen „Richten des Stoffflusses" sowie „Wandeln und Oszillieren des Energieflusses" erweiterte Grundoperationsstruktur, wie sie Bild 9.1.1 zeigt. Dieses Beispiel soll zeigen, daß im Laufe der Entwicklung zur ursprünglichen Funktionsstruktur weitere Funktionen hinzukommen können; die ursprünglich weitgehend allgemeine Struktur wird mit fortschreitender Konkretisierung der Lösung zu einer umfangreicheren, speziellen Struktur eines bestimmten Produkts.

Entsprechend ist zu unterscheiden zwischen

- Funktionsstrukturen („Synthese-Strukturen"), wie sie bei der Synthese eines Produkts entstehen und
- Funktionsstrukturen („Analyse-Strukturen"), wie man sie erhält, wenn man bereits existierende Produkte analysiert.

Würde man beispielsweise einen Verbrennungsmotor auf diese Weise (nochmals) erfinden wollen, würde man andere Funktionsstrukturen erhalten als jene, welche man durch Analyse eines bereits existierenden Motors bekommen würde.

D.h., bei der Konstruktion eines unbekannten Produkts werden die verschiedenen Funktionen nicht parallel, sondern nacheinander realisiert. Zuerst wird die Hauptfunktion verwirklicht; wenn deren Realisierung (physikalisches Prinzip, Gestalt etc.) bekannt ist, wird klar, welche anderen Funktionen (Hilfstätigkeiten) zur Unterstützung der Hauptfunktion noch benötigt werden. Erst wenn beispielsweise das Prinzip einer Pumpe („Kolben- oder Kreiselpumpe") bekannt ist, ist erkennbar, ob noch „Rückschlagventile" benötigt werden oder nicht.

9.2
Entwickeln von Drahtwebmaschinen

Es ist die Aufgabe gegeben, eine Webmaschine für Drahtgewebe zu entwickeln. Drahtgewebe (Maschenzahlen bis zu 62.500 pro cm^2, Drahtdicke bis 0,01 mm, Filterfeinheit bis 0,007 mm etc.) werden zur Herstellung von Filtern aller Art wie beispielsweise Kraftstoff und Ölfilter, Fliegengitter u.a. Gegenständen benötigt. Die Leistungen von Webmaschinen werden üblicherweise durch die Maschinenkomponente, welche den Schußdraht in das Webfach einzubringen hat, begrenzt.

Soll die Leistung derartiger Maschinen erhöht werden, so muß in erster Linie die Leistung jener Einrichtung erhöht werden, welche die Schußdrähte ins Webfach zu transportieren hat. Bei üblichen Webmaschinen wird die Schußdrahteinbringung entweder mittels „Schützen" (Weberschiffchen) oder sogenannter Greifer realisiert. Bild 5.3.7 a, b zeigt das Prinzip von Schützen- und Greiferwebmaschinen.

Bei Schützenwebmaschinen wird eine im Schützen befindliche Drahtspule (Drahtvorrat) durch das Webfach „hindurchgeschossen", dazu wird der „Schützen" mit einem Schlagstock stoßartig beschleunigt und gleitet anschließend, infolge der diesem übertragenen kinetischen Energie, durch das Webfach. Dabei wird der Draht von der Vorratsspule abgespult und längs des Webfachs ausgelegt. Hierzu ist es notwendig, den Anfang des auf die Vorratsspule gewickelten Drahts außerhalb des Webfachs festzuhalten.

Bei Greiferwebmaschinen bewegen sich die in Bild 5.3.7 b dargestellten Greifarme synchron aufeinander zu und treffen sich in der Mitte des Webfachs. Dabei bringt ein Greifer den Drahtanfang von der einen Seite des Webfachs bis zur Webfachmitte und übergibt diesen dem anderen Greifarm; dieser übernimmt den Drahtanfang und transportiert diesen zur anderen Webfachseite. Der ins Webfach zu transportierende Draht wird von einer außerhalb des Webfachs befindlichen Spule abgewickelt.

Beide Schußdrahteinbringeprinzipien haben den Nachteil, relativ große „Eigenmassen" bewegen zu müssen, um eine relativ kleine Nutz- bzw.

Drahtmasse von ca. 0,2 g in ein Webfach zu transportieren. Schützen, Vorratsspule und Greifarme besitzen eine Masse von ca. 1 kg und mehr. Schützenwebmaschinen sind aufgrund der großen schlagartig zu beschleunigenden und zu verzögernden Massen besonders lärmintensiv.

Lösungsweg:

1. Schritt, Funktionssynthese Die Aufgabe lautet: „Es ist ein Stück Draht aus Kunststoff oder Metall (Stoff) von Ort A nach B zu transportieren". Versucht man, diese Aufgabe unabhängig von o. g. Vorbildern (Stand der Technik) zu lösen, so ist in einem ersten Lösungsschritt zu klären, mit welcher Art Elementarfunktion die Aufgabe gelöst werden kann.

Um ein Stück Stoff zu transportieren, muß dieses mit Bewegungsenergie beaufschlagt werden; oder: Ein Stück „Stoff bestimmter Gestalt" ist mit Bewegungsenergie zu verbinden. Es ist jene in Bild 5.2.2 a symbolisch dargestellte Funktion „Bewegungsenergie mit Stoff verbinden" zu realisieren. Des weiteren ist der zu bewegende Stoff noch *zu führen* oder nicht zu führen („frei durch das Webfach fliegen"), wie die Funktionsstrukturen des Bilds 5.2.2 a, b symbolisieren.

Zum „Verbinden von Bewegungsenergie mit Stoff" sind grundsätzlich alle physikalischen Phänomene geeignet, welche ein Stück festen Stoffs bzw. Draht in Bewegung zu versetzen vermögen. Solche sind der Stoß-, Impuls-, Gravitations-, Hookesche-, Reibungseffekt (Coulombsche-, Newtonsche- und Gasreibung), die Expansion eines Gases u.a. Bild 4.2.1 zeigt Prinziplösungen zu einigen der genannten Effekte. Von den in Bild 4.2.1 gezeigten Prinziplösungen erscheint jene auf dem Coulombschen Reibungseffekt basierende Lösung am besten geeignet. Zwei mittels eines Elektromotors angetriebene, permanent rotierende Reibrollen werden mittels Elektromagnet kurzzeitig aufeinander gedrückt. Dabei wird auf den zwischen den beiden Rollen liegenden Draht mittels Reibung Bewegungsenergie übertragen; dieser wird schlagartig beschleunigt und fliegt im „freien Flug" durch das Webfach (beispielsweise mit einer Geschwindigkeit von 30 m/s).

Am anderen Ende des Webfachs wird der Drahtanfang mittels eines Trichters eingefangen und in den Spalt zweier Friktionswalzen gelenkt. Die permanent angetriebenen Friktionswalzen spannen den eingefangenen Schußdraht, wenn dieser auf der anderen Seite (Abflugseite) des Webfachs festgehalten wird. Bild 5.3.8 zeigt diese Prinziplösung.

Mit Hilfe des besagten Prinzips bzw. der beiden in Bild 4.2.1 gezeigten Reibrollen kann man Schußdrähte auch relativ langsam (nicht im „freien Flug") durch ein Webfach hindurchschieben und dieses außerdem zur Führung des Schußdrahts nutzen.

Insbesondere relativ dicke, schwere Drähte (Stahlgeflechte, Stahlmatten) wird man besser relativ langsam in das Webfach hineinschieben.

Bild 5.3.8 zeigt ferner noch eine Halteeinrichtung und eine Richteinrichtung für Drähte. Weitere Ausführungen finden sich noch unter [151].

9.3
Entwickeln von Nahtwebmaschinen

Für Papiermaschinen werden riemenartige, endlose Siebe mit Abmessungen bis ca. 10 Meter Breite und ca. 160 Meter Länge benötigt. Diese werden häufig aus Kunststoffdrähten auf üblichen Drahtwebmaschinen hergestellt. Die dabei entstehenden endlichen Drahtgewebestücke müssen anschließend von Hand zu endlosen Riemen verwebt werden. Die Dauer solcher Nahtwebprozesse von Hand beträgt im 3-Schichtbetrieb bis zu 6 Wochen, je nach Breite und Feinheit des Gesiebes.

Bild 9.3.1 Gesiebenaht mit regelmäßig verteilten Drahtenden

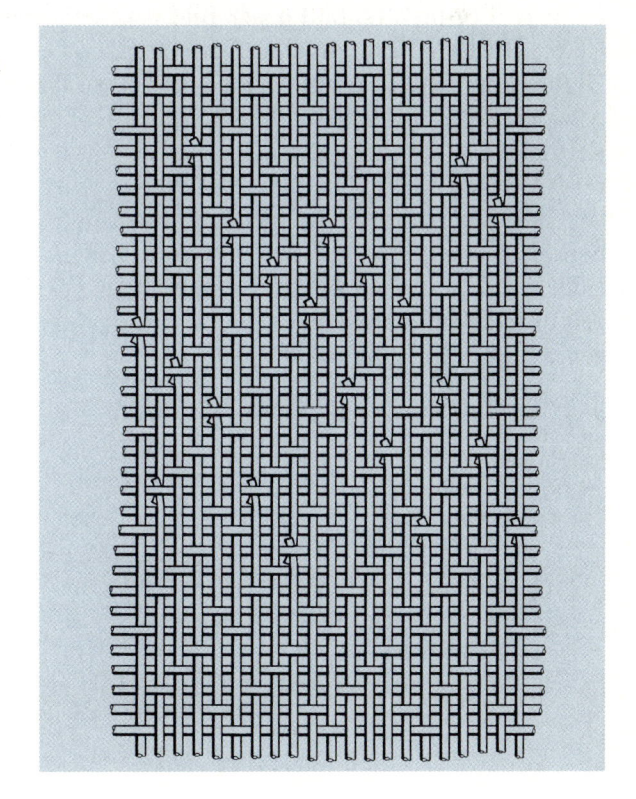

Bild 9.3.2 Gesiebeende und Drahtenden (Kunststoffdrähte). Die Drahtenden werden als „Schußdrähte" in das Nahtwebfach eingebracht und bilden zusammen mit den sogenannten „Naht-Kettdrähten", die Naht eines Gesiebes (siehe auch Bild 9.3.3)

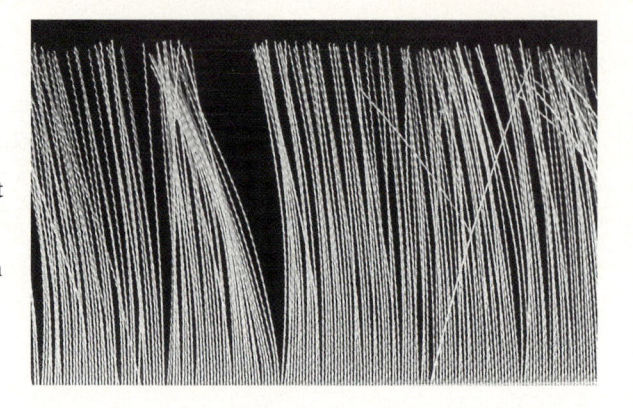

Aufgabe ist es, eine Maschine zu entwickeln, um die beiden Enden eines Kunststoffdrahtgewebes so miteinander zu verweben, daß die dabei entstehende Webnaht möglichst „unauffällig" (unsichtbar) ist, da anderenfalls entsprechende Unregelmäßigkeiten in den durch dieses Gesiebe gefertigten Papierbahnen entstehen und sichtbar würden. D. h., die an der Naht endenden Drähte sind möglichst regel- oder unregelmäßig im Nahtbereich zu verteilen und nicht regelmäßig längs einer Linie anzuordnen (s. Bild 9.3.1). Bild 9.3.2 zeigt einen Teil eines solchen Gewebeendes. Diese aus den Gewebeenden herausragenden einzelnen Drahtenden sind in richtiger Reihenfolge zu fassen und in ein aus sogenannten Kettdrähten gebildetes Webfach (s. Bild 9.3.3) einzubringen. Als Kettdrähte sind keine „neuen Drähte" zu verwenden, weil diese ein anderes „Gewebebild" im Nahtbereich ergeben würden, sondern Drähte, welche die gleichen „Kröpfungen" besitzen, wie die übrigen im Gewebe befindlichen Drähte. Aus diesem Grund gewinnt man die Kettdrähte der Naht durch Ausweben bereits eingewebter gekröpfter Drähte. Bild 9.3.3 zeigt die Situation des „Einwebens von Drahtenden"; Drahtende uneingebracht (a) und eingewebt (b).

Bild 9.3.3 a-b Herstellung einer Gesiebenaht. In das Nahtwebfach (3) eingebrachte Schußdrähte (2). Das Nahtwebfach wird durch die Kettdrähte (1) gebildet (a). Bild b zeigt die eingebundenen Schußdrähte bzw. einen Teil der fertigen Webnaht

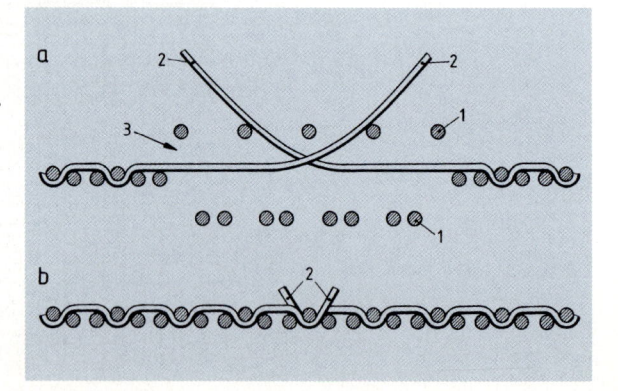

Lösungsweg:

1. Schritt, Funktionssynthese Das Hauptproblem bei der Lösung dieser Aufgabe bestand darin, das als nächstes einzuwebende Drahtende zu „erkennen", dieses von den anderen zu „entfernen" und in ein Webfach zu transportieren. Zur Webfachbildung mittels o.g. Kettdrähte konnte man die von Webmaschinen her bekannte Jaquart- oder Schaft-Steuerung benutzen.

Es stellte sich somit die Frage: „Mittels welcher Elementaroperation oder Elementaroperationen können o.g. Tätigkeiten realisiert werden?". Dieser Zweck läßt sich einmal durch die Tätigkeit „Entfernen" erreichen. D.h., das an einem bestimmten Ort liegende, als nächstes einzuwebende Drahtende, ist von allen übrigen Drahtenden weg zu transportieren; Unterscheidungsmerkmal sind die unterschiedlichen „Ortslagen der Drahtenden". Das „Weg-zu-transportieren" ist in die physikalische Tätigkeit „Drahtende mit Bewegungsenergie *verbinden*" zu übersetzen (Stoff mit Energie verbinden). Realisiert man diese Elementarfunktionen durch physikalische Effekte, findet man bestimmte Prinziplösungen. Diese haben alle einen Nachteil: das Erfassen (Treffen) des als nächstes einzuwebende Drahtende erfordert sehr präzise Bewegungssysteme (Toleranzprobleme!).

Dieser Weg soll deshalb und aus Umfangsgründen hier nicht weiter verfolgt werden.

Des weiteren kann o.g. Teilaufgabe auch noch mittels einer anderen, alternativen Elementarfunktion bzw. Funktionsstruktur realisiert werden.

Um das als nächstes einzuwebende Drahtende zuverlässig zu erfassen und von den anderen weg, hin ins Webfach, transportieren zu können, ist es vorteilhaft, die einzuwebenden Drahtenden mit einem Maschinenteil zu *fügen* (mittels *einer* Verbindung pro Drahtende) und die Verbindung der Drahtenden in der Reihenfolge zu lösen, in der diese eingewebt werden müssen.

Auf diese Weise wird immer nur das als nächstes einzuwebende Drahtende freigegeben, während alle anderen festgehalten werden. Das freigegebene Drahtende kann dann angetrieben und ins Webfach transportiert werden. Gegenüber dem erstgenannten Lösungsweg (s.o.) hat diese Funktionsstruktur bzw. dieses Konzept den Vorteil, daß der Antrieb des einen, freigegebenen Drahtendes mittels relativ einfacher Systeme erfolgen kann (keine Toleranzprobleme!); die hieraus zu entwickelnden Systeme sind wesentlich zuverlässiger als Systeme entsprechend obengenannter Struktur. Bild 5.3.10 a zeigt die diesen Ausführungen entsprechende Funktionsstruktur.

2. Schritt, Prinzipsynthese Verbindungen zwischen Drahtenden und dem Maschinengestell lassen sich durch Schaffen von kleinen, den Drahtenden angepaßten Kammern realisieren, welche der Reihe nach geöffnet werden können, wie in Bild 5.3.10 b schematisch gezeigt wird. Bild 9.3.4 zeigt einige Gestaltvarianten von Verbindungen für Drahtenden. Diese wurden nicht weiter entwickelt, als erkannt wurde, daß auch „ein Rapport" (das ist eine bestimmte Zahl von Drähten, welche ein Muster eines Gewebes ausmachen, bzw. die Zahl aufeinanderfolgender Drähte eines Gewebes, bis sich dessen Muster wiederholt) eines Gewebes als Drahtenden-Verbindungen genutzt werden kann (s. Bild 9.3.5 a). Man braucht nur einen Rapport an die Drahtenden zu schieben und erhält so Drahtenden-Verbindungen, welche durch maschinelles Aufweben des Rapports so schrittweise geöffnet werden können, daß immer nur ein Drahtende (das als nächstes einzuwebende), „aus der Verbindung flüchten" kann. Aufgrund des Verbiegens der Drähte und der damit verbundenen Spannung in den Drähten springt das Drahtende beim Öffnen der jeweiligen Verbindung (in Bild 9.3.5 a) nach rechts hin weg und kann dort gefaßt und ins Webfach transportiert werden.

Eine weitere Teilaufgabe besteht darin, das gelöste Drahtende zunächst vor und dann ins Webfach zu transportieren. „Transportieren" heißt „übersetzt in die Sprache der Elementaroperationen": „Stoff (= Drahtende) mit Bewegungsenergie verbinden". Die Funktion „Verbinden von Stoff mit Bewegungsenergie" ist zu realisieren. Dies kann mit mechanischen Mitteln (Getriebe, Greifern etc.) oder durch Antriebe mittels Luft-

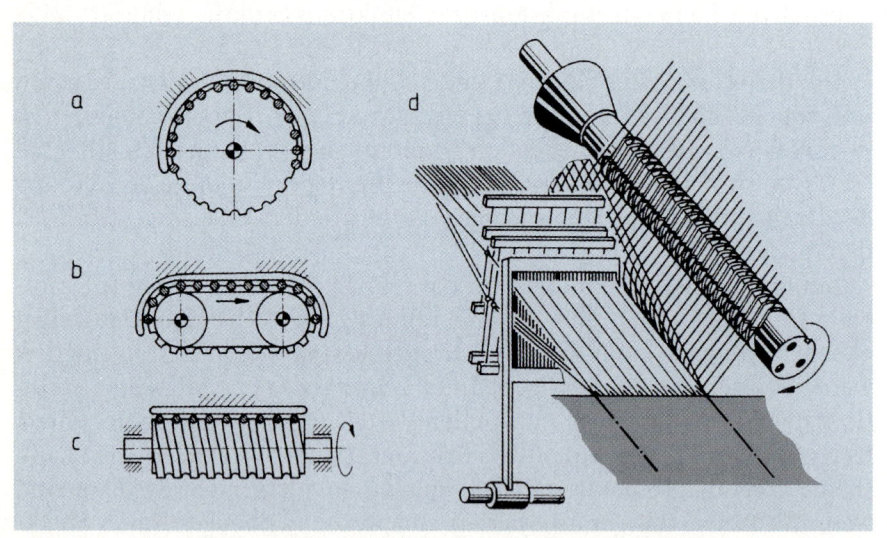

Bild 9.3.4 a–d Gestaltvarianten von lösbaren Verbindungen für Drahtenden. Trommelförmige (a), bandförmige (b) und schraubenförmige Gestaltvariante (c, d)

oder Flüssigkeitsstrahl geschehen. Im vorliegenden Fall war es möglich, das Drahtende mittels Luftstrahl sicher vor das Webfach zu transportieren; es auch noch ins Webfach zu bewegen, scheiterte an zu großen Spannungskräften im Draht und den zu geringen, durch einen Luftstrahl auf ein Drahtende übertragbaren Impulskräften, so daß zum Einbringen des Drahtendes in das Webfach ein Greifmechanismus erforderlich war. Die Bilder 9.3.5 a und b zeigen die beiden Prinziplösungen für die Teilaufgabe „Drahtende transportieren".

Wie dieses Beispiel wiederum zeigt, sind bei der Entwicklung neuer Lösungen nicht gleichzeitig (parallel) mehrere Funktionen des zu entwickelnden Systems zu realisieren, sondern meist nur eine oder wenige, die sogenannte „Haupt- oder Kernfunktion(en)" des betreffenden Produkts. Erst wenn feststeht, wie diese realisiert wird, ist es sinnvoll, an die Verwirklichung der „nächstliegenden Funktion" zu gehen.

Diese Ausführungen mögen zum Aufzeigen des grundsätzlichen methodischen Vorgehens genügen; weitere Ausführungen zur Entwicklung „Nahtwebmaschine" finden sich unter [128, 193] der Literatur.

Bild 9.3.5 a–b Lösen eines Drahtendes aus einer „Rapport-Verbindung" und Transportieren dieses Drahtendes vor das Webfach mittels Luftimpuls (a). Einbringen in das Webfach mittels Greifer (b)

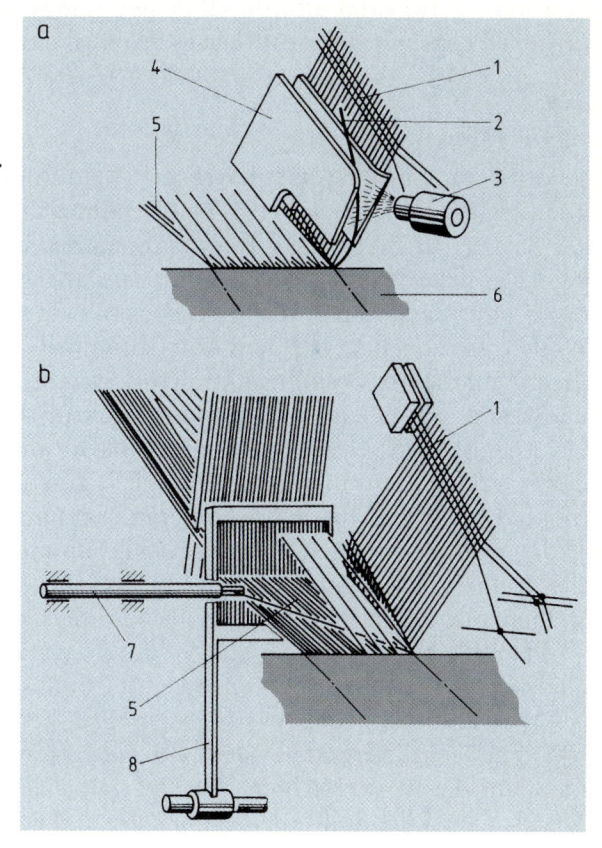

9.4
Entwickeln von Zündzeitpunktverstellern

Bei schnellaufenden Verbrennungsmotoren wird der Zündzeitpunkt mit zunehmender Drehzahl des Motors vorverlegt, d.h. die Zündung des Gasgemischs im Brennraum erfolgt – bezogen auf die Kurbelstellung des Motortriebwerks – mit zunehmender Drehzahl früher. Zu diesem Zweck sind Verbrennungsmotoren mit sogenannten Zündverteilern und Zündzeitpunktverstellern ausgestattet. Zündverteiler bestehen im wesentlichen aus einer Welle, welche durch die Motornockenwelle angetrieben wird. Auf dieser Welle befindet sich ein rotierender elektrischer Kontakt (Verteilerfinger) und ein Mehrfachnocken – entsprechend der Motorzylinderzahl – zur Steuerung des Unterbrecherkontakts. Verteiler- und Unterbrecherkontakt werden also durch eine gemeinsame Welle synchron angetrieben bzw. gesteuert. Der Zündzeitpunkt des Motors, der durch die Phasenlage des Verteilerfingers und des Unterbrechernockens bestimmt wird, kann also durch gemeinsames Verdrehen dieser beiden Elemente gegenüber der Antriebswelle (Nockenwelle) verstellt werden.

Lösungsweg:

1. SCHRITT, FUNKTIONSSYNTHESE   Abstrahiert man das Teilsystem „Zündzeitpunktversteller" (ZZV), so ergibt sich gedanklich ein „schwarzer Kasten" (s. Bild 5.3.4 a) mit den Eingangsgrößen Drehwinkel φ und Winkelgeschwindigkeit $\dot{\varphi}$ sowie der Ausgangsgröße $\varphi + \psi$; unter ψ ist dabei ein bestimmter, der Winkelgeschwindigkeit $\dot{\varphi}$ proportionaler Winkel zu verstehen, der dem Antriebswinkel φ überlagert werden soll. Ersetzt man diese Gesamtfunktion des Systems ZZV durch eine Grundoperations- bzw. Elementarfunktionsstruktur, so benötigt man zu deren Darstellung zwei Grundoperationen, und zwar eine Operation „Wandeln", welche die Winkelgeschwindigkeit $\dot{\varphi}$ in einen Winkelausschlag ψ umsetzt und eine Operation Addieren (Sammeln), welche die Winkel φ und ψ zur gewünschten Ausgangsgröße summiert. Die hieraus folgende Elementarfunktionsstruktur zeigt Bild 5.3.4 b. Wenn es gelingt, alle existenten physikalischen Phänomene für die Operation „Wandeln" und „Addieren" anzugeben, so folgen durch systematisches Kombinieren alternativer Lösungen alle Konzepte für Zündzeitpunktversteller.

Unterstellt man, daß es in jedem Fall gelingt, das die Operation „Wandeln" realisierende System auf die rotierende Welle zu setzen, so kann auf die Verwirklichung der Operation „Addieren" verzichtet werden, da dann eine Addition der Winkel φ und ψ automatisch gegeben ist.

Auf dem Weg der weiteren Realisierung des Systems ZZV besteht dann lediglich noch die Teilaufgabe „Wandeln einer Winkelgeschwindigkeit $\dot{\varphi}$ in einen proportionalen Winkel ψ".

2. Schritt, Prinzipsynthese Diese Teilaufgabe läßt sich mit Hilfe der Systematik „Wandeln von Energie bzw. Signalen" (Anhang, Tab. 1) systematisch lösen.

Dieses Suchen und Zusammenstellen von geeigneten Effekten kann auch mit einem entsprechenden Programm per Computer durchgeführt werden. Im vorliegenden Fall entwickelte der Rechner jeweils für eine Effektkette mit zwei Effekten 12, für Ketten mit drei Effekten 118 und für Ketten mit vier Effekten 1872 verschiedene Effektstrukturen. Bei näherer Betrachtung der Lösungen erkennt man jedoch sehr rasch, daß wesentlich verschiedene Lösungen nur durch Variation des ersten Effekts der Kette bzw. des Eingangs- oder Sensoreffekts entstehen. Unter Berücksichtigung dieser Gegebenheit ergeben sich für die vorliegende Aufgabe 21 verschiedene Prinziplösungen. Das Bild 5.3.5 zeigt eine Auswahl. Die einzelnen Lösungen basieren auf dem Zentrifugal- (a), Impuls- (b), Profilauftriebs- (c), Zähigkeits- (d), Biot-Savartschen- (e) und Wirbelstromeffekt (f); in den oberen Bildteilen sind die entsprechenden Effektstrukturen symbolisch dargestellt.

Im Hinblick auf „eigenstörgerechtes Konstruieren" sei noch darauf verwiesen, daß die in Bild 5.3.5 gezeigten Prinziplösungen alle winkelbeschleunigungsempfindlich sind (Beschleunigungsmesser), falls nicht geeignete Abhilfemaßnahmen getroffen werden. Um diese Systeme beschleunigungsunempfindlich zu machen, muß deshalb noch ein entsprechender Massenausgleich durchgeführt werden, wie in Bild 5.3.6 prinzipiell gezeigt. Hebellängen und Massen müssen so bemessen werden, daß das Hebelsystem (2) bei einer Beschleunigung der Welle (1) im Gleichgewicht der auf dieses Hebelsystem wirkenden Trägheitskräfte ist.

9.5
Entwickeln von Verbindungen

Technische Produkte bestehen aus einer Vielzahl an Bauteilen und Baugruppen, welche alle irgendwie fest oder beweglich miteinander verbunden sind. Das Fügen zweier technischer Gebilde zu komplexeren Systemen – sei es beispielsweise das „Aufhängen" eines Motors in einem Fahrzeugrahmen oder das Einspannen eines Bohrers in einer Werkzeugmaschine – ist eine sehr häufig zu lösende Konstruktionsaufgabe. Überspitzt kann man sagen: Technische Systeme bestehen „im wesentlichen aus Verbindungen"; Konstruieren heißt: „Konstruieren von Verbindungen". Die Tätigkeit technischer Verbindungen wird durch die Grundoperation *Fügen* beschrieben.

Im folgenden sollen unter Verbindungen alle technischen Mittel verstanden werden, welche geeignet sind, zwei Bauteile so zusammenzuhalten, daß diese sich unter Einwirkung von Betriebskräften nicht beliebig weit voneinander entfernen können.

Verbindungen können sehr unterschiedliche Eigenschaften haben. Zwei Bauteile können beispielsweise beweglich oder unbeweglich (fest), lösbar oder unlösbar verbunden sein.

Bewegliche Verbindungen können unterschiedliche Bewegungsformen (Drehbewegungen, Translationen oder allgemeine Bewegungsformen) haben. Bewegliche Verbindungen (Gelenke, Lager, Führungen etc.) können 1 bis 6 Gelenkfreiheitsgrade besitzen. Sie können des weiteren besonders reibungsarm sein. Verbindungen zweier Bauteile können ein relativ großes Spiel zueinander haben, spielfrei, dicht oder undicht sein, nur begrenzte Relativ-Bewegungen zulassen, nur bis zu bestimmten Kräften belastbar sein oder noch andere Eigenschaften besitzen. Welche Eigenschaften eine Verbindung besitzt, bestimmt der Konstrukteur durch die Wahl des physikalischen Effekts, des Effektträgers, der Gestalt, der Mikrogestalt der Oberflächen und des Energiezustands des Effektträgers einer Verbindung.

Bei der Realisierung technischer Verbindungen von Bauteilen oder Baugruppen kommt es darauf an, daß diese sich bei Einwirkung von Kräften oder Momenten in bestimmten Bewegungsrichtungen nicht oder nur begrenzt gegeneinander bewegen lassen; in anderen Richtungen kann eine Bewegung zulässig sein (Führungen). Zur Verhinderung des Auseinandergehens von Bauteilen bzw. zur Realisation des Zusammenhaltens von Bauteilen muß eine Verbindung den auf sie einwirkenden Kräften entsprechende Reaktionskräfte – welche ein Auseinandergehen verhindern – entgegensetzen können. Im Sinne der Konstruktionslehre bedeutet dies, daß zur Realisierung einer Verbindung zweier Stoffe grundsätzlich alle physikalischen Effekte geeignet sind, welche zwei Bauteile bzw. Stoffe entgegen bestimmten Betriebskräften (äußeren Kräften) zusammenzuhalten vermögen.

Solche physikalischen Phänomene zur Verwirklichung des Zusammenhalts zweier Bauteile oder Stoffe sind

- Adhäsion bzw. Adhäsionskräfte zwischen Stoffen,
- Kohäsionskräfte fester Stoffe,

- Oberflächenspannungen von Flüssigkeiten,
- Hookesche Kräfte (elastische Verbindungen zweier Bauteile mittels elastischer Glieder bzw. Federelemente),
- aero-/hydrostatische Druckkräfte in Fluiden,
- aero-/hydrodynamische Druckkräfte in Fluiden,
- Unterdruck gegenüber der Atmosphäre,
- Gravitationskräfte,
- elektrostatische Feldkräfte,
- ferro-, para-, elektromagnetische Kräfte,
- diamagnetische Kräfte,
- Reibungskräfte (Coulomb- und Newtonsche Reibung),
- Auftriebskräfte,
- Fliehkräfte,
- Impulskräfte.

Entsprechend diesen prinzipiell unterschiedlichen Möglichkeiten erscheint es zweckmäßig, technische Verbindungen primär nach physikalischen Phänomenen zu ordnen und zwischen Adhäsions-, Kohäsions-, Reibungsverbindungen usw. zu unterscheiden. In Bild 5.3.14 sind die verschiedenen physikalischen Phänomene zusammengefaßt und durch Prinzipbilder erläutert. In Spalte 1 ist das Prinzip des Adhäsionseffekts angegeben, der für Klebe-, Lötverbindungen und Farbanstriche genutzt wird. Spalte 2 zeigt den Kohäsionseffekt (Gestaltkonstanz fester Körper) der Arten „Stoffschluß" und „Formschluß", herstellbar durch Schweißen bzw. durch geeignetes Gestalten von Bauteilen. Ein weiterer für Verbindungen geeigneter Effekt ist die Oberflächenspannung, welcher beispielsweise zum Bau von „Quecksilberlagern" angewandt wird (Spalte 3). In Spalte 4 ist das Prinzip jener Verbindungen angegeben, die mittels elastischer Werkstoffe zustande kommen. Die elastische Verbindung zweier Bauteile oder das Anpressen eines Maschinenbauteils durch Federkraft an ein anderes (kraftschlüssiges Kurvengetriebe) können als Beispiele hierzu gelten.

Verbindungen aufgrund hydrostatischer oder aerostatischer Kräfte enthält Spalte 5; Beispiele hierzu sind hydrostatische und aerostatische Lager sowie Kraftübertragungen in hydraulischen Spannelementen. Spalte 6 zeigt den hydro- bzw. aerodynamischen Effekt, der ebenfalls zur Herstellung von Verbindungen geeignet ist; hydrodynamische und aerodynamische Gleitlager können hierfür als Beispiele gelten. Das Prinzip des Fügens zweier Bauteile mittels Unterdruck gegenüber Atmosphärendruck wird in Spalte 7 deutlich; Saugnäpfe und Papiereinspannungen können hierzu als Beispiele gelten. Die Spalten 8, 9 und 10 zeigen Verbindungsprinzipien, die auf Feldkräften der Gravitation (Maschinenaufstellungen), der Elektrostatik, des Elektro-, Ferro-, Para- und Diamagnetismus beruhen (Magnetspanneinrichtungen). Die in der Praxis in mannigfaltiger Weise angewandten Prinzipien der Coulombschen Reibung plus „Reibkraftverstärkung" (Seilreibung) entsprechend dem Eytelweinschen Gesetz und der Newtonschen Reibung (Flüssigkeitsreibung) sind in Spalte 11 veranschaulicht. Spalte 12 zeigt die Möglichkeit des Fügens zweier Bauteile durch Auftriebskräfte und Spalte 13 das Fügen zweier Bauteile mit Hilfe von Fliehkräften. Anwendungsbeispiele für den zuletzt genannten Effekt sind in neuerer Zeit auf dem Gebiet der Weltraumfahrt bekannt geworden, z. B. das Festhalten von Gegenständen an der Innenwand von Raumfahrzeugen. Schließlich ist in Spalte 14 noch das Fügen zweier Bauteile mittels Impulskraft dargestellt.

Welche Effekte und Werkstoffe zur Realisierung einer Verbindung gewählt werden und welche Gestalt diese erhalten, hängt davon ab, welche Eigenschaften die betreffende Verbindung hat bzw. welchen Bedingungen diese genügen soll.

Eine Verbindung bzw. deren Lösung ist eine Funktion des Zwecks und der an diese zu stellenden Bedingungen:

$$V_L = f(Zweck, B_1, B_2, \ldots, B_n)$$

Verbindungen können
- starr oder beweglich (oder elastisch) sein, d. h. einen Freiheitsgrad 0, 1, 2, 3, 4, 5 oder 6 haben,
- unlösbar oder lösbar,
- spielfrei sein oder mehr oder weniger Spiel (Lose, Wegbegrenzungen) haben,
- unverstellbar oder verstellbar (justierbar),
- dicht oder undicht,
- zur Übertragung mehr oder weniger großer Kräfte (oder Momente) geeignet,
- kraftbegrenzend oder nicht kraftbegrenzend,
- Schwingungen dämpfend oder nicht dämpfend,
- elektrisch leitfähig oder nicht leitfähig,
- reproduzierbar positionierend oder nicht exakt positionierend,
- Abweichungen (Längen- und Winkelfehler, Fluchtungsfehler, Exzentrizitäten etc.) kompensierend oder nicht kompensierend,

- unabhängig von der Gestalt zu verbindender Bauteile funktionsfähig (wirksam) oder nicht funktionsfähig,
- mehr oder weniger sicher,
- sich selbsttätig steuernd oder/und kraftverstärkend (Freilauf Klemmrichtgesperre, Klinkenschaltwerke, Reibradservoantriebe etc.),
- durch Schrauben, Schnappen, Schweißen, Nieten, Kleben, Pressen, Schrumpfen u. a. Tätigkeiten herstellbar,
- wartungsarm, für hohe Temperaturen geeignet, kostengünstig herstellbar etc.

sein.

Die Liste der an Verbindungen zu stellenden Forderungen bzw. Eigenschaften kann man noch beliebig fortsetzen; hier mögen die genannten Eigenschaften genügen, um auf die vielfältigen, an Verbindungen zu stellenden, Bedingungen hinzuweisen.

Wie sehr Verbindungen von den jeweils an diese gestellten Bedingungen abhängen, soll an den folgenden Beispielen „Palette", „Fadenhalter" und „Laserschweißverbindungen" (s. Kapitel 10) noch veranschaulicht werden.

9.6
Entwickeln von Paletten

„Paletten" sind Teile von Transportsystemen für bestimmte Werkstücke. Sie dienen dazu, mehrere Werkstücke bestimmter Gestalt aufzunehmen bzw. zu isolieren und geordnet zu halten. Paletten werden meist speziell für Werkstücke bestimmter Gestalt aus Holz, Kunststoff oder Metall gefertigt. Nachteilig ist, daß Paletten üblicher Bauart nur für Werkstücke bestimmter Gestalt geeignet sind (s. Bild 5.3.11); ändert sich die Gestalt der Werkstücke, so benötigt man andere Paletten, um Werkstücke anderer Gestalt aufnehmen zu können.

Zum Transport von Werkstücken unterschiedlicher Gestalt benötigt man entsprechend viele Paletten unterschiedlicher Gestalt; Palettensysteme sind folglich nur relativ kostenaufwendig realisierbar. Günstiger wäre es, Palettensysteme zu haben, von welchen Werkstücke mit beliebiger Gestalt aufgenommen werden können.

Lösungsweg:

FUNKTIONSSYNTHESE   Fragt man nach der Funktion von Paletten bzw. danach, was Paletten tun, so erkennt man, daß diese im wesentlichen Werkstücke mit dem Bauteil „Palette" („Stoff mit Stoff") fügen (zusammenhalten). Daneben sind Paletten auch noch „Stoffspeicher". Die wesentliche Funktion von Paletten ist „Fügen" mehrerer Bauteile mit dem Bauteil „Palette".

Versucht man die Funktion „Fügen von Werkstücken mit einer Palette" zu realisieren, so kommen für die Realisierung dieser Grundfunktion grundsätzlich alle unter Kapitel 9.5 genannten physikalischen Phänomene in Betracht, welche geeignet sind, zwei Bauteile miteinander zu fügen (s. Bild 5.3.14).

Betrachtet man die in Bild 5.3.11 dargestellten Paletten, so stellt man fest, daß übliche Paletten ausschließlich den Kohäsionseffekt (Gestaltfestigkeit fester Stoffe) nutzen, um Bauteile (Werkstücke) mit Paletten zu fügen (in horizontaler Richtung). Bei Anwendung des Kohäsionseffekts ist es schwierig, die Bedingung, „eine Verbindung zweier Bauteile mittels Palette sollte invariant bezüglich Gestalt der zu fügenden Bauteile sein", zu realisieren. Bild 5.3.11 d zeigt eine relativ aufwendige Lösung, um diese Bedingung bei Anwendung des Kohäsionseffekts erfüllen zu können.

Prüft man die übrigen Effekte auf ihre Eignung zum Bau „gestaltvarianter" Paletten, so scheint hierzu insbesondere der Adhäsionseffekt geeignet zu sein. Dazu ist es notwendig, einen zähflüssigen Klebstoff zu entwickeln, welcher genügend Adhäsionskraft besitzt, um Werkstücke auf Paletten ausreichend festzuhalten. Bild 5.3.11 e zeigt eine Prinziplösung einer Adhäsionspalette.

Weitergehende Ausführungen zur Entwicklung von Paletten finden sich in der Literatur unter [69].

9.7
Entwickeln einer Fadenhalter- und Schneideinrichtung

Zur Herstellung bunter, textiler Kleidungsstücke werden in Strickmaschinen zahlreiche verschiedenfarbige Wollfäden verstrickt. Dabei wird zu einem bestimmten Zeitpunkt ein Faden bestimmter Farbe verstrickt, während alle Fäden anderer Farben, welche zu diesem Zeitpunkt nicht benötigt werden, am Rande des Strickgeschehens „geparkt" werden. „Parken" heißt, diese Fäden werden mittels „Halter" festgehalten und zwischen

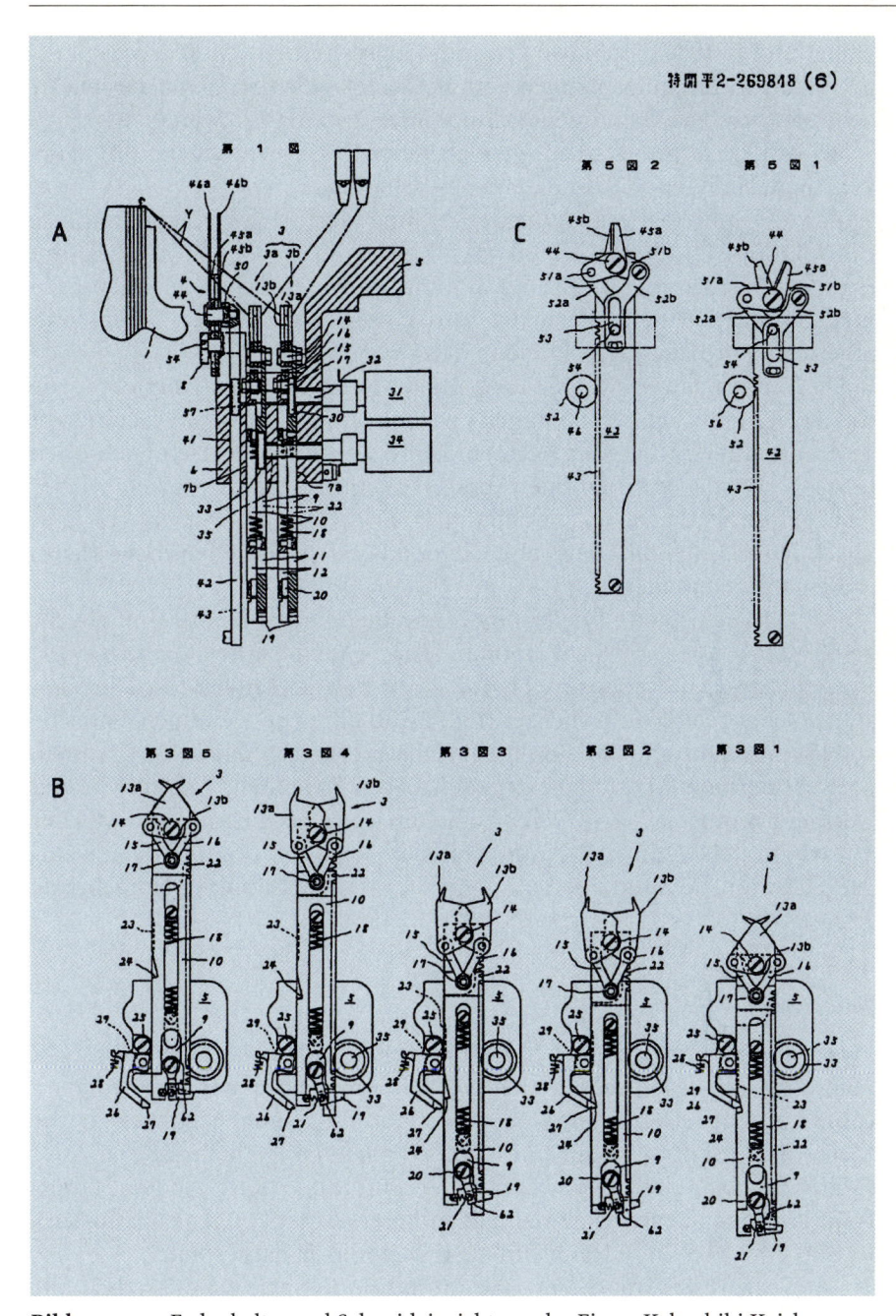

Bild 9.7.1 a–c Fadenhalte- und Schneideinrichtung der Firma Kabushiki Kaisha Shima Seiki Co (Jap. PS 2-269-848). Querschnitt (A), „Zweifinger-Fadenklemmer" in verschiedenen Betriebsstellungen (B), Schere in zwei unterschiedlichen Betriebsstellungen (C)

Halter und Gestrick irgendwo getrennt (abgeschnitten). Dieser so „geparkte" Faden wird dann, abhängig vom herzustellenden Strickmuster wieder zeitweise verstrickt, um irgendwann wieder „geparkt" zu werden usw.

In Strickmaschinen benötigt man deshalb Einrichtungen zum „Parken" bzw. Halten und Schneiden von Wollfäden.

Zum Zeitpunkt dieser Aufgabenstellung war hierfür eine patentierte Einrichtung der Firma „Kabushiki Kaisha Shima Seiki Co" bekannt (s. Bild 9.7.1). Diese Einrichtung bestand im wesentlichen aus mehreren mechanischen Fadenhaltern (b) zum Halten jeweils eines Fadens und einer Schere (c) zum Abschneiden der Fäden.

Die Wirkungsweise dieser Fadenhalter kann man sich vorstellen wie die zweier „mechanischer Finger", welche auf und zu sowie nach oben und unten bewegt werden können. Diese werden in Betrieb nach oben bewegt, greifen und klemmen einen Faden und bewegen sich wieder nach unten in die Ausgangsstellung (s. Bild 9.7.1). Die Schere (c) wird anschließend ebenfalls nach oben, in den Bereich des Fadens bewegt, um diesen abzuschneiden.

Hat man sehr bunte (vielfarbige) Gewebe herzustellen, so sind gleichzeitig sehr viele Fäden zu parken. Viele Fäden parken bedingt viele Einrichtungen mit ebenso vielen diskreten Fadenhaltern (b). Die Vielzahl solcher relativ aufwendiger Halter und deren aufwendigen Antriebe sowie deren Raumbedarf sind technisch und wirtschaftlich von Nachteil.

Es ist deshalb die Aufgabe gegeben, einen Fadenhalter zu entwickeln, welcher geeignet ist, *viele Fäden* zu halten und zu schneiden und welcher mit wesentlich weniger Aufwand realisiert werden kann und dazu weniger Bauraum benötigt, als jene dem Stand der Technik entsprechende Lösung.

Lösungsweg:

Zweck des zu entwickelnden Systems ist es, „Fäden zu halten". Versucht man diesen Zweck „Fadenhalten" mittels einer physikalischen Tätigkeit (physikalisches Geschehen) zu realisieren, so eignet sich hierzu die Elementarfunktion „Fügen eines Stoffs (Fadens) mit einem anderen Stoff (Maschinenbauteil)". Die wesentliche Funktion (Kern- oder Hauptfunktion) des zu entwickelnden Fadenhalters lautet: „Fügen von Stoffen". In Bild 9.7.2 a ist diese Hauptfunktion symbolisch dargestellt.

Zur Verwirklichung dieser Hauptfunktion können grundsätzlich alle physikalischen Effekte dienen, welche Zusammenhaltskräfte zwischen zwei Stoffen, insbesondere zwischen Fäden und einem Maschinenbauteil, bewirken können. In Bild 5.3.14, Kapitel 9.5 „Entwickeln von Verbindungen" sind diese Effekte zusammenfassend genannt.

9.7 Entwickeln einer Fadenhalter- und Schneideinrichtung

Wählt man (aus diesen) den „Reibungseffekt" zum Fügen von Fäden mit einem Maschinenbauteil, so findet man eine Prinziplösung, wie in Bild 9.7.2 b gezeigt. Ausgehend von einem Prinzip zum Fügen eines Fadens bedarf es nur eines einfachen Gedankenschritts diese Lösung durch Ändern von Abmessungen zum Fügen vieler Fäden zu nutzen; Bild 9.7.2 c zeigt das Prinzip einer Mehrfadenverbindung.

Ist somit die Hauptfunktion o. g. Aufgabenstellung prinzipiell befriedigend realisiert, so stellt sich nun die weitere Teilaufgabe, „Fäden in die

Bild 9.7.2 a–f Entwicklungsstufen einer „Integrierten Mehrfadenklemm- und Schneideinrichtung". Hauptfunktionssymbol „Fügen zweier Stoffe (Faden-Maschine)" (a); Prinziplösung „1 Faden fügen mittels Reibungseffekt" (b); Prinziplösung „mehrere Fäden fügen mittels Reibungseffekt" (c); Prinziplösungen „mehrere Fäden fügen" und „einen Faden mit Bewegungsenergie verbinden (antreiben)" (d); Prinziplösungen „mehrere Fäden fügen", „Antreiben eines Fadens" und „Fügen eines Fadens mit Schieber 3" sowie „toleranzgerechte Gestaltung der Wirkflächen zur Fadenübergabe" (e); Prinziplösungen „mehrere Fäden fügen", „einen Faden mit Bewegungsenergie verbinden", „einen Faden mit Schieber fügen", „einen Faden festhalten zum Schneiden" und diesen „schneiden" sowie „toleranzgerechte Gestaltung der Wirkflächen zur Fadenübergabe" (f); Klemmbacke (1), federnde Klemmbacke (2), Greifer (3), Wollfäden (4), Messer (5); (Erfinder: R. Koller; DP angem. Firma Universal Maschinenfabrik Dr. R. Schieber GmbH & Co KG)

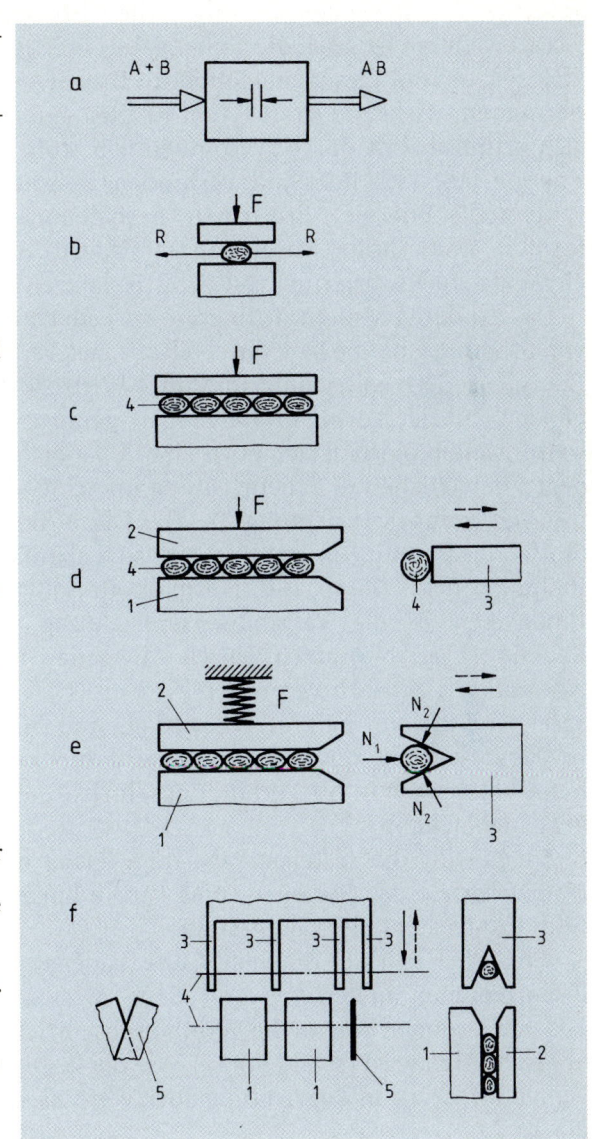

Verbindungseinrichtung bringen", oder: „Verbindungseinrichtung zu den Fäden bringen". Übersetzt in die Fachsprache bzw. eine physikalische Tätigkeit heißt dies: „Faden in die Verbindungseinrichtung hinein transportieren" bzw. „Fäden antreiben" bzw. „Stoff mit Bewegungsenergie verbinden". Wie dies prinzipiell geschehen kann, ist in Bild 9.7.2 d schematisch dargestellt. Dabei kann das Hineinfinden des Fadens in die Verbindungseinrichtung durch zusätzliche geneigte Teiloberflächen (Zahlwechsel der Wirkflächen) wesentlich vereinfacht werden (toleranzgerechte Gestaltung der Führung in die Verbindungseinrichtung).

Des weiteren ist noch die Teilaufgabe „Erzeugen einer Normalkraft F" zu lösen, um mit dieser eine Reibkraft R zu erzeugen (s. Bild 9.7.2 b). Eine permanent wirkende Kraft F (ein Kraftisolator bzw. Kraftspeicher) läßt sich grundsätzlich durch „Verbinden von Stoff mit Energie" realisieren. Energie läßt sich mit Stoff verbinden, beispielsweise durch Anheben (potentielle Energie), Erwärmen, Beschleunigen oder elastisches Verformen eines Stoffs. Vorgespannte Federn sind sehr bekannte Bauelemente zur Realisierung von „Kraftisolatoren".

Das Isolieren von Kraft/Energie in Federn erfolgt durch Verbinden von Stoff mit Energie bzw. durch elastisches Verformen des Stoffs mittels Energie. Federn sollen aufgrund ihrer Wirtschaftlichkeit auch im vorliegenden Fall als „Normalkrafterzeuger" genutzt werden.

Des weiteren ergibt sich noch eine Teilaufgabe „Festhalten des Fadens gegen Verschieben in Fadenrichtung im Schieber (3), beim Transport in die Verbindungseinrichtung (1, 2)". Diese Teilaufgabe „Fügen zweier Stoffe" (Faden mit Schieber (3)) läßt sich ebenfalls durch Anwenden des Reibungseffekts lösen. Als Normalkraft läßt sich die ohnehin zum Einbringen in die Verbindungseinrichtung notwendige Kraft bzw. Reaktionskraft N_1 nutzen. Durch Anwenden des Keileffekts kann die Normalkraft N_1 noch vergrößert werden ($N_1 \rightarrow 2N_2$; s. Bild 9.7.2 e). Entsprechend der Normalkraft N_2 wird auch die hier wesentliche Reibkraft in Fadenrichtung vergrößert, welche dafür sorgt, daß der Faden sich beim Einbringen in die Verbindungseinrichtung nicht in Fadenrichtung verschieben kann.

Zur Lösung dieser Teilaufgabe trägt ferner noch eine Vervielfachung (Zahlwechsel) der Schieber- und Verbindungswirkflächen bei, wie in Bild 9.7.2 f schematisch dargestellt.

Schließlich läßt sich die Teilaufgabe „Fadenabschneiden" noch dadurch lösen, daß man „in den Weg des Fadens" Messer (5) stellt, über welche der Faden bei seinem Weg in die Verbindungseinrichtung gezogen und dabei abgeschnitten wird (s. Bild 9.7.2 f). Wie die Reibkraft zwischen Fäden und Halteeinrichtung in Zugrichtung noch vergrößert werden kann, zeigt Bild 8.9 e.

Diese Ausführungen mögen genügen, um methodisches Vorgehen exemplarisch aufzuzeigen; aus Umfangsgründen soll hier auf die Lösung der restlichen Teilaufgaben verzichtet werden.

Zusammenfassend ist festzustellen, daß dieses methodische Vorgehen von der ursprünglichen Lösung „diskrete Fadenhalter" und „Schneideinrichtung" zu einer „Integrierten Mehrfadenklemm- und Schneideinrichtung" führte.

Diese Einrichtung vermag gleichzeitig wesentlich mehr Fäden zu halten und es bedarf zu deren Realisierung wesentlich weniger und einfacherer Bauteile (insbesondere ist die Zahl der bewegten Bauteile wesentlich geringer), als bei einer Lösung entsprechend dem „Stande der Technik" (s. Bild 9.7.1).

9.8
Gestalten von Kegelradgetrieben

Bild 9.8.1 zeigt praxisübliche Kegelradgetriebetypen. Diese bestehen im wesentlichen aus einem mehrteiligen Gehäuse, zwei Kegelrädern, vier Wälzlagern, Buchsen, diversen Distanzringen, Muttern und Dichtungen etc.

Analysiert man diese, so stellt man fest, daß sich die in den Bildern a bis p gezeigten Getriebe bezüglich folgender Gestaltparameter wesentlich unterscheiden:

- der Reihenfolge der Bauteile „Kegelräder" und deren „Wälzlager 1" und „Wälzlager 2"; vergleiche Kegelradgetriebe Typ a mit f, g, k und m,
- der Verbindungsstrukturen; vergleiche Typ a mit Typ b; bei Typ a sind die Wälzlager unmittelbar mit dem Gehäuse verbunden, bei Typ b sind diese indirekt über eine Lagerbüchse mit dem Gehäuse verbunden,
- der Bauteilezahl des Gehäuses; das Gehäuse der verschiedenen Typen ist aus mehr oder weniger Bauteilen zusammengesetzt (Partialbauweise). Als Gehäusebauteile sollen alle unbewegten Bauteile gezählt werden (theoretisch könnten diese zu einem Gehäusebauteil zusammengefaßt werden = Totalbauweise); aus fertigungs- und montagetechnischen Gründen benötigt man zwei- oder mehrteilige Gehäuse, bestehend aus Gehäusehälften, Deckeln etc. Vergleiche beispielsweise die Bauteilezahl des Typs a und b oder a und c und andere sowie
- der Lage der Gehäuseteilfuge, vergleiche beispielsweise Typ a und d.

444　Kapitel 9 **Beispiele methodischen Konstruierens**

Auf die Betrachtung weiterer weniger wesentlicher Gestaltunterschiede o. g. Getriebetypen soll hier aus Umfangsgründen verzichtet werden.

Will man wissen, ob die in Bild 9.8.1 gezeigte Typenvielfalt vollständig ist, so kann man die genannten oder andere Gestaltparameter (siehe Kapitel 5.4.3) wählen und prüfen, ob deren Wertevielfalt voll ausgeschöpft wurde oder noch weitere qualitative Werte existieren, welche „nicht zu Papier gebracht" wurden.

Wählt man im vorliegenden Fall beispielsweise den Gestaltparameter „Reihenfolge" der Funktionseinheiten Kegelrad (A) – Kugellager (B) – Kugellager (C) und Kegelrad (D) – Kugellager (E) – Kugellager (F) (zwi-

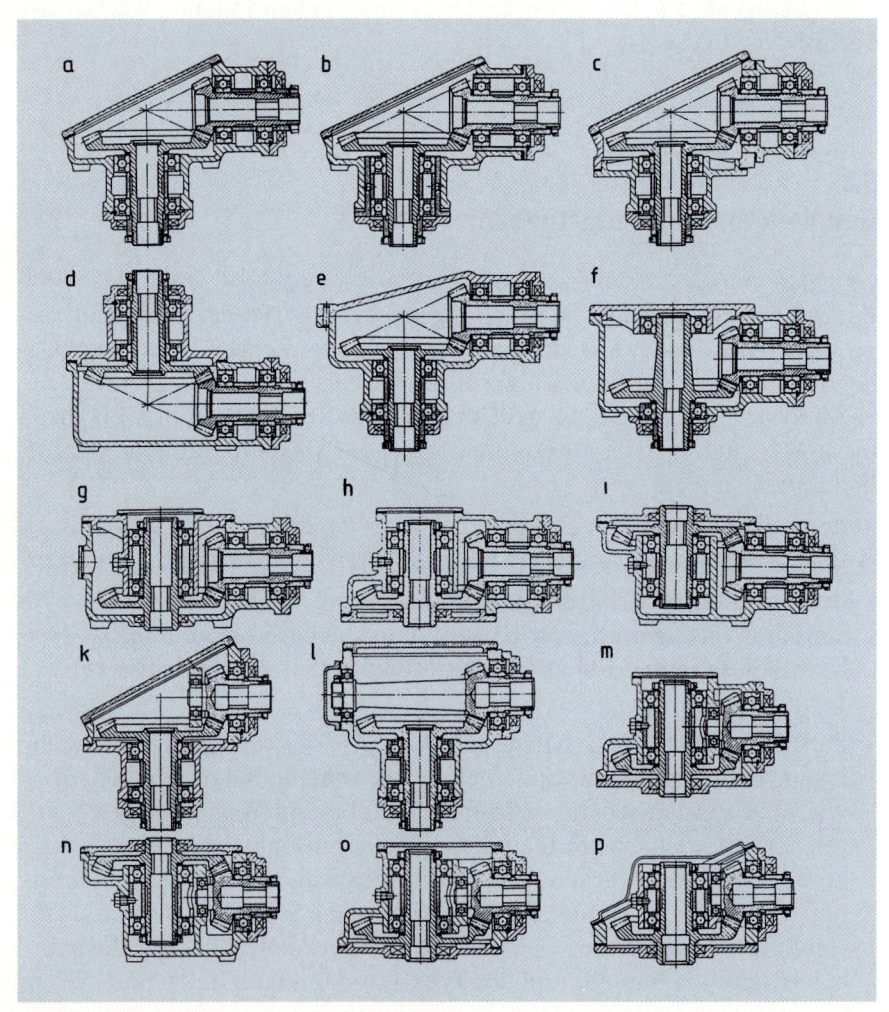

Bild 9.8.1 a–p Verschiedene Gestaltvarianten von Kegelradgetrieben [aus einer slowakischen Buchveröffentlichung]

schen Kugellager B, C und E, F ist dann zu unterscheiden, wenn diese irgendeinen Unterschied (Abmessungen, Fest-Loslager etc.) aufweisen) und stellt alle möglichen Reihenfolgen für die 6 Einheiten A, B, C sowie D, E, F auf, so erhält man für jede Einheit 4 unterschiedliche Reihenfolgen (A-B-C; B-A-C; C-B-A; C-A-B). Das heißt, man erhält insgesamt 4 x 4 = 16 Gestaltvarianten.

Betrachtet man die beiden Wälzlager der Kegelradlagerungen hinsichtlich ihrer Gestaltvarianz als gleichwertig, so würde ein Reihenfolgewechsel der Einheiten B, C und E, F keine neuen, sondern identische Gestaltvarianten erzeugen.

Vernachlässigt man im vorliegenden Fall den Gestaltunterschied zwischen Fest- und Loslagern, so ergeben sich für jede der beiden Kegelradlagerungen 3 (A-B-C; B-A-C; C-B-A bzw. D-E-F; E-D-F; F-E-D) sinnvolle Reihenfolgewechsel bzw. insgesamt 3 x 3 = 9 Gestaltvarianten (Typen), wie Bild 5.4.12 zeigt. In der 2. und 4. Spalte dieses Bilds sind die den unterschiedlichen Typen entsprechenden Gestaltvarianten des Bilds 9.8.1 eingetragen; aus Platzgründen sind diese nur durch Angabe deren Typenbezeichnungen (a, b, c ...) zugeordnet.

Leere Felder in der Spalte 2 und 4 des Bilds 5.4.12 weisen auf fehlende Kegelradgetriebetypen in der Sammlung des Bilds 9.8.1 hin. Wie dieses Beispiel auch zeigen soll, lassen sich durch Anwendung von Konstruktionsregeln mögliche Typvarianten wesentlich rascher vollständig ermitteln als durch Intuition.

9.9
Gestalten von Bremssteuerventilen

Zur Bremsung von Güterwaggons ist es notwendig, die Bremskraft bzw. den die Bremskraft erzeugenden Druck abhängig von zwei Signalgrößen (Parametern) zu steuern. Zu diesem Zweck braucht man entsprechend steuerbare Druckventile; Bild 9.9.1 zeigt eine Prinziplösung solcher Ventile. Dieses Ventilsystem besteht aus zwei Kolben 1 und 2, einem Gleichgewichtshebel 3, dem eigentlichen Ventil 4, einem Stellkolben 5 und einem Stellhebelsystem 6. Die wesentliche Aufgabe dieses Systems ist die Reduzierung des Kesseldrucks R auf einen den beiden Signalgrößen (Drücken) C_V und T entsprechenden Bremsdruck C für Güterwaggons.

Die Wirkungsweise des Steuerventils ist kurz gesagt folgende: Der Signaldruck (T) drückt den Stellkolben 5 (T-Kolben) entgegen der Federkraft nach links und stellt somit ein dieser Größe entsprechendes

Bild 9.9.1 Prinzipdarstellung eines steuerbaren Bremsventils [Firma Knorr-Bremse GmbH]

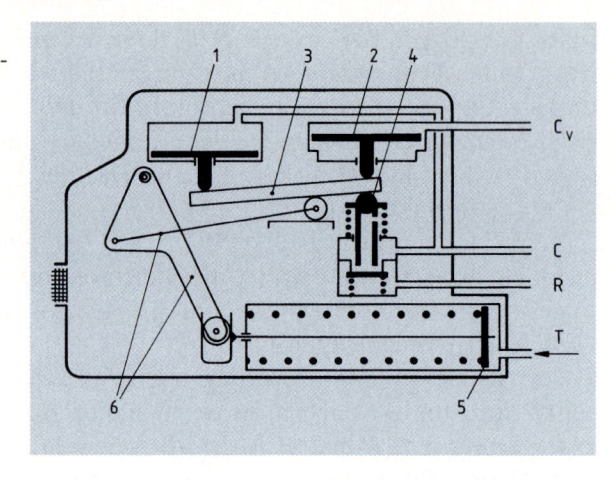

Übersetzungsverhältnis am Hebel 3 ein. Wird nun ein bestimmter Druck (C_V) auf den Kolben 2 gegeben, so wird dieser sich nach unten bewegen und das Ventil 4 betätigen. Dabei wird das Ventiloberteil zunächst den Raum C, der ursprünglich mit der Atmosphäre verbunden war, gegen diese abschließen und dann den Raum R mit C verbinden. Aus dem Druckkessel (R) wird Luft in die Leitung C strömen und dort einen Bremsdruck aufbauen. Sobald dieser Druck genügend groß geworden ist, wird er über den Kolben 1 und Hebel 3 den Kolben 2 zurückdrängen und die Verbindung zwischen Raum R und C unterbrechen. Sinkt der Druck im Raum C ab, so wird der Kolben 2 das Ventil zwischen R und C wieder öffnen, und es wird solange Luft nachströmen, bis der Kolben 1 wieder diesen Vorgang unterbricht. Der so in C entstandene Druck ist den Größen C_V und T proportional. Wird der Druck auf der C_V-Leitung weggenommen, so geht das Ventil 4 in seine Ursprungslage zurück, die C-Leitung wird wieder mit der Umgebung (Atmosphäre) verbunden, und der Bremsdruck bzw. die Bremskraft verschwindet wieder.

Ziel dieser Konstruktionsaufgabe ist es, dieses prinzipiell gegebene System, welches aus den beiden Kolben 1, 2, dem Gleichgewichtshebel 3 und dem Ventil 4, dem Stellkolben 5 und einem Stellgetriebe 6 besteht, so zu gestalten, daß es bei möglichst kleinem Gesamtvolumen bestimmte Grundflächenabmessungen (Länge, Breite) nicht überschreitet. Selbstverständlich soll dabei beachtet werden, daß die Zahl der notwendigen Bauteile möglichst gering und ihre Herstellung möglichst einfach ist.

Wenn man davon ausgeht, daß die physikalischen Prinzipien, so wie sie in Bild 9.9.1 gegeben sind, festliegen, dann läßt sich die Aufgabe im wesentlichen auf das Erstellen eines maßstäblichen Entwurfs des o.g. Systems beschränken. Geht man ferner davon aus, daß die Gestaltung der einzelnen Baugruppen für sich betrachtet keine grundsätzlichen Schwierigkeiten bereitet bzw. in einem ersten Entwurf einmal durchgeführt wurde und im wesentlichen beibehalten werden kann, so kann diese Aufgabe hier aus Umfangsgründen auf das Problem der gegenseitigen Lage- und Reihenfolgezuordnung (siehe Kapitel 5.4.3) der einzelnen Baugruppen reduziert werden.

Bei der gegenseitigen Lage- und Reihenfolgezuordnung von Baugruppen oder Bauelementen bzw. beim Entwerfen eines Systems aus mehreren Baugruppen wird man nicht mit irgendeiner, sondern mit einer der zentralen Baugruppen beginnen und alle übrigen um diese herum anordnen. Beim Gestalten gibt es im allgemeinen Baugruppen, welche sich schwieriger oder weniger schwierig in das Gesamtsystem einordnen lassen. Da die Schwierigkeiten beim Entwerfen technischer Gebilde mit der Zahl der zu einem System zusammenzufassenden Baugruppen zunehmen, wird man die schwieriger anzuordnenden Baugruppen vorrangig und die einfacheren später in den Entwurf einbringen, da das Raumproblem am Anfang noch relativ gering ist. Zentrale Baugruppe ist im allgemeinen immer jene, welche die Hauptfunktion, also die eigentlich gewollte Funktion des Systems realisiert.

In dem vorliegenden Fall kann man das Ventil 4 als die zentrale Baugruppe betrachten, welche letztlich das Steuern des Bremsdrucks ausführt und auf welche alle anderen Teilsysteme einwirken müssen. Als die nächstwichtigeren Baugruppen erscheinen die beiden Kolben 1 und 2, der Stellzylinder 5 und zuletzt das Stellgetriebe 6, welches am leichtesten der durch die Lage der anderen Baugruppen gegebenen Raumsituation angepaßt werden kann. Um zu möglichen Lagezuordnungen zu kommen, ist es gleichgültig, ob man Teil 1 festhält und sich Teil 2 an 1 angeordnet denkt, wie das Bild 9.9.2 schematisch zeigt oder umgekehrt. Deshalb kann man auch die beiden Kolben als (quasi) zentrale Baugruppe ansehen und mit diesen die Lagevariation beginnen, wie das in dem vorliegenden Beispiel geschehen ist.

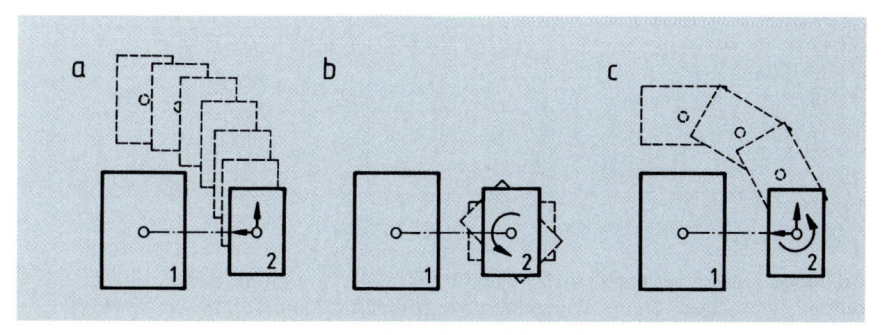

Bild 9.9.2 a–c Lagevariation zweier „quaderförmiger Bauteile" (Schema), durch Parallelverschiebung (a), Drehung (b) und Parallelverschiebung und Drehung (c)

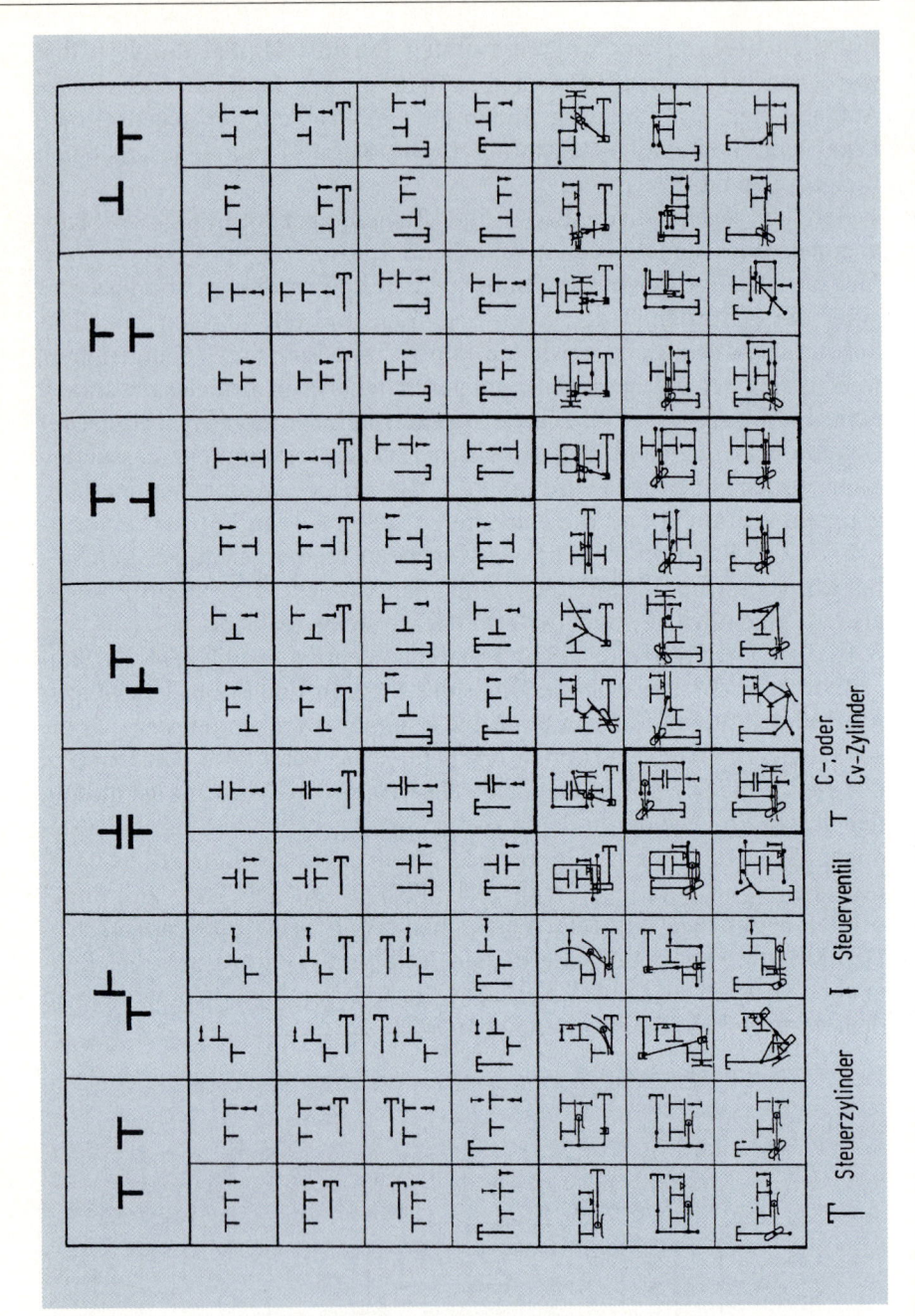

Bild 9.9.3 Gestaltvariation eines Steuerventils (s. Bild 9.9.1) durch einen „hierarchischen Lagewechsel" der verschiedenen Baugruppen zueinander (schematische Darstellung). „Hierarchischer Lagewechsel" heißt, daß die Variation mit den wichtigsten Baugruppen begonnen (s. obere Zeilen des Bilds) und mit weniger wichtigen Baugruppen fortgesetzt wurde

9.9 Gestalten von Bremssteuerventilen 449

Mögliche Lagezuordnungen zweier Baugruppen zueinander erhält man, wie das Bild 9.9.2 schematisch zeigt, durch Parallelverschieben (a), durch Drehen (b) und durch Drehen plus Parallelverschiebung (c). In der Praxis sind meistens nur spezielle Lagen (90°, 180°, 270° usw.) interessant, wie sie Bild 9.9.3, Zeile 1, beispielsweise für die beiden Kolben 1 und 2 zeigt. Um Zeichenarbeit zu sparen, ist es dabei zweckmäßig, die einzelnen Elemente durch maßstäbliche Symbole, welche etwa den Umriß der betreffenden Elemente oder Baugruppen angeben, zu ersetzen. In Bild 9.9.3, Zeile 2, sind dann zu jeder Kolbenlagezuordnung je zwei Steuerventilzuordnungen angegeben. Das Steuerventil ist dabei symbolisch durch einen Pfeil dargestellt. In den Zeilen 3, 4 und 5 sind bei konstanter Lagezuordnung der vorher genannten Baugruppen noch verschiedene Lage- und Reihenfolgezuordnungen des T-Kolbens angegeben. Schließlich zeigen die Zeilen 6, 7 und 8 die Gestaltvarianten der Zeilen 3, 4 und 5 mit angepaßtem Stellgetriebe 6.

Bild 9.9.3 vermittelt nur einen Ausschnitt der Gesamtmenge der theoretisch möglichen Lage- und Reihenfolgevarianten; trotzdem liefert diese Systematik einen recht guten Überblick über die durch Lage- und Reihenfolgevariation gegebenen Gestaltungsmöglichkeiten.

Kleines Bauvolumen, insbesondere Gestaltvarianten mit einer relativ kleinen Anschraubfläche (Flanschfläche), versprechen die etwas dicker umrandeten „Konstellationen" zu ergeben. Selbstverständlich kann diese schematische Gestalt- bzw. Lagevariation kein sicheres Urteil darüber

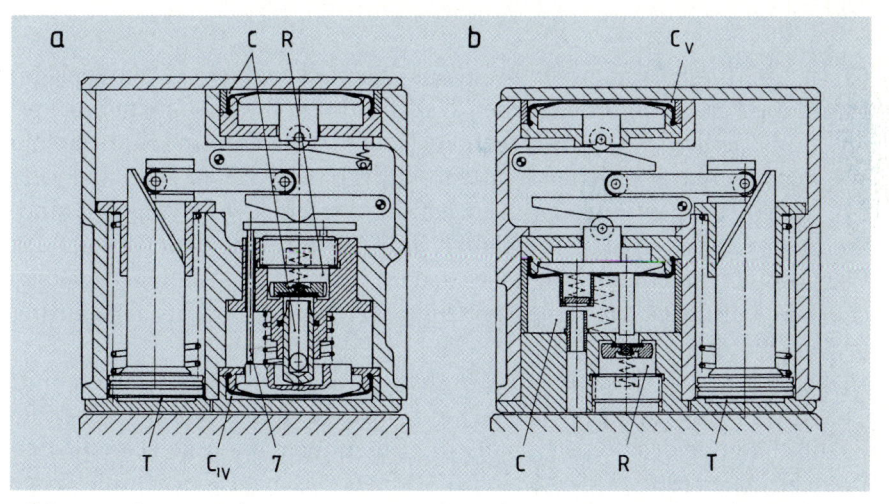

Bild 9.9.4 a–b Entwürfe zweier Steuerventile (a, b). Beide Entwürfe unterscheiden sich im wesentlichen in der Reihenfolge der Anordnung der Baugruppen „Ventile" (1, 2) und „Membrankolben" (4; s. Bild 9.9.1). Diese Entwürfe entsprechen den Gestaltvarianten des Bilds 9.9.3 mit den kleinsten Abmessungen [Firma Knorr-Bremse GmbH]

liefern, ob eine der hier genannten Gestaltvarianten die absolut beste ist oder nicht, sondern nur in etwa den Weg weisen, wo diese liegen könnte.

Im vorliegenden Fall wurden aufbauend auf die Systematik des Bilds 9.9.3 mehrere Entwürfe ausgearbeitet. Dabei konnte die Vermutung, daß die für den vorliegenden Anwendungsfall günstigsten Gestaltvarianten aus den in Bild 9.9.3 dick umrandeten Lagevarianten hervorgehen, bestätigt werden. Bild 9.9.4 a zeigt einen ersten Entwurf der Lösung nach Bild 9.9.3, Spalte 10. Bei diesem Entwurf fällt auf, daß es am Ventil und an dem einen der beiden Kolben Räume gibt, welche in Betrieb immer den gleichen Druck (C-Druck) haben. Es ist daher möglich diese beiden, durch eine Leitung verbundenen, Räume (C-Räume) im Ventil und Kolben 1 räumlich zusammenzulegen bzw. zu „integrieren" (s. Kapitel 6.1). Durch „Integrieren" der beiden C-Räume entsteht infolge des Wegfalls des Koppelglieds 7 (s. Bild 9.9.4 a) eine noch einfachere Lösung, wie das Bild 9.9.4 b zeigt. Mit Hilfe der Gestaltvarianten entsprechend Bild 9.9.4 konnte die Gerätegröße (Volumen) gegenüber dem ursprünglichen Gerät etwa halbiert werden; die Herstellkosten konnten um ca. 18% reduziert werden.

9.10
Entwickeln von Bremssystemen

Es ist ein Bremssystem für Waggons von Güterzügen zu entwickeln. Damit die Räder von unbeladenen Waggons beim Bremsen nicht blockieren und folglich beschädigt werden, sollen beladene und unbeladene Waggons nicht mit gleichen Kräften, sondern mit Kräften gebremst werden, welche proportional dem Gewicht der verschiedenen Waggons sind. Zu diesem Zweck wird beim Beladen (im Stillstand) ein dem Gewicht des Waggons entsprechendes Signal bzw. dem Gewicht des Waggons entsprechender Luftdruck (B-Signal) erzeugt, welcher zur Bremsensteuerung benutzt werden soll.

Zur Erzeugung der Bremskräfte steht in Güterzugverbänden Preßluft (maximaler Überdruck = 3,8 bar) zur Verfügung. Durch eine generelle Beaufschlagung des Bremssystems von Güterzügen mit unterschiedlichen Bremsdrücken (Stufe 1 = 0,38 bar bis Stufe 10 = 3,8 bar) können Güterzüge unterschiedlich stark gebremst werden. Wie stark ein Zug gebremst wird (Stufe 1, 2, 3 ...), wird vom Lokomotivführer bestimmt (A-Signal).

Die Aufgabe besteht somit darin, Bremssysteme für die einzelnen Waggons zu entwickeln, welche den durch das A-Signal für jeden Waggon gegebenen Bremsdruck bzw. die gegebene gleich große Bremskraft (wenn man davon ausgeht, daß alle Waggons gleich groß bemessene Preßluftzylinder zum Umsetzen des Drucks in Kraft besitzen), dem Waggongewicht entsprechend zu vergrößern oder zu verkleinern.

Es ist im einzelnen gegeben:

maximaler Bremszylinderdruck:	3,8 bar
Kolbendurchmesser:	355 mm
minimale Kolbenkraft:	12 530 N
maximale Kolbenkraft:	112 800 N
Erforderliches Übersetzungsverhältnis:	1 : 3 bis 3 : 1
Hub der Kolbenstange:	70 mm
Verstellweg des B-Signalkolbens:	100 mm
Verstellkraft des B-Signalkolbens:	50 N

Um den Energie- bzw. Luftverbrauch zu verringern, sollte nach Möglichkeit das Anlegen der Bremse (geringer Kraftbedarf) nicht mit einem großen, sondern mit einem Übersetzungsverhältnis 1 : 1 oder kleiner (Übersetzung ins Schnelle) erfolgen.

Lösungsweg:

Gegeben ist ein Preßluftspeicher (3,8 bar), Preßluftzylinder mit Kolben und eine Steuereinheit zur Reduzierung des Luftdrucks. Gesucht ist ein Teilsystem zum Vergrößern oder Verkleinern einer Kraft. Versucht man, o. g. Aufgabenstellung durch entsprechende Funktionsstrukturen zu lösen, so kann man in „ersten Syntheseschritten" beispielsweise die in Bild 9.10.1 a, b gezeigten Funktionsstrukturen angeben. Beide Strukturen erfüllen die gestellte Aufgabe nur teilweise. Wie man sich vorstellen kann, würde Struktur a zu wesentlich größeren Kolben- und Bremszylinderdurchmessern führen, als hier zulässig ist. Außerdem bedürfte diese Lösung einer sehr präzisen (sensiblen) Steuereinheit (Feinwerk) zur Druckreduzierung. Aus diesen Gründen scheidet eine Lösung entsprechend Struktur a aus.

Eine Lösung entsprechend Funktionsstruktur b führt im Falle großer Übersetzungsverhältnisse (3 : 1; Weg des Kolbens ca. 3 x 70 mm = 210 mm) zu relativ hohem, unnötigem Luftverbrauch. Deshalb soll auch diese Lösung für weitere Betrachtungen ausscheiden.

Geringen Luftverbrauch ermöglichen hingegen Lösungen, wie sie die Strukturen c und d (s. Bild 9.10.1) zeigen. Abhängig vom Weg oder der

Bild 9.10.1 a–d Alternative Funktionsstrukturen für ein Bremssystem (a bis d). Erläuterungen im Text

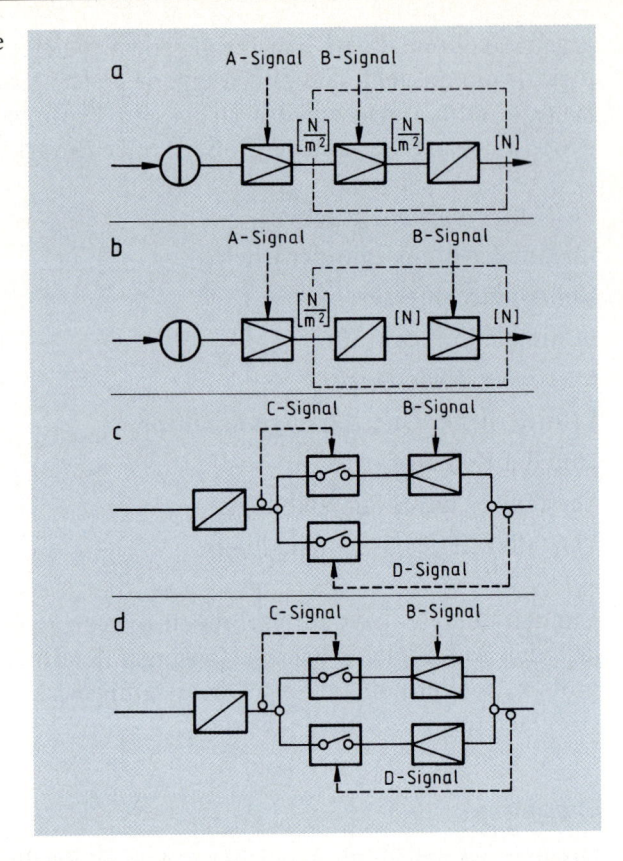

Kraft im Bremsgestänge soll das Anlegen der Bremse mit einem Übersetzungsverhältnis 1 : 1 (s. Bild 9.10.1 c) oder mit einem Übersetzungsverhältnis kleiner eins (z. B. 1 : 2, s. Bild 9.10.1 d) erfolgen.

Erst wenn der Anlegeweg der Bremsbacken und die Spiele im Bremssystem durchfahren sind – oder kurz vorher – soll das System von der „Vorlaufübersetzung" auf jenes Übersetzungsverhältnis umschalten, welches aufgrund des Waggongewichts (B-Signal) erforderlich ist. Dadurch kann erheblich Luft und Energie gespart werden.

Weil die Struktur c eine einfachere Lösung erwarten ließ, wurde dieser Weg gegenüber Struktur d bevorzugt. Zum Umschalten von einer Übersetzungsstufe auf die andere wurde ein wegabhängiges Signal (D-Signal) genutzt; weil eine kraftabhängige Umsteuerung (C-Signal) deutlich aufwendiger geworden wäre, wurde darauf verzichtet.

Will man die in Bild 9.10.1 c gezeigte Funktionsstruktur realisieren, hat man „Bewegungsschalter" (= Kupplungen) und Weg- bzw. Kraftvergrößerer oder Kraftverkleinerer zu verwirklichen. Das Vergrößern oder Verkleinern einer Kraft oder eines Wegs sollte ferner noch stufenlos oder

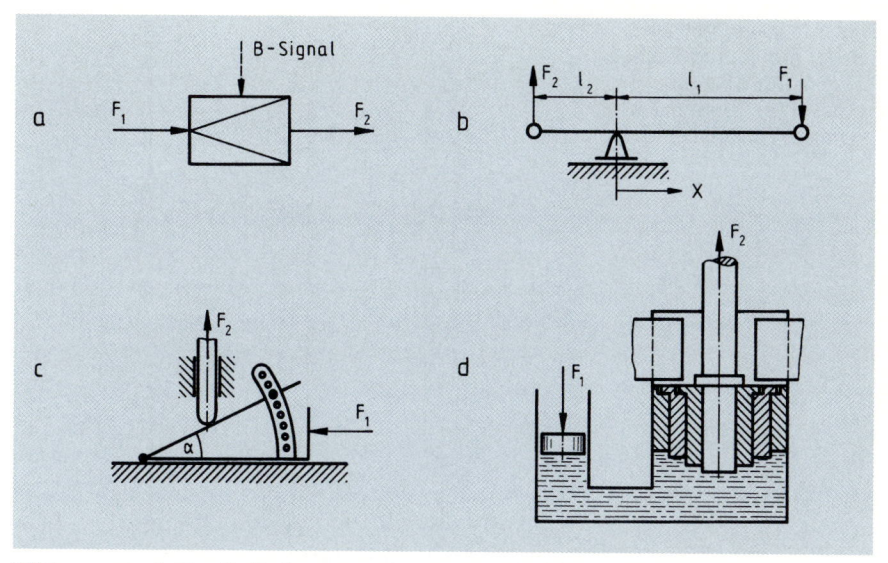

Bild 9.10.2 a–d Physikalische Prinziplösungen zum Vergrößern oder Verkleinern einer Kraft mit veränderlichen Übersetzungsverhältnissen. Funktionssymbol (a), Hebeleffekt (b), Keileffekt (c), Druckkonstanz in Flüssigkeiten mit in diskreten Schritten änderbaren Kolbenflächen (d)

in diskreten Stufen erfolgen können. Zur Realisierung dieser Operation eignen sich u.a. der Hebel- und Keileffekt sowie der Effekt der Druckkonstanz in Flüssigkeiten. Bild 9.10.2 zeigt die unterschiedlichen Prinziplösungen der Operation „Vergrößern" bzw. „Verkleinern" einer Kraft oder eines Wegs mit veränderlichen Übersetzungsverhältnissen.

Die Operation „Einschalten einer Kraft (oder Bewegung) abhängig von einem Weg eines bewegten Bauteils" läßt sich dadurch einfach verwirklichen, daß man Zwischenraum zwischen das bewegte und das „einzuschaltende Bauteil" konstruiert.

Die Struktur c des Bilds 9.10.1 symbolisiert zwei parallel geschaltete Getriebe mit unterschiedlichen Übersetzungsverhältnissen (1:1 und 1:3 bis 3:1), welche auf ein gemeinsames Abtriebsglied wirken. D.h., man benötigt in den beiden „Bewegungspfaden" der Struktur c Leiter (Getriebeglieder) veränderlicher Länge und Schalter (Kupplungen), welche diese Glieder variabler Länge zeitweise kraftrichtungsabhängig miteinander kuppeln bzw. entkuppeln. Bild 9.10.3 zeigt verschiedene Prinzipien solcher Teilsysteme. Das Schalten (Kuppeln bzw. Entkuppeln) erfolgte automatisch mit dem Wechsel der Kraftrichtung auf diese Systeme; bei Zugkraft entkuppelt, bei Druckkraft gekuppelt. Die Lösung 9.10.3 c ist so gestaltet, daß bei Zugbelastung Rollreibung wirkt, bei Druckbelastung hingegen Gleitreibung bzw. Selbsthemmung eintritt.

Bild 9.10.3 a–c Getriebeglieder mit veränderlichen Längen; mit Klinkengesperre (a), Klemmrichtgesperre (b), Keil (c)

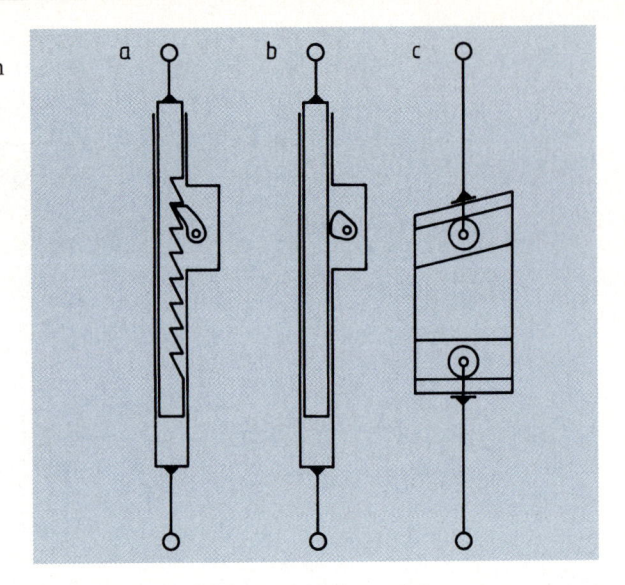

Variable Gliedlängen lassen sich auch mittels elastischer Glieder (Federn) realisieren.

Faßt man schließlich alle Einzellösungen zu einer Gesamt-Prinziplösung zusammen, so erhält man ein System, wie es Bild 9.10.4 zeigt. Die Kolbenstange 1 des Preßluftzylinders bewegt über die Federbeine 2 das Bremsgestänge 3. Dabei wird der Keil 7 nach rechts bewegt und verlängert

Bild 9.10.4 Prinziplösung eines Bremssystems mit 2 Übersetzungsstufen (2 Gängen), automatischer Umschaltung und steuerbarem Übersetzungsverhältnis, entsprechend der Funktionsstruktur c des Bilds 9.10.1

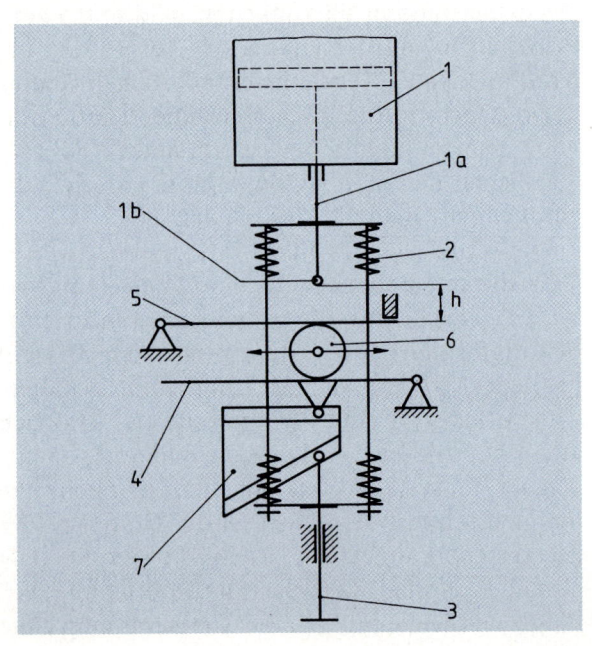

so die Gliedlänge zwischen Hebel 4 und Bremsgestänge 3 (= Abtriebsglied 3). Nachdem die Wirkfläche 1 b der Kolbenstange den Leerhub h durchlaufen hat und auf Hebel 5 auftrifft, wird die Abtriebsbewegung und die Kraft am Abtriebsglied durch das Übersetzungsverhältnis des Doppelhebelsystems 4, 5 und das Einstellglied 6 bestimmt. Das Keilgetriebe, bestehend aus den Hebeln 4, 5 und dem Keil 7, wird durch einen Wechsel der Anlageflächen und der damit gegebenen anderen Reibverhältnisse (Gleit- statt Rollreibung) selbsthemmend bzw. starr.

Das Keilgetriebe in Bild 9.10.4 kann man sich auch durch eine Gestaltvariante dieses Getriebetyps, d. h. durch ein Schraubgetriebe ersetzt denken, wie in Bild 9.10.5 dargestellt. Die prinzipielle Lösung und deren Wirkungsweise ändert sich durch diesen Gestaltwechsel nicht.

Zum Verständnis sei noch bemerkt: Solange das Abtriebsglied über die „Federbeine" 2 (Pfad 1) angetrieben wird, herrschen im Übersetzungsgetriebe (Pfad 2) Zugkräfte; die nicht selbsthemmende Gewindespindel kann rotieren und den Abstand l zwischen Spindelflansch und Mutter vergrößern (s. Bild 9.10.5). Trifft hingegen die Wirkfläche 1a auf den Hebel 5 (s. Bild 9.10.5) wird Kraft über das Hebelsystem 4 und 5 eingeleitet und es wird die Konusbremse 8 wirksam und mithin die Rotation der Spindel 7 unterbunden. Die Glieder 7 und 3 werden zu einem starren Glied.

Bild 9.10.5 Erster Entwurf eines Bremssystems mit 2 Übersetzungsstufen und steuerbarem Übersetzungsverhältnis für lastabhängiges Bremsen von Waggonfahrzeugen

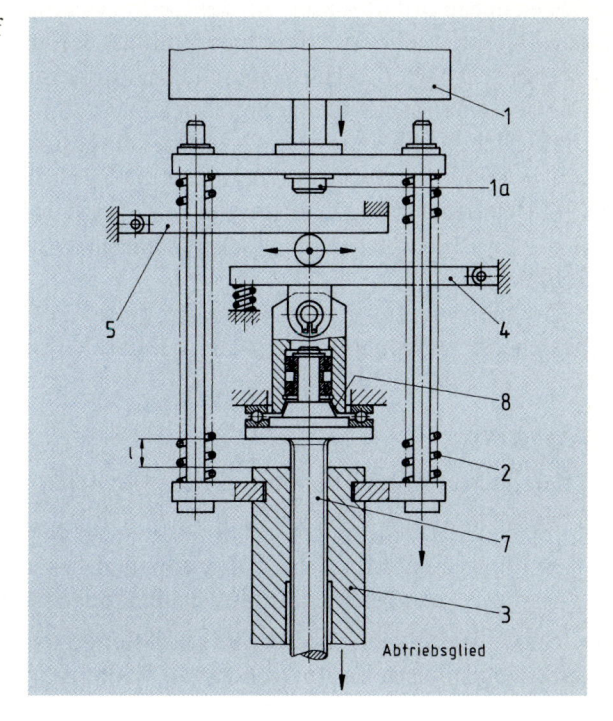

Wie dieses Beispiel wiederum zeigt, tritt der Bedarf an weiteren Funktionen nach und nach im Laufe der Entwicklung eines technischen Produkts auf. Ein endgültiges, fertiges technisches Produkt besteht aus wesentlich mehr Funktionen als in einem ersten Strukturentwurf (Synthese) enthalten sind. Die Gesamtentwicklung und endgültige Gestaltung dieses Bremssystems kann hier aus Umfangsgründen nur unvollständig wiedergegeben werden.

9.11
Gestalten eines Schalters für PKW-Sitzheizungen

Heizungsschalter für PKW-Sitze dienen dazu, elektrische Heizungen von PKW-Sitzen ein- und auszuschalten und diese mit unterschiedlicher elektrischer Heizleistung zu versorgen. Zu diesem Zweck ist in derartigen Schaltern ein Potentiometer eingebaut, welches bei Betätigung des Schalters mit eingestellt werden kann. Im vorliegenden Fall handelt es sich um einen Doppelschalter zum Einschalten und Steuern zweier Sitzheizungen (linker und rechter Vordersitz). Derartige Schalter sind des weiteren mit drei kleinen elektrischen Lämpchen auszustatten; eines zur Beleuchtung des Heizungssymbols, welches bei Nachtfahrt dem Fahrer zeigt, wo der Heizungsschalter am Armaturenbrett zu finden ist. Die beiden anderen Lämpchen beleuchten Symbole, welche anzeigen, ob und welche Sitzheizung (linke, rechte) eingeschaltet ist.

Die Bilder 9.11.1 und 9.11.2 zeigen die Zusammenstellungs-, Einzelteil- und Detailzeichnungen eines solchen Doppel-Heizungsschalters. Schließlich zeigt Bild 9.11.3 a noch den Schaltplan dieses Schalters für PKW-Sitzheizungen.

Aufgabe war es, die Herstellkosten dieses aus relativ vielen Einzelteilen bestehenden Doppelschalters nach Möglichkeit um ca. 50% zu reduzieren.

Lösungsweg:

Zu den wirkungsvollsten Mitteln zur Herstellkostenminderung zählen:
- Reduzieren der Zahl der Bauteile, d.h. Integralbauweise anstreben,
- Reduzieren der Zahl der Baugruppen, d.h. Monobaugruppen-Bauweise anstreben statt Multibaugruppen-Bauweise und
- Substituieren von teueren durch kostengünstige Fertigungsverfahren, d.h. beispielsweise Anstreben von Schneid- und Stanzbauteilen statt

Kunststoff-Spritzgußbauteilen; Kunststoff-Spritzgußteile statt spanend herzustellender Bauteile.

Weitere Maßnahmen zur Kostenreduzierung finden sich im Kapitel 5.8. Analysiert man den vorliegenden Schalter, so stellt man fest, daß dieser im wesentlichen in zwei Baugruppen gegliedert ist, einer (eigenständigen) Baugruppe „Potentiometer" (Zukaufteil) und einer Baugruppe „restlicher Schalter" (s. Bild 9.11.1). Versuche, die Baugruppe „Potentiometer" unangetastet zu lassen und die Bauteilezahl des „restlichen Schalters" mittels integrierter Bauweise zu verbessern, waren zwar sehr erfolgreich hinsichtlich Reduzierung der Bauteilezahl, die Kosten konnten dadurch aber nur um ca. 18% gesenkt werden. Eine entscheidende Kostensenkung war im vorliegenden Fall jedoch durch „Auflösen" der Baugruppe „Potentiometer" und Anstreben einer Monobaugruppenbauweise, durch Reduzieren der Bauteilezahl mittels Integralbauweise und durch Anstreben von Stanz- bzw. Blechbauteilen, neben Kunststoffbauteilen, zu erreichen.

Insbesondere wurde der elektrische Schaltplan (Stromleiterbahnen) inklusive elektrischer Schalter und Anschlüsse (Steckanschlüsse) mittels eines durch Schneiden und Biegen herstellbaren Blechteils realisiert.

Bild 9.11.1 a–c Doppel-Schalter und Steuerungen für 2 PKW-Sitzheizungen (linker und rechter Vordersitz). Schnitte und Ansichten des Gesamtsystems (a). Schnittansicht des Gehäuses (b) und des Sockels (c)

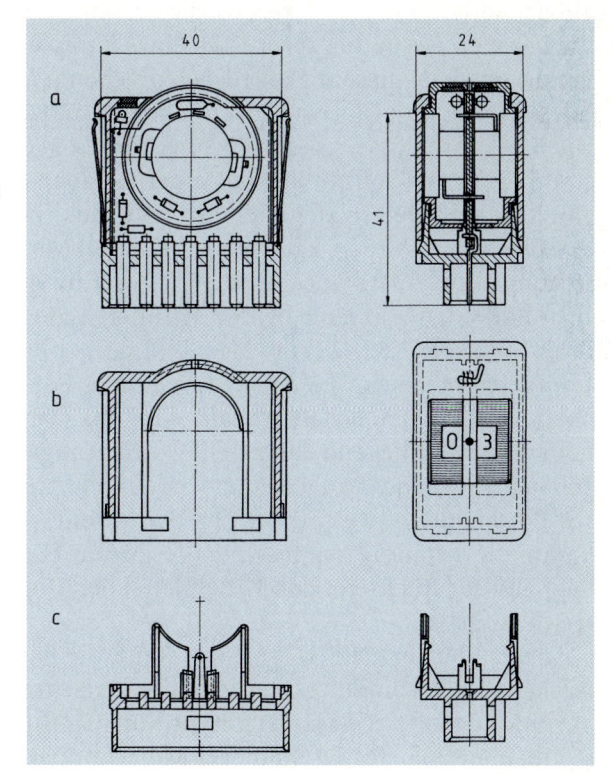

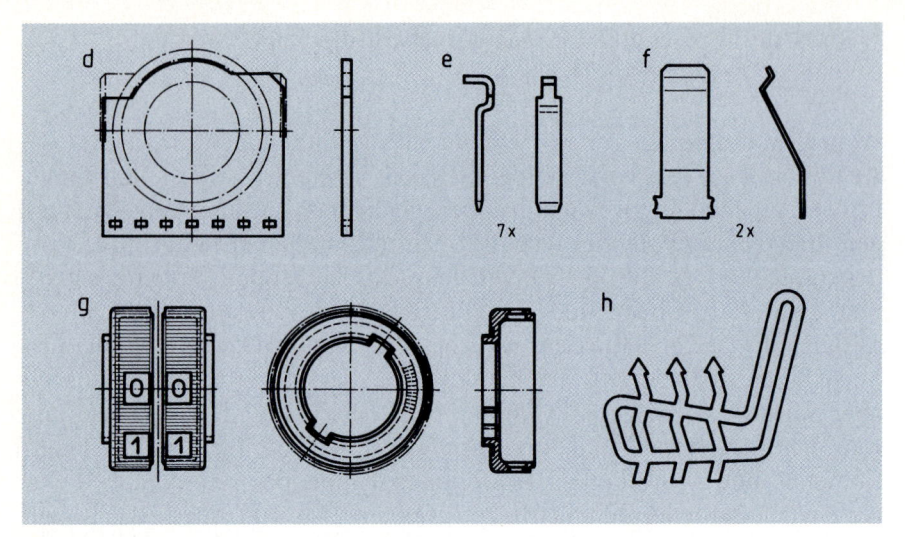

Bild 9.11.2 d–h Weitere Bauteile des in Bild 9.11.1 gezeigten Heizungsschalters Platine (d), Kontaktstifte (e), Schnappfeder (f), Schalt- und Steuerknöpfe (g), lichtdurchlässiges Schaltersymbol (h)

Die Bilder 9.11.3 b, c zeigen die wesentlichen Schritte dieses etwas schwierigen Gestaltungsprozesses eines komplexen Blechbauteils, ausgehend von dem diesem Bauteil entsprechenden elektrischen Schaltplan (a). Bild 9.11.3 b zeigt eine „Skelettlinienstruktur des ebenen Blechteils". Die Steckanschlüsse, gekennzeichnet mit K, 83 B, PB, 15, PF, 86 F und 31 sind bereits fast vollzählig längs einer Geraden angeordnet. Ein „räumliches" Stanzbauteil so zu gestalten, daß es aus einem ebenen Blechschneidetail erzeugt werden kann und die damit verbundene räumliche Vorstellungsproblematik machen diesen Gestaltungsprozeß etwas schwierig.

In Bild 9.11.3 c sind die beiden symmetrischen „Blechteilhälften" längs ihrer Symmetrieachse (15 ÷ M, s. Bild 9.11.3 b) „gefaltet" dargestellt. Die symmetrisch angeordneten Leiterbahnen, Potentiometerbögen, Lämpchen, Schalter u. a. Schalterdetails sind aus Darstellungsgründen knapp nebeneinander liegend dargestellt worden, obgleich diese in Wirklichkeit genau übereinander angeordnet sind. In Bild 9.11.4 ist die eine Hälfte dieses Blechbauteils, welche auf der Vorderseite der Mittelplatte zu liegen kommt, vollständig dargestellt; die zweite Hälfte dieses Blechbauteils liegt auf der Rückseite der Mittelplatte; der Doppel-Schalter ist symmetrisch aufgebaut.

Dieses Blechbauteil (1) realisiert somit die Funktionen: „Strom leiten", „elektrische Verbindung (Stecker)", „elektrischer Schalter", „mechanische Verbindungen" u. a. Es (1) ist mittels Kunststoffniete (2) auf einem Kunststoffbauteil (3) befestigt. In dieses Kunststoffbauteil sind zwei Achsen (4)

Bild 9.11.3 a–c Elektrischer Schaltplan des Heizungsschalters (a), geometrisch-mechanische Darstellung der Schaltung (b), geometrisch-mechanische Darstellung der um die Symetrieachse gefalteten Heizungsschaltung (etwas versetzt dargestellt), als Hilfsmittel zur räumlichen Vorstellung des zu realisierenden Stanzbauteils (c)

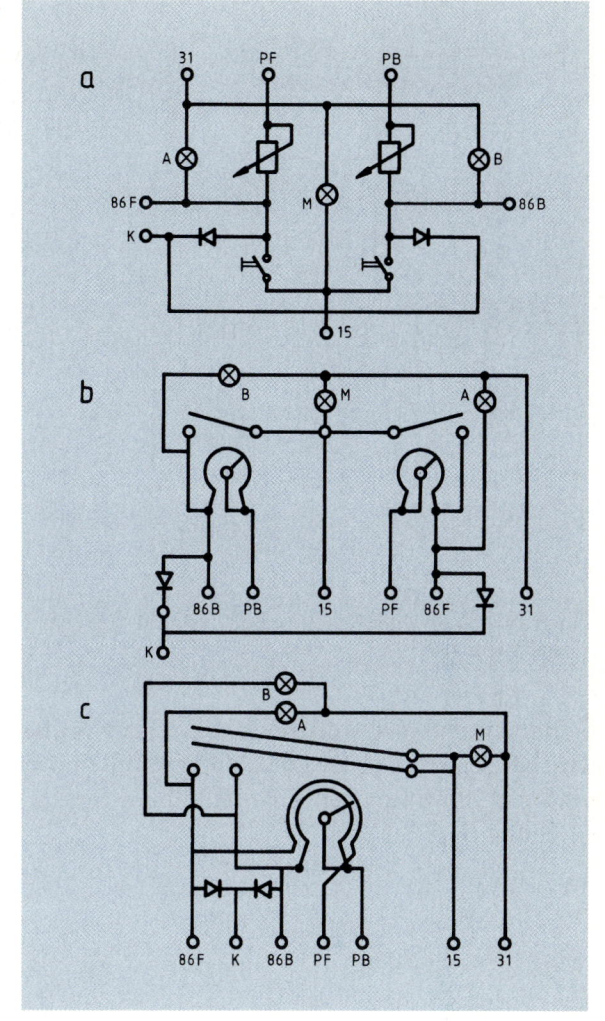

zur Lagerung der Drehknöpfe (5) und die genannten Kunststoffnieten integriert.

Des weiteren zeigt Bild 9.11.4 noch das elektrische Widerstandsbauteil des Potentiometers (7), die beiden Lämpchen (8) zur Anzeige welche Sitzheizung ein- oder ausgeschaltet ist, ein Lämpchen (9), zur Beleuchtung des Funktionssymbols des Schalters bei Dunkelheit, sowie das Gehäuse (6) des Schalters. Zur Versteifung und Erreichung einer genügenden Steckkontakt-Dicke sind die Teile des Blechbauteils (1), welche die Steckkontakte bilden (1 b), dachförmig gebogen.

Durch die Verwirklichung eingangs genannter Ziele ist es gelungen, die Herstellkosten dieser Heizungsschalter um knapp 50% zu senken.

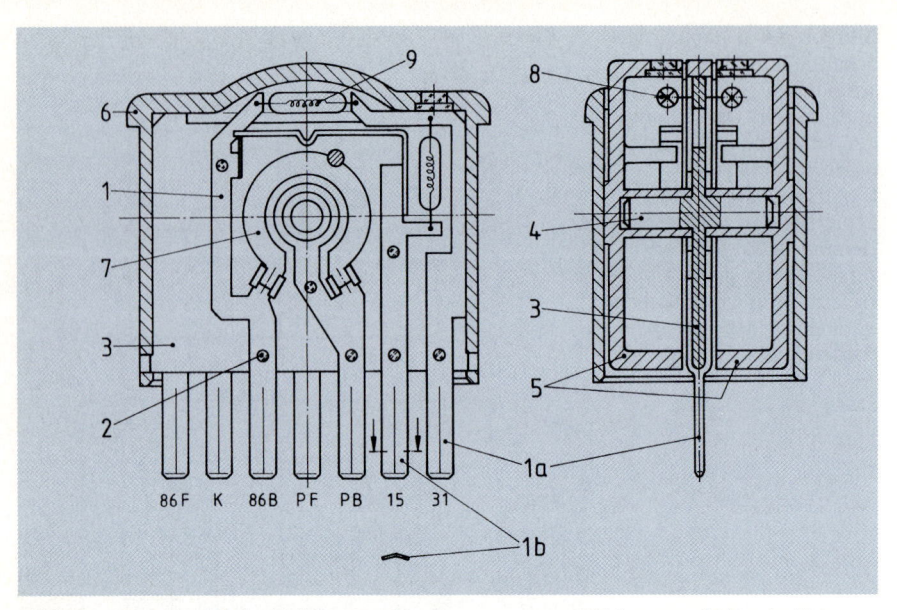

Bild 9.11.4 Maßstäbliche Zeichnung des Gesamtsystems Heizungsschalter in Monobaugruppenbauweise; Kostenreduzierung ca. 50% gegenüber der ursprünglichen Gestaltvariante

Bemerkenswert sind noch die relativ großen Leerräume im Schaltergehäuse, welche eine Folge der gewählten Monobaugruppen-Bauweise und ein Indiz für wenig Bauteile bzw. für geringe Herstellkosten sind (s. Bild 9.11.4).

Automatisieren von Konstruktionsprozessen

Unter „Automatisieren von Konstruktionsprozessen" soll das Beschreiben und Programmieren der Tätigkeiten verstanden werden, welche zur Bestimmung der qualitativen und quantitativen Parameterwerte eines Produkts notwendig sind. Unter „Beschreiben eines Konstruktionsprozesses" soll das Entwickeln von Algorithmen (Regeln) zur Festlegung der verschiedenen qualitativen und quantitativen Parameterwerte verstanden werden, welche ein Produkt einer bestimmten Art festlegen. Die Werte der verschiedenen Parameter P_i eines Produkts sind eine Folge (F) des Zwecks Z_i des betreffenden Bauteils oder Baugruppe, sowie der an diese zu stellenden Bedingungen B_{li} ... bis B_{ni} und deren Gewichtungen g_{li} bis g_{ni}.

$$P_i = F(Z_i\, g_{li}\, B_{li} \ldots g_{ni}\, B_{ni})$$

Im folgenden soll nur auf das Beschreiben von Konstruktionsprozessen, nicht hingegen auf das Programmieren von Beschreibungen näher eingegangen werden.

Betrachtet man die in der Praxis durchgeführten Konstruktionsarbeiten, so stellt man fest, daß die meiste Zeit dazu verwandt wird, bestimmte Produktearten immer wieder neu zu konstruieren. D.h., ein Großteil der Kapazität von Konstruktionsbüros wird zur Erzeugung von Gestaltvarianten von Produktearten verwandt. Physikalische Effekte und Effektträger (Werkstoffe) werden meistens konstant gehalten, die Gestaltparameter werden hingegen verändert. Es entsteht so eine große Typenvielfalt eines Produkts. In Europa, so kann man beobachten, entsteht meist noch eine wesentlich größere Typen- und Variantenvielfalt von Produkten als in Japan und den USA. Die Konstruktionsprozesse für bestimmte Produktearten sind „x-mal" durchgeführt worden, diese sind bekannt. Erfahrene Konstrukteure können diese Prozesse jüngeren Kollegen erklären, sie können diese anleiten, aber keiner macht sich die Mühe, diese produktspezifischen Prozesse vollständig zu beschreiben und zu programmieren, um sie möglicherweise von Automaten (Rechnern) durchführen zu lassen. Die Automatisierungen in Konstruktionsbüros beschränken sich meist darauf, den Rechner als flexible „elektronische Zeichenschablone" oder/und zu solchen Teilprozessen bzw. zur Bestimmung solcher Parameterwerte zu nutzen, für welche Rechenmethoden bekannt sind (z. B. Festigkeitsnachweise).

Konstrukteure beschreiben verbal Konstruktionsprozesse, wenn sie jüngeren Berufskollegen behilflich sind und diesen erklären, wie ein bestimmtes Produkt oder Produktdetail zu konstruieren ist. Weil es sehr schwierig und mühevoll ist, Konstruktionsprozesse zu Papier zu bringen, ist dies bisher nur in wenigen, einfachen Fällen geschehen.

Bevor man daran geht, Konstruktionsprozesse für bestimmte Produktarten zu automatisieren, sollte man sorgfältig prüfen, ob von diesen immer wieder neue „maßgeschneiderte" Varianten konstruiert werden müssen, oder ob es wirtschaftlich sinnvoller wäre, diese zu standardisieren. D. h., man beschließt

- alle Parameter eines Produkts konstant zu halten, oder
- für wenige Parameter einer Produktart eine begrenzte Zahl diskreter Werte zuzulassen und die übrigen Parameterwerte konstant zu halten (d. h. Festlegen bestimmter Typvarianten und/oder Baureihen),
- zu versuchen, verschiedene Typ- und Abmessungsvarianten von Produktearten durch geeignete Baukastensysteme zu erzeugen.

Sehr wahrscheinlich können viele der bis dato ständig „neu konstruierten" Produktearten auf o. g. Weise standardisiert werden und bräuchten folglich nicht immer wieder „neu konstruiert" zu werden. Nur Produkte von Arten, welche tatsächlich „maßgeschneidert" gebraucht werden, müssen „neu konstruiert" werden. Und nur für jene, welche relativ häufig zu konstruieren sind, lohnt es sich, die Konstruktionsprozesse zu analysieren, diese zu beschreiben, zu programmieren und automatisiert durchzuführen.

Entsprechend ist es zweckmäßig, zwischen drei Arten von zu konstruierenden Produkten zu unterscheiden, und zwar solchen

- Produkten, welche (längst) standardisiert werden können und folglich nicht immer wieder konstruiert und variiert werden müssen. Beispielsweise könnten noch deutlich mehr Kraftfahrzeugkomponenten standardisiert werden, als dies bisher geschehen ist.
- Produkten, welche von Zeit zu Zeit immer wieder neuen Bedingungen angepaßt, konstruiert und variiert werden müssen. Konstruktionsprozesse solcher Produkte sollten automatisiert werden, falls die wirtschaftlichen Voraussetzungen gegeben sind und
- Produkten für neue Zwecke, welche erstmals zu konstruieren sind.

Konstruktionsprozesse für erstmals zu konstruierende Produkte müssen von Menschen erst erdacht werden, d.h. erfunden werden, ehe man diese beschreiben kann. Erst dann kann man diese auch programmieren und automatisieren. Nur für Produkte, welche immer wieder variiert werden müssen, – welche nicht standardisiert werden können – ist es wirtschaftlich sinnvoll, deren Konstruktionsprozesse zu beschreiben (diese bewußt zu machen) und zu automatisieren.

Neue, unbekannte Produktearten, für welche noch keine Lösungen und Konstruktionsprozesse bekannt sind, sind – gemessen an der Gesamtzahl der in der Praxis zu lösenden Konstruktionsaufgaben – nur sehr selten zu konstruieren. Viel häufiger sind in der Praxis solche Produkte wie beispielsweise Getriebe, Verbrennungsmotoren, Werkzeuge, Vorrichtungen und Werkzeugmaschinen zu konstruieren, für welche bereits Vorbilder existieren. Das heißt, es sind Produkte zu konstruieren, deren Funktionsstrukturen, Prinziplösungen, Werkstoffe u.a. Parameterwerte größtenteils festliegen und bei der Konstruktion von weiteren Varianten übernommen bzw. konstant gehalten werden können, weil sich diese Werte im Laufe der Zeit als besonders günstig (optimal) erwiesen haben.

Das heißt ferner, daß viele qualitative und quantitative Parameterwerte solcher Produkte festliegen und im Falle einer erneuten Konstruktion unverändert übernommen werden können, so beispielsweise das Schubkurbelgetriebe bei Verbrennungsmotoren, das Nocken- bzw. Kurvengetriebe zur Steuerung der Ventile des Motors, die Flankenform (Evolventenform) für Zahnräder von Getrieben und viele andere Parameterwerte mehr.

Produktspezifische Konstruktionsprozesse sind häufig dadurch gekennzeichnet, daß „fast alle" qualitativen Parameterwerte festliegen und nur noch wenige quantitative Parameterwerte variiert und festgelegt werden müssen. Es müssen üblicherweise nur noch für die Bestimmung der Werte relativ weniger Parameter Algorithmen entwickelt werden. Im Falle der Konstruktion eines Getriebes können dies beispielsweise das Übersetzungsverhältnis, Zähnezahlen, Module, Zahnbreite, Wellendurchmesser, Achsabstände und einige Gehäuseabmessungen sein; alle anderen Parameterwerte können von existierenden Lösungen übernommen werden. Daß derartige Konstruktionsprozesse trotzdem oft schwierig erscheinen, liegt daran, daß dem betreffenden Konstrukteur das Wissen nicht vorliegt, das über das betreffende Produkt bereits „irgendwo" vorhanden ist. Dies hat zur Folge, daß Konstrukteure Dinge nochmals erfinden bzw. in Erfahrung bringen müssen, welche bereits anderenorts bekannt sind. Ein Grund mehr, Konstruktionsprozesse für immer wieder zu konstruierende Produkte (z.B. PKW-Komponenten), zu automatisieren.

Bei der Konstruktion spezieller Produkte ist meist ein hoher Prozentsatz Parameterwerte bekannt oder so einfach zu ermitteln, daß man es nicht der Mühe wert findet, darüber zu sprechen. Für die Parameter eines Produkts, welche von Fall zu Fall variiert werden müssen, um diese Produkte veränderten Forderungen anzupassen, versucht man, Algorithmen (Regeln) anzugeben. Diese sind Beschreibungen von Teilen spezieller (produktspezifischer) Konstruktionsprozesse. Solche Beschreibungen können beispielsweise Formeln zur Berechnung der Abmessungen von Zahnrädern, Verfahren zur Bemessung (Synthese) von Viergelenkgetrieben, Algorithmen zur Festlegung der Abmessungen einzelner Komponenten von Verbrennungsmotoren sein.

Entsprechend den obigen Ausführungen ist es folglich zweckmäßig, zwischen

- originären (primären oder erstmaligen) und
- nachvollzogenen (sekundären) Konstruktionsprozessen

zu differenzieren.

Als originäre oder primäre Konstruktionsprozesse sollen solche bezeichnet werden, welche der Entwicklung eines neuen, bis dato nicht existierenden Produkts dienen. Als ein neues Produkt (Produkt neuer Art) kann ein Produkt für einen *neuen Zweck* gelten; einen Zweck, für welchen bis dato kein Produkt existiert. Als primäre Konstruktionsprozesse sollen auch noch solche Prozesse bezeichnet werden, welche zur Realisierung des Zwecks eines bekannten Produkts ganz neue Wege gehen, d.h. erstmals andere, bis dahin nicht angewandte physikalische Prinzipien nutzen; beispielsweise den Laser-Effekt erstmals zum Bau von Schweiß-, Schneideinrichtungen oder Navigationsgeräten nutzen.

Als sekundäre oder nachvollzogene Konstruktionsprozesse sollen demgegenüber solche Prozesse bezeichnet werden, deren Ziel es ist, aufgrund irgendwelcher geänderter Forderungen, eine weitere Typ- oder Abmessungsvariante eines Getriebes, Motors oder einer Vorrichtung etc. zu konstruieren, ohne deren Parameterwerte „physikalische Effekte" und „Effektträger" (Werkstoffe) zu verändern. Produktvarianten werden meist nur durch Ändern qualitativer und quantitativer Gestaltparameterwerte realisiert.

Konstruktionsprozesse, bei welchen bereits wesentliche Parameterwerte der Lösung zu Prozeßbeginn vorliegen bzw. die „Stand der Technik" sind, auch wenn sie der betreffende Konstrukteur nicht kennt und möglicherweise wieder erfindet, sollen als sekundäre Konstruktionsprozesse bezeichnet werden. In der Praxis wird das wiederholte Konstruieren von

Produkten bekannter Art, fälschlicherweise oft auch als „Neukonstruktionen" oder „neu konstruieren" bezeichnet, nur weil man hierbei mit einem „neuen" (leeren) Blatt Zeichenpapier beginnt. In Wirklichkeit liegt bei der Konstruktion von Produkten, für welche bereits Vorbilder existieren, die überwiegende Zahl Konstruktionsparameterwerte bereits fest, egal ob die Konstruktion dieses Produkts auf einem leeren Blatt begonnen hat oder ob an einer bereits existierenden Konstruktionszeichnung nur noch geändert wird. Stellt man sich vor, man hätte beispielsweise ein Getriebe oder einen Verbrennungsmotor zu konstruieren, so kann man davon ausgehen, daß die Zahnflanken der Zahnräder evolventenförmig, die Drehmomentübertragung zwischen Zahnräder und Wellen mittels Paßfedern, der Verbrennungsmotor aus einer Kurbelwelle, Pleuel, zylinderförmigen Kolben usw. besteht.

Primäre und sekundäre Konstruktionsprozesse unterscheiden sich demnach dadurch, daß zu Prozeßbeginn *keine* bzw. *viele* Parameterwerte festliegen. Bild 8.1 veranschaulicht die unterschiedlichen Wissensstände bzw. unterschiedliche Zahl festliegender qualitativer und quantitativer Parameterwerte einer Lösung zu Prozeßbeginn, abhängig davon, ob es sich um die Konstruktion eines neuen Produkts (für einen neuen Zweck oder eine Anwendung neuer Effekte) oder ob es sich nur um die Konstruktion eines Produkts bekannter Art handelt (Typ- oder Abmessungsvariante).

Diese Erkenntnis und Unterscheidung ist für die Beschreibung und Automatisierung von Konstruktionsprozessen von wesentlicher Bedeutung. Entsprechend kann man bei der Automatisierung von produktspezifischen Konstruktionsprozessen von Fall zu Fall zwischen Parametern, *welche konstant gehalten werden können* und solchen, welche *variabel sein sollen* (bzw. zwischen entsprechend mehr oder weniger universell anwendbaren Konstruktionsprogrammen), unterscheiden, je nachdem, wieviele Werte die Parameter einer Produktart annehmen dürfen bzw. wieviele konstant gehalten werden können.

Will man den Konstruktionsprozeß einer bestimmten Produktart (beispielsweise Lager, Führungen, Sitzeinsteller, Rückleuchten etc.) automatisieren, so ist der Konstruktionsprozeß dieser Produktart zu analysieren und zu beschreiben. Wie in Kapitel 8 (Produktspezifische oder spezielle Konstruktionsprozesse) bereits näher ausgeführt, ist hierzu im einzelnen folgendes zu tun (s. auch Bild 8.2):

- Feststellen der bis dato üblichen Typenvielfalt bzw. qualitativen Parameter und deren benutzten Werte zur Konstruktion von Produkten einer bestimmten Art.
Als „Produkte einer bestimmten Art" oder „Produktfamilie" sollen alle Varianten eines Produkts für einen bestimmten Zweck bezeichnet werden.

- Reduzieren, Belassen oder Erweitern der Typenvielfalt einer Produkteart, d.h. Festlegen der Typen, welche per Rechner automatisch konstruiert werden sollen. Mit anderen Worten: „Welche qualitativen Parameterwerte einer Produkteart dürfen (zukünftig) welche Werte annehmen?"
- Beschreiben (in Algorithmen, Regeln), unter welchen Bedingungen (Voraussetzungen) welcher Typ zur Lösung einer bestimmten Aufgabenstellung zu verwenden ist. Beschreibung des Entscheidungsprozesses für einen bestimmten Typ (Typentscheidung!). Solche Algorithmen können beispielsweise von der Art sein:
  - Typ 1 dann, wenn Bedingung 1, 2 erfüllt ist,
  - Typ 2 dann, wenn Bedingung 3, 4 erfüllt und Bedingung 1 nicht erfüllt ist etc.

Mit der Festlegung der Typen einer Produkteart liegen auch deren quantitativen Parameter fest, nicht jedoch deren Werte. Deshalb sind des weiteren noch Regeln (Algorithmen) zur Bestimmung der quantitativen Parameterwerte für die verschiedenen Typen zu entwickeln. Wovon und nach welcher Gesetzmäßigkeit hängen die Werte der verschiedenen Parameter eines Typs von den an diesen Produktetyp zu stellenden Bedingungen, Forderungen oder gewünschten Eigenschaften ab? Beispiele für Regeln zur Festlegung qualitativer und quantitativer Parameterwerte finden sich in Kapitel 8 und in der Literatur [177, 190, 231].

10.1
Bestimmung der Typ- und Abmessungsvarianten einer Produkteart

Will man die Konstruktion einer Produkteart automatisieren, so ist zu klären, durch welche Parameter eine Produkteart beschrieben wird und welche Werte diese Parameter (qualitative und quantitative) annehmen dürfen. D.h., welche Typenvielfalt und Abmessungsbereiche eine solche Beschreibung bzw. ein solches Programm umfassen soll und welche Typen und Abmessungsbereiche mit einer solchen Beschreibung nicht mehr erfaßt werden sollen. Im einzelnen ist dabei zu klären,
- durch welche qualitativen und quantitativen Parameter die betreffende Produkteart beschrieben wird,
- welche dieser qualitativen und quantitativen Parameter konstant gehalten werden,

10.1 Bestimmung der Typ- und Abmessungsvarianten einer Produkteart

- welche variabel sein sollen und
- welche Werte die variablen Parameter annehmen oder in welchen Bereichen diese Werte annehmen dürfen.

D.h., festlegen, für welche Typen einer Produkteart ein Programmsystem geschaffen werden soll und für welche aus wirtschaftlichen Gründen nicht. Für die quantitativen Parameter der Typen, welche per Rechner konstruiert werden sollen, sind Algorithmen zu entwickeln und zu programmieren, um deren Bestimmung automatisch durchführen zu können.

Typvarianten festlegen heißt: Von qualitativen Parametern einer Produkteart nur bestimmte Werte zuzulassen und andere auszuschließen. Nur quantitative Gestaltparameter ändern heißt, nur die Abmessungen und Abstände (Maße) von Gestaltelementen von Produkten variieren (als Variable zulassen). Diese Varianten einer Produktefamilie sollen entsprechend als „Abmessungsvarianten" bezeichnet werden. Innensechskantschrauben, d.h. Schrauben des gleichen Typs entsprechend den Abmessungen M4, M5, M6 usw., können hierzu als Beispiel gelten. Komplexere Systeme wie beispielsweise Wälzlager, Elektro- oder Verbrennungsmotoren unterschiedlicher Leistungen sind oft nur Abmessungsvarianten einer Produkteart.

Produkte, welche hingegen durch Ändern qualitativer Gestaltparameterwerte entstehen, sollen als „Typvarianten" einer Produkteart bezeichnet werden; Innen- oder Außensechskantschrauben, Kugel- oder Kegelrollenlager, Vier- oder Sechszylindermotoren können hierzu als Beispiele dienen.

Will man die Konstruktion von Produkten einer Produkteart automatisieren, so muß zuerst geklärt werden, welche Typen einer Produkteart automatisiert konstruiert werden sollen, ansonsten entwickelt man Konstruktionsprogramme, welche nur einen oder wenige Typen eines Produkts zu konstruieren vermögen. Die Folge ist dann, daß Programme wiederholt „nachgebessert" werden müssen.

Welche Typvarianten von Verbindungen (Schrauben-, Schweißverbindungen etc.) oder von Getrieben sollen bei der Entwicklung eines Konstruktionsprogramms für o.g. Produktefamilie berücksichtigt werden und welche nicht, welche sind häufig zu konstruieren oder nur selten. Letztere können bei der Automatisierung von Konstruktionsprozessen aus wirtschaftlichen Gründen vernachlässigt werden.

Will man die Typenvielfalt einer Produkteart ermitteln, so kann dies, wie bereits ausgeführt, auf zweierlei Weise geschehen (s. dazu auch Produktspezifische Konstruktionsprozesse, Kapitel 8):

a) durch Recherchieren und Aufzeigen der in einer Firma oder in der Literatur bekannten Typenvielfalt einer Produkteart oder

b) durch systematische Gestaltsynthese und Gestaltvariation, um so alle möglichen (nicht nur alle existierenden) Typvarianten einer Produkteart aufzuzeigen. Unter Produkteart oder Produktefamilie sollen alle Produkte verstanden werden, welche gleiche Zwecke erfüllen. Als eine Produkteart oder -familie sollen beispielsweise alle Prinzip- und Gestaltvarianten von Lagern, Führungen (Gleit-, Wälz-, T-, Schwalbenschwanzführung etc.), Motoren etc. gelten (alle Arten von Varianten von Produkten gleichen Zwecks).

Letztere Vorgehensweise hat den Vorteil, nicht von Zufällen abzuhängen und bietet darüber hinaus die Möglichkeit, vollständige Typenreihen auch für Produkte aufzeigen zu können, für welche noch keine oder nur geringe Typenvielfalten existieren oder bekannt geworden sind.

Im folgenden soll das Gesagte noch an einigen Beispielen verdeutlicht werden.

Beispiel „Laserschweißverbindungen"

Will man beispielsweise die Konstruktion von Laserschweißverbindungen automatisieren, so ist zu klären, mittels welcher Gestaltparameter diese beschrieben sowie variiert und welche Werte diese sinnvollerweise annehmen können.

Zur Lösung dieser Aufgabe ist es zweckmäßig, zunächst einige Gestaltvarianten oder eine „Analysisfigur" zu erstellen, um anhand dieser die

Bild 10.1 Verschiedene Gestaltungsbereiche einer Laser-Schweißnaht. Naht (1), Fuge (2), Nahbereich der Verbindung (3)

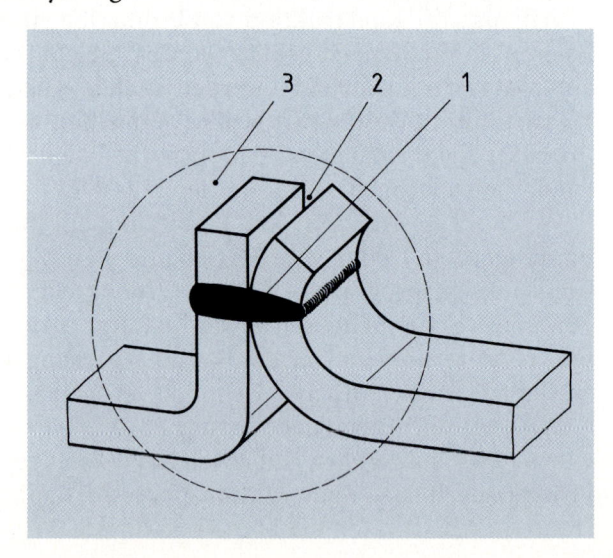

10.1 Bestimmung der Typ- und Abmessungsvarianten einer Produktart

Gestaltelemente und Parameter von Laserschweißverbindungen zu ermitteln (s. Bild 10.1). Analysiert man die Gestalt von Laserschweißverbindungen, so lassen sich folgende „Bauteile" und „Baugruppen" erkennen:

- die Naht,
- die Fuge bzw. die die Fuge bildenden Kanten oder Teiloberflächen beider Schweißbauteile,
- die Baugruppe „Naht-Fuge",
- die möglicherweise zu gestaltenden Teile der Bleche im Nahbereich der Schweißverbindung und
- die Baugruppe „Gesamtverbindung" zweier Schweißbauteile.

Diese Bauteile und Teiloberflächen werden durch folgende qualitativen und quantitativen Gestaltparameter beschrieben:

NAHT Die Gestalt einer Naht läßt sich im wesentlichen durch die quantitativen Parameter „Nahtlänge l, Nahtbreite b und Nahttiefe t" beschreiben und variieren (s. Bild 10.2 a, b). Nahtbreite b und Nahttiefe t können, bedingt durch das Fertigungsverfahren, begrenzte Zahlenwerte annehmen.

Ein weiterer Gestaltparameter einer Naht ist deren Form (Nahtverlauf). Die Nahtform ist ein qualitativer Gestaltparameter, welcher die Werte „geradlinig", „kreisförmig", „elliptisch" usw. annehmen kann. Auf

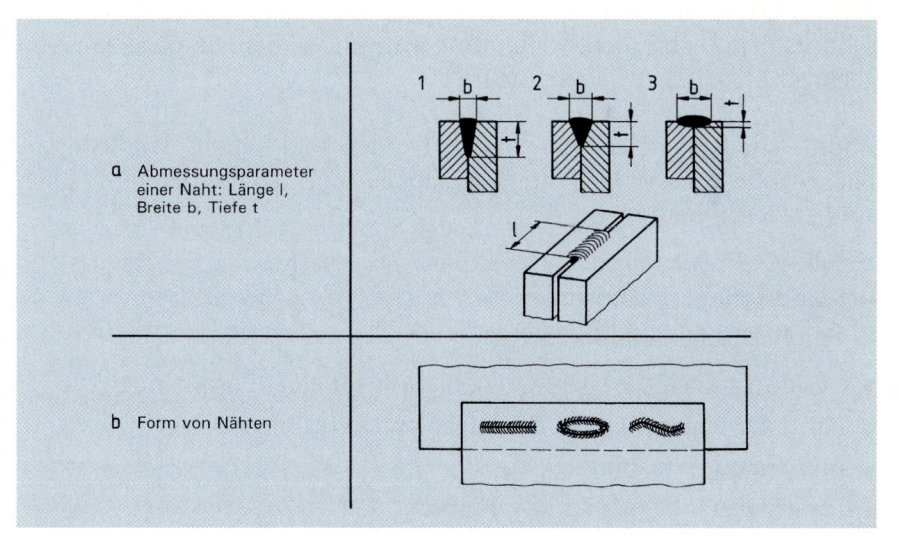

Bild 10.2 a–b Gestaltparameter der Naht (einer Laser-Schweißverbindung). Nahtbreite, Nahttiefe und Nahtlänge (a); Nahtformen (b)

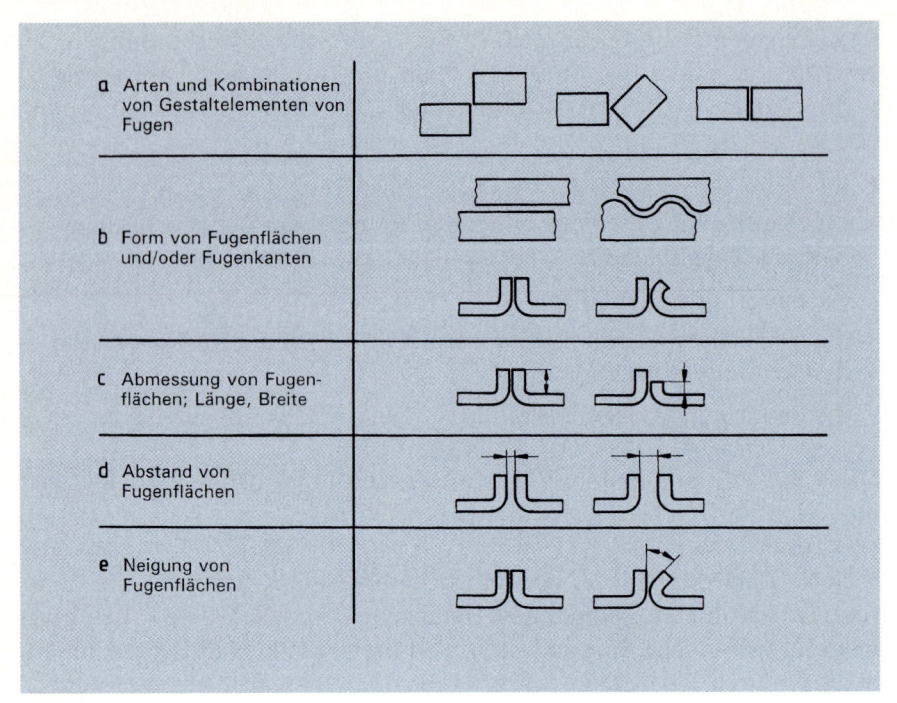

Bild 10.3 a–e Gestaltparameter der Fuge. Arten und Kombinationen der Gestaltelemente (a), Form der Fugenflächen oder -kanten (b), Abmessungen von Fugenflächen (oder Kanten) (c), Längen- und Winkelabstände von Fugenflächen (d, e)

die Variationsmöglichkeiten der Gestalt des Nahtquerschnitts („Querschnittsform") soll nicht weiter eingegangen werden, da diese nur von geringer praktischer Bedeutung ist.

FUGE Die Gestaltelemente von Blechenden sind Kanten und Teiloberflächen. Diese lassen sich zur Baugruppe „Fuge" kombinieren; möglich sind die Kombinationen

- Kante-Kante,
- Kante-Teiloberfläche und
- Teiloberfläche-Teiloberfläche,

wie Bild 10.3 a zeigt. Weitere Gestaltparameter einer Fuge können die

- Form der Fugenflächen oder Fugenkanten (s. Bild 10.3 b)
- Abmessungen (s. Bild 10.3 c),
- Längenabstände (s. Bild 10.3 d) und
- Neigungen (s. Bild 10.3 e)

von Fugenflächen (oder Fugenkanten) sein.

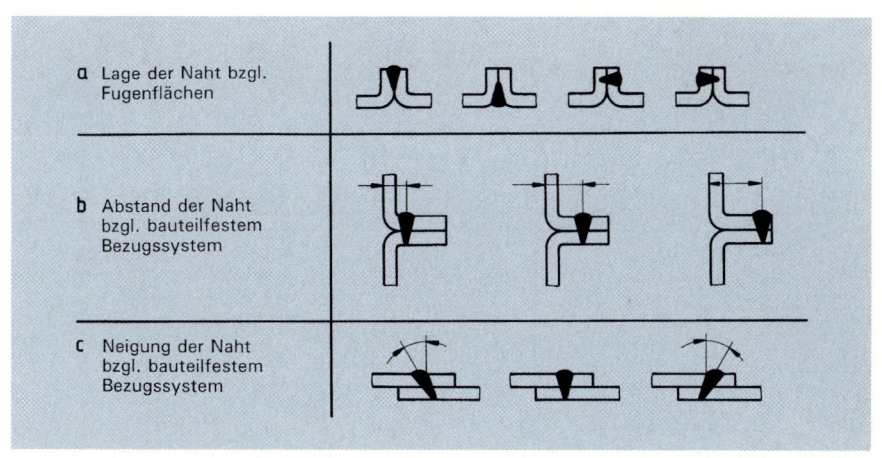

10.1 Bestimmung der Typ- und Abmessungsvarianten einer Produkteart 471

Bild 10.4 a–c Gestaltparameter der Baugruppe „Naht-Fuge". Lage der Naht bezüglich Fugenflächen (a), Längen- und Winkelabstand bezüglich bauteilfestem Bezugssystem (b, c)

NAHT-FUGE (BAUGRUPPE)   Betrachtet man des weiteren die Baugruppe „Naht-Fuge", so lassen sich weitere Gestaltparameter für Laserschweißverbindungen angeben:

- Lage der Naht bezüglich der Fugenflächen, wie Bild 10.4 a zeigt,
- Abstand der Naht bezüglich eines bauteilfesten Bezugssystems (s. Bild 10.4 b) und
- Neigung der Naht bezüglich eines bauteilfesten Bezugssystems (s. Bild 10.4 c).

TEILOBERFLÄCHEN IM NAHBEREICH   Schweißbauteile aus dünnen Blechen, deren Gestalt ohnehin durch spanlose Formgebung erzeugt wird, lassen sich im Nahbereich von Schweißverbindungen wirtschaftlich umformen.

Dadurch ergeben sich weitere kostengünstig realisierbare Parameter zur Variation der Gestalt solcher Verbindungen, welche von Konstrukteuren dazu benutzt werden können, Schweißverbindungen bestimmte Eigenschaften zu geben. Durch Stanzen lassen sich die

- Zahl und
- Form sowie
- Längen-, Winkelabstände und Abmessungen (z. B. Radien)

von Teiloberflächen im Nahbereich von Schweißverbindungen in bestimmten Grenzen kostengünstig realisieren. Bild 10.5 a und b zeigen diese Gestaltparameter exemplarisch.

a Zahl und Form der Teiloberflächen im Nahbereich der Schweißverbindung

b Längen- und Winkelabstände und Abmessungen der Teiloberflächen im Nahbereich

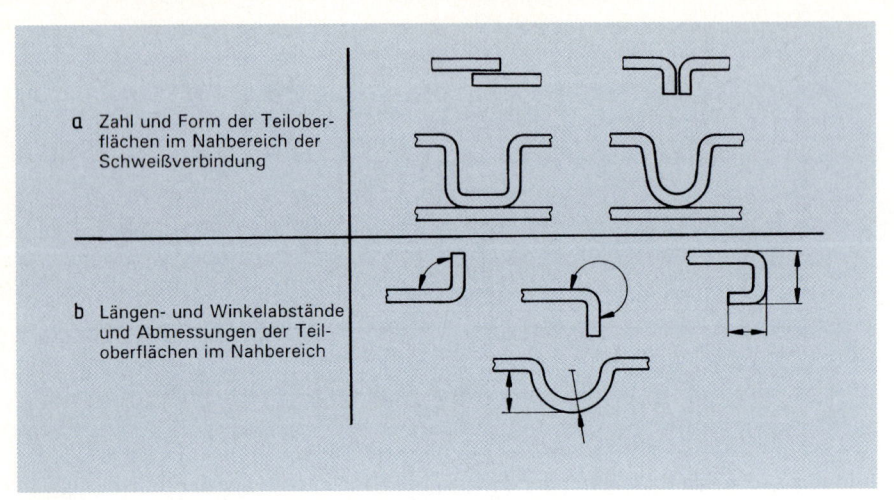

Bild 10.5 a–b Gestaltparameter des Nahbereichs der Verbindung. Zahl und Form der Teiloberflächen (a), Längen- und Winkelabstände sowie Abmessungen der Teiloberflächen im Nahbereich (b)

GESAMTVERBINDUNG Betrachtet man schließlich noch die Gestalt von Gesamtverbindungen zweier Schweißbauteile, so ergeben sich noch folgende Parameter zur Variation der Gestalt bzw. zur Erzeugung von Schweißverbindungen bestimmter Eigenschaften infolge unterschiedlicher Gestalt, und zwar die

- Zahl der Schweißverbindungen einer Gesamtverbindung zweier Bauteile (s. Bild 10.6 a),
- Lage der Bauteile bezüglich deren Teiloberflächen (s. Bild 10.6 b),
- Reihenfolge von Schweißverbindungen unterschiedlicher Gestalt (s. Bild 10.6 c),
- Verbindungsstruktur bezüglich Teiloberflächen (s. Bild 10.6 d),
- Längen- und Winkelabstände von Schweißverbindungen relativ zueinander (s. Bild 10.6 e und f),
- Längen- und Winkelabstände der Schweißverbindungen bezüglich eines baugruppenfesten Bezugssystems (s. Bild 10.6 g).

Das sind insgesamt 25 Gestaltparameter. „Konventionelle" Schweißverbindungen weisen demgegenüber weit weniger Gestaltparameter aus. Der Konstrukteur hat also bei Anwendung von Laserschweißverbindungen mehr Möglichkeiten, Verbindungen unterschiedlicher Gestalt zu konstruieren. Schweißverbindungen unterschiedlicher Gestalt ist gleichbedeutend mit Schweißverbindungen unterschiedlicher Eigenschaften, d.h. Schweißverbindungen für unterschiedliche Forderungen (s. Bild 10.8).

10.1 Bestimmung der Typ- und Abmessungsvarianten einer Produkteart 473

a Zahl der Schweißverbindungen einer Gesamtverbindung	
b Lage der Bauteile zueinander bzgl. Teiloberflächen	
c Reihenfolge von Schweißverbindungen unterschiedlicher Gestalt	
d Verbindungsstruktur bzgl. Teiloberflächen	
e Abstände der Schweißverbindungen relativ zueinander	
f Neigungen der Schweißverbindungen relativ zueinander	
g Längen- und Neigungsabstände bzgl. eines baugruppenfesten Koordinatensystems	

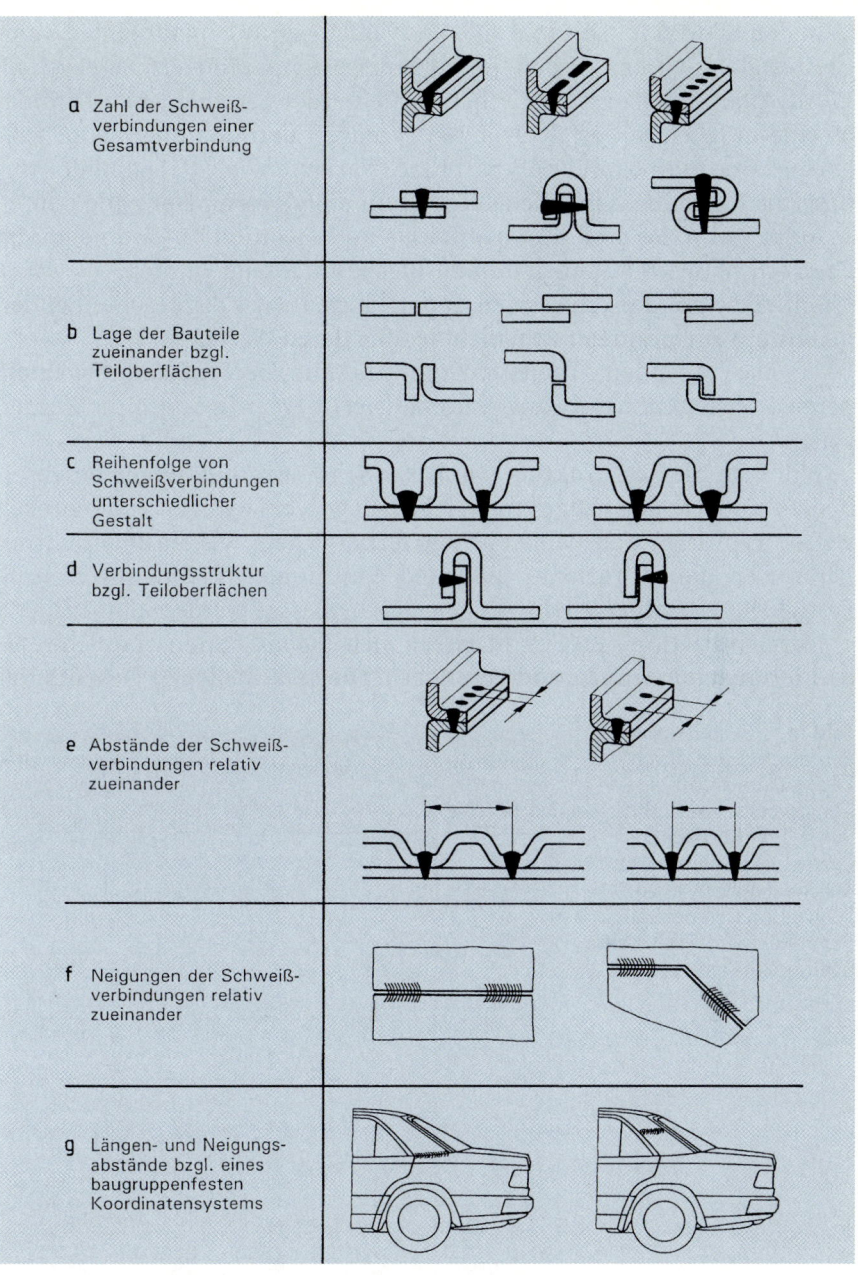

Bild 10.6 a–g Gestaltparameter der Gesamtverbindung. Zahl der Schweißverbindungen einer Gesamtverbindung (a), Lage der Schweißbauteile zueinander (b), Reihenfolge bei Schweißverbindungen unterschiedlicher Gestalt (c), Verbindungsstruktur bezüglich Teiloberflächen (d), Längen- und Neigungsabstände der einzelnen Schweißverbindungen zueinander (e, f), Längen- und Neigungsabstände bezüglich eines baugruppenfesten Bezugssystems (g)

474 KAPITEL 10 Automatisieren von Konstruktionsprozessen

In den Bildern 10.2 bis 10.6 sind aus Umfangsgründen nur einige wenige Gestaltvarianten zu den jeweiligen Gestaltparametern angegeben. Würde man durch systematisches Variieren der verschiedenen Parameter alle möglichen Gestaltvarianten erzeugen und dokumentieren wollen, bekäme man eine „unübersehbare" Variantenvielfalt. Die Bilder 10.7 und 10.8 sollen diese mögliche Vielfalt für einige Parameter andeuten.

Auf diese Weise sind nun qualitative und quantitative Parameter von Laserschweißverbindungen dünner Bleche aufgezeigt worden.

Mit der Wahl der „zulässigen Typen" liegen auch die beschreibenden quantitativen Parameter fest, nicht jedoch deren Werte.

In anschließenden Arbeitsschritten sind nun die Typen auszuwählen, deren Konstruktionsprozesse automatisiert bzw. programmiert werden sollen.

Will man die Konstruktion von Laser-Schweißverbindungen beschreiben, so sind Regeln anzugeben, welche besagen, bei welchen Bedingungen welche Typvariante zu wählen ist und ferner Regeln, wie die quantitativen Parameter dieser Variante aufgrund bestimmter Bedingungen (z.B. Festigkeits-, Dichtheitsbedingungen etc.) bemessen werden können.

Durch Variation der Gestalt lassen sich Eigenschaften von Schweißverbindungen erzeugen und verändern. Die verschiedenen Gestaltpara-

Bild 10.7 Gestaltvariation von Blechenden durch Lage-, Zahl- und Neigungswechsel bezüglich deren Teiloberflächen (siehe linke Spalte) und durch Lagewechsel von Schweißnähten bezüglich Fugenflächen (siehe rechte Spalte); Stoßwinkel a = 0°

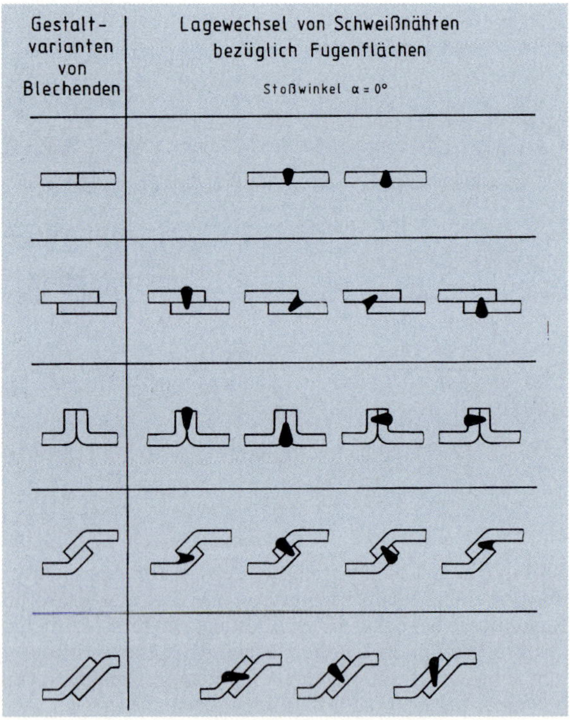

meter sind ein wesentliches Mittel, um Eigenschaftsforderungen (Dichtheit, Art der Beanspruchung, Festigkeit, Korrosionsunempfindlichkeit etc.) an Schweißverbindungen zu erfüllen.

So könnte beispielsweise eine Aufgabe lauten, Schweißverbindungen so zu gestalten, daß die Naht dieser Verbindungen bei bestimmten Belastungsfällen vorwiegend auf Zug, Druck oder Scherung beansprucht wird. Bild 10.9 zeigt hierzu einige aus der Gesamtmenge selektierte Gestaltvarianten mit den genannten Eigenschaften.

Ferner ist zu ermitteln, welche Parameter stets konstant gehalten werden können. Des weiteren sind die Grenzen zu ermitteln, in welchen die quantitativen Parameterwerte konkret variiert werden können, wie beispielsweise

- minimale und maximale Nahtbreite und Nahttiefe,
- minimale Nahtlänge,
- minimale und maximale Blechradien,
- minimale Flanschbreite,

Bild 10.8 Gestaltvariation von Blechenden durch Lage- und Zahlwechsel bezüglich deren Teiloberflächen (linke Spalte) und durch Lagewechsel der Bauteile bezüglich Teiloberflächen (siehe rechte Spalte); Stoßwinkel $a = 90°$

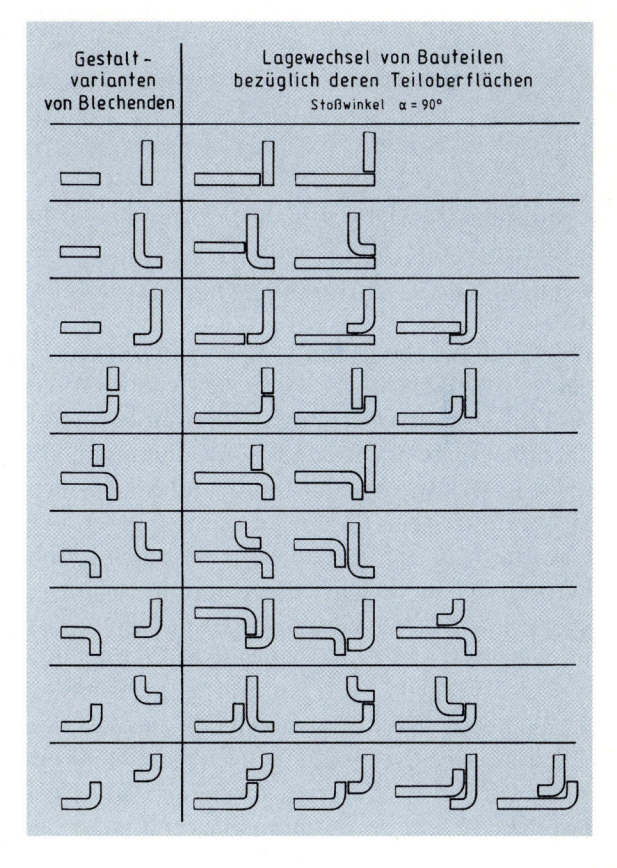

Bild 10.9 Gestaltvarianten von Schweißverbindungen vorwiegend gleicher Beanspruchungsart. Beispiele wie durch die Wahl geeigneter Gestaltparameterwerte die Eigenschaft von Produkten bestimmt werden kann

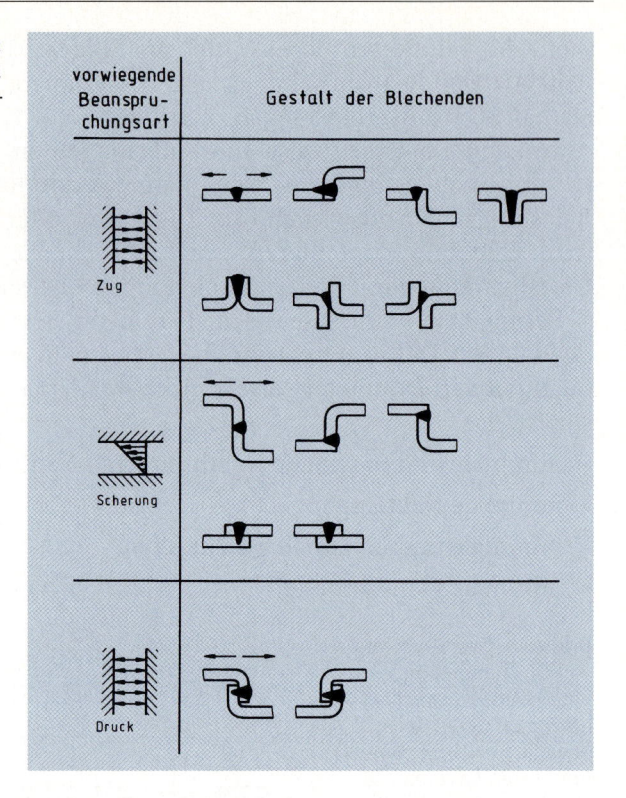

- minimaler (oder optimaler) Abstand einer Lasernaht von der Blechwand (s. Bild 10.4 b),
- minimaler Nahtkrümmungsradius usw.

Abschließend zeigt Bild 10.10 noch exemplarisch den Einfluß des Schweißverfahrens auf die Gestalt von PKW-Dachlängsträgern, links im Bild die Gestalt eines punktgeschweißten und rechts im Bild die Gestalt eines lasergeschweißten PKW-Dachlängsträgers.

Da Laserschweißnähte (aufgrund des besseren Aussehens) auch in den Sichtbereich von PKW-Karosserien gelegt werden können, kann das Dachblech in die Trägerkonstruktion mit einbezogen werden. Deshalb können bei Punktschweißverbindungen notwendige Trägerbauteile bei lasergeschweißten Längsträgern entfallen. Laserschweißnähte können, im Gegensatz zu Punktschweißverbindungen, außerdem dicht gestaltet werden. Bleche können „stumpf" verschweißt und Flansche können kürzer bemessen werden als solche für Punktschweißverbindungen.

Laserschweißverbindungen sind stets Teile eines Produkts; so beispielsweise ein Teil von lasergeschweißten PKW-Dachlängsträgern (vergleiche Kapitel 8.2) und im Zusammenhang mit der Beschreibung des betreffen-

10.1 Bestimmung der Typ- und Abmessungsvarianten einer Produktart   477

Bild 10.10 a–c PKW-Karosserie (a; Mercedes Benz, S-Klasse). Verbesserung der Querschnittsgestalt und mithin der Festigkeits- und Gewichtseigenschaften von Dachlängsträgern durch Anwenden von Laserschweißverfahren; Gestaltung eines Längsträgers für Widerstandspunktschweißverbindungen (b) und für Laserschweißverbindungen (c)

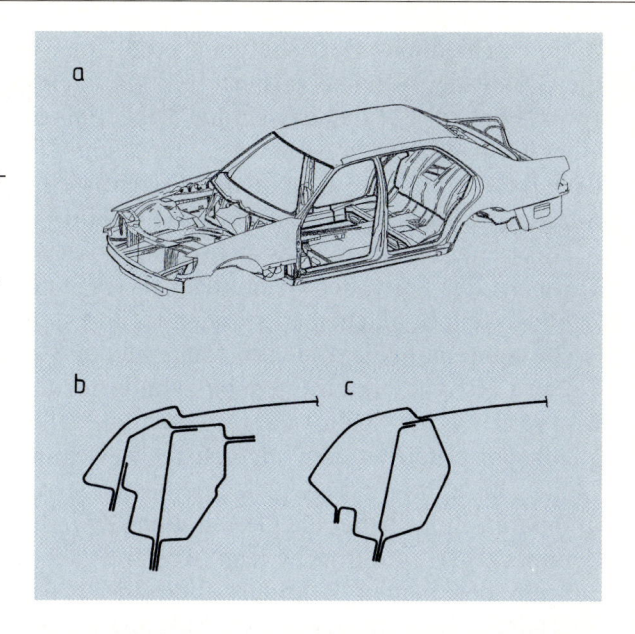

den produktspezifischen Konstruktionsprozesses zu betrachten. Die Beschreibung des Konstruktionsprozesses von Laserschweißverbindungen ist dann ein Teil der Beschreibung des gesamten Konstruktionsprozesses eines Produkts. Die Typenvielfalt von Laserschweißverbindungen wird, wenn diese Teil eines bestimmten Produkts ist, stark reduziert. Die Lösungswege werden dadurch „eindeutig" beschreibbar, wie das Beispiel „Karosserie-A-Säulen" (siehe Kapitel 8.2) zeigt. Eine allgemeine Beschreibung des Konstruktionsprozesses von „Laserschweißverbindungen" ohne Kenntnis, an welchem Produkt diese angewandt werden sollen, ist nur in dem o. g. Umfang, d. h. nur unvollständig möglich.

Beispiel „Getriebe"

Es sei die Aufgabe gegeben, die Konstruktion von Getrieben (das Gestalten von Getrieben) zu automatisieren bzw. zu programmieren. Dazu ist es wiederum erforderlich, alle zu programmierenden Getriebetypen zu kennen. Zur Lösung dieser Aufgabe kann man entweder nach bekannten Getriebetypen recherchieren und diese nach bestimmten Eigenschaften (Form der Abtriebsbewegung; kreisförmig oder geradlinige; Bewegungsform oder Übertragungsgesetze: oszillierende oder fortlaufende Bewegung, u.a.) ordnen oder man kann unterschiedliche Getriebetypen mittels Variation qualitativer Gestaltparameterwerte erzeugen; so beispielsweise durch „Variation der Zahl der Glieder und Gelenke" eines Getriebes sowie durch „Lagewechsel des Werkstoffs" bezüglich der Gelenkflächen (s. Bild 5.4.1).

Unterschiedliche Getriebetypen erhält man auch dadurch, daß man die Gestalt der Gelenke variiert. Bild 5.4.2 zeigt einige Gestaltvarianten von Gelenken. Bei der Erstellung dieser Systematik wurde die Gestalt einer Gelenkfläche konstant gehalten (eine (1) zylinderförmige Wirkfläche), während die Gestalt der Gegenfläche durch Zahl- und Lagewechsel des Werkstoffs variiert wurde (s. Bild 5.4.2, Zeilen 1 bis 4).

Die weiteren Gelenk-Gestaltvarianten der Zeilen 5 bis 9 sind durch Variieren der Form der Gelenkflächen (zylinderförmig und eben) und Zahl der Teiloberflächen entstanden (s. Bild 5.4.2, Zeile 5 bis 9).

Gestaltet man die Gelenke (allgemeiner Gestalt) der in Bild 5.4.1, Zeilen 1 bis 4 gezeigten Getriebe zylinderförmig, so findet man jene in Bild 10.11 (rechte Spalte) dargestellten speziellen zwei-, drei- und viergliedrigen Getriebetypen identischer Bewegungsformen der Koppel b (Zeile 2 bis 4), wenn diese gleich bemessen werden. Wählt man für beide drehbaren Einzelhebel die Gestalt eines Zylinders mit Drehachse in der Zylinderachse und macht den Abstand der Drehachsen gleich der Summe der beiden Zylinderradien ($d = r_1 + r_2$), so erhält man den Spezialfall „Reibradgetriebe" (s. Bild 10.11 a, Zeile 3).

Bild 10.11 a Gestaltvarianten (Typen) von Hebelsystemen, entstanden durch Zahlwechsel der Gelenke und Glieder sowie durch Wechsel der Werkstofflage bezüglich der Gelenkflächen. Die 1. Zahl in der linken Spalte entspricht der Gliederzahl, die 2. der Zahl der Gelenke. Die links dargestellten Hebelsysteme sind mit Gelenken allgemeiner Form, die in der rechten Bildhälfte dargestellten Systeme mit zylinderförmigen Gelenkflächen ausgestattet

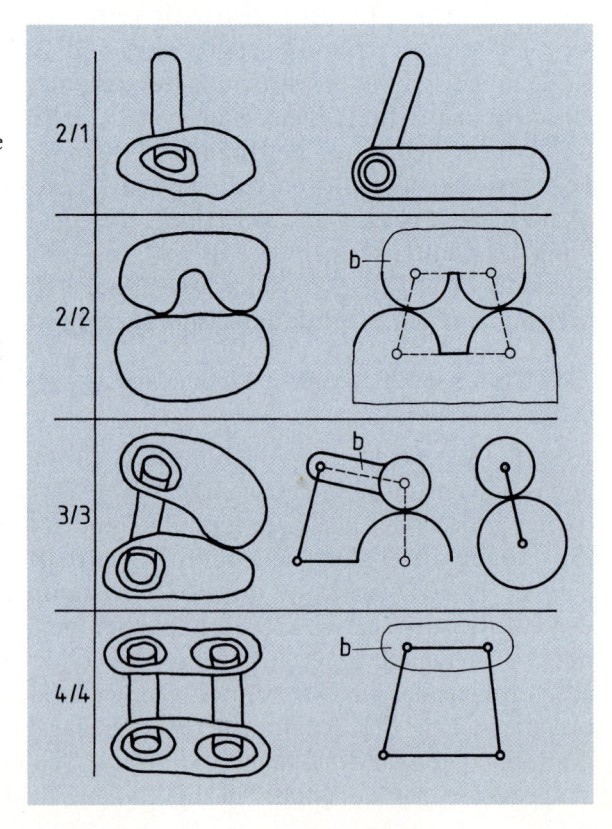

10.1 Bestimmung der Typ- und Abmessungsvarianten einer Produktart   479

Wählt man schließlich neben zylindrischen noch andere Abwälzflächenformen und bringt längs dieser Abwälzflächen auch noch unterschiedlich geformte „Verzahnungsflächen" an, so entstehen unterschiedliche Gestaltvarianten von Getrieben, welche üblicherweise als gleich- oder ungleichmäßig übersetzende Zahnradgetriebe unterschiedlicher Zahnflankenformen, Wälzhebelgetriebe oder Kurvengetriebe (allgemeine Zahnradgetriebe) bezeichnet werden (s. Bild 8.3).

Soll beispielsweise ein Programm zur Konstruktion der Konturen von Kurvengetrieben entwickelt werden, so kann zuerst mittels Gestaltvariation oder durch Sammeln praxisrelevanter Kurvengetriebetypen geklärt werden, welche Typvarianten von Kurvengetrieben existieren. In einem weiteren Vorgehensschritt kann dann geklärt werden, welche Typen mit dem zu entwickelnden Programm konstruiert werden können sollen und welche nicht. Bild 10.11 b zeigt exemplarisch einige Typvarianten von Kurvengetrieben, welche man sich durch Zusammenstellen bekannter Typen oder durch systematisches Gestaltvariieren entstanden denken kann.

Bild 10.11 b

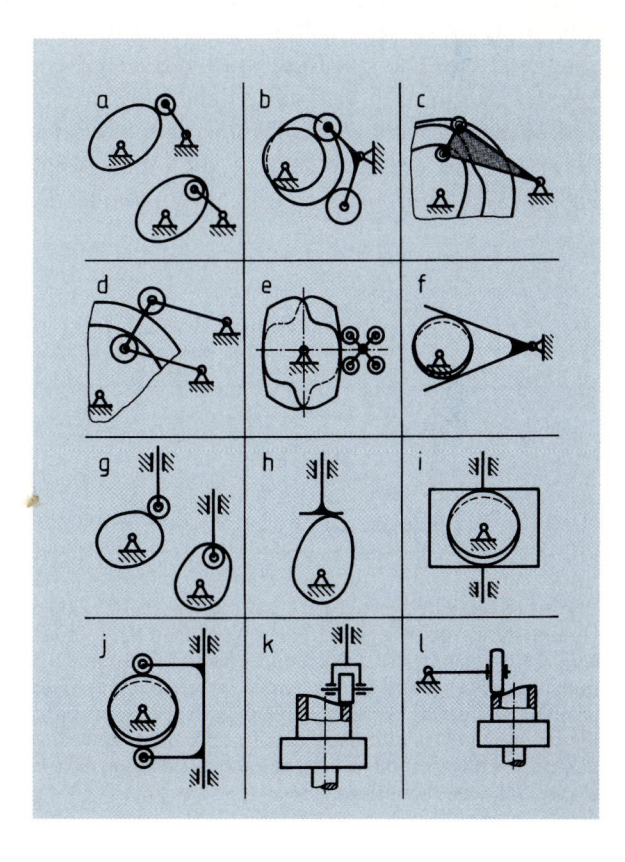

Beispiel "Mehrgängige Planetengetriebe"

Zum Bau automatisch schaltender Fahrzeuggetriebe werden häufig „Planetengetriebe" mit 3, 4, 5 und mehr Freiheitsgraden benutzt.

In Bild 10.12 ist beispielsweise eine Hälfte dieser bezüglich Drehachsen symmetrisch gestalteten Getriebe schematisch dargestellt. Mit 1 und 2 sind die Eingangs- und Ausgangswellen des Getriebes bezeichnet. B_1 bis B_4 kennzeichnen Bremsen, welche dazu dienen, bestimmte Glieder dieses Getriebes mit dem Gestell zu verbinden. Mit K_1 bis K_3 sind ferner Kupplungen gekennzeichnet, welche Glieder miteinander verbinden oder trennen können. Bremsen oder Kupplungen werden in Betrieb so gesteuert, daß solche Getriebe stets einen Freiheitsgrad „1" besitzen, d.h. zwangläufig sind. Verzahnungsgelenke sind in den Bildern 10.12 bis 10.16 mit horizontalen Strichen, Drehgelenke (Achsen) von Zahnrädern mit Punkten symbolisiert.

Bild 10.13 zeigt eine unsystematische Sammlung solcher Getriebe mit und ohne Bremsen und Kupplungen zur Steuerung der Gänge und des Zwanglaufs. Die in Bild 10.13 d, e, f dargestellten „Wolfrom-, Ravigneaux- und Simpson-Sätze" gelten als die Basisbaugruppen derartiger Fahrzeuggetriebe. Das in Bild 10.12 dargestellte sowie andere Fahrzeuggetriebe, kann man sich aus solchen Basistypen zusammengesetzt denken. In einer Arbeit von Li [155] wird ein Teil des Konstruktionsprozesses derartiger Fahrzeuggetriebe („die Auslegung") mittels Formeln und Programmen beschrieben und automatisiert. Dabei werden vorgegeben:

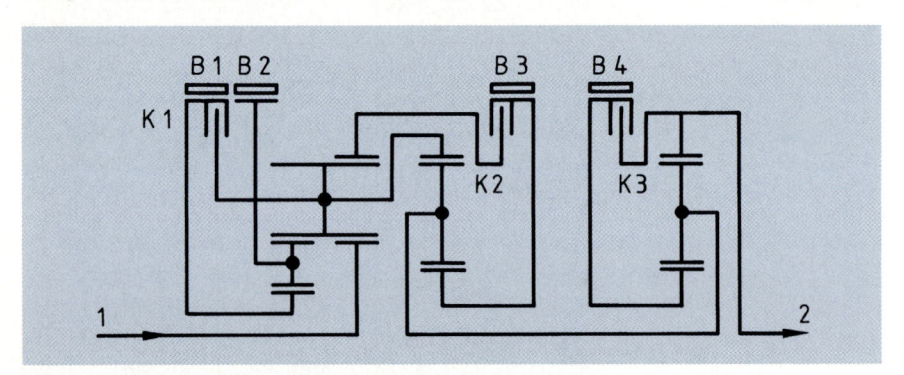

Bild 10.12 Planetengetriebe für Fahrzeuge (PKW) zum automatischen Wechsel des Übersetzungsverhältnisses (Schema). Mit B1, B2, ... sind steuerbare Bremsen, mit K1, K2, ... sind steuerbare Kupplungen gekennzeichnet. Dicke, kreisförmige Punkte symbolisieren Drehgelenke von Zahnrädern; kurze parallele Striche symbolisieren im Eingriff befindliche Verzahnungen. Es ist jeweils nur die obere Hälfte der Planetengetriebe symbolisiert. Mit 1 bzw. 2 sind jeweils An- und Abtriebsachse gekennzeichnet. Eine Linie von 1 nach 2 (nicht gezeichnet) ist auch „Symmetrielinie" dieser Getriebedarstellungen

- die Übersetzungsverhältnisse der verschiedenen Getriebegänge,
- zulässige Bereiche für die Übersetzungsverhältnisse (Standübersetzungen) der einzelnen Planetenrädersätze,
- zulässige höchste Drehzahlen der verschiedenen Zahnräder,
- zulässige höchste Drehmomente der einzelnen Wellen,
- zulässiger niedrigster Wirkungsgrad der einzelnen Radsätze.

Ermittelt werden alle Planetengetriebetypen (Schemata) aus einer vorgegebenen, bekannten Typenvielfalt, welche die o. g. Bedingungen sowie deren Standräderübersetzungsverhältnisse zu erfüllen vermögen. Mit den entwickelten Konstruktionsalgorithmen können jedoch nur solche Typen gefunden und ausgelegt werden, welche in der durch Recherchieren zufällig zusammengestellten Typenvielfalt enthalten sind.

Typen (Gestaltvarianten), an welche bei Konstruktionsprozeßbeschreibungen nicht gedacht wurde, können auch in entsprechenden Programmen nicht berücksichtigt werden. Eine Konstruktionsprozeßbeschrei-

Bild 10.13 a–f Unsystematische Zusammenstellung und Bezeichnung von Produkttypen wie beispielsweise „3-Wellen-Typ" (a), „4-Wellen-Typ" (b), „Mehr-Wellen-Typ" (c), „Wolfrom-Satz" (d), „Ravigneaux-Satz" (e) und „Simpson-Satz" (f)

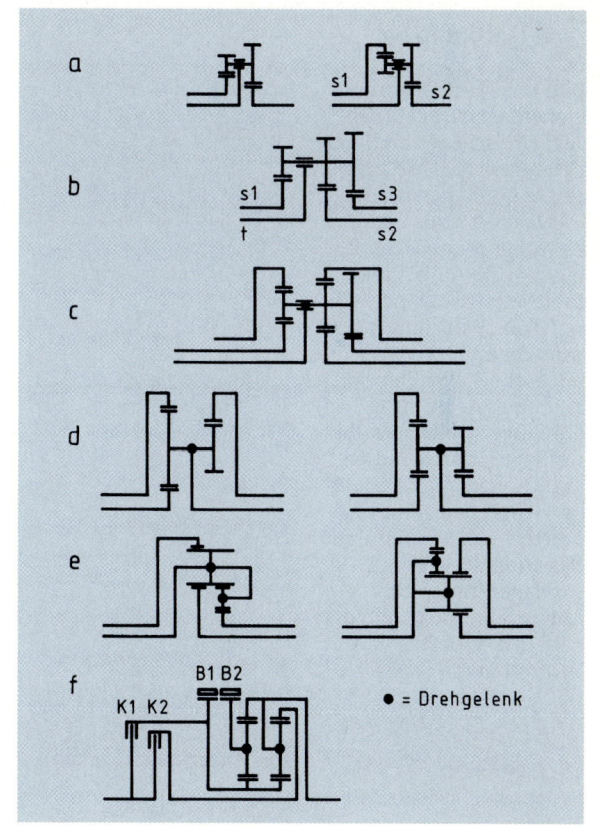

bung kann keine Überraschungslösungen, sondern nur vorgedachte Lösungen liefern.

Ordnet man deshalb die in Bild 10.13 gezeigte Typenvielfalt entsprechend der verschiedenen Gestaltparameter, so findet man eine umfangreichere, vollständige Typenvielfalt und möglicherweise bisher unbekannte, vorteilhafte weitere Typen.

Wie anhand der Bilder 10.14 bis 10.16 nachvollzogen werden kann, unterscheiden sich Wolfrom-, Ravigneaux- und Simpson-Getriebetypen in der Gestalt der Planetenradträger. Die Getriebe des Wolfromtyps (Bild 10.14) haben Planetenträger mit einer Welle, auf welcher 1, 2 und mehr Zahnräder befestigt sind. Beim Wolfromtyp werden die Zahl der Planetenräder und der Zentralräder variiert. Weitere Gestaltvarianten werden ferner durch Lagewechsel des Werkstoffs bzw. durch Anwenden von Außen- und Innenzahnrädern gefunden. Bild 10.14 i zeigt den allgemeinen Typ; entfernt man am Typ i nacheinander einzelne Zahnräder, so entstehen die in den Bildern h bis a gezeigten Typen.

Während die Planetenträger der Wolfromgetriebetypen mit nur einer Planetenradwelle ausgestattet sind, besitzen die Ravigneauxtypen derer zwei (s. Bild 10.15).

Bild 10.14 a–i „Wolfrom-Planetengetriebe-Typen" gekennzeichnet durch nur 1 Planetenradachse auf nur einem (1) Planetenradträger mit 1, 2, 3 … usw. Zahnrädern, welche mit Innen- oder/und Außenzahnräder zusammenwirken. D. h., Wolfrom-Typen kann man durch Zahlwechsel der Planetenräder (auf einer Achse) und durch Wechsel der Werkstofflage (Innen-/Außenräder) „erfinden". Die Getriebetypen von a bis i unterscheiden sich durch Variation der Werkstofflage (Innen- bzw. Außenzahnräder) und der Zahl der Planeten- und Zentralräder

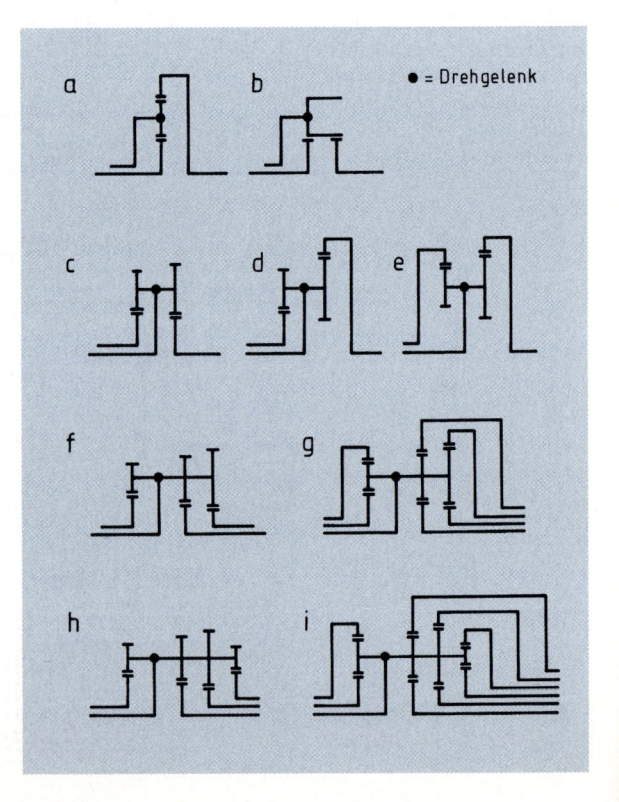

10.1 Bestimmung der Typ- und Abmessungsvarianten einer Produktart

Gestaltvarianten von Ravigneauxgetriebetypen kann man durch Werkstofflagewechsel (Innen- /Außenzahnräder; s. Bild 10.15 a, b), durch Lagewechsel der Planetenradachsen samt Rädern (Links-/Rechtsausführungen, s. Bild 10.15 b, c und/oder Innen-/Außenverzahnung, s. Bild 10.15 c, d) und durch Zahlwechsel der Planeten- und Zentralräder (s. Bild 10.15 e, f) finden. Die in Bild 10.15 f gezeigte Gestaltvariante kann man wiederum als den „allgemeinen Ravigneaux-Typ" betrachten, aus welchem alle übrigen Ravigneaux-Typen durch Zahl-, Lagewechsel und Gleichmachen von Zahnraddurchmessern entstehen.

Simpson-Getriebetypen unterscheiden sich von den vorgenannten wesentlich bezüglich der Gestalt des Planetenträgers; Simpsontypen haben einen „integrierten Planetenträger", d.h. der Planetenträger ist sowohl Planetenträger als auch Zentralrad (s. Bild 10.16 a). Dieses Gestaltdetail haben Wolfrom- und Ravigneaux-Typen nicht. Wie Bild 10.16 darüber hinaus zeigt, lassen sich weitere Gestaltvarianten von Simpsontypen u.a. durch Werkstofflagewechsel (Innen-/Außenzahnräder, s. Bild 10.16 a, b) und durch Zahlwechsel der Planeten- und Zentralräder finden (s. Bild 10.16 c, d). Bild 10.16 d zeigt wiederum einen „allgemeinen Simpsontyp", aus dem man sich durch Zahlwechsel (Weglassen von Zahnrädern), Lagewechsel und Anwenden sonstiger Gestaltungsregeln die einfacheren Typen entstanden denken kann.

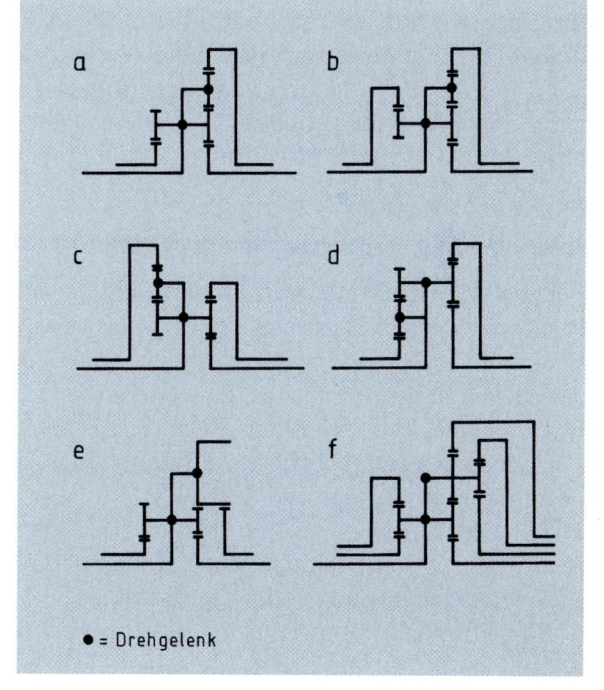

Bild 10.15 a–f
„Ravigneaux-Planeten-Getriebetypen", gekennzeichnet durch 2 Planetenradachsen auf nur einem (1) Planetenradträger mit drei oder mehr Planetenrädern, welche mit Innen- und/oder Außenzahnräder zusammenwirken. D.h., durch Variation der Zahl der Planetenräder und durch Wechsel der Werkstofflage an den Zentralrädern, findet man weitere Ravigneaux-Getriebetypen (siehe Typen a bis f)

● = Drehgelenk

Bild 10.16 a–d „Simpson-Planetengetriebetypen", gekennzeichnet durch nur einen (1) Planetenträger, welcher als Träger einer Planetenradachse und einer Verzahnung dient (Multifunktionalbauweise). Durch Zahlwechsel der Planetenräder und Zusammenwirken mit Innen- oder/und Außenzahnrädern, lassen sich weitere „Simpson-Typen" finden (siehe Typen a bis d)

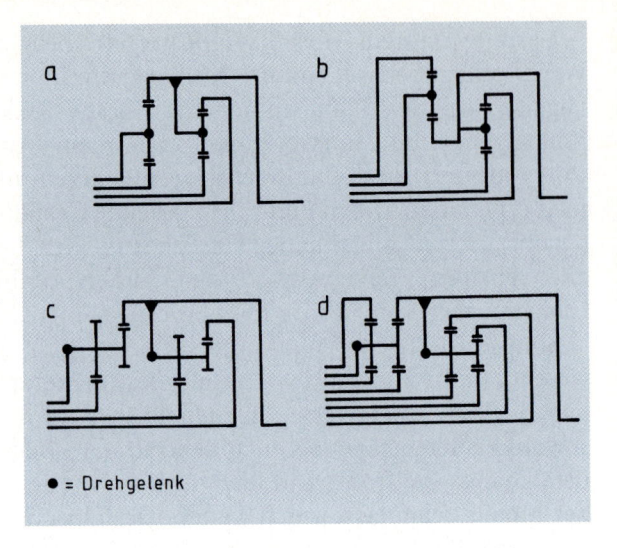

● = Drehgelenk

10.2
Konstruktionsalgorithmen zur Bestimmung von Produkten

Ein Konstruktionsergebnis eines technischen Produkts wird durch qualitative und quantitative Parameterwerte beschrieben. Entsprechend kann bei der Entwicklung von Algorithmen (Regeln) zur Bestimmung von Konstruktionsergebnissen zwischen solchen zur Bestimmung qualitativer und quantitativer Parameterwerte unterschieden werden.

1. Algorithmen zur Bestimmung von Produkttetypen

Bei der Konstruktion technischer Gebilde sind zahlreiche qualitative Parameterwerte festzulegen, so beispielsweise, ob eine Welle in einem konkreten Fall mittels Gleit- oder Wälzlager zu lagern ist. Wenn Wälzlager zur Anwendung kommen, ist des weiteren noch der Wälzlager-Typ festzulegen (Kugel-, Zylinderrollen-, Kegelrollen- oder Tonnenrollenlager).

Ist in bestimmten Fällen ein Innen- oder ein Außenzahnrad besser geeignet oder, welcher Typ A-Säule ist im Falle einer bestimmten Karosseriekonstruktion zu wählen (s. Bilder 8.4 bis 8.7), oder, unter welchen Bedingungen wird man welchen Reflektortyp zur Konstruktion einer PKW-Heckleuchte anwenden (s. Bild 10.17)?

Algorithmen (Regeln) zur Typbestimmung (Bestimmung qualitativer Parameterwerte) sind meist „logischer Art"; so beispielsweise: *wenn* die

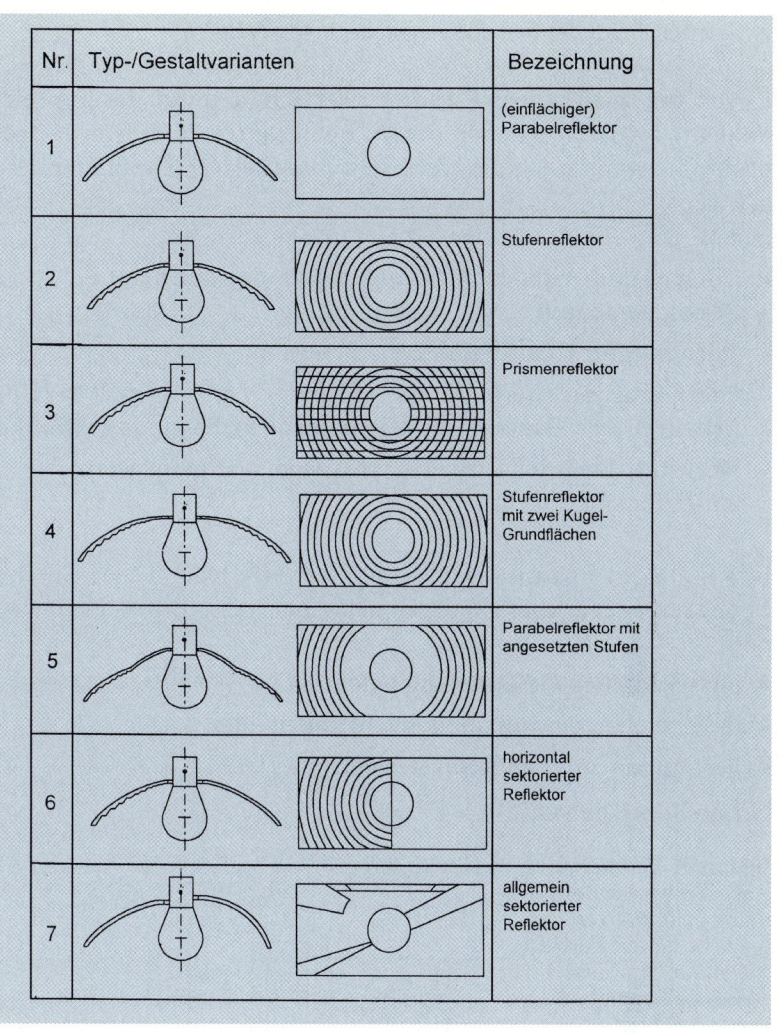

Nr.	Typ-/Gestaltvarianten		Bezeichnung
1			(einflächiger) Parabelreflektor
2			Stufenreflektor
3			Prismenreflektor
4			Stufenreflektor mit zwei Kugel-Grundflächen
5			Parabelreflektor mit angesetzten Stufen
6			horizontal sektorierter Reflektor
7			allgemein sektorierter Reflektor

Bild 10.17 Gestaltvarianten bzw. Typen von Kfz-Heckleuchten (Firma Hella). Beispiel: Änderungen von qualitativen Gestaltparameterwerten führt zu weiteren Typen (Typvarianten)

Bedingungen $B_1, B_2, B_3, \ldots B_n$ erfüllt sind, *dann* kann man Typ A verwenden, ansonsten Typ B.

Beispiel: Wenn genügend Bauraum zur Verfügung steht und keine schlagartigen Belastungen auftreten, dann kann man Wälzlager anwenden, ansonsten wendet man besser hydrodynamische oder hydrostatische Gleitlager an.

Unter [177, 231] finden sich weitere Beispiele zum Thema „Algorithmen zur Bestimmung qualitativer Parameterwerte von Produkten".

2. Algorithmen zur Bestimmung von Abmessungsvarianten

Liegen die qualitativen Parameterwerte und somit der Typ einer Produkteart fest, so sind auch dessen quantitative Parameter festgelegt. Zu bestimmen sind noch die Werte der quantitativen Parameter des jeweiligen Typs.
Quantitative Werte technischer Gebilde können sein:
- Längen- und Winkelabmessungen und -abstände von Gestaltelementen,
- Flächen- und Volumeninhalte,
- Energiezustandswerte (Kräfte, Momente, Leistungen, Weg (Hub), Arbeit, Druck, Temperatur, Wärmemengen, Spannung, Strom etc.),
- Werkstoff-Eigenschaftswerte (zulässige Spannungswerte, Elastizitätsmodul etc.).

Das Festlegen quantitativer Parameterwerte technischer Gebilde (auch Bemessen oder Dimensionieren genannt), kann mittels Formeln, welche auf
- physikalischen Gesetzmäßigkeiten,
- in Versuchen gewonnenen Erfahrungen oder
- Fertigungs- oder anderen Gesichtspunkten

beruhen, geschehen.

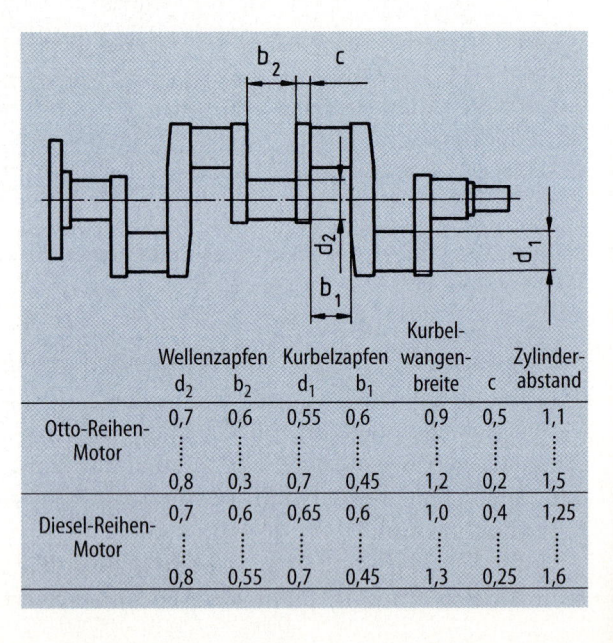

Bild 10.18 Beispiel eines Algorithmus zur Bestimmung quantitativer Parameterwerte von Kurbelwellen für Otto- und Diesel-Reihenmotoren. Die angegebenen Abmessungen beziehen sich auf die Zylinderdurchmesser des betreffenden Motors. Beispiel eines empirisch gewonnenen Bemessungsalgorithmus. [Vorlesungsumdruck F. Pischinger]

	Wellenzapfen d_2	b_2	Kurbelzapfen d_1	b_1	Kurbelwangenbreite	c	Zylinderabstand
Otto-Reihen-Motor	0,7 ⋮ 0,8	0,6 ⋮ 0,3	0,55 ⋮ 0,7	0,6 ⋮ 0,45	0,9 ⋮ 1,2	0,5 ⋮ 0,2	1,1 ⋮ 1,5
Diesel-Reihen-Motor	0,7 ⋮ 0,8	0,6 ⋮ 0,55	0,65 ⋮ 0,7	0,6 ⋮ 0,45	1,0 ⋮ 1,3	0,4 ⋮ 0,25	1,25 ⋮ 1,6

10.2 Konstruktionsalgorithmen zur Bestimmung von Produkten

Das Festlegen quantitativer Parameter kann von Fall zu Fall nach Gesetzen der Mechanik, Festigkeitslehre, Statik, Dynamik, Hydraulik, Elektrotechnik, Optik, Akustik u.a. physikalischen Wissensgebieten erfolgen, je nachdem, aufgrund welcher Forderungen ein Produkt zu bemessen ist.

Aus Umfangsgründen kann hier nicht auf die Berechnungsmethoden der verschiedenen Fachgebiete eingegangen werden, vielmehr wird diesbezüglich auf die ausführliche Speziallliteratur hingewiesen.

Mittels exakter physikalischer Berechnungsmethoden lassen sich jedoch nur relativ wenige, aber oft sehr wesentliche quantitative Parameter eines technischen Gebildes bestimmen. Viele Parameter technischer Gebilde entziehen sich exakten Berechnungsmethoden. Die Festlegung vieler quantitativer Parameterwerte technischer Gebilde erfolgt nach fertigungstechnischen, ästhetischen, ergonomischen u.a. Gesichtspunkten, für welche exakte Bestimmungsmethoden fehlen. Die Festlegung dieser Parameterwerte ist deshalb üblicherweise der Erfahrung oder dem Gefühl des Konstrukteurs anheim gestellt.

Die Angaben zur Bemessung von Kurbelwellen und Kolben für Verbrennungsmotoren wie in den Bildern 10.18 und 10.19 gezeigt, können als Beispiele empirisch ermittelter Algorithmen zur Bestimmung der Abmessungen dieser Bauteile gelten.

Bild 10.19 Algorithmus zur Bestimmung der quantitativen Parameterwerte des Produkts „Kolben" für Otto- und Dieselmotoren. Die Werte beziehen sich auf einen Kolben mit dem Durchmesser 100 mm [nach Firma Mahle/ Vorlesungsumdruck F. Pischinger]

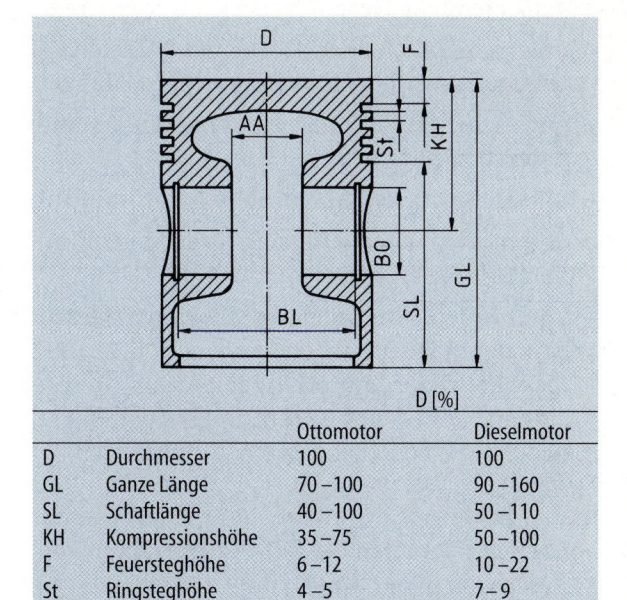

		D [%]	
		Ottomotor	Dieselmotor
D	Durchmesser	100	100
GL	Ganze Länge	70–100	90–160
SL	Schaftlänge	40–100	50–110
KH	Kompressionshöhe	35–75	50–100
F	Feuersteghöhe	6–12	10–22
St	Ringsteghöhe	4–5	7–9
BL	Bolzenlänge	85	85
BO	Bolzendurchmesser	22–30	30–44
AA	Augenabstand	25–40	28–46

3. Beispiel

Schließlich sei das Beschreiben und Automatisieren von Konstruktionsprozessen noch exemplarisch an dem Beispiel „PKW-Karosserien" bzw. „A-Säulen für PKW-Karosserien" veranschaulicht.

Soll ein Konstruktionsprozeß für komplexe technische Gebilde beschrieben werden (Getriebe, Karosserie, Kfz-Heckleuchte, Motor etc.), so ist es in der Regel möglich, diesen umfangreichen Prozeß in überschaubare Produktbereiche und Tätigkeitsschritte zu gliedern und zu beschreiben. So kann man beispielsweise PKW-Karosserien in die Bereiche Dach, A-, B-, C-Säulen, Längsträger, Radhaus, Kotflügel und sonstige Bereiche gliedern und deren Detailkonstruktionen analysieren und beschreiben. Im folgenden soll nur der Bereich A-Säulen näher betrachtet werden. Als A-Säulen werden die beiden vorderen (linke und rechte), dachtragenden Säulen von PKW-Karosserien bezeichnet. Analysiert man bisherige A-Säulen-Konstruktionen, so findet man, daß von diesen im wesentlichen punktgeschweißte und stranggepreßte Typvarianten existieren. Unterstellt man, daß Automobilhersteller Karosserien bzw. A-Säulen künftig auch laserschweißen werden, so können voraussichtlich weitere 9 Typvarianten hinzukommen (s. Bilder 8.4 und 8.6).

Unterschiedliche Gestaltvarianten werden bedingt durch
- unterschiedliche Werkstoffe und unterschiedliche Fertigungsverfahren (Strangpressen, Stanzen und Fügen),
- unterschiedliche Fügeverfahren (Widerstandspunktschweißen, Laserschweißen),
- unterschiedliche Bauteilezahlen (1-, 2- und 3-teilig),
- unterschiedliche Steifigkeitsforderungen (mit oder ohne Versteifungsblech),
- unterschiedliche Lagen der Türen bzw. der Türdichtflächen. Türen bzw. deren Dichtflächen werden an Karosserien so angebracht, daß diese entweder „außen" oder „mittig" anliegen; an der A-Säule „innen" anliegende Türen sind bis dato nicht üblich, da diese nur nach innen geöffnet werden könnten.

In den Bildern 8.4 und 8.6 sind die aus diesen Bedingungen und Gegebenheiten folgenden Gestalt-/Typvarianten von A-Säulen gezeigt.

Beschreiben des Konstruktionsprozesses von A-Säulen heißt somit: Beschreiben bzw. Regeln angeben, welche Bedingungen (Voraussetzungen) gegeben sein müssen, daß damit ein bestimmter Typ als Lösung für eine bestimmte Aufgabe in Frage kommt.

10.2 Konstruktionsalgorithmen zur Bestimmung von Produkten

Diese Algorithmen können sehr einfach sein; manchmal ist es jedoch schwierig, eindeutige Aussagen zu machen. Solche Regeln (R) können im vorliegenden Fall beispielsweise lauten:

R_1: A-Säulen sind aus dem gleichen Werkstoff wie die übrige Karosserie herzustellen. Nur wenn extrem leichte Karosserien verlangt werden (Alu-Spaceframe-Karosserie), ist auch die A-Säule aus Leichtmetall (Leichtmetall-Strangpreßtyp) herzustellen.

R_2: Üblicherweise ist aus Kostengründen eine Lösung „zweiteiliger A-Säulentyp" anzustreben; falls dabei aber schwer herstellbare Hinterschneidungen auftreten oder zusätzliche Flansche benötigt werden, kann ein „dreiteiliger A-Säulentyp" gewählt werden [231].

In Bild 8.7 sind die verschiedenen qualitativen Konstruktionsschritte S_1 bis S_5 und „Entscheidungsebenen" schematisch dargestellt.

In einer Arbeit von Welsch [231] wurde der Konstruktionsprozeß von A-Säulen umfassend beschrieben. Für das Verständnis und aus Umfangsgründen sollen hier nur einige Ergebnisse aus dieser Arbeit wiedergegeben werden.

Zur Beschreibung des Konstruktionsprozesses von A-Säulen oder anderer technischer Produkte zählen des weiteren

- Algorithmen (Regeln) zur Bestimmung der quantitativen Werte der Parameter der verschiedenen Typen.

Bild 8.8 zeigt exemplarisch die quantitativen Parameter (Bemaßungen) eines Typs einer A-Säule, entsprechend dem in Bild 8.6, Spalte 6 von rechts und Zeile 2 von unten, gezeigten.

Die Bemessungsregeln für diesen A-Säulentyp lauten beispielsweise:

a_1: Der Abstand a_1 der Windschutzscheiben-Flanschfläche (Klebefläche) von der A-Säulen-Außenkontur ist bei 4,8 mm dicken (Nennmaß) Windschutzscheiben mit 12 bis 13 mm festzulegen.

a_2: Der Abstand a_2 des Aufsteckflanschs für Türdichtungen von der A-Säulen-Außenkontur hängt ab von der Relativlage der Tür zur A-Säule, den Abmessungen des Türrahmens und den Abmessungen der Türdichtung.

B: Die lichte Weite (Breite) B der A-Säule so klein machen, daß die Sichtfeldeinschränkung kleiner oder gleich dem gesetzlich zulässigen Maximalwert von 6° ist.

b_1: Die Breite b_1 der Klebefläche für Windschutzscheiben mit 18,5 bis 20 mm festlegen.

b_2: Die Breite b_2 des Schweiß- und Aufsteckflanschs für Türdichtungen zwischen 12,2 und 16,4 mm wählen.

r_1: Für Rundungsradien r_1 der A-Säulen-Außenkontur mindestens 2,5 mm wählen.

r_2: Für Rundungsradien r_2 der Schweißflansche mindestens 2mal Blechdicke wählen.

r_3: Für sonstige Rundungsradien r_3 an A-Säulen 7 bis 15 mm wählen.

R: Den Radius der A-Säulen-Außenkontur zwischen 60 und 80 mm wählen, um einen guten Kompromiß zwischen Strömungswiderstand (c_w-Wert) und Giermoment der Karosserie zu erreichen.

Diese Beispiele mögen genügen, um zu zeigen, daß spezielle Konstruktionsprozesse beschrieben werden können.

Die Beschreibung von Konstruktionsprozessen ist eine wesentliche Voraussetzung für die Programmierung und Automatisierung von Konstruktionsprozessen. Spezielle Konstruktionsprozesse sind üblicherweise „explizit lösbare Prozesse". Algorithmen für Teilprozesse sind oft trivial und einfach, wie obige Beispiele zeigen. Wegen des großen Tätigkeitsumfangs und der Schwierigkeit, Prozesse systematisch aufzubereiten und Algorithmen zu erstellen, ist die Beschreibung von Konstruktionsprozessen komplexer Produktearten eine schwierige und zeitaufwendige Arbeit. Es gilt folgender scheinbar paradoxer Satz: „Das Beschreiben und Automatisieren von Konstruktionsprozessen ist ganz einfach, es tut aber keiner, weil es so schwierig bzw. zeitaufwendig und mühevoll ist."

Kapitel 11

Informationssysteme über technische Produkte 11

Für die Konstruktion und andere Unternehmensbereiche ist es von besonderer wirtschaftlicher Bedeutung, schnell und kostengünstig an Informationen über technische Produkte zu gelangen. Zeit- und Kostenaufwand für die Konstruktion technischer Produkte könnten deutlich gesenkt werden, wenn es gelänge, Konstrukteure schneller und besser zu informieren als es bisher möglich ist. Bessere Informationssysteme könnten insbesondere dazu beitragen, Konstruktionsarbeit und Fehlermöglichkeiten zu reduzieren, unnötige Typen- und Variantenvielfalt zu vermeiden und Kosten zu sparen. Für die Konstruktion wesentliche Informationen lassen sich gliedern in

- Informationen über bereits konstruierte, eigene Produkte,
- Informationen zum Konstruktionsprozeß dieser Produkte,
- Informationen über mögliche Zukaufteile und -baugruppen zu diesen Produkten sowie
- Informationen über vergleichbare Konkurrenzprodukte.

Soll ein Informationssystem über ein bestimmtes Produkt eines Unternehmens entwickelt werden, so stellen sich im wesentlichen folgende Fragen:
- Für wen soll ein solches System entwickelt werden? Welche Abteilungen sollen dieses System benutzen? Welche Informationen benötigt eine bestimmte Gruppe von Benutzern und welche nicht?

Davon hängt ab
- welche Merkmale zur Suche von Informationen eines bestimmten Produkts benutzt werden sollen und
- welche Informationen eines Produkts gefunden werden sollen; so beispielsweise die Zeichnungsnummern, d.h. „Informationsadressen", über welche alle existierenden Informationen oder/und nur Informationen über einige Eigenschaften eines Produkts gefunden werden können.

Suchmerkmale und Informationsinhalte werden andere sein, abhängig davon, ob solche Systeme beispielsweise Konstrukteuren oder Vertriebsfachleuten dienen sollen. Fachleute unterschiedlicher Branchen suchen Produkte nach unterschiedlichen, branchenbedingten Merkmalen. Um die von Fall zu Fall geeigneten Merkmale auswählen zu können, ist es notwendig, möglichst alle, ein Produkt kennzeichnenden Merkmale zu kennen. Diese sollen deshalb im folgenden Abschnitt aufgezeigt werden.

11.1
Ordnungs- und Suchmerkmale

Als Merkmale zum Ordnen und Suchen von Informationen über technische Produkte eignen sich alle
- Parameter und Parameterwerte, welche Produkte bzw. Konstruktionsergebnisse beschreiben bzw. bestimmen,
- Gebrauch und Werdegang betreffenden Eigenschaften,
- Gesellschaft und Umwelt betreffenden Eigenschaften sowie
- Eigenstörungen mindernden Eigenschaften (s. Bild 3.5.1).

Produktbestimmende Parameter sind die
- Gestalt-Parameter,
- Oberflächen bestimmenden Parameter,
- Effektträgerstrukturen bzw. Werkstoffe und Werkstoffstrukturen beschreibenden Parameter,
- energetischen Zustände beschreibenden Parameter,
- physikalischen Effekte (Prinzipien) beschreibenden Parameter,
- Funktionsstrukturen und Funktionen beschreibenden Parameter

technischer Produkte. Da die „produktbestimmenden" Parameter allen Produkten gemeinsam sind, sind diese von besonderer Bedeutung zur Entwicklung einheitlicher Ordnungs- und Suchsysteme (Suchsysteme für Informationen über beliebige Produktarten mit einheitlichen Suchmerkmalen).

Unter „sonstigen Eigenschaften" technischer Gebilde sollen Gebrauchs-, Entwicklungs-, Fertigungs-, Montage-, Prüf-, Lager- und Transport-, Vertriebs-, Wartungs-, Reparatur-, Recycling- und Beseitigungseigenschaften und -kosten verstanden werden.

Zu den *Gebrauchseigenschaften* technischer Gebilde sollen gezählt werden:

- Leistung, Kraft, Geschwindigkeit, Weg (Hub), Beschleunigung, Durchsatz oder Dateneinheiten pro Zeiteinheit, Genauigkeit (Toleranzen), Meßbereich, Gewicht, Lebensdauer, Zuverlässigkeit, Anschlußbedingungen

und andere, den Benutzer im Zusammenhang mit dem Gebrauch interessierenden Eigenschaften eines Produkts (s. Kapitel 3.5.2).

Unter *Entwicklungseigenschaften* sollen Informationen über ein technisches Gebilde verstanden werden, welche mit dessen Entwicklung zusammenhängen. So z.B. von welcher Person oder Abteilung etc. ein Produkt entwickelt wurde, wer die Verantwortung trägt, ob Eigen- oder Fremdentwicklung etc. Nach welchen Verfahren wurde ein Produkt berechnet, nach welchen Sicherheitsvorschriften ausgelegt etc.

Als *Fertigungseigenschaften* technischer Gebilde sollen beispielsweise Informationen gelten über die Art und Weise, wie etwas gefertigt wurde (geschmiedet, gegossen, geläppt, gestanzt etc.), auf welcher Maschine etwas gefertigt wurde u.a.m.

Als *umwelt- und gesellschaftsbetreffende Eigenschaften* sollen beispielsweise Informationen über Empfindlichkeiten oder Unempfindlichkeiten technischer Gebilde gegenüber Umwelteinflüssen (Regen, Sonneneinstrahlung, Staub etc.) sowie Einwirkungen des technischen Systems auf die Umwelt, infolge von Lärm, von Schadstoffen etc. verstanden werden.

Ferner sollen darunter bestimmte Aussagen über die Sicherheit für Leben und Gesundheit u.a. für Umwelt und Gesellschaft relevante Informationen über technische Systeme verstanden werden.

Die Eigenschwächen oder Eigenstörungen eines Produkts betreffenden Eigenschaften sollen unter dem Begriff „Eigenstörungen mindernde Eigenschaften" zusammengefaßt werden. Produkte können sich bezüglich dieser Eigenschaften besonders gegenüber anderen auszeichnen und deshalb danach gesucht und geordnet werden. Solche Eigenschaften können beispielsweise sein:

- energiesparend (hoher Wirkungsgrad),
- verschleißarm,
- reibungsarm,
- wärmeunempfindlich,
- schwingungsarm,
- nicht rostend,

- höhere Festigkeit (Festigkeitsklassen, verstärkte Ausführung),
- spielreduziert, spielfrei,
- nicht statisch aufladend,
- entstört,
- höhere Genauigkeit (engere Toleranzen) u. a.

Üblicherweise kann jede Eigenschaft eines Produkts durch qualitative und quantitative Eigenschaftswerte beschrieben und als Ordnungs- und Suchmerkmal verwendet werden. Qualitative Werte zur Beschreibung der Gestalt eines technischen Gebildes können beispielsweise lauten: Kurz-, Mittel- oder Langausführung; evolventen- oder kreisbogenförmige Verzahnung; Festigkeitsklasse 1, 2, 3.

Quantitative Suchmerkmalwerte können beispielsweise sein: die Länge, Breite oder Höhe „über Alles", Durchmesser, Dicke, Modul und andere wesentlichen Abstände und Abmessungen technischer Gebilde.

Neben den verschiedenen Eigenschaften, welche als Suchmerkmal Parameter gewählt werden können, sind insbesondere noch

- Benennungen bzw. Gruppen- oder Familiennamen

ein weiteres, wesentliches Kennzeichen zur Differenzierung und Suche technischer Gebilde. „Familiennamen" wie Kolben, Pleuel, Schwungrad etc. reduzieren die Zahl der Gebilde, unter denen zu suchen ist, bereits erheblich. Benennungen (Bezeichnungen, Namen) von Baugruppen- oder Bauteilefamilien (Produktearten) sind sehr effektive Suchmerkmale technischer Produkte.

In der Praxis erfolgt die Namensgebung technischer Produkte oft eher zufällig. So bezeichnet man beispielsweise Schrauben als Messing- bzw. als Holzschrauben. Im ersten Fall ist eine Schraube *aus* dem Werkstoff Messing, im zweiten Fall ist eine Schraube zum Einschrauben *in* Holz gemeint.

Üblicherweise werden zur Namensgebung technischer Produkte alle möglichen Eigenschaften und Bezüge wie beispielsweise deren Funktion, Gestalt, Werkstoff, Herstellverfahren, Anwendungsgebiet, Anwendungsart, Analogien zu anderen technischen oder natürlichen Produkten, Halbzeuge aus denen sie hergestellt werden, Betätigungsart etc. herangezogen.

Namensbeispiele, in welchen folgende Bezeichnungen und Eigenschaften eine Rolle spielen, sind u. a.:

Funktion und Herstellung:	Schweiß-, Schnappverbindung, etc.
Funktion und Gestalt:	Konusbremse, Kurvengetriebe, Fachwerkträger, Schraubenfeder etc.

Funktion und Anwendungsgebiet: Holzschraube, Blechschraube, Polsterhaken, etc.

Funktion und Werkstoff: Messingschraube, Stahlträger, Bronzefeder, etc.

Diese wenigen Beispiele mögen genügen, um zu zeigen, wie Namen für Produktearten zufällig festgelegt werden.

11.2
Informationssysteme für unterschiedliche Aufgaben

Unter „Informationssysteme" sollen hier keine Systeme zum Finden realer technischer Gebilde verstanden werden, sondern Systeme, mit welchen anhand von Suchmerkmalen eine bestimmte „Information" oder „Informationsadresse" über technische Gebilde gefunden werden soll. „Informationsadressen" technischer Gebilde können Ident-, Sach- oder Zeichnungsnummer, Literaturstellen oder ähnliches sein, d.h. „Adressen" bestimmter Zeichnungen, Bücher, Berichte oder andere Speicher, in welchen weitere oder alle Informationen über ein Produkt oder eine Methode zu dessen Konstruktion zu finden sind. Informationssysteme bestehen im wesentlichen aus Suchmerkmalen und zu suchenden Informationen.

In der Praxis werden Informationssysteme für sehr unterschiedliche Zwecke benötigt. So können diese beispielsweise dazu dienen

- technische Gebilde mit bestimmten Eigenschaften zu finden, um beispielsweise eine bestehende Variantenvielfalt zu reduzieren; um Bauteile und/oder Baugruppen zu standardisieren,
- Bauteile zu ordnen nach
  - Funktionen,
  - Gestaltmerkmalen,
  - Baugruppenzugehörigkeit,
  - gleichen Fertigungsverfahren (Fertigungslose zusammenstellen),
  - Kunden,
  - Sicherheitsforderungen etc.

Man kann auch „zweckfreie" Informationssysteme konstruieren, d.h., irgendwelche Merkmale als Suchmerkmale nutzen, ohne einen bestimmten Zweck zu berücksichtigen, dem dieses System dienen soll.

Man kann Systeme entwickeln, wobei für jede Bauteile- oder Baugruppenart andere, spezielle Suchmerkmale benutzt werden, oder man kann Informationssysteme entwickeln, bei welchen für alle Arten von Bauteilen und Baugruppen gleiche Suchmerkmale benutzt werden, d. h. solche, welche allen technischen Gebilden gemeinsam sind; solche können beispielsweise sein: die Gesamtlänge, Gesamtbreite, Gesamthöhe, das Gewicht, Volumen u. a. technischen Gebilden gemeinsame Parameter oder sonstigen Eigenschaften.

Informationen über technische Gebilde kann man gliedern in Wissen über

- existierende Typvarianten einer Produkteart (Konstruktionsergebnisse über eine Produkteart),
- Regeln, Algorithmen, Berechnungsmethoden und Hinweise zur Vermeidung von Fehlern bei der Konstruktion von Produkten einer Art.

Das erstgenannte Wissen sind Informationen beispielsweise darüber, welches Maß (Wert) ein bestimmter Parameter eines vorhandenen Produkts hat. Als zweitgenanntes Wissen sollen Regeln bzw. Informationen, verstanden werden, wie ein Parameter eines Produkts, abhängig von bestimmten Bedingungen, zu bemessen ist.

Hieraus folgt, daß man das Wissen darüber, „wie eine Produkteart zu konstruieren ist", nach den gleichen Merkmalen ordnen und sichten kann, wie Informationen (Wissen) über Konstruktionsergebnisse dieser Produkteart. D. h., man kann die gleichen Suchmerkmale nutzen, um einerseits ein Konstruktionsergebnis (d. h. alle ein Produkt beschreibenden Daten) und andererseits das Wissen (Algorithmen, Regeln, Fehlervermeidung) darüber, wie ein Konstruktionsergebnis (Produkt, Produktdetail) erzielt werden kann, zu finden.

Abhängig von der Aufgabe bzw. dem Zweck, dem ein zu entwickelndes Suchsystem dienen soll, wird man die für den betreffenden Fall relevanten Merkmale zu sogenannten Suchmerkmalleisten (Merkmalkollektiven) zusammenstellen. Diese bestimmen, nach welchen Merkmalen bzw. Eigenschaften technische Gebilde gesucht werden können. Dabei sollte man sich stets von dem Grundsatz leiten lassen, so wenig Merkmale wie möglich, so viele wie nötig. Wie die Praxis zeigt, werden aus „Unkenntnis und Sorge etwas zu vergessen", sicherheitshalber oft zu viele Merkmale vorgesehen, die nicht oder nur selten benutzt werden, auf welche man eigentlich verzichten könnte, welche die Erstellungs- und Wartungskosten unnötig erhöhen. Konstrukteure neigen dazu, Systeme zu entwickeln, welche eine Suche nach allen existierenden (ihnen einfallenden) Bauteileigenschaften ermöglichen. Wie die Erfahrung zeigt, lassen sich

Produktinformationen mittels relativ weniger Suchmerkmale erfolgreich finden; in der Praxis werden nur wenige geeignete Merkmale genutzt, auch wenn das System viele bietet.

11.3
Festlegen von Suchmerkmalen

Bei der Festlegung von Suchmerkmalen sollte berücksichtigt werden, für welchen Zweck oder welche Zwecke Suchsysteme entwickelt werden sollen und welcher Fachmann diese später nutzt. Je nachdem, ob diese beispielsweise zur Standardisierung technischer Gebilde, zur Zusammenstellung von Fertigungslosen, zur Koordinierung von Bauteil- Lieferungen oder -Käufen verwendet werden sollen, ist es notwendig, für den jeweiligen Fall geeignete spezielle Merkmale zu wählen. Des weiteren ist bei der Wahl von Suchmerkmalen zwischen solchen mit qualitativen und quantitativen Suchmerkmalwerten zu unterscheiden.

Beispielsweise könnte bei Wälzkörper die Form der Wälzflächen als qualitativer Suchparameter dienen. Dieser könnte die qualitativen Werte, „kugel-, kegel-, tonnen- oder zylinderförmig" annehmen. Eine Verzahnung kann „evolventen-, zykloiden- oder sinusförmig" sein. Eine Verzahnung kann „profilverschoben" oder „nicht profilverschoben" ausgeführt sein. Als quantitative Parameterwerte können alle Arten von Abmessungsangaben gelten, wie beispielsweise Kugeldurchmesser, Verzahnungsmodul, Breite, Höhe, Werkstoffeigenschaftswerte etc.

Ferner ist es hilfreich, zwischen Merkmalen zu unterscheiden, welche das Gesamtgebilde und solche, welche nur Teile (Details) eines Gebildes beschreiben.

Das heißt, man kann Suchmerkmale wählen, welche
- das Gesamtgebilde qualitativ beschreiben
- das Gesamtgebilde quantitativ beschreiben
- Teile des Gebildes qualitativ beschreiben
- Teile des Gebildes quantitativ beschreiben.

An einigen Beispielen soll das Gesagte verdeutlicht werden.

Bild 11.1 Lehneneinsteller für PKW-Sitze Oberteil (1), Unterteil (2); (Firma Keiper Recaro)

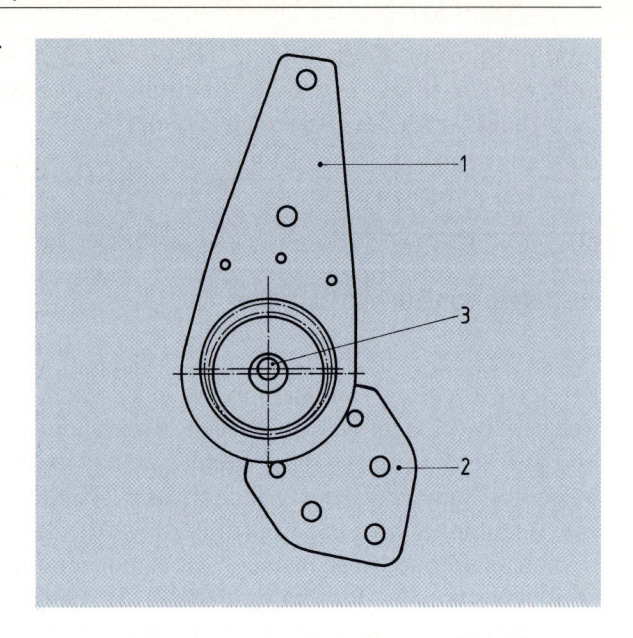

Beispiel: „Einstellgetriebe"

Zur Einstellung von PKW-Sitzsystemen existieren Getriebetypen (Typvarianten, Bild 11.1), welche beispielsweise durch folgende qualitativen und quantitativen Parameterarten und -werte weitaus hinreichend differenziert werden können:

Antriebsart:	von Hand oder motorisch
Antriebsmoment reduziert:	ja oder nein
Festigkeitsklasse:	1, 2 oder 3
Ein- und Ausgangsschnittstellen:	S1/S7; S3/S9 (S1 bis S9 sind Kurzzeichnungen für bestimmte mechanische Anschlußgeometrien)
Spiel reduziert:	ja oder nein
Rückenlehne klappbar:	ja oder nein

Beispiel: „Oberteil"

Aus Blech gefertigte Bauteile einer Teilefamilie mit der Bezeichnung „Oberteil" können von symmetrischer oder asymmetrischer, ebener oder abgewinkelter Gestalt sein (= qualitative Suchmerkmalwerte). Bauteile der Familie „Oberteil" können sich ferner bezüglich Gesamtlänge, Gesamtbreite und Gesamthöhe (Dicke) unterscheiden. Eine wesentliche

Teiloberfläche von „Oberteilen" ist eine Verzahnung; diese kann „durchgeschnitten" oder „nicht durchgeschnitten" ausgeführt sein; durch- oder nicht durchgeschnitten sein, ist ein wesentliches Unterscheidungsmerkmal. Die Bauteile können sich weiterhin in Form und Durchmesser einer Zentrierbohrung unterscheiden. Diese kann zylinder- oder kegelförmig sein; der Durchmesser kann verschiedene diskrete Werte annehmen.

Im Fall der Teilefamilie „Oberteil" genügt es beispielsweise, folgende 6 Suchmerkmale zu verwenden, um die verschiedenen Typvarianten ausreichend differenziert beschreiben zu können:

Gestaltmerkmal 1:	symmetrisch oder asymmetrisch
Gestaltmerkmal 2:	eben oder abgewinkelt
Blechdicke [mm]:	
Verzahnungsform durchgeschnitten:	ja oder nein
Form der Zentrierbohrung:	zylinder- oder kegelförmig
Durchmesser der Zentrierbohrung [mm]:	

Beispiel:„Exzenterbolzen"

Im Falle des Beispiels „Exzenterbolzen" genügt es, folgende Suchmerkmale zu verwenden:

Bezug auf	Suchmerkmalgröße	vorgesehene Werte
Gesamt-Bauteil		Antriebs- oder Abtriebsbolzen
Gesamt-Bauteil	Lagerschmierung:	Schmierstoffbohrung: ja oder nein
Gesamt-Bauteil		Gesamtlänge: L [mm]
Teiloberfläche 1	Exzenterflächenform:	zylinderförmig oder kegel- förmig
Teiloberfläche 1	Exzenterdurchmesser:	D [mm]
Teiloberfläche 1	Exzenterbreite:	B [mm]
Teiloberfläche 2	Lagerform:	zylinder- oder kegelförmig
Teiloberfläche 2	Lagerdurchmesser:	d [mm]

Das Maß der Exzentrizität wurde nicht als Suchmerkmal benutzt, weil sich Exzenterbolzen darin nur sehr selten unterscheiden.

Bild 11.2 zeigt exemplarisch ein Ergebnis eines Suchvorgangs, welches mittels o. g. Suchmerkmalleiste und mittels eines entsprechenden Suchprogramms erzielt wurde.

Als Suchmerkmale eignen sich besonders jene Parameter einer Produktefamilie, in welchen sich die „Mitglieder" einer Art (Familie) deutlich unterscheiden. Wählt man solche Parameter, so genügen relativ wenige Suchmerkmale, um zwischen Gebilden einer „Familie" genügend

Bild 11.2 Gestalt-/Typvarianten von Exzenterbolzen für Lehneneinsteller (Firma Keiper Recaro). Ergebnis eines Suchvorgangs mittels geeigneter Informationssysteme und Computer

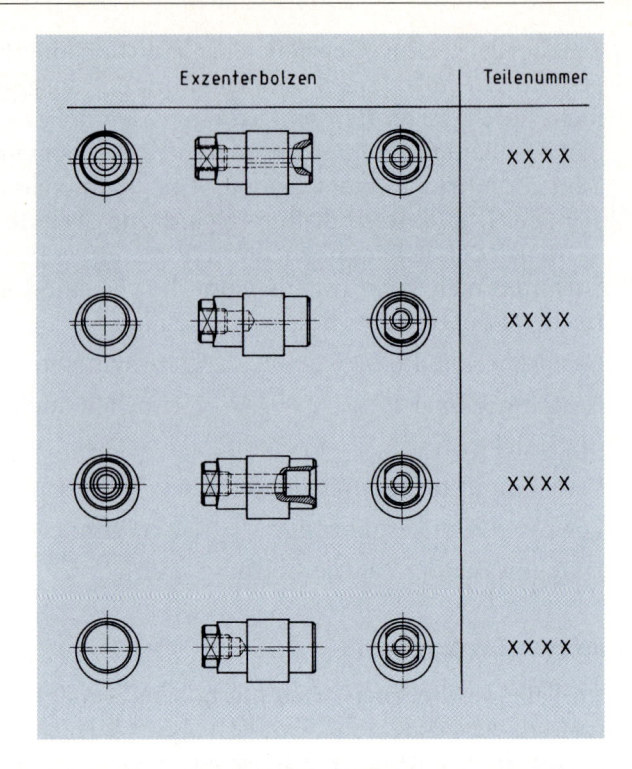

zu differenzieren bzw. nach einem Bauteil oder einer Baugruppe einer Art gezielt zu suchen.

Ergebnis eines Suchvorgangs ist jeweils eine „Adresse" (Zeichnungsnummer, Literaturhinweis etc.), unter welcher weitere, umfassende oder alle Informationen über ein Produkt nachgelesen werden können.

Zusammenfassend läßt sich folgendes über Informationssysteme sagen: Informationssysteme sind für verschiedene Zwecke angepaßt zu entwickeln. Grundsätzlich kann jede Eigenschaft technischer Produkte als Suchmerkmal dienen.

Suchmerkmalwerte können von
- qualitativer oder
- quantitativer Art sein.

Suchmerkmale können sich auf das
- gesamte technische Gebilde oder
- Teile (Details) eines Gebildes beziehen.

Informationssysteme können mit für alle Produktearten („Produktefamilien")

- gleichen, produktneutralen oder
- von Art zu Art unterschiedlichen (produktspezifischen)

Suchmerkmalen ausgestattet werden.

Zur Festlegung von Suchmerkmalen (Suchmerkmalleisten) lassen sich folgende Regeln angeben (n. W.-W. Willkommen):

Regel 1 Gliedern Sie die Produkte (Bauteile, Baugruppen, etc.), für welche Informationssysteme entwickelt werden sollen, in sogenannte „Arten" bzw. „Produktefamilien" und geben Sie diesen sinnvolle Benennungen (Namen, z. B. Oberteile, Exzenterbolzen, Stellgetriebe etc.).

Zu einer „Art" oder „Familie" zählen alle technischen Gebilde gleichen Zwecks (Funktion).

Regel 2 Wählen Sie dem Zweck des Suchsystems entsprechende Suchmerkmale.

Je nachdem, für welche Abteilungen eines Unternehmens ein Suchsystem zu entwickeln ist und nach welchen Gesichtspunkten in diesen Abteilungen Informationen über Produkte gesucht werden, wird man entsprechend andere Produkteigenschaften als Suchkriterien nutzen. Eine Konstruktionsabteilung wird beispielsweise „Lösungen" für Teilaufgaben suchen, eine Arbeitsvorbereitung Bauteile nach gleichen Fertigungsprozessen zusammenstellen wollen etc.

Regel 3 Vermeiden Sie Bilder zur Definition einer „Familie" von Bauteil- oder Baugruppen.

Bilder in Form schematischer Zeichnungen erlauben zwar einen schnellen Überblick über die bei einer Rechnersuche gefundenen Teile und ersparen oft das Heraussuchen der aktuellen Zeichnung aus dem Archiv – zumindest bei negativem Suchergebnis –, sie können, wegen der mangelnden Vollständigkeit und Aktualität, eine Zeichnung jedoch nicht ersetzen – jedenfalls nicht bei positivem Suchergebnis. Sie sind zur Definition und Abgrenzung von Produktearten nicht geeignet, da zwischen Bildern technischer Gebilde keine eindeutigen Abgrenzungen bestehen oder hergestellt werden können.

Deshalb sind Bilder – oder besser noch, die vollständige Zeichnung – sehr vorteilhaft zur Unterstützung des Konstrukteurs bei einer effektiven Teilesuche, jedoch untauglich zur Definition einer Kategorie (Art, Familie) technischer Gebilde.

> **Regel 4** Verwenden Sie nur so viele Suchmerkmale, wie zur Bestimmung des Teils erforderlich sind.

Die zum Wiederfinden eines Teils erforderliche Anzahl der Suchmerkmale hängt nicht primär von der Komplexität der Teile, sondern von deren Vielfalt und der Verteilung über die Suchmerkmals-Werte ab. Das bedeutet: Eine Gruppe komplexer Bauteile, von denen jedes ca. 50 Parameter zur Beschreibung benötigen möge, die sich jedoch nur in der Variation zweier Parameter unterscheiden, benötigt auch nur diese zwei Suchmerkmale zum Differenzieren und Wiederfinden!Hingegen können für einen einfachen, nicht abgesetzten Bolzen, mit abgeschrägten oder nicht abgeschrägten Enden, der aus verschiedenen Werkstoffen gefertigt wird, vier Suchmerkmale benötigt werden – eben dann, wenn die Bolzen über alle Suchmerkmals-Werte etwa gleichmäßig verteilt sind.

Im allgemeinen ist man versucht, ein Teil durch möglichst viele Suchmerkmale möglichst vollständig zu beschreiben.

Das ist aus mehreren Gründen nicht sinnvoll:

Jedes Suchmerkmal muß gewartet werden und erzeugt damit auch laufende Kosten. Eine eindeutige Bestimmung des Teils durch die Suchmerkmale ist im allgemeinen nicht erforderlich, oft nicht einmal erwünscht.

Meist ist es vorteilhafter, das gesuchte Teil in einer Umgebung gleichartiger Teile auf dem Bildschirm angezeigt zu bekommen. Eine vollständige Beschreibung eines Teils ist ohnehin nicht Ziel der Suchmerkmalleiste – dies ist Aufgabe der technischen Zeichnung. *Darum:* Wenn Sie sich fragen, ob Sie ein Suchmerkmal verwenden sollten oder nicht – verwenden Sie es lieber nicht!

> **Regel 5** Möglichst Suchmerkmale mit einer kleinen Zahl von Werten bilden.

Ebenso, wie man leicht dem Fehler verfällt, unnötig *viele* Suchmerkmale zu verwenden, ist man aus Unsicherheit leicht geneigt, unnötig *genaue* Werte für Suchmerkmale anzugeben.

Also z. B. eine Länge von 93.732 mm, nur weil es sich so aus der Zeichnung entnehmen oder errechnen läßt.

Niemand wird ein Teil suchen, das eine Länge oder sonstige Abmessung von genau 93.732 mm hat.

Daher ist es besser, Maße so zu runden, daß sich nicht mehr als etwa 100, keinesfalls jedoch mehr als 1000 Maßabstufungen ergeben. Im obigen Beispiel (mit 105 Stufen) würde das einen Suchmerkmals-Wert von 94 mm, allenfalls von 93.7 mm bedeuten.

Entsprechendes gilt natürlich auch für andere Parameter, z.B. den Werkstoff. Hier ist es zweckmäßiger, statt der genauen Werkstoffbezeichnung Werkstoffgruppen zu bilden, die für die Verwendung des betreffenden Teils relevant sind.

Im konkreten Fall wird es also besser sein, ein Suchmerkmal „Werkstoffart" mit – zum Beispiel – den vier Werten Kunststoff, Stahl, NE-Metall und Holz zu bilden, als die genaue Werkstoffbezeichnung aus der Zeichnung zu übernehmen.

Angewandt auf die Charakterisierung der Ösen von Zugfedern bedeutet diese Regel z.B., daß man statt der in der DIN 2097 festgelegten Bezeichnungen für Ösenformen wie: Halbe-, Ganze- und Doppelte deutsche Öse, Englische Öse, Hakenöse und …, sich auf eine einfach ermittelbare Eigenschaft der Öse beschränkt, z.B. das nur zweiwertige Suchmerkmal, ob die Öse offen oder geschlossen ist. Wenn es sich dabei um ein für die Anwendung der Feder wichtiges Suchmerkmal handelt, hat dies zugleich den Vorteil, daß sich auch keine Schwierigkeiten bei der Einordnung neu entwickelter Zugfedern ergeben werden.

Sie sollten sich stets fragen, wieviele Werte für ein bestimmtes Suchmerkmal wirklich benötigt werden. Die Verwendung vieler Werte für ein Suchmerkmal macht nicht nur die Teile-Suche mit Hilfe des Suchmerkmal-Leisten-Programms komplizierter (denken Sie beispielsweise an die Abfrage eines Teils mit dem Werkstoff X12 Cr Ni 177K oder ähnlichen Bezeichnungen), sondern erhöht auch den Wartungsaufwand für die Daten-Bestände beträchtlich.

Regel 6   Verzichten Sie in einer Suchmerkmalleiste möglichst auf solche Größen, nach denen Sie nie suchen würden.

Beispiele für solche Suchmerkmale, nach denen Sie nie suchen würden, sind die oft als Info-Größen bezeichneten Eigenschaften eines Bauteils oder einer Baugruppe.

Also z.B. der Eingriffswinkel, die Profilverschiebung, der Fußkreis-Durchmesser oder die Werkstoffbehandlung bei Zahnrädern; die Oberflächenbehandlung bei Zahnrädern, Federn, Schrauben o.ä. Diese Suchmerkmale entspringen dem Wunsch, das Teil durch eine Suchmerkmal-Leiste möglichst umfassend zu beschreiben. Das sollte jedoch nicht das Ziel sein. Denken Sie daran, daß auch solche Größen, die ja zum Wiederfinden eines Teils nicht beitragen, gewartet werden müssen, und daß Sie nach Kenntnis der Zeichnungsnummer diese Informationen aktueller und zuverlässiger der Zeichnung entnehmen können, die – im Idealfall – als CAD-Zeichnung des gerade ausgewählten Teils parallel auf einem zweiten Bildschirm zur Verfügung steht.

> **Regel 7** Verwenden Sie kein Suchmerkmal, in dem die betroffenen Teile sich nicht voneinander unterscheiden.

Ein Suchmerkmal, in dem die betroffenen Teile sich nicht voneinander unterscheiden, wäre z. B. die Gangzahl von Schraubengewinden für einen Hersteller von Befestigungs-Schrauben, da für diesen Wert dann wohl immer „1" eingetragen würde.

Ebenso könnte für einen Hersteller von Marmeladen-Gläsern der Werkstoff ein derartig stereotyper Wert sein.

Aus dem gleichen Grunde wäre für einen Hersteller von Haushaltsgeräten für den inländischen Markt die Anschlußspannung ein informationsloses Suchmerkmal.

Da die Suchmerkmale zur Identifizierung von Teilen und nicht zur Information über Teile dienen sollen, ist evident, daß Suchmerkmale, die o. g. Regel nicht erfüllen, nur Daten-Ballast sind.

> **Regel 8** Verwenden Sie keine redundanten Suchmerkmale.

Bei der Aufstellung von Suchmerkmalen kann es leicht vorkommen, daß verschiedene Suchmerkmale ein weiteres ergeben, die Suchmerkmale also nicht voneinander unabhängig sind.

Wenn z. B. bei einem zweifach abgesetzten Bolzen die Durchmesser und Längen der drei Absätze und außerdem die Gesamtlänge und der Maximal-Durchmesser als Suchmerkmal verwendet werden, so sind die letzten beiden von den vorhergehenden abhängig.

Ebenso sind einige Suchmerkmale redundant, d. h. aus den übrigen bestimmbar, wenn bei einer Schrauben-Druckfeder die Länge der ungespannten Feder, die Anzahl der federnden Windungen, der Draht-Durchmesser, die Blocklänge, der mittlere Windungs-Durchmesser, der Werkstoff, die Federkonstante und die maximale Federkraft als Suchmerkmal verwendet werden.

In manchen Fällen ist eine solche Abhängigkeit auch weniger offensichtlich: wenn z. B. bei einer Schraube nach DIN 912 (Zylinderkopf-Schraube mit Innensechskant) Gewinde-Durchmesser und Schrauben-Länge als Suchmerkmale verwendet werden, so sind Kopfdurchmesser, Kopfhöhe, Schlüsselweite und Gewindelänge als Suchmerkmale überflüssig, da diese schon durch die Norm festgelegt und einer im Rechner gespeicherten Normteile-Tabelle entnehmbar sind.

Derartige redundante Suchmerkmale sollten aus verschiedenen Gründen vermieden werden.

Erstens wird dadurch die im Rechner zu verwaltende Zahl der Suchmerkmale unnötig aufgebläht und schon dadurch der Wartungsaufwand erhöht und zweitens erfordern solche Suchmerkmale bei der Eingabe wie auch bei der Aktualisierung besondere Sorgfalt, da bei einer Änderung eines Suchmerkmal-Werts die Werte der abhängigen Suchmerkmale in der richtigen Weise mitgeändert werden müssen, da andernfalls Widersprüche entstehen, die die Änderung eventuell wieder unwirksam machen würden.

Regel 9   Eine Größe, nach der später Teile gesucht werden sollen, muß nicht deshalb als Suchmerkmal verwendet werden.

Beispiele: Es soll eine Schraubenfeder mit einem bestimmten Außendurchmesser D_a gesucht werden, der als redundantes Suchmerkmal nicht vereinbart wurde, da schon die Suchmerkmale mittlerer Windungsdurchmesser D_m und Drahtstärke d existieren, wobei gilt:

$$D_a = D_m + d.$$

Aus einer Menge zweifach abgesetzter Bolzen sollen diejenigen herausgesucht werden, bei denen der mittlere Absatz den maximalen Durchmesser hat, wenn bei diesen Bolzen der Maximal-Durchmesser kein Suchmerkmal war oder: Es wird ein Bolzen mit einer bestimmten Gesamtlänge gesucht, die ebenfalls nicht Suchmerkmal war, da die Durchmesser und Längen der einzelnen Absätze schon Suchmerkmale sind, wobei gilt:

$$L_{gesamt} = L_1 + L_2 + L_3.$$

Wenn aus Gründen der Übersichtlichkeit, der Wartungskosten und vor allem wegen der Fehlermöglichkeiten bei Eingabe und Aktualisierung von Suchmerkmal-Werten auf voneinander unabhängige Suchmerkmale geachtet werden soll, wie durch Regel 6 empfohlen, so muß sichergestellt sein, daß Widersprüche bei der Eingabe oder bei nachträglichen Änderungen abgefangen werden.

Von da aus ist es aber nur ein kleiner Schritt, die Programme so zu gestalten, daß redundante Suchmerkmale nicht mehr vom Benutzer angegeben, sondern vom Rechner selbst eingesetzt werden.

Noch besser ist es, die redundante Größe, die abgefragt werden soll, während des Programmlaufs aus den vorhandenen Suchmerkmalen unter Verwendung von Formeln, Algorithmen oder (DIN-) Tabellen zu ermitteln. Damit ist es möglich, auch Suchmerkmal-Werte abzufragen, die nicht explizit vom Benutzer eingegeben worden sind oder besser noch: im Rechner überhaupt nicht vorhanden sind.

Regel 10   Suchmerkmale sollten nur Größen sein, die einen Gegenstand unabhängig von dessen Umgebung, Herkunft oder Verwendung beschreiben.

Für Suchmerkmale, die mit dieser Regel in Einklang stehen, gilt: Wenn der Wert eines Suchmerkmals geändert wird, muß sich diese Änderung als Eigenschaftsänderung des betreffenden Teils oder der Baugruppe niederschlagen.

Oder anders ausgedrückt: Wenn Sie eine Größe daraufhin untersuchen wollen, ob sie in die Suchmerkmal-Leiste aufgenommen werden soll, so prüfen Sie einfach, wie eine Änderung dieser Größe sich auf die Sache, das Bauteil oder die Baugruppe, auswirkt. Besteht eine solche Auswirkung nicht, sollte diese Größe auch nicht als Suchmerkmal aufgenommen werden.

Deshalb gehören z. B. Merkmale wie Lieferant oder Kunde nicht zu den Suchmerkmalen.

Aus dem gleichen Grunde kann ein Einzelteil nicht die Größen „spielreduziert" oder „wälzgelagert" als Suchmerkmale haben.

> **Regel 11** Verwenden Sie möglichst explizite Suchmerkmale.

Werden für ein Bauteil z. B. Suchmerkmale mit den Werten: geschraubt, genietet o. ä. verwendet, so kann damit entweder tatsächlich die Art der Verbindung zur Umgebung, also zu einem Nachbarsystem gemeint sein – dann sollte es nach Regel 8 nicht als Suchmerkmal in Frage kommen – oder es kann sich dabei um eine Umschreibung der Gestalt der Verbindungsstelle des betreffenden Teils zum Nachbarsystem handeln – dann sollte diese implizite Beschreibung durch explizite Suchmerkmale ersetzt werden, d. h. durch Merkmale, die die Nietlöcher bzw. die Gewindebohrungen bzw. deren Anordnung beschreiben.

> **Regel 12** Verwenden Sie als Suchmerkmale nur einfach meßbare bzw. der Zeichnung leicht entnehmbare Eigenschaften.

Die gestreckte Länge einer Feder oder eines räumlich gebogenen Bauteils (Fahrrad-Lenker) ist in diesem Sinne ein ungeeignetes Suchmerkmal, da es weder der Zeichnung noch dem Bauteil leicht zu entnehmen ist.

Dagegen ist die Angabe der Form durch eben oder räumlich gebogen der Zeichnung leicht zu entnehmen.

Eine Einordnung der Ösenformen von Schrauben-Zugfedern in Standardformen wie Deutsche Öse, Englische Öse, Hakenöse usw. ist wegen der vielfältigen Spezialformen nur schwer möglich und daher als Suchmerkmal Ösenform in diesem Sinne ungeeignet.

Das Merkmal: Öse „offen" oder „geschlossen" ist dagegen leicht feststellbar und eventuell auch konstruktiv von größerer Bedeutung.

Regel 13 Verwenden Sie als Suchmerkmale nach Möglichkeit Größen, die schon bei der Aufgabenstellung eine Rolle spielten.

Gelingt es, Suchmerkmale so festzulegen, daß es sich dabei um Größen handelt, die auch schon bei der Lösung der Konstruktionsaufgabe im Vordergrund standen, so hat man damit sicherlich ein besonders geeignetes Suchmerkmal gefunden.

Ist für den Konstrukteur bei der Festlegung einer Zugfeder z. B. wichtig, daß diese Feder zum Zweck des Einhängens „offen" ist oder aus Sicherheitsgründen in einem anderen Falle gerade „nicht offen" ist, so ist das Merkmal: Öse „offen" oder „geschlossen" ein für diese Federn sehr geeignetes Suchmerkmal. Existieren z. B. Federn, deren Ösen mehr oder weniger exzentrisch zur Federachse angeordnet sind, so wird es sich bei dieser Exzentrizität wahrscheinlich um ein Suchmerkmal handeln, daß auch bei der Aufgabenstellung wichtig war.

Deshalb ist sicherlich auch dieses Maß ein sinnvolles Suchmerkmal für diese Zugfedern.

Bei einer ähnlichen Konstruktionsaufgabe kann sich dann der Konstrukteur sehr einfach Zugfedern ausgeben lassen, die ein bestimmtes Maß dieser Ösen-Exzentrizität besitzen und deren Ösen beispielsweise geschlossen sind.

Alle mit Hilfe von Suchmerkmalen, die die Regel 13 erfüllen, erhaltenen Teile wird der Konstrukteur als sehr ähnlich bezeichnen und eventuell auch für seine neue Aufgabe wiederverwenden können. Damit ist dies eine für die Standardisierung oder Teilevermeidung besonders wichtige Regel. Es ist aber auch für Mitarbeiter, die die ursprüngliche Aufgabenstellung nicht kennen, die am schwierigsten zu erfüllende Regel, da sie spezielle branchenabhängige Konstruktionskenntnisse voraussetzt.

Innovation technischer Produkte 12

Produktinnovation ist ein wesentliches Mittel zur Wahrung der Konkurrenzfähigkeit von Unternehmen sowie zur Schaffung und Erhaltung von Arbeitsplätzen. Das wirtschaftliche Wohlergehen eines Industriestandorts wird im wesentlichen von der Fähigkeit seiner Menschen abhängen, erfolgreiche Produktinnovationen zu leisten. Innovation ist für eine Gesellschaft besonders wichtig, deren Lebensstandard nahezu ausschließlich von der Erzeugung technischer Produkte abhängt. Innovationen lassen sich durch Intuition oder methodisch anstoßen. In den folgenden Ausführungen sollen vorwiegend methodische Mittel und Wege zu Innovationsanstößen aufgezeigt werden.

Betrachtet man frühere Innovationen technischer Produkte, so kann man zwischen zwei Arten unterscheiden, und zwar „relativ seltenen, epochemachenden Innovationen" und „relativ häufig stattfindenden, alltäglichen Innovationen". Beide Arten sind wirtschaftlich von großer Bedeutung.

Epochemachende Innovationen waren stets mit der Entdeckung und Anwendung geeigneter physikalischer Effekte oder Effektträger verbunden. So war beispielsweise die Entdeckung des Transistoreffekts im Jahr 1948 durch Bardeen, Brattain und Shockley Auslöser der bis dato unvermindert anhaltenden Innovation auf dem Gebiet der Datentechnik. Diese Technik ist fünfzig Jahre nach ihrer Entstehung durch Speicherfähigkeiten von einem Gigabit pro Quadratzentimeter Silizium und der Möglichkeit, Daten im Nannosekundentakt speichern und löschen zu können, gekennzeichnet.

Die Entdeckung des Quantenoptik- und des Kernspin-Effekts, welche zur Entwicklung einer extrem leistungsfähigen optischen Übertragungstechnik, mit Übertragungsgeschwindigkeiten von derzeit bis 40 Gigabit pro Sekunde, der Laser-Fertigungstechnik, der Laser-Medizintechnik und von Kernspintomographen führte, können als weitere Beispiele großer Innovationen durch Entdeckung und Anwendung geeigneter physikalischer Effekte dienen.

Obgleich Hebel- und Keileffekt bereits vor Jahrtausenden entdeckt wurden, entwickeln Konstrukteure immer noch neue Gestaltvarianten dieser Effekte, ein Ende der Gestaltvariation von Hebel- und Keil- und anderer Effekte ist nicht absehbar. Manchmal werden noch patentfähige Gestaltvarianten lange benutzter Effekte gefunden.

Weitere wesentliche Innovationsimpulse können auch von der Erfindung und Entwicklung neuer Werkstoffe (Effektträger) ausgehen. So hat beispielsweise die Entwicklung und Anwendung von Kunststoffen die Innovation nahezu aller technischer Produkte wesentlich vorangetrieben.

Aufgrund der wirtschaftlichen Bedeutung von Innovationen ist zu fragen, was ist eine Innovation, wie lassen sich Innovationsanstöße finden und Innovationen durchführen?

Man ist geneigt, ein Produkt innovativ zu nennen, wenn es in technischer, umweltverträglicher und wirtschaftlicher Hinsicht fortschrittlich ist und es erfolgreich vermarktet werden kann. Ein Produkt ist dann ein innovatives Produkt, wenn es ein gegenüber Konkurrenzprodukten *überlegenes Produkt* ist, das dem Kunden wesentliche Vorteile bietet und für welches ein Bedarf besteht. Ein überlegenes Produkt ist dadurch gekennzeichnet, daß es Eigenschaften oder Eigenschaftswerte aufweist, welche besser sind, als jene von Konkurrenzprodukten. Wichtige Eigenschaften technischer Produkte können beispielsweise sein

- Qualität des Prozesses bzw. des Produkts, welches von dem zu entwickelnden Produkt (Maschine) erzeugt wird
- Art und Anzahl an Fähigkeiten (Funktionen, Tätigkeiten)
- Leistung, Durchsatz, Bits pro Sekunde, Hubweg, maximale Kraft etc.
- Herstell-, Betriebs- und Wartungskosten
- Umweltbelastungen
- Sicherheit, Crash-Festigkeit
- Lebensdauer
- Geräuschemission
- Raumbedarf, Platzbedarf
- Ansprüche an den Benutzer (benutzerfreundlicher), erhöhter Automatisierungsgrad
- Zuverlässigkeit
- Aussehen (Design), Ergonomie

sowie andere Fähigkeiten oder Eigenschaften des zu konstruierenden Produkts.

Um Produktinnovationen zu bewirken bzw. überlegene Produkte zu schaffen, sind mehrere Tätigkeitskomplexe zu bewältigen, und zwar: das

- Erkennen und Bewußtmachen von Bedarf

- Entwickeln von Aufgabenstellungen für innovative Produkte
- Konstruieren und Entwickeln innovativer Produkte
- Vorauserkennen erfolgreicher bzw. innovativer Produkte und das
- erfolgreiche Vermarkten von Produkten.

Im folgenden sollen diese Möglichkeiten zur Anregung von Innovationen noch näher betrachtet werden.

12.1
Innovationsanstöße durch Bedarfsermittlung

Um Bedürfnisse zu erkennen, ist es wichtig zu wissen, daß der Ursprung allen Bedarfs an technischen Produkten der Mensch ist. Die Bedürfnisse sich zu ernähren, zu kleiden, Tätigkeiten nicht selbst zu machen, sondern „machen zu lassen" oder sich diese wenigstens zu erleichtern, sind Anlaß zur Entwicklung technischer Produkte. Weitere wesentliche Quellen zur Entwicklung technischer Produkte sind Erfordernisse, wie die Umwelt vor Einwirkungen des Menschen und der Technik zu schützen sowie die Technik vor Einwirkungen durch Menschen und die Umwelt zu schützen. Maslow [8] unterscheidet zwischen fünf unterschiedlich wichtigen Bedarfsbereichen des Menschen und zwar, den

- fundamentalen physiologischen Bedürfnissen (Sicherung der Daseinsgrundlagen, Essen, Trinken, Kleiden, Wohnen, Mobilität)
- Sicherheitsbedürfnissen (Schutz der Gesundheit, des Besitzes, Absichern bezüglich Versorgungsengpässen und Krankheiten)
- sozialen Bedürfnissen (Liebe, Zuneigung, Gesellikeit, soziales Engagement)
- Geltungsbedürfnissen (Anerkennung, Prestige, Ruhm) sowie
- Bedürfnissen nach Selbstverwirklichung (Erlebnis- und Genußstreben, Freude am Können, Hobbys).

Entsprechend läßt sich auch zwischen Produkten für diese unterschiedlichen Bedarfsbereiche unterscheiden. Primäre Produkte haben sekundären Produktbedarf zur Folge, so beispielsweise spezielle Werkzeugmaschinen (Automaten) zur Herstellung von Kraftfahrzeugen. Diese haben ihrerseits wiederum tertiäre Produktwünsche zufolge, so beispielsweise universelle Werkzeugmaschinen zur Herstellung spezieller Werk-

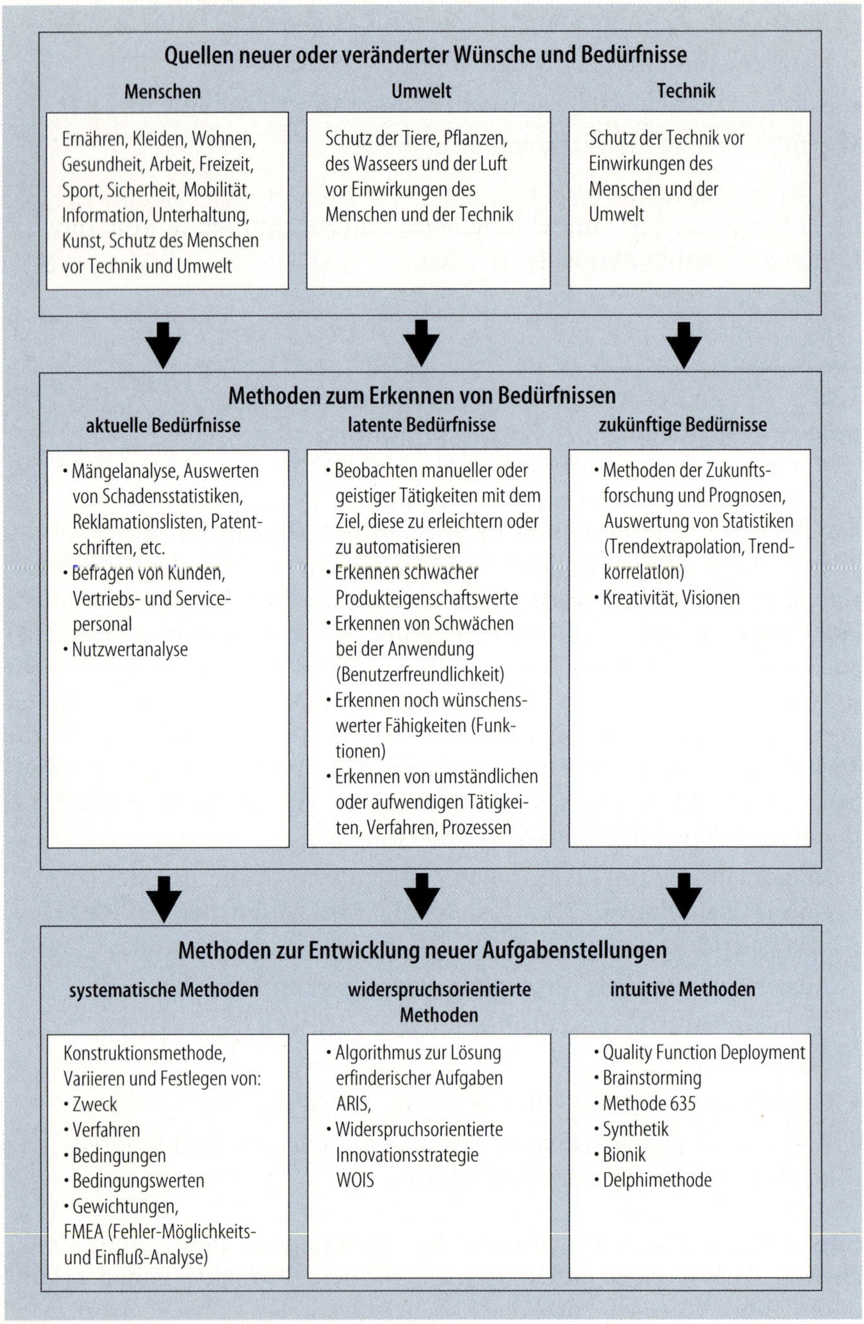

Quellen neuer oder veränderter Wünsche und Bedürfnisse

Menschen	Umwelt	Technik
Ernähren, Kleiden, Wohnen, Gesundheit, Arbeit, Freizeit, Sport, Sicherheit, Mobilität, Information, Unterhaltung, Kunst, Schutz des Menschen vor Technik und Umwelt	Schutz der Tiere, Pflanzen, des Wasseers und der Luft vor Einwirkungen des Menschen und der Technik	Schutz der Technik vor Einwirkungen des Menschen und der Umwelt

▼ ▼ ▼

Methoden zum Erkennen von Bedürfnissen

aktuelle Bedürfnisse	latente Bedürfnisse	zukünftige Bedürfnisse
• Mängelanalyse, Auswerten von Schadensstatistiken, Reklamationslisten, Patentschriften, etc. • Befragen von Kunden, Vertriebs- und Servicepersonal • Nutzwertanalyse	• Beobachten manueller oder geistiger Tätigkeiten mit dem Ziel, diese zu erleichtern oder zu automatisieren • Erkennen schwacher Produkteigenschaftswerte • Erkennen von Schwächen bei der Anwendung (Benutzerfreundlichkeit) • Erkennen noch wünschenswerter Fähigkeiten (Funktionen) • Erkennen von umständlichen oder aufwendigen Tätigkeiten, Verfahren, Prozessen	• Methoden der Zukunftsforschung und Prognosen, Auswertung von Statistiken (Trendextrapolation, Trendkorrelation) • Kreativität, Visionen

▼ ▼ ▼

Methoden zur Entwicklung neuer Aufgabenstellungen

systematische Methoden	widerspruchsorientierte Methoden	intuitive Methoden
Konstruktionsmethode, Variieren und Festlegen von: • Zweck • Verfahren • Bedingungen • Bedingungswerten • Gewichtungen, FMEA (Fehler-Möglichkeits- und Einfluß-Analyse)	• Algorithmus zur Lösung erfinderischer Aufgaben ARIS, • Widerspruchsorientierte Innovationsstrategie WOIS	• Quality Function Deployment • Brainstorming • Methode 635 • Synthetik • Bionik • Delphimethode

Bild 12.1 a Wege zur Innovation technischer Produkte: Quellen neuer oder veränderter Wünsche und Bedürfnisse (Zeile 1), Methoden zum Erkennen von Bedürfnissen (Zeile 2), Methoden zur Entwicklung neuer Aufgabenstellungen (Zeile 3), Fortsetzung s. S. 514

zeugmaschinen. In Bild 12.1, Zeile 1, sind wesentliche Bedarfsquellen zusammengefaßt.

Bedarf läßt sich durch Marktanalysen, Trendermittlungen, Trendprognosen und Zukunftsforschungen mehr oder weniger zutreffend prognostizieren.

Bedürfnisse lassen sich beispielsweise dadurch feststellen, daß man beobachtet, welche manuellen oder geistigen Arbeiten von Menschen mehr oder weniger zuverlässig ausgeführt werden, mit dem Ziel, diese mittels technischer Produkte zu erleichtern, zu verbessern und diese teilweise oder voll zu automatisieren. Man findet so möglicherweise einen sinnvollen (neuen) Zweck zur Entwicklung einer neuen Produktart, für welche bis dahin noch keine technischen Lösungen bekannt sind. So kann man sich beispielsweise das Erkennen des Bedarfs, welcher zur Entwicklung des ersten wassergetriebenen Hammerwerks, des ersten Automobils, des ersten Regensensors für Scheibenwischanlagen oder elektronischer Zahlungsmittel führte, entstanden denken.

Durch Zukunftsprognosemethoden, Kundenbefragung, Befragung des Servicepersonals oder durch Auswerten von Mängelrügen lassen sich ebenfalls Bedürfnisse aufspüren. In Bild 12.1, Zeile 2, sind weitere Methoden zum Aufspüren von Bedürfnissen stichwortartig zusammengefaßt. Des weiteren wird auf die umfangreiche Literatur zum Thema „Marktprognosen" hingewiesen [109].

12.2
Innovationsanstöße durch Entwickeln von Aufgabenstellungen

Ist ein Bedarf erkannt, für welchen es sinnvoll ist, ein Produkt neu oder weiter zu entwickeln, so ist in einem weiteren Innovationsschritt eine entsprechende Aufgabenstellung (Pflichtenheft) zu formulieren. Praktische Aufgabenstellungen setzen die Kenntnis über den Zweck, den das zu entwickelnde Produkt erfüllen soll und das Verfahren, mit welchem dieser Zweck erfüllt werden soll, meist als bekannt voraus. Für eine theoretische, vollständige Aufgabenstellung sind der „Zweck, den ein Produkt erfüllen soll" und das „Verfahren, das ein Produkt realisieren soll", ein wesentlicher Bestandteil, auch wenn diese in der Praxis meist nicht schriftlich in einer Aufgabenstellung genannt werden.

Eine vollständige Aufgabenstellung enthält somit folgende Informationen:

- den Zweck (oder die Zwecke), welchen das zu konstruierende Produkt erfüllen soll,
- das Verfahren, mit welchem dieser Zweck erfüllt werden soll und
- die Bedingungen (Forderungen, Restriktionen), welche das für ein bestimmtes Verfahren zu entwickelnde Produkt erfüllen soll.

Methoden zur Entwicklung neuer Aufgabenstellungen

systematische Methoden	widerspruchsorientierte Methoden	intuitive Methoden
Konstruktionsmethode, Variieren und Festlegen alternativer: • elementarer Konstruktionsmittel (Funktionen, Effekte, Effektträger, Gestalt, Oberflächen) • komplexer Konstruktionsmittel (Maschinenelemente, Baugruppen) • Fertigungsverfahren	• Algorithmus zur Lösung erfinderischer Aufgaben ARIS, • Widerspruchsorientierte Innovationsstrategie WOIS	• Quality Function Deployment • Brainstorming • Methode 635 • Synthetik • Bionik • Delphimethode

Methoden zur Prüfung des vorraussichtlichen Produkterfolgs

technische Eigenschaften	wirtschaftliche Eigenschaften	Kundenakzeptanz
Vergleich von Wirkungsgrad, Leistung, Geschwindigkeit, Kraft, Zuverlässigkeit, Lebensdauer, Bauvolumen, etc.	Vergleich von Entwicklungs-, Herstell-, Betriebs-, Recycling- und sonstigen Kosten, Produktpreis, etc.	Kundenbefragung, Kundenbeobachtung, Marktanalysen, Markttest, Marktsimulation, psychologische Tests, Benchmarking

Methoden zur erfolgreichen Vermarktung von Produkten

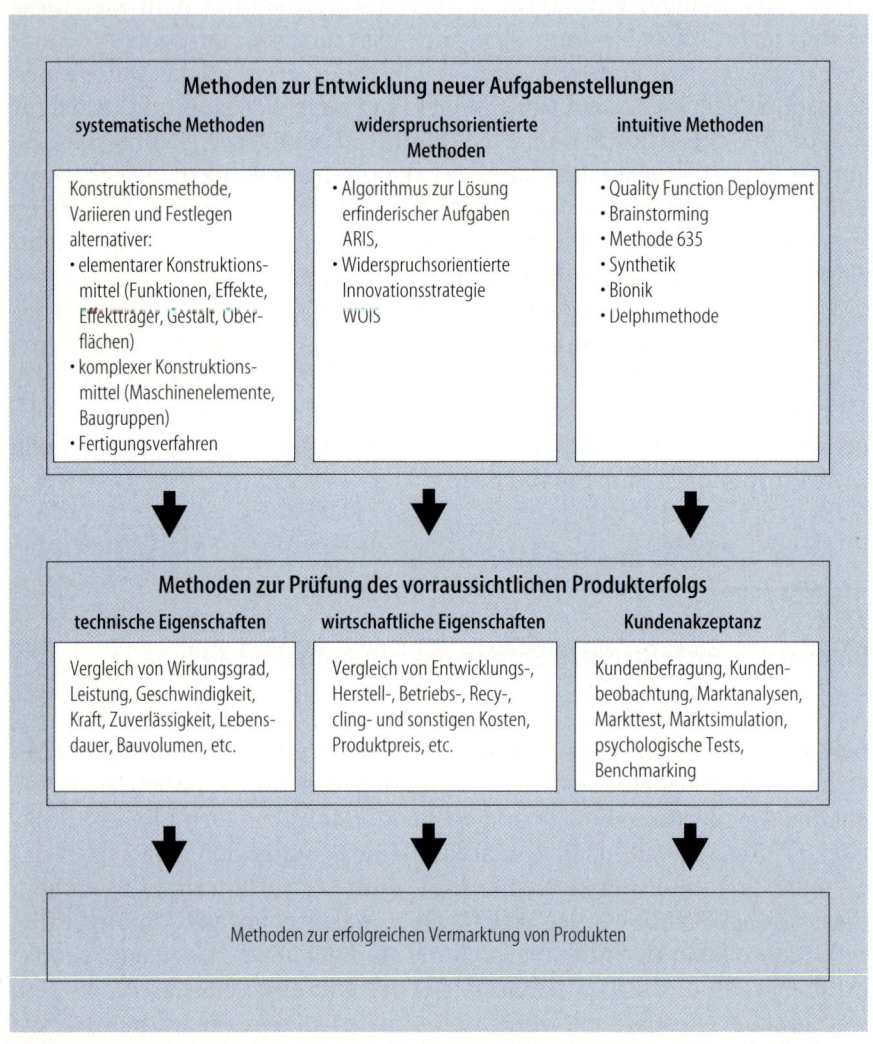

Bild 12.1 b Wege zur Innovation technischer Produkte (Fortsetzung): Methoden zur Entwicklung neuer oder anderer Produkte (Zeile 4), Methoden zur Prüfung des voraussichtlichen Produkterfolgs (Zeile 5), Methoden zur erfolgreichen Vermarktung von Produkten (Zeile 6)

12.2 Innovationsanstöße durch Entwickeln von Aufgabenstellungen 515

Ändert man die Zweckformulierung, das Verfahren oder eine Bedingung einer Aufgabenstellung, so hat dies ein anderes Produkt zur Folge. Dieses besagt, daß man Wege zu neuen Produkten finden kann, durch

- lösungsunabhängige Formulierung eines Zwecks,
- Anwenden oder Entwickeln eines anderen Verfahrens,
- Vorgeben vorteilhafter, anderer Eigenschaften, Eigenschaftskombinationen und/oder Eigenschaftswerte (Bedingungen).

Aus dem Bedarf läßt sich der Zweck eines technischen Produkts formulieren: Der Zweck ist die Folge eines bestimmten Bedarfs (Zweck = f(Bedarf)). Ein Zweck kann lösungsabhängig oder lösungsunabhängig formuliert sein. In der Praxis werden Zwecke fälschlicherweise meistens nicht lösungsneutral formuliert. Dadurch wird die Lösungsvielfalt wesentlich eingeschränkt. Hingegen läßt sich durch eine lösungsunabhängige Zweckformulierung die Voraussetzung für eine größere Lösungsvielfalt und somit andere Lösungen schaffen.

Ferner kann man durch die Wahl oder Entwicklung eines anderen Verfahrens zu anderen, möglicherweise innovativen Produkten gelangen. Beispielsweise kann man zwei Gewebeenden dadurch miteinander verbinden, daß man diese verwebt, verklebt oder möglicherweise verschweißt. Entsprechend hat man dann eine Nahtweb-, Klebe- oder Schweißmaschine zur Verbindung von Gewebeenden zu entwickeln. Andere Verfahren bedingen andere Produkte zu deren Durchführung. Die Entwicklung technischer Verfahren läßt sich ihrerseits intuitiv oder mit konstruktionsmethodischen Mitteln durchführen.

Neue vorteilhafte Produkteigenschaften lassen sich beispielsweise durch Befragungsaktionen, Zukunftsforschung oder durch Vereinen der vorteilhaften Eigenschaften (Kombinieren) von unterschiedlichen (konkurrierenden) Produkten in einem neu zu konstruierenden Produkt, ermitteln; wobei die nachteiligen Eigenschaften der „Vorbild-Produkte" möglichst zu vermeiden sind. Ein besonders häufiger Auslöser von Produktinnovationen sind wettbewerbsbedingte Senkungen von Herstell-, Betriebs- oder/und Wartungskosten. In Bild 12.1, Zeile 3, sind verschiedene Methoden zum Finden von Zwecken, Eigenschaften und Eigenschaftswerten stichwortartig zusammengestellt.

12.3
Innovationsanstöße durch Variieren von Konstruktionsmitteln oder Fertigungsverfahren

Eine wesentliche Erkenntnis der Konstruktionsforschung besagt, daß technische Produkte ausschließlich durch Funktions-, Effekt-, Effektträger-, Gestalt- und Oberflächenparameter bestimmt werden. Entsprechend gilt die für Innovationsanstöße wichtige Folgerung:

Alternative Lösungen für technische Aufgabenstellungen lassen sich durch Funktions-, Effekt-, Effektträger-, Gestalt- und Oberflächenparametervariationen angeben. Mit anderen Worten, zu bereits bekannten Aufgabenstellungen lassen sich möglicherweise neue, innovative Lösungen angeben durch Anwenden alternativer

- Funktionen oder Funktionsstrukturen
- Effekte oder Effektstrukturen
- Effektträger (Werkstoffe) oder Effektträgerstrukturen
- Gestaltparameterwerte oder Gestaltstrukturen
- Oberflächen oder Oberflächenstrukturen.

Andere Lösungen lassen sich auch durch Anwenden alternativer komplexer Gebilde, wie Maschinenelemente und Baugruppen finden. In Bild 12.1, Zeile 4, sind diese Mittel in der linken Spalte nochmals stichwortartig zusammengefaßt. Ferner wird in der mittleren und rechten Spalte (s. Bild 12.1, Zeile 4) auf weitere Mittel zur Erzeugung von Innovationsanstößen hingewiesen. Ausführungen zu diesen Methoden finden sich in der Literatur [3, 4].

In Bild 12.1, Zeile 5, sind ferner noch verschiedene Methoden zur Prüfung des voraussichtlichen Produkterfolgs genannt. Diese Methoden basieren im wesentlichen darauf, die für einen Produkterfolg wesentlichen Eigenschaften von Produktalternativen zu wählen, diese zu bewerten und zu vergleichen, um so möglichst objektiv festzustellen, welche Alternative die optimale bzw. innovative Lösung ist, welche höchstwahrscheinlich einen Markterfolg haben wird.

Zusammenfassend läßt sich sagen, daß Anstöße zu neuen, innovativen Produkten durch Erkennen eines neuen Bedarfs, durch eine andere, lösungsneutrale Zweckformulierung, durch Entwickeln oder Wählen eines anderen Verfahrens, anderer Bedingungen oder Bedingungswerte, durch Anwenden anderer Funktionen, Effekte, Effektträger, Gestaltvarianten und/oder Oberflächen oder durch Ändern deren Strukturen entstehen können. Bild 12.2 zeigt exemplarische Lösungen, welche man

12.3 Variieren von Konstruktionsmitteln oder Fertigungsverfahren

1. Lösungen, welche erstmals neue Zwecke verwirklichen

2. Lösungen, welche andere Verfahren anwenden

3. Lösungen, welche erstmals andere Bedingungen erfüllen

4. Lösungen, welche andere Funktionen oder Funktionsstrukturen anwenden

5. Lösungen, welche andere Effekte oder Effektstrukturen anwenden

6. Lösungen, welche andere Effekte oder Effektträgerstrukturen anwenden

7. Lösungen, welche andere Gestaltvarianten anwenden

8. Lösungen, welche andere Oberflächen anwenden

Bild 12.2 Produktinnovation durch Finden neuer Zwecke (1), durch Finden neuer oder Anwenden anderer Verfahren (2), durch Aufzeigen sinnvoller anderer Bedingungen (3), durch Anwenden anderer Funktionen oder Funktionsstrukturen (4), durch Anwenden anderer Effekte oder Effektstrukturen (5), durch Anwenden anderer Effektträger oder Effektträgerstrukturen (6), durch Anwenden anderer Gestaltvarianten (7) und/oder anderer Oberflächen (8).

1. andere Arten von Gestaltelementen	
2. andere Formen	
3. andere Abmessungen	
4. andere Abstände	
5. andere Verbindungsstrukturen	
6. andere Anzahl	
7. andere Reihenfolge	
8. andere Lagen	
9. andere Werkstofflagen	
10. Links-/Rechtsausführungen	

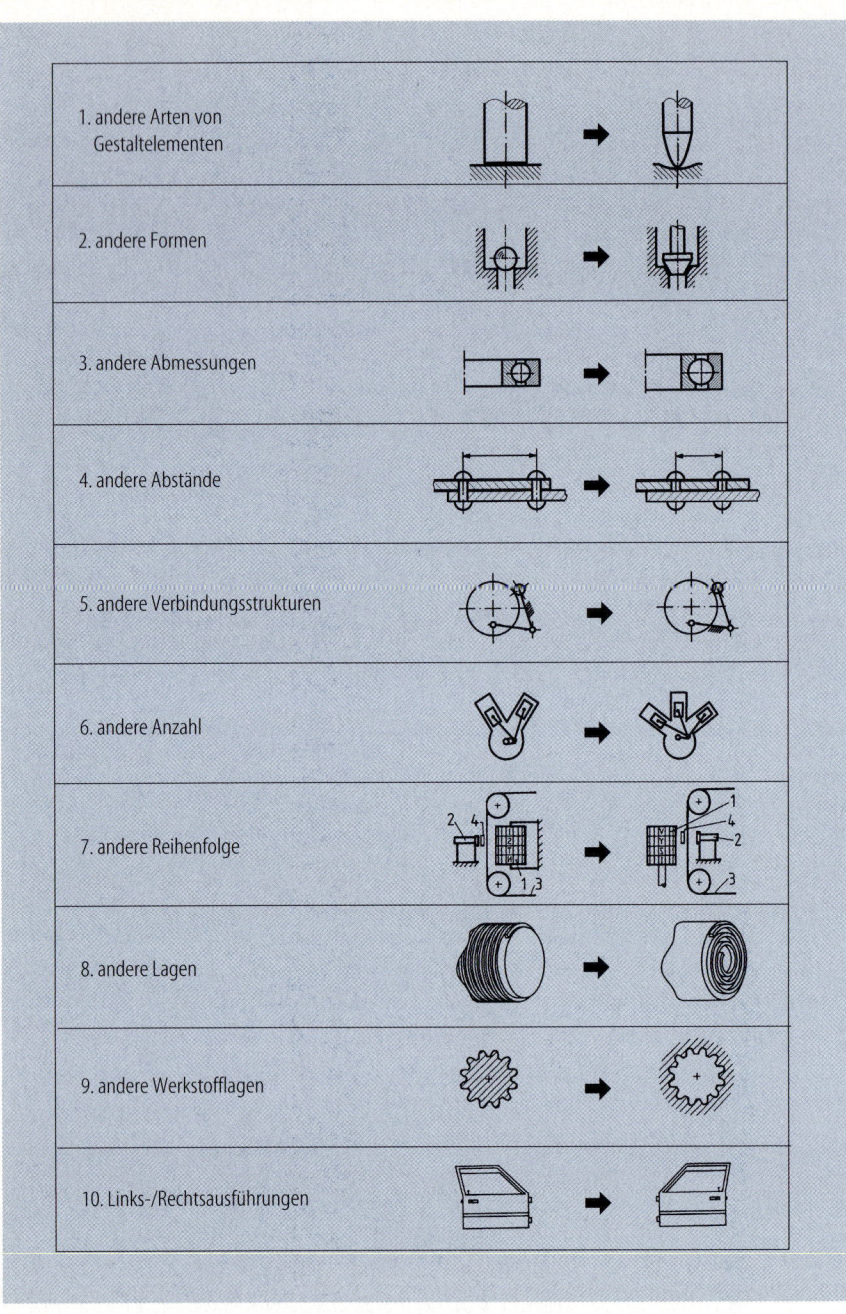

Bild 12.3 Produktinnovation durch Entwickeln von Gestaltalternativen, durch Anwenden einer anderen Art von Gestaltelementen (1), anderer Oberflächenformen (2), Abmessungen (3), Abstände (4), Verbindungsstrukturen (5), Zahl an Elementen, Bauteilen, Baugruppen usw. (6), Reihenfolge (7), Lage bzw. Anordnung (8), Werkstofflage (9), Links- oder Rechtsausführung (10).

sich durch einen anderen, neuen Zweck, durch Anwenden eines anderen Verfahrens, durch Hinzufügen oder Entfallen von Bedingungen, Anwenden anderer Funktionen, anderer Effekte, anderer Effektträger, anderer Gestaltvarianten und/oder anderer Oberflächen entstanden denken kann. Bild 12.3 zeigt noch weitere alternative Lösungen, entstanden durch Variation der Parameter, Art der Gestaltelemente, Form sowie Abmessungen von Wirkflächen, Abstandsänderung, Variation der Verbindungsstruktur, Zahl, Reihenfolge, Lage von Gestaltelementen, Lage des Werkstoffs bezüglich der Wirkflächen sowie durch Spiegelung (Rechts-Linksausführung bzw. für Links- und Rechtshänder) von Baugruppen.

Zu neuen bzw. anderen Lösungen kann man schließlich auch noch durch Anwenden anderer Fertigungsverfahren gelangen. Andere Fertigungsverfahren bedingen andere, möglicherweise innovative Gestaltvarianten. Beispiel: punkt- oder lasergeschweißte Karosserien; durch Anwenden von Laserschweißverfahren lassen sich beispielsweise noch leichtere und steifere Karosserien herstellen (s. Bild 10.10 a–c). Durch Anwenden anderer, kostengünstigerer Fertigungsverfahren (Druckgießen, Kunststoffspritzgießen oder Stanzen) und anderer Mittel, lassen sich beispielsweise kostengünstigere, innovative CD-Player oder andere innovative Produkte entwickeln.

12.4 Zusammenfassung

Man erhält Innovationsanstöße durch
- Erkennen eines neuen Bedarfs,
- lösungs- und verfahrensunabhängige (lösungsneutrale) Formulierung von Zwecken, für welche Produkte entwickelt werden sollen,
- Wählen oder Erfinden anderer, alternativer Verfahren; andere Verfahren bedingen in Folge andere Produkte zu deren Realisierung,
- Vorgabe anderer Forderungen bzw. Eigenschaften und/oder Eigenschaftswerte für ein bekanntes Produkt bzw. eine bekannte Produktart; Kombinieren vorteilhafter Eigenschaften konkurrierender Produkte,
- Anwenden alternativer Konstruktionselemente (d.h., Anwenden alternativer Funktionen, Effekte, Effektträger, Gestaltvarianten oder Oberflächen oder alternativer Strukturen dieser Konstruktionselemente;

Anwenden alternativer Maschinenelemente oder Baugruppen) zur Lösung bestimmter Aufgaben sowie
- Anwenden alternativer Fertigungsverfahren.

In Bild 12.1 a–b sind die genannten Mittel und Wege zu Innovationsanstößen für neue Produkte übersichtlich zusammengefaßt.

12.5
Beispiele

Als Beispiele für die vorangegangenen theoretischen Ausführungen mögen die von Prof. B. Wulfhorst, anläßlich einer Tagung im November 1996 in Aachen, genannten damals aktuellen Entwicklungsthemen aus dem Bereich Textiltechnik gelten. So wurden als *Beispiele für neue Bedürfnisse*, die Entwicklung von Verfahren und Produkten zur Herstellung von Faserverbundwerkstoffen textiler Bewehrungen für Betonplatten sowie zur Herstellung von Geo- und medizinischen Textilien genannt.

Als *Beispiele zur Steigerung von Forderungen* bzw. *Verbesserungen von Eigenschaftswerten* bereits existierender Maschinenarten wurden ferner genannt:

- Baumwollerntemaschinen, welche mehr Pflanzen- und Schmutzanteil aus der geernteten Baumwolle entfernen; Egreniermaschinen zum besseren Reinigen von Fasern und geringerer Faserschädigung;
- Vorbereitungsmaschinen zur Fasergarnherstellung mit weniger Schlagstellen, besserer Reinigung und weniger Faserschädigungen;
- Spinnmaschinen mit höherem Automatisierungsgrad, höhere Wirtschaftlichkeit, Verringerung der Passagenanzahl und höherer, reproduzierbarer Garnqualität;
- automatisierte Webmaschinen mit höherer Leistung, geringere Rüstzeiten und reproduzierbaren Maschineneinstellungen;
- Lufteintragsverfahren für feinere sowie gröbere Schußfäden;
- wirtschaftliche Verfahren und Maschinen zur Herstellung von Vliesstoffen mit geringerem Vliesgewicht (< 10 g/m^2) beispielsweise für Hygieneartikel;
- Weiterentwicklung des Luftlegeverfahrens mit hoher Vliesgleichmäßigkeit;

- Verringerung des Nadelverschleisses bei Maschenwarenherstellungsmaschinen;
- Textilveredlungsmaschinen mit genaueren Prozeßkontrollen durch Online-Sensoren, geringerem Wasser-, Energie- und Chemikalienverbrauch;
- Entwicklung neuer Verfahren und Textilveredlungsmaschinen, welche keine ökologisch schädlichen Chemikalien benötigen;
- Konfektionsmaschinen mit reduzierten manuellen Tätigkeitsanteilen (Automatisierung von Nähprozessen);
- verbessern der faser- und fadenkontaktierenden Maschinenelemente bezüglich Verschleißbeständigkeit und Faserschonung.

Patentwesen, methodisches Konstruieren und Erfinden 13

Patentgesetze dienen dem Schutze geistigen Eigentums. Das erste Patentgesetz wurde im Jahr 1474 vom Senat in Venedig erlassen. Erste Patente wurden bereits ca. 60 Jahre vor Erlaß dieses ersten Patentgesetzes in Florenz und Venedig erteilt. Dieses in Venedig erlassene, erste Patentgesetz trägt bereits alle Merkmale heutiger patentrechtlicher Regelungen. Das erste deutsche Patentgesetz stammt aus dem 19. Jahrhundert. Die intensive Erforschung von Konstruktionsprozessen begann in Europa erst in den 60er Jahren dieses Jahrhunderts. Patentgesetze entstanden demnach lange vor den Erkenntnissen neuerer Konstruktionslehren.

Es erscheint daher reizvoll zu fragen, „was tun Konstrukteure und Erfinder, wenn sie ein neues Produkt konstruieren"? Aus welchen Tätigkeiten bestehen Konstruktionsprozesse? Aus welchen Elementen sind technische Produkte aufgebaut? Diese und ähnliche Fragen wurden in den vergangenen dreißig Jahren weltweit intensiv erforscht. Man kennt inzwischen Elemente, aus welchen technische Produkte gebildet werden und die Konstruktionstätigkeiten zur Synthese von Produkten. Kann man mit den in dieser Zeit gewonnenen Erkenntnissen „erfinden"? Kann man Schutzwürdiges und nicht Schutzwürdiges besser beschreiben und voneinander abgrenzen? Kann man mit diesen neuen Erkenntnissen die Prüfung obengenannter Kriterien präzisieren? Kann man durch methodisches Konstruieren auch erfinden? Kann man Erfindungstätigkeiten beschreiben, programmieren und folglich auch mit Rechnern „durchführen"? Kann die „Tätigkeit des Erfindens" und mithin, was schutzwürdig oder nicht schutzwürdig ist, eventuell neu definiert werden? Es scheint deshalb sinnvoll, über die Tätigkeit des „Erfindens" und über die „Schutzwürdigkeit" technischer Lösungen erneut nachzudenken und zu versuchen, Antworten auf diese Fragen zu finden.

13.1
Schutzwürdigkeit technischer Lösungen

Nach §1 des gültigen Patent- und Erfindungsrechtes sind technische Lösungen schutzwürdig, wenn sie „neu" sind, auf „erfinderischen Tätigkeiten" beruhen und „gewerblich anwendbar" sind. Die Schutzwürdigkeit wird im wesentlichen anhand der Kriterien „ist eine Lösung neu?" und „konnte sie nur mittels *erfinderischer Tätigkeiten* gefunden werden?" geprüft. Ältere Rechtsauffassungen sahen statt der „gewerblichen Anwendbarkeit" die Prüfung der „Fortschrittlichkeit" von Lösungen vor. Das letztgenannte Kriterium wird, obwohl es keine rechtliche Verbindlichkeit mehr hat, häufig noch mit in die Betrachtungen bei Schutzwürdigkeitsprüfungen einbezogen.

Ob eine Lösung „neu", „gewerblich anwendbar" und „fortschrittlich" ist, kann meist objektiv belegt werden. Hingegen ist die Feststellung, ob eine Lösung durch eine „erfinderische Tätigkeit" gefunden werden konnte bzw. „Erfindungshöhe" besitzt, meist nur subjektiv zu treffen. Die Folge sind oft zeit- und kostenaufwendige Feststellungen der Erfindungshöhe und nicht selten langwierige Prozesse zur Klärung der Schutzwürdigkeit technischer Lösungen oder von Verletzungsfragen bezüglich geschützter Lösungen.

13.2
Konstruktionselemente und Konstruktionsprozeß

Aufgrund von Erkenntnissen der Konstruktionsforschung ist inzwischen das Verständnis über die Elemente, aus welchen technische Produkte zusammengesetzt werden, und über die Tätigkeiten, ihre Variation und Festlegung wesentlich erweitert worden. Demnach kann man fünf verschiedene Arten von Konstruktionselementen bzw. fünf Konstruktionsparameterarten unterscheiden, durch welche technische Produkte festgelegt werden. Dieses sind, die Strukturen von

- elementaren Tätigkeiten (Funktionen)
- physikalischen Effekten
- Effektträgern (Werkstoffe, Flüssigkeiten, Gase, Plasmen, Räume)
- Gestaltelementen (Ecke/Spitze, Kante, Teiloberfläche, Bauteil usw.) und
- technischen Oberflächen,

aus welchen technische Produkte zusammengesetzt sind. Eine Lösung zu finden oder ein technisches Produkt zu konstruieren heißt folglich, eine Funktionsstruktur durch die zu wählende Art, Anzahl und Verknüpfung der Funktionen so festzulegen, daß eine Tätigkeitsstruktur zustandekommt, die den Zweck und die sonstigen Bedingungen einer bestimmten Aufgabenstellung zu erfüllen vermag. Parameter einer Funktionsstruktur sind demnach die Art, die Zahl und die Art der Verknüpfung der Funktionen zu einer Struktur.

Eine Lösung zu finden, heißt ferner, geeignete physikalische Effekte (Art, Anzahl) zu wählen und diese so zu einer Struktur zu verknüpfen, daß sie die genannten Funktionen oder die Funktionsstruktur bzw. die Aufgabenstellung zu realisieren vermögen. Qualitative und quantitative Parameter einer Effektstruktur sind die Art, die Zahl und die Verknüpfung (Struktur) der Effekte, die Energieart, die Leistung, die Kraft, die Geschwindigkeit usw.

Konstruieren oder eine Lösung zu finden heißt des weiteren, geeignete Effektträger (Art, Anzahl) zu wählen und diese so zu strukturieren (verknüpfen), daß sie die ihnen zugedachten Funktionen realisieren und sonstige Bedingungen zu erfüllen vermögen. Parameter sind die Art, die Zahl und die Struktur der Effektträger.

Konstruieren heißt ferner, Effektträger (Werkstoffe usw.) so zu gestalten, daß sie die ihnen zugedachten Funktionen realisieren und sonstige Bedingungen erfüllen können. Gestaltparameter sind die Zahl, die Lage, die Reihenfolge, die Längen- und Winkelabstände, die Werkstofflage und die Verbindungsstruktur der Gestaltelemente. Gestaltelemente können Punkte, Linien, Teiloberflächen, Bauteile und Baugruppen sein.

Konstruieren heißt schließlich noch, Oberflächen von Bauteilen so festzulegen, daß sie die ihnen zugedachten Funktionen zu realisieren und die sonstigen Bedingungen (z. B. „fertigungsgerecht") zu erfüllen vermögen. Parameter technischer Oberflächen können die Rauhtiefe, der Härtegrad, die Art der Beschichtung (Werkstoff), die Schichtdicke usw. sein.

Technische Produkte lassen sich folglich durch Variieren und Festlegen der genannten qualitativen und quantitativen Parameterwerte konstruieren oder erfinden. Unter Variieren und Festlegen von Funktionsstruktur-, Effektstruktur-, Effektträgerstruktur-, Gestalt- und Oberflächenparameterwerten versteht man die Möglichkeit, technischen Gebilden bestimmte Eigenschaften zu geben, zu nehmen oder ihre Eigenschaftswerte zu verändern (zu verbessern) und zwar durch sinnvolles Wählen von qualitativen und/oder quantitativen Werten o. g. Parameterarten.

13.3
Eigenschaften technischer Produkte

Technische Produkte tun etwas, sie führen Tätigkeiten (Funktionen) aus und besitzen ferner Eigenschaften. So kann ein Produkt beispielsweise eine Drehzahl verkleinern (= Tätigkeit) und eine bestimmte Lebensdauer (= Eigenschaft) besitzen. Beim Konstruieren werden primär die Werte obengenannter Parameter festgelegt. Aus diesen ergeben sich dann die Tätigkeits- und Eigenschaftswerte der betreffenden Produkte.

Durch Festlegen der Werte o.g. Parameter werden mittelbar alle Fähigkeiten und Eigenschaften eines Produkts festgelegt.

Ein Konstrukteur vermag beispielsweise die Leistung eines Verbrennungsmotors nicht unmittelbar zu konstruieren, vielmehr legt er die Gestalt (Abmessungen, Form usw.), den Werkstoff für die Motorenteile sowie andere Parameterwerte nach Möglichkeit so fest, daß sich aufgrund dieser Festlegungen ein Motor gewünschter Leistung (Gebrauchseigenschaft) ergibt.

Die Funktionen (Fähigkeiten/Tätigkeiten), Eigenschaften und Eigenschaftswerte eines Produkts (EW) sind eine Folge (f) der ein Produkt bestimmenden qualitativen und quantitativen

- Funktionsstruktur-Parameterwerte (FS)
- Effektstruktur-Parameterwerte (ES)
- Effektträgerstruktur-Parameterwerte (ETS)
- Gestalt-Parameterwerte (GE) und
- Oberflächen-Parameterwerte (OB).

Technische Produkte, deren Funktionen und Eigenschaften werden durch Festlegung dieser Parameter bestimmt.

13.4
Neuheit von Lösungen

Patentlösungen sind Lösungen wie andere technische Lösungen auch. Aus Sicht der Konstruktionslehre gilt für diese alles bisher über technische Systeme Gesagte. Technische Lösungen, so auch Patentlösungen, sind Produkte, welche durch sie beschreibende Parameterwerte festgelegt (bestimmt) werden. Diese, ein Produkt beschreibenden Parameterwerte, werden vom Erfinder (Konstrukteur) festgelegt. Parameterwerte sind die das betreffende Produkt bestimmenden Funktionen (Fähigkeiten) und die Funktionsstruktur, bestimmte physikalische Effekte zur Realisierung von Tätigkeiten, bestimmte Effektträger bzw. Werkstoffe und Oberflächen, bestimmte Gestalt (beschrieben durch eine Vielzahl von Gestaltparameterwerten) und bestimmte energetische Zustände (s. Bilder 12.2 und 12.3). Patentlösungen bestehen aus den gleichen Konstruktionselementen wie andere technische Lösungen auch, von welchen einige geschützt sind. Ist eine technische Lösung eine Patentlösung, besagt dies nur, daß diese „neu und gewerblich anwendbar" ist, und daß zu deren Entwicklung eine „erfinderische Tätigkeit" notwendig war.

Ob eine Lösung neu oder nicht neu ist, läßt sich mit den Mitteln der Konstruktionsmethodik in der Weise feststellen, daß man prüft, ob die bei dieser Lösung angewandten Funktionen oder/und Funktionsstrukturen (Schaltpläne), Effekte oder/und Effektträger oder deren Strukturen und Effektträgerstrukturen, Oberflächen- und/oder Gestaltparameterwerte neu sind, d. h. bei den bis dato existierenden Lösungen (Stand der Technik) noch nicht vorhanden sind oder mit diesen übereinstimmen.

Zwei Lösungen bestimmten Zwecks können sich nur bezüglich dieser Parameter unterscheiden. Beispielsweise können Druckwerke mittels einer Funktion A (z. B. Fügen) oder mittels einer Funktion B (z. B. Wandeln) einen bestimmten Zweck bewirken, d. h. beispielsweise Tinte mit Papier fügen (verbinden) oder die optischen Eigenschaften (Absorption, Reflexion, Durchlässigkeit etc.) von Papier (Holz, Stahl etc.) vergrößern, verkleinern oder wandeln. D. h., Druckverfahren lassen sich auf Basis der Operation „Fügen von Stoffen" und/oder der Operationen „Vergrößern, Verkleinern oder Wandeln einer optischen Stoffeigenschaft", finden (erfinden). Produkte können sich ferner bezüglich der angewandten physikalischen Effekte (Prinzipien) unterscheiden. So können sich beispielsweise Antriebe bezüglich der angewandten physikalischen Phänomene unterscheiden. Ein Antrieb kann beispielsweise den Effekt „Wärmedehnung" oder den „Piezo-Effekt" nutzen. Bild 12.2, Zeile 4 und 5 zeigen hierzu weitere Beispiele.

Um ein Scharnier (= Drehführung eines Deckels oder einer Tür etc.) zu realisieren, kann man einen bestimmten Kunststoff, Gummi, Leder oder einen anderen geeigneten Effekt und Effektträger (Werkstoff) nutzen.
Zur Verwirklichung einer Ventilsitzfläche kann man alternativ kugel-, kegelförmige oder ebene (u.a.) Flächenformen bzw. unterschiedliche Gestaltvarianten von Bauteilen wählen und so den gleichen Zweck (Durchlassen/Leiten oder Sperren/Isolieren eines Flüssigkeits- oder Gasstroms)

mittels verschiedener Gestaltparameterwerte erreichen. Mit anderen Worten: auch Patent- und Umgehungslösungen können sich nur in Werten o. g. Konstruktionsparameterarten unterscheiden. Bild 12.2, Zeile 6 und Bild 12.3, Zeile 2 zeigen hierzu weitere Beispiele.

Zu jeder technischen Lösung gehört eine bestimmte Aufgabenstellung; ohne Aufgabenstellung keine Lösung. Eine technische Lösung gilt dann als neu, wenn diese eine *neue,* bis dato unbekannte Aufgabe löst. Aufgabenstellungen bestehen nur aus Zweckbeschreibungen und Forderungen. Welchen Zweck oder welchen Zwecken soll ein zu „erfindendes" Produkt dienen und welchen Forderungen hat es dabei zu genügen? Eine Aufgabenstellung kann also dann als neu gelten, wenn diese neue Zwecke aufzeigt, welchen ein zu entwickelndes Produkt dienen soll. Beispielsweise dem Zweck, Bildinformationen von einem Ort A nach B zu übermitteln. Eine Aufgabenstellung kann auch dann als neu gelten, wenn diese neue (weitere) Forderungen nennt (z. B. eine Kaffeemaschine unter Weltraumbedingungen) unter Berücksichtigung derer ein Produkt bestimmte Zwecke erfüllen soll.

Eine Lösung gilt ferner als neu, wenn diese eine bekannte technische Aufgabenstellung mit bis dato noch nicht angewandten Konstruktionsmitteln (Konstruktionselementen/technischen Mitteln) löst, wenn diese Mittel nicht „naheliegende, äquivalente Mittel" sind. D. h. beispielsweise, wenn in einem System ein Flach- durch einen Zahnriementrieb ersetzt wird, gilt eine solche Änderung als Anwendung naheliegender, äquivalenter Mittel und folglich als nicht schutzwürdig, obgleich nicht nur Gestaltparameterwerte, sondern auch das benutzte physikalische Prinzip gewechselt wurde. Würde jemand hingegen statt des Impuls- (Kreiseleffekt) den Doppler-Effekt zum Bau von Navigationsgeräten, oder den Laser-Effekt statt des Lichtbogens zum Bau von Schweißmaschinen anwenden, so würde man dafür wahrscheinlich problemlos einen Patentschutz erhalten, obgleich in beiden Fällen die gleiche Konstruktionsregel zum Finden einer alternativen Lösung benutzt wurde.

Dieses scheinbar subjektive Entscheiden läßt sich reglementieren: im ersten Fall (Antrieb) existierten für diesen Wechsel des physikalischen Prinzips bereits entsprechende bekannte Maschinenelemente, im zweiten Fall (Navigationsgerät) müssen solche erst anhand der Wahl des Effekts geschaffen werden.

Eine Lösung ist ferner dann neu, wenn diese bis dato nicht angewandte Funktionen oder Funktionsstrukturen, Effekte und/oder Effektstrukturen, Effektträger (Werkstoffe) und/oder Effektträgerstrukturen, Oberflächen und/oder Gestaltvarianten erstmals offenbart und nutzt, um eine bestimmte Aufgabe zu lösen. Entsprechend lassen sich Patentlösungen auf Gleichheit prüfen, indem man untersucht, ob diese zur Lösung einer bestimmten Aufgabe gleiche Parameterwerte nutzen.

Die Anwendung einer bis dahin noch nicht genutzten Funktion, eines physikalischen Effekts, Effektträgers oder/und einer Gestaltvariante zur Lösung einer bestimmten Aufgabenstellung (Zwecks), ist ein Weg, um zu neuen Lösungen zu gelangen. Man denke beispielsweise an die Anwendung des Doppler-Effekts zum Bau von Navigationsgeräten, des Laser-Effekts zum Bau von Schweiß- und Schneidemaschinen oder die Anwendung des Piezo-Effekts oder eines Lichtbogens (Funkenüberschlag) zum Bau von „Bubble-jet"-Druckwerken.

Zusammenfassend können aus Sicht der Konstruktionslehre Lösungen, bezogen auf den „Stand der Technik", als „anders" (neu) bezeichnet werden, wenn diese

- neue Aufgabenstellungen lösen oder
- neue Funktions-,
- Effekt-,
- Effektträger-,
- Gestalt- oder
- Oberflächenstrukturparameterwerte

zur Lösung bekannter Aufgabenstellungen nutzen.

Zwei Lösungen sind verschieden, wenn diese sich wenigstens in einem (1) dieser Parameterwerte unterscheiden. Anhand dieser Erkenntnisse vermag man sehr genau zu sagen, mittels welcher Parameter technische Produkte bestimmt werden und in welchen Parameterwerten sich Produkte unterscheiden. Fachleute könnten noch definieren, bezüglich welcher und wievieler Parameterwerte sich zwei Produkte unterscheiden müssen, um als „neu" im Sinne des Patentgesetzes zu gelten.

13.5
Fortschrittlichkeit von Lösungen

Das derzeit gültige Patentrecht sieht das Kriterium „Fortschrittlichkeit" bei Prüfungen der Schutzwürdigkeit zwar nicht mehr vor, hinsichtlich der Beurteilung der „Erfindungshöhe" von Lösungen ist die Prüfung der Fortschrittlichkeit von Lösungen nach wie vor aber noch von gewisser Bedeutung. Deshalb soll auf dieses Kriterium kurz eingegangen werden.

Eine Lösung kann dann als fortschrittlich gelten, wenn diese eine bis dahin nicht gelöste
- neue Aufgabenstellung (neue Zwecke und neue Forderungen) zu erfüllen vermag.

Als fortschrittlich gelten auch Lösungen, welche bekannte Aufgabenstellungen zu erfüllen vermögen, welche jedoch gegenüber den „Stand der Technik" repräsentierenden Lösungen
- zusätzliche Funktionen zu erfüllen vermögen (z.B. Türschloß mit Kindersicherung)
- neue vorteilhafte Eigenschaften haben, welche bis dahin bekannte Lösungen nicht hatten (schwenkbare Scheinwerfer) und/oder
- bessere Eigenschaftswerte haben, als die den „Stand der Technik" repräsentierenden Lösungen.

Vorteilhaftere Eigenschaften oder bessere Eigenschaftswerte können beispielsweise sein: höhere Lebensdauer, besserer Wirkungsgrad, geringere Geräuschemission, aus weniger Bauteilen bestehend, kostengünstiger herstellbar, höhere Leistung, höhere Zuverlässigkeit und Sicherheit, bequemer handhabbar, kostengünstiger reparierbar, u.a.m.

Hat eine Lösung neue vorteilhafte Eigenschaften oder bessere Eigenschaftswerte als bis dato bekannte, kann diese als fortschrittlich gelten. Ob eine Lösung fortschrittlicher ist, läßt sich nur durch Vergleich ein und derselben Eigenschaft zweier Lösungen objektiv angeben. Fortschrittlichkeit durch Vergleich unterschiedlicher oder mehrerer Eigenschaften von Lösungen läßt sich im allgemeinen nur subjektiv bewerten. Unterschiedliche Größen, wie beispielsweise Lebensdauer und Baugröße von Produkten, lassen sich eben nicht objektiv vergleichen und bewerten.

Technische Lösungen empfindet man dann als besonders vorteilhaft (genial), wenn es dem Entwickler (Erfinder) gelungen ist, ein Produkt mit zahlreichen positiven Eigenschaften (Fähigkeiten/Funktionen), mit geringem Aufwand (kleiner Bauteilezahl, geringer Werkstoffmenge, kleinem Bauvolumen) zu schaffen. Das Verhältnis von Zahl der Fähigkeiten (Funktionen) und positive Eigenschaften zur Bauteilezahl scheint ein wesentliches Kriterium zur Bewertung der Fortschrittlichkeit von Produkten zu sein. Das Verhältnis von Funktionen pro Bauteil wird in anderem Zusammenhang auch als Integrationsgrad (s. Kapitel 6. „Bauweisen technischer Systeme") bezeichnet.

Ob eine Lösung fortschrittlicher ist als eine andere, kann durch Vergleich der Funktionen (Fähigkeiten, Tätigkeiten), Eigenschaften und

Eigenschaftswerte der zu vergleichenden Lösungen festgestellt werden. Vergleiche zwischen verschiedenen Eigenschaften können nur subjektiv bewertet werden, objektive Bewertungen sind nur durch Vergleich ein und derselben Eigenschaft von Lösungen möglich.

13.6
Erfinderische Tätigkeiten, Erfindungshöhe

Eine sehr wichtige Voraussetzung für die Erteilung eines Patents ist die sogenannte „Erfindungshöhe" einer Lösung. Eine Lösung besitzt „Erfindungshöhe", wenn deren Entwicklung nur durch eine „erfinderische Tätigkeit" möglich war. Objektive Nachweise, ob zum Finden einer Lösung erfinderische Tätigkeiten erforderlich waren, sind sehr schwierig und meist nur subjektiv nachweisbar. Das Patentgesetz sagt hierzu, „eine Erfindung gilt als auf einer erfinderischen Tätigkeit beruhend, wenn sie sich für den Durchschnittsfachmann nicht in naheliegender Weise aus dem Stand der Technik ergibt". Der „Durchschnittsfachmann" und der Begriff „naheliegende Weise" wird von Hesse [83] so erläutert:

„Der Durchschnittsfachmann ist eine fiktive Person, der einerseits die Kenntnis des gesamten Stands der Technik zuzurechnen ist, die aber andererseits trotz dieses – praktisch kaum erreichbaren – umfassenden Kenntnisstands, ihrer Ausbildung und beruflichen Erfahrung erfinderischer Entwicklung nicht fähig ist, deren innovatorische Gedankengänge sich vielmehr an der Schranke des Naheliegenden brechen". Diesen Durchschnittsfachmann einen „sterilen Alleswisser" zu nennen, wäre nicht ganz gerecht, weil von ihm doch Innovationen erwartet werden können, die im Zuge einer steten Entwicklung seines technischen Gebiets liegen; nur eben keine „entwicklungsraffenden" Schritte oder, wie sich jetzt § 4 Patentgesetz ausdrückt, keine Schritte, die sich „nicht in naheliegender Weise aus dem Stand der Technik" ergeben.

Des weiteren geht man bei der Definition des „Durchschnittsfachmanns" davon aus, daß dieser eine branchenübliche Ausbildung an einer Hochschule, Fachhochschule als Meister oder Facharbeiter absolviert hat. Neuerdings wäre zu berücksichtigen, daß dieser „Durchschnittsfachmann" auch im Fach Konstruktionslehre ausgebildet sein kann und sein Wissen nicht auf ein enges Fachgebiet begrenzt ist. Vielmehr ist dieser mit „Konstruktionselementen und Konstruktionsregeln" vertraut, welche zur Konstruktion jeder Art von Produkten befähigen bzw. produktneutral angewandt werden können. Die o.g. Definition des Durchschnittsfachmanns wäre aus neuerer Sicht erforderlichenfalls wesentlich zu erweitern.

Der „Durchschnittsfachmann neuer Art" ist mit Wissen ausgestattet, welches ihn in die Lage versetzt, ausgehend von den Stand der Technik repräsentierenden Lösungen, Lösungen mittels Regeln zu entwickeln, welche nach geltendem Recht als schutzwürdig eingestuft würden. Deshalb erscheint es erforderlich, über die Prüfkriterien „Neu" und „Erfindungshöhe" erneut nachzudenken und zu fragen, ob „erfinderisches Tun" bzw. „Erfindungshöhe" möglicherweise genauer definiert (festgelegt) und gemessen werden kann.

Zur Konstruktion oder zum Erfinden technischer Produkte bedarf es einer Aufgabenstellung, ferner Konstruktionselementen (Konstruktionsmitteln) und Regeln, wie diese zu einem entsprechenden Produkt zusammengesetzt werden können. In Aufgabenstellungen finden sich In-

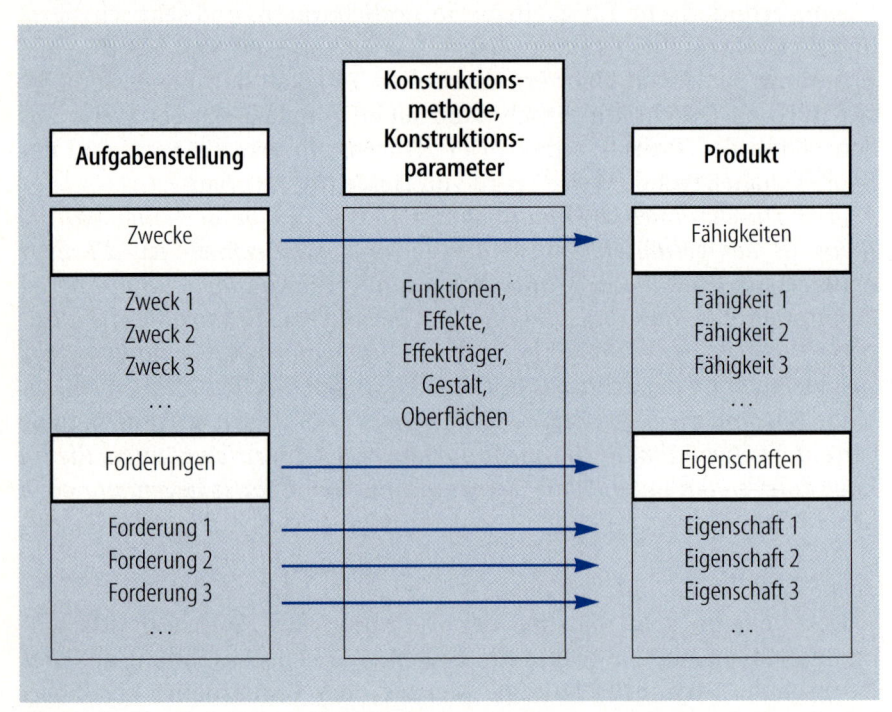

Aufgabenstellung	Konstruktionsmethode, Konstruktionsparameter	Produkt
Zwecke		Fähigkeiten
Zweck 1 Zweck 2 Zweck 3 …	Funktionen, Effekte, Effektträger, Gestalt, Oberflächen	Fähigkeit 1 Fähigkeit 2 Fähigkeit 3 …
Forderungen		Eigenschaften
Forderung 1 Forderung 2 Forderung 3 …		Eigenschaft 1 Eigenschaft 2 Eigenschaft 3 …

Bild 13.1 Schema eines Konstruktionsprozesses. Konstruieren heißt: Zweck und andere Forderungen einer Aufgabenstellung in entsprechende Fähigkeiten/Funktionen und Eigenschaften eines Produkts umzusetzen. Dazu stehen der Konstruktion bestimmte Konstruktionselemente (Konstruktionsmittel) zur Verfügung. Lösung oder Konstruktionsergebnis ist eine vollständige Produktbeschreibung mittels bestimmter Parameter und Parameterwerte (z. B. Gestalt- und Werkstoffbeschreibungen von Bauteilen u. a.).

formationen über den oder die Zwecke eines zu erfindenden Produkts und Bedingungen (Forderungen, Restriktionen), unter welchen diese Zwecke erreicht werden sollen. Ein Produkt wird durch eine Vielzahl qualitativer und quantitativer Parameterwerte beschrieben. Diese bei einer Erfindung eines technischen Produkts festzulegenden Parameterwerte werden durch den Zweck und die sonstigen Forderungen (der Aufgabenstellung) bestimmt. Die Konstruktion muß die an ein Produkt zu stellenden Forderungen in entsprechende Produktfunktionen und -eigenschaften umsetzen; Bild 13.1 versucht den Konstruktionsprozeß bzw. diese Zusammenhänge zu veranschaulichen. Die Konstruktionslehre besagt, wie Funktionsstruktur-, Effektstruktur-, Effektträgerstruktur und Gestaltparameterwerte zu technischen Systemen synthetisiert werden können. Daraus folgt, daß das Erfinden technischer Produkte – so wie es derzeit verstanden wird – „bis zu einem gewissen Grad" beschreib- und erlernbar ist.

Betrachtet man zahlreiche Patentlösungen, so kann man den Eindruck gewinnen, daß ein Großteil dieser Lösungen mit den Regeln der Konstruktionslehre aus Lösungen, die den Stand der Technik repräsentieren, entwickelt werden kann. So beispielsweise die patentierte Lösung eines 6-Achsen-Roboters (s. Bild 13.2). Berücksichtigt man, daß bereits Patente für 3- und 5-Achsen-Roboter existieren, so kann man sich den 4- und 6-Achsen-Roboter durch Variation der Zahl der Achsen aus diesen entwickelt denken (eine Patentschrift für 4-Achsen-Roboter ist nicht bekannt). Aus einen 3-Achsen-Roboter einen 4-, 5-, 6- oder mehrachsen Roboter zu entwickeln, ist eine ähnliche Tätigkeit, wie eine Kette um mehr oder weniger

Bild 13.2 Bildauszug (6-Achsen-Roboter; US PS 3, 665, 148)

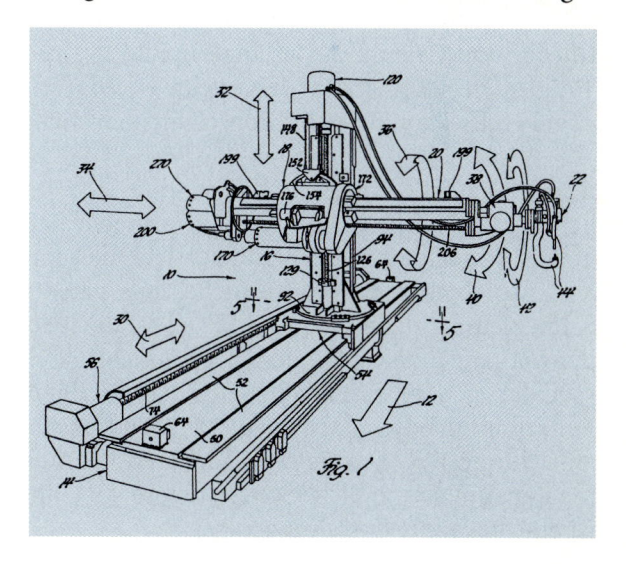

Bild 13.3 a–c
Schematische Darstellung eines 3-Achsen-Roboters (a; RF-PS 2.187.071), eines 6-Achsen-Roboters (b) und eines weiteren 6-Achsen-Roboters (c; US PS 3,665,148)

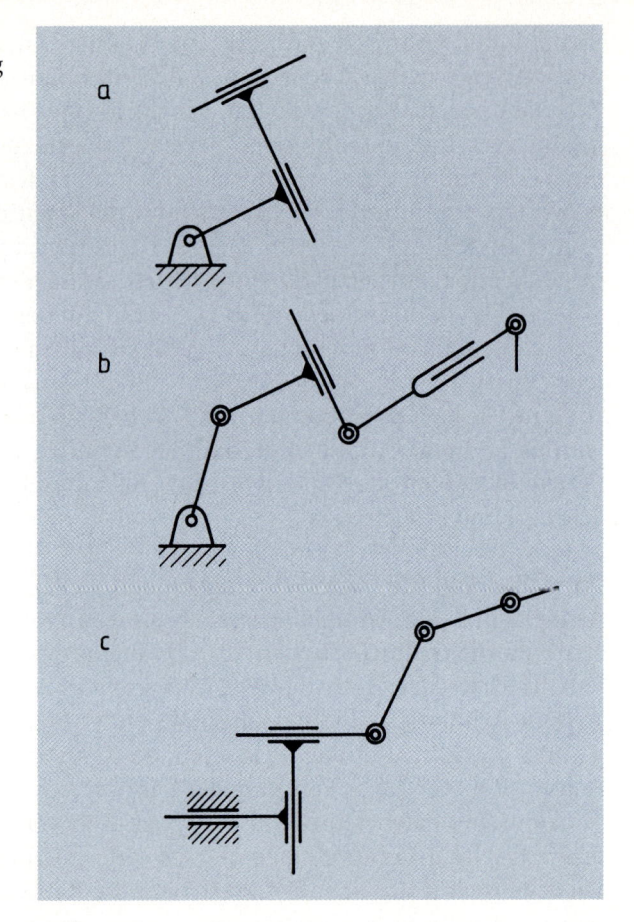

Glieder und Gelenke zu verlängern. Bild 13.3 zeigt die Ergebnisse solcher Tätigkeiten schematisch dargestellt. Diese Tätigkeit wird allgemein als „Zahlwechsel von Konstruktionselementen" bezeichnet.

Andere Patentlösungen unterscheiden sich beispielsweise im wesentlichen in der Reihenfolge der angeordneten Baugruppen (Funktionseinheiten) von anderen, den Stand der Technik repräsentierenden Lösungen. So beispielsweise unterschiedliche, teils patentierte Frottée- Handtuch- Schneidemaschinen, wie sie Bild 13.4 schematisch zeigt. Diese teilweise in der Vergangenheit geschützten und nicht geschützten Lösungen unterscheiden sich im wesentlichen nur in der Reihenfolge der Anordnung der Funktionseinheiten „Anschlag (3)", „Friktionsantrieb (1)" und „Ausrichteinrichtung (5)". Das gezielte Variieren der Reihenfolge von Gestaltelementen, um so möglicherweise weitere vorteilhafte Lösungen zu finden, ist eine bekannte Gestaltungsregel.

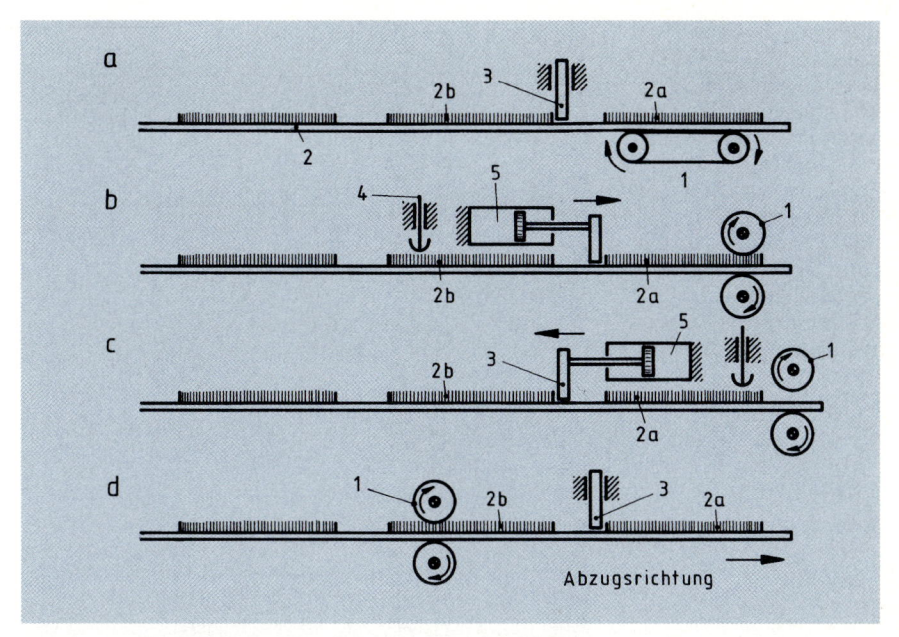

Bild 13.4 a–d Patentierte Einrichtungen zum Schneiden von endlos hergestellten Frottée-Handtüchern. Diese unterscheiden sich im wesentlichen nur in den Anordnungen (Reihenfolgen) der Baugruppen „Anschlag (3)", „Friktionsantrieb (1)", „Anschlag und Ausrichteinheit (5)". Weiterhin sind dargestellt, die „Frottée-Bahn (2)" und ein „Abtaster (4)"

Die verschiedenen Druckwerk-Gestaltvarianten, welche man sich durch einen Reihenfolgewechsel der Gestaltelemente „Typenträger", „Farbband", „Papier" und „Hammer" entstanden denken kann (s. Bild 5.4.11 c) und die Einrichtungen zum Etikettieren von Waren (s. Bild 13.5), können als weitere Beispiele gelten. Letztere unterscheiden sich im wesentlichen in der Anordnungsreihenfolge der Baugruppen „Druckwerk (1)", „Abzugseinrichtung (2)" und „Anpreßeinrichtung (3)". Dadurch, daß bei der Lösung entsprechend Bild 13.5 b das Druckwerk (1) unmittelbar an die Anpreßvorrichtung (3) anschließt, entstehen bei Gerät (b) nach einer Preisumstellung weniger Etiketten mit nicht mehr benötigten Preisangaben (nur 1 Fehletikett), als bei einem Gerät des Typs (a). Bei diesem sind Druckwerk (1) und Abgabestelle (Anpreßvorrichtung (3)) relativ weit voneinander entfernt, so daß sich folglich bei einer Preisaufdruckänderung noch relativ viele fehlbedruckte Etiketten im Gerät befinden, welche nicht mehr genutzt werden können.

Patentfähige Lösungen können des weiteren dadurch erzeugt werden, daß man die Zahl der Bauteile gegenüber Vorgänger-Lösungen reduziert. Dies

Bild 13.5 a–b Gerät zum Etikettieren von Waren. Eine unterschiedliche Reihenfolge der Baugruppen Anpreßeinrichtung (3), Druckwerk (1) und Transporteinrichtung (2) verleiht dem Gerät (b; D PS 1224661) vorteilhafte Eigenschaften (weniger falsch bedruckte Etiketten bei Preisumstellungen) gegenüber dem Gerät (a; US PS 2 656 063)

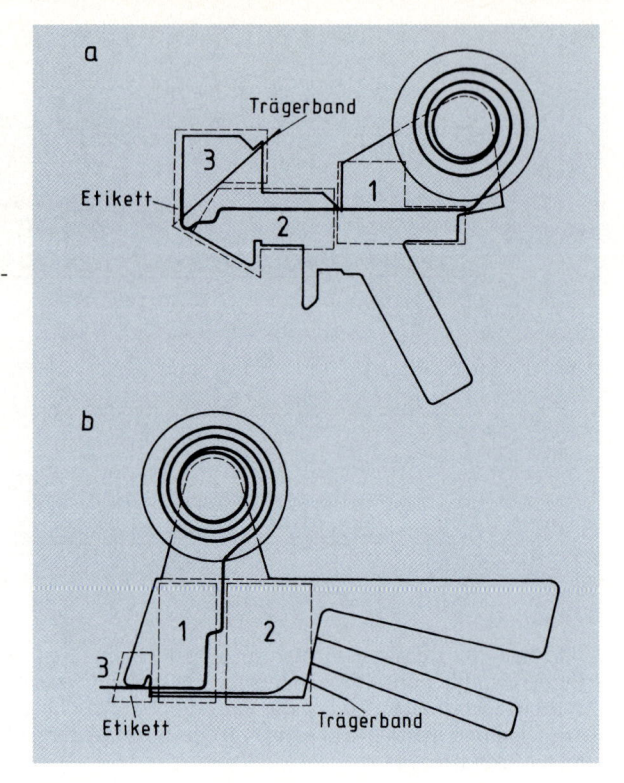

kann einmal dadurch geschehen, daß die theoretisch minimale Bauteilezahl eines Systems ermittelt wird, und man dann erkennt, daß an einem System Bauteile weggelassen werden können. In einem System zur Sitzhöhenverstellung ist beispielsweise der Winkel zwischen zwei Gliedern einzustellen. D.h., es werden minimal zwei Glieder benötigt, welche gegeneinander bewegt werden müssen. Wenn es gelingt, die Rasteinrichtung in diese beiden relativ zueinander zu bewegenden Glieder zu integrieren, kann dieses System theoretisch aus nur zwei Gliedern erzeugt werden (s. Bild 13.6). Wie Patentrecherchen zeigen, ist die Entwicklung von Sitzhöheneinstellsystemen im wesentlichen durch Verringerungen der Bauteilezahl gekennzeichnet.

Gelenke von Getrieben mit mehr als einem (1) Freiheitsgrad auszustatten, ist eine weitere Möglichkeit (bei Getrieben), Glieder bzw. Bauteile zu reduzieren (s. Bild 13.7). Diese Beispiele mögen genügen, um zu zeigen, daß Erfinden „bis zu einem gewissen Grad" beschrieben und erlernt werden kann.

Neben „trivialen Patentlösungen" gibt es aber auch „geniale Patentlösungen", deren Erfindungshöhe und Schutzwürdigkeit außer Zweifel

Bild. 13.6 a–e Verschiedene Systeme zur Sitzhöhenverstellung von Fahrzeugsitzen. Gelenkgetriebe (a), entsprechend verschiedener Patentschriften GB PS 994 608 (b), DB PS 647 598 (c), GB PS 965 072 und US PS 3, 339, 906 (d), eine Lösung bestehend aus nur 2 Bauteilen (e)

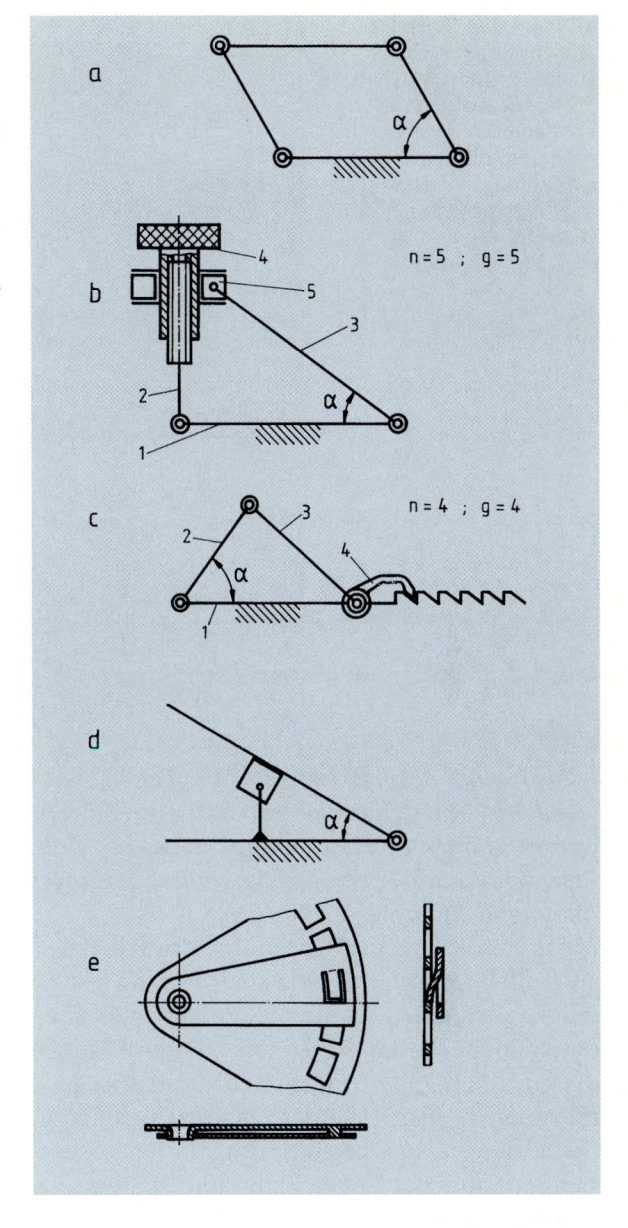

steht. Was zeichnet diese Lösungen aus und wo kann man zukünftig die Grenze zwischen schutzwürdigen und nicht schutzwürdigen Lösungen ziehen? Worin unterscheiden sich geniale (schutzwürdige) von trivialen Lösungen? Betrachtet man Lösungen, welche man als genial empfindet, so fällt auf, daß diese „eine Aufgabe nicht nur irgendwie lösen", sie sind vielmehr dadurch gekennzeichnet, daß sie ein

Bild 13.7 a–b Beispiele „Gelenke mit mehr als einem Freiheitsgrad" als Mittel zur Reduzierung der Bauteile von Getriebesystemen; Blechscherenantrieb (a; E PS 0218 813), Neigungseinstellung für Liegemöbel (b; D PS 1 654 309)

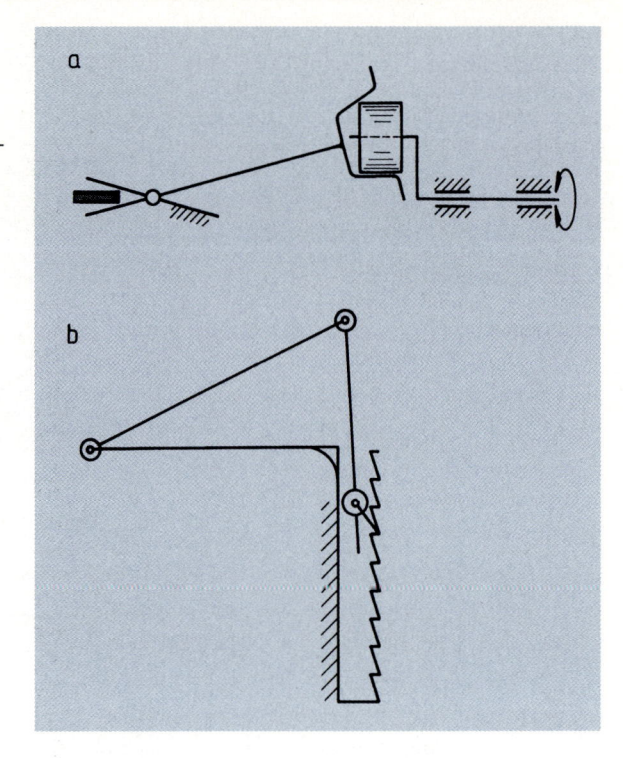

Maximum an Funktionen (Fähigkeiten) mit einem Minimum an Aufwand bzw. Bauteilen zu realisieren vermögen, relativ einfach gefertigt werden können und des weiteren noch eine Vielzahl (Maximum) positiver Eigenschaften besitzen, welche andere Lösungen zur gleichen Aufgabenstellung nicht aufweisen können.

Mit der Festlegung der Parameterwerte einer Lösung legt der Erfinder auch alle Eigenschaftswerte einer Lösung fest. Dabei mag er einige Eigenschaftswerte „seiner Lösung" vorhersehen, aber üblicherweise nicht alle; es scheint bei komplexeren technischen Lösungen unmöglich zu sein, alle diesen anhaftenden Eigenschaften bereits in der Entstehungsphase zu erkennen. Geniale Erfinder zeichnen sich dadurch aus, daß sie sich intuitiv für die „richtige Lösung", d.h., für jene Alternative entscheiden, welche sich im Laufe der Entwicklung und späteren Lebensphasen als die beste erweist. Man kann demnach sagen: geniale Erfinder haben „Instinkt" und „Intuition" und manchmal auch „Glück" beim Finden der besten Lösungen. Nikolaus Otto konnte nicht vorhersehen, daß der von ihm erfundene Motor, neben vielen anderen Vorteilen, auch noch bessere Abgasemissionseigenschaften haben wird, als Kreiskolbenmotoren. Nikolaus Otto hatte also „Glück", Felix Wankel hingegen hatte „Pech", daß sein bezüglich anderer Eigenschaften vorzügliches Motorenprinzip hinsichtlich

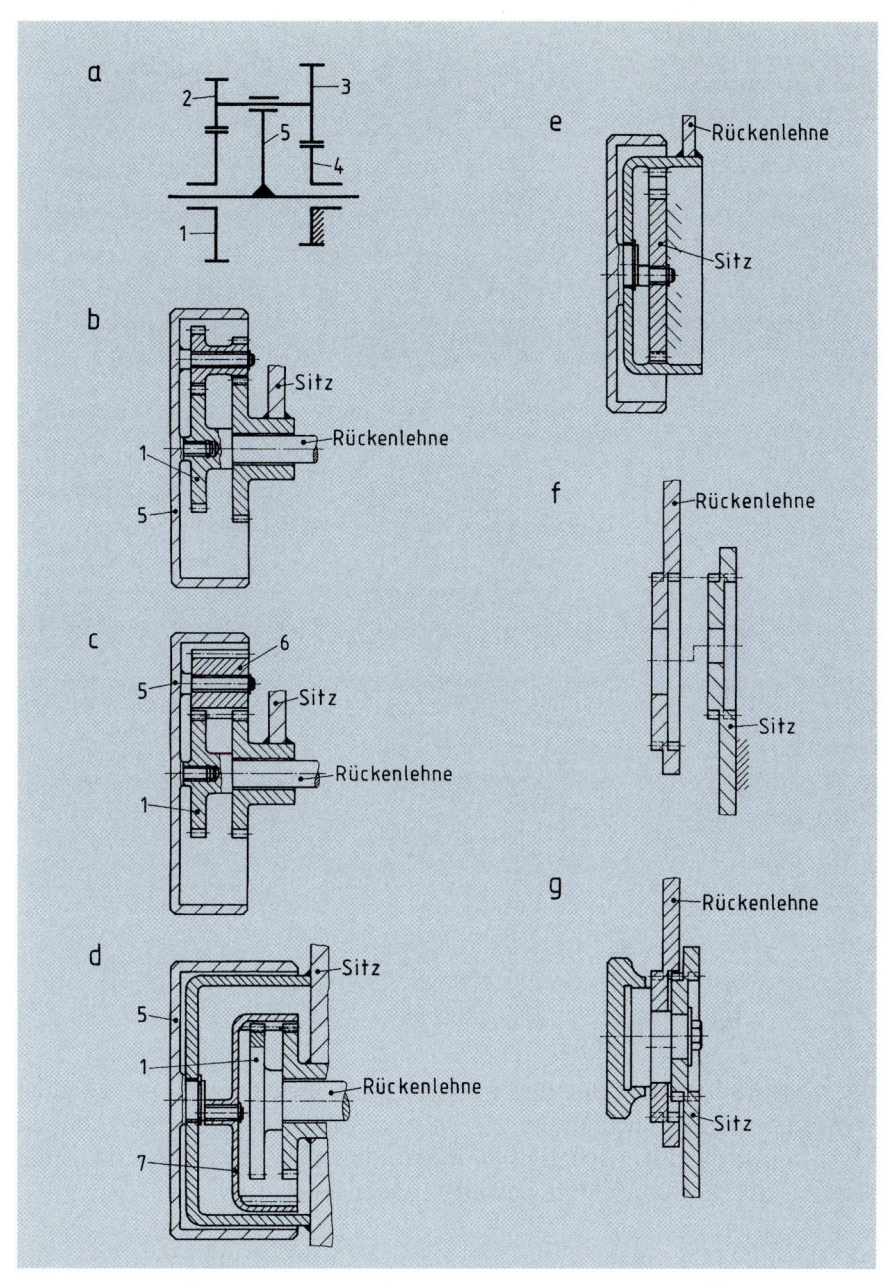

Bild 13.8 a–g Nachgestellter Konstruktions- bzw. Erfindungsprozeß eines Rückenlehnen-Einstellgetriebes für Kfz-Sitzsysteme (Erfinder: F. W. und P. U. Putsch, Keiper Recaro GmbH). Prinziplösung „Differentialgetriebe" (a), die Lösungen b bis g sind durch abnehmende Zahl von Bauteilen, wesentliche Fertigungsvereinfachungen, geänderte Aufgabenstellung bzw. andere, zulässige Eigenschaften (nicht konzentrische Antriebsbewegung) gekennzeichnet

Bild 13.9 Analog technischen Konstruktionsprozessen gibt es auch in der Kunst Stilrichtungen, deren Wesen im „Weglassen von Unwesentlichem" besteht; Beispiel: Lithographie „Der Stier" von P. Picasso (1945). R. William [Hrsg.]: Retrospektive im Museum of Modern Art, New York, N. Y. (USA). München: Prestel 1980

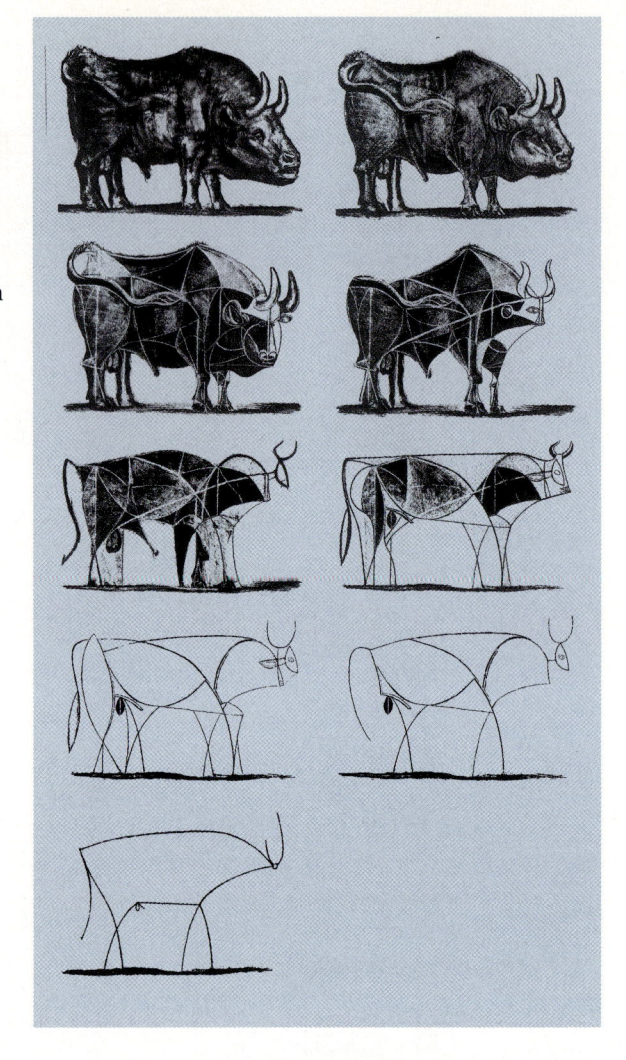

der Abgasemission ungünstigere Eigenschaftswerte aufwies, und folglich weniger erfolgreich war als der Otto-Motor. Auch geniale Erfinder können nicht immer alle Eigenschaften ihrer Erfindungen vorhersehen, sie haben sich intuitiv für die „richtige Lösung" entschieden.

Als Beispiele hervorragender Lösungen sollen hier stellvertretend für viele andere, der Otto- und Dieselmotor und zahlreiche Baugruppen des legendären VW-Käfers sowie der Boxermotor für Motorräder und das Sitzlehneneinstellgetriebe (s. Bild 13.8) genannt werden.

Geniale Lösungen zeichnen sich insbesondere durch Multifunktionalität (Realisierung vieler Funktionen ohne besonderen Aufwand), durch ein Minimum an Bauteilen sowie Bauteile einfacher Gestalt, kostengünstigere Fertigung, relativ hohe Qualität und sonstige zahlreiche positive Eigenschaften aus.

Wahrscheinlich ist das Erfinden genialer Lösungen auch Kunst. Von Picasso und anderen Künstlern sind Werke bekannt, deren Wesen – analog genialer Konstruktionen – im Weglassen von Unwesentlichem besteht (s. Bild 13.9). Geniale technische Lösungen können auch Kunstwerke sein. In seinem Werk „Wind, Sand und Sterne" beschreibt Saint-Exupéry vollkommene Technik sehr zutreffend so: *„Vollkommenheit entsteht offensichtlich nicht dann, wenn man nichts mehr hinzuzufügen hat, sondern wenn man nichts mehr wegnehmen kann. Die Maschine in ihrer höchsten Vollendung wird unauffällig".*

13.7
Grundlagen zur Prüfung von Neuheit und Erfindungshöhe

Wendet man die Kenntnisse der Konstruktionslehre zur Prüfung der „Neuheit" und/oder der „Erfindungshöhe" technischer Lösungen an, so läßt sich feststellen,

- bezüglich welcher Parameterwerte sich zu vergleichende Lösungen unterscheiden und
- welche Tätigkeiten stattgefunden haben müssen, um von der einen Lösung (entsprechend dem Stand der Technik) zu einer anderen, also neuen Lösung, zu gelangen.

So können sich technische Gebilde für bestimmte Zwecke nur in diesen zur Anwendung kommenden

- Funktionsstruktur-,
- Effektstruktur-,
- Effektträgerstruktur-,
- Gestalt- und
- Oberflächenparameterwerten

unterscheiden.

Bei der Analyse von Patentlösungen stellt man fest, daß diese sich von den dem Stand der Technik entsprechenden Lösungen beispielsweise dadurch unterscheiden, daß sie

- erstmals ein anderes Verfahren bzw. eine andere Funktion (Tätigkeit) oder Funktionsstruktur zur Lösung einer bekannten Aufgabe nutzen; z. B. einen Text nicht durch Radieren (Lösen eines Stoffs von Papier), sondern durch „Übertünchen" (Fügen eines Stoffs mit Papier) korrigieren (s. Bild 12.2, Zeile 2 und 4);
- erstmals einen physikalischen Effekt zur Lösung einer bekannten Aufgabenstellung nutzen; z. B. das Verschweißen zweier Bauteile oder Schneiden von Blechen mittels Laserstrahl statt mit Hilfe eines Meißels verwirklichen;
- erstmals einen Effektträger nutzen, um eine bestimmte Aufgabe zu verwirklichen; z. B. die Ausdehnung einer Flüssigkeit anstatt eines festen Körpers nutzen, um ein Ventil (z. B. Thermostate) temperaturabhängig zu steuern (s. Bild 12.2, Zeile 6);
- erstmals eine bis dahin nicht angewandte Gestaltvariante (andere Gestaltelemente, Form-, Zahl-, Reihenfolge- oder Lagevariante usw.) wählen, um eine bekannte Aufgabenstellung zu lösen (Beispiele s. Bild 12.2, Zeile 7 und Bild 12.3);
- erstmals eine Oberfläche zur Lösung einer bekannten Aufgabe nutzen; beispielsweise Teflon zur Beschichtung von Bratpfannenoberflächen verwenden, um Anbrennen zu vermeiden. Oder die Oberflächen von Schneidwerkzeugen mit keramischen Werkstoffen beschichten, um verschleißbeständigere Werkzeuge zu schaffen (s. Bild 12.2, Zeile 8).

Bild 13.5 b zeigt beispielsweise ein geschütztes Gerät zum Etikettieren von Waren. Es unterscheidet sich von Geräten entsprechend dem Stand der Technik (s. Bild 13.5 a) im wesentlichen nur durch eine andere Reihenfolge der Baugruppen 1 bis 3. Die beiden Geräte unterscheiden sich also im wesentlichen nur bezüglich des Gestaltparameters „Reihenfolge von Gestaltelementen" (hier Baugruppen) bzw. „Reihenfolge der Funktionen einer Funktionsstruktur". Die in Bild 13.4 a bis d gezeigten (z. T. geschützten) Systeme zum Schneiden von Frottée-Handtüchern unterscheiden sich ebenfalls nur in der Reihenfolge der Funktionseinheiten Friktionsantrieb, Anschlag und Preßluftvorschub.

Der in Bild 13.2 gezeigte (geschützte) 6-Achsen-Roboter unterscheidet sich von anderen (geschützten) 3- und 5-Achsen-Robotern im wesentlichen nur in der Zahl der Gelenke und Glieder. Man kann sich die verschiedenachsigen Roboter durch „Zahlwechsel" der Glieder und Gelenke auseinander entstanden denken (s. Bild 13.3 a–c) – ähnlich längerer oder kürzerer Ketten mit mehr oder weniger Kettengliedern.

Andere schutzwürdige Lösungen werden u. a. durch Reduzieren der Bauteilezahl erzielt. Beispielsweise kann dies durch eine „integrierte Bauweise" geschehen, also durch Vereinigen von mehreren Bauteilen, die in Betrieb nicht gegeneinander bewegt werden müssen, zu einem Bauteil. Bei beweglichen Systemen (Getrieben) lassen sich Gliederzahlen durch Anwendung von Gelenken mit mehreren Freiheitsgraden reduzieren; Beispiele hierzu zeigt Bild 13.7.

Einen Typenkopf bei Schreibmaschinen kugelförmig statt zylinderförmig zu gestalten, kann als Beispiel einer Gestaltvariation durch einen Form- bzw. Gestaltwechsel des Gestaltelements „Teiloberfläche" dienen. Die Typen (Wirkflächen) entweder auf die Stirnfläche oder auf die Mantelfläche eines Zylinders zu legen, kann ferner als Beispiel einer Gestaltvariation durch Lagewechsel der Wirkflächen dienen (s. auch Bild 12.3). Die Möglichkeit, zur Erzeugung von Bewegungen mittels Kurven entweder Oberflächen oder Kanten eines Körpers zu verwenden, kann als Beispiel einer Gestaltvariation durch einen Wechsel der Art der Gestaltelemente gelten. Diese Art Gestaltvariation wurde beispielsweise zur Entwicklung einer neuartigen, schutzfähigen Schere angewandt (DP 32 32 145).

Diese Beispiele mögen genügen, um zu zeigen, daß „erfinderisches Tun" in vielen Fällen durch Variieren der vorgenannten Parameter erklärt und beschrieben werden kann.

Neben Patentlösungen, deren erfinderische Tätigkeiten sich durch Variieren bestimmter Konstruktionsparameter erklären lassen, gibt es noch andere, die nicht durch Parametervariation erklärbar sind. Dies sind solche, die

- erstmals einen Zweck erfüllen bzw. eine Aufgabe lösen, für die bis dato kein technisches Produkt bekannt ist, d. h. die erstmals eine Lösung für einen bestimmten Zweck aufzeigen, für welchen bis dahin keine technischen Lösungen bekannt waren (z. B. über große Entfernungen miteinander sprechen oder erstmals bisher manuell ausgeführte Arbeiten per Automat bzw. mittels Maschine auszuführen) oder

- erstmals eine oder mehrere Bedingung(en) erfüllt(en) bzw. eine oder mehrere Eigenschaft(en) verwirklicht(en), welche an bisher bekannten Produkten nicht realisiert sind.

In beiden Fällen kommt es auf das „Wie" (mit welchen technischen Mitteln bzw. Parameterwerten) nicht an; die betreffende Lösung löst erstmals eine neue Aufgabenstellung; diese ist konkurrenzlos und neu; es gibt keine Lösungen für diesen Zweck bzw. keine anderen Lösungen mit den Fähigkeiten, Eigenschaften oder Eigenschaftswerten der zu schützenden Lösung.

Zusammenfassend kann man demnach zwischen folgenden Arten von Patentlösungen und den dazu notwendigen erfinderischen Tätigkeiten unterscheiden:
- Lösungen, die erstmals einen neuen Zweck bzw. neue Aufgaben verwirklichen, d. h. erstmals Parameterwerte, also Funktions-, Effekt-, Effektträgerstruktur-, Gestalt- und Oberflächenwerte, für eine Lösung angeben,
- Lösungen, die erstmals eine andere (neue) Bedingung erfüllen bzw. eine dieser Bedigung entsprechende Eigenschaft verwirklichen und hierfür Parameterwerte angeben,
- Lösungen, die andere Funktionen (Tätigkeiten, Verfahren) oder Funktionsstrukturen anwenden, als bisher bekannte Lösungen einer Aufgabe,
- Lösungen, die einen anderen Effekt oder eine andere Effektstruktur anwenden, als bis dahin bekannte Lösungen einer Aufgabe,
- Lösungen, die einen anderen Effektträger oder eine andere Effektträgerstruktur anwenden, als bis dahin bekannte Lösungen einer Aufgabe,
- Lösungen, die eine andere Gestaltvariante zur Lösung einer bestimmten Aufgabe anwenden; d. h. im einzelnen
  - eine andere Art Gestaltelement,
  - eine andere Form eines Gestaltelements,
  - eine andere Anzahl von Gestaltelementen,
  - eine andere Reihenfolge von Gestaltelementen,
  - eine andere Lage von Gestaltelementen (Wirkflächen),
- Lösungen, die andere Oberflächen oder Oberflächenstrukturen anwenden, um eine bestimmte Aufgabe zu lösen.

Nach üblicher Patentpraxis erhält man keine Schutzrechte auf Lösungen, die sich von dem Stand der Technik entsprechenden Lösungen nur durch
- andere Abmessungen
- andere Längen- oder Winkelabstände
- andere Verbindungsstrukturen (z. B. die kinematisch umgekehrte Getriebelösung „kinematische Umkehrung") von Gestaltelementen unterscheiden oder nur
- Links-Rechtsausführungen (spiegelbildliche Ausführung) oder
- Konkav-Konvexausführungen

bereits bekannter Lösungen sind. Konstruktionstätigkeiten (z. B. Berechnungen), welche nur zu Änderungen der Abmessungen, Längen- oder

Winkelabstände, Verbindungsstrukturen, spiegelbildlichen Ausführungen und Lagewechsel des Werkstoffs bezüglich einer Oberfläche führen, werden entsprechend üblicher Rechtspraxis nicht als erfinderisch gewertet.

Als „erfinderische Tätigkeiten" werden üblicherweise hingegen folgende Konstruktionstätigkeiten bezeichnet:

- das erstmalige Erkennen eines Zwecks bzw. einer Aufgabenstellung, für die eine technische Lösung gefunden werden soll,
- das erstmalige Einführen oder Weglassen von Bedingungen in einer Aufgabenstellung eines Produkts bekannter Art und Aufzeigen einer entsprechenden Lösung,
- das geeignete Wählen und erstmalige Angeben einer bestimmten Funktion (Tätigkeit) oder Funktionsstruktur zur Realisierung eines Zwecks bzw. einer Aufgabenstellung,
- das geeignete Wählen und erstmalige Angeben eines bestimmten Effekts oder einer Effektstruktur zur Verwirklichung einer bekannten Funktion oder Funktionsstruktur bzw. Aufgabenstellung,
- das geeignete Wählen und erstmalige Angeben eines bestimmten Effektträgers oder einer Effektträgerstruktur zur Realisierung einer bekannten Funktion oder Funktionsstruktur oder Aufgabenstellung,
- das geeignete Wählen und erstmalige Angeben einer bestimmten Gestaltvariante bzw. bestimmter Gestaltparameterwerte zur Verwirklichung einer bekannten Prinziplösung (Effekt und Effektträger) bzw. Aufgabenstellung; hierzu zählen die Tätigkeiten bzw. Gestaltvariieren durch Zahl-, Form-, Reihenfolge und Lagewechsel sowie Variieren der Art der Gestaltelemente; ein Variieren von Verbindungsstrukturen wird mal schutzwürdig empfunden, mal als nicht schutzwürdig,
- das geeignete Wählen und erstmalige Angeben einer bestimmten Bauteiloberfläche zur Verwirklichung einer bekannten Aufgabenstellung.

Geschieht dieses „Wählen und Angeben ..." zur Lösung einer bestimmten Aufgabenstellung erstmalig, dann ist die betreffende Tätigkeit „erfinderisch" und der dabei erreichte Entwicklungsstand einer Lösung „neu". Genauer betrachtet, besteht dieses „geeignete Wählen und Angeben" einer Funktion, eines Effekts usw. aus zwei Tätigkeiten: dem Vorschlagen (Wählen) einer Funktion, eines Effekts, einer Gestaltvariante usw. zur Lösung einer Aufgabe und dem Prüfen (Analysieren), ob dieser Vorschlag die gestellte Aufgabenstellung, d.h. im einzelnen den Zweck und die sonstigen an das zu entwickelnde Produkt zu stellenden Bedingungen, zu erfüllen vermag (werden die Bedingungen erfüllt, dann war die Wahl der Parameterwerte erfolgreich; werden diese nicht erfüllt, ist ein anderer geeignet erscheinender Parameterwert zu wählen und erneut zu prüfen usw.). In der Fachliteratur sind diese Tätigkeiten noch ausführlicher beschrieben.

In den Bildern 12.2 und 12.3 sind üblicherweise schutzwürdige und nicht schutzwürdige Konstruktionstätigkeiten zusammengefaßt und anhand exemplarischer Lösungen bildlich dargestellt. Es ist naheliegend, diese Parameter und deren Werte zur Prüfung von „Neuheit" und „Erfindungshöhe" zu nutzen, indem man feststellt, bezüglich welcher Parameter und Werte sich zu vergleichende Lösungen unterscheiden (Neuheit) und welche Tätigkeiten (theoretisch) stattgefunden haben müssen, um von einer dem „Stand der Technik" entsprechenden Lösung zu einer neuen Lösung zu gelangen.

Ferner kann man festlegen, bezüglich welcher und wievieler Parameterwerte sich eine neue von einer alten Lösung unterscheiden muß, bzw. welche elementaren Konstruktionstätigkeiten und wieviele stattgefundenen haben müssen, um einer Lösung „Neuheit" und „Erfindungshöhe" zuzusprechen. Man könnte diese Kriterien zur Prüfung von Neuheit und Erfindungshöhe so festlegen, daß die derzeit übliche Praxis möglichst weitgehend bestätigt und hiermit objektiviert würde, oder man könnte diese so festlegen, daß zukünftig nur noch ein wesentlich geringerer Teil von Lösungen, gegenüber derzeit üblicher Praxis, als schutzwürdig eingestuft würde. Der Leser kann sich anhand des Gesagten selbst Kriterien zur Prüfung von Neuheit und Erfindungshöhe festlegen, um die Folgen besser zu erkennen. Würde man in Zukunft von dieser Möglichkeit Gebrauch machen, würde dies u.a. zu einer objektiven Beurteilung der „Erfindungshöhe" von Lösungen führen. Beurteilungen könnten mit weniger Zeitaufwand und gerechter getroffen werden. Des weiteren würde man wahrscheinlich auch erkennen, daß vielen Lösungen, welchen nach derzeitiger Bewertungspraxis „Erfindungshöhe" zugesprochen wird, dann keine mehr zuzubilligen ist. Man würde nachvollziehen können, ob zur Entwicklung einer Lösung eine „elementare, regelmäßige Konstruktionstätigkeit" oder eine „erfinderische Tätigkeit" (= eine aus vielen elementaren Tätigkeiten zusammengesetzte, komplexe Konstruktionstätigkeit) erforderlich war.

Die Zahl schutzwürdiger Lösungen würde vermutlich stark reduziert. Andererseits würde man hiermit auch sehr genau sagen, was zu tun ist, um „schutzwürdige Lösungen neuer Art" zu finden. Dies kann möglicherweise dazu beitragen, daß Produktentwickler zukünftig zu größeren Innovationsschritten in kürzeren Zeitabständen veranlaßt werden.

Anhang

Tabelle 1
Systematik der physikalischen Effekte für die Grundoperation
„Wandeln und Vergrößern von Energien und Signalen"

Ursache \ Wirkung	1 Länge Querschnitt Volumen	2 Geschwindigkeit	3 Beschleunigung	4 Kraft Druck mechanische Energie	5 Masse Trägheitsmoment Dichte	6 Zeit Frequenz
1 Länge Querschnitt Volumen	Hebel-Effekt Keil-Effekt (Getriebe, Zahnräder, Schraube) Kapillarität Querkontraktion Schubverformung Fluid-Effekt Kohäsions-Effekt Adhäsions-Effekt	Kontinuität (Düse) Zähigkeit Torricelli-Gesetz Bewegungsgesetz Drehpunktabstand	Zentrifugal- beschleunigung	Hookesches Gesetz Oberflächenspannung Schubverformung Boyle-Mariotte-Ges. Coulombsches Ges. I, II Auftrieb Gravitation Zentrifugaldruck Gravitationsdruck Kapillardruck	Abstand einer Masse vom Drehpunkt	Elastizität (Einspannlänge) Schwerkraft (Pendellänge) Laufzeit-Effekt
2 Geschwindigkeit	Weissenberg-Effekt Bewegungsgesetz	Hebel-Effekt Keil-Effekt (Getriebe, Zahnräder, Schraube) Stoß Fluid-Effekt	Coriolis- beschleunigung Zentrifugal- beschleunigung Ladung im magnetischen Feld	Energiesatz Coriolisbeschleunigung Impuls (Drall, Schub) Bernoullisches Gesetz Wirbelstrom Zähigkeit Turbulenz Profilauftrieb Magnus-Effekt Strömungswiderstand		Doppler-Effekt Stick-Slip-Effekt Wirbelstraße
3 Beschleunigung			Hebel-Effekt Keil-Effekt (Getriebe, Zahnräder, Schraube) Fluid-Effekt	Newton-Axiom		
4 Kraft Druck Mechanische Energie	Hookisches Gesetz Querkontraktion Schub/Torsion Coulombsches Ges. I, II Auftrieb, Boyle-Mariotte-Ges.	Energiesatz Bernoullisches Gesetz Impulssatz Drall Schallgeschwindigkeit Zähigkeit	Newton-Axiom	Fluid (statisch) Hebel, Keil Reibung Hysterese Kohäsions-Effekt Adhäsions-Effekt	Boyle-Mariotte-Gesetz	Saite
5 Masse Trägheitsmoment Dichte		Schallgeschwindigkeit	Newton-Axiom	Gravitation Newton-Axiom Zentrifugalkraft Energiesatz Corioliskraft		Eigenfrequenz
6 Zeit Frequenz	Bewegungsgesetz Stehende Welle Resonanz	Dispersion		Resonanzabsorption		Schwebung (Stroboskop)
7 Mechanische Wellen (Schall)	Schallanregung (Membrane, Stimmgabel)					
8 Temperatur Wärme	Wärmedehnung Anomalie des Wassers	Molekular- geschwindigkeit Thermik Schallgeschwindigkeit		Wärmedehnung Dampfdruckkurve Oberflächenspannung Gasgleichung Osmotischer Druck	Gasgleichung	Eigenfrequenz (Quarz)
9 Elektrischer Widerstand						
10 Elektrische Spannung Elektrischer Strom Elektrisches Feld	Elektrostriktion	Elektrokinetischer Effekt	Ladung im elektrischen Feld	Biot-Savartsches Ges. Elektrokinetischer Eff. Hysterese Coulombsches Ges. I (Johnson-Rahbeck) relative Dielektrizitäts- konstante		Josephson-Effekt
11 Kapazität						
12 Magnetisches Feld Induktivität	Magnetostriktion	Induktionsgesetz Wirbelstrom		Biot-Savartsches Ges. Coulombsches Ges. I, II Einstein-de-Haas-Eff. Ferro-/Para-/ Diamagnetika Influenz Hysterese		
13 Elektromagnetische Wellen (Licht, Strahlung)				Strahlungsdruck		

7	8	9	10	11	12	13
Mechanische Wellen (Schall)	Temperatur Wärme	Elektrischer Widerstand	Elektrische Spannung Elektrischer Strom Elektrisches Feld	Kapazität	Magnetisches Feld Induktivität	Elektromagnetische Wellen (Licht, Strahlung)
Mechanische Längenänderung Schalldissipation	Plastische Verformung Wärmeleitung Strahlung Konvektion	Dehnmeßstreifen Leiterlänge und -querschnitt (Schiebewiderstand, Kontaktflächengröße, Tauchtiefe, Spaltdicke) Elektrolyt	Piezo-Effekt Plattenabstand Stoßionisation (Änderung des Elektrodenabstandes) Ionisationsgeber	Plattenabstand Fläche (Drehkondensator) dielektrische Verschiebung Dicke des Dielektrikums Breite des Dielektrikums	Spulenlänge Luftspalt Verschiebung des Kerns Lage zweier Spulen (Abschirmung)	Interferenz Schichtdicke und -lage Absorption Beugung Graukeil Streuung
Doppler-Effekt Stick-Slip-Effekt	Konvektion ($\alpha = f(v)$)	Änderung eines komplexen Widerstandes durch Wirbelstrom	Induktionsgesetz elektrokinetischer Effekt Ionisation		Barnett-Effekt Geschwindigkeit einer Ladung	Doppler-Effekt (Rot-Verschiebung) Strömungsdoppelbrechung
			Tolmann-Effekt Elektrodynamischer Effekt			elektromagnetische Welle Ladung
Stick-Slip-Effekt Druckwelle	Reibung 1.Hauptsatz Thomson-Joule-Effekt Hysterese Konvektion Wirbelstrom Turbulenz Plastische Verformung	Engeeffekt (Druckempfindliche Stoffe, Lacke, Kohlegries, Metalle, Silbermangan, Kohlewiderstand, Engegeber)	Piezo-Effekt Reibungselektrizität Kondensator Elektrokinetischer Effekt Ionisation Barkhausen-Effekt Anisotroper Druckeffekt Lenard-Effekt	Plattenabstand Dielektrizitätskonstante = $f(p)$	Permeabilität $\chi_m = f(p)$ magnetische Anisotropie (Preßduktor) Magnetoelastizitäts-Effekt	Spannungsdoppelbrechung Brechzahl = $f(p)$ (Gase) Reibung (Feuerstein)
				Dielektrizitätskonstante = $f(p)$	Permeabilität = $f(p)$	Brechung (Schlieren)
Dispersion	Dielektrische Verlustwärme Wirbelstrom	Skin-Effekt komplexer Widerstand (Resonanz)	Josephson-Effekt			Streuung
Reflexion (Ultraschallprüfung) Leitung Brechung Totalreflexion Interferenz Absorption	Reibung (Ultraschallschweißung)					Debeye-Sears-Effekt (Beugung) Absorption (Leuchtschirm)
Thermophon	Schmelzen Verdampfen Kondensieren (heatpipe) Erstarren Leitung Strahlung Konvektion	Leiter Halbleiter Supraleitung Thermische Ionisation	Thermo-Effekt, Thermische Emission (Glühemission) Pyroelektrizität (Piezo-Effekt) Rausch-Effekt	Curie-Temperatur	Curie-Punkt (Thermoflux) Permeabilität $\chi_m = f(T)$ (Paramagnetische Gase) Meissner-Ochsenfeld-Effekt	Wienesches Verschiebungsgesetz Intensitätsverteilung Stefan-Bolzmannsches Gesetz Flüssigkeitskristalle Brechzahl
			Ohmscher Widerstand			
Thermophon	Joulesche Wärme Peltier-Effekt Lichtbogen	Varistor $R = \alpha^\beta$ Transduktor-Drossel Tunnel-Effekt Feldeffekttransistor	Verstärker-Effekt, Transformator Sekundärelektronenvervielfacher Thermokreuz Leitung Transduktor Influenz Magnetverstärker	Kapazitätsdiode Ferroelektrika	Magnetisierungskennlinie $\mu = f(B)$	Glimmentladung Röntgenstrahlung elektrische Lumineszenz Szintillation Kerr-Effekt Laser-Effekt Stark-Effekt Flüssigkristalle
		komplexer Widerstand	Ladungserhaltungssatz			
	Righi-Effekt Entmagnetisierung	Lorentz-Kräfte (Feldplatte, Thomson-Effekt) komplexer Widerstand Supraleitung	Lorentz-Kräfte (Hall-Effekt) Plasma (MHD) Magnistor Induktionsgesetz		Sättigungseffekt (Transduktor) Influenz Remanenz Hysterese	Faraday-Effekt Zeemann-Effekt Cotton-Mouton-Effekt
	Strahlungswärme	Sperrschichtphotoeffekt (Photodiode, Photowiderstand Widerstandsänderung von Kristallen Ionisation	Lichtelektrischer Effekt (Photozelle, Photoelement)			Brechung, Laser Doppelbrechung Polarisation Interferenz Lumineszenz Dispersion Leitung Absorption

Tabelle 2
Systematik der physikalischen Effekte für die Grundoperation „Verbinden und Trennen von Energien und Stoffen"

Tabelle 2 **Verbinden und Trennen von Energien und Stoffen**

Grundoperationen "Verbinden (←) und Trennen (→) von Energie und Stoff"

Energieart Stoff + Energie	Mechanische Energie[1]	Thermische Energie	Elektrische Energie	Magnetische Energie	Akustische Energie	Optische Energie	Chemische Energie
Stoff + Bewegungsenergie	Impuls Stoß Drall Boyle-Mariotte Kohäsion Inkompressibilität Reibung Adhäsion Coulomb I Coulomb II Bernoulli Oberflächenspannung	Thermik ↓ Reibung ↑	Biot-Savart Herausziehen eines Dielektrikums ↑ Elektroosmose ↓ Coulomb I ↓ Induktion ↓ Strömungsstrom ↑ Wirbelstrom ↑	Coulomb II ↓	Membrane	Strahlungsdruck ↓	Explosion ↓
Stoff + Wärmeenergie	Reibung ↓ Expansion ↑ Kompression ↓ Plastische Verformung ↓	Wärmeleitung Wärmestrahlung Konvektion	Thermoelement ↑ Joulsche Wärme ↓ Dielektr. Verlustwärme ↓ Peltiereffekt ↓	Hysterese ↓ Wirbelstrom ↓	Absorption ↓	Absorption Strahlung ↓	Exotherme Reaktion ↓ Verbrennung ↓↓ Lösen von Gas Kristallisation
Stoff + elektrische Energie	Trennen von Ladungen ←	Pyroelektrizität ↓ Funken ↑ Lichtbogen ↑ Glühemission ↓ Thermoeffekt ↓	Influenz Elektrische Ladung (Kondensator)			Funken ↑ Lichtbogen ↑ Photoeffekt ↓	Brennstoffzelle ↑ Batterie ↑
Stoff + magnetische Energie	Coulomb II ↑		Magnetfeld um strom- durchflossenen Leiter ←				
Stoff + akustische Energie	Membrane						
Stoff + optische Energie		Absorption ↑ Aufheizen ↓	Lumineszens ↓			Pumplaser ↓ Phosphoreszens ↓	Triboluminiszens ↓ Verbrennung ↓ Chemoluminiszens
Stoff + chemische Energie		Dissoziation ↓ Verbrennung ↑	El. Potentialdifferenz Elektrolyse Batterie			Photosynthese ↓ Triboluminiszens ↑ Verbrennung ↑ Chemoluminiszens ↑	

[1] potentielle, kinetische, Oberflächen-, elastische Energie

Tabelle 3
Systematik der physikalischen Effekte für die Grundoperation „Trennen von Stoffen"

Tabelle 3 **Trennen von Stoffen**

Grundoperation „Trennen von Stoffen"

		fest			flüssig			gasförmig	
	Trennmerkmal	Effekt	Anwendung	Trennmerkmal	Effekt	Anwendung	Trennmerkmal	Effekt	Anwendung
Ge	Länge	Bernoulli		Kohäsion (Me)	Corioliskraft		Dichte (Me)	Auftrieb	
	Fläche	Hooke			Druckkonst. i. Flüssigk.	Filterpresse		Gravitation	Entgasen im Vakuum
	Volumen, Winkel	Hysterese			Gravitation	Sieb	Kompressibilität	Druckkonst. i. Gasen	Desorption
		Kohäsion	Sieb		Massenträgheit		Druckabhängigkeit	Druckabsenkung	Desorption
		Oberflächenspannung		Dichte	Zentrifugalkraft	Zentrifuge	Temp.-abhängigkeit (Td)	Temperaturerhöhung	
		Zähigkeit			Auftrieb	Öl aus Gestein	Absorptionsneigung (Vt)	Absorption	
		Coulomb I		Oberflächenspannung	Adhäsion	Prallringzentrifuge	Adsorptionsneigung	Adsorption	
		Wirbelstrom	Münzprüfung		Kapillareffekt		Diffusionskoeffizient	Diffusion	
		Coulomb II		Siedepunkt (Td)	Verdampfung	Normaldrucktrockn.			
		Profilauftrieb		Sublimationspunkt	Sublimation	Gefriertrocknung			
		Auftrieb		Partialdruck	Verdunstung	Verdunstungstrockn.			
		Boyle-Mariotte		Löslichkeit (Vt)	Lösen	Exsikator			
		Keil		Diffusionskoeffizient	Diffusion	Extraktion			
Me	Benetzbarkeit	Auftrieb	Flotation	Ionisierbarkeit (el. Ladung)	Elektroosmose	Torftrocknung			
	Masse, Gewicht, Massenträgheit	Corioliskraft							
		Coulomb II							
		Hebel							
		Hooke							
		Impuls							
		Kompressibilität							
		Magnuseffekt							
		Oberflächenspannung							
		Resonanz							
		Zentrifugalkraft	Fliehkraftsichter						
	Dichte	Auftrieb	Sedimentation						
		Sinkgeschwindigkeit	Schwertrübescheider						
	Dämpfung	Hysterese							
	Reibziffer	Reibung							
	Stoßzahl	Impuls							
Td	Erstarrungstemperatur	Kohäsion	Kristallisieren						
	Siedetemperatur	Sublimation	Calciumgewinnung						
El	Leitfähigkeit	Coulomb I	Elektroscheider						
		Wirbelstrom							
Ma	Suszeptibilität	Coulomb II	Magnetscheider						

(linke Seite: fest)

KAPITEL 14 Anhang

flüssig

	Eigenschaft					Eigenschaft		
Ge	Molekülgröße	Dialyse			Me	Dichte	Auftrieb	Ölabscheider
Me	Dichte	Auftrieb	Flotation				Zentrifugalkraft	Scheidetrichter
		Gravitation	Sedimentation				Druckabhängigkeit d. gelösten Gasmenge	Zentrifuge
		Massenträgheit	Filter					Öl-Wasser-Trennung
		Zentrifugalkraft	Separator		Td	Temp.-abhängigkeit d. gelösten Gasmenge		Öl-Saugwürfel
	Benetzbarkeit	Auftrieb	Flotation					
	Kohäsion	Kohäsion	Filter					
	Oberflächenspannung	Adhäsion	Adhäsionszentrifuge					
	Reibzahl	Reibung						
Td	Sublimationstemp.	Sublimation						
El	Dielektrizitätszahl	Coulomb I						
	Leitfähigkeit	Coulomb I						
		Wirbelstrom						
Ma	Rel. Permeabilität	Coulomb II	Magnetscheider					
Vt	Molekulargewicht	Dialyse						
		Elektrodialyse						
		Soret-Effekt						
	Adsorptionsneigung	Adsorption	Chromatographie					

	Eigenschaft	Methode			Eigenschaft	Methode
Me	Dichte	Auftrieb		Me	Dichte	Auftrieb
		Gravitation				Zentrifugalkraft
		Zentrifugalkraft				Druckabsenkung
	Oberflächenspannung	Adhäsion		Td		Temperaturerhöhung
Td	Dampfdruck	Verdampfung		El	Dielektrizitätszahl	Coulomb I
	Partialdruck	Verdunstung		Vt	Adsorptionsneigung	Adsorption
	Schmelzpunkt	Kristallisation	fraktion. Kristallisation		Diffusionskoeffizient	Diffusion
		Schmelzen			Löslichkeit	Elektrolyt. Verdrängung	Aussalzen
	Siedepunkt	Kondensation	Destillation			Lösen
		Verdampfung	Destillation		Molekulargewicht	Soret-Effekt	Clus. Dickel. Trennrohr
El	Ladung	Ionenwanderung	Elektrolyse				
		Coulomb I					
	Leitfähigkeit	Coulomb II					
Ma	Rel. Permeabilität						
Vt	Adsorptionsneigung	Adsorption	Verteilungschromat.				
	Diffusionskoeffizient	Diffusion					
		Lösen	Ausschütteln				
		Elektrolyt. Verdrängung	Aussalzen				
		Ionisation	Elektrophorese				
	Molekulargewicht	Soret-Effekt	Clus. Dickel. Trennrohr				
		Dialyse					
		Elektrodialyse					
		Kohäsion					

gasförmig

	Eigenschaft					Eigenschaft		
Ge	Länge	Kohäsion	Filter		Me	Dichte	Auftrieb	Trenndüsenverfahren
Me	Dichte	Gravitation	Staubkammer				Zentrifugalkraft	
	Masse	Massenträgheit	Prallblechentstauber		Td	Schmelzpunkt	Kristallisation	Desublimation
		Zentrifugalkraft	Zyklon-Entstauber			Siedepunkt	Kondensation	Filmkondensation
	Benetzbarkeit (hydrophil)	Adhäsion	Naßentstaubung		El	Dielektrizitätszahl	Coulomb I/II	
		Koagulation	Ultraschallentstaub.			Ionenladung	Coulomb I/II	Massenspektograph
El	Dielektrizitätszahl	Coulomb I	Elektrofilter		Ma	Suszeptibilität	Coulomb II	O₂ aus der Luft
	El. Ladung	Coulomb I			Vt	Löslichkeit	Absorption	Gastrocknung
		Influenz					Adsorption	Abgasreinigung
							Diffusion	Fremdgasdiffusion
							Elektrolyt. Verdrängung	Aussalzen
							Ionisation	Elektrophorese
							Reaktion	Waschflasche
						Molekulargewicht	Druckdiffusion	Trenndüsenverfahren
							Effusion	
							Thermodiffusion	Clus. Dickel. Trennrohr
							Transfusion	Gasdiffusionsanlage
						Molekülgröße	Adsorption im Molekularsieb	Edelgase aus Luft

	Eigenschaft	Methode
Me	Dichte	Auftrieb
	Masse	Gravitation
		Massenträgheit
		Zentrifugalkraft
	Randwinkel	Oberflächenspannung
		Koagulation
El	El. Ladung	Coulomb I
		Influenz

Abkürzungen:
- El Elektrizität
- Ge Geometrie
- Ma Magnetismus
- Me Mechanik
- Td Thermodynamik
- Vt Verfahrenstechnik

**Prinzipkatalog 1
Wandeln der Energie- bzw. Signalart**

Prinzipkatalog: Wandeln der Energie- bzw. Signalart

Ursache: ▭ → Länge, Querschnitt, Volumen

Ursache	Physikalischer Effekt		Gesetz	Literatur	Anwendungsbeispiele
02.01 Geschwindigkeit	Bewegungsgesetz		$s = \int_0^t v\, dt$	[2.1], S.31	
	Weissenberg-Effekt			[4], S.104	
04.01 Kraft, Druck, Mechanische Energie	Hookesches Gesetz		$\Delta l = \frac{1}{E} \cdot \frac{l}{A} \cdot F$	[7.1]	Federwaage
	Querkontraktion		$\frac{\Delta r}{r} = \mu \cdot \frac{F}{E \cdot A}$	[11], S.81	
	Schub, Torsion		$\Delta l = \frac{l}{2}\left(\frac{F}{G \cdot A}\right)^2$	[11], S.83	
	Coulomb-Gesetz I		$l = \sqrt{c_E \frac{Q_1 \cdot Q_2}{F}}$ $c_E = \frac{1}{4\pi \cdot \varepsilon_0 \cdot \varepsilon_r}$	[28], S.238 [30], S.283	
	Coulomb-Gesetz II		$l = \sqrt{c_M \frac{\Phi_1 \cdot \Phi_2}{F}}$ $c_M = \frac{1}{4\pi \cdot \mu_0 \cdot \mu_r}$	[31], S.491	
	Auftrieb		$\Delta l = \frac{F}{\rho_{Fl} \cdot g \cdot A}$	[2.1], S.288	
	Boyle-Mariotte-Gesetz		$\Delta v = \left(1 - \frac{p_1}{p_2}\right) v_1$	[2.1], S.273	

Prinzipkatalog: Wandeln der Energie- bzw. Signalart

Ursache: ⎯⎯▱⎯⎯ Länge, Querschnitt, Volumen

Ursache	Physikalischer Effekt		Gesetz	Literatur	Anwendungsbeispiele
06.01 Zeit, Frequenz	Bewegungsgesetz		$s = \int_0^T v\,dt$	[2.1], S.31	Photographische Verfahren zur Geschwindigkeitsbestimmung
	Stehende Welle		$l = c/\nu$ c = Wellengeschwindigkeit ν = Frequenz	[11], S.113	Kundtsches Rohr, Wellenlängenmesser
	Resonanz		$l = \dfrac{l_0}{1-(\nu/\omega_0)^2}$ ω_0 = Eigenfrequenz	[7.1], S.268	Zungenfrequenzmesser
07.01 Mechanische Wellen (Schall)	Schallanregung			[2.1], S.542	Mikrophon
08.01 Temperatur, Wärme	Wärmedehnung		$\Delta l = l_0 \cdot \alpha \cdot \Delta T$ α = Längenausdehnungskoeffizient	[31], S.314	Bimetall, Thermostat
	Wärmedehnungsanomalie		z.B. H_2O, 1,091 dm^3/kg, Eis	[31], S.318	Sprengen von Gestein mit Wasser
10.01 Elektrische Spannung, Elektrischer Strom, Elektrisches Feld	Elektrostriktion		$\pm \Delta l = l_0 \cdot d \cdot E$ E = Elektr. Feldstärke d = Materialkonstante	[29], S.15	Ultraschallerzeugung
12.01 Magnetisches Feld, Induktivität	Magnetostriktion			[2.2], S.215	Ultraschallerzeugung

Prinzipkatalog: Wandeln der Energie- bzw. Signalart

Ursache: ──[/]── Geschwindigkeit

Ursache	Physikalischer Effekt		Gesetz	Literatur	Anwendungsbeispiele
01.02 Länge, Querschnitt, Volumen	Kontinuität		$v_2 = \frac{A_1}{A_2} v_1$	[11], S.75	Düsen
	Zähigkeit		$v = \frac{W}{6\pi \cdot \eta} \cdot \frac{1}{r}$ W=Reibungswiderstand	[2.1], S.324	
	Torricelli-Gesetz		$v = \sqrt{2g\,h}$	[2.1], S.309	Speicherkraftwerk
	Bewegungs-gesetz		$v = \frac{ds}{dt}$	[2.1], S.29	
	Drehpunkts-abstand		$v = r \cdot \omega$	[2.1], S.37	P.I.V. - Getriebe, Drehzahlübersetzung
04.02 Kraft, Druck, Mechanische Energie	Energiesatz		$\omega = \sqrt{2E_{rot}/\Theta}$ $v = \sqrt{2E_{kin}/m}$	[7.1], S.269	Schwungradantrieb, Stoßvorgänge
	Bernoullisches Gesetz		$v = \sqrt{2(p_1 - p_2)/\rho}$	[2.1], S.304	Düse, Turbinenleitrad
	Impulssatz (Drall)		$v = \frac{1}{m}\int F\,dt$ $\omega = \frac{1}{\Theta}\int M\,dt$	[7.1], S.260	Pumpen, Stoßvorgänge
	Drallsatz (Kreiseleffekt)		$\omega_p = \frac{F \cdot l}{\Theta \cdot \omega}$	[7.1], S.278	

Prinzipkatalog: Wandeln der Energie- bzw. Signalart

Ursache: ───▭─── Geschwindigkeit

Ursache	Physikalischer Effekt		Gesetz	Literatur	Anwendungsbeispiele
04.02 Kraft, Druck, Mechanische Energie	Schallgeschwindigkeit		$c = \sqrt{\varkappa p/\rho}$ $\varkappa$ = Isentropenexponent	[2.1], S.492	Stoßwellenrohr, Überschallwindkanal
	Zähigkeit		$v = F\dfrac{h}{\eta\,A}$ η = Dynamische Zähigkeit	[2.1], S.323	
05.02 Dichte	Schallgeschwindigkeit		$c = \sqrt{\varkappa p/\rho}$ $\varkappa$ = Isentropenexponent	[2.1], S.492	Stoßwellenrohr
06.02 Zeit, Frequenz	Dispersion	Frequenzabhängige Fortpflanzungsgeschwindigkeit von Signalen	z.B. Schallgeschwindigkeit in Kohlendioxyd	[21], S.595	Frequenzfilterung, Spektroskopie
08.02 Temperatur, Wärme	Schallgeschwindigkeit		$c = \sqrt{\varkappa R T}$	[11], S.114	
10.02 Elektrische Spannung, Elektr. Strom, Elektr. Feld	Elektrokinetischer Effekt		$v = \dfrac{\zeta\varepsilon_r\varepsilon_0\,U}{l\,\eta}$ ε = Dielektrizitätskonst. ζ = Elektrokinetisches Potential η = Dynamische Zähigkeit	[5], S.886	Hydroelektrische Wasserpumpe
12.02 Magnetisches Feld, Induktivität	Induktionsgesetz		$v = \dfrac{U}{B\,I}$	[40], S.200	Drehzahlerhöhung eines Elektromotors durch Feldschwächung
	Wirbelstrom		$v = c\,\dfrac{F}{\varkappa\,B^2}$ c = Anordnungskonstante $\varkappa$ = Elektrischer Leitwert B = Magnetische Induktion		Zähler für elektrische Energie

Prinzipkatalog: Wandeln der Energie- bzw. Signalart

Ursache: ——[/]—— Beschleunigung

Ursache	Physikalischer Effekt		Gesetz	Literatur	Anwendungsbeispiele
01.03 Länge, Querschnitt	Zentrifugal- beschleunigung		$a_n = r\omega^2$	[7.1], S. 243	
02.03 Geschwindigkeit	Coriolis- beschleunigung		$a_c = 2\,v_r\,\omega$	[7.1], S. 250	Föttinger-Kupplung
	Zentrifugal- beschleunigung		$a_n = r\omega^2$	[7.1], S. 243	
	Ladung im mag- netischen Feld		$a_n = B \cdot v \cdot \frac{Q}{m}$	[11], S. 301	Magnetische Linsen, magnetische Ablenkung bei Fernsehröhren
04.03 Kraft, Druck, Mechanische Energie	Newton Axiom		$a = \frac{F}{m}$	[7.1], S. 256	Bewegungssysteme
05.03 Masse, Trägheitsmoment, Dichte	Newton Axiom		$a = \frac{F}{m}$ $\dot{\omega} = \frac{M}{\Theta}$	[7.1], S. 256	
10.03 Elektrische Spannung, Elektr. Strom, Elektr. Feld	Ladung im elek- trischen Feld		$a = \frac{Q}{m} E$	[11], S. 278	Elektrostatische Lackierung, Zyklotron

Prinzipkatalog: Wandeln der Energie- bzw. Signalart

Ursache: Kraft, Druck, Mechanische Energie

Ursache	Physikalischer Effekt		Gesetz	Literatur	Anwendungsbeispiele
01.04 Länge, Querschnitt, Volumen	Hookesches Gesetz		$F = c \cdot \Delta l$ c = Federkonstante	[7.1], S.246	Vorgespannte Feder, Ventilfeder, Erzeugung von Kraftschluß
	Oberflächen- spannung		$F = 2\sigma l$ σ = Oberflächenspannung	[2.1], S.403	Kapillare
	Schubver- formung		$F = c_s \cdot \Delta l$ c_s = Federkonstante	[7.1], S.246	Erzeugung von Kraftschluß, Torsionsfeder
	Boyle-Mariotte- Gesetz		$\Delta p = p_2 - p_1 = p_1 \cdot \dfrac{\Delta v}{v_2}$	[2.1], S.273	Luftfeder
	Coulomb- Gesetz I		$F = c_E \cdot \dfrac{Q_1 \cdot Q_2}{l^2}$ $c_E = \dfrac{1}{4\pi \cdot \varepsilon_0 \cdot \varepsilon_r}$	[2.2], S.42	
	Coulomb- Gesetz II		$F = c_M \cdot \dfrac{\Phi_1 \cdot \Phi_2}{l^2}$ $c_M = \dfrac{1}{4\pi \cdot \mu_0 \cdot \mu_r}$	[31], S.491	Magnetische Federung
	Auftrieb		$F = \rho_{Fl} \cdot g \cdot A \cdot \Delta l$	[2.1], S.288	Schwimmerventil
	Gravitation		$F = \dfrac{m\,M}{l^2} G$ G = Gravitationskonstante	[2.1], S.122	Gewichtskräfte
	Zentrifugal- kraft		$F = m r \omega^2$	[7.1], S.273	Mechanische Schwingungserregung
	Gravitations- druck		$p = h \rho g$	[7.1], S.274	Wasserturm

Kapitel 14 Anhang

Prinzipkatalog: Wandeln der Energie- bzw. Signalart

Ursache: Kraft, Druck, Mechanische Energie

Ursache	Physikalischer Effekt	Gesetz	Literatur	Anwendungsbeispiele
01.04 Länge, Querschnitt, Volumen	Kapillardruck	$p = \dfrac{2\sigma \cos\varphi}{r}$ σ = Oberflächenspannung	[2.1], S.419	Docht, Kapillare
02.04 Geschwindigkeit	Energiesatz	$E_{rot} = \Theta \dfrac{\omega^2}{2}$ $E_{kin} = m \dfrac{v^2}{2}$	[7.1], S.269	Schwungrad
	Coriolis-Kraft	$F_c = 2 m \omega v_r$	[7.1], S.263	Föttinger-Kupplung
	Impuls	$F = \dfrac{d}{dt}(mv)$ $M = \dfrac{d}{dt}(\Theta\omega)$	[2.1], S.84	Raketenantrieb, Stoßvorgänge
	Bernoullisches Gesetz	$\Delta p = \dfrac{\rho}{2} \Delta v^2$ $\Delta p = p_2 - p_1$ $\Delta v^2 = v_2^2 - v_1^2$	[2.1], S.304	Staudruckmesser, Wasserstrahlpumpe
	Wirbelstrom	$F = c B^2 v \varkappa$ c = Anordnungskonstante $\varkappa$ = Elektr. Leitwert B = Magn. Induktion	[40], S.204	Instrumentendämpfung, Wirbelstrombremse, Tachometer
	Zähigkeit	$F = A \eta \dfrac{dv}{dh}$ η = Dyn. Zähigkeit	[2.1], S.319	Hydrodynamische Lagerung, Flüssigkeitsdämpfung
	Turbulenz	laminar ¦ turbulent ΔP	[7.1], S.310	
	Profilauftrieb	$F_a = c_a \dfrac{\rho}{2} v^2 A$ A = Tragflügelfläche c_a = Auftriebsbeiwert	[7.1], S.327	Tragflügel, Kreiselverdichter

Prinzipkatalog: Wandeln der Energie- bzw. Signalart

Ursache: Kraft, Druck, Mechanische Energie

Ursache	Physikalischer Effekt		Gesetz	Literatur	Anwendungsbeispiele
02.04 Geschwindigkeit	Magnuseffekt		$F = 2\pi \rho R^2 \omega v l$	[2.1], S.316	Schiffsantrieb (Flettner-Rotor)
	Strömungs-widerstand		$F = \dfrac{\rho}{2} v^2 A \cdot c_w$ c_w = Widerstandsbeiwert	[7.1], S.304	Fallschirm, Anemometer
03.04 Beschleunigung	Newton Axiom		$F = ma$		
05.04 Masse, Trägheitsmoment, Dichte	Gravitation		$F = \dfrac{mM}{r^2} G$ G = Gravitationskonstante	[2.1], S.122	
	Newton Axiom		$F = ma$		
	Zentrifugal-kraft		$F = m r \omega^2$	[7.1], S.272	Auswuchten
	Energiesatz		$E_{rot} = \Theta \dfrac{\omega^2}{2}$ $E_{kin} = m \dfrac{v^2}{2}$		
	Coriolis-Kraft		$F = 2m \omega v_r$	[7.1], S.263	
06.04 Zeit, Frequenz	Resonanz-absorption	Ein schwingungsfähiges System hat hohe Energieabsorption im Bereich der Resonanzfrequenz.		[20]	Schwingungstilger
07.04 Mechanische Wellen (Schall)	Schalldruck		$F = \rho^2 \dfrac{A}{2\rho c^2}$ c = Schallgeschwindigkeit		Kohle-Mikrophon

Prinzipkatalog: Wandeln der Energie- bzw. Signalart

Ursache: ⟶ □ ⟶ Kraft, Druck, Mechanische Energie

Ursache	Physikalischer Effekt		Gesetz	Literatur	Anwendungsbeispiele
08.04 Temperatur, Wärme	Wärmedehnung		$F = \alpha \cdot \Delta T \cdot E \cdot A$ E = E-Modul α = Wärmeausdehnungskoeffizient		Schrumpfverbindung
	Dampfdruckkurve			[2.1], S. 710 [25]	Dampfkessel
	Oberflächenspannung	Abnahme der Oberflächenspannung mit der Temperatur bei Flüssigkeiten (im allgemeinen nur gering)	$F = 2\sigma l$ (siehe 01.04) $\sigma = f(T)$	[14.1], S. 186	
	Gasgleichung		$p_2 = p_1 \dfrac{T_2}{T_1}$	[7.1], S. 445	Verbrennungsmotor
	Osmotischer Druck		$p = c \cdot R \cdot T$ c = Naturkonstante R = Gaskonstante	[5], S. 332	
10.04 Elektrische Spannung, Elektrischer Strom, Elektrisches Feld	Biot-Savartsches Gesetz		$F = I \cdot l \cdot B$	[11], S. 223	Elektromotor, Lautsprecher, Drehspulmeßwerke
	Elektrokinetischer Effekt	r = Kapillarradius	$p = \dfrac{8\zeta \, \varepsilon_r \, \varepsilon_0}{r^2} U$ ζ = Elektrokinetisches Potential ε_r = Relative Dielektrizitätskonstante	[5], S. 886	Pumpe (elektrostatisch)
	Hysterese	Elektrisches Drehfeld erzeugt mech. Drehmoment Elektrischer Isolator mit dielektrischer Hysterese		ATM 1974 (Nov.) Blatt V 94 2-15 S. 201	
	Coulomb-Gesetz I		$F = \dfrac{1}{\varepsilon_0 \varepsilon_r} \dfrac{Q_1 Q_2}{4\pi r^2}$ ε_r = Relative Dielektrizitätskonstante	[2.2], S. 42 [28], S. 238	Elektrostatische Meßgeräte, Elektrostatische Papieraufspannung, Johnson-Rabeck-Effekt

Prinzipkatalog: Wandeln der Energie- bzw. Signalart

Ursache: ⟶ ▭ ⟶ Kraft, Druck, Mechanische Energie

Ursache	Physikalischer Effekt		Gesetz	Literatur	Anwendungsbeispiele
10.04 Elektrische Spannung, Elektr. Strom, Elektr. Feld	Relative Dielektrizitätskonstante		$F = c \cdot U^2 (\varepsilon_2 - \varepsilon_1)$ c = Anordnungskonstante	[11], S.191	Elektrostatisches Voltmeter
12.04 Magnetisches Feld, Induktivität	Biot-Savartsches Gesetz		$F = I \cdot l \cdot B$	[28], S.238	Elektromotoren
	Coulomb-Gesetz II		$F = c_M \cdot \dfrac{\Phi_1 \cdot \Phi_2}{l^2}$ $c_M = \dfrac{1}{4\pi \cdot \mu_0 \cdot \mu_r}$	[31], S.491	Hubmagnet, Magnetische Entlastung von Lagern
	Einstein-de Haas-Effekt		Ummagnetisieren eines ferromagnetischen Körpers erzeugt einen Drehimpuls	[11], S.241	Wegen der geringen Wirkung des Effekts bisher keine technische Anwendung
	Ferro-, Para- u. Diamagnetika			[2.2], S.108	Magnete, Magnetabscheider, Paramagnetische O$_2$-Messung
	Influenz		Magnetfeld N_H-S_H erzeugt im Weicheisen Influenzfeld und damit Abstoßung	[2.2], S.93	Blechanheber, Weicheisen-Amperemeter
	Hysterese	Material mit großer Hysterese	$A = \dfrac{\text{Energie}}{\text{Volumen}}$ $F = A \dfrac{\text{Ummagnetisiertes Volumen}}{\text{Weg s}}$	[2.2], S.209	Hysteresekupplung, Hysteresebremse
13.04 Elektromagnetische Wellen	Strahlungsdruck		Strahlung übt auf getroffene Körper einen Druck aus	[11], S.392	Wegen der geringen Wirkung des Effekts bisher keine technische Anwendung

Prinzipkatalog: Wandeln der Energie- bzw. Signalart

Ursache: → Masse / Trägheitsmoment / Dichte

Ursache	Physikalischer Effekt		Gesetz	Literatur	Anwendungsbeispiele
01.05 Länge, Querschnitt, Volumen	Abstand einer Masse vom Drehpunkt		$\Theta = \int r^2\, dm$	[7.1], S.269	Schwungrad
04.05 Kraft, Druck, Mechanische Energie	Boyle-Mariotte-Gesetz		$\rho_2 = \rho_1 \dfrac{p_2}{p_1}$	[2.1], S.273	
08.05 Temperatur, Wärme	Allgemeine Gasgleichung (Isobare)		$\rho = \dfrac{p}{R \cdot T}$ R = Allgemeine Gaskonstante	[7.1], S.445	

Prinzipkatalog: Wandeln der Energie- bzw. Signalart

Ursache: ─── ⟋ ─── Zeit, Frequenz

Ursache	Physikalischer Effekt		Gesetz	Literatur	Anwendungsbeispiele
01.06 Länge, Querschnitt, Volumen	Elastizität		$\omega_0 = \sqrt{c/m}$ $\omega_0 = \sqrt{c/\Theta}$ c = Federsteifigkeit abhängig von Abmessungen	[7.1], S.288	Zungenfrequenzmesser, Stimmgabel
	Schwerkraft		$\nu = \dfrac{1}{2\pi}\sqrt{g/l}$ z.B. Mathematisches Pendel	[2.1], S.162	Pendeluhr
	Laufzeiteffekt		$\tau = \dfrac{l}{v}$		Dickenmessung durch Ultraschall, Echolot, Radar
02.06 Geschwindigkeit	Doppler-Effekt		$v_E = v_S \dfrac{1 + v_E/c}{1 + v_S/c}$ c = Schallgeschwindigkeit	[31], S.289	Geschwindigkeitsmessung
	Stick-Slip-Effekt		Bed.: 1. Schwingungsfähiges System 2. $d\mu/dv < 0$		Geigensaite
	Wirbelstraße		Zylinder $\nu = 0{,}185\,\dfrac{v}{d}$ ν = Frequenz der Wirbelablösung	[2.1], S.530	Messen von Strömungsgeschwindigkeiten
04.06 Kraft, Druck, Mechanische Energie	Saite		$\nu = \dfrac{1}{2\cdot l}\sqrt{F/A\rho}$	[2.1], S.505	Frequenzeinstellung bei Saiteninstrumenten
05.06 Masse, Trägheitsmoment, Dichte	Eigenfrequenz			[7.1], S.281	Dynamische Bestimmung von Massen bzw. Trägheitsmomenten
08.06 Temperatur, Wärme	Eigenfrequenz (Quarz)	Die Eigenfrequenz von Schwingquarzen ändert sich bei entsprechendem Kristallschnitt stark mit der Temperatur		VDI-Z 1970 Nr.1 S.14	Quarz-Temperatur-Sensoren
10.06 Elektrische Spannung, Elektr. Strom, Elektr. Feld	Josephson-Effekt	Im Tieftemperaturbereich kann mit Hilfe des Josephson-Elementes eine Gleichspannung U in eine Hochfrequenz umgesetzt werden	$\omega = \dfrac{2e}{h} U$	[2.2], S.520	Sender, Empfänger, Parametrische Verstärker

Prinzipkatalog: Wandeln der Energie- bzw. Signalart

Ursache: ─────▱───── Mechanische Welle (Schall)

Ursache	Physikalischer Effekt		Gesetz	Literatur	Anwendungsbeispiele
01.07 Länge, Querschnitt, Volumen	Mechanische Längenänderung			[2.1], S.530	Lautsprecher
	Schalldissipation		$I = I_0\, e^{-mr}$ m = Absorptionskoeffizient	[2.1], S.503	Schalldämmung
02.07 Geschwindigkeit	Doppler-Effekt		$\nu_E = \nu_S \dfrac{1+v_E/c}{1+v_S/c}$ c = Schallgeschwindigkeit	[31], S.289	Geschwindigkeitsmessung
	Stick-Slip-Effekt	v_1 = const	für kleines v: $\nu = kv$ k = Systemkonstante		
04.07 Kraft, Druck, Mechanische Energie	Stick-Slip-Effekt				Streichinstrumente, Froudsches Pendel
	Druckwellen			[2.1], S.495	Stoßwelle
06.07 Zeit, Frequenz	Dispersion	Frequenzabhängige Laufzeit mechanischer Wellen in einem Medium	z.B. Schallwellen in CO_2	[2.1], S.493	
10.07 Elektrische Spannung, Elektr. Strom, Elektr. Feld	Thermophon	Gasvolumen V_0 $I + I_0 \sin \nu_0 t$ Draht mit Radius a Schalldruckamplitude	$p_0 = \dfrac{11{,}4\, I\cdot I_0 \cdot R}{a^2 \cdot \nu_0 \cdot \varphi}$ R = Drahtwiderstand φ = Systemkonstante	[8], S.550	Eichgeräte für Schalldämpfer

Prinzipkatalog: Wandeln der Energie- bzw. Signalart

Ursache: ⟶ Temperatur, Wärme

Ursache	Physikalischer Effekt		Gesetz	Literatur	Anwendungsbeispiele
01.08 Länge, Querschnitt, Volumen	Plastische Verformung		$Q = W = \int F\,ds$	[14.1], S. 168	
	Wärmeleitung		$\dot{Q} = A \frac{\lambda}{l}(T_1 - T_2)$	[7.1], S. 479	Wärmeisolierung
	Strahlung		$\dot{Q} = c\,A\left[\left(\frac{T_1}{100}\right)^4 - \left(\frac{T_2}{100}\right)^4\right]$ c = Strahlungskonstante	[7.1], S. 477	Dimensionierung von Heizflächen
	Konvektion		$\dot{Q} = \alpha\,A(T_w - T_f)$ α = Wärmeübergangszahl	[14.1], S. 386	Dimensionierung von Wärmetauschern
02.08 Geschwindigkeit	Konvektion		$\dot{Q} = \alpha\,A(T_w - T_f)$ $\alpha = f(v)$	[14.1], S. 386	Strömungsgeschwindigkeitsmesser, Heizgebläse, Kühlgebläse
04.08 Kraft, Druck, Mechanische Energie	Reibung		$Q = W = \mu\,F\,S$	[7.1], S. 229	Reibschweißen
	1. Hauptsatz	$W = \int p\,dv$ $U = c_v m T$	$\Delta Q = \Delta U - \Delta W$ U = Innere Energie W = Arbeit	[1], S. 66	Wärme-, Kraft- und Arbeitsmaschinen
	Thomson-Joule-Effekt	Reale Gase erfahren bei einer Drosselung eine Temperaturänderung bei gleichbleibender Enthalpie h		[1], S. 187 [2.1], S. 673	Luftverflüssigung (Linde)

Prinzipkatalog: Wandeln der Energie- bzw. Signalart

Ursache: ⟶ □ ⟶ Temperatur, Wärme

Ursache	Physikalischer Effekt		Gesetz	Literatur	Anwendungsbeispiele
04.08 Kraft, Druck, Mechanische Energie	Hysterese		$Q_z = \oint F\, ds$ Q_z = pro Zyklus erzeugte Wärmemenge	[2.1], S. 251	Ultraschallschweißen
	Konvektion		$\dot{Q} = \alpha A (T_w - T_f)$ bei Gasen: $\alpha = f(p)$	[8], S. 212	Druckmesser (Vakuum)
	Wirbelstrom	In einem elektrisch leitfähigen ($\varkappa$) Körper, der durch ein Magnetfeld B hindurch bewegt (v) wird, entsteht infolge von Wirbelströmen Wärme	$\dot{Q} = const \cdot B^2 v^2 \varkappa$	[30], S. 408	
	Turbulenz		$Q = E_{Verlust} = \Delta p\, \dot{m}/\rho$	[7.1], S. 310	
	Plastische Verformung		$Q = W = \int F\, ds$	[14.1], S. 168	
06.08 Zeit, Frequenz	Dielektrische Verlustwärme		$Q = U^2 C\, \omega \tan\delta$ δ = Dielektrischer Verlustwinkel	[21], S. 569	Kunststoffschweißen, Verkleben von Sperrholz
	Wirbelstrom	In einem elektrisch leitfähigen ($\varkappa$) Körper, der sich in einem Wechselmagnetfeld ($B \sin\omega t$) befindet, entsteht infolge von Wirbelströmen Wärme	$Q = const \cdot B^2 \omega^2 \varkappa$	[2.2], S. 249	Induktionserwärmung

Prinzipkatalog: Wandeln der Energie- bzw. Signalart

Ursache: ⟶ Temperatur, Wärme

Ursache	Physikalischer Effekt		Gesetz	Literatur	Anwendungsbeispiele
07.08 Mechanische Wellen (Schall)	Reibung	Werden durch mechanische Wellen Relativbewegungen zwischen Reibflächen angeregt, so entsteht Wärme		[21], S. 2608	Ultraschallschweißung
10.08 Elektrische Spannung, Elektrischer Strom, Elektrisches Feld	Joulsche Wärme		$\dot{Q} = UI$	[30], S. 301	Elektrische Heizung
	Peltier-Effekt		$Q = \Pi I$ Π = Peltierkoeffizient	[14.2] S. 313 Valvo Heft Peltier-Batterien	Kühlaggregat
	Lichtbogen		$\dot{Q} = UI$	[21], S. 1637 [31], S. 550	Schweißverfahren, Schmelzen von Metall
12.08 Magnetisches Feld, Induktivität	Righi - Effekt		$\Delta T_t = S H \dfrac{\Delta T_e}{l} b$ S = Righi - Leduc - Koeffizient	[2.2] S.493	
	Entmagnetisierung	Wird ein paramagnetischer Stoff adiabatisch magnetisiert bzw. entmagnetisiert, so erwärmt er sich, bzw. kühlt sich ab	$\Delta T = k \Delta H^2$ k = Materialkonstante	[11], S. 164 [30], S. 379	Magnetpumpe
13.08 Elektromagnetische Wellen (Licht, Strahlung)	Strahlungswärme		$\dot{Q} = c A \left[\left(\dfrac{T_1}{100}\right)^4 - \left(\dfrac{T_2}{100}\right)^4 \right]$ c = Strahlungskonstante	[7.1], S.477	Sonnenwärme, Laserschweißen

Prinzipkatalog: Wandeln der Energie- bzw. Signalart

Ursache: ⎯⎯⎯▭⎯⎯⎯ Elektrischer Widerstand

Ursache	Physikalischer Effekt		Gesetz	Literatur	Anwendungsbeispiele
01. 09 Länge, Querschnitt, Volumen	Leiterlänge und -querschnitt		$R = \dfrac{l}{\varkappa A}$ $\varkappa$ = Elektr. Leitfähigkeit	[2.2], S. 135	Potentiometer, Schiebewiderstand, Spannungsteiler, Dehnmeßstreifen
	Elektrolyt		$R_l = \dfrac{l}{A\sigma}$ σ = Elektr. Leitwert	[2.2], S. 396	Elektrolytischer Geber
04. 09 Kraft, Druck, Mechanische Energie	Enge-Effekt			[2.2], S. 141	Engewiderstands-Kraftgeber -Dehnungsgeber
06. 09 Zeit, Frequenz	Skin-Effekt	Frequenzabhängige Verdrängung von Wechselströmen zur Leiteroberfläche und damit Widerstandserhöhung	d = Leiterdurchmesser	[2.2], S. 324	Oberflächenhärtung, Hohlleiter
	Komplexer Widerstand		$Z = \sqrt{R^2 + (\omega L - 1/\omega C)^2}$	[11], S. 252	Elektrischer Schwingkreis
08. 09 Temperatur, Wärme	Leiter		$R = R_0(1 + \alpha(T - T_0))$ α = Temperaturkoeffizient	[11], S. 197	Widerstandsthermometer, Bolometer, Automatische Regulierung der Stromstärke
	Halbleiter			[2.2], S. 508 [21], S. 1265	NTC-Widerstand, PTC-Widerstand
	Supraleitung	Bei Abkühlung auf eine bestimmte kritische Temperatur in der Nähe des absoluten Nullpunktes (Sprungtemperatur) sinkt der spezifische Widerstand ρ einiger Metalle sprunghaft auf unmeßbar kleine Werte ab		[2.2], S. 137 [11], S. 506	
	Thermische Ionisierung	Bei höheren Temperaturen (oberhalb 1000°C) werden Gase infolge thermischer Dissoziation elektrisch leitend		[30], S. 321	

Prinzipkatalog: Wandeln der Energie- bzw. Signalart

Ursache: ———[/]——— Elektrischer Widerstand

Ursache	Physikalischer Effekt		Gesetz	Literatur	Anwendungsbeispiele
10.09 Elektrische Spannung, Elektrischer Strom, Elektrisches Feld	Varistor	$R = C \cdot U^{-\gamma}$ C, γ = Bauelementwerte	(Kennlinie U vs R)	[46], S. 104	Funkenlöschung, Spannungsstabilisierung
	Transduktor-drossel	Abnahme von Z_2 bei zunehmender Sättigung des Kernes durch $I_1 \cdot W$		[22], S. 308	Regelungen
	Tunnel-Diode	Halbleiterbauelement mit Bereich negativen, differentiellen Widerstandes	Bereich des negativen Widerstandes (Durchlaßstrom vs Durchlaßspannung)	[46], S. 69	Schneller Schalter, Negativer Widerstand zur Entdämpfung von Oszillatoren für HF-Anlagen
	Feldeffekt-Transistor	Halbleiterbauelement, dessen Widerstand durch ein elektrisches Feld gesteuert werden kann	$1/r_{DS}$ vs U_{GS}	Valvo-Heft Feldeffekt-Transistoren	Elektronisch steuerbarer Widerstand für Analogrechenschaltungen, Verstärker, Spannungs-Frequenz-Wandler
11.09 Kapazität	Komplexer Widerstand Z	(R L C Schaltung)	$Z = \sqrt{R^2 + (\omega L - 1/\omega C)^2}$ R = Ohmscher Widerstand L = Induktivität C = Kapazität	[11], S. 252	Elektrischer Schwingkreis, Blindleistungskompensator
12.09 Magnetisches Feld, Induktivität	Lorentz-Kräfte (Thomson-Effekt)	Widerstandsänderung im Magnetfeld durch Ablenkung der Strombahnen	R vs B	[30], S. 368	Messung magnetischer Felder, Feldplatte
	Komplexer Widerstand	(R L C Schaltung)	$Z = \sqrt{R^2 + (\omega L - 1/\omega C)^2}$ R = Ohmscher Widerstand L = Induktivität C = Kapazität	[11], S. 261	
	Supraleitung	Bei Erreichen einer kritischen magnetischen Feldstärke H_c wird aus einem Supraleiter ein Normalleiter, wobei sich der elektrische Widerstand entsprechend erhöht	H vs T: Normal leitend / Supraleitend, T_{sp}	[11], S. 506	

Prinzipkatalog: Wandeln der Energie- bzw. Signalart

Ursache: ──────▭────── Elektrischer Widerstand

Ursache	Physikalischer Effekt		Gesetz	Literatur	Anwendungsbeispiele
13.09 Elektromagnetische Wellen (Licht, Strahlung)	Sperrschicht-photoeffekt	Wird die Sperrschicht eines Halbleiters beleuchtet, so entstehen freie Ladungsträger, die eine elektrische Leitfähigkeit bewirken	I_D vs U_D, Parameter: Beleuchtungsstärke	[41]	Photodiode, Phototransistor
	Photowiderstand	Halbleiterbauelement, dessen Widerstand sich bei Beleuchtung infolge der entstehenden freien Ladungsträger verringert	R vs Beleuchtungsstärke	[22], S. 227 [41], S. 35	Photowiderstand
	Widerstandsänderung von Kristallen	In Kristallen entstehen durch Bestrahlung freie Ladungsträger, die eine elektrische Leitfähigkeit bewirken		[42], S. 7	Halbleiter-Strahlungsdetektor
	Ionisation	Durch energiereiche Strahlung werden in Gasen Ionen erzeugt, die eine elektrische Leitfähigkeit bewirken	I vs R, Parameter: Beleuchtungsstärke	[45], S. 226	Dosimeter

Prinzipkatalog: Wandeln der Energie- bzw. Signalart

Ursache: → Elektrische Spannung, Elektrischer Strom, Elektrisches Feld

Ursache	Physikalischer Effekt		Gesetz	Literatur	Anwendungsbeispiele
01.10 Länge, Querschnitt, Volumen	Piezo-Effekt			[29], S.14	Dehnungsmesser, Gasanzünder
	Plattenabstand (beim Kondensator)		$U = \dfrac{Q}{\varepsilon_0 \varepsilon_r A} d$ ε = Dielektrizitätskonstante	[40], S.69	Bandgenerator
	Stoßionisation	Tritt in einer Röhre mit geringem Gasdruck aus der Kathode ein Elektronenstrom I_k aus, so vervielfacht sich dieser in Abhängigkeit des Anoden-Kathoden-Abstandes d	$I = I_k \, e^{\alpha d}$ α = Ionisierungszahl	[40], S.176	
02.10 Geschwindigkeit	Induktionsgesetz			[40], S.200	Durchflußmesser, Tacho-Generator
	Elektrokinetischer Effekt		$U = v \dfrac{l\,\eta}{\zeta\, \varepsilon_r\, \varepsilon_0}$ ε = Dielektrizitätskonst. ζ = Elektrokinetisches Potential η = Dyn. Zähigkeit	[5], S.886 [30], S.310 [22], S.221	Elektrokinetischer Geschwindigkeitsgeber
	Ionisation	Zwischen den Elektroden fließt ein wegen der Rekombinationszeit der Ionen von v abhängiger Strom I		[8], S.305	Vorstrom-Anemometer
03.10 Beschleunigung	Tolmann-Effekt	Durch die Massenträgheit der Elektronen tritt zwischen den Endflächen eines metallischen Leiters bei Beschleunigung ein elektrisches Feld auf	$E = b \dfrac{1}{e/m}$	[11], S.200	
	Elektrodynamischer Effekt		$U = K \cdot B \cdot \dfrac{d\omega}{dt}$ B = Magnetische Induktion K = Anordnungs- und Materialkonstante	[2.2], S.200	Beschleunigungsmesser

KAPITEL 14 Anhang

Prinzipkatalog: Wandeln der Energie- bzw. Signalart

Ursache: ⟶ ▭ ⟶ Elektrische Spannung, Elektrischer Strom, Elektrisches Feld

Ursache	Physikalischer Effekt		Gesetz	Literatur	Anwendungsbeispiele
04.10 Kraft, Druck, Mechanische Energie	Piezo-Effekt	[Diagramm]	$U = g \cdot l \cdot \sigma$ g = Piezoelektrische Spannungskonstante	[29], S.14	Druckmessung, Gasanzünder, Mikrophon
	Reibungselektrizität (Kontaktelektrizität)	Bei inniger Berührung zweier Isolatoren werden Ladungen ausgetauscht. Zur Trennung der Berührungsflächen ist mechanische Energie erforderlich, die die Spannung entsprechend dem Effekt "Plattenabstand 01.10" vergrößert		[2.2], S.76	Bandgenerator
	Kondensator	[Diagramm]	$U = \dfrac{W}{Q} \cdot \dfrac{d}{\Delta d} = \dfrac{F}{Q} d$ $W = F \cdot \Delta d$	[31], S.479	
	Elektrokinetischer Effekt	[Diagramm]	$U = \dfrac{\varepsilon_r \varepsilon_0 \zeta p}{\eta \varkappa} l$ ζ, η, ε wie 02.10 $\varkappa$ = Elektr. Leitfähigkeit		
	Ionisation	[Diagramm]	ρ z.B. in H_2	[8], S.221	Ionisations-Vakuummeter
	Barkhausen-Effekt	[Diagramm]	Rausch-Amplitude vs. Mechanische Spannung	Industrie-Anzeiger 1974, Nr.31 S.685	Zerstörungsfreie Werkstoffprüfung

Prinzipkatalog: Wandeln der Energie- bzw. Signalart

Ursache: ⟶ ▭ ⟶ Elektrische Spannung, Elektrischer Strom, Elektrisches Feld

Ursache	Physikalischer Effekt		Gesetz	Literatur	Anwendungsbeispiele
04.10 Kraft, Druck, Mechanische Energie	Anisotroper Druckeffekt	Veränderung des Verlaufes der magnetischen Kraftlinien in magnetisch anisotropen Werkstoffen in Abhängigkeit mechanischer Belastung und dadurch Erzeugung einer Induktionsspannung		[22], S.509	Preßduktor
	Lenard-Effekt	Elektrische Aufladung von Flüssigkeitstropfen bei der Zerstäubung		[30], S.304	
06.10 Zeit, Frequenz	Josephson-Effekt	Berühren sich 2 Supraleiter unter Mikrowellenbestrahlung, so entsteht zwischen ihnen eine Gleichspannung U, die der Mikrowellenfrequenz ν proportional ist	$U = \dfrac{h\nu}{2e}$	VDI-Z 1974 Nr. S.378	Spannungsnormal
08.10 Temperatur, Wärme	Thermo-Effekt		$U = \alpha (T_2 - T_1)$ α = Seebeck-Koeffizient	[2.2], S.156 [14.2], S.312	Temperaturmessung, Thermoelement, Thermomagnet
	Thermische Emission (Glühemission)	Wird die thermische Energie von Elektronen größer als ihre Austrittsarbeit, so treten Elektronen in die Umgebung aus und machen diese leitfähig		[2.2], S.435	Radioröhre
	Pyroelektrizität	Erwärmt man piezoelektrisches Material, so tritt infolge Wärmedehnung eine elektrische Spannung zwischen den Endflächen auf		[2.2], S.75	
	Rausch-Effekt	Durch Wärmebewegung der Elektronen entsteht an einem Widerstand R eine statistische Rauschspannung deren Effektivwert von der Temperatur T abhängt	$U^2 = 4 \cdot k \cdot T \cdot R \cdot \Delta f$ k = Boltzmann-Konst. Δf = Bandbreite der Anordnung	[14], S.397	Temperaturmessung (Rauschthermometer)
09.10 Elektrischer Widerstand	Ohmscher Widerstand		$U = R \cdot I$	[11], S.196	Schiebewiderstand, Spannungsteiler

Prinzipkatalog: Wandeln der Energie- bzw. Signalart

Ursache: ⎯⎯▱⎯⎯ Elektrische Spannung, Elektrischer Strom, Elektrisches Feld

Ursache	Physikalischer Effekt		Gesetz	Literatur	Anwendungsbeispiele
11.10 Kapazität	Ladungs-erhaltungssatz		$U = \dfrac{Q}{C}$	[40], S. 107	
12.10 Magnetisches Feld, Induktivität	Lorentz-Kräfte (Hall-Effekt)		$U = B I \dfrac{R}{d}$ R = Hallkonstante	[11], S. 227	Magnetfeldmessung, Hallmultiplikator
	Plasma			[2.2], S. 428	MHD-Generator
	Magnistor	Transistor, bei dem in Abhängigkeit einer magnetischen Feldstärke und dem Kollektorstrom eine Spannung abgegeben wird			Magnetfeldmessung
	Induktionsgestz		$U_{ind} = -NA\dfrac{dB}{dt}$ A = Spulenfläche N = Windungszahl	[31], S. 507	Transformator
13.10 Elektromagnetische Wellen (Licht, Strahlung)	Lichtelektrischer Effekt			[31], S. 568 [41]	Photozelle, Photoelement

Prinzipkatalog: Wandeln der Energie- bzw. Signalart

Ursache: ⎯⎯⎯[/]⎯⎯⎯ Kapazität

Ursache	Physikalischer Effekt		Gesetz	Literatur	Anwendungsbeispiele
01.11 Länge, Querschnitt, Volumen	Elektrischer Kondensator (Plattenabstand)		$\Delta C = C \frac{\Delta d}{d}$	[22], S. 150	Längenmessung
	Elektrischer Kondensator (Fläche)		$\Delta C = C \frac{\Delta A}{A}$	[22], S. 154	Drehkondensator
	Verschiebung des Dielektrikums		$\Delta C = C \frac{\Delta A}{A} (\varepsilon_1 - \varepsilon_2)$	[22], S. 154	Lochstreifenleser
	Dicke des Dielektrikums		$\Delta C = C \frac{d_2 (\varepsilon_2 - \varepsilon_1)}{d \varepsilon_2 - d_2 (\varepsilon_2 - \varepsilon_1)}$	[22], S. 157	Dickenmessung
04.11 Kraft, Druck, Mechanische Energie	Plattenabstand		$\Delta C = \frac{2}{U^2} F \Delta s$	[40], S. 108	Kraftmessung
	Dielektrizitätskonstante f(p)		z.B. Bariumtitanat $\Delta C / C \approx 0{,}1/\text{at}$	[8], S. 560	Druckmessung

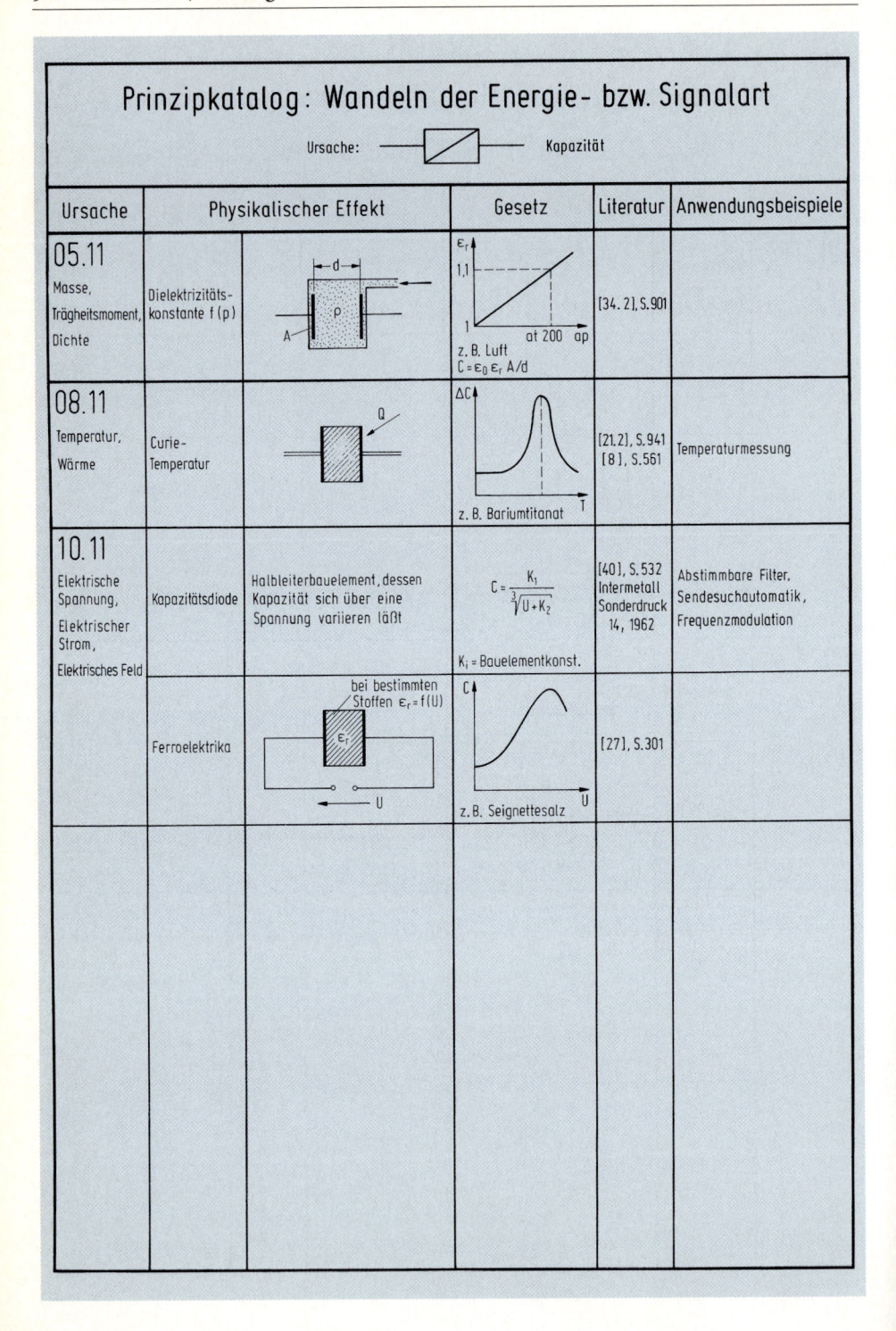

Prinzipkatalog: Wandeln der Energie- bzw. Signalart

Ursache: ⟶ Kapazität

Ursache	Physikalischer Effekt		Gesetz	Literatur	Anwendungsbeispiele
05.11 Masse, Trägheitsmoment, Dichte	Dielektrizitäts- konstante $f(p)$		ε_r at 200 ap z. B. Luft $C = \varepsilon_0 \varepsilon_r A/d$	[34.2], S.901	
08.11 Temperatur, Wärme	Curie- Temperatur		ΔC z. B. Bariumtitanat	[21.2], S.941 [8], S.561	Temperaturmessung
10.11 Elektrische Spannung, Elektrischer Strom, Elektrisches Feld	Kapazitätsdiode	Halbleiterbauelement, dessen Kapazität sich über eine Spannung variieren läßt	$C = \dfrac{K_1}{\sqrt[3]{U + K_2}}$ K_i = Bauelementkonst.	[40], S.532 Intermetall Sonderdruck 14, 1962	Abstimmbare Filter, Sendesuchautomatik, Frequenzmodulation
	Ferroelektrika	bei bestimmten Stoffen $\varepsilon_r = f(U)$	C vs U z. B. Seignettesalz	[27], S.301	

Prinzipkatalog: Wandeln der Energie- bzw. Signalart

Ursache: ⟶ ▱ ⟶ Magnetisches Feld, Induktivität

Ursache	Physikalischer Effekt		Gesetz	Literatur	Anwendungsbeispiele
01.12 Länge, Querschnitt, Volumen	Spulenlänge		$L = \mu_0 \mu_r \dfrac{n^2 A}{l}$ n = Windungszahl	[31], S. 527	Abstimmen eines Schwingkreises
	Luftspalt		$L = \mu_0 n^2 \dfrac{A}{\dfrac{l_{Fe}}{\mu_{Fe}} + \dfrac{l_L}{\mu_L}}$	[22], S. 170	Induktionsweggeber
	Verschiebung des Kerns		$L = \mu_0 n^2 \dfrac{1}{\dfrac{l_L}{\mu_L F_L} + \dfrac{l_{Sp}-l_L}{\mu_A F_A} + \dfrac{l_R}{\mu_R F_R}}$	[22], S. 174	Tauchankergeber
	Lage zweier Spulen		Bei Serienschaltung $L = L_1 + L_2 \pm 2M$ Bei Parallelschaltung $L = \dfrac{L_1 L_2 - M^2}{L_1 + L_2 \pm 2M}$ M = Gegeninduktivität	[22], S. 169	Induktiver Weggeber
02.12 Geschwindigkeit	Barnett-Effekt		Die Rotation eines ferromagnetischen, unmagnetisierten Körpers bewirkt ein schwaches Magnetfeld in Richtung der Rotationsachse	[30], S. 385	
	Geschwindigkeit einer Ladung		Eine mit v bewegte Ladung Q entspricht einem Strom I=Qv und hat ein Magnetfeld H zur Folge $H = \dfrac{Qv}{r}$ const	[31], S. 497	

Prinzipkatalog: Wandeln der Energie- bzw. Signalart

Ursache: ⟶ ▭ ⟶ Magnetisches Feld, Induktivität

Ursache	Physikalischer Effekt		Gesetz	Literatur	Anwendungsbeispiele
04.12 Kraft, Druck, Mechanische Energie	Permeabilität $\chi_m = f(p)$	Die Permeabilität ändert sich bei paramagnetischen Gasen mit der Anzahl der Moleküle pro Volumeneinheit (Druck)	$\chi = \gamma \frac{p}{T}$ γ = Materialkonstante paramagn. Gase	[44], S.97	
	Magneto-elastizitäts-Effekt	Unterwirft man einen ferromagnetischen Körper einer mechanischen Spannung so ändert sich seine Permeabilität (Umkehrung der Magnetostriktion)	(Hysteresekurven ohne Kraft F / mit Kraft F)	[22], S.179	Magnetoelastischer Kraftgeber
	Magnetische Anisotropie	Veränderung des Verlaufs der magnetischen Kraftlinien in magnetisch anisotropen Werkstoffen in Abhängigkeit mechanischer Belastung		[22], S.509	Preßduktor
05.12 Masse, Trägheitsmoment, Dichte	Permeabilität $\chi_m = f(\rho)$	Die Permeabilität ändert sich bei paramagnetischen Gasen mit der Anzahl der Moleküle pro Volumeneinheit (Dichte)	$\chi = \gamma_1 \frac{\rho}{T}$ γ_1 = Materialkonstante paramagn. Gase	[44], S.97	
08.12 Temperatur, Wärme	Curie-Punkt	Werden ferromagnetische Stoffe über eine bestimmte Temperatur T_C (Curie-Temperatur) erhitzt, so verlieren sie ihre ferromagnetischen Eigenschaften und zeigen paramagnetisches Verhalten	(Kurve μ über T, Abfall bei T_C)	[11], S.239 [14.2], S.342	Temperaturschalter, Temperaturkompensation in elektrischen Zählern
	Permeabilität	Der Permeabilitätskoeffizient μ der meisten paramagnetischen Stoffe ist bei nicht zu tiefen Temperaturen der absoluten Temperatur T umgekehrt proportional	$\mu - 1 = \frac{C}{T}$ C = Stoffkonstante	[11], S.237 [14.2], S.342	
	Meissner-Ochsenfeld-Effekt	Ein Supraleiter verhält sich unterhalb einer kritischen Temperatur T absolut diamagnetisch, d.h. er verdrängt Magnetfeldlinien vollkommen aus seinem Inneren	$\mu_r = 0$ für $T \leq T_C$	[2.2], S.517	
10.12 Elektrische Spannung, Elektrischer Strom, Elektrisches Feld	Magnetisierungskennlinie	Infolge der Magnetisierungskennlinie ist der Zusammenhang zwischen elektrischem Strom und Induktion nicht linear	(Kurven B und μ_r über $I \cdot w$)	[2.2], S.207	

Prinzipkatalog: Wandeln der Energie- bzw. Signalart

Ursache: ▭ Elektromagnetische Wellen (Licht, Strahlung)

Ursache	Physikalischer Effekt		Gesetz	Literatur	Anwendungsbeispiele
01.13 Länge, Querschnitt, Volumen	Interferenz	Auslöschung durch Interferenz / Verstärkung durch Interferenz	Verstärkung für $2d\sqrt{n^2-\sin^2\alpha} + \frac{\lambda}{2} = k\lambda$ Auslöschung für $2d\sqrt{n^2-\sin^2\alpha} + \frac{\lambda}{2} = \frac{(2k+1)}{2}\lambda$ n=Brechungszahl λ=Wellenlänge k = 0,1,2,3,...	[2.3], S. 239	Vergütung von Objektiven, Längenmessung, Holographische Deformations- meßtechnik, Oberflächenprüfung
	Absorption		$I = I_0 e^{-kl}$ k=Absorptionskonstante	[43], S. 475	Graukeil
	Beugung	Beugung am Spalt: Q Lichtquelle, L Linse, B Blende mit Spalt, b Spalt- breite, β Beugungswinkel, S Schirm	$\frac{I(\beta)}{I_0} = \frac{b^2 \sin^2\left(\frac{\pi b}{\lambda}\sin\beta\right)}{\left(\frac{\pi b}{\lambda}\sin\beta\right)^2}$	[2.3], S. 284	Messung von Gitterkonstanten, Bestimmung des Durch- messers von Drähten
	Streuung	In einem Medium mit statistisch fein verteilten Teilchen (Abmes- sungen in der Größenordnung λ) wird einfallende Strahlung verändert bezüglich Richtung, Intensität, Spektrum und Polari- sationszustand. Die Stärke der Veränderung läßt Rückschlüsse auf die Größe der Teilchen zu			
02.13 Geschwindigkeit, Zeit	Doppler-Effekt	Die scheinbare Strahlungs- frequenz einer sich mit v entfernenden Lichtquelle ist verkleinert gegenüber ihrer tatsächlichen. Das Umgekehrte gilt bei ihrer Annäherung	$\nu = \nu_0 \sqrt{\frac{c \mp v}{c \pm v}}$	[43], S. 489 [2.3], S. 223	Geschwindigkeitsmessung
	Strömungs- doppelbrechung	In verschiedenen Flüssigkeiten (Fadenmoleküle) erfolgt in Ab- hängigkeit des Geschwindigkeits- gefälles eine Ausrichtung aniso- troper Teilchen und damit eine optische Doppelbrechung		[14.1], S. 572	

Prinzipkatalog: Wandeln der Energie- bzw. Signalart

Ursache: ⟶ ▱ ⟶ Elektromagnetische Wellen (Licht, Strahlung)

Ursache	Physikalischer Effekt		Gesetz	Literatur	Anwendungsbeispiele
03.13 Beschleunigung	Ladung		Beschleunigung einer Ladung ruft eine elektromagnetische Welle hervor		[19], S. 258	Röntgenröhre
04.13 Kraft, Druck, Mechanische Energie	Spannungs- doppelbrechung	Polarisiertes Licht	$I = f(\delta)$ $\delta = c(\sigma_1 - \sigma_2)d/\lambda$ σ = Mechanische Spannung δ = Gangunterschied d = Materialdicke in Strahlrichtung c = Materialkonstante	[8], S. 333	Spannungsoptik
	Brechzahl		Die Brechungszahl der meisten Stoffe - insbesondere der Gase - erhöht sich mit steigendem Druck	Bei Gasen und Dämpfen gilt: $n(p) - 1 = (n_0 - 1) p \cdot k$ k = Temperaturabhängiger Materialwert	[14.1], S. 408	
	Reibung		Entstehung von Funken durch Reibungswärme		[21], S. 956	Feuerstein
05.13 Masse, Trägheitsmoment, Dichte	Brechung		Ist die Dichte in einem Medium örtlich nicht konstant (Schlieren), so ist auch die Brechungszahl eine Funktion des Ortes. Die Größe der Lichtablenkung ist ein Maß für die Dichteunterschiede.		[2.3], S. 317	Homogenitätsuntersuchungen, Schlierenmethode
06.13 Zeit, Frequenz	Streuung		Die Intensität I des Streulichtes ist proportional der vierten Potenz der Frequenz ν	$I = I_0 \,\text{const} \cdot \nu^4$	[11], S. 365	

Prinzipkatalog: Wandeln der Energie- bzw. Signalart

Ursache: ⟶ ▱ ⟶ Elektromagnetische Wellen (Licht, Strahlung)

Ursache	Physikalischer Effekt		Gesetz	Literatur	Anwendungsbeispiele
07.13 Mechanische Wellen	Debeye-Sears-Effekt (Beugung)	Beugung des Lichtes an einem durch Ultraschallwellen hervorgerufenen Phasengitter. (Durch räumlich periodische Dichteschwankungen entsprechende Änderung von n)	$\sin \alpha_k = k \frac{\lambda_{Licht}}{\lambda_{Schall}}$ α = Beugungswinkel der Intensitätsmaxima $k = 0, 1, 2, 3...$	[2.3], S. 294	
	Absorption (Leuchtschirm)	Durch Absorption von Ultraschallwellen angeregte Lumineszenz (Sonolumineszenz)		[21], S. 2377	
08.13 Temperatur, Wärme	Wiensches-Verschiebungsgesetz	Das Intensitätsmaximum ausgesandter Strahlung verlagert sich mit steigender Temperatur zu kleineren Wellenlängenwerten λ	$\lambda(I_{max}) = \frac{const}{T}$	[11], S. 376 [30], S. 554	Temperaturmessung
	Plancksche-Intensitätsverteilung	Das Plancksche Strahlungsgesetz gibt den Zusammenhang zwischen Strahlungsenergie E und der Temperatur im ganzen Temperatur- und Wellenlängenbereich an		[45], S. 489 [11], S. 375	Temperaturmessung, Farbpyrometer
	Stefan-Boltzmannsches-Gesetz	Die Gesamtstrahlung E des schwarzen Körpers über alle Wellenlängen pro Flächen- und Zeiteinheit ist der 4. Potenz der absoluten Temperatur proportional	$E = \sigma T^4$ σ = Boltzmann Konstante	[30], S. 555	Temperaturmessung
	Flüssigkristalle	Dünne Schichten von Lösungen bestimmter Farbstoffe (cholesterinische Flüssigkristalle) zeigen Farberscheinungen, die empfindlich von der Temperatur abhängen	Rot Gelb Grün Blau Violett 10 15 20 25 30 °C 40 T	[24], S. 368	Bestimmung von Oberflächentemperaturen, Bildliche Darstellung von Temperaturverteilungen
	Brechzahl	Die Brechungszahl n(t) der meisten Stoffe - insbesondere der Gase - sinkt mit steigender Temperatur T	$n(t) - 1 = k (n_0 - 1) \frac{1}{1 + \alpha T}$ α = Ausdehnungskoeff. k = druckabhängiger Materialwert	[14.1], S. 407	

Prinzipkatalog: Wandeln der Energie- bzw. Signalart

Ursache: ⎯⎯[/]⎯⎯ Elektromagnetische Wellen (Licht, Strahlung)

Ursache	Physikalischer Effekt		Gesetz	Literatur	Anwendungsbeispiele
10.13 Elektrische Spannung, Elektrischer Strom, Elektrisches Feld	Glimmentladung	Leuchterscheinung bei einer elektrischen Gasentladung bei relativ kleinen Drücken und geringen Stromdichten		[11], S. 291	Glimmlampen
	Röntgenstrahlen	Werden in einer Röntgenröhre die aufgrund der Beschleunigungsspannung bewegten Elektronen am Anodenmaterial abgebremst, so entsteht eine sehr kurzwellige elektromagnetische Welle (Röntgenstrahlen)	$h \cdot v = U \cdot e$ U = Beschleunigungsspannung	[30], S. 541	Röntgengerät
	Elektrische Lumineszenz	Emission von Licht aus einem Festkörper, dessen Elektronen zuvor durch Anlegen eines elektrischen Feldes in angeregte Zustände übergegangen sind		[30], S. 609 [2.4], S. 752	Lumineszenz-Dioden, Lumineszenz-Platte, Laser-Diode
	Szintillation	Beim Eindringen eines schnellen α-Teilchens in ein ZnS-Kristall entstehen scharf lokalisierte Lichtblitze. Die dabei emittierte Lichtmenge ist dem Energieverlust des Teilchens proportional		[21], S. 2500	Szintillationszähler
	Kerr-Effekt		$\Delta = d(n_{00} - n_0) = Kd\lambda E^2$ $E = U/l$ Δ = Gangunterschied λ = Wellenlänge des Lichtes im Vakuum K = Kerr-Konstante	[21], S. 1460 [30], S. 530	Kerrzelle, Lichtsteuerung

Prinzipkatalog: Wandeln der Energie- bzw. Signalart

Ursache: ▭ Elektromagnetische Wellen (Licht, Strahlung)

Ursache	Physikalischer Effekt		Gesetz	Literatur	Anwendungsbeispiele
10.13 Elektrische Spannung, Elektrischer Strom, Elektrisches Feld	Laser-Effekt	Elektrode, Elektrischer Strom, Laserlicht, Elektrode		[21], S.1605	Laser-Diode, Glaslaser, Holographie
	Stark-Effekt	Befinden sich lichtaussendende Atome in einem elektrischen Feld, so erzeugt die Wechselwirkung zwischen den Hüllenelektronen und dem Feld eine Aufspaltung der Spektrallinien	$\Delta v = R_H \frac{N}{Z} E$ Δv=Frequenzänderung R_H= Stark-Konstante $N = \pm 1,2,3 \ldots$ Z=Kernladungszahl E=Elektrische Feldstärke	[2.3], S.415	
	Flüssigkeits-kristalle	Auffallendes Licht, Polarisationsfilter U		[2.4], S.366	Anzeigeeinheiten, Variable Farbfilter, Speichereinheiten für Computer, Flachbildschirm
12.13 Magnetisches Feld, Induktivität	Faraday-Effekt	Transparentes Material	$\alpha = V \cdot l \cdot B$ α=Drehwinkel der Polarisationsebene V=Verdetsche Konstante B=Magnetische Induktion	[11], S.364	Lichtmodulation
	Zeemann-Effekt	Befinden sich lichtaussendende Atome in einem magnetischen Feld, so erzeugt die Wechselwirkung zwischen den Hüllenelektronen und dem Feld eine Aufspaltung der Spektrallinien	$\Delta v = \pm \frac{e}{4\pi \cdot m \cdot c} H$ e, m=Elektronenladung, Elektronenmasse c=Lichtgeschwindigkeit H= Magn. Feldstärke	[2.3], S.409	Doppelfrequenzlaser
	Cotton-Mouton-Effekt	Optische Achse, linear polarisiert	$\Delta = (n_{a0} - n_0)d = c \cdot \lambda \cdot d \cdot H^2$ C= Cotton-Mouton - Konstante	[2.3], S.397	

Prinzipkatalog 2
Vergrößern bzw. Verkleinern physikalischer Größen

Prinzipkatalog: Vergrößern - Verkleinern physikalischer Größen

Ursache: ⎯⎯▷◁⎯⎯ Länge, Querschnitt, Volumen

Ursache	Physikalischer Effekt		Gesetz	Literatur	Anwendungsbeispiele
01.01 Länge, Querschnitt, Volumen	Hebel - Effekt		$s_2 = s_1 \dfrac{l_2}{l_1}$	[7.1]	Hebelgetriebe, Zahnräder
	Keil - Effekt		$s_2 = s_1 \tan\alpha$	[7.1]	Schraube, Kurvengetriebe
	Kapillarität	$\Delta h = h_1 - h_2 \quad \Delta r = r_1 - r_2$	$\Delta h = -\dfrac{\Delta r}{r_1^2 - r_1 \Delta r} \cdot \dfrac{2\sigma\cos\varphi}{\rho g}$	[2.1], S.416	
	Querkontraktion		$\Delta d = \mu \dfrac{d_0}{l_0} \Delta l$	[2.1], S.242	
	Schubverformung		$\Delta l = \dfrac{\Delta s^2}{2l}$	[30], S.120	Mikrokator
	Fluid - Effekt		$s_2 = \dfrac{A_1}{A_2} s_1$	[7.1]	Hydraulik, Pneumatik

Prinzipkatalog: Vergrößern – Verkleinern physikalischer Größen

Ursache: ▷ Geschwindigkeit

Ursache	Physikalischer Effekt		Gesetz	Literatur	Anwendungsbeispiele
02.02 Geschwindigkeit	Hebel-Effekt		$v_2 = v_1 \dfrac{r_2}{r_1}$		Hebelgetriebe
	Keil-Effekt		$v_2 = v_1 \tan \alpha$		Kurvengetriebe, Exzenter, Schraube
	Stoß		$c_i = \dfrac{m_1 v_1 + m_2 v_2 - m_i(v_1 - v_2)k}{m_1 + m_2}$ k = Stoßzahl	[7.1], S.279	
	Fluid-Effekt		$v_2 = v_1 \dfrac{A_1}{A_2}$		Hydraulik, Pneumatik

Ursache: ▷ Beschleunigung

03.03 Beschleunigung	Hebel-Effekt		$a_2 = a_1 \dfrac{r_2}{r_1}$		Hebelgetriebe
	Keil-Effekt		$a_2 = a_1 \tan \alpha$		Kurvengetriebe, Exzenter, Schraube
	Fluid-Effekt		$a_2 = a_1 \dfrac{A_1}{A_2}$		Hydraulik

Prinzipkatalog: Vergrößern – Verkleinern physikalischer Größen

Ursache: ⊳ Kraft, Druck, Mechanische Energie

Ursache	Physikalischer Effekt		Gesetz	Literatur	Anwendungsbeispiele
04.04 Kraft, Druck, Mechanische Energie	Fluid-Effekt		$F_2 = F_1 \dfrac{A_1}{A_2}$		Hydraulik, Pneumatik
	Hebel-Effekt		$F_2 = F_1 \dfrac{r_1}{r_2}$		Hebelgetriebe
	Reibung		$F = \mu N$		Bremse
	Hysterese		$W_{Verl} = \oint F \cdot ds$ W_{Verl} = pro Belastungszyklus in Wärme umgesetzte Energie	[37.4], S.761	

Prinzipkatalog: Vergrößern-Verkleinern physikalischer Größen

Ursache: ▷◁ Zeit, Frequenz

Ursache	Physikalischer Effekt		Gesetz	Literatur	Anwendungsbeispiele
06.06 Zeit, Frequenz	Schwebung		$v_s = v_1 - v_2 = \dfrac{1}{T_s}$ v_s = Schwebungsfrequenz v_i = Grundfrequenzen	[2.1], S.179	Frequenzabstimmung, Stroboskop

Ursache: ▷◁ Mechanische Wellen (Schall)

Ursache	Physikalischer Effekt		Gesetz	Literatur	Anwendungsbeispiele
07.07 Mechanische Wellen (Schall)	Reflexion	Bei der Schallreflexion tritt eine Intensitätsabnahme auf		[2.1], S.492	Schallisolation
	Interferenz	Bei der Überlagerung zweier Schallwellen ist die Auslöschung oder Verstärkung infolge Interferenz möglich		[2.1], S.452	
	Absorption		$I = I_0 e^{-\beta x}$ β = Absorptionskoeffizient	[11], S.120	

Prinzipkatalog: Vergrößern - Verkleinern physikalischer Größen

Ursache: ⟶▷◁⟶ Temperatur, Wärme

Ursache	Physikalischer Effekt		Gesetz	Literatur	Anwendungsbeispiele
08.08 Temperatur, Wärme	Schmelzen	Wärmeaufnahme bei Schmelztemperatur		[2.1], S. 720	Flüssigkeitsgefüllte Kühlelemente
	Erstarren	Wärmeabgabe bei Erstarrungstemperatur		[2.1], S. 720	
	Verdampfen	Wärmeaufnahme bei Verdampfungstemperatur		[2.1], S. 720	Kühlschrankverdampfer, Heat-pipe
	Kondensieren	Wärmeabgabe bei Kondensationstemperatur		[2.1], S. 720	Heat-pipe
	Wärmeleitung		$\dot{Q} = A \cdot \frac{\lambda}{d} \cdot (T_2 - T_1)$ A = Leitender Querschnitt	[31], S. 369	Wärmetauscher
	Konvektion		$\dot{Q} = \alpha \cdot A \cdot (T_2 - T_1)$ α = Wärmeübergangszahl	[7.1], S. 470	Heizkörper
	Strahlung		$\dot{Q} = c \cdot A \left[\left(\frac{T_2}{100}\right)^4 - \left(\frac{T_1}{100}\right)^4 \right]$ c = Strahlungskonstante	[7.1], S. 477	Heizstrahler

Prinzipkatalog: Vergrößern-Verkleinern physikalischer Größen

Ursache: ⊳ Elektrische Spannung, Elektrischer Strom, Elektrisches Feld

Ursache	Physikalischer Effekt		Gesetz	Literatur	Anwendungsbeispiele
10.10 Elektrische Spannung, Elektrischer Strom, Elektrisches Feld	Transformator		$U_{II} = \frac{N_2}{N_1} \cdot U_I$	[31], S. 139	Transformator, Übertrager
	Thermokreuz			[2.2], S. 160	Messung von Hochfrequenzströmen
	Transduktor (Magnetverstärker)			[40], S. 522	Steuerung starker Wechselströme
	Sekundärelektronenvervielfacher		$I_a = \delta^n \cdot I_k$	[29.1], S. 26	Szintillationszähler, Fotovervielfacher
	Verstärker			[30], S. 323 [22], S. 309 [40], S. 368 S. 156	Spannungs- bzw. Stromverstärkung in digitalen und analogen Schaltkreisen
	Influenz		$E_i = \frac{\varepsilon_r - 1}{\varepsilon_r} \cdot E_0$	[2.2], S. 50	Aufladung von Tröpfchen

Ursache: ⊳ Magnetisches Feld, Induktivität

12.12 Magnetisches Feld, Induktivität	Sättigungseffekt		Induktivität: $L = \text{const} \cdot \mu_r(H)$	[40], S. 521 [2.2], S. 207	Magnetverstärker, Sättigungsdrossel
	Influenz			[2.2], S. 93	Erzeugung von Magnetpolen in ferromagnetischem Material

Prinzipkatalog: Vergrößern – Verkleinern physikalischer Größen

Ursache: ▷ Elektromagnetische Wellen

Ursache	Physikalischer Effekt		Gesetz	Literatur	Anwendungsbeispiele
13.13 Elektromagnetische Wellen	Laser	Blitzlampe als Pumplichtquelle / Reflektor für Pumplicht / Laserlicht / Stab aus Lasermaterial (z.B. Rubin) mit parallelen, verspiegelten Endflächen		[21], S.1602	
	Doppelbrechung	Optische Achse	$\Phi_1 = \Phi_2 = \Phi_0/2$	[2.3], S.351	
	Polarisation	Polarisator Analysator	$\Phi' = \Phi_0 \cdot \cos^2\alpha$	[2.3], S.324	Lichtschwächung
	Interferenz	Auslöschung bzw. Verstärkung durch Überlagerung	$I = I_1 + I_2$ $I = 2I_1 \cos^2(\varphi/2)$	[2.3], S.296	Entspiegelung, Dielektrische Spiegel
	Lumineszenz	Fluoreszierende oder phosphoreszierende Fläche	$\nu_2 < \nu_1$	[2.3], S.438	Fluoreszenzfarbstoffe, Optische Aufheller in Waschmitteln, Leuchtstoffe
	Absorption		$I = I_0 \cdot e^{-k \cdot l}$ k = Absorptionsindex	[2.3], S.187	Graukeil, Lichtschutzgläser

**Prinzipkatalog 3
Fügen von Stoffen**

Prinzipkatalog „Fügen" von Stoffen

Effekt	Prinzipskizze	Anwendungs-beispiele	Effekt	Prinzipskizze	Anwendungs-beispiele
Adhäsion		Klebeverbindungen Lötverbindungen	Elektrostatische Kräfte		Elektrostatische Papierbefestigung
Kohäsion Stoffschluß		Schweißverbindungen	Magnetische Kräfte Ferro-/Para- Elektro-magn.		Magnetische Spanntische
Formschluß		Nutensteine Nietverbindungen	Diamagnetisch		
Oberflächen-spannung		Quecksilberlager	Reibung Coulomb		Reibverbindungen
Hookesches-Gesetz		Elastische Verbindungen	Eytelwein		Knüpfungen Knoten Spill
Aero-/Hydro-statik		Hydraulik-Spannelemente	Newton		
Aero-/Hydro-dynamik		Lager	Auftrieb		Sicherheitsventile
Unterdruck		Saugnäpfe	Fliehkraft Trägheitskraft		Raumfahrzeuge Fliehkraft-kupplungen
Gravitation		Maschinen-aufstellungen	Impuls		

**Prinzipkatalog 4
Lösen von Stoffen**

Prinzipkatalog „Lösen" von Stoffen

AB → || → A+B   **Mechanische Beanspruchung (Materialbruch)**

Effekt	Prinzipskizze	Gesetz	Bemerkungen	Anwendungsbeispiele
Zug		$F = \varepsilon E A$	Bruch durch Materialdehnung über plastischen Bereich hinaus	Zerreißen
Beispiele für die Erzeugung der Kraft F:				
Zentrifugal-kraft		$dF = r\omega^2 dm$		
Druck		$F = \varepsilon E A$	Bruch durch Materialdehnung über plastischen Bereich hinaus	Backenbrecher Kegelbrecher Walzenbrecher Trommelmühlen Prallbrecher Schlagstiftmühlen Strahlmühlen Schleudermühlen
Beispiele für die Erzeugung der Kraft F:				
Schneiden mit Hochdruck-wasserstrahl			Schneiden durch abrasive Wirkung des Wassers. Atome werden aus dem Gitterverband gelöst und weggespült	Schneiden mit Hochdruckwasserstrahl
Elektro-hydraulischer Effekt			Das zu zerkleinernde Gut wird durch die Stoßwellenfront einer elektrischen Entladung unter Wasser zerstört	Brecher nach Jutkin

Prinzipkatalog „Lösen" von Stoffen

AB → ‖ → A+B   **Mechanische Beanspruchung (Materialbruch)**

Effekt	Prinzipskizze	Gesetz	Bemerkungen	Anwendungsbeispiele
Schub		$\tau = \gamma \cdot G$ γ = Schiebung G = Schubmodul	Bruch durch Materialdehnung über plastischen Bereich hinaus	Abscheren
	Beispiele für die Erzeugung der Kraft F:			
Reibung		$F_R = \mu \cdot F$	Abrieb im Grenzflächenbereich sehr kleine Korngrößen möglich	Mühlen Kugelmühlen Stabmühlen Trommelmühlen Pendelschwingmühlen
Schneiden		$F = l \cdot s \cdot \tau_B$ F = Schnittkraft τ = Scherfestigkeit s = Blechdicke l = Länge der Schnittlinie		Schneiden Freischnitt Führungsschnitt Schneiden mit Gummikissen etc. Schneidmühlen Strangschneider
Biegung		$\rho = EI/M_b$ ρ = Krümmungs- radius	Bruch durch Materialdehnung über plastischen Bereich hinaus	Brechen Masselbrecher
	Beispiele für die Erzeugung des Biegemomentes:			
Resonanz		$\omega_r = (\omega_0 - 2\vartheta)$ ω_r = Resonanz- frequenz ω_0 = Eigen- frequenz ϑ = Abkling- konstante	Voraussetzung: $\omega_0 = \omega_r$	

Prinzipkatalog "Lösen" von Stoffen

$\xrightarrow{AB}$ $\boxed{\parallel}$ $\xrightarrow{A+B}$ **Mechanische Beanspruchung (Materialbruch)**

Effekt	Prinzipskizze	Gesetz	Bemerkungen	Anwendungsbeispiele
Torsion		$\varphi = M_t \dfrac{2 \cdot l}{\pi \cdot r^4 \cdot G}$	Bruch durch Materialdehnung über plastischen Bereich hinaus	

Beispiele für die Erzeugung des Torsionsmomentes:

Prinzipkatalog „Lösen" von Stoffen

AB → || → A+B

Thermische Beanspruchung (Phasenwechsel)

Effekt	Prinzipskizze	Gesetz	Bemerkungen	Anwendungsbeispiele
Örtlich begrenzte Temperaturerhöhung			Erwärmung des Materials über den Schmelzpunkt hinaus	Brennschneiden Lichtbogenschneiden Laserstrahlschneiden Elektronenstrahlschneiden Plasmastrahlschneiden Funkenerosion
Örtlich begrenzte Druckerhöhung			Aufgrund der Anomalie des Wassers wird Eis bei einer Druckerhöhung flüssig. Geschmolzenes Wasser aus dem Spalt entfernen	Zerteilen von Eis

Prinzipkatalog „Lösen" von Stoffen

AB → || → A+B   **Chemische Beanspruchung (Materialauflösung)**

Effekt	Prinzipskizze	Gesetz	Bemerkungen	Anwendungsbeispiele
Örtlich begrenzte chemische Reaktion	Ätzmittel		Werkstoffabtrag durch chemische Reaktion mit einem Ätzmedium	Ätzen Tauchätzen Sprühätzen
Örtlich begrenzte elektro-chemische Reaktion	elektrolyt. Lösung, Vorschub		Werkstoffabtrag durch galvanische Reaktion. Leitfähigkeit des Materials ist Voraussetzung	Elektro-chemisches Senken Schleifen Honen Läppen Entgraten Polieren
Thermische und elektrische Wirkungen			Werkstoffabtrag durch Funken-Erosion	Draht-Erodieren
Örtliche begrenzte thermische Wirkung			Werkstoffabtrag durch Elektronenstrahl, Laserstrahl, u.a.	Schneiden mit Elektronen- oder Laserstrahl

**Prinzipkatalog 5
Trennen von Stoffen**

Prinzipkatalog 5 **Trennen von Stoffen** 605

Prinzipkatalog „Trennen" von Stoffen

Fest - Fest

Tm	Effekt	Prinzipskizze	Gesetz	Anwendungsbeispiele
Länge, Fläche, Volumen	Bernoulli		$l_x < l_{kr}$: Körper wird angezogen (Hydrodynamisches Paradoxon) $l_x > l_{kr}$: Körper verbleibt in Ausgangsstellung, $l_x = l_0 - l_i$ l_{kr} = kritischer Abstand, $F_i = (p_a - p_i) \cdot A_i$	
	Hooke		nach Ausschalten des Elektromagneten ergeben sich unterschiedliche Wurfparabeln $w(l_i)$ $w(l_i) = f(F_i), F_i = c \cdot s_i$, $s_i = l_0 - l_i$	
	Gravitation		Erhöhung der Siebleistung durch Bewegung des Siebes (Massenträgheit, Zentrifugalkraft, Corioliskr.) zusätzlichen Transport des Siebgutes mittels Luft oder Wasser (Impuls, Viskosität)	Sieb Münzprüfer Rachenlehre
	Magnuseffekt		$F_i = 2\pi \cdot \rho \cdot R_i^2 \cdot \omega \cdot v \cdot l_i$ ρ = Dichte des strömenden Mediums	
	Oberflächenspannung		Bei l_0 (=Umfang) befinden sich Oberflächenkraft $F(=f(l_i))$ und Gewichtskraft gerade im Gleichgewicht. $l_i > l_0$: Körper schwimmt $l_i < l_0$: Körper sinkt ab	
	Strömungswiderstand (laminar)		$\vec{v}_{res} = \vec{v}_{1i} + \vec{v}_{2i}$ $v_{1i} = W/6\pi\eta \cdot 1/r_i \cdot v_{2i} = v_{ström.}$ Aufgrund unterschiedlicher Volumina (bei gleichem Gewicht) erfahren große und kleine Körper verschiedene resultierende Geschwindigkeiten	Sichten
			$l_x < l_{kr}$: Körper wird aufgrund der Viskosität des Fluids mitgenommen $l_x > l_{kr}$: Körper verbleibt in Ausgangsstellung, $l_x = l_0 - l_i$, l_{kr} = kritischer Abstand, $F_i = A \cdot \eta \cdot \omega \cdot r \cdot 1/l_x$	

Prinzipkatalog „Trennen" von Stoffen

Fest - Fest

Tm	Effekt	Prinzipskizze	Gesetz	Anwendungsbeispiele
Länge, Fläche, Volumen	Zentrifugalkraft		Rollwiderstand sei vernachlässigbar klein $F_{st_i} = f(m, R_i, \alpha, \omega)$ $R_i > g \cdot \omega t\alpha/\omega^2$: Kugel steigt $R_i < g \cdot \omega t\alpha/\omega^2$: Kugel verbleibt in Ausgangsstellung, $R_i = f(r, \alpha)$	Zentrifuge
	Boyle-Mariotte		$F_i > F_R$: Körper wird ausgeworfen $F_i < F_R$: Körper wird durch Rückstellkraft der Feder zurückgehalten F_R = Rückstellkraft der Feder $F_i = p_i \cdot A,\ p_i = l_i/(l_i - \Delta l)$ A = Kolbenfläche	
	Coulomb I		$l_x < l_{kr}$: Körper wird angehoben $l_x > l_{kr}$: Körper verbleibt in Ausgangsstellung, $l_x = l_0 - l_i$, l_{kr} = kritischer Abstand, $F_i = c_E \cdot Q_1 \cdot Q_2 / l_x^2$	
	Wirbelstrom		$l_x < l_{kr}$: Körper wird durch Wirbelstromkräfte mitgenommen $l_x > l_{kr}$: Körper verbleibt in Ausgangsstellung, $l_x = l_0 - l_i$, l_{kr} = kritischer Abstand	Münzprüfung
	Coulomb II		$l_x < l_{kr}$: Körper wird angehoben $l_x > l_{kr}$: Körper verbleibt in Ausgangsstellung, $l_x = l_0 - l_i$, l_{kr} = kritischer Abstand $F_i = c_M(\Phi_1 \cdot \Phi_2 / l_x^2)$	
	Profilauftrieb		$F_i = c_{ai} \cdot \rho/2 v^2 \cdot A_i$ $c_{ai} = 2(\alpha_i + 2f/l)$ f/l = relative Wölbungshöhe des Tragflächenprofiles ρ = Dichte des strömenden Mediums α_i = Anstellwinkel	
	Schalldruck		$F_i = \rho/2 c^2 \cdot A_i$ c = Schallgeschwindigkeit	

Prinzipkatalog „Trennen" von Stoffen

Fest - Fest

Tm	Effekt	Prinzipskizze	Gesetz	Anwendungsbeispiele
Winkel	Impuls		$F_i = F_1 v^2 \cdot A \cdot (1 + \cos^2 \alpha_i)$ $F_i < F_{Gr}$: Körper bleibt liegen $F_i > F_{Gr}$: Körper wird verschoben	
	Keil		F wird eingeprägt $\alpha_i < \alpha_{Gr}$: Körper bleibt liegen $\alpha_i > \alpha_{Gr}$: Körper wird verschoben	
Benetzbarkeit	Auftrieb		hydrophil: Körper wird vom Wasser benetzt → $mg > F_A$ → Körper verbleiben in Ausgangsstellung hydrophob: Körper wird nicht vom Wasser, sondern von Luft benetzt → $mg < F_A$ → Körper steigt an Wasseroberfläche $F_A = (V_k + V_{Luft}) \cdot \rho_{Fl} \cdot g$ $V_{Luft} = f$ (Benetzbarkeit)	Flotation Mineralaufbereitung
Masse, Gewicht, Massenträgheit	Adhäsion		$m_i g < F_{Ad}$: Körper wird angehoben $m_i g > F_{Ad}$: Körper verbleibt in Ausgangsstellung $F_{Ad} = f$ (Rauhtiefe, Oberflächensauberkeit)	
	Auftrieb		$m_i \cdot g > F_A$: Kugel rollt unter Sperre hindurch $m_i \cdot g < F_A$: Kugel wird von Sperre an Rollbewegung gehindert $F_A = \rho_{Fl} \cdot g \cdot V_S$	
	Bernoulli		$m_i \cdot g < F$: Körper wird angehoben $m_i \cdot g > F$: Körper verbleibt in Ausgangsstellung $F = (p_a - p_i) \cdot A$	
	Boyle-Mariotte		$m_i \cdot g > F$: Kugel rollt unter Sperre hindurch $m_i \cdot g < F$: Kugel wird von Sperre an Rollbewegung gehindert $F = p \cdot A_K$ $pV = $ constant	

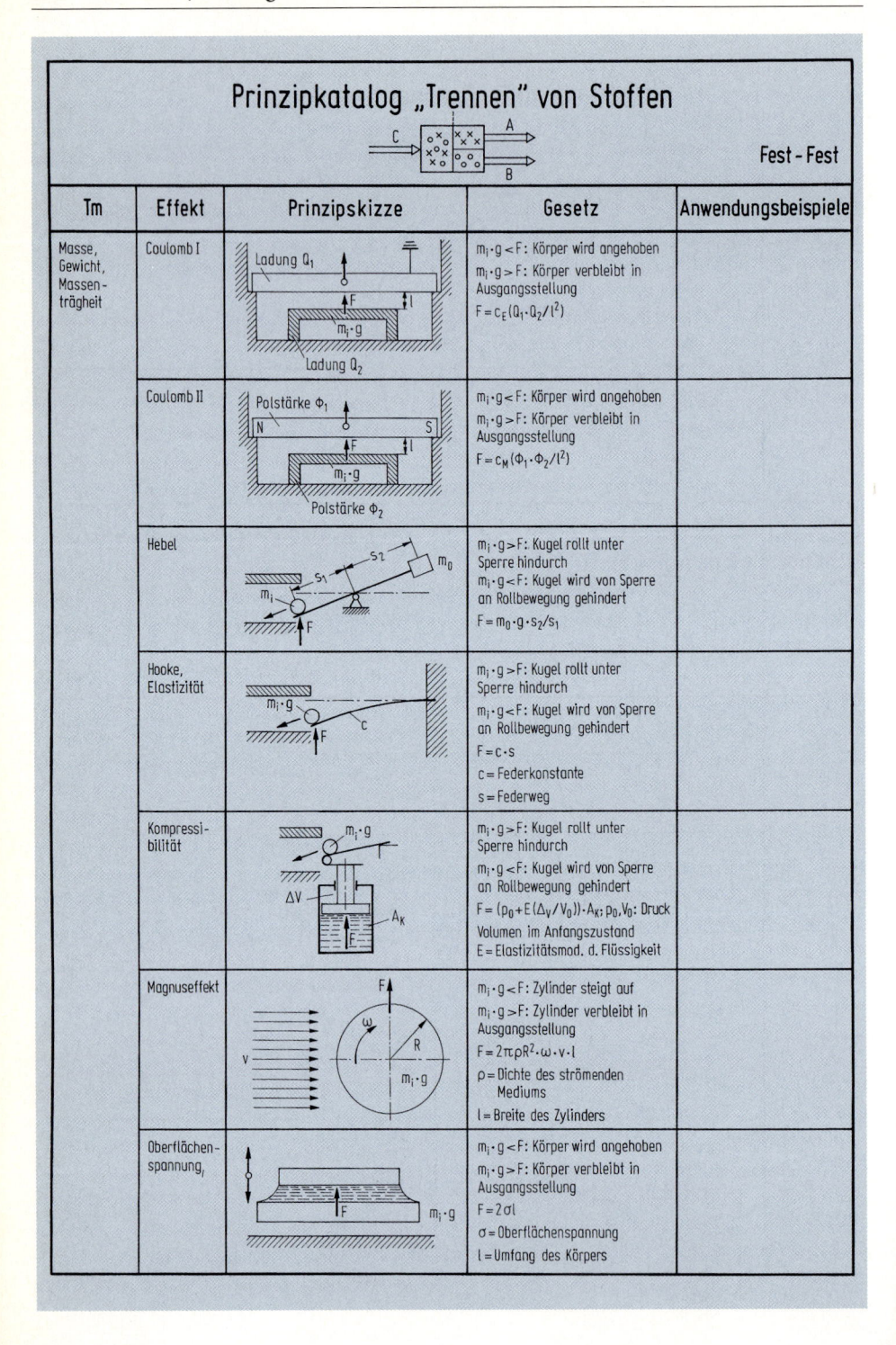

Prinzipkatalog „Trennen" von Stoffen

Fest - Fest

Tm	Effekt	Prinzipskizze	Gesetz	Anwendungsbeispiele
Masse, Gewicht, Massenträgheit	Coulomb I	Ladung Q_1 / $m_i \cdot g$ / Ladung Q_2	$m_i \cdot g < F$: Körper wird angehoben $m_i \cdot g > F$: Körper verbleibt in Ausgangsstellung $F = c_E(Q_1 \cdot Q_2 / l^2)$	
	Coulomb II	Polstärke Φ_1 / N S / $m_i \cdot g$ / Polstärke Φ_2	$m_i \cdot g < F$: Körper wird angehoben $m_i \cdot g > F$: Körper verbleibt in Ausgangsstellung $F = c_M(\Phi_1 \cdot \Phi_2 / l^2)$	
	Hebel		$m_i \cdot g > F$: Kugel rollt unter Sperre hindurch $m_i \cdot g < F$: Kugel wird von Sperre an Rollbewegung gehindert $F = m_0 \cdot g \cdot s_2 / s_1$	
	Hooke, Elastizität		$m_i \cdot g > F$: Kugel rollt unter Sperre hindurch $m_i \cdot g < F$: Kugel wird von Sperre an Rollbewegung gehindert $F = c \cdot s$ $c =$ Federkonstante $s =$ Federweg	
	Kompressibilität		$m_i \cdot g > F$: Kugel rollt unter Sperre hindurch $m_i \cdot g < F$: Kugel wird von Sperre an Rollbewegung gehindert $F = (p_0 + E(\Delta_V / V_0)) \cdot A_K$; p_0, V_0: Druck Volumen im Anfangszustand $E =$ Elastizitätsmod. d. Flüssigkeit	
	Magnuseffekt		$m_i \cdot g < F$: Zylinder steigt auf $m_i \cdot g > F$: Zylinder verbleibt in Ausgangsstellung $F = 2\pi\rho R^2 \cdot \omega \cdot v \cdot l$ $\rho =$ Dichte des strömenden Mediums $l =$ Breite des Zylinders	
	Oberflächenspannung		$m_i \cdot g < F$: Körper wird angehoben $m_i \cdot g > F$: Körper verbleibt in Ausgangsstellung $F = 2\sigma l$ $\sigma =$ Oberflächenspannung $l =$ Umfang des Körpers	

Prinzipkatalog „Trennen" von Stoffen

Fest – Fest

Tm	Effekt	Prinzipskizze	Gesetz	Anwendungsbeispiele
Masse, Gewicht, Massenträgheit	Profilauftrieb		$m_i \cdot g < F$: Körper hebt ab $m_i \cdot g > F$: Körper verbleibt in Ausgangsstellung, $F = c_a \cdot \rho \cdot v^2 \cdot A/2$ c_a = Auftriebsbeiwert ρ = Dichte d. strömenden Mediums A = Tragflügelfläche	
	Resonanz			Klassieren
	Corioliskraft		$F_{ci} > F_{Feder}$: Körper fällt in Behälter 1 $F_{ci} < F_{Feder}$: Körper fällt in Behälter 2 $F_{ci} = 2 m_i \cdot \omega \cdot v_R$	
	Zentrifugalkraft		$F_{zi} > F_K$: Körper wird nach außen geschleudert $F_{zi} < F_K$: Körper verbleibt in Ausgangsstellung $F_{zi} = m_i \cdot \omega^2 \cdot r$ F_K = Rückstellkraft der Klappe	Zentrifuge Zyklon Spiralwindsichter
	Energiesatz		$v_{0i} = \sqrt{D/m_i \cdot x}$ v_{0i} = Geschwindigkeit nach Beendigung der Beschleunigung x = Federverlängerung D = Federkonstante	
	Impuls		Flugbahnen ergeben sich aus v_{0i} $v_{0i} = 2 m_0 \cdot v_0 / (m_0 + m_i)$ v_{0i} = Geschwindigkeit der jeweiligen Körper mit den Massen m_i nach dem Stoß, Bem.: Formel gilt für idealen elastischen Stoß ($\varepsilon = 1$)	
Geschwindigkeit	Corioliskraft		$F_{ci} > F_{Feder}$: Körper fällt in Behälter 1 $F_{ci} < F_{Feder}$: Körper fällt in Behälter 2 $F_{ci} = 2 \cdot m \cdot \omega \cdot v_{Ri}$	

Prinzipkatalog „Trennen" von Stoffen

Fest - Fest

Tm	Effekt	Prinzipskizze	Gesetz	Anwendungsbeispiele
Geschwindigkeit	Gravitation		$v_x = v_i \cdot \cos\alpha$ $x = v_i \cdot t \cdot \cos\alpha$ $v_y = v_i \cdot \sin\alpha - gt$ $y = v_i \cdot t \cdot \sin\alpha - \tfrac{1}{2}gt^2$	
	Impuls		$F_i < F_R$: Körper bleibt vor Klappe liegen, $F_i > F_R$: Körper überwindet Rückstellkraft der Feder und fällt in Sammelbehälter $F_i = dp_i/dt$, $p_i = m \cdot v_i$ F_R = Rückstellkraft der Feder	
	Lorentzkraft		$w = f(F_{Li})$ = Flugbahnen der Körper $\vec{F}_{Li} = Q(\vec{v_i} \times \vec{B})$ Q = Betrag der elektrischen Ladung der einzelnen Körper	
	Magnuseffekt		$w = f(F_i)$ = Bewegungsbahnen der Zylinder $F_i = 2\pi \cdot \rho \cdot R^2 \cdot \omega \cdot l \cdot v_i$ ρ = Dichte des ruhenden Mediums l = Breite des Zylinders	
	Profilauftrieb		$w = f(F_i)$ = Flugbahnen der Körper $F_i = c_a \cdot \rho \cdot A \cdot v_i^2 / 2$ ρ = Dichte des ruhenden Mediums c_a = Auftriebsbeiwert A = Tragflügelfläche	
	Reibung		$E_{kin1} < E_{Gr}$: Körper kommt vor Grenzlinie zum Stillstand $E_{kin2} > E_{Gr}$: Körper bewegt sich über Grenzlinie hinaus, E_{Gr} = zur Überschreitung der Grenzlinie - z.B. aufgrund von Rollreibung - notwendige Energie, $E_{kin\,i} = \tfrac{1}{2} m \cdot v_i^2$	
	Strömungswiderstand (laminar)		$E_{kin1} < E_{Gr}$: Körper kommt vor Grenzlinie zum Stillstand $E_{kin2} > E_{Gr}$: Körper bewegt sich über Grenzlinie hinaus, E_{Gr} = zur Überschreitung der Grenzlinie - aufgrund der Flüssigkeitsreibung - notwendige Energie, $E_{kin\,i} = \tfrac{1}{2} m \cdot v_i^2$	

Prinzipkatalog „Trennen" von Stoffen

Fest-Fest

Tm	Effekt	Prinzipskizze	Gesetz	Anwendungsbeispiele
Geschwindigkeit	Wirbelstrom		$F_i = c \cdot B^2 \cdot \varkappa \cdot v_i$ F_i = Bremskraft aufgrund von Wirbelstrom c = Anordnungskonstante $\varkappa$ = elektrischer Leitwert B = magnetische Induktion	
	Viskosität		$E_{kin1} < E_{Gr}$: Körper kommt vor Grenzlinie zum Stillstand $E_{kin2} > E_{Gr}$: Körper bewegt sich über Grenzlinie hinaus, E_{Gr} = zur Überschreitung der Grenzlinie - aufgrund der Flüssigkeitsreibung - notwendige Energie, $E_{kin i} = 1/2\, m \cdot v_i^2$	
	Zentrifugalkraft		$F_{Zi} < F_F$: Körper fällt in Fach 1 $F_{Zi} > F_F$: Körper fällt in Fach 2 $F_{Zi} = m/R \cdot v_i^2$ F_F = Federkraft	
Dichte	Auftrieb		$\rho_{Ki} < \rho_{Fl}$: Körper steigt an Wasseroberfläche $\rho_{Ki} > \rho_{Fl}$: Körper verbleibt in Ausgangsstellung	Sedimentation Stromklassierer Setzmaschine Mineralaufbereitung
	Sinkgeschwindigkeit		$v_{Sink} = f(\rho)$ $\rho_{Fl} < \rho_i$	Sinkscheider Gleichgewichtssichter
Dämpfung	Hysterese		Zum Zeitpunkt t_1 haben Körper durch unterschiedliche Dämpfung D_i verschiedene Strecken s_i zurückgelegt $v_i = f$(Walkwiderstand) Walkwiderstand = f (Dämpfung D_i)	
E-Modul	Hooke		$v_i = f(E_i) =$ verschiedenen Wurfparabeln, $v_i =$ Geschwindigkeiten nach Lösen der Vorspannung $v_i = \int F_i/m \cdot dt$, $F_i = E_i (\Delta l / l_o) \cdot A$ E_i = Elastizitätsmodule A = Querschnittsfläche	

Prinzipkatalog „Trennen" von Stoffen

Fest - Fest

Tm	Effekt	Prinzipskizze	Gesetz	Anwendungsbeispiele
Gleitmodul	Schubverformung		$v_i = f(G_i) \cong$ verschiedenen Wurfparabeln, v_i = Geschwindigkeiten nach Lösen der Vorspannung, $v_i = \int F_i/m \cdot dt$, $F_i = G_i(\Delta l / l_0) \cdot A$ G_i = Gleitmodule A = Querschnittsfläche	
Reibungskoeffizient	Reibung	$\mu_2 > \mu_1$	$\mu_i < \tan\alpha$: Körper rutschen vom Band $\mu_i > \tan\alpha$: Körper werden mitgenommen	
Stoßzahl	Impuls	$m_1 > m_2$	v_i entspricht den Flugbahnen (quantitativ) v_i = Geschwindigkeit der jeweiligen Körper mit unterschiedlichen Stoßzahlen ε_i nach dem Stoß $v_i = ((1+\varepsilon_i) \cdot m_0 \cdot v_0)/(m_0+m)$ $\varepsilon = 0$ idealer plastischer Stoß $\varepsilon = 1$ idealer elastischer Stoß	
Strömungswiderstandskoeffizient	Strömungswiderstand (laminar)	$c_{w1} > c_{w2}$	$F_i < F_R$: Körper verbleibt in Ausgangsstellung $F_i > F_R$: Körper wird abgetrieben F_R: Rückhaltekraft, $F_i = c_{wi} \cdot \rho/2 v^2 A$, c_{wi} = Widerstandsbeiwerte der der einzelnen Körperformen, A = Projektionsfläche in Strömungsrichtung	
Härte	Ritzbarkeit		$F_{zi} > F_{Kmax}$: Körper verbleibt in Ausgangsstellung $F_{zi} < F_{Kmax}$: Körper wird durch Kolbenbewegung entfernt F_{Kmax} = durch p_{max} begrenzt $F_{zi} = f$ (Härte des Körpers)	
Oberflächenrauhigkeit	Adhäsion	$m_i \cdot g$	$mg < F_i$: Körper wird angehoben $mg > F_i$: Körper verbleibt in Ausgangsstellung $F_i = f$ (Oberflächenrauhigkeit R_i)	
Temperatur	Schmelzen	T_i Folie	$T_i < T_{sFolie}$: Körper bleibt auf Folie liegen $T_i > T_{sFolie}$: Folie schmilzt Körper fällt durch	

Prinzipkatalog „Trennen" von Stoffen

Fest - Fest

Tm	Effekt	Prinzipskizze	Gesetz	Anwendungsbeispiele
Temperatur	Coulomb I		$R(T)$ vs T: $R(T_1)$, $R(T_2)$ bei T_1, T_2	
	Coulomb II		$F_i = c_{Mi}(\Phi_1 \cdot \Phi_2/2)$ $c_{Mi} = f(\mu_{ri})$ $\mu_{ri} = f(T_i)$ für $T > T_c$ gilt $\mu_r \to 1$	
Schmelz-temperatur	Kohäsion	$T_{S1} < T < T_{S2}$		
Siede-temperatur	Sublimation	$T_{S1} < T < T_{S2}$		Calziumgewinnung
	Coulomb I		$\varepsilon_i < \varepsilon_{Fl}$: Körper werden aus Kondensator herausgedrängt $\varepsilon_i > \varepsilon_{Fl}$: Körper werden in Kondensator hineingezogen $F_i = cU^2(\varepsilon_i - \varepsilon_{Fl})$ c = Anordnungskonstante	Elektroscheider
Elektrische Ladung	Coulomb I			
Dielektrizi-tätszahl	Lorentzkraft	$Q_1 < Q_2$	$w = f(F_{Li})$ = Flugbahnen der Körper $\vec{F_{Li}} = Q_i(\vec{v} \times \vec{B})$ Q_i = Betrag der elektrischen Ladung der einzelnen Körper	

Prinzipkatalog „Trennen" von Stoffen

Fest – Fest

Tm	Effekt	Prinzipskizze	Gesetz	Anwendungsbeispiele
Leitfähigkeit	Coulomb I		Einzelne Körper werden von außen gleichnamig aufgeladen. Körper mit schlechter Leitfähigkeit geben Ladung ab und bleiben an Walze haften. Körper mit guter Leitfähigkeit geben Ladung schnell ab, werden gleichnamig mit Walzenladung und werden abgestoßen.	Elektrowalzenscheider (Erzaufbereitung)
	Wirbelstrom		$F_t = c \cdot B^2 \cdot v \cdot \varkappa_i$ F_t = Bremskraft aufgrund von Wirbelstrom c = Anordnungskonstante $\varkappa_i$ = elektrischer Leitwert B = magnetische Induktion	
Temperaturkoeffizient des Stoffwiderstands	Coulomb I			
Curiepunkt	Coulomb II		$F_t = c_{Mi} (\Phi_1 \cdot \Phi_2 / l^2)$ $c_{Mi} = f(\mu_{ri})$ $\mu_{ri} = f(T_i)$ für $T > T_c$ gilt $\mu_r \rightarrow 1$	
Suszeptibilität	Coulomb II		$F_t = c_{Mi} (\Phi_1 \cdot \Phi_2 / l^2)$ $c_{Mi} = f(\mu_{ri})$ μ_{ri} = Permeabilitätszahl	Magnettrommelscheider Magnetscheider Mineralaufbereitung
Löslichkeit	Absorption		Hg löst Au (bildet Amalgam) Beimengungen bleiben in fester Form zurück	Amalgamation

Prinzipkatalog "Trennen" von Stoffen

Fest-Flüssig

Tm	Effekt	Prinzipskizze	Gesetz	Anwendungsbeispiele
Kohäsion	Druckkonstanz in Flüssigkeiten			Schlammentwässerungsapparat Scheidepresse Kelter Wäschemangel Druckfiltration
	Gravitation		Erhöhung der Siebleistung durch Bewegung des Siebes (Massenträgheit, Zentrifugalkraft, Corioliskraft) sowie durch zusätzlichen Transport des Siebgutes durch Luft (Impuls, Viskosität)	Sieb Filter
	Massenträgheit		Ein benetzter Körper wird gegen eine Wand geschleudert; die Flüssigkeit bleibt an der Wand haften, während der feste Körper abprallt	
Dichte	Auftrieb		$\rho_{Fl1} < \rho_{Fl2} < \rho_F$	Verdrängen von Öl aus Gestein
Oberflächenspannung	Zentrifugalkraft			Prallringzentrifuge
	Kapillareffekt	Vlies mit Kapillarwirkung		Kapillarbandfilter Schwamm
Siedepunkt	Verdampfung	Dampf $T_{S\,Fl} < T < T_{S\,F}$		Verdampfungstrocknung Darre

Prinzipkatalog „Trennen" von Stoffen

Fest-Flüssig

Tm	Effekt	Prinzipskizze	Gesetz	Anwendungsbeispiele
Partialdruck	Verdunstung	(Dampf, T_1, p_1)	(Schmelzkurve, Dampfdruckkurve, Subl.-Kurve; p_1, T_1, T)	Verdunstungstrocknung
	Lösen	Feststoff und H_2O; H_2SO_4; p_u	H_2SO_4 zieht Feuchtigkeit an (durch seine hohe Affinität zu H_2O)	Trocknen im Exsiccator, Waschflasche
Diffusions-koeffizient	Diffusion	Flüssigkeitsmoleküle, poröser Feststoff, $\frac{dc}{dx}$, $D_{Fl} > D_F$	$dn/dt = -D \cdot q \cdot (dc/dx)$ dc/dx = Konzentrationsgefälle in Transportrichtung dn/dt = durch Querschnitt q wandernde Molekülzahl D = Diffusionskoeffizient	Extraktion
Ionisation	Elektro-osmose	Propfen mit kapillaren Kanälen; H_2O + Feststoff, H_2O	H_2O wird bei der Elektroosmose durch Anlegen einer Spannung ionisiert und in Kapillaren abgesogen	Trocknen von Torf, Trockenlegen von feuchtem Mauerwerk

Prinzipkatalog 5 **Trennen von Stoffen** 617

Prinzipkatalog „Trennen" von Stoffen

Fest-Gasförmig

Tm	Effekt	Prinzipskizze	Gesetz	Anwendungsbeispiele
Dichte	Auftrieb	Flüssigkeit oder Gas; $\rho_G < \rho_{Fl} < \rho_F$		Herausdrücken von Gas aus einem porösen Stoff mittels einer Flüssigkeit oder eines schweren Gases
	Gravitation	$\rho_G > \rho_u$	Gas strömt aus porösem festem Stoff, wenn Dichte des Gases größer ist, als die der umgebenden Luft	CO_2 aus Asche
Kohäsion	Zentrifugalkraft			Zentrifuge
Kompressibilität	Druckkonstanz in Gasen	$p > p_u$	Gas wird durch Vakuumpumpe aus Festkörper abgesaugt	Entgasen im Vakuum
Druckabhängigkeit	Druckabsenkung	$p > p_u$; Feststoff und adsorbiertes Gas	gelöste Gasm. 35°C, 100°C, 200°C vs. p	Desorption nach der Druckwechselmethode. Reinigung von Adsorptionsfiltern
Temperaturabhängigkeit	Temperaturerhöhung	Gas, $+\Delta T$, Feststoff und adsorbiertes Gas	gelöste Gasm. 35°C, 100°C, 200°C vs. p	Desorption nach der Temperaturwechselmethode. Reinigung von Adsorptionsfiltern
Löslichkeit	Absorption	Flüssigkeit; Gas; fest und gasförmig	Gas wird von einer Flüssigkeit (z. B. NH_3 von Wasser) aus dem Feststoff absorbiert und gelöst. Voraussetzung zur **optimalen** Trennung ist eine intensive Durchmischung des Absorbens mit dem Feststoff-Gas-Gemisch	Entgasen von Feststoffen

Prinzipkatalog „Trennen" von Stoffen

Fest-Gasförmig

Tm	Effekt	Prinzipskizze	Gesetz	Anwendungsbeispiele
Adsorptions-neigung	Adsorption	Festkörper m. gr. Adsorptionsneigung — möglichst große Oberfläche (fest und gasförmig)	Absorption-Bindung von Gasmolekülen an der Oberfläche eines Feststoffes durch VAN DER WAALsche Kräfte. Voraussetzung zur **optimalen** Trennung ist eine intensive Durchmischung des Adsorbens mit dem Feststoff-Gas-Gemisch	
Diffusions-koeffizient	Diffusion	Gasmoleküle (fest und gasförmig) $\frac{dc}{dx}$	Moleküle eines Gases in einem festen Stoff diffundieren unter der Wirkung der thermischen Bewegung frei in dem umgebenden Medium (Luft, etc.). dc/dx = Konzentrationsgefälle dn/dt = Molekülzahl pro Zeit D = Diffusionskoeffizient	
Löslichkeit	Lösen	Lösungsmittel C (flüssig), Festkörper, nach t; Festkörper + Gas → Gas + C	Gas entweicht aus Festkörperanhäufung nur durch äußere Einwirkung. Festkörper sind in Lösungsmittel C praktisch nicht lösbar	

Prinzipkatalog „Trennen" von Stoffen

Flüssig-Fest

Tm	Effekt	Prinzipskizze	Gesetz	Anwendungsbeispiele
Dichte	Auftrieb	$\rho_F < \rho_{Fl}$		Flotation
	Gravitation	$\rho_F > \rho_{Fl}$	$v_s = \dfrac{d^2}{18\eta}(\rho_F - \rho_{Fl}) \cdot g$ v_s = Entmischungsgeschwindigkeit der Sedimentation d = Durchmesser der Festkörper	Sedimentation Dekanter Schwertrübescheider Schwimm-Sink-Scheider
	Zentrifugal-kraft		$v_s = \dfrac{d^2}{18\eta}(\rho_F - \rho_{Fl}) \cdot r \cdot \omega^2$ v_s = Entmischungsgeschwindigkeit d = Durchmesser der Festkörper	Hydrozyklon Zentriklon Separator Sedimentation im Zentrifugalkraftfeld
Benetz-barkeit	Auftrieb	Luft	Festkörper haben größere Affinität zu Luft als zu Flüssigkeit, Festkörper werden benetzt, Festkörper werden spezifisch leichter, sie steigen auf $F_A = V_{ges} \cdot \rho_{Fl} \cdot g$, $V_{ges} = V_K + V_{Luft}$ $V_{Luft} = f$ (Benetzbarkeit)	Flotation Abwasseraufbereitung
Kohäsion	Kohäsion		Erhöhung der Siebleistung durch Bewegung des Siebes (Massenträgheit, Zentrifugalkraft, Corioliskraft) zusätzlichen Transport des Siebgutes durch Luft (Impuls, Viskosität)	Sickerfilter Dekanter Abtropfroste (z.B. bei Vorentwässerung)
Oberflächen-spannung	Adhäsion		Trennung erfolgt durch Adhäsion der Flüssigkeit an einem Rotor und Abschleudern der Feststoffpartikel-klassiert nach Größen- aus dem immer dünner werdenden Flüssigkeitsfilm	Rotapult (Adhäsionszentrifuge)
Reibungs-koeffizient	Reibung	$\mu_F > \mu_{Fl}$	Bedingung: $\mu_F > \tan\alpha$; andernfalls rutschen Festkörper auch auf Transportband herunter	

Prinzipkatalog „Trennen" von Stoffen

Flüssig-Fest

Tm	Effekt	Prinzipskizze	Gesetz	Anwendungsbeispiele
Sublimations-temperatur	Sublimation	gasförmig, T, fest, Q; $T_{sub\,f} < T < T_{sied\,fl}$		
Dielektrizi-tätszahl	Coulomb I	$\varepsilon_2 > \varepsilon_1$	Festkörper werden in den Kondensator „gesogen" Kondensator wird durch Behälter bewegt, um alle Teilchen zu erfassen $F = c \cdot U^2 \cdot (\varepsilon_2 - \varepsilon_1)$ c = Anordnungskonstante	
Leitfähigkeit	Coulomb I		Flüssigkeit und Festkörper werden von außen gleichnamig aufgeladen. Flüssigkeit (mit schlechter Leitfähigkeit) gibt Ladung nur langsam ab und bleibt an Walze hängen. Festkörper (mit guter Leitfähigkeit) geben Ladung schnell ab, werden gleichnamig mit Walzenladung und werden abgestoßen	Elektroscheider
	Wirbelstrom		Elektrische leitfähige Festkörper werden durch die vom Wirbelstrom erzeugte Kraft gebremst. Stoffführung erfolgt durch zwei synchron laufende, am Umfang polarisierte Magnetscheiben	
relative Permeabilität	Coulomb II	$\mu_{r\,R} < \mu_{r\,F}$		Magnetfilter Magnetscheider
Molekular-gewicht	Dialyse	Lösung hochmolekularer Stoffe, $\frac{dc}{dx}$, niedermolekularer Stoff, H_2O, semipermeable Membran	$dn/dt = -D \cdot q \cdot (dc/dx)$ dc/dx = Konzentrationsgefälle in Transportrichtung dn/dt = durch Querschnitt q wandernde Molekülzahl D = Diffusionskoeffizient	Trennung Kolloide von Kristalloiden (z.B. Zucker von Melasse)
	Elektro-dialyse	Kationen Anionen, permselektive Membranen	Entsalzungsverfahren mit sogenannten permselektiven Membranen, von denen die Hälfte für Anionen, die andere Hälfte für Kationen durchlässig ist	Entsalzung von Brackwasser mit weniger als 1% Salzgehalt Trennung von sämtlichen Stoffen, die in echter Lösung vorliegen aus kolloidalen Lösungen

Prinzipkatalog "Trennen" von Stoffen

Flüssig-Fest

Tm	Effekt	Prinzipskizze	Gesetz	Anwendungsbeispiele
Molekulargewicht	Soret-Effekt	kalte Wand, I, Kühlwasser, rel. Molekülmasse I<II, Kühlwasser, heißer Draht, II	Wird eine Lösung einem Temperaturgefälle ausgesetzt, so treten Konzentrationsunterschiede auf. Die leichte Komponente (I) diffundiert an den heißen Draht und steigt nach oben; die Schwere an die kalte Wand, an der sie nach unten sinkt	Chromatographie Trennen von organischen Farbstoffen aus Flüssigkeiten
Adsorptionsneigung	Adsorption	Pulversäule, Flüssigkeit + Festkörperpartikel, Flüssigkeit, P_u	Festkörperpartikel werden von Pulversäule (Zusammensetzung siehe Literatur) adsorbiert, d.h. Festkörperpartikel haben größere Adsorptionsneigung als Flüssigkeit	Isotopentrennung Clusius-Dickelsches-Trennrohr
Löslichkeit	Lösen	Lösungsmittel B, A, A, B+gelöste Festkörper	Flüssigkeit A ist in Lösungsmittel B nicht lösbar	

Prinzipkatalog „Trennen" von Stoffen

Flüssig-Flüssig

Tm	Effekt	Prinzipskizze	Gesetz	Anwendungsbeispiele
Dichte	Auftrieb	$\rho_1 > \rho_2$		Ölabscheider Scheidetrichter
	Zentifugalkraft			Röhrenzentrifuge Zyklon Separator
Oberflächenspannung	Adhäsion	Öl / Wasser		Öl-Wasser-Trennung mittels Gummiband etc. (z.B. Scum Belt, Big Blotter) Saugwürfel
Viskosität	Viskosität	η_2 η_1		Trennung benetzender Flüssigkeiten mit unterschiedlicher Viskosität
Druckabhängigkeit der Löslichkeit	Druckabsenkung	p_u, T	Bedingung: $\rho_1 \neq \rho_2$	Vakuumkristallisation
Temperaturabhängigkeit der Löslichkeit	Temperaturabsenkung	T,p $Q, -\Delta T$	Trennen erfolgt durch Absetzen einer Flüssigkeit aufgrund der bei niedrigen Temperaturen herabgesetzten Löslichkeit von Flüssigkeitslösungen (z.B. KCl in H_2O)	Kühlungskristallisation
	Temperaturerhöhung	T,p $Q, +\Delta T$	(Löslichkeit: KCl in H_2O, Na_2SO_4 in H_2O) Trennen erfolgt durch Absetzen einer Flüssigkeit aufgrund der bei hohen Temperaturen herabgesetzten Löslichkeit von Flüssigkeitslösungen (z.B. Na_2SO_4 in H_2O)	Verdampfungskristallisation

Prinzipkatalog 5 **Trennen von Stoffen** 623

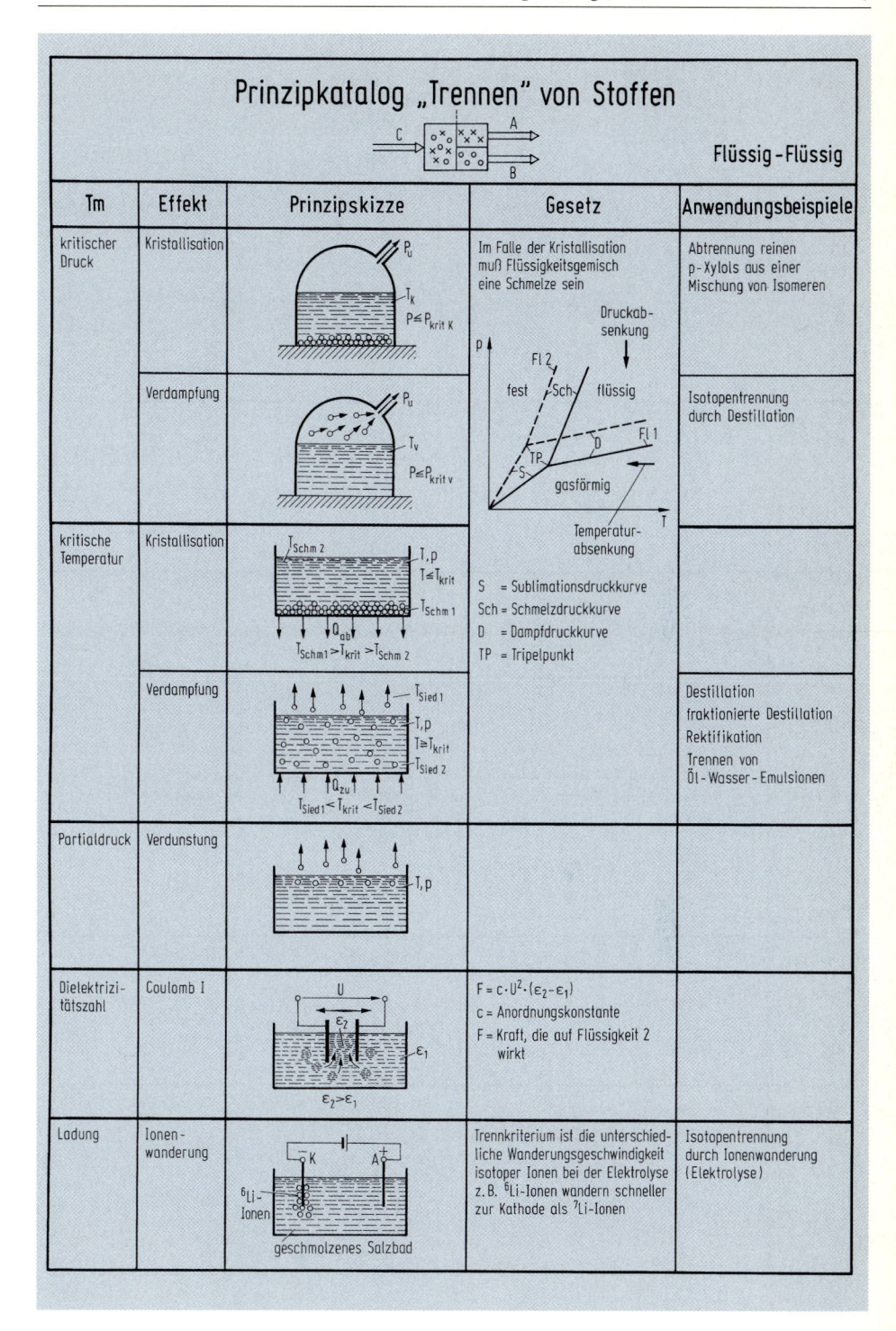

Prinzipkatalog „Trennen" von Stoffen

Flüssig-Flüssig

Tm	Effekt	Prinzipskizze	Gesetz	Anwendungsbeispiele
kritischer Druck	Kristallisation	P_u, T_K, $P \leq P_{krit\,K}$	Im Falle der Kristallisation muß Flüssigkeitsgemisch eine Schmelze sein	Abtrennung reinen p-Xylols aus einer Mischung von Isomeren
	Verdampfung	P_u, T_v, $P \leq P_{krit\,v}$	(Diagramm p-T: fest/Sch/flüssig, Fl 1, Fl 2, TP, D, S, gasförmig, Druckabsenkung, Temperaturabsenkung)	Isotopentrennung durch Destillation
kritische Temperatur	Kristallisation	$T_{Schm\,2}$, T,p, $T \leq T_{krit}$, $T_{Schm\,1}$, Q_{ab}, $T_{Schm\,1} > T_{krit} > T_{Schm\,2}$	S = Sublimationsdruckkurve Sch = Schmelzdruckkurve D = Dampfdruckkurve TP = Tripelpunkt	
	Verdampfung	$T_{Sied\,1}$, T,p, $T \geq T_{krit}$, $T_{Sied\,2}$, Q_{zu}, $T_{Sied\,1} < T_{krit} < T_{Sied\,2}$		Destillation fraktionierte Destillation Rektifikation Trennen von Öl-Wasser-Emulsionen
Partialdruck	Verdunstung	T,p		
Dielektrizitätszahl	Coulomb I	U, ε_2, ε_1, $\varepsilon_2 > \varepsilon_1$	$F = c \cdot U^2 \cdot (\varepsilon_2 - \varepsilon_1)$ c = Anordnungskonstante F = Kraft, die auf Flüssigkeit 2 wirkt	
Ladung	Ionenwanderung	K, A±, ^{6}Li-Ionen, geschmolzenes Salzbad	Trennkriterium ist die unterschiedliche Wanderungsgeschwindigkeit isotoper Ionen bei der Elektrolyse z.B. ^{6}Li-Ionen wandern schneller zur Kathode als ^{7}Li-Ionen	Isotopentrennung durch Ionenwanderung (Elektrolyse)

Kapitel 14 Anhang

Prinzipkatalog „Trennen" von Stoffen

Flüssig-Flüssig

Tm	Effekt	Prinzipskizze	Gesetz	Anwendungsbeispiele
relative Permeabilität	Coulomb II	$\mu_1 < \mu_2$		
Adsorptionsneigung	Adsorption	Adsorbentien (Pulversäule), Flüssigkeit, $p > p_u$	A (= adsorbierbare Flüssigkeit) wird in Pulversäule (Zusammensetzung siehe 302) zurückgehalten. A hat größere Adsorptionsneigung als B	chromatographische Säule Trennen von Öl-Wasser-Emulsionen
Diffusionskoeffizient	Diffusion	A+B, $\frac{dc}{dx}$ für A	Flüssigkeit B diffundiert in das Lösungsmittel C $dn/dt = -D \cdot q \cdot (dc/dx)$ dc/dx = Konzentrationsgefälle in Transportrichtung dn/dt = durch Querschnitt q wandernde Molekülzahl D = Diffusionskoeffizient	Flüssig-Flüssig-Extraktion
Löslichkeit	Lösen	Lösungsmittel C, A, A+B, nach t, A, C+B	Lösungsmittel C ist mit Flüssigkeit A praktisch nicht mischbar	Ausschütteln einer Flüssigkeitskomponente
	elektrolytische Verdrängung	Salz S, A+B, nach t, B, A+S	Schwacher Elektrolyt (hier gelöste Flüssigkeit B) wird aus Lösung durch Zugabe eines starken Elektrolyten (z.B. Salz S) aus der Lösung A+B herausgedrängt	Aussalzen Salz-Spalt-Verfahren für Öl-Wasser-Emulsionen
Molekulargewicht	Soret-Effekt	kalte Wand, I, Kühlwasser, rel. Molekülmasse I<II, beheizter Draht, Kühlwasser, II	Wird eine Lösung einem Temperaturgefälle ausgesetzt, so treten Konzentrationsunterschiede auf. Die leichte Komponente (I) diffundiert an den heißen Draht und steigt nach oben; die Schwere an die kalte Wand, an der sie nach unten sinkt	Clusius-Dickelsches-Trennrohr Isotopentrennung

Prinzipkatalog „Trennen" von Stoffen

Flüssig - Flüssig

Tm	Effekt	Prinzipskizze	Gesetz	Anwendungsbeispiele
Molekular-gewicht	Dialyse	Lösung hochmolekurer Stoffe; $\frac{dc}{dx}$; niedermolekularer Stoff; H_2O; semipermeable Membran	Entfernung löslicher Stoffe mit kleinem Molekulargewicht aus Lösungen hochmolekularer Stoffe mittels einer halbdurchlässigen Membran; niedermolekulare Stoffe diffundieren durch die Membran $dn/dt = -D \cdot q \cdot (dc/dx)$ dc/dx = Konzentrationsgefälle	Trennung Kristalloide (niedermolekular) von Kolloiden (hochmolekular) Emupern-Trennverfahren Homodialyse, Ultrafiltration, Permeator
	Elektrodialyse	Kationen Anionen; permselektive Membranen	Trennverfahren mit sogenannten permselektiven Membranen, von denen die Hälfte für Kationen, die andere Hälfte für Anionen durchlässig ist	Emupern-Trennverfahren Hämodialyse, Ultrafiltration (beide zur Blutentgiftung)
	Kohäsion	$P_ü$; definierter Porendurchmesser	Hierbei wird Membran mit definiertem Porendurchmesser verwendet, so daß nur die Flüssigkeit „ausgesiebt" wird, deren Moleküldurchmesser kleiner ist, als der Porendurchmesser	

Prinzipkatalog „Trennen" von Stoffen

Flüssig-Gasförmig

Tm	Effekt	Prinzipskizze	Gesetz	Anwendungsbeispiele
Dichte	Auftrieb	$\rho_{Gas} < \rho_{Flüssigkeit}$		Ölentschäumung in Hydrauliksystemen
	Zentrifugalkraft	Gas / Flüssigkeit; $\rho_{Gas} < \rho_{Fl}$		Röhrenzentrifuge
Druckabhängigkeit der gelösten Gasmenge	Druckabsenkung	$p > p_u$; Fl.+Gas	gelöste Gasm. vs. p bei 35°C, 100°C, 200°C	Entgasen durch Druckabsenkung; Entgasen im Vakuum; Ultraschallentgasung
Temperaturabhängigkeit der gelösten Gasmenge	Temperaturerhöhung	Fl.+Gas, $Q + \Delta T$	gelöste Gasm. vs. p bei 35°C, 100°C, 200°C	Entgasen durch Temperaturerhöhung
Dielektrizitätszahl	Coulomb I	U; $\varepsilon_G > \varepsilon_{Fl}$	$F = c \cdot U^2 \cdot (\varepsilon_G - \varepsilon_{Fl})$ c = Anordnungskonstante F = Kraft, die auf das Gas wirkt	
Adsorptionsneigung	Adsorption	Adsorptionsmaterial; $\frac{dc}{dx}$	Adsorptionsmaterial - mit großer Oberfläche - wird in Flüssigkeit gebracht; Gas lagert sich an Adsorptionsmaterial ab $dn/dt = -D \cdot q \cdot (dc/dx)$ dc/dx = Konzentrationsgefälle in Transportrichtung dn/dt = Molekülzahl/Zeit D = Diffusionskoeffizient	

Prinzipkatalog 5 **Trennen von Stoffen** 627

Prinzipkatalog „Trennen" von Stoffen

Flüssig-Gasförmig

Tm	Effekt	Prinzipskizze	Gesetz	Anwendungsbeispiele
Diffusionskoeffizient	Diffusion	Gasmoleküle, Fl.+Gas, $\frac{dc}{dx}$, $D_{Gas} > 0$	Moleküle eines Gases in einer Flüssigkeit diffundieren unter der Wirkung der thermischen Bewegung frei in das umgebende Medium $dn/dt = -D \cdot q \cdot (dc/dx)$ dc/dx = Konzentrationsgefälle in Transportrichtung dn/dt = Molekülzahl/Zeit D = Diffusionskoeffizient	
Löslichkeit	Lösen	Fl. 2, Fl. 2 + Gas, Fl.1+Gas, Fl.1	Flüssigkeit 1 soll von Gas getrennt werden Methode: Gas wird in Flüssigkeit 2 gelöst und anschließend abgesaugt	
	elektrolytische Verdrängung	Salz, Gas, Fl.+Gas, Fl.+Salz	Schwacher Elektrolyt (hier gelöstes Gas) wird aus Lösung durch Zugabe eines starken Elektrolyten (Salz S) aus der Lösung (Fl+Gas) herausgedrängt	Aussalzen eines Gases
Molekulargewicht	Soret-Effekt	kalte Wand, I, Kühlwasser, rel. Molekülmasse I<II, Kühlwasser, heißer Draht, II	Wird eine Lösung einem Temperaturgefälle ausgesetzt, so treten Konzentrationsunterschiede auf. Die leichte Komponente (I) diffundiert an den heißen Draht und steigt nach oben; die Schwere an die kalte Wand, an der sie nach unten sinkt	Clusius-Dickelsches-Trennrohr

Prinzipkatalog „Trennen" von Stoffen

Gasförmig-Fest

Tm	Effekt	Prinzipskizze	Gesetz	Anwendungsbeispiele
Länge	Kohäsion		Filtermedien: – Filz – Vlies – Textilien	Sieb-/Tuchfilter
Dichte	Gravitation		Sedimentation der Festkörperpartikel wird begünstigt durch – Absenken der Strömungsgeschwindigkeit – Koagulieren der Partikel (z.B. durch Influenz)	Schwerkraftentstauber Staubsack Kammerabscheider
Masse	Massenträgheit		Festkörperpartikel können aufgrund ihrer größeren Massenträgheit der Umlenkung des Gasstromes nicht folgen	Filter Sprüh-/Rieselturm Prallabscheider
	Zentrifugalkraft		Durch hohe Zentrifugalbeschleunigungen des eintretenden Strahles wird der Festkörperanteil nach außen geschleudert und setzt sich ab	Fliehkraftentstauber Zyklonabscheider Turbobeschleuniger Trenndüsen-Staubabscheider
Benetzbarkeit (Oberflächenspannung)	Benetzen		Falls $\rho_F > \rho_{Fl}$: Erhöhung der Sinkgeschwindigkeit durch Koagulation	Naßentstauber z.B. - Roto-Clune - Kaskadenscrubber
	Adhäsion		Festkörper bleiben an klebriger Oberfläche der Lamellen haften	
Dielektrizitätszahl	Coulomb I		Festkörperpartikel werden im Kondensator festgehalten, da $\varepsilon_2 > \varepsilon_1$	Elektroentstauber

Prinzipkatalog „Trennen" von Stoffen

Gasförmig-Fest

Tm	Effekt	Prinzipskizze	Gesetz	Anwendungsbeispiele
elektrische Ladung	Coulomb I	Sprühelektrode / Gas und Festkörper / reines Gas	Besonders geeignet zur Abscheidung feiner und feinster Flugstaubpartikel. Negative Aufladung der Staubpartikel an Sprühelektrode; anschließend Niederschlag an geerdeter Niederschlagselektrode	Elektroentstauber Röhrenelektrofilter
Lösen	Löslichkeit	Gas und Festkörper / reines Gas	Festkörper werden von Flüssigkeit gelöst	Salz aus Luftstrom
relative Permeabilität	Coulomb II	Gas und Festkörper / reines Gas		

Prinzipkatalog „Trennen" von Stoffen

Flüssig-Gasförmig

Tm	Effekt	Prinzipskizze	Gesetz	Anwendungsbeispiele
Dichte	Gravitation	Gas und Fl.-Tropfen, Strömungstotraum, $v_2 \ll v_1$, reines Gas	Sedimentation der Flüssigkeitströpfchen wird begünstigt durch – Absenken der Strömungsgeschwindigkeit – Koagulieren der Partikel (z.B. durch Influenz)	Kammerabscheider
Masse	Massenträgheit	Gas und Fl.-Tropfen, reines Gas	Flüssigkeitstropfen können aufgrund ihrer größeren Massenträgheit der Umlenkung des Gasstromes nicht folgen	Filter Wäscher Prallabscheider
	Zentrifugalkraft	Gas und Fl.-Tropfen, reines Gas	Durch hohe Zentrifugalbeschleunigungen des eintretenden Strahles wird Flüssigkeit nach außen gedrängt und setzt sich ab	Turbobeschleuniger Zentrifuge
Benetzbarkeit (Oberflächenspannung)	Oberflächenspannung	Gas und Flüssigkeitströpfchen, reines Gas, Lamellen mit klebriger Oberfläche	Wird ein bestimmter Randwinkel nicht überschritten, so benetzen Tröpfchen die einzelnen Rippen; der Randwinkel bzw. Grenzwinkel hängt von der Paarung Flüssigkeit-Werkstoff der Rippen ab	
elektrische Ladung	Coulomb I	reines Gas, Sprühelektrode, Gas und Flüssigkeitströpfchen	Negative Aufladung der Flüssigkeitströpfchen an Sprühelektrode; anschließend Niederschlag an geerdeter Niederschlagselektrode	Röhrenelektrofilter
Löslichkeit	Lösen	Gas und Fl.-Tropfen, reines Gas	Flüssigkeitströpfchen werden von Lösungsflüssigkeit gelöst Gas ist in Lösungsflüssigkeit nicht lösbar	

Prinzipkatalog „Trennen" von Stoffen

Gasförmig - Gasförmig

Tm	Effekt	Prinzipskizze	Gesetz	Anwendungsbeispiele
Dichte	Auftrieb	$\rho_1 < \rho_2$		Sedimentation
	Zentrifugal-kraft	$\rho_1 < \rho_2$	Schwerere Komponente wird durch Zentrifugalkraft stärker an die Wand gedrückt; endgültige Trennung erfolgt durch Abschälblech	Isotopentrennung durch - Trenndüsenverfahren - Gaszentrifuge - Ultrazentrifuge - Uran 235 Anreicherung
Schmelzpunkt	Kondensation	Kühlrippen T, B_{fest}, $A+B$, $A_{gasförmig}$, B_{fest}, $T_{KA} < T < T_{KB}$	Trennen erfolgt durch Kondensation eines Gases bzw. Dampfes unmittelbar zum Feststoff	Desublimation Trägergassublimation
Siedepunkt	Kondensation	Kühlrippen T, $B_{flüssig}$, $A+B$, $A_{gasförmig}$, $B_{flüssig}$, $T_{KA} < T < T_{KB}$		Filmkondensation
Partial-druck	Kondensation	Kühlrippen T, $B_{flüssig}$, $A+B$, $A_{gasförmig}$, $B_{flüssig}$, $T_{KA} < T < T_{KB}$		Depflegmation Abgasreinigung
Dielektrizitätszahl	Coulomb I	ε_2, ε_1, ε_{Fl}, $\varepsilon_1 < \varepsilon_{Fl} < \varepsilon_2$	$F_1 = c \cdot U^2 \cdot (\varepsilon_1 - \varepsilon_{Fl})$ c = Anordnungskonstante F_1 = auf die Gase wirkende Kraft Gas mit der größeren Dielektrizitätszahl ε wird in das elektrische Feld hineingezogen, das andere verdrängt	elektrolytische Dissozation
Ionenladung/masse	Lorentz-Kraft (Biot-Savarit)	R_2, R_1, 1, 2, Ionenquelle, Isotopen-Auffänger	Trennmerkmal ist die Ablenkbarkeit von Ionen im magnetischen Feld; Vorbeschleunigung im elektrostatischen Feld; Ablenkung im magnetischen Feld 1 = Ionenbahn des schwereren Isotops mit Radius 1 2 = Ionenbahn des leichteren Isotops mit Radius 2	elektromagnetische Isotopentrennung im Calutron Astonscher Massenspektograph

Prinzipkatalog „Trennen" von Stoffen

Gasförmig – Gasförmig

Tm	Effekt	Prinzipskizze	Gesetz	Anwendungsbeispiele
relative Permeabilität	Coulomb II	O_2, N_2, restliche Bestandteile, Magnetpole, $\varkappa(O_2) \ll \varkappa(N_2)$, Luft ($N_2 O_2$)	Trennung erfolgt durch Anziehung paramagnetischer Gase (z.B. Sauerstoff) durch Magnete	Gasanalysator
Adsorptionsneigung	Adsorption	Schleppgas, Gemisch A+B, Absorbentien, A, B, Schleppgas	Gase A und B werden je nach Adsorptionsneigung an den verschiedenen Adsorbentien zurückgehalten	Gaschromatographische - Trennung von Edelgasen - Trennung von Kohlenwasserstoffen etc. Abgasreinigung (z.B. Adsorption von Schwefel) Kapillar-Chromatographie
Diffusionskoeffizient	Diffusion	Fremdgas C ⇒ ⇒ C+B A+B ⇒ ⇒ A	Moleküle des Gases A diffundieren unter der Wirkung der thermischen Bewegung frei in das umgebende Medium – das Fremdgas	Fremdgasdiffusion
Löslichkeit	Lösen	A+B, A		Waschen (Naßverfahren zur Abgasreinigung Gastrocknung)
	elektrolytische Verdrängung	Salz, A, Elektrolyt + A+B gelöst, Elektrolyt + B+Salz gelöst		Aussalzung eines Gases
Molekulargewicht	Druckdiffusion	A, Abschälblech, $V_{Gas} > c$, A+B, B, $MG_A < MG_B$	Die leichtere Komponente ist im Außenteil des expandierenden Strahles angereichert und wird durch Abschälbleche abgetrennt	Trenndüsenverfahren zur Isotopentrennung
	Effusion	leichtere Komponente, F, $p_ü$, Kapillare	Für die Diffusionsgeschwindigkeit von Gasen durch eine Kapillare gilt das Grahamsche Gesetz: $w_1 : w_2 = M_2 : M_1 = \rho_2 : \rho_1$ Bei Diffusion durch poröse Wand: Transfusion	Isotopentrennung (Trennwanddiffusion) Gasdiffusions-Anlage Trennung Argon-Neon

Prinzipkatalog „Trennen" von Stoffen

Gasförmig - Gasförmig

Tm	Effekt	Prinzipskizze	Gesetz	Anwendungsbeispiele
Molekulargewicht	Soret-Effekt	kalte Wand; Kühlwasser; rel. Molekülmasse I<II; heißer Draht; Kühlwasser	Wird ein Gasgemisch einem Temperaturgefälle ausgesetzt, so treten Konzentrationsunterschiede auf. Die leichte Komponente (I) diffundiert an den heißen Draht und steigt nach oben; die Schwere an die kalte Wand, an sie nach unten sinkt	Clusius-Dickelsches-Trennrohr
Molekülgröße	Adsorption im Molekularsieb	Molekularsieb		Trennung: - n-Paraffine von Iso-Paraffinen - Edelgase von N und O - O_2 aus Luft

**Prinzipkatalog 6
Mischen von Stoffen**

Prinzipkatalog "Mischen" von Stoffen

Prinzip 1

Effekt	Prinzipskizze	Gesetz	Bemerkungen	Anwendungsbeispiele
Diffusion			Anfangszustand: Stoffe in getrennten Räumen	
			Aufhebung der Trennung, Beginn der Diffusion	
			Konzentrationsausgleich, Ende der Diffusion	
Oberflächenspannung			Tränken von festen Stoffen mit Flüssigkeiten	
Adsorption			Binden von Gasen in Feststoffen	Aktivkohlefilter

Prinzipkatalog „Mischen" von Stoffen

Prinzip 2
extern erzeugte Bewegung
(Effekt-Paare)

Effekt	Prinzipskizze	Gesetz	Bemerkungen	Anwendungsbeispiele
Reibung-Gravitation				Trommelmischer Freifallmischer
Kohäsion-Gravitation				Freifallmischer
Zentrifugalkraft-Zentrifugalkraft			Überlagerte Zentrifugalkräfte durch Rotation um M_1 und M_2	Planetenmühle
Reibung-Schubspannung			Im Spalt hohe Scher-, Knet-, Zug- und Druckspannungen, das bedeutet Scherströmung, ebenso im Materialstau	Mischen im Keilspalt Walzenwerke Walzenstau Kalander
Kohäsion-Massenträgheit				Pflugscharmischer Schaufelmischer Bandmischer
Coulomb-I-Gravitation			a) Gitterelektrode b) Kohlenwasserstoff c) Lösungsmittel d) Bodenelektrode	elektrischer Mischer
Coulomb II-Gravitation			1) magnetisch leitfähiger Stoff schließt magnetische Feldlinien kurz, sodaß allein die Erdanziehungskraft wirkt, Mischrohr feststehend	

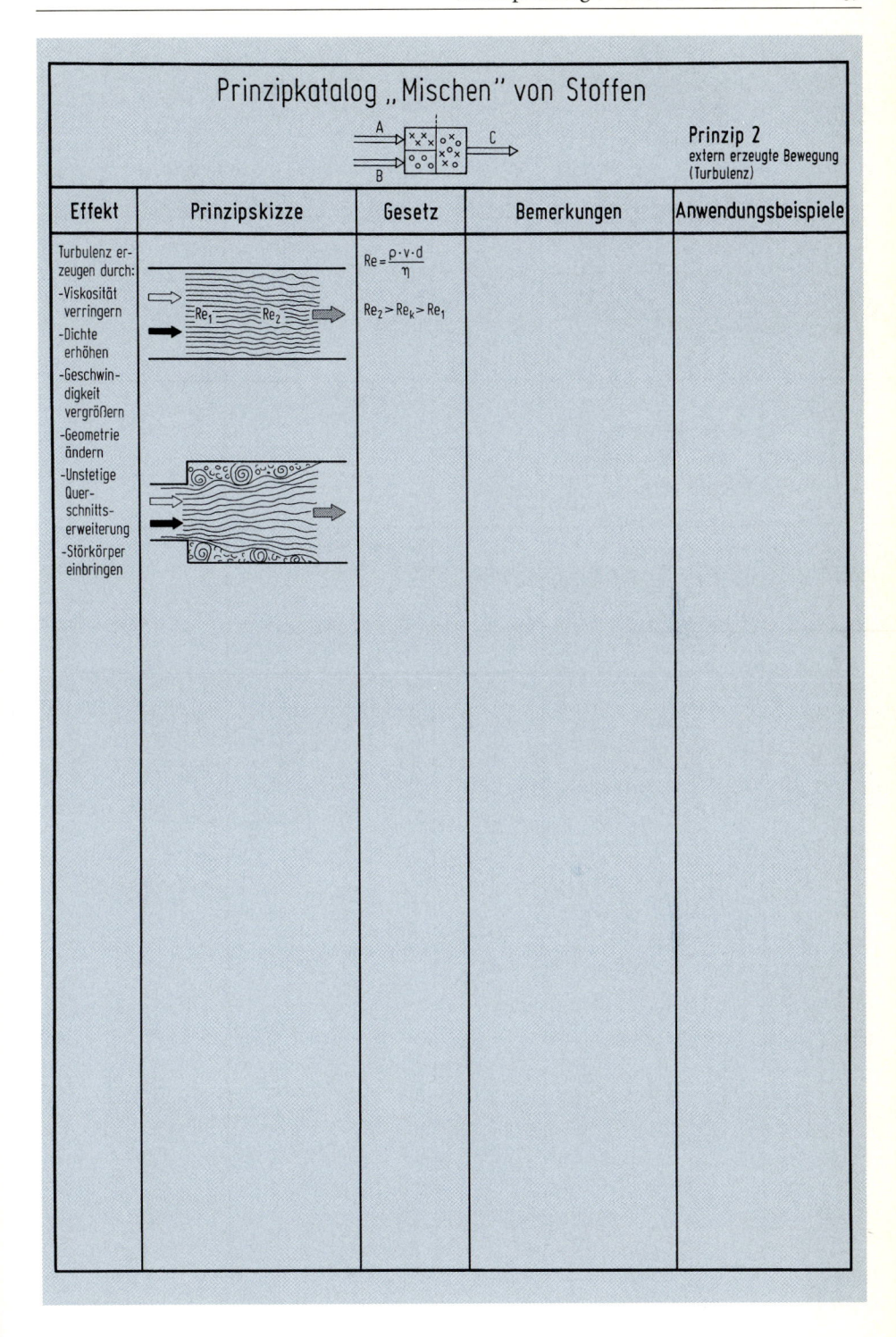

Prinzipkatalog „Mischen" von Stoffen

Prinzip 2
extern erzeugte Bewegung (Turbulenz)

Effekt	Prinzipskizze	Gesetz	Bemerkungen	Anwendungsbeispiele
Turbulenz erzeugen durch: - Viskosität verringern - Dichte erhöhen - Geschwindigkeit vergrößern - Geometrie ändern - Unstetige Querschnittserweiterung - Störkörper einbringen		$Re = \dfrac{\rho \cdot v \cdot d}{\eta}$ $Re_2 > Re_k > Re_1$		

Prinzipkatalog „Mischen" von Stoffen

gesteuertes Einbringen einer Komponente

Effekt	Prinzipskizze	Gesetz	Bemerkungen	Anwendungsbeispiele
Coulomb I			Die Anziehungskraft wirkt nur auf die Komponente K_2	
Coulomb II			Die Anziehungskraft wirkt nur auf die Komponente K_2 $\mu_{r1} \ll \mu_{r2}$	
Auftrieb			Hilfsmedium, sodaß $\rho_1 = \rho_H$ $\rho_2 < \rho_H$	

Tabelle 4
Eigenschaften von Oberflächen, Realisierungsmöglichkeiten, Beispiele

- mechanische Eigenschaften (Seite 640–641)
- chemische und physikalische Eigenschaften (Seite 642)
- wärmetechnische Eigenschaften (Seite 643)
- elektrische und magnetische Eigenschaften (Seite 644)
- optische Eigenschaften (Seite 645)

Eigenschaften	Realisierungsmöglichkeiten	Beispiele
rauh	Prägen, Gießen, Hobeln, Schmirgeln, Sandstrahlen, Beschichten mit harten Partikeln, Ätzen	entspiegelte Flächen, diffus reflektierende Flächen, ölgeschmierte Gleitflächen, matte Flächen, Griffflächen
glatt	Gießen, Schleifen, Honen, Läppen, Polieren, Rollen, Lackieren, Emaillieren, Bedampfen	Meßflächen, Paßflächen, Dichtflächen, optische Flächen, dekorative Oberflächen, Kolbenflächen, Zylinderlaufflächen
schlagbeständig	niedriglegierte Stähle, austenitische Stähle und Chromstähle, Ni-Mo-Cr-W, Co-Cr-W (niedrig legiert), Co-Cr-Mo, Wolframkarbid+Co, diverse Kunststoffe	Hämmer, Brechwerkzeuge
stoß- bzw. schwingungsdämpfend	Kunststoffe (z. B. Viton)	Stoßdämpfer, Prallschutz
geringe Elastizität	Keramik, Glas	
hohe Elastizität	Metalle, Kunststoffe, Gummi, Holz	Federn
geringe Adhäsion	Chrom, Teflon, Granit	Granitwalze (Papierherstellung), Bratpfanne
hohe Adhäsion	Klebstoffe	Klebverbindungen
geringes spez. Gewicht	Leichtmetall, Kunststoff, Titan, Holz	Flugzeug- und Automobilbau
hart	Härten von Stählen und Eisenlegierungen (Wärmebehandlung, Einsatzhärten), Härten von Aluminium (Lösungsglühen), Eloxieren von Aluminium, Lackieren von Kunststoffen mit Hartlack Chrom (800–1000 HV), Schnellarbeitsstähle (600–700 HV), martensitische und chromreiche martensitische Eisenlegierungen (500–750 HV), chromreiche komplexe Eisenlegierungen (600–800 HV), Ni-Cr-Si-B (200–700 HV), Ni-B (500–750 HV), Kobaltlegierungen (300–700 HV), Sn-Ni (700 HV), Ni-Cr-Si-B+Wolframkarbid (600–750 HV), Wolframkarbid+Co (800–1100 HV), Chromkarbid+Ni-Cr (550–950 HV), Cr-B (750–1100 HV), (TiAl) N (7500 HV), TiC (600 HV), Al_2O_3 (400–500 HV), Kohlenstoff (Diamant, ca. 10000 HV), SiC, Ni-P (bis 1000 HV)	kratzfeste Kunststoffbauteile, Messer, Stanz- und Schneidwerkzeuge, Gesenke, Werkzeuge, Spanwerkzeuge, Fräser, Bohrer

Tabelle 4 **Eigenschaften von Oberflächen**

Eigenschaften	Realisierungsmöglichkeiten	Beispiele
gute Gleiteigenschaften (geringe Reibung, Notlaufverhalten, geringe Freßneigung, An- und Auslaufverhalten, ölbeständig, partikelabsorbierend u. a.)	Alu- und Zinnbronzen, Pb-Sn-In/Cu, Messing, Lagermetalle (Zinnlegierungen), div. Kunststoffe (PTFE u. a.), Trockenschmierschichten (MoS_2+Epoxyd, PTFE+ Epoxydphenol, u. a.), Kunstkohle, Silber, Silberlegierungen, Chrom, Kupfer, Ni-P, Silizide, Sn-Ni, Zinn, TiN, Teflon, Niflor, Gleitlacke, Kohlenstoff (Diamant)	Lagerflächen, Führungen, Kolbenführungen, Feststofflager
verschleißbeständig	*abrasiver Verschleiß*: Molybdän, Chrom, Nickel, Platin, Hartmetalle, niedriglegierte Stähle, martensitische Chromstähle, Schnellarbeitsstähle, austenitische Manganstähle, austenitische Chrom-Mangan-Stähle und Eisenlegierungen, chromreiche austenitische Eisenlegierungen, martensitische Eisenlegierungen, chromreiche komplexe Eisenlegierungen, Nickel, Ni-Cu, Ni-Cu-In, Ni-Mo-Cr-W, Ni-Cr-Si-B, Ni-Cr-B-Si-Cu-Mo, Ni-P (Teflon), Ni-B, Co-Cr-W, Co-Cr-W-Ni, Messing, Silizium-, Alu- und Zinnbronzen, Pb-Sn-In/Cu, Sn-Ni, Zinn, Rhodium, Ruthenium, Kohlenstoff (Diamant), Ni-Cr-Si-B+Wolframkarbid, Co-Cr-W-Si-B+ Wolframkarbid, Kohlenstoffstähle+Karbide, Ni+Siliziumkarbid, Wolframkarbid+Co, Chromkarbid+Ni-Cr, Chromkarbid+Co, Zr-Ti-N, (TiAl)N, TiN, TiO_2, Al_2O_3-TiO_2, Cr_2O_3, Al_2O_3, amorpher Kohlenstoff *adhäsiver Verschleiß*: Chrom, Schnellarbeitsstähle, martensitische Eisenlegierungen, Co-Cr-W, Co-Cr-W-Ni, Wolframkarbid+Co *erosiver Verschleiß:* austenitische Eisenlegierungen, Ni-Mo-Cr-W, Ni-Cr-Si-B, Ni-Co-Cr-Al-Y, Ni-Cr-Mo-Al-Ti, Co-Cr-W, Co-Cr-W-Ni, Wolframkarbid+Co, MgO-ZrO_2 (besonders gegen feine Partikel und flüssige Metalle), Al_2O_3, Bronze ***Kavitationsverschleiß:*** Co-Cr-W, Co-Cr-W-Ni, Bronze	Stanz- und Schneidwerkzeuge, Gesenke, Erdbewegungsmaschinen, Baggerzähne, Schrapper, Schneidwerkzeuge, Mahlwerke, Kipphebel, Warmpreßwerkzeuge, Ventile, Ventilsitze, KFZ-Bremsscheiben, Lagerschalen, Gleitflächen, Schneckenräder, Kunststoffspritzguß-, Zieh-, Präge- und Meßwerkzeuge, Zylinderlaufflächen, Kolbenringe, Hydraulikzylinder, Kurbelwellen, Gleitkontakte, Bohrkronen, Shredderhämmer, Kreiskolbenmotoren, Dichtungen, Gußglasformen, Fadenführungen in Textilmaschinen, Turbinenschaufeln, Gasturbinen, Flugtriebwerke

- chemische Verbindungen von Stoffen
+ Komposite, Dispersionen von Stoffen

Eigenschaften	Realisierungsmöglichkeiten	Beispiele
korrosionsbeständig	Al_2O_3, metallische Gläser, Kunststoffe, Lacke, austenitische rostbeständige Stähle, Aluminium (Bildung von oxydischen Oberflächenschichten), martensitische Chromstähle, Nickel, Ni-Cu, Cr-Cu-In, Ni-Mo-Cr-W, Ni-Cr-Si-B, Ni-Mo-Fe, Ni-Cr-B-Si-Cu-Mo, Ni-Cr (80/20), Ni-Cr-Fe, Ni-Co-Cr-Al-Y, Ni-Cr-Mo-Al-Ti, Ni-Cr, Ni-P, Ni-B, Co-Cr-W, Co-Cr-W-Ni, Co-Cr-Mo, Messing, Silizium-, Alu- und Zinnbronzen, Pb-Sn-In/Cu, Sn-Ni, Zink, Kupfer (besonders gegen Reibkorrosion), Zinn, Ruthenium, Wolframkarbid+Co, MgO-ZrO_2, TiO_2, Al_2O_3-TiO_2, Cr_2O_3, ZrO_2, Platin, Palladium, Chrom (bis 800°C), Nickel (besonders gegen Reibkorrosion), Kobalt, Silber (besonders gegen Reibkorrosion), Silberlegierungen, Gold, Goldlegierungen, Titan, Emaille *heißgaskorrosionsbeständig:* Ni-Mo-Cr-W, Ni-Co-Cr-Al-Y Pulverbeschichtung, Eloxieren von Aluminium, Phosphatrostschutz für Eisenwerkstoffe, Feuerverzinkung von Stahl	Warmpreßwerkzeuge, Bauteile in Chemieanlagen, Bauteile in der Lebensmittelindustrie, Bauteile unter Einfluß von normaler Atmosphäre oder Seeklima, Schlammpumpen, Bauteile für Kunststoffspritzgießformen, Wasserpumpen, Hydraulik- und Pneumatikventile, KFZ-Bremsen, verzinkte Karosserien, verzinkte Dachrinnen oder schmiedeeiserne Gitter, pulverbeschichtete Fensterrahmen aus Aluminium, Turbinenschaufeln, Ventile, Bauteile in Chemieanlagen
oxydationsbeständig	Chrom, Nickel (zunderbeständig bis 600°C), Ni-Cu, Cr-Cu-In, Ni-Mo-Cr-W, Ni-Cr (80/20), Ni-Cr-Fe, Ni-Co-Cr-Al-Y, Ni-Cr, Ni-P, Co-Cr-W, Co-Cr-W-Ni, Chromkarbid+Co, SiC, Kunststoffe, Platin, Palladium, Gold, Goldlegierungen, martensitische Chromstähle, chromreiche Eisenlegierungen, Lacke Überzug mit Öl oder Fett, Schwarzbrennen und Brünieren von Stahl	Bauteile in Chemieanlagen, Bauteile in der Lebensmittelindustrie, Bauteile unter Einfluß von normaler Atmosphäre oder Seeklima, Hydraulik- und Pneumatikventile
chemikalienbeständig bzgl. Säuren, Basen u.a.	Nickel, Zinn, Aluminium, Ni-Mo-Fe, Pb-Sn-In/Cu (gegen Schmieröle und deren Zersetzungsprodukte), Kohlenstoff (Diamant), TiC, MgO-ZrO_2, TiO_2, Al_2O_3-TiO_2, Cr_2O_3, ZrO_2, Blei (gegen Schwefelsäure), Al_2O_3, diverse Kunststoffe, Platin	Kathodischer Korrosionsschutz, Beschichtung von Gefäßen für chemische Reaktionen
antitoxisch und lebensmittelgeeignet	Nickel, div. Kunststoffe	Lebensmittelindustrie
antitoxisch und biokompatibel (Medizintechnik)	Nickel, Titan, Al_2O_3, Silicone, Kunststoffe	Implantate, künstliche Herzklappen, medizinische Instrumente

Tabelle 4 **Eigenschaften von Oberflächen**

Eigenschaften	Realisierungsmöglichkeiten	Beispiele
wärmeleitend	Metalle, metallische Gläser, SiC	Bauteile zur Wärmeableitung
wärmeisolierend, wärmedämmend	Keramik, Oxydverbindungen, Magnesiumzirkonat, ZrO_2 (Zirkonoxyd), Al_2O_2, diverse Kunststoffe	Wärmedämmung, Brandschutz, Öfen
wärmeschockbeständig	Ni-Mo-Cr-W, Co-Cr-W (niedrig legiert), Co-Cr-W-Ni, ZrO_2	Herdplatten, Brennkammern
hitzebeständig	martensitische Chromstähle (600°C), Schnellarbeitsstähle (600°C), chromreiche komplexe Eisenlegierungen (600°C), Nickel und Nickellegierungen (ca. 600°C), Kobaltlegierungen (ca. 600°C), Chromkarbid+Co (800°C), Kohlenstoff (Diamant, 4100°C), TiO_2, Al_2O_3 (feuerfest), SiC	Bauteile unter hohen Temperaturen, Warmpreßwerkzeuge, Schmiedegesenke, Sinterwerkzeuge, Reaktionsgefäße, Brennstäbe, Tabakpfeifen, Kolbenböden

Eigenschaften	Realisierungsmöglichkeiten	Beispiele
isolierend	Al_2O_3, Keramik, diverse Kunststoffe	Isolationsschichten
leitend	Kupfer, Aluminium, Silber, Silberlegierungen, Gold, Goldlegierungen, metallische Gläser, Platinmetalle	elektrische Kontakte, Leiterplatten, Kontaktoberflächen, Stromleiterschienen, Schleifkontakte
magnetisierbar	Kobalt, Eisen, Ni-Fe, Ni-Fe-Co, metallische Gläser, $BaO\text{-}Fe_2O_3$	Datenspeicher, Dauermagnete, Elektromagnete, Schraubendreher, Tonbänder
nicht magnetisierbar	Kunststoffe	Bauteile in elektronischen Geräten

Tabelle 4 Eigenschaften von Oberflächen

Eigenschaften	Realisierungsmöglichkeiten	Beispiele
reflektierend bzgl. einer oder mehrerer Wellenlängen	Ruthenium, Silber, Chrom, Gold, Aluminium, Rhodium	Spiegel, halbdurchlässige Spiegel
nicht reflektierend - durchlässig	Al_2O_3, Glas, Kunststoffe (PMMA, PS, PC), Klarsichtlacke, Magnesiumoxyd, Magnesium,-fluorid, TiO_2-Ag-Dispersion, Cd-Sn-Oxyd, SnO_2-Cr-Dispersion	Lichtleitfasern, Scheiben, Sichtfenster, entspiegelte Objektive und Brillengläser
Farbe, dekoratives Aussehen, Glanz	Chrom, Gold, Silber, Holz, Lacke, Farbe, Emaille Eloxieren von Aluminium, Pulverbeschichtung von Metallen	Wandfarbe, Haushaltsgegenstände, Karosserien, Badewannen, Tür- und Fensterrahmen

− chemische Verbindungen von Stoffen
+ Komposite, Dispersionen von Stoffen

**Tabelle 5
Eisenlegierungen – Eigenschaften und Anwendungen**

siehe auch [73]

Tabelle 5 **Eisenlegierungen – Eigenschaften und Anwendungen** 647

Eisenlegierungen	Hitzebeständigkeit °C	Härte HV	Eigenschaften	Anwendungen
1. Kohlenstoffstähle	200	250	verschleiß- und abriebfest, schlagbeständig, wärmebehandlungsfähig	Stanz- und Schneidwerkzeuge, Gesenke, Erdbewegungsmaschinen
2. Niedriglegierte Stähle		250–650		
3. Martensitische Chromstähle	600	350–650	verschleiß- und abriebfest, korrosionsbeständig, oxydationsbeständig	Warmpreßwerkzeuge, Schmiedegesenke
4. Schnellarbeitsstähle	600	600–700	verschleiß- und abriebfest, Beständigkeit gegen Adhäsiv- und Abrasivverschleiß	Warmwerkzeuge
5. Austenitische rostbeständige Stähle	600	200 (500)[1]	sehr korrosionsbeständig, schlagbeständig	Bauteile in Chemieanlagen und in der Nahrungsmitteltechnik
6. Austenitische Mangan-Stähle	200	200 (500)[1]	verschleiß- und abriebfest, sehr schlagbeständig	Hämmer
7. Austenitische Chrom-Mangan-Stähle	300	200 (600)[1]	verschleiß- und abriebfest, sehr schlagbeständig	Brechwerkzeuge
8. Austenitische Eisenlegierungen		300–600	verschleiß- und abriebfest, erosionsbeständig	
9. Martensitische Eisenlegierungen	400	500–750	verschleiß- und abriebfest, Beständigkeit gegen Adhäsivverschleiß	Kipphebel, Erdbewegungsmaschinen
10. Chromreiche austenitische Eisenlegierungen	450	500–750	sehr verschleiß- und abriebfest, oxydationsbeständig, schlagbeständig	Baggerzähne, Schrapper, Schneidwerkzeuge
11. Chromreiche komplexe Eisenlegierungen	600	600–800	sehr verschleiß- und abriebfest, oxydationsbeständig, temperaturbeständig	Sinterwerkzeuge, Mahlwerke, verschleißbeanspruchte Bauteile bei hohen Temperaturen

[1] Steigerung der Härte durch Schlagbeanspruchung und Kaltverfestigung

Tabelle 6
Nickellegierungen – Eigenschaften und Anwendungen

siehe auch [73]

Tabelle 6 Nickellegierungen – Eigenschaften und Anwendungen

Nickellegierungen	Hitzebe-ständig-keit °C	Härte HV	Eigenschaften	Anwendungen
1. Nickel	600	160	korrosionsbeständig, sehr oxydationsbeständig, verschleißfest	Bauteile in korrosiver Umgebung (Atmosphäre, Seeklima, Chemieanlagen, Lebensmittelindustrie)
2. Ni-Cu, Ni-Cu-In	600	130	korrosionsbeständig, oxydationsbeständig, verschleißfest	Bauteile in korrosiver Umgebung (Atmosphäre, Seeklima, Chemieanlagen, Lebensmittelindustrie)
3. Ni-Fe		200		
4. Ni-Mo-Cr-W	500	250 (500)[1]	korrosionsbeständig, oxydationsbeständig (Heißgasoxydation), verschleißfest, erosionsbeständig, schlagbeständig, wärmeschockbeständig	Schmiedegesenke, Ventile, Bauteile in Chemieanlagen
5. Ni-Cr-Si-B		200–700	korrosionsbeständig, sehr verschleißfest, sehr erosionsbeständig, hohe Temperaturbeständigkeit	Ventile, Ventilsitze, Schaumpumpen, Schmiedegesenke, Chemie-Apparate
6. Ni-Mo-Fe		200–300	korrosionsbeständig, chemikalienbeständig	Pumpen, Ventile, Chemie-Apparate
7. Ni-Cr-B-Si-Cu-Mo	hoch		korrosionsbeständig, sehr verschleißfest	
8. Ni-Cr (80/20)	hoch	400–500	korrosionsbeständig, oxydationsbeständig	Bauteile für Kunststoffspritzgießformen, Wasserpumpen, Ventile
9. Ni-Cr-Fe	hoch	400–500	korrosionsbeständig, oxydationsbeständig	Bauteile für Kunststoffspritzgießformen, Wasserpumpen, Ventile
10. Ni-Co-Cr-Al-Y	hoch		korrosionsbeständig (Heißgaskorrosion), oxydationsbeständig, erosionsbeständig	Turbinenschaufeln
11. Ni-Cr-Mo-Al-Ti			korrosionsbeständig, sehr erosionsbeständig	
12. Ni-Cr	hoch		korrosionsbeständig, oxydationsbeständig	
13. Ni-P	hoch	400–500	korrosionsbeständig, oxydationsbeständig, verschleißfest, niedriger Reibwert, warmhart bis 350°C, maßgenau beschichtbar	Bauteile für Wasserpumpen, Hydraulik- und Pneumatik-Ventile, Spritzgießformen
14. Ni-B	400	500–750	korrosionsbeständig, verschleißfest, warmhart bis 400°C	Beschichtungen für Glasgußformen

[1] Steigerung der Härte durch Kaltverfestigung

**Tabelle 7
Kobaltlegierungen – Eigenschaften und Anwendungen**

siehe auch [73]

Tabelle 7 **Kobaltlegierungen – Eigenschaften und Anwendungen**   651

Kobaltlegierungen	Hitzebeständigkeit °C	Härte HV	Eigenschaften	Anwendungen
1. Co-Cr-W, niedrig[1]	600	380-430	beständig gegen abrasiven Verschleiß, erosionsbeständig, kavitationsbeständig	Auslaßventile, Schneidkanten, Ventilsitze, Warmpreßwerkzeuge
			korrosionsbeständig, oxydationsbeständig, schlagbeständig, wärmeschockbeständig	
2. Co-Cr-W, mittel[1]	600	480-550	beständig gegen abrasiven Verschleiß, beständig gegen adhäsiven Verschleiß, erosionsbeständig, kavitationsbeständig, korrosionsbeständig, oxydationsbeständig	Kipphebel, Ventile
3. Co-Cr-W, hoch[1]	600	600-650	sehr beständig gegen abrasiven Verschleiß, beständig gegen adhäsiven Verschleiß, erosionsbeständig, kavitationsbeständig, korrosionsbeständig, oxydationsbeständig	Ventile, schmutzbelastete Lager
4. Co-Cr-W-Ni	600	390-450	sehr beständig gegen abrasiven Verschleiß, beständig gegen adhäsiven Verschleiß, erosionsbeständig, kavitationsbeständig, sehr korrosionsbeständig, oxydationsbeständig, wärmeschockbeständig	Auslaßventile
5. Co-Cr-Mo		300-350	sehr korrosionsbeständig, schlagbeständig	
6. Co-Cr-Mo-Si		300-700		
7. Co-Cr-W-Ni-Si-B		400-700		

[1] Chromanteile niedrig, mittel, hoch

Tabelle 8
Kupfer-, Blei-, Zinnlegierungen – Eigenschaften und Anwendungen

siehe auch [73]

Tabelle 8 **Kupfer-, Blei-, Zinnlegierungen – Eigenschaften und Anwendungen** 653

	Härte HV	Eigenschaften	Anwendungen
Kupferlegierungen			
1. Cu-Zn (Messing)	130	korrosionsbeständig, verschleißfest, geringer Reibwert, nur mäßige Lagereigenschaften	Dekoration
2. Cu-Si (Siliziumbronzen)	80–100	korrosionsbeständig, verschleißfest, geringer Reibwert	Gleitflächen, Lager, Schneckenräder
3. Cu-Al (Alubronzen)	130–140	korrosionsbeständig, verschleißfest, geringer Reibwert	Gleitflächen, Lager, Schneckenräder
4. Cu-Sn (Zinnbronzen)	40–110	korrosionsbeständig, verschleißfest, geringer Reibwert, gute Einlaufeigenschaften	Lager
Bleilegierungen			
5. Pb-Sn-In/Cu	8–15	korrosionsbeständig, verschleißfest, geringer Reibwert, partikelabsorbierend, beständig gegen Schmieröle und deren Zersetzungsprodukte	Lagerschalen, Gleitflächen, Pleuellager
Zinnlegierungen			
6. Sn-Ni	700	korrosionsbeständig, verschleißfest, geringer Reibwert, Hitzebeständigkeit bis 360 °C, lötbar, spröde und schlagempfindlich, ölbenetzend	KFZ-Bremsen

**Tabelle 9
Elementare Stoffe (Metalle, Nichtmetalle) – Eigenschaften und Anwendungen**

siehe auch [73]

Tabelle 9 Elementare Stoffe – Eigenschaften und Anwendungen

Elementare Stoffe	Eigenschaften	Anwendungen
1. Aluminium, Al	korrosionsbeständig, elektrisch leitfähig	verzinkte Oberflächen, z. B. von Karosserien, Dachrinnen, schmiedeeisernen Gittern
2. Zink, Zn	korrosionsbeständig	
3. Wolfram, W		Leiterplatten, Kontaktoberflächen, Stromleiterschichten, insbesondere bei Hochfrequenzströmen (Halbleiter), Schleifkontakte, Gleit- und Schmierschicht bei Ziehwerkzeugen
4. Kupfer, Cu	Härte 60-150 HV, korrosionsbeständig, insbesondere gegen Reibkorrosion, geringer Reibwert, elektrisch leitfähig, weich, gut formbar	
5. Molybdän, Mo	verschleißfest	
6. Chrom, Cr	Härte 800-1000 HV, verschleißfest (besonders gegen Adhäsionsverschleiß), Antihafteigenschaften, geringer Reibwert, korrosions- und oxydationsbeständig bis 800 °C, Schichtdicken bis 0,5 mm, spröde, empfindlich gegen schlagartige Beanspruchung	korrosions- und verschleißbeständige Oberflächen z. B. von Kunststoffspritzguß, Zieh-, Präge-, Schneid- und Meßwerkzeugen, Zylinderlaufflächen, Kolbenringe, Hydraulikzylinder, Kurbelwellen
7. Nickel, Ni	Härte 150-450 HV, verschleißfest, korrosionsbeständig (Atmosphäre und Chemikalien), oxydations- und zunderbeständig bis 600 °C, gute Beständigkeit gegen Reibkorrosion und Ermüdungsverschleiß	Bauteile in Seeklima oder bei der Verarbeitung von Lebensmitteln, Textilien oder Arzneimitteln. Recycling verschlissener Bauteile durch Beschichten. Aufbau- und Zwischenschichten für Verchromungen
8. Kobalt, Co	korrosionsbeständig, magnetisch	
9. Zinn, Sn	Härte 12 HV, verschleißfest, geringer Reibwert, korrosionsbeständig, niedriger Schmelzpunkt	Datenspeicher Einlaufschichten für Lager, Sperrschichten beim Nitrieren
10. Silber, Silberlegierungen, Ag	Härte 60-120 HV, sehr geringer Reibwert, gute Gleiteigenschaften, korrosionsbeständig, Beständigkeit gegen Fressen und Reibkorrosion, gute elektrische Leitfähigkeit, gut lötbar, Schichtdicken 0,001-1,0 mm	Feststofflager, Lauffllächen für besondere Anforderungen, z. B. in Flugzeugen, elektrische Kontakte
11. Gold, Goldlegierungen, Au	Härte 70-250 HV, korrosionsbeständig, oxydationsbeständig, geringer Kontaktwiderstand	elektrische Kontakte, Stecker in elektrischen und elektronischen Systemen
12. Platin, Pt	verschleißfest, besonders korrosionsbeständig, oxydationsbeständig gegenüber fast allen Chemikalien	kathodischer Korrosionsschutz, Beschichtung von Gefäßen für chemische Reaktionen
13. Palladium, Pd	Härte 300 HV, sehr korrosions- und oxydationsbeständig	stark belastete elektrische Kontakte
14. Rhodium, Rh	Härte 800 HV, verschleißfest	Gleitkontakte
15. Ruthenium, Ru	sehr verschleiß- und korrosionsbeständig	Spiegel, halbdurchlässige Spiegel, elektrische Schleifkontakte bei extrem hoher Belastung
16. Kohlenstoff, C (Diamant)	verschleißfest, geringer Reibwert, hitzefest, chemikalienbeständig	Reaktionsgefäße, Brennstäbe, Tabakpfeifen, Gleitflächen
17. Stickstoff, N		Nitrieren, Nitrierhärten
18. Bor, B		Borieren
19. Silizium, Si	Halbleitereigenschaften	

Tabelle 10
Komposite, Dispersionen – Eigenschaften und Anwendungen

siehe auch [73]

Tabelle 10 **Komposite, Dispersionen – Eigenschaften und Anwendungen**

Komposite, Dispersionen	Hitzebeständigkeit °C	Härte HV	Eigenschaften	Anwendungen
1. Ni-Cr-Si-B+Ni-Al/Mo				
2. Ni-Cr-Si-B+W-Karbid		600–750	sehr verschleißfest	Schneckenflanken
3. Co-Cr-W-Si-B+W-Karbid			sehr verschleißfest	
4. Kohlenstoffstähle+Karbide			sehr verschleißfest	Bohrkronen, Shredderhämmer
5. Ni+Siliziumkarbid		350–500	sehr verschleißfest	Kreiskolbenmotoren, Gußglasformen, Dichtungen, Kanten, Süß- und Salzwasserventile
6. Wolframkarbid+Co	450	800–1100	sehr verschleißfest, beständig gegen adhäsiven und abrasiven Verschleiß, erosionsbeständig, korrosionsbeständig, schlagbeständig	Ventile, Dichtungen
7. Chromkarbid+Ni-Cr		550–950	sehr verschleißfest	Versteifungsbänder für Turbinenschaufeln
8. Mehrschichten (Cermets)			wärmedämmend	Leitschaufeln
9. Cr-B		750–1100		
10. Chromkarbid+Co	800	350–500	sehr verschleißfest, oxydationsbeständig	Gasturbinen, Flugtriebwerke, Fadenführungen in Textilmaschinen
11. Zr-Ti-N	hoch	hoch	sehr verschleißfest	

Tabelle 11
**Keramische Werkstoffe, Oxyde, Nitride, Karbide, Boride, Silizide –
Eigenschaften und Anwendungen**

siehe auch [73]

Tabelle 11 **Keramische Werkstoffe – Eigenschaften und Anwendungen**

Keramische Werkstoffe, Oxyde, Nitride, Karbide, Boride, Silizide	Eigenschaften	Anwendungen
1. Aluminiumoxyd Al_2O_3	beständig gegen abrasiven Verschleiß, erosionsbeständig, wärmedämmend, hohe Hitzebeständigkeit, hoher elektrischer Widerstand, korrosionsbeständig, Härte 400–500 HV, spröde und schlagempfindlich	Wärmedämmung, Kolbenböden, Gleitflächen, Hydraulikventile, Trockenlager
2. Zirkonoxyd ZrO_2	wärmedämmend, wärmeschockbeständig, korrosionsbeständig, chemikalienbeständig	
3. Chromoxyd Cr_2O_3	sehr beständig gegen abrasiven Verschleiß, korrosionsbeständig, chemikalienbeständig	Garnführungen
4. Aluoxyd-Titanoxyd Al_2O_3-TiO_2	sehr beständig gegen abrasiven Verschleiß, korrosionsbeständig, chemikalienbeständig	
5. Titanoxyd TiO_2	beständig gegen abrasiven Verschleiß, korrosionsbeständig, hohe Hitzebeständigkeit, chemikalienbeständig	
6. Magnesiumzirkonat MgO-ZrO_2	erosionsbeständig (besonders gegen feine Partikel und flüssige Metalle), wärmedämmend, korrosionsbeständig, chemikalienbeständig	Wärmedämmung, Erosion, Brennkammern
7. Titannitrit TiN	beständig gegen abrasiven Verschleiß, geringer Reibwert	Spanwerkzeuge, Fräser, Bohrer
8. Titankarbid TiC	chemikalienbeständig, Härte 600 HV	
9. Bornitrit BN		
10. Siliziumnitrit SiN		
11. (TiAl)N	beständig gegen abrasiven Verschleiß, Härte 7500 HV	Werkzeuge
12. Titanboride		

Tabelle 12
Teilkristalline Thermoplaste – Eigenschaften und Anwendungen

Tabelle 12 Teilkristalline Thermoplaste – Eigenschaften und Anwendungen

	Werkstoff	Kurzzeichen (DIN 7728)	Handelsname (Hersteller) DIN (VDE) ISO (IEC) ASTM (UL) Einheit	Zug-Kriechmodul (0,5%, 1000h) 53444 899 D2990 N/mm2	Gleitreibungszahl[1] gegen Stahl im Trockenlauf	maximale Anwend-ungstemperatur kurzzeitig °C	maximale Anwen-dungstemperatur dauernd °C	minimale Anwen-dungstemperatur[2] (Versprödung) °C	Feuchtigkeitsauf-nahme bei Normal-klima 23°C, 50%[3] 53714 1110 %	weitere Eigenschaften, Anwendungen
	POLYAMIDE									
1	Polyamid 6	PA 6	Ultramid B4 (BASF)	–/850	0,38–0,45	180	90[4]	–40	3,0	zäh, abriebfest, z. B. für Laufrollen, Kettenräder, Gleitelemente
2	Polyamid 6 brandgeschützt	PA 6 V0	Akulon K225-KS (DSM)	–	–	–	–	–40	2,5	elektrotechnische Schaltgeräte, selbstverlöschende Bauteile
3	Polyamid 6 elektrisch leitfähig	PA 6 ELS	Akulon K222 Black25 (DSM)	–	–	–	–	–	–	Teile im explosionsgefährdeten Bereich, Gleitelemente ohne statische Aufladung
4	Polyamid 6 25% Glasfaser	PA 6 GF25	Ultramid B3WG5 (BASF)	–/3000	0,58	200	120[4]	–40	2,3	formstabile und zähe Gehäuseteile, kraftübertragende Maschinenelemente
5	Polyamid 6 50% Glasfaser	PA 6 GF50	Ultramid B3WG10 (BASF)	–/7400	–	200	120[4]	–40	1,5	hochbelastete und dimensionsstabile Maschinenteile
6	Polyamid 6 30% Mineral	PA 6 M30	Akulon K223-HM6 (DSM)	3100/1100	–	180	150[5]	–40	1,9	zäher und steifer Werkstoff für verzugs- und spannungsarme Spritzgußteile
7	Polyamid 6 35% GF TSG	PA 6 GF35 TSG	Ultramid (BASF)	–	–	200	120[4]	–40	2,0	verzugsarme, maßgenaue u. hochbelastbare Teile mit unterschiedlichen Wandstärken
8	Polyamid 6 Guß 210 Standardtyp	PA 6 G 210	–	2300/1000	0,36–0,43	170	90[4] (120)[6]	–40	2,8	hochkristallines und homogenes Gefüge, hochmolekular, in Stückgewichten bis 2t
9	Polyamid 6 Guß 216 zäh eingestellt	PA 6 G 216	–	–	–	170	80	–50	2,6	kälteschlagzäh, für stoßbeanspruchte Maschinenelemente, Stückgewicht bis 2t
10	Polyamid 6 Guß 30% Glaskugel	PA 6 G GB30	–	–	–	170	90[4]	–40	1,8	formstabile Maschinenelemente m. isotropen Eigenschaften u. geringer Wärmeausdehnung
11	Polyamid 66	PA 66	Ultramid A4 (BASF)	–/700	0,37–0,50	200	70[4] (110)[7]	–40	2,8	auf Abrieb beanspruchte Maschinenelemente wie Zahnräder und Gleitlager
12	Polyamid 66 8% Polyethylen	PA 66 PE	Ultramid A3R (BASF)	–	0,32–0,38	200	110[4]	–40	2,2	Lagerelemente mit niedriger Reibungszahl und guten Notlaufeigenschaften
13	Polyamid 66 35% Glasfaser	PA 66 GF35	Ultramid A3WG7 (BASF)	–/6650	0,62	240	120[4]	–40	1,6	Maschinenelemente und Gehäuseteile mit hoher Wärmeformbeständigkeit

Nr.	Bezeichnung	Kurzzeichen	Handelsname						Anwendung
14	Polyamid 66 25% GF brandgeschützt	PA 66 GF25 V0	Ultramid A3X3G5 (BASF)	-	-	220	115[4]	1,4	-40	brandgeschützte Elektrobauteile mit hoher Wärmeformbeständigkeit u. Festigkeit
15	Polyamid 66 20% Kohlenstoffaser	PA 66 CF20	-	-/7000	-	240	120	2,0	-40	extrem belastete Gleitelemente, tragende Teile im Ex-Bereich
16	Polyamid 12	PA 12	Vestamid L 1940 (Hüls)	510/-	0,32-0,38	150	95[5] 105[4]	0,8	-70	zähe, geräuscharme Maschinenelemente mit universellen Eigenschaften
17	Polyamid 12 elektrisch leitfähig	PA 12 ELS	Vestamid L-R3-MHI (Hüls)	500	-	150	105[4]	0,8	-70	Gehäuse und Maschinenteile für explosionsgeschützte Geräte u. Anlagen
18	Polyamid 12 30% Kurzglasfaser	PA 12 GF30	Vestamid L 1930 (Hüls)	1800	-	150	105[5]	0,5	-70	ausgeglichene Kombination von Zähigkeit, Festigkeit und Steifigkeit
19	Polyamid 12 30% Glaskugel	PA 12 GB30	Vestamid L-GB30 (Hüls)	1050/-	-	150	100[5]	0,5	-70	Teile mit hoher Formbeständigkeit, auch bei unterschiedlichem Klima
20	Polyamid 12 25% GF elektr. leitfähig	PA 12 GF25 ELS	Vestamid L-R2-GF25 (Hüls)	5000	-	150	100[4]	0,5	-70	hochbelastete Teile im explosionsgefährdeten Bereich
21	Polyamid 12 Guß	PA 12 G	-	1000[8]	-	150	90	0,9	-70	dimensionsstabile Maschinenelemente bei mittlerer Festigkeit
	POLYACETALE									
22	Polyoxymethylen Copolymer	POM	Hostaform C9021 (Hoechst)	1200	0,32-0,40	140	90[5]	0,20	-50	hohe Härte und Steifigkeit, hohe Maßbeständigkeit, Feinwerkbauteile
23	Polyoxymethylen Homopolymer	POM	Delrin 500 (Du Pont)	1700	-	140	80	0,22	-50	hohe Härte und Steifigkeit, hohe Maßbeständigkeit, Feinwerkbauteile
24	Polyoxymethylen +PTFE	POM PTFE	Hostaform C9021 TF (Hoechst)	1150	0,20-0,26	140	100[5]	0,15	-50	Gleit- und Führungselemente mit niedriger Reibungszahl, gute Notlaufeigenschaften
25	Polyoxymethylen elektrisch leitfähig	POM ELS	Hostaform C9021 ELS (Hoechst)	900	-	-	-	0,25	-50	Teile im explosionsgefährdeten Bereich, Führungselemente ohne statische Aufladung
26	Polyoxymethylen 26% Glasfaser	POM GF25	Hostaform C9021 GV1/30 (Hoechst)	5400	0,50-0,60	140	100[5]	0,17	-50	dimensionsstabile Maschinenelemente mit hoher Steifigkeit und Härte
27	Polyoxymethylen gleitmodifiziert	POM AX	Hostaform (Hoechst)	1000	0,17-0,21	140	80	0,16	-50	trocken laufende Gleitelemente mit sehr niedriger Reibungszahl
	POLYESTER									
28	Polyethylenterephthalat kristallin	PET	Arnite A06 101 (DSM)	2000[8]	0,34	180	100	0,2	-50	abriebfeste, maßstabile Bauteile, aus Halbzeug gefertigt
29	Polybutylenterephthalat	PBT	Ultradur B4500 (BASF)	1300	0,30-0,38	150	120[4]	0,25	-50	formtreue, abriebfeste Teile mit guter Oberfläche, im Spritzguß hergestellt
30	Polybutylenterephthalat brandgeschützt	PBT V0	Ultradur B4406 (BASF)	1300	-	150	110[4]	0,25	-50	brandgeschützte, klimafeste Maschinenelemente für elektrische Geräte

Tabelle 12 Teilkristalline Thermoplaste – Eigenschaften und Anwendungen

Nr.	Bezeichnung	Kurzzeichen	Handelsname (Hersteller)							Anwendungen
31	Polybutylenterephthalat 30% Glasfaser	PBT GF30	Ultradur B4300 G6 (BASF)	7500	-	170	140⁴⁾	-50	0,12	verwindungssteife, dimensionsstabile Bauteile mit gutem Langzeitverhalten
32	Polybutylenterephthalat 30% GF brandgeschützt	PBT GF30 V0	Ultradur B4306 G6 (BASF)	7500	-	170	120	-50	0,2	flammwidrige, kraftübertragende Elemente und Gehäuse
33	Polybutylenterephthalat 50% Glasfaser	PBT GF50	Ultradur B4300 G10 (BASF)	-	-	170	140⁴⁾	-50	0,12	dimensionsstabile Teile mit sehr hoher Steifigkeit und Dauerfestigkeit
34	Polybutylenterephthalat 30% Glasfaser TSG	PBT GF30 TSG	Valox (GE)	-	-	-	-	-	-	verschleißfeste und belastbare Teile mit unterschiedlichen Wandstärken
35	Flüssigkristalliner Copolyester 30% GF	LCP GF30	Vectra A130 (Hoechst)	10900	0,40	250	220⁵⁾	-200	0,04	verwindungssteife Trägerplatinen bei hohen Temperaturen, Spulenkörper
36	Flüssigkristalliner Copolyester 30% Mineral	LCP M30	Vectra A530 (Hoechst)	-	0,35	250	220	-200	0,06	steife Trägerplatinen, Zahnräder, Kolben, Gleitelemente und Steuerelemente bei hohen Temperaturen
	POLYETHYLENE									
37	Polyethylen ultrahochmolekular	PE-UHMW	Hostalen GUR (Hoechst)	230	0,20-0,30	120	80	-200	0	Lager-, Führungs- und Transportelemente
38	Polyethylen hochmolekular	PE-HMW	Lupolen 5261Z (BASF)	290	0,20-0,40	100	80	-80	0,01	chemikalienbeständige Führungs- und Transportelemente
39	Polyethylen hoher Dichte	PE-HD	Lupolen 6031M (BASF)	400	0,20-0,40	100	90⁴⁾	-80	0,05	steife, dimensionsstabile, kochfeste, chemikalienbeständige Spritzgußteile
40	Polyethylen hoher Dichte, elektr. leitfähig	PE-HD ELS	Hostalen GM9350C (Hoechst)	410	-	110	70	-50	<0,1	Rohre, Fittings, Behälter, Gleitelemente in explosionsgeschützten Bereichen
41	Polyethylen niedriger Dichte	PE-LD	Lupolen 1800H (BASF)	-	-	100	70	-80	0,01	weiche und elastische Elemente, Dichtungen und Manschetten
	POLYPROPYLENE									
42	Polypropylen Homopolymerisat	PP	Hostalen PPH 1050 (Hoechst)	450	0,30-0,40	140	105⁴⁾	0	<0,1	für Lüfterräder, Armaturen, Fittings, Verschlüsse, Behälter, Gehäuse
43	Polypropylen 20% Glasfaser	PP GF20	Hostacom G2N01 (Hoechst)	1300	-	140	100	0	<0,1	Gehäuse, Abdeckungen, Halterungen, Lüfterräder
44	Polypropylen 30% GF chem. gekoppelt	PP GF30	Hostacom G3N01 (Hoechst)	3200	-	140	100	-30	<0,1	stark beanspruchte Gehäuse, Halterungen, verwindungssteife Trägerplatinen
45	Polypropylen 40% Mineral	PP M40	Hostacom M4N01 (Hoechst)	1200	-	140	100	0	<0,1	steife Gehäuse, Luftführungen, maßgenaue Halterungen
46	Polypropylen 40% Mineral TSG	PP M40 TSG	Hostacom (Hoechst)	-	-	140	100	0	<0,1	chemikalienfeste Gehäuse mit stark unterschiedlichen Wandstärken

Nr		Abk.	Handelsname						Anwendungsbeispiele
	FLUORPOLYMERE								
47	Polytetrafluorethylen	PTFE	Teflon PTFE (Du Pont)	-	0,18-0,23	300	260	-200	0	höchste chemische Beständigkeit, niedrige Reibung, geringe Festigkeit
48	Polyfluoralkoxy-Copolymer	PFA	Teflon PFA (Du Pont)	-	-	280	260	-200	0	höchste chemische Beständigkeit, niedrige Reibung, geringe Festigkeit
49	Polyvinylidenfluorid	PVDF	Solef 1008 (Solvay)	-	0,34	160	150	-5	-	hohe chemische Beständigkeit, hohe Kriechfestigkeit, für Pumpenteile und Armaturen
50	Polyvinylidenfluorid elektrisch leitfähig	PVDF ELS	Solef 3108 (Solvay)	-	0,23	160	150	-	-	elektrisch leitfähige Pumpenteile in explosionsgefährdeten Bereichen
51	Polyvinylidenfluorid 20% Glasfaser	PVDF GF20	Solef 8908/0505 (Solvay)	-	-	160	150	-40	-	hoch belastete Armaturen, Pumpen-, Ventil- und Filterteile
52	**VERSCHIEDENE** Polyetheretherketon	PEEK	Victrex Peek 450G (ICI)	2500	0,43	300	250[5]	-65	-	Gleitelemente, Zahnräder, Schaltnocken bei hohen Gebrauchstemperaturen
53	Polyetheretherketon 30% Glasfaser	PEEK GF30	Victrex Peek 450GL30 (ICI)	7000	-	300	250[5]	-65	-	hoch belastete Maschinenelemente bei hohen Gebrauchstemperaturen
54	Polyetheretherketon 30% Kohlenstoffaser	PEEK CF30	Victrex Peek 450CA30 (ICI)	12000	-	300	250	-65	-	hochtemperaturbeständige Teile mit sehr hoher Festigkeit und Steifigkeit
55	Polyphenylensulfid 40% Glasfaser	PPS GF40	Ryton R4 (Phillips Petroleum)	-	0,55	260	220	-200	-	dimensionsstabile Pumpenteile mit hoher Belastbarkeit und Chemikalienbeständigkeit

* Auszug aus einer Richtwerttabelle 1, Ausgabe 4.5 (1997), der Firma Kern GmbH, 56272 Großmaischeid, Postfach 20. Unser Dank gilt der Firma Kern für die großzügige Unterstützung.

1) gegen gehärteten Stahl, Rauhtiefe R_z = 2,4 µm, Flächenpressung p = 0,15 ... 1 MPa, Gleitgeschwindigkeit v = 0,5 m/s
2) untere Gebrauchstemperatur für schlagbeanspruchte Teile, bei geringeren Zähigkeitsanforderungen sind tiefere Temperaturen möglich
3) 1% Feuchtigkeitsaufnahme entspricht ca. 0,3% Längenänderung
4) Wärmealterung, Abfall der Zugfestigkeit um 50% nach 20 000 h
5) Wärmealterung nach UL 746B (RTI) Mechanical W/O Imp., Prüfdauer 40 000 h
6) Polyamid 6 G 210H
7) Ultramid A4H
8) Zug-Kriechmodul 1%/1000 h

Tabelle 13
Amorphe Thermoplaste und Duroplaste – Eigenschaften und Anwendungen

KAPITEL 14 Anhang

Werkstoff	Kurzzeichen (DIN 7728)	Handelsname (Hersteller)	Zug-Kriechmodul (0,5%, 1000h) DIN (VDE) ISO (IEC) ASTM (UL) Einheit N/mm²	Gleitreibungszahl [1] gegen Stahl im Trockenlauf	maximale Anwendungstemperatur kurzzeitig °C	maximale Anwendungstemperatur dauernd °C	minimale Anwendungstemperatur [2] (Versprödung) °C	Feuchtigkeitsaufnahme bei Normalklima 23°C, 50% [3] %	weitere Eigenschaften, Anwendungen
			53444 899 D2990					53714 1110	
STYROLPOLYMERE									
1 Polystyrol	PS	Polystyrol 158K (BASF)	2600	0,59	80	70	na	<0,1	harte, dünnwandige und formstabile Spritzguß- und Tiefziehteile
2 Polystyrol brandgeschützt	PS V2	Polystyrol 158K WU (BASF)	2500	-	80	60	na	<0,1	flammwidrige Spritzguß- und Tiefziehteile mit hoher Härte und Formstabilität
3 Styrol/Butadien (Polystyrol schlagfest)	SB	Polystyrol 454H (BASF)	1700	-	70	70	-50	<0,1	auch bei tiefen Temperaturen schlagzähe Gehäuseteile und Abdeckungen
4 Styrol/Butadien brandgeschützt	SB V0	Polystyrol 455F WU (BASF)	1200	-	70	60[4]	-50	0,1	flammwidrige, schlagzähe Gehäuseteile und Abdeckungen
5 Styrol/Butadien elektrisch leitfähig	SB ELS	Polystyrol KR 2767 EL (BASF)	-	-	-	-	-	-	Gehäuse im explosionsgeschützten Bereich, abschirmende Gehäuse an Elektrogeräten
6 Acrylnitril/Butadien/Styrol	ABS	Terluran 967K (BASF)	1550	0,81	100	80[4]	-30	0,45	schlagzähe Gehäuse, Abdeckungen und Bedienelemente mit guter Oberfläche
7 ABS brandgeschützt	ABS V0	Polyflam R-ABS 90.000	-	-	90	80[4]	-30	0,35	flammwidrige Gehäuse für Elektrogeräte mit hoher Schlagzähigkeit
8 Styrol/Acrylnitril	SAN	Luran 388S (BASF)	2800	0,6	95	85[4]	na	-	witterungsbeständige Teile mit hoher Härte und Festigkeit
9 Acrylnitril/Styrol/Acrylester	ASA	Luran S 757R (BASF)	1400	-	100	90[5]	20	0,35	zähe und steife Gehäuse und Abdeckungen für Außenanwendungen
10 ASA erhöht schlagzäh	ASA	Luran S 797S (BASF)	1100	-	100	80	-20	0,35	Gehäuseteile für Außenanwendungen mit sehr hoher Schlagzähigkeit
11 Polystyrol 30% Glasfaser	PS GF30	Polystyrol 158K G6 (BASF)	-	-	80	60	na	<0,1	Chassisteile mit sehr hoher Steifigkeit und Dimensionsstabilität
12 ABS 17% Glasfaser	ABS GF17	Terluran KR2803 G3 (BASF)	3500	-	100	85[4]	-40	0,3	belastbare, verwindungssteife Gehäuseteile
13 SAN 35% Glasfaser	SAN GF35	Luran 378P G7 (BASF)	7500	-	110	90[4]	na	-	Chassisteile, Halterungen mit sehr hoher Steifigkeit und hoher Festigkeit

Tabelle 13 Amorphe Thermoplaste und Duroplaste – Eigenschaften und Anwendungen

#										
14	Polystyrol TSG	PS TSG	Polystyrol (BASF)	-	-	80	70	na	<0,1	sehr maßgenaue und verzugsfreie Teile ohne Einfallstellen
15	Styrol/Butadien TSG	SB TSG	Polystyrene (Shell)	-	-	80	70	-50	<0,1	schlagfeste, lackierbare Gehäuseteile, maßgenaue Werkstückträger
16	Styrol/Butadien brandgeschützt TSG	SB V0 TSG	Polystyrol (BASF)	-	-	80	60[4]	-50	0,1	Gehäuseteile für Elektrogeräte, Transportbehälter in feuergefährdeten Bereichen
17	ABS TSG	ABS TSG	Terluran (BASF)	-	-	100	80	-30	0,45	schlagfeste, spannungsrißunempfindliche Gehäuseteile
	POLYMER-BLENDS									
18	Polyphenylenoxid modifiziert	PPO	Noryl EN130 (GE)	-	0,35	130	105[5]	-50	-	Pumpenteile mit hoher Maßgenauigkeit
19	Polyphenylenoxid mod. brandgeschützt	PPO V1	Noryl SE1 (GE)	-	-	130	110[5]	-50	0,1	Elektrobauteile maßgenaue Gehäuseteile und Chassisteile mit unterschiedlichen Wandstärken
20	Polyphenylenoxid mod. brandgeschützt TSG	PPO V0 TSG	Noryl (GE)	-	-	-	-	-50	-	Pumpengehäuse und -laufräder, maßgenaue Maschinenteile
21	Polyphenylenoxid mod. 30% Glasfaser	PPO GF30	Noryl GFN3 (GE)	-	-	-	90[5]	-50	-	
22	Polyphenylenoxid mod. 30% GF brandgeschützt	PPO GF30 V1	Noryl SE1 GFN3 (GE)	-	-	130	110[5]	-50	-	Chassisteile und Halterungen für Elektrogeräte
23	PC + ABS-Blend	PC + ABS	Bayblend T85 MN (Bayer)	1700	-	120	90	-50	0,2	über weiten Temperaturbereich hochschlagzähe Gehäuseteile
24	PC + ABS-Blend brandgeschützt	PC + ABS V0	Bayblend FR1441 (Bayer)	1800	-	110	95[5]	-50	0,2	flammwidrige Teile mit sehr hoher Schlagzähigkeit
25	PC + ABS-Blend 20% Glasfaser	PC + ABS GF20	Bayblend T88 4N (Bayer)	-	-	120	-	-50	0,2	sehr gute Kombination aus Steifigkeit und Schlagzähigkeit, für belastbare Gehäuseteile
	POLYESTER									
26	Polycarbonat	PC	Makrolon 2805 (Bayer)	1700	-	140	125[5]	-40...-100	0,15	transparente und sehr schlagzähe Teile mit günstigem Brandverhalten
27	Polycarbonat brandgeschützt	PC V0	Makrolon 6870 (Bayer)	1700	-	140	125[5]	-40...-100	0,15	flammwidrige Teile mit hoher Schlagzähigkeit
28	Polycarbonat 30% Glasfaser	PC GF30	Makrolon 8035 (Bayer)	5000	-	140	125[5]	-40...-100	0,13	maßgenaue Teile mit hoher Dimensionsstabilität
29	Polycarbonat 5 % Glasfaser TSG	PC GF05 V0 TSG	Lexan (GE)	1700	-	140	125	-40...-100	0,15	verzugsarme, sehr maßgenaue Teile im höheren Temperaturbereich, flammgeschützt
30	Polycarbonat 30% Glasfaser TSG	PC GF30 V0 TSG	Lexan (GE)	-	-	140	125	-40...-100	0,12	verzugsarme, sehr maßgenaue Teile mit geringer Wärmeausdehnung, flammgeschützt

#									
	SCHWEFELPOLYMERE								
31	Polysulfon	PSU	Udel P-1700 (Amoco)	2100[6]	-	180	160[5]	-100	0,23	sterilisierbare Teile in der Medizintechnik, Behälter für Heißwasseraufbereitung
32	Polysulfon modifiziert	PSU mod.	Mindel S-1000 (Amoco)	-	-	150	130	-50	-	Gehäuse, Blenden und Bedienelemente für medizinische Geräte
33	Polyphenylsulfon	PPSU	Radel R-5000 (Amoco)	1900	-	-	-	-	-	hochtemperaturbeständige, flammwidrige Teile mit sehr hoher Schlagfestigkeit
34	Polysulfon 20% Glasfaser	PSU GF20	Udel GF-120 (Amoco)	-	-	180	160[5]	-100	0,2	Bauteile mit gutem Langzeitverhalten bei höheren Temperaturen
35	Polyethersulfon	PES	Ultrason E2010 (BASF)	2700	0,68	220	180[5]	-100	0,7	Teile im Flugzeuginnenbereich mit sehr niedriger Rauchgasdichte
36	Polyethersulfon 20% Glasfaser	PES GF20	Ultrason E2010 G4 (BASF)	6000	0,55	220	180[5]	-100	0,6	hohes Festigkeitsniveau im höheren Temperaturbereich
37	Polyethersulfon 30% Glasfaser	PES GF30	Ultrason E2010 G6 (BASF)	9200	-	220	190[5]	-100	0,5	sehr hohe Festigkeit und Formbeständigkeit bei hohen Temperaturen
	POLYIMIDE								
38	Polyetherimid	PEI	Ultem 1000 (GE)	-	-	200	170[5]	-100	0,3	Teile im Flugzeuginnenbereich mit sehr niedriger Rauchgasdichte
39	Polyetherimid 30 % Glasfaser	PEI GF30	Ultem 2300 (GE)	-	-	200	170[5]	-100	-	hohe Festigkeit bei hohen Temperaturen, sehr geringe Rauchgasentwicklung
40	Polyetherimid TSG	PEI TSG	Ultem (GE)	-	-	200	170	-100	-	verzugsarme, hochtemperaturbeständige Teile mit unterschiedlichen Wandstärken
41	Polyetherimid 30% Glasfaser TSG	PEI GF30 TSG	Ultem (GE)	-	-	200	170	-100	-	sehr hoch belastbare Teile mit sehr unterschiedlichen Wandstärken
42	Polyamidimid 12% Graphit, 3% PTFE	PAI mod.	Torlon 4301 (Amoco)	-	-	300	200	-190	1,8	Gleitringe und Dichtungsringe mit hoher Temperaturbeständigkeit
	VERSCHIEDENE								
43	Polymethylmethacrylat	PMMA	Lucryl G88 (BASF)	-	0,54	100	80	na	0,3	kratzfeste und witterungsbeständige Sichtscheiben und Lampengläser Filterglocken und Schaugläser mit hoher Zähigkeit und geringer Spannungsrißneigung
44	Polyamid 6-3-T (amorph)	PA 6-3-T	Trogamid T5000 (Hüls)	1450	-	130	90	-70	2,6	verschleißfeste Laufrollen, elastische Kupplungselemente, hohes Rückstellvermögen
45	PUR-Elastomer harte Einstellung	TPU	Elastollan C59D (BASF)	-	-	120	80	-20	-	

Tabelle 13 **Amorphe Thermoplaste und Duroplaste – Eigenschaften und Anwendungen**

Nr.	Bezeichnung	Kurzzeichen	Handelsname						Anwendungen
46	PUR-Elastomer harte Einstellung	TPU	Elastollan C59D (BASF)	-	-	120	80	-20	verschleißfeste Laufrollen, elastische Kupplungselemente, hohes Rückstellvermögen
47	PUR-Elastomer weiche Einstellung	TPU	Elastollan S80A (BASF)	-	-	100	80	-20	weiche und sehr elastische Manschetten, Dichtungen, Dämpfungselemente und Rollen
	Polyvinylchlorid	PVC-U		2000	0,6	70	60	-30	selbstverlöschende, chemisch beständige Teile mit hoher Härte und geringer Zähigkeit
VERNETZTE POLYMERE									
48	Polyurethan Integral-Hart-Schaum 22K	PUR IHS 22K	Baydur (Bayer)	300	-	120	70	-40	Integralhartschaum für große Bauteile mit unterschiedlichen Wandstärken
49	Polyurethan Integral-Hart-Schaum 22F	PUR IHS 22F	Baydur (Bayer)	300	-	120	70	-40	flammgeschützte, selbstverlöschende große Bauteile für Elektrogeräte
50	Polyurethan Integral-Hart-Schaum 51K	PUR IHS 51K	Baydur (Bayer)	-	-	90	60	-40	zäher Integralhartschaum für Transportelemente
51	Polyurethan 12% Glasfaser	PUR IHS GF 12	Baydur (Bayer)	-	-	100	70	-40	mit hoher Schlagfestigkeit, für stoßbeanspruchte Teile in großen Abmessungen
52	Polyurethan Gießsystem Standardtyp	PUR GS	Baydur (Bayer)	-	-	120	80	-40	chemikalienbeständige, kompakte Teile in großen Abmessungen und Wandstärken
53	Polyurethan Gießsystem zähe Einstellung	PUR GS	Baydur (Bayer)	-	-	100	70	-40	kompakte Teile mit hoher Zähigkeit in großen Abmessungen und Wandstärken

* Auszug aus einer Richtwerttabelle 2, Ausgabe 4.5 (1997), der Firma Kern GmbH, 56272 Großmaischeid, Postfach 20. Unser Dank gilt der Firma Kern für die großzügige Unterstützung.
[1] gegen gehärteten Stahl, Rauhtiefe $R_z = 2,4\,\mu m$, Flächenpressung $p = 0,15 \ldots 1$ MPa, Gleitgeschwindigkeit $v = 0,5$ m/s
[2] untere Gebrauchstemperatur für schlagbeanspruchte Teile, bei geringeren Zähigkeitsanforderungen sind tiefere Temperaturen möglich
[3] 1% Feuchtigkeitsaufnahme entspricht ca. 0,3% Längenänderung
[4] Wärmealterung, Abfall der Zugfestigkeit um 50% nach 20 000 h
[5] Wärmealterung nach UL 746B (RTI) Mechanical W/O Imp., Prüfdauer 40 000 h
[6] Zug-Kriechmodul 1%/1000 h

Literaturverzeichnis

1. Altshuler, G. S.: Erfinden – Wege zur Lösung technischer Probleme. Technik 1984.
2. Andreasen, M. M., Kähler, S., Lund, T.: Design for Assembly. Berlin: Springer 1983. Deutsche Ausgabe: Montagegerechtes Konstruieren. Berlin: Springer 1985.
3. Andreasen, M. M., Hein, L.: Integrated Product Development. Bedford, Berlin: IFS (Publications) Ltd, Springer Verlag 1987.
4. Andrich, B.: Automatisierung der Gestaltprozesse von Schweißverbindungen, Diss. RWTH Aachen 1991.
5. Ardenne von, M., Musiol, G., Reball, S.: Effekte der Physik und ihre Anwendungen, Berlin: VEB Deutscher Verlag der Wissenschaften 1989.
6. Autorenkollektiv: Konstruktionsbeispiele, VEB-Fachbuch-Verlag Leipzig 1970.
7. Backé, W.: Systematik der hydraulischen Widerstandsschaltungen in Ventilen und Regelkreisen. Otto Krausskopf-Verlag GmbH, Mainz 1974.
8. Barrenscheen, J.: Die systematische Ausnutzung von Symmetrieeigenschaften beim Konstruieren; Bericht Nr. 37; Institut für Konstruktionslehre, TU Braunschweig. 1990.
9. Bathe, K.-J.: Finite-Elemente-Methoden: Matrizen und lineare Algebra, die Methode der finiten Elemente, Lösung von Gleichgewichtsbedingungen und Bewegungsgleichungen. Springer 1986.
10. Bauer, C.-O.: Anforderungen aus der Produkthaftung an den Konstrukteur. Beispiel: Verbindungstechnik. Konstruktion 42 (1990) 261–265.
11. Bauer, C.-O.: Handbuch der Verbindungstechnik. Carl Hanser Verlag München, Wien, 1991.
12. Beinhoff, O.: Konstruktionsaufgaben für den Maschinenbau, Berlin, Göttingen, Heidelberg, Springer 1950.
13. Beitz, W., Meyer, H.: Untersuchungen zur recyclingfreundlichen Gestaltung von Haushaltsgroßgeräten. Teil 1: Konstruktion 33 (1981) H. 7; 257-262; Teil 2: Konstruktion 33 (1981) H. 8, 305–315.
14. Beitz, W.: Leistungsfähige Produktentwicklung durch rechnerunterstützte Konstruktionsmethodik und Kreativität. Tagungsband der 7. Konstrukteurtagung Dresden, 13. und 14. Dezember 1990.
15. Benthake, H., Theißen, J.: Entwicklungs- und Auslegungsstrategien sowie Anwendung moderner Rechenverfahren für die Optimierung einer Industriegetriebe-Baukastenreihe. Konstruktion 43 (1991) 103–110
16. Bergmann/Schaefer: Lehrbuch der Experimentalphysik. Band II. Elektrizität und Magnetismus. 7. Aufl. Walter de Gruyter Berlin, New York: 1987.
    2.1 Band 1: Mechanik, Akustik, Wärme, 8. Aufl. 1970.
    2.2 Band 2: Elektrizität und Magnetismus, 6. Aufl. 1971.

        2.3 Band 3: Optik, 5. Aufl. 1972.
        2.4 Band 4: Aufbau der Materie, Teil 1 und Teil 2 (1975).
17. Bernhardt, R.: Systematisierung des Konstruktionsprozesses. Düsseldorf: VDI-Verlag 1981.
18. Beyer, R.: Kinematische Getriebesynthese. Berlin, Göttingen, Heidelberg: Springer 1953.
19. Beyer, R.: Kinematisch-getriebeanalytisches Praktikum. Berlin, Göttingen, Heidelberg: Springer 1958.
20. Birkhofer, H.: Konstruieren im Sondermaschinenbau – Erfahrungen mit Methodik und Rechnereinsatz. VDI-Berichte Nr. 812, Düsseldorf: VDI-Verlag 1990.
21. Birolini, A.: Qualität und Zuverlässigkeit technischer Systeme. Berlin, Heidelberg, New York, Tokyo: Springer 1985.
22. Bischoff, W., Hansen, F.: Rationelles Konstruieren. Konstruktionsbücher Bd. 5, Berlin: VEB Verlag Technik 1953.
23. Bode, K.-H.: Werkstoff- und verfahrensgerecht Konstruieren, Konstruktionsatlas, Hoppenstedt & Co, Darmstadt, 2. Aufl., 1983.
24. Borowski, K.-H.: Das Baukastensystem in der Technik. Schriftenreihe Wissenschaftliche Normung, H. 5. Berlin: Springer 1961.
25. Brandenberger, H.: Fertigungsgerechtes Konstruieren. Zürich: Schweizer Druck- und Verlagshaus.
26. Brandenberger, H.: Funktionsgerechtes Konstruieren. Zürich: Schweizer Druck- und Verlagshaus 1957.
27. Brandenberger, H.: Toleranzen – Passung und Konstruktion. Zürich: Schweizer Druck- und Verlagshaus 1946.
28. Brankamp, K.: Planung und Entwicklung neuer Produkte, de Gruyter, Berlin 1971.
29. Breiing, A., Flemming, M.: Theorie und Methoden des Konstruierens. Berlin, Heidelberg: Springer-Verlag 1993.
30. Breitling, F.: Wissensbasiertes Konstruktionssystem. ZwF 83 (1988) H. 11, S. 563–565.
31. Bronner, A.: Einsatz der Wertanalyse in Fertigungsbetrieben, Eschborn: RKW-Verl.; Köln: Verlag TÜV Rheinland, 1989.
32. Bronstein, I. N., Semendjajew, K. A.: Taschenbuch der Mathematik, 22. Aufl. Verlag Harri Deutsch. Thun und Frankfurt/Main: 1985.
33. Buhl, H. R.: Creative Engineering Design, The Iowa State University Press 1962.
34. Cross, N.: Engineering Design Methods. Chichester: J. Wiley & Sons Ltd. 1989.
35. Czeranowsky, N.: Bestimmung der Kompliziertheit von Baugruppen, Industrie-Anzeiger, Jg. 100, Nr. 59 v. 26.07.78, 22–23.
36. Diekhöner, G.: Erstellen und Anwenden von Konstruktionskatalogen im Rahmen des methodischen Konstruierens. Fortschrittsberichte der VDI-Zeitschriften Reihe 1, Nr. 75. Düsseldorf: VDI-Verlag 1981.
37. Diekhöner, G., Lohkamp, F.: Objektkataloge – Hilfsmittel beim methodischen Konstruieren. Konstruktion 28 (1976) 359–364.
38. Dietrych, J., Rugenstein, J.: Einführung in die Konstruktionswissenschaft. Gliwice: Politechnika Slaska IM. W. Pstrowskiego 1982.
39. DIN 69910: Wertanalyse, Begriffe, Methode. Berlin: Beuth.
40. DIN Normenheft 7: Einführung der Normen über Form- und Lagetoleranzen in die Praxis. 2. Aufl. Beuth-Verlag GmbH Berlin, Köln: 1975.

41. DIN-Taschenbuch 10: Mechanische Verbindungselemente 1. 16. Aufl. Beuth-Verlag GmbH Berlin, Köln: 1979.
42. DIN-Taschenbuch 29. Normen über Federn. 4. Aufl. Beuth-Verlag GmbH Berlin, Köln: 1979.
43. DIN-Taschenbuch 148. Zeichnungswesen 2. Eintragung von Maßen und Toleranzen, Schriften, Angaben über Oberflächen, Schweißen und Gewinde. 2. Aufl. Beuth-Verlag GmbH Berlin, Köln: 1983.
44. DIN-Taschenbuch 2. Zeichnungswesen 1. Allgemeines, Darstellung, Symbole. Angaben für besondere Fachgebiete. 8. Aufl. Beuth-Verlag GmbH Berlin, Köln: 1980.
45. DIN-Taschenbuch 140: Mechanische Verbindungselemente 4. Normen über Zubehörteile für Schraubenverbindungen. 1. Aufl. Beuth-Verlag GmbH Berlin, Köln: 1979.
46. Dixon, J. R.: On Research Methodology Towards – A Scientific Theory of Engineering Design. In Design Theory 88 (ed. by S. L. Newsome, W. R. Spillers, S. Finger). New York: Springer 1988.
47. Dizioglu, B.: Lehrbuch der Getriebelehre. Braunschweig: Vieweg.
    Bd. 1: Grundlagen, 1965
    Bd. 2: Maßbestimmung, 1967
    Bd. 3: Dynamik, 1966
48. Dorn, L.: Schweißgerechtes Konstruieren. Sindelfingen: expert 1988.
49. Dubbel: Taschenbuch für den Maschinenbau (Hrsg.: W. Beitz, K.-H. Küttner). 17. Aufl. Berlin: Springer 1990.
50. Ehrlenspiel, K.: Kostengünstig Konstruieren. Konstruktionsbücher, Bd. 35. Berlin, Heidelberg, New York, Tokyo: Springer-Verlag 1985.
51. Ehrlenspiel, K., Lindemann, U.: Ein Beitrag zur Theorie des Konstruktionsprozesses, Konstruktion 31 (1981) H. 7, 269–277.
52. Ehrlenspiel, K., Petrag, H.: Anwendung der Konstruktionsmethodik auf das Lastenausgleichsproblem am Zweiweggetriebe, Konstruktion 35 (1983) H. 3, 85–90.
53. Eisfeld, F. (Hrsg.): Keramik-Bauteile in Verbrennungsmotoren. Braunschweig, Wiesbaden: Vieweg & Sohn 1989.
54. Elmaragh, W. H., Seering, W. P., Ullman, D. G.: Design Theory and Methodology-DTM 89. AS-ME DE – Vol. 17, New York 1989.
55. Engeln-Müllges, G., Reutter, F.: Formelsammlung zur numerischen Mathematik mit QuickBasic-Programmen. 3. Aufl. BI-Wissenschaftsverlag Mannheim, Wien, Zürich 1991.
56. Ewald, O.: Lösungssammlungen für das methodische Konstruieren. Düsseldorf: VDI-Verlag 1975.
57. McFarlane, A. G. J.: Analyse technischer Systeme, B. I. Hochschultaschenbücher, Mannheim, 1967.
58. Feynman, R. P.: Vorlesungen über Physik, Band 1: Mechanik, Strahlung, Wärme.: R. Oldenbourg Verlag München, Wien: 1991.
59. Feynman, R. P.: Vorlesungen über Physik, Band 2: Elektromagnetismus und Struktur der Materie. 2. Aufl.: R. Oldenbourg Verlag München, Wien 1991.
60. Finger, S., Dixon, J. R.: A Review of Research in Mechanical Engineering Design. Research in Engineering Design (1989) Vol. 1, Nr. 1/2, 51–67 und 121–137.
61. Fish, J. C. L.: The Engineering Method, Stanford/Calif.: Stanford University Press 1950.
62. Frank, A.: Kunststoff-Kompendium. 4. Aufl. 1996, Vogel Buchverlag.

63. Franke, H.-J.: Methodische Schritte beim Klären konstruktiver Aufgabenstellungen. Konstruktion 27 (1975) 395–402.
64. Franke, R.: Eine vergleichende Schalt- und Getriebelehre, Oldenbourg Verlag Berlin 1930.
65. Franke, R.: Vom Aufbau der Getriebe, Bd. 1, Düsseldorf, VDI-Verlag 1958, 3. Aufl.; Bd. 2, 1951.
66. French, M. J.: Aids to Engineering Design, The Engineer, 19.5.1967 und 2.6.1967.
67. French, M. J.: Invention and Evolution: Design in Nature and Engineering. Cambridge: C.U.P. 1988.
68. Fritsch, M.: Zur integralen Funktionsausnutzung von Bauelementen, Feingerätetechnik 16 (1967) H. 9, 402–404.
69. Füglein, E.: Konzeption und Entwicklung eines Handhabungssystems auf der Basis eines flexiblen Werkstückträgers, Diss. RWTH Aachen 1978
70. Gerthsen, Chr.: Physik, 11. Aufl. Berlin, Göttingen, Heidelberg: Springer 1973.
71. Glegg, G. L.: The Design of Design, Cambridge University Press 1969.
72. Glegg, G. L.: The Development of Design. Cambridge: C.U.P. 1981.
73. Grainer, S.: Funktionelle Beschichtungen in Konstruktion und Anwendung. 1. Aufl. Eugen G. Leuze Verlag 1994.
74. Grave, H. F.: Elektrische Messung nichtelektrischer Größen, 2. Aufl. Frankfurt: Akad. Verlags-Ges. 1965.
75. Hagedorn, L.: Konstruktive Getriebelehre, 3. Aufl. Hannover: Hermann Schroedel Verlag 1976.
76. Hain, K.: Angewandte Getriebelehre, 2. Aufl. Düsseldorf: VDI-Verlag 1961.
77. Hansen, F.: Konstruktionssystematik. 3. Aufl. Berlin: VEB Verlag Technik 1968.
78. Hansen, F.: Konstruktionswissenschaft – Grundlagen und Methoden, München, Wien: Hanser 1974.
79. Harmon, P., King, D.: Expertensysteme in der Praxis – Perspektiven, Werkzeuge, Erfahrungen. München, Wien: Oldenbourg 1986.
80. Hertel, H.: Leichtbau-Bauelemente, Bemessungen und Konstruktionen von Flugzeugen und anderen Leichtbauwerken, Berlin, Heidelberg, New York; Springer 1960.
81. Hertel, H.: Biologie und Technik – Struktur, Form, Bewegung. Mainz: Krauskopf 1963.
82. Hertel, H.: Leichtbau. Berlin: Springer 1969.
83. Hesse, H.: Die Aufgaben des gerichtlichen Sachverständigen im Patentnichtigkeitsverfahren vor dem Bundesgerichtshof. Der Sachverständige, Heft 6, 10. Jg, Juni 1983.
84. Hildebrand, S.: Feinmechanische Bauelemente, 4. Aufl. Carl Hanser Verlag München Wien 1983.
85. Hildebrand, S., Krause, W.: Fertigungsgerechtes Gestalten in der Feinwerktechnik – Fertigungsverfahren, Werkstoffe, Konstruktionen. Braunschweig: Vieweg 1978.
86. Hintzen, H., Laufenberg, H., Matek, W., Muhs, D., Wittel, H.: Konstruieren und Gestalten. 3. Aufl. Braunschweig, Wiesbaden: Vieweg 1989.
87. Höhne, M.: Praxisnahes Handbuch für schweißgerechtes Konstruieren und Fertigen, Braunschweig: Richard Carl Schmidt & Co 1968.

88. Hohmann, K.: Methodisches Konstruieren, Essen. Girardet 1977.
89. Hoischen, H.: Technisches Zeichnen: Grundlagen, Normen, Beispiele, Darstellende Geometrie. 22. Aufl. Girardet 1988.
90. Hornbogen, E.: Werkstoffe, 6. Aufl., Springer-Verlag 1994, Berlin, Heidelberg, New York.
91. Hubka, V.: Theorie der Konstruktionsprozesse, Analyse der Konstruktionstätigkeit. Berlin, Heidelberg, New York: Springer-Verlag 1976.
92. Hubka, V.: Theorie Technischer Systeme, 2. Aufl. Berlin, Heidelberg, New York: Springer-Verlag 1984.
93. Hubka, V., Eder, W. E.: Theory of Technical Systems – A Total Concept Theory for Engineering Design. Berlin: Springer 1988.
94. Hubka, V., Eder, W. E.: Einführung in die Konstruktionswissenschaft. Berlin, Heidelberg, New York, London, Paris, Tokyo, Hong Kong, Barcelona, Budapest: Springer-Verlag 1992.
95. Hüskes, H., Schmidt, W.: Unterschiede im Kriechverhalten bei Raumtemperatur von Stählen mit und ohne ausgeprägter Streckgrenze. DEW-Techn. Berichte 12 (1972) 29-34.
96. Hütte: Die Grundlagen der Ingenieurwissenschaften (Hrsg.: H. Czichos). 29. Aufl. Berlin, Heidelberg, New York, London, Paris, Tokyo, Hong Kong: Springer-Verlag 1991.
97. Jorden, W.: Toleranzen für Form, Lage und Maß. München: Hanser 1991.
98. Jung, A.: Funktionale Gestaltbildung – Gestaltbildende Konstruktionslehre für Vorrichtungen, Geräte, Instrumente und Maschinen. Berlin, Heidelberg, New York, London, Paris, Tokyo, Hong Kong: Springer-Verlag 1989.
99. Jung, A.: Technologische Gestaltbildung – Herstellung von Geometrie-, Stoff- und Zustandseigenschaften feinwerktechnischer Bauteile. Berlin, Heidelberg, New York, London, Paris, Tokyo, Hong Kong, Barcelona, Budapest: Springer-Verlag 1991.
100. Kannapan, S. M., Marshek, K. M.: Design Synthetic Reasoning: A Methodology for Mechanical Design. Research in Engineering Design (1991), Vol. 2, Nr. 4, S. 221–238.
101. Kastrup, N.: Synthese von Prinziplösungen mit Hilfe eines Katalogsystems, Diss. RWTH Aachen 1992.
102. Kaufmann, W.: Technische Hydro- und Aeromechanik, zweite verbesserte Auflage, Berlin, Göttingen, Heidelberg: Springer 1958.
103. Keil, E., Müller, E. O., Bettöziehe, P.: Zeitabhängigkeit der Festigkeits- und Verformbarkeitswerte von Stählen im Temperaturbereich unter 400°C. Eisenhüttenwesen 43 (1971) 757–762.
104. Kesselring, F.: Bewertung von Konstruktionen. Düsseldorf: VDI-Verlag 1951.
105. Kesselring, F.: Technische Kompositionslehre. Berlin, Göttingen, Heidelberg: Springer-Verlag 1954.
106. Kienzle, D.: Die Normzahlen und ihre Anwendung, VDI-Z 83 (1939) 717
107. Kiper, G.: Getriebetechnik, eine Grundwissenschaft des Konstruierens, Konstruktion 7 (1955) 247 ff.
108. Kiper, G.: Katalog einfacher Getriebebauformen. Berlin: Springer 1982.
109. Kleinschmidt, E. J.; Geschkon, H.; Cooper, R. G.: Erfolgsfaktor Markt. Kundenorientierte Produktinnovation. Springer-Verlag 1996, Berlin, Heidelberg, New York.

110. Klöcker, I.: Produktgestaltung, Aufgabe – Kriterien – Ausführung. Berlin: Springer 1981.
111. Klotter, K.: Technische Schwingungslehre, Bd. 1: Einfache Schwinger. Teil A: Lineare Schwingungen, 3. Aufl. Berlin, Heidelberg, New York: Springer 1981.
112. Klotter, K.: Technische Schwingungslehre, Bd. 2: Schwinger von mehreren Freiheitsgraden, 2. Aufl. Berlin, Heidelberg, New York: Springer-Verlag 1981.
113. Köhler, G., Rögnitz, H.: Maschinenteile, Bd. 1 und Bd. 2, Stuttgart: Teubner 1986.
114. Koller, R.: Ein Weg zur Konstruktionsmethodik. Konstruktion 23. Jg., (1971), H. 10, 388–400.
115. Koller, R.: Eine algorithmisch-physikalisch orientierte Konstruktionsmethodik, Teil 1: Aufgabenanalyse, VDI-Z Bd. 115 (1973) Nr. 2, S. 147–152, Teil 2: Qualitative Konstruktion, von der Effektvariation bis zur Darstellung der Prinziplösung, VDI-Z, Bd. 115 (1973), Nr. 4., S. 309–317, Teil 3: Qualitative Konstruktion, Gestaltvariieren und Kombinieren, VDI-Z, Bd. 115 (1973), Nr. 10, S. 843–847, Teil 4: Qualitative Konstruktion: Entwerfen, VDI-Z Bd. 115 (1973) Nr. 13, S. 1078–1085.
116. Koller, R.: Methodisches Konstruieren von Bewegungssystemen. Ein Weg zu einer qualitativen Getriebesynthese, Antriebstechnik 13 (1974) Nr. 5.
117. Koller, R.: Physikalische Grundfunktionen zur Konzeption technischer Systeme – Ein Beitrag zur Konstruktionsmethodik, Industrie-Anzeiger, 97. Jg. Nr. 17, 312–326, 1975.
118. Koller, R., Tschörtner, K. A.: Rechnerunterstütztes Konstruieren von Hydraulik-Steuerblöcken, Konstruktion 27 (1975) 457–461.
119. Koller, R., Lauschner, H. J.: Methodisches Konstruieren mit Kunststoffen, Teil 1: Konstruktion 28, 1976, 219–226; Teil 2: Konstruktion 28, 1976, 259-266.
120. Koller, R., Pieperhoff, H. J.: Rationalisierung und Automatisierung der Vorrichtungskonstruktion mit Hilfe elektronischer Rechenanlagen, Konstruktion 30, 1978, H. 8, 319–325.
121. Koller, R.: Automatisierung des Konstruktionsprozesses für Maschinen-Baugruppen und Betriebsmittel, VDI-Z 121 (1979), Nr. 10 – Mai (II) 485–492.
122. Koller, R.: Restriktionsgerechtes Konstruieren. Konstruktion 31, 1979, H. 9, 352–356.
123. Koller, R., Pielen, J.: Systematik der Prinziplösungen zum Trennen von Stoffen – Ein Beitrag zur Konstruktionsmethodik, Chem.-Ing. Technik 52 (1980) Nr. 9, 695–702.
124. Koller, R., Ludwig, A., Mannweiler, H. P.: Programm zum Automatisieren der Konstruktion von Hydrauliksteuerblöcken, Maschinenmarkt: Würzburg 88 (1982) 37, 745–748.
125. Koller, R.: Programmsystem RUKON zur Konstruktion und Zeichnungserstellung von Maschinen- und Gerätebaugruppen, Konstruktion 34 (1982) H. 6, 239–244.
126. Koller, R.: Erfinden technischer Produkte und Patentrecht aus Sicht der Konstruktionswissenschaft, Konstruktion 48 (1996) H. 6, S. 189–194.
127. Koller, R.: Gestaltsynthese von Maschinenbaugruppen und -bauelementen, Konstruktion 34 (1982) H. 1, 7–12.
128. Koller, R., Runkel, W.: Methodische Entwicklung automatischer Nahtwebmaschinen für Drahtgesiebe, Maschinenmarkt, Würzburg 88 (1982) 74, 1505–1508.
129. Koller, R.: Entwicklung einer Systematik für Verbindungen – ein Beitrag zur Konstruktionsmethodik. Konstruktion 36 (1984), H. 5, 173–180.

130. Koller, R., Pauli, G.: Besondere Anforderungen an Produkte für Entwicklungsländer, Maschinenmarkt, Würzburg 90 (1984) 30.
131. Koller, R.: Konstruieren von Bauteilen für eine Montage mit Industrierobotern, Maschinenmarkt, Würzburg 90 (1984) 65.
132. Koller, R.: Systematisches Konzipieren von Druckverfahren und Druckwerken für Datengeräte, Feinwerktechnik & Meßtechnik 84, H. 1, 1–5.
133. Koller, R.: Entwicklung technischer Produkte als Baureihen und Typengruppen. Schweizer Maschinenmarkt. 9403 Goldach Nr. 19/1985, 32–35.
134. Koller, R.: Kostenreduzierendes Konstruieren. Industrie-Anzeiger Nr. 97, v. 4.12.1985/107. Jg., 16–19.
135. Koller, R.: Konstruktionslehre für den Maschinenbau. Grundlagen, Arbeitsschritte, Prinziplösungen. Berlin, Heidelberg: Springer 1976, 2. Aufl. 1985.
136. Koller, R.: Toleranzgerechtes Konstruieren. Feinwerktechnik & Messtechnik 94 (1986) 4, Carl Hanser Verlag, München 1986, 253–255.
137. Koller, R.: Entwicklung und Systematik der Bauweisen technischer Systeme – ein Beitrag zur Konstruktionsmethodik. Konstruktion 38 (1986) H. 1, 1–7.
138. Koller, R.: Entwicklung eines generellen Ordnungs- und Suchmerkmalsystems für Bauteile. Konstruktion 38 (1986) H. 10, S. 387–392.
139. Koller, R., Stellberg, M.: Ein Weg zu einer systematischen Konstruktion und Ordnung von Schnappverbindungen. Konstruktion 39 (1987) H. 8, S. 315–320.
140. Koller, R.: Elemente und Parameter der Konstruktion. Konstruktion 41 (1989) 341–344.
141. Koller, R.: CAD – Automatisiertes Zeichnen, Darstellen und Konstruieren. Berlin, Heidelberg, New York, London, Paris, Tokyo, Hong Kong: Springer 1989.
142. Koller, R.: Wege zur Innovation technischer Produkte. Konstruktion 49 (1997) H. 4, S. 7–11.
143. Koller, R.: Expertensysteme der Konstruktion. Konstruktion 43 (1991) 339–343.
144. Koller, R., Welsch, F.: Neue Gestaltungsmöglichkeiten von Laserschweißverbindungen dünner Bleche. Konstruktion 45 (1993) 191–195.
145. Kollmann, F. G.: Welle-Nabe-Verbindungen. Konstruktionsbücher Bd. 32. Berlin: Springer 1984.
146. Kopowski, E.: Einsatz neuer Konstruktionskataloge zur Verbindungsauswahl. VDI-Berichte 493. Düsseldorf: VDI-Verlag 1983.
147. Kramer, F.: Innovative Produktpolitik, Strategie – Planung – Entwicklung – Einführung. Berlin: Springer 1986.
148. Krause, W. (Hrsg.): Gerätekonstruktion, 2. Aufl. Berlin: VEB Verlag Technik 1986.
149. Krause, W. (Hrsg.): Konstruktionselemente der Feinmechanik, 2.Aufl., Carl Hanser Verlag München, Wien: 1993.
150. Kuhlenkamp, A.: Konstruktionslehre der Feinwerktechnik. München: C. Hanser 1971.
151. Lentz, N.: Methodische Entwicklung von Schußdrahteintragesystemen für Drahtwebmaschinen, Diss. RWTH Aachen 1985.
152. Lesniak, Z. K.: Methoden der Optimierung von Konstruktionen unter Benutzung von Rechenautomaten. Bauingenieur-Praxis, Heft 102, Verlag von Wilhelm Ernst & Sohn, Berlin München Düsseldorf 1970.
153. Leyer, A.: Maschinenkonstruktionslehre, Hefte 1-7. technica-Reihe. Basel und Stuttgart: Birkhäuser Verlag 1963–1978.

154. Leyer, A.: Konstruktion erneut zur Diskussion gestellt, Konstruktion 33 (1981) H. 2, S. 45–48.
155. Li, X.: Systematische Synthese mehrgängiger Planetengetriebe, Diss. RWTH Aachen 1993.
156. Lichtenheldt, W., Luck, K.: Konstruktionslehre der Getriebe, 5. Aufl. Berlin: Akademie-Verlag 1979.
157. Lotter, B.: Montagefreundliche Gestaltung eines Produktes. Verbindungstechnik 14 (1982) 28–31.
158. Lüpertz, H.: Anwendung des morphologischen Schemas beim Festlegen eines Scheibenbremsen-Bauprogrammes für PKW, Konstruktion 33 (1981) H. 10, S. 383–392.
159. Matousek, R.: Konstruktionslehre des allgemeinen Maschinenbaus. Springer: Berlin 1957, Reprint 1974.
160. Mooren van der, A. L.: Instandhaltungsgerechtes Konstruieren und Projektieren. Konstruktionsbücher Bd. 37. Berlin: Springer 1991.
161. Naumann: Optik für Konstrukteure. 3. Aufl. W. Knapp Verlag, Düsseldorf: 1970.
162. Neuber, H.: Kerbspannungslehre, 3. Aufl. Berlin: Springer 1985.
163. Neumann, A.: Schweißtechnisches Handbuch für Konstrukteure, Teil 2: Stahl-, Kessel-, und Rohrleitungsbau. Deutscher Verlag für Schweißtechnik (DVS) GmbH Düsseldorf: 1983.
164. Neumann, A., Hobbacher, A.: Schweißtechnisches Handbuch für Konstrukteure, Teil 4 Düsseldorf: Deutscher Verlag für Schweißtechnik: 1993.
165. Niemann, G.: Maschinenelemente, Bd. 1: Konstruktion und Berechnung von Verbindungen, Lagern, Wellen, 2. Aufl. Berlin, Heidelberg, New York: Springer 1981.
166. Niemann, G., Winter, H.: Maschinenelemente, Bd. 2: Getriebe allgemein, Zahnradgetriebe – Grundlagen, Stirnradgetriebe, 2. Aufl. Berlin, Heidelberg, New York, Tokyo: Springer 1983.
167. Niemann, G., Winter, H.: Maschinenelemente, Bd. 3: Schraubrad-, Kegelrad-, Schnecken-, Ketten-, Riemen-, Reibradgetriebe, Kupplungen, Bremsen, Freiläufe, 2. Aufl. Berlin, Heidelberg, New York, Tokyo: Springer 1983.
168. Oehler, G., Weber, A.: Steife Blech- und Kunststoffkonstruktionen. Konstruktionsbücher, Bd. 30. Berlin: Springer 1972.
169. Osborn, A.: Brainstorming, Time 12.2.1957, S. 48 f.
170. Pahl, G.: Ausdehnungsgerecht. Konstruktion 25 (1973) 367–373.
171. Pahl, G., Beelich, K. H.: Ermittlung von Herstellkosten für ähnliche Bauteile, VDI-Berichte Nr. 347, 1979, 155–164.
172. Pahl, G.: Konstruieren mit 3D-CAD Systemen, Berlin, Heidelberg, New York, London, Paris, Tokyo, Hong Kong: Springer 1990.
173. Pahl, G., Beitz, W.: Konstruktionslehre, 4. Aufl. Berlin, Heidelberg, New York, London, Paris, Tokyo, Hong Kong, Barcelona, Budapest: Springer 1997.
174. Rauh, K.: Aufbaulehre der Verarbeitungsmaschinen (Maschinenlehre), Bild- und Textband, Essen: Girardet 1950.
175. Reuleaux, F., Moll, C.: Konstruktionslehre für den Maschinenbau. Braunschweig: Vieweg 1854.
176. Richter, O., v. Voss, R. (Hg. F. Kozer): Bauelemente der Feinmechanik, 5. Aufl. Berlin: Verlag Technik 1952.

177. Rixen, H.-W.: Beschreibung produktspezifischer Konstruktionsprozesse am Beispiel der Konstruktion von KFZ-Heckleuchten, Diss. RWTH Aachen, 1994.
178. Rodenacker, W. G.: Wege zur Konstruktionsmethodik, Konstruktion 20 (1968) S. 381.
179. Rodenacker, W. G., Claussen, U.: Regeln des Methodischen Konstruierens I.: Krausskopf Verlag GmbH, Mainz 1973 und Teil II 1975.
180. Rodenacker, W. G.: Methodisches Konstruieren. Konstruktionsbücher Bd. 27. Berlin, Heidelberg, New York, Tokyo: Springer 1970, 2. Aufl. 1976, 3. Aufl. 1984, 4. Aufl. 1991.
181. Rodenacker, W. G.: Neue Gedanken zur Konstruktionsmethodik. Konstruktion 43 (1991) 330–334.
182. Rögnitz, H., Köhler, G.: Fertigungsgerechtes Gestalten im Maschinen- und Gerätebau, 4. Aufl. Stuttgart: Teubner 1968.
183. Roloff, Matek, W.: Maschinenelemente – Tabellen. Normung, Berechnung, Gestaltung. 12. Aufl. Friedr. Vieweg & Sohn Braunschweig/Wiesbaden 1992.
184. Roth, K.: Systematik fester Verbindungen als Grundlage für ihre sinnvolle Anwendung und Weiterentwicklung, VDI-Z 122 (1980) Nr. 10 – Mai (II), 381–389.
185. Roth, K.: Konstruieren mit Konstruktionskatalogen. Berlin, Heidelberg, New York: Springer-Verlag 1994.
Bd. 1: Konstruktionslehre.
Bd. 2: Konstruktionskataloge.
Bd. 3: Verbindungen und Verschlüsse.
186. Roth, K.: Einheitliche Systematik der Verbindungen. VDI-Berichte 493. Düsseldorf: VDI-Verlag 1983.
187. Roth, K., Birkhofer, H., Ersoy, M.: Methodisches Konstruieren neuer Sicherheitsschlösser. VDI-Zeitschrift 117 (1975) 613–618.
188. Roth, K., Bohle, D.: Rechnerunterstütztes methodisches Konstruieren von Hydraulik-Steuerplatten, Konstruktion 34 (1982) H. 4, 125–131.
189. Roth, K.: Zahnradtechnik. Bd. I und II, Springer-Verlag Berlin, Heidelberg, New York, London, Paris, Tokyo, Hong Kong 1989.
190. Rottländer, H. P.: Automatisierung der Konstruktion von Hydrauliksteuerblöcken – Rechnerunterstütztes Gestalten technischer Systeme, Diss. RWTH Aachen 1980.
191. Ruge, J.: Handbuch der Schweißtechnik. Bd. I und II. 2. Aufl. Berlin, Heidelberg, New York: Springer 1980.
192. Ruge, J.: Handbuch der Schweißtechnik. Bd. III. Konstruktive Gestaltung der Bauteile. Springer-Verlag. Berlin, Heidelberg, New York, Tokyo: 1985.
193. Runkel, W.: Methodische Entwicklung einer Nahtwebmaschine zur Endloswebung von Gesiebebändern, Diss. RWTH Aachen 1982.
194. Schließer, K., Schlindwein, K., Steinhilper, W.: Konstruieren und Gestalten. Würzburg: Vogel Buchverlag 1989.
195. Schlottmann, D.: Konstruktionslehre. Berlin: Technik 1987.
196. Schmidt, E.: Technische Thermodynamik. 10. Aufl. Berlin, Göttingen, Heidelberg: Springer 1963.
197. Schubert, J.: Physikalische Effekte. Weinheim: Physik-Verlag 1982.
198. Schultz, J. S.: Biosensoren. Spektrum der Wissenschaft, Oktober 1991, S. 100–106.
199. Seeger, H.: Design technischer Produkte, Programme und Systeme. Anforderungen, Lösungen und Bemerkungen. Berlin: Springer 1992.

200. Sieker, K. H., Rabe, K.: Fertigungs- und stoffgerechtes Gestalten in der Feinwerktechnik, 2. Aufl., Berlin, Heidelberg, New York: Springer 1968.
201. Stauffer, L. A. (Edited) Design Theory and Methodology – DTM 91. ASME DE – Vol. 31, Suffolk (UK): Mechanical Engineering Publications Ltd. 1991.
202. Steinhilper, R.: Produktrecycling im Maschinenbau. Berlin: Springer 1988.
203. Steinhilper, W., Röper, R.: Maschinen- und Konstruktionselemente, Bd. II. Berlin, Heidelberg, New York: Springer 1986.
204. Strnad, H., Vorath, B.-J.: Ein Beitrag zur Gestaltung des systematischen sicherheitstechnischen Konstruierens, VDI-Z 121 (1979) Nr. 23/24 – Dez. (I, II), 1217–1220.
205. Suh, N. P.: The Principles of Design. Oxford/UK: Oxford University Press 1988.
206. Szab N. P.: The Principles of Design. Oxford/UK: Oxford University Press 1988.
207. Taguchi, G.: Introduction of Quality Engineering. New York: UNIPUB 1986.
208. Tempelhof, K. H., Lichtenberg, H., Rugenstein, J.: Fertigungsgerechtes Gestalten von Maschinenbauteilen, 2. Aufl. VEB-Verlag Technik Berlin 1979.
209. Tjalve, E.: Systematische Formgebung für Industrieprodukte. Düsseldorf: VDI-Verlag GmbH 1978.
210. Tochtermann, W., Bodenstein, F.: Konstruktionselemente des Maschinenbaues, Teil 1 und 2, 9. Aufl. Berlin: Springer 1979.
211. Trutnovsky, K.: Berührungsdichtungen an ruhenden und bewegten Maschinenteilen. (Konstruktionsbücher Bd. 17). 2. Aufl. Berlin: Springer 1975.
212. Trutnovsky, K.: Berührungsfreie Dichtungen. 4. Aufl. Düsseldorf: VDI-Verlag 1981.
213. Tschochner, H.: Konstruieren und Gestalten. Essen: Girardet 1954.
214. Uetz, H.: Instandhaltungsgerechtes Konstruieren von Fertigungseinrichtungen, Industrie-Anzeiger Nr. 81 v. 07.10.77, 99. Jg., 1572–1573.
215. Ullmann, D. G.: The Mechanical Design Process. New York: McGraw-Hill 1992.
216. VDI-Richtlinie 2221: Methodik zum Entwickeln und Konstruieren technischer Systeme und Produkte. Düsseldorf: VDI-Verlag 1986.
217. VDI-Richtlinie 2222. Blatt 1: Konzipieren technischer Produkte. Düsseldorf: VDI-Verlag 1977.
218. VDI-Richtlinie 2222. Blatt 2: Erstellung und Anwendung von Konstruktionskatalogen. Düsseldorf: VDI-Verlag 1982.
219. VDI-Richtlinie 2225: Technisch-wirtschaftliches Konstruieren, Düsseldorf: VDI-Verlag (1977) 1984, Blatt 3: 1990.
220. VDI-Richtlinie 2242. Blatt 1: Ergonomiegerechtes Konstruieren. Düsseldorf: VDI-Verlag 1986.
221. VDI-Richtlinie 2242. Blatt 2: Konstruieren ergonomiegerechter Erzeugnisse. Düsseldorf: VDI-Verlag 1986.
222. VDI-Richtlinie 2243 (Entwurf): Konstruieren recyclinggerechter technischer Produkte. Düsseldorf: VDI-Verlag 1991.
223. VDI-Richtlinie 2244 (Entwurf): Konstruktion sicherheitsgerechter Produkte. Düsseldorf: VDI-Verlag 1985.
224. VDI-Richtlinie 2801. Blatt 1-3: Wertanalyse. Düsseldorf: VDI-Verlag 1970/71.
225. VDI-Richtlinie 2802: Wertanalyse. Düsseldorf: VDI-Verlag 1976.
226. Beschichten mit Hartstoffen. VDI-Verlag 1992, Düsseldorf.
227. Vogelpohl, G.: Betriebssichere Gleitlager. Berlin: Springer 1958.

228. Voigt, C. D.: Systematik und Einsatz der Wertanalyse, 3. Aufl. München: Siemens-Verlag 1974.
229. Volmer, J.: Getriebetechnik Lehrbuch. 2. Aufl. Berlin: VEB Verlag Technik 1972.
230. Weingraber v., H.; Abou-Aly, M.: Handbuch technischer Oberflächen, Vieweg-Verlag 1989.
231. Welsch, F.: Analyse und Beschreibung spezieller Konstruktionsprozesse am Beispiel von PKW-A-Säulen, Diss. RWTH Aachen, erscheint 1994.
232. Werkstoff-Handbücher.
 35.1 Werkstoff-Handbuch Stahl und Eisen, 4. Aufl. Düsseldorf: Verlag Stahleisen 1965.
 35.2 Werkstoff-Handbuch Nichteisenmetalle, 2. Aufl. Düsseldorf: VDI-Verlag 1960.
233. Wimmer, D.: Kunststoffgerecht konstruieren – Gestaltungsrichtlinien, Konstruktions- und Verbindungselemente, Bearbeitungsrichtlinien, CAD, Kunststoffdatenbanken. Darmstadt: Hoppenstedt Technik Tabellen Verlag 1989.
234. Winkelmann, S., Hartmuth, H.: Schaltbare Reibkupplungen. (Konstruktionsbücher, 34). Berlin: Springer 1985.
235. Wögerbauer, H.: Die Technik des Konstruierens, 2. Aufl. München, Berlin: Oldenbourg 1943.
236. Wolff, J.: Kreatives Konstruieren, Essen: Girardet 1976.
237. Yoshikawa, H.: Automation in Thinking in Design. Computer Applications in Production and Engineering. Amsterdam: North-Holland 1983.
238. Zerweck, K., Huppenbauer, G.: Berücksichtigen des Korrosionsschutzes beim systematischen Konstruieren von Maschinen, Industrie-Anzeiger Nr. 95 v. 28.11.79, 101. Jg. 34–35.
239. Zwicky, F.: Entdecken, Erfinden, Forschen im Morphologischen Weltbild. München, Zürich: Droemer/Knaur 1966–1971.

Literatur zum Anhang

1. Baehr, H. D.: Thermodynamik. Berlin, Heidelberg, New York: Springer 1966
2. Bergmann/Schäfer: Lehrbuch der Experimentalphysik. Berlin, New York: de Gruyter 1972
 2.1 Band 1: Mechanik, Akustik, Wärme, 8. Aufl.
 2.2 Band 2: Elektrizität, Magnetismus, 6. Aufl.
 2.3 Band 3: Optik, 5. Aufl.
 2.4 Band 4: Aufbau der Materie, 1. Aufl.
3. Born, M.: Die Relativitätstheorie Einsteins, 5. Aufl. Berlin, Heidelberg, New York: Springer 1975
4. Bird, St.: Lightfoot transport phenomena. New York, London: Wiley & Sons 1960
5. Brdicka, R.: Grundlagen der physikalischen Chemie. Berlin: VEB Deutscher Verlag der Wissenschaften 1969
6. D'Ans/Lax: Taschenbuch für Chemiker und Physiker, Bd. 1, 3. Aufl. Berlin, Heidelberg, New York: Springer 1967

7. Dubbel Taschenbuch für den Maschinenbau, 13. Aufl. Berlin, Heidelberg, New York: Springer 1974
   7.1 Bd. 1
   7.2 Bd. 2
8. Eder, F. X.: Moderne Meßmethoden der Physik, Bd. 1: Mechanik und Akustik, 3. Aufl. Berlin: VEB Deutscher Verlag der Wissenschaften 1968
9. Elektronik-Anzeiger 4. Jg., Nr. 4
10. Das Fischer Lexikon. Frankfurt/Main: S. Fischer 1962
11. Gerthsen, Chr.: Physik, 11. Aufl. Berlin, Göttingen, Heidelberg: Springer 1973
12. Jaworski, B. M., Detlaf, A. A.: Physik griffbereit. Braunschweig: Vieweg & Sohn 1972
13. Knoche, F.: Thermodynamik. Institutsumdruck RWTH Aachen 1970
14. Kohlrausch: Praktische Physik, 22. Aufl. Stuttgart: Teubner 1968
    14.1 Bd. 1: Mechanik, Akustik, Wärme, Optik
    14.2 Bd. 2: Elektrizität, Magnetismus, Struktur der Materie
    14.3 Bd. 3: Tafeln
15. Koller, R.: Methodisches Konstruieren. Institutsumdruck RWTH Aachen 1974
16. Koller, R.: Ein Weg zur Konstruktionsmethodik. Konstruktion 23 (1971), Nr. 10
17. Koller, R.: Methodisches Konstruieren in der Konzepterarbeitungsphase. Industrie-Anzeiger 94. Jg., Nr. 16
18. Linke: Wärmeübertragung. Institutsumdruck RWTH Aachen 1971
19. Macke, K.: Wellen, 2. Aufl. Akademische Verlagsgesellschaft, Leipzig 1962
20. Magnus, K.: Schwingungen, 2. Aufl. Stuttgart: Teubner 1969
21. Meyers Lexikon der Technik und der exakten Wissenschaften. Mannheim, Wien, Zürich: Bibliographisches Institut 1970
22. Rohrbach, Chr.: Handbuch für elektrisches Messen mechanischer Größen. Düsseldorf: VDI-Verlag 1967
23. Naumann, A.: Strömungslehre. Vorlesungsmanuskript RWTH Aachen
24. Peeken, H.: Maschinenelemente. Institutsumdruck RWTH Aachen
25. Schmidt, E.: Technische Thermodynamik. 10. Aufl. Berlin, Göttingen, Heidelberg: Springer 1963
26. Schultz-Grunow, F.: Dynamik. Institutsumdruck RWTH Aachen
27. Simony, K.: Grundgesetz des elektromagnetischen Feldes. Berlin: VEB Deutscher Verlag der Wissenschaften 1963
28. Siemens Handbuch der Elektrotechnik. Essen: Girardet 1971
29. Piezoxide Wandler. Hamburg: Valvo GmbH 1968
30. Westphal, W. H.: Physik. 25./26. Aufl. Berlin, Heidelberg, New York: Springer 1970
31. Zeller, W., Franke, A.: Das physikalische Rüstzeug des Ingenieurs. Darmstadt: Fikentscher & Co. 1971
32. Hütte: Des Ingenieurs Taschenbuch, Bd. 1, Theoretische Grundlagen. 28. Aufl. Berlin: Ernst & Sohn 1954
33. Phillipow, V. E.: Taschenbuch der Elektrotechnik Berlin: VEB Verlag Technik.
34. Landolt-Börnstein: Zahlenwerte und Funktionen aus Physik, Chemie, Astronomie, Geophysik und Technik, 6. Aufl.
    34.1 Band 2/8

34.2 Band 4, Technik
35. Werkstoff-Handbücher
    35.1 Werkstoff-Handbuch Stahl und Eisen, 4. Aufl. Düsseldorf: Verlag Stahleisen 1965
    35.2 Werkstoff-Handbuch Nichteisenmetalle, 2. Aufl. Düsseldorf: VDI-Verlag 1960
36. Stahl-Eisen-Werkstoffblätter. Düsseldorf: Verlag Stahleisen
37. rororo Techniklexikon, Werkstoffe und Werkstoffprüfung. Reinbek: Rowohlt 1973
    37.1 Bd. 1
    37.2 Bd. 2
    37.3 Bd. 3
    37.4 Bd. 4
38. Dechema Werkstofftabellen
39. Müller, E. A. W.: Handbuch der zerstörungsfreien Materialprüfung, Loseblattwerk. München: Oldenbourg 1959-74
40. Küpfmüller, K.: Einführung in die theoretische Elektrotechnik. 9. Aufl. Berlin, Heidelberg, New York: Springer 1968
41. Fotoelektronische Bauelemente, Valvo GmbH, Hamburg
42. Halbleiter-Kernstrahlungsdetektoren, Valvo GmbH, Hamburg
43. Fleischmann, R.: Einführung in die Physik. Weinheim/Bergstraße: Physik Verlag 1973
44. Valvo Berichte, Band 11, Heft 4
45. Frauenfelder, Huber: Einführung in die Physik. München Basel: Reinhardt Verlag 1958
46. Bitterlich, W.: Einführung in die Elektronik. Wien, New York: Springer 1967

Sachwortverzeichnis

A

Abmessungs-Baureihen 330
Abmessungsvarianten 323, 467
   - Algorithmen zur Bestimmung 486
   - einer Produkteart 466
Abmessungswechsel 170, 171
Abstandswechsel 171
Achsparalleles Suchverfahren 410
Addieren 58
Aggregate 30
Algorithmen 466
   - zur Bestimmung von Abmessungsvarianten 486
   - zur Bestimmung von Produktetypen 484
Analyse 108
   - vorgänge 86
Analysieren 95
Anlagen 30
Anpassungskonstruktion 98
Anschlußbedingungen 201
Apparate 30, 33, 64
Aufgabenstellung 7, 193
   - Informationen 20
   - Planen von 19
Ausdehnungsgerecht 271
Automatisieren von Konstruktionsprozessen 461

B

Baugruppe 30, 64, 319
Baukasten 346
Baukastensysteme 324, 336
   - abstrakte 341
   - eindirektionale 341
   - elektrische 338
   - hydraulische 338
   - immaterielles 337
   - materielle 337
   - mechanische 338
   - mehrdirektionale 341
   - modulare 338
   - natürliche 337
   - optische 338
   - pneumatische 338
   - produktneutrale 337
   - produktspezifische 337
   - strukturgebundene 338
   - technische 337
   - unvollständige 342, 345
   - vollständige 342, 345
   - wärmetechnische 338
Baureihen 324, 325, 327
   - Bildung von 325
Bausteine 338, 347
   - abstrakte 344
   - elektrische 344
   - gebundene 344
   - hydraulische 344
   - mechanische 344
   - nicht gebundenen 344
   - optische 344
   - pneumatische 344
   - reale 344
   - richtungsabhängige 345
   - richtungsunabhängige 345
Bauteile 30, 64
Bauteilezahl 276
   - minimieren 276
Bauweisen
   - Bezeichnungen 305
   - von Maschinen, Geräten und Apparaten 318
Beanspruchungsgerecht 261
Bedingungen 11, 13, 14, 189, 190
   - produktneutrale 192

- produktspezifische 192
Bemessen 63, 374
Berandungen von Teiloberflächen 29
Berechnungsmethoden 374
 - allgemeine 374
 - spezielle 374
Betriebsgerecht 201, 202
Betriebskosten 281
Bewegungsaufgaben 366, 368
Bewegungsform 371
Bewegungsgesetz 372
Bewerten 86
 - von Lösungen 396
 - qualitativer Parameter 397
Bohrgerecht 199

D

Daten 32, 53
 - leiten oder isolieren 37
 - speichern 37
 - umcodieren 36
 - verknüpfen 36
 - vervielfältigen 36
 - wandeln/umsetzen 36
Detaillieren 63
Differentialbauweise 311, 312
Differenzieren 58
Dimensionieren 63
Disjunktion 58
Dividieren 58
Drehgerecht 199
Durchschnittsfachmann 531
 - neuer Art 532

E

Ecken 29
Effekte 38, 61, 81
 - biologische 59
 - chemische 59
 - physikalische 59, 61, 123
Effektketten 124
Effektstrukturen 60, 87
Effektstruktursynthese 87, 108, 124
Effektsynthese 92, 123, 124

Effektträger 38, 39, 61, 81, 88, 127
 - immaterielle 62
 - materielle 62
 - struktursynthese 108
 - synthese 93, 127, 128
Eigenschaften 79, 91
 - systembedingte 81
 - technischer Produkte 526
 - umwelt- und gesellschaftsbedingte 80
Einfachausführungen 323
Einrichtungen 30
Einzelteile 30
Elementare Tätigkeiten 32, 38, 110
Elementarfunktionen 44, 81, 110
 - für Energieumsätze 40
 - für Stoffumsätze 48
 - mathematische 58
Energien oder Energiekomponenten 32
 - leiten oder isolieren 35
 - mischen oder trennen 35
 - Richtung ändern 35
 - teilen oder sammeln 35
 - vergrößern oder verkleinern 35
 - wandeln 35
Entstehungsphasen, Ergebnisse 93
Entwerfen 63
Entwickeln 85
Entwicklungsabteilung 1
Entwicklungsgerecht 199
Entwicklungskosten 281
Erfinden 523
Erfinderische Tätigkeiten 527, 531, 545
Erfindungshöhe 524, 531
 - Prüfung der 541
Erster Hauptsatz der Konstruktionslehre 87, 92

F

Farb-Typengruppen 334, 335
Fertigungs
 - gemeinkosten 294
 - kosten 283
 - lohnkosten 295
Fertigungsgerecht 199, 213
Festlegen

- qualitativer Parameterwerte   364
- quantitativer Parameterwerte   373

Forderungen   11, 14, 79, 190
- eigenstörungsbedingte   194, 203
- entstehungs- und lebensbedingte   194
- erzeugungs-, vertriebs- und systembedingte   18
- marktbedingte   15, 194
- systemeigene   19
- umwelt- und gesellschaftsbedingte   16, 194, 196, 198
- werdegangsbedingte   198

Formen, spezielle   174
Form-Typengruppen   333
Formwechsel   160, 161
Fortschrittlichkeit   529
Fräsgerecht   199
Fügen von Stoffen   49
Führungen, präzise   298
Funktionen   39
- für Daten- bzw. Informationsumsätze   52

Funktionsbauweisen   305
- variieren von   306
- von Baugruppen   307
- von Bauteilen   307

Funktionseinheiten   338
Funktionselemente   38
Funktionsstruktur   38, 71, 72, 87, 109, 110
- kettenförmig   73
- kreisförmig   73
- parallel   73
- ringförmig   73
- rückgekoppelt   73
- seriell   73
- unregelmäßig   73

Funktionsstruktursynthese   108, 111, 117
Funktionssynthese   92, 95, 109ff, 118

G

Gebrauchsbedingungen   195
Gebrauchseigenschaften   80
Gebrauchsgerecht   201
Geometrische Reihen   329
Geometrisch-Ideale Oberfläche   185

Geräte   30, 33, 64
Gestalt   38, 39, 90
Gestaltelemente   29, 38, 63, 81, 151
Gestalten   63, 146
- bohrgerechtes   227
- gießgerechtes   214
- qualitativ   63, 148, 151
- quantitativ   630 97
- stanzgerechtes   222
- toleranzgerechtes   249
- werkstoffgerechtes   267

Gestaltparameter   39, 152
- Anzahl   90
- von Baugruppen   157
- von Bauteilen   157
- Lage   90
- Längenabstände   90
- von Linien   153
- qualitative   63
- Reihenfolge   90
- von Teiloberflächen   90, 155
- Verbindungsstruktur   90
- von Winkelabständen   90

Gestaltstrukturen   75, 77
Gestaltstruktursynthese   108
Gestaltsynthese   146
- qualitative   93, 96
- quantitative   93

Gestaltungsprozesse
- allgemeine   145
- produktneutrale   145

Gestaltungsregeln, produktneutrale   159
Gestaltvarianten   146
- bevorzugte   174
- spezielle   174

Getriebetyp, Variation   366
Gewichtungsfaktoren   14
Gießgerecht   199
Gitterverfahren   410
Gradientenverfahren   411
Größen-Baureihen   327
Grundoperationen   38
- für Daten   54
- für Energien   40
- für Stoffe   48
- für Energien und Stoffe   52
- logische   58
- mathematische   58
- physikalische   39

688 Sachwortverzeichnis

H
Herstellkosten   282, 283, 295
Hertzsche Pressung   376
Hybride
  - Systeme   26, 29
  - Baukasten-Baureihensysteme   348

I
Information   53, 54
Informationssysteme   491, 495
Innovation   509
Innovationsanstöße   509
  - durch Bedarfsermittlung   511
  - durch Entwickeln von Aufgabenstellungen   513
  - durch Variieren von Konstruktionsmitteln   516
  - Zusammenfassung   519
Instandhaltungskosten   281
Integralbauweise   311, 312
Integrieren   58
Inversion   58
Isolieren
  - von Daten   56
  - von Energie   42, 44
  - von Stoffen   52
Istoberfläche   185

K
Kanten   29, 64
Klassifikationsmerkmale   28
  - nach Fachgebieten   29
  - nach Komplexitätsgrad   29
  - nach Zwecken   25
  - technischer Systeme   25, 30
Konjunktion   58
Konstruieren   85
  - ausdehnungsgerechtes   204
  - beanspruchungsgerecht   204, 261
  - Grundlagen   85
  - korrosionsreduzierendes   204
  - kostenreduzierendes   279
  - reibungsreduzierendes   203
  - restriktionsgerechtes   189
  - sicherheitsgerechtes   205
  - verschleißreduzierendes   203

Konstruktionsabteilung   1
Konstruktionsalgorithmen   484
Konstruktionsarten   98
Konstruktionsbeschreibungen
  - produktspezifische   351
Konstruktionselemente   37, 81, 91, 524
Konstruktionsergebnisse   1
Konstruktionslehre, Grundlagen der   24
Konstruktionsmethodeforschung   4
  - Ziel und Zweck   4
Konstruktionsparameter   81, 87, 91
Konstruktionsparameterwerte   82
Konstruktionsprozess
  - allgemeiner   105
  - automatisieren   461
  - intuitive   100
  - methodische   100
  - nachvollzogene   100
  - originäre   100
  - produktneutraler   105
  - Tätigkeiten   92
  - Zwischenergebnisse   92
Konstruktionsprozesse
  - allgemeingültige   99
  - primäre   464
  - produktneutrale   99, 106
  - produktspezifische   99, 351, 352, 463
  - produktunabhängige   99
  - sekundäre   464
  - spezielle   351
  - Vorgehen   354
Konstruktionstätigkeiten   85, 92
Kosten
  - arten   279
  - bedingungen   195
  - ermittlung   294
  - reduzierung, Mittel zur   279
Kriechen   274

L
Lage- oder Anordnungswechsel   166
Lager- und transportgerecht   201
Lagerkosten   294
Lagerungen, präzise   298
Lage-Typengruppen   333
Längen- und Winkelabstände
  - spezielle   175

Laserschweißgerecht 229
Leiten
 - von Daten 56
 - von Energie 42, 44
 - von Stoffen 52
Linien 29, 64
Links-Rechtsausführungen 168
Lösen von Stoffen 49

M
Marktbedingte Forderungen 194
Marktforderungen 7
Maschinen 30, 33, 64
Material
 - einzelkosten 295
 - gemeinkosten 294
 - kosten 286
Maximalausführung 323
Mehrfunktionen-Ausführungen 323
Merkmale, schutzwürdige 524
Methodisches Konstruieren, Beispiele 419
Mindestbauteilezahl 276
Mischen
 - von Energien 44
 - von Stoffen 49
Modularbauweise 319
Monobaugruppen-Bauweise 318, 319, 320
Monobauweise 312
Montagegerecht 200, 230, 285
Monte-Carlo-Methode 412
 - mit Einschnürung 413
Multibaugruppenbauweise 320, 321, 322
Multibaugruppensystem 342
Multifunktionalbaugruppenbauweise 319
Multifunktionalbauweise 312, 315
Multiplizieren 58
Mutationsmethode 413

N
Negation 58

Neuheit 526
 - Prüfung der 541
Neukonstruktion 98

O
Oberfläche, wirkliche 185
Oberflächen 64, 178
 - elemente 81
 - Formgenauigkeit 185
 - Gestaltabweichungen 186
 - Herstellungsverfahren 180
 - Konstruktionsregeln 179
 - Lagegenauigkeiten 185
 - optische 184
 - parameter 71, 179
 - rauheiten 185
 - synthese 93, 98, 108
 - technische 38, 39
 - typengruppen 334
 - Werkstoffe 180
Oberflächeneigenschaften 66
 - akustische Eigenschaften 70
 - chemische Eigenschaften 70
 - elektrische Eigenschaften 67
 - magnetische Eigenschaften 67
 - mechanische Eigenschaften 67
 - optische Eigenschaften 70
 - physikalische Eigenschaften 70
 - wärmetechnische Eigenschaften 70
Oder-Funktion 58
Oder-Verknüpfung 58
optimale Lösung 87
Optimieren
 - qualitativer Parameter 397
 - quantitativer Parameter 397, 402
 - von Lösungen 396
Optimierungs
 - methoden 410
 - ziele 13
Ordnungsmerkmale 492

P
Parameter
 - qualitative 364
 - quantitative 364
 - werte 101, 373, 466
Partialbauweise 307, 308, 310

Passive Zuverlässigkeitsmaßnahmen 208
Patent
 - gesetze 523
 - wesen 523
Phänomene
 - biologische 38
 - chemische 38
 - physikalische 38
Physikalisches Prinzip 122
Potenzieren 58
Preisbedingungen 195
Prinzip, physikalisches 122
Prinziplösung 62, 121
 - Anwendungsregeln 122
 - Beispiele 128
Prinzipsynthese 95, 121
Produkt
 - art 99, 351, 352
 - Baureihen 326
 - beschreibungen 7
 - eigenschaften 14
 - familie 351, 465
 - ideen 8
 - innovation 509
 - typen, Algorithmen zur Bestimmung 484
 - Typengruppen 326
Produktplanung 7
 - Aufgabe 8
 - Ergebnis 8, 10
Prüf-
 - kosten 286
 - vorgänge 86
Punkte 29, 64

R
Radizieren 58
Recycling- und Beseitigungskosten 281
Recyclinggerecht 202, 275
Reduzierung von Herstellkosten 317
Reibungsarme Lagerungen 301
Reihenfolge-Typengruppen 334
Reihenfolgewechsel 163, 166
Relaxieren 274
Reparaturgerecht 202

Ressourcenschonend 275
Restriktionen 11, 14, 190
Restriktionsgerechte Lösungen 297
Richtungändern von Energien 41, 44

S
Sammeln
 - von Energie 43, 44
 - von Stoffen 50
Schichten 64, 178
Schleifgerecht 199
Schmiedegerecht 200
Schneidgerechtes Gestalten 222
Schnittstellen 345
 - bedingungen 201, 212
Schutzwürdigkeit technischer Lösungen 524
Schweißgerecht 200, 229
Selektieren 86, 95
Signale 53
Signalisierende Zuverlässigkeitsmaßnahmen 208
Sintergerecht 200
Solloberfläche 185
Speichern von Daten 56
Spiegelbildliche Gestaltvarianten 168
Spiegeln 169
Spitzen 29, 64
Stand der Technik 530
Standardisieren 323
Stanzgerecht 199
Stillstandsgerecht 201, 202
Stoffe oder Eigenschaftswerte 32
 - leiten oder isolieren 36
 - lösen oder fügen 36
 - teilen oder sammeln 36
 - trennen oder mischen 36
 - vergrößern oder verkleinern 36
 - wandeln 36
Stoffumsetzende Systeme 25
Stufensprung 329
Subtrahieren 58
Suchmerkmale 492, 495
 - festlegen von 497, 501

Suchmerkmalleisten 496
Suchverfahren, systematische 410
Synthese 108
 - schritte 93
 - vorgänge 86
Systeme
 - akustische 29
 - biologische 24, 29
 - chemische 29
 - datenumsetzende 25, 33
 - elektrische und magnetische 29
 - energieumsetzende 25, 33
 - hydraulische 29
 - mechanische 29
 - natürliche 24
 - optische 29
 - physikalische 29
 - pneumatische 29
 - politische 24
 - soziologische 24
 - stoffumsetzende 33
 - thermische 29
 - zoologische 24
Systemzugehörigkeitsbedingungen 212

T
Tätigkeiten 32, 79
Tätigkeitsstruktur 38
Technische Produkte
 - Eigenschaften 79
 - Parameter 79
 - Tätigkeiten 79
Technische Systeme 23, 24
 - Bauweisen 305
 - Strukturen 71
Teilen
 - von Energie 43, 44
 - von Stoffen 50
Teilkörper 30, 64
Teiloberflächen 29, 64
Toleranzgerecht 199, 244
Totalbauweise 307, 308, 310
Transportkosten 294
Trennen
 - von Energie 44
 - von Energien und Daten 57
 - von Stoffen 49
 - von Stoffen mit Energien 52

 - von Stoffen und Daten 56
Typen 351
Typengruppen 324, 325, 333
 - Bildung von 325
 - sonstige 335
Typenvarianten 323, 467
 - einer Produktart 466
Typenvielfalt 466, 467

U
Umcodieren von Daten 56
Und-Funktion 58
Und-Verknüpfung 58

V
Variantenkonstruktion 98
Verbinden
 - von Energien und Daten 57
 - von Stoffen mit Energien 52
 - von Stoffen und Daten 56
Verbindungsstellen 345
Verbindungsstrukturwechsel 167, 168
Vergrößern
 - von Energiekomponenten 41, 44
 - von Stoffeigenschaften 48
Verkleinern
 - von Energiekomponeneten 41, 44
 - von Stoffeigenschaften 48
Verknüpfen von Daten 54
Vertriebsgemeinkosten 294
Vervielfältigen von Daten 54
Verwaltungsgemeinkosten 294

W
Wandeln
 - von Energien 41, 44
 - von Stoffen 48
Wärmebehandlungsgerecht 200
Wärmedehnungskoeffizienten 271
Wartungsgerecht 202
Wartungskosten 281
Werdegangseigenschaften 80

Werkstoff
 - eigenschaften 267
 - gerecht 262
 - lagewechsel 162, 163
 -Typengruppen 334
Wirkflächen 29, 146
 - paare 29, 64

Z

Zahl
 - Baureihen 330, 332
 - Typenreihen 330
 - wechsel 159, 160
Zeitbedingungen 196
Zuverlässigkeit 204
Zweck 11, 109
 - beschreibung 11, 13

Springer und Umwelt

Als internationaler wissenschaftlicher Verlag sind wir uns unserer besonderen Verpflichtung der Umwelt gegenüber bewußt und beziehen umweltorientierte Grundsätze in Unternehmensentscheidungen mit ein. Von unseren Geschäftspartnern (Druckereien, Papierfabriken, Verpackungsherstellern usw.) verlangen wir, daß sie sowohl beim Herstellungsprozess selbst als auch beim Einsatz der zur Verwendung kommenden Materialien ökologische Gesichtspunkte berücksichtigen.

Das für dieses Buch verwendete Papier ist aus chlorfrei bzw. chlorarm hergestelltem Zellstoff gefertigt und im pH-Wert neutral.

Springer

Druck: Mercedesdruck, Berlin
Verarbeitung: Buchbinderei Lüderitz & Bauer, Berlin